药用植物保护学

陈　君　丁万隆　程惠珍　主编

電子工業出版社
Publishing House of Electronics Industry
北京·BEIJING

内 容 简 介

本书由中国医学科学院药用植物研究所及其海南、云南分所等从事药用植物病虫害研究和研究生教育工作的科研人员编写而成。全书分为两部分，第一篇总论部分阐述了药用植物保护学研究的内容及方法，药用植物病虫害及发生特点，绿色中药材生产的植物保护概念，药用植物病、虫的基础知识和基本理论，病虫害的预测预报、防治原理和方法，草害的基础知识及防治等；第二篇各论部分分为药用植物病害和药用植物虫害两部分，介绍了150余种药用植物的570余种病虫害的生物学特性、发生规律及其防治方法。本书内容较丰富，既突出药用植物保护知识的系统性，又重视技术的实用性，并提供一些病虫彩色图，方便读者识别参照。

本书可作为高等院校中医药相关专业本科和研究生课程、教师教学和科研及中药材栽培生产从业者、植保工作者参考用书。

图书在版编目（CIP）数据

药用植物保护学/陈君，丁万隆，程惠珍主编. —北京：电子工业出版社，2019.5

ISBN 978-7-121-35366-6

Ⅰ. ①药… Ⅱ. ①陈… ②丁… ③程… Ⅲ. ①药用植物－病虫害防治－高等学校－教材 Ⅳ. ①S435.67

中国版本图书馆CIP数据核字（2018）第251235号

策划编辑：缪晓红
责任编辑：刘小琳
印　　刷：天津画中画印刷有限公司
装　　订：天津画中画印刷有限公司
出版发行：电子工业出版社
　　　　　北京市海淀区万寿路173信箱　　邮编：100036
开　　本：787×1 092　1/16　印张：43.75　字数：1150千字　彩插：28
版　　次：2019年5月第1版
印　　次：2019年5月第1次印刷
定　　价：498.00元

凡所购买电子工业出版社图书有缺损问题，请向购买书店调换。若书店售缺，请与本社发行部联系，联系及邮购电话：（010）88254888，88258888。

质量投诉请发邮件至zlts@phei.com.cn，盗版侵权举报请发邮件至dbqq@phei.com.cn。

本书咨询联系方式：（010）88254760，mxh@phei.com.cn。

《药用植物保护学》编委会

主　编：陈　君　丁万隆　程惠珍

副主编：徐常青　郭　昆　乔海莉　刘　赛　李　勇

徐　荣　王　蓉

编　委：（按拼音排序）

陈炳蔚　陈宏灏　陈建民　董佳莉　傅俊范

甘炳春　蒋　妮　李建领　李晓瑾　刘　琨

马维思　彭建明　史朝晖　王天佑　魏建和

严　珍　杨成民　杨孟可　尹祝华　张际昭

张丽霞　周如军　周亚奎　朱　秀

本书出版得到以下资助

1．北京协和医学院教学改革项目

——“药用植物保护学”课程建设（项目编号：10023201509032）

2．中国医学科学院医学与健康科技创新工程项目（CAMS）

——药用植物病虫害绿色防控技术研究创新团队（2016-12M-3-017）、药用植物资源库（2016-12M-3-003）

3．工业和信息化部消费品工业司：2017 年工业转型升级（中国制造 2025）资金（部门预算）

——中药材技术保障公共服务能力建设（招标编号 0714-EMTC-02-00195）

前　言

随着中医药产业的发展，中药资源的需求量日益增加，其中 80%的中药材来自药用植物。药用植物的栽培是扩大和再生药物资源的最基本和最有效的手段。然而，随着药用植物栽培面积的扩大和连年种植，病、虫等有害生物的危害也越来越严重。中药材生产缺乏病虫害知识和科学的防治，导致药材产量降低、品质下降、农药残留及重金属超标，药用植物病虫害已成为中药材生产的重要障碍。为实施中药材规范化种植，保证中药材质量稳定、可控，实现绿色中药材生产，加强药用植物病虫害的科学治理就显得尤为迫切。

药用植物保护学是一门综合应用多学科知识，保护药用植物免受病、虫等有害生物为害的一门学科，应用性很强，是直接为中药材生产服务的。与农业、林业领域相比，药用植物病虫害的发生有其特殊性，其防治始终应遵循以药材质量为核心的防治理念，既要保证中药材产量，更要注重中药材品质。

中国医学科学院药物研究所（现药用植物研究所前身）从 20 世纪 50 年代开始，一直从事药用植物病虫害的研究，积累了大量科研资料。先后主持并承担了部、委、局等机构的药用植物病虫害防治方面的科研项目，并获多项部级科技成果奖，与全国多家中药材种植基地建立了紧密的科研协作联系。2013 年“药用植物保护学”课程获中国医学科学院北京协和医学院研究生院批准，成为硕士、博士研究生的学位必修课，建立的“药用植物病虫害数据库（www.pests.com.cn）”已在线化。

现根据课程内容要求，整理出版《药用植物保护学》。全书包括总论、各论。总论部分阐述了药用植物保护学研究的主要内容及方法，药用植物病虫害及发生的特点，绿色中药材生产中的植物保护概念，药用植物保护学研究的前沿课题，简明介绍了药用植物病、虫的基本理论和基础知识、病虫害的预测与调查及防治原理和方法、草害的基础知识及防治。各论部分分别收载药用植物病害和药用植物虫害，介绍了 150 余种药用植物 570 余种病虫的基础生物学、发生规律及其防治方法。书中提及的化学农药可作为防治的提示和参考，实际生产上使用时应遵守国家相关规定。

《药用植物保护学》的编撰工作，从创意到完稿历时四年，全书编著者付出了艰辛的劳动，在学科的系统性、科学性、实用性方面作出了努力；其内容较为丰富，技术实用，希望对中药材栽培生产从事者、科研与教学人员、植保工作者有所帮助。

编写过程中参考了大量的论文和专著，书中引用了相关文献资料，值此向文献作者致以诚挚的谢意！由于业务水平所限，书中疏漏和不当之处，敬请读者不吝指正。同样，随着更多研究工作的深入，今后会有新内容充实到药用植物保护学科中，我们期待着内容更丰富、水平更高的《药用植物保护学》问世。

编者

2018 年 8 月

目　录

第一篇　总　论

第二篇　各　论

第一单元　药用植物病害

第二单元　药用植物虫害

第一篇 总 论

第一章 绪 论

一、学习药用植物保护学的目的任务

药用植物保护学是综合利用多学科知识，保护药用植物免受病、虫等有害生物为害的一门学科。学好这门学科的目的，通俗地说就是学会给药用植物治病，做药用植物的好医生。其主要任务是研究为害药用植物的病原菌和害虫的生物学特性，识别病虫害；同时研究在外界环境作用条件下，病虫害的消长规律及植物对病虫为害的反应，从中找出薄弱环节进行综合治理，使药用植物能够健康生长，保证药用植物优质、稳产、高效，为进一步提高人民的健康水平服务。

随着人类疾病谱和医疗模式的改变，兼具治疗和保健双重功能的中医、中药获得了人们的青睐。世界中草药的销售额已突破 160 亿美元，并以每年 10%的速度增长。作为传统中草药大国的中国，野生药材资源日益枯竭成为制约中医药事业发展的"瓶颈"，加强药用植物栽培与管理已成为迫切需要，新医改方案和国家基本药物目录的出台将更有利于促进中药材种植业的发展。据统计，目前我国市场上流通的中药材超过 1000 种，约有近 300 种主要依靠人工栽培，种植面积已超过 300 万 hm^2。

然而随着药用植物栽培面积的不断扩大和连年种植，病虫草等有害生物的为害日益严重，给药用植物生产造成的损失越来越大。据统计，一般病虫为害可减产 20%～30%，严重的达 50%，甚至会导致绝收。同时由于防治措施不当，导致病虫害发生加重、抗药性增强、农药残留超标，严重影响我国中药的声誉，降低了中药在国际市场上的竞争力。药用植物病虫害的防治已经成为目前中药材规范化种植及实施 GAP 管理的重点和难点。

二、药用植物保护学研究的主要内容及方法

从药用植物保护科学的产生、发展和任务看，药用植物保护学作为一门科学，主要内容是研究有害生物及其灾害的发生、发展规律，提出科学地控制为害与成灾的技术措施，及时有效地控制其为害，以保证中药材的优质、高产、高效、低耗。在生产实践中，虫害与病害是属于同样性质的生物灾害，因此，农业昆虫学、植物病理学和农药学是植物保护科学的三门主要兄弟学科。

药用植物保护学的研究，主要涉及三个方面。

首先是研究了解病虫草害的种类与鉴定、分布与为害特点、生活史与习性、发生与环

境的关系、成灾规律与调控机制、预测预报方法、综合治理技术等。这些研究内容与农业昆虫学、植物病理学、农药学等相关基础学科关系密切。这些基础理论、知识与技术掌握得越多越熟练，对药用植物病虫害的研究就能越深入。

其次是药用植物。病虫害总是发生在特定的药用植物上，要研究了解某种药用植物病、虫，就要了解该种药用植物的生长发育过程及主要栽培措施。这样才能研究并了解病虫害与药用植物及栽培措施的关系，找出药用植物的抗病虫特性，提出利用栽培措施控制病虫害的方法，进而培育抗病虫品种，改进耕作栽培措施。这些研究涉及药用植物栽培学、耕作学、遗传育种学、土壤肥料学等学科，深入学习这些科学理论和实践技术，研究利用药用植物抗病虫性，培育抗病虫品种，运用农业技术措施防治病虫害，才能逐步深入并取得更好的成效。

第三是环境。药用植物与病、虫均生活在一定的环境中，构成环境的无机生态因子，如温度、湿度、雨量、光照、风等及有机生态因子，如寄主植物、天敌等均影响病虫害的发生，特别是影响其猖獗成灾。深入研究这些环境因子对病虫害发生数量的作用，才能揭示病虫害的成灾规律与调控机制，进而通过改善药用植物生长环境抑制虫口、病原菌数量的增长。这就涉及环境生态学、农业气象学、植物学、动物学等。

随着科学技术的发展，病虫害综合治理的理论和技术向更新、更高、更深发展，系统论、控制论、计算机、生物工程技术等新的理论和技术，都会应用在药用植物病虫害的研究和治理中。

综上所述，药用植物保护学既是一门实践性很强的应用学科，又与许多基础理论、应用基础学科紧密关联。这些基础理论与应用基础学科的发展，推动和丰富了药用植物保护科学的发展，药用植物保护科学的发展也为这些学科提供了很多新的研究课题。

中药材资源是取自大自然的生物资源，人们向大自然索取的同时，必须保护大自然，使自然资源能够再生。药用植物栽培是中药材资源保护、再生的最主要的方法。但在药用植物引种栽培及中药材的贮存运输过程中，常遭受到各种病虫害的危害，直接影响了中药材的产量和质量，往往会造成重大的经济损失。自 1997 年起，中国医学科学院药用植物研究所持续多年对全国中药材生产基地进行调研，发现药用植物病虫草害的防治是中药材生产中最薄弱的环节。由于药用植物种类多，相应的病虫草害种类也多，发生规律不详，危害重，损失大，滥用、误用农药问题突出，加之种子种苗调运频繁，加速了病虫草害的传播蔓延。因此，在中药材生产过程中，有效控制病虫的危害，是保证中药材优质高产稳产的关键，也是药用植物保护学的重要研究内容。

三、药用植物病虫害及其发生特点

药用植物病虫害的发生、发展与流行取决于寄主、病原（或虫源）及环境三者之间的互相作用关系。药用植物栽培技术、生物学特性和生态条件具特殊性，决定了药用植物病虫害的发生与防控和一般农作物相比，有其自身特点，主要表现在以下几个方面。

（一）道地药材生产与病虫害发生密切关联

药用植物栽培具有地域性特色，有一个很重要的特点，就是历史形成的道地药材，如东北人参、云南三七、宁夏枸杞，四大怀药、浙八味等。道地药材是由品种、气候、土壤、栽培习惯等因素综合形成的，其特点就是具有悠久的栽培历史，药材的品种、质量、栽培方法等都相对稳定。在这种情况下，由于长期自然选择的结果，适应于该地区立地条件及相应寄主的病原、虫源必然逐年积累，往往严重为害这些道地药材。例如东北地区的人参锈腐病，该菌为森林土壤习居真菌，生长发育和流行与人参的生长过程完全吻合，因此成为东北人参的重要病害，是东北老参地利用的重要障碍。但在北京地区农田种植人参的情况下，锈腐病的严重性被根腐病所代替，因为平原地区农田土壤中的根腐菌占据优势。又如云南三七的根腐病，浙江白术的术籽螟，山茱萸的蛀果蛾、宁夏枸杞的蚜虫、负泥虫等，皆与道地药材生产密切相关。

（二）病虫害种类复杂，专一性病虫害较多

药用植物包括草本、藤木、木本等各类植物，生长周期有一年生、几年生甚至几十年生。药用植物多数含有特殊的化学产物，只有特定的病、虫适应，导致部分药用植物的病、虫具有专一性，某些特殊害虫喜食或趋向于在这些植物上产卵，在药用植物上形成较多的单食性和寡食性害虫，如射干钻心虫、栝楼透翅蛾、白术术籽螟、金银花尺蠖、山茱萸蛀果蛾、黄芪籽蜂等。人参锈腐病仅为害人参属的人参、三七等植物。分类学家经常在药用植物上发现新的物种即在于此。因此，加强药用植物病虫种类的调查研究，不仅是中药材生产的需要，而且将有助于我国生物区系研究更加完善。

（三）药用植物地下病害、虫害危害严重

由于许多重要药用植物的根、块根和鳞茎等，既是药用植物营养成分积累的部位，又是药用部位，这些地下部分极易遭受土壤中的病原菌及害虫的为害，导致药材品质下降甚至死亡。由于地下部病虫隐蔽为害，防治十分困难，因而损失惨重，历来是植物病虫害防治中的老大难问题。几乎所有的以地下部分入药的药用植物都存在严重的地下病虫害问题。例如，人参锈腐病和根腐病、贝母腐烂病、白术根腐病、附子白绢病、当归根腐病、三七根腐病、地黄线虫病等；地下害虫种类多，如蛴螬类、蝼蛄类、金针虫类分布广泛，因植物根部被害后，形成伤口，导致病菌侵入，更加剧地下部病害的发生蔓延。

（四）无性繁殖材料是病虫害初侵染的重要来源

应用植物的营养器官（根、茎、叶）繁殖新个体是药用植物生产中普遍应用的种苗繁育方式，占有很重要的地位。部分药用植物种子发芽困难，或用种子繁殖植株生长慢、年限长，故在生产上习用无性繁殖，如贝母用鳞茎繁殖一年一收，如用种子繁殖需五年才能收获；采用无性繁殖能保持母体优良性状，如地黄常用块根繁殖，能使植株生长整齐，产量高，保持其纯系良种；雌雄异株的植物，如栝楼，无性繁殖可以控制其雌雄株的比例。故无性繁殖在药用植物繁殖中应用甚广。由于这些繁殖材料基本都是药用植物的根、块根、鳞茎等地下部分，常携带病菌、虫卵，所以无性繁殖材料是病虫害初侵染的重要来源，也是病虫害传播的一个重要途径，而当今种子种苗频繁调运，更加速了病虫传播蔓延。因此，在生产中建立无病留种田，精选健壮种苗，适当的种子、种苗处理及严格的调运间检疫十分必要。

（程惠珍）

四、绿色中药材生产中的植物保护概念

（一）提高药用植物自身的健康水平是绿色中药材生产的前提

绿色中药材是指无污染、安全、优质的中药材。生产绿色中药材，应立足于植物自身的保健，这是“绿色植物”的植保基础。选用抗病、抗虫品种，优良健康的种子种苗，提高栽培管理水平，调整植物体营养等措施，有助于增强药用植物自身抗病虫的能力，同时有助于提高中药材的品质及产量。

（二）整体观和关键点防控是实现绿色中药材生产的核心

根据药用植物的生长规律和病虫草害的发生规律，采用系统论的方法和危害分析与关键点控制技术，从整体上对绿色中药材生产的关键环节进行管理，在试验研究、生产实践和吸收国内外先进技术的基础上，根据药用植物病虫害危害的经济阈值，制定防控措施，保障中药材的优质、高产、质量稳定。

（三）农业防治和生物防治是绿色植保的优先选择

采用抗性品种、轮作套种等农业技术及各种天敌资源，充分利用植物与植物、植物与动物之间的拮抗和互利关系，创造不利于病虫草害发生而有利于药用植物健康生长的条件，是绿色植保优先考虑的技术。

（四）化学防治仅作为应急对策，应在科学规范的基础上慎重使用

长期使用化学农药易导致有益微生物及天敌被杀伤，生物多样性受破坏，有害生物抗药性增加，药材农药残留超标，药材产区生态环境污染等问题。因此，化学防治应在其他植保措施无效或低效的前提下，优先选择高效、低毒且已登记的农药，合理规范使用，使中药材及其加工品中的农药残留量符合或低于世界粮农组织（FAO）、世界卫生组织（WHO）或我国规定的有关标准。

五、药用植物保护学研究的前沿课题

药用植物保护学是植物保护学科领域中一个年轻的分支，药用植物病虫害与其他农作物相比没有本质上的不同，区别仅在于为害对象不同。因此，一般植物保护中论述的病虫害概念，发生流行规律及防治原理和方法等均适合于药用植物病虫害及其防治。但药用植物保护又有其特殊性，药用植物多以其次生代谢产物作为人们防病治病的活性成分，因此对药材质量及安全性要求更高，且道地性要求严格。由于药用植物病、虫、草种类多，工作基础相对薄弱，加强药用植物病虫草害基础研究和防治技术研究，尤为迫切和重要。

（一）绿色中药材植保技术研究

持续农业（sustainable agriculture）是当代农业的发展趋势。成功地管理各种资源以满足人类的需求，同时提高环境质量是持续农业的基本内容。世界环境与发展大会保护环境宣言中提出，要在全球范围内控制化学农药的销售和使用，这对研究和应用绿色植保新技

术无疑起着极大的推动作用。药用植物栽培不同于常规的农作物，对药材品质及安全的要求更高，安全、优质、产量稳定是绿色药材生产的目标。药用植物保护，不仅要控制病虫草的为害、保证产量稳定，更要关注药材的安全、有效性。开展绿色中药材植保技术研究是实现这一目标的重要手段和技术保障。绿色中药材栽培技术在持续农业中具有明显的专业优势，绿色植保技术研究机遇与挑战并存，前景广阔。

（二）道地药材病虫害防治研究

道地药材通常是优质药材，是我国中药材生产发展的重点，其特点是栽培历史悠久，中药材的品种、质量、栽培技术都相对稳定；但与此同时，适应于该地区环境条件的病原、虫源也会逐年积累，严重危害道地药材。此外，道地药材产区长期大量使用化学农药，常导致一些次生性害虫（如枸杞蓟马等）逐渐变为主要害虫，害虫天敌及有益拮抗菌减少，病、虫抗药性增加，道地药材的连作障碍问题越来越突出，研究道地药材病虫害防治技术及连作障碍解决对策，对道地药材的持续稳定生产具有重要意义。

（三）病虫草为害与药材品质形成的关系研究

中药材的有效成分或活性成分主要是次生代谢产物，与逆境胁迫密切相关。病虫草为害一方面会影响药材产量，另一方面也会影响药材的品质形成，因此，药用植物保护策略的制定应考虑药用植物的品质形成特性。深入研究病虫草为害与药材品质形成的关系，对科学指导药用植物病虫害防治，提高药材品质和产量具有重要意义。

（四）隐蔽性病虫害防控技术研究

蛀干害虫和地下病、虫因隐蔽为害，给研究、监测及防治带来极大难度，稍有不慎则会导致严重经济损失。药用部位为地下根、根茎、鳞茎等药用植物，易受土壤中的病原菌及害虫为害，导致药材品质下降，甚至遭到毁灭性为害，历来是病虫防治中的难题。在木本、草本、藤本药用植物上普遍发生钻蛀性害虫（如山茱萸蛀果蛾、枸杞实绳、红花实蝇等）直接蛀食药用部位，危害率等于药材损失率；一些多年生药材（如金银花、化橘红等）一旦被木蠹蛾、天牛等蛀干害虫为害，一般防治方法很难奏效，常造成整株植物枯死，损失严重，亟须进行病虫害发生规律和安全有效防控技术研究。

（五）制定和完善我国中药材残留限量标准

参照世界粮农组织（FAO）和世界卫生组织（WHO）及我国食品中农药最大残留限量标准，制定出大宗、常用中药材品种的农药残留限量标准，促进药用植物栽培的规范化和标准化，保证临床用药安全和食用安全。

（程惠珍　徐常青　陈君）

第二章 药用植物病害

药用植物在生长发育或贮藏运输过程中受到病原物或不良环境条件的持续干扰，其干扰强度超过了能够忍耐的程度，使药用植物正常的生理功能受到严重影响，在生理上和外观上表现出异常，这种偏离了正常状态的植物就是发生了病害，引起植物偏离正常生长发育状态而表现病变的因素谓之“病因”。药用植物病害的概念、症状、病原、病因、发生流行规律和防治原理与其他作物病害基本相同。

一、药用植物病害类型

药用植物病害的种类很多，病因也各不相同，造成的病害形式多样，每一种植物可以发生多种病害，一种病原生物又能侵染几十种至几百种植物，引起不同症状的病害。因此，植物病害的种类可以有多种分类方法，如按寄主受害部位可分为根部病害、叶部病害和果实病害等；按病害症状表现可分为腐烂型病害、斑点或坏死型病害、花叶或变色型病害等；按传播方式可分为种传病害、土传病害、气传病害等。但最实用的是按照病因类型来区分的方法，它的优点是既可知道发病的原因，又可知道病害发生的特点和防治的对策等。根据这一方法，药用植物病害分为两大类，即病原生物因素侵染造成的病害，称为侵染性病害，因病原生物能够在植株间传染，因而又称传染性病害；另一类无病原生物参与，只是由于植物自身的原因或由于外界环境条件恶化所引起，这类病害不会传染，因此称为非侵染性病害或非传染性病害。

（一）非侵染性病害

按病因不同可分为：

（1）植物自身遗传因子或先天性缺陷引起的遗传性病害或生理病害。

（2）物理因素恶化所致病害。

大气温度过高或过低引起的灼伤与冻害。在遮阴不当的参棚下生长的人参、西洋参进入伏天，天气干旱闷热，常发生日灼病。南药肉豆蔻畏寒冷，极端最低气温低于 6℃时或偶然出现霜冻，即受冻害，嫩梢及幼叶干枯死亡。

大气物理现象造成的伤害，如风、雨、雷电、雹害等。

大气与土壤水分和湿度过多、过少，如旱、涝、渍害等。

农业操作或栽培措施不当所致病害，如密度过大，播种过早或过迟，杂草过多等造成苗瘦、发黄或矮化及不结实等各种病态。

（3）化学因素恶化所致病害。

肥料元素供应过多或不足，如缺素症和营养失调症。

大气与土壤中有毒物质的污染与毒害。

农药及化学制品使用不当造成的药害。

（二）侵染性病害

药用植物的侵染性病害是病原生物引起的。目前已知的药用植物病原生物有真菌、细菌、病毒、类菌原体与植原体、寄生性线虫及寄生性种子植物等。

1. 植物病原真菌

目前已知的药用植物病害绝大部分是由真菌引起的。致病真菌的种类繁多，能引起多种严重病害，真菌病害的症状多为枯萎、坏死、斑点、腐烂、畸形、瘤肿等。较为常见的致病真菌种类及其致病特点如下：

（1）鞭毛菌亚门（Mastigomycotina）　该亚门真菌多生活在水中，潮湿环境有利于其生长繁殖。其中与药用植物病害关系最大的卵菌纲（Oomycetes），该纲中有许多重要的药用植物的病原菌，所致的病害常呈叶斑、猝倒、腐烂等症状。例如，腐霉菌引起人参、三七、颠茄等多种药用植物的猝倒病，疫霉菌能引起牡丹疫病，霜霉菌能引起元胡、菘蓝、枸杞、大黄、当归等多种药用植物的霜霉病，白锈菌能引起牛膝、菘蓝、牵牛、白芥子、马齿苋等药用植物的白锈病。

（2）接合菌亚门（Zygomycotina）　该亚门真菌广泛分布于土壤和粪肥及其他无生命的有机物上，多能引起药用植物贮藏器官的霉烂。其中毛霉菌常引起药用植物产品贮藏期的腐烂，根霉菌能引起人参、百合、芍药等腐烂。

（3）子囊菌亚门（Ascomycotina）　该亚门真菌为陆生的寄生真菌，与药用植物病害关系密切，有的能引起各种缩叶病、丛枝病及果实病害等。例如，外囊菌能引起桃缩叶病、李丛枝病及李囊果病等；曲霉菌和青霉菌能引起许多贮藏药材霉变与腐烂；白粉菌是药用植物的专性寄生菌，能引起许多药用植物的白粉病，如菊花、土木香、黄芩、枸杞、黄芪、防风、川芎、甘草、大黄和黄连等药用植物的白粉病；核盘菌能引起细辛、番红花、人参、补骨脂、红花、三七、元胡等药用植物的菌核病。

（4）担子菌亚门（Basidiomycotina）　该亚门为最高等的寄生或腐生真菌。其中黑粉菌多引起禾本科和石竹科药用植物的黑粉病，如薏苡、瞿麦的黑粉病等；锈菌多寄生在枝干、叶、果实等器官，引起枯斑、落叶、畸形等锈病，病症多呈锈黄色粉堆，如大戟、太子参、芍药、牡丹、白及、沙参、桔梗、党参、紫苏、木瓜、乌头、黄芪、甘草、连翘、平贝母、何首乌、当归、苍术、细辛、白术、元胡、柴胡、红花、山药、秦艽、薄荷、白芷、前胡、北沙参、大黄、款冬花、三七、刺五加、黄芩等药用植物的锈病。

（5）半知菌亚门（Deuteromycotina）　该亚门含有大量的药用植物病原菌，占药用植物病原真菌的半数左右，能危害药用植物的所有器官，引起局部坏死、腐烂、畸形及萎蔫等症状。例如，沙参、柴胡、人参、白术、红花、党参、黄连、白芷、地黄、龙胆、牛蒡、藿香、莲荷、牡丹、菊花、白苏、紫苏、前胡、桔梗等多种药用植物的斑枯病；玄参、三七、枸杞、大黄、牛蒡、木瓜、半夏等多种药用植物的炭疽病；地榆、防风、芍药、黄芪、牛蒡、枸杞等药用植物的白粉病；贝母、牡丹、百合等药用植物的灰霉病；大黄、益母草、白芷、龙胆、薄荷、颠茄、接骨木等药用植物的角斑、白斑、褐斑等症状；人参、西洋参、三七、贝母、何首乌、红花等多种药用植物的褐斑病；牛膝、甘草、石刁柏、天南星、决明、颠茄、红花、枸杞、洋地黄等多种药用植物的叶斑病；人参、三七、地黄、党参、菊花、红花、巴戟天等多种药用植物的茎基和根的腐烂病；人参、颠茄、三七等多种药用植物的苗期立枯病；人参、白术、附子、丹参、黄芩等药用植物的白绢病或叶枯病。

2. 植物病原细菌

药用植物细菌病害的数量和危害性都不如真菌和病毒病害，细菌性病害多为急性坏死病，呈现腐烂、斑点、枯焦、萎蔫等症状。在潮湿情况下常从病部溢出黏液（菌脓），细菌性腐烂常散发出特殊的腐败臭味。其中，假单胞杆菌多引起药用植物叶枯和腐烂，如人参细菌性烂根、白术枯萎病；野杆菌多引起瘤肿和根畸形；欧氏杆菌引起植物萎蔫、软腐和叶片坏死等，如浙贝母、人参、天麻等软腐病等都是生产上较难解决的问题。

3. 植物病毒、植原体

目前，药用植物病毒病的发生相当普遍，寄生性强、致病力大、传染性高，能改变寄主的正常代谢途径，使寄主细胞内合成的核蛋白变为病毒的核蛋白，所以受害植株一般在全株表现出系统性的病变。病毒性病害的常见症状有花叶、黄化、卷叶、缩顶、丛枝矮化、畸形等。例如，北沙参、白术、桔梗、太子参、白花曼陀罗、八角莲的花叶病；独角莲、黄花败酱的皱缩花叶病。人参、牛膝、萝芙木、天南星、玉竹、地黄、洋地黄、欧白芷等都较易感染病毒病。

近年来发现许多过去认为是病毒引起的黄化、丛枝、皱缩等症状的病毒病，它们的病原体并不是病毒，而是植原体。目前已发现多种药用植物有这类病害。植原体侵染植物均为全株性，独特的症状是丛枝、花色变绿等，其他变色和畸形症状与病毒病很难区分，如牛蒡矮化病。

4. 植物病原线虫

线虫危害药用植物所表现的症状与病害相似，故习惯上将线虫作为病原物对待。药用植物普遍受到线虫的危害，其中某些药材的根结线虫病和胞囊线虫病已成为生产上的重要问题。

目前在国内已发现药用植物的线虫有危害根部，形成根结的根结线虫，如人参、川芎、草乌、丹参、罗汉果、牛膝、小蔓长春花等 50 多种药用植物有根结线虫病；危害根部，形成丛根、地上部黄化的地黄胞囊线虫病；危害地下根茎、鳞茎等的茎线虫，如浙贝母、元胡等受茎线虫危害；导致紫苏、蛔蒿、菊花、薄荷等药用植物矮化的矮化线虫；引起芍药、栝楼、益智、砂仁、地黄、麦冬等根部损伤的根腐线虫、针线虫等。

5. 寄生性种子植物

有些种子植物，由于某些器官退化不宜自养，或本身缺少足够的叶绿素，必须寄生在其他植物上，从而导致对其他植物的危害，寄生性种子植物的影响主要是抑制寄主的生长，草本植物受害后生长矮小、黄化、开花减少、落果或不结果，严重时全株枯死。危害药用植物的寄生性植物主要有全寄生性的菟丝子和列当类，前者主要危害豆科、菊科、茄科、旋花科的药用植物，后者主要危害黄连、向日葵及蒿等植物；半寄生性种子植物有桑寄生、樟寄生和槲寄生等。

二、药用植物病害症状

药用植物染病后，内部的生理活动和在外部形态上表现出来的病变现象称为症状，症状包括病状和病症。药用植物染病后所表现出的反常状态叫病状，病原物在药用植物发病部位所形成的特征性结构为病症。非侵染性病害通常没有病症。一般来说，病状较易被发现，而病症要在病害发展到某一阶段才能表现出来。药用植物的各种病害都有其一定的症状和发病特点。

1. 变色

变色是药用植物染病部位细胞内色素发生变化，植物体全部或局部褪绿、变黄、变紫等的现象。变色主要是由于营养失调或病原物侵染所致，如太子参花叶病毒病。

2. 斑点

斑点是药用植物染病后造成局部细胞组织坏死，局部形成一定颜色、形状及纹理的病斑的现象，多发生在茎、叶、果实或种子等器官的染病部位，有些病斑到后期脱落形成穿孔。人参黑斑病在叶片上形成黄褐色至黑褐色、圆形或不规则形、稍有轮纹的病斑。

3. 腐烂

腐烂是多由细菌或真菌引起药用植物各器官发生的腐烂坏死现象。它可分为干腐、湿腐、软腐、根腐、茎基腐等，干腐通常无异味，如浙贝干腐病、被害鳞片呈“蜂窝状”干腐；鳞片湿腐常在病变部位产生特殊的酸、臭味，如浙贝软腐病，被害鳞茎水渍状，软腐发臭。

4. 萎蔫

萎蔫除部分生理原因外，多由真菌、少数由细菌或线虫寄生所致。典型的萎蔫是由于植物根或茎的维管束受病害侵染后输导组织被大量菌体堵塞，使地上部分缺水而表现出全株或局部不可恢复的永久萎蔫，如红花枯萎病、毛花洋地黄枯萎病等。

5. 畸形

畸形是药用植物受病原物寄生的刺激，局部引起生长异常的现象，其中使细胞异常分裂、生长过度者称增生型或刺激型，表现为病部呈现肿瘤、疮痂等，如罗汉果的根结线虫病，受害植株根系产生瘤状凸起和大小不一的根结，发病果园一般减产 20%～70%，严重的导致绝产。

三、药用植物病害侵染过程、侵染循环及流行条件

（一）病害的侵染过程

病害的侵染过程是指从病原物与寄主接触到寄主出现症状的过程，简称病程。病害的侵染过程是一个连续的过程，通常人为地分为侵入期、潜育期和发病期。

1. 侵入期

指病原物侵入到植物体内建立寄生关系，病原物的侵入可通过表皮或自然孔口或伤口

等途径侵入。病原物侵入后，必须与植物建立寄生关系，才可能引起病害。环境条件、寄主植物的状态及病原物侵入量多少和致病力的强弱，都可能影响病原物的侵入和寄生关系的建立。这就是植物病害的三要素。

2. 潜育期

从病原物侵入寄主建立寄生关系，到出现病害症状为止称为潜育期。这是病原物在寄主体内生长、繁殖并扩展的时期，也是寄主与入侵病原物进行激烈抗争的时期，斗争的结果将决定植物保持健康状态还是发病。各种病害潜育期的长短与病原物的生物学特性、寄主的种类和生长状况及环境因素有关，短的2～3天，长的十几天，数十天甚至更长，一般为5～10天。环境条件对潜育期影响最大的是温度，在一定范围内温度升高，潜育期缩短。

3. 发病期

从寄主出现症状到症状停止发展称为发病期。植株出现症状是其体内一系列生理、组织构造病变的必然结果，标志着一个侵染过程的结束。当被侵染的药用植物表现出明显症状时，病原物也已经达到繁殖时期，多数已形成繁殖体，并随着症状的发展，经常在发病部位产生孢子，成为下一代侵染源；细菌和病毒则个体已达到一定数量。大多数药用植物侵染性病害，在侵染过程停止以后，症状仍然存在，直至寄主死亡。

（二）病害的侵染循环

病害的侵染循环是指从前一个生长季节开始发病，到下一个生长季节再度发病，周而复始的过程。侵染循环包括病原物的越冬或越夏、病原物的传播、初侵染和再侵染三个基本环节。

1. 病原物的越冬（越夏）

在寄主收获后或进入休眠期后，病原物度过不良环境，成为下个生长季的病害初侵染源，称为病原物的越冬（越夏）。

病原物越冬或越夏的主要场所有：

（1）病株或病株残体　植物染病后，病原物可在寄主体内定殖，染病植物的落叶、秸秆、枯枝、落果等残体，常带有病原繁殖体，这些病原物可继续生长繁殖或经越冬或越夏后成为侵染源。

（2）种子及无性繁殖材料　在寄主植物收获或休眠后，很多病原菌可潜伏在种子或苗木、地下茎等的表面或内部，成为苗期主要的侵染源。

（3）土壤和肥料　对以土壤为传播途径、主要危害药用植物根部的病害来说，土壤是最重要的侵染源。病原物常随病残体落在地上，以各种休眠或腐生等方式在土壤中越冬或越夏。病原物可在没有经过充分腐熟、发酵的粪肥中越冬，造成粪肥带菌。

2. 病原物的传播

病原物经过越冬或越夏以后，从越冬或越夏场所到达新的传染地，从一个病程到另一个病程，都需要一定的传播途径。有些病原物可以通过孢子游动、细菌游动、线虫爬行等作短距离传播，称主动传播。但大多数病原物是借助于各种媒介进行被动传播，其传播途径主要有：

（1）风力传播　病原真菌的孢子通常小而轻，易飞散，可以借助风力传播，如锈病孢子、霜霉病的分生孢子等。

（2）雨水传播　病原真菌的游动孢子或病原细菌常借雨水的下落和飞溅、土壤中的流水而传播，如根瘤病菌可通过灌溉水传播。

（3）昆虫传播　昆虫本身可以携带病原物，而且常在植物体上造成伤口，利于病原物侵入。蚜虫、叶蝉、飞虱、粉虱等昆虫为主要传播媒介。

（4）人为传播　人为传播主要指通过田间栽培操作、种子种苗贮藏及流通等方式传播病原物，如带病种子及繁殖材料的调入调出、栽培过程的人工操作等。

3. 初侵染和再侵染

经越冬或越夏的病原物，在寄主植物生长期进行的第 1 个侵染过程称为初侵染。在同一个生长季内，病株上的病原物又传播出去进行重复侵染称为再侵染。

有些病害只有初侵染，而无再侵染，1 年只发生 1 次，如薏苡黑粉病；大多数病害都有再侵染，其病原物产生的孢子量大，病害潜育期短，侵染期长，如环境条件有利于病害的发生，就可造成多次再侵染。

（三）病害的流行条件

在一定地区或在一定时间内发生普遍而严重的病害称为病害流行。病害流行的条件是很复杂的，各有其特有的流行规律，应结合病原物特性、寄主生长状态和环境因素等方面进行综合分析。通常侵染性病害的流行需要同时具有的基本条件是：大量感病寄主的存在，致病力强的病原物大量积累，环境条件有利于病害的发生和蔓延。

对于某一个具体的病害，常有一个因素起主导作用。不同的病害或同一种病害在不同的环境条件下，流行的主导因素不同。在相同的栽培条件和环境条件下，品种的抗病能力是主导因素，如采用抗病品种且栽培条件相同时，当年的气象条件可能是主导因素；在品种、环境条件相同时，种植地染病性的差异及水肥管理成为主导因素。

了解药用植物病害的侵染过程和侵染循环及发病规律，对防治药用植物病害十分重要。

（程惠珍）

第三章　药用植物虫害

药用植物虫害，主要以有害昆虫为主，还包括有害螨类、软体动物和鼠类等。这里主要讲药用植物有害昆虫。

一、药用植物害虫生物学

（一）药用植物害虫的生长、发育及其与防治的关系

昆虫的个体发育分两个阶段：第 1 阶段为胚胎发育，由卵受精开始到孵化为止，是在卵内完成的；第 2 阶段为胚后发育，是由卵孵化为幼虫后至成虫性成熟为止的整个发育时期。

1. 卵

卵是一个大型细胞，卵表面被有卵壳，具各种刻纹和色泽，呈高度的不透性，起着保护作用。在用农药杀卵时，须选用渗透性较强的药剂才能奏效。药用植物害虫种类不同，卵的大小、形状、色泽亦异。常见的卵形有：长圆筒形（如负蝗）、椭圆形（如枸杞负泥虫）、半球形（如射干钻心虫）、球形（如马钱天蛾）等。掌握害虫卵的形态，对识别害虫种类和适期防治有重要意义。

2. 幼虫的孵化、生长和蜕皮

当卵完成胚胎发育后，幼虫破壳而出，这个过程叫孵化。从卵产生到幼虫孵化的一段时期称为卵期。卵期长短，依昆虫种类和气候条件而不同。幼虫期是昆虫生长时期，经过取食，虫体不断长大。但由于昆虫属外骨骼动物，具有坚硬的体壁，生长到一定程度后，受到体壁的限制，不易再生长。因此，必须将旧的表皮蜕去，方能继续生长发育，这种现象称为蜕皮。幼虫孵化之后，称为 1 龄幼虫。第 1 次蜕皮后称为 2 龄幼虫，以后每蜕 1 次皮，就增加 1 龄，最后 1 次蜕皮就变成蛹（完全变态昆虫）或直接变为成虫（不完全变态昆虫）。幼虫最后停止取食，不再生长，称为老熟幼虫。昆虫蜕皮次数依种类而不同，同一种昆虫也可能因条件变化，蜕皮次数略有差异。害虫的食量随着龄期的增加而急剧增加，在高龄阶段进入暴食期，对药用植物造成严重为害。因此，在低龄幼虫期，害虫食量少、抗药力较弱时，是药剂防治的有利时机。而老熟幼虫和蛹抗药性很强，不易防治。

3. 变态

昆虫在生长发育过程中一系列的形态变化现象称为变态。所变的形态称为虫态。昆虫的变态可分为不完全变态和完全变态两种。不完全变态的昆虫在个体发育过程中只经过卵、若虫、成虫三个发育阶段，若虫的形态、生活习性均与成虫基本相同，只是翅未长好，生殖器官未成熟，如蝼蛄、蝽、蚜虫等。完全变态的昆虫在个体发育中要经过卵、幼虫、蛹、

成虫四个发育阶段，幼虫与成虫的形态、生活习性极不相同，老熟幼虫经最后一次蜕皮变为蛹，由蛹羽化为成虫，如蛾、蝶、蝇和甲虫等。

4. 羽化和产卵

成虫从它的前一虫态（蛹或末龄若虫）蜕皮而出的过程统称为羽化。从幼虫化蛹到羽化为成虫，这段时间称为蛹期，成虫羽化到死亡，这段时期称为成虫寿命。刚羽化的成虫，绝大部分性器官未完全成熟，特别是雌成虫需经过几天甚至几十天的取食，补充营养，待性器官成熟后才能繁殖。昆虫产卵的方式和处所随不同种类而异，有的是单粒散产，如菜粉蝶、黄芪种子小蜂、咖啡脊虎天牛等，有的数十粒或百余粒聚合成为卵块，如柳干木蠹蛾、酸模叶甲、檀香粉蝶等。

5. 世代和生活史

昆虫由卵发育开始到成虫能繁殖后代为止的个体发育史称为一个世代（简称一代）。因种类不同其世代历期长短不同，而同一种昆虫因其分布地区不同，或在同一地区因环境条件不同，其世代历期也有差异。有些昆虫一年只有一个世代，如白术术籽螟，有 2 年才完成一个世代，如柳干木蠹蛾，有些昆虫一年中可发生 3～4 代，如枸杞负泥虫、北沙参钻心虫等，有的害虫一年中能发生十几代甚至数十代，如蚜虫、红蜘蛛等。世代的长短及一年内发生的代数，不仅与害虫本身生物学特性有关，而且与气候条件也有关，在适合昆虫生活的温度范围内，气温越高，昆虫发育越快，完成世代时间就越短。

一种昆虫在一年内的发育史或更确切地说，由当年的越冬虫态开始活动起，到第二年越冬结束止的发育经过称为年生活史（或生活史）。有些昆虫，在一年中的同一时期，常可发现前后世代的各种不同虫态，这种现象称为世代重叠。枸杞负泥虫一年发生 5 代，槟榔红脉穗螟一年发生 8 代以上，造成世代重叠现象。了解害虫的生活史，每个世代的发生期和每个虫态的初发期、盛发期及害虫侵害的危险期等，就可抓住害虫生活中的薄弱环节，采取措施进行有效的防治。

6. 休眠和滞育

昆虫在一年中的隆冬或盛夏往往有一段生长发育停滞时期，通常称为越冬或越夏。依产生或消除这种现象的条件及其昆虫的反应不同，可分为休眠和滞育两类。休眠是昆虫在不良环境下发育暂时停止的现象。当抑制生命活动正常进行的环境条件解除时，很快即恢复正常生命活动。滞育（diapause）是周期性地出现，比休眠更深的新陈代谢受抑制的生理状态，是对于有节奏重复到来的不良环境条件的历史性反应，是昆虫对环境长期适应的结果。在自然情况下滞育的解除要求一定的时间和一定的条件，并由激素控制。

滞育的发生可能有两种类型，一类是某种昆虫一个世代的某一虫态所有的个体都发生滞育，称为专性滞育（obligatory diapause）。这类滞育多发生于一化性昆虫。另一类是某种昆虫某一世代和某些个体发生滞育，称为兼性滞育（facultative diapause），这类滞育多发生于多化性昆虫。滞育的发生与光照周期有密切关系，如 13～14 小时短日照是诱导紫苏野螟四龄幼虫进入滞育的临界日照时间。昆虫滞育的发生还受温度的影响，特别是对光照反应为中间型的一些昆虫，如玉米螟，其滞育的发生很大程度上取决于温度条件。黄芪种子小蜂滞育则和老熟幼虫期种子干湿度有密切关系。

害虫的越冬和越夏阶段有一定的处所，是生活史中的薄弱环节，是防治的重要时期，应采取相应的农业措施及时防治。

（二）昆虫的行为和习性及其在防治上的利用

害虫的种类不同，其生活习性也各异，掌握其行为和习性，常可作为制定防治措施的重要依据。

1. 趋性

趋性是以反射作用为基础的高级神经活动，是对任何一种外界刺激来源的定向运动，这些运动是带有强迫性的，不趋即避，因此趋性有正负之分。

（1）趋光性　趋光性是通过视觉器官对光的刺激所产生的反应。正趋光性是指夜出活动的昆虫，受弱光吸引。害虫防治上常用趋光性以诱杀害虫或统计害虫的消长情况，作为测报虫情的依据，已是历年来行之有效的方法。对于具有负趋光性的昆虫，如地下害虫等，则可用覆盖堆草等方法进行诱杀。

（2）趋化性　趋化性是对化学物质的刺激所引起的反应。刺激主要通过嗅觉和味觉器官。昆虫常借正趋化性而找到食物。例如，蜂、蚁、蝇及蛾类大多数对糖液有正的趋性，菜粉蝶对含有芥子油成分的十字花科植物有特殊的趋性，因此可以正确找到产卵寄主和食物。许多昆虫在其性成熟后，可分泌出性诱物吸引异性前来交尾。昆虫对某些化学物质又常表现为负的趋性，如樟脑可以驱除衣鱼、蜚蠊，木榴油可以驱除白蚁等。利用昆虫的正趋化性可以诱杀害虫，如用发酵糖浆可诱杀地老虎、黏虫等多种害虫，制备毒饵、毒谷用以防治蝼蛄等地下害虫，利用天然性诱物或合成性诱剂诱杀害虫或进行测报。各种驱避剂是针对具有负趋化性的昆虫而设置的，如樟脑等的利用。

（3）趋温性　昆虫是变温动物，需要一定的温度以保护其正常的生命活动。当处于适温时，呈相当安静的状态，若环境温度低于或高于适温，昆虫将向适当的温度移动，因此表现出正的或负的趋温性。例如，北京地区枸杞负泥虫越冬成虫于春季 4 月 10 日前后，在天气暖和的中午，成虫大量聚集在刚抽出新嫩芽的枸杞枝条上，承受太阳热力，并取食嫩梢为害。早、晚气温较低，越冬成虫又潜入土中。因此，利用其成虫的趋温性，可在 4 月中旬，在枸杞地上撒药，防治成虫，这样可以减少在枸杞上直接喷药的次数，减少农药残留。

2. 食性

根据昆虫的食物来源不同，可以将昆虫的食性分为植食性、肉食性、粪食性、尸食性和腐食性五种。植食性昆虫是取食生活中的植物，在昆虫中约有半数是属植食性的，包括了各种药用植物害虫。肉食性昆虫是以昆虫或其他动物为食，有捕食性的如大红瓢虫，有寄生性的如管氏肿腿蜂，其中很多种类被利用来防治害虫。但寄生在益虫和高等动物体内或体外的昆虫是有害的。其他三种食性的昆虫与人们经济的关系较小。在植食性昆虫中，由于取食范围不同，可分为单食性、寡食性和多食性三类。单食性害虫只取食一种植物，如白术术籽螟。寡食性害虫能为害同科属或近缘的科属植物，如菜粉蝶只吃十字花科植物，菊天牛取食菊科植物，红脉穗螟只为害槟榔、椰子、油棕等棕榈科植物。多食性害虫能取食为害各种不同科的植物，如柳干木蠹蛾、大灰象甲、棉铃虫、桃蚜等。了解昆虫的食性，在生产上非常重要。根据当地主要害虫的食性，设计出正确的轮作制度，实行正确的间作套种，恶化害虫生活条件，根据作物生长发育情况与害虫的关系，划分药剂防治田块，正确指导防治工作，分出轻重缓急，减少防治面积，合理安排人力物力。在引种新的药用植物时，必须先调查与引进药用植物亲缘相近植物的害虫种类，研究它们是否可能造成对引种的新药用植物的严重危害，以便采取有效措施，保证新引种的药用植物不致因虫害而失败。在生物防治中，对天敌昆虫食性的了解也具有重要意义，一般说来，不论肉食性或寄生性益虫，食性愈专一的，天敌威力就愈大，能在短期内集中抑制某种害虫。

3. 假死性

有些害虫，当受到外界惊扰时，立即从植株落至地面，暂时不动，这种现象叫作假死性。如金龟子、大灰象甲等，在防治上可利用这一习性将其振落捕杀。

此外，昆虫还有迁移性（如大灰象甲等）、群集习性（如檀香粉蝶等）。了解昆虫的这些习性，有助于采取相应的防治措施。

4. 昆虫的保护适应

（1）保护色　昆虫常变化体色与外界环境相适应，借以避免敌害的侵袭。例如，蝗虫夏季绿色，秋季黄色。

（2）拟态　昆虫常模拟生活场所周围的物体或其他生物的形态而避过敌害，称为拟态。例如，金银花尺蠖幼虫在枝条上栖息，形似小枝；食蚜虻成虫体色和姿态模拟蜜蜂等。

（3）警戒色　昆虫常具有各种自卫能力，同时具有特异的形状和鲜明色彩，使外敌不敢侵犯，如刺蛾类幼虫的鲜艳体色、毒蛾科昆虫的丛毛等。

此外，有些昆虫具臭腺，遇外敌放臭气（如蝽），有的放出烟雾（如步行虫等），均是昆虫对环境的适应。

二、害虫发生与环境条件的关系

各种害虫的发生都与环境条件有密切的关系。环境条件影响害虫种群数量在时间和空间方面的变化，如发生时期、地理分布、为害区域等；而环境又是错综复杂的总体，各种生态因子密切联系、相互作用，影响害虫的发生。揭示害虫与环境条件相关规律，找出影响害虫发生的主导因子，人为地控制某些环境条件，对防治害虫具有十分重要的意义。害虫的发生与环境条件的关系，主要有以下几个方面：

（一）气候因子

气候因子包括温度（热）、湿度（水）、光、风等，其中以温湿度影响为最大。

1. 温度

昆虫是变温动物，没有稳定的体温，其体温基本上取决于太阳辐射的外来热，昆虫的新陈代谢与活动都受外界温度的支配。一般害虫有效温区为 10℃～40℃，适宜温度为 22℃～30℃。当温度高于或低于有效温区，害虫就进入休眠状态，温度过高或过低时，害虫就要死亡。不同种类的害虫，对温度的反应和适应性也不同。同种害虫的不同发育阶段对温度的反应也不相同。例如，黏虫，卵、幼虫、蛹及成虫发育起点温度分别为 13.1℃、7.3℃、12.6℃、9.0℃。同种害虫也因地区、季节、虫期和生理状态等不同，对低温的忍受能力也有差异，如栖息在北方的害虫较南方的耐低温，滞育状态的害虫对低温的抵抗能力最强，停止发育或已达成熟的虫期，抗低温能力稍差，正在发育的虫期则最差。

2. 湿度

湿度对害虫的影响明显地表现在发育期的长短、生殖力和分布等方面。昆虫在适宜的湿度下，才能正常生长发育和繁殖。例如，管氏肿腿蜂在 25℃～30℃温度下繁殖的最适相对湿度为 75%～80%，低于 60%或高于 85%，管氏肿腿蜂的产卵量就减少。昆虫种类不同，对湿度的要求范围不一，有的喜干燥，如蚜虫之类，有的喜潮湿，如黏虫在 16℃～30℃温度内，湿度越大产卵越多，在 25℃温度下，相对湿度 90%时，其产卵量比相对湿度 40%以下时多一倍。一般来说，昆虫对温湿度各具有其特殊的要求，但在温度适宜时，对不适宜湿度的适应力常稍强些，而在温湿度都不适宜的情况下，将抑制其生长、繁殖，甚至造成死亡。

此外，光、风等气候因子对昆虫的发生也有一定的影响，光与温度常同时起作用。光还影响昆虫寄主植物的生长，因此也间接地影响害虫。风能影响地面蒸发量、大气中的温湿度和害虫栖息的小气候条件，从而影响害虫的生长发育。风还可以影响某些害虫的迁移、扩散和为害。

（二）土壤因子

土壤是昆虫的一种特殊的生态环境，大约有 98%以上的昆虫种类在生活史中都与土壤发生或多或少的联系。有些种类终生生活在土壤中，如原尾目、弹尾目昆虫及蝼蛄、伪步行虫等。许多昆虫在个体发育的某一阶段或在一定季节内生活在土壤中，如蝗科仅在胚胎发育时期生活在土中；步行虫科、叩头虫科、金龟子科及部分鳞翅目昆虫某些虫期生活在土壤中；地老虎等是在土壤表面或植物上产卵，幼虫孵化后钻入土中；射干钻心虫，成虫产卵于土中，幼虫孵化后蛀入心叶为害，随着虫龄增大，钻入地下茎为害，其蛹栖息于土壤中。某些害虫则以一定虫态在土中越冬。因此，土壤的物理结构、酸碱度、通气性和温湿度等，对害虫的生长发育、繁殖和分布都有影响，特别是对地下害虫的影响最大。例如，蝼蛄用开掘足在土内活动，故砂质土壤利于其活动，为害重，而黏土壤不利其活动，为害轻。又如，蛴螬喜在腐殖质多的土壤中生活，金针虫喜在酸性土壤中生活，小地老虎则多分布于湿度较大的土中。在地下害虫尤其是金龟子产卵期，土壤过于干旱不利其产卵和卵孵化，因此地下害虫产卵期，人为控制土壤湿度可有效地防治地下害虫。

（三）生物因子

生物因子包括食物和天敌两个方面。主要表现在害虫和其他动植物之间的营养关系上。害虫一方面需要取食其他动植物作为自身的营养物质；另一方面它本身又是其他动物吸取营养的对象，它们相互依赖，相互制约，表现出生物因子的复杂性。食料的种类和数量与害虫的生长、繁殖和分布有密切的关系。单食性害虫的分布，首先被其食料的有无所限。例如，山茱萸蛀果蛾、枸杞实蝇分别只以山茱萸和枸杞为食料，没有山茱萸或枸杞的地方就没有这种虫。多食性害虫，食料对其分布的影响就较轻。但是每一种害虫，都有它最适宜的食料，食料越合适就越有利于其发生发展。枸杞负泥虫喜食颠茄、枸杞等，姜弄蝶喜食砂仁、益智、姜等，是姜科药材的重要虫害之一。在自然界中，凡是能消灭害虫的生物，通称为天敌，天敌的种类和数量是影响害虫消长的重要因素之一。害虫的天敌主要有捕食性和寄生性昆虫、害虫的病原微生物、寄生线虫等。

（四）人为因子

人类的生产活动对于害虫的繁殖和活动有很大的影响。人类有目的地进行生产活动，采用各种技术措施，及时组织防治工作，可以有效地控制害虫的发生和为害。在国际和国内的种子、种苗调运中，实施植物检疫制度，可以防止危险性害虫的传播和蔓延。地中海实蝇、美国白蛾都是主要的检疫对象。当人们进行垦荒改土、兴修水利、采伐林木及牲畜放牧等生产活动时，也就同时改变了这些地区的自然面貌，改变了害虫的生态环境，有些害虫因寻不到食物而逐年减少，但也有些害虫因适应新的环境条件而繁殖猖獗，这就必须调查研究，以便有效地进行防治。

三、药用植物重要害虫种类及其危害

一般农作物上的很多害虫都可为害药用植物，同时药用植物还受不少特有的害虫为害。因此，药用植物的害虫种类繁多，不少种类尚未调查清楚或未做深入的研究。就农业害虫学科来讲，药用植物害虫是一个年轻的分支，有待加强研究。现就目前已掌握的药用植物重要害虫种类及其为害情况分述如下。

（一）蚜、蚧、螨类等刺吸口器害虫

1. 蚜虫

药用植物普遍受蚜虫为害，有些是蚜虫的终生寄主，有些是中间寄主，几乎绝大多数药用植物都或多或少受蚜虫的为害，其中有严重为害红花、牛蒡等菊科药材的红花指管蚜 *Uroleucon gobonis* (Matsumura)，为害金银花的中华忍冬圆尾蚜 *Amphicercidus sinicericola* Zhang，为害伞形科药材的胡萝卜微管蚜 *Semiaphis heracleid* (Takahashi)，为害萝藦科植物的萝藦蚜 *Aphis asclepiadis* Fitch，为害数十种药用植物的桃蚜等。

2. 介壳虫

蚧在南方药用植物（尤其是木本南药）上发生普遍较重，在北方药用植物为害较轻，且不普遍。常见的种类有为害多种木本南药的粉蚧，为害槟榔等的椰圆盾蚧 *Aspidiotus destructor* Signoret，为害卫矛科、柿科、鼠李科、大戟科等药用植物的日本龟蜡蚧 *Ceroplastes japonicus* Green，为害人参的褐软蚧等。

3. 螨类

药用植物中少数种类受螨类为害较重。主要种类有为害地黄等多种药材的棉红蜘蛛，为害枳壳等的橘全爪螨 *Panonychus cirri* (McGregor)，为害枸杞的枸杞瘿螨 *Aceria pallida* Keifer，为害望江南等多种药材的短须螨等。

蚜虫、蚧虫和螨类等刺吸口器害虫因吸食寄主汁液，造成黄萎皱缩甚至植株叶、花、果脱落，严重影响植株生长甚至造成死亡。这类害虫也常是病毒病的传播媒介，致使病毒病蔓延。蚜、蚧类害虫分泌的蜜露导致霉菌感染发生煤烟病，影响植株的光合作用或使叶片枯黄脱落，影响产量和商品质量。这类害虫由于发生量较大、世代多，因此用药量普遍较大，而发生期（或施药期）常和药用部位采收期有较大矛盾，往往容易造成农药污染问题。因此，生产上应注意及早采用综合防治措施，并积极开展绿色防控技术的研究和应用。

（二）咀食叶片（或花、果等）害虫

这类害虫包括鳞翅目、鞘翅目和少数膜翅目（叶蜂）害虫。它们主要咀食药用植物叶，少数食花、果，造成叶片千疮百孔或吃成网状。例如，为害伞形科药材的黄凤蝶，为害枸杞和颠茄等茄科药材的枸杞负泥虫 *Lema decempunctata* Gebler，为害大黄等蓼科药材的蓼金花虫，为害菘蓝等十字花科药材的菜青虫等。有些严重的暴食性害虫，如为害蛔蒿的蛔蒿夜蛾（宽胫夜蛾）和为害黄芪的芫菁，要密切注意田间消长动态，做好预防工作，防止猖獗为害。

（三）钻蛀性害虫

1. 蛀茎性害虫

这类害虫主要包括鳞翅目木蠹蛾科、透翅蛾科、木蛾科和鞘翅目天牛科害虫。它们钻蛀药用植物枝干，造成髓部中空或形成肿大结节和虫瘿，影响输导组织功能，造成枝干易折断，生长势弱，严重可致植株死亡。例如，为害金银花的咖啡脊虎天牛 *Xylotrechus grayii* White、柳干木蠹蛾和豹蠹蛾，为害木瓜的星天牛，为害菊花等菊科药材的菊天牛 *Phytoecia rufiventris* Gautier，为害瓜蒌的瓜蒌透翅蛾 *Melittia bombyliformis* Cramer，为害肉桂的肉桂木蛾 *Thymiatris* sp.，为害檀香等多种南药的檀香拟木蠹蛾等。

2. 蛀根茎类害虫

这类害虫蛀食心叶及根茎部造成生长点被破坏，根茎或根部中空，直接影响根茎类药用植物产量，造成较大经济损失。例如，为害北沙参的北沙参钻心虫 *Epinotia laucantha* Meyrick、为害射干的环斑蚀夜娥 *Oxytripia orbiculosa* (Esper)等。

3. 蛀花、果、种子害虫

这类害虫主要包括鳞翅目螟蛾科、蛀果蛾科、双翅目实蝇科、膜翅目小蜂总科等一些种类。它们常常是直接为害药用部位，为害率几乎和损失率相当，造成严重的经济损失。例如，蛀食槟榔花果的红脉穗螟 *Tirathaba rufivena* Walker，蛀食山茱萸果的山茱萸蛀果蛾 *Asiacarposina cornusvora* Yang，蛀食红花花蕾、种子的红花实蝇 *Acanthiophilus helianti* Rossi，蛀食枸杞果的枸杞实蝇 *Neoceratitis asiatica* (Becker)，蛀食黄芪种子的广肩小蜂 *Bruchophagus* spp.等。

钻蛀性害虫为害药用植物普遍，无论是木本、草本、藤本均有这类害虫为害，不少种类直接蛀食药用部位，造成严重经济损失。同时，防治难度较大，一旦蛀入，一般防治方法很难奏效。因此，这类害虫应是药用植物害虫的主要研究对象。

（四）地下害虫

地下害虫是指在土中生活、为害植物地下部分的害虫，又称土壤害虫。地下害虫种类很多，包括蝼蛄、金针虫、地老虎、根蛆、根蚜、根蚧、根象、根天牛、根叶甲、白蚁等十余类，尤其以前四类最为重要。这类害虫分布广泛，为害药用植物和大田作物严重，同时因药用植物根部被害后造成伤口，导致病菌侵入，引起各种土传病害，造成更大损失。

1. 发生及其为害情况

我国地下害虫近年发生总的概况是：蝼蛄基本控制为害，蛴螬发展蔓延，金针虫局部地区严重，新的种类近年也有发生。东方蝼蛄主要分布于黄河以南地区，华北蝼蛄分布于我国北部。沟金针虫、东北大黑鳃金龟 *Holorichia diomphali* Bates 普遍发生在长江以北广大地区，东北各地为主。细胸金针虫 *Agriofes fuscollis* Miwa 分布在东北、西北低洼多湿地区。铜绿异丽金龟 *Anomala carpulenta* Motshulsky 主要分布在长江以南，江浙一带普遍发生。

2. 为害方式

（1）在土内啃食种子和幼苗的根，造成缺苗断垄，如蝼蛄食害幼苗基部呈不整齐的麻丝状残缺，蛴螬为害幼苗呈较整齐的切口，金针虫咬成孔洞或吃种子。

（2）取食药用部位地下根、地下茎。地老虎生活于土中，夜晚出土活动，为害植株近地上部分，咬断后将植株拖入窝中取食。

（3）金龟子食害红花、人参、玄参等的果实和花蕾。

（4）蝼蛄在土中窜成纵横交叉的隧道，使幼苗根部与土层分离，造成幼苗枯萎。

蛴螬、地老虎、金针虫、蝼蛄等地下害虫对药用植物为害普遍，尤其是占药用植物 60% 左右的根茎类中药材，受地下害虫为害，直接造成商品部位的损坏，商品规格下降，影响产量和质量。同时，因地下害虫为害，造成伤口，导致病菌感染，引起各种土传病害发生，尤其是根腐病严重，造成更大的经济损失。这也是药用植物虫害防治中的突出问题。

（程惠珍）

第四章　药用植物草害

我国地域辽阔，不同地区环境差异很大。根据我国药用植物资源的分布，主要分为十大道地药材产区，即关药产区、北药产区、怀药产区、浙药产区、江南药产区、川药产区、云（贵）药产区、广药产区、西药产区和藏药产区。药用植物种类繁多，各道地产区的地貌、气候、土壤等自然条件差异很大，生态环境的多样性及耕作和栽培方式的差异化，导致田间生态系统中杂草的危害突显，且伴随药用植物家种面积日益扩大，杂草的防治成为生产亟须解决的难题。

目前，我国栽培的药用植物种类近 300 种，总面积超过 300 万 hm^2，特别是规模化的基地大量出现，杂草安全防控问题已成为当前限制药材基地发展的瓶颈之一。尽管农业生态系统的杂草防治技术相当成熟，但登记用于药用植物杂草防治的专用除草剂几乎没有，且目前关于除草剂防除药用植物杂草的研究也较少。本文主要借鉴目前农作物杂草防治的相关研究成果，重点介绍杂草危害、发生特点、杂草类型及目前生产上常用的几种防除杂草的方法。

一、杂草的危害及发生特点

（一）杂草的危害

杂草一般是指农业生态系统中无益的植物。从生态经济的角度出发，凡在一定的条件下害大于益的植物都可称为杂草，尽管许多杂草同时也是药用植物，但在药材基地都应属于防治之列。从生态学观点来看，杂草是在人类干扰环境下起源、进化而形成的，既不同于作物，又有别于野生植物，对农业生产和人类活动均有多重影响的植物。杂草是农业生产的大敌，长期适应当地的作物、栽培、耕作、气候、土壤等生态环境及社会条件，从不同的方面危害药用植物，其表现如下：

（1）与药用植物争夺水、肥、光热等资源。杂草适应力强，早春地上部分生长快，侵占光合空间；根系庞大，耗费水肥能力极强，严重影响药用植物生长。

（2）很多杂草是多种作物病害、虫害的中间寄主或转主寄主，不少杂草为越年生或多年生植物，生育期较长，病菌及害虫常常先在杂草上寄生或过冬，然后逐渐迁移到作物上进行为害，给生产造成严重损失。

（3）降低药用植物的产量和品质。杂草在土壤养分、水分、生长空间等方面直接或间接危害中药材，影响中药材的产量和质量。例如，菟丝子寄生在桔梗、牛膝等根类药材的茎叶吸收营养，造成药材产量大幅下降。

（4）增加管理用工和生产成本。许多药用植物与杂草分类地位接近，难以筛选出有效的除草药剂，防治难度极大。目前药用植物种植基地杂草防除成本很大，育苗田的除草成本更高。此外，杂草还影响耕作效率，并延长有效工时。

（二）杂草的发生特点

（1）种子量大。药田杂草适应性广、繁殖能力强，结实数量是药用植物无法比拟的。例如，苋和藜每株多达 2 万至 7 万粒种子，蒿可达 80 余万粒。

（2）繁殖方式多样性。杂草的繁殖方式主要有两大类，即无性繁殖和有性生殖。无性繁殖的杂草生长势头、抗逆性和适应性都很强，给杂草防除造成了极大困难。马唐匍匐枝、香附子等的球茎、刺儿菜的地下根状茎、水花生的匍匐茎、根状茎、纺锤根等无性繁殖器官生存力极强，繁衍扩散速度很快。在一个生长季内，刺儿菜的地下根状茎能向外蔓延长达 3m 以上。狗牙根等杂草当其地上部分受伤或地下部分被切断后，能迅速恢复生长、传播繁殖。此外，一些农田杂草既可异花授粉，又能自花或闭花授粉。一部分杂草还具有远缘亲和性，如早雀麦、紫羊茅、粘泽兰等，给杂草防除造成了极大困难。

（3）传播方式多种多样。苍耳、鬼针草等果实表面有刺毛，可附着他物而传播。刺儿菜、泥胡菜的种子有绒毛和冠，可借助风力将种子进行远距离传播。野燕麦、稗草的种子可随水流传播。此外，杂草种子还可混杂在中药材的种子内或肥料中传播，有些杂草种子和中药材的种子相似，不易分开，使杂草传播危害更为广泛。

（4）种子寿命长。多数杂草种子在土中历经多年仍可存活。例如，繁缕种子可存活 622 年，野燕麦、早熟禾、马齿苋等种子可活数十年。稗草种子经牲畜的消化道排出后，在 40℃厩肥中经过 1 个月仍能发芽。

（5）种子成熟期参差不齐。杂草种子成熟不一致，有的杂草种子成熟期延绵达数月之久，并且一年可繁殖数代。有些杂草种子在形态和生理上具有某些特殊的结构或物质，具有保持休眠的机制。坚硬不透气的种皮或果皮，含有抑制萌发的物质，种子需经过后熟作用或需光等刺激才能萌发等。杂草种子萌发不整齐。此外，杂草种子基因型的多样性、对逆境的适应性差异、种子休眠程度及田间水、湿、温、光条件的差异和对萌发条件要求与反应的不同等都是影响田间杂草出草不齐的重要因素。滨藜 *Atriplex patens* 是一种耐盐性的杂草，能结出三种类型的种子，上层的粒大呈褐色，当年即可萌发；中层的粒小，黑色或青灰色，翌年才可萌发；下层的种子最小，黑色，第三年才能萌发。藜和苍耳等也有类似的情形。

二、药田杂草类型

全国农田杂草考查组调查发现，药田常见杂草种类约有 77 科 580 种。其中一年生杂草所占比例最大，有 278 种，占 48%；其次是多年生杂草，243 种，占杂草总数的 42%；越年生杂草 59 种，占杂草总数的 10%。其中，菊科杂草种类最多，77 种，占 13%；禾本科杂草 66 种，占 11%；莎草科杂草居第三位，共计 35 种，占 6%；以下依次为唇形科（28 种）、豆科（27 种）、蓼科（27 种）、十字花科（25 种）、藜科（18 种）、玄参科（18 种）、石竹科（14 种）、蔷薇科（13 种）、伞形科（12 种）等。杂草种类繁多，形态各异，主要依据形态学、生物学特性、生态分布分为以下几种类型。

（一）形态学分类

（1）禾草类　主要为禾本科杂草（图 4-1a）。主要形态特征：叶片窄而长，无叶柄，叶鞘开张，常有叶舌（稗草无叶舌）；平行叶脉；茎圆筒或略扁，有节，节间常中空，很少实心；根为须根；胚内含 1 片子叶。

（2）莎草类　主要为莎草科植物（图 4-1b）。主要形态特征：叶片窄而长，无叶柄，叶鞘不开张，无叶舌；平行叶脉；茎多为三棱，无节，茎常实心；具球茎、根状匍匐茎等地下变态茎；胚内含 1 片子叶。

（3）阔叶草类　包括双子叶植物杂草和部分单子叶植物杂草（图 4-1c）。叶片宽阔，有叶柄；叶脉常为网状叶脉；茎圆筒形或方柱形（四棱柱形），实心或空心；胚内含 2 片子叶，单子叶阔草胚内含 1 片子叶。

图 4-1　杂草按照形态学分类

a. 禾草类；b. 莎草类；c. 阔叶草类

（二）按生物学特性分类

（1）一年生杂草　该类杂草在一年内完成出苗、生长、开花、结实、枯死全生活周期，是药田中最常见的杂草，根据出苗早晚又分早春性杂草、晚春性杂草、速生性杂草和越冬性杂草。早春性杂草如藜、萹蓄、马齿苋等，它们在早春出苗，夏季结果，主要危害药用植物生育前期的生长。晚春性杂草如莎草、马唐、牛筋草、铁苋菜、苘麻等，在气温和湿度都比较高时才出苗，主要危害药用植物生育中后期生长发育。速生性杂草，如盐地碱蓬等，它们的生育期很短，一年中可完成几个生活周期。

（2）二年生杂草　又称越年生杂草，一般在夏、秋季发芽，以幼苗或根越冬，次年春、夏或秋季开花、结实、死亡，如繁缕、附地菜、看麦娘、波斯婆婆纳、猪殃殃等，秋天出苗，翌春或夏天开花结实并枯死。一般可在播种前整地时机械灭除。

（3）多年生杂草　可连续生存三年以上的杂草。这类杂草既能种子繁殖，又能营养繁殖，秋冬季地上部枯死，翌年春可重新生产出新的植物。根据地下营养器官的特点，多年生杂草可以分为根茎杂草、根芽杂草、直根杂草、块茎杂草、球茎杂草、鳞茎杂草等，其代表性杂草分别为白茅、田旋花、蒲公英、香附子、野慈姑、小根蒜。这些多年生杂草营养器官上的根芽或腋芽具有很强的再生能力，与母本分离后，在土壤湿度较大的条件下可迅速生出新株。防治该类杂草必须做好耕作前处理，控制其发生规模和繁衍的速度。

（4）寄生性杂草　不易进行或不易独立进行光合作用，只能从其他活的绿色植物获得其所需的全部或大部分养分和水分而生存的杂草，如列当属 *Orobanche*、菟丝子属 *Cuscuta* 植物。列当的全草和菟丝子的种子也是中药材，但作为杂草时，植株被寄生后会变得矮小，生长不良。菟丝子的生长周期为一年，种子繁殖，种子在土中的寿命为 1～5 年，主要寄生于藜科、豆科、大戟科、萝藦科、菊科、禾本科等科植物上，田间主要危害桔梗、黄芩、柴胡、丹参、牛膝、白术等中药材，严重影响药材的产量和品质，并且可以伴随着药材种子进行传播，危害巨大。

（三）按生态型分类

根据杂草对水分及热量的要求，可分为以下几种类型。

1. 水分

（1）水生杂草　又称喜水杂草，主要是危害水田作物。据其在水中的状态又可细分为以下几种：沉水杂草如菹草、苦草和矮慈姑；浮水杂草如眼子菜、青萍等；挺水杂草如水莎草、芦苇等。

（2）湿性杂草　又称喜湿杂草，主要生长在地势低、湿度大的田内，在浸水田和旱田均无法生长或生长不良，如石龙芮、异型莎草和千金子等。

（3）旱生杂草　主要生长在旱地，不耐涝，长期淹水易死亡，如狗尾草、马齿苋、香附子、婆婆纳和反枝苋等。

2. 热量

（1）喜热杂草　生长在热带或发生于夏季，不耐寒，如龙爪茅、两耳草、马齿苋和牛筋草等。

（2）喜温杂草　生长在温带或发生于春、秋季节，如小藜、蒺藜和狗尾草等。

（3）耐寒杂草　生长在高寒地区，如野燕麦、冬寒菜和鼬瓣花等。

三、杂草防治方法

目前，农业杂草综合防治技术相当成熟，但中药材对安全性有特殊要求，因中药材整体种植规模小、种类众多等原因，药用植物草害的研究及除草剂登记等工作严重滞后。市场上出现各种针对中药材专用除草剂，多以助剂、附剂形式进行非法销售，由于使用不当及滥用等问题常常造成减产甚至绝收。“预防为主、综合防治”，加强杂草科学防治才能有效地降低杂草危害。目前，杂草的防治方法主要有物理防治、农业防治、化学防治、生物防治、杂草检疫等。

（一）物理防治

物理防治是指用物理措施或物理作用，如机械、人工等，导致杂草个体或器官受伤、被抑制或致死的杂草防除方法。物理防治对药材、环境等较为安全、基本上无污染，同时还兼有保墒、灭菌、灭虫等有益作用。

1. 火焰灭草技术

利用高温火焰来杀灭杂草的技术。这类设备（图 4-2）由拖拉机进行牵引，自带燃烧器，通过燃烧丙烷等产生温度高达两千度的火焰。高温火焰定向喷出，可使杂草活细胞瞬间破坏，最终使其枯死，同时兼具对土壤表面进行灭菌和灭虫的附加作用。这种技术在苦参等中药材除草中已有应用。

图 4-2　四种火焰灭草的农业机械

a. 背负式；b. 便携式；c. 加防护罩的火焰灭草机；d. 直喷火焰式灭草机

2. 防草布覆盖技术

春季萌芽期利用防草布覆盖药田垄间和株间，可以有效防止杂草生长。防草布是由耐老化的聚丙烯细丝编织而成的布状材料，不透光，但具有良好的透气性、透水性和耐拉伸性，有黑色、绿色等多种颜色，目前已在国内外果园、桑园、温室大棚等广泛应用，取得了良好的防草、保水及防虫效果。目前在药材生产中应用还比较少，主要适于宽垄种植的多年生药材，如枸杞、连翘、菊花、欧李等（图 4-3）。覆盖防草布对行间杂草防治效果可达 90%以上，且可持续使用 3～5 年，防草成本约为中耕除草的 50%。

图 4-3　防草布覆盖技术在菊花（a）、枸杞（b）、连翘（c）、欧李（d）等药材上的应用

3. 地膜覆盖技术

地膜覆盖技术在农作物生产中广泛应用，但在中药材生产中应用较少，有黄芩、菊花、白术、白芷、西红花、浙贝母、芍药、丹参、地黄、当归等采用过地膜覆盖栽培。中药材生产中常用的地膜为黑色和白色地膜，具有防草、增温、节水功能。按照地膜颜色和功能主

要分为 5 个种类：①无色透明地膜：应用最广的一种地膜，它透光率高，可使土壤温度提高 2℃～4℃，高温季节地膜下最高温度可达 50℃以上，棚室内土壤表面覆盖使用可提高产量 30%以上。②银灰色反光地膜：表面灰色，透光率较透明地膜低，防草的同时具有驱避蚜虫的作用，因而能减轻蚜虫危害和控制病毒病的发生，通常在夏季高温季节使用。③黑色地膜：在聚乙烯树脂中加入 2%～3%的炭黑，透光率低，地膜下杂草因光弱而黄化死亡。黑色地膜增温效果较透明地膜差，但如果在夏季高温季节作物不易完成封垄，高温仍会对根系生长产生不利影响。④双色地膜：宽 10～15cm 透明膜与同样宽度的黑色膜或银灰色反光膜相间排列，既透光增温，又不致升温太高影响根系生长，还有抑制杂草的作用，适于夏季高温持续时间不多的地区。⑤双面地膜：一面为乳白色或银灰色，另一面为黑色的复合地膜。覆膜时乳白色或银灰色面朝上，黑色面向下，弥补了黑膜覆盖下土壤温度高的缺点，一般可降低土温 0.5℃～5℃，多用于夏季覆盖。该种地膜有反光、降温、驱蚜、抑草的作用。

（二）农业防治

农业综合防治是指利用农业耕作技术和田间管理措施等控制和减少农田土壤中杂草种子基数，抑制杂草生长，减少草害影响的防治方法。该方法成本低、可操作性强，但需较高的农田规划和管理水平。农业综合防治包括轮作、选种、施用腐熟的有机肥料、清除田边杂草、合理密植等技术方案。

1. 轮作控草

不同药用植物常有各自特殊的伴生杂草或寄生杂草，这些杂草所需的环境与药用植物极相似，如扁秆藨草、稗草、异型莎草等湿生型杂草，它们所需的生境与水稻相似，因而成为水田伴生杂草。因不同药用植物与其伴生杂草的适生环境相似，采用科学的轮作倒茬措施，改变环境便可明显减轻杂草危害。浙江采用“元胡-水稻”轮作种植模式，可显著降低元胡种植田的杂草危害。

2. 套种控草

利用两种或多种生理学、生态学方面存在显著差异的药用植物在时空与水肥上的互补关系，综合提高光、温、水和营养元素的利用率，提高单位面积的经济效益。套种药用植物的共生期较短，一般不超过各自全生育期的一半，如柴胡出苗时间多在 30 天以上，出苗期间需要遮阴保湿，因此，常采用玉米或小麦行间套种柴胡的模式，在玉米苗高 1m 左右或小麦出苗后 20～30 天可套种柴胡，为柴胡创造较好的萌发环境，同时减少杂草的危害。

3. 精选种子

杂草传播的途径之一是随药材种子传播，如狗尾草、藜的种子随柴胡种子传播、菟丝子随着桔梗种子传播等。种子传播往往随长途调运而人为地远距离扩散。为减少杂草种子传播的风险，播种前对作物种子进行精选或开展种子前处理，清除混杂在药材种子中的杂草种子，是一种经济有效的方法。精选种子的方法很多，如晒种、风选、筛选、盐水选、泥水选、硫酸氨水选种、种子色选、催芽处理等方法去除草籽或促使草籽提前萌发，达到降低杂草危害目的。桔梗种子播前采用浸种催芽，可有效去除种子内混入的杂草种子（图 4-4）。

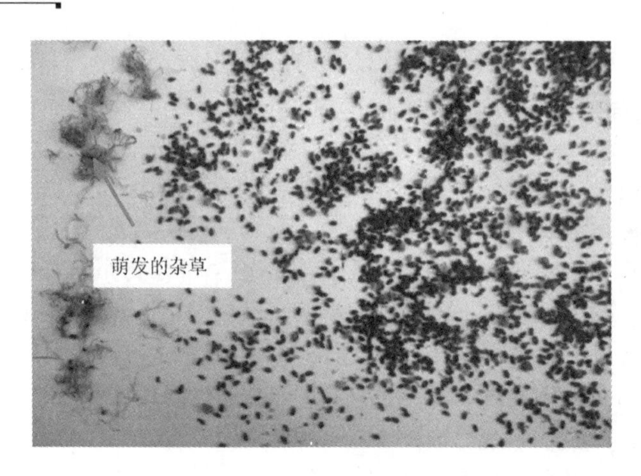

图 4-4　桔梗种子催芽处理促使杂草种子提前萌发

4. 施用腐熟厩肥

厩肥是常用农家肥，包括牲畜过腹的圈粪肥、杂草和秸秆沤制的堆肥及饲料残渣和粮油加工的下脚料等，均程度不同地带有一些杂草种子。牲畜吃了带有野燕麦的饲草，排出的粪便中野燕麦种子仍有发芽力，未经腐熟而施入田间，杂草种子在田间萌发生长继续造成危害。堆肥或厩肥必须经过足够时间的 50℃～70℃高温腐熟处理，使其中的杂草种子灭活后方可施入田中。

5. 清除周边杂草

药田四周杂草种子、地下根茎等能以每年 1～3m 的速度向田间扩散，几年内就会遍布全田。路边、沟边的杂草种子也可通过人为活动或牲畜、风力及流水带入田间。为防止田外杂草向田内扩散蔓延，必须认真清除田边、路边、沟渠边的杂草，特别是在杂草种子未成熟前予以清除，防止扩散。

6. 合理密植

杂草以其旺盛的长势与药材争水、争肥、争光。科学地合理密植，能加速作物的封行进程，利用作物自身的群体优势抑制杂草的生长，即以密控草，可以收到较好的防除效果。

7. 化感防治

有些药用植物及其产生的分泌物具有抑制或防治杂草生长的功效，如小麦可防治白茅，雀麦可防治匍匐冰草，冰草防治田旋花，苜蓿防治冰心草、粉包苣和田蓟，三叶草防治金丝桃属杂草等。

（三）化学防治

化学防治是一种应用化学药剂（除草剂）治理杂草的方法，具有高效、选择性强的特点，但具有残留性和对环境污染性强的缺点。国外已有 300 多种化学除草剂，辅以不同剂型，可用于几乎所有农作物的除草。世界范围内除草剂的用量已占农药用量的 40%以上。目前尚无在药用植物登记的除草剂，在此主要借鉴大田农作物上登记的除草剂应用资料，对除草剂的种类、影响除草效果的因素及除草剂药害产生的原因等进行介绍。

1. 除草剂种类

1）根据施用时间分

播前处理剂：用于作物播种前对土壤进行封闭处理，如棉田使用的氟乐灵、麦田使用的野麦畏，都是在棉花或麦子播前把除草剂喷洒到土壤中，并拌入土壤中一定深度，被杂草幼根、幼芽所吸收，并可防止或减少除草剂的挥发和光解损失。

播后苗前处理剂：播种后出苗前进行土壤处理，用于杂草芽鞘和幼叶吸收后向生长点传导的除草剂，对作物幼芽比较安全，如二甲戊灵对旱田中的一年生禾本科和阔叶杂草有效，对多年生杂草效果较差。

苗后处理剂：杂草出苗后直接把除草剂喷洒到杂草植株上，被茎叶吸收并向植物体其他部位传导的除草剂，如灭生性除草剂百草枯、草甘膦等。

2）根据对杂草和作物的选择性分

选择性除草剂：是在一定环境条件与用量范围内，只对某种或某一类杂草有效的除草剂，如精禾草克只对禾本科杂草有效，对双子叶作物安全，适用于阔叶田防治禾本科杂草。

非选择性除草剂：也称灭生性除草剂，对杂草和作物均有杀灭作用，不宜直接喷施到作物上。部分品种如草甘膦、百草枯等具有触土固化失效特性，残留低、安全性较好。这类除草剂可通过位差选择、时差选择、定向喷雾及采用保护装置实现安全除草。

3）根据除草剂在植物体内的传导方式分

内吸传导型除草剂：可通过杂草的根、茎、叶、芽鞘等吸收并在杂草体内传导，使杂草生长发育受到抑制或死亡。这类除草剂约占到总数的90%以上。

触杀性除草剂：只在直接接触到药剂的部位起作用，无内吸传导特性。这类除草剂种类较少，如溴苯腈、唑草酮、百草枯、敌草快等。

4）根据防除对象分

禾本科除草剂：只对禾本科杂草有效的除草剂，如禾草灵、精喹禾灵、氟吡甲禾灵等。

莎草除草剂：只对莎草科杂草有效的除草剂，如杀草隆。

阔叶除草剂：只对阔叶型杂草有效的除草剂，如溴苯腈、麦草畏、吡草醚、草除灵等。

藻蕨除草剂：只对藻蕨类杂草有效的除草剂，如硫酸铜、三苯基乙酸锡。

多能除草剂：兼对禾本科、莎草科、阔叶型、藻蕨类等两类以上杂草有效的除草剂，如兼对禾本科、莎草科杂草有效的禾草敌；兼对禾本科、阔叶型杂草有效的品种很多，如乙草胺、扑草净等；兼对禾本科、莎草科、阔叶型三类杂草有效的如嘧草醚、双草醚等；兼对四类杂草有效的称为广谱性除草剂如草甘膦、百草枯、草铵膦等。

2. 影响除草剂药效的因素

除草剂杀灭杂草的效果称为药效，反映除草剂和作物、环境对杂草共同作用的结果。药效高低除取决于除草剂本身的毒力，还受制于杂草、作物、环境条件，是诸多因素综合作用的结果。

1）天气条件

（1）温度　除草剂药效通常与温度高低成正比，较高温度利于药液吸收和传导，也有利于作物自身解毒作用的发挥。温度过低不仅影响药效还易导致药害发生。通常最佳施药温度为20℃～35℃，高温季节宜上午10时前下午16时后施药；低温季节宜10～15时施药。

（2）风速　风速大易造成药液漂移，小于2级风可以施药，超过3级风要停止作业。

（3）相对湿度　湿度大利于药液吸收，大部分除草剂宜于相对湿度≥65%时使用。

（4）降雨　药后适量降雨有利于药液淋溶至富含杂草种子的土层，提高药效。大部分茎叶处理剂施药6小时后降雨不影响药效，百草枯施药后0.5小时适量降雨不影响药效。

（5）光照　晴天光照有利于药液吸收提高药效，如除草醚、百草枯在光照下药效更高。易于光解的除草剂如氟乐灵、来草猛等要浅锄混土提高药效。

2）土壤条件

（1）土壤水分　土壤干旱时杂草吸收药液少，药效低。墒情适当则药效高。

（2）土壤质地　黏土对除草剂吸附量增大，易降低药效，因此黏壤土施药宜适当增大药量，沙土施药适当减少用药量。

（3）土壤酸碱度　多数除草剂在中性土壤中施用药效较高且稳定，酸性或碱性条件下不稳定，易发生分解而降低药效。个别除草剂如氯磺隆在碱性土壤使用易对当茬和下茬作物造成药害。

（4）土壤有机质　土壤有机质易吸附农药，所含微生物也易分解农药，生产中可根据土壤有机质含量调整施药量。

3）施药条件

（1）播前施药　宜在杂草抗药性最差时施药，如氟乐灵宜在播种前5～7天施药，草甘膦为施药后5～12天，百草枯为1～3天药效最高。

（2）播后施药　对于出苗时间较长的作物，可在春季播种后10～12天喷施百草枯等灭生性除草剂，二甲戊灵等则要在作物播种后3天内施用效果较好。

（3）苗后施药　苗后施药宜在作物对除草剂耐受性或抗药性较强，且杂草抗性最低时施药，如禾本科杂草宜在1～3叶，阔叶杂草宜在4～5叶期施药。

（4）安全时距　即通常所说的安全间隔期。《农药标签和说明书管理办法》第十五条规定“产品使用需要明确安全间隔期的，应当标注使用安全间隔期及农作物每个生产周期的最多施用次数”。多次使用会对当茬甚至后茬作物产生药害。

3. 除草剂药害产生的原因

药害产生的原因多种多样，大致有三个方面：①药剂质量问题；②施药时环境因素如天气、土壤等条件不适；③植物品种或生理状态。对于具体药害，可能由多个因素综合引起。就药用植物而言，产生药害的主要原因有三个方面。

（1）除草剂选用不当：对除草剂的适用对象判断失误，导致药用植物受害。

（2）残留毒害作用：长效除草剂在土壤中残留时间一般可达2～3年，长的可达4年以上，在连作或轮作农田中使用极易造成后茬作物药害、减产甚至绝收。玉米田使用莠去津，第二年除玉米和高粱之外，种植其他任何作物都不安全。内蒙古、黑龙江大豆、小麦、油菜田等多年连续使用甲氧咪草烟、甲磺隆、绿磺隆等，间作套种桔梗、黄芪等药材时药害严重。

（3）毗邻地块除草剂漂移。

（四）杂草检疫

对跨区调运的种苗依据国家植物检疫法进行检疫监督处理。1998 年，我国公布了 34 种检疫性杂草(表 4-1)，加上《一类、二类检疫对象》中的菟丝子 *Cuscuta* spp.、列当 *Orobanche* spp.、毒麦 *Sorghum halepense* 和假高粱（含黑高粱）*Sorghum almum* 等杂草，我国共有检疫性杂草 38 种属。目前，药材植物种子种苗在国内引种和调运频繁，杂草的检出十分普遍，如内蒙古赤峰的桔梗、牛膝、黄芩外调种子中经常检出菟丝子，其危害面积和程度日益严重。

表 4-1 国家动植物检疫总局公布的严禁入境的世界恶性杂草（34 种）（1988 年）

序号	名称	拉丁名	序号	名称	拉丁名
1	具节山羊草	*Aegilops cylindrical* Host	18	节节麦	*Aegilops squarrosa* L.
2	豚草	*Ambrosia artemisiifolia* L.	19	三裂叶豚草	*Ambrosia trifida* L.
3	多年生豚草	*Ambrosia psilostacya* DC.	20	大阿米芹	*Ammi majus* L.
4	细茎野燕麦	*Avena barbata* Brot.	21	法国野燕麦	*Avena Iudovicia* Dur.
5	不实野燕麦	*Avena sterilis* L.	22	疣果匙荠	*Bunias orientalis* L.
6	宽叶高加利	*Caucalis latifolia* L.	23	刺蒺藜草	*Cenchrus echinatus* L.
7	疏花蒺藜草	*Cenchrus Pauciflorus* Benth.	24	匍匐矢车菊	*Centaurea repens* L.
8	刺苞草	*Cenchrus tribuloides* L.	25	田蓟	*Cirsium arvense* L.
9	田旋花	*Convolvulus arvensis* L.	26	美丽猪屎豆	*Crotalaria spectabilis* Roth
10	南方三棘果	*Emex australis* Steinh.	27	锯齿大戟	*Euphorbia dentate* Michx.
11	提琴叶牵牛花	*Ipomoea Pandurata* L.	28	小花假苍耳	*Iva axillaris* Pursh
12	假苍耳	*Iva xanthifolia* Nutt.	29	欧洲山萝卜	*Knautia arvensis* L.
13	野莴苣	*Lactuca pulchella* Pursh	30	毒莴苣	*Lactuca serriola* L.
14	臭千里光	*Senecio jacobaea* L.	31	北美刺龙葵	*Solanum carolinense* L.
15	银毛龙葵	*Solanum elaeagnifolium* Cav.	32	刺萼龙葵	*Solanum rostratum* Dun.
16	刺茄	*Solanum torvu* Swartz.	33	独脚金属	*Striga* spp.
17	翅蒺藜	*Tribulus alatus* Delile	34	意大利苍耳	*Xanthinm italicum* Moretti

（五）生物防治

利用杂草的天敌如昆虫、病原真菌、细菌、病毒等控制杂草，已有近 200 年的历史。最新研究发现植物病原菌表现出潜在的除草活性，有望开发成新型生物除草剂。比较成功的例子是 1981 年利用美国佛罗里达州的棕榈疫霉致病菌株的厚垣孢子悬浮剂防治杂草莫伦藤 *Morrenia odorata*，防效可达 90%以上，持效期可达 2 年，被广泛用于橘园杂草防除。生物除草剂的缺点是：生物除草剂的高度专一性难以控制遗传多样的杂草，生物除草剂对温度、湿度和土壤等环境条件要求苛刻，难以实现工业化生产；市场规模小、生产和应用成本较高等限制了生物除草剂的大规模应用。

（杨成民 徐常青 魏建和）

第五章　药用植物病虫害的预测与调查

一、病虫害预测

病虫害预测预报是贯彻“预防为主”方针的重要措施。建立和健全各级病虫测报站、网，开展群测群报工作。各地药材产区可和当地病虫测报站网加强联系，紧密结合，进行病情和虫情调查，及时发送病虫情报，建立病虫档案，不断提高测报准确性，介绍发报当时和预测今后病虫发生为害时期、数量、为害程度，提出防治范围、防治时间、防治方法。

病虫害预测预报可分长期预测和短期预测两种。预测方法很多，一般常用的有物候观察、网捕观察、灯光诱测、饲养观察、空中孢子捕捉、查卵、查蛹、剖析检查法等。根据不同的预测对象可采用不同的调查方法，以掌握病虫发生数量、发育进程，分析与病虫有关的环境条件，对照病情虫情有关历史资料，正确判断病虫害未来发生情况，及时发布预测结果。这样就可提前做好防治准备，争取主动，将病虫消灭在成灾之前。

二、病虫害调查

病虫害的调查统计，是植保工作的重要内容之一。只有通过实地调查，才能全面地了解和掌握病虫害发生发展规律、为害情况及防治效果，以便抓住病虫害的薄弱环节，采取有效的防治措施。因此，必须做好病虫害调查工作。

（一）调查类别

（1）一般调查　在对一个地区的病虫害缺乏了解的情况下，首先应进行一般调查。主要是调查病虫种类和了解病虫害发生的一般情况。调查区域要广，要有代表性，但对每种病虫害发生率计算要求不严。

（2）重点调查　是对危害严重的和属检疫对象的病虫害进行深入细致的调查。调查内容包括病虫害的分布、发生率、损失率、环境影响和防治效果等。

（3）专题调查　是在一般调查和重点调查的基础上，为了进一步摸清尚未解决的问题而进行的调查。例如，对病原、中间寄主、消长规律、防治效果等。

（二）调查方法

调查方法很多，随着病虫害的性质和调查的目的而不同。最基本的方法是田间观察、群众访问及座谈等。

1）调查时间

根据调查目的和各种病虫发生为害时期来确定。一般在病虫害的为害时期进行。

2）取样方法

应根据地形、中草药种类、调查的性质、要求准确的程度等来决定。常用的取样方法有棋盘式、对角线五点取样及分行取样等。

（1）样本的数目：由病虫害种类和环境决定。所取的样本要有足够的代表性。

无论采取哪种取样方法，都应离开田边 2～3m。一般情况下样本的数目不应少于 5 点。空气传播而分布均匀的病害样本数目可以少些，土传病害样本数目要多些。地形、土壤和耕作方法不一致的地点取样也要多一些。

（2）取样单位和数量：取样单位有的以植株或其某一部分为单位，也有以面积为单位等。应当以简单而能正确反映病虫的为害为原则，全株性的病害如枯萎病、病毒病和苗期的蚜虫、螨类等，取样常以植株为单位，局部为害的病虫害常以植株的受害部位为单位。取样的数量应根据被害程度和分布情况等尽量做到样本少而可靠。一般全株性病害观察 100～200 张叶片。

（三）病虫害调查的田间记载

一般常用表格式记载，其形式和内容因调查的目的和对象而不同。如果对病虫害种类进行一般调查，主要了解病虫害的分布及发生程度，记载表格比较简单。如果对病虫害做深入调查，应该了解的内容大致可以包括以下几项：

（1）尽可能地确定症状和病虫种类。

（2）病虫害发生的历史。

（3）产量及经济损失的估计。

（4）有关病虫害发生、发展的一些影响因素，如当地自然条件（气候、地势、土壤）、栽培情况等。

（5）群众对于该病虫的看法、防治经验、防治效果及存在的问题等记载的表格，可根据调查的项目自行设计。

（四）病虫害调查的统计方法

1. 病虫害发生与为害程度的统计

病虫害发生与为害程度的统计是分析病虫害的发生情况和为害轻重的依据，病害的发生多少常以发病率表示，为害轻重以病情指数表示；虫害的发生程度以虫口密度表示，为害程度以被害率表示。

（1）发病率与病情指数的计算：发病率是指发病的植株（或叶、果等）数占调查总植株（或叶、果等）数的百分比。计算公式为

$$\text{发病率}=\frac{\text{发病植株（或叶、果等）数}}{\text{调查的总数}}\times 100\%$$

发病率仅表示病害发生的普遍程度，如要反映病害的严重程度还需要病情指数来表示。病情指数即将病害按轻重分成若干等级，每一级用一数值表示，加以计算。其公式为

$$\text{病情指数}=\frac{\text{（各级发病数}\times\text{各级代表数值）之和}}{\text{调查的总数}\times\text{发病最重一级的代表数值}}\times 100$$

以芍药叶斑病的分级记载与病情指数的计算为例：

病级	发病程度	代表数值	叶数
第 1 级	健康无病	0	60
第 2 级	病斑占全叶 1/4 以下	1	75
第 3 级	病斑占全叶 1/4～1/2	2	70
第 4 级	病斑占全叶 1/2～3/4	3	80
第 5 级	病斑占全叶 3/4 以上或全株死亡	4	15

$$\text{病情指数} = \frac{0\times60+1\times75+2\times70+3\times80+4\times15}{(60+75+70+80+15)\times4}\times100=42.9$$

（2）虫口密度与被害率的计算：虫口密度是指单位面积或单位株数（或叶、果等）上的害虫数量。用每亩虫数、每株虫数或百株虫口数、百片叶里的虫口数等来表示。这些数值可以反映害虫发生的普遍程度。害虫的为害程度常用被害率来表示。被害率就是指植物受虫害的数目占所调查总数的百分率，用下列公式计算：

$$\text{被害率} = \frac{\text{被害株（或叶、果等）数}}{\text{调查总数}}\times100\%$$

（3）损失率的计算：有的中草药受到为害，其被害率相当于损失率，如薏苡黑穗病。一些取食中草药药用部分的害虫，其被害率也相当于损失率，如红花实蝇。但多数病虫害并不如此。有必要进一步计算因病虫害而造成的损失。损失率计算方法有下面几种：

通过调查，用受害和未受害的不同地块的产量对比来测定损失率，计算方法为

$$\text{损失率} = \frac{\text{未受害地平均产量}-\text{受害地平均产量}}{\text{未受害地平均产量}}\times100\%$$

通过试验来测定损失率。一般是设立病虫防治区与不防治对照区。两区品种、管理一致，再比较其产量，求得损失率。

$$\text{损失率} = \frac{\text{防治区产量}-\text{对照区产量}}{\text{防治区产量}}\times100\%$$

2. 病虫害防治效果的统计

病虫害防治效果的统计方法比较多，病害防治效果常用防治区与不防治区的发病率来计算。虫害的防治效果前后虫口密度的变化来计算。

$$\text{病害防治效果} = \frac{\text{对照区（不防治）发病率}-\text{防治区发病率}}{\text{对照区发病率}}\times100\%$$

$$\text{虫害防治效果} = \frac{\text{防治前的虫口数}-\text{防治后的虫口数}}{\text{防治前的虫口数}}\times100\%$$

（程惠珍）

第六章 药用植物病虫草害防治原理和方法

药用植物病虫草害防治按其作用原理和应用技术，可分成植物检疫、农业防治、生物防治、物理机械防治和化学防治。与其他农作物相比，药用植物病虫草害及其防治工作相对薄弱，科技资料较少，积累不多，加强药用植物病虫草害防治研究对科学指导中药材生产具有重要意义。

一、植物检疫

病、虫、杂草的传播主要有自然传播和人为传播两种途径。植物检疫就是依据国家法规，对调出和调入的植物及其产品等进行检验和处理，以防止危险性病、虫、杂草人为传播，是一种带有强制性的防治措施。因此，植物检疫是一种保护性、预防性措施。

（一）植物检疫的分类

通俗地说，植物检疫根据植物及其产品来源一般分为对外检疫（国际检疫）和对内检疫（国内检疫）两种。

（1）对外检疫　亦称国际检疫，是为了防止危险性病、虫、杂草传入国内或带出国境，由国家在沿海港口、国际机场及国际间交通要道等处，设置植物检疫或商品检查站等机构，对出入口岸及过境的植物及其植物产品、运输工具、包装容器等进行检疫和除害处理。

（2）对内检疫　亦称国内检疫，是为了防止国内已有的危险性病、虫、杂草在国内县（市、区）之间由于交换、调运种子、苗木及其他农产品而传播蔓延。目的是将其封锁于一定范围内，并加以彻底消灭。国内检疫由各省（自治区，直辖市）的县级植检机构会同邮局、铁路、公路、民航等有关部门，根据各地人民政府公布的对内检疫对象名单和检疫办法进行。

（二）确定植物检疫对象的原则

植物检疫对象是根据每个国家或地区农林生产的实际需要和当地农作物病、虫、草害发生的特点而制定的。不同国家或地区所规定的检疫对象是不同的。确定植物检疫对象的原则是：①在经济上易造成严重损失而防治又是极为困难的危险性病、虫和杂草；②容易通过人为传播的危险性病、虫及杂草；③国内或地区内尚未发生或仅局部发生的危险性病、虫及杂草。

（三）植物检疫的程序

实施植物检疫必须按照法定程序办理。各种类别的植物检疫，都遵循下列基本程序。

（1）报检　调运可能含有植物检疫对象的材料时，调入单位事先征得当地检验检疫机构的同意，并向调出单位提出检疫要求，向当地检验检疫机构申请检疫。国外调运可能含有检疫对象的材料时，由调运单位或个人向当地省级检验检疫机构申报，获得批准后，再按照规定手续办理调运。物品抵达口岸时，由引入单位或个人向入境口岸检验检疫机构申请检疫。

（2）查验　有关植物检验检疫机构根据报验的受检材料，抽样检疫。除产地植物检疫采用田间调查外，其余各项植物的检疫通常采用现场查验，根据需要检疫抽样后采用显微镜下检疫、保湿萌芽检疫、分离培养检疫等各种检疫方法进行室内检疫。

（3）处理　在检疫过程中，发现有检疫性的有害生物，分别不同情况给予限制其使用时间、地点和用途，熏蒸消毒、机械汰除和隔离试种、退回或销毁等不同的检疫处理。

（4）签证　从无检疫性有害生物发生地区调运种子和苗木等繁殖材料，经核实后签发检疫证书。从检疫性有害生物零星发生区调运种子和苗木等繁殖材料，凭产地检疫合格证签发检疫证书。发现检疫性有害生物但经除害处理后合格的，签发检疫证书。

调运植物的检疫证书由当地植保植检站或其授权机构签发。口岸植物检疫由口岸植物检验检疫机关根据检疫结果签发“检疫放行通知单”或“检疫处理通知单”。

我国早在1982年就颁布实施了《中华人民共和国植物检疫条例》，并于1992年进行了修改补充；1991年10月颁布实施了《中华人民共和国进出境动植物检疫法》，为发挥植物检疫在保护农林业生产中的作用奠定了法律基础。根据农发[1995]10 号文所公布的全国植物检疫对象和应施检疫的植物产品名单，中药材被明确列入应施检的植物产品名单，因此在引种、种苗调运过程中，应进行必要的检查。对危险性病虫害的种苗，严禁输出或调入，同时采取有效措施消灭或封锁在本地区内，防止扩大蔓延。

二、农业防治

农业防治是根据农田环境、植物与有害生物之间的相互关系，利用一系列栽培管理技术，有目的地改变某些因子，有利于作物的生长发育，而不利于有害生物，从而达到控制有害生物的发生和为害，保护农业生产的目的。农业防治是有害生物综合治理的基础措施。其优点是：无需为防治有害生物而增加额外成本；无杀伤自然天敌、造成有害生物产生抗药性及污染环境等不良副作用；可随作物生产的不断进行而经常保持对有害生物的抑制，其效果是累积的；一般具有预防作用。但其缺点是：有些防治措施与丰产要求有矛盾，或与耕作制度有矛盾；一些农业防治法所采用的具体措施地域性、季节性比较强，限制了其大面积推广；同时，农业防治措施的防虫效果表现缓慢或不十分明显，特别是在病虫害大发生时往往不易及时解决问题。

1. 合理轮作和间作

如果一种药用植物在同一块地上连作，不但消耗地力，影响药用植物的生长发育，同时使病虫在土壤中积累。在药用植物栽培制度中，进行合理的轮作和间作，无论对防治病虫害和充分利用土壤肥力都是十分重要的。特别是对那些病虫在土中寄居或休眠的药用植物来说，实行轮作就更为重要。例如，土传病害种类多且受害严重的人参、西洋参绝对不宜连作，否则病害严重，造成大量死亡或全田毁灭。

轮作期限长短一般根据病原物在土壤中存活的期限而定，目的是使那些病原物由于轮作而在土中无适合的食料而逐渐饥饿死亡或大大降低繁殖数量。例如，白术根腐病 *Fusarium oxysporium* Schl.和地黄枯萎病 *Fusarium* sp.轮作期限为3～5年。此外，合理选择轮作物也至关重要。一般同科属植物或同为某些严重病虫寄主的植物不宜选为轮作物，否则不仅不易起到轮作防治病虫害的目的，反而会起相反作用。枸杞、颠茄、泡囊草等都受枸杞负泥虫的严重为害；地黄和大豆同为大豆胞囊线虫的寄主；玄参、附子、白术等同为白绢病等根腐病的寄主，它们彼此都不宜选为轮作物。

从病虫防治角度，对轮作物的选择原则同样适合于间作物的选择。但间作物同时栽种在一块地里，相互之间的影响更大，必须从病虫害防治和植物的生长发育多方面综合考虑。

有些植物的植株和根系分泌物或气味可以对某些邻作物病虫害有抑制或驱避作用。某些作物因根系的作用，改善了土壤的物理性状而造成对某些邻作物根病的不利条件，从而抑制了这些病害的发生；还可能由于高矮作物搭配，对某些邻作物害虫活动产生机械的阻碍作用。科学地运用这些生物之间的微妙关系，就可能选择较理想的间作物组合，达到防治病虫害的目的。实践表明，根腐病较严重的药用植物和有气生根的玉米间作，可改善土壤通气状况，则根腐病减轻，如附子和玉米间作，附子根腐病则减轻；地黄和高秆作物玉米间作，使地黄蛱蝶为害显著减轻，这可能是由于成虫飞翔产卵活动受到机械阻碍作用的缘故。国外文献报道，和万寿菊间作的植物可抑制植物寄生线虫。

2. 耕作

深耕细作是重要的栽培措施，除能促进植株根系发育，增强吸收水肥能力使植物生长健壮、增强抗病能力外，还能破坏蛰伏在土内休眠的害虫巢穴和病菌越冬的场所。直接消灭病原物和害虫，减少翌年病虫基数。例如，大黄拟守瓜 *Gellerucida* sp.、山茱萸尺蠖 *Boarmia eosoria* Leech、黄栀子大透翅天蛾 *Cephonodes hylas* L.、枸杞负泥虫、栝楼透翅蛾 *Melittia bombyliformis* Cramer 等以各自特定虫态在寄主根际土内越冬，因此在冬季或早春耕翻土地或在根际垦覆，破坏害虫越冬场所或改变栖息环境，直接消灭部分害虫，减少越冬虫源，以抑制翌年虫害发生数量，达到防治目的。对土传病害严重的药用植物人参、西洋参等，播种前对土地耕作要求很严格，播前除必须休闲养地外，还要耕翻晒土数遍，以改善土壤物理性状，减少土中致病菌数量，这已成为既定的重要防病措施。

3. 除草、修剪及清洁田园

田间杂草及中草药收获后病虫残株和掉落在田间的枯枝落叶，往往是病虫隐蔽及越冬场所和翌年的病虫来源。因此，除草及药用植物收获后清洁田园，结合修剪将病虫残株和枯枝落叶烧毁或深埋处理，可以大大压低病虫越冬基数和翌年病虫为害程度。例如，枸杞黑果病病原菌 *Glomerella cingulate* (Stonem) Spanld et Von Schrenk 是在病株枯枝叶和罹病的僵果上越冬，做好冬季清园工作是主要防病措施。在秋季收果后，彻底摘除树上的黑果和剪除病枝，并将地面枯枝落叶和黑果全部清除烧毁或深埋。翌年 7 月中旬调查发病率结果表明，清园好的地块发病率为 2.1%，清园不好的为 22.4%，未清园的为 50.8%，清园收到了良好的防病效果。

4. 调节播种期

某些病虫害常和中草药某个生长发育阶段有关，如使这一阶段错过病虫大量侵染为害的危险期，可避开病虫为害，达到防治目的。例如，红花实蝇在红花现蕾期为大量产卵为害盛期，如实行冬播或春季早播（3 月上中旬）可使苗早苗壮，提前现蕾，错过实蝇产卵盛期，从而减轻其为害。又如，荆芥茎枯病 *Fusarium* spp.在浙江萧山 6 月上旬为发病盛期，如实行适时早播（4 月初前播种），到 6 月上旬时，苗高在 25cm 以上，具有一定抗病力，可减轻茎枯病。

5. 合理施肥

合理施肥能促进中草药生长发育，增加其抵抗力和被病虫为害后的恢复能力或避开病虫为害时期。例如，白术施足有机肥，适当增施磷钾肥，可减轻花叶病。同样，合理施肥对于巴戟天提高产量、减轻病害发生，是行之有效的措施。如施有机肥牛粪可促进根系发达、叶色浓绿，并有利于土壤中微生物的活动，增加微生物的拮抗作用；施钾肥明显促进茎基部木栓层形成，提高了抗茎基腐病的能力。相反，如施肥不当则会加重病虫害的发生，如巴戟天施碳酸氢铵不当，会造成茎基部表皮和根部的灼伤，便于茎基腐病病菌侵入为害，加重该病的发生；元胡在后期施氮肥会使霜霉病和菌核病加重。使用未腐熟的厩肥或堆肥，则肥中的残存病菌及地下害虫蛴螬等虫卵未被杀灭，就可能造成地下害虫和某些病害加重，应用高温堆肥或充分腐熟的肥料就不至于产生这一弊端。

6. 选育和利用抗病、虫品种

药用植物的不同类型或品种之间往往对病虫害抵抗能力有显著差异。地黄农家品种金状元对地黄斑枯病比较敏感，而小黑英则比较抗病；有刺型红花比无刺型红花能抗炭疽病和红花实蝇；蒙黄芪农家品种大三黄和小三黄较能抗黄芪籽蜂；白术矮秆型抗术籽螟等。研究显示，宁夏枸杞不同品种受瘿螨为害后可溶性糖、总酚、类黄酮和 POD 含量变化明显，对枸杞瘿螨的抗性宁杞 1 号大于宁杞 7 号大于宁杞 5 号，有显著性差异。农业上利用植物之间的化感作用培育抗杂草水稻新品种已获成功。因此，如何利用这些抗病虫特性，进一步选育出较理想的抗病虫害的优质高产品种，是一项十分有意义的工作。特别是对那些病虫严重且防治难度大的药用植物，选育和利用抗病虫草品种则是一项最为经济有效的措施。目前，在药用植物抗病虫品种的选育和利用工作方面国内外都做得很少，随着对遗传学研究的深入和现代生物技术的发展，抗病、抗虫品种的选育和利用将具有更广阔的应用前景。

三、生物防治

生物防治就是用生物或生物代谢物及生物技术获得的生物产物，如抗生素、生物农药或天敌来治理有害生物。这些生物产物或天敌，一般对有害生物选择性强、毒性大；而对高等动物毒性小，对环境污染少，一般不造成公害。如今人们对保护一个清洁的自然环境的迫切要求和对地下水质、食品安全性等的忧虑，更把生物防治技术的应用和研究推到了一个前所未有的重要地位，引起政府和社会各界的重视。中药材病虫害的生物防治是解决中药免受农药污染的有效途径。但是，生物防治也有局限性，如杀虫作用较缓慢，杀虫范围较窄，受气候条件影响较大，一般不容易批量生产，贮存运输也受限制。

（一）植物害虫生物防治的途径

1. 保护利用自然天敌昆虫和有益动物

在自然界中，各种害虫的自然天敌昆虫和捕食动物种类很多。天敌昆虫可分为两大类，即捕食性天敌昆虫和寄生性天敌昆虫。常见捕食性天敌昆虫如蜻蜓、螳螂、猎蝽、刺蝽、花蝽、草蛉、瓢虫、步行虫、食虫虻、食蚜蝇、胡蜂、泥蜂等；常见寄生性天敌昆虫如寄生蜂类和寄生蝇类等；常见其他捕食动物如各种鸟类、蜘蛛及捕食螨类、青蛙、蟾蜍等。采取各种保护措施促进自然天敌种群的增长，以加大对农业害虫的自然控制能力。选用对天敌杀伤力小的农药防治害虫。

2. 人工繁殖与田间释放天敌

当本地天敌的自然控制力量不足时，尤其是在害虫发生前期，可在室内人工大量繁殖和田间释放天敌，以控制害虫的为害。目前国内外对繁殖、利用草蛉和瓢虫方面的工作做得比较多。在美国等国家已有繁殖草蛉的工厂，大量繁殖草蛉出售，在生产上发挥了作用。目前在药用植物上，繁殖和利用管氏肿腿蜂防治金银花咖啡脊虎天牛、玫瑰多带天牛等蛀干性害虫取得成功。

3. 昆虫病原微生物的利用

引起昆虫疾病的微生物有真菌、细菌、病毒、原生动物及线虫等多种类群，许多已经在生产上广泛应用。例如，苏云金杆菌（Bt）、白僵菌、球形芽孢杆菌（Bs）、蝗虫微孢子虫等，应用固体或液体培养基发酵技术，通过工厂化大量生产粉剂、液剂、乳剂等剂型，像使用化学农药一样在田间使用，防治害虫。科学家们又成功地将Bt毒素蛋白基因通过基因工程的方法转入到植物中，培育成抗虫品种。病毒类则用寄主害虫活体接种后大量繁殖，再制成一定剂型在田间使用。昆虫病原线虫也能够工厂化批量生产，并在桃小食心虫、木蠹蛾等害虫的防治中取得了很好的效果。

4. 利用昆虫激素防治害虫

利用昆虫激素防治害虫是害虫生物防治的一种新途径。国内外对多种昆虫激素进行了分离、结构测定及人工合成，并对一批重要农林害虫进行了防治试验，取得了不少成果。目前已开发出多种产品，并进入商业应用。昆虫激素是昆虫体内腺体分泌的物质，它可调节昆虫生长变态、生殖、滞育、代谢等重要生理活动。其中研究和利用较多的主要是保幼激素和性外激素。性外激素又称性信息素，人工合成的性外激素通常叫作性诱剂。利用性信息素诱捕法或迷向法防治害虫，已成为害虫综合防治的重要方法之一。例如，我国应用性信息素防治梨小食心虫已在华北果树上应用成功。药用植物中明确了(2S,8Z)-2-Butyroxy-8-heptadecene为菊花、青蒿等菊科药用植物害虫菊花瘿蚊*Rhopalomyia longicauda*性信息素的主要成分，其对菊花瘿蚊雄虫具有强烈的触角电位反应和田间引诱力。在河北安国祁白菊及山东济宁嘉祥嘉菊田应用，初步结果显示对菊瘿蚊有很好的引诱作用和控制效果。金银花尺蠖在应用性信息素防治研究上已获得进展。此外，对保幼激素和蜕皮激素等研究表明，用过量的外源激素处理，可使害虫产生畸形，使其不易正常发育而死亡。

5. 不育昆虫的利用

在一定范围的害虫流行区，连续大量地释放人工饲养、经辐射或化学物质处理、导致不育的害虫，使其与自然种群竞争、交配，经若干代后就能抑制自然种群的繁殖，甚至达到基本消灭的目的。美国使用此项技术于1955年完全控制东南亚螺旋椎蝇。我国也开展了这项研究，对大面积栽培的药用植物重要害虫做此试验研究也是完全有可能的。

（二）植物病害生物防治原理

植物病害的生物防治主要是通过有益微生物对病原物造成各种不利影响来实现的，其基本原理主要包括抗菌作用、竞争作用、重寄生作用和交叉保护作用等。

（1）抗菌作用（antibiosis） 指一种生物通过其代谢产物抑制或影响另一种生物的生长发育或生存的现象。这种代谢产物通常称为抗生素。抗菌作用在自然界普遍发生。真菌、细菌和放线菌等均可产生抗生素。例如，井冈霉素即是一种葡萄糖苷类抗生素；绿色木霉 *T. viride* 产生的抗生素对茄丝核菌 *R. solani* 等多种病原菌有抑制作用。

（2）竞争作用（competition） 指两个或两个以上的微生物之间争夺空间、营养、氧气和水分等的现象。其中，以空间竞争和营养竞争最重要。空间竞争是指有益微生物对植物表面空间，尤其是对病原物侵入植物的位点的争夺和占领，使病原物难以侵入。例如，枯草芽孢杆菌对大白菜软腐病菌 *Erwinia carotovora* subsp. *carotovora* 侵入位点的占领属于空间竞争。营养竞争指有益微生物与病原物对植物分泌物和植物残体等的争夺，使病原物因得不到足够的营养物质而丧失对植物侵染能力或不易存活。例如，草生欧文氏菌 *E. herbicola* 对梨火疫病菌 *E. amylovora* 的抑制作用主要是营养竞争。

（3）重寄生作用（hyperparasitism） 指植物病原物被其他微生物寄生的现象。这种寄生物称为重寄生物，有真菌、细菌、线虫和病毒等。被寄生的病原物可以是病原真菌、病原细菌和植物线虫等。目前，生物防治中利用最多的是重寄生真菌，如哈茨木霉寄生立枯丝核菌等。

（4）交互保护作用（cross protection） 指植物在事先接种一种弱致病力的微生物后不感染或少感染强致病力病原物的现象。交叉保护可发生在同种真菌或细菌的不同菌株间或同种病毒的不同株系间，也可发生在不同种甚至不同类的病原物之间。例如，用番茄花叶病毒 Tomato mosaic virus 的弱毒株系接种可防治番茄花叶病毒强毒株系的侵染。

（5）此外，溶菌作用（lysis）和捕食作用（predation）等也可用于生物防治。溶菌作用指植物病原真菌和细菌的芽管细胞或菌体细胞消解的现象，有自溶性溶菌和非自溶性溶菌之分。捕食作用是指土壤中的一些原生动物、线虫和真菌捕食真菌的菌丝和孢子、细菌或线虫的现象。迄今为止，已在耕作土壤中发现了百余种捕食线虫的真菌，有些捕食性真菌已商品化生产，用于防治番茄根结线虫等。

（三）中药材病虫害生物防治研究概况

1. 应用管氏肿腿蜂 *Scleroderma guani* 防治蛀茎性害虫

管氏肿腿蜂是某些甲虫，特别是天牛科昆虫的幼虫和蛹的外寄生昆虫。为了大量应用于蛀茎性害虫的防治，中国医学科学院药用植物研究所对其中间寄主及繁蜂技术、贮蜂及田间释放技术进行了系列研究。通过对防治金银花天牛、菊花天牛、玫瑰多带天牛等的试验，田间寄生率达 50%～70%。这项成果还推广应用于园林行道树的蛀干害虫的防治，如1985年、1986年曾用于防治颐和园的古松柏的双条杉天牛等，且有明显的持续效应。

2. 木霉菌的研究进展及在中药材病害防治上的应用

木霉（*Trichoderma* sp.）对多种植物病原真菌表现出强拮抗作用，受到世界上许多国家的重视。目前木霉属中应用较多的是哈茨木霉 *T. harzianum* 并已走向商品化。美国用哈茨木霉麸皮制剂，在大田条件下施用可降低由立枯丝核菌 *Rhizoctonia solani* 引起的棉立枯病（60%），并提高出苗率。据报道哈茨木霉至少对 18 属 29 种病原真菌有拮抗作用。在我国 1983 年首次分离培养得到哈茨木霉，用于防治白术、菊花的白绢病 *Sclerotium rolfii* 及人参、西洋参的立枯病 *Rhizoctonia solani* 获得成功。应用木霉对中药材土传病害进行生物防治有着广阔的前景。据初步分析，由白绢病菌引起的中药材病害有白术白绢病、菊花白绢病、佩兰白绢病、玄参白绢病等；由立枯病菌引起的中药材病害有西洋参立枯病；由猝倒病菌 *Pythium* sp.引起的病害有人参、儿茶、荆芥猝倒病等。上述药材病害可用哈茨木霉制剂进行防治。作为普遍存在并具有丰富资源的拮抗微生物，木霉在植物病害，尤其是土传病害的生物防治有重要的应用价值。

3. 应用农抗 120 防治人参疫病的研究

农抗 120 是中国农业科学院生物防治研究所研制的一种新型农用抗菌素，是刺孢吸水链霉菌北京变种 *Streptomyces hygrospinosus* var. *beijingensis* 的代谢产物。它对人参疫病菌 *Phytophthora catorum* 具有很强的抑制作用，在 PDA 培养基上，100ppm 的浓度下，对疫病菌的抑制率为 100%，田间试验结果显示在人参、西洋参发病初期，应用 2%农抗 120 水剂稀释 100 倍灌根或喷施，每隔 7～10 天施 1 次，连续使用 2 次，可减少烂根，提高存苗率。

4. 昆虫病原线虫的应用研究

此类线虫消化道内携带共生菌，线虫进入昆虫血腔后，共生菌从线虫体内释放出来，在昆虫血液内增殖，致使昆虫患败血症迅速死亡。自 1985 年我国与澳大利亚双方签署利用昆虫病原线虫防治害虫的项目开展以来，先进技术的引进，使我国在昆虫病原线虫的研究与应用有了很大进步。中药材中根类药约占 70%，地下害虫危害严重，由于土壤吸附作用，往往需要大剂量向土中灌、洒农药才能奏效。为解决此问题，1987 年从中国农业科学院生物防治研究所引进昆虫病原线虫，1991 年又从危害天麻的蛴螬中分离到一种昆虫病原线虫。经试验 *Steinernema* spp.的几个品系对枸杞负泥虫、射干钻心虫、细胸金针虫等室内感染率均达 90%以上，田间防治效果 60%左右。昆虫病原线虫不耐高温，37℃以上就死亡，对人畜无害，不污染环境，分布广，是值得利用的生防资源。

5. 植物源农药的研究

（1）植物源农药在生物防治中的地位和作用。生物农药分为直接利用生物和利用源于生物的生理活性物质两大类，植物源农药是生物农药的重要组成部分。植物受害不完全是被动的，主要靠其千变万化的代谢类型和反应，产生自然抵御性，表现为杀死、忌避、拒食或抑制害虫正常生长发育。种类繁多的植物次生代谢产物，是潜在的化学因素，构成了各具特色的化学生态，而正是这些次级代谢产物抵御了绝大多数害虫的侵扰。据不完全统计，目前已发现的对昆虫生长有抑制、干扰作用的植物次生物质有 1100 余种，这些物质均不同程度对昆虫表现出拒食、驱避、抑制生长发育及直接毒杀作用。富含这些高生理活性次生物质的植物均有可能被直接加工成农药制剂。害虫及病原微生物对这类生物农药一般难以对其产生抗药性，这类农药也极易和其他生物措施相协调，有利于综合治理的实施。总之，植物源农药是非常庞大的生物农药类群，是目前国内外人们极为重视的第三代农药的源泉，其类型之多、性质之特殊，足以应付各类有害生物。因此，植物源农药将在生物防治中扮演重要的角色。

（2）植物源农药研究进展。用植物源物质防治植物病虫害已经有二百多年的历史，但真正有目的、科学地进行开发利用则是近一二十年的事。这些年的研究进展主要表现为以下几个方面：①从使用的角度看，和 20 世纪 50 年代的“土农药”有着显著区别，目前只能在取得科学的数据、完整的技术资料、严格的审批、登记后，才能由工厂定点生产和使用。②现在生产上应用的主要有烟碱制剂、鱼藤制剂、苦参碱制剂、茴蒿素制剂、川楝素制剂等。③当前最为重视的是楝科植物，其杀虫活性成分为四环三萜类物质，华南农业大学研究发现其活性成分可直接破坏昆虫表皮结构，引起昆虫外表皮局部消融，破坏真皮细胞的产生。④雷公藤、苦皮藤、除虫菊、黄杜鹃、了哥王等植物中也分离出杀虫效果优异的新化合物。⑤重点关注那些作用较为缓和、机理特殊、对害虫种群控制可产生深远影响的植物性物质。如昆虫行为干扰性物质，各种功能不同的信息素类物质，昆虫不育性物质等。⑥有些植物性油类，如苦楝油、山苍子油、香茅油、肉桂油等防治病虫害有较好效果，对天敌安全，有实际应用价值。

四、物理防治

根据病虫草害的生物学特性和发生规律，利用声、光、电、热、机械等物理因子对有害生物的生长、发育、繁殖等进行干扰，达到防治病虫草为害的目的方法，称为物理防治法。

1. 汰除法

汰除法是根据病、健种子在重量和形态上的差异，利用筛选、风选、水选等物理方法清除混杂于种子中的病原物、感染病虫的种子和杂草种子的方法。根据比重的不同，可采用风选、水选、盐水选、泥水选等方法。根据粒径的不同，可采用不同孔径的筛子进行筛分等。汰除法能有效去除油菜菌核病菌的菌核和大豆菟丝子的种子等，还能同时清除种子中的大量秕粒，有利于防病增产。

2. 热处理法

热处理法是利用寄主和病虫草在温度耐受性和时空分布上的差异来杀灭病虫草的方法，具有见效快、无污染的特点。利用寄主和病原物耐热能力上的差异，采用一定温度处理植物材料，可以达到钝化或杀死病原物，或防止病原物侵入的目的，如采用开水浸烫豌豆或蚕豆种 25～30s，然后在冷水中浸数分钟，可杀死里面的豌豆象或蚕豆象而不影响种子发芽；采用温汤浸种可以杀灭薏苡黑粉病、地黄胞囊线虫病等。播种或移栽前采用高温蒸汽或者微波处理土壤，可以有效杀灭土壤中的线虫和杂草种子；杂草出苗期采用火焰喷射处理，可有效杀灭地面刚出土的杂草等。在北方严寒季节，将药材以薄层摊晾于露天，在 0℃～15℃以下，经 12h 后，害虫均可冻死。如果库房通风设备良好，在冬季亦可择干燥天气，将库房所有门窗打开，使空气对流，也能达到冷冻杀虫的目的。

北方冬季寒冷季节全面打开休闲的大棚，可有效杀灭躲藏其中越冬的害虫，有利于降低来年春季虫口基数。

3. 诱集灭虫法

利用害虫对特定光谱及引诱物质等的趋避性来防治害虫的方法。如利用一些夜蛾、螟蛾、金龟甲等成虫的趋光性，在成虫发生期进行LED灯、频振灯、黑光灯等诱杀，可显著降低田间落卵量；利用蚜虫等对银色的负趋性，在田间铺设银灰色塑料薄膜带可以驱避有翅蚜降落；利用蚜虫、白粉虱、黄曲跳甲等对黄色的趋性，田间设置黄皿或黄板可进行测报和防治；利用一些害虫的趋化性、对栖息地和越冬场所的特殊要求及对植物产卵、取食等趋性而进行诱杀，常用半萎蔫的杨树枝叶诱集棉铃虫成虫；在诱蛾器皿内置糖、醋、酒液，或加以适量的杀虫剂以诱杀多种夜蛾科成虫；性诱剂诱杀害虫雄成虫；用马粪诱集蝼蛄；用谷草把诱集黏虫产卵；树干绑草把诱集一些林果害虫越冬等，都是诱集和杀灭害虫行之有效的方法。

4. 阻隔分离

根据害虫生活习性，人为设置物理屏障，阻止害虫为害或扩散蔓延的方法。如在果实外套袋可防止食心虫产卵为害；对于具有上下树习性的害虫，在树干涂胶环可有效阻止害虫通过爬行方式传播扩散；对于具有在树干基部产卵嗜好性的害虫如蛀干害虫，在产卵场所涂刷涂白剂等，可阻止害虫产卵为害；对于生活史分别具有在地下和地上活动阶段的害虫，通过在地面覆盖防草布等，阻止害虫出入土壤，阻断害虫生活史，从而防治害虫。对于收获后的药材，入库前放入塑料袋等，可以阻止害虫进入产卵，也能起到有效防治效果。采用防虫网进行隔离种植，阻止害虫进入种植区，对某些害虫也有良好预防效果。

5. 电击法杀虫

根据田间微小型害虫具有弹跳和躲避习性的特点，惊扰害虫使其跳起并采用电蚊拍进行击杀，可有效降低田间害虫的数量，快速有效，尤其适合保护地栽培和低矮中药材使用。

五、化学防治

化学防治是利用化学药剂控制植物病虫害发生发展的方法。所使用的化学药剂称为农药（pesticide）。化学防治具有快速、高效和经济效益高等优点，但使用不当会杀伤有益生物，同时导致有害生物产生抗药性，造成环境污染，引起人畜中毒。因此，应用化学防治的同时，应考虑最大限度地降低对环境的不良影响。化学农药的范围很广，根据作用对象可分为杀虫剂、杀鼠剂、杀线虫剂、杀菌剂、除草剂及植物生长调节剂等。在杀虫剂中有专门用于杀螨的一类化学药剂特称杀螨剂。在所有的化学农药中，以杀虫剂的种类最多，用量最大。化学防治法是防治病虫害最常用的方法，它在病虫害的综合防治中占有相当重要的位置。

（一）药用植物病虫害化学防治的原理及作用方式

1. 植物病害化学防治的原理

植物病害化学防治的基本原理有保护作用、治疗作用和免疫作用。

（1）保护作用　在病原物侵染植物前，使用药剂杀死病原物或阻止其侵入，使植物免受侵染。化学保护一般有两条途径：一是对接种体来源施药，消灭或减少侵染源；二是对植物或农产品施药，保护植物不受侵染。

（2）治疗作用　在病原物已经侵染植物后，对植株施药，药剂通过改变寄主的代谢及其对病原物的反应，或钝化病原物产生的毒素，影响病原物的致病过程，直接杀菌或抑菌，从而减轻发病，使寄主恢复健康。化学治疗分为三种：①局部治疗：将药剂施用于植物发病部位，以铲除病菌、减轻病害。例如，冬季刮除苹果树干上的腐烂病疤后，涂抹杀菌剂治疗。②表面治疗：用药剂处理植物表面，以杀死在表面生长的病原物。例如，用硫磺粉对植株表面的白粉病病斑喷施，直接杀死表生的菌丝和孢子。③内部治疗或内吸治疗：药剂通过渗透进入植物体内并传导到远离施药点的部位，抑制寄主组织内部的病原物。

（3）免疫作用　使用药剂后，可诱导寄主植物细胞内原有的抗性基因的表达，产生对病原物的高水平抗性。

2. 植物化学杀虫剂的作用方式

（1）胃毒剂　昆虫把药剂吞食后而引起中毒的药剂。药剂被昆虫蚕食到达中肠后，被中肠细胞所吸收，然后通过肠壁进入血腔，并通过血液流动迅速传至全身，引起中毒。

（2）触杀剂　药剂不需昆虫吞食，只要接触虫体就可致昆虫中毒。药剂可以从昆虫的表皮、气孔或附肢等部位进入虫体内。

（3）熏蒸剂　药剂以气体形式通过昆虫的呼吸系统进入虫体内，发挥致毒作用。

（4）内吸剂　药剂施用到植物体上后，先被植物体吸收，然后传导至植物体的各部，害虫吸食植物的汁液后即可中毒。

（5）拒食剂　可影响害虫的味觉器官，使其厌食或宁可饿死而不取食，最后昆虫因饥饿、失水而逐渐死亡，或因摄取不够营养而不易正常发育的药剂。

（6）驱避剂　施用于被保护对象表面后，依靠其物理、化学作用（如颜色、气味等）使害虫不愿接近或发生转移、潜逃现象，从而达到保护寄主植物目的的药剂。

（7）引诱剂　使用后依靠其物理、化学作用（如光、颜色、气味、微波信号等）可将害虫诱聚而利于消灭的药剂。

（8）不育剂　使用后使害虫丧失繁殖能力的药剂，但害虫还能与田间正常的个体进行交配，交配后的正常个体也不易繁殖，经过连续多次防治，使害虫的种群密度逐渐降低。

（9）生长发育调节剂　能控制和调节害虫生长发育的一类杀虫剂，如保幼激素类似物和蜕皮激素类似物等。

有些无机杀虫剂和植物源杀虫剂只有触杀作用，如石硫合剂和除虫菊。而有机合成杀虫剂常具有两三种杀虫作用，如敌敌畏除有强烈的熏蒸作用外，还具有较强的触杀作用和胃毒作用。

（二）农药的毒性及农药的残留毒性

1. 农药毒性的表示方法和分级。

杀虫剂的毒性是指对人畜等高等动物的毒害作用。毒性大小常以大白鼠口服急性致死中量 LD_{50} 表示，单位为 mg(药剂)/kg(体重)。杀虫剂的口服 LD_{50} 值越小，毒性越大；LD_{50}

值越大，则越安全。根据 LD_{50} 值的大小，可将杀虫剂分成以下几类。

（1）特毒杀虫剂　又称极毒杀虫剂，大白鼠口服急性 LD_{50} 值小于或等于 1mg/kg。

（2）高毒杀虫剂　大白鼠口服急性 LD_{50} 值为 1～50 mg/kg。

（3）中等毒性杀虫剂　大白鼠口服急性 LD_{50} 值为 50～500 mg/kg。

（4）低毒杀虫剂　大白鼠口服急性 LD_{50} 值为 500～5000 mg/kg。

（5）微毒杀虫剂　大白鼠口服急性 LD_{50} 值为 5000～10000 mg/kg。

（6）实际无毒杀虫剂　大白鼠口服急性 LD_{50} 值大于 10000 mg/kg。

2. 农药的残留毒性

化学农药使用后，在环境中受阳光、土壤微生物、植物体内酶系等的分解作用及在水中的水解作用，农药逐渐水解而消失毒性。没有分解的农药或者产生有毒的代谢物残留在作物上或环境中，污染食品及生活环境，人畜长期少量吸入并在体内积累，对人畜产生毒害作用，这就是人们关注的农药残留问题。

3. 农药残留及安全间隔期

（1）农药允许残留量　农产品上常有一定数量的农药残留，但其残留量有多有少，如果这种残留量不超过某种程度，就不至于引起对人的毒害，这个标准叫作“农药允许残留量”或“农药残留限度”。

（2）农药的安全间隔期　根据农药在作物上的允许残留量，并结合其他条件，就可制定出某种农药在某种作物收获前最后一次使用的日期。在这个日期使用某种农药，在收获时，作物上的农药残留量不致超过规定的残留标准。这两者之间相隔的日期，称为安全间隔期。安全间隔期的长短，与药剂的种类、作物种类、地区条件、季节、施用次数、施药方法等因素有关。

六、农药在药用植物上的应用

（一）化学农药的合理使用

科学合理地使用农药就是在确保人畜和环境安全的前提下，以最少的农药用量取得最佳的防治效果，并可避免或延缓病原物及害虫抗药性的产生。

1. 农药的科学使用

（1）对症下药　根据药剂的有效防治范围与作用机制及防治对象的种类及其发生规律和危害部位等，选用合适的药剂与剂型，选择适当的施药方法。药剂选用或其使用方法不当，不仅对病虫害没有防治作用，反而可能对植物造成药害。

（2）按需施药　根据药剂和病害种类、作物种类及其生育期、土壤条件和气候因素等，科学地确定用药量、施药时期、施药次数和多次施药间的间隔时间。不可随意增加用药量和用药次数。

（3）轮换用药　病原物及害虫对某种药剂产生抗药性后，往往对同一种类型的药剂也产生抗药性，这种现象称为交互抗性；但对不同类型的其他药剂反而更为敏感，这种现象称为负交互抗性。为避免产生抗药性，应注意不同类型药剂或有负交互抗性的药剂轮换使用，避免长期使用同一种或同一类型的药剂。

2. 农药的合理混用

两种或两种以上的农药混合使用，可扩大防治对象谱，提高防效，降低劳动强度，增加经济效益。农药混用有现混现用和加工成混剂使用两种方式。目前，农药的复配混用发展较快，复配制剂品种很多。与开发新农药相比，复配产品具有投入少、周期短、见效快、延缓病原物抗药性产生等优点。但合理混用农药应遵循下列原则：

（1）混用的农药之间不起化学反应，遇酸、碱易分解失效的农药不宜与酸、碱混用。

（2）现混现用的农药混合后，其物理性状应保持不变，如不易产生分层和沉淀。

（3）农药混用后应不提高对人、畜、家禽和鱼类的毒性及对其他有益生物和天敌的危害。

（4）混用的农药应具有不同的作用方式、作用位点或靶标，以延缓病原物抗药性的产生。

（5）农药混用后应能明显增效或扩大杀菌谱。

（6）施用混剂后，农副产品中的残留量应低于单用的药剂。

（7）农药混用应能降低农药使用成本。

3. 农药的安全使用

农药对人、畜都有不同程度的毒性。在接触农药过程中，农药可经口、鼻和皮肤进入人体，引起各种急性、慢性中毒。因此，施药人员要严格遵守安全使用农药的有关规定，穿戴必要的防护用具，如长袖衣裤、口罩或防毒面具，避免药剂与人体皮肤的直接接触；不在农药烟、雾中呼吸，防止吸入农药；施药时禁止进食、饮水或抽烟，施药后，应充分洗手，防止“药”从口入。妥善处理残留药液。不使用剧毒和高残留农药。严格执行农药允许残留标准和有关安全使用间隔期（允许的最后一次施药距作物收获期的间隔天数）的规定，防止农产品中残留农药对人、畜的危害。

（程惠珍　陈君）

（二）药用植物生产禁限用农药

目前我国药材生产中病虫害的防治主要依赖化学农药，按照《农药管理条例》（中华人民共和国国务院令第 677 号）第三十四条规定“农药使用者应当严格按照农药的标签标注的使用范围、使用方法和剂量、使用技术要求和注意事项使用农药，不得扩大使用范围、加大用药剂量或者改变使用方法。农药使用者不得使用禁用的农药。标签标注安全间隔期的农药，在农产品收获前应当按照安全间隔期的要求停止使用。剧毒、高毒农药不得用于防治卫生害虫，不得用于蔬菜、瓜果、茶叶、菌类、中草药的生产，不得用于水生植物的病虫害防治”。

1. 国家明令禁止使用的农药

为确保农产品质量安全、人畜安全和环境安全，经国务院批准，农业部陆续公布了一批国家明令禁止使用或限制使用的农药（见表 6-1）。

表 6-1　国家已公告的禁止使用的农药名单

编号	农药名称	编号	农药名称	备注
1	六六六	10	汞制剂	农业部 第 199 号公告
2	滴滴涕	11	砷	
3	毒杀芬	12	铅类	
4	二溴氯丙烷	13	敌枯双	
5	杀虫脒	14	氟乙酰胺	
6	二溴乙烷	15	甘氟	
7	除草醚	16	毒鼠强	
8	艾氏剂	17	氟乙酸钠	
9	狄氏剂	18	毒鼠硅	
19	甲胺磷	22	久效磷	农业部 第 274 号和 322 号公告
20	甲基对硫磷	23	磷胺	
21	对硫磷			
24	苯线磷	29	磷化锌	农业部 第 1586 号公告
25	地虫硫磷	30	磷化磷	
26	甲基硫环磷	31	蝇毒磷	
27	磷化钙	32	治螟磷	
28	磷化镁	33	特丁硫磷	
34	氯磺隆	37	胺苯磺隆	农业部 第 2032 号公告
35	福美胂	38	甲磺隆	
36	福美甲胂			
39	百草枯水剂			农业部 第 1745 号公告

2. 限制使用的农药

为了加强对限制使用农药的监督管理，保障农产品质量安全和人畜安全，保护农业生产和生态环境，根据《中华人民共和国食品安全法》和《农药管理条例》相关规定，农业部（第 2567 号公告）制定了《限制使用农药名录（2017 版）》，自 2017 年 10 月 1 日起施行（见表 6-2）。

表 6-2　限制使用农药名录（2017 版）

编号	有效成分名称	编号	有效成分名称	编号	有效成分名称
1	甲拌磷	13	百草枯	25	毒死蜱
2	甲基异柳磷	14	2,4- 滴丁酯	26	氟苯虫酰胺
3	克百威	15	C 型肉毒梭菌毒素	27	氟虫腈
4	磷化铝	16	D 型肉毒梭菌毒素	28	乐果
5	硫丹	17	氟鼠灵	29	氰戊菊酯
6	氯化苦	18	敌鼠钠盐	30	三氯杀螨醇

（续表）

编号	有效成分名称	编号	有效成分名称	编号	有效成分名称
7	灭多威	19	杀鼠灵	31	三唑磷
8	灭线磷	20	杀鼠醚	32	乙酰甲胺磷
9	水胺硫磷	21	溴敌隆		
10	涕灭威	22	溴鼠灵		
11	溴甲烷	23	丁硫克百威		
12	氧乐果	24	丁酰肼		

注：1-22 实行定点经营

3. 药用植物生产禁限用农药

目前我国还没有专对中药材生产农药使用相关法规或规定，中药材在农作物中归类于经济作物，与大宗粮食作物相比体量较小，农业部在农药的使用和管理公告中，将其与蔬菜、茶叶、果树视为同类（见表 6-3）。

表 6-3　国家公告禁止在中药材及其他作物上使用的农药名单

编号	农药名称	编号	农药名称	禁止作物	备注
1	甲拌磷	5	涕灭威	蔬菜、果树、茶叶、中草药材	农业部第 199 号公告
2	甲基异柳磷	6	灭线磷		
3	内吸磷	7	硫环磷		
4	克百威	8	氯唑磷		
9	三氯杀螨醇	10	氰戊菊酯	茶树	
11	丁酰肼			花生	农业部第 274 号公告
12	氧乐果			甘蓝、柑橘树	农业部第 194、1586 号公告
13	水胺硫磷	14	杀扑磷	柑橘树	农业部第 1586 号、2289 号公告
15	灭多威			柑橘、苹果、茶树、十字花科蔬菜	
16	硫丹			苹果树、茶树	
17	溴甲烷	18	氯化苦	仅限土壤熏蒸	农业部第 2032 号、2289 号公告
19	毒死蜱	20	三唑磷	蔬菜	
21	氟虫腈			除卫生用和部分种子包衣剂外，禁用	农业部第 1157 号公告

（三）药用植物农药登记

1. 药用植物农药登记

农药登记是目前国际上通行的一项农药管理制度。大多数国家通过建立农药登记制度，全面科学评价农药的有效性和安全性，进而提高科学用药水平，有效防控农药风险。由于中药材种类多，种植面积相对小，农药市场效益低，农药生产企业缺乏登记动力，应加快推进农药生产企业的中药材农药登记工作。目前，已进行农药登记的药用植物有人参、三七、枸杞、杭白菊、元胡、白术、铁皮石斛等。截至 2017 年 12 月，登记的农药品种有代森锰锌、苯醚甲环唑、嘧菌酯、枯草芽胞杆菌、多抗霉素、赤霉酸等三十几种（见表 6-4）。

表 6-4　药用植物登记农药名单（截至 2017 年 12 月）

登记药材	防治对象	登记名称	浓度及剂型	用药量	施用方法
人参	根腐病	恶霉灵	70%可溶粉剂	2.8～5.6g/m^2	土壤浇灌
人参	黑斑病	代森锰锌	80%可湿性粉剂	1800～3000g/hm^2	喷雾
人参		嘧菌酯	250g/L 悬浮剂	150～225g/hm^2	喷雾
人参		丙环唑	25%乳油	93.75～131.25g/hm^2	喷雾
人参		异菌脲	50%可湿性粉剂	975～1275g/hm^2	喷雾
人参	黑斑病	醚菌酯	30%可湿性粉剂	180～270g/hm^2	喷雾
人参		苯醚甲环唑	10%水分散粒剂	105～150g/hm^2	喷雾
人参		王铜	30%悬浮剂	900～1800 倍液	喷雾
人参		多抗霉素	1.5%，3%可湿性粉剂	100～200 单位液	喷雾
人参	根腐病、立枯病	枯草芽孢杆菌	10 亿活芽孢/g 可湿性粉剂	2～3g 制剂/m^2	浇灌
人参	灰霉病	嘧菌环胺	50%水分散粒剂	300～450g/hm^2	喷雾
人参		乙霉・多菌灵	50%可湿性粉剂	750～975g/hm^2	喷雾
人参		哈茨木霉	3 亿 CFU/g 可湿性粉剂	100～140g/667m^2	喷雾
人参	金针虫	噻虫嗪	70%种子处理可分散粉剂	70～98g/100kg 种子	种子包衣
人参	立枯病	咯菌腈	25g/L 悬浮种衣剂	5～10g/100kg 种子	种子包衣
人参		哈茨木霉	3 亿 CFU/g 可湿性粉剂	5～6g/m^2	浇灌
人参	疫病	霜脲・锰锌	72%可湿性粉剂	1080～1836g/hm^2	喷雾
人参	增加发芽率	赤霉酸	3%，85%乳油结晶粉	15～20mg/kg	播前浸种
人参	锈腐病	多菌灵	50%可湿性粉剂	2.5～5g/m^2	浇灌
人参	黑斑病、灰霉病	枯草芽孢杆菌	1000 亿芽孢/g 可湿性粉剂	900～1200g/hm^2	喷雾
人参	金针虫、立枯病、锈腐病、疫病	噻虫嗪・咯菌腈・精甲霜灵	25%悬浮种衣剂	220～340g/100kg 种子	种子包衣
三七	根腐病	枯草芽胞杆菌	10 亿个/克可湿性粉剂	2250～3000g/hm^2	喷雾
三七	黑斑病	苯醚甲环唑	10%水分散粒剂	30～45g/667m^2	喷雾
枸杞	白粉病	苯甲・醚菌酯	30%悬浮剂	150～300mg/kg	喷雾
枸杞	锈蜘蛛	硫黄	45%悬浮剂	1125～2250mg/kg，300 倍液	喷雾
枸杞	蚜虫	高效氯氰菊酯	4.50%乳油	18～22.5mg/kg	喷雾
枸杞		吡虫啉	5%乳油	33.5～50g/hm^2	喷雾
杭白菊			70%水分散粒剂	42～63g/hm^2	喷雾
枸杞		苦参碱	1.50%可溶液剂	3.75～5mg/kg	喷雾
枸杞		藜芦碱	0.5%可溶液剂	6.25～8.33mg/kg	喷雾
枸杞	白粉病	蛇床子素	1%微乳剂	22.5～27g/hm^2	喷雾
枸杞		香芹酚	0.5%水剂	5～6.25mg/kg	喷雾

（续表）

登记药材	防治对象	登记名称	浓度及剂型	用药量	施用方法
枸杞	炭疽病	苯甲·咪鲜胺	20%水乳剂	133.3～200mg/kg	喷雾
枸杞	瘿螨	哒螨·乙螨唑	40%悬浮剂	66.67～80mg/kg	喷雾
杭白菊	叶枯病、根腐病	井冈霉素A	8%水剂	480～600g/hm^2	喷雾，喷淋或灌根
杭白菊	斜纹夜蛾	甲氨基阿维菌素·苯甲酸盐	5%水分散粒剂	3～3.75g/hm^2	喷雾
白术	小地老虎	二嗪磷	5%颗粒剂	1500～2250g/hm^2	撒施
白术	白绢病	井冈·嘧苷素	6%水剂	360～450g/hm^2	喷淋
白术		井冈霉素	10%，20%水溶粉剂	450～600g/hm^2	喷淋
铁皮石斛	软腐病	喹啉铜	33.5%悬浮剂	335～670mg/kg	喷雾
铁皮石斛	炭疽病	咪鲜胺	75%可湿性粉剂，25%乳油	500～750mg/kg，150～225g/hm^2	喷雾
元胡	白毛球象	甲氨基阿维菌素苯甲酸盐	2%乳油	9～15g/hm^2	喷雾
元胡	霜霉病	霜霉威盐酸盐	722g/L	1083～1299.6g/hm^2	喷雾

2. 药用植物生产临时用药备案

鉴于药用植物病虫草害种类多，登记农药数量少，农业部在《农药登记管理办法》第八章第四十六条规定“用于特色小宗作物的农药登记，实行群组化扩大使用范围登记管理，特色小宗作物的范围由农业部规定。尚无登记农药可用的特色小宗作物或者新的有害生物，省级农业部门可以根据当地实际情况，在确保风险可控的前提下，采取临时用药措施，并报农业部备案”。因此，在药用植物生产中如遇突发或新的有害生物，可采取临时用药措施并报农业部备案。

（陈君　乔海莉　徐荣）

参考文献

曹广才，王俊英，王连生. 中国北方药用农田杂草[M]. 北京：中国农业科学技术出版社，2008.
陈刚，赵致，王华磊，等. 地膜覆盖对何首乌生长及其田间杂草防控效果的影响[J]. 山地农业生物学报，2013，32(1)：92-94.
陈利锋，徐敬友. 农业植物病理学（南方本）[M]. 北京：中国农业出版社，2001.
陈品南，王建欣，章丰伟，等. 中药材植物检疫管理现状及对策[J]. 植物检疫，2003，17(4)：250-251.
程惠珍. 药用植物栽培在中药现代化中的地位作用[J]. 中国医药情报，1998，(2)：109-113.
程惠珍，丁万隆，陈君. 生物防治技术在绿色中药材生产中的应用研究[C]. 见：全国第5届天然药物资源学术研讨会论文集. 银川：2002，11-14.
邓望喜. 城市昆虫学[M]. 北京：中国农业出版社，1992.

纪宏亮，金钺，张争，等. 10 种苗前除草剂对桔梗田杂草的防效及安全性评价[J]. 中药材，2017，40(4)：786-788.
蒋慧光，张永志，朱向向，等. 防草布在幼龄茶园杂草防治中的应用初探[J]. 茶叶学报，2017，(4)：189-192.
李绍平，王馨. 云南药用植物病虫害防治[M]. 昆明：云南科技出版社，2012.
林慧彬，林建强，林建群，等. 山东菟丝子属的资源状况及寄主调查[J]. 中医药学报，2002，30(6)：25-26.
刘江. 21 世纪初中国农业发展战略[M]. 北京：中国农业出版社，2000.
么厉，程惠珍，杨智. 中药材规范化种植（养殖）技术指南[M]. 北京：中国农业出版社，2006.
乔海莉，徐荣，陈君，等. 中药材农药使用技术[M]. 北京：中国农业科学技术出版社，2018，142.
乔卿梅，史洪中. 药用植物病虫害防治[M]. 北京：中国农大出版社，2008.
唐韵. 除草剂使用技术[M]. 北京：化学工业出版社，2010，30.
夏贤涛，丁周祥. 农作物主要杂草的综合防治技术[J]. 现代农业科技，2007，(1)：58.
徐凤，杨德亮，杨杰，等. 地黄对百草枯解毒机理的研究[J]. 植物保护，2014，40(1)：134-136.
袁锋. 农业昆虫学[M]. 北京：中国农业出版社，2011.
中国医学科学院药用植物资源开发研究所. 中国药用植物栽培学[M]. 北京：中国农业出版社，1991.
周荣汉. 中药材 GAP 的制定与实施[C]. 见：首届药用真菌产业发展暨学术研讨会论文集. 南通：2005，244-246.

第二篇　各　论

第一单元　药用植物病害

第七章　根及根茎类药材病害

第一节　人参、西洋参

Renshen、Xiyangshen

GINSENG RADIX ET RHIZOMA、PANACIS QUINQUEFOLII RADIX

人参 *Panax ginseng* C. A. Mey.为五加科人参属多年生草本植物。以根、茎、叶及果实入药，具有大补元气、强心救脱、益心复脉、生津安神功能。我国主产于吉林、辽宁、黑龙江三省，河北、山西、陕西等省也有栽培。西洋参 *Panax quinquefolium* L.也为五加科多年生草本植物，原产美国、加拿大，1978 年引入我国，以根入药，具补中益气固脱生津、安神等功效。

国内外已有记述的人参、西洋参病害 40 余种。在侵染性病害中，根部病害主要有锈腐病、菌核病、疫病、根腐病、黑腐病、灰霉病、细菌性烂根病、根结线虫病等。其中，为害严重的是锈腐病，各年生参根均有发生，发病率为 30%～40%，严重的地块发病率可高达 90%以上。茎部病害主要有立枯病、猝倒病、枯萎病和黑斑病等。其中，立枯病主要侵染一二年生幼苗，严重时可造成参苗成片死亡；枯萎病主要侵染四至六年生参株的茎部和茎基部，严重时全茎枯死、茎基部腐烂、全株倒伏，发病率为 10%～30%。叶部病害主要有黑斑病、疫病、炭疽病、白粉病、锈病及病毒病等。其中，黑斑病发生和为害严重，发病率为 50%左右，严重时可达 70%～90%。果实和种子病害主要有黑斑病和白粉病，尤以黑斑病为害严重，常造成种子绝收。非侵染性病害主要有红皮病、日灼病、冻害、烧须、生理性花叶病等，其中红皮病在一些地方发生严重。近几年，受气候的影响，冻害发生频繁，常造成人参、西洋参绝收。上述病害的发生严重，影响人参、西洋参的产量和质量，给参业生产带来重大损失。

一、人参、西洋参猝倒病

（一）症状

发病初期，在近地面处幼茎基部出现水浸状暗色病斑，扩展很快，发病部位收缩变软，最后植株倒伏死亡（图 7-1）。若参床湿度大，在病部表面常常出现一层灰白色霉状物。

（二）病原

病原为德巴利腐霉 *Pythium debaryanum* Hesse，为鞭毛菌亚门、卵菌纲、霜霉目、腐霉属真菌。在 PDA 培养基上菌丝体白色绵状，繁茂，菌丝较细，有分枝无隔膜，直径 2～6μm。孢子囊顶生或间生，球形至近球形，或不规则裂片状，直径 15～25μm。成熟后一般不脱落，有时具微小乳突，无色，表面光滑，内含物颗粒状，直径 19～23μm。萌发时产生逸管，顶端膨大成泡囊，孢子囊的全部内含物通过逸管转移到泡囊内，不久，在泡囊内形成游动孢子 30～38 个，泡囊破裂后，散出游动孢子，游动孢子肾形，无色，大小 4～10μm×2～5μm，侧生 2 根鞭毛，游动不久便休止。卵孢子球形，淡黄色，1 个藏卵器内含 1 个卵孢子，表面光滑，直径 10～22μm。

（三）发病规律

病原菌的腐生性极强，可在土壤中长期存活，在有机质含量丰富的土壤中，腐霉菌的存活量大。病菌一经侵入寄主，即在皮层的薄壁细胞组织中很快发展，蔓延到细胞内和细胞间，在病组织上产生孢子囊释放游动孢子，进行重复侵染。后期又在病组织内形成卵孢子，越冬。在土壤中越冬的卵孢子能存活 1 年以上。病菌主要通过风、雨和流水传播。腐霉菌侵染的最适温度为 15℃～16℃。在低温、高湿、土壤通气不良、苗床植株过密的情况下，对植株生长发育不利，却有利于病原菌的生长繁殖及侵染。另外，在参田透水性差、易积水的情况下，亦利于病害的发生。

（四）防治措施

（1）药剂拌种　可选用 50%速克灵可湿性粉剂等药剂拌种，用药量为种子重量的 0.1%～0.2%。

（2）加强田间管理　要求参床排水良好，通风透气，土壤疏松，避免湿度过大并防止参棚漏雨。发现病株立即拔除，并在病区浇灌 500 倍硫酸铜溶液。

（3）发病期喷药　在苗床上进行叶面喷洒 1∶1∶180 波尔多液、25%甲霜灵可湿性粉剂 800 倍液等药剂。

二、人参、西洋参立枯病

（一）症状

发病部位主要在幼苗的茎基部，距土表 3～6cm 的干湿土交界处。发病初期，茎基部呈现黄褐色的凹陷长斑，被害组织逐渐腐烂、缢缩。严重时，病斑深入茎内，环绕整个茎基部，破坏输导组织，致使幼苗倒状、枯萎死亡（图 7-2）。出土前遭受侵染，小苗不易出土，幼芽在土中即烂掉。在田间，中心病株出现后，迅速向四周蔓延，幼苗成片死亡。病部及周围土壤常见有菌丝体。

（二）病原

病原为立枯丝核菌 *Rhizoctonia solani* Kühn，为半知菌亚门、丝孢纲、无孢目、丝核菌属真菌。在 PDA 培养基上，菌落初淡灰色，后褐色。菌丝有隔，直径 8～12μm，分枝呈直角，分枝处缢缩，离分枝处不远有一隔膜，以后菌丝变为淡褐色，分枝与隔膜增多。可形成形状不规则的菌核，直径 1～3mm，褐色，常数个菌核以菌丝相连，菌核表面菌丝细胞较短，切面呈薄壁组织状。该病菌不产生分生孢子。

（三）发病规律

以菌丝体、菌核在病株残体内或土壤中越冬，成为翌年的初侵染来源。丝核菌可在土壤中存活 2～3 年。5～6cm 土层内温度、湿度合适，菌丝便在土壤中迅速蔓延，从伤口或直接侵染幼茎为害。菌核则可借助雨水、灌溉水及农事操作而传播。在东北，6 月下旬是立枯病的盛发期，有时可延至 7 月上旬。高温干燥，土温在 16℃以上，湿度在 20%以下，病菌便停止活动。早春雨雪交加，冻化交替常导致立枯病大流行。黏重土壤的低洼地块是立枯病发生的危险区域，播种过密使参苗拥挤，影响空气流通，增加了参苗之间相互感染的机会。过厚的覆盖物在保持土壤湿度的同时，早春影响土壤温度的增加，造成出苗缓慢，而有利于病原菌的侵染。

（四）防治措施

（1）土壤处理　用 75%百菌清可湿性粉剂、50%速克灵可湿性粉剂 10～15g/m^2，拌入约 5cm 土层内进行土壤消毒。也可在早春参苗出土后，用 300～500 倍上述药液浇灌床面。

（2）加强栽培管理　选择土质肥沃、疏松通气的土壤，最好是砂壤土做苗床，要做高床，以防积水，并注意雨季排水。出苗后勤松土，以提高土温，使土壤疏松，通气良好。覆盖物不宜过厚。发现病株立即拔掉。

（3）药剂防治　发病初期用 75%敌克松可湿性粉剂 1000～1500 倍液叶面及茎基部喷洒，每 7～10 天喷 1 次。

三、人参、西洋参黑斑病

（一）症状

黑斑病菌主要为害叶片，也可为害茎、花梗、果实等，但以叶片受害为主。叶片上病斑近圆形或不规则形，黄褐色至黑褐色，稍有轮纹，病斑多时常导致叶片早期枯落（图 7-3）。茎上病斑椭圆形，黄褐色，向上、下扩展，中间凹陷变黑，上生黑色霉层，即病原菌的子实体，致使茎秆倒伏，参农俗称“疤拉杆子”（图 7-4）。花梗发病后，花序枯死，果实与籽粒干瘪，果实受害时，表面产生褐色斑点，果实逐渐抽干，果实干瘪，提早脱落，俗称“吊干籽”（图 7-5）。被害种子起初表面米黄色，渐次转为锈褐色。由黑斑病造成的根腐烂现象虽发生不普遍，但个别地区发病严重时，会造成减产。

（二）病原

病原为人参链格孢 *Alternaria panax* Whetz.，为半知菌亚门、丝孢纲、丝孢目、链格孢属真菌。分生孢子梗2～16根束生，褐色，顶端色淡，基部细胞稍大，不分枝，直或稍具一个膝状节，1～5个隔膜，大小16～64μm×3～5μm。分生孢子单生或串生，长椭圆形或倒棍棒形，黄褐色，有横竖隔膜，隔膜处稍有隘缩，顶部具稍短至细长的喙，色淡。该病菌主要侵染西洋参及五加科植物。

（三）发病规律

病原菌以菌丝体和分生孢子在病残体、参籽、宿根、参棚及土壤中越冬。在东北，5月中旬至6月上旬开始发病，7～8月发展迅速。病斑上形成的大量分生孢子可借风雨、气流飞散，在生育期内反复地引起再侵染，直至9月上旬。降雨量和空气湿度是人参黑斑病发生发展和流行的关键因素。根据多年的调查分析，已明确了黑斑病流行的气象指数，即7月中旬田间病情指数达到25～40，旬降雨量超过80mm，相对湿度在85%以上，平均气温15℃～25℃，病害将大流行。

（四）防治措施

（1）加强田间管理　保持棚内良好的通风条件，夏季减少光照。做好秋季参园清理工作，将带菌的床面覆盖物，清除烧毁，防止再次感染。春、秋季畦面以0.3%硫酸铜或高锰酸钾进行消毒。施肥时注意氮、磷、钾的比例，可适当提高磷、钾肥的比例，控制氮肥，特别是铵态氮肥的施入。

（2）选用无病种子，实行种子和参苗消毒　种子用多抗霉素200mg/kg或50%代森锰锌可湿性粉剂1000倍液浸泡24小时，或按种子重量的0.2%～0.5%拌种。移栽时用多抗霉素200mg/kg或50%扑海因可湿性粉剂400倍液浸泡参根1小时，凉干后定植。

（3）参苗出土后及时用药预防　一般用0.3%硫酸铜消毒，展叶期喷50%代森锰锌可湿性粉剂800倍液、多抗霉素100～200mg/kg或58%甲霜灵锰锌可湿性粉剂800倍液等药剂。生长期间发现病株，应及时清除，集中消毁。对严重病区可喷50%扑海因可湿性粉剂500倍液，再对健康参苗喷波尔多液1∶1∶120于叶面。

四、人参、西洋参锈腐病

（一）症状

锈腐病菌主要为害人参、西洋参的根，地下茎及越冬芽上也有发生。参根受害，初期在侵染点出现黄色至黄褐色小点，逐渐扩大为近圆形、椭圆形或不规则形的锈褐色病斑。病斑边缘稍隆起，中部微陷，病健部界限分明。发病轻时，表皮完好，也不侵及参根内部组织，严重时不仅破坏表皮，且深入根内组织，病斑处积聚大量干腐状锈粉状物，停止发展后则形成愈伤的疤痕。有时病组织横向扩展绕根一周，使根的健康部分被分为上下两截。如病情继续发展并同时感染镰刀菌等，则可深入到参根的深层组织，导致软腐，使侧根甚至主根横向烂掉。一般地上部无明显症状，发病重时地上部表现植株矮小，叶片不展，呈红褐色，最终可枯萎死亡。病原菌侵染芦头时，可向上、下发展，导致地下茎发病倒伏死亡；如地下茎不被侵染，则地上部叶片也不会萎蔫，但生长发育迟缓，植株矮小，影响展叶，叶片自边缘开始变红色或黄色。越冬芽受害后，出现黄褐色病斑，重者往往在地下腐烂而不易出苗（图 7-6、图 7-7）。

（二）病原

病原为 4 种柱孢属真菌：①*Cylindrocarpon destructans* (Zinss) Scholten；②*Cylindrocarpon panacis* Matuo et Miyazawa；③*Cylindrocarpon obtusisporum* (Cooke & Harkness) Wollenw；④*Cylindrocarpon panicicola* (Zinss.) Zhao，属于半知菌亚门、丝孢纲、丝孢目、柱孢属真菌。4 类致病锈腐菌中，*Cylindrocarpon destructans* 和 *Cylindrocarpon panacis* 的致病性较强，而 *Cylindrocarpon obtusisporum* 和 *Cylindrocarpon panacicola* 的致病性较弱。气生菌丝繁茂，初白色，后褐色。产生大量厚垣孢子，球形，黄褐色，间生、串生或结节状。分生孢子单生或聚生，圆柱形或长柱圆形，无色透明，单胞或 1～3 个隔膜，少数可达 4～6 个，孢子正直或稍弯。锈腐病菌为弱寄生菌，虽然普遍存在于土壤中，但因其生长缓慢，不易自土壤分离，须用特殊培养基方可测定土壤含菌量，在参根病部则很易分离到病菌。病原菌生长最适温度为 22℃～24℃，只侵染人参、西洋参。

（三）发病规律

病原菌可在土壤中长期存活，为土壤习居菌。参根在整个生育期内均可被侵染为害。主要以菌丝体和厚垣孢子在宿根和土壤中越冬。一旦条件适宜，即可从损伤部位侵入参根，随带病的种苗、病残体、土壤、昆虫及人工操作等传播。参根内都普遍带有潜伏的锈腐病菌，带菌率是随根龄的增长而提高的，参龄愈大发病愈重。当参根生长衰弱，抗病力下降，土壤条件有利于发病时，潜伏的病菌就扩展、致病。土壤黏重、板结、积水，酸性土及土壤肥力不足会使参根生长不良，有利于锈腐病的发生。锈腐病菌的侵染对环境条件的要求并不严格，自早春出苗至秋季地上部植株枯萎，整个生育期均可侵染，但侵染及发病盛期是在土温 15℃以上。锈腐病在吉林省的发病时期，一般于 5 月初开始发病，6～7 月为发病盛期，8～9 月病害停止扩展。

（四）防治措施

（1）加强栽培管理　选地势高燥、土壤通透性良好的森林土或农田地栽参。栽参前要使土壤经过一年以上的熟化，精细整地做床，清除树根等杂物。改秋栽为春栽，移栽时施入鹿粪等有机土壤添加剂，对锈腐病防治效果明显。

（2）精选参苗及药剂处理　移栽参苗要严格挑选无病、无伤残的种栽，以减少侵染机会。参苗可用 70%代森锰锌可湿性粉剂 600 倍浸根 12 小时，可减轻锈腐病的发生。

（3）土壤处理及清除病株　播种或移栽前用木霉制剂 20～25g/m^2 进行土壤处理。发现病株及时挖掉，用生石灰对病穴周围的土壤进行消毒。

五、人参、西洋参疫病

（一）症状

疫病菌为害人参、西洋参的叶、茎、根。叶片病斑呈水浸状，不规则，暗绿色，无明显边缘；病斑迅速扩展，整个复叶凋萎下垂（图 7-8）。茎上出现暗色长条斑，很快腐烂使茎软化倒伏。根部发病处呈水浸状黄褐色软腐，内部组织呈黄褐色花纹，根皮易剥离，并附有白色菌丝粘着的土块，具特殊的腥臭味。

（二）病原

病原为恶疫霉 *Phytophthora cactorum* Schroet.，属于鞭毛菌亚门、卵菌纲、霜霉目、疫霉属真菌。菌丝体白色，绵絮状，菌丝具分枝，无色，无隔膜。孢囊梗无色，无隔膜，无分枝，宽 4～5μm，其上生 1 个孢子囊。孢子囊卵形，无色，顶端具明显的乳头状突起，大小 32～54μm×19～30μm，萌发后产生数个至 50 个左右的游动孢子，偶尔孢子囊产生芽管。游动孢子圆形，在水中易萌发。藏卵器球形，无色或淡黄色，膜薄，表面光滑，直径 30～36μm。雄器多异株生，侧生。卵孢子球形，黄褐色，表面光滑，直径 28～32μm。

（三）发病规律

病菌以菌丝体和卵孢子在病残体和土壤中越冬。翌年条件适合时菌丝直接侵染参根，或形成大量游动孢子囊传播到地上部侵染茎叶。风雨淋溅和农事操作是病害传播的主要途径。在人参生育期内可进行多次再侵染。种植密度过大、通风透光差、土壤板结、氮肥过多等均有利于疫病的发生和流行。在东北参区 6 月开始发病，雨季为发病盛期。

（四）防治措施

（1）发现中心病株及时拔除，并移出田外烧掉，用生石灰粉封闭病穴；加强田间管理，保持合适密度，注意松土除草；严防参棚漏雨，注意排水和通风透光。双透棚栽参，床面必须覆盖落叶。

（2）雨季前喷施 1 次 1∶1∶160 波尔多波，以后每 7～10 天喷药 1 次，视病情速喷 3～5 次；也可用 50%代森锰锌 600 倍液或 58%瑞毒霉锰锌 500 倍液喷雾。

六、人参、西洋参灰霉病

（一）症状

灰霉病菌主要侵害叶片、茎部、花梗、果等人参地上部位，严重时还可侵染茎基部。叶片发病，多从叶尖或叶边缘开始，呈 V 形向内扩展，初呈水渍状，展开后为黄褐色，边缘不规则、深浅相间的轮纹，病健交界明显，表面生灰色霉层（图 7-9、图 7-10、图 7-11）。茎染病时，初期呈水渍状小点，后扩展为长圆形或不规则形，浅褐色，湿度大时病斑表面生有大量灰色霉层，严重时致病部以上茎叶枯死甚至不能正常出苗（图 7-12）。果实染病时残留的柱头或花瓣多先被侵染，后向果实或果柄扩展，致使受害果实不易成熟，并生有厚厚的灰色霉层（图 7-13）。

（二）病原

病原为灰葡萄孢 *Botrytis cinerea* Pers.，属于子囊菌无性型、葡萄孢属真菌。在 PDA 培养基上，菌落初淡白色，后灰色，可产生菌核。菌丝透明，宽度变化不大，直径 5～6μm。孢子梗群生，不分枝或分枝，直立，有横隔，梗全长为 315～958μm，直径为 8.4～12.6μm。分生孢子丛生于孢梗或小梗顶端，倒卵形、球形或椭圆形，光滑，近无色，大小 8.4～15.8μm×6.3～12.6μm。

（三）发病规律

病菌主要以菌核或菌丝体及分生孢子随病残体遗落在土壤中越冬，条件适宜时，萌发产生分生孢子，借气流和雨水传播反复侵染发病。该病菌喜低温高湿，在寡照条件下，温度在 15℃～25℃，如遇降雨，空气湿度在 90%以上时有利于发病。棚架过低、通风性差加重病害发生。在掐花或掐果后留下伤口，受肥害、药害和日灼病发生时，寄主生长衰弱易诱发灰霉病的发生流行。

（四）防治措施

（1）加强栽培管理，提高植株抗性　可适当增施磷、钾肥，如喷施 0.5%磷酸二氢钾，促使植株生长健壮，提高抗病能力。合理选择参棚形式，降低棚内湿度。

（2）清洁田园　及时清除田间病残体，保持参园卫生，发现病叶和病果及时清除出参园，集中深埋或烧毁，以减少田间病菌的再次侵染。

（3）减少植株损伤，及时药剂保护　在人参掐花或掐果过程中尽量减少对植株的损伤，操作后可喷施 50%腐霉利可湿性粉剂 1000 倍液等药剂进行保护。

（4）发病初期及时进行药剂防治　可选用 50%腐霉利可湿性粉剂 1000 倍液、40%嘧霉胺悬浮剂 1000 倍液或 1∶1∶200 波尔多液，每隔 7～10 天喷 1 次，连续喷 2～3 次。

七、人参菌核病

（一）症状

参根被害后，初期在表面生少许白色绒状菌丝体。随后内部迅速腐败、软化，细胞全部被消解殆尽，只留下坏死的外表皮。表皮内外形成许多鼠粪状的菌核。发病初期，地上部分与健株无明显区别，不易早期发现。后期地上部表现萎蔫，极易从土中拔出。此时，地下部早已溃烂不堪（图 7-14）。

（二）病原

病原为人参核盘菌 *Sclerotinia schinseng* Wang et Chen，属于子囊菌亚门、盘菌纲、柔膜菌目、核盘菌属真菌。菌丝白色，绒毛状。菌核黑色，不规则形，大小不一，通常为 0.6～5.5mm×1.7～15.0mm。在适宜条件下，菌核可萌发并形成子囊盘。子囊孢子单生，无色，椭圆形。有性世代在自然条件下不易产生。病原菌生长的适温为 12℃～18℃，最适温度 15℃。其野生寄主有洋乳和沙参等。

（三）发病规律

病原菌以菌核在病根或土壤中越冬。翌年条件合适时，萌发出菌丝侵染参根。人参菌核病菌是低温菌，从土壤解冻到人参出苗为发病盛期。在东北 4～5 月为发病盛期，6 月以后，气温、土温上升，基本停止发病。地势低洼，土壤板结，排水不良，低温、高湿及氮肥过多是人参菌核病发生和流行的有利条件。9 月中下旬，土温降到 6℃～8℃，病害又有所发展。有性世代在病害流行、传播中不占重要地位。

（四）防治措施

（1）选择排水良好，地势高燥的地块栽参。早春注意提前松土，防止土壤湿度过大，且利于提高土温。

（2）出苗前用1%硫酸铜溶液或1∶1∶100波尔多液进行床面消毒；及时发现并拔除病株，再用生石灰或1%～5%的石灰乳消毒病穴。

（3）发病初期用药剂灌根，可选择的药剂有50%速克灵可湿性粉剂800倍液、50%扑海因可湿性粉剂1000倍液。移栽前用上述药剂处理，可达到预防发病的作用。

八、人参、西洋参白粉病

（一）症状

西洋参果实受害最重。幼嫩果实染病，病斑上产生白粉状分生孢子，后枯死脱落。绿果、红果发病后，初呈乳白色褪绿斑，表面逐渐产生白粉，先僵化后变黑枯死，不易成熟。果柄受害后，皱缩畸形，最后枯死，果实脱落。叶片受害后，先出现量淡黄色不规则斑点，后出现白粉状物，即病原的分生孢子梗和分生孢子，多年观察未见产生闭囊壳。人参白粉病菌主要为害的部位也是果实，其次为嫩茎和叶片。症状与上相似，但后期在病部产生黑色点状物，即闭囊壳。

（二）病原

西洋参白粉病病原无性时期为粉孢菌 *Oidium* sp.，属于半知菌亚门、丝孢纲、丝孢目、粉孢属真菌。分生孢子梗生于叶表面菌丝上或由气孔伸出，直立、较长、不分枝、有隔、无色，大小84.8～190.5μm×8.5～12.7μm。分生孢子单生，少有2～3个串生，圆柱形或圆筒形，单胞、无色，大小31.8～53.0μm×14.8～21.2μm。始终未见有性阶段的闭囊壳。

人参白粉病病原为人参白粉菌 *Erysiphe panax* Bai et Wang，属子囊菌亚门、核菌纲、白粉菌目、白粉菌属真菌。闭囊壳散生或聚生，暗褐色，扁球形，直径97.5μm～137.5μm。附属丝在同一闭囊壳上长短不齐，长41.3μm～195μm。子囊4～6个，多数4个，椭圆形至广卵形，大小60.8～70.3μm×35.3～74.3μm。子囊孢子4～6个，多数4个，卵形、椭圆形至广卵形，大小19.8～30.3μm×13.8～17.5μm。无性阶段分生孢子圆桶状至近柱状，大小32.5～52.5μm×12.5～17.5μm。

（三）发病规律

一般在6月开始发生，7～8月蔓延较快，9月下旬停止发展。西洋参上发病率明显高于人参。山坡地、干旱地块发病较重，采种田发病率较高。

（四）防治措施

发病初期用25%粉锈宁可湿性粉剂500倍液，每隔7～10天喷1次，连喷2～3次可控制病害发生蔓延，效果显著。

九、人参、西洋参炭疽病

（一）症状

炭疽病菌主要为害人参、西洋参的茎、叶及种子。叶上病斑圆形或近圆形，初为暗绿色小斑点，逐渐扩大，一般直径为 2～5mm，大者可达 15～20mm。病斑边缘明显，呈黄褐色或红褐色眼圈状（图 7-15）。后期，病斑的中央呈黄白色，并生出一些黑色小点，即病原菌的分生孢子盘。干燥后病斑质脆，易破裂或穿孔。病情严重时，病斑多而密集、连片，常使叶片枯萎并提早落叶。茎和花梗上病斑长圆形，边缘暗褐色。果实和种子上病斑圆形，褐色，边缘明显。空气湿度大、连阴多雨，病部腐烂。

（二）病原

病原为人参炭疽菌 *Colletotrichum panacicola* Uyeda et Takimoto，属于半知菌亚门、腔胞纲、黑盘孢目、炭疽菌属真菌。分生孢子盘黑褐色，散生或聚生，初埋生，后期突破表皮。刚毛分散在分生孢子盘中，数量很少，暗褐色，顶端色淡，正直或微弯，基部稍大，顶端较尖，有 1～3 个隔膜，大小 32～118μm×4～8μm。分生孢子梗圆柱状，正直，单胞，无色，大小 16～23μm×4～5μm。分生孢子长圆柱形，无色，单胞，正直，两端较圆或一端钝圆，内含物颗粒状，大小 8～18μm×3～5μm。有时，老熟的分生孢子含有油球。

（三）发病规律

病菌以菌丝体和分生孢子在病残体和种子上越冬。翌春条件适宜时，产生分生孢子借风和雨传播引起侵染。在生育期内，病斑上不断产生大量的分生孢子，引起再侵染。在水滴中，分生孢子很易萌发，并长出芽管和附着胞。病菌可以从伤口和自然孔口侵入，但在自然条件下，以直接侵入为主。降雨多，空气湿度大，有利于病害的发生和流行。在 22℃～25℃条件下，潜育期为 5～6 天。在东北 6 月下旬开始发病，7～8 月为盛发期。

（四）防治措施

（1）种子种苗处理　播种前用 75%百菌清可湿性粉剂 500 倍液浸 10～15 分钟，然后用清水洗净后播种。

（2）加强田间管理　通过调节参棚光照等措施，创造良好的光照、通风环境，以降低棚内温湿度，减少发病及再侵染的机会。入冬前搞好清园，烧毁枯枝残叶。

（3）药剂防治　防寒土撤去后，用 1%硫酸铜溶液进行床面消毒；人参出土后的半展叶期，用多抗霉素 200mg/kg 进行叶面喷雾。生长季可几种农药交替使用，间隔期为 7～10 天。

十、人参斑枯病

（一）症状

叶面上病斑近圆形或多角形，黄褐色，中心部分颜色稍淡。后期病斑的发展常为叶脉所限。秋季病部长出小黑点，即病原菌的分生孢子器。

（二）病原

病原为楤木壳针孢 *Septoria araliae* Ell. et Ev.，属于半知菌亚门、腔孢纲、球壳孢目、壳针孢属真菌。分生孢子器叶面生，聚生或散生，球形至近球形，器壁膜质褐色，大小 51～70μm，分生孢子针形，无色透明，基部钝、顶端稍尖，具隔膜 1～3 个，略弯曲，大小 15～27μm×1.5～2μm。

（三）发病规律

病菌以分生孢子器在病残体上越冬，翌年条件适宜时产生分生孢子进行初侵染和再侵染。斑枯病主要发生在人参生长的后期。天气干燥，气温较高有利于斑枯病的发生。老熟叶片较幼嫩叶片容易发生。在东北，通常 8 月叶片老熟以后发生。

（四）防治措施

（1）搞好清园　入冬前清理枯枝烂叶，减少越冬菌源。

（2）药剂防治　发病初期用 75%百菌清可湿性粉剂 600 倍液喷雾防治 2～3 次，间隔 7～10 天。

十一、人参细菌性软腐病

（一）症状

软腐病菌主要为害根部。根部病斑褐色，软腐状，边缘清晰，圆形至不规则形，由小到大，数个连合，最后使整个参根软腐。用手挤压病斑，有糊状物溢出，具浓重的刺激性气味。病情严重时，整个参根组织解体，只剩下参根表皮的空壳。叶片受害，边缘变黄，并微微向上卷曲，叶片上出现棕黄色或红色斑点，呈不规则状。严重时，全叶片呈现紫红色，最后叶片萎蔫。萎蔫由可恢复性发展为不可恢复性。

（二）病原

（1）*Pseudomonas caryophylli* (Burkholder) Starr et Burkholder 为石竹假单胞杆菌。菌体杆状，无荚膜，极生鞭毛，大小 0.74～0.76μm×1.4～1.5μm。革兰氏染色阴性。在普通细菌培养基上，菌落呈突起状，圆形，灰白色，有光泽，不透明，边缘整齐。此菌田间发病率不高，为 2%～5%，严重达 10%。

（2）*Erwinia carotovora* subsp. *carotovora* Dye 为胡萝卜软腐欧文氏菌胡萝卜软腐亚种。菌体短杆状，周生鞭毛，无芽孢，大小 0.6μm×1.1μm。革兰氏染色阴性。在普通细菌培养基上，形成圆形或不规则形菌落，污白色，稍凸起，表面光滑。此菌分离出现率约 20%。

（3）*Erwinia carotovora* subsp. *atroseptica* Dye 为胡萝卜软腐欧文氏菌黑胫亚种。菌体短杆状，无荚膜，无芽孢，周生鞭毛多根。大小 0.67μm×1.67μm。革兰氏染色阴性。培养形状与上相似，菌落灰白色，边缘整齐。此菌分离出现率约 80%。

（三）发病规律

上述病菌细菌大量存在于土壤中，是越冬场所和初侵染来源。主要通过伤口侵入参根。当参根生长健壮、抗病力强时，病菌就处于潜伏状态。当参根生长衰弱、生长条件不适时，出现虫伤、冻伤等各种伤口时，细菌侵入发病。

（四）防治措施

（1）移栽时防止参根受伤，不使用带伤口的种栽。

（2）选择高燥地块做床，防止土壤板结、积水。冬季注意防寒保护，防治地下害虫，减少伤口。

（3）用农用链霉素浇灌发病中心周围参床，可减轻为害。

十二、人参、西洋参根结线虫病

根结线虫病是由北方根结线虫引起，主要为害根部，在山东西洋参产区危害较重，在东北人参和西洋参产区也均有发生。

（一）症状

根结线虫主要为害参根，幼根遭受线虫刺激使侧根和须根过度生长，形成大小不等的根结，为该病害的主要症状特征。发病初期地上部症状不典型，但随着根系受害逐渐变得严重，地上部植株生长迟缓，参根水分和养分难以运输，造成植株弱小、叶片发黄、无光泽、叶缘卷曲、花果少而小等营养不良的现象。

（二）病原

病原为北方根结线虫 *Meloidogne hapla* Chitwood。参须根部膨大，根结外有明显的卵块，拨开根结后可分离到柠檬型线虫。雌虫会阴花纹有高而呈方形的背弓，尾端区有清晰的旋转纹，无明显的侧线，有时纹向阴门处弯曲。雌虫的口针向背部弯曲，口针基部球与针干结合处缢缩呈明显锯齿状。

（三）发病规律

主要以卵、幼虫和雌虫在病根、病残体和土壤中越冬，卵囊团在土壤中存活能力强，在 5～50cm 土层中均可越冬。10℃以上开始生长发育，12℃以上侵染寄主，25℃～30℃生长发育最好，42℃下 4 小时死亡。5 月初开始发病，6 月下旬至 10 月上旬为发病高峰期，11 月中旬以后以卵、幼虫和雌虫越冬。前茬为禾本科作物的地块几乎不发病，而花生、大豆及蔬菜等作物的发病严重。另外，线虫的侵入造成伤口，有利于土壤中其他病原菌的侵入，造成复合感染使病害加重。

（四）防治措施

（1）农业防治　避免以花生等易感病的作物为前茬，宜与禾本科作物进行轮作；移栽前去除病弱苗，选用无根结的健康参根作种栽。

（2）化学防治　防治根结线虫的主要药剂是阿维菌素，以颗粒剂和乳油剂防治效果较好。在根结线虫为害初期施药，可用 5%阿维菌素 B2 乳油 4.5～5.5 kg/hm^2，或者用 1.8%阿维菌素乳油 2000 倍液灌根，用量 15.278～17.778 kg/hm^2。

十三、人参红皮病

（一）症状

参根表皮出现大小不等、形状不规则的浅红色至棕红色斑块，发病严重时红色斑遍及整个参根，患病部位表皮粗糙，变厚变硬，刮去得病表皮后内部组织正常。参根纤维素增加，韧性差（图 7-16）。

（二）病原

人参红皮病为非侵染性病害。发生的直接原因是在特定的土壤条件下，Fe^{2+}、Fe^{3+}、Al^{3+}在参根周皮木栓层上积累、固定、氧化淀积和人参生理生化活动综合作用的结果。

（三）发病规律

各龄人参均可发生红皮病。低洼地，土壤板结，积水，土温低等条件有利于红皮病发生。当年开荒，当年栽参，红皮病容易发生。耕作粗放，施肥不当，整地不好，枯枝烂叶过多，腐熟不好，有利于红皮病发生。

（四）防治措施

（1）采用隔年土栽参，精细整地，提高做床质量。最好筛土，将土内的有机物质充分腐熟，借此过程促进土壤当中的二价铁离子转化为三价铁离子，过程在土壤当中进行，避免栽参后再游离到参根表面进行该过程。

（2）选择高燥的地块做床，控制土壤的水分。挖好排水沟，加强松土次数，创造疏松透气性好的土壤环境，可减少红皮病的发生

（3）在易发生红皮病的低洼地块掺黄土，黑黄土比例最好达到 4∶6 或 5∶5，可降低红皮病的发病率，减轻为害程度。

（4）施石灰增加土壤钙、镁量，提高土壤 pH 值，降低铁的有效性和铝的浓度，可减轻该病的发生。

十四、人参、西洋参日烧病

（一）症状

叶片受害，叶色浅绿带黄，叶缘呈黄褐色，最终呈现烧焦状，在叶柄处出现离层及早脱落，而茎秆正常无病（图 7-17）。严重时，整个叶片及地上部分枯黄，干缩死亡。

（二）病原

日烧病为生理性病害。人参为喜弱光植物，光照过强时，气孔闭锁，蒸腾作用降低，叶片上温度过高，超过自身忍耐能力，叶绿素受到破坏，进而使叶肉组织失水、焦枯。阳光直射是叶烧病发生的直接原因。

（三）发病规律

参龄越小，日灼病越易发生。生育前期，叶片幼嫩，容易发生。高温、干燥的气候条件会加重为害程度。发生日烧病的参叶极易感染黑斑病，日烧病往往发生在参畦的池串两个边缘，尤其两侧易发病且较为严重。

（四）防治措施

（1）调节好参棚内的光照，前后檐长度要适宜，棚顶遮荫要适当，盛夏参棚受光率不宜超过 25%，尤其是要减少直射光照射参床时间。

（2）炎热的夏季，温度高，光照强，可在参棚前后挂帘遮荫或插花，透光度大的参棚要加一层帘或青蒿遮荫，避免直射光。

（3）调节土壤含水量，保持适宜的湿度，避免干旱。

（丁万隆　李勇）

第二节　三七
Sanqi
NOTOGINSENG RADIX ET RHIZOMA

三七 *Panax notoginseng* (Burk.) F. H. Chen，又名田七，为五加科人参属植物，是我国特有的名贵中药材，主要分布在云南省文山州和广西百色等地区。其中云南文山是三七的主产区，其产量、质量均居全国之冠，种植面积约 3600hm^2，年产量 150 万 kg，占全国的 90%以上。但由于连年大面积单一种植，病害问题十分突出。据报道，三七的病害有 20 余种，主要有根腐病、黑斑病、锈病、病毒病、疫病、圆斑病等。

一、三七疫病

（一）症状

发病初期，叶缘、叶尖或叶柄出现暗绿色水渍状不规则病斑，病健界限模糊不清，继而发展致叶片软化，后期病斑颜色变深，叶片像被开水烫过一样，呈半透明状，随后变褐软腐、凋萎下垂甚至黏附在茎秆上，严重时，地上部迅速弯曲倒伏，茎、叶枯萎死亡。根茎部受害产生黄褐色腐烂。

（二）病原

病原为恶疫霉 *Phytophthora cactorum* (Lebert et Cohn) Schroet，为鞭毛菌亚门、卵菌纲、疫霉属真菌。菌丝无色透明，不分隔，具分枝。孢子囊无色，球形或卵圆形，顶端乳突明显，有短柄，常群生或单生，大小 20～46μm×18～35μm。孢子囊萌发产生具鞭毛的游动孢子。卵孢子球形，壁厚，黄褐色，表面光滑。

（三）发病规律

病原菌主要残留在土壤中，以菌丝体或菌核在土壤中或病残组织中越冬，成为第二年的初侵染源。三七疫病常在多雨季节发生，一般 5 月开始发病，6～8 月气温高，雨后天气闷热，暴风雨频繁，天棚过密，园内湿度大时，发病较快而且严重。氮肥过量，有促进病害发生的作用。

（四）防治措施

（1）及时清除病株、病叶，集中烧毁。冬季清园后用波美 1～2 度的石硫合剂喷洒畦面，消灭越冬病菌。

（2）增施草木灰或喷施 0.2%的磷酸二氢钾，视苗情追施相应肥料，促进三七健壮生长，增强抗病力。雨季加强防渍排涝，经常打开园门，通风透气，调整园内湿度。

（3）发病前用 1∶1∶200 波尔多液，每 10～15 天喷 1 次，连喷 2～3 次。发病初期用 50%甲基托布津 700～800 倍液，或 58%甲霜灵・锰锌 700～1000 倍液喷雾，每隔 5～7 天喷 1

次，连喷 3～4 次。

二、三七锈病

（一）症状

叶片背面密集似针脚一样大小的夏孢子堆，初期呈水青色小疱，叶片皱缩，叶缘稍卷，随后孢子堆变黄，破裂。病情严重的病株，叶片卷缩不展，最后变黄，枯萎脱落成光秆。11 月以后，在叶背大量冬孢子堆均匀密布叶片，初期淡黄色，后变为桔黄色。锈粉不易脱落，也不散开。遇雨水后，成熟冬孢子极易发芽，侵染寄主。整个三七生长发育过程中都可感染发生。

（二）病原

病原为人参夏孢锈菌 *Uredo panacis* Syd.，属于担子菌亚门、冬孢菌纲、不完全锈菌目、夏孢锈菌属。夏孢子堆散生或群生于叶面及叶背，近圆形或不定形，大小约 1mm，有包膜，破裂后呈松散黄色粉末。夏孢子近球形至广卵形或梨形，大小 22.5～25.0μm×20.5～22.40μm，壁厚 1.8～2.2μm。孢子膜外满布刺状物，未见芽孔，通常萌发具 1～2 个芽管。冬孢子堆散生或群生叶背，初呈淡黄色，后变桔黄色，多为近圆形，直径 2.80～3.60μm。冬孢子茄瓜形或短圆柱形，一般具 3 个隔膜，孢子顶端钝形，柄稍窄小，由 4 个细胞构成，隔膜很薄，冬孢子大小 49～61μm×15.5～21.5μm，胞壁光滑，浅黄色，孢柄无色，长 25～35μm，柄基部稍膨大。

（三）发病规律

病菌冬孢子萌发，侵染休眠芽为翌年初发病的中心病株。风雨能帮助病菌作短距离传播。在高温多湿条件下，潜伏期 30～40 天，发病迅速。上年度发生过锈病危害的三七园发病早，病势也较猛。

（四）防治措施

加强预防工作，及早摘除早春中心病株，喷波美 1～2 度石硫合剂保护。栽种时应选无病种子。发病时，用 500 倍代森锌或波美 0.1～0.2 度石硫合剂喷施，每 7 天 1 次，连续 2～3 次。

三、三七根腐病

（一）症状

三七根腐病症状有如下 6 种类型：

（1）黄腐型　最为常见，表现地上部植株矮小，叶片逐渐黄化，地下部块根初期以尖端受害居多，但可逐步扩展。受害病根呈黄色干腐，常可见黄色纤维状或破麻袋片状的残留物，病程一般较长，2～4 个月。

（2）干裂型　块根表面黄褐色，纵向开裂，一般先从块根末端开始腐烂，部分维管束变褐，逐渐干腐呈空洞状。

（3）髓烂型　髓部组织先烂，干腐状，表皮相对完整，有时病部呈红褐色。

（4）湿腐型　一般地上部先受病菌为害，明显通过茎秆扩展至块根，病块根呈湿腐状。

（5）茎基干枯型　近地表茎秆干枯，病害扩展至块根致腐烂。

（6）急性青枯型　当地群众称为“绿腐”，表现为植株地上部急性萎蔫、叶片下垂，但叶色仍为绿色，发病块根上有时可见有大量的菌脓呈“滴”状渗出，用水清洗后病块根表面可呈蜂窝状。该症状一般在三年生和二年生三七上常见，一年生三七上较少，从地上部显症到全株死亡所需时间较短，一般约 7 天。

（二）病原

目前对三七根腐病的病原学问题尚难定论。1952 年浙江省卫生局记载该病病原为蔗草镰孢菌 *Fusarium scirpi*；1987 年陈正李报道该病病原为一种茎线虫 *Ditylenchus* sp.；1991 年曹福祥和戚佩坤报道病原菌是腐皮镰孢菌根生专化型 *F. solani* f. sp. *radicicola*；1993 年王淑琴等报道三七黑斑链格孢 *Alternaria panax* 亦能侵染三七根部，引起根腐病；1999 年罗文富等报道从三七根腐病不同发病期根部分离到假单胞杆菌 *Pseudomonas* sp.、腐皮镰孢菌 *F. solani*、细链格孢 *A. tenuis* 和小杆线虫 *Rhabditis elegans*，并经活体接种证明假单胞细菌的致病性最强，腐皮镰孢和细链格孢的致病性较弱，小杆线虫无致病性，前三者混合接种的发病率高于单独接种；环境条件和生产管理水平与三七根腐病的发生也有密切关系。2006 年缪作清等报道引起三七根腐病的病原真菌类群主要包括 *Cylindrocarpon destructans*、*C. didynum*、*Fusarium solani*、*F. oxysporum*、*Phytophthora cactorum*、*Phoma herbarum*、*Rhizoctonia solani* 等。田间人工接种以 *P. cactorum* 和 *P. herbarum* 的致病性较强，发病率分别为 48.4%和 50.0%。*C. destructans* 和 *C. didynum* 的致病力虽然较弱，但在田间分布范围广，分离频率高，且可导致典型的黄腐型症状。因此，认为 *C. destructans* 和 *C. didynum* 是田间三七根腐病的重要病原真菌。绝大多数标本中可以同时分离到多种微生物，表明三七根腐病存在复合侵染现象，对此种复合侵染的机理尚待进一步的研究。

（三）发病规律

根腐病在一年生和二年生以上的三七上均能发生，但以后者发生较为严重。该病以土壤及种苗带菌为主要初侵染源。发生的适宜条件为：温度 15℃～20℃，相对湿度大于 95%，一年中的两次发病高峰在 3～4 月和 8～10 月。连作及整地不细、土质黏重、荫棚透光率过大等都会使根腐病发生严重。三七根腐病是典型的土传性病害，且病原菌在土壤中可存活相当长一段时间，故其轮作年限以 8～10 年为佳。生荒地是种植三七的理想选择。

（四）防治措施

（1）认真做好选地、整地工作　种植地最好选背风向阳、pH 为 5.5～7.0 的土壤疏松肥沃砂壤土、排灌方便、有一定坡度、7～10 年内未种过三七或新开垦的生荒地种植三七。播种前精细整地，因地作床。认真搭建好荫棚，透光率掌握在 10%～15%为宜。

（2）选择健康的种子、种苗　选择无病果留种和健康种苗，在播种或移栽前进行种子种苗处理。种苗用 58%瑞毒霉锰锌加 70%甲基托布津，处理后播种或移栽。

（3）合理地灌水和施肥　三七园土壤含水量应经常保持在 25%～30%，相对湿度在

75%～80%；夏秋雨水多时应注意排水，打开园门、天窗等通风排湿。施肥应注重底肥和追肥，以充分腐熟的农家肥为主，辅以少量复合肥，切忌过量施氮肥，并适时施用叶面肥。

（4）清洁田园　田间一旦发现中心病株应及时彻底清除，带出七园外深埋，并对周围植株进行药剂处理。在三七整个生长期间，应不断清除杂草，对改善七园小气候。老病区应采用 8 年以上的与禾本科作物轮作制。

四、三七黑斑病

（一）症状

三七植株的地上部和地下部均可发病受害，但以地上部幼嫩组织或组织结构较松散的幼茎、茎顶、叶柄和花轴等部位为主，占所有发病植株的 60%以上。最初呈椭圆形褐色病斑，然后病斑向纵向和横向扩展，往往造成发病部位缢缩，最终病部折断致茎枯或花苔下垂枯萎死亡，到后期在病斑上可以看到明显黑色霉层。叶片受害时，多数在叶尖、叶片边沿或中间开始产生圆形或椭圆形水浸状褐色病斑，近而发展呈不规则形，病斑易穿孔破裂。在空气相对湿度较高时病斑迅速扩大，并变为黑褐色，严重时叶片脱落。空气相对湿度较低时病斑中央为褐色，病健交界处黄色，病斑易破裂。果实受害时，果实表面产生不规则形褐色水浸状病斑，果皮逐渐干缩而发黑，上生黑色霉状物。根部受害后呈褐色湿腐状，后逐渐腐烂（图 7-18）。

（二）病原

病原为人参链格孢 *Alternaria panax* Whetz.，为半知菌亚门、丝孢纲链格孢属真菌。该病菌主要危害人参属的多种植物。在 PDA 培养基上，病菌生长前期为白色，菌丝生长一段时间后菌落变为灰黑色，培养基的背面为黑绿色。在培养基上一般难以产生分生孢子。分生孢子梗单生或簇生，褐色，顶端色淡，不分枝，具隔膜，直形或曲折，呈曲膝状，大小 10～55μm×3～5μm。分生孢子单生或 2～3 个串生，倒棍棒形，黄褐色，咀喙逐渐变狭，孢身具 3～8 个隔膜，0～4 个纵隔膜，隔膜处略收缩，大小 34～90μm×12～18μm，咀喙 0～3 个隔膜，大小 4～32μm×3～5μm。

（三）发病规律

三七黑斑病的侵染源主要来自带病种子、种苗和叶、茎、果等病残体及土壤。带菌的种子、种苗是新三七园的初侵染源；残存在三七园内的枯枝、落叶等病残体上的孢子和菌丝及土壤带菌是老三七园的主要侵染来源。病菌借浇水、风雨、昆虫等传播引起多次侵染。在海拔 1300～1600m 地区，黑斑病发生期在三七出苗期间至展叶期（4 月）至 10 中旬或下旬。4～5 月进入雨季时越冬的病菌分生孢子或菌丝体通过雨水飞溅到三七幼苗的茎秆，成为发病的初侵染源，在田间形成初发病中心，在发病中心的植株上形成的分生孢子，再经过风或雨水飞溅进行传播侵染，10 月中下旬后病菌又进入越冬期。病菌侵染和发病的温度为 18℃～22℃，空气相对湿度 80%以上，并随着空气相对湿度的增加而发生严重。3～10 月间的日平均气温均 18℃～25℃，为三七黑斑病发生的适宜温度范围，因而降雨情况和空气相对湿度是决定该病发生的主要因子。该病在文山地区有三个高峰期，分别在 5 月、7～

8 月、9 月。高峰期雨量集中、空气相对湿度大，如防治不及时会导致该病的暴发与流行。

（四）防治措施

（1）严格选地使用无病种苗　三七园一般宜选用生荒地，忌连作，可与非寄主作物如玉米等轮作 3 年以上，以减少田间菌源数量。用代森铵 1∶500 倍液浸种半小时，浸种苗 5～10 分钟，可达到种苗消毒的目的。

（2）加强田间管理　勤查三七园，一旦发现病株要在发病组织未发黑之前及时清除将其集中挖坑深埋处理，并及时用药剂对发病中心进行全面处理。雨季加强园内空气流动速度，以降低园内空气相对湿度；雨季后增施磷、钾肥以提高三七植株的抗性。

（3）药剂防治　可选用 10%世高 2000 倍液、80%代森锰锌 500 倍液、多抗霉素 100～200ppm 等，以上药剂可单独使用或选择两种混合使用。进行种子或种苗处理时，要根据上述药剂适当增加稀释倍数。在三七植株的开花或幼果期时，花序或幼果对化学药剂比较敏感，一般选用多抗霉素以免发生三七干花现象。

五、三七圆斑病

（一）症状

该病发生在三七的各个部位，叶上病斑初期水渍状，后变为褐色，圆形，直径 5～20mm，随后病斑合并腐烂。叶柄和枝柄受害呈暗褐色水渍状缢缩，脱落；茎秆受害后病斑变褐折垂。潮湿环境下病斑表面生稀疏白色霉层（图 7-19）。

（二）病原

病原菌为槭菌刺孢 *Mycocentrospora acerina* (Hartig) Deighton，为半知菌亚门、丝孢纲、丝菌刺孢属真菌。该菌在国内还危害植物细辛，引起细辛叶枯病。在 PDA 培养基上 28℃培养 48 小时后，菌落初期无色，后变为紫红色，最后为黑色。菌丝中常产生膨大、厚壁、褐色的厚垣孢子。分生孢子梗短菌丝状，淡褐色，分枝，有隔膜，合轴式延伸，大小 7～24μm×4～7μm。产孢细胞合生，圆桶形，孢痕平截。分生孢子单生、顶侧生，倒棍棒形，具长喙，基部平截，淡褐色，大小 54～250μm×7～14μm，4～16 个隔膜，隔膜处微突起。少数孢子具有一个从基部细胞侧生出的刺状附属丝，大小 25～124μm×2～3μm。

（三）发病规律

三七圆斑病的发病率随产区海拔的升高而增加，主要集中于海拔 1700m 以上，且发病早、持续时间长、危害重，说明圆斑病的发生与低温有关。地势低凹的三七园因空气流通不畅湿度过大，有利于圆斑病的发生。日平均温度在 16℃～22℃，空气相对湿度在 80%以上，并持续 3 天以上时，三七圆斑病开始发生。持续的天数越长，圆斑病的危害越严重。当温度高于 28℃和空气相对湿度低于 60%时，圆斑病停止发生。该病发生于雨季的 7～9 月，最初发生时均从田畦边开始，靠雨水飞溅传播。病情随着连续阴雨天数的延长而加重，当阴雨连续 7 天以上时，将造成全园三七叶片脱落。

（四）防治措施

（1）加强田间管理　圆斑病发生季节宜打开园门，以降低空气相对湿度。注意荫棚透光率在适宜三七生长的范围内。发病初期要及时清除病株，并对发病中心施药防治。雨季来到之前要及时修补过稀的荫棚，并在厢沟内铺撒覆盖物，以防止从沟内飞溅起带有病菌的水滴到三七植株上。

（2）药剂防治　可选用 40%福星 4000 倍液＋春雷霉素 800 倍液或 1.5%多抗霉素 150 倍液等药剂，限采挖两个月前使用。

六、三七病毒病

（一）症状

三七病毒病主要为害叶片，其症状表现为多类型，主要有叶片皱缩、花叶、褪绿与黄化、白化、坏死、卷叶等。不同类型可能是由不同的病毒引起的，有时表现为多种症状复合类型，但普遍发生的病毒病以皱缩型为主，即叶片表面凹陷或突起，叶脉扭曲，叶缘有缺刻，叶片变厚且颜色加深。

（二）病原

三七病毒病的症状类型复杂，有的症状类型又可能由多种病毒复合侵染引起。目前从三七病毒病样品中检测到的病毒有黄瓜花叶病毒（CMV）、三七 Y 病毒（PnVY）、中国番茄黄化曲叶病毒（TYLCCNV）、番茄花叶病毒（ToMV）、三七病毒 A（PnVA）等，其中 PnVY 和 TYLCCNV 为当前云南三七产区的优势病毒。PnVY 是最近报道的一种马铃薯 Y 病毒属新成员，目前仅在三七中被发现。PnVY 的病毒粒体长度为 700～900nm，可以通过摩擦接种传播，辣椒、豇豆、菜豆及黄烟是 PnVY 的寄主。TYLCCNV 病毒粒体为 20nm×30nm，可经粉虱和嫁接传播，侵染的寄主也十分广泛。

（三）发病规律

叶片褪绿黄化型、白化型、皱缩型在各三七产区均有分布，花叶型、坏死型和卷叶型仅零星发生，褪绿和泡斑复合型主要在二年生和三年生部分三七园中发现，而皱缩和叶肉坏死花叶复合型及皱缩和叶脉黄化坏死复合型仅为零星发生。各类型病毒病主要以二年七为主要显症时期，三年七次之。三七病毒病在文山中海拔地区有三个发病高峰期，即 4 月下旬、6 月下旬至 7 月下旬、10 月中旬。

（四）防治措施

（1）建立无病毒三七良种繁育基地，加强种苗基地的病毒检测以保障使用健康的种子、种苗，从源头控制病害的发生。

（2）三七园中可悬挂蓝板、黄板或杀虫灯诱杀传毒介体蚜虫、烟粉虱等昆虫；田间及时拔除中心病株，深埋或烧毁病株。

（3）药剂防治　可选用 10%吡虫啉可湿性粉剂 1500 倍液，或 12.5%阿维菌素·啶虫脒微乳剂，或 30%啶虫脒 3000 倍液防治蚜虫和烟粉虱。

（丁万隆　李勇）

第三节　大黄
Dahuang
RHEI RADIX ET RHIZOMA

大黄 *Rheum* spp.为蓼科多年生草木植物。以根、根茎部分入药，味苦、性寒。有利尿、清热、行瘀解毒的功效。大黄包括掌叶大黄 *Rheum palmatum* L.、唐古特大黄（*R. tanguticum* Maxin. et Balf.和药用大黄 *R. officinale* Baill.。大黄在我国分布较广，主要分布于甘肃、青海、西藏、四川、云南、贵州等地。大黄病害主要有叶黑粉病、斑枯病、锈病、轮纹病、霜霉病、根腐病等。

一、大黄叶黑粉病

（一）症状

大黄叶黑粉病主要发生在 2 年生以上大田栽培大黄上。植株发病后，全株均可表现症状。以叶、叶柄受害为重。初期叶背的叶脉变褐、变粗，隆起呈网状，山脊状，有些呈束状结节，表面粉红色、紫红色或玫瑰色。叶正面略现红粉状，淡黄色网状。严重时病部组织呈灰白色、红褐色、紫黑色坏死，有时也产生瘤状物，后期病斑破裂，病组织内散出黑粉，即病菌冬孢子。叶柄上病斑呈大小不等的瘤状，成行排列，初为紫红色后变黄褐色。发病严重时植株矮小，叶片皱缩，生长停滞，提前枯死。

（二）病原

病原为什瓦茨曼楔孢黑粉菌 *Thecaphora schwarzmaniana* Byzova，为担子菌亚门、冬孢菌纲、黑粉菌目、楔孢黑粉菌属真菌。孢子团褐色至肉桂色、粉状。孢子球淡褐色、褐色、黑褐色、由 2～14 孢子组成，大小 14.1～44.7μm×11.8～41.2μm，黑粉孢子半球形、楔形、多角形、黄褐色，直径 9～16μm，表面粗糙，有小刺。

（三）发病规律

病菌以孢子团随病残体在土壤中越冬。翌年春天条件适宜萌发侵染，为系统性病害。

（四）防治措施

（1）耕作栽培措施　实行 3 年以上轮作，收获后认真清除病残组织，集中烧毁；不从病株上采种。

（2）建立无病苗圃　按种子重量 0.3%的 50%多菌灵可湿性粉拌种；土壤用多菌灵药剂处理。

二、大黄斑枯病

（一）症状

叶片受害，初期产生褪绿小点，后扩大为多角形、近圆形病斑，直径为 0.8～1.2cm。

有些病斑边缘褐色、红褐色，较宽，中部灰白色，其上生有很多黑色小颗粒，即病菌的分生孢子器。有些病斑中部淡褐色、淡黄褐色，上生粉红色、白色霉粉，粉层下有黑色小颗粒。病斑边缘很窄、隆起、褐色，略现油渍状。病斑外围有褪绿区，有些病斑之外有很宽的紫黑圈。症状变化较大。

（二）病原

病原为半知菌亚门壳针孢属真菌 *Septoria* sp.。该菌的分生孢子器球形、近球形，黑褐色，大小 188.1～349.4μm×174.9～277.7μm。分生孢子，粗绳状，线虫状，无色、直或弯曲，顶端较细，具 2～5 个隔膜，多为 2～3 个，大小 61.2～134.1μm×3.53～5.3μm。

（三）发病规律

病菌以分生孢子器及菌丝体随病残组织在土壤中越冬，有再侵染。

（四）防治措施

（1）栽培措施　收获后认真清除病残组织，集中烧毁和沤肥，沤肥时一定要充分腐熟，以杀死组织中的病菌。

（2）药剂防治　发病初喷洒 50%苯菌灵可湿性粉剂 1500 倍液及 10%恶醚唑水分散粒剂 1500 倍液。

三、大黄根腐病

（一）症状

根茎部产生不规则形淡褐色病斑，后不断上下扩展，主根、细根上产生不规则形黑色病斑、并腐烂。基茎下部的叶柄基部亦发病变黑，病株枯黄。

（二）病原

病原为半知菌亚门多种真菌，主要有：①镰孢菌 *Fusarium* sp.　该菌大型分生孢子镰刀形，3～5 隔，无色、小型分生孢子单胞、无色、椭圆形，单瓶梗。②柱孢霉 *Cylindrocarpon* sp.　该菌分生孢子无色，柱状 1～3 隔，多为 2～3 隔，大小 24.7～54.1μm×5.3～7.1μm，分生孢子梗无色，长短不等，大小 17.6～60.0μm×1.8～2.9μm。

（三）发病规律

镰孢菌以分生孢子随病残组织在土壤中越冬，高温、高湿条件下发病重，连作地发病重，田间积水发病重。

（四）防治措施

（1）耕作栽培措施　与禾本科、豆科实行 5 年以上轮作；发现病株及时拔除销毁，收获后认真清除田间病残组织，以减少菌源。

（2）药剂防治　发病前用 50%多菌灵可湿性粉剂 500 倍液或 3%恶霉·甲霜水剂 750 倍液灌根，每株 300mL。

四、大黄轮纹病

（一）症状

自幼苗期至收获期均可发生，叶面初生褐色、紫褐色小点，扩大后形成直径为 1.0～1.8cm 的圆形、近圆形、椭圆形病斑，病斑边缘墨绿色、灰黑色，中部灰绿色、灰褐色、红褐色，有同心轮纹，后期生有黑色小颗粒，即病菌的分生孢子器，严重时叶片枯黄而死（图 7-20、图 7-21、图 7-22）。

（二）病原

病原为大黄壳二孢 *Ascochyta rhei* Ell. et Ev.，为半知菌亚门、腔孢纲、黑盘孢目、壳二孢属真菌。该菌分生孢子器灰黑色、近球形、扁球形，孔口明显。孢子器，大小 103.0～147.8μm×94.1～134.4μm。分生孢子，圆柱状、花生状，无色，双胞，隔膜处缢缩、两端钝圆，大小 9.4～20.0μm×4.7～5.9μm。内有 1～2 个油珠，该菌与文献记载略有不同，即此菌分生孢子隔膜处缢缩、有油珠，较宽，但长度相近。

（三）发病规律

病菌以菌丝体在病组织及子芽内越冬。翌年春天，条件适宜时产生分生孢子进行侵染，借风雨传播。潮湿多雨有利于病害发生，7～9 月为发病盛期，在根组织分离中经常出现该菌。

（四）防治措施

（1）耕作栽培措施　与禾本科、豆科实行 4 年以上轮作；收获后认真清除病残组织，集中沤肥或烧毁，沤肥时应充分腐熟。

（2）药剂防治　发病初期喷施 80%代森锰锌可湿性粉剂 600 倍液及 50%苯菌灵可湿性粉剂 1200 倍液等药剂。

五、大黄霜霉病

（一）症状

大黄霜霉病菌主要为害叶片。叶面产生多角形、不规则形病斑，黄绿色、水渍状，边缘不明显。潮湿时，叶背产生灰紫色霉状物，即病菌的孢囊梗和孢子囊。发病严重时，病叶变黄干枯。

（二）病原

病原为酸模霜霉 *Peronospora rumicis* Corda，为鞭毛菌亚门、卵菌纲、霜霉目、霜霉属真菌。该菌孢囊梗自气孔伸出，单枝或多枝，上部二叉锐角分枝 3～6 次。孢子囊，椭圆形、卵形、近球形，淡褐色，大小 16～32μm×14～22μm。萌发时释放游动孢子。卵孢子球形。

（三）发病规律

病菌以卵孢子随病残组织在土壤中越冬。翌年春条件适宜时，卵孢子萌发，释放游动孢子，借风雨传播，自气孔侵入。再侵染频繁。低温、高湿条件病害发生重。一般在 4 月中下旬开始发病，5～6 月为发病高峰。

（四）防治措施

（1）耕作栽培措施　与禾本科、豆科实行 4 年以上轮作；及时拔除病株，收获后彻底清除病残组织，集中烧毁或沤肥，减少病源。

（2）药剂防治　发病初喷施 58%甲霜灵·锰锌可湿性粉剂 1000 倍液、72%克露可湿性粉剂 700 倍液 1～2 次。

六、大黄锈病

（一）症状

在叶片两面产生鲜黄色夏孢子堆，初埋生后突破表皮，隆起呈半球形，多单生，也可聚生。孢子堆周围组织褪绿呈灰色、灰绿色，多角形、不规则形枯死病斑，大小 2～4mm。冬孢子堆主要生于叶背、散生，有少量聚生，隆起呈小疱、黑色，结构紧密，不易飞散，冬孢子堆周围有绿岛现象。可生于夏孢子堆周围，也可单独生于另外的叶片上，发病严重时，孢子堆相互融合，叶片发黄、提早枯死。

（二）病原

病原为掌叶大黄柄锈菌 *Puccinia rhei-palmati* B. Li.，为担子菌亚门、冬孢菌纲、柄锈菌属真菌。该菌夏孢子椭圆形、近圆形，初无色后变淡黄色，壁上有小刺，大小 21.2～27.0μm×16.5～24.7μm。冬孢子，黄褐色、褐色，双胞，多数为上部细胞大，下部细胞小，棒状，顶部圆或尖、较厚，有柄。个别为 3 胞，冬孢子，大小 34.2～44.7μm×14.1～22.3μm，隔膜处缢缩或不缢缩，顶部厚度 4.7～8.1μm；柄无色，大小 18.8～24.7μm×3.5～7.1μm。

（三）发病规律

越冬后冬孢子萌发，在大黄叶面产生夏孢子堆，夏孢子借风、雨传播为害健叶。阴雨多，湿度大的地块发病重；阴坡比阳坡发病重；生长茂密通风透光差的地块发病重。

（四）防治措施

（1）栽培措施　收获后认真清除病残组织，集中烧毁或沤肥，沤肥时要充分腐熟，以杀死病菌。

（2）药剂防治　发病初期，选用 15%三唑酮可湿性粉剂 1000 倍液、40%福星乳油 7000 倍液和 10%世高水分散颗粒剂 1500 倍液，视病情喷施 2～3 次。

（丁万隆　李勇）

第四节　山药

Shanyao

DIOSCOREAE RHIZOMA

山药即薯蓣 *Dioscorea opposita* Thunb.，为薯蓣科薯蓣属多年生草质藤本植物。以根茎入药，有补脾气、益肾精、健胃化痰的功效。山药分布很广，以河南新乡产量最大，质量最好，故有“怀山药”之称。病害是影响山药生产的重要因素，1999 年四川雅安山药炭疽病大发生，造成 100hm^2 山药几乎绝收。病害有炭疽病、褐斑病、斑点病及灰斑病、根结线虫病等病害。

一、山药炭疽病

（一）症状

山药炭疽病主要为害叶片，叶柄、茎及其他部位也可以受害。发病初期，在叶片上产生略有凹陷的褐色斑点，不断扩大成黑褐色病斑，中央色浅，有不规则的轮纹，上面着生小黑点，即病原菌分生孢子盘（图 7-23、图 7-24）。茎基部被害，出现深褐色水渍状病斑，后期略向内凹陷，造成枯茎、落叶。

（二）病原

病菌为胶孢炭疽菌 *Colletotrichum gloeosporioides* (Penz.) Sacc.，属于半知菌亚门、黑盘孢目、炭疽菌属真菌。分生胞子盘，圆盘形，直径 36～40μm。分生孢子梗，单胞，无色，棍棒形，顶端钝圆或稍尖，大小 4.8～14.7μm×2.5～4.9μm，有时长达 20μm。刚毛在后期形成，暗褐色，顶端色淡，偶有隔膜，大小 16.3～51.6μm×3～6μm。分生孢子，单胞，无色，椭圆形或圆筒形，大小 12～19μm×4～6μm，内含颗粒体。

（三）发病规律

病原菌以菌丝体或分生孢子盘组织随病残体在土壤中越冬，是翌年病害发生的初侵染源。分生孢子靠雨水飞溅传播，一般靠近地面的叶片先发病。昆虫及农具携带的病菌，都可能在适宜的条件下，从山药的伤口处侵染。病害发生后，在山药组织上会产生分生孢子，成为再次侵染的病原，以发病单株为中心，随风雨传播和农事操作完成再次侵染。一般于 6 月初田间出现零星病斑，前期病情发展缓慢，7 月中旬雨季来临后进入盛发期，7～8 月的降雨量是病害流行的决定因子，连阴雨天气有利于病害的流行。没有进行支架管理的山药田，田间环境郁闭，降雨后易形成局部的高温高湿小气候，有利于病害的发生。夏季多雨年份，适合该病害的发生为害，给山药生产带来严重减产。地上茎蔓进行支架管理的田块，田间通风透光良好，发病晚，发病轻。

（四）防治措施

高温高湿的环境条件和郁闭的田间环境有利于病害的发生，在生产上应采用控制田间小气候的栽培方法，辅以药剂防治对山药炭疽病进行综合防治。

（1）栽培防治　采用支架栽培，加强通风透光，有利于雨季及时排水；山药收获后，集中清除田间病残体，消灭初侵染源。

（2）药剂防治　零星发病时用 5%菌毒清或 40%氟硅唑等交替使用，对炭疽病进行预防，如遇多雨天气，雨后应及时补防。

（3）发病前喷 1∶1∶150 的波尔多液，每 10 天 1 次，连喷 2～3 次；发病初期，摘除病叶，再喷80%代森锌可湿性粉剂500～600倍液，每隔7天1次，连续喷2～3次。

二、山药枯萎病

（一）症状

病原菌主要侵染地面以下根茎蔓，发病初期茎基部出现黑褐色梭形凹陷病斑，病斑纵向横向同时扩展，当发展至环茎黑色后，维管束变黑褐色，地上茎蔓干枯，叶片黄化、脱落，整株死亡。侵染地下块茎后，会以皮孔为中心形成圆形或不规则形黑褐色病斑，皮孔上的须根和块茎变褐色、干腐。

（二）病原

病原为尖孢镰刀菌山药专化型 *Fusarum oxysporum* f. sp. *discoreae*。在PSA上培养，气生菌丝体茂盛，絮状，菌落背面淡紫色至紫色。小型分生孢子，数量多，不分隔或有1个分隔，椭圆形，大小4.8～9.0μm×1.4～2.6μm。大型分生孢子，纺锤形或镰刀形，稍弯曲，两端尖，有足细胞，有3～5个分隔，大小24～44μm×2.6～3.2μm，分隔越多分生孢子越大。厚垣孢子，球形，有1～2个细胞，顶生或间生，单生或双生。

（三）发病规律

病原菌以菌丝体或厚垣孢子在病残体和土壤中越冬，病原菌能在土壤中存活多年。种茎带菌是重要的初侵染源，土壤中越冬后病原菌在病残体上产生分生孢子，借助风雨气流传播完成初侵染。农事操作、地下害虫及线虫为害后造成的伤口，容易被侵染，携带病原菌的昆虫和线虫，也可传播病害。完成初侵染发病后，随田间灌溉、雨水流动等，进行再次侵染。土壤黏重、地势低洼积水、田间排水不畅等条件，有利于病害的发生。大水漫灌的田块发病重，连作地发病重，出现阴雨天气时发病重。

（四）病害防控

（1）栽培防治　山药收获后要及时清理田间病残体，挑选无病健康块茎留种；种植山药选择地势高燥、采光良好、透水性好的地块，与禾本科作物连作；采用开沟支架种植，田块四周开挖排水沟，保证田间的通风透光和田间不积水；多施磷钾肥，提高作物抗性，浅耕除草，避免伤根。

（2）药剂防治　栽种前用50%多菌灵对山药种块进行浸种保护，使用70%甲基硫菌灵在发病初期进行淋灌防治。

三、山药褐斑病

（一）症状

病菌主要为害叶片，植株下部叶片首先发病，叶柄、茎蔓也可受害。发病初期，叶面病斑黄色或黄白色，边缘不明显。病斑不断扩大，并受叶脉所限，呈多角形或不规则形，直径 2～5mm，黄色，边缘不清。后期，病斑周缘变褐色微突出，中心部分淡褐色，散生黑色小点，即病原菌分生孢子盘，有时形成暗褐色的边缘。同时，在叶面长出无数白色小点，即分生孢子盘上大量聚集的分生孢子（图 7-25）。严重发生时，病斑汇合，叶片穿孔枯死。叶柄及茎蔓亦受害。

（二）病原

病原为薯蓣柱盘孢 *Cylindrosporium dioscoreae* Miyabe et Ito，为半知菌亚门、腔孢纲、黑盘孢目、柱盘孢属真菌。分生孢子盘叶两面生，聚生或散生，初埋生，后突破表皮而外露，直径 144～480μm。分生孢子梗，长圆柱形，无色至浅色，单胞，不分枝，正直或微弯，大小 17～29μm×3～3.5μm。分生孢子，针形，无色透明，两端较圆或一端较尖，正直或微弯，2～3 个隔膜，大小 28～67μm×2～3μm。

（三）发病规律

病菌以分生孢子盘和菌丝体在播病残体上越冬，第二年条件适宜时，病残体上的病菌就会形成分生孢子，随风雨传播，在植株的下部叶片首先发病，形成初次侵染。当病原菌侵入茎叶后，菌丝在茎叶组织中细胞间生长，在皮下形成分生孢子盘和分生孢子，分生孢子成熟后会突破茎叶的表皮，当遇到适宜的湿度和温度，经过 1～2 天的潜伏，分生孢子就可以萌发再次侵染，导致病害快速蔓延。氮肥过多时容易发病。不同山药品种对褐斑病抗性存在差异。

（四）防治措施

（1）农业防治　选地势较高，土地肥沃地块种植，要深翻地，精细整地。实行轮作，避免连作。清洁田园，扫除枯叶残叶，减少越冬菌源。提倡施用酵素菌沤制的堆肥，合理灌水，雨后排除田间积水。

（2）化学防治　从 6 月初开始，每隔 7～10 天 1 次喷洒 1∶1∶200 波尔多液，连续喷 2～3 次。发病严重时，喷洒 80%代森锰锌 600 倍液、40%福星乳油 8000 倍液或 50%福美双粉剂 500～600 倍液，隔 7～10 天喷 1 次，连续防治 2～3 次。

四、山药根结线虫病

（一）症状

病菌主要为害根系和块茎。受害植株地上部叶片变小，藤蔓生长衰弱，叶色淡，严重时叶片枯黄脱落。块茎受害后，山药表面暗褐色，无光泽，多数畸形，在线虫侵入点周围肿胀突起，形成直径 2～7mm 的虫瘿，严重时多个虫瘿愈合在一起，病块茎上生出许多须根，在须根上产生有米粒大小的根结。剖视病块茎，可见自线虫侵入点向内组织变褐色；后期表皮组织腐烂，内部组织变深褐色，由于其他微生物的侵染而导致块茎腐烂，完全失去山药的商品价值，造成很大的经济损失。

（二）病原

线虫属 *Meloidogyne* spp.的多种线虫能引起山药根结线虫病，主要有花生根结线虫 *M. arenaria*、南方根结线虫 *M. incognita*、爪哇根结线虫 *M. javanica* 和北方根结线虫 *M. hapla*。根结线虫雌雄异形，其整个发育阶段包括卵、幼虫、成虫三个阶段。卵，肾形，乳白色；

二龄幼虫线形，无色透明，头钝，尾稍尖，三龄以后的幼虫呈豆荚形，随龄期增长而渐膨大；雌成虫一般为鸭梨形，葫芦形，柠檬形等，乳白色，口针基部球向后略斜，会阴花纹圆或卵圆形，近尾尖处无刻点，近侧线处有不规则横纹，有些横纹伸至阴门角，通常头区有一个完整的环纹；雄成虫细长，灰白色，头略尖，尾钝圆，导刺带新月形。除山药外，还能为害花生、大豆、菜豆、马铃薯、番茄、芋、南瓜、棉花等多种作物。

（三）发病规律

病原线虫主要通过病土、病薯、田间灌水、雨水和农事操作等途径传播，远距离的传播主要是通过带病的种薯。病原线虫主要以卵和二龄幼虫在山药病残体和土壤中越冬。二龄幼虫为侵染幼虫。越冬卵第二年环境条件适宜时，开始孵化变成一龄幼虫，蜕皮后为二龄幼虫，以穿刺的方式侵入山药幼嫩的块茎和根尖，进行繁育，引起发病。侵染块茎的线虫在病部组织内取食发育，再经二次蜕皮后发育为成虫，雌雄成虫交尾，交尾后不久雄虫死去，雌虫产卵于胶质卵囊内。卵在土壤中分期分批孵化进行再侵染。1 年可发生 3～5 代，世代重叠。根结线虫在土壤中的分布较广，主要分布在 20～40cm 的土层内。土壤 15℃～20℃，田间最高持水量 70%左右最有利于线虫侵入。一般砂性土壤发病重，连作年限越长发病越重。在一个生长季节内，卵囊中的卵可以继续孵化再侵染。种植年限越长，发病越重。

（四）病害防控

（1）植物检疫　禁止从病区引种，防止病土以各种方式传播。建立无病种薯繁殖基地，做到统一繁殖、统一贮藏、统一供种。

（2）合理轮作　忌连作，宜进行 3 年以上的轮作，特别是水旱轮作效果较好，与玉米等禾本科作物轮作，防病效果较佳。

（3）清洁田园　将病残体植株带出田外，集中晒干、烧毁或深埋，并铲除田中的杂草如苋菜等，以减少下茬线虫数量。以底肥为主，施用充分腐熟的有机肥作底肥，合理灌水，保证山药生长过程中良好的水肥供应，使其生长健壮，提高抗病性。定植前淡紫拟青霉做土壤处理。

（4）精选种薯　种薯要经常更新，当年播种的种薯最好采用上一年新沟栽培收获的山药芦头，经冬季贮存后选用皮色好、质地硬、无病虫侵染的嘴子作种薯。播种前将种薯铺在草苫上晾晒，每天翻动 2～3 次，以促进伤口愈合，形成愈伤组织，增强种子的抗病性和发芽势。

五、山药根腐线虫病

（一）症状

山药块茎发病初期表皮上产生少量圆形红褐色小斑点。随着线虫数量的增加，病斑数量增多，病斑面积扩大到 0.2～0.4cm，病斑颜色变为浅褐色至黑褐色，病斑边缘稍凹陷。剖开表皮，病组织呈红褐色，深度 0.2～0.4cm。严重时，病斑可连成大片，甚至环绕根状茎，表面有微细龟裂纹。最后，病部暗褐色、凹陷、干裂，内部病组织呈褐色干腐状，深度可达 0.5～1cm。根状茎变脆，极易折断。地上部表现为叶色淡绿、植株矮小，病重时全株发黄，枯萎死亡。

（二）病原

病原为薯蓣短体线虫 *Pratylenchus dioscoreae*，为线形动物门、线虫纲、垫刃目、短体线虫属。病原线虫为小形肥壮圆筒状，头部粗钝，口针坚实而粗短，尾部钝圆。目前仅知薯蓣是其唯一寄主。

（三）发病规律

种薯、病残体及病田土壤是病害的侵染来源，土地是传病的主要途径。线虫在土中可存活 3 年以上。山药短体线虫生活史极不整齐，经常可查到各个虫态，1 年发生 2 代，当 6 月上旬新块茎形成，线虫即开始侵染，随后侵染延续增长，直至收获。块茎从芦头至 40cm 以上处均可受害，以 1～20cm 处病斑较多。线虫主要分布在 20cm 左右的深土层内，地表 30cm 以下块茎少见。线虫病常与其他土传病害共生，形成复合病害而加重损失。此病不仅影响山药的产量和品质，而且影响种苗贮藏。

（四）病害防控

（1）农业防治　山药忌重茬，忌与甘薯、大豆、胡萝卜、地黄等轮作，应选择地势高燥、水系配套、肥沃疏松的新茬地；注重选种，选择纯正、健壮、无线虫病危害的芦头或茎段。

（2）物理防治　用 52℃～55°C 热水浸种薯 15～20 分钟，杀死种薯内的线虫。

（3）药剂防治　有线虫危害的地块，栽种时用 10%噻唑膦、淡紫拟青霉做土壤处理。

（丁万隆　李勇）

第五节　川芎
Chuanxiong
CHUANXIONG RHIZOMA

川芎 *Ligusticum chuanxiong* Hort.别名芎穹、胡芎、香果、西芎、小叶川芎，为伞形科多年生草本植物。药用部分为根状茎。具行气活血、通经行气、祛风止痛之功效。主产四川、云南、贵州等省。川芎主要病害有白粉病、根腐病和菌核病。

一、川芎根腐病

（一）症状

病菌主要为害根部和茎基部。发病初期，根部维管束褐变，根茎内部出现棕褐色病斑，随病情发展，受害面积扩大，局部呈褐色至红褐色，发干，部分变为水渍状，然后内部坏死，若遇天气潮湿多雨，常变为湿腐，根茎迅速腐烂，甚至无法从土中拔起。地上茎基部维管束褐变，后期须根溃烂、脱落，根茎朽烂或浆糊状，有特殊酸臭气。地上部症状不明显，发病初期，地上部从外围叶片开始褪色发黄，逐渐向心叶扩展，随着病情的发展，植株生长减慢，叶片从叶尖和叶缘开始发枯，最后全株枯死。病株的一般生长明显迟缓，长势较弱，根较小，后期植株枯死、块茎腐烂。

（二）病原

叶华智等报道为茄腐镰刀菌 *Fusarium solani* (Mart.) App. et Wollenw.，属于半知菌亚门、瘤座孢目、镰刀菌属真菌。大型分生孢子，镰刀形、纺锤形等，稍弯，多隔，无色透明，分 1～3 隔，大小 30.8μm×5.9μm。小型分生孢子，无色透明，椭圆形、卵圆形等，0～1 隔。厚垣孢子，间生或顶生，大小 12.4μm×8.4μm。培养后期厚垣孢子产生于分生孢子顶部或菌丝之间串生，颜色较深，圆形或卵圆形，直径 8.4μm。曾华兰等报道为尖孢镰刀菌 *Fusarium oxysporum*，张玉芳等报道为尖孢镰刀菌和茄腐镰刀菌，即不同地区间病原菌类群存在差异。

（三）发病规律

病菌主要以分生孢子、菌丝体等在土壤和苓种上越冬。产区混合堆放的苓种平均带菌率高达 33.8%。带菌土壤和苓种是主要初侵染源。春季气温回升后，苓种和土壤中的菌丝生长，产生孢子梗和分生孢子，分生孢子随土壤、雨水和农事活动等进行传播蔓延。发病期孢子借助土壤和雨水传播至邻近植株上。川芎根腐病流行与否及其流行程度主要决定于越冬菌源数量、降水量及外来菌源到达的时间和菌量。川芎根腐病 10～11 月川芎苗期开始发病，1～2 月零星发生，4 月中下旬至 6 月中旬根茎膨大期进入发病高峰期。5 月高温多雨天气进入盛发期。苓秆上部幼嫩的苓种长出的幼苗比下部老熟苓种长出的幼苗更易发病。多年连作、偏施氮肥、排水不畅的地块发病较重。

（四）病害防控

（1）农业防治　避免多年连作，病地实行水旱轮作；采用深沟高厢栽培，保持田间排水通畅；苓种摊晾于通风阴凉处，减少病菌相互传染；加强肥水管理，控制氮肥用量，增施磷、钾肥；收获后及时清理田园，将残株集中用生石灰处理后深埋。

（2）苓子消毒　秋季栽种前，苓子用清水洗净后栽种，或用 50%多菌灵可湿性粉剂 500 倍液浸泡 20 分钟，清水洗净后栽种。

（3）药剂防治　栽种前结合施肥，每亩撒施 1.5kg 哈茨木霉菌。生长季发现病株及早防治。发病初期用枯草芽孢杆菌 100 亿个/升的菌悬液、99%恶霉灵可湿性粉剂 3000 倍液、50%甲基托布津可湿性粉剂 800～1000 倍液、40%多·硫悬浮剂 500 倍液等药液灌窝 10～15 天 1 次，连续灌 2～3 次。

二、川芎白粉病

（一）症状

叶片、叶柄、茎秆和花梗均能受害。被害部位表面出现白色粉状霉层，为病菌无性阶段的分生孢子梗和分生孢子。后期粉层逐渐消失，并产生黑色颗粒状物，为病菌有性阶段闭囊壳。

（二）病原

病原为独活白粉菌 *Erysiphe heraclei* DC.，为子囊菌亚门、核菌纲、白粉菌目、白粉菌科、白粉菌属真菌。闭囊壳，球形或近球形，黑褐色，直径 75～132μm。附属丝 15～26 根，线形，无色，宽度不一致，有时呈波纹状，顶端不规则分枝，通常无隔。闭囊壳内含 4～6 个子囊，子囊卵形，无色，具有明显的柄，大小 51～75μm×30～36μm。子囊内含 2～6 个子囊孢子。子囊孢子卵形，无色透明，单胞，大小 18～27μm×10～14μm。

（三）发病规律

6 月下旬开始至 7 月高温高湿时发病严重，先从下部叶发病，叶片和茎秆上出现灰白色的白粉，后逐渐向上蔓延，后期病部出现黑色小点，严重时使茎叶变黄枯死。除为害川芎外，还可为害防风、蛇床子等药材。

（四）防治措施

（1）冬季收获后及时清理田园，清除枯枝落叶，将残株病叶集中烧毁，减少越冬菌源；适当增施有机肥，增强植株抗病力。

（2）发病初期用 25%粉锈宁 1500 倍液或 50%托布律 1000 倍液喷洒，每 10 天 1 次，连喷 2～3 次。

三、川芎菌核病

（一）症状

发病植株下部叶片首先枯黄，地下根茎湿烂。茎秆基部出现黑褐色病斑，稍凹陷，以后逐渐发黑，腐烂，最后烂成一圈，地上部倒伏枯萎；在被害根系的顶端，茎秆的茎部及周围土面，可见到白色棉絮状菌丝体和不规则的、大小不等的、黑色鼠粪状菌核。

（二）病原

病原为核盘菌 *Sclerotinia sclerotiorum* (Lib.) de Bary，为子囊菌亚门、盘菌纲、柔膜菌目、核盘菌属真菌。菌核萌发可产生 1～9 个盘状的子囊盘。子囊盘初为淡黄褐色，后变褐色，其上生有多数平行排列的子囊和侧丝。子囊，棍棒形或椭圆形，无色，大小 91～125μm×6～9μm。该菌寄主范围广，可侵染 32 科 160 多种植物。

（三）发病规律

病菌以菌核在土壤中或混杂种子中度过不良环境，至少可以存活两年，是病害的初次侵染来源。菌核病主要在雨水较多的 5～6 月发生。种用的苓子带菌及生长后期雨水多，土地沟道浅，排水不良是发病的主要原因。

（四）防治措施

（1）做好选种工作　有菌核病的地块不收取种苗，根茎提早收获。剪苓子作种时，注意将基部腐烂的茎秆剔除。

（2）发病地块避免连作，实行轮作倒茬，可与水稻进行轮作；加强田间管理，及时清理道沟保持沟深水爽。

（刘琨　丁万隆）

第六节　天南星

Tiannanxing

ARISAEMATIS RHIZOMA

天南星 *Pinellia pedatisecta* Schott 为天南星科草本植物，别名掌叶半夏、虎掌南星等，产于四川、贵州、云南、广西甘肃、河北等地。以块茎入药，具有解毒消肿、祛风定惊、化痰散结之功效。天南星病害主要有炭疽病、锈病和花叶病毒病等。

一、天南星炭疽病

（一）症状

叶片、叶柄、茎及果实均可受害。叶片上病斑圆形或近圆形，直径 2～5mm，边缘暗绿色或褐色，中央灰白色或淡褐色，其上聚生或轮生小黑点，为病原菌的分生孢子盘。叶柄、茎上病斑梭形，稍凹陷，淡褐色，密生黑色分生孢子盘；天气潮湿时分生孢子盘上聚集橙红色分生孢子。浆果上病斑红褐色，稍凹陷。

（二）病原

病原为一种炭疽菌 *Colletotrichum* sp.，属于半知菌亚门、腔孢纲、黑盘孢目、炭疽菌属真菌。分生孢子盘，聚生，突破表皮，黑色。子座发达。刚毛散生于分生孢子盘中，数量较多，暗褐色，顶端色淡，多数刚直，基部稍大，2～4 隔膜，大小 42～11μm×24～6μm。分生孢子梗，圆柱形，无色，单胞，大小 14～27μm×3.5～5μm。分生孢子，镰刀形，单胞，微弯，内含物颗粒状，大小 14～24μm×3～4μm。

（三）发病规律

病菌以菌丝体和分生孢子在病株残体上越冬。翌年条件适宜时，分生孢子借风雨传播引起初侵染；生长季病斑上产生的大量分生孢子又不断引起再侵染。主要为害成株，6 月开始发生，7～8 月为害严重。

（四）防治措施

（1）入冬前清洁田园，烧掉地上茎叶。

（2）5 月底前喷洒 1 次 1∶1∶160 波尔多液；发病期喷洒 25%施宝克 600 倍液、75%百菌清 500 倍液或 50%甲基托布津 500 倍液等药剂，每 10 天左右 1 次，视病情喷 1～3 次。

二、天南星花叶病毒病

（一）症状

天南星花叶病毒病为全株性病害。叶部症状常表现为花叶、不规则褪绿或出现黄色条斑，同时发生叶片变形、皱缩、卷曲呈畸形，使植株生长不良，正常光合作用受到影响，影响块茎产量、质量。后期叶片枯死（图 7-26、图 7-27、图 7-28）。

（二）病原

主要为芋花叶病毒（*Dasheen mosaic virus*，DsMV），属马铃薯 Y 病毒属。DsMV 病毒粒子呈弯曲线状，无包膜，长约 750 nm，直径约 12nm，呈螺旋对称结构。RNA 总含量约为 5%，含有约 10 kb 的单链正义 RNA 基因组，RNA 的 5'端有一基因组连结蛋白，3' 端为 Poly（A）结构，该基因组可翻译一个约 350 kD 的多聚蛋白前体。DsMV 可侵染天南星科 16 属植物。

（三）发病规律

用块茎繁殖的天南星，病毒可在植株体内积累，有的能通过蚜虫传毒，田间蚜量大，为害持续时间长则发病重。

（四）防治措施

（1）采用脱毒技术，用无病毒种源种植和繁殖，也可用无毒种子繁殖。用热处理方法结合茎尖脱毒获取无毒苗。

（2）选择抗病品种栽种，如在田间选择无病单株留种；增施磷、钾肥，增强植株抗病力。

（3）药剂防治　可使用病毒 A、病毒必克防治病毒病；5%高效氯氰菊酯 3000 倍液防治传毒昆虫。

（王蓉　丁万隆）

第七节　天麻
Tianma
GASTRODIAE RHIZOMA

天麻 *Gastrodia elata* Bl.又称定风草、赤箭、鬼督邮、神草等，为兰科、天麻属多年生草本植物。天麻叶退化，在生长过程中与蜜环菌 *Armillaria mellea* Kummer 建立共生关系。天麻的药用部分为地下块茎，具熄风止疼作用。主产于吉林、辽宁、内蒙古、河北、山西、陕西、甘肃、江苏、安徽、浙江、江西、台湾、河南、湖北、湖南、四川、贵州、云南和西藏。天麻病害主要是天麻软腐病。

一、天麻软腐病

（一）症状

病菌主要为害天麻块茎。发病初期，天麻块茎出现黑褐色斑点，随着病情扩展，整个麻体变成黑褐色，有黏液，易黏附土粒。麻体组织变软，用手挤压，有白色菌脓流出。剖开染病天麻块茎观察，内部组织腐解，呈糊状，深褐色，具臭味。麻内组织与表皮剥离，部分内部组织中空呈洞空状。严重发病时整个天麻块茎腐烂溃解，仅留外皮残存。

（二）病原

病原为胡萝卜软腐欧文氏菌 *Erwinia carotovora* subsp. *carotovora* (Jones) Bergey et al.，属于欧氏杆菌属细菌。病原细菌革兰氏染色反应阴性。菌体为短杆状，周鞭，鞭毛2～6根。在培养基上菌落灰白色，圆形，表面光滑，边缘整齐。

（三）发病规律

麻种块茎带菌、土壤带菌及蜜环菌菌棒带菌是天麻软腐病的初侵染源。冬季11月室内人工栽培的天麻，当地温上升至 5℃以上时开始发病。春季播种的天麻当月开始染病。栽培天麻加盖的覆盖物带菌及浇水带菌也是天麻染病的途径之一。随着温度、湿度的升高，加重软腐病的发生，6～8月发病率高，速度快。天麻块茎出现伤口有利于发病。

（四）防治措施

（1）精心挑选麻种及菌棒　所选取的麻种块茎表面光滑，无病斑，块茎的一端如有病斑，可将病斑切掉。天麻收获、种麻的贮藏及运输过程中，应尽量避免碰撞，减少伤口。蜜环菌菌棒的选择，以木质坚硬、不脱皮、无杂菌污染者为佳。

（2）土壤选择　忌连作重茬，选排水良好、无污染的风化土、腐殖土及干净的河沙地栽植，种过天麻的土壤需更换新土。覆盖物及浇水水源干净无污染。

二、天麻块茎黑腐病

（一）症状

由菌材感染天麻块茎，白色菌丝常腐生在菌材表面，呈片状分布，生长速度快。染病块茎早期出现黑斑，后期麻体腐烂，有时麻体大部分呈黑色，味苦，严重影响产量及质量。

（二）病原

病原为尖孢镰刀菌 *Fusarium oxysporum* Schlecht，属于半知菌亚门、镰刀菌属真菌。

（三）发病规律

病菌以分生孢子在天麻栽培穴基质内越冬。天麻种性退化，生长势衰弱及穴内阴湿、易积水，基质通气性差病害易发生。9～10月降雨量大则发病严重。

（四）防治措施

（1）选择排水良好的砂壤土及腐殖土作栽培地；雨季开好排水沟，及时排除积水。

（2）秋季雨水大时应经常检查麻体，发现为害可考虑提前收获。

（丁万隆）

第八节　太子参

Taizishen

PSEUDOSTELLARIAE RADIX

太子参 *Pseudostellaria heterophylla* (Miq.) Pax，又名孩儿参、童参，为石竹科多年生草

本植物。以块根入药，具有益气健脾、生津润肺之功效，常用于脾虚体倦、食欲不振、病后虚弱、肺燥干咳等症。主产于江苏、山东、贵州、安徽、福建等地。太子参病害有病毒病、叶斑病、根腐病、斑点病、霜霉病、猝倒病、白绢病等，以叶斑病和病毒病发病最为严重。

一、太子参叶斑病

（一）症状

发病初期，病斑褐色圆形或不规则形，随后病斑中央灰白色，周围黄晕，病斑上产生颗粒状小黑点，呈轮纹状排列。发病后期几个病斑汇合成不规则大斑，老病斑中央穿孔，造成整张叶片干枯，腐烂，严重时整株枯死。

（二）病原

太子参叶斑病病原菌 *Septoria* sp.属半知菌亚门、壳针孢属。分生孢子器，扁球形，顶端有圆孔，暗褐色，在壁内下端半圆周的范围内产生简单的、不分枝的分生孢子梗，梗上着分生孢子。分生孢子，无色，多胞，细长至线性（针形）。分生孢子器成熟后吸收水分把孢子和胶质从孔口排出形成孢子角。

（三）发病规律

该病菌以分生孢子器在病残体上越冬，翌年条件适宜时分生孢子器产生分生孢子进行初侵染，发病后产生分生孢子进行再侵染。病菌以分生孢子随气流、雨水传播，从太子参叶片伤口、气孔侵入。在 3 月下旬开始发病，5 月上旬田间达到发病高峰，连作田块发病重。

（四）防治措施

（1）种参消毒　播种前将参种用 50%多菌灵可湿性粉剂 500 倍液或 70%甲基硫菌灵可湿性粉剂 800 倍液浸种 30 分钟，洗净后播种。

（2）加强田间管理　及时清除病残体，发现病叶及时摘除、烧毁、深埋；建造良好的排水沟渠；避免太子参连作，选择与禾本科作物进行轮作。

（3）化学防治　每年在发病前，一般为 3 月中下旬，用 1∶1∶150 波尔多液或 80%全络代森锰锌可湿性粉剂喷雾预防，每隔 7～10 天喷 1 次，连续喷 2 次；发病初期，用 30%苯醚甲环唑・丙环唑微乳剂或 50%嘧菌酯水分散粒喷雾，每隔 7～10 天施药 1 次，连续施药 2～3 次。

二、太子参斑点病

（一）症状

发病初期，在叶片上出现小叶斑，随后叶斑慢慢地扩大发展成灰白色圆形小枯斑，周围黄晕，病斑扩大后叶片长出黑色小点，并排列成轮纹状，发病后期几个病斑汇合成不规则大斑，老病斑中央穿孔，整张叶片干枯、腐烂，严重的整株枯死，常会造成大面积的传染，导致整片区死亡，也称为太子参叶瘟病。

（二）病原

病原为半知菌亚门、球壳孢目、茎点霉属 *Phoma* sp.真菌。

（三）发病规律

该病害是太子参叶部的主要病害。当气温在15℃～18℃时开始发病，20℃～25℃为发病最适温度，从春到夏田间温度渐高，病害愈易流行，因此常在大田中后期发生。

（四）防治措施

（1）种参消毒　为了防止种参带菌，要求在栽种前对种参进行消毒，采用50%多菌灵500涪液浸泡种参30分钟，沥干后用清水漂洗残留药液，晾干待播。

（2）合理轮作　建立以太子参-水稻为主的耕作制度。同时要严格太子参残体的管理，发现病叶及时摘除烧毁或深埋。

（3）药剂防治　在发病前，即3月中下旬，选用80%代森锰锌可湿性粉剂600倍液喷雾，隔7～10天喷1次，连喷2次；在发病初期用10%世高1500倍液喷雾，隔7～10天喷1次，连喷2～3次。

三、太子参病毒病

（一）症状

太子参苗期主要病害之一。早期发病轻时，叶脉变淡、变黄，形成黄绿相间的花叶症状；发病严重时，叶片皱缩、斑驳，叶缘卷曲。苗期发病，会造成植株矮化，顶芽坏死，叶片不易扩展，病株块根变小，块根数量减少等症状。

（二）病原

目前鉴定到的病原有4种：芜菁花叶病毒（*Turnip mosaic virus*，TuMV），属于马铃薯Y病毒属，病毒粒体呈弯曲线状，长680～780nm，宽11～13nm，病叶细胞内有风轮状内含体；蚕豆萎蔫病毒2号（*Broad bean wilt virus2*，BBWV2），属于蚕豆病毒属，病毒粒子为球形，直径25nm，在病叶细胞内形成晶格状内含体；烟草花叶病毒（*Tobacco mosaic virus*，TMV），属于烟草花叶病毒属，病毒粒体为杆状；黄瓜花叶病毒（*Cucumber mosaic virus*，CMV），属于黄瓜花叶病毒属，病毒粒体为正二十面体的球形，直径20～30nm。

（三）发病规律

无性繁殖的带病块根是主要初侵染来源，病毒还能通过汁液摩擦传毒或蚜虫以非持久的方式传毒，种子不传毒。太子参生育期遇到蚜虫爆发发病重，干旱年份发病重。发病期主要与温度有关，不同种植区发病期也有不同，在贵州一般在3月下旬至4月中旬开始发病，5～6月达到病害高峰期；在福建一般在2月中下旬开始发病，3月中旬以后达到病害高峰期。

（四）防治措施

（1）精选参种　选择产量高、抗病强的品种种植，要求种参块根肥大、均匀、芽头无损伤无病害。

（2）种植脱毒种苗　通过热处理技术脱除茎尖病毒，获得太子参脱毒苗，在无病毒苗圃中快繁后用于大田种植。

（3）加强田间管理　及时清除田间杂草和病残体，减少传染源；建好良好的排水、排气沟渠；避免太子参连作，选择与禾本科作物进行轮作。

（4）防治蚜虫　在太子参生长期间，使用黄板诱杀蚜虫，选用10%吡虫啉可湿性粉剂或10%醚菊酯悬浮剂喷雾，灭杀蚜虫，以避免虫媒传毒。

（5）化学防治　发病初期用8%宁南霉素水剂均匀喷雾，隔5～7天喷药1次，连续防治2～4次。

（王蓉　丁万隆）

第九节　川乌、附子
Chuanwu、Fuzi
ACONITI RADIX、ACONITI LATERALIS RADIX PRAEPARATA

乌头 *Aconitum carmichaeli* Debx.为毛茛科多年生草本植物，以子根入药，其子根称附子。乌头主产于四川、湖南、湖北等省。病害主要有霜霉病、叶斑病、根结线虫病等。

一、乌头霜霉病

（一）症状

带病种根翌年出苗后即表现症状。病苗直立，叶背略反卷，叶片增厚，叶色灰绿，叶背出现灰色至灰紫色霜霉状物，为病菌孢囊梗和孢子囊。随着病情的发展，下部叶片变焦枯，并逐渐向上蔓延，最后全株枯死。病菌的孢子囊可借风雨传播，侵染顶部的幼嫩叶片，引起发病，使嫩叶局部褪绿变黄、发白。病变部受叶脉限制表现扭曲，组织显红色，中脉变褐，叶片背面产生灰紫色霉层，即病菌孢囊梗和孢子囊，最后嫩尖部变灰枯死。

（二）病原

病原为乌头霜霉 *Peronospora aconiti* Yu，为鞭毛菌亚门、卵菌纲、霜霉目、霜霉属真菌。孢囊梗，单生或2～5根丛生，从寄主气孔伸出，无色，大小311.3～481.1μm×6.5～9.8μm，基部常稍膨大，顶端叉状分枝3～6次，末枝常呈直角，通常稍弯曲或直。孢子囊，椭圆形或卵形，近无色至淡褐色，少数具小的乳突。卵孢子生于枯死的叶片组织内，椭圆形至近圆形。

（三）发病规律

病菌以菌丝在越冬活组织内或以卵孢子在植株病组织内越冬，病株的种根携带有病菌，是主要的初侵染来源。上一年栽种带菌种根，翌年春季植株出苗后即出现系统型症状。病叶背面形成的孢子囊借风雨传播，反复侵染植株顶部的幼嫩叶片，并不断扩大，使顶部嫩梢出现畸形褪绿的病变。随着病情发展，病株下部叶片开始变焦枯，发病严重的植株随后枯死。病株地下部产生的种根成为第二年病害的初侵染来源。气温上升和植株叶片老化，不利于病菌孢子囊的萌发和侵染。

（四）防治措施

（1）注意清洁田园，栽种时选用无病种根。田间收获时，要将病株结的种根清理出大田，以减少初侵染来源；栽种时要选用无病株产生的种根，杜绝病株的种根用作种用。

（2）加强田间管理，及时拔除病株。彻底拔除病株不但减少了当年的再侵染，也减少下一年的初侵染来源，是防治病害的有效措施。因此在乌头生长期间，结合田间管理注意病害的监测，一旦发现病株要及时拔除并进行灭害处理。

（3）药剂防治　根据历年发病情况，在田间出现病情前后应及时开展预防和防治工作。常用25%甲霜灵可湿性粉剂600～800倍液或40%乙磷铝可湿性粉剂250～300倍液等药剂叶面喷雾。

二、乌头叶斑病

（一）症状

病菌主要为害叶片，一般先从基部叶开始发病，后逐渐蔓延到全株。叶面上病斑初为褐色小点，逐渐扩大为圆形或椭圆形黑褐色病斑，病斑边缘明显，稍隆起，病斑不受叶脉限制，叶背病斑颜色较浅。后期病斑上产生小黑点，即病原菌的分生孢子器。发生严重时，病斑布满全叶，使全株叶片焦枯而死（图7-29）。

（二）病原

病原为莱科壳针孢 *Septoria lycoctoni* Speg.，为半知菌亚门、腔孢纲、球壳孢目、壳针孢属真菌。分生孢子器，黑色，球形或近球形，直径58.1～94.5μm，有孔口，埋生于叶两面，正面比背面多。分生孢子，线形，无色，直或弯曲，0～3个隔膜，大小22.5～42.5μm×1～1.5μm。

（三）发病规律

病菌以分生孢子器或菌丝随病叶遗落在土中越冬，成为翌年初侵染来源。携带病土的种根和带菌种子也是初侵染来源。病害一般于3月中下旬开始发生，直至收获。病菌侵入寄主组织后，菌丝在寄主细胞间隙生长，使组织遭到破坏而死亡。菌丝成熟后，产生新的分生孢子器，释放新的分生孢子进行重复侵染，扩大蔓延。4月下旬，当平均气温17.8℃、相对湿度74%～82%时为发病高峰，6月中旬，乌头打尖后，平均气温28.8℃，相对湿度78%，最适于病害的发生和传播，为第二次侵染高峰期。分生孢子主要通过水滴飞溅传播，昆虫和农事操作也能传播。乌头连作，土壤内积累大量的病菌，第二年发病早而重。

（四）防治措施

（1）清洁田园，减少初侵染源。乌头收获后，及时清除田间病残体，集中深埋或烧毁，以减少初侵染源。

（2）加强田间管理　注意施足底肥；天气干旱时及时浇水，但要防止大水漫灌，雨季及时排除积水，防止造成田间高湿的小气候；田间发现病叶后，及时摘除病叶，并进行深埋或烧毁。

（3）发病初期选用 70%甲基硫菌灵可湿性粉剂 600 倍液或 40%多•悬浮剂 500 倍液，隔 7～10 天左右 1 次，连续防治 3～4 次。

三、乌头根结线虫病

（一）症状

病株矮小，叶色变浅，底部叶片早期脱落，但植株一般不会枯死。地下部须根上形成许多大小不等呈念珠状的根结，根结又上长出不定毛根，这些毛根尖端再次被线虫侵染，形成小根结，根结和细毛根上附有很多土粒，难以抖落。侧生的块根上也生有根结。

（二）病原

病原为北方根结线虫 *Meloidogyne hapla* Chitwood，为线形动物门、线虫纲、垫刃目、根结线虫属。雌雄异型。成熟雌虫乳白色，鸭梨形、葫芦形或桃形。雌虫没有胞囊阶段，内寄生。卵贮存于从阴门分泌出体外的棕黄色胶质卵囊内。成熟雄虫蠕虫状，灰白色，头略尖，尾短而钝，有两根棒状交合刺。卵肾形，包于卵囊内。卵囊不规则形，附于体后，初为白色，后变为棕黄色。幼虫体线状，无色透明，吻针呈大头针状，二龄幼虫钻到根内定居后开始发育，最后发育成雌雄成虫。

（三）发病规律

根结线虫以卵和幼虫在根结或遗落在土壤或粪肥中越冬，在北方 1 年发生 3 代。翌年春季当平均地温达 13℃时卵开始发育，在卵壳内形成 1 龄幼虫，在卵壳内进行第 1 次蜕皮后形成 2 龄幼虫，2 龄幼虫破壳进入土壤中，在平均地温 12℃以上时即侵入根内为害，形成根结。3 龄幼虫可分出雌雄，第 4 次蜕皮后变为成虫。雌虫定居原处为害繁殖，不再移动。雄虫则离开根结到土壤中，与其他根结上的雌虫进行交配。雌虫交配后产卵，卵聚集于棕黄色的胶质卵囊内，以后随根留在土内继续孵化为害。质地疏松的土壤或砂土地发病严重，黏土地发病较轻。连作会危害加重。

（四）防治措施

（1）轮作倒茬　避免与根结线虫的寄主植物轮作，选择与小麦、玉米、高粱、谷子等禾本科作物实行 3 年以上轮作，能降低土壤中的线虫密度。

（2）处理种根　种植时尽量剔除带有根结的种根，种前用药剂浸种根 30 分钟后晾干下种。

（丁万隆　李勇）

第十节　升麻

Shengma

CIMICIFUGAE RHIZOMA

升麻 *Cimicifuga dahurica* Maxim 又名马尿杆、火筒杆，为毛茛科多年生草本植物。以根茎入药，有升阳、透疹、解毒之功效，治头痛寒热、喉痛、脱肛，妇女崩漏等症。病害主要是灰斑病，局部地块发生严重，会造成一定产量损失。

升麻灰斑病

（一）症状

叶片上病斑呈圆形或近圆形，直径 2～4mm，中心部灰白色，边缘暗褐色，两面生淡褐色的霉状物，即病原菌的子实体。病情严重时，病斑可连片，使叶片枯死。

（二）病原

病原为升麻尾孢 *Cercospora cimicifugae* Pai *et* P. K. Chi，属半知菌亚门、丝孢纲、丝孢目、尾孢属真菌。子实体叶两面生，子座只是少数褐色的细胞，或者球形，直径 26～42μm。分生孢子梗 5～28 根束生，暗橄褐色，顶端色淡而较狭，不分枝，有时呈波状，0～7 个膝状节，顶端圆锥形至近截形，孢痕显著，3～9 个隔膜，大小 64～214μm×4～6μm。分生孢子鞭形，无色透明，正直至微弯，茎部截形，顶端较尖，2～8 个隔膜，大小 32～125μm×2～4μm。

（三）发病规律

病菌以菌丝体在病株残体内越冬，翌春天气转暖后，大量分生孢子借风雨传播引起侵染。在东北 8～9 月发生。

（四）防治措施

（1）秋季落叶收集，烧毁或深埋，以减少病菌来源。

（2）发病前喷施 1∶1∶120 的波尔多液；发病期选择喷施 50%代森锰锌 600 倍液或 75%百菌清 600 倍液 2～3 次，间隔期为 7～10 天。

（丁万隆）

第十一节　巴戟天

Bajitian

MORINDAE OFFICINALIS RADIX

巴戟天 *Morinda officinalis* How 别名巴戟、鸡肠风，为茜草科巴戟天属藤本植物。产于广东、海南、广西等地，福建、云南、四川等地亦有栽培，为我国四大南药之一。以根茎入药，具健脾补肾、壮阳、驱风强筋骨等功效。常见的病害有茎基腐、轮纹病及根结线虫病等。

一、巴戟天枯萎病

（一）症状

病菌为害种植二年以上的植株。初期茎基部皮层变褐，进一步扩展引起基腐和根腐，地上茎叶逐渐变黄；病根、茎的维管束变黑，后期茎基部和根的皮层与木质部剥离，地上茎叶枯萎。潮湿条件下病部出现粉白色霉层。

（二）病原

病原为尖孢镰刀巴戟天专化型 *Fusarium oxysporum* f. sp. *morindae*，属于半知菌亚纲、瘤座孢目、镰刀菌属真菌。

（三）发病规律

病菌以菌丝体和分生孢子在种苗及土壤内越冬。翌年春季及 10 月下旬均可发病，直至收获期引起不同程度为害。植株长势衰弱、偏施氮肥、地势低洼、排水不良易诱发此病。地下害虫活动频繁可加重病害。

（四）防治措施

（1）及时拔除病株集中烧毁。适期轮作，减少土壤中的病菌数量。

（2）发病初期用 50%多菌灵 500～600 倍液或 10%双效灵 200 倍液喷洒及灌根，每隔 7～10 天施药 1 次，连续 3～4 次。

二、巴戟天轮纹病

（一）症状

发病初期叶片出现淡黄色晕圈，扩大后呈轮纹状，叶斑上有小黑点。后期病斑中心穿孔，严重时全叶枯死。

（二）病原

病原为 *Ascochyta* sp.，属于半知菌亚门、球壳孢目、壳二孢属真菌。分生孢子器叶面生，近球形。分生孢子，无色，圆柱形，二端钝圆，双细胞，隔膜处无缢缩。

（三）发病规律

病菌随病叶在土表越冬，翌春产生分生孢子，经风雨传播侵害巴戟叶片。本病通常在 4 月初开始出现，5～6 月发生较重。天气潮湿有利于发病。

（四）防治措施

（1）清除病叶，减少侵染源。搞好植株的通风、透光，降低田间湿度，可减轻病情。

（2）发病初期喷波尔多液（1∶1∶100）或 50%多菌灵 600～800 倍液 1～2 次。

（丁万隆）

第十二节　牛膝

Niuxi

ACHYRANTHIS BIDENTATAE RADIX

牛膝 *Achyranthes bidentata* BI. 为苋科多年生草本，以根入药，属补阴药，有补肝肾、壮腰膝功效。主产于河南新乡，河北、山西、四川等省也有引种。病害有白锈病、褐斑病、根腐病、根结线虫病及菟丝子为害，近年来花叶病的发生也较重。

一、牛膝白锈病

（一）症状

植株地上部分均可受害。发病初期在叶正面出现黄色褪绿小斑点，叶背面对应处有圆形、近圆形或多角形的白色疱状物，微隆起，为病菌的孢子堆。孢子堆成熟后表皮破裂，散出白色粉状物（卵孢子），孢子消失后，叶片正反面发病部位均呈黑褐色不定形角斑。若病害发生在叶柄幼芽等部位，先产生淡黄色斑点，后成白色疱斑，可导致茎秆肿大畸形。发病严重的田块所有植株均发病。

（二）病原

病原为牛膝白锈菌 *Albugo achyranthis* (Henn.) Miyabe 和苋白锈菌 *A. blitis* (Biv.) Kuntze，为鞭毛菌亚门、白锈菌属真菌。牛膝白锈菌未发现卵孢子；孢子囊椭圆形至圆柱状；寄主为苋科牛膝属植物。该菌引起的白锈病分布于亚洲和非洲。孢子堆生于表皮下，主要叶背生，白色，后期淡黄色。牛膝白锈菌孢囊堆较小，直径 0.5～3.0mm。孢子囊棍棒状，单胞，无色，串生于孢囊梗顶端，大小 12～34μm×9～20μm。孢囊梗棍棒形，栅栏状排列。苋白锈菌卵孢子生于病组织内，表面有纹饰，黄褐色；卵孢子网状，孢子囊球形，寄主为苋科植物，全世界均有分布。

（三）发病规律

病菌主要以卵孢子在被害组织中或黏附在种子上越冬，以后萌发产生孢子囊和游动孢子。游动孢子萌发生芽管，从气孔侵入寄主引起发病。寄主病斑上产生的孢子囊，借风雨传播，引起再侵染。此外，菌丝体也可在留种株上越冬，产生孢子囊传播为害。白锈病通常是低温高湿病害。孢子囊和卵孢子萌发适温为 10℃，最低为 1℃，最高为 20℃。在高温（25℃以上）或干旱时，孢子囊和卵孢子不易萌发。若气温日夜温差较大，有露水凝结，有利于孢子囊的萌发侵入。春、秋阴雨连绵的天气及排水不良田块，白锈病容易发生为害。

（四）防治措施

（1）农业防治　增施磷钾肥，增强植株抗病力；在多雨季节注意排水，降低田间湿度；牛膝收获后及时清除病残株和落叶等，集中深埋或烧毁，可减少菌源；合理轮作，建议与禾本科作物、豆科作物轮作 3 年以上，不可与苋科植物轮作。

（2）化学防治　在发病初期，可使用 58%甲霜灵锰锌可湿性粉剂 500 倍液、64%杀毒矾可湿性粉剂 600 倍液喷雾防治。

二、牛膝褐斑病

（一）症状

病菌为害叶片。初期叶上生褐色小点，后逐渐扩大产生多角形或不规则形病斑，灰褐色或灰色，边缘黄色或黄褐色。湿度大时叶背生淡褐色霉层，为病原菌的分生孢子梗和分生孢子，严重时叶呈紫褐色枯死（图 7-30）。

（二）病原

病原为牛膝尾孢霉 *Cercospora achyranthis* H. et P. Sud.，属于半知菌亚门、尾孢属真菌。子座褐色，直径 15～30μm。分生孢子梗较疏，3～9 梗束生，褐色，顶端近无色，渐狭，不分枝，1～6 膝状节，顶端近截形，孢痕显著，3～9 个隔膜，大小 96～220μm×3～5μm。分生孢子，鞭形，无色透明。

（三）发病规律

病菌以分生孢子梗和分生孢子在病残叶上越冬，翌年产生分生孢子造成初侵染；新病斑上产生的大量分生孢子又引起多次再侵染，借风雨传播扩大为害。夏末早秋雨水多、露水重容易引起病害流行。

（四）防治措施

（1）入冬后及时清除田间病残体并集中烧掉。

（2）冬季翻耕，生长季加强栽培管理，提高植株抗病力。

（3）发病初期喷 1 次 1∶1∶150 波尔多液，以后可选用 50%代森锰锌 600 倍液或 50%多菌灵 500 倍液等药剂喷雾，每 15～20 天 1 次，视病情喷 2～3 次。

三、牛膝根结线虫病

（一）症状

牛膝根结线虫病在中国牛膝产区发生普遍，主要为害牛膝根部，主根和侧根上产生大小不等的瘤状根结，多个根结相连呈节结状、鸡爪状或串珠状，使牛膝根系生长受阻，主根和侧根短而细小，失去药用价值。地上部分因发病程度不同而有差异，发病较轻的植株症状不明显，发病重的植株发育不良，表现为植株矮小、黄化。

（二）病原

病原为南方根结线虫 *Meloidogyne incognita* (Kofoid et White) Chitwood，属蠕形动物门、线虫纲、根结线虫属。雄虫线形，成虫有一对交合刺。雌虫 3 龄前为线形，3～4 龄幼虫虫体变粗短呈豆荚状，成熟雌虫在根结内膨大呈梨形，大量卵粒充满整个体腔。南方根结线虫是很重要的植物寄生线虫，寄主范围广。

（三）发病规律

南方根结线虫以卵、幼虫及雌虫在田间病株的根结及土壤中越冬，翌年春天温度适宜时侵染为害。可通过根部伤口侵入，也可以吻针刺伤牛膝，分泌唾液，破坏牛膝细胞的正常代谢功能而产生病变，使根部产生变形。侧根和须根最易受害。线虫在土壤中活动范围很小，初侵染源主要是病土、病苗及灌溉水，远距离则需借助于流水和农事活动完成。温度 25℃～30℃时有利于病害发生，线虫发生代数多，侵染频繁。雨季有利于线虫的孵化和侵染，但在干燥或过湿土壤中，其活动受到抑制。pH4～8、土壤质地疏松、盐分低适宜线虫活动，易于发病。连作可使虫源积累，加重病害发生。

（四）防治措施

与禾本科作物轮作可减轻病害发生，严禁与山药、花生等易发生线虫病的作物轮作；拔除病株，集中销毁，减少病源。

（陈炳蔚　丁万隆）

第十三节　浙贝母、平贝母
Zhebeimu、Pingbeimu
FRITILLARIAE THUNBERGII BULBUS、FRITILLARIAE USSURIENSIS BULBUS

贝母 *Fritillaria* spp.为百合科多年生草本药用植物，以鳞茎入药，有止咳化痰、清热散结的作用。浙贝母 *Fritillaria thunbergii* Miq.主产于浙江、江苏，主要病害有灰霉病、干腐病、黑斑病和软腐病等。平贝母 *Fritillaria ussuriensis* Maxim.主产于我国东北，主要病害有锈病、灰霉病、菌核病、黄腐病。

一、浙贝母灰霉病

（一）症状

浙贝灰霉病俗称“早枯”“青腐塌”，是浙贝常见的病害，在浙贝产区发生普遍，为害严重。叶片上病斑淡褐色，长椭圆形或不规则形。边缘有明显的水渍状环。湿度较大时，病斑上生有灰色的霉状物，这就是病原菌的子实体。茎部病斑灰色；花被害后干缩不易开放；幼果被害呈暗绿色干枯；果实的果皮及果翼上有深褐色病斑，湿度较大时，也生有灰色霉状物。

（二）病原

病菌为椭圆葡萄孢菌 *Botrytis elliptica* (Berk.) Cooke，属于真菌门、半知菌亚门、丝孢纲、丛梗孢目、丛梗孢科、葡萄孢属真菌。菌丝初为白色，后期为黑褐色。分生孢子梗直立，具 1～3 个分隔，3～5 个分枝，其顶端簇生葡萄状分生孢子。分生孢子，无色至淡褐色，卵圆形或球形，单胞，大小 16～32μm×15～24μm，顶端具尖突。菌丝生长后期形成菌核；菌核黑色，球形或不规则形，大小 0.5～1.4mm。病菌孢子萌发温度为 5℃～30℃，最适温度为 18℃～20℃。

（三）发病规律

以菌核和菌丝随病残组织遗落在土中越夏、越冬。越冬的菌核 3～4 月抽出孢子梗病产生分生孢子，成为病害的初侵染来源，4 月初开始发病，4 月下旬较重。春季多雨年份发病重。种植密度高，田间湿度大，生长嫩弱有利发病。

（四）防治措施

（1）产区药农有“地越熟，塌性越大”的经验，因此有条件的地区应实行轮作。一般轮作以 3～4 年较好。

（2）生长过程中应多施有机肥和焦泥灰等磷钾肥，少施氮肥，促使浙贝生长健壮。

（3）从 3 月下旬开始喷 1∶1∶100 的波尔多液，以后可选 10%多抗霉素可湿性粉剂 800 倍液、50%甲基托布津 800 倍液或 50%速克灵 1000 倍液等药剂，每 10～14 天 1 次，连续喷 3～4 次。

二、浙贝母干腐病

（一）症状

此病症状有两种，一是被害鳞茎呈“蜂窝状”，被害鳞片褐色皱折状；二是被害鳞茎基部青黑色。鳞片腐烂成空洞或形成黑褐色、青色大小不等的斑状空洞。鳞茎维管束被害，横切鳞片可见褐色小点。浙贝母干腐病在浙贝新老产区普遍发生，是影响浙贝过夏保种的一种重要病害。

（二）病原

据国内报道，贝母干腐病菌有三个种：*Fusarium avenaceum* Sacc.，*F. oxysporum* 和 *F. solani*，属于半知菌亚门、丝孢纲、丛梗孢目、瘤座孢科、镰刀菌属。由于镰刀菌是一种土壤习居菌，种群复杂。尖孢镰刀菌 *F. oxysporum* 在 PDA 培养基上，小孢子数量多，长椭圆形、卵形，常呈假头状着生，大小 6.5～12.0μm×2.4～3.4μm。分生孢子梗短，单瓶梗状，大孢子直或稍弯，美丽组型，中间粗，向两端均匀地逐渐变细；顶端不尖锐，略呈喙状弯曲。足细胞有不明显的足跟，2～5 个横隔，以 3 隔居多，大小 25.7～42.1μm×3.4～4.4μm。大孢子着生在单瓶梗上，厚垣孢子多，圆形或近圆形，顶生或间生，单生或少数串生，直径 6.8～10.3μm。

（三）发病规律

病原菌在土内越冬。除冬季外都可侵染浙贝，6～8 月较重。浙贝地面套种作物不适当或起土过早，鳞茎含水量高的发病较重。大地过夏的鳞茎一般在伏季干旱的年份，土壤过于干燥时发病较重；室内贮藏的鳞茎在失水干瘪的情况下易发病。

（四）防治措施

（1）选择排水良好的砂质土壤作种子地；无病虫伤疤的种茎作种；合理套作，为大地过夏创造阴凉、通风、干燥的环境。

（2）土壤条件不适宜于在田间过夏的情况下，可因地制宜地采取移地窖藏或室内贮藏过夏等多种方法确保安全过夏；室内贮藏或移地过夏的鳞茎起土后应挑选分档，适当摊晾，待降低鳞茎的呼吸强度和含水量后贮藏。

（3）发病初期选用下列药剂进行防治：60%多・霉威可湿性粉剂 800～1000 倍液、50%腐霉利可湿性粉剂 1000～1500 倍液、50%异菌脲悬浮剂 800～1000 倍液或 40%嘧霉胺悬浮剂 1000～1500 倍液，每隔 7～10 天 1 喷次，连续喷 3～4 次。

三、浙贝母黑斑病

（一）症状

黑斑病是浙贝的一种叶部病害。从叶尖开始发病，渐向叶基部蔓延，被害部病斑褐色水渍状，病部和健部有较明显的界限，接近健部有一晕圈，在潮湿的情况下，病斑上生有淡褐色的霉状物，这就是病原菌的子实体。

（二）病原

病原为链格孢 *Alternaria alternata* (Fr.) Keissler，为半知菌亚门、丝孢纲、丛梗孢目、链格孢属真菌。分生孢子梗，直立或弯曲，淡榄褐色至绿褐色，具隔膜，分枝或不分枝，大小 5～125μm×3～6μm。分生孢子串生，形态变化大，有喙或无喙，椭圆形、倒棒形、卵形或圆筒形，淡榄褐色至深褐色，有横隔 2～9 个，纵隔 0～6 个，大小 7～70μm×6～22.5μm。喙大，大小 1～58.5μm×1.5～7.5μm。

（三）发病规律

该病初侵染源为病残组织或土壤中的菌丝和分生孢子。在浙江，每年 3～4 月，分生孢子萌发直接侵入或从植株的伤口、气孔等部位侵入寄主形成初次侵染。初次侵染病斑产生的分生孢子再侵染寄主，形成再次侵染；依此循环往复，形成多次侵染。分生孢子借气流、雨水和农事活动等进行传播。温度与降水是病害流行的关键因素。新种地及滤水性较好的砂性土地，不发病或轻发病，而连作重茬地，排水不良的黏重地和低洼地，发病或重发病。

（四）防治措施

（1）收获后清除残株病叶，减少越冬菌源。

（2）合理轮作　加强田间管理，增施磷、钾肥，增强浙贝的抗病力；雨后及时开沟排水，降低田间湿度，减轻黑斑病为害。

（3）4 月上旬开始，结合防治灰霉病，喷 1∶1∶100 的波尔多液，发病初期选用 40%嘧霉胺悬浮剂 1000～1500 倍液、50%异菌脲悬浮剂 800～1000 倍液或 50%腐霉利可湿性粉剂 1000～1500 倍液等药剂，每隔 7～10 天 1 次，连续 3～4 次。

四、浙贝母软腐病

（一）症状

被害鳞茎初为褐色水渍状，后呈“豆腐渣”状或“浆糊”状软腐发臭。空气湿度降低后鳞茎干缩仅剩空壳。浙贝软腐病也是影响浙贝过夏保种的一种重要病害，一般常与干腐病交替发生，防治方法基本相似。在浙江、江苏、湖南等产区均有发生。一般的发病率为 1%～10%，严重时达 20%以上。

（二）病原

病原为胡萝卜软腐欧氏杆菌 *Erwinia carotovora* var. *carotovora* Dye.。菌落在酵母膏蛋白胨培养基上为灰白色，圆形，边缘整齐。细菌菌体杆状，大小 1.2～2.8μm×0.5～1.0μm，周生鞭毛 2～8 根，革兰氏染色阴性，硝酸还原强阳性。糖发酵不产气，兼性厌气，淀粉水解，对牛奶凝固。

（三）发病规律

病原细菌病株在土壤、肥料及昆虫体内越冬。初侵染源病菌从自然裂口、虫伤、病痕及机械伤等侵入，初次侵染病组织产生的病菌再侵染寄主，形成再次侵染；依此循环往复，形成多次侵染。病细菌借助雨水、昆虫传播。温度与降水是病害流行的关键因素。在浙江，在梅雨季节极易暴发软腐病。田间地势低洼积水、土壤黏重、通气条件差的情况下，由于鳞茎经常淹水缺氧，产生的伤口不易愈合，软腐病发生较重。地下害虫既是病菌携带者，病菌的传播者，又是伤口制造者，病菌良好接种者。地下害虫为害重，软腐病发生亦重。

（四）防治措施

（1）选择排水良好的砂质土地做种子田，并采用健壮、无病虫害的中等鳞茎作种；种子地要注意防治地下害虫，减少鳞茎伤口。

（2）浙贝母收获后及时处理病残体，集中销毁，降低病菌基数。土壤条件不适宜于大地过夏的，可采取移地窖藏或室内贮藏或移地过夏，鳞茎起土后应挑选分级并摊晾，待鳞茎的呼吸强度和含水量降低后贮藏。

（3）发病初期选用 20%噻森酮悬浮剂 600 倍液、72%农用链霉素可溶性粉剂 3000～4000 倍液或新植霉素 4000 倍液等喷雾防治，每隔 5～7 天 1 次，连续防治 3～4 次。

五、平贝母锈病

（一）症状

平贝母锈病亦称黄疸病，主要侵染茎叶。发病初期在叶片背面和茎下部出现黄色长圆形病斑，以后在病斑上出现金黄色锈孢子堆，破裂后有黄色粉末状锈孢子随风飞扬（图 7-31、图 7-32）。被害部位组织穿孔，茎叶枯黄，后期发病茎叶布满暗褐色小疱，即冬孢子堆，叶片和茎秆逐渐枯萎，提早枯死。

（二）病原

平贝母锈病病原菌为百合单胞锈菌 *Uromyces lilli* Fckl.，为担子菌亚门、冬孢菌纲、锈菌目、单胞锈菌属真菌。性孢子器球形，黄褐色，位于锈子腔间。锈子腔主要生于叶背、叶柄及茎上，黄色，成熟时开裂。锈孢子近球形，黄色，有瘤，直径 24～32μm。冬孢子，椭圆形、长椭圆形，单胞、褐色，顶端有乳头状突起，有小瘤，大小 24～45μm×19～28μm；冬孢子柄无色，易脱落。

（三）发病规律

病菌以冬孢子在病残体上越冬，成为第二年初侵染来源。冬孢子萌发后侵染贝母，产生性孢子器和锈子腔，形成锈孢子仍然侵染贝母，在贝母上不出现夏孢子。病害发生与温度、湿度、雨量及土壤质地、密植程度及栽种年限等均有一定关系。吉林省 5 月上旬气温达 15℃～18℃即开始发病，5 月中下旬为发病盛期。

（四）防治措施

（1）清洁田园　秋冬烧毁病残体，减少越冬冬孢子。

（2）栽培不宜过密，增施磷、钾肥，控制氮肥，可提高植株抗病力，减轻发病。

（3）发病初期及时用药剂防治。可选用 70%甲基托布津 800 倍液或 20%萎锈灵 400～600 倍液。每隔 7～10 天喷 1 次，共喷 2～3 次。

（丁万隆　李勇）

第十四节　丹参

Danshen

SALVIAE MILTIORRHIZAE RADIX ET RHIZOMA

丹参 *Salvia miltiorrhiza* Bge. 别名赤参，为唇形科鼠尾草属多年生草本。以根入药，有祛瘀生新、活血调经、养心除烦等功效。主产于四川、辽宁、内蒙古、河北、河南、陕西、山西、山东、江苏、浙江、安徽、湖北、贵州、云南等地，近年来各地引种广为栽培。丹参常见的病害主要有根腐病、斑枯病、褐斑病、白绢病、紫纹羽病、菌核病、细菌性叶斑病及根结线虫病等。

一、丹参根腐病

（一）症状

病菌为害植株根部和茎基部。发病初期表现为地上茎基部的叶片变黄，后逐渐向上扩展，植株长势较差，形似缺肥状，严重时地上部枯死，近地面的茎基部坏死，地下部根的木质部呈黑褐色腐烂，仅残留黑褐色的坏死维管束而呈干腐状，根部横切维管束断面有明显褐色病变。通常发生于植株的主根及部分侧根，甚至在根系的一侧，而另一侧根系不表现病状，侧根先发生褐色干腐，逐渐蔓延至主根。在气候和土壤湿度适合植株生长时，病株的未受害侧根可维持上部枝叶不枯死，甚至枝叶已枯死的植株仍可长出侧芽继续生长，但一般生长明显迟缓，长势较弱，根较小（图 7-33、图 7-34）。

（二）病原

不同地区丹参根腐病的病原菌类群存在差异，但均为镰刀菌属真菌。叶鹏盛报道四川丹参根腐病病原菌为腐皮镰刀菌 *Fusarium solani* Sacc.，其分生孢子以大分生孢子为主，孢子镰刀状，微弯，较短宽，3～5 个隔膜，大小 25～36μm×4.5～6μm，易在分生孢子座上形成蓝色粘孢团；小分生孢子数量稀少，椭圆形或近卵形，无隔或 1 个隔膜，大小 10～18μm×3～5μm；厚壁孢子多间生，单生或 2 个串生于菌丝或大分生孢子内。

（三）发病规律

病原菌以菌丝体和厚垣孢子在土壤、种根及未腐熟带菌粪肥中越冬，成为翌年主要初侵染源。病菌从根毛和根部的伤口侵入植株根系引起发病。病原菌产生的分生孢子可随水流和地下害虫传播，进行再侵染。4 月中下旬开始发病，7～9 月是病害发生高峰期。高温多雨、排水不畅、土壤黏重有利于病害发生，地下害虫及线虫为害重的地块发病重，连作地发病重。丹参根腐病在四川、河北、安徽、山东、陕西等丹参主产区均有发生，一般重病地发病率可达 50%以上，为害后对产量影响严重。

（四）防治措施

（1）加强田间管理　选择无病地种植，病地实行轮作；采用深沟高厢栽培，防止田间积水；病害发生初期，及时拔除病株，用生石灰处理后深埋，并用恶霉灵或木霉制剂等处理病穴土壤和邻近植株。

（2）种根消毒　栽种前用 70%甲基硫菌灵可湿性粉剂 1000 倍液浸 3～5 分钟，捞出晾干后栽种。

（3）药剂防治　整地前，育苗地和栽培地每亩撒施 1～1.5kg 哈茨木霉菌；发病初期，用枯草芽孢杆菌 100 亿个/L 的菌悬液、99%恶霉灵可湿性粉剂 3000 倍液或 40%多・硫悬浮剂 500 倍液等药剂灌窝，10～15 天 1 次，连续灌 2～3 次。

二、丹参叶枯病

（一）症状

病菌主要为害叶片。植株下部叶片先发病，逐渐向上蔓延。初期叶面生褐色、圆形小斑；后病斑不断扩大，中央呈灰褐色。最后叶片焦枯，地上部植株死亡（图 7-35）。

（二）病原

病原菌为半知菌亚门、球壳孢目、壳针孢属真菌 *Septoria* sp.。分生孢子器球形，直径 87～155.5μm×25～56μm。分生孢子无色透明，大小 35～44μm×2～3μm，有 0～7 个隔膜（多数 3 个）。

（三）发病规律

病原菌以分生孢子器和菌丝体在病残组织中越冬，成为翌年初侵染源。分生孢子可随风雨传播，经孔口或伤口侵入造成再侵染，扩大为害。叶枯病的潜伏期 5～12 天，在整个生育期，病部产生的分生孢子可不断造成多次侵染，继续扩大为害。叶枯病为害时间较长，在丹参的整个生长期均有发生。该病在多雨季节、田间湿度大时普遍发生并逐渐加重，植株茂密、排水不畅的地块发病重。

（四）防控措施

（1）加强田间管理　雨后及时开沟排水，降低田间湿度；合理施肥，适当增施磷钾肥，增强植株抗性；及时清洁田园，收获后将病残体集中用生石灰处理后深埋。

（2）药剂防治　栽种前用 1∶1∶100 的波尔多液浸种 10 分钟。发病初期选用 50%代森锰锌 500 倍液、30%恶霉灵 1500 倍液喷，每 10 天喷 1 次，连续喷 2～3 次。

三、丹参白绢病

（一）症状

丹参感病后从近地面的根茎处开始发病，逐渐向地上部和地下部蔓延。病部皮层呈水渍状变褐坏死，最后腐烂，其上出现一层白色绢丝状菌丝层，呈放射状蔓延，常蔓延至病部附近土面上；发病中后期，在白色菌丝层中形成黄褐色油菜籽大小的菌核。严重时腐烂成乱麻状，最终导致叶片枯萎，全株死亡（图 7-36）。

（二）病原

病原菌是齐整小核菌 *Sclerotium rolfsii* Sacc.，无性世代为半知菌亚门、丝孢纲、无孢菌目、小核菌属。病原菌菌丝体白色丝绢状，菌核球形，初为白色，逐渐加深呈茶褐色，油菜籽粒大小。病原菌在自然条件下不易产生担子，寄主范围很广，能寄生包括丹参在内的 200 多种植物。

（三）发病规律

丹参白绢病为土传病害。病菌以菌核、菌丝体在田间病株和病残体中越冬，翌年条件适宜时菌核萌发形成菌丝侵染植株引起发病。连续干旱后遇雨可促进菌核萌发，增加对寄主侵染的机会。病株和土表的菌丝体可以通过主动生长侵染邻近植株。菌核形成后，不经过休眠就可萌发进行再侵染。菌核在高温高湿下很易萌发，菌核随土壤水流和耕作在田间近距离扩展蔓延。丹参整个生长季节均有白绢病发生，6～9 月为发病高峰期。高温多雨季节发病重，田间湿度大、排水不畅的地块发病重，酸性砂质土易发病，连作地发病重。丹参白绢病在我国丹参产地均有发生，严重发生年份造成丹参产量大幅度下降。

（四）防治措施

（1）加强田间管理　选择无病地种植，病地实行轮作；采用深沟高厢栽培，防止田间积水；病害发生初期，及时拔除病株，并用井冈霉素或木霉制剂等处理病穴土壤和邻近植株。

（2）种子和种根消毒　播种前，选择新鲜、饱满、成熟度一致的无病种子在 25℃～30℃温水中浸种 24 小时，然后用 50%甲基硫菌灵可湿性粉剂 1000 倍液浸种 6 小时。种根栽种前可用 70%甲基硫菌灵可湿性粉剂 1000 倍液浸 3～5 分钟，捞出晾干后栽种。

（3）药剂防治　整地前，育苗地和栽培地每亩撒施 1.5kg 哈茨木霉菌；发病初期，可用 40%菌核净可湿性粉剂 800～1000 倍液、或 5%粉锈宁 2000 倍液等药液浇灌病株茎基部，7～10 天 1 次，连续灌 2 次。

四、丹参根结线虫病

（一）症状

丹参根结线虫病由根结线虫引起，为害丹参根系，是丹参的重要病害之一。丹参根结线虫病在四川、安徽、江苏、山东、河北等丹参主产区均有发生。近年来，丹参根结线虫病发生严重，一般减产 10%～20%，严重可达 30%以上，造成严重的损失（图 7-37）。

（二）病原

对于丹参根结线虫病的病原菌，不同地区间线虫种类存在差异。傅俊范报道病原为北方根结线虫 *Meloidogyne hapla* 和花生根结线虫 *Meloidogyne arenaria*，属于侧尾腺口纲、垫刃目、根结科、根结线虫属；叶华智等报道病原为南方根结线虫 *Meloidogyne incognita* (Kofoid et White) Chitwood；周绪朋等报道陕西山阳丹参根结线虫病病原为南方根结线虫；李英梅等报道陕西商洛为害丹参的根结线虫有 4 种，分别为爪哇根结线虫、南方根结线虫、北方根结线虫和花生根结线虫。丹参被线虫寄生后，根系生长发育受阻，主根不能正常膨大，根系功能受到破坏，植株地上部发育不良，株形矮小，叶片变黄。

（三）发病规律

病原线虫以虫体和卵在病根残体和土壤中越冬，翌年地温回升后，越冬幼虫和卵内孵化出的幼虫从幼嫩根尖侵入寄主根组织，并在寄主根的中柱与皮层中定殖，吸取营养。在线虫寄生的过程中，由于口针不断穿刺细胞壁，并分泌唾液刺激寄主皮层薄壁细胞过度增长和增大，形成明显的根结。线虫可随水流、种苗、土壤和耕作传播。根结线虫耐低温能力较强，耐高温能力差。根结线虫好气，地势高燥、结构疏松的中性沙质壤土有利于发病，土壤含水量 20%以下或 90%以上不利于发病，连作地发病重。

（四）病害防控

（1）农业防治　培育无病苗；合理轮作；清洁田园；加强田间管理与科学施肥。

（2）物理防治　夏季深翻，灌大水后盖地膜密封，阳光照射 20 天左右，利用高温高湿杀死线虫。

（3）化学防治　丹参播种或移栽前 15 天，每亩用 10%福气多颗粒剂 2kg 加细土 50kg 混匀撒施，深翻 25cm 进行土壤处理。

五、丹参菟丝子

（一）症状

菟丝子生活力强，蔓延迅速，无根藤以吸盘缠绕丹参植株，依靠吸收丹参体内的营养物质生存。能在较短的时期内布满成片，严重影响植株生长，使根部减产（图 7-38）。

（二）病原

病原为中国菟丝子 *Cuscuta chinensis* Lamb.，为旋花科菟丝子属一年生草本植物。蔓茎丝状，黄色至枯黄色，叶片退化成鳞片状。花小、黄白色，无柄，成伞形花序；花冠钟形，5 裂，呈杯状；雄蕊 5 枚，花药长卵形，与花丝等长；雌蕊长约子房之半。蒴果黄褐色，扁球形，表面粗糙；种子少，淡褐色，表面粗糙，只有胚而无子叶和胚根。

（三）发病规律

菟丝子幼茎缠绕丹参后，不断地产生分枝向周围植株蔓延，严重时把整片丹参全部罩住，造成叶片枯黄或枯死。土壤比较湿润、耕作粗放、杂草较多的地块易发生。7～8 月发生较重。

（四）防治措施

（1）结合深翻土地，将菟丝子种子深埋，或实行水旱轮作；发现菟丝子为害及早清除，防止扩展和产生种子。

（2）撒施生物制剂“鲁保1号”粉每公顷30～40kg或喷洒菌液3～5kg。

（李勇　丁万隆）

第十五节　玄参
Xuanshen
SCROPHULARIAE RADIX

玄参 *Scrophularia ningpoensis* Hemsl.别名元参，为玄参科多年生草本药用植物，以根入药，具有滋阴降火、解热毒消肿之功效。玄参主产于浙江，山东、湖北、江西、陕西、贵州、吉林、辽宁等地也有栽培和野生。玄参生产常发叶枯病、叶斑病、白绢病等病害。

一、玄参叶枯病

（一）症状

主要为害叶片。罹病初期，叶面出现紫褐色呈凹陷的病斑，其中心有白色或灰白色小点，直径1～5mm。随病情不断发展，形成灰白色大型病斑，呈多角形、圆形或不规则形，病斑有时被叶脉分割成网状，边缘稍隆起，紫褐色；后期病斑上散生许多小黑点，即病原菌分生孢子器。病斑大小一般直径为0.5～2cm。严重时，病斑相互汇合成不规则形大斑，叶片呈黑色干枯卷缩，最后全叶枯死。病叶自植株下部向上发展，最后整株呈黑褐色枯死，农民称之为“铁焦叶”。

（二）病原

病菌为玄参壳针孢菌 *Septoria scrophulariae* Peck.，半知菌亚门、腔孢纲、球壳孢目、球壳孢科、壳针孢属真菌。分生孢子器近球形，深褐色，直径80～128μm，着生于寄主表皮下，散生或聚生，后期突出表皮顶端孔口外露；内部的大量分生孢子形成后，遇水从孔口快速释放出来。病菌分生孢子针形，无色透明，微弯，基部倒圆锥形，顶端略尖，2～4个隔膜，大小26～49μm×3～3.5μm。

（三）发病规律

病菌主要以分生孢子器和菌丝体在病叶上越冬，成为翌年发病的初次侵染源。越冬后的分生孢子具有61.5%～75%的发芽率。发生期，分生孢子借风雨传播，在25℃经6小时，分生孢子就发芽侵入玄参。潜育期随气温升高而缩短。于4月中旬开始发病，6～8月为害严重，一直延续至10月。高温多湿有利发病，发病轻重还与土质、施肥情况、管理条件等因素有关，管理及时、肥力足，植株生长健壮，发病轻，反之则重。

（四）防治措施

（1）收获后及时清除田间残株病叶，减少越冬菌源；与禾本科作物实行2～3年轮作，忌与易感病的玄参科药材轮种，或选用新开垦地块栽培。

（2）选用无病种芽，用 50%甲基托布津可湿性粉剂 800 倍液浸 10 分钟，晾干后栽种；加强田间管理，合理施肥，及时中耕除草，促使植株生长健壮，减轻叶枯病发生。

（3）经常发病的种植地块，从 5 月中旬开始，喷洒 1∶1∶100 波尔多液，每隔 10～14 天 1 次，连续喷 4～5 次；发病初期喷施 50%代森锰锌可湿性粉剂 500 倍液或甲基托布津可湿性粉剂 600 倍液，10～15 天 1 次，视病情喷 2～3 次。

二、玄参斑点病

（一）症状

叶面病斑不规则形或近圆形，具轮纹，但轮纹不明显，直径 3～6mm，病斑紫褐色，边缘色泽稍淡，病斑上生有小黑点，即病菌的分生孢子器（图 7-39）。

（二）病原

病原为玄参叶点霉 *Phyllosticta scrophulariae* Sacc.，为半知菌亚门、腔孢纲、球壳孢目、球壳孢科、叶点属真菌。分生孢子器叶面生，散生，近球形、扁球形，器壁褐色，膜质，孔口较小，成熟后突破表皮而喙口外露，直径 80～107μm。器孢子圆柱形，无色透明，单胞，两端较圆，大小 5～7μm×2.5～3μm。

（三）发病规律

病原菌以分生孢子器在病叶组织内越冬，成为翌年的初次侵染源。4 月中旬开始发病，生长期产生分生孢子借风雨传播，扩大为害。密植、管理条件粗放有利发病。

（四）防治措施

（1）清除病残组织，减少越冬菌源。

（2）选用健壮无病种芽（芽头），用 50%代森锰锌倍液浸种 10 分钟，晾后下种。

（3）发病初期，喷洒 1∶1∶100 波尔多液，每隔 7～14 天 1 次，连续喷 3～4 次。

三、玄参轮纹病

（一）症状

病菌主要为害玄参的叶片。叶正面病斑近圆形，具轮纹，直径可达 1cm，褐色，边缘稍不规则，紫褐色，后生黑色小点，即病原菌的分生孢子器（图 7-40）。

（二）病原

病菌为玄参壳二孢菌 *Ascochyta scrophulariae* Kab. et Bub.，为半知菌亚门、腔孢纲、球壳孢目、壳二孢属真菌。分生孢子器近球形至扁球形，器壁褐色，膜质，孔口较小，直径 102～196μm；散生，突破表皮外露（病斑上的小黑点）。分生孢子，圆柱形，无色透明，双胞，中部 1 个隔膜，隔膜处无缢缩，两端较圆，大小 8～12μm×3～4μm。

（三）发病规律

病原菌主要以分生孢子器和菌丝体在病残体上越冬，病株根芽也可带菌。翌年春季温湿度适宜，产生分生孢子释放出来，借风雨传播，在寄主叶片上萌发引起初次侵染。

病斑很快又产生新的子实体，释放出分生孢子，进行再次侵染，扩大为害。每年7～8月发生严重。

（四）防治措施

（1）收获后彻底清除田间枯枝落叶，集中烧毁；合理轮作，冬季翻耕土壤，生长季节加强栽培管理实行配方施肥，提高植株的抗病力。

（2）5月中旬开始喷1次1:1:100波尔多液，10～15天后再喷1次，以后每10天选喷一次50%代森锰锌可湿性粉剂500倍液或50%万霉灵可湿性粉剂600倍液等药剂。

四、玄参白绢病

（一）症状

白绢病在玄参上为害亦很严重。受害植株根及茎基部变褐腐烂，病部及附近土面长有白色绢状菌丝体，并结生很多油菜籽状的菌核。地上部植株萎蔫枯死。

（二）病原

病菌为齐整小核菌 *Sclerotium rolfsii* Sacc.，为半知菌亚门、丝孢纲、无孢目、小菌核属真菌。菌核球形或椭圆形，直径0.5～3mm，初白色，后变黄褐色。菌体白色，疏松或集结成线状，紧贴于基物上。有性世代为 *Corticium rolfsii* (Sacc.) Curzi.。病菌寄主范围甚广，玄参是其重要的寄主之一。

（三）发病规律

病菌主要以菌核在土壤中越冬，菌丝体也能在病根芽头上存活。菌核随病土、水流、耕作传播。菌丝沿地下土壤裂缝或地面生长蔓延，为害相邻的植株引起发病。在高温季节，植株生长在郁闭、潮湿及疏松砂壤土中最有利于发病。在浙江、江苏4月开始发病，夏季最严重，一直延续到9月。在四川5～9月为病害主要发生时期。

（四）防治措施

（1）选择无病田块种植。与禾本科植物轮作。选用无病种芽繁殖。

（2）发现病株及时拔除，在病穴撒施生石灰。多雨潮湿地应高畦，合理密植以保持株间通风降湿。

（3）用哈茨木霉制成木霉麸皮生物制剂，在玄参栽种、育苗阶段施入土壤，可以有效防治白绢病。

（李勇　丁万隆）

第十六节　半夏

Banxia

PINELLIAE RHIZOMA

半夏 Pinellia ternata (Thunb.) Breit. 又名三叶半夏，为天南星科多年生草本植物。以块根入药，有燥湿化痰、降逆止呕之功效。主产于四川、甘肃、湖北、河南、贵州、安徽等地。半夏主要病害有病毒病、萎蔫病、壳二孢灰斑病、链格孢黑斑病。

一、半夏灰斑病

（一）症状

叶面初生淡绿色小点，后扩展成 5～10mm 的圆形、近圆形、椭圆形病斑，边缘紫褐色，隆起、较宽。中部灰白色、淡灰褐色，很薄，上生很多黑色小颗粒，即病菌的分生孢子器，后期，易破裂，形成穿孔。

（二）病原

病原为半知菌亚门、壳二孢属 *Ascochyta* sp.真菌。分生孢子器，黑褐色、褐色，球形、近球形，孔口明显，壁薄，大小 89.6～161.2μm×80.6～152.3μm。分生孢子，无色，双胞，长椭圆形，短杆状，隔膜不明显，大小 4.7～9.4μm×1.8～2.4μm。另外，还有一种菌其分生孢子器黄褐色，孔口明显，色深，大小 40.3～103.0μm×40.3～94.1μm。分生孢子，双胞，淡褐色，隔膜明显，隔膜处隘缩明显，较宽，大小 5.9～8.2μm×24～4.1μm。

（三）发病规律

病菌以菌丝体及分生孢子器随病残体组织在土壤中越冬。翌年条件适宜时，萌发产生分生孢子侵染。借风雨传播，有再侵染。6～7 月为发病盛期。灌水过多，降雨多、湿度大，发病重，播种密度大、郁闭、通风不良，发病重。

（四）防治措施

（1）栽培措施　收获时认真清除病残组织，集中烧毁；适当降低播种密度，以利通风透光；施足底肥、合理追肥，提高寄主抗病力。

（2）药剂防治　发病初期喷施 10%恶醚唑水分散颗粒剂 1500 倍液、70%丙森锌（安泰生）可湿性粉剂 600 倍液或先用药剂封锁发病中心，再全面喷药。

二、半夏萎蔫病

（一）症状

病菌主要为害球茎。植株发病后，地上部分叶片发黄、萎蔫、枯死。球茎干腐、粉质，自顶部向内扩展变灰白色粉质状。

（二）病原

病原为半知菌亚门、镰孢属 *Fusarium* sp.真菌。该菌菌丝无色有隔，粗 1.18～3.55μm；小型分生孢子多，单胞，椭圆形、近圆形，大小 5.88～9.41μm×2.35～4.12μm。大型分生孢子，直或弯月形，两端渐细，具 2～4 隔膜，多为 3 隔膜，大小 24.7～36.46μm× 3.53～5.29μm。单瓶梗，大小 16.46～27.0μm×2.32～2.94μm。

（三）发病规律

病菌随病株残体在土壤中越冬，翌年条件适宜侵入寄主侵染为害。

（四）防治措施

（1）耕作栽培措施　实行5年以上轮作，发现病株立即拔除，病穴用生石灰消毒；收获后认真清除病残组织，集中销毁。

（2）药剂防治　发病初期，可用50%多菌灵·磺酸盐可湿性粉剂800倍液或20%乙酸酮可湿性粉剂1000倍液喷灌根部，用药液75kg/667m^2。

三、半夏黑斑病

（一）症状

叶面初生褪绿小点，扩大后呈椭圆形、近圆形病斑，直径多为1～1.2cm，边缘褐色，中部灰褐色，略现同心轮纹，上生黑色霉状物，即病菌的分生孢子梗和分生孢子（图7-41）。

（二）病原

病原为半知菌亚门、链格孢属 *Alternaria* sp.真菌。分生孢子，淡褐色，倒棍棒形，多为中上部较宽，下部渐细，喙较长，具3～9个横隔膜，多为5～7个，纵、斜隔膜极少。孢身49.27～94.06μm×8.96～15.68μm，喙长40.3～94.06μm×1.34～1.79μm，最长达125.4μm。分生孢子，梗粗短，淡褐色，较直，具1～2个隔膜，大小23.52～41.16μm×7.06～8.23μm，顶端产孢痕明显。

（三）发病规律

病菌随病残体在土壤中越冬，成为翌年的初侵染来源。分生孢子萌发直接侵入或从植株伤口、气孔等部位侵入寄主形成初次侵染。初次侵染形成的病斑产生的分生孢子再侵染寄主，形成再次侵染。病害的发展与湿度关系密切，植株长势差病害发生重。

（四）防治措施

（1）栽培措施　收获时认真清除病残组织，集中销毁；施足底肥，平衡施肥，提高寄主抗病力。

（2）药剂防治　发病初喷施80%代森锰锌可湿性粉剂600倍液或70%百菌清·锰锌可湿性粉剂600倍液等药剂。

四、半夏病毒病

（一）症状

症状类型多，叶片出现花叶，皱缩，畸形，致全株矮缩；叶片出现不规则褪绿，黄色条斑及明脉等，有些植株为有隐症现象（图7-42、图7-43）。

（二）病原

此病由多种病毒引起。

（1）黄瓜花叶病毒（CMV）。病毒粒体状，直径 30nm，稀释终点 10^{-4}；致死温度 70℃，20℃下体外存活期 3～6 天，有 CMV-Y、CMV-S 和 CMV-Q 等株系。可汁液传播，桃蚜、甜菜蚜等传播，也可经鳞茎传播，寄主范围很广，可侵染 45 科 124 种植物，很多蔬菜、花卉都是其寄主。

（2）蚕豆萎蔫病毒（*Broad bean wilt virus*，BBWV）。病毒粒体球状，直径 26nm，致死温度 58℃，稀释终点 10^{-5}～10^{-4}，体外存活期 25℃下 2～3 天。桃蚜等蚜传播，汁液可传播。寄主范围广泛，侵染 19 科 126 种双子叶植物。

（3）芋花叶病毒（*Dasheea mosaic virus*，DMV）。病毒粒体线状，大于 60nm。蚜虫传播，球茎可带毒传播。

（三）发病规律

带毒球茎是病害重要初侵染来源，其他寄主也是初侵染来源。经蚜虫和汁液传播。所以，田间蚜虫多，农事操作频繁，有利于病害传播。

（四）防治措施

（1）培育无毒种苗建立无病基地　通过热处理结合茎尖脱毒培养无毒苗或以种子繁殖，获得无毒苗；在高海拔地区建立无病种子基地，以供应大田生产。

（2）治虫防病　蚜虫发生初期，喷施 10%吡虫啉可湿性粉剂 1500 倍液、2.1%啶虫脒 2500 倍液、40%氰戊菊脂乳油 6000 倍液及 25%阿克泰乳油 5000 倍液。

（3）药剂防治　发病初期喷施 10%混脂酸水乳剂 100 倍液及 50%氯溴异氰尿酸可湿性粉剂 1000 倍液。

（王蓉　丁万隆）

第十七节　龙胆

Longdan

GENTIANAE RADIX ET RHIZOMA

龙胆 *Gentiana scabra* Bunge 是龙胆科多年生草本植物，别名龙须草、山龙胆、观音草、草龙胆等；以根和根茎入药，具有清肝火，除湿热，健胃等功效。主要分布于我国东北。近年来随着栽培面积的扩大，龙胆斑枯病逐年加重并造成毁灭性损失。据对辽宁清原、新宾、桓仁及吉林通化等主产区发病调查，每年 8 月中旬龙胆草病田率达 100%，严重田块植株因病全部枯死，减产高达 30%～50%。

龙胆草斑枯病

（一）症状

病菌主要为害龙胆草叶片，未发现为害其他部位。发病初期病斑周围出现蓝黑色的晕圈，以后病斑不断扩大，呈圆形或椭圆型，中间红褐色，边缘深褐色，病斑两面均生有小黑点，为病原菌的分生孢子器。严重时病斑常相互汇合，导致龙胆草整个叶片枯死（图 7-44、图 7-45、图 7-46）。

（二）病原

病原为龙胆壳针孢 *Septoria gentianae* Thume，为半知菌亚门、腔孢纲、球壳菌目、壳针孢属真菌。分生孢子器聚生于病斑两面，球型或梨型，褐色，直径 60～80μm，由双层壁组成，壁厚 4.5μm，外层壁由多角形细胞组成，内层壁由菌丝和球形分生孢子梗组成，喙突出于叶片表面，内生大量分生孢子。分生孢子针型，无色透明，大小 15～35μm×2～3μm，稍弯曲，0～7 个隔膜。该菌在培养基上培养不易产生菌丝，极易产生大量的分生孢子器。菌丝生长的最适宜温度为 20℃～25℃，最适 pH 为 4～6，光照对菌丝生长没有影响，但是没有光照分生孢子不易产生。分生孢子萌发最适宜温度为 20℃～25℃，致死温度为 50℃。

（三）发病规律

龙胆草斑枯病菌主要以分生孢子器和菌丝体在病残体上越冬。翌年 5 月龙胆草出土展叶后，分生孢子随气流和雨滴飞溅进行传播发病。越冬病残体和带病种苗是田间发病的主要初侵染来源。在东北地区一般 5 月中下旬开始发病，7～8 月由于降雨量加大，温度较高，有利于病害的发生，为病害高峰期。9 月初开始，温度开始下降，降雨量减少，病害流行速度较慢。病害一般从植株下部叶片开始发生，逐渐向上部叶片传染。高温、高湿、全光栽培有利病害流行。年生越高发病越重。病害田间传播主要靠雨水飞溅，远距离传播主要靠带菌种苗。

（四）防治措施

龙胆草斑枯病的防治应加强种苗消毒和栽培管理为主，在关键期根据田间发病程度和天气状况，及时、细致用药才能控制病害流行。

（1）种苗消毒　播栽前用 50%代森锰锌 500 倍液对种苗进行药剂浸种 30 分钟，防止种苗带菌传病。

（2）遮阴栽培技术　由于光照有利龙胆草斑枯病菌的生长和繁殖，因此在龙胆草床面两侧种 2 行高秆作物（玉米和月见草等）进行遮阴栽培可减缓发病。开花前结合药剂防治喷施磷酸二氢钾等高效叶面肥，促进植株生长，提高植物抗病性。

（3）作业道覆盖　越冬前用松针或稻秆覆盖作业道，既可防冻又可降低生长前期地表病原菌因雨滴飞溅造成初侵染。

（4）药剂防治　生长期结合发病情况选用内吸治疗和悬浮性能好且高效、低毒杀菌剂 62.25%仙生 600 倍液或 80%大生 600 倍液进行喷药防治。

（董佳莉　丁万隆）

第十八节 玉竹
Yuzhu

POLYGONATIODORATIRHIZOMA

玉竹 *Polygonatum ordoratum*（Mill.）Druce 属百合科多年生草本植物，以根状茎入药，有养阴燥湿、生津止咳功效。我国大部分地区都有分布，如在东北、华北、华东、华中等地。玉竹主要病害有根腐病、褐斑病、紫轮病、锈病和灰霉病。

一、玉竹根腐病

（一）症状

地下根状茎初为淡褐色圆形病斑，后病部腐烂，组织离散、下陷，圆形或椭圆形，直径 5～10mm，重者病斑连成大块，影响玉竹产量和品质。

（二）病原

病原为茄镰孢根生专化型 *Fusarium solani* (Mart.) Sacc. f. sp. *radicicola* (Wr.) Snyd. et Hans.，为半知菌亚门、丝孢纲、瘤座菌目、镰孢属真菌。在 PSA 培养基上菌丛白色至淡紫色，培养基反面紫色，絮状，较茂盛。小型分生孢子很多，生于单生的小瓶梗上，无色单胞，卵圆形至纺锤形，大小 6～15μm×2～4μm；大型分生孢子产生于分枝的分生孢子梗上，产孢细胞瓶梗型，大分生孢子纺锤形，无色，稍弯曲，顶细胞稍尖，足细胞较钝，3～5 个隔膜，一般 3 个分隔的大小 20～35μm×2.6～4.7μm，占绝大多数；5 个分隔的大小 24～31μm×3.1～4.4μm，很少。厚壁孢子产生很多，单生或 2～3 个串生，球形，淡黄色，大小 6～11μm×6～9μm。

（三）发病规律

以种子、种苗、病土及病残体带菌越冬，田间遇有土壤黏重、排水不良、地下害虫多，易诱发此病。尤其是二年生玉竹移栽后，浇水不匀或不及时，根部干瘪发软，土壤水分饱和，根毛易窒息死亡，病菌侵入易发病。3 月出苗期就有发生，4～5 月气温升高、干燥，病害停滞，6～9 月高温多雨，进入发病高峰期。该病发生还与运输苗木过程中失水过多或受热有关。田间土质过黏，植株生长不良，造成根组织抗病力不强易发病，生产上偏施氮肥发病重。

（四）防治措施

（1）选用无病健康的种子和种苗；选择排水良好、土壤疏松的地块种植；实行 5 年以上轮作，一般玉竹连作不宜超过 3 年。

（2）抓好玉竹园的管理，及时清除病株或病根，病穴用石灰或药剂消毒。冬春防止忽干忽湿，旱季要及时浇水，雨后及时排水，提倡施用酵素菌沤制的堆肥。

（3）发病初期用 1∶2∶250～300 波尔多液或 12%绿乳铜乳油 600 倍液浇灌根部。

二、玉竹曲霉病

（一）症状

病菌主要为害根部。地下根状茎上病斑近圆形，褐色，后发展为不规则形，病部发软腐烂，长出病原菌的黑色霉点状的子实体，但腐烂扩展较慢，地上部茎叶不死亡。采收后，用刀挖出病部或切去腐烂茎段，仍可入药。

（二）病原

病原为黑曲霉 *Aspergillus niger* Van Tiegh，为半知菌亚门、丝孢纲、丛梗孢目、丛梗孢科、曲霉属真菌。在查彼克培养基上菌丛白色，在 PDA 上菌丛白色至淡黄色，疏松，气生菌丝白色，上生许多针头形黑霉状分生孢子头，黑色球状；分生孢子梗壁光滑无色，有的顶部浅褐色，基部有足细胞，从菌丝体上长出；泡囊球形至近球形，直径 60～82μm，整球表面产生一层梗基，梗基上生出 2～3 个瓶梗，梗基长 12～18μm，瓶梗长 6～10μm；分生孢子暗褐色球形，从瓶梗上长出，串生，表面密生小刺，大小 4.0～4.5μm。

（三）发病规律

病菌以菌丝体在土壤、病残体等多种基物上存活和越冬。翌年条件适宜时，分生孢子借气流传播，从伤口或表皮直接侵入。高温高湿、土壤温湿度变化激烈或有湿气滞留易发病。

（四）防治措施

（1）实行合理轮作；收获后及时清除病残体，集中深埋或烧毁，以减少菌源。

（2）药剂防治　①发病初期及时用药灌根，可选用 20%双效灵水剂 200 倍液或 50%退菌特可湿性粉剂型 800 倍液。②用 75%百菌清可湿性粉剂或 50%甲基硫菌灵可湿性粉剂 1kg，拌细干土 50kg，充分混匀后撒在病株的基部。③发病初期喷洒上述杀菌剂可湿性粉剂 500～600 倍液，视病情防治 1～2 次。

三、玉竹褐斑病

（一）症状

病菌主要为害叶片。被害叶片上产生褐色椭圆形病斑，病斑中央色淡，呈灰白色，边缘紫褐色。天气潮湿时，在病斑上生灰褐色霉状物，为病原菌的分生孢子梗和分生孢子。病斑常造成叶片早枯，影响产量（图 7-47）。

（二）病原

病原为中华尾孢 *Cercospora chinensis* Tai.，为半知菌亚门、丝孢纲、尾孢属真菌。分生孢子梗褐色，直或有弯曲，不分枝，有隔膜。分生孢子鞭形，无色，有 3～14 个隔膜，大小 51～143μm×2.8～5.7μm。

（三）发病规律

病菌以分生孢子器和菌丝体在田间枯枝残叶上及土壤中越冬。翌年条件适宜时越冬病菌产生分生孢子侵染寄主引起初侵染。病害从 5 月初直至收获期均可感染，一般 7～8 月发病较重。氮肥施用过多、植株过密及田间湿度大均有利于发病。

（四）防治措施

（1）清洁田园，减少初侵染源　秋后彻底清除田间病株残体，集中烧毁或深埋；加强栽培管理，实行配方施肥，避免植株生长过于茂盛，发病早期及时剪除病部。

（2）药剂防治　春季玉竹出苗前用硫酸铜 250 倍液喷洒地面；发病前喷洒 1∶1∶150 波尔多液保护；生长季节用 50%代森锰锌 600 倍液或 50%万霉灵 500 倍液等药剂交替使用，共喷 2～3 次，间隔期为 7～10 天。

四、玉竹紫轮病

（一）症状

病菌主要为害叶片，叶片上病斑圆形至椭圆形，初期紫红色，扩展后中央呈灰色至灰褐色，直径 2～5mm。随病害发展，在病斑上产生黑色小点，为病菌的分生孢子器（图 7-48）。

（二）病原

病原为血红大茎点菌 *Macrophoma cruenta* Ferr.，为半知菌亚门、腔孢纲、球壳孢目、大茎点霉属真菌。分生孢子器球形或扁球形。分生孢子卵圆形至椭圆形，单胞。

（三）发病规律

病菌以分生孢子器和菌丝体在病叶片或根芽上越冬，翌年条件适宜时产生分生孢子，并随气流传播引再侵染。在生长期间，病菌又可形成分生孢子进行再侵染。7～8 月为发病盛期。

（四）防治措施

（1）清洁田园，减少初侵染源　秋后彻底清除和销毁田间病株残体。

（2）发病早期及时摘除病叶，集中烧毁或深埋。

（3）药剂防治　发病初期选用 50%代森锰锌 600 倍液、70%甲基托布津 800～1000 倍液或 50%万霉灵 500 倍液等药剂喷雾，15 天左右 1 次，共喷 2～3 次。

（丁万隆　刘琨）

第十九节　甘草

Gancao

GLYCYRRHIZAE RADIX ET RHIZOMA

甘草 *Glycyrrhiza uralensis* Fisch.又名美草、密草、国老，为豆科多年生草本植物。以根及根状茎入药，有和中缓急、润肺、解毒、调和诸药之功效。甘草主产于内蒙古、甘肃、新疆、山西、陕西、宁夏等地。甘草主要病害有锈病、褐斑病等。

一、甘草锈病

（一）症状

病菌主要为害叶片。春季幼苗出土后即在叶片背面生圆形、灰白色小疱斑，后表面破裂呈黄褐色粉堆，为病菌夏孢子堆和夏孢子。发病后期整株叶片全部被夏孢子堆覆盖，致使植株地上部死亡，茎基部与根或茎连接处韧皮组织增生，潜伏芽萌动，植株表现为丛生、矮化。夏孢子再侵染后，叶片两面散生黑褐色冬孢子堆，并散出黑褐色冬孢子粉末（图7-49、图7-50）。该病是栽培甘草的主要病害，遍布各甘草主产区，是影响密植的主要因素。

（二）病原

病原为甘草单胞锈菌 *Uromyces glycyrrhizae* Magn.，为担子菌亚门、冬孢菌纲、锈菌目、单胞锈菌属真菌。夏孢子球形或近球形，色淡，表面有小刺，直径18～28μm。夏孢子发生于甘草叶背面，孢子堆紧密，单胞，圆形，有柄不明显，1～2个芽孔，表面有突瘤，颜色淡褐色。冬孢子发生于甘草叶背面，孢子堆之间疏松，冬孢子单胞，大小18～30μm×4～20μm，圆形近椭圆，有短柄很明显，易脱落。担孢子由担子产生，担子有隔，担子末端侧面产生4个担孢子，担孢子椭圆形。性子器产生于甘草叶背面，圆形，埋于表皮细胞下，受精丝管状，伸出表皮并分泌蜜露，最终黏结成喙状，性子器初为无色后变为棕红色，性孢子椭圆形，无色。锈孢子发生于性子器群中，圆形，成串。

（三）发病规律

病菌为单主寄生锈菌，以菌丝及冬孢子在植株根、根状茎和地上部枯枝上越冬，翌春产生夏孢子。栽培甘草发病率高于野生甘草。如上年秋季多雨，翌年春天气温回升较快则有利其发生。两年生栽培甘草夏孢子病株发生盛期在5月中旬，病株率10%左右；6月下旬为发病株死亡盛期，死亡率达90%以上。冬孢子病株发生盛期为7月中旬。

（四）防治措施

（1）农业防治　不同种甘草、不同种源地的同一种甘草混播，可在一定程度上减轻甘草锈病的流行。早春夏孢子堆未破裂前及时拔除病株；8月初刈割甘草地上部分作为饲料，可以有效减少翌年菌源；收获后彻底清除田间病残体。

（2）药剂防治　分别在5月上旬和8月中旬两次病害发生初期进行药剂防治，可选醚菌酯225g/hm^2，苯醚甲环唑180g/hm^2，三唑酮60g/hm^{2}连续叶面喷雾处理2次，间隔7天，药液量450L/hm^2。喷雾应在天气晴朗、无风的傍晚进行，交替使用药剂。

二、甘草褐斑病

（一）症状

病菌主要为害叶片。叶上病斑近圆形或不规则形，直径1～3mm，中央灰褐色，边缘有时不明显。后期常多个病斑汇合成大枯斑，两面均有灰黑色霉状物，为病原菌的分生孢子梗和分生孢子（图 7-51）。

（二）病原

病原为黄芪尾孢 *Cercospora astragalis* Woron.，为半知菌亚门、丝孢纲、丝孢目、尾孢属真菌。子实体叶两面生，但主要叶面生，子座仅仅是少数的褐色细胞；分生孢子梗 6～12 根成束生，淡褐色，顶端色淡并较狭，不分枝，具 0～5 个膝状节，顶端近截形，孢痕显著，1～7 个隔膜，大小 24～71μm×4～5.5μm；分生孢子鞭推至倒棒形，无色透明，正直至弯曲，基部截形至近截形，顶端略钝，3～10 个隔膜，大小 32～80μm×3～4.5μm。

（三）发病规律

病菌以分生孢子梗和分生孢子在病叶上越冬，翌年产生分生孢子引起初侵染，发病后病斑上又产生大量分生孢子，借风雨传播不断引起再侵染。病菌喜稍高温度，夏末早秋雨水多、露水重有利于发病。该病是甘草生长后期常见的叶部病害。

（四）防治措施

（1）秋季植株枯萎后及时割掉地上部，并清除田间落叶。

（2）发病前喷 1 次 1∶1∶150 波尔多液；发病期选用 77%可杀得 600 倍液或 50%代森锰锌 500 倍液等喷雾，每 15～20 天 1 次，视病情喷 2～3 次。

（丁万隆）

第二十节　白头翁

Baitouweng

PULSATILLAE RADIX

白头翁 *Pulsatilla chinensis* (Bge.) Reg.为毛茛科多年生草本植物。以根入药，具有清热凉血、解毒散瘀之功效。产于东北、华北、西北、华东等地。白头翁病害主要有霜霉病、锈病、黑粉病、根腐病、叶斑病等。

一、白头翁霜霉病

（一）症状

病菌主要为害叶片，幼嫩组织也可发生。叶片初生黄色至黄褐色不规则形病斑，后期汇合成片。湿度大时在叶片黄化部位产生白色霉层（孢囊梗和孢子囊），以叶背居多。发病严重时叶片黄化或卷曲，甚至焦枯脱落，植株长势衰弱，严重影响白头翁产量和质量。

（二）病原

病菌为矮小轴霜霉 *Plasmopara pygmaea* (Unger) Schroet.，属于卵菌门、卵菌纲、霜霉目、霜霉科、单轴霉属。孢子囊梗自叶背气孔伸出，丛生，无色或淡色，孢囊梗基部不膨大，孢子囊梗粗壮而短小，全长 102.1～156.4μm，平均 125.0μm，主轴长 71.4～136μm，平均 98.6μm；顶部略膨大；上部单轴分枝 2～3 次，分枝短，末枝 3～4 丛生，顶端平截或圆锥形，个别顶端稍凹陷，长 6.8～13.6μm；孢子囊卵圆形、椭圆形，无色或淡色。

（三）发病规律

病菌以卵孢子在病株残叶内或以菌丝在被害寄主和种子上越冬。翌年春产生孢子囊，孢子囊成熟后借气流、雨水或田间操作传播，萌发时产生芽管或游动孢子，从寄主叶片的气孔或表皮细胞间隙侵入。发病后期，在组织内产生卵孢子，随同病残体越冬，成为下一个生长季的初侵染源。孢子囊的萌发适温为 7℃～18℃，高湿对病菌孢子囊的形成、萌发和侵入更为重要。在发病温度范围内，多雨多雾，空气潮湿或田间湿度高，种植过密，均易诱发霜霉病。一般重茬地块、浇水量过大的地块，该病发病重。

（四）防治措施

（1）加强栽培管理　施足腐熟的有机肥，提高植株抗病能力。合理密植，科学浇水，防止大水漫灌，以防病害随水流传播。加强放风，注意排水，降低小气候湿度。实行 2～3 年轮作。

（2）注意田园卫生　发现被霜霉病菌侵染的病株，要及时拔除，带出田外烧毁或深埋，同时撒施生石灰处理定植穴，防止病源扩散。秋季及时彻底清除残株落叶，并将其带出田外深埋或烧毁。

（3）发病初期药剂防治　药剂可选用 30%瑞毒霉可湿性粉剂 800 倍液或 75%百菌清可湿性粉剂 500 倍液喷雾，发病较重时用 58%甲霜·锰锌可湿性粉剂 500 倍液或 69%烯酰·锰锌可湿性粉剂 800 倍液喷雾。7 天喷 1 次，连喷 2～3 次。结合喷洒叶面肥和植物生长调节剂进行防治，效果更佳。

二、白头翁锈病

（一）症状

病菌主要为害叶片。发病初期在叶片近轴表面散生无明显边缘淡黄色、圆形小点，随后扩大、合并，随后在远轴面形成大量黄色夏孢子堆，初埋生后突破表皮，隆起呈半球形，多单生，也可聚生。孢子堆周围组织褪绿呈灰色、灰绿色，圆形、近圆形或不规则形枯死病斑。叶背形成冬孢子堆，圆形、垫状、栗褐色，结构紧密，不易飞散。发病严重时，孢子堆相互融合，叶片发黄、提早枯死。

（二）病原

病菌为白头翁鞘锈菌 *Coleosporium pulsatillae* (Strauss) Lév.，属于担子菌门、锈菌纲、锈菌目、鞘锈菌属。夏孢子，球形或椭球形，淡黄色，大小 22.6～39.4μm×15.2～23.9μm。冬孢子堆主要生在叶背，直径 0.3～1.1mm。冬孢子棍棒状、椭圆形或凝胶状，大小 60.2～120.8μm×12.1～24.4μm，含 4 个细胞，相接处缢缩明显，易分离，密生粗瘤，褐色。

（三）发病规律

病菌以冬孢子在病残体上越冬，成为翌年初侵染源。始发期一般在 7 月中旬，病害零星发生，病株率仅3%～5%，8月进入病害盛发期，温度适宜，雨量充沛，有利于锈菌夏孢子的萌发和侵染，田间白头翁锈病迅速蔓延，严重时病株率高达90%以上，此后病害进入衰退期，病斑处可见大量橘色冬孢子堆。夜间有重雾的天气发病重。老龄株尤易发病。

（四）防治措施

（1）保持田园卫生　秋季及时清除田间病株及病残体，并集中烧掉。春季及时摘除病叶，喷洒石硫合剂或粉锈宁等药剂。

（2）加强田间管理　选择地势高燥、排水良好、向阳坡的地块种植，合理排灌，雨后及时开沟排水。适当增施磷、钾肥，提高植株抗病性。

（3）及时药剂防治　可采用25%粉锈宁可湿性粉剂800倍液、62.25%仙生可湿性粉剂600倍液或80%代森锰锌可湿性粉剂600～800倍液等药剂。

三、白头翁黑粉病

（一）症状

病菌主要为害一二年生叶片、叶柄和茎秆。发病初期在叶片形成不规则形瘤状隆起，孢子堆被寄主组织所包被，后期隆起成紫灰色，随即破裂露出大量黑粉状冬孢子。茎秆起初膨大并扭曲畸形，发病初期为浅褐色，后期呈梭形开裂，露出大量冬孢子粉。发病严重时植株长势缓慢，甚至停止生长，最终导致整株枯死。

（二）病原

病原为白头翁条黑粉菌 *Urocystis pulsatillae* (F. Bubák) G. Moesz，属于担子菌门、冬孢菌纲、黑粉菌目、条黑粉菌属真菌。冬孢子球卵圆形或不规则形，直径20～40μm，长达150μm，由1～6个孢子组成，外围大部分被颜色较浅的不育细胞所包围。冬孢子近圆形、长圆形或不规则形，红褐色或栗褐色，直径13～18μm，表面光滑。冬孢子萌发以直接产生芽管为主，芽管简单，偶有分枝。

（三）发病规律

病菌孢子能耐受不良环境，在干燥的土壤中能存活3～5年，冬孢子在病残体中越冬，成为翌年初侵染源。在辽宁省发病的始发期为6月中旬，7～9月为盛发期。此外，不同种白头翁发病有一定差异，中国白头翁较抗病，朝鲜白头翁较感病。发病严重地块，病田率高达100%，病株率达5%。

（四）防治措施

（1）合理轮作与选留无菌种株　重病田与其他作物实行3～5年轮作，能有效控制病害发生。在无病田留种，坚持选用健壮不带菌的优良种育苗栽种。

（2）减少菌源基数　秋季早期彻底消除田间病残体，减少初侵染源。结合中耕追肥等农事操作，及时摘除下部病叶，并携出田外销毁，以增强通透性。同时注意及时除草、排水、合理密植，降低田间湿度，降低病原菌侵染的可能性。

（3）药剂防治　该病害重在预防，发病前或发病初期及早喷药，可选用25%三唑酮可湿性粉剂 1000 倍液、25%粉锈宁可湿性粉剂 800～1000 倍液或 62.25%仙生可湿性粉剂 600～800 倍液，每隔 7 天喷雾 1 次，连续防治 3～4 次。

四、白头翁叶斑病

（一）症状

在东北白头翁产区均有发生，严重时病叶率可达 90%以上。病菌主要为害叶片，也可为害茎秆和叶柄，是白头翁生产中重要病害之一。发病初期叶片上形成浅褐色小点，后逐渐扩展为近圆形、椭圆形或不规则形病斑，边缘褐色或黑褐色，中央较边缘浅，有时可出现不规则同心轮纹，后期病斑上着生小黑点，多个病斑汇合成片，导致叶片大量脱落，植株长势衰弱。叶柄上病斑初为褪绿色小点，后逐渐扩大成不规则长条形、褐色至黑褐色病斑。茎部的病斑初为暗绿色小点，后沿茎的纵轴逐渐扩大为棱形或长条形、黑褐色病斑，病部明显凹陷，后期病斑环绕茎部，导致病部以上枝蔓枯死。

（二）病原

病原为银莲花壳二胞 *Ascochyta anemones* Kabát et Bubák，属于子囊菌无性型、壳二胞属。分生孢子圆柱形或椭圆形，两端钝圆，未成熟的分生孢子单胞，中央无隔膜，成熟的分生孢子双胞，中央生一隔膜，分隔处缢缩，大小 11.5～15.9μm×2.7～4.1μm。孢子器球形或近球形，直径 90～185μm，具明显孔口。分生孢子器外围被大量菌丝包围，使孢子器与寄主组织紧密结合在一起。

（三）发病规律

病菌以菌丝和分生孢子器在病残体上越冬，在土壤中可存活 1 年左右，成为翌年的初次侵染源。生长季条件适宜时产生分生孢子借气流和风雨传播，进行再次侵染，扩大危害。在东北 6 月开始发生，7～8 月温度适宜，降雨量大时为盛发期。植株生长衰弱，连续阴雨有利于发病和流行。田间通风透光差时发病较重。

（四）防治措施

（1）保持田园卫生　秋季及早清除田间落叶等病残组织，集中烧毁或深埋，减少翌年初次侵染菌源。

（2）加强田间管理　注意通风透光，合理施肥与排灌，增强植株抗病力。

（3）发病初期药剂防治　可喷洒 70%甲基托布津可湿性粉剂 800～1000 倍液或 50%扑海因可湿性粉剂 800 倍液，7～10 天 1 次，连喷 2～3 次。

五、白头翁根腐病

（一）症状

病菌主要为害根部。发病初期，病根初呈黄褐色，早期植株不表现症状，后期根茎部皱缩变软，横剖病根，维管束变为褐色，病害扩展到主根以后，随着根部腐烂程度的加剧，吸收水分和养分的功能逐渐减弱，地上部因养分供不应求，萎蔫干枯，严重时病株叶片发黄、枯萎，最终枯死，根部腐烂，病株易从土中拔出。

（二）病原

病菌为镰刀菌 *Fusarium* spp.，属于子囊菌无性型、镰孢菌属。主要包括以下 2 个种：①尖孢镰孢菌 *F. oxysporum*，在 PDA 平板上培养，菌落突起絮状，高 3～5mm，菌丝白色质密。菌落粉白色，浅粉色至肉色，略带有紫色，由于大量孢子生成而呈粉质。小型分生孢子着生于单生瓶梗上，常在瓶梗顶端聚成球团，单胞，卵形，大小 5～12μm×2～3.5μm；大型分生孢子镰刀形，两端细胞稍尖，少许弯曲，多数为 3 隔，大小 19.6～39.4μm×3.5～5.0μm。②腐皮镰孢菌 *F. solani*，PDA 平板上培养，菌落略发青灰色，菌丝较稀疏，并且菌落后期变为深蓝色，有 2 圈轮纹。菌落背面通常为淡黄色。分生孢子梗较长，大于 50μm，单生，分枝较少。产孢梗顶端领口明显。小型分生孢子较大，大小 10～18μm×3.5～5μm，两端钝圆，0～1 隔，通常为不对称的椭圆形、梭形或肾形，着生于单生瓶梗上，与产孢梗方向呈一定角度。大型分生孢子 3～5 隔，多为 3～4 隔，大小 30～51.5μm×4.6～6.8μm，孢子较宽，背腹两侧平行，两端略向内弯曲，钝圆，顶细胞圆锥形，基细胞钝圆或具不明显的足跟。

（三）发病规律

病菌主要以菌丝体和孢子在病残体上越冬，成为翌年初侵染源，病菌从根茎部或根部伤口侵入，通过雨水或灌溉水进行传播和蔓延。东北地区一般 5 月下旬开始发病，6～8 月气温 20℃～25℃，雨水多发病重，为盛发期。气温高、田间湿度大是病害发生的主要原因。地势低洼、排水不良、田间积水、连作、地下害虫或农事操作引起根部受伤的田块发病严重。高坡地发病轻。

（四）防治措施

（1）合理选地与轮作　严格选地，尤其是移栽地应选排水好、腐殖质含量较高、含砂量略多的缓坡地。栽培地忌连作，宜与毛茛科以外的作物轮作。

（2）加强田间管理　培育壮苗，移植时尽量不伤根、不积水沤根。施肥应以农家肥为主，施足基肥，适量增施磷、钾肥。雨季注意田间及时排水，降低土壤湿度。合理密植，保障田间通风透光良好。及时防治地下害虫和线虫的危害。

（3）保持田园卫生　及时清除田间病株和残体，生长期间发现病株后应立即拔出深埋或烧掉，病穴消毒。秋季将全田地上茎叶及其他杂物全部清理干净，集中烧毁，保持田间清洁。

（4）发病初期及时防治　可用 50%多菌灵可湿性粉剂 500 倍液或 20%甲基托布津可湿性粉剂 800 倍液灌根或喷雾。间隔 7～10 天，连续使用 2～3 次。

（傅俊范　丁万隆）

第二十一节　藁本

Gaoben

LIGUSTICI RHIZOMA ET RADIX

辽藁本 *Ligusticum jeholense* Nakai et Kitag. 为伞形科多年生草本植物，别名热河藁本，分布于河北、辽宁、吉林、山西、山东等地，为我国特有种。以根茎入药，主治感冒头痛、偏头痛、风湿痹痛等症。白粉病是辽藁本的主要病害，一般发病率为 30%～50%，严重地块高达 90%。

辽藁本白粉病

（一）症状

病菌主要侵染叶片及嫩茎。初期在叶面及嫩茎上产生白色近圆形的点状白粉斑，以后逐渐扩大蔓延，全叶及嫩茎被白色粉状物覆盖，即病原菌的分生孢子。后期病叶及茎上散生大量小黑点，即病原菌的有性阶段闭囊壳。病情发展迅速，全叶布满白粉，叶片变黄，早期脱落，及茎干枯。

（二）病原

病原为独活白粉菌 *Erysiphe heraclei* DC.，属于子囊菌门、锤舌菌纲、锤舌菌亚纲、白粉菌目、白粉菌属真菌。分生孢子近柱形，少数桶柱形，大小 28.2～44.7μm×13.5～17.5μm，子囊果散生至近聚生，常密散生并布满全叶，暗褐色，扁球形，直径 75～120μm，极个别达 130μm，壁细胞呈不规则多角形，直径 5.1～18.8μm，附属丝 7～38 根，典型地分枝 1（～5）次，近双叉状或不规则地分枝，少数不分枝，弯曲至近直，长度为子囊果直径的 0.5～1.5 倍，长 30～165μm，上下近等粗或在上部精细，宽 2.8～8.9μm，壁薄，平滑，有时微粗糙，有 0～3 个隔膜，淡黄色至近无色，少数在下半部浅褐色；子囊 2～7 个，近卵形、广卵形、近球形或不规则卵形，有短柄，少数无柄，大小 45.7～83.8μm×30.5～49.5μm，子囊孢子大小 17.5～27.5μm×11.3～16.3μm。

（三）发病规律

病菌以闭囊壳在病残体上越冬，翌年条件适宜时产生子囊孢子进行初侵染，发病后病斑上形成大量分生孢子进行再侵染，采种株多在花期侵染，秋季开始形成闭囊壳。土壤湿度大、施氮肥偏多、缺钾及植株过密或杂草多易发病。

（四）防治措施

（1）清洁田园　秋后及时清除田间病残体，集中烧毁或深埋，减少越冬菌源基数。

（2）加强栽培管理　合理施肥，氮肥不宜过多，适当增施腐熟的有机肥及磷、钾肥。适度浇水，避免过湿过干。适当调节田间种植密度，注意通风透光。

（3）发病初期及时施药防治　可喷施 25%三唑酮可湿性粉剂 800～100 倍液或 50%硫黄悬浮剂 300 倍液，间隔 7 天喷 1 次，共喷 2～3 次。

（丁万隆）

第二十二节　北沙参

Beishashen

GLEHNIAE RADIX

北沙参 *Glehnia littoralis* Fr. Schmidt ex Miq.为伞形科多年生草本植物，以根入药，具有清肺泻火、养阴止咳等功效。主产于山东、江苏、河北和辽宁；也产于广东、福建、云南等地。北沙参主要病害有锈病、根结线虫病、花叶病、根腐病等。

一、北沙参锈病

（一）症状

病菌主要为害叶片，也为害叶柄及果柄。开始时老叶及叶柄上产生大小不等的不规则病斑，病斑初期红褐色，后为黑褐色，并蔓延至全株叶片。后期病斑表皮破裂散出黑褐色粉状物，为病原菌的夏孢子或冬孢子（图 7-52、图 7-53）。发病初期叶片黄绿色，后期叶片或全株枯死。

（二）病原

病原为珊瑚菜柄锈菌 *Puccinia phellopteri* Syd.，属于担子菌亚门、冬孢菌纲、锈菌目、柄锈菌属真菌。

（三）发病规律

病菌为缺锈孢子型、单主寄生的锈菌，以冬孢子在田间植株根芽及残叶上越冬，成为翌年的初侵染源。越冬病菌在春季形成性孢子器，并在其周围产生夏孢子堆及夏孢子，经气流传播，在留种田和春播田中蔓延。高温干旱对病菌有抑制作用，多雨有利于病害流行。出苗后即有发生，7～8 月发病严重。

（四）防治措施

（1）加强田间管理，提高植株抗病性。

（2）发病初期开始喷药防治，可选用 50%代森锰锌 600～800 倍液、50%多菌灵 500 倍液或 25%粉锈宁 800 倍液等药剂，每 10 天喷 1 次，连续 2～3 次。

二、北沙参花叶病

（一）症状

病毒为害叶片及全株。发病初期在叶面产生黄白色的近圆形褪绿斑，扩大后呈不规则形或多角形。受害叶片叶色黄绿相间，斑区呈黄白色的花叶症状，叶面皱缩（图 7-54）。发病后期全株表现花叶，植株矮小，生长受到抑制。

（二）病原

病原为珊瑚菜花叶病毒 *Shanhucai mosaic virus*。

（三）发病规律

病毒在病株残体及带病种根上越冬，翌年4月下旬出现症状，5～6月发病严重，夏季气温升高后隐症。蚜虫是主要传毒昆虫；土壤干旱、植株长势弱、光照较强时有利于病毒侵染和扩展蔓延，故症状表现时轻时重，并且出现隐症现象。

（四）防治措施

（1）选择生茬地种植或与禾本科作物轮作；加强田间管理，注意配方施肥。

（2）春季发病盛期在田间选无病毒植株插标签留种；及时除草，并在蚜虫发生盛期喷洒10%吡虫啉可湿性粉剂1500倍液2次，间隔期为7～10天。

（3）发病初期喷洒1.5%植病灵800～1000倍液或20%病毒A 500倍液2～3次，间隔期为7～10天。

三、北沙参根结线虫病

（一）症状

植株受线虫侵害后，出现全株矮小，部分叶片萎黄枯焦。检视根部可见侧根及须根上产生小米或绿豆大小的黄白色瘤状物，呈念珠状或粗糙棍棒状。小瘤内有一至数个白色颗粒状雌虫。后期受害根皮层变褐腐烂，严重时大片死亡。

（二）病原

病原主要为北方根结线虫 *Meloidogyne hapla* Chitwood，属于线形动物门、线虫纲、垫刃线虫目、根结线虫属。根结线虫其他种如南方根结线虫 *M. incognita* Chitwood、花生根结线虫 *M. arenaria* Chitwood 等也为害北沙参。

（三）发病规律

线虫有卵、幼虫和成虫三个发育阶段。根结线虫主要以病根结遗留在土壤中，病土是病害的主要侵染来源，也是重要的传播途径。线虫以孵化的2龄幼虫引起侵染。参苗出土后即发生。在温暖或气温较高地区，多湿砂质壤土中有利于根结线虫病的发生。豆科植物连作发病重。从出苗开始发病，整个生长期均可受害。山东及其他北沙参产区均有发现。

（四）防治措施

（1）与禾本科作物轮作，不以花生等作物为前茬。

（2）翻晒土地；整地时用生石灰50kg/亩，杀灭幼虫和虫卵。

（王蓉　丁万隆）

第二十三节　白术

Baizhu

ATRACTYLODIS MACROCEPHALAE RHIZOMA

白术 *Atractylodes macrocephala* Koidz.又称于术、浙术、冬术，为菊科多年生草本植物。

以根状茎入药，有健脾燥湿、止汗等功效。主要分布于长江流域，全国各地均有栽培。白术病害主要有根腐病、铁叶病、白绢病、立枯病、花叶病等。

一、白术根腐病

（一）症状

病株地下部细根变褐腐烂，后蔓延到上部肉质根茎及茎秆，呈黑褐色下陷腐烂斑，地上部开始萎蔫。根茎和茎切面可见维管束呈明显变色圈，后期根茎全部变为海绵状黑色干腐，植株枯死，易从土中拔起。新、老产区均发生普遍，造成干腐、茎腐和湿腐，严重影响产量与质量（图 7-55、图 7-56）。

（二）病原

病原主要为尖孢镰刀菌 *Fusarium oxysporum* Schl.，属于半知菌亚门、丝孢菌纲、瘤痤孢目、镰刀菌属。菌丝无色或淡褐色，多隔膜，气生菌丝棉絮状。大型分生孢子长柱形，两端较钝，微弯或正直，足细胞较显著，无色，多隔，一般为 3 个隔膜，个别的有 7 个隔膜，大小 19.9～23.2μm×2.2～3.7μm。小型分生孢子以椭圆形为主，无色，多数单胞，大小 6.6～8.8μm×2.0～2.2μm。在 PDA 培养基上，子座白色或紫色，厚垣孢子顶生或间生。有报道为多种镰刀菌复合侵染所致。

（三）发病规律

土壤病残体带菌是病害的侵染来源；种栽贮藏过程中受热使幼苗抗病力下降，是病害发生的主要原因。病菌可借助于伤口侵入根系，也可直接侵入。土壤淹水、黏重或施用未腐熟的有机肥造成根系发育不良及由线虫和地下害虫为害产生伤口后易发病。生长中后期如连续阴雨后转晴，气温升高，则病害发生重。6～8 月为发病盛期。

（四）防治措施

（1）选择地势高燥、排水良好的砂壤土栽种，中耕易浅以免伤根；加强对地下害虫及线虫的防治。

（2）合理轮作，选栽抗病力较强的矮秆阔叶品种；选用健壮无病栽作种，贮藏期间要保持种栽鲜活，防止发热后失水干瘪。

（3）早期拔除病株，并用 50%多菌灵或 70%甲基托布津 800 倍液浇灌病穴；栽种前用 50%多菌灵 500 倍液浸种栽 6～8 分钟，捞出晾干后栽种。

二、白术铁叶病

（一）症状

病菌主要为害叶片，也可为害茎及苞片。叶上初生黄绿色小斑，后因叶脉所限呈多角形或不规则形，暗褐至黑褐色，中央呈灰白色，上生小黑点。严重时病斑相互汇合布满全叶，呈铁黑色，药农称其为“铁叶病”。后期病斑中央呈灰白色，上生小黑点，即分生孢子器。茎和苞片也产生相似的褐斑。该病发生普遍，造成叶片早枯，导致减产。

（二）病原

病原为白术壳针孢 *Septoria atractylodis* Yu et Chen，属于半知菌亚门、腔孢纲、球壳孢目、壳针孢属。分生孢子器表生或生于叶的两面，球形至扁豆形，无色。分生孢子直或弯，有隔膜，大小 30～48μm×2～2.5μm。

（三）发病规律

病菌主要以分生孢子器和菌丝体在病残体及种栽上越冬，成为翌年的初次侵染来源。翌春分生孢子器遇水滴后释放分生孢子，自气孔侵入引起初侵染；病斑上产生新的分生孢子，借风雨传播又不断引起再侵染，扩大蔓延。种子带菌造成远距离传播，而雨水淋溅是近距离传播的主要途径。本病主要为害叶，由基部叶片首先发生，逐渐向上蔓延，在白术整个生长期间均能为害，一般在 4 月下旬发生，6～8 月为发病盛期。遇阴雨天气，很快形成发病中心，然后向四周扩展，出现发病高峰，以后仍可继续出现几个高峰期。病情发展后，白术成片枯死。

（四）防治措施

（1）选择地势高燥、排水良好的地块并合理密植；选择健壮种栽，栽种前用 50%多菌灵 500 倍液浸泡 2 分钟。

（2）收获后，扫集并烧毁田间残株落叶，减少翌年菌源。进行 2～3 年轮作。忌雨后或露水未干前，在白术地进行中耕除草等田间操作。

（3）田间出现发病中心后，喷 1∶1∶100 的波尔多液，每 10～15 天 1 次，连续 2～3 次。或在第 1 次喷药后，根据天气预报在雨前再喷 1 次，抑制发病高峰的出现。发病期选择喷洒 77%可杀得 600 倍液或 50%代森锰锌 500 倍液，视病情喷 1～3 次，间隔 10 天左右。

三、白术立枯病

（一）症状

未出土幼芽、小苗及移栽苗均能受害，常造成烂芽、烂种。幼苗出土后，在近地表的幼茎基部出现水渍状暗褐色病斑，并很快延伸绕茎，茎部坏死收缩成线状“铁丝茎”，病部常黏附着小土粒状的褐色菌核，地上部萎蔫，幼苗倒伏死亡。常造成幼苗成片死亡，导致毁种。贴近地面的潮湿叶片也可受害，边缘产生水渍状深褐色至褐色大斑，全叶很快腐烂死亡，药农称其为“烂茎瘟”。

（二）病原

病原为立枯丝核菌 *Rhizoctonia solani* Kühn.，属于半知菌亚门、丝孢纲、无孢目、丝核菌属。菌丝体棉絮状、蛛丝状，多核，初无色，后变淡褐色，直径 6～8μm，分枝近似直角，分枝处缢缩，离分枝不远处有一个隔膜，部分菌丝细胞膨大成酒坛状，互相纠结形成菌核。菌核初为白色，后变为不同程度褐色，大小不等，多为扁球形。菌核生于基物表面或病部组织内，菌核与基物及菌核与菌核之间常有菌丝相联。有性时期为 *Pellicularia solani* Kuhn.，属于担子菌亚门、层菌纲、多孔菌目、革菌科、网膜革菌属。担孢子仅在酷暑高温情况下偶尔形成，一般不易发现。担子单胞，圆筒形或长椭圆形，顶端生 2～4 个小梗，其上各生一个担孢子。担孢子无色，单胞，椭圆形或卵圆形，大小 9～15μm×6～13μm。

（三）发病规律

病菌以菌丝体或菌核在土壤中或病株残体上越冬，存活期长达 3 年，遇适当寄主即可侵入为害。病原菌通过雨水、农具、田间作业及肥料等进行传播。一般从白术出苗至 9 月上中旬均可发病，干旱年份发病轻，雨水多、田内积水、土质黏重、通透性差的田块易发病，新茬地发病轻。病菌寄主范围广，人参、三七、西洋参、芍药、杜仲、黄柏、桔梗、黄芪、红花、山茱萸、荆芥等药材及多种农作物均可受其为害。该病为低温高湿病害，早春播种后遇低温阴雨天气，出苗缓慢则易感病。连作及前茬为易感病作物时发病严重。

（四）防治措施

（1）秋季深翻土壤，将病残体翻入土壤下层；与禾本科作物轮作 3 年以上；适期播种，缩短易感病期；播后多雨时及时开沟除湿。

（2）播种和移栽前每平方米用木霉制剂 10～15g 处理土壤；播前用种子重量 0.5% 的 50%多菌灵拌种。出苗后可选用 65%代森锰锌或 50%甲基托布津 600～800 倍液等喷雾 1 次。

四、白术白绢病

（一）症状

发病初期地上部分无明显症状，后期随温湿度的增高，根茎内的菌丝穿出土层，向上表伸展，菌丝密布于根茎及四周的土表，并向主茎蔓延，最后在根茎和近土表上形成先为乳白色、半黄色最后为茶褐色的如油菜籽大小的菌核。由于菌丝破坏了白术根茎的皮层及输导组织，被害株顶梢凋萎、下垂，最后整株枯死。根茎腐烂有两种症状：一种是在较低温度下，被害根茎只存导管纤维，似一丝丝“乱麻”状干枯；另一种是在高温高湿条件下，蔓延较快，白色菌丝布满根茎。并溃烂成“烂薯”状，因此，产区又称“白糖烂”。

（二）病原

病原为齐整小核菌 *Sclerotium rolfsii* Sacc.，属于半知菌亚门、丝孢纲、小核菌属真菌。菌丝白色有隔膜，具绢丝状光泽，细胞大小 2.35×1.0μm。菌核球形，椭圆形，直径 0.5～1.0mm，大的达 3mm，平滑有光泽如油菜籽，先为白色后变棕褐色，内部灰白色，构成的细胞为多角形，表层细胞色深而小且不规则。

（三）发病规律

病菌主要以菌核在土壤中越冬，也能以菌丝体在种栽上存活。以菌丝生长蔓延为害。菌核还随水流或病土转移传播。菌核在土壤中能存活 5～6 年。土壤、肥料、术栽等带菌是本病初次侵染来源。发病期以菌丝蔓延或菌核随水流传播进行再次侵染。本病于 4 月下旬发生，6 月上旬到 8 月上旬为发病盛期。高温多雨易发病。病菌寄主范围很广，能为害玄参、白芍、附子、地黄等药材和其他农作物。

（四）防治措施

（1）与禾本科作物轮作，不与易感病的如地黄、玄参、附子、白芍等药材及花生等作物轮作。

（2）选用无病种栽作种，并用50%退菌特1000倍液浸栽后种植。田间发现病株带土移出烧毁，并在病穴及其周围撒施石灰粉消毒。

五、白术花叶病

（一）症状

植株染病后，幼嫩叶片侧脉及支脉组织呈半透明状，即明脉。叶脉两侧叶肉组织渐呈淡绿色。病毒在叶片组织内大量增殖，使部分叶肉细胞增大或增多，出现叶片薄厚不匀，颜色黄绿相间，呈花叶状。后花叶斑驳程度加大，并现大面积深褐色坏死斑，中下部老叶尤甚，发病重的叶片皱缩、畸形、扭曲。早期发病的植株节间缩短，严重矮化，生长缓慢；严重时不易正常开花结实，并易脱落，能发育的术蒲果小而皱缩，种子量少且小，多不易发芽（图7-57）。

（二）病原

病原为烟草普通花叶病毒（TMV）和黄瓜花叶病毒（CMV)。烟草花叶病毒属烟草花叶病毒属 *Tobamovirus*。该病毒长杆状，长度为300～310nm，直径18nm；螺旋对称结构，以右手螺旋排列2130个蛋白亚基，螺距为2.3nm，粒子中央有一直径4nm的轴芯。该病毒粒子非常稳定，相对分子质量为40×10^6；为ssRNA病毒，核酸约占病毒粒子重量的5%；外壳蛋白是由158个氨基酸构建的多肽。该病毒存在于系统感染的寄主植物表皮、薄壁细胞、韧皮部组织、筛管、导管及气孔保卫细胞中，大量病毒粒子分布于细胞质及液泡中。通常存在两种类型的内含体，一种是结晶体，为六角形片状、针状、纤维状结构；另一种是无定型的X-体，由许多不规则排列的X小管、核糖体、内质网、液泡和少量病毒粒子组成。该病毒寄主范围特别广，可侵染茄科、十字花科、葫芦科及豆科等植物。

黄瓜花叶病毒属雀麦花叶病毒科 *Bromoviridae* 黄瓜花叶病毒属 *Cucumovirus*。该病毒为等轴对称的十二面体（T=3)，无包膜；三个组分的粒子大小一致，直径约29nm；RNA1和RNA2各包裹在一个粒子中，RNA3和RNA4一起包裹在一个粒子中，常存在卫星RNA分子。三种粒子的相对分子质量均为5×10^6～6.7×10^6。该病毒为三分子线形正义ssRNA病毒；核酸约占病毒粒子重量的18%。该病毒粒子主要分散在细胞质和液泡中，有的株系病毒粒子也存在于细胞核中，但核的变化不大。该病毒寄主范围特别广，易通过机械接种传播，有时也可以种传。

（三）发病规律

烟草花叶病毒病初侵染源有带病残体、染病越冬植物和未充分腐熟的带毒肥料。烟草花叶病毒主要藉汁液传播，通过轻微摩擦造成微伤侵入，不从大伤口和自然孔口侵入；侵入后在薄壁细胞内繁殖，后进入维管束组织使整株染病。在22℃～28℃条件下，染病植株7～14天后显症。田间通过病苗与健苗摩擦或农事操作进行再侵染。黄瓜花叶病毒病初侵染源为病越冬植物，借汁液、蚜虫等刺吸式口器的昆虫传播病毒，引发病毒病。田间通过伤口和昆虫进行再侵染。病害发生与流行和气候条件、栽培方法、媒介害虫密度等因素密切相关。

（四）防治措施

（1）选择耐病品种　选择生长势强，发育速度快，适应当地条件的耐病品种种植。

（2）采用无病术栽或术栽消毒　选用从无病田无病株上采收的术栽，用 0.1%磷酸三钠液浸种 10 分钟，去除术栽表面病毒，浸种后要反复冲洗。

（3）农业措施　不与茄科、十字花科作物间、套作，宜与禾本科作物轮作 2～3 年；及时拔除病苗；农业操作（摘蕾等）时，避免吸烟，遇病株后要用肥皂水洗手。

（4）控制蚜虫　利用黄色黏虫板诱杀蚜虫；适时用药防治蚜虫，可选用 10%吡虫啉可湿性粉剂 1500～2000 倍液或 25%阿克泰水分散粒剂 800 倍液等喷雾。

（5）提高植株耐（抗）病性　可适量增加钾肥、含锌、钙、镁等元素的微肥，喷施 0.1%硫酸铜溶液，喷施 0.01%芸苔素内酯可溶性液剂 1000 倍液。

（6）药剂防治　发病初期或发病前可用 1.5%植病灵 1000 倍液、20%病毒 A 750 倍液、8%宁南霉素水剂 800 倍液、3.85%病毒必克 500 倍液、20%吗胍・乙酸铜可湿性粉剂 500 倍液等药剂喷药防治，每隔 7～10 天 1 次，连续防治 2～3 次。

（王蓉　丁万隆）

第二十四节　白芷
Baizhi
ANGELICAE DAHURICAE RADIX

白芷 *Angelica dahurica* Benth. et Hook.别名祁白芷、兴安白芷、禹白芷，为伞形科多年生高大草本植物。主产于河北、河南、山西、内蒙古及东北等地。以根入药。性温，味辛。主治风寒感冒、鼻窦炎、跌打损伤等症。白芷主要病害有斑枯病、根腐病、灰斑病等。

一、白芷斑枯病

（一）症状

斑枯病又称白斑病，病菌主要为害叶片，叶柄、茎及花序也可受害。叶片发病，初期为暗绿色小斑，直径 1～3mm，逐渐扩大时病斑受叶脉限制呈多角形，后期呈灰白色，其上密生小黑点，为病原菌的分生孢子器。叶柄和茎上病斑长条形，严重发生时多数病斑汇合连片，叶片自下而上变褐枯死（图 7-58）。

（二）病原

病原为白芷壳针孢 *Septoria dearnessii* Ell. et Ev.，为半知菌亚门、腔孢纲、球壳孢目、壳针孢属真菌。分生孢子器叶面生，散生或聚生，初埋生，后略微突破表皮，球形，器壁暗褐色，膜质，直径 62～84μm。分生孢子线形，无色透明，正直或微弯，两端钝圆或略尖，1～3 个隔膜，大小 11～26μm×1～1.5μm。

（三）发病规律

病菌以菌丝体和分生孢子器在种株基部残桩和地面病叶上越冬；翌年春季病菌遇水后分生孢子器中释放出分生孢子，随水滴飞溅而传播，引起初侵染。生长季病斑上形成新的分生孢子器和分生孢子，又进行多次再侵染，蔓延为害。5 月初开始发病，随着植株生长茂密，田间湿度增大，为害也不断加重。种子带菌造成远距离传播。一般发病率在 30%以上，损失很大。

（四）防治措施

（1）收获后彻底清除残桩和地面落叶；避免与防风、北沙参等伞形科植物轮作。

（2）在无病植株上采种，远离发病地块种植；合理密植，降低植株间湿度，雨后及时排水。

（3）发病初期选喷 1∶1∶100 波尔多液或 50%多菌灵 500 倍液等药剂，视病情喷 2～3 次。

二、白芷根腐病

（一）症状

根腐病是生产上的重要病害，病株叶片生长缓慢，变黄凋萎，叶柄及近地面茎基部呈褐色，上生无数小黑点，即载孢体或菌核。收获后的加工、干燥过程中常造成严重腐烂，一般发生率在 15%～30%，甚至全部腐烂（图 7-59）。

（二）病原

病原为菜豆壳球孢 *Macrophomina phaseolina* Goid.，属于半知菌亚门、腔孢纲、壳球孢目、壳球孢属真菌。载孢体散生或聚生，埋生，孔口微露，扁球形，直径 96～163μm，器壁暗褐色，近炭质。产孢细胞大小 5～13μm×4～6μm。分生孢子长梭形、长椭圆形，无色，单胞，偶有一个隔膜，大小 14～29μm×4～6μm。菌核黑色，表面光滑，直径 50～300μm。

（三）发病规律

病菌不易侵染健康的新鲜白芷，只能侵染有伤口和萎蔫的白芷，伤口是病菌侵入的主要途径，根周皮在抵抗病菌侵入中起重要作用。

（四）防治措施

在收挖、运输和加工过程中注意保护白芷周皮不被破坏，尽可能随采挖随加工干燥。暂时加工不完的应摊开在通风冷晾处，也不得久置。

三、白芷灰斑病

（一）症状

病菌主要为害叶片，叶柄、茎及花序等部位均可被害。叶上病斑圆形、多角形或不规则形，初为黄绿色，后中央呈灰褐色，边缘褐色，有时不明显，常多个病斑愈合成大枯斑。发病后期病斑两面生淡黑色霉层，为病原菌分生孢子梗和分生孢子（图 7-60）。该病是白芷常见叶部病害，常造成叶片早枯，使根产量及采种田种子质量下降。

（二）病原

病原为当归尾孢 *Cercospora apii* Fres. var. *angelicae* Sacc.et Scath，属于半知菌亚门、丝孢纲、丛梗孢目、尾孢属真菌。子实体主要叶面生，无子座或子座较小，褐色。分生孢子梗 6～18 根束生，榄褐色至暗榄褐色，顶端色淡，宽度一致，不分枝，正直或 1～2 膝状节，顶端近截形至截形，孢痕显著，1～5 个隔膜，大小 16～64μm×3～5μm。分生孢子鞭形，无色透明，正直或微弯，基部截形，顶端略尖，隔膜多而不明显，大小 29～152μm×3～4μm。

（三）发病规律

病菌主要以菌丝体及分生孢子梗在残桩株叶上越冬，翌春条件适宜时产生分生孢子引起初侵染，生长季不断引起再侵染。分生孢子靠风雨传播，蔓延为害。病菌喜高温，分生孢子萌发和侵入需要有水，夏末秋初温暖多雨有利于发病。植株生长后期发生较重。

（四）防治措施

（1）收获后彻底清除田间残桩落叶，并集中烧掉。

（2）5 月下旬喷洒 1 次 1∶1∶100 波尔多液保护；6 月下旬开始选喷 77%可杀得 500 倍液、50%多菌灵 500 倍液或 50%代森锰锌 600 倍液等药剂防治 2～3 次，间隔 10～15 天。

（丁万隆）

第二十五节　百合
Baihe
LILII BULBUS

百合 *Lilium brownii* var. *viridulum* Baker 又名山百合、野百合、岩百合等，是百合科多年生草本植物。药用百合有细叶百合、卷丹、毛百合、麝香百合、山丹等，有养阴润肺、清心安神的功效。食用百合主要有卷丹、山丹、天香百合、白花百合、龙牙百合等。百合主产于我国的安徽、贵州、江苏、甘肃和浙江等地。百合病害较多，主要有病毒病、灰霉病、根腐病、疫病、炭疽病等。

一、百合灰霉病

（一）症状

病菌主要为害叶片、茎秆、花蕾、花和幼株，幼株受侵染导致生长点死亡。叶部受害，出现圆形或椭圆形病斑，周围呈红褐色，内部呈灰白色，天气潮湿时，病斑上产生灰色霉层，即病菌的分生孢子梗和分生孢子，干燥时病斑变薄而脆，半透明，浅灰色，严重时病斑与病斑相连，致使叶片枯死。茎秆发病常出现椭圆形病斑，缢缩，易倒折。花蕾受害，初产生褐色小斑点，后引起花蕾腐烂，常多个花蕾黏连在一起腐烂，天气潮湿时，病部产生大量灰色霉层，后期病部还可见黑色小颗粒状菌核。少数情况下，鳞茎受害引起腐烂。

（二）病原

病原为椭圆葡萄孢菌 *Botrytis elliptica* (Berk.) Cooke，其分生孢子梗直立，淡褐色至褐色，具 3 个至多个隔膜，顶端有 3 个至多个分枝，顶端簇生葡萄串状的分生孢子。分生孢子单胞，无色或淡褐色，椭圆或卵圆形，少数球形，大小 16～32μm×15～24μm，一端有尖突。

（三）发病规律

病原菌以菌丝体和菌核在病株和病残体上越冬。翌年春天，菌丝体和菌核产生分生孢子，通过风、雨传播到植株上形成初侵染。条件适宜可发生多次再侵染。冷凉、多湿的环境下，病菌可产生大量分生孢子。当温度 16℃左右、湿度 95%以上时，分生孢子萌发最快，可完成初侵染。当温度 22℃时，湿度在 90%以上，病害极易出现流行高峰。

（四）防治措施

（1）地块选择与处理　选择土层深厚肥沃、疏松透气、排水条件好的沙质黄壤缓坡地进行种植，忌连作。种植前，翻耕整地，每公顷施 75～120kg 石灰进行土壤消毒杀菌，作畦成厢后，厢面再用 90%恶霉灵可湿性粉剂 1000 倍液喷施或浇泼，消毒杀菌。

（2）种球的无菌处理　选择色泽新鲜和须根发育良好的球茎栽培，鳞片有斑点、霉点和虫伤，底盘干腐、无须根的球茎不易留种。播种前，应对种球进行消毒处理，可用 75%百菌清可湿性粉剂 1000 倍液浸泡 15 分钟，晾干后再种植。

（3）清洁田园　及时清除落花和枯叶等病残组织，集中烧毁或深埋，减少田间病原菌的侵染来源。

（4）化学防治　发病初期施用 75%百菌清可湿性粉剂 500 倍液喷雾防治。每隔 7～10 天喷药 1 次，连续防治 2～4 次。

二、百合根腐病

（一）症状

病原菌从肉质根或茎盘基部伤口侵入，造成盘基变褐腐烂。发病初期，植株生长缓慢，显著矮化，叶片短小；发病后期叶片自下而上黄化变紫、萎蔫干枯，最后整株叶片变成黄褐色，地上部分萎蔫枯死。病株几乎无基生根，根系呈水渍状，并有淡褐色斑点着生，严重时根系腐烂，茎生根较少。纵剖病茎可见维管束变褐，重病植株茎基部缢缩，易折断。潮湿时病部有粉红色或白色霉层。

（二）病原

由半知菌亚门的一种或多种真菌侵染引起，有尖孢镰孢菌百合专化型 *Fusarium oxysporum* f. sp. *lili*、茄镰孢菌 *F. solani* (Mart) Sacc.和串珠镰孢 *F. moniliforme* Sheldon。报道较多的是百合尖镰孢和茄镰孢菌。

（1）百合尖镰孢　该菌气生菌丝绒状、粉白色、丰厚。产孢细胞短，单瓶梗，大小 4.4～15.0μm×2.5～4.4μm。小型分生孢子卵圆形，大小 5.0～12.6μm×2.5～3.6μm，大型分生孢子月芽形，稍弯，向两端比较均匀地逐渐变尖，基孢足跟明显，一般具 1～6 隔，多数 3 隔，大小 23.0～56.6μm×3.0～5.0μm。厚垣孢子球形，单生、对生或串生，直径 6.0～8.0μm。

（2）茄病镰孢　分生孢子散生或生于假头状孢子座、黏孢子团中，群集呈褐白色至土黄色或呈绿色至深褐色。小型分生孢子卵圆形，单胞，无色；大型分生孢子纺锤形，稍弯曲，两端较圆，多胞，具隔膜，厚垣孢子顶生或间生、单生，球形或洋梨形。

（三）发病规律

病原菌以菌丝体在鳞茎内或菌丝体、厚垣孢子随病残体在土壤中越冬，成为翌年春天的初侵染源。4 月中旬开始发病，5 月雨水多时发病数量急剧上升，5 月中旬达到高峰。生长季节温度高、雨水多易发病。连作、地下害虫和根结线虫为害造成伤口多，发病重。

（四）防治措施

（1）农业防治　选择抗病品种，栽培前选择色泽新鲜和须根发育良好的球茎栽培；选择地势高、易排水的田块，采用高畦深沟的栽培模式，种植过程中注意排水和通风透光；选择与水稻、花生等非百合科作物实行 3 年以上轮作；增施磷、钾肥，增加植株抗病力；播种前用 15%氟菌唑乳油 2000 倍液浸泡种球 15 分钟。

（2）药剂拌土　播种时可在定植穴内施药土，每公斤细沙土中加入 50%福美双 100g 和 30%恶霉灵水剂 10mL，混匀后撒施于垄沟中。

（3）药剂灌根　在育苗期以 1∶1∶200 的比例施用波尔多预防液；在发病初期用 50%代森铵 200 倍液或 70%百菌清可湿性粉剂 500 倍液灌根，每隔 7～10 天，重复灌溉 2～3 次。

三、百合疫病

（一）症状

病菌主要侵害茎、叶、花、鳞片和球根，以叶片发生较普遍。叶片染病后，初为水渍状小斑，扩展成灰绿色大斑，逐渐扩展至叶基部，潮湿时病斑变褐缢缩，植株上部枯死，常倒伏死亡，上有白色霉层；茎部染病，初生水渍状褐色腐烂，逐渐向上、下扩展，加重茎部腐烂，致植株倒折或枯死；花染病，呈软腐状；球根、鳞片染病，初生油状小斑点，逐渐扩大呈灰褐色软腐，潮湿时生白色霉状物。

（二）病原

病原为鞭毛菌亚门疫霉属的烟草疫霉 *Phytophthora nicotianae* 和恶疫霉 *P. cactorum*。恶疫霉气生菌丝白色，无隔，稍微分枝；孢子囊光滑，倒梨形、卵圆形或近球形，大小 30～62μm×21～46μm，顶部有乳头状突起；厚垣孢子顶生或间生，球形到卵圆形，光滑，平均直径 19.3～38.7μm；卵孢子球形，黄色，平均直径 14～34.8μm。

（三）发病规律

病菌以卵孢子、厚垣孢子、菌丝体随病残体在土壤中越冬，翌年春天，条件适宜时卵孢子或厚垣孢子萌发，侵染寄主形成初侵染，降雨多，空气、土壤湿度大时，病部产生大量游动孢子囊，孢子囊萌发形成游动孢子，或孢子囊直接形成芽管，通过雨水飞溅引起再侵染，短期能造成病害大发生。天气潮湿，地块排水不良有利于病害的发生蔓延。

（四）防治措施

（1）农业防治　首先对土壤进行消毒，用移栽灵（20%恶霉·稻瘟灵）乳油 2000 倍液进行浇施。栽培前选择色泽新鲜和须根发育良好的球茎栽培。可用 25%咪鲜胺乳油 400 倍液浸种 30 分钟后再种植。

（2）栽培防治　发现病株及时挖除，集中烧毁或深埋，减少田间病菌侵染来源；加强肥水管理，在种植过程中注意排水和通风透光；适当增施磷、钾肥，提高植株抗病力。

（3）化学防治　发病前，使用 68.75%恶酮·锰锌水分散粒剂 800 倍液喷施预防，发病初期使用 52.5%恶酮·霜脲氰水分散粒剂 500 倍液喷雾防治，每隔 10～15 天喷施 1 次，连续用药 3～4 次。

四、百合炭疽病

（一）症状

病菌主要为害叶片，也可为害百合花和茎。叶片病斑长椭圆形或不规则形，中央灰白色，稍凹陷，周围黄褐色，病健交界明显，病斑周围有淡黄色晕圈。花瓣被害产生淡红色近圆形病斑。茎部受害病斑长条形，后期病部产生大量小黑点，为病菌的分生孢子盘。鳞茎受害，初期为淡红色不规则病斑，逐渐变为红褐色。

（二）病原

病原为百合炭疽菌 *Colletotrichum lilii* Plakidas。该菌分生孢子盘单生，圆形或近圆形，褐色，直，顶端渐细。分生孢子单胞，无色，新月形，中央有 1～2 个油球，大小 17.94～19.24μm×3.4～4.0μm。附着胞近圆形，淡褐色，直径 7.02～7.8μm。

（三）发病规律

病原菌以菌丝体和分生孢子盘在病残体内越冬，也可随病残体在土壤中越冬。翌年春天，条件适宜时病部产生分生孢子，通过风雨传播，引起初侵染。田间发病后，病组织上又形成分生孢子，形成再侵染。鳞茎在储藏过程中也可继续发病。鳞茎受潮、受冻、受伤易发病。

（四）防治措施

（1）农业防治　选择抗病品种，栽培前选择色泽新鲜和须根发育良好的球茎栽培，栽培前，使用 50%苯来特 1000 倍液浸泡 20 分钟后再种植。

（2）栽培防治　及时清除病残体，集中烧毁或深埋，减少田间病菌侵染来源；避免连作，加强肥水管理，种植过程中注意排水和通风透光。

（3）化学防治　发病初期以 25%咪鲜胺乳油 1500 倍液或 10%苯醚甲环唑微乳剂 2000 倍液或 10%苯醚甲环唑水分散粒剂 2500 倍液，喷雾防治。

五、百合病毒病

（一）症状

症状类型多样，常见的有：

花叶型：叶片上出现黄绿相间或深浅绿相间的斑驳花叶，有时出现坏死斑，严重时叶片卷曲、畸形，皱缩成舟形叶或形成线叶，花变形，甚至花蕾不开放。

坏死斑型：多在叶片上产生褪绿斑驳或出现坏死斑。

环斑型：多出现小型蚀纹形坏死斑，植物无主干，无花或发育不良。

丛簇型：染病植株呈丛簇状，叶片呈浅绿色或浅黄色，产生条斑或斑驳。幼叶向下卷曲，扭曲，全株矮化。

（二）病原

迄今为止国内外报道侵染百合的病毒有20余种，在我国危害重、发病广的病毒主要有3种：百合无症病毒（*Lily symptomless virus*，LSV）、黄瓜花叶病毒（CMV）和百合斑驳病毒（*Lily mottle virus*，LMoV）。LSV属香石竹潜隐病毒属*Carlavirus*，病毒颗粒呈略弯曲线状，大小635～650nm×15～18nm，只侵染百合科植物，单独侵染一般无明显症状，常与其他病毒复合侵染引起花叶、畸形、坏死斑等症状。CMV属于黄瓜花叶病毒属*Cucumovirus*，病毒粒体为正二十面体的球形，直径20～30nm，引起百合花叶、斑驳、畸形症状。LMoV属马铃薯Y病毒属*Potyvirus*，病毒粒体呈螺旋对称的弯曲线状，引起百合叶片出现斑驳条纹甚至坏死斑症状，后期花、叶片卷曲畸形。

（三）发病规律

百合病毒均可在带毒鳞茎、珠芽内越冬，翌年使用鳞茎、珠芽进行无性繁殖时发病。也可通过汁液摩擦、蚜虫传毒。田间蚜虫数量多，病害严重。

（四）防治措施

（1）栽培防治　选择抗病品种种植，使用无病毒鳞茎进行无性繁殖，或使用脱毒苗种植；病害早期，拔出病株，防治病害蔓延；加强田间管理，增施磷、钾肥，增加抗病能力；注意农机、器械消毒，避免通过机械损伤和人工操作传播。

（2）药剂防治　使用黄板诱杀蚜虫，选用10%吡虫啉可湿性粉剂或10%醚菊酯悬浮剂喷雾等灭杀蚜虫，以避免虫媒传毒；发病初期期施用抗毒增抗剂抑制病害发展，可选用5%菌毒清可湿性粉剂500倍液等喷雾防治，每隔7～10天喷药1次，连续防治2～3次。

（王蓉　丁万隆）

第二十六节　地黄

Dihuang

REHMANNIAE RADIX

地黄*Rehmannia glutinose* Libosch.为玄参科多年生草本植物。以根茎入药，具滋阴补肾、清热凉血、通血脉消瘀血之功效。种植区最早在河南焦作地区，近几年河北、山西、山东、陕西等地也有大面积种植。地黄病害种类较多，发生为害严重的有枯萎病、疫病、病毒病、胞囊线虫病，除斑枯病外其他真菌性叶斑病一般为害轻微。

一、地黄枯萎病

（一）症状

发病初期，茎基出现黑褐色病斑，地上部分叶片萎蔫状，茎基病斑逐渐发展至环状，维管束变黑褐色，整株叶片枯死，地下块根腐烂（图 7-61、图 7-62）。

（二）病原

病原主要为腐皮镰孢菌 *Fusarium solani* Sacc.，为半知菌亚门、瘤座孢目、镰孢菌属真菌。病原菌分生孢子有 2 种类型：小型分生孢子椭圆形、卵形，无色，单胞或有 1 分隔，大小 6.7～10.7μm×2.0～4.0μm；大型分生孢子纺缍形、镰刀形，有 3～5 个隔膜，大小 13.4～46.7μm×5.3～10.0μm。

（三）发病规律

病菌在病残体和土壤中越冬存活，越冬病原菌在第二年春天条件合适时与寄主植物接触，完成初侵染，随着病原菌在寄主上的繁殖，随雨水流动和田间灌溉，在土壤中进行传播，完成再次侵染。5 月中下旬地黄出苗后，病原菌开始侵染地黄茎基部，伤口有利于病菌的入侵；6 月田间出现零星病株，7～8 月为发病盛期，地势低洼积水、大水漫灌的田块，发病重。地黄块根膨大开裂时易被病原菌侵染，该时期雨水多、温度高有利于发病，土壤黏重、排水不畅发病重。病菌寄主植物广泛，在土壤中能存活多年，遇到合适的田间条件和寄主时，就会继续为害发病。

（四）防治措施

（1）栽培防治　与小麦、玉米、高粱、甘蔗、粟等禾本科植物轮作，忌与芝麻、油菜、花生、豆类、西瓜、黄瓜、菊花等作物连作；采用高埂种植，避免大水漫灌，雨季及时排水，保证田间无积水；加强田间管理，农事操作时避免给地黄块根造成伤口，增施磷、钾肥，提高植株抗病力。

（2）选用抗病品种　种植金九、北京 3 号、金状元、9302、小黑英等块根不易开裂的品种，使病原菌不易完成初侵染，发病重的地区，尽量少种植 85-5 等高产易开裂的品种。

（3）药剂防治　挑选健康种栽用 50%多菌灵浸种处理；初发病时可采用 70%代森锰锌、70%甲基硫菌灵或 50%福美双进行淋灌防治。

二、地黄疫病

（一）症状

地黄疫病田间表现为近地面的叶片和茎基先发病，叶片上先从叶缘发病，形成半圆形、水渍状病斑，后病斑愈合，蔓延至叶柄，整叶腐烂，湿度大时，可见到白色棉絮状的菌丝体。病害向下发展到地黄块茎，导致块茎表皮部分呈黑褐色腐烂，严重时扩展到块茎髓部，整个块茎腐烂，后期表皮带有白色霉层。该病害在适宜条件下发展迅速，整株萎蔫，块茎腐烂，是地黄上的毁灭性病害。

（二）病原

病原为恶疫霉 *Phytophthora cactorum* Schroet.，属于鞭毛菌亚门、霜霉目、疫霉属真菌。使用 V8 培养基培养，其菌丝体灰白色，呈棉絮状。菌丝无隔、无色透明。菌丝宽 2.3～6μm，幼嫩菌丝较老龄菌丝纤细。孢子囊洋梨形，大小 24～40μm×19～25μm，易脱落，基部近圆形，大部分有一明显小柄，柄长 3～6μm。孢子囊在水中易萌发，释放出游动孢子。游动孢子肾形，休止时近球形。

（三）发病规律

病原菌以卵孢子和菌丝体在地黄病残体或者土壤中越冬，翌春条件适宜时产生孢子囊和游动孢子，借风雨、流水、农具等传播，侵染发病。地势低洼、土壤黏重、偏施氮肥的地块发病重。施用未腐熟的农家肥，发病严重。阴雨多湿有利于病害发生和传播，遇大暴雨可迅速扩展蔓延。田间湿度越大、持续时间越长越有利于病菌侵染。温度高潜育期短，再侵染频繁发生，短期内可造成毁灭性危害。

（四）防治措施

（1）农业防治　地黄最忌连作，应与禾本科作物轮作；避免选择常年积水的低洼田块种植地黄，选择高畦栽培，有条件的采用地膜覆盖，可更好地降低病菌与地黄接触的机会。适当控制氮肥，增施磷钾肥。田间发现病株应立即拔除，并用生石灰消毒土壤，病株带出田块销毁。重视种苗管理，加强防疫工作。

（2）化学防治　中心病株出现后及时喷洒 70%乙膦•锰锌可湿性粉剂 500 倍液或 64%恶霜•锰锌可湿性粉剂 500 倍液，每隔 10 天左右喷 1 次，视病情防治 2～3 次。

三、地黄轮纹病

（一）症状

病菌主要为害叶片，病斑褐色，圆形或长椭圆形，直径 2～30mm×2～22mm，有明显同心轮纹，后期病斑上散生暗褐色小点，为病原菌的分生孢子器。高温高湿条件下多个病斑愈合，病斑易穿孔，造成叶片枯死。为害叶柄时，形成深褐色梭形斑，病斑中部开裂。地黄下部老叶先发病，逐渐向上部叶片发展，田间温湿度大时，病害发生严重，地黄整株叶片枯死（图 7-63）。

（二）病原

病原为地黄壳二孢 *Ascochyta molleriana* Wint.。分生孢子器球形或扁球形，直径 80～135μm，分生孢子器初埋生，后突破表皮。分生孢子椭圆形、圆柱形，无色透明，两端钝圆，有一分隔，分隔处稍缢缩。另外，有报道叶点霉 *Phyllosticta digitalis* 和茎点霉属 *Phoma* sp. 真菌也能侵染地黄叶片，造成典型轮纹状病斑。

（三）发病规律

病原菌随病残体在土壤中越冬，或在繁种田地黄叶片上越冬，在翌年春季，分生孢子器遇雨水后释放出分生孢子，分生孢子随雨水流动或气流传播侵染地黄叶片，完成初侵染，在病斑上形成新的分生孢子器成熟后，释放出分生孢子，进行再侵染，高温高湿，田间郁闭适于病害的发生为害。从地黄出苗后即有零星病斑出现，直到地黄采挖，在整个生育期内，都有地黄轮纹病的为害。一般在 6 月田间出现病株，7 月降雨后，病害开始大规模发生，8～9 月高温高湿为发病盛期，连续降雨会造成病害的大爆发。不同地黄品种对轮纹病的抗性差异较大。

（四）防治措施

（1）栽培防治　选择透水性好的砂壤土，整平地块，开挖排水沟，减少田块积水；采用起埂种植，增加地黄田的通风透光条件，降低田间的湿度；多施有机肥，增施磷、钾肥，提高地黄的抗性；收获后应及时清理病残叶集中销毁；繁种田应与地黄田分开，避免成为地黄轮纹病初次侵染的病源。

（2）选用抗病品种　在轮纹病发生为害严重的地区，应种植对轮纹病抗性好的品种如 85-5、抗育 831、郭里毛和金九等。

（3）药剂防治　选择在 6 月底或 7 月初未发病时进行预防，尤其是对下部初侵染叶片进行重点喷雾。雨季时在下雨后进行及时地补喷防治。药剂的选择可使用嘧菌酯、戊唑醇、宁南霉素和代森锰锌等，在发病期交替使用不同药剂进行防治。

四、地黄胞囊线虫病

胞囊线虫病又称根线虫病，近年来北京、河南、山西、山东等地的地黄产区发生普遍，为害较重。北京严重发生地可减产 90%以上。

（一）症状

发病后地上部分植株矮小，地黄叶片萎黄变小，直至整株枯萎，地下部分块根不膨大，须根增多。根结线虫为害的块根上有瘤状突起或疮痂状，顶破表皮外露，褐色至黑褐色，直径 1～3mm，高 1mm；胞囊线虫为害造成须根增多，须根纠结成团，块根表皮和须根上会出现白色小点，为雌虫形成的胞囊。该病害多发生在前茬作物发生过线虫病的田块，一旦发病会造成 80%以上的减产，是地黄上毁灭性的病害。全国各地黄产区均有该病害分布。

（二）病原

病原为大豆胞囊线虫 *Heterodera glycines* Ichinche，属于线形动物门、线虫纲、垫刃目、异皮科、胞囊线虫属。线虫一生包括卵、幼虫及成虫三个阶段。雄成虫蛔虫形，724～1685μm×23～42μm。雌成虫腹部膨大呈洋梨形或檬状，头部较尖，初白色，后体壁加厚变褐成为胞囊；胞囊壁上有不规则齿状花纹，大小 300～835μm×19～30μm，一个胞囊内平均有卵 200 多粒。卵长圆形，一侧微弯，直径 94～126μm。2 龄幼虫蛔虫形大小 393～535μm×19～30μm，背食道腺开口至吻针基部的距离较短（3～6μm）。大豆胞囊线虫主要为害豆科植物，其次为玄参科。但为害大豆的胞囊线虫和地黄上的寄生能力不同，并不易相互感染，可能是不同的生理小种。药用植物除地黄外，尚可侵染黄芩、小叶野决明和歪头菜等。

（三）发病规律

线虫以胞囊、卵和2龄幼虫在土壤中或窖藏地黄种用根茎上越冬，翌年5月上旬地黄出苗时，2龄幼虫破壳而出侵入根茎组织在皮层中发育，经过4个龄期变为成虫。线虫在田间传播，主要通过田间作业中人畜携带有胞囊线虫的土壤，排灌水流和未经腐熟的粪肥也可传播。带有线虫的种栽是远距离传播的主要方式。环境条件和耕作制度影响线虫增殖速度和存活率。大豆胞囊线虫的发育适温为17℃～28℃。土壤湿度对线虫生长发育也有很大影响，一般土壤湿度在60%～80%时最适宜于生长发育，土壤过湿，氧气不足，线虫容易死亡。种植寄主植物和非寄主植物对土壤线虫数量的增减有明显的影响。据调查，连作地发病率为95%，而轮作7年发病率仅为10%。

（四）防治措施

地黄线虫病为土传病害，土壤中线虫的基数是决定地黄线虫病发生危害轻重的重要因素，所以在防治中应当以轮作为主，辅以种植抗病品种和土壤处理进行综合防治。

（1）栽培防治　地黄本身不宜重茬种植，需要与其他作物进行8年以上轮作。种植地黄时选择前茬无线虫病发生为害的禾本科作物田，忌与大豆、甘薯、山药等作物接茬种植。栽培过程中加强水肥管理，保持土壤的墒情，创造不利于线虫生存的环境。

（2）抗病品种　根据线虫病为害的规律，种植小黑英、北京3号、北京1号、85-5、金九等早熟抗病品种，块根膨大期避开线虫初侵染时期。

（3）药剂防治　种植地黄时用10%噻唑磷、淡紫拟青霉进行土壤处理，然后再下种。

五、地黄病毒病

地黄病毒病又称花叶病、黄斑病、卷叶病、土锈病，在各产区均有发生，病株率高达90%～100%，造成产量降低60%以上，有效成分降低30%～50%（图7-64）。

（一）症状

病害主要表现是花叶，也称黄斑。被害叶片黄绿相间，叶缘卷曲，叶脉隆起，页面凹凸不平，呈皱缩状。病株植株矮小，地下块根不易正常膨大，表面粗糙，笼头细长。花叶症状可分为两类：一类病症较轻，叶色变浅，呈黄绿色斑点或斑块；另一类病症较重，呈多角形病斑。夏季高温隐症，天气转凉后再现症状。

（二）种类

目前鉴定到的地黄病毒病的病原有6种：地黄花叶病毒（ReMV）、黄瓜花叶病毒（CMV）、马铃薯X病毒（PVX）、蚕豆萎蔫病毒2号（BBWV2）、康乃馨意大利环斑病毒（CIRV），油菜花叶病毒（YoMV），其中ReMV和CMV是造成地黄病毒病的主要病毒。

ReMV是帚状病毒科 *Virgaviridae* 烟草花叶病毒属 *Tobamovirus*，病毒粒子结构为杆状，长300nm，钝化温度为90℃～95℃，稀释限点为10^{-6}～10^{-5}，20℃～22℃条件下的体外存活期在60天以上。CMV是雀麦花叶病毒科 *Bromoviridae* 黄瓜花叶病毒属 *Cucumovirus* 的典型成员，自然界通过蚜虫以非持久的方式传播，也可通过机械摩擦的方式接种，寄主范围极其广泛，是分布最广和最具经济重要性的植物病毒之一。

（三）发病规律

地黄根茎的无性繁殖是传播病毒病的主要途径。病健叶机械摩擦不易传毒，但带病根茎与健康根茎接触可传毒。种子不带毒。蚜虫可通过非持久的方式进行传毒。

（四）防治措施

（1）培育脱毒组培苗　利用茎尖分生组织培养技术，培育地黄脱毒种苗是防治病毒病的首选方法，国内外已培育成功多种无性繁殖作物的脱毒种苗并在生产上应用，如“茎尖16号”。

（2）选育抗病品种　春季发病期，在田间选择无病株插标签标记，有目的的选择抗病、丰产的种株留种。定向培育抗病品种。

（3）栽培防治　及时清除田间杂草和病残体，减少传染源；建好良好的排水、排气沟渠；增施磷、钾肥，增加植株抗病力。

（4）化学防治　发病初期可选用1.5%植病灵800倍液或20%病毒A 500倍液喷雾防治。蚜虫迁飞期，使用黄板诱杀蚜虫，选用10%吡虫啉可湿性粉剂或10%醚菊酯悬浮剂喷雾，灭杀蚜虫，以避免虫媒传毒。

（李勇　丁万隆）

第二十七节　地榆
Diyu
SANGUISORBAE RADIX

地榆 *Sanguisorba officinalis* L. 为蔷薇科多年生草本植物，以根入药。有凉血止血、清热解毒之功效。全国大部分地区均有分布，主产于黑龙江、吉林、辽宁、内蒙古、山西、甘肃等地。病害主要有黑斑病、白粉病、斑枯病。

一、地榆黑斑病

（一）症状

病菌主要为害叶片，也可为害茎枝。叶片病斑圆形或椭圆形，直径4～12mm，紫褐色至褐色，具轮纹，上生黑色小点，为病原菌的分生孢子盘（图7-65）。发病严重时病斑布满全叶，造成叶片枯黄脱落。

（二）病原

病原为蔷薇放线孢 *Actinonema rosaer* Fr.，属半知菌亚门、壳霉目、放线孢属真菌。分生孢子盘叶面生，多聚生，初埋生，后突破表皮，黑色，枕形；分生孢子椭圆形，无色透明，单胞，大小5～8μm×2.5～4μm。

（三）发病规律

病菌以菌丝体在枯枝和病叶上越冬，翌春雨后产生分生孢子，借风雨传播蔓延。叶面有水滴、温度适宜时，分生孢子经 8 小时即可萌发侵入寄主组织。8 月中旬至 9 月上旬为发病盛期。

（四）防治措施

（1）冬季清洁田园，彻底扫除枯枝落叶，集中烧掉或深埋。

（2）加强栽培管理，增施有机肥，促进植株生长健壮，提高抗病力。

（3）发病初期喷 1∶1∶100 波尔多液或 50%代森锰锌 600 倍液，每 10 天 1 次，连续喷 2 次。

二、地榆白粉病

（一）症状

病菌主要为害叶片，也可为害茎枝、果柄及花序。叶片两面生或茎枝上先长出白色粉状斑，后期上生小黑点，为病原菌的闭囊壳。发生严重时果柄扭曲、叶片早枯（图 7-66）。

（二）病原

病原为葎草单丝壳 *Sphaerotheca humuli* Burr.，属于子囊菌亚门、单丝壳属真菌。病菌叶两面生，闭囊壳聚生或散生，黑褐色，球形或扁球形，直径 76～102μm，附属丝 12～26 根，线形，大小 19～272μm×4～6μm，暗褐色，顶端不分枝，0～5 个隔膜；闭囊壳内仅 1 个子囊；子囊椭圆形，无色，大小 51～82μm×38～62μm，内含 6～8 个子囊孢子；子囊孢子椭圆形，无色，单胞，大小 16～24μm×10～16μm。

（三）发病规律

病菌以闭囊壳随病残体在土表越冬。翌春雨后吸水放射出子囊孢子进行初侵染，生长季可形成多次再侵染。分生孢子萌发需要高温高湿条件。植株过密、田间湿度大或干湿交替则发病严重，7 中旬至 9 月上旬为发病盛期。

（四）防治措施

（1）秋后彻底清除田间病残体；加强栽培管理，施行配方施肥，提高植株抗病力。

（2）发病初期喷 25%粉锈宁 1000 倍液、62.25%仙生 600 倍液或 50%硫磺悬浮剂 300 倍液等药剂，每 7～10 天 1 次，连续 2～3 次。

三、地榆斑枯病

（一）症状

叶片上病斑近圆形，直径 2～3mm，中央灰白色，边缘紫红色，后生黑色小点，即病原菌的分生孢子器，发生多时病斑汇合，叶片局部枯死。

（二）病原

病原为蔷薇壳针孢 *Septoria rosae* Desm.，属于半知菌亚门、球壳孢目、壳针孢属真菌。分生孢子器主要叶面生，聚生或散生，初埋生，后突出表皮，球形，器壁暗褐色，直径 64～84μm；器孢子针形，无色透明，正直至弯曲，基部近截形，顶端较尖，具 2～4 个隔膜，大小 19～40μm×1～1.5μm。

（三）发病规律

病菌以分生孢子器在病残体上越冬，翌年病斑上产生孢子引起初侵染，分生孢子借风、雨和农事操作传播，又引起再侵染。生长季节可发生多次再侵染。潮湿、多雨的天气有利于病害的发生。7～8 月发生。往往造成严重为害，使叶片早期枯死。

（四）防治措施

（1）冬季彻底清除田间病残体。

（2）发病初期摘除病叶，喷洒 1∶1∶150 波尔多液或 50%多菌灵 1000 倍液，或 65%代森锌 500 倍液，每隔 7～10 天喷施 1 次，连续喷 2～3 次。

四、地榆疮痂病

（一）症状

植株地上部均可被害。叶片上病斑圆形，直径 1～3mm，中央白色，边缘紫红色，往往数个病斑汇合一起，病斑中央可钻孔脱落；茎上病斑椭圆形，色泽同叶斑，中央稍凹陷，发多时病斑密集，互相连接，呈疮痂状，病部后期生小黑点，即病原菌的分生孢子盘。

（二）病原

病原为蔷薇痂圆孢 *Sphaceloma rosarum* (Pass.) Jenk.，属于半知菌亚门、痂圆孢属真菌。分生孢子盘叶面生，多聚生，初埋生，后突破表皮，黑色，枕形，较小；分生孢子椭圆形，无色透明，单胞，有时内含 2 个油球，大小 5～8μm×2.5～4μm。

（三）发病规律

病原菌以菌丝体在病组织中越冬。春季多雨潮湿的环境下产生分生孢子，由风雨传播，直接穿透接触部位的表皮侵入为害。新病斑上不断产生分生孢子，形成重复侵染。气温到 25℃以上时病害停止流行。若夏、秋季连绵阴雨，病害还会发生流行。一般 7～8 月发生较严重。

（四）防治措施

（1）秋季清洁田园，将病枝集中烧毁，减少病菌来源。

（2）喷药保护，可选用 1∶1∶100 波尔多液喷雾。防治效果较好的药剂还有 50%退菌特 600 倍液、70%甲基托布津 1000～1500 倍液等。

（丁万隆　刘琨）

第二十八节　防风

Fangfeng

SAPOSHNIKOVIAE RADIX

防风 *Saposhnikovia divaricata* (Turcz) Schischk.别名关防风、东防风、山芹菜，为伞形

科防风属多年生草本植物。分布于东北、华北、西北等地。以根入药，具发表祛湿、解痉止痛之功效。防风的主要病害有立枯病、白粉病、斑枯病、根腐病等。

一、防风立枯病

（一）症状

病菌主要为害植株幼苗的根茎部。发病初期在根茎部先出现长条形黑斑，黑斑很快扩大并呈水渍状，此时病苗中午萎蔫，早晚恢复。之后随着病部不断扩大，根茎部和主根的部分表皮腐烂，病部凹陷缢缩。当病斑环绕根茎一周时，病株枯死。土壤潮湿时，病部常有白色、柔软的菌丝体及形状不一、大小 3mm 的黑褐色菌核形成。

（二）病原

病原为立枯丝核菌 *Rhizoctonia solani* Kühn.，属于半知菌亚门、丝核菌属真菌。有性阶段为瓜亡革菌 *Thanatephorus cucumeris* (Frank) Donk.。菌丝分隔明显，直经 8～12μm，初期无色，较细，后期逐渐变为淡褐色、大多呈现直角分枝，分枝基部微缢缩，近分枝处有一隔膜。老熟菌丝常形成成串的桶形细胞、逐渐聚集交织形成菌核，菌核无定形，大小不等，淡褐色至黑色，质地疏松，表面粗糙。病菌不产生无性孢子。有性阶段在自然情况下很少形成。担子无色、单胞、长椭圆形，顶生 2～4 个小梗，各小梗上生一个担孢子。担孢子球形、无色、单胞，大小 6～9μm×5～7μm。

（三）发病规律

病菌的腐生性很强，可以菌丝体或菌核在土壤中或病残体上越冬，一般在土壤中可存活 2～3 年。在适宜的环境条件下，菌丝直接侵入寄主为害。病菌可通过雨水、灌溉水、农具转移及使用带菌堆肥等传播蔓延。低温、高湿有利于病害的发生。早春播后遇低温多雨天气，出苗缓慢则易感病。

（四）防治措施

（1）忌选择过湿和雨涝黏土、低洼、重碱地等做栽培田。播种要均匀，覆土要适度，播后苗前及苗期需保持土壤湿润，苗出齐后要及时间去过密苗，剔除病弱苗，防止病害蔓延。

（2）应多施充分腐熟有机肥及磷、钾肥做基肥。生长后期防风已形成抗旱能力，非特别干旱一般不需浇水，雨后一定注意排水防涝。

（3）药剂防治　发病前或发病初期用 50%甲基拖布津 800～1000 倍液，或 50%多菌灵 600～800 倍液喷雾防治，每 7～10 天喷 1 次，连续喷 2～3 次。

二、防风白粉病

（一）症状

白粉病是防风的一种常见病害，对产量有一定影响。病菌主要为害防风叶片，受害叶两面形成无定形白粉斑，后期在粉斑上产生小黑点（图 7-67、图 7-68）。

（二）病原

病原为独活白粉菌 *Erysiphe heraclei* DC.，属于子囊菌亚门、核菌纲、白粉菌目真菌。菌丝体生于叶的两面，消失至存留。分生孢子近柱形，少数桶形至柱形，大小 20.3～40.6μm×12.7～17.8μm。闭囊壳散生至近聚生，暗褐色，扁球形，直径 75～120μm。附属丝丝状、近二叉状或不规则分枝，大小 30～125μm×3.8～8.9μm，表面平滑至微粗糙，0～3 个隔膜。子囊近卵形至球形，有或无短柄，大小 45.7～83.8μm×38.1～49.5μm。子囊孢子 2～6 个，卵圆至椭圆形，19.1～27.9μm×12.7～16.3μm。病菌还可侵害蛇床、芫荽、胡萝卜、水芹、泽芹等多种植物。

（三）发病规律

病菌以闭囊壳在病株残体上越冬。翌年春温湿度条件适宜时释放出子囊孢子，子囊孢子从寄主表皮直接侵入引起初侵染。发病植株上产生的分生孢子，通过风雨传播，进行频繁的重复侵染。温湿条件与病害发生有密切关系，一般气温度在 20℃～24℃、空气相对湿度较高时，最利于白粉病的发生和流行。栽培管理上如浇水过多，施用氮肥过量，植株徒长，环境荫蔽，田间通风不良时发病也较重。

（四）防治措施

（1）清理病残体　冬前清除病残体，集中销毁，以减少田间侵染源。带有病残体的沤肥，需充分腐熟后方可施用。

（2）农业防治　与禾本科作物轮作；加强栽培管理，合理密植，搞好田间的通风透光，适当增施磷肥、钾肥，避免低洼地种植。

（3）药剂防治　发病初期喷洒 15%粉锈宁 800 倍液、50%多菌灵 1000 倍液或 12.5%禾果利可湿性粉剂 2000～3000 倍液等。以后视病情隔 7～10 天喷 1 次，共喷 2～3 次。

三、防风斑枯病

（一）症状

斑枯病是防风生产上常见的一种叶斑病，严重时影响产量。病斑发生于叶片两面，圆形或近圆形，直径 2～5mm，中心部分淡褐色，边缘褐色，后期病斑上产生小黑点，即病菌的分生孢子器（图 7-69）。

（二）病原

病原为一种壳针孢 *Septoria* sp.，属于半知菌亚门、球壳孢目、壳针孢属真菌。分生孢子器生于叶片两面，分散或聚集埋生于寄主表皮下，孔口稍外露，球形至近球形，淡褐色，直径 16～96μm。分生孢子无色，针形，直或略弯，顶端稍尖，基部钝圆，具 2～3 个隔膜，大小 16～35×2～2.5μm。

（三）发病规律

病菌以分生孢子器在病残体上越冬，翌年产生孢子引起初侵染。病斑上产生的分生孢子借风、雨和农事操作传播，又引起再侵染。病害潜育期 8 天左右，条件适宜，一个生长季节可发生多次再侵染。潮湿、多雨的天气有利于病害的发生。吉林露地防风一般在 7 月开始发生，8 月达发病盛期。

（四）防治措施

（1）清理病残体　冬前清除田间病残体，集中烧毁，减少越冬菌源。

（2）药剂防治　发病初期及时喷药，可选用药剂有 1∶0.5∶200 的波尔多液、50%多菌灵可湿性粉剂 500～1000 倍液等。

四、防风根腐病

（一）症状

根腐病主要为害防风根部，被害初期须根发病，病根呈褐色腐烂。随着病情的发展，病斑逐步向茎部发展，维管束被破坏，失去输水功能，导致根际腐烂，叶片萎焉、植株变黄枯死，严重影响防风产量和质量。

（二）病原

病原为木贼镰刀菌 *Fusarium equiseti* (Corda) Sacc.，属于半知菌亚门、丝孢纲、瘤座孢目、镰刀菌属真菌。

（三）发病规律

病菌主要以菌丝体、厚垣孢子在土壤、粪肥及病残体中以休眠或腐生的方式越冬。病菌越冬后从根部伤口侵入，后在病部产生分生孢子，借雨水、灌水、耕作及地下害虫为害等传播，进行再侵染。该病一般在 5 月初发病，6～7 月进入盛发期。高温、高湿及连续阴雨天气有利于病害的发生。植株生长不良，抗病性降低，发病较重；在地下害虫和线虫为害严重的地块发病也较重。

（四）防治措施

（1）生物防治　利用芽孢杆菌和木霉菌等生防菌也可防治防风根腐病。消灭初侵来源：防风收后，要及时清除地面病残物，进行整翻土地。在翻耕时，每亩撒石灰粉 50～60kg，进行土壤消毒。

（2）农业防治　与禾本科作物轮作 3～5 年，以减少病原基数，降低发病率；选用健壮无病的种根，不在发病的田块中留种，以减少病害；加强田间管理：选择地势高燥、排水良好的地块种植；合理施肥，多施有机肥，增施磷钾肥；雨季及时排除积水，注意疏松土壤，提高植株抗病能力。

（3）药剂防治　种苗栽前用 50%甲基硫菌灵 1000 倍液浸苗 5～10 分钟，晾干后栽种。种子播种前，用 50%退菌特可湿性粉剂 1000 倍液，或 50%多菌灵可湿性粉剂 1000 倍液浸种 5 小时。发病初期，拔除病株，窝内撒石灰粉消毒；也可用 50%多菌灵可湿性粉剂 500 倍液灌根。

（丁万隆）

第二十九节　当归

Danggui

ANGELICAE SINENSIS RADIX

当归 *Angelica sinensis* (Oliv) Diels 又名秦归、西当归、川归、岷归等，为伞形科多年生草本植物。以根入药，有补血、调经止痛、润燥滑肠的功效，也用于治疗痈疽肿毒、跌打损伤等症。当归主产于甘肃、四川、云南等地，以甘肃岷县产量最大，占全国当归总产量的70%以上。当归主要病害有茎线虫病（麻口病）、根腐病、褐斑病、白粉病、菌核病、锈病等。其中茎线虫病和根腐病发病率在 60%～70%，严重的影响当归的产量和品质。褐斑病发病率在75%以上，严重时叶片枯死，减产明显。

一、当归根腐病

（一）症状

罹病植株矮小，叶片枯黄；地下部根尖和幼根初呈褐色水渍状，随后变成黑色病斑，逐渐脱落。主根呈锈黄色，腐烂，只剩下纤维状物，极易从土中拔起。地上部罹病初期植株矮小，变黄，严重时枯萎而死。往往与当归茎线虫病混合发生。

（二）病原

病原为燕麦镰孢菌 *Fusarium avenaceum* (Fr.) Sacc.，为半知菌亚门、瘤座孢目、镰孢菌属真菌。该菌分生孢子大小两型，大型孢子镰刀形，多胞，有1～5个隔膜，小型孢子卵圆形、单胞。

（三）发病规律

病原菌以菌丝和分生孢子在病田土壤内和种苗上越冬，成为翌年的初侵染源。一般5月初开始发病，6～7月为害较重，一直延续到收获期。地下害虫为害，造成根部伤口增多、灌水过量和雨后田间积水，根系发育不良等因素均加重为害。

（四）防治措施

（1）农业防治　与禾本科作物轮作；发现病株，及时拔除，并用生石灰消毒病穴。

（2）药剂防治　育苗和移栽前用50%利克菌，1.3kg/667m^{2}进行土壤消毒，或结合施肥每亩撒施1.5kg哈茨木霉菌，或用1∶1∶150波尔多液浸种苗10～15分钟后栽植。

二、当归褐斑病

（一）症状

叶片、叶柄均可受害。叶面初生褐色小点，后扩展呈多角形、近圆形、红褐色斑点，大小1～2mm，边缘有褪绿晕圈。后期有些病斑中部褪绿变灰白色，其上生有黑色小颗粒，即病菌的分生孢子器。病斑汇合时常形成大型污斑，有些病斑中部组织脱落形成穿孔，有些病斑与细菌复合侵染呈油渍状。

（二）病原

病原为一种壳针孢 *Septoria* sp.，属于半知菌亚门、球壳孢目、壳针孢属真菌。分生孢子器球形、近球形、黑褐色，大小 67.2～103.0μm×62.7～89.6μm。分生孢子针状，直、无色，端部较细，隔膜不清，大小 22.3～61.2μm×1.2～1.8μm。此菌较文献记载的白芷壳针孢 *S. dearnessii* 的分生孢子大小 14～28μm×1～2μm，长近一倍，故各地病原可能有差异。

（三）发病规律

病菌以菌丝体及分生孢子器随病残组织在土壤中越冬。翌年以分生孢子引起初侵染。生长期产生的分生孢子，借风雨传播进行再侵染。温暖潮湿和阳光不足有利于发病。一般 5 月下旬开始发病，田间病害逐渐由发病中心向四周扩展，7 月下旬至 9 月初是病害盛发期，田间发病率可由 30%左右增长到 80%以上，病害病情指数也可由 30 左右增长至 80 以上，9 月中旬以后病情指数不再增加，进入病害衰退期，并持续至收获期。病情基数越大，发病越重；田间平均温度 15℃～25℃、湿度高于 75%有利于褐斑病的发生和蔓延。

（四）防治措施

（1）栽培防治　收获后及时清除田间病残体，降低越冬病菌基数，以减少初侵染源；采用垄作栽植，合理密植，增加田间的通风透光等调控措施减缓病情扩展；发病初期，及时摘除病叶结合喷施高效低毒的杀菌剂等措施防治病害流行。

（2）药剂防治　发病初期喷施 70%安泰生可湿性粉剂每公顷用药 1125～1688g（有效成分）、70%甲基硫菌灵可湿性粉剂 788～1050g（有效成分）和 10%苯醚甲环唑水分散粒剂 101～127g（有效成分），防效均可达 71%以上，并且具有较好的增产作用。一般 7～10 天喷施 1 次，连续喷 2～3 次，交替使用药剂。

三、当归白粉病

（一）症状

叶片、花、茎秆均能受害。发病初期，叶片出现白色霉层，即病原菌的菌丝及分生孢子。后期产生小颗粒，即病原菌有性阶段的闭囊壳。病情发展迅速，全叶布满白粉，引起叶片枯死。

（二）病原

病原为独活白粉菌 *Erysiphe heraclei* DC.，属子囊菌亚门、核菌纲、白粉菌目真菌。菌丝体生于叶的两面。分生孢子近柱形，少数桶形至柱形，大小 20.3～40.6μm×12.7～17.8μm。闭囊壳散生至近聚生，扁球形，直径 75～120μm。附属丝丝状、近二叉状或不规则分枝，大小 30～125μm×3.8～8.9μm，0～3 个隔膜。子囊近卵形至球形，大小 45.7～83.8μm×38.1～49.5μm。子囊孢子 2～6 个，大小 19.1～27.9μm×12.7～16.3μm。

（三）发病规律

病原菌以闭囊壳或菌丝体在病残体及种根上越冬。越冬的闭囊壳翌年散发成熟的子囊孢子，进行初侵染。越冬的菌丝体第二年直接产生分生孢子传播为害。分生孢子借气流传播，不断引起再侵染。当归白粉病菌孢子萌发的适温为18℃～30℃，湿度为75%以上。潜育期为2～5天的生长后期才形成闭囊壳越冬。管理粗放，植株生长衰老，有利发病。

（四）防治措施

（1）耕作栽培措施　清除病株残体，消灭初侵染源；实行轮作，避免连作；及时中耕除草，疏松土壤减少养分消耗，并搞好田间的通风透光，降低湿度，增强植株的抗病力。

（2）药剂防治　发病初期喷施50%甲基托布津1000倍液或20%粉锈宁2000倍液。

四、当归炭疽病

（一）症状

发病初期先在植株外部茎秆上出现浅褐色病斑，随后病斑逐渐扩大，形成深褐色长条形病斑，叶片变黄枯死，后期茎秆及叶片从外向内逐渐干枯死亡，在茎秆上布满黑色小颗粒，即病原菌的分生孢子盘，最后茎秆腐朽变灰色至灰白色，整株枯死。叶片未见病斑。该病在甘肃省渭源县、漳县及岷县等当归主产区均有发生，严重年份发病率为40%～85%。

（二）病原

病原菌为束状炭疽菌 *Colletotrichum dematium* Grove，为半知菌亚门、黑盘孢目、炭疽菌属真菌。该菌的分生孢子盘黑褐色，扁球形、盘形或球形，直径50～400μm，周围有褐色刚毛，刚毛直立、长短不等，长度为45～200μm，顶端尖基部宽约4～8μm，有0～7个隔膜；分生孢子有两种形态，一种为新月形，两端尖，无色透明，单胞，中间有一个油球，孢子大小 18～24.5μm×3.5～5μm，另一种孢子为卵圆形或椭圆形，无色透明，单胞，孢子大小9.7～16.5μm×2.5～4μm。

（三）发病规律

病菌可在土壤和病残组织上越冬，成为翌年的主要初侵染来源。人工接种病菌可通过伤口、根部及地上部自然孔口侵入茎秆。生长季节中，此病一般在6月中下旬开始发生，田间可见零星病株，但症状不典型，观察不到病症。7月株高20cm可见典型症状，有些株高不到30cm即以严重发病，茎秆腐朽，表面布满黑色小颗粒。8月下旬到9月上旬达到发病高峰，田间发病程度与相对湿度和气温存在极显著正相关，即湿度大、温度高有利于病害发生。

（四）防治措施

（1）栽培防治　收获后及时清除病株残体，精耕细作、深翻土壤，减少初侵染源；注意轮作倒茬，此病在重茬地发病重，因此，应与禾本科、十字花科植物轮作倒茬，以减少土壤中病原物的积累。

（2）药剂防治　可以按常规量喷施43%戊唑醇悬浮剂、10%苯醚甲环唑可湿性粉剂及40%氟硅唑乳油。此外，30%醚菌酯、70%甲基硫菌灵、50%多菌灵等亦有较好的抑菌效果，可以在生产中选择使用。

五、当归菌核病

（一）症状

植株受害后叶片发黄，随后逐渐枯死，根及根茎组织被破坏形成空腔，内部有多数大小不等的黑色鼠粪状菌核。

（二）病原

病原为子囊菌亚门核盘菌属真菌 *Sclerotinia* sp.。该菌以菌丝纠结形成菌核，生在植物表面或植株器官内部空腔的气生菌丝上，似鼠粪状，不规则。缺少分生孢子阶段。

（三）发病规律

病原菌以菌核在土壤表层或在种子内越冬。在 12 月至翌年 2～3 月形成子囊果，产生子囊孢子，借风雨飞散，扩大传播。生长地阴湿，管理粗放有利发病。

（四）防治措施

（1）耕作栽培措施 冬季深翻地，以减少越冬菌源；实行轮作，最好与禾本科植物轮作；选用无病健苗，并用 1∶1∶150 波尔多液浸泡 10～15 分钟后晾干下种；移栽时，穴内适施石灰、草木灰，即增加养分又消毒防病。

（2）药剂防治 发病初期喷施 1∶1∶300 波尔多液，或 70%代森锌 600 倍液，每 7～10 天喷 1 次，连续喷施 2～3 次。

六、当归茎线虫病

（一）症状

当归茎线虫病也称当归麻口病，线虫主要为害当归根部。初侵染病斑多见于土表以下的叶柄基部，产生红褐色斑痕或条斑状，与健康组织分界明显，严重时导致叶柄断裂，叶片由下而上逐渐黄化、枯死、脱落，但不造成死苗。根部感病，初期外皮无明显症状，纵切根部，局部可以见褐色糠腐状，随着归根的增粗和病情的发展，根表皮呈现褐色纵裂纹，裂纹深 1～2mm，根毛增多和畸化。严重发病时，归头部整个皮层组织呈褐色糠腐干烂，其腐烂深度一般不超过形成层；个别病株从茎基处变褐，糠腐达维管束内。轻病株地上部无明显症状，重病株则表现矮化，叶细小而皱缩。往往与根腐病混合发生。

（二）病原

病原为线虫门马铃薯腐烂茎线虫 *Ditylenchus destructor* Thorne。该虫的雌雄成虫呈长圆筒状蠕虫形，体长 996.67～1650μm。雌虫一般大于雄虫，虫体前端稍钝，唇区平滑，尾部呈长圆椎形，末端钝尖，虫体表面角质层有细环纹，侧线 6 条，吻针长 12～14μm，食道垫刃型。中食道球呈卵圆形，食道腺叶状，末端覆盖肠前端腹面。阴门横裂，阴唇稍突起，后阴子宫囊一般达阴门 2/3 处。雌虫一次产卵 7～21 粒，卵长圆形，直径 60.33μm×26.39μm。雄虫交合刺长 22.37μm，后部宽大，前部逐渐变尖，中央有 2 个指状突起。交合伞包至尾部 2/3～3/4 处。病原线虫在欧洲主要为害马铃薯的匍匐茎和块茎，在中国主要为害甘薯。

（三）发病规律

病原线虫以成虫及高龄幼虫在土壤、自生归及病残组织中越冬，是翌年的主要侵染源。在当归返青期到收获的整个生育期(4～9月)，线虫均可侵入幼嫩肉质根内繁殖为害，以5～7月侵入的数量最多，也是田间发病盛期。当年育苗期一般不发病。病区的土壤、流水、农具等可粘带线虫传播。地下害虫为害重，病害严重。

茎线虫病的发生与土壤内病原线虫的数量、温度和当归生育期有关。病区在0～10cm土层内线虫的数量最多。当归根对线虫有诱集作用，以归头部受害重。线虫活动温度范围为2℃～35℃，最活跃的适温为26℃，温度过高或过低，线虫活动性降低。在甘肃岷县，病原线虫1年可发生6～7代，每代需21～45天，地温高完成一代所需的时间短。

（四）防治措施

（1）与麦类、豆类、油菜等作物实行轮作；使用腐熟的有机肥。

（2）栽植前用40%多菌灵各250g，加水10kg，配制成溶液浸苗10分钟，晾干后栽植。

（丁万隆　李勇）

第三十节　赤芍、白芍

Chishao、Baishao

PAEONIAE RADIX RUBRA、PAEONIAE RADIX ALBA

芍药 *Paeonia lactiflora* Pall.为毛茛科芍药属多年生宿根草本植物。以根入药，有养血调经、柔肝止痛之功效。主产于安徽、浙江、四川等省，产于安徽亳州、涡阳一带的称“亳芍”，产于浙江东阳、临安一带的称“杭白芍”，产于四川中江、渠县一带的称“川芍”。生产上常见的芍药病害主要有灰霉病、叶霉病、轮斑病、锈病、炭疽病、白粉病等，在芍药种芽和根堆贮加工过程中常发生软腐病。

一、芍药灰霉病

（一）症状

叶、幼茎、花等部位均能受害。叶片上常于叶尖、叶缘处产生近圆形或不规则形水渍状大斑，病斑具不规则轮纹，褐色、紫褐色至灰色，天气潮湿时常在叶背长出灰色霉层。叶柄、茎上病斑长条形，水渍状，暗绿色，后变为褐色，凹陷软腐，植株折倒。早春花芽、幼茎受害表现为萎蔫和倒伏，危害性大。病菌侵染通常发生在花期，受害花瓣变褐腐烂，上面覆盖灰色霉层，病部向下延伸到花梗，严重时根冠也可发生腐烂。后期在茎基组织内部产生黑色小菌核（图7-70）。

（二）病原

病原菌为牡丹葡萄孢 *Botrytis paeoniae* Oud.，属于半知菌亚门、丛梗孢目、葡萄孢属真菌。分生孢子梗直立，长 0.25～1mm，宽 14～16μm，淡褐色，具隔膜，顶部往往螺旋状分枝。分生孢子疏松地聚集成头状，卵圆形，或近圆形，无色至淡褐色，单胞，大小 9～16μm×6～9μm。菌核小，黑色，直径 1～1.5mm。

（三）发病规律

病菌以菌丝体、菌核和分生孢子在土壤及病残体上越冬。翌年菌核直接产生分生孢子，靠气流、风雨传播为害。病斑上产生的分生孢子可引起多次再侵染，扩大为害。病菌可通过伤口侵入或在衰老的组织上生长，侵染花器造成花瓣变褐腐烂。病花瓣接触花梗、叶片或叶缘有外伤时，病菌能在上面迅速生长，引起植株顶枝枯萎和叶枯。低温潮湿、连阴雨天气有利于发病，开花后植株间长期潮湿则发生严重。

灰霉病菌为弱寄生病原菌，当寄主植物生长健壮时，植株抗病性较强，不易被侵染，寄主处于生长衰弱的状况下，抗病性较弱，最易感病。低温潮湿、阴雨连绵天气，最有利于灰霉病的发生。连作亦有利于病害发生。除芍药外，病菌还为害牡丹、黄精、玉簪等多种药用植物。

（四）防治措施

灰霉病的防治除要注意田园清洁外、重点是要通过加强栽培管理控制田间温湿度，培育壮苗，提高寄主抗病能力。并适时喷药保护，防止病害蔓延。

（1）清洁田园　秋季彻底清除落叶，剪除芍药地面残茎，以不损伤幼芽的前提下愈深愈好，残茎败叶应集中烧毁。春季一旦发现病叶、枯芽，立即摘除。

（2）加强栽培管理　选择肥沃深厚、排水良好的砂壤土，早春应及时去除防寒覆盖物，栽植密度不宜过大。灌水不超过植株基部，培土不宜堆积于叶基，施有机肥也不宜接触新生的枝和叶。重病地要实行轮作，连作地土壤要充分翻晒处理或土壤消毒后再种植。

（3）药剂防治　芍药嫩芽破土而出时，可喷洒 1∶1∶150 波尔多液保护、以后可选 50%速克灵 1000 倍液、50%甲基托布津或多菌灵 1000 倍液、50%万霉灵 800 倍液等喷雾，连喷 2～3 次，间隔期为 7～10 天。

二、芍药叶霉病

（一）症状

叶霉病又称红斑病，是芍药上最常见的叶斑病，导致叶片早枯，为害极其严重。病菌主要为害叶片，也侵染茎及花冠等。叶上病斑圆形，直径 6～15mm，紫褐色，逐渐扩大后微具淡褐色轮纹，周围暗紫褐色，常在背面生墨绿色绒霉层。后期病斑相互汇合引起叶枯。茎部受害，病斑长条形，紫褐色，稍隆起或凹陷，发生在叶柄基部分叉处时易在病部折断。萼片、花瓣上的病斑为紫红色小点，严重时边缘枯焦。

（二）病原

病原菌为牡丹枝孢霉 *Cladosporium paeoniae* Pass.，属于半知菌亚门、丝孢纲、丛梗孢目、枝孢霉属真菌。分生孢子梗 3～7 根簇生，黄褐色，线形，有 3～7 个隔膜，大小 27～73μm×4～5μm。分生孢子纺锤形或卵形，1 至多个细胞，黄褐色，大小 10～13μm×4～4.5μm。

（三）发病规律

病菌主要以菌丝体和分生孢子随病残体遗留地面越冬，病菌还能在上年分株后遗留在种植圃旁的芍药肉质根上腐生。翌年春气候适宜的情况下病组织上产生分生孢子，通过风雨、气流传播，分生孢子在寄主表面萌发后，可直接侵入，但经风雨泥浆反溅或叶片嫩茎自然生长中细毛脱落所造成的细微伤口，则更有利于侵入。田间叶茎上病斑于 3 月出现，至 5～6 月梅雨季或秋末潮湿时才形成子实体，时间长达二个月以上，再侵染过程中病斑扩展也很慢，要到 8 月中旬病斑才形成墨绿色霉层。夏季高温少雨对病菌子实体的形成、孢子萌发及菌丝的生长都不利。因此，病菌很可能只有一次再侵染。病害严重程度主要取决于病菌越冬后初次侵染的数量。植株生长郁闭，田间高湿，能促进发病。

（四）防治措施

（1）农业防治　秋季和早春彻底清除地面病残落叶，剪除茎基残余部分，并加垫肥土（厚约 15cm）作屏障；对分株后残留的芍药肉质根也要清除干净；严格控制栽种密度，增强田间通风透光强度；雨后及时排水，降低田间湿度。

（2）药剂防治　早春植株萌发前，地面喷洒 1 次波美 3～5 度石硫合剂。根据病害发生规律，在 3 月初进行第 1 次喷药，以后隔半月喷药 1 次，连续喷洒 3 次。7 月中旬喷洒 1 次 1∶1∶150 波尔多液保护植株；发病期选用 50%代森锰锌 500 倍液或 50%万霉灵 600 倍液喷雾 2 次。

三、芍药白粉病

（一）症状

病菌主要为害叶片。发病初期叶面产生近圆形的白粉状霉斑，并向四周蔓延，连接成边缘不整齐的大片白粉斑，其上布满白色至灰白色粉状物，为病原菌分生孢子梗和分生孢子；后期全叶布满白粉，叶片枯干，秋季霉层上密布小黑点，为病原菌的闭囊壳（图 7-71、图 7-72、图 7-73）。

（二）病原

病原为蓼白粉菌 *Erysiphe polygoni* DC.，属子囊菌亚门、白粉菌属真菌，无性阶段为 *Oidlum erysiphides* Fr.。闭囊壳球形或扁球形，黑褐色，直径 90～146μm，内含 3～10 子囊，每个子囊包含 3～6 个子囊孢子。子囊孢子椭圆形，无色透明，大小 14～24μm×9～16μm。

（三）发病规律

病菌主要以闭囊壳和菌丝体在田间病残体上越冬，翌年条件适宜时释放子囊孢子引起初侵染；生长季病斑上产生的分生孢子靠气流传播，不断引起再侵染。空气相对湿度低、植物表面无水膜时，分生孢子仍能萌发侵入，造成为害；温暖干旱的气候条件下有利于病害的发生蔓延。土壤缺水或灌水过量、氮肥施用过多、枝叶生长过密、通风不良和光照不足等均容易发病。

（四）防治措施

（1）秋后彻底清除田间病残体，并集中烧掉，以减少越冬菌源基数；加强田间栽培管理，注意通风透光，雨后及时排水。

（2）发病期喷洒 25%粉锈宁 800～1000 倍液、62.25%仙生 600 倍液、50%甲基托布津 800 倍液或 50%硫磺悬浮剂 300 倍液等药剂，视病情共喷 1～3 次。

四、芍药轮斑病

（一）症状

病菌主要为害叶片。初期叶上产生圆形或半圆形病斑，褐色至黄褐色，直径 2～10mm，同心轮纹明显，边缘有时不明显，病斑上生淡黑色霉层；发病后期病斑上生淡黑色霉层，为病原菌分生孢子梗和分生孢子，发病严重时整个叶面布满病斑而枯死（图 7-74、图 7-75）。

（二）病原

病原为牡丹尾孢菌 *Cercospora paeoniae* Tehon et Daniels，属于半知菌亚门、丝孢纲、丛梗孢目、尾孢属真菌。子座有或无。分生孢子梗 2～15 根成束，疏松至密集，褐色，隔膜多，有膝状屈曲 0～3 处，分枝，顶端有中等大小的孢子痕，大小 30～130μm×3～4.5μm。分生孢子无色，针形至倒棍棒形或圆筒形，直或弯，隔膜多而不明显，基部大多平切，大小 45～75μm×2～3.5μm。

（三）发病规律

病菌以菌丝体和分生孢子在病残组织上越冬，翌年在条件适宜时产生分生孢子引起初侵染，以后病斑又不断产生新的分生孢子，引起多次再侵染，扩大蔓延为害。分生孢子通过风雨，气流传播。病菌喜高温，所以病害发生期较叶霉病为晚。多雨和露重的秋季发病重。

（四）防治措施

（1）清洁田园　采收后彻底清除病残株及落叶，集中烧毁。

（2）药剂防治　发病初期喷洒 50%代森锌可湿性粉剂 500～600 倍液或 1∶1∶200 波尔多液、75%百菌清可湿性粉剂 500～600 倍液、50%多·硫悬浮剂或甲基硫菌灵悬浮剂 500 倍液、77%可杀得可湿性粉剂 400～500 倍液，隔 7～10 天 1 次，连续防治 2～3 次。

五、芍药锈病

（一）症状

叶片被害初无明显病斑，后呈褐绿色斑块，背面产生黄褐色粉堆（夏孢子堆），后期在灰褐色斑中丛生暗褐色毛状物（冬孢子堆）。严重时叶片提前早枯。在松属植被物上引起枝干肿瘤和皮下产生桔黄色疱囊（松疱锈病）。锈病在各芍药产区均有发生，在浙江 4～5 月多雨季节为害严重，导致叶片大量枯死。四川则发生在 8 月茎叶将枯的后期，为害不大。

（二）病原

病原为松芍柱锈菌 *Cronartium flaccidium* (Albertini et Schwein.) Wint.，属于担子菌亚门、冬孢菌纲、锈菌目、柱锈菌属真菌。夏孢子堆生于叶背，黄褐色，直径 170～250μm，包被细胞 25μm×15μm。夏孢子椭圆形，无色或淡黄色，有刺，大小 20～30μm×15～21μm，壁厚 1.5～2.5μm。冬孢子堆混生于夏孢子堆中，圆柱形，弯曲，长 1～1.5mm，直径 50～20μm，红褐色。冬孢子椭圆形，平滑，黄色至淡黄褐色，大小 20～60μm×10～17μm，壁厚 1～1.5μm。

（三）发病规律

松芍柱锈菌为转主寄生菌。病菌以菌丝体在松属植物（云南松、黑松、红松）等上越冬。春天湿度大时，郁闭的松树茎干肿大溃疡处产生性孢子和锈孢子。锈孢子靠气流传播到芍药上，侵染后在芍药上形成病斑产生夏孢子堆和夏孢子。夏孢子通过气流传播引起再侵染。后期在芍药上形成冬孢子堆。冬孢子萌发产生担子和担孢子，担孢子又侵染松树。芍药锈病在温暖、多风雨的天气，及地势低洼、排水不良的田块发病较重。

（四）防治措施

（1）控制芍药锈病的根本办法是清除芍药园附近栽种的松树，以切断其病害循环。

（2）于 5 月上旬发病初期，喷洒波美 0.3～0.5 度石硫合剂或 20%粉锈宁 1000 倍液等药剂保护，每隔 10～15 天喷 1 次，连续 2～3 次。

六、芍药炭疽病

（一）症状

炭疽病可为害芍药的茎、叶、叶柄、芽鳞和花瓣等部位。对幼嫩的组织为害最大。茎部被侵染后，初期出现浅红褐色、长圆形、略下陷的小斑，后扩大呈不规则形大斑，中央略呈浅灰色，边缘为浅红褐色，病茎歪扭弯曲，严重时会引起折伏。幼茎被侵染后能快速枯萎死亡。叶片受侵染时，沿叶脉和脉间产生小而圆的小斑，颜色与茎上病斑相同，数日后扩大成不规则形黑褐色大病斑，后期病斑可形成穿孔。幼叶受害后皱缩卷曲。芽鳞和花瓣受害常发生芽枯和畸形花。遇潮湿天气，病部表面便出现粉红色略带粘性的分生孢子堆，为病菌分生孢子和胶质的混合物。

（二）病原

芍药炭疽病由半知菌亚门、黑盘孢目、炭疽菌属一种真菌 *Colletotrichum* sp.侵染引起。病菌分生孢子盘圆盘形，生于寄主角质层或表皮下，其上通常有刚毛，刚毛褐色至暗褐色，光滑，由基部向顶端渐尖，具分隔。分生孢子生于线形的分生孢子梗上，分生孢子梭形、椭圆形或圆柱形，略弯曲，单胞，透明，无色。

（三）发病规律

病菌以菌丝体或分生孢子盘在病株和病残体上越冬。翌年环境条件适宜时，越冬菌产生分生孢子，借风雨飞溅、昆虫或人为活动等传播进行初侵染。发病后病斑上产生新的分生孢子，不断反复侵染传播，扩大危害。分生孢子多从伤口侵入，也可从寄主表皮直接侵入，潜育期一般 7 天左右。此病的发生与温湿度关系密切，一般在高温多雨的 8～9 月病害发生较严重。种植过密，浇水不当，如晚间浇水，水分容易在叶面滞留，有利病菌分生孢子萌发侵入，发病也较重。

（四）防治措施

（1）清除病源　病害流行期及时摘除病叶，防止再次侵染为害。秋冬彻底清除地面病残体连同遗留枝叶，集中高温腐沤，减少翌年初侵染源。

（2）加强栽培管理　严格控制栽种密度，增强田间通风透光强度；雨后及时排水，降低田间湿度。

（3）药剂防治　发病初期选用 50%甲基托布津湿性粉剂 800 倍液、80%炭疽福美可湿性粉剂 800 倍液或 50%多・硫悬浮剂 500 倍液等药剂，每 7～8 天喷 1 次，连喷 2～3 次，喷药遇雨后补喷。

七、芍药软腐病

（一）症状

种芍切口处或根部出现水渍状黄褐色至褐色斑，迅速扩大变软腐烂，发出强烈的酸霉味，病部密生灰白色长霉层，顶部有黑色小颗粒。后期整个病根失水干缩呈褐色僵块。

（二）病原

病原为匍枝根霉 *Rhizopus stolonifera* (Ehrenb. ex Fr.) Vuill，属于接合菌亚门、毛霉目、根霉属真菌。病菌以营养菌丝伸入基物内，匍匐菌丝接触处生假根，假根相对的菌丝上长出 2～4 根孢囊梗，顶端形成孢子囊，内有大量孢囊孢子。有性态产生接合孢子。

（三）发病规律

病菌腐生和产孢能力极强，自然界有足够的菌源，种芽和根堆藏时病菌由伤口侵入。分泌酶破坏中胶质使细胞离析，侵入细胞而使组织腐烂。病菌产生的孢子囊通过气流传播，病健部接触也可引起蔓延。管理不善时种芽和根条易发生腐烂。

（四）防治措施

（1）收获时剪下的种芽，待切口干燥后贮放在通风干燥处。加工芍根要勤翻、薄摊。

（2）贮放场所用 1%福尔马林液或波美 5 度石硫合剂喷洒消毒。

（李勇　丁万隆）

第三十一节　延胡索

Yanhusuo

CORYDALIS RHIZOMA

延胡索 *Corydalis yanhusuo* W. T. Wang 别名元胡，为罂粟科紫堇属多年生草本植物。以块茎入药，有活血散瘀、利气止痛之功效。主产于浙江，以缙云县所产质量最好。产区常见病害主要有霜霉病、锈病、菌核病及立枯病等，其中以霜霉病威胁最大，常因病毁种。

一、延胡索霜霉病

霜霉病是延胡索生产上的重要病害，常造成毁灭性的危害，雨后转晴10天左右能使全田枯死，药农称火烧瘟，减产可达50%～70%。

（一）症状

病菌主要为害叶片，也可侵害茎部。叶面出现不规则形、黄绿色至黄褐色斑块，边缘不明显，斑块相应的背面生致密的微紫灰色霜霉层。茎部叶柄分叉处也极易受害，田间一旦发病，扩展极快，整个植株茎叶变褐腐烂。

（二）病原

病原为紫堇霜霉 *Peronospora corydalis* de Bary，属于鞭毛菌亚门、霜霉目、霜霉属真菌。子实层紫灰色，孢囊丛生，主干198～430μm×8～11μm，上部双分叉2至多次，末端分枝成直角。孢子囊单生，柠檬形，近无色，大小16.9～23.7μm×13.5～16.9μm。卵孢子黄褐色，球形，直径33.8～37.14μm。

（三）发病规律

土壤病残组织中的卵孢子是翌年病害发生的主要侵染来源。病部产生的孢子囊通过风雨的传播，在田间不断发生多次再侵染。延胡索的发生和流行与温湿度的关系极大。早春3～4月，当气温上升到10℃以上，多雨，忽冷忽热，日夜温差大，容易结露和产生重雾的天气，及密植、早春块茎膨大时灌水过量造成田间高湿度，都有利于病害的扩展蔓延，地上茎叶极易发生提前倒伏枯死。但如天气干旱少雨、砂壤土及高畦栽培及肥料充足地块发病则轻。

（四）防治措施

（1）收获后彻底清除病残组织，避免连茬，选择排水良好的砂壤土和没有种过延胡索的稻麦田或山地，注意播种不宜过密。无病田留种。春寒多雨季节，要做好开沟排水，降低田间湿度。块茎膨大需水期，每次浇水量应根据天气情况而定。利用野生延胡索杂交培育抗病品种也是有效的防治途径。

（2）发病初期选用1∶1∶300波尔多液、58%甲霜灵锰锌1000倍液等，每隔7～10天喷洒一次，喷洒药剂覆盖面一定要均匀周到。农用链霉素对霜霉病菌也有一定抑制作用，可以单用或与代森锌混用防治霜霉病的内吸性药剂，每隔10～15天喷1次，共喷2～3次。

二、延胡索菌核病

（一）症状

近地面茎基出现水渍状淡褐色至褐色条斑，植株软腐倒伏，被害叶片、叶柄呈青褐色腐烂。发生严重时，植株成堆死腐，药农称其为“搭叶烂”、“鸡窝瘟”。土面病株残体长有白色棉絮状菌丝体和黑色鼠粪状菌核。此外，立枯丝核菌也为害延胡索的茎基部和贴近地面的叶片，在潮湿情况下也极易引起植株倒伏烂叶（图 7-76、图 7-77）。但病部可见蜘丝状菌丝联附着小土拉状棕褐色菌核，此点可与菌核病相区别。

（二）病原

病原为核盘菌 *Sclerotinia sclerotiorum* de Bary，属于子囊菌亚门、盘菌纲、柔膜菌目、核盘菌属真菌。菌核球形，大小 1.5～3mm×1～2mm。一般萌生有柄子囊盘 4～5 个，子囊盘盘状，淡红褐色，直径 0.4～1.0mm。子囊圆筒形，大小 114～160μm×8.2～11μm。子囊孢子椭圆形或梭形，大小 8～13μm×4～8μm。

（三）发病规律

病菌不产生分生孢子，主要靠遗留在土中的菌核越冬、越夏。早春菌核萌发子囊盘产生子囊孢子引起初侵染。菌核也可直接产生菌丝侵染地面的茎叶引起病害。受害茎叶上的菌丝体又蔓延为害邻近植株。菌核病属于低温高湿病害。早春当温度达到 15℃～18℃时，多雨潮湿、排水不良及植株生长过密、枝叶柔嫩等最有利于发病。江苏、浙江一带 3 月中旬开始发生，4 月中下旬为发病盛期。

（四）防治措施

（1）实行水旱轮作、深耕和施用腐熟堆肥；加强栽培管理，控制田间湿度。

（2）及时铲除病株病土，撒施硫磺石灰粉或 1∶1 的石灰与草木灰粉。药剂喷洒可选用甲基托布津、速克灵等。

三、延胡索锈病

（一）症状

锈病在延胡索产区均有分布，一般年份发生少，为害轻。病菌主要为害叶、茎。叶面首先出现褪绿黄色斑块，背面生有圆形隆起的小疤斑，表皮破裂后露出橙黄色粉堆，为病菌夏孢子堆和夏孢子。病斑若聚集发生在叶尖、叶缘时，叶片局部卷曲变褐色。茎和叶柄受害后上面也生锈斑，呈现畸形弯曲。黑色冬孢子堆较少见。

（二）病原

元胡柄锈菌 *Puccinia brandegei* 属担子茵亚门、锈菌目、柄锈菌属真菌。

（三）发病规律

病菌生活史不详。夏孢子有可能生存越冬，在延胡索生长期反复侵染为害。在江苏、浙江 3 月中旬开始发生，4 月为害严重。春雨多、空气湿度大及植株生长衰弱的田块发病重。

（四）防治措施

（1）加强栽培管理，疏沟排水降低田间湿度。

（2）发病初期选喷波美 0.2 度石硫合剂及 20%粉锈宁 2000 倍液等药剂 2～3 次。

（周如军　丁万隆）

第三十二节　麦冬
Maidong
OPHIOPOGONIS RADIX

麦冬 *Ophiopogon japonicus* Ker-Gawl.为百合科多年生草本植物，以块根入药，具有清心火、除肺热、消痰生津等功效。主产于浙江（杭麦冬）、四川（川麦冬），广西、贵州、云南、安徽、湖北等地也产。麦冬主要病害有黑斑病、炭疽病、根结线虫病及灰斑病等。

一、麦冬黑斑病

（一）症状

病菌为害叶片。被害叶尖端开始发黄变褐，逐渐向叶基蔓延，病斑灰褐色，病健部交界处紫褐色。有时叶片上产生水渍状褪绿斑，灰白色至灰褐色等不同颜色相间的病斑（图 7-78）。后期全叶发黄枯死。

（二）病原

病原为半知菌亚门的一种链格孢 *Alternaria* sp.真菌。分生孢子梗单生或 2～30 根束生，暗褐色，顶端色淡，基部细胞稍大，不分枝，正直或微弯，无膝状节，2～9 个隔膜，15～90μm×45μm。分生孢子单生或 2～3 个串生，褐色，倒棒形；嘴喙短至稍长，色略淡，不分枝。孢身至嘴喙逐渐变狭，孢身具 2～9 个横隔膜，1～6 个纵隔膜，隔膜处有缢缩，大小 23～52μm×9～12μm。嘴喙 0～2 个横隔膜，大小 5～20μm×3～4μm。

（三）发病规律

病菌以菌丝或分生孢子在枯叶及种苗上越冬，翌年 4 月中旬开始发病。病害的发展与湿度关系密切，雨季发病较重。植株长势差、衰老叶片易诱发病害。田间有明显的发病中心，温湿度条件适宜时流行快，常成片枯死。7～8 月发生严重。

（四）防治措施

（1）农业措施　①选用叶色翠绿的健株无病株做种苗。栽种前用 1∶1∶100 波尔多液浸渍种苗 5 分钟后沥干栽种。②雨季及时排除积水，降低田间湿度；科学施肥，提高植株自身抗病能力；发病普遍的地块，可割去病叶的 1/3，并增施肥料，待重新抽出新苗后喷施药剂进行保护性防控；采挖麦冬后及时清园，减少菌源。

（2）药剂防治　发病初期在清晨露水未干时每亩撒草木灰 100kg；发病期间喷洒药剂进行叶面喷雾，药剂可选择 4%嘧啶核苷类抗菌素水剂 400 倍液、10%苯醚甲环唑水分散剂 1500 倍液、430g/L 戊唑醇悬浮剂 2500 倍液等，每 10 天 1 次，连续 2～3 次。

二、麦冬炭疽病

（一）症状

病菌主要为害叶片。叶上病斑圆形、长椭圆形至不规则形，黄褐色至红褐色，有紫褐色云纹状轮纹，后呈灰白色，上生刺毛状小黑点，为病原菌的分生孢子盘；叶缘上病斑呈半圆形。后期病斑上下扩展或相互汇合，造成叶片成段枯死，田间表现为成片枯黄。

（二）病原

病原为沿阶草丛刺盘孢 *Vermicularia ophiopogonis* Pat.，属于半知菌亚门、腔孢纲、黑盘孢目、丛刺盘孢属真菌。分生孢子盘初在寄主表皮下，后外露，圆形，黑色，有多数刚毛。分生孢子纺锤形，直或稍弯曲，无色，有隔膜 1 个，大小 27μm×24μm。

（三）发病规律

病菌以菌丝体或分生孢子盘在病叶上越冬，翌春产生分生孢子靠风雨淋溅传播造成初侵染，生长季又不断进行再侵染。夏秋季节雨水多，有利于病菌传播与侵染；氮肥施用过量、植株生长过密易诱发病害。5～10 月均可发生。

（四）防治措施

（1）秋后割取地上部叶片集中烧掉，并喷洒 1 次 300 倍液的硫酸铜溶液。

（2）多雨潮湿季节每 15 天喷洒 1 次 1∶1∶120 波尔多液、50%代森锰锌 600 倍液或 50%多菌灵 500 倍液等药剂 3～4 次。

三、麦冬根结线虫病

（一）症状

根结线虫为害易于识别。麦冬根部被害初时细根端部膨大，后逐渐呈球状或棒状；在较大根部上则多呈结节状膨大。结薯根被害常可造成根缩短，膨大。后期被害根表面粗糙、开裂，并呈现红褐色。折断根结节状膨大处，可见其中有不少乳白色发亮的球状物，如针尖大小、为根结线虫的雌成虫。

（二）病原

根结线虫 *Meloidogyne* spp.的几种线虫均可为害麦冬，如花生根结线虫 *M. arenaria* Chitwood、南方根结线虫 *M. incognita* Chitwood、北方根结线虫 *M. hapla* Chitwood。

（三）发病规律

连作地病害发生早且严重，轮作地则发生较迟且轻。在麦冬中套种芋头的病害发生较重；套种花生的病害发生很轻；套种于早稻田中的则可大大减轻。移栽时麦冬种苗的老根若不剪除，则可携带根结线虫，成为当年发生的病源。麦冬种类或品种之间抗性存在差异，以四川绵阳麦冬病害最重，广西北流麦冬次之，其他几种麦冬则受害较轻。

（四）防治措施

（1）轮作。在有条件的地区，可与水稻轮作，或套种于旱稻田中，以避免土壤中的线虫数量逐年积累，致使为害加重。

（2）合理套种。上半年可套种花生和大豆，但不宜套种芋头；下半年则最好不套种其他作物；种植时应注意剪除麦冬老根，尽量不使用感染了根结线虫病的植株作种苗。

（3）栽种抗耐病品种。在该病发生严重的地区，可改种大叶麦冬等较抗病的品种。

（4）生物防治。可使用轮枝霉属真菌，或卵寄生的淡紫拟青霉菌。

（丁万隆）

第三十三节　苍术
Cangzhu
ATRACTYLODIS RHIZOMA

苍术分茅苍术 *Atractylodes lancea*（Thunb.）DC. 和北苍术 *A. chinensis*（DC.）Koidz.，均为菊科苍术属多年生草本植物。以根茎入药，有健脾燥湿、平胃气、发汗、除痰等功效。为害苍术叶片的叶部病害有灰斑病、斑枯病及锈病等。为害根及根茎的有白绢病、根腐病等。此外有植原体引起的丛枝病。

一、苍术灰斑病

（一）症状

病菌主要为害叶片。叶上病斑近圆形，直径 2～4mm，中央灰白色，边缘暗褐色，上生灰黑色霉（图 7-79、图 7-80）。

（二）病原

病原为苍术尾孢 *Cercospora atractylidis* Pai et P. K. Chi，属于半知菌亚门、丝孢目、尾孢属真菌。子座球形，褐色，直径 30μm。分生孢子梗 10～30 根，成束，稍密，常呈波状屈曲，不分枝，多隔膜，孢痕较小，大小 45～150μm×4～6μm。分生孢子棒形至鞭形，无色透明，微弯至弯曲，基部近截形，顶端略钝，隔膜多，大小 48～130μm×3～4μm。

（三）发病规律

病菌在根茎残桩和地面病残叶上越冬，翌年产生分生孢子引起初侵染，以后又引起再侵染。分生孢子靠风雨淋溅传播。通常发生较早。

（四）防治措施

（1）彻底消除田间病株残体。

（2）发病初期喷洒 1∶1∶150 波尔多液或 50%多菌灵 500 倍液。

二、苍术叶斑病

（一）症状

病害主要发生于底层老龄叶片，后期蔓延至植株上端，也可侵染茎秆。病害初期，叶片表面产生白色病斑，病斑外缘黑色，病健交界处有黄色晕圈。后期病斑逐渐扩大，病斑上产生肉眼可见的黑色分生孢子器，埋生或半埋生于叶片表皮层下部。田间发病存在多个中心，降雨后病害程度明显加重。

（二）病原

病原为异茎点霉菌 *Paraphoma* sp.，属于子囊菌无性型、异茎点霉属。在 PDA 培养基上，菌落深褐色，外缘灰白色，近圆形，边缘不规整。菌丝浅黑褐色，有隔，部分菌丝外壁有不同程度增厚。分生孢子透明，单胞，椭圆形或短棒状，长 6.5～9μm，宽 1.75～2.95μm。产孢细胞安瓿瓶形或瓮形，直径 2.5～3μm。分生孢子器近球形，直径 80～253μm，高 65～140μm，外壁黑色，有孔口，瓶形。

（三）发病规律

病菌以分生孢子器在田间病残体或土壤中越冬，成为翌年的初侵染源。条件适宜时分生孢子借助雨水及虫媒传播。一般在辽宁，病害最早可在 6 月下旬始发，一直持续到 10 月中旬。受降雨和温度的影响，7～8 月为盛发期。天气寒冷，雨水缺少时，病害扩散程度明显降低。种植过密，环境内湿度上升，增加了叶片间互相感染的概率，有利于病原菌的侵染。

（四）防治措施

（1）冬季清园，扫除落叶，集中深埋或烧毁，减少越冬菌源基数。加强栽培管理，合理密植，以利于田间通风透光，降低株间湿度。雨后及时排水，增施有机肥及磷、钾肥，增强植株抗病能力。

（2）发病初期及时进行药剂防治。药剂可选用 75%百菌清可湿性粉剂 600 倍液，或 65%代森锌可湿性粉剂 500 倍液、80%代森锰锌可湿性粉剂 600～800 倍液、70%甲基硫菌灵可湿性粉剂 600 倍液，7～10 天 1 次，喷 2～3 次。

三、苍术炭疽病

（一）症状

病菌主要侵染叶片。病斑较小，多呈近圆形或不规则形，初期病斑褐色，病健分界明显，随后病斑扩展、合并，发展成深棕色，略凹陷，病斑的表面出现散生或轮纹状排列的小黑粒，这种小颗粒点就是病原菌的分生孢子盘。在高湿条件下，病斑上出现大量红色黏质团，即病原菌的分生孢子团。底部成熟叶片先变黄，枯萎脱落。发病严重时，顶部嫩叶和花萼也染病。

（二）病原

病菌为一种炭疽菌 *Colletotrichum* sp.，属于子囊菌亚门、炭疽菌属真菌。分生孢子盘盘状聚生，黑色或黑褐色。刚毛顶端较尖，深褐色，1～3 个隔膜。分生孢子梗圆柱形，无色，单胞，顶端尖，大小 9～28μm×2.5～3.9μm。分生孢子圆柱形，无隔膜，透明，光滑，有 1～2 个油球，大小 15～25μm×4～6μm。

（三）发病规律

病菌以菌丝和分生孢子在病残体内越冬，翌年成熟的分生孢子成为初侵染源，借助风雨和灌溉水或昆虫、农事活动等传播。温湿度是苍术炭疽病发生的重要条件，5 月下旬开始发病，7～8 月为盛发期。具有发病中心，一旦病害发生，蔓延极快，常致叶片成批枯死。

（四）防治措施

（1）清洁田园　注意保持田园卫生，降低菌源基数。秋末、初冬尽早清除田间枯枝落叶并集中烧毁或深埋，减少翌年初侵染源。

（2）加强田间管理　及时追施肥料，合理排灌，秋季多雨时，加强排水，降低湿度。加强早期除草，增加有机肥，提高植株抗病性。

（3）发病初期及时施药防治　可选用 70%甲基硫菌灵可湿性粉剂 600～800 倍液，或 25%咪鲜胺水剂 600～800 倍液、80%炭疽福美可湿性粉剂 600 倍液喷雾。

（丁万隆　陈炳蔚）

第三十四节　何首乌
Heshouwu
POLYGONI MULTIFLORI RADIX

何首乌 *Polygonum multiflorum* Thunb.为蓼科多年生藤本植物，其块根入药称何首乌，藤茎入药为首乌藤。何首乌具有补肝肾、益精血、延年益智等功效，何首乌的病害主要有叶斑病、轮纹病及锈病。

一、何首乌叶斑病

（一）症状

病菌主要为害叶片。植株下部叶片发病，开始时叶面产生黄色小点后逐渐扩大，呈黄褐色圆形病斑，直径 2～3mm。发病严重可导致叶片局部或全部变褐枯死，直接影响植株生长及块根产量。

（二）病原

病原为一种壳针孢 *Septoria* sp.，为半知菌亚门、腔孢纲、球壳孢目、壳针孢属真菌。分生孢子线形，无色或淡色，具 3～5 个隔膜，大小 16～35μm×1.5～2.5μm。分生孢子器埋生于叶片内，球形至近球形直径 70～105μm。

（三）发病规律

病原菌以分生孢子器在植株病残组织上越冬，翌春分生孢子借风雨传播扩大侵染。夏季田间郁蔽度大，通风透光不良，发病严重。

（四）防治措施

（1）早春清洁田园，减少越冬菌源；夏季注意通风，透光，加强栽培管理，增强植株抗病力。

（2）摘除早期发病的病叶并销毁，喷洒 1∶1∶120 波尔多液，或 50%多菌灵 800 倍液，每 7～10 天 1 次，连续 2～3 次。

二、何首乌轮纹病

（一）症状

病菌为害叶片。病斑圆形或近圆形，直径 3～12mm，红褐色，具明显同心轮纹，后期病斑上产生小黑点，为病原菌的分生孢子器（图 7-81）。

（二）病原

病原为蓼壳二孢 *Ascochyta polygoni* Raberh，为半知菌亚门、球壳孢目、壳二孢属真菌。

（三）发病规律

病菌以菌丝体和分生孢子器在病株残体上越冬，成为翌年病害的初侵染源；田间病株产生的分生孢子借风雨传播，可不断引起再侵染，扩大为害，田间通风透光差，病害易发生。7～9 月为发病盛期。

（四）防治措施

（1）入冬前清除田间病残体，集中烧掉。

（2）加强栽培管理，注意通风透光；雨后及时排水，合理施用有机肥及化肥，增强植株抗病力。

（3）发病初期人工摘除病叶深埋，并用 50%代森锰锌 600 倍液、50%甲基托布津或多菌灵 600 倍液等连续喷雾 2～3 次，7～10 天 1 次。

（丁万隆　李勇）

第三十五节　泽泻
Zexie
ALISMATIS RHIZOMA

泽泻 *Alisma orientale* (Sam.) Juzep.为泽泻科多年生水生草本植物。主产于福建、四川、广东、浙江、江西和湖北等地。以块茎入药，有清湿热、利小便之功效。泽泻病害以白斑病最为严重，是泽泻生产上的主要病害。

泽泻白斑病

（一）症状

叶面病斑细小，圆形，红褐色。扩大后，中心显灰白色，周缘暗褐色，病健部明显。病情发展使叶片逐渐发黄枯死，但原病斑仍很清楚。叶柄被害时，出现黑褐色棱形病斑，中心略下陷，病斑拉长，相互衔接，呈灰褐色，最后叶柄枯萎。

（二）病原

病原为泽泻柱隔孢 *Ramularia alismatis* Fautr.，属于半知菌亚门、丝孢纲、丛梗孢目、黑色菌科、柱隔孢属真菌。分生孢子梗短小，不分枝，顶端曲膝状。分生孢子双细胞，圆柱形或长筒形，串生。

（三）发病规律

病原菌在病残组织上和种子表面越冬。翌年，在泽泻秧田首先发病。移栽大田后 8 月病情开始迅速发展，9 月下旬至 10 月上旬发病最重，直至 11 月停止。高温多雨，管理粗放，生长差，有利发病。

（四）防治措施

选育高产抗病的优良品种。播种前经 40%福尔马林 80 倍液浸种消毒 5 分钟，杀死附在种子表面的病菌，再用清水冲洗，晾干后下种。发病初期，摘除病叶，喷洒 1∶1∶100 波尔多液；严重时喷 50%托布津可湿性粉剂 1000 倍液，每隔 7～10 天 1 次，连续喷 2～3 次。

（丁万隆）

第三十六节　苦参
Kushen
SOPHORAE FLAVESCENTIS RADIX

苦参 *Sophora flavescens* Ait.又名水槐，为豆科多年生亚灌木。根和种子均可入药，有清热燥湿、杀虫之功效，治热毒血痢、赤白带下等症。栽培苦参病害有加重趋势，主要有锈病、白粉病、根腐病、斑点病等。

一、苦参白粉病

（一）症状

主要发生于苦参叶片正面，开始出现极小的白色稀疏粉状物，随着病害的发展，粉状霉层不断加厚，病斑面积不断扩大，通常占据叶片面积的 20%～25%。白色丝状物从每个中心点向四周放射状扩展，此特征不同于常见的其他植物白粉病。受害部位由绿变褐，无霉层覆盖部位逐渐变黄，致使全叶卷曲，最终脱落（图 7-82、图 7-83）。

（二）病原

病菌无性阶段为粉孢菌 *Oidium* sp.，属于子囊菌无性型、粉孢属。菌丝白色，分隔不明显，有分枝，宽 2μm。粉孢子卵圆形、圆柱形或长卵圆形，大小 14～18μm×5～7μm。仅有粉孢子，未观察到有性阶段的闭囊壳。

（三）发病规律

病菌以菌丝、子囊孢子和分生孢子在病残体上越冬，成为翌年初侵染源。温湿度适宜时，分生孢子萌发，借助风雨传播侵染。在东北地区，一般 7 月中下旬开始发病，8 月至 9 月中旬为盛发期。高温干旱条件有利于发病，栽培环境、方法及品种等因素对白粉病也有影响。

（四）防治措施

（1）加强栽培管理　注意枝蔓的合理分布，通过修剪改善通风透光条件。合理增施磷、钾肥，提高植株的抗病力，增强树势。

（2）及时清除田间病残体，降低菌源基数　萌芽前清理病枝、病叶，发病初期及时清除病叶、落叶，集中烧毁或深埋，减少初侵染源。

（3）药剂防治　发病前期喷洒 1∶1∶100 倍等量式波尔多液进行预防，7～10 天 1 次。发病初期，可选用 25%三唑酮可湿性粉剂 800～1000 倍液，或 50%甲基硫菌灵可湿性粉剂 800～1000 倍液、25%嘧菌酯悬浮剂 1500 倍液、50%醚菌酯干悬浮剂 3000～4000 倍液喷雾，7～10 天 1 次，连续喷 2～3 次。

二、苦参锈病

（一）症状

病菌主要侵染叶片，严重时会侵染叶柄及茎。受侵染叶片变黄脱落，形成瘪荚。在发病初期，叶片出现灰褐色小点，以后病菌侵入叶组织，形成夏孢子堆，叶片出现褐色小斑，夏孢子堆成熟时，病斑隆起，呈红褐色、紫褐色及黑褐色。病斑表皮破裂后由夏孢子堆散发出很多锈色夏孢子。在温湿度适于发病时，夏孢子可多次再侵染。在发病后期产生冬孢子堆，内聚生冬孢子，冬孢子堆表皮不破裂，不产生孢子粉。

（二）病原

病原为苦参单胞锈 *Uromyces sophorae-flavescentis* Kusano，属于担子菌门、锈菌纲、锈菌目、单胞锈属真菌。夏孢子堆着生于叶背，橙色至红棕色，椭圆形至不规则形，散生或聚生，初埋生，后突破表皮，大小 0.8～1.8mm×0.5～1.2mm。夏孢子是单细胞，亮黄色，卵形至椭圆形且大小可变，大小 20～30μm×15～25μm。夏孢子壁透明，上有小刺并伴有 5～7 个毛孔。冬孢子堆发生在秋季，散生或聚生，后突破表皮，孔口外漏，暗褐色，椭圆形至不规则形，叶背生并被下表皮覆盖，大小 1.0～2.4mm×0.7～1.4mm。冬孢子是单细胞，卵形、近球形或椭圆形，浅至深褐色，基部钝圆，大小 19～26μm×15～23μm。冬孢子壁厚为 1.5～2.8μm。

（三）发病规律

病菌主要以夏孢子作为初侵染源，借助风雨传播完成病害周年循环。锈病的流行由锈菌的多重侵染特性和夏孢子巨大的繁殖能力决定。温暖、多雨、潮湿的天气或低洼潮湿的生态环境下易发病。

（四）防治措施

（1）彻底清除田间病残体，降低越冬菌源基数　采收后及时清除病残体深埋或烧毁，田间初见病叶及时摘除，以减少田间越冬和传播菌源。

（2）加强栽培管理，提高植株抗病性　选择排水良好的向阳坡种植。合理密植、施肥、灌水，及时排水，避免植株徒长和土壤过湿，增强植株抗病性。

（3）药剂防治　在花期或花前期喷施25%三唑酮可湿性粉剂800倍液，或50%代森锰锌可湿性粉剂600倍液等，每7～10天1次，连喷2次。

三、苦参斑点病

（一）症状

病斑生于叶片上，圆形至不规则形，直径 2～4mm，中心部分淡褐色，边缘褐色，其上生许多黑色小点，即病菌的分生孢子器。

（二）病原

病原为槐生叶点霉 *Phyllosticta sophoricola* Hollos，属于半知菌亚门、腔孢纲、球壳孢目、叶点菌属真菌。分生孢子器叶面生，聚生，突破表皮，扁球形，器壁褐色，膜质，直径 76～85μm。分生孢子近椭圆形，无色透明，单胞，大小 5～7μm×2～3μm。

（三）发病规律

病菌以分生孢子器在病株残体上越冬。翌年条件适宜时，分生孢子借气流传播，引起侵染。在东北8月发生。

（四）防治措施

清除病残体，烧毁或深埋；发病前喷波尔多液（1∶1∶160～200）。

（陈炳蔚　丁万隆）

第三十七节　板蓝根

Banlangen

ISATIDIS RADIX

菘蓝 *Isatis indigotica* Fort.又名大蓝根、大青根等，为十字花科一二年草本植物。以根入药为板蓝根，以叶入药为大青叶，具有清热、凉血、消肿、解毒功效。主治丹热、热毒发斑、神晕吐血等症。在河北、河南、甘肃、安徽、江西、山东、黑龙江等地均有栽培。

生产上病害，主要有霜霉病、菌核病、根腐病、白锈病、黑斑病、炭疽病、病毒病等。霜霉病在各地普遍发生，为害甚重；菌核病在长江流域及南方沿海各地分布普遍。

一、板蓝根霜霉病

（一）症状

病菌主要为害叶片，也可为害茎、花梗和角果。发病初期叶面生边缘模糊的多角形或不规则形病斑，淡黄绿色至黄褐色，叶片呈黄褐色；叶背相对应处生有白色至浅灰白色霜霉层，为病原菌游动孢子囊梗和游动孢子囊，严重时植株叶片干枯。茎、花梗、花瓣、花萼及角果等被害后褪色，上面长有白色霜霉层，并引起肥厚变形（图 7-84、图 7-85）。

（二）病原

病原为寄生霜霉菘蓝专化型 *Peronospora parasitica* Fr. f. sp. *isatidis*，属于鞭毛菌亚门、卵菌纲、霜霉目、霜霉属真菌。孢囊梗单生或丛生，无色，全长 192～332.8μm，基部膨大，主梗 123～192μm×6.4～16μm。冠部锐角二叉分枝大部 3～6 回，顶枝 6.4～25.6μm×1.3～3.2μm，弯曲，枝端尖细。孢子囊椭圆形或近球形，大小 13.4～28.8μm×13.4～25.6μm。卵孢子黄褐色，球形，大小 33.6～42μm，壁平滑，有时有皱褶。病菌可为害多种十字花科植物，但有不同的专化型和生理小种。

（三）发病规律

病菌以卵孢子随病残体及肥厚组织在土壤中越冬、越夏。生产上板蓝根生长周年衔接，或早晚茬口重叠，因此病菌能以菌丝体在受侵染的病株内越冬、越夏。病菌的孢子囊通过风雨传播，整个生长季可引起多次再侵染。气温较低、昼夜温差大、多雨高湿或雾重露大时有利于发病，多发生于春秋两季。4～6 月发生较重，9～10 月又继续扩展为害。冬暖春寒、多雨高湿有利于发病，抽苔开花期病害发生严重。

（四）防治措施

（1）入冬前彻底清除、烧掉田间病残体。

（2）选择高燥地块栽植，与十字花科以外的植物轮作，低湿地作高畦栽培；选栽抗病品种，合理密植，适当调整播种期，增施肥料，适时浇水。

（3）发病初期喷洒 58%瑞毒霉锰锌 600～800 倍液、1∶1∶120 波尔多液、75%百菌清 800 倍液或 25%甲霜灵 600 倍液等药剂 3～4 次，间隔 10 天左右。

二、板蓝根白锈病

（一）症状

罹病初期，叶面出现黄绿色小斑点，无明显边缘，叶背生白色微隆起的脓疱状斑点，外表有光泽。病斑直径 2～3mm，脓疱破裂后散出白色粉末状物，即病原菌孢子囊。发病后期，形成不规则形枯斑。叶柄及幼茎发病，病部也产生许多白色疱斑，使叶柄、嫩茎扭曲变形，最后枯死。采种株茎上亦可受害。

（二）病原

病原为白菜白锈菌 *Albugo candida* (Pets.) Kuntze.，属于鞭毛菌亚门、卵菌纲、白锈菌目、白锈菌属。孢囊梗，大小 35～40μm×15～17μm，棍棒状、无色、单胞。顶端自上而下依次形成孢子囊，贯连成串，相互连接处有细小颈部。孢子囊近球形、无色、单胞，大小 15～27μm×13～25μm。孢子囊萌发时产生游动孢子。游动孢子圆形或肾形，具有两根鞭毛，从孢子囊先端游出。经过短期游动后，鞭毛收缩，体形变圆，外部形成一层胞膜。随后，孢子萌发伸出芽管，从气孔侵入寄主组织。孢子囊萌发最适温度为 10℃左右，最高 25℃。藏卵器近球形，无色，多呈空腔，大小 60～93μm×42～63μm。卵孢子近球形、褐色，生于肿大的茎及果上。外壁有瘤状突起，大小 33～48μm×33～51μm，瘤状突起高 2.75μm。雄器侧生，大小 24.53μm×11.88μm。

（三）发病规律

以卵孢子在土壤及病残组织上越冬，成为翌年的初次侵染源。生长期病部长出的孢子囊随气流、风雨传播，再次侵染，扩大蔓延。低温高湿有利于发病。4 月中旬至 5 月发生，为害时间较短。

（四）防治措施

（1）合理轮作，田园清洁，减少越冬菌源；雨后及时通沟排水，降低田间湿度。

（2）发病初期喷药保护。可喷施 1∶1∶120 波尔多液、25%瑞毒霉 600～800 倍液或 50%甲基托布津 1000 倍液，交替使用，每 7～10 天喷 1 次，喷施 2～3 次。

三、板蓝根菌核病

（一）症状

植株从苗期到成熟期均可发生。病菌为害根、茎、叶和荚果，以茎部受害最重。受害幼苗在茎基部产生水渍状褐色腐烂，引起成片死苗。植株茎部受害，通常在近地面黄弱叶片的叶柄与地表接触处首先发病，向上蔓延到茎部及分枝。病部水渍状，黄褐色，后变灰白色，组织软腐易倒伏。茎内外长有白色棉毛状菌丝层和黑色鼠粪状菌核。后期干燥的茎皮纤维如麻丝状。茎叶受害后，枝叶萎蔫，逐渐枯死。花梗和种荚也产生灰白色斑，不易结实或子粒瘪缩。

（二）病原

病原为核盘菌 *Sclerotinia sclerotiorum* (Lib.) de Bary，属于子囊菌亚门、盘菌纲、柔膜菌目、核盘菌属真菌。菌核球形、豆瓣或鼠粪形，大小 1.5～3mm×1～2mm。一般萌生有柄子囊盘 4～5 个，子囊盘盘状，淡红褐色，直径 0.4～1.0mm。子囊圆筒形，大小 114～160μm×8.2～11μm。子囊孢子椭圆形或梭形，大小 8～13μm×4～8μm。侧丝丝状，顶部较粗。病菌寄主范围极广，可侵染 32 科 160 多种植物。药用植物受害重的有人参、川芎、延胡索、菘兰、丹参、菊花、红花、益母草、细辛、补骨脂及牛蒡等。

（三）发病规律

病菌以菌丝体、菌核在病残组织或菌核落在土壤中及混杂于种子中越冬，成为翌年的初次侵染源。生长期适宜条件，菌核萌发产生子囊盘和子囊孢子，通过气流、风雨传至寄主表面萌发引起侵染，一般先为害花瓣及老黄叶，后菌丝由叶通过叶柄扩展到茎部。病部产生的菌丝也可通过植株间的接触传染蔓延，扩大为害；菌核还能直接产生菌丝侵染靠地面的枝叶和幼嫩植株引起发病。此病的发生与土壤菌核数量和环境条件关系密切。种子田在 3～4 月发病，4 月下旬到 5 月为发病盛期。偏施氮肥、排水不良、田间湿度大、植株密集、通风透光差、雨后积水、茬口安排不当及连作，均有利于发病。

（四）防治措施

（1）农业措施　收获时应尽量不使病组织遗留在地面；收获后深耕，将菌核翻于土层下或淹水促进菌核腐烂；选择地势高燥、排水良好的田块栽种；种植不要过密，以保持株间通风透光，降低表面湿度；水旱轮作或与其他禾本科作物进行轮作，避免与十字花科作物轮作。避免过多施用氮肥，增施磷钾肥，早施蕾薹肥，可以促使花期茎秆健壮，提高抗病力。带有菌核的种子播种前应通过筛选、水选等方法汰除混杂的菌核。

（2）药剂防治　发病季节，可用 50%速克灵 1000～1500 倍液、70%甲基托布津 1000 倍液及 65%代森锌 400～600 倍液喷药保护。药液应集中喷洒植株中下部，一般每隔 7～10 天喷 1 次，连续 2～3 次。此外，还可用草木灰石灰粉（1∶3）撒施在植株中下部及地面，也有一定作用。消灭菌核可施石灰氮每亩 20～30kg，应在收获后翻入土壤中。

四、板蓝根根腐病

（一）症状

病菌为害根部。被害植株，地下部侧根或细根首先发病，病根变褐色，后蔓延到主根，也有主根根尖感病后扩展至主根受害。根内维管束变黑褐色，向上可达茎及叶柄。以后，根的髓部发生湿腐，黑褐色，最后整个主根部分变成黑褐色的表皮壳。皮壳内呈乱麻状的木质化纤维。根部发病后，地上部分枝叶发生萎蔫，逐渐由外向内枯死（图 7-86）。

（二）病原

病原为茄镰孢菌 *Fusarium solani* Sacc.，属于半知菌亚门、丝孢纲、瘤座菌目、镰孢菌属。该菌分生孢子梗及分生孢子无色或浅色。产生 2 种类型的分生孢子，小型孢子为圆形、单胞；大型孢子为镰刀形，多胞。

（三）发病规律

土壤带菌为重要侵染来源。5 月中下旬开始发生，6～7 月为发病盛期。田间湿度大和气温高是病害发生的主要因素。土壤湿度大，排水不良，气温在 20℃～25℃时，有利发病，高坡地发病轻。耕作不善及地下害虫为害造成根系伤口，根腐病发病重。高坡地病害较轻。

（四）防治措施

（1）耕作栽培措施　选择地势高，排水畅通及土层深厚的沙壤土种植；实行 3 年以上的轮作；合理施肥，适当施氮肥，增施磷钾肥，提高植株抗病力。

（2）药剂防治　发病初期用50%甲基托布津500～1000倍液浇灌根部及周围植株，防止蔓延。发病期可用75%百菌清可湿性剂600倍液喷施。

五、板蓝根黑斑病

（一）症状

病菌主要为害叶片。在叶上产生圆形或近圆形病斑，灰褐色至褐色，有同心轮纹，周围常有褪绿晕圈。病斑较大，一般直径3～10mm。病斑正面有黑褐色霉状物，即病原菌分生孢梗和分生孢子。叶上病斑多时易变黄早枯（图7-87）。茎、花梗及种荚受害产生相似症状。

（二）病原

病原为芜菁链格孢 *Alternaria napiformis* Purkayastha et Mallik，为半知菌亚门、丝孢纲、丝孢目、暗色孢科、链格孢属真菌。分生孢子梗单生或簇生、直立，或屈膝状弯曲，分枝或不分枝，褐色至淡褐色，具分隔，大小31.0～70.0μm×3.0～5.5μm。分生孢子倒棒状，褐色，单生或短链生，孢身31.5～54.5μm×8.0～14.0μm，具横隔3～9个，纵隔膜2～3个，斜隔膜0～2个，分隔处稍缢缩。喙柱状，有或无分隔，大小0～50.0μm×3.0～3.5μm。另外，芸薹链格孢 *A. brassicae* Sacc.也可为害板蓝根。

（三）发病规律

病菌以分生孢子在病株残体上越冬，为翌年的初次侵染源。自5月起开始发生，一直可延续到10月，其中以6～9月发生最为严重。高温多雨季节有利于发病。

（四）防治措施

（1）耕作栽培措施　合理轮作，清洁田园，消灭越冬菌源；加强田间管理，增施磷钾肥，提高抗病力。

（2）药剂防治　发病初期喷施1∶1∶100波尔多液、75%百菌清可湿性粉剂600倍液或65%代森锌600～800倍液，每隔7～10天喷1次，连续喷2～3次。

六、板蓝根灰斑病

（一）症状

病菌主要为害叶片。受害叶面产生细小圆形病斑，略凹陷。病斑边缘褐色，中心部灰白色。病斑变薄发脆，易龟裂或穿孔。病斑直径2～6mm，叶面生有褐色霉状物，即病原菌分生孢子梗和分生孢子。自老叶先发病，由下而上蔓延。后期，病斑可互相愈合，病叶枯黄而死。

（二）病原

病原为半知菌亚门尾孢属真菌 *Cercospora* sp.。该菌孢子线状或蠕虫状，具有2～7个横隔膜，孢子梗垂直、暗色，孢子暗色或无色。

（三）发病规律

病原菌随病残组织越冬成为翌年的初次侵染源。种子亦可带菌。6 月上旬开始发病，6 月下旬至 9 月上旬为发病盛期。日平均温度在 23℃～25℃时，有利于发病，蔓延迅速。

（四）防治措施

（1）轮作和清理田园，减少菌源；注意排水，降低土壤湿度。

（2）发病初期，喷洒 1∶1∶100 波尔多液保护、50%甲基硫菌灵悬浮剂 800 倍液、75%百菌清可湿性粉剂 600 倍液，每 5～7 天喷 1 次，连续喷 2～3 次。

七、板蓝根炭疽病

（一）症状

病菌主要为害叶片。叶部病斑圆形，直径 1～2mm，中央白色，半透明，边缘红褐色，病斑上微露小黑点，即病菌的分生孢子盘。后期病斑易穿孔。叶片上有时密布小圆斑，但通常并不致叶片干枯。茎、花梗及种荚受害后呈梭形、条形、红褐色下陷斑。

（二）病原

病原为希金斯刺盘孢 *Colletotrichum higginsianum* Sacc.，属于半知菌亚门、腔胞纲、黑盘孢目、炭疽菌属真菌。该菌刚毛稀少，分生孢子长椭圆形、端钝圆、单胞、无色，直或稍弯，常具大油滴，大小 16.5～19μm×4μm，分生孢子盘小，直径 25～42μm，黑褐色，分生孢子梗单胞，无色、顶窄、基部较宽，大小 9～16μm×4～5μm。

（三）发病规律

病菌在病残组织上越冬。病菌喜高温，常在夏末秋初发生，多雨高湿有利于病害发生。

（四）防治措施

（1）耕作栽培措施　收获时认真清除病残组织，减少越冬菌源；与非十字花科植物轮作。

（2）药剂防治　发病初期喷洒 25%咪鲜胺乳油 1000 倍液或 50%施宝力可湿性粉剂 1500 倍液 2～3 次。

八、板蓝根病毒病

（一）症状

叶面表现系统花叶、斑驳。严重时植株矮小，叶片扭曲，并伴有坏死斑块。

（二）病原

目前报道的板蓝根病毒病的病原为黄瓜花叶病毒（CMV），属于雀麦花叶病毒科黄瓜花叶病毒属的典型成员，其病毒粒子的结构是等轴对称的二十面体类球体，直径约 29nm。

（三）发病规律

在自然界 CMV 有广泛的寄主，是分布最广和最具经济重要性的植物病毒之一，多种蚜虫为传毒媒介。高温干旱有利于蚜虫的活动及病毒的传播，发病严重。

（四）防治措施

（1）治虫防病　蚜虫发生期喷施 10%吡虫啉可湿性粉剂 1500 倍液、2.1%啶虫脒 2500 倍液、40%氰戊菊脂乳油 6000 倍液及 25%阿克泰乳油 5000 倍液。

（2）药剂防治　发病初期喷施 1.5%植病灵乳油 1000 倍液、3.85%三氮唑核苷·酮·锌水乳剂 500 倍液、10%混脂酸水乳剂 100 倍液及 50%氯溴异氰尿酸可湿性粉剂 1000 倍液。

（王蓉　丁万隆）

第三十八节　独活

Duhuo

ANGELICAE PUBESCENTIS RADIX

独活为伞形科植物重齿毛当归 *Angelica pubescens* Maxim. f. *biserrata* Shan et Yuan 的干燥根。以干燥根入药，有祛风胜湿、散寒止痛之功效。分布于辽宁、吉林、黑龙江、甘肃、四川等。主要病害有灰斑病、锈病、斑枯病、叶斑病、叶斑病等。

一、独活斑枯病

（一）症状

在叶片上，出现两种类型的症状：

（1）多角形病斑　叶面上形成受叶脉限制的多角形病斑，初为暗绿色，边缘暗褐色，以后中部变为灰白色，直径 1～3mm，其上生有黑色小颗粒，即病菌的分生孢子器。严重时病斑汇合成片，使叶片局部或全部枯死。

（2）圆形病斑　叶面上产生近圆形或圆形，边缘为黑褐色的病斑，中部褐色至灰白色，病斑大小差异较大，直径 3～10mm，斑上生有少量黑色小颗粒，即病菌的分生孢子器。发病严重时，病斑间的组织褪绿变褐，形成一片枯死斑。

（二）病原

病原为半知菌亚门、壳针孢 *Septoria* sp.的 2 种真菌。

（1）白芷壳针孢 *Septoria dearnessii* Ell. et Ev.引起多角形病斑。该菌分生孢子器初埋生，后突破表皮，球形、暗褐色、直径 62～86μm。分生孢子无色，直或微弯，两端钝圆，或略尖，1～3 隔膜，大小 11～26μm×1～1.5μm。

（2）壳针孢属 *Septoria* sp.真菌引起圆形病斑。该菌分生孢子器球形、近球形、扁球形，黑褐色，初埋生，后露出体表，大小 85.1～174.68μm×71.67～138.85μm。分生孢子针形，直或稍弯曲，隔膜不清，大小 28.22～51.74μm×1.41～1.76μm，此菌分生孢子器及分生孢子的大小较引起多角形病斑的病菌几乎大一倍，二者有明显差异，故种待定。

（三）发病规律

病菌以分生孢子器在病株残体上越冬。翌年条件适宜时，分生孢子借气流传播引起侵染。北方一般在7～8月发生。

（四）防治措施

（1）清除病残组织，减少越冬菌源。

（2）发病初期可选用70%甲基硫菌灵可湿性粉剂800～1000倍液或60%防霉宝2号水溶性粉剂800倍液喷施。

二、独活灰斑病

（一）症状

叶片上病斑近圆形，直径 3～6mm，灰色，有时有褐色，不清晰的边缘，两面生淡黑色的霉状物，即病菌的分生孢子梗和分生孢子。

（二）病原

病原为芹菜尾孢菌 *Cercospora apii* Fres.，为半知菌亚门、丝孢纲、丝孢目、尾孢菌属真菌。该菌子实体主要生于叶正面，也可生在叶背面，无子座。分生孢子梗5～16根束生，榄褐色，顶端近无色，稍狭，偶有分枝，2～8个膝状节，顶端近截形，孢痕显著，多隔膜，大小48～165μm×4～6μm。分生孢子鞭形，无色透明，极长，基部截形，顶端较尖，微弯，隔膜多而不明显，大小42～195μm×3～4μm。

（三）发病规律

病菌以菌丝体在病株残体上越冬，翌年条件适宜时，分生孢子随气流传播引起侵染。在东北7～8月发生。

（四）防治措施

（1）注意田园卫生　清除病残组织，减少越冬菌源。

（2）药剂防治　发病初期可用50%苯菌灵可湿性粉剂1500倍液、50%多菌灵可湿性粉剂800倍液、50%扑海因可湿性粉剂1500倍液及50%多霉威可湿性粉剂2000倍液喷施。

三、独活叶霉病

（一）症状

在叶片正面形成褪绿黄化的病斑。在褪绿枯黄组织背面，产生少量灰色毛丛状物，即病菌的分生孢子梗和分生孢子，往往和斑枯病混合发生。

（二）病原

病原为半知菌亚门、芽枝孢 *Fulvia* sp.真菌。分生孢子梗较直、有隔、无色或淡褐色，多数 10 根（最多 25 根）以上丛生在一起，大小 83.38～91.00μm×5.23～5.89μm。顶端上部一侧膨大体突起。分生孢子无色，多为单胞，少数 2～3 胞，椭圆形、长柱形、一端有一尖突，多串生，大小 12.94～29.40μm×4.7～8.23μm。

（三）发病规律

病菌以菌丝体随病残体在土壤中越冬，7～8 月多雨，高湿时发生较重。

（四）防治措施

在防治斑枯病的同时选择一些兼治芽枝孢的药剂，如 50%多菌灵可湿性粉剂 500 倍液、50%多·硫悬浮剂可湿性粉剂 300 倍液等。

（傅俊范　丁万隆）

第三十九节　桔梗
Jiegeng
PLATYCODONIS RADIX

桔梗 *Platycodon grandiflorum*（Jacq.）A. DC.为桔梗科、桔梗属多年生草本植物。以根入药，具有补肺泄火、散寒邪、开滞气、止嗽化痰等功效。桔梗全国各地均有分布与栽培。桔梗苗期和成株期根部病害有立枯病、根腐病、根结线虫病及紫纹羽病等，其中以根腐病和根结线虫病危害性最大。桔梗叶部病害有斑枯病、轮纹病、炭疽病、锈病、斑点病等。

一、桔梗枯萎病

（一）症状

苗期就可受害，出现烂根倒头，枯萎死亡。成株期发病，植株叶片由下向上黄化，变褐枯萎或局部分枝发病，维管束变褐色，茎基和根部也出现褐色斑后腐烂。病株很易拔起，在湿度大时，根头和茎部产生大量粉红色霉层，即病原菌分生孢子梗及分生孢子，最后全株枯萎。

（二）病原

病菌为尖镰孢 *Fusarium oxysporum* Schlecht.，也有其他镰孢菌，为半知菌亚门、瘤座孢目、镰刀菌属真菌。产生大小两种类型分生孢子，大型分生孢子镰刀形，多胞，有隔，无色；小型分生孢子单胞，无色。

（三）发病规律

镰孢菌是土壤习居菌，能长期在土壤中存活。病菌侵入寄主主要通过根部的伤口，侧根分枝裂缝和茎基部自然裂口也是侵入的途径。病菌侵入后在维管束内寄生蔓延，经过一段潜育期才表现病状。病害在田间传播主要依靠地面水流和土壤耕作。地下害虫和土壤线虫不但是枯萎病菌的传播媒介，造成的伤口也有利于病菌的侵入。连作、多雨、地势低洼、排水不良、耕作粗放、施用未腐熟的农家肥及地下害虫活动猖獗等造成根系发育不良或伤口易引起发病。通常自 5 月下旬开始发生，随着温度升高，症状逐渐明显。

（四）防治措施

（1）选择旱地、地势高、平坦的地块种植桔梗，防止地势不平低洼出现积水。

（2）改变耕作制度，减少土壤菌量。枯萎病发生严重的地方，可以采取和禾本科作物轮作的方法，轮作一般 3～4 年以上。

（3）精耕细作，加强田间管理，增施充分腐熟的有机肥，改良土壤结构，提高植株抗病力。

二、桔梗紫纹羽病

（一）症状

被害根部，表皮红色，逐渐变成红褐色至紫褐色。根皮上密布网状红褐色菌丝（俗称红筋网），后期形成绿豆大小的紫褐色菌核。最后，根部只剩下空壳，植株地上部枯死，故俗称烂脚病。

（二）病原

病菌为桑卷担子菌 *Helicobasidium mompa* Tanaka，为担子菌亚门、层菌纲、木耳目、卷担子属真菌。担子果平伏、松软，子实层平滑。担子圆柱形，弯曲，小梗钳形，单面侧生。孢子无色，卵形，光滑。

（三）发病规律

病菌主要以菌丝体在土壤中、病残体上越冬。一般 7 月下旬开始发病，8 月上旬出现红筋，9 月中旬逐趋严重，10 月底受害植株全部腐烂致死。土层浅薄，保水保肥差的地块有利发病，多雨年份发病早而严重，地块不平坦低洼积水处发病严重。连作地发病重。

（四）防治措施

（1）实行轮作。与禾本科作物实行四年以上轮作，在重病区实行水、旱轮作，可降低土壤带菌，减轻病害发病程度。

（2）及时拔除病株烧毁，并在病穴中浇注 10%石灰水。

（3）加强栽培管理，精耕细作，增施有机肥。在低洼地或多雨地区种植，应作高畦，注意排水。山地每亩用 50～100kg 石灰粉，改善土壤，减轻发病。

三、桔梗斑枯病

（一）症状

病菌主要为害桔梗的叶片。病斑单生或稀疏散生，较少两个或多个聚生。叶面病斑不规则形、圆形或近圆形，后期病斑扩大受叶脉所限，常呈多角形，直径 2～5mm；初期病斑淡黄，之后颜色变褐加深，后期呈灰白色，其上生众多小黑点，即病原菌分生孢子器

（图 7-88）。发生严重时，导致叶片枯死。

（二）病原

病原为桔梗壳针孢 *Septoria platycodonis* Sdy.，为半知菌亚门、腔孢纲、球壳孢目、壳针孢属真菌。分生孢子器大多叶面生，不规则地散生，初埋生，成熟后孔口突破表皮而外露，直径 80～120μm。分生孢子线形，两端钝，大多弯曲，3～5 个假隔膜，无色，大小 35～50μm×1.5～2.5μm。

（三）发病规律

病原菌主要以分生孢子器在病叶上越冬，或以菌丝体在病根芽、残茎上越冬，成为翌年的初次侵染来源。生长期不断产生分生孢子，借风雨传播，进行再次侵染，扩大为害。偏施氮肥发病重，栽培密度大、多雨潮湿条件下发病重。

（四）防治措施

（1）秋后清除病残组织，集中烧毁，减少越冬菌源。

（2）加强栽培管理，合理密植，配方施肥；适时中耕除草，雨后及时排水。

（3）生长期喷洒波尔多液（1∶1∶100）或 50%甲基托布津 800～1000 倍液。

四、桔梗根结线虫病

（一）症状

根结线虫病在桔梗上发生普遍，有时为害十分严重。有些地区已威胁到桔梗的生产。病株新生的支根或侧根上，因线虫寄生，细胞分裂加快，形成大小不一、不规则的瘤状物即虫瘿，单生、串生呈念珠状或粗糙的棍棒状。根结初为黄白色，光滑坚实。剖开根结可见到有若干乳白色鸭梨形的颗粒；如寄生较浅，雌虫尾部则微外露，胶质的卵囊渗出根外。瘤状根结后期变褐腐烂。病根结上方受刺激形成密集丛生的根系。病株地上部叶片出现黄绿色的斑，生长衰弱，天旱时容易发生萎蔫枯死。

（二）病原

病原为南方根结线虫 *Meloidogyne incognita* Chitwood，为线虫门、侧尾腺口纲、垫刃目、根结线虫属。雌雄线虫异型，雄成虫蠕虫形，大小 1.2～1.5mm×0.03～0.036mm。雌成虫梨形，大小 0.4～1.3mm×0.27～0.75mm。每个雌虫约可产卵 500 粒，排放在尾部胶质的卵囊内。此外，根结线虫其他几个种，如 *M. arenaria*、*M. hapla* 等也可能为害桔梗。根结线虫类寄主范围广，包括桔梗、川芎、牛膝、北沙参、丹参、地黄、白芷、白术、玄参、黄芪、栝楼、党参、砂仁、杜仲、白及、罗汉果、决明、风仙花、青葙、灵香草等多种药用植物。

（三）发病规律

根结线虫以病根结遗留在土中或由根结外露的卵囊团落入土壤中。病土既是病害的主要侵染来源，又是病原线虫传播的途径。春季当地温上升到 15℃时，2 龄幼虫破卵而出（在卵壳内孵化的 1 龄幼虫已蜕皮一次），在潮湿土壤中活动，侵入寄主的幼根内寄生，取食并分泌唾液，刺激寄主组织形成巨形细胞，致使细胞过度分裂形成疣肿。幼虫经过四次蜕皮发育成形态各异的成虫。蠕虫形的雄虫从根部钻出，在土壤中自由生活。梨形的雌虫交配或不经交配产卵，虫卵可产生在根组织内部或根外。卵可以直接孵化或越冬后在春天孵化。在27℃完成一代生活史需25天，温度过高或过低则所需时间较长。孵化出的2龄幼虫迁移到邻近的根或其他植株的根上再引起新的侵染。根结线虫通常在5～25mm的根际范围数量最多。在气温较高或冬季短而不太冷的地区及多湿的砂壤土中，线虫病发生重。

（四）防治措施

（1）种苗检疫，病苗不作种用。

（2）冬灌淹水，与水稻或水生作物轮作。

（陈炳蔚　丁万隆）

第四十节　党参

Dangshen

CODONOPSIS RADIX

党参 *Codonopsis pilosula* (Franch.) Nannf.为桔梗科多年生草本植物。以根入药，具有补中益气、养血生津之功效。根据其外形和产地不同，分为西党（主产于甘肃、陕西、四川）、东党（主产于吉林、辽宁、黑龙江）、潞党（主产于山西、河南）、条党（主产于四川、湖北、山西）等。党参主要病害有锈病、斑枯病、紫纹羽病和根腐病等。

一、党参锈病

（一）症状

叶、茎、花托等部位均可受害。叶片正面病斑淡黄色至黄褐色，相应的背面产生淡红褐色小疱斑，周围有黄色晕圈。疱斑大都着生在叶脉两侧，聚集成堆，夏孢子堆橙黄色，后期表皮破裂，散出大量的黄色粉末，即病菌的夏孢子。严重时，发病叶片迅速干枯。花托和茎上的夏孢子堆较大。

（二）病原

病原为金钱豹柄锈菌 *Puccinia campanumoeae* Pat.，为担子菌亚门、冬孢菌纲、锈菌目、柄锈菌属真菌。冬孢子堆生于叶背面，黄褐色，扁平，突破表皮。冬孢子双胞，褐色，平滑，在隔膜处隘缩，顶端有圆形的乳突，大小 33～46μm×15～17μm；柄长，无色，大小 50～66μm×4～6μm。夏孢子黄色，椭圆形，表面有刺。

（三）发病规律

该菌的冬孢子阶段很少见。推测病菌可能以夏孢子在宿根枝叶上越冬。生长季节开始，夏孢子通过气流传播引起发病，新病斑又大量产生夏孢子不断地进行重复侵染，扩大蔓延为害。在北方及四川等地，每年中秋节前后及未成熟前常严重为害。以潞党参抗病性较好。

（四）防治措施

（1）栽培措施　栽种抗锈党参；有人认为党参锈病与桧柏有关，栽培党参要远离桧柏至少 4km；秋末彻底清理田园，将枯枝落叶清除田外集中处理，减少初侵染源。

（2）药剂防治　生长期发现病株立即喷药保护，可选用 25%粉锈宁 1500～2000 倍液、20%萎锈灵乳剂 200 倍液及 65%代森锌 500 倍液等，每隔 7～10 天喷 1 次，连续 2～3 次。

二、党参紫纹羽病

（一）症状

病菌为害根部。首先须根发病，逐渐蔓延到主根。病根表面出现紫红色的丝网状菌索及绒毛状菌膜，参根由外向内逐渐腐烂，柔嫩组织全部消失，最后参根变成黑褐色的空壳。受害轻的参根坚硬短细呈灰褐色，无药用价值。

（二）病原

病原为桑卷担菌 *Helicobasidium mompa* Tanaka，为担子菌亚门、层菌纲、木耳目、卷担菌属真菌。菌丝层扁平，紫绒状，由 5 层组成，在外层着生担子和担孢子。担孢子无色，圆筒状，大小 25～40μm×4～6μm，向一方弯曲，有隔膜 3 个，分成 4 个细胞，在每个细胞上各长出 1 个小梗。小梗无色，大小 5～15μm×3～4.5μm。担孢子着生在小梗上，无色、单胞、卵圆形、顶端圆，基部尖，大小 16～19μm×6～6.4μm。菌核半球形，紫色，大小 1.1～1.4mm×0.7～1.0mm，剖面外层紫色，内部黄褐色至白色。病菌寄主范围广泛，能为害多种林木、果树及药用植物中的黄芪、丹参、桔梗等。

（三）发病规律

病菌以菌丝体、根状菌索和菌核随着病根遗留在土壤中，可存活多年，遇到新寄主，从根部侵入为害。病菌的根状菌索横向扩展可侵染邻近健根。带菌参苗、施用未经腐熟的林间积肥和坡地的水土流失，可将病菌带到无病田块引起发病。土壤偏酸性、潮湿、夏季多雨，有利于病害发生。

（四）防治措施

（1）培养无病参苗　选用多年种植禾本科植物的无病田育苗。

（2）土壤处理　在播种或移栽前，施生石灰 80～100kg/667m^2，以改善土壤环境；用 40%多菌灵胶悬剂 500 倍液，或 25%多菌灵粉剂 300 倍液浇灌土壤，用药液 5kg/m^2，防病效果较好。

（3）耕作栽培措施　发病率高的田块彻底清除田间病残体，实行与玉米、高粱、麦类等禾本科植物轮作，一般 5 年后再种党参。施用经过充分腐熟的厩肥或饼肥作基肥，忌用林间土渣肥。

三、党参白粉病

（一）症状

病害主要发生于叶背，初生白色小粉点，后扩展至全叶，后期在白粉中产生少量黑色小颗粒，即病菌的闭囊壳。病株长势弱，叶色发黄卷曲。

（二）病原

病原为党参单囊壳 *Sphaerotheca codonopsis* (Golov.) Z. Y. Zhao，为子囊菌亚门、核菌纲、白粉菌目、单囊壳属真菌。闭囊壳球形、扁球形、褐色至暗褐色，直径 60～80μm，附属丝较少，4～6 根，丝状、弯曲、粗细不匀、有隔。囊内单个子囊、近球形、卵形、无柄，大小 60～75μm×45～56μm，内有子囊孢子 6～8 个，长卵圆形、椭圆形，大小 13～26μm×13～20μm。

（三）发病规律

病菌以闭囊壳随病残体在土壤中越冬。翌年以子囊孢子进行侵染，8 月为发病盛期。

（四）防治措施

（1）栽培措施　收获后认真清除病残组织，集中烧毁。

（2）药剂防治　发病初期选喷 20%三唑酮乳油 2000～3000 倍液或 50%多菌灵·磺酸盐可湿性粉剂 800 倍液等药剂。

四、党参根腐病

（一）症状

发病初期，靠近地表的根顶部及须根、侧根轻度腐烂，逐渐蔓延到主根至全根。根部自下向上呈黑褐色水渍状腐烂，最后植株由下而上变黄枯死。如发病较晚，秋后可留下半截病参。翌年春天，病参芦头虽可发芽出苗，但不久继续腐烂，植株地上部叶片也相应变黄逐渐枯死。有时发病后，地上部部分叶片出现急性萎蔫枯死，整个参根很快呈水渍状软腐，内部维管束变褐。出现全株性萎蔫，继而枯死。腐烂根上有少许白色绒状霉。

（二）病原

病原为镰孢菌 *Fusarium* spp.，为半知菌亚门、镰孢菌属的多种真菌。

（三）发病规律

病菌在土壤和带病的参根上越冬。上年已感染的参根在 5 月中下旬出现症状，6～7 月为发病盛期。急性型根腐发病较晚，一般 6 月中下旬出现病株，8 月为发病高峰，田间可持续为害至 9 月。在高温多雨、田间积水、藤蔓繁茂、湿度大及地下害虫多的连作地块，发病重。

（四）防治措施

（1）栽培措施　选栽无病种苗，避免连作；注意深翻整地，疏沟排水；增加通风透光，降低田间湿度。

（2）药剂防治　发病初期用 10%双效灵 300 倍液或 50%多菌灵 500～1000 倍液灌根。

五、党参斑枯病

（一）症状

叶面产生多角形、圆形、近圆形、褐色病斑，边缘紫色，直径 1～5mm，后期在病斑中部产生黑色小颗粒，即病菌分生孢子器。

（二）病原

病原为党参壳针孢 *Septoria codonopsidis* Ziling.，为半知菌亚门、腔孢纲、球壳菌目、壳针孢属真菌。分生孢子器叶两面生，黑褐色、球形、近球形，直径 65～115μm。分生孢子针形，茎部较圆、顶部细，直或弯曲，1～4 隔膜，大小 18～42μm×0.5～1μm。

（三）发病规律

病菌以菌丝体及分生孢子器随病残体在土壤中越冬。翌年条件适宜时，以分生孢子侵染寄主。

（四）防治措施

（1）收获时彻底清除田间病残体，将病残体运出田外集中深埋或烧掉；与麦类等其他作物轮作。

（2）发病前喷施 1∶1∶150 的波尔多液，发病初期喷洒 70%甲基硫菌灵可湿性粉剂 600 倍液或 1∶1∶100 波尔多液防治。每隔 5～7 天喷 1 次，连续喷 2～3 次。

（李勇　丁万隆）

第四十一节　柴胡
Chaihu
BUPLEURI RADIX

柴胡为伞形科植物柴胡 *Bupleurum chinese* DC.或狭叶柴胡 *Bupleurum scorzonerifolium* Willd.的干燥根。主要分布于我国华北、西北和东北地区。以根入药，具有疏散退热、舒肝升阳之功效。用于感冒发热、寒热往来、胸胁胀痛、月经不调等症。柴胡病害主要是根腐病、斑枯病、锈病和根结线虫病，其中以根腐病发生最为普遍，为害最为严重。

一、柴胡斑枯病

（一）症状

病菌主要为害叶部。罹病植株在叶片上产生直径 3～5mm 的圆形或不规则形暗褐色病斑，中央稍浅，有时呈灰色。严重时病斑连片成大枯斑，干枯面积达叶片 1/3～2/3，叶缘上卷，严重时叶片枯死（图 7-89、图 7-90）。

（二）病原

病原为壳针孢属柴胡壳针孢 *Septoria bupleuri* Desm.，属于子囊菌无性型。分生孢子器球形或近球形，黑褐色，大小 56～84μm×52～74μm。分生孢子针形，基部较圆，顶部较细，无色，稍弯曲，大小 12～25μm×3μm，1～3 个隔膜。

（三）发病规律

病菌以菌丝体和分生孢子器在病株残体上越冬。春季分生孢子借气流传播引起初侵染。病斑上产生的分生孢子借风雨传播，不断引起再侵染。从叶缘、叶尖侵染发生。一般 7～8 月发病严重。叶两面产生分生孢子器，随病残叶在土壤中越冬，重茬、高温高湿田发病重。

（四）防治措施

（1）耕作栽培措施　收获时认真清除病残组织，将病株残体运出田外集中深埋或烧掉；与麦类等其他作物实行 3 年以上轮作。

（2）药剂防治　发病前喷施 1∶1∶150 的波尔多液，发病初期喷洒 70%甲基硫菌灵可湿性粉剂 600 倍液、10%世高水分散颗粒剂 1500 倍液或 1∶1∶100 波尔多液防治。每隔 5～7 天喷 1 次，连续喷 2～3 次。

二、柴胡根腐病

（一）症状

病菌主要为害柴胡主根，侧根也有发生。发病初期，根部靠近地表端表皮变褐，并伴有纵向裂口，一般呈条形、椭圆形或菱形。发病初期的柴胡病株与健株无明显区别，发病后期病部裂口稍膨大、变脆，裂口遍及根部整个外围，深及木质部，变褐或发黑并造成水分、养料输送中断，使根腐烂，最后导致植株萎蔫死亡。

（二）病原

柴胡根腐病主要是半知菌亚门镰刀菌属的腐皮镰孢菌 *Fusarium solani* (Mart.) App. et Wollenw.和尖孢镰刀菌 *Fusarium oxysporum* 复合侵染所致。

（1）尖孢镰刀菌 *Fusarium oxysporum*　在 PDA 培养基上生长迅速，菌丝体乳白色，气生菌丝发达，不易产孢；在麦汁培养基上生长稍慢，菌落呈灰白色，气生菌丝稀疏，易于产孢。从麦汁培养基上挑取少量菌丝，镜检发现大量分生孢子和分生孢子梗。大分生孢子镰刀形或长椭圆型，1～3 个隔膜，大小 14.9～36μm×3.3～4.4μm，分生孢子梗长，分生孢子簇生；小分生孢子数量多，卵形、长椭圆形或短棒状，无隔膜，大小 4.3～5.6μm×2.3～3.0μm，由侧生分生孢子梗产生；厚垣孢子近圆形，顶生或间生。

（2）腐皮镰孢菌 *Fusarium solani*　菌株在 PDA 培养基上蔓延生长，气生菌丝呈白色绒毛状，不易产孢。从 PDA 培养基上挑取少量菌丝，镜检发现大量分生孢子和分生孢子梗。分生孢子梗伸长、不分枝；小型分生孢子长椭圆形、肾型，单胞或双胞，数量大，呈假头状聚生；大型分生孢子镰刀型，两端较钝，顶胞稍弯，具 1～6 隔，其中 3 隔膜占总数的 99%以上；厚垣孢子球形，表面光滑或粗糙，顶生或间生于菌丝中。

（三）发病规律

柴胡根腐病一般每年 5 月即有零星发生，6 月中下旬随着雨水增多发病逐渐加重，7 月中下旬至 8 月中旬为发病盛期。当年生柴胡即有发病，如不采取措施，第 2 年发病情况加重。高温、高湿、多雨年份发病重；反之，则发病较轻。连作、重茬田块发病重。

（四）防治措施

（1）选择未被污染的土地种植，忌连作，最好与禾本科植物轮作；种植前可每亩用 50%多菌灵可湿性粉剂 2～4kg 混拌 20～30kg 细沙土，于播种时把药土施入垄沟内，具有很好的预防效果。7～8 月增施磷、钾肥，增强其抗病能力；雨季注意做好排水工作，防止积水。

（2）及时拔除病株，病穴用生石灰消毒。发病初期用 30%恶霉灵水剂 1000 倍液、2%农抗 120 水剂 500 倍液或 70%甲基硫菌灵可湿性粉剂 1000 倍液灌根。

三、柴胡锈病

（一）症状

病菌主要为害茎叶。发病初期叶片正面上产生浅黄色小斑点，周围有黄色晕圈，背面出现浅红褐色稍隆起小疱斑；后期表皮破裂，散出橙黄色粉末（夏孢子），严重时叶片干枯，严重影响植株的生长发育及根的质量。有冬孢子产生。

（二）病原

病原为柴胡柄锈菌 *Puccinia bupleuri* Rud.，属于担子菌门、锈菌纲、柄锈菌属真菌。夏孢子椭圆形、近球形或倒卵形，大小 13～22μm×11～17μm，淡黄色或黄褐色。冬孢子圆柱形或棍棒状，顶端圆形或平截，基部略狭，2～4 室，大小 61～84μm×12～20μm，壁光滑，柄短或近无柄。

（三）发病规律

病菌以冬孢子在病组织上越冬，温暖地区夏孢子也可越冬，作为翌年的初侵染源。第 2 年侵染发病后，病斑上产生大量夏孢子，接着引起多次再侵染。一般 5～6 月开始发生，高温多雨季节发病重。5月始见，阴雨天，相对湿度大，大雾重露，植株生长衰弱，通风不良田易发病。

（四）防治措施

（1）秋季采收后及时将田内杂草和柴胡残株清理干净，运出田外集中深埋或烧掉。

（2）实行轮作，定期与其他农作物轮作；合理施用氮肥，适当增施磷、钾肥，增强柴胡的抵抗能力。

（3）发病初期用 25%粉锈宁 800 倍液、65%代森锌可湿性粉剂 500 倍液喷雾防治，每隔 7～10 天喷 1 次，连喷 2～3 次。

（李勇）

第四十二节　商陆
Shanglu
PHYTOLACCAE RADIX

商陆 *Phytolacca acinosa* Roxb.为商陆科多年生草本植物。全国大部分地区均有分布。以根入药，有泻水利尿、散结消肿之功效，治腹水、胀满、痈肿等症。病害主要是黑斑病，一般不造成危害。

商陆黑斑病

（一）症状

叶片上病斑圆形至不规则形，直径 3～12μm，淡褐色，微具轮纹，二面生黑色霉状物，即病原菌的子实体，严重时病斑汇合，叶片局部枯死（图 7-91）。

（二）病原

病原为长柄链格孢 *Alternaria longipes* (Ell. et Ev.) Tisd. et Wadk.。分生孢子梗单生或 3～5 根束生，暗褐色，顶端色淡，基部细胞稍大，不分枝，正直或屈曲，1～4 个隔膜，隔膜处有时皱缩，大小 18～73μm×4～5μm；分生孢子 2～4 个串生，偶尔单生，倒棒形，暗褐色；嘴喙稍长至长，色淡，不分枝；孢子至嘴喙逐渐变狭；孢身具 5～10 个横膈膜，0～6 个纵膈膜，隔膜处有皱缩，大小 29～53μm×9～13μm；嘴喙 0～3 横膈膜，大小 10～90μm×2～5μm。

（三）发病规律

7～8 月发生。该病初侵染源为病残组织或土壤中中的菌丝和分生孢子。分生孢子萌发直接侵入或从植株的伤口、气孔等部位侵入寄主形成初次侵染。初次侵染病斑产生的分生孢子再侵染寄主，形成再次侵染；依此循环往复，形成多次侵染。分生孢子借气流、雨水和农事活动等进行传播。温度与降水是病害流行的关键因素。

（四）防治措施

（1）收获后清除残株病叶，减少越冬菌源。

（2）合理轮作，加强田间管理，增施磷钾肥，增强植株的抗病力；雨后及时开沟排水，降低田间湿度。

（3）4 月上旬开始喷 1∶1∶100 的波尔多液，发病初期选用 50%异菌脲悬浮剂 800～1000 倍液，或 50%腐霉利可湿性粉剂 1000～1500 倍液，或 40%嘧霉胺悬浮剂 1000～1500 倍液，或 60%多·霉威可湿性粉剂 800～1000 倍液等 2～3 次。

（丁万隆）

第四十三节　射干
Shegan
BELAMCANDAE RHIZOMA

射干 *Belamcanda chinensis*（L.）DC.为鸢尾科多年生草本植物，别名乌扇、扁竹、蝴蝶花等，全国各地均有分布。以根状茎入药，有清热解毒祛痰利咽、活血消肿之功效。射干上发生的病害主要有锈病和眼斑病。

一、射干锈病

（一）症状

病菌主要侵染射干叶片，在幼苗和成株期均有发生。发病初期，老叶片或嫩茎上产生微隆起的疮斑，不规则散生，破裂后，散出橙黄色或锈色粉末，为病菌的夏孢子，后期病部出现黑色粉末状物，为病菌的冬孢子。发病后叶片干枯脱落，严重时全株死亡（图 7-92、图 7-93）。

（二）病原

病原为射干柄锈菌 *Puccinia belamcandae* Dietel，属于担子菌门、锈菌纲、锈菌目、柄锈菌属真菌。夏孢子堆生于叶两面，圆形或矩圆形，散生或聚生，长期被表皮覆盖或晚期裸露，略呈粉状，栗褐色；夏孢子近球形、椭圆形或倒卵形，大小 27～38μm×20～30μm，壁厚为 2.5～4（～5）μm，淡黄褐色至肉桂褐色，有刺，芽孔 3～5 个散生偶见腰生。冬孢子为棍棒形或矩圆形，大小 35～60μm×16～23μm，壁栗褐色，顶端达 13μm，柄长达 58μm，不脱落。病菌冬孢子在我国未曾发现。

（三）发病规律

病菌以冬孢子随病残体遗留在地面或黏附于种子上越冬。冬孢子萌发产生担孢子引起初侵染。夏孢子在温暖地区也可以越冬，通过风雨传播反复侵染。东北地区 6 月上中旬始发，7～8 月温度升高、雨量较大，病害迅速蔓延，尤其是叶面结露及叶面上的水滴是锈菌孢子萌发和侵入的先决条件。夏孢子形成和侵入适温为 15℃～24℃，10℃～30℃均可萌发，以 16℃～22℃最适。日均温 25℃，相对湿度 85%潜育期约 10 天。气温 20℃以上，高湿，昼夜温差大及结露持续时间长易流行，连作地发病重。

（四）防治措施

（1）加强田间管理　幼苗成活后，勤锄草松土，并适当培土。施足腐熟有机肥，适当增施磷、钾肥，合理浇水，增强植株抗病能力。

（2）及时清除田间病残体　秋季注意清园，彻底清除病残体，降低越冬菌源基数。

（3）发病初期及时进行药剂防治　可用 15%三唑酮可湿性粉剂 1000 倍液或 12.5%烯唑醇可湿性粉剂 3000 倍液，叶面及茎基部喷洒，7～10 天 1 次，连喷 2～3 次。

二、射干眼斑病

（一）症状

病菌主要为害叶片，也可发生在花梗及果实上，不侵染根及根状茎。叶上病斑两面生，多发生在叶片上半部，圆形或椭圆形，直径 2～8mm，中央灰白色，边缘红褐色至褐色，呈独特的“眼斑”状。后期病斑上生淡黑色霉状物，为病原菌的分生孢子梗和分生孢子，发生严重时病斑扩大并汇合成片，导致叶片早枯，产量下降。

（二）病原

病原为细丽疣蠕孢 *Heterosporium gracile* Sacc.，属于半知菌亚门、疣蠕孢属真菌。分生孢子梗 5～24 根束生于少数褐色细胞组成的子座上，淡褐色，基部细胞多数稍大，顶端狭而呈圆锥形，不分枝，正直或屈曲，无膝状节，2～5 个隔膜，大小 40～124μm×9～13μm；分生孢子单生，坐落于顶端，圆柱形，褐色，正直，表面有小刺，顶端和基部均呈圆形，脐点大，凹入基部细胞内，2～3 个隔膜，大小 32～64μm×15～20μm。

（三）发病规律

病菌以分生孢子梗和分生孢子在病叶上或以菌丝体潜伏在根茎部越冬，翌春产生分生孢子进行初侵染；生长季病斑上产生的分生孢子靠气流传播不断造成再侵染，扩大蔓延。温暖多雨、田间湿度大或偏施氮肥则发病严重。7 月中旬至 8 月下旬为发病盛期。

（四）防治措施

（1）收获后及时清除病残体，集中烧掉或深埋。

（2）合理密植，实行配方施肥；适量灌水，雨后及时排水。

（3）发病初期喷洒 50%代森锰锌 600 倍液或 40%多·硫悬浮剂 600 倍液等药剂，7～10 天 1 次，连续 2～3 次。

（丁万隆）

第四十四节　萝芙木
Luofumu

萝芙木 *Rauvolfia verticillata* (Lour.) Baill.别名鱼胆木、矮青木，为夹竹桃科常绿灌木。主产于广西、广东。以根入药，主治高血压、头晕失眠、跌打损伤、蛇咬伤等症。萝芙木病害有白绢病和叶斑病。

一、萝芙木白绢病

（一）症状

各种植物上发现的白绢病，其发病部位及所表现的症状大都相似。病菌从接近地面的茎基部侵入寄主。病组织先出现褐色至黑褐色水渍状的病斑，很快出现白色，绢丝状的菌丝覆盖病部。在潮湿条件下，病菌扩展很快，并在菌丝中逐渐形成白色小粒，随后增大而成淡黄色，最后变为黑褐色、油菜籽大小的菌核。病株地上部分皮层组织受到严重破坏，逐渐失水，茎叶变黄。根部变褐呈水渍状腐烂，从顶部开始慢慢枯萎死亡。

（二）病原

病原为齐整小核菌 *Sclerotium rolfsii* Sacc.，为半知菌亚门、丝孢纲、无孢目、小核菌属真菌。营养菌丝洁白、绢丝状，从中心向四周辐射状扩展。菌丝有横隔，分枝常呈直角，分枝基部略缢缩。菌核大多圆形，直径为 0.9～1.3mm。2～3 个或多个菌核能互相联接在一起。菌核表生，球形或椭圆形，平滑而有光泽如油菜籽，由白色变黄褐色。内部白色，构成细胞多角形，表面的细胞色深而小。

（三）发病规律

以菌丝或菌核越冬。每年随温度上升到 15℃以上的季节开始发生，发生期一直可延续到 9 月上旬。7 月中旬以后形成菌核。酸性土发生较多，高温高潮、连作地发病较重，特别施用未腐熟的垃圾发病更为严重。

（四）防治措施

（1）结合整地每亩用 75～100kg 石灰消毒杀菌并改造土壤。种植前，每穴施一点木霉菌粉。

（2）发现中心病株及早拔除，病穴处施些石灰，以防病害蔓延。增施有机质肥料，并在病株附近浇灌 75%百菌清可湿性粉剂 800～1000 倍液，控制病害发展。

二、萝芙木叶斑病

（一）症状

被害叶，开始出现黄色小点，随后发展成褐色小斑，具一圈褐黄色边缘。后期，病斑中心稍下陷，呈灰白色，其上散生小黑点，为病原菌的子座。病情严重时，叶面穿孔，甚至落叶。

（二）病原

病原为欧夹竹桃尾孢 *Cerospora neriella* Sacc.，于属半知菌亚门、丝孢纲、丛孢目、黑色菌科、尾孢属真菌。子座橄榄绿色至褐色，直径 23～121μm。分生孢子梗聚生，色淡，具 0～3 个隔膜，不分枝，大小 5～31μm×3～5μm。分生孢子圆筒形，无色，具 1～5 个隔膜，大小 13～48μm×3～5μm。

（三）发病规律

病菌在病枝叶上越冬，翌年在老病斑上产生分生孢子，随雨水飞溅传播，高温高湿发病较为严重。

（四）防治措施

（1）清洁田园，剪出并烧毁病枝叶，以减少越冬菌源。

（2）喷药防治，发病前后可用 1∶1∶200 波尔多液，70%甲基托布津可湿性粉剂 1000 倍液连续进行 2～3 次喷施防治。

（董佳莉　丁万隆）

第四十五节　黄芪

Huangqi

ASTRAGALI RADIX

黄芪为豆科多年生草本植物。蒙古黄芪 *Astragalus membranaceus* Bge. var. *mongholicus* Hsiao 或膜荚黄芪 *Astragalus membranaceus* Bge.的干燥根均作为黄芪入药，有补气壮脾胃、固表止汗等功效。蒙古黄芪种植区在内蒙古包头、山西大同、甘肃定西等地；膜荚黄芪主要在河北、山东、东北地区种植。黄芪病害发生普遍、为害较严重的是白粉病、根腐病及根结线虫病。另外，黄芪锈病、立枯病、褐斑病、霜霉病、菟丝子等病害在有些产区会造成严重损失。

一、黄芪白粉病

（一）症状

病菌主要为害叶片，叶柄、嫩茎和荚果上也可发生。叶面最初产生近圆形白色粉状斑，扩展后连接成片，呈边缘不明显的大片白粉区，上面布满白色粉末状霉层，为病菌的菌丝体、分生孢子梗和分生孢子，严重时叶背及整株被白粉覆盖；后期白粉呈灰白色，霉层中产生无数黑色小颗粒，为病菌闭囊壳（图 7-94、图 7-95）。

（二）病原

病原为豌豆白粉菌 *Erysiphe pisi* DC.，为子囊菌亚门、核菌纲、白粉菌目、白粉菌属真菌。菌丝体可在叶的两面生。大多数情况下存留并形成不定形的白色病斑，常覆满全叶。分生孢子桶形、柱形至近柱形，大小 25.4～38.1μm×12.7～17.8μm；子囊果聚生或近散生，暗褐色，扁球形，直径 92～120μm，个别达 150μm。壁细胞多角形。附属丝 12～34 根，大多不分枝。子囊 5～9 个，卵形、近卵形，少数近球形或其他不规则形状。一般有短柄，少数无柄或近无柄。子囊孢子 3～5 个，卵形、矩圆至卵圆形，带黄色，大小 20.3～25.4μm×12.7～15.2μm。

（三）发病规律

病菌主要以闭囊壳随病株残体在土表越冬，或以菌丝体在根芽、残茎上越冬。第 2 年春条件适宜时产生子囊孢子引起初侵染；生长季以分生孢子进行再侵染。空气相对湿度低到 25%时，也能萌发侵入为害。分生孢子主要靠气流传播。田间管理不善、排水不良、植株过密、光照不足等有利于病害发生流行。

（四）防治措施

（1）宜选新茬地种植，忌连作和迎茬；收获后彻底清除田间病残体，并加强水肥管理；合理密植，注意田间通风透光。

（2）病害发生期视病情喷药 3～4 次，可选用 25%粉锈宁 1000～1200 倍液、62.25%仙生 600 倍液或 50%甲基托布津 800 倍液等药剂，间隔 15～20 天。

二、黄芪根腐病

（一）症状

病菌主要为害根部。根尖或侧根先发病并向内蔓延至主根，植株叶片变黄枯萎。发病后期茎基部及主根均呈红褐色干腐，上有红色条纹或纵裂，侧根已腐烂，病株极易自土中拔起，主根维管束呈褐色。在潮湿环境下根茎部长出粉霉，为病原菌的分生孢子。

（二）病原

病原主要是茄腐镰孢 *Fusarium solani*，串珠镰孢 *F. moniliforme* 和木贼镰孢 *F. equiseti* 也可导致发病，均属于半知菌亚门、丝孢纲、瘤座孢目、镰孢属真菌。茄腐镰孢 *Fusarium solani* (Mart.) Sacc.在 PSA 培养基上气生菌丝薄绒状，白色，浅灰色，间有土黄色分生孢子座，基物表层肉色，有的菌株淡蓝紫色，培养基不变色。小型分生孢子数量多，卵形、肾形，比较宽，壁较厚，大小 8～16μm×2.5～4μm；大型分生孢子镰刀形，大孢子最宽处在中线上部，两端较钝，顶孢稍弯，基孢有足跟，整个孢子形态较短而胖，壁较厚，2～8 隔膜，多数 3～5 隔膜。1～2 隔膜的大小 10～41.4μm×2.5～4.9μm；3～4 隔膜的大小 23.1～57.8μm×3～6μm；5～6 隔膜的大小 31.4～70μm×3.4～6.6μm；7～8 隔膜的大小 42.9～74.3μm×3.4～7μm。厚垣孢子球形，数量多，在菌丝或孢子顶端或中间单生，对生，直径 6～10μm。产孢细胞在气生菌丝上长出长筒形的单瓶梗；在分生孢子座上成簇产生，多分枝，长短不一，但均呈长筒形。

（三）发病规律

病菌可在土壤中长期营腐生生活，随时引起为害。病菌主要靠水流、土壤耕作传播，通过根部伤口侵入。地下害虫、线虫及被牲畜践踏造成的伤口有利于病菌侵入。通风不良、排水不畅、杂草丛生的潮湿地易发病，常造成根部腐烂。4 月中旬开始发生，6～7 月连续阴雨后转晴、气温骤升时发病严重，常造成植株成片枯死。连作地及多雨潮湿地块易发生，一般发病率 20%～30%。1999 年河北行唐种植的膜荚黄芪发病率高达 80%，导致大面积毁种。

（四）防治措施

（1）加强栽培管理，实行 3 年以上轮作；雨后及时排水，地面不积水。

（2）播种时每平方米用木霉制剂 10g 拌适量细土沟施。

（3）发病初期选用 50%甲基托布津 800 倍液或 75%百菌清 600 倍液等喷茎基部，或用 100 倍石灰水灌根。

三、黄芪根结线虫病

（一）症状

线虫为害根部。线虫侵入后，细胞受刺激而加速分裂，主根和侧根变形成为瘤状物，小的 1～2mm，大的可以使整个根系成为一个大瘤，其表面初为光滑，以后变为粗糙且易龟裂。罹病植株枝叶枯黄或落叶。

（二）病原

病原为南方根结线虫 *Meloidogyne incognita* Chitwood.，属于线形动物门、线虫纲、垫刃目、根结线虫属。线虫为长洋梨形，头尖腹圆，呈鸭梨形，会阴部分的弓纹较高，横条沟呈波纹状，间距较宽，侧线有时不清楚，在弓纹中心的横沟呈旋涡状不规则。雄成虫蛔虫形，尾端椭圆无色透明。雌虫为 0.61～0.75mm×0.4～0.68mm；雄虫体长 0.8～1.9mm。

（三）发病规律

土中遗留的虫瘿及带有幼虫和卵的土壤是线虫病的传染源。带有虫瘿的土杂肥、流水和农具等均可传染。6～10 月均有发生。透气性较好的砂性土壤对线虫生长发育有利，常发病严重。

（四）防治措施

实行水旱轮作或与禾本科作物轮作；选用健康、无病原线虫的种根作种栽。

四、黄芪白绢病

（一）症状

罹病初期，病根周围及附近表土和浅土层内产生棉絮状的白色菌丝体。由于菌丝体密集而成菌核，初为乳白色，后变米黄色，最后呈深褐色或栗褐色。被害黄芪根系腐烂殆尽或残留纤维状的木质部，极易从土中拔起，地上部枝叶发黄，植株枯萎死亡。

（二）病原

病原为齐整小核菌 *Sclerotium rolfsii* Sacc.，为半知菌亚门、丝孢纲、无孢目、小核菌属真菌。营养菌丝洁白、绢丝状，从中心向四周辐射状扩展。菌丝有横隔，分枝常呈直角，分枝基部略缢缩。菌核大多圆形，直径为 0.9～1.3mm。2～3 个或多个菌核能互相联接在一起。

（三）发病规律

白绢病菌主要以菌核在土中过冬。菌核经试验，在 10℃开始萌发，20℃萌发受到抑制，50℃以上菌核死亡。翌年温湿度适宜时，菌核萌发产生菌丝体，侵害黄芪根部引起发病。此外，土杂肥及黄芪苗带菌感染，也成为初次侵染来源。田间发病期间，菌核可通过水源、杂草及土壤的翻耕等向各处扩散传播为害。

（四）防治措施

（1）与禾本科作物轮作，不与易感病的白芍、玄参等药材及花生等作物轮作。

（2）整地时将杀菌剂翻入土中进行土壤消毒。

（3）选用无病种栽作种，并用50%退菌特1000倍液浸栽后种植。

（4）发现病株带土移出田间烧毁，并在病穴及其周围撒施石灰粉消毒。

五、黄芪紫纹羽病

（一）症状

罹病黄芪由地下部须根首先发生，以后菌丝体不断扩大蔓延至侧根及主根。病根由外向内腐烂，流出褐色、无臭味的浆液。皮层腐烂后，易与木质部剥离。皮层表面有明显的紫色菌丝体或紫色的线状菌索。后期，在皮层上生成突起的深紫色不规则的菌核。有时，在病根附近的浅土中见紫色菌丝块。菌丝体常自根部蔓延到地面上，形成包围茎基的一层紫色线状皮壳，即为病原菌菌膜。

（二）病原

病原为桑卷担菌 *Helicobasidium mompa* Tanaka.，为担子菌亚门、层菌纲、木耳目、卷担菌属真菌。担子果不发达，由疏松的菌丝体组成，平铺于基物上。担子顶端弯曲。菌核表层紫色，内层黄褐色，中心呈白色。担子无色，圆筒形，弯曲成弓状，向上侧生圆锥形小梗，顶端生担孢子；担子自菌丝顶端产生。当担孢子散发后，担子便凋萎或消失。担孢子单胞，无色，近圆形或镰刀形，顶端圆，基部略尖，表面光滑，大小16～19μm×6～6.4μm。

（三）发病规律

菌核在土壤内可存活3～4年之久，翌年在适宜的温湿度条件下，菌核萌发侵入黄芪，引起发病。一般在6月下旬开始发病，7～9月受害最重。土壤黏重，重茬地，容易发病。

（四）防治措施

（1）实行轮作，与禾本科作物轮作3～4年后再种。每亩施石灰氮20～25kg作基肥，经两周后再播种。

（2）清除田间病残组织，集中烧毁或沤肥。发现中心病株及时连根带土移出田间，防止菌核、菌索散落土中。

六、黄芪霜霉病

（一）症状

该病有局部侵染和系统侵染特征。在1～2年生黄芪植株上表现为局部侵染，主要为害叶片。发病初期叶面边缘生模糊的多角形或不规则形病斑，淡褐色至褐色，叶背相应部位生有白色至浅灰白色霉层，即病原菌孢囊梗和孢子囊；发病后期霉层呈深灰色，严重时植株叶片发黄、干枯、卷曲、中下部叶片脱落，仅剩上部叶片。在三年生以上植株上多表现为系统侵染，即全株矮缩，仅有正常植株的 1/3 高、叶片黄花变小，其他症状与上述局部侵染症状相同。在甘肃省黄芪各主产区普遍发生，且发生较重，病株率普遍达 43%～100%。

（二）病原

病菌为黄芪霜霉菌 *Peronospora astragalina* Syd.，属于卵菌门、卵菌纲、霜霉目、霜霉属真菌。该菌孢囊梗自气孔伸出，多为单枝，偶有多枝，无色，全长 224.0～357.4μm×6.1～8.2μm，主轴长占全长 2/3，上部二叉状分枝 4～6 次，末端直或略弯，呈锐角或直角张开，大小 7.7～15.9μm×1.5～2.5μm。孢子囊卵圆形，一端具突，无色，大小 18.0～28.3μm×14.1～20.6μm。藏卵器近球形，淡黄褐色，大小 43.7～61.7μm×43.7～61.7μm。雄器棒状，侧生，单生，大小 30.8～39.8μm×9.0μm。卵孢子球形，淡黄褐色，直径 23.1～36.0μm。

（三）发病规律

病菌随病残体在地表及土壤中越冬或在多年生植株体内越冬。翌年，环境适宜时，病残体和土壤中越冬病菌侵染寄主，引起初侵染。在甘肃省陇西县 5 月上中旬当多年生黄芪植株返青后不久，即出现系统侵染的症状，成为田间发病中心，可引起局部侵染并扩大蔓延。病部产生的孢子囊借气流风雨传播，引起多次再侵染。一般在 7 月上中旬开始发病，8 月上旬至 9 月中旬为盛发期。通常中、上部叶片发病重，下部叶片发生较轻。发病后期病残组织内形成大量的卵孢子，卵孢子随病叶等病残组织落入土中越冬，成为翌年的初侵染来源。降雨多、露时长、湿度大，特别是在 7～8 月连续的阴雨天气病害蔓延迅速。在甘肃省岷县、漳县等高海拔地区发生较重。

（四）防治措施

（1）栽培措施　增施磷、钾肥，提高寄主抗病性；合理密植，以利通风透光，减轻病害蔓延；收获后彻底清除田间病残体，减少初侵染源。

（2）药剂防治　发病初期喷施 72.2%霜霉威盐酸盐水剂或 70%安泰生可湿性粉剂兑水喷施，每 8～10 天喷施 1 次，连续喷药 2～3 次。

七、黄芪菟丝子

（一）症状

菟丝子生活力强，蔓延迅速，无根藤以吸盘缠绕植株，并产生吸根伸入其体内，依靠吸收寄主体内的营养物质生存。能在较短的时期内布满成片，严重影响植株生长，使根部减产。被害植株生长衰弱，甚至大量死亡（图 7-96）。

（二）病原

病原为中国菟丝子 *Cuscuta chinensis* Lamb.，为旋花科、菟丝子属一年生草本植物。蔓茎丝状，黄色至枯黄色，叶片退化成鳞片状。花小、黄白色，簇生松散，无柄，成伞形花序；花冠钟形，5 裂，呈杯状；苞叶 2 片；共萼长卵形，5 裂；雄蕊 5 枚，花药长卵形，与花丝等长；雌蕊长约超过子房之半。子房 2 室，每室 2 胚珠，构成含 4 粒种子的蒴果；蒴果黄褐色，扁球形，表面粗糙；种子少，淡褐色，表面粗糙，只有胚而无子叶和胚根。

（三）发病规律

菟丝子种子是主要传播来源。落在田间或混杂在种子内的菟丝子种子是病害的初次侵染源。翌年菟丝子种子随寄主的生长而萌发，种胚一端形成细丝状幼芽，并以粗根棒状部分固定在土壤上；另一端脱离种壳形成丝状菟丝，在空中旋转，遇适当寄主缠绕其上，在接触处形成吸根，伸入害主后分化为导管和筛管，分别和寄主的导管和筛管连接，吸取寄主的养分和水分。菟丝子种子边成熟边脱落，在田间不断形成侵染源。再生力极强，寄主范围广，可为害多种大田作物和药用植物，还是植物病毒的传播媒介。

（四）防治措施

（1）结合深翻土地，将菟丝子种子深埋，或实行水旱轮作；发现菟丝子为害及早清除，防止扩展和产生种子。

（2）施用经过高温腐熟的厩肥或粪肥，避免将菟丝子种子带入田间；菟丝子开花结实前结合除草割除其植株，集中烧毁或深埋。

（丁万隆　刘琨）

第四十六节　黄芩

Huangqi

ASTRAGALI RADIX

黄芩 *Scutellaria baicalensis* Georgi 属唇形科多年生草本植物。以根入药，有清凉、解热，消炎、健胃等作用。主产于我国北方各省，四川、云南等省也有分布。黄芩病害主要为白粉病和白绢病。

一、黄芩白粉病

（一）症状

病菌可侵染黄芩地上的所有组织和器官，但主要为害叶片。病斑初期为圆状小斑点，以后随着病斑扩大汇合而布满整个叶面。叶的两面生白粉状斑，好像撒上一层白粉一样。这些白粉是病原菌的菌丝体、分生孢子梗及分生孢子。后期，病斑上散生黑色小粒点即病原菌的闭囊壳（图 7-97）。

（二）病原

病菌为二孢白粉菌 *Erysiphe cichoracearum* DC.，为子囊菌亚门、核菌纲、白粉菌目、白粉菌属真菌。它的无性世代为脉革粉孢菌 *Oidium ambrosiae* Thum.，为半知菌亚门、丝孢纲、丛梗孢目、淡色菌科、粉孢属。菌丝在寄主表面寄生，呈白粉状物，在寄主体内形成吸器，靠吸器获取养分。分生孢子梗不分枝，圆柱形，无色。分生孢子串生，椭圆形，大小 24～45μm×13～2μm。有性世代的闭囊壳扁球形，暗褐色，表面着生菌丝状的附属丝，内含多个子囊。子囊椭圆形，无色。子囊孢子广椭圆形或近球形，单胞，无色，大小 18～30μm×12～20μm。

（三）发病规律

病菌以闭囊壳在病残体或以菌丝体在被害寄主植物上越冬。翌年，在适宜条件下侵染寄主，造成初次侵染。分生孢子借气流传播，可进行再次侵染加重危害。温湿度条件、栽培管理水平与病害的发生流行关系较大，如植株长势弱者有利病害的发生，当田间温湿度适合时，白粉病很易流行。

（四）防治措施

（1）加强栽培管理，注意田间通风透光，防止脱肥早衰等。

（2）发病初期可用 50%代森铵 1000 倍液，或 50%多菌灵 1000 倍液，或喷洒 0.2%可湿性硫磺粉喷施。

二、黄芩白绢病

（一）症状

黄芩白绢病为黄芩地下部主要病害，病菌主要为害主根。发病初期地上部叶片正常，根部出现褐色病斑，病斑上长有灰白色菌丝体，并黏结土粒覆盖在病斑上，随着病程的发展主根腐烂，局部组织变绿，地上部开始萎蔫，叶片出现褐色斑点呈叶枯症状（图 7-98）。后期主根皮层全部腐烂，仅保留部分纤维状物及黑褐色木质芯，根周围及土壤中产生许多褐色粒状菌核。

（二）病原

病菌为齐整小菌核 *Sclerotium rolfsii* Sacc.，为半知菌亚门、无孢目、小菌核属真菌。菌丝体白色，棉絮状，伴有绢丝一样的光泽，该菌在土壤中向四周呈辐射状蔓延。产生的菌核似油菜子大小，性状各异，褐色或暗褐色。

（三）发病规律

病菌主要以菌丝体、菌核在土壤中越冬。越冬的病原菌成为第 2 年初侵染源。当温度湿度适宜时，越冬的病原菌开始生长蔓延，侵入寄主引起发病。一般情况下此病只能引起局部组织发病，但遇到多雨年份，部分菌核和菌丝被冲散而随水流传播。高温多雨多湿病菌生长快，为害程度加重。病菌生长温度范围为10℃～38℃，发病的适宜温度是30℃～34℃。每年 7～8 月为该病盛发期，地势低洼易积水的地块发病加重。

（四）防治措施

（1）选择地势高的、通风好的、土壤疏松的地块种植。与禾本科作物轮作 3～5 年。

（2）发病初期将病株连土一起去除销毁，并在病穴周围灌药或撒石灰粉消毒，灌药可选用 50%甲基托布津可湿性粉剂 500 倍液，或 50%退菌特可湿性粉剂 1000 倍液。

（丁万隆）

第四十七节　黄连
Huanglian
COPTIDIS RHIZOMA

黄连 *Coptis chinensis* Franch.为毛茛科多年生常绿草本植物，别名味连、川连、鸡爪连。主产于中国四川省东部、湖北省西部、云南省北部及陕西省秦岭以南的高山地区。以根茎入药，具有清热燥湿，泻火解毒作用。对痢疾志贺菌、金黄色葡萄球菌、伤寒沙门菌、霍乱弧菌等许多病菌都有抑制作用。黄连主要病害有白粉病、炭疽病、白绢病等。

一、黄连白粉病

（一）症状

病菌主要为害叶片，其次为害叶柄和茎。发病初期在叶背面出现圆形或椭圆形黄褐色小斑点，逐渐扩大成病斑。叶表面病斑褐色，长出白粉，并由老叶向新叶蔓延。白粉逐渐布满全株叶片，使叶片慢慢枯死，严重者全株死亡。发病后期，霉层中形成黑色小点，此为病菌闭囊壳。

（二）病原

病原为毛茛耧斗菜白粉菌 *Erisiphe aquliegiae* DC. var. *ranunculi* (Grev.) Zheng et Chen，为子囊菌亚门、核菌纲、白粉菌目、白粉菌属真菌。

（三）发病规律

气传病害。5 月下旬发病，7～8 月为害严重，9 月以后减轻。不同栽培年限的黄连都可被害，但以三年生以上的黄连受害较重，常造成叶片干枯，以致地上部枯死。在温度较高、通风不良和荫蔽度大时发病较重。

（四）防治措施

（1）选用抗病品种，增施磷、钾肥，提高植株抗病力；调节荫蔽度，适当增加光照并注意排水。

（2）发病初期用庆丰霉素 80 单位或 70%甲基托布津 1500 倍液，每隔 7～10 天喷雾 1 次，连喷 2～3 次。

二、黄连白绢病

（一）症状

病原菌菌丝先侵染黄连根茎处，使叶片先在叶脉上出现紫褐色，后逐渐扩大到全叶，枯叶上有白色绢丝状菌丝和油菜籽大小的菌核。菌核初为白色，逐渐变为黄褐色。由于根、茎腐烂，输导组织被破坏，植株逐渐枯死。

（二）病原

病原为齐整小菌核菌 *Sclerotium rolfsii* Sacc.，为半知菌亚门、无孢目、小菌核属真菌。菌核小型，由白色绢丝状的菌丝体聚集纠结而成。表生，起初为乳白色，渐渐变为米黄色，最后为深褐色，似油菜籽大小，球形或椭圆形，直径 0.5～1.0mm，平滑而有光泽。生长最适温度为 30℃～35℃。低于 10℃或高于 40℃时停止生长。

（三）发病规律

4 月下旬始发，6 月上旬至 8 月上旬为发病盛期。高湿多雨容易发病。菌核无休眠期，对不良环境的抵抗能力较强，菌核能在土中存活 5～6 年，但在水中只有 3～4 个月即死亡。

（四）防治措施

（1）与玉米实行 5 年以上的轮作。

（2）发现病株立即拔除烧毁，并用石灰粉处理病穴；发病初期用 50%退菌特 500 倍液喷洒，7 天喷 1 次，连续喷 2～3 次。

（丁万隆　李勇）

第四十八节　穿山龙
Chuanshanlong
DIOSCOREAE NIPPONICAE RHIZOMA

穿山龙又名野山药、串地龙、穿龙骨、地龙骨等，为薯蓣科多年生缠绕草质藤本穿龙薯蓣 *Dioscorea nipponica* Makino 的干燥根茎。以根茎入药，有活血舒筋、祛风止痛、止咳平喘、消食利水之功效。主要分布于我国东北、华北及河南、山东、安徽等地。穿山龙锈病发生最为严重，其次为黑斑病。

一、穿山龙锈病

（一）症状

病菌主要为害二年以上生穿山龙植株的叶片和茎，严重时可危害叶柄和果实。发病初期病斑为白色至淡黄色小点或小突起，不突破寄主表皮，后来逐渐发展为黄褐色或肉桂褐色、隆起、圆形的夏孢子堆，单生或连成片。夏孢子堆在叶的两面均有着生，多生于叶片上表面，多为聚生，不规则形，发病严重时布满叶片。夏孢子堆被寄主表皮覆盖或后期裸露并被破裂表皮围绕，粉状，红褐色。9 月上旬叶片背面形成冬孢子堆，深黑褐色，坚实，造成叶片提早变黄、枯萎。

（二）病原

病原为薯蓣柄锈菌 *Puccinia dioscoreae* Kom.，为担子菌亚门、冬孢菌纲、锈菌目、柄锈菌属真菌。夏孢子近球形、椭圆形或倒卵形，大小13～22μm×11～17μm，淡黄色或黄褐色，有刺。芽孔多数为1个。多为腰生，少数为顶生或同时顶生和腰生。夏孢子最适萌发温度是10℃～20℃；最适萌发湿度是98%；最适萌发pH为6～8。冬孢子圆柱形或棍棒形，顶端圆或平截，基部略狭，2～4室，多数为3室，隔膜处略缢缩，大小61～84μm×12～20μm，壁光滑，淡黄褐色，顶壁加厚且颜色加深，顶壁厚10～21μm，柄很短或近无柄。上细胞芽孔侧生，未见有顶生，中下细胞芽孔近隔膜处。冬孢子萌发方式多种。单孔的萌发方式居多，三孔同时萌发方式最少。冬孢子在遇到适宜萌发的条件时，芽孔处产生先菌丝，随着先菌丝的长度增加，多数先菌丝顶部逐渐膨大，并产生分隔，一般将其分为4个细胞，在近隔膜处每个细胞都产生一个担孢子梗，然后在担孢子梗顶端长出一个典型的肾形或近梨形的担孢子，担孢子成熟后自行弹落。

（三）发病规律

在东北病害始发期为5月上旬，最初茎部发病，幼茎上沿维管束方向密布白色、长型夏孢子堆，严重时几乎布满整个茎部，造成植株生长缓慢，甚至停止生长；后期整个茎部全部被肉桂褐色孢子堆包围，孢子堆突破表皮，随风雨传播。5月中下旬叶片开始发病，6月下旬至8月中旬为叶片发病高峰期。

9月上旬开始产生冬孢子堆，直至穿山龙生长季结束。夏孢子和冬孢子均借助气流及雨水飞溅传播。病原菌以冬孢子堆形态在枯叶上越冬。翌年3～4月随着气温回升，冬孢子萌发产生担孢子进行初侵染，产生夏孢子及夏孢子堆，夏孢子在穿山龙生长季进行反复侵染，造成危害。

（四）防治措施

（1）选地　选择土质结构疏松、肥沃的沙质壤土栽种，其次是壤土和黏壤土。因穿山龙对水分要求不高，故适合山区地势较高的田块种植，黏土、低洼积水、杂草多、透风差的田块不宜种植。

（2）田园管理　①保持床面整洁、注意及时除草，保持冠层通风，雨季及时排水，降低田间湿度。②喷施叶面肥、氮肥和腐熟有机肥，提高植株抗病性。③秋季穿山龙叶片枯萎后，及时清除床面病残体，并集中烧毁。

（3）药剂防治　在穿山龙展叶期就开始用药，根据田间降雨情况，每7～10天用药1次，遇雨重新补喷药剂。可选用25%阿米西达1000倍、10%世高800倍、12.5%腈菌唑1000倍液进行茎叶喷雾。

二、穿山龙黑斑病

（一）症状

病菌主要为害叶片，不易为害花、枝条和果实。各年生穿山龙叶片均可受害，二三年生叶片发病率较高。发病初期叶片上产生针尖大小黑褐色斑点，后扩展为圆形、近圆形或不规则形病斑，生长不受叶脉限制，外圈黑褐色，中间灰褐色，有明显的黄色晕圈。病斑直径 2～10mm 不等，严重时中间灰白色部分可以形成穿孔。湿度大时病斑上出现黑色絮状霉层，为病原菌的分生孢子和分生孢子梗。后期病斑扩展迅速，一些病斑连片形成大型病斑，病叶开始枯黄、萎蔫，严重影响叶片的光合作用。秋季病斑扩展迅速，大量病斑使叶片提早变黄枯萎，严重影响了穿山龙的产量和质量。

（二）病原

病原为薯蓣链格孢 *Alternaria dioscoreae* Vasant Rao，为半知菌亚门、丝孢纲、丝孢目、暗色菌科、链格孢属真菌。分生孢子梗一般簇生，直立，少单生，分隔，大小 60～102μm×4～7μm。分生孢子单生或短链生，暗褐色，卵形、长椭圆形或倒棒状，横隔膜 2～7 个，纵隔膜 2～4 个，分隔处略缢缩，孢身 40～69μm×13～17μm。喙淡褐色，有隔膜，顶端稍膨大，大小 9～46μm×3～6μm。

（三）发病规律

病原菌产孢速度快、再生能力强，田间病残体上的孢子是翌年病害发生的主要初侵染源。5 月中旬至 6 月下旬，平均温度回升到 15℃～20℃，田间病残体上越冬的分生孢子开始萌动，借助降雨和结露，分生孢子开始萌发，侵染植株，开始有零星病斑出现，数量极少，且病斑直径很小，为发病初期；7 月中下旬，平均气温 20℃～25℃，且此时降雨频繁，初始萌发的分生孢子可以再次产孢，菌源量加大，这些条件构成了病害流行的有利条件，加大了病害的流行速度，田间病情进入高峰期。此时植株正处于高速生长期，病指有所下降。9 月病菌又恢复了产孢、萌发和侵染能力，加之此时的菌源量极大，因此田间病情急剧加重，进入严重发生期。10 月中旬气温明显下降，穿山龙叶片衰老脱落，病残体散落在田间，病残体上所携带的病菌进入越冬休眠期。

（四）防治措施

（1）选地　选择地势较高的田块种植穿山龙，避免田间积水，透风性好的田块种植。彻底消除田间病残体，减少初侵染来源。合理施肥培育无病壮苗。

（2）加强病情监测，及时药剂防治　可喷施 75%百菌清可湿性粉剂 600 倍液、80%大生 M-45 可湿性粉剂 500 倍液、50%扑海因可湿性粉剂 1500 倍液或 1∶1∶150 倍波尔多液喷雾。

（周如军　丁万隆）

第四十九节　紫草
Zicao
ARNEBIAE RADIX

紫草为紫草科植物新疆紫草 *Arnebia euchroma* (Royle) Johnst、紫草 *Lithospermum erythrorhizon* Sieb. et Zucc.或内蒙紫草 *Arnebia guttata* Bunge 的干燥根，具有活血凉血、解毒透疹功效。新疆紫草（软紫草）主产于新疆、西藏等地；紫草（硬紫草）主产于黑龙江、吉林、辽宁、河南等地；内蒙紫草主产于内蒙古等地。紫草病害主要有白霉病和根腐病。

一、紫草白霉病

（一）症状

病菌主要为害叶片。病斑叶两面生，近圆形，直径 3～10mm，灰褐色。病斑两面生白色霉状物，即病原菌的分生孢子梗和分生孢子。病斑扩大时，常受叶脉所限呈不规则形。严重发生时，叶片迅速枯死。该病是紫草最主要的病害之一。

（二）病原

病原为柱孢菌 *Ramularia lithospermi* Petr.，为半知菌亚门、柱孢属真菌。子实体生于叶片两面，无子座。分生孢子梗 8～20 根束生，无色，不分枝，端部有 1～4 个膝状节，无隔膜，顶端呈圆锥形，大小 19～48μm×2～4μm。分生孢子圆柱形，无色，透明，单胞或具有～2 个隔膜，隔膜处无缢缩，顶端圆锥形，常数个串生，大小 13～36μm×3～4μm。

（三）发病规律

病菌以菌丝体在病株残体上越冬。翌春温湿度适宜时侵染叶片造成初侵染。病部产生大量分生孢子随风雨传播，引起多次再侵染。高温高湿、多雨有利于病害流行。在东北 7～8 月盛发，为害严重，常使叶片大量枯死。

（四）防治措施

（1）选择地势较高，便于排水的地块种植；秋季清除田间病残体并集中田外烧毁；加强田间管理，提高植株抗病性。

（2）发病初期开始用药剂防治，可喷施 1∶1∶160 的波尔多液，或 50%万霉灵 800 倍液，或 50%的速克灵 1000 倍液。

二、紫草根腐病

（一）症状

病菌主要为害根部。发病初期，在病株茎基部及土表下的根部出现褐色病斑，后逐渐扩大，呈黑褐色，根部表皮坏死，呈干腐状。根表病斑进一步向上扩展，地上部呈片逐渐枯死，最后根部腐烂，全株死亡。土壤湿度大时，病根干腐部位产生大量白色霉层。

（二）病原

病原为镰刀菌 *Fusarium oxysporum* Schlecht.，为半知菌亚门、镰刀菌属真菌。病菌可产生大小两种分生孢子，大型分生孢子镰刀形或新月形，两端较尖，有 3～5 个隔膜；小型分生孢子卵圆形或球形，单胞、无色。菌丝体絮状，白色，生长繁茂，可产生圆形厚垣孢子。

（三）发生规律

病菌以菌丝体、厚垣孢子在土壤中越冬，属土壤习居菌，可在土壤中长期腐生。高温、高湿对病菌生长有利。土壤黏重、地下害虫造成根部出现伤口、连作会加重病情。植株生长衰弱，栽植过密病菌易侵染。施肥不足或氮肥过多、雨后积水发病严重。一般 7～8 月为发病盛期，有的田块损失严重。

（四）防治措施

（1）选地　种植紫草的地块宜选择土质肥沃、易排水的砂质土壤。

（2）合理轮作　可与玉米、小麦等禾本科作物轮作，减少土壤中病菌基数。

（3）药剂防治　发病初期可用 50%甲基托布津 500 倍液浇灌根，每株灌药液 0.2kg。

（李勇）

第五十节　紫菀

Ziwan

ASTERIS RADIX ET RHIZOMA

紫菀 *Aster tataricus* L. F.为菊科紫菀属多年生草本植物。河北、安徽、江苏等省有栽培。以根和根茎入药，性温、味辛苦，具温肺下气、祛痰、止咳和利尿等功效。紫菀主要病害有白绢病、黑斑病、斑枯病等。

一、紫菀白绢病

（一）症状

病菌为害植株基部与土面交界处及地下根茎部，引起皮层组织变褐腐烂，上生白色绢状菌丝体和油菜籽状菌核。近土面叶片受害，产生水渍状黄褐色不规则圆形轮纹斑，也有辐射状菌丝和较小的菌核。叶柄病斑梭形至长条形，扩展一周后，使叶萎垂，根茎腐烂加剧。

（二）病原

病原为主要为齐整小核菌 *Sclerotium rolfsii*，属半知菌亚门、无孢目、小菌核属真菌。此外，立枯丝核菌 *Rhizoctonia solani* 和一种腐霉菌 *Pythium* sp.也为害紫菀较深的不定根。

（三）发病规律

病菌的菌核散落在土壤中，是病害的主要侵染来源。种栽也可带菌。病菌不产生孢子，主要靠菌丝生长扩展为害。菌核随水流、病土转移传播，一般 6～10 月发生，高温和湿润的砂壤土有利于发病。

（四）防治措施

（1）合理轮作，改进耕度和栽培方法；选用无病种栽。

（2）及时拔除田间中心病株，并使用石灰处理病穴；发病初期用 50%甲基托布津 1000 倍液，喷于植株基部及其周围地面。

二、紫菀黑斑病

（一）症状

病菌为害叶片及叶柄。通常在植株外围叶片的两面产生病斑。病斑圆形或椭圆形暗褐色，直径 5～25mm，略呈轮纹状，边线明显。叶柄上病斑梭形，暗褐色。发病后期病斑上生极细小的黑色霉状物，为病菌的分生孢子梗及分生孢子。病斑多时相互汇合，导致叶片局部或整株枯死（图 7-99）。

（二）病原

病原为链格孢 *Alternaria alternate* (Fr.) Keissl.，属半知菌亚门、丝孢目、链格孢属真菌。分生孢子梗深色，单枝，4～10 根束生，少数单生，顶端生分生孢子。分生孢子倒棒形，黄褐色，4～13 个横隔膜，0～4 个纵隔膜，隔膜处缢缩。

（三）发病规律

病菌以菌体在病残体上越冬，或为翌年的初侵染源。病株产生的分生孢子借风雨传播，引起再侵染，扩大为害。5～10 月为发病期。高温、高湿时发病较重。

（四）防治措施

（1）选用无病种子；雨后及时开沟排水，降低田间湿度。

（2）发病初期用 50%退菌特可湿性粉剂的 800 倍液或 50%扑海因可湿性粉剂 500 倍液，7～10 天喷 1 次，交替使用，连续喷 3～4 次。

三、紫菀斑枯病

（一）症状

病菌侵害叶片产生圆形病斑，病斑直径 2～4mm，中心灰白色，边缘颜色较深，后期病斑上产生小黑点，即病菌的分生孢子器（图 7-100）。

（二）病原

病原为紫菀壳针孢 *Septoria tatarica* Syd.，属半知菌亚门、球壳孢目、壳针孢属真菌。分生孢子器埋生，孔口突破叶表皮外露，器壁膜质，黑褐色。分生孢子长针状，无色，具多个隔膜。

（三）发病规律

病菌以分生孢子器在病残体上越冬。翌年春天分生孢子随气流传播，引起初侵染。在东北地区病害于7～8月发生。

（四）防治措施

（1）搞好田园清洁，销毁病残体。

（2）发病前喷施1∶1∶600的波尔多液，生长期喷施50%多菌灵1000倍液1～2次。

（丁万隆）

第八章　全草类药材病害

第一节　广藿香

Guanghuoxiang

POGOSTEMONIS HERBA

广藿香 *Pogostemon cablin* Benth.别名藿香、枝香，为唇形科多年生草本植物。主产于海南、广东。以全草入药，有发表和中、行气解暑等功效。广藿香主要病害是青枯病，在生产上造成严重损失。

广藿香青枯病

（一）症状

发病初期个别枝条的叶片萎垂，随着病害发展，部分枝条以至整株凋萎、死亡。剖开病株根茎，可见病部维管组织变褐。用手挤压切口，可见乳白色菌脓溢出。

（二）病原

广藿香青枯病是薄壁菌门雷尔菌属茄科雷尔菌 *Ralstonia solanacearum* (Smith) Yabuuchi et al.侵染引起的。分子生物学分析结果显示，该病菌属茄科雷尔氏菌演化型Ⅰ即亚洲分枝菌株、序列变种 44 或序列变种 17，是由生理特征、致病力及寄主专化型不同的青枯菌菌群所组成。菌体为短杆状，两端钝圆，大小 0.76～1.56μm×0.43～0.67μm。大多为杆状，少数呈球形，菌体并列、堆状或分散排布，偶见短链状排列。

（三）发病规律

青枯菌在不同寄主植物、不同环境条件下所表现的症状和危害程度存在差异，可从移栽造成的根部损伤及风雨后造成的伤口入侵，还可以通过带病种苗、土壤、灌溉水、农具和人、畜活动等途径传播。青枯菌寄主范围广，生理分化明显，潜伏在周围的植物和土壤中，并可以在土壤和病残组织中越冬，连作的土地发病更为严重。整个生长期均可发生，以盛夏的高温多雨季节发病最盛。病菌主要从伤口侵入，破坏输导组织。

（四）防治措施

宜加强栽培管理，如合理轮作、适时移栽、减少苗木损伤、清洁田园、合理施肥等农业措施进行综合防治。可在发病初期选择可杀得等杀菌剂进行药剂防治。

（丁万隆）

第二节　石斛
Shihu
DENDROBII CAULIS

石斛 *Dendrobium nobile* Lindl.别名吊兰花、黄草等，为兰科多年生附生草本。主产于云南、浙江、广西、广东、台湾、贵州等地。以茎入药，有滋阴养胃、清热生津之功效，主治热病伤津、口干燥渴、病后虚热等症。石斛病害主要有炭疽病、圆斑病等。

一、石斛炭疽病

（一）症状

病菌主要为害叶片和肉质茎。发病初时，在叶面上出现若干淡黄色、黑褐色或淡灰色的小区，内有许多黑色斑点，有时聚生成若干带，当黑色病斑发展时，周围组织变成黄色或灰绿色且下陷。后期病斑中心颜色变浅，病斑上轮生小黑点。严重时可导致整个叶片或整株死亡。

（二）病原

病原为胶孢炭疽菌 *Colletotrichum gloeosporioides* Penz.，属黑盘孢目、刺盘孢属真菌。分生孢子盘近圆形，上散生数目不等的深褐色刚毛，刚毛常稍弯，向顶渐尖且色渐淡，无隔或具 1 隔膜，大小约 39～62μm×4～7μm。分生孢子梗无色，圆柱形或棒状。分生孢子单胞，无色，椭圆形或两端钝圆的圆柱形，大小 11～13μm×3～4μm。

（三）发病规律

石斛遭受寒害、药害、日灼及氮肥施量过多、基质过酸，或种植太密、通风不良、水分失调等，易造成根系不发达的弱株，并加重炭疽病的发生。病原菌以分生孢子飞散进行空气传染，多从伤口处侵染，主要靠风雨、浇水等传播。四季均可发病，春天主要感染老叶、叶尖，夏天主要感染新苗。栽培管理上偏施氮肥，光照不足易诱发该病。高温高湿、通风不良条件下发病严重，连续阴雨后突然出现暴晴天气易流行。

（四）防治措施

（1）保持田园清洁，发现病株及时清除，并将病株、病叶及时带离大棚并集中处理。

（2）加强棚内空气的流通，并控制空气相对湿度 80%左右，同时基质要间干间湿。栽植前基质充分消毒。

（3）发病前可用 75%百菌清 800 倍液加 0.2%浓度的洗衣粉喷施预防，初发时可用 75%的甲基托布津 1000 倍液或 25%苯菌灵乳油 800 倍液，每 10 天喷 1 次，连续 3～4 次。

二、石斛圆斑病

（一）症状

圆斑病是云南铁皮石斛上发生的一种新病害，病菌主要为害石斛叶片，种植区发病率约30%。铁皮石斛感病初期叶片上出现水渍状近圆形黑色或褐色斑点，病斑稍有凹陷。随着病斑不断扩大，颜色逐渐加深，病斑形成一个同心圆环，圆环之间呈灰褐色和暗绿色相间的轮纹。后期叶片开始枯萎，变干变薄，有的叶片基部开始收缩并脱落，湿度较高时叶片开始腐烂，叶片正面和背面的圆斑上会长出白色的小颗粒，即为分生孢子盘。

（二）病原

病原为露湿漆斑菌 *Myrothecium roridum* Tode ex Fr.，为丝孢纲、瘤座孢目、漆斑菌属真菌。菌丝初为白色，绒毛状，菌落背面淡黄色，菌落以圆形向周围不断扩展，菌落上均能形成分生孢子座，为浅杯状，常被大量的墨绿色的胶黏分生孢子团覆盖，菌落表面呈墨绿色的同心轮纹，菌落背面颜色加深为褐色。分生孢子梗无色，有分枝，无分隔，顶端呈扫帚状分枝。分生孢子无色，杆状，窄椭圆形，两端顿圆，但基部略呈平截，成堆时呈墨绿色或黑色，埋藏于黏液中，孢子大小4.8～7.6μm×1.5～2.5μm。

（三）发病规律

病菌以菌丝体和分生孢子座随病残体遗落在土壤或基质中越冬，以分生孢子作为初侵染与再侵染接种体，借助气流或雨水溅射传播，从气孔或贯穿表皮侵入致病。

（四）防治措施

（1）加强棚内空气的流通，基质要间干间湿；栽植前基质充分消毒。

（2）发病早期用40%苯醚甲环唑3600倍液，或250g/L 己唑醇8000倍液喷施。

（丁万隆　李勇）

第三节　灯盏细辛、灯盏花

Dengzhanxixin

ERIGERONTIS HERBA

灯盏花又名短葶飞篷 *Erigeron breviscapus* Hand.，属菊科飞蓬属多年生草本植物。主要分布在云南和广西等高山和亚高山开阔山坡草地和林缘地区。以全草入药，具有散寒解表、祛风除湿、活络止痛之功效。灯盏花病害主要有根腐病、锈病和根结线虫病。

一、灯盏花根腐病

（一）症状

病菌主要侵染灯盏花的根部和茎基部，发病初期植株地上部分不表现症状，但随着病情的发展，维管束被破坏，失去输水功能，开始时叶片在中午阳光强烈时萎蔫，晚上即可恢复，以后便渐渐萎蔫死亡，最终导致整株干枯。观察发病植株的根部，已部分或完全变成深黑褐色，用刀片切开，可以看到其维管束组织明显变为黑褐色。

（二）病原

病原为拟枝孢镰刀菌 *Fusarium sporotrichioides* Sherb.，属半知菌亚门、丝孢纲、镰孢菌属真菌。菌落初生为白色，后为红色和红褐色，气生菌丝发达，棉絮状。无性繁殖产生大、小两型分生孢子，大型分生孢子较少，5～8 天产生，镰刀状，1～3 个分隔，大小 39～51μm×4～5.2μm；小型分生孢子 1～2 天就可以产生，并且产生量很大，卵形至棍棒形，无分隔，卵形 2.6～5.1μm，棍棒形 7～20μm，小型分生孢子的产生方式是多芽生殖。

（三）发病规律

灯盏花根腐病在云南全年均可发生，是典型的土传性病害，土壤和病残体是初侵染来源，病原菌在土壤中可以长期存活，并且随灌溉水进行传播。随着连作时间的延长，病原菌会逐渐积累，病害呈逐年加重的趋势。该病的发生与光照强度有密切关系，光照强度可能是通过影响土壤温度，进而影响病害发生。

（四）防治措施

（1）加强栽培管理　采用塑料大棚栽培灯盏花，并且加盖单层遮阳网以抑制根腐病的发生发展。栽培灯盏花 2～3 年的大棚要与其他作物进行 3～5 年的轮作，以减少病原物的积累。

（2）移栽后处理　可选用 50%福美双可湿性粉剂 500 倍液和 96%恶霉灵粉剂 500 倍液混合灌根处理。移栽后 7 天进行第 1 次施药，间隔 20 天后第 2 次施药，并做到不让心叶接触药液，以免产生药害。

二、灯盏花锈病

（一）症状

灯盏花锈病几乎在灯盏花栽培区都有发生，主要为害植株叶片，有时在茎上也有孢子堆。发病初期，仅在叶片背面出现失绿，然后产生少量的黑褐色的粉状物，同时在叶片背面对应的正面出现孢子堆的痕迹。 随着病情的加重，叶片背面的粉状物成堆，在叶片正面也同样出现了黑褐色的粉状物，严重时叶脉及茎上都会出现，且受害植株的叶片变窄、植株矮小，老叶新叶都会受害。

（二）病原

病原为多夫勒柄锈菌 *Puccinia dovrensis* Blytt，属于担子菌亚门、锈菌目、柄锈菌科、柄锈菌属真菌。冬孢子两面生，大多数在叶片背面，群生汇合，黑褐色，粉末状。冬孢子椭圆形或矩形，双孢，长 24.5～49μm；宽 14～21μm；柄长 7～45.5μm；侧壁厚 1.05～3.5μm；顶壁厚 1.75～7μm。冬孢子顶端圆形或钝圆，底部狭窄或圆形，在隔膜处有缢缩，肉桂色到红棕色，有明显的疣。这种疣状物不规则，常以不同方式互相融合，上细胞有芽孔顶生，下细胞靠近隔膜或稍下处，柄无色、易脱落。

（三）发病规律

该锈菌属于短生活史，即只有冬孢子没有性孢子器和锈孢子器阶段。冬孢子堆多生于叶背，黑褐色，裸露。冬孢子椭圆形或矩形，双胞；分隔处有缢缩，顶端圆形或钝形，有芽孔；底部稍窄或圆形，有明显的细瘤，柄窄长且易脱落或折断。具有侵染能力的冬孢子越冬而成为翌年的初侵染源，随着雨水和气流传播到寄主植物上。灯盏花锈病 5 月中旬开始发病，7～8 月为发病最严重的时期，较高的温湿度有利于锈病发生和流行。

（四）防治措施

可选用 25%腈菌唑乳油 8000 倍液、15%三唑酮可湿性粉剂 800 倍液，其持效期长、对植株安全。

三、灯盏花根结线虫病

（一）症状

人工栽培的灯盏花发生根结线虫病较为普遍，染病灯盏花表现为植株矮化、发黄，病株根部长有许多根结，沿根呈串珠状着生，根结表面光滑，须根消失。发病初期，植株在晴天中午出现萎蔫，至晚上可以恢复正常，随着病情的加重，这种萎蔫再难以恢复，逐渐枯死。病株根部长有许多根结，沿根呈串珠状着生，根结表面光滑，不长短须根。

（二）病原

病原为南方根结线虫 *Meloidogyne incognita* Chitwood。雌雄异形。雌虫虫体膨大，呈球形或洋梨形，有明显突出的颈部；唇区稍突起，略呈帽状；排泄孔位于口针基部球水平处；会阴花纹有变异；花纹呈椭圆形或近圆形，通常背弓较高，背弓顶部圆或平，有时呈梯形，背纹紧密，背面和侧面的线纹呈波浪形或锯齿状，有的平滑，侧区不明显，侧面线纹有分叉，腹纹较少，光滑，通常呈弧形由两侧向中间弯曲。雄虫线形，头冠高，唇盘大、圆，中央凹陷；口针锥体部顶端钝圆，杆部常为圆柱形，在近基部球处变窄，基部球与杆部界限明显；基部球扁圆到圆形，前端有缺刻。2 龄幼虫线形。卵椭圆形或长椭圆形。

（三）发病规律

南方根结线虫寄主植物广泛，能寄生多种经济作物和杂草等，最适生存的温度范围 18℃～30℃，主要分布于大约北纬 40°到南纬 33°，分布范围比其他种类的根结线虫更广。而适宜灯盏花生长的土质疏松、排水良好、年平均温度为 15℃～22℃、降雨量为 1000mm 左右等环境条件下，正是该病害发生发展所必需的，也使得该病的流行成为可能。

（四）防治措施

（1）农业防治　主要包括抗病育种、抗性砧木、轮作及土壤改良等。目前尚没有灯盏花抗根结线虫病品种。水旱轮作防病效果较好。控制根结线虫，还可以追施一定量碱性肥料调节土壤酸碱度以破坏线虫生存的土壤环境。

（2）生物防治　包括捕食性真菌和寄生性真菌两种类型。已用于防治根结线虫的捕食性真菌有节丛孢属、单顶孢霉属和小指孢霉属；内寄生真菌有轮枝霉属，卵寄生真菌有淡紫拟青霉菌。

（李勇　丁万隆）

第四节　灵香草
Lingxiangcao

灵香草 *Lysimachia foenum-graecum* Hance 别名零陵香或香草，属报春花科排草属一年生草本植物。分布于华中、华东、华南及西南地区。全草入药，具理气止痛、祛湿驱蛔之功效。主治鼻塞齿痛、胸闷腹胀等症。灵香草主要病害有细菌性软腐病、叶斑病、根腐病、根结线虫病及菟丝子等。

一、灵香草叶斑病

（一）症状

病菌主要为害叶片，随环境和气候条件的改变产生不同的症状类型。当植株处于高湿而容易感染的条件下，病斑呈黑色和灰绿色，上面形成大量小黑点即分生孢子器，称黑斑型病斑，该种病斑的出现预示病害将进一步扩展。当环境和气候条件有利于病菌侵入引起发病，病斑扩展快，若湿度迅速降低，则产生少量黄褐色病斑，其上分生孢子器形成较少，称为褐斑型病斑。在向阳坡地或少雨干燥的条件下，病株产生白色病斑，上面分布少量分生孢子器，称白斑型病斑。发病严重时叶片变黄脱落，植株生长发育明显受阻，引起局部坏死，但不出现全株性枯死或腐烂症状。叶斑病常与细菌性软腐病混合发生，分布广，为害严重时叶片发黄脱落，明显影响植株的生长发育。

（二）病原

病原为排草壳针孢 *Septoria lysimachiae* Wested，属半知菌亚门、球壳孢目、壳针孢属真菌。分生孢子器生于寄主植株表皮下，近柚子型，直径 44.2～122.4μm，顶端有孔口，突破表皮而外露。分生孢子针形，直或稍弯，2～4 个隔膜，大小 23.8～47.6μm×1.70～2.72μm。病菌分生孢子萌发的最低温度 3℃～5℃，最高温度 31℃，最适温度 18℃～20℃。

（三）发病规律

带菌种苗和多种杂草及病残体是病害的初侵染源。尤其是种苗带菌为病害远距离传播的主要途径，是新病区病害发生的主要侵染来源。病株上的病菌借风雨、昆虫和人畜活动等传播到邻近的植株上，是近距离传播的主要方式。病菌分生孢子在适温高湿条件下萌发，产生侵入丝，借助机械力量穿破寄主表皮细胞，侵入植株体内，使寄主的正常生理与代谢活动遭到破坏，引起植株发病。病害在适宜条件下不断扩展蔓延，从多点发病扩展到大面积发病。多雨高湿是病害发生蔓延的主要因素。品种间抗病性存在明显差异。过度密植使田间荫蔽，病害发生较重。

（四）防治措施

（1）选用无病种苗。栽植前用70%甲基托布津可湿性粉剂800倍液浸种苗20分钟。

（2）尽量种植较杭病的竹叶种或小叶种，避免大面积种植易感病的大叶种。

（3）及时清理田间病残体；发病初期喷洒70%甲基托布津可湿性粉剂1000倍液，7～10天喷1次，连续喷2～3次。

二、灵香草根腐病

（一）症状

病菌为害茎基和根部，病部呈黑色湿腐状，木质部暴露。病株叶片黄化，严重时植株萎蔫，易拔起。病部产生菌丝层和黑色菌核。秋季该病发生为害严重。

（二）病原

病原为立枯丝核菌 *Rhizoctonia solani* Kühn，属半知菌亚门、无孢目、丝核菌属真菌。病菌不形成分生孢子，在基物表面产生扁平颗粒状菌核，菌核之间有菌丝相连。老熟菌丝深褐色。菌核圆形或椭圆形，黑色，大小如油菜籽，紧贴病部表面。

（三）发病规律

以菌核在土壤、病残体或杂草寄主上越冬，成为主要初侵染源。翌年菌核萌发产生担孢子或侵染丝侵入为害。开花期遇冷凉、高温条件容易发病。偏施氮肥、种植感病品种病害发生较重。

（四）防治措施

（1）选用抗病品种。

（2）加强栽培管理，清除田间杂草，及时拔除中心病株。勿偏施或重施氮肥，雨季注意及时排水，增加土壤通透性及植株的抗病力。

（3）用1∶1∶1000 70%甲基托布津和退菌特的可湿性粉剂混合液浸苗15～20分钟，或在发病期进行田间喷洒。

三、灵香草细菌性软腐病

（一）症状

病菌从植株伤口侵入。受害叶片先出现水渍状、半透明病斑。湿度大时，水渍状病斑迅速扩大，有时导致全叶腐烂或病斑脱落成穿孔状。腐烂叶黏附在茎与枝上，导致茎枝发病。茎枝上部叶片发病腐烂后，病原细菌由叶柄扩展到茎和枝条上，也可从茎、枝伤口直接侵入。病情进一步发展，茎、枝上部变得黏滑软腐。多雨或雾露重时，腐烂继续向茎、枝下部发展。这种腐烂症状颇似点蜡烛状，故称“蜡烛瘟”。腐烂病变的组织经雨水冲洗后，仅残存坚硬的纤维组织，干后呈白色，形成“白秆”状。该病发生普遍且严重，发病面积可达70%以上，常引起局部流行，有的地块甚至绝收。

（二）病原

病原为胡萝卜软腐欧文氏菌胡萝卜软腐亚种 *Erwinia carotovora* subsp. *carotovora*。菌体杆状，单生或呈短链状，周生鞭毛 2～12 根，大小 1～8.6μm×0.5～0.7μm。革兰染色反应阴性，不产生芽孢和荚膜。

（三）发病规律

病原细菌在病残组织、土壤、杂草及种苗内越冬，为翌年的主要侵染源。田间主要经雨水飞溅、操作工具等传播。种苗带菌是病害发生流行与扩展蔓延的主要原因。野生寄主和病土也是病害传播途径之一。病原细菌经昆虫取食、真菌及线虫侵染造成的伤口及机械损伤而侵入。春夏季节连续多雨时，幼嫩叶尖的水孔和气孔也是病原细菌侵入的途径。影响病害发生流行的主要因子是品种抗病性、菌源数量和气候条件。品种抗性差异较大，以小叶种品种较抗病，大叶种易感病，野生大叶种也较抗病。高湿是病害发生流行的主导因子。旬平均相对湿度高于 90%时，病害迅速蔓延并流行。

（四）防治措施

（1）建立和培育无病虫种苗基地，繁殖和供应无病虫种苗；实行种苗检疫，防止病害远距离传播和病区扩展。

（2）避免连作，实行 3 年以上的轮作制。加强栽培管理，防止品种退化。合理密植，避免偏施氮肥，及时清除田间杂草。田间农事操作时避免造成植株伤口。

（3）进行种苗消毒或在种苗地进行一次冬防；尚未形成明显发病中心时，可喷施农用铁霉素 0.02%药液。

四、灵香草根结线虫病

（一）症状

植株受害后，在主根及小根上形成许多圆形小肿瘤。小肿瘤表面粗糙，不易剥落，内有乳白色颗粒，即线虫的雌虫。被害植株生长衰弱，叶片变黄，提前脱落，天气干旱时植株萎蔫枯死。受害植株大部分当年枯死，个别植株翌年春季死亡。

（二）病原

病原为根结线虫 *Meloidogyne* sp.，属于线形动物门、线虫纲、根结线虫属。卵椭圆形，无色，雌成虫排卵置尾部胶质卵囊内。雌雄幼虫均为线形，雄雌成虫异形，雄成虫蠕虫形，雌成虫鸭梨形。该线虫可为害 114 科 3000 多种植物，如桔梗、川芎、丹参、地黄、白芷、党参、砂仁、杜仲、罗汉果、益母草等药用植物都不同程度受其为害。

（三）发病规律

根结线虫以卵囊中的卵在根瘤中或落入土壤中越冬，翌春当土壤温湿度适合时，卵孵化为幼虫，在卵壳内蜕皮一次，2 龄幼虫破卵而出，侵入寄主根内，取食并分泌唾液，刺激寄主根部组织产生巨型细胞，形成大小不等的根瘤。幼虫经过四次蜕皮，发育成形态各异的成虫。成虫交尾后雌虫在根组织内或根外产卵，经数日后孵化为幼虫，继续为害，也可越冬后孵化为幼虫为害。线虫随种苗远距离传播，在田间通过农事操作、农机具的携带、雨水或排灌水的媒介近距离传播。连作地和砂壤土田块发病较重。

（四）防治措施

（1）选择新垦地育苗，并加强田间管理以控制病害发生。
（2）实行轮作；严禁从疫区调种，防止病害蔓延。
（3）田间定期检查，发现病株立即拔除并销毁。

（丁万隆　李勇）

第五节　细辛
Xixin
ASARI RADIX ET RHIZOMA

细辛 *Asarum heterotropoides* Fr. Schmidt var. *mandshuricum* (Maxim.) Kitag.为马兜铃科多年生草本植物，又名细参、烟袋锅花。辽宁清原、新宾、桓仁等地已大面积进行人工种植。病害以叶枯病发生较重，是细辛生产上一种毁灭性的病害，其次为锈病、菌核病和黑斑病，疫病发生较轻。

一、细辛叶枯病

（一）症状

病菌主要为害叶片，也可侵染叶柄和花果，不侵染根系。叶片病斑近圆形，直径 5～18mm，浅褐色至棕褐色，具有 6～8 圈明显的同心轮纹，病斑边缘具有黄褐色或红褐色的晕圈。发病严重时病斑相互汇合、穿孔，造成整个叶片枯死。叶柄病斑梭型，黑褐色，长 2～25mm，宽 3～5mm，凹陷，病斑边缘红色。严重发病的叶柄腐烂，造成叶片枯萎。花果病斑圆形，黑褐色，凹陷，直径 3～6mm。严重发病可造成花果腐烂，不易结实。上述发病部位在高湿条件下均可产生褐色霉状物，为病菌的分生孢子梗和分生孢子（图 8-1、图 8-2）。

（二）病原

病原为槭菌刺孢 *Mycocentrospora acerina* (Hartig) Deighton，为半知菌亚门、丝孢纲、菌刺孢属真菌。分生孢子梗屈膝状，淡褐色。分生孢子无色或淡橄榄色，倒棍棒状，光滑，3～11 个隔膜，基部平截，顶部逐渐变细形成长喙，直或弯，分隔处不收缩或稍有收缩，有或无基部附属刺。细辛叶枯病菌在 PDA 培养基上菌落疏展，初期生无色菌丝，3 天后在光照条件下菌落出现红色，10 天后菌落渐变成褐色至黑褐色。菌落体有隔，表生或埋生，4～7μm 宽。随着菌落色泽加深，菌落中央菌丝细胞膨大，变深褐色，形成大量念珠状串生的厚垣孢子。孢子长椭圆形或矩圆形，大小 15～30μm×15～20μm。

（三）发病规律

细辛叶枯病菌主要以分生孢子和菌丝体在田间病残体和罹病芽孢上越冬，种苗也可带菌。早春田间病残体上越冬的病原菌可再生大量分生孢子，成为发病的初侵染来源。种苗带菌可进行远距离传播。该病是一种典型的多循环病害。气流和雨滴飞溅是田间病害传播的主要方式。发病初期田间调查可见到中心病株或病窝点。病菌产孢量大、致病性强，细辛叶片硕大、平展、密集，因而该病易于传播和流行。一般 4 年生以上的细辛园，到 6 月上旬以后近 100%叶片发病，而采用挂帘或利用林下地遮阴栽培的发病较轻。该病是一种低温、高湿、强光条件下易于流行的病害，其中温度是影响田间流行动态的主导因素。光照刺激病菌产孢，强光不利于细辛生长，加速叶片枯死。遮阴栽培细辛较露光栽培可以减轻发病。一般 5 月上旬开始发病，6～7 月是病害盛发期。7 月中旬至 8 月中旬因盛夏高温抑制病菌侵染，病害无明显进展，而细辛叶片继续生长，因而病情指数有所回落。8 月下旬以后，随着气温下降，病情又有所加重，从而形成双峰曲线。

（四）防治措施

（1）种苗消毒　栽植前采用 50%速克灵 800 倍液浸细辛种苗 4 小时进行消毒，可以全部杀死种苗上携带的病原菌，从而有效地防止种苗带菌传病。

（2）田园卫生　秋季细辛自然枯萎后，应当及时清除床面上的病残体，集中田外烧毁或深埋。春季细辛出土前，采用 50%代森铵水剂 400 倍液进行床面喷药消毒杀菌，可以有效地降低田间越冬菌原量。

（3）遮阴栽培　遮阴栽培细辛与全光栽辛相比可以有效地降低发病程度。因此，可以利用林荫下栽培细辛或挂帘遮阴栽辛减轻发病。

（4）药剂防治　目前化学药剂是细辛叶枯病防治的必要手段。可选用 50%速克灵 1000 倍液、50%扑海因 800 倍液、50%万霉灵 600 倍液，从发病初期开始视天气和病情每隔 7～10 天 1 次，需喷多次并使叶片正反面均匀着药。

二、细辛锈病

（一）症状

病菌主要为害叶片，也可为害花和果。冬孢子堆生于叶片两面及叶柄上，圆形或椭圆性。初生于寄主表皮下，呈丘状隆起，后期破裂呈粉状，黄褐色至栗褐色，可聚生连片，叶片上排成圆形，叶片正面比背面明显，直径 4～7mm。冬孢子堆在叶柄上呈椭圆型或长条状，长达 7～50mm，可环绕叶柄使其肿胀（图 8-3）。严重发病时整个叶片枯死。

（二）病原

病原菌为细辛柄锈菌 *Puccinia asarium* Kuntze，为担子菌亚门、冬孢菌纲、柄锈菌属真菌。未发现其性孢子、锈孢子及夏孢子阶段。冬孢子双胞，椭圆形、长椭圆形、纺锤形或不规则形，大小 30～51μm×16～25μm，黄褐色至深褐色，两端圆形或渐狭，分隔处略缢缩；壁厚均匀，1.5～2μm；每胞具 1 个芽孔，其上具有透明乳突，上部细胞芽孔顶生，下部细胞芽孔近中隔生；柄无色，长达 45μm 以上，细弱易折断。

（三）发病规律

病原菌越冬方式及场所不详。在东北病害始发期为 5 月上旬，7～8 月为发病高峰期。

病株多集中于树下等遮阴处，高湿、多雨、多露发病严重。冬孢子借助气流及雨水飞溅传播。

（四）防治措施

（1）秋季彻底清除病株残体，集中田外烧毁。加强栽培，促进植株发育健壮，增强植株抗病性。雨季及时排除田间积水。摘除重病叶片，降低田间菌源数量。

（2）发病初期采用 25%粉锈宁 1000～1500 倍液，或 62.25%仙生 600 倍液喷雾，7～10 天 1 次，连喷 2～3 次。

三、细辛菌核病

（一）症状

细辛菌核病是一种全株性腐烂型病害，能为害植株的地上和地下部分。导致发生苗腐、芽腐、根腐、柄腐、叶腐和果腐等症状。

（1）苗腐　移植前的 1～3 年幼苗均可发病。一般多在幼根产生褐色腐烂病斑，其上有短绒状的菌丝体，很快变成小白点和小菌核。病苗生长不良，根系很少，常常造成茎叶枯萎状，甚至死亡。受害较轻者，可使叶片变黄。幼茎发病，开始呈粉红色。并生有白色菌丝体。苗床自然发病，多从个别幼苗开始，逐渐向周围蔓延，造成大片死亡。

（2）芽腐　芽腐在田间发病有两个时期，可分为春芽发病和秋芽发病，是成株期受害最重和损失最大的时期。秋芽发病：8 月间新形成的细辛越冬芽，粗壮，淡紫色。病原菌侵入后局部变湿润软腐状，以后全芽变紫红色而腐烂，其上产生白色菌丝体，如发病较晚，因低温有的产生菌核很少，或不产生。病菌通过根茎很快传染到根部，使根部变为褐色腐烂，产生根腐型症状。细辛成株具有很多芽苞。秋芽染病较晚，或只有局部发生，到了春季仍可萌发。此时芽苞开始萌发，并变成绿色。病芽呈粉色软腐状，外生白色的菌丝体，后集结为白色至黑色小菌核。

（3）根腐　苗期和成株期都可发生根腐，以春、秋两季发生最重。开始多从根茎开始发病，局部变成褐色腐烂，进而导致全株腐烂。根外发生白色菌丝体，蔓延形成较大的白色菌丝团，后变为黑色菌核。主根处菌核形状较大，细根上则较小，一般大小 2～30μm×2～15μm。菌核发生数目较大，每平方米较大细辛根际可产生菌核 100～200 枚。

叶柄发病多从根腐蔓延或土壤传播而来，也发生白色绒状菌丝层，以后也变成菌核，叶柄腐烂，使叶片猝倒地面而干枯。果腐发生在果柄和果实上，最初发病处呈淡紫色，以后有白色绒状物，最后变为菌核。病果呈软腐状，轻病果也能结实，但是种子干瘪。叶腐较少见，但在重病区，叶片也会发生水渍状褐色腐烂病斑。地上病部产生菌核均很小。成株期发生的芽腐、根腐主要在春秋两季为害较重，经常造成全株性腐烂而死。柄腐、果腐及叶腐多发生在 5 月下旬至 6 月上中旬，是病害扩展的主要时期。

（二）病原

病原为细辛核盘菌 *Sclerotinia asari* Wu et C. R. Wang，为子囊菌亚门、盘菌纲、核盘菌属真菌。在 PDA 上，菌丝体沿基质生长，菌落较薄，近无色至淡白色，经 5～8 天产生白色菌核，以后变为黑色菌核。菌核在春季萌生 1～9 个子囊盘，上生大量子囊孢子进行侵染发病。细辛核盘菌无性世代生长温度范围为 0℃～27℃，适宜温度为 7℃～15℃，属低温菌。菌核在 2℃～23℃条件下均可以萌发，处理后 5～15 天开始萌发。萌发方式是产生菌丝体，未见产生子囊盘。该菌仅发现侵染细辛，未见侵染其他植物。

（三）发病规律

细辛菌核病菌以菌丝体和菌核在病残体、土壤和带病种苗上越冬。主要侵染来源为菌丝体，从细辛根、茎、叶侵入。病菌以穿透方式侵入，潜育期一般为 22～48 小时。病菌的侵染力以新生菌丝体最强；老化菌丝体较弱；形成白色菌核后则难于侵染。在自然条件下，菌核萌发主要产生子囊盘。4 月中下旬细辛出土不久菌核开始萌发，5 月上旬子囊盘出土，子囊孢子主要从伤口侵入，造成初侵染。6 月上旬以后，平均地温上升至 18℃～20℃，虽然温度稍高，但仍在发病适宜温度范围内，故 6 月是该病发病的高峰期。7～8 月该病暂时停止发展。9 月以后，地温显著下降到 20℃以下，病株内病菌菌丝体可由有病的叶柄、芽苞和根部，造成秋芽和越冬芽发病。11 月以后，当地温下降到 0℃以下，病株体和病残体上的菌丝体开始进入越冬休眠，等到翌年气温上升再度发病为害。病害在苗床内传染，多先在发病中心病株周围发病，通过耕耘和病健根交接传病，尤以顺垄传病较快，逐渐扩大蔓延，再形成成片死亡。

（四）防治措施

（1）选用无病种苗和种苗消毒，可用 50%速克灵 800 倍液浸种苗 4 小时。

（2）早春于细辛出土前后及时排水，降低土壤湿度。及时锄草、松土以提高地温，均能大大减轻细辛菌核病的发生与蔓延。在松林下杂草少、有落叶覆盖和保水好的地块实行免耕栽培，防止病菌在土壤中传播。

（3）田间锄草前应仔细检查有无病株，防止锄头传播土壤中的病菌。发病早期拔除重病株，移去病株根际土壤，用生石灰消毒，配合灌施速克灵或多菌灵等药剂，铲除土壤中的病原菌。

（4）发病初期进行药剂浇灌防治。可采用药剂有 50%速克灵 800 倍液、菌核利 300 倍液、50%多菌灵 200 倍液加 50%代森铵 800 倍液。每平方米施用药量 2～8kg，以浇透耕作土层为宜。

四、细辛疫病

（一）症状

病菌主要为害叶柄基部及叶片。叶柄上病斑长条形，暗绿色，水浸状，易软腐。叶片上病斑较大，圆形，暗绿色，水浸状。高湿多雨季节病斑上产生大量白色霉状物，为病菌菌丝及游动孢子梗。多雨高湿条件下，病情进展很快，叶柄软化折倒，叶片软腐下垂，导致细辛植株成片死亡。

（二）病原

病原为恶疫霉 *Phytophthora cactorum* (Leb. et Cohn.) Schroet，为鞭毛菌亚门、卵菌纲、

霜霜目、霜霉科、疫霉属真菌。气生菌丝白色，绵毛状，无隔膜。游动孢子囊梗细长，稍微分枝；游动孢子囊顶生或侧生，卵圆形，顶部有乳头状突起，萌发后产生游动孢子。卵孢子球形，黄褐色，单卵球。

（三）发病规律

病原菌以菌丝体或卵孢子在病残体上或土壤中越冬，翌年春季条件适宜时侵染细辛的茎基部及地上部分。病部产生的游动孢子经风雨传播进行再侵染，使病害扩展蔓延。高温、多雨、高湿有利于病害流行。

（四）防治措施

（1）选择砂壤土和排水良好的地块栽培细辛。

（2）及时拔除病株，消灭发病中心。在病穴处用生石灰或 0.5%～1%的高锰酸钾溶液进行土壤消毒，降低土壤中带菌量。

（3）在雨季开始前，喷施 1∶1∶200 波尔多液，或乙磷铝 300 倍液，或 25%甲霜灵 600 倍液，或 58%瑞毒霉锰锌 800 倍液。

五、细辛黑斑病

（一）症状

病菌主要为害叶片。叶片病斑圆形、近圆形或不规则形，病斑中央黄褐色，外缘褐色至黑色，有淡黄色晕圈，严重时病斑汇合连片，造成叶片枯死，后期可脱落穿孔。高湿条件下病斑上产生黑色霉层，为病菌分生孢子梗和分生孢子。

（二）病原

病原为半知菌亚门、链格孢 *Alternaria* sp.真菌。分生孢子梗一般簇生，直立，少数单生，由菌丝上长出，通常比菌丝粗而且颜色较深，有隔膜，大小 26～100μm×5～8μm。分生孢子单生或短链生，暗褐色，卵形、长椭圆形、棍棒形，有喙或无喙，砖格状分隔，横隔膜 1～7 个不等，纵隔膜 0～4 个，分隔处略缢缩，孢身大小 23～68μm×10～19μm。喙淡褐色，较短，有隔膜，顶端稍膨大，大小 6～35μm×4～7μm。

（三）发病规律

病原菌主要以分生孢子和菌丝体在病残体和罹病芽胞上越冬，成为翌年发病的初侵染来源，种苗可以带菌传病。分生孢子借风雨传播，萌发芽管从寄主气孔或表皮直接侵入。环境条件适合时，病斑上能产生大量分生孢子，经传播后进行多次再侵染。分生孢子萌发最适温度 15℃～25℃，并要求 98%以上相对湿度。在东北该病 5 月中旬始发，7～8 月为盛发期。高湿多雨是病害流行的关键因素。

（四）防治措施

（1）选留无病种子，实行种子消毒。用多抗霉素 200mg/kg 或 50%代森锰锌 1000 倍液浸泡 24 小时，或按种子重量的 0.2%～0.5%拌种。

（2）清除病残体。早春用 100mg/kg 多抗霉素或 1%硫酸铜对细辛苗床进行全面消毒。

秋季栽辛可有效地降低发病程度。可以充分利用林下自然遮荫栽培细辛或挂帘遮荫栽辛减轻发病。

（3）细辛出苗展叶初期开始喷药防治。可选用 50%代森锰锌 800 倍液、多抗霉素 100～200mg/kg、咪唑霉 400 倍液或 1∶1∶120 波尔多液等，每隔 7～10 天喷药 1 次，视病情进展喷 3～4 次。

（傅俊范 丁万隆）

第六节 荆芥

Jingjie

SCHIZONEPETAE HERBA

荆芥 *Schizonepeta tenuifolia* Briq.别名香荆芥，为唇形科一年生草本植物，全草入药。主治感冒发热、麻疹不透、咽痛疮疖、呕血便血等症。全国大部分地区均有分布。荆芥病害主要有根腐病、茎枯病、黑斑病和立枯病，其中以茎枯病发生最普遍，为害最重。

一、荆芥茎枯病

（一）症状

病菌主要为害荆芥茎部。通常自茎基部发病，后逐渐向上、环周发展。有时仅茎中部发病而茎基部无症状。发病部位表皮呈黑褐色干瘪，病部环周坏死。发病初期，茎部出现许多褐色斑点，植株不萎蔫；发病中期，病斑逐渐环周扩展，发病部位凹陷缢缩，发病部位以上植株萎蔫、叶片呈失水状卷曲下垂；发病后期，病部以上植株枯萎、死亡（图 8-4、图 8-5、图 8-6）。

（二）病原

病原为烟草疫霉 *Phytophthora nicotianae*，为鞭毛菌亚门、卵菌纲、疫霉属真菌。病原菌在 V8 培养基的菌落呈白色，菌丝浓密。显微观察发现，病菌菌丝粗细不均，上多有瘤状突起。孢子囊大小 25～40μm×15～20μm，着生于菌丝顶端，表面光滑，椭圆形或近梨形，有明显突出的脐。成熟的游动孢子大小 2～4μm×1～2μm，从孢子囊口排出，圆形、近圆形或椭圆形，单胞。

（三）发病规律

荆芥茎枯病菌在荆芥发病残体或土壤中越冬，翌年 5 月下旬，气候和湿度适宜时，病原菌孢子可以从根部导管、寄主气孔或表皮直接侵入，导致寄主地上部茎秆部位或是叶片产生水浸状病斑，并迅速向上、下扩大环绕茎秆，出现一段褐色的枯茎。后逐渐形成发病中心，病株上成熟孢子囊产生的大量游动孢子迅速随雨水传播扩散，继而引起临近健康植株发病。一个生长季可形成多次侵染循环。

（四）防治措施

（1）选择土壤肥沃疏松、排水性好的高地或旱地种植；与禾本科作物实行 3～5 年轮作。

（2）适时早播，以 4 月下旬为宜；麦茬地种植应施足基肥，早施苗肥，注意氮、磷、钾配合施用以促进生长。

（3）发病初期喷洒 50%代森锰锌 600 倍液、50%多菌灵 500 倍液或 1∶1∶200 波尔多液各 1 次，间隔 7～10 天。

二、荆芥黑斑病

（一）症状

病菌为害叶、叶柄、茎和花穗。叶片发病多从叶尖和叶缘开始，最初产生不规则褐色小斑，以后扩大为半圆形或不规则形暗褐色病斑。茎和顶梢受害后呈褐色，顶端下垂或折倒。潮湿时病部产生黑色霉层，为病原菌分生孢子梗及分生孢子。为害严重时叶片枯死，茎秆顶端下垂或折倒。

（二）病原

病原为链格孢 *Alternaria alternata* Keissler，属半知菌亚门、链格孢属真菌。

（三）发病规律

病菌随病残体在土壤中越冬，翌年产生分生孢子引起初侵染。病株上产生的分生孢子借风雨传播又可引起多次再侵染。6 月开始发病，7 月中旬之后病害逐渐减轻。多雨季节常造成整个叶片死亡。

（四）防治措施

（1）选择地势高燥、排水良好的地块种植；选用粒大饱满的种子作种。

（2）6 月上旬开始喷洒 50%扑海因 500 倍液或 50%代森锰锌 600 倍液，每 10 天 1 次，连续 2～3 次。

（李勇）

第七节　香薷
Xiangru

MOSLAE HERBA

香薷即海州香薷 *Elsholtzia splendens* Nakai ex F. Maekawa，为唇形科多年生草本植物。全草入药。长江流域及西北、西南等地均有栽培，江西、河北、河南等地为主产区。香薷病害主要为锈病。

香薷锈病

（一）症状

叶部被害形成圆形或椭圆形病斑，其上散生或稀疏地从生淡黄色夏孢子堆，以叶背居多，最后孢子堆后外露，呈粉末状。后期在叶片背面散生圆形或椭圆形冬孢子堆，冬孢子堆初为淡橙黄色，后期变为赭色。

（二）病原

病原为紫苏鞘锈菌 *Coleosporium perillae* Syd.，为担子菌亚门、锈菌目、鞘锈科、鞘锈菌属真菌。夏孢子球形、近球形、卵形或椭圆形，上面有密生的疣，大小 18～27μm×13～20μm。冬孢子棍棒状，顶端圆形，壁很厚，基部略为狭细，大小 65～100μm×15～24μm。

（三）发病规律

病菌以冬孢子在病残体上越冬，在温暖地区，夏孢子可终年产生。高温高湿条件有利于病害的发生和蔓延。

（四）防治措施

（1）注意田间清洁，收集病残体，集中烧毁。

（2）发病初期及时用 50%萎锈灵可湿性粉剂 1000 倍液喷雾保护。

（丁万隆）

第八节　穿心莲
Chuanxinlian
ANDROGRAPHIS HERBA

穿心莲 *Andrographis paniculata* (Burm f.)Nees 别名一见喜、金香草等，为爵床科一年生草本植物。广东、福建、江苏等地有栽培。全草入药，主治上呼吸道感染、病毒性肺炎、细菌性痢疾、急性胃肠炎等症。穿心莲病害有立枯病、枯萎病、猝倒病和疫病等。

一、穿心莲立枯病

（一）症状

幼苗期为害，受害幼苗茎基部出现水渍状红褐色病斑，病部凹陷、横缢或折断，容易与根茎部分离。阳光照射后病苗地上部萎蔫。土壤潮湿时病苗上产生灰白色蛛丝状菌丝体，侵害健康幼苗，使其感病枯死。

（二）病原

病原为立枯丝核菌 *Rhizoctonia solani* Kühn，属半知菌亚门、无孢目。菌丝多为直角分枝，分枝基部有缢缩，距分枝不远处有隔膜。病菌不形成分生孢子，在基物表面产生扁平颗粒状菌核，菌核之间有菌丝相连。有性态是瓜亡革菌 *Thanatephorus cucumeris*，属担子菌亚门、胶膜菌目。担子粗壮，圆筒形、桶形或倒卵形。担孢子无色至淡黄褐色，椭圆形，一侧扁平。病菌寄主范围很广，可为害许多种植物，目前分为 9 个菌丝融合群（AG_1～AG_9），每一群有一定的寄主范围。

（三）发病规律

以菌核和菌丝体在土壤中越冬，翌年引起初侵染。病株及其附近土壤内的菌核和菌丝体引起田间多次侵染。4～5 月育苗期低温多雨、土壤湿度大时大量死苗。

（四）防治措施

（1）加强苗床管理，选用无病土育苗。苗期浇水要适量，防止苗床积水，诱使病害发生。

（2）用敌克松或福美双的混合剂处理苗床土壤。发病初期用 70%甲基托布津可湿性粉剂 1000 倍液施于植株周围土壤，切勿触及幼苗以免药害。

二、穿心莲枯萎病

（一）症状

幼苗和成株都可发病。发病初期植株顶端嫩叶黄化，下部叶片仍保持绿色。严重时茎叶变黄，叶片狭小，局部变为紫褐色，病株矮小，茎基和根部产生深褐色至黑色下陷斑块，病部附近维管束变为褐色，后期病株枯死。在潮湿条件下，有时在病幼苗茎基部及其周围土表出现白色絮状菌丝体。

（二）病原

病原为串珠镰孢 *Fusarium moniliforme*（有性态为子囊菌亚门藤仓赤霉 *Gibberella fujikuroi*）、尖镰孢 *F. oxysporum* 和尖镰孢芬芳变种 *F. oxysporum* var. *redolen* 等，属半知菌亚门，瘤座孢目，镰孢菌属。

（三）发病规律

病菌腐生性较强，可在土壤中存活，在高温多雨条件下侵染幼苗或成株。地势低洼或排水性差的地块病害发生较重。

（四）防治措施

（1）选择地势高燥的地块种植穿心莲，并实行高畦栽种。病田实行轮作，以减轻病害发生。

（2）加强栽培管理，严格控制灌溉量，防止田间湿度过高，减轻发病。农事操作时勿伤根及茎基，以免造成伤口。

（丁万隆）

第九节　绞股蓝
Jiaogulan

绞股蓝 *Gynostemma pentaphyllum* (Thunb.) Makino 别名小叶五爪龙、七叶胆、五叶参等，为葫芦科多年生攀缘性草本植物。主要分布于陕西南部及长江以南等地。以全草入药，有镇静催眠、减肥、抗衰老、降血脂等功效。绞股蓝的主要病害有白粉病和白绢病。

一、绞股蓝白粉病

（一）症状

绞股蓝整个生育期都可发病，但以生育中期、后期发病较普遍。病菌主要为害叶片，其次是叶柄和茎秆，果实通常不受害。受侵染的叶片多在叶正面出现白色小斑点，后向四周扩展成许多霉斑。叶背面霉斑常由叶缘沿叶脉向内扩展。环境条件有利于发病时，霉斑很快扩大连成一片，使整个叶片布满白色粉状物（菌丝体和分生孢子）。严重发病的植株叶片泛黄、卷绵，但不脱落。田间发病最初仅点片发生，形成明显的发病中心，并以下部叶片发病为主，后病害向周围植株及上部叶片扩散。生长后期病叶背面的霉斑变为灰色，上面出现黑色小粒点，即病原菌的闭囊壳。

（二）病原

病原菌为瓜类单囊壳 *Sphaerotheca cucurbitae*，属子囊菌亚门、单囊壳属真菌。菌丝体生于叶两面。分生孢子梗无色，圆柱形，有隔膜，不分枝叶，上生成串的分生孢子。分生孢子无色，腰鼓形或广椭圆形，大小 19.5～30μm×12～18μm。有性态产生闭囊壳。闭囊壳散生，球形，褐色至暗褐色，直径 75～90μm。附属丝 4～8 根，曲膝丝状，基部稍粗，平滑，具 3～5 个隔膜，无色或下部淡褐色，长度是闭囊壳直径的 0.5～3 倍。子囊 1 个，广椭圆形或近球形，无柄或有短柄，大小 60～70μm×42～60μm。子囊孢子 4～8 个，椭圆形，大小 19.5～28.5μm×15～19.5μm。分生孢子萌发温度范围 10℃～30℃，以 20℃～25℃最适宜。孢子萌发需较高的湿度。病菌的寄主范围较广，可为害黄瓜、南瓜、甜瓜、西瓜、丝瓜、葫芦和西葫芦等葫芦科的多种植物。

（三）发病规律

病菌以闭囊壳随病残体落于土表越冬，翌年 4 月散出子囊孢子，引起初侵染。初侵染病株表面产生的分生孢子借气流传播，引起再侵染。病菌孢子在适宜环境条件下萌发，产生侵染丝，直接侵入植株表皮细胞，在细胞内产生吸器吸取养分。寄主体表的菌丝体蔓延，形成大量分生孢子，引起重复侵染，晚秋在病部再次形成闭囊壳过冬。本病与瓜类上常发生的白粉病是同一种病原菌，而临近瓜地的绞股蓝发病率往往较高，因此瓜类病株可能是病害的主要侵染来源。病害的发生发展同环境因素关系密切。4 月中下旬是田间病害始发期，7～8 月遇高温干燥天气病害常受抑制，9～10 月潮湿凉爽条件下病害进入盛发期，10 月以后发病渐止。此外，雨滴会使孢子细胞破裂，影响孢子萌发，对发病不利。管理不当、偏施氮肥的田块，植株茎叶生长过旺，田间湿度增高，通风透光性差，病害发生较重。

（四）防治措施

（1）选择远离瓜地或未种过瓜类的地块种植。从健壮、无病的植株采插条育苗。在田间插秆供绞股蓝攀缘，以利通风透光，减少发病。生长期适当增施磷、钾肥，增强植株抗病力。

（2）及时割除中心病株，减少病害扩散。收获后清除田间残落叶，集中销毁或沤肥。堆肥经充分腐熟后施用，以免病害传播。

（3）发病初期喷洒 70%甲基托布津可湿性粉剂 1000～1500 倍液，以后每隔 7～10 天喷 1 次，共喷 2～3 次；或喷洒 15%粉锈宁 1000 倍液，或可湿性硫磺 300 倍悬浮液 2～3 次。

二、绞股蓝白绢病

（一）症状

病菌主要侵害近土表的茎基部，有时可扩展至叶部。被害的根和茎呈暗褐色，上面长有白色丝绢状菌丝体，常呈辐射状分布。病根和病茎的皮层和疏导组织被破坏，病株腐烂、枯萎。枯死植株的根和茎仅剩木质化的“乱麻”状的纤维组织，很易从土中拔起。高温条件下菌丝体向表土四周蔓延，菌丝体可集结，出现许多由乳白色渐变为黄色、终呈黄褐色的油菜籽状菌核。

（二）病原

病原为齐整小核菌 *Sclerotium rolfsii* Sacc.，属半知菌亚门、无孢目、小核菌属真菌。菌丝体白色，外表具绢丝光泽。在光学显微钱下菌丝淡灰色，有隔膜，分枝处稍缢缩。菌核球形或近球形，直径 0.8～1.6mm，表面光滑，有时 2～3 个菌核可黏结一起。菌核边缘细胞较小，土黄色，结构紧密，中部细胞稍长，淡黄色，结构疏松。菌核萌发时其周围长出辐射状白色菌丝体。有性态是罗耳阿太菌 *Athelia rolfsii*，属担子菌亚门、非褶菌目。病菌寄主范围很广，可侵害不同科的 200 多种植物。

（三）发病规律

病菌以菌核和菌丝体在土壤内或病残体上越冬，带菌土壤是主要的初次侵染源。病菌可随灌溉水流、带菌扦插苗或带菌厩肥在田间传播，并借菌核和菌丝体引起再侵染。通常在 4 月下旬田间始见病害，6 月上旬至 9 月上旬病害大量发生，10 月上中旬发病渐止。此病是一种高温高湿病害，在气温 25℃～35℃、相对湿度 90%以上时，发病周期短，病害扩展快。砂质酸性土壤或土壤湿度过高有利于发病。地势低洼、排水性差及光照不足的地块发病较重。

（四）防治措施

（1）选用不带菌的地块种植绞股蓝；从无病母株采插条育苗或从不发病的苗床选苗。

（2）采用整畦开沟种植方法，通常一畦种植两行绞股蓝，畦间插秆或搭架，供绞股蓝茎蔓攀缘，以利通风透光，降低田间温度，减轻病害。

（3）及时拔除田间病株，集中销毁并在病穴内撒生石灰粉；冬季清除病残体，集中烧毁或沤肥，堆肥经充分腐熟后施用。

（4）生物防治。用哈茨木霉麸皮培养物 4 份加细土 96 份混匀，培施在植株根部及茎基周围。

（丁万隆　李勇）

第十节　益母草
Yimucao
LEONURI HERBA

益母草 *Leonurus japonicus* Houtt. 别名茺蔚、月母草，属唇形科一年生或二年生草本植物。全国各地均有分布，以华北、东北、西北地区产量最大。全草入药称益母草，主治月经不调、产后血晕等症；种子入药称为茺蔚子，具小毒，有调经活血、清肝明目之功效。益母草病害有白粉病、白霉病、菌核病、霜霉病、根结线虫病和病毒病等。

一、益母草白粉病

（一）症状

病菌主要侵害叶片，茎秆也可发病。被害叶片两面产生白色粉霉层（图 8-7），为病菌的菌丝体和分生孢子。生长后期粉霉层上产生黑色小粒点，即病菌的闭囊壳。

（二）病原

病原为鼬瓣白粉菌 *Erysiphe galeopsidis*，属子囊菌亚门、白粉菌目、白粉菌属真菌。菌丝体白色，主要生于叶面，也能在茎上生长。分生孢子桶形至柱形，串生。闭囊壳聚生，黑褐色，扁球形，具多根丝状附属丝。子囊椭圆形至短圆形，有柄至无柄。子囊孢子当年不形成，第二年春天才能成熟。病菌还可侵害夏至草、大花益母草、细叶益母草、假水苏等多种植物。

（三）发病规律

病菌以闭囊壳在病残体上越冬，翌年春天产生子囊孢子引起初侵染。病株上形成大量的分生孢子，借风雨传播不断引起再侵染。生长后期病斑上形成闭囊壳越冬。

（四）防治措施

（1）入冬前清除病株及病残落叶，集中烧毁，以保持田园卫生，减少翌年菌源。

（2）发病期喷洒 15%粉锈宁 800 倍液或 50%苯菌灵 1000 倍液或。根据病情发展喷 2～3 次，每次间隔 7～10 天。

二、益母草白霉病

（一）症状

为害叶片，病叶上形成直径 2～5mm 的多角形至不规则形病斑，病斑淡褐色，无明显边缘，背面形成白色霉层（分生孢子梗和分生孢子）。病害严重时病斑汇合成片，叶片提前枯黄。

（二）病原

病原为益母草柱隔孢 *Ramularia leonuri*，属半知菌亚门、丝孢目、柱隔孢属真菌。病菌子实体生于叶背面，无子座。分生孢子梗 6～25 根丛生，无色，无隔膜，不分枝，无膝状节，顶端圆锥形至近截形，孢痕色深。分生孢子无色，串生，两端圆锥形至近截形，单胞至双胞，隔膜处无缢缩，大小 16～36μm×3～4.5μm。

（三）发病规律

病菌以菌丝体在病残体上越冬，翌年形成分生孢子，借风雨传播引起初侵染。生长后期病株上形成的分生孢子可重复引起再侵染。

（四）防治措施

（1）搞好田园卫生，入冬前清除病株及病株残体，并集中烧毁。

（2）发病前喷洒 1∶1∶160 波尔多液；发病期喷洒 50%多菌灵 1000 倍液。

（周如军　丁万隆）

第十一节　接骨木
Jiegumu

接骨木 *Sambucus williamsii* Hance 俗名公道老、扦扦活，为忍冬科灌木或小乔木。分布于东北至南岭以北，西至甘肃、四川和云南。全草入药，治跌打损伤。接骨木主要病害有灰斑病。

接骨木灰斑病

（一）症状

病菌为害叶片。病斑圆形至卵圆形，直径 2～4mm，灰色，边缘暗褐色，病斑两面生淡黑色霉状物，为病原菌的子实体。

（二）病原

病原为接骨木尾孢 *Cercospora depazeoides* Sacc.，为半知菌亚门、丝孢纲、丛梗孢目、尾孢属真菌。子实体叶两面生，子座球形，暗褐色，直径 40～70μm。分生孢子梗 12～30 根束生，暗褐色，顶端稍窄，无分枝，0～2 个膝状节，3～5 个隔膜，大小 45～210μm×3.5～5.0μm。分生孢子倒棒形，淡橄榄色，正直或稍弯，3～8 个隔膜，基部倒圆锥截形，顶端略钝，大小 42～126μm×3～5μm。

（三）发病规律

病菌以菌丝体在病叶上越冬。翌春条件适宜时，分生孢子产生并随气流传播，引起侵染，7～8 月发生严重。

（四）防治措施

（1）冬季清洁田园，收集病叶并集中销毁。

（2）发病前喷洒 1∶1∶160 波尔多液。发病初期可喷洒 50%代森锰锌 600 倍液或 70%甲基托布津可湿性粉剂 1500 倍液 1～2 次。

（丁万隆）

第十二节　博落回
Boluohui

博落回 *Macleaya cordata* (Willd.) R. Brown 为罂粟科博落回属植物，别名号筒梗、三钱三、泡通珠、博落筒等。以全草入药，具有祛风解毒、散瘀消肿之功效。博落回病害较少，主要发生斑点病和白绢病。

一、博落回斑点病

（一）症状

病菌主要为害叶片。叶片上病斑圆形或近圆形，直径 2～10mm，中心部分暗褐色，边缘黑褐色，后期中心部分灰褐色，其上生黑色小点，即病原菌的分生孢子器（图 8-8）。

（二）病原

病原为博落回叶点菌 *Phyllosticta macleyae* Naito.，半知菌亚门、叶点菌属真菌。分生孢子椭圆形或近矩圆形，无色透明，单胞，内含两个油球，大小 4～6μm×2～3μm。

（三）发病规律

病菌以菌丝体和分生孢子器在病株残体上越冬。翌春分生孢子器遇水滴产生分生孢子，并借气流传播引起侵染。7～9 月发生。

（四）防治措施

（1）秋冬季搞好清洁田园工作，集中烧掉病株残体。

（2）6 月底前喷洒 1∶1∶160 波尔多液 1 次；7 月上旬再选 50%代森锰锌 600 倍液、75%百菌清 500 倍液或 65%代森锌 500 倍液等药剂，视病情喷 2～3 次，每 10～15 天 1 次。

二、博落回白绢病

（一）症状

该病发生初期在植株根部形成白色匍匐菌丝，菌丝纠结缠绕形成白色颗粒状物，气生菌丝浓密。6～8 月在茎基部可见颗粒状菌核。菌核初期白色，一周后形成菌核，直径 0.1～0.5cm，后期菌核黄褐色或黑色。8 月发病率高达 70%，严重威胁博落回的产量和质量。

（二）病原

病原菌无性态为齐整小核菌 *Sclerotium rolfsii* Sacc.，寄主范围涉及 100 多个科近 500 种植物，包括粮食、蔬菜、花卉、中药材等作物。

（三）发生规律

白绢病病菌以菌核、菌丝体在田间病株和病残体中越冬，翌年条件适宜时菌核萌发形成菌丝侵染植株引起发病。病株和土表的菌丝体可以通过主动生长侵染邻近植株。菌核形成后，不经过休眠就可萌发进行再侵染。菌核随土壤水流和耕作在田间近距离扩展蔓延。连续干旱后遇雨可促进菌核萌发，增加对寄主侵染的机会。6～9 月为发病期。高温多雨季节发病重，田间湿度大、排水不畅的地块发病重，连作地发病重。

（四）防治措施

（1）农业防治　选择石灰质土壤种植，如果 pH 低于 7，可在播种之前用草木灰 50kg，雨前撒施，同时施用农家肥。应水旱轮作，如水稻、玉米，避免白菜、红薯、马铃薯、萝卜等作物。及时清除病残枝条，可以采取拔出染病植株，然后在染病土周围撒生石灰。采收后及时清洁田园，把枯枝老叶集中后，装入化粪池腐熟，或者进行焚烧。

（2）生物防治　哈茨木霉 *Trichoderma harzianum* 是生物防治白绢病中最重要的一种微生物，对白绢病的防效 68.2%，并可在土壤中较好地定殖。

（3）化学防治　发病期可喷施苯甲·嘧菌酯 3000 倍液，99%恶霉灵 4000 倍液；50% 啶酰菌胺水分散粒剂等杀菌剂。

（王天佑　丁万隆）

第十三节　紫苏子、紫苏叶、紫苏梗
Zisuzi、Zisuye、Zisugeng

PERILLAE FRUCTUS、PERILLAE FOLIUM、PERILLAE CAULIS

紫苏 *Perilla frutescens* (L.)Britt. 别名野紫苏、赤苏、香苏等，为唇形科一年生草本植物。茎、叶、果均可入药，分别称为紫苏梗、紫苏叶、紫苏子。紫苏梗具理气舒郁、止痛、安胎功效，紫苏叶具发表散寒、行气宽中的功效，紫苏子具下气、消痰、润肺、定喘等功效，紫苏的主要病害有锈病、斑枯病、轮纹病、褐斑病和根结线虫病等。

一、紫苏锈病

（一）症状

为害叶片，大多在植株下部叶片背面产生橙黄色夏孢子堆。夏孢子堆散生或聚生，近圆形，裸露。生长后期在叶背面产生红褐色冬孢子堆（图 8-9、图 8-10）。

（二）病原

病原为紫苏鞘锈菌 *Coleosporium perillae* Syd.，属担子曲菌亚门、锈菌目、鞘锈菌属真菌。夏孢子卵形，黄色，表面有瘤状突起，大小 17～28μm×13～20μm。冬孢子圆筒形至棍棒形，黄色，单胞，无柄，表面光滑，大小 45～100μm×13～24μm。

（三）发病规律

转主寄生，病菌锈孢子阶段发生于针叶树上，夏孢子和冬孢子阶段生于紫苏叶上。病害从 6 月开始发生，收获前逐渐停止扩展。温暖高湿的条件有利于病害的发生。地势低洼、种植过密、通风透光差的田块发病较重。

（四）防治措施

（1）农业防治　选择排水方便的高地种植并合理密植，降低田间湿度，减轻病害发生；发病严重时可提早收割，减轻损失。

（2）化学防治　发病初期喷洒 97%敌锈钠 300～400 倍液，每隔 10 天 1 次，连续喷 2～3 次，或喷洒 20%粉锈宁 1500 倍液 1～2 次。

二、紫苏斑枯病

（一）症状

病菌为害叶片，产生大小不等暗褐色近圆形或不规则形病斑，病斑边缘黑褐色，中央褐色或淡褐色，上生许多小黑点，为病原菌的分生孢子器。绿色叶片上的病斑比紫色叶片上的病斑明显。严重时病斑汇合成片，使病叶干枯而提早脱落。

（二）病原

病原为紫苏壳针孢 *Septoria perillae* Miyake，属半知菌亚门、球壳孢目、壳针孢属真菌。分生孢子器叶面生，球形，直径 70～90μm；分生孢子圆柱形，向顶端渐细，直、波浪状弯曲或扭曲，具 1～3 个隔膜，大小 24～32μm×1～2μm。

（三）发病规律

病菌以分生孢子器在病残体上越冬，翌年产生分生孢子借气流传播引起初侵染。6月至收获前为发病期。温暖高湿利于病害发生。田间通风透光差时发病较重。

（四）防治措施

（1）收获后清除病残体，减少菌源。及时排水，降低田间湿度，减轻病害发生。

（2）发病期喷洒 70%甲基托布津可湿性粉剂 1500 倍液或 50%多菌灵可湿性粉剂 500～1000 倍液，7～10 天 1 次，连续喷 2～3 次。

（丁万隆）

第十四节　蒲公英
Pugongying
TARAXACI HERBA

蒲公英 *Taraxacum mongolicum* Hand. -Mazz.别名婆婆丁、黄花地丁等，为菊科多年生草本植物。全草入药，有清热解毒、止痛散淤之功效。近年在我国已有人工种植。蒲公英的病害主要有白粉病、锈病和斑枯病等。

一、蒲公英白粉病

（一）症状

病菌主要为害叶片。初在叶面生稀疏的白粉状霉斑，一般不明显，后来粉斑扩展，霉层增大，到后期在叶片正面生满小的黑色粒状物，即病原菌的闭囊壳。

（二）病原

病原为棕丝单囊壳菌 *Sphaerotheca fusca* (Fr.) Blum.，为子囊菌亚门、核菌纲、白粉菌目、单囊壳属真菌。菌丝体生于叶两面，子囊果生在叶上，散生；生在叶柄、茎、花萼上时为稀聚生，褐色至暗褐色，球形或近球形，直径 60～95μm，具 3～7 根附属丝，着生在子囊果下面，长为子囊果直径的 0.8～3 倍，具隔膜 0～6 个，内含 1 个子囊；子囊椭圆形或卵形，少数具短柄，大小 50～95μm×50～70μm，内含 8 个或 6～8 个子囊孢子；子囊孢子椭圆形或矩圆形，大小 15～20μm×12.5～15μm。

（三）发病规律

病菌以闭囊壳随病残体留在土表越冬，翌年 4～5 月放射出子囊孢子，引起初侵染；田间发病后，产生分生孢子，通过气流传播，落到健叶上后，只要条件适宜，孢子萌发，以侵染丝直接侵入蒲公英表皮细胞，并在表皮细胞里形成吸胞吸取营养，菌丝匍匐于叶面。晚秋在病部再次形成闭囊壳越冬。

（四）防治措施

（1）合理施肥，避免偏施氮肥，适当增加磷、钾肥，促植株生长健壮，增强抗病力。收获后要注意清洁田园，病残体要集中深埋或烧毁。

（2）发病初期开始喷洒 50%多菌灵可湿性粉剂 600～700 倍液、50%苯菌灵可湿性粉剂 1500 倍液，也可选用 20%三唑酮乳油 2000 倍液、40%福星乳油 9000 倍液于发病初期傍晚喷洒。采收前 7 天停止用药。

二、蒲公英锈病

（一）症状

病菌主要为害叶片，在叶片正反两面均可形成褐色夏孢子堆和暗褐色冬孢子堆，孢子堆散生或聚生，圆形，突破表皮后散发出褐色粉状物。病情严重时，孢子堆密集连成片。

（二）病原

病原为山柳菊柄锈菌 *Puccinia hieracii* (Schum.) Mart.，为担子菌亚门、冬孢菌纲、锈菌目、柄锈菌属真菌。夏孢子椭圆形，具有微刺。冬孢子双胞，有柄。

（三）发病规律

在东北 6 月发生。

（四）防治措施

（1）秋冬认真收集病株残体，烧毁或深埋以减少病菌来源。

（2）发病前喷施 1∶1∶160 波尔多液；生育期喷施 15%粉锈宁可湿性粉剂 800 倍液或 97%敌锈钠 250 倍液。

三、蒲公英斑枯病

（一）症状

病菌主要为害叶片。叶片上病斑近圆形，直径 2～5mm，中央淡褐色，边缘灰褐色，后期在病斑上产生许多小黑点，即病原菌的分生孢子器。发病严重时，叶片上产生很多病斑，往往相互联结，导致叶片早枯（图 8-11）。

（二）病原

病原为蒲公英生壳针孢 *Septoria taraxacicola* Miura.，为半知菌亚门、腔孢纲、球壳菌目、壳针孢属真菌。分生孢子器初埋生，后突破寄主表皮外露，分生孢子器球形或近球形，黑褐色，有孔口，器壁膜质。分生孢子无色，线状，具分隔。

（三）发病规律

病菌以菌丝体和分生孢子器在病株残体上越冬。翌年春季，分生孢子通过气流传播到寄主后，引起初侵染。发病期间，病斑上产生的分生孢子又可借风雨传播，不断引起再侵染。病情严重时，病斑汇合，使叶片枯死。在东北 7 月发生。

（四）防治措施

（1）秋后及时清除病株残体，集中烧毁或深埋，以减少病菌来源。

（2）发病前喷施 1∶1∶160 波尔多液。发病期喷施 70%甲基托布津可湿性粉剂 800 倍液或 50%代森锰锌 600 倍液。

（刘琨　丁万隆）

第十五节　薄荷

Bohe

MENTHAE HAPLOCALYCIS HERBA

薄荷 *Mentha haplocalyx* Briq. 是唇形科草本植物。以全草入药，具疏散风热、清利头目之功效。分布在江苏、安徽、广东、四川、云南等地。薄荷病害种类较多，其中危害性较大的有薄荷霜霉病、锈病、病毒病、白绢病、斑枯病、灰斑病、茎枯病等。

一、薄荷霜霉病

（一）症状

病菌主要为害叶片和花器的柱头及花丝。叶面病斑浅黄色至褐色，多角形，湿度大时，叶背霉丛厚密，呈淡蓝紫色。

（二）病原

病原为薄荷霜霉 *Peronospora menthae* X. Y. Cheng et H. C. Bai，为鞭毛菌亚门、卵菌纲、霜霉目、霜霉属。孢囊梗卵圆形，稍小，直立，散生或丛生，无色或微带灰白色，大小291～497μm×7～14μm，呈锐角二叉式分枝6～8次，顶端不对称，顶枝尖略弯，大小10～18.5μm×1.9～2.5μm；孢子囊卵近圆形，淡紫褐色，大小21.5～45.5μm×20～44μm，未见卵孢子。

此外，柱头生霜霉 *Peronospora stigmaticola* Raunk 也是该病病原。孢囊梗无色，长椭圆形，较大，从气孔伸出，单生或丛生，大小272.7～313.1μm×5.0～10.1μm，基部不膨大，主轴长为全长l/2～2/3，上部具二叉状分枝3～5次，末枝呈弧状，端尖，长l0.5～12.0μm；孢子囊浅灰色，无乳突，大小20.7～46.3μm×10.5～14.7μm；卵孢子黄红色，球状，直径30.3～40.4μm；藏卵器近球形，直径50.5～60.6μm。前者主要为害叶片，形成叶斑，后者为害花器，尤其是柱头和花丝，故称柱头生霜霉。

（三）发病规律

病菌以带菌种子或卵孢子在染病的病残株上越冬，翌年栽植带病母根病菌随新叶生长侵染幼芽，成为该病初侵染源。湿度大时能产生游动孢子，借雨水或灌溉水传播蔓延，游动孢子在水滴中萌发，靠芽管从表皮直接侵入到叶片薄壁组织，产生菌丝体在细胞间扩展，同时产生线球状的吸器穿透寄主细胞壁，吸取养分和物质。气温16℃、相对湿度75%该病潜育期最短，利其产生大量孢子囊使病害扩展。生产上施氮肥过多易发病。

（四）防治措施

（1）加强检疫，防止该病扩大蔓延；注意拔除田间中心病株，集中深埋或烧毁。

（2）发病初期开始喷洒30%绿得保悬浮剂300～400倍液或1∶1∶100波尔多液、40%霜疫灵可湿性粉剂250倍液、72%杜邦克露可湿性粉剂800倍液，隔7～10天1次，连续防治2～3次。

二、薄荷斑枯病

（一）症状

薄荷斑枯病又称白星病，病菌主要为害叶片。叶片上病斑初为暗绿色小点，逐渐扩大为圆形、近圆形至不规则形病斑，直径2～3mm。病斑中央灰白色，周围具褪色边缘。后期病斑上生有黑色小粒点，即病原菌分生孢子器。发病重的病斑周围叶组织变黄，致早期落叶或叶片局部枯死（图 8-12）。

（二）病原

病原为薄荷生壳针孢 *Septoria menthicola* Sacc. et Let.，为半知菌亚门、腔孢纲、球壳孢目、壳针孢属真菌。分生孢子器生于叶两面，散生或集生，突破表皮，近球形，直径 83～102μm；分生孢子无色、针形，直或略弯，顶部较尖，基部钝圆，具隔膜 2～3 个，大小 25～37μm×1～1.5μm。

（三）发病规律

病菌以菌丝体或分生孢子器在病残体上越冬。翌年春季，越冬病菌产生分生孢子并随气流传播到寄主上，通过分生孢子萌发产生的芽管经气孔或穿透表皮直接侵入寄主完成初侵染，潜育期约 7 天左右。田间发病后，病斑上产生分生孢子器和分生孢子，借风雨传播，扩大为害。夏秋季节雨多、露水大、多雾的天气有利于病害发生和流行，相对湿度 85%以上适于发病。病害从 5 月至 10 月均有发生。

（四）防治措施

（1）每次收割后及时清除遗留在田间的病残体，以减少菌源。

（2）实行轮作倒茬；采用高畦或起垄栽培；种植密度要适宜，避免种植密度过大；合理施肥与浇水，雨后及时疏沟排水。

（3）发病初期开始喷洒 1∶1∶160 波尔多液、70%甲基硫菌灵悬浮剂 800～900 倍液、70%百菌清可湿性粉剂 600 倍液等药剂，隔 10～15 天 1 次，连续防治 2～3 次。采收前 20 天停止用药。

三、薄荷灰斑病

（一）症状

病菌主要为害叶片，叶面上初生小黑点斑，后扩展成圆形至不规则形边缘黑色、中央灰白色较大病斑，轮纹不大清晰。子实体生于叶两面，灰黑色霉层状。后期病斑融合，致叶片干枯脱落。在田间，下部叶片易发病。

（二）病原

病原为薄荷生尾孢 *Cercospora menthicola* Tehon et Daniels，为半知菌亚门、丝孢纲、丝孢目、尾孢属真菌。子座小，表生，榄褐色，直径 23～67μm；分生孢子梗簇生，5～22 根，榄褐色，圆筒形不分枝，具分隔 2～9 个，有膝状节 0～4 个，顶端截形或近截形，孢痕明显；产孢细胞大小 84～217μm×4～6μm，合轴生；分生孢子鞭状无色，基部截形或近截形，具分隔 5～15 个，大小 47～250μm×2.0～4.7μm。

（三）发病规律

病菌以菌丝体和分生孢子在病残体上越冬，成为翌年的初侵染源。广东、云南 8～11 月为发生期，发生普遍且为害严重。

（四）防治措施

（1）施用酵素菌沤制的堆肥或腐熟的有机肥；入冬前认真清园，集中把病残体烧毁。

（2）发病初期及时喷洒 50%多·霉威（多霉灵）可湿性粉剂 1000 倍液或 75%百菌清可湿性粉剂 500 倍液、40%混杀硫胶悬剂 500～600 倍液、60%防霉宝超微可湿性粉剂 800 倍液、50%苯菌灵可湿性粉剂 1500 倍液，每亩喷药液 50L，隔 10 天左右 1 次，连续防治 2～3 次。采收前 7 天停止用药。

四、薄荷茎枯病

（一）症状

薄荷茎枯病又称死棵病。初发于茎部或茎基部，先为褐色病斑，其后变成黑褐色，严重时枯死。一些薄荷老区普遍发生。据调查，最高发病率 100%。

（二）病原

病原为波状层杯菌 *Hymenoscyphus repandus* (Phill.) Dennis，为子囊菌亚门真菌。子囊盘浅黄色，新鲜时呈赭色，直径 1.5～2mm，具柄，可达 2.5mm；子囊孢子无色，大小 8～12μm×2～2.5μm。

（三）发病规律

病菌主要从薄荷植株近地面处侵染。初发时小病斑为浅褐色，后渐向四周扩展。天气干燥时扩展很慢，条件适宜时，病菌扩大侵染。病斑表皮渐渐变黑，严重影响水分和养分的输导，使薄荷处于缺水状态，严重时枯死。该病第 1 次发病高峰在 5 月中下旬。雨天有利病害发展。6 月下旬因高温而处于隐症状态。7 月头茬薄荷收获。10 月中旬二茬薄荷病害大发生。该病病菌可随病株残体在土壤中越冬、越夏，也可随种苗调运远距离传播。空气湿度大有利群体发病。

（四）防治措施

（1）精细整地　为排灌方便，最好做畦。畦宽 1～2m，可根据实际情况加减。要在第 1 茬薄荷收割后精心地清理田块，除去地上的薄荷残茎，同时，除去裸露外部的匍匐根茎，以防止从上面出芽。

（2）选择脱毒薄荷　脱毒薄荷叶片肥厚，油腺丰富，出油率显著高于普通的品种，同时又抗寒和耐高温，抗病性强，是以后薄荷的首选品种。

（3）配方施肥　要基肥充足，以饼肥为主，并辅助磷和钾肥，或者每亩用农家肥 4000kg，配施复合肥 60kg。在 4 月下旬至 5 月上旬进行追肥，以叶面喷施磷、钾肥为主。在第 1 茬收割后，每亩增施尿素 15kg，钾肥 12kg。

五、薄荷锈病

（一）症状

病菌主要为害叶片和茎。叶片染病初在叶面形成圆形至纺锤形黄色肿斑，后变肥大，内生锈色粉末状锈孢子，后又在表面生白色小斑，夏孢子圆形浅褐色，秋季在背面形成黑色粉状物，即冬孢子，严重的病部肥厚畸形。

（二）病原

病原为薄荷柄锈菌 *Puccinia menthae* Pers.，为担子菌亚门、冬孢菌纲、锈菌目、柄锈菌属真菌。夏孢子堆近圆形，橙黄色生于叶背，散生或聚生，突破表皮。冬孢子堆黑褐色，也生在时背或叶柄和茎上，散生或聚生。单主寄生，该菌可形成性孢子、锈孢子、夏孢子、冬孢子。性孢子单胞无色，生于性子器内，椭圆形，大小 2～3μm×0.5～1.5μm；锈孢子在锈子器内，黄色、单胞，球形至椭圆形，表面具细刺，大小 20～31μm×2l～27μm；夏孢子聚集成孢子堆，单胞球形，表面生细刺，淡黄色，大小 16～31μm×20～27μm；冬孢子聚集成冬孢子堆。冬孢子椭圆形，黄褐色，表面具短细刺，大小 27～42μm×19～29μm，生隔膜 1 个，顶端具乳头状突起。

（三）发病规律

以冬孢子或夏孢子在病部越冬，该菌能形成中间孢子越冬和侵染，成为翌年初侵染源。锈孢子生活力不强，只能存活 15～30 天，该病传播主要靠夏孢子在生长期可多次重复侵染，使病害扩展开来。18℃利于夏孢子萌发，低温条件下可存活 187 天，25℃～30℃不发芽；冬孢子在 15℃以下形成，越冬后产生小孢子进行侵染。该病发生在 5～10 月，多雨季节易发病。

（四）防治措施

（1）实行轮作　与锈病病菌非寄主的作物实行 3 年以上的轮作。

（2）合理施肥　在薄荷生长期间，忌偏施氮肥，应适当增施磷钾肥，促使植株稳健生长，增强抗病力。同时，要注意田间排水，防止受渍。

（3）药剂防治　发病前喷洒 1∶1∶100 波尔多液，具有较好的保护和预防作用；田间发病后喷 25%粉锈宁 1200 倍液，65%代森锌 500 倍液，效果也很好，如病情较重，可每隔 10 天喷 1 次，连续喷药防治两次。

六、薄荷病毒病

（一）症状

症状呈典型花叶症状，发病初期，叶片出现黄绿相间的花叶。染病后植株叶片畸形，植株细弱（图 8-13）。

（二）病原

病原为西葫芦黄花叶病毒 *Zuschini yellow mosaic virus*，属植物病毒病害。病毒粒体线状，长 740～760nm，55℃钝化 10 分钟，稀释限点 10000 倍，体外存活期 22℃条件下为 96 小时。该病毒外壳蛋白亚基只有一条多肽链。

（三）发病规律

病毒由桃蚜、棉蚜以非持久性方式传毒，种子不易传毒。该病毒可侵染多种植物，如苋色藜、千日红、甜瓜、西葫芦、丝瓜等。

（四）防治措施

（1）及早灭蚜防病，抓准当地蚜虫迁飞期在虫口密度较低时连续喷洒10%吡虫啉乳油1500～2000倍液或50%辟蚜雾可湿性粉剂2500～3000倍液。

（2）加强管理，苗期开始喷施多效好4000倍液或增产菌，每667m^2（亩）30～50mL兑水75L，促使植株早生快发。

（3）症状出现时，连续喷洒磷酸二氢钾或20%毒克星可湿性粉剂500倍液、0.5%抗毒剂1号水剂250～300倍液、20%病毒宁水溶性粉剂500倍液，隔7天1次，促叶片转绿、舒展，减轻为害。采收前5天停止用药。

（王蓉　丁万隆）

第十六节　瞿麦
Qumai
DIANTHI HERBA

瞿麦 *Dianthus superbus* L.为石竹科多年生宿根草本植物，别名瞿麦、野麦、淋症草，具有清热、利尿、活血之功效。分布于东北、华北、西北等地。瞿麦病害主要有斑枯病、黑粉病和根腐病等。

一、瞿麦斑枯病

（一）症状

病菌主要为害叶片和蒴果。病斑圆形或椭圆形，黄褐色，边缘不明显。后期病部生无数黑色小点，为病原菌的分生孢子器。发病严重时造成植株早枯。

（二）病原

病原为破坏壳针孢 *Septoria sinarum* Speg.，为半知菌亚门、腔孢纲、球壳孢目、球壳孢科、壳针孢属真菌。分生孢子器叶两面生，聚生。初埋生，后突破表皮，球形至扁平形，器壁暗褐色，顶部呈乳头状突起，直径80～112μm。分生孢子针形，直或微弯，无色透明，顶端略尖，基部钝圆形，1～2个隔膜，大小16～30μm×2～3μm。

（三）发病规律

病菌以分生孢子器在病残组织上越冬，翌年产生分生孢子借风雨传播扩大为害。7～9月发生，多雨年份发病严重。

（四）防治措施

（1）秋季清除田间病残组织，集中烧掉或沤肥。

（2）雨后及时疏沟排水，降低田间湿度，减轻发病。

（3）发病初期喷洒1∶1∶100波尔多液2～3次，间隔7～10天，以后视病情可选喷50%代森锰锌600倍液或70%甲基托布津800倍液1～2次。

二、瞿麦黑粉病

（一）症状

抽穗期开始发生，为害花序或果实，造成畸形，长出瘤状物，其内充满黑粉，即为病原菌的厚垣孢子。

（二）病原

病原菌为黑粉菌 *Ustilago* sp.，为担子菌亚门、冬孢纲、黑粉菌目、黑粉菌属真菌。孢子单生，不成孢子球，孢子堆成粉状，孢子堆外露，很少由寄主组织长期包裹。

（三）发病规律

该病为全株性系统侵染病害。病原菌以厚垣孢子附着在种子表面或在土壤中越冬。开春后，温湿度适宜，厚垣孢子萌发侵入瞿麦幼芽，以后随植株生长到达穗部。菌丝进入种子，破坏细胞组织，变成黑穗。黑穗上的小褐疱破裂后散出黑褐色粉末，随风传播到其他种子上或落在土中，引起翌年发病。

（四）防治措施

（1）种子处理　常年发病较重地区用种子重量0.15%～0.2%的20%三唑酮或0.2%的40%福美双等药剂拌种和闷种。

（2）施用腐熟有机肥　对带菌粪肥加入豆饼、花生饼、芝麻饼等或青草保持湿润，堆积一个月后再施到地里，或与种子隔离施用。发病初期喷施50%代森锌可湿粉600倍液。

三、瞿麦根腐病

（一）症状

在春、秋季多雨季节发生，受病植株叶片发黄，头部凋萎，根部维管束病变。最后腐烂，全株死亡。

（二）病原

病原为半知菌亚门、镰孢菌属 *Fusarium* sp.真菌。孢子梗及分生孢子无色或浅色，孢子有大小两型。大型孢子镰刀形，多胞；小型孢子卵圆形，单胞。

（三）发病规律

土壤内残留的镰刀菌存在，随时有发病的可能性。一般在排水不良，土壤板结情况下最易发生。此外，地下害虫活动频繁亦易发病。

（四）防治措施

注意排水，使土壤疏松，植株生长健康，增强抗病性。发病植株及时拔除，在穴中撒石灰粉消毒。发病初期用50%托布津1000倍液浇根部，以防蔓延。

（李勇）

第十七节　藿香
Huoxiang

藿香 *Agastache rugosa* Okuntze 又名排香草，为唇形科一年或多年生草本植物。以根茎入药，有理气和中、辟秽祛湿之功效，治感冒暑湿、郁热头痛等症。全国大部分地区均有分布。主要病害有褐斑病、斑枯病、轮纹病等。

一、藿香褐斑病

（一）症状

病菌为害叶片。叶上病斑圆形或近圆形，直径 2～4mm，中央淡褐色，边缘暗褐色。后期叶面生淡黑色霉状物，为病原菌的分生孢子梗和分生孢子。病情严重时病斑汇合连片，叶片提前枯死。

（二）病原

病原为唇形科尾孢 *Cercospora labiatarum* Chupp. et Müller，为半知菌亚门、丝孢纲、丝孢目、尾孢属真菌。子实体叶两面上，主要叶面生。无子座。分生孢子梗 2～8 根束生，榄褐色，顶端较狭，色淡，不分枝，有 1～5 个膝状节，3～9 个隔膜，常屈曲，顶端近截形，大小 70～184μm×4～6μm。分后孢子鞭形，无色透明，正直或微弯，基部截形，顶端较尖，3～14 个隔膜，大小 60～123μm×2.5～4μm。

（三）发病规律

病菌以菌丝体在病株残体上越冬；翌春产生分生孢子，借气流传播引起初侵染及多次再侵染。高温高湿有利于病害发生蔓延，7～8 月为发生盛期。

（四）防治措施

（1）入冬前彻底清除田间病株残体，并集中烧掉，以减少侵染源。

（2）发病前喷洒 1∶1∶100 波尔多液保护；发病初期选用 50%代森锰锌 600 倍液或 77%可杀得 600 倍液等药剂，视病情喷洒 2～3 次，间隔 10 天。

二、藿香轮纹病

（一）症状

叶片上病斑近圆形，直径 4～10mm，暗褐色，微具轮纹，无边缘，微露褐色小点，即病原菌的分生孢子器。

（二）病原

病原为淡竹壳二孢 *Ascochyta lophanthi* Davis.，为半知菌亚门、腔孢纲、球壳孢目、壳二孢属真菌。分生孢子器叶面生，多散生，开始埋生。后突破表皮，球形，器壁淡褐色。膜质，直径 80～140μm。分生孢子圆柱形，无色透明，两端较圆，1 个隔膜，隔膜处有时稍有缢缩，大小 10～14μm×3～5μm。

（三）发病规律

病菌以分生孢子器在病株残体内越冬。翌春，分生孢子随气流传播引起侵染。病斑上的分生孢子借风雨传播引起再侵染，直至秋天。

（四）防治措施

发病前期喷施 50%多菌灵 500～1000 倍液 1～2 次。冬前收集病株残体，以减少侵染源。

三、藿香斑枯病

（一）症状

病菌主要为害叶片。叶上病斑多角形，直径 1～3mm，暗褐色；后期病斑两面生黑色小点，为病原菌的分生孢子器。发生严重时，病斑可汇合成片，叶片枯死（图 8-14）。

（二）病原

病原为华香草壳针孢 *Septoria lophanthi* Wint.，为半知菌亚门、腔孢纲、球壳孢目、壳针孢属真菌。分生孢子器叶两面生，聚生或散生，埋生，孔口微露，近球形，器壁褐色，膜质，直径 96～144μm。分生孢子针形，无色透明，基部钝圆形，顶端较尖，1～3 个隔膜，微弯曲，大小 32～54μm×2～2.5μm。

（三）发病规律

病菌以病丝体在病株残体上越冬；翌春分生孢子随气流传播引起初侵染。病斑上产生的分生孢子借风雨传播，又不断引起再侵染。8 月为发病盛期。

（四）防治措施

（1）收获后收集田间病残体并集中烧掉。

（2）发病初期选喷 58%甲霜灵锰锌 500 倍液、50%多菌灵 600 倍液或 50%代森锰锌 600 倍液等药剂 1～2 次，间隔 15 天。

（丁万隆　李勇）

第九章　果实、种子类药材病害

第一节　小茴香

Xiaohuixiang

FOENICULI FRUCTUS

小茴香为伞形科多年生草本植物茴香 *Foeniculum vulgare* Mill.的干燥成熟果实，具祛寒止痛、理气和胃之功效。小茴香病害主要有白粉病、病毒病、菟丝子等。

一、茴香白粉病

（一）症状

病菌为害植株地上部分，较成熟的部分先发病。发病初期植株表面被以白色粉状斑点，后渐扩大互相融合，占据大部茎、叶表面，多时可在茎表面堆积。最初病斑处植物组织不发生明显的病变，严重时组织变色，生长受阻，致局部坏死及幼苗死亡。

（二）病原

病原为独活白粉菌 *Erysiphe heracleid* DC.，属于子囊菌亚门、白粉病菌属真菌。一般常见的为无性世代粉孢属 *Oidium* sp.。病菌以菌丝在茎表面蔓延，孢子梗直立，上部逐渐分割成串生的分生孢子。分生孢子近柱形，少数桶形，两端钝圆，无色，大小 25.4～35.6μm×12.7～16.3μm。有性阶段产生子囊果。子囊果一般在茎叶表面散生至近聚生，暗褐色，扁球形，直径 80～112μm；壁细胞不规则多角形，直径 5.1～18.8μm，附属丝 7～38 根，有不规则的分枝或双叉分枝，少数不分枝，长度为子囊果直径的 0.5～1.5 倍，有 0～3 个隔膜，近无色，基部多呈淡褐色。子囊 2～5 个，个别达 7 个，近卵形或广卵形至近球形，柄短或无，大小 50.8～68.6μm×38.1～43.2μm；子囊孢子 3～5 个，椭圆形，少数卵形，带黄色，大小 19.1～25.4μm×12.7～15.2μm。

（三）发病规律

病菌在越冬寄主上以无性孢子越冬，在寒冷地区以菌丝及子囊果越冬，翌年春季开始活动，以子囊孢子或分生孢子进行侵染；该菌的寄主范围较广，可侵染防风、川芎、当归、水芹、胡萝卜等多种伞形花科植物。种子带菌可远距离传播。在荫蔽、白天温暖夜间凉爽和多露潮湿的环境下易发生。

（四）防治措施

（1）建立种子田，在无病株上采种；搞好田间卫生，收获时彻底收集病残物烧毁。

（2）发病初期及早喷洒 15%三唑酮可湿性粉剂 1500～2000 倍液，或 70%甲基硫菌灵可湿性粉剂 1000 倍液加 75%百菌清可湿性粉剂 1000 倍液，或 70%甲基硫菌灵可湿性粉剂 1000 倍液加 70%代森锰锌可湿性粉剂 1000 倍液等药剂，每 10～15 天 1 次，连喷 2～3 次。

二、茴香病毒病

（一）症状

全株受害。发病植株表现矮缩，生长明显受抑，不抽苔或结籽少而小；叶片呈畸形皱缩，或花叶斑驳状。迟感染的植株叶片也呈花叶皱缩，抽苔开花结实受影响（图 9-1）。

（二）病原

病原为芹菜花叶病毒 1 号 *Apium virus* 1 或黄瓜花叶病毒（CMV），单独或复合侵染引起。

（三）发病规律

两种病毒均在活体寄主植物上存活越冬，并借汁液和蚜虫传播，土壤不易传播病毒，种子是否带毒尚未明确；环境条件有利于蚜虫繁殖时，该病发生严重。

（四）防治措施

（1）采取防蚜、避蚜措施；加强水肥管理，提高植株抗病力。

（2）发病前用 20%菊马乳油 2000 倍液或 50%抗蚜威可湿性粉剂 3000 倍液防治蚜虫；发病初期喷 20%病毒 A 500 倍液和 1.5%植病灵 1000 倍液各 1 次，以减缓症状。

三、茴香菟丝子

（一）症状

菟丝子以其线形黄绿色茎蔓缠绕寄主植物上，生出吸盘，吸收寄主营养和水分。严重发生时田间整个植株全部被其笼罩，植株一片枯黄（图 9-2）。

（二）病原

病原为日本菟丝子 *Cuscuta japonica*，属旋花科，菟丝子属。茎蔓丝状，较中国菟丝子的茎粗，稍带肉质，直径 1～2mm，黄绿色或带橘红色。叶片退化成鳞片状。花成短穗状花序，花冠橘红色，长钟形。蒴果球形，种子 2～4 粒，淡褐色粗糙，只有种胚没有子叶和胚根。日本菟丝子除小茴香外还为害木通、柴胡、龙眼、紫苏、牛膝等多种药用植物。

（三）发病规律

菟丝子种子成熟后落在地上或混杂种子内是病害的侵染来源。翌年一般在寄主生长以后才能萌发，种胚的一端先形成无色或黄白色的细丝状幼芽，以棍棒状的粗大部分固定在土粒上，另一端也脱离种壳形成丝状菟丝。菟丝在空中来回旋转，遇到适当的寄主缠绕其上，在接触处形成吸根伸入寄主。吸根是维管束鞘突出而形成的，与侧根产生方式相同，吸根进入寄主组织后，分化为导管和筛管，分别与寄主的导管和筛管连接并从寄主吸取养分和水分。当寄生关系建立后，菟丝子和它的地下部分立即脱离。6月后菟丝子的茎不断分枝生长蔓延，接触邻近寄主的茎又形成吸盘，因此断茎也能继续繁殖。7月上中旬开花，以后种子成熟落入土中或混杂于收获的种子里。

（四）防治措施

（1）播种前汰除混杂在种子中的菟丝子种子。田间如已发现有菟丝子种子，应与禾本科植物轮作。

（2）发现菟丝子为害应在其开花前彻底铲除，割下菟丝子带出田间销毁。

（王蓉　丁万隆）

第二节　山茱萸
Shanzhuyu
CORNI FRUCTUS

山茱萸 *Cornus officinale* Sieb. et Zucc. 别名枣皮、山萸肉，为山茱萸科山茱萸属落叶小乔木。主产于浙江、安徽、山东、河南，陕西、四川、山西、甘肃、湖南等地，亦有栽培或野生。以果皮（称萸肉）入药，为收敛强壮药，具健胃补肾、固精髓、逐寒湿、暖腰膝等功效。常见病害有山茱萸炭疽病、灰色膏药病等。

一、山茱萸炭疽病

（一）症状

病菌主要为害果实，也为害枝条和叶片。幼果染病多从果顶开始发病，然后向下扩展，病斑黑色，边缘红褐色，严重时全果变黑干缩，一般不脱落。青果染病，初在绿色果面上生圆形红色小点，逐渐扩展成圆形至椭圆形灰黑色凹陷斑，病斑边缘紫红色，外围有不规则红色晕圈，使青果未熟先红。后期在病斑中央生有小黑点，为病原菌的分生孢子盘。湿度大时，病斑上产生黑色小粒点及橘红色孢子团。果实染病后，还可沿果柄扩展到果苔，果苔染病后，又从果苔扩展到果枝的韧皮部，造成枝条干枯死亡。叶片染病，初在叶面上产生红褐色小点，后扩展成褐色圆形病斑，边缘红褐色，周围具黄色晕圈。严重时叶片上有十多个至数十个病斑，后期病斑穿孔，病斑多时连成片致叶片干枯（图 9-3、图 9-4）。

（二）病原

病原为胶孢炭疽菌 *Colletotrichum gloeosporioides* (Penz.) Penz. et Sacc.，或称盘长孢状刺盘孢，有性型为围小丛壳 *Glomerella cingulate* (Stonem.) Spauld. et Schrenk，属子囊菌门、小丛壳属，无性型为腔孢菌类炭疽菌属真菌。分生孢子盘长在寄主表皮下，大小 193～207μm。分生孢子梗棒状，无色，大小 10μm～20μm×2.5μm～3μm。分生孢子长椭圆形，单胞，无色，内含油球 1～2 个，大小 8μm～13μm×4.5μm～5μm。果炭疽病的分生孢子盘刚毛少，叶炭疽病的分生孢子盘刚毛多。

（三）发病规律

病原菌以菌丝和分生孢子盘在病果、病果苔、病枝、病叶等病残组织上越冬。4 月中下旬分生孢子进行初侵染。病原菌主要通过伤口，也可直接侵入。病部产生的分生孢子借风雨、昆虫传播进行再侵染。分生孢子也能借雨水飞溅传播。叶片一般于 4 月下旬发病，5～6 月进入发病盛期。5 月上旬出现病果，6～8 月果实进入发病盛期。炭疽病从植株的下部果实先发病，逐渐向上蔓延。田间越冬菌源多，4～5 月多雨的条件下发病早且重。山茱萸花果期若遇多雨潮湿天气及管理粗放的种植园及老龄、生长衰弱的树体发病重。不同种质类型的山茱萸炭疽病的发病程度存在差异，石磙枣、珍珠红、马牙枣发病较轻，且果大、肉厚、色泽鲜红。

（四）防治措施

（1）农业防治　①选用抗病丰产品种，如石磙枣、珍珠红、马牙枣等类型。②及时摘除病果，清除地面上的病残体，深秋冬初剪掉病枝，带出园外进行深埋或集中烧毁，以减少初侵染菌源。

（2）化学防治　发病初期及时喷药，可选用 25%咪鲜胺可湿性粉剂 500 倍液、12%松脂酸酮乳油 600 倍液、1∶2∶200 倍式波尔多液。每隔 10 天喷施 1 次，共 3～4 次。

二、山茱萸灰色膏药病

（一）症状

病菌主要为害树干和枝条。树干病部出现圆形或不规则形菌膜，形似膏药。菌膜平铺，初为灰白色至浅紫灰色，周围有狭窄的灰白色带，干燥时略翘起；后期变为灰褐色至黑褐色，往往发生龟裂，可以从病部剥离。受害严重时病菌将枝条围起，使枝条发生凹陷，病部以上枝条逐渐衰老枯死。侵害叶片时，常自叶柄和叶基开始产生毡状菌膜，逐渐扩大至大部分叶面。

（二）病原

病原为茂物隔担耳 *Septobasidium bogoriense* Pat.，属于担子菌亚门、隔担菌目。子实体平铺，下部为菌丝层，上部为子实层，担子从菌丝层上产生，由无色球形的下担子和棍棒状的上担子组成。上担子有横隔，为 4 个细胞，每一细胞侧生一刺状小梗，小梗上着生担孢子。担孢子无色，单胞，长椭圆形，表面光滑。病菌与寄主枝干上的介壳虫一起生活。在树皮上，担子果膏药状，通常呈淡灰色。病菌寄主范围广，除山茱萸外，可侵害桑、女贞、柑橘及多种李属植物等。

（三）发病规律

病菌以菌丝体在病枝上越冬，翌年春夏菌丝继续生长形成子实层。担孢子随气流或借助介壳虫介体传播。孢子附着在介壳虫的分泌物上发芽，发育成膏药状的菌膜。菌丝膜内潜居有介壳虫，其分泌物为病菌提供养分。菌膜紧缚枝干妨碍寄主的正常发育，或部分菌丝穿过树皮进入寄主组织中寄生。本病多发生在 20 年以上、树势衰弱的成年树的树干和枝条上。凡植株衰老、介壳虫为害严重、管理粗放、荫蔽潮湿、通风不良的田园，膏药病发生较重。

（四）防治措施

（1）结合修剪清除病枝，减少初侵染源；增加田间通风，降低湿度。

（2）培育新苗壮苗，逐渐淘汰老、弱树。冬季刮除轻病枝干上的菌膜，涂上 20%的石灰乳保护再生树干及枝条。

（3）喷洒石硫合剂防治介壳虫，以防止病菌孢子在介壳虫分泌物中发芽，从而降低发病率。初发病期喷洒 1∶1∶100 波尔多液或 50%多菌灵 1000 倍液，10 天左右喷 1 次，连续喷 3～4 次。

（李勇　丁万隆）

第三节　木瓜
Mugua
CHAENOMELIS FRUCTUS

木瓜 *Chaenomeles Speciosa* (*Sweet*) Nakai 为蔷薇科灌木或乔木。山东、陕西、安徽、江苏、浙江、江西等地均有分布，以果实入药，有镇咳镇痉、清暑利尿之功效。木瓜常见的病害有褐腐病和锈病等。

一、木瓜锈病

（一）症状

病菌为害叶片、叶柄、嫩枝和幼果。初期在叶正面出现枯黄色小点，后扩展成圆形病斑。随着病斑的扩展，病部组织增厚，并向叶背隆起，在隆起处长出灰褐色毛状物即病菌的锈孢子器，破裂后散出铁锈色粉末，为病菌的锈孢子，后期病斑呈黑色。病重时叶片枯死，脱落。新梢和幼果上的病斑与叶斑症状相似，病果畸形，病部开裂，常造成落果（图 9-5、图 9-6）。

（二）病原

病原为亚洲胶锈菌 *Gymnosporangium asiaticum* Miyabe ex Yamada，属于担子菌门、柄锈菌目、胶锈菌属真菌。病原菌需要在木瓜、山楂等寄主植物上产生性孢子器和锈孢子器，圆柏、龙柏等植物是其转主寄主，在其上产生冬孢子角。病原菌无夏孢子阶段。性孢子器扁烧瓶形，埋生于叶正面病部组织表皮下，孔口外露，大小 120～170μm×90～120μm。性孢子无色，单胞，纺锤形或椭圆形，大小 8～12μm×3～3.5μm。锈孢子器丛生于叶片病斑背部或嫩梢、幼果和果梗的肿大病斑上，细圆筒形，长 5～6mm，直径 0.2～0.5mm。锈孢子球形或近圆形，大小 18～20μm×19～24μm，膜厚 2～3μm，单胞，橙黄色，表面有瘤状细点。冬孢子角红褐色或咖啡色，圆锥形。初短小，后渐伸长，一般长 2～5mm。冬孢子纺锤形或长椭圆形，双胞，黄褐色，大小 33～62μm×14～28μm，柄细长，其外表被有胶质，遇水胶化，冬孢子萌发时长出 4 个细胞的担子，每细胞生 1 个小梗，每小梗顶生 1 个担孢子。担孢子卵形，淡黄褐色，单胞，大小 10～15μm×8～9μm。

（三）发病规律

病原菌以菌丝体在圆柏上越冬，翌年 3～4 月产生米粒大小的红褐色冬孢子堆，遇雨后膨大形成一团褐色胶状物，上面的冬孢子萌发产生担孢子，借风传播到木瓜上进行侵染。后在病斑上又产生锈孢子器，散出的锈孢子随风飘落在圆柏上，侵入后在圆柏上越冬。病原菌无夏孢子阶段，不发生再侵染，一年中只在一个短时期内产生担孢子侵染。木瓜锈病发生的轻重与转主寄主、气候条件、品种抗性等密切相关。一般患病圆柏越多，木瓜锈病发生越重。病原菌只侵染幼嫩组织。当木瓜幼叶初展时，如遇天气多雨，温度又适合冬孢子萌发，风向和风力均有利于担孢子的传播，则发病重，反之则发病轻微。

（四）防治措施

（1）基地选择　木瓜园宜选在远离圆柏的地方，以切断病害循环。秋冬时扫除病落叶，剪除圆柏上的冬孢子角并烧毁，以减少侵染来源。

（2）药剂防治　3 月中下旬将要产生担孢子前，在圆柏上喷施 25%粉锈宁可湿性粉剂 2500 倍液或 1∶1∶160 的波尔多液，每 10～15 天喷施 1 次，连续 3～4 次。发病初期喷 70%甲基硫菌灵可湿性粉剂 1000 倍液或 25%粉锈宁可湿性粉剂 1000 倍液，或在木瓜发芽刚现新叶时，喷 20%三唑酮乳油 2000 倍液 1～2 次。

二、木瓜褐腐病

（一）症状

病菌主要为害果实，也能为害花和嫩梢。果实病斑初呈褐色，圆形，很快扩展至全果，使果肉腐烂。病果失水后变成褐色僵果，悬挂枝头，不易脱落。侵害嫩枝形成溃疡斑，严重时枝条枯死（图 9-7）。在安徽宣城地区发生较重，发病率 10%以上。

（二）病原

病原菌为梅果丛梗孢 *Monilia mumecola* Y. Harada，无性型为丛梗孢属 *Monilia*，有性型为真菌界子囊菌门链核盘菌属 *Monilinia*。在 PDA 培养基上，菌落灰白色，垫状，边缘裂状。菌丝有隔，多分枝。分生孢子梗较短，分枝，顶端串生分生孢子。分生孢子卵圆形或柠檬形，无色，大小 14～18μm×5～8μm，产孢较少。

（三）发病规律

病原菌在僵果或病枝上越冬。翌年春季病原菌产生分生孢子，借风雨传播进行初侵染。当幼果形成后，病原菌可通过皮孔、气孔侵入果实，但以伤口侵入为主。20℃～25℃、多雨、多雾有利于褐腐病发生。开花期遇雨，气温较低时容易发生花腐。蝽象、桃蛀螟等害虫的为害常为病原菌提供侵染的机会。果实膨大期，若遇暴风雨、冰雹等自然灾害，造成果实表面伤口多，也有利于病原菌的侵入而导致发病。

（四）防治措施

（1）清除病残体　木瓜收获后，结合冬季修剪，剪除病枝，摘除病果、僵果，集中深埋或烧毁，减少越冬菌源。

（2）防桃蛀螟　该虫是为害木瓜果实的重要害虫，6 月中下旬，正当木瓜果实膨大时，雌蛾卵产于果实梗凹和贴缝空隙处，幼虫孵化后咬破果皮蛀入果内。可在幼虫孵化期，喷 90%晶体敌百虫 1000 倍液或杀螟松乳剂 1500 倍液，每隔 7 天喷施 1 次，连喷 3 次。

（3）药剂防治　木瓜发芽前，喷 1 次 5 波美度的石硫合剂。木瓜落花后至果实采收前 1 个月喷 50%多菌灵 600 倍液、50%甲基托布津 800 倍液，喷施次数视病情而定。

（丁万隆）

第四节　五味子
Wuweizi
SCHISANDRAE CHINENSIS FRUCTUS

五味子 *Schisandra chinensis* Baill 别名北五味、辽五味，为木兰科多年生落叶木质藤本，以果实入药。具有补气安神、止虚补肾、敛肺保肝之功效。五味子是辽宁的道地中药材，随着栽培面积的扩大，病害逐年加重，其中侵染性病害主要有猝倒病白粉病、茎基腐病；非侵染性病害主要包括生理性叶枯病、日灼病及霜冻等。

一、五味子猝倒病

（一）症状

病菌主要侵害幼苗茎基部，病斑初为水渍状，浅褐色，扩展后环绕茎基部，病苗萎缩、褐色腐烂。病部以上茎、叶在短期内仍呈绿色，随后出现缺水凋萎后成片死亡，发病中心明显。湿度大时可在病部及土壤表层观察到白色棉絮状菌丝体。

（二）病原

病原为德巴利腐霉 *Pythium debaryanum* R. Hesse，属于卵菌门、腐霉目、腐霉科、腐霉属。菌丝白色，棉絮状，发达，无隔膜，具分枝，直径 2～6μm。游动孢子囊顶生或间生，球形至近球形，或呈不规则的裂片状，直径 15～25μm，成熟后不易脱落。游动孢子囊萌发时先产生逸管，逸管顶端再膨大为泡囊，并在泡囊内形成游动孢子，数目 30～38 个。泡囊破裂后散生出游动孢子。游动孢子肾形，无色，大小 4～10μm×2～6μm，侧生 2 个鞭毛。藏卵器内含有 1 个卵孢子。卵孢子球形，淡黄色。

（三）发病规律

病菌以卵孢子或菌丝体在土壤中及病残体上越冬，并可在土壤中长期存活。主要靠雨水、喷淋而传播，带菌的有机肥和农具也能传播病害。病菌在土温15℃～16℃时繁殖最快，适宜发病地温为10℃，故早春苗床温度低、湿度大时利于发病。光照不足、播种过密，幼苗长势弱发病较重。浇水后积水处、地势低洼处，易发病而成为发病中心。

（四）防治措施

（1）应选择地势较高，平整，排水良好的田园进行育苗。

（2）加强田间管理，注意培育壮苗：苗床注意及时排水，降低土壤湿度；合理密植，注意通风透光，降低冠层湿度，是减少病害发生的主要措施。

（3）发现病苗立即拔除，病穴可用生石灰进行消毒，或浇灌58%甲霜灵·锰锌可湿性粉剂500倍液、30%甲霜·恶霉灵水剂800～1000倍液等药剂。

二、五味子白粉病

（一）症状

病菌为害叶片、果实和新梢，其中以幼叶、幼果受害最为严重。往往造成叶片干枯，新梢枯死，果实脱落。叶片受害初期，叶背面出现针刺状斑点，逐渐上覆白粉即菌丝体、分生孢子和分生孢子梗，严重时扩展到整个叶片，病叶由绿变黄，向上卷缩，枯萎而脱落。幼果发病先是靠近穗轴开始，严重时逐渐向外扩展到整个果穗；病果出现萎蔫、脱落，在果梗和新梢上出现黑褐色斑。发病后期在叶背的主脉、叶柄及新梢上产生大量小黑点，为病菌的闭囊壳。近年来在辽宁、吉林、黑龙江的五味子主产区大面积发生和流行，受害苗圃发病率达100%，病果率可达10%～25%。

（二）病原

该病有性态为五味子叉丝壳 *Microsphaera schizandrae* Sawada，为子囊菌亚门、叉丝壳属真菌。该菌为外寄生菌，病部的白色粉状物即为病菌的菌丝体、分生孢子及分生孢子梗。菌丝体叶两面生，也生于叶柄上；分生孢子单生，无色，椭圆形、卵形或近柱形，大小24.2～38.5μm×11.6～18.8μm。闭囊壳散生至聚生，扁球形，暗褐色，直径92～133μm，附属丝7～18根，多为10～14根，长93～186μm，为闭囊壳直径的0.8～1.5倍，基部粗8.0～14.4μm，直或稍弯曲，个别曲膝状。外壁基部粗糙，向上渐平滑，无隔或少数中部以下具1隔，无色，或基部、隔下浅褐色，顶端4～7次双分叉，多为5～6次，子囊4～8个，椭圆形、卵形、广卵形，大小54.4～75.6μm×32.0～48.0μm，子囊孢子5～7个，无色，椭圆形、卵形，大小20.8～27.2μm×12.8～14.4μm。

（三）发病规律

高温干旱有利于发病，在我国东北地区发病初始期在5月下旬至6月初，6月下旬达到发病盛期。植株枝蔓徒长、过密，氮肥施的过多和通风不良的环境条件有利于此病的发生。病菌以菌丝体、子囊孢子和分生孢子在田间病残体内越冬。翌年5月中旬至6月上旬，平均温度回升到15℃～20℃，田间病残体上越冬的分生孢子开始萌动，借助降雨和结露，分生孢子开始萌发，侵染植株，田间病害始发。7月中旬为分生孢子扩散的高峰期，病叶率、病茎率急剧上升，果实大量发病。10 月中旬气温明显下降，五味子叶片衰老脱落，病残体散落在田间，病残体上所携带的病菌进入越冬休眠期。感病种苗、果实是远距离扩散传播的主要途径。

（四）防治措施

（1）加强栽培管理　注意枝蔓的合理分布，通过修剪改善架面通风透光条件。适当增加磷、钾肥的比例，以提高植株的抗病力。

（2）清除菌源　萌芽前清理病枝病叶，发病初期及时剪除病穗，拣净落地病果，集中烧毁或深埋，减少病菌的侵染来源。

（3）药剂防治　在 5 月下旬喷洒 1∶1∶100 波尔多液进行预防，如没有病情发生，可 7～10 天喷 1 次；可选用 25%粉锈宁可湿性粉剂 800～1000 倍液，或 25%嘧菌酯水悬浮剂 1500 倍液等药剂喷雾，每 7～10 天喷 1 次，连续喷 2～3 次。

三、五味子茎基腐病

（一）症状

该病在各年生五味子上均有发生，以 1～3 年生发生严重。从茎基部或根茎交接处开始发病。发病初期叶片开始萎蔫下垂，似缺水状且不易恢复，叶片逐渐干枯，后期地上部全部枯死。在发病初期剥开茎基部皮层，可发现皮层有少许黄褐色，后期病部皮层腐烂、变深褐色，且极易脱落。病部纵切剖视，维管束变为黑褐色。条件适合时病斑向上、向下扩展，可导致地下根皮腐烂、脱落。湿度大时，可在病部见到粉红色或白色霉层，挑取少许显微观察可发现有大量分生孢子。一般发病率为 2%～40%，严重者高达 70%以上。

（二）病原

该病由 4 种镰刀菌属真菌引起，分别为木贼镰刀菌 *Fusarium equiseti*、茄腐镰刀菌 *F. solani*、尖孢镰刀 *F. oxysporum* 和半裸镰刀菌 *F. semitectum*。这几种菌一般在病株中都可以分离到，在不同地区比例有差异。

（1）木贼镰刀菌 *F. equiseti*　气生菌丝茂盛，羊毛状，初为白色至浅粉色，后期变为浅黄褐色；小型分生孢子极少甚至没有，大型分生孢子镰刀形，多在上部三分之一处明显膨大，有延长的顶细胞和明显的足细胞。

（2）茄腐镰刀菌 *F. solani*　气生菌丝薄绒状，浅灰色，菌落可产生浅蓝色轮纹。小型分生孢子卵形或肾形，大型分生孢子马特形，顶孢稍弯，足细胞较钝，1～3 隔，以 3 隔最多，一般在 PSA 上培养至后期容易产生米色分生孢子座。

（3）尖孢镰刀菌 *F. oxysporum*　气生菌丝繁茂，绒毛状，白色至浅粉色，培养基表面产生蓝紫色色素；小型分生孢子大量，卵圆形或肾形。大型分生孢子镰刀形，主要为 3 个分隔。

（4）半裸镰刀菌 *F. semitectum*　气生菌丝棉絮状，初为桃红色，后来变为浅黄褐色；小型分生孢子数量极少，大型分生孢子多纺锤形，直或稍弯曲，分隔清晰，顶胞与基胞为楔形，基胞上常有一突起，多数 3～5 隔，以 3 隔最多。该菌在 PSA 上培养初期就很容易产生大量分隔清晰的大孢子。

（三）发病规律

该病以土壤传播为主。一般在 5 月上旬至 8 月下旬均有发生，5 月初始发，6 月初为发病盛期。高温、高湿、多雨的年份发病重，并且雨后天气转晴时，病情呈上升趋势。地下害虫、土壤线虫和移栽时造成的伤口及根系发育不良均有利于病害发生。冬天持续低温造成冻害易导致翌年病害严重发生。幼苗在地下成捆假植期间，土壤中的病原菌容易侵入植株，导致植株携带病原菌。移栽过程中造成伤口并且有较长一段时间的缓苗期，在这个期间植株长势很弱，病菌很容易侵染植株。在相同栽培条件下，二年生五味子发病最严重，三年生次之，四年生及四年以上的五味子发病较轻。积水严重的低洼地中的五味子易发病。

（四）防治措施

（1）田间管理　注意清洁田园，及时拔除病株并集中烧毁，用药剂灌淋病穴；适当施氮肥，增施磷、钾肥，提高植株抗病力；雨后及时排水，避免田间积水。

（2）种苗消毒　选择健康无病的种苗。种苗用 50%多菌灵 600 倍液或代森锰锌 600 倍药液浸泡 4 小时。

（3）药剂防治　此病应以预防为主，在发病前或发病初期用 50%多菌灵可湿性粉剂 600 倍液喷施，使药液能够顺着枝干流入土壤中，每 7～10 天喷雾 1 次，连续喷 3～4 次；或用绿亨 1 号 4000 倍液灌根。

四、五味子叶枯病

（一）症状

五味子叶枯病主要为害叶片（图 9-8）。根据叶片上不同的始发部位及病斑大小可将其分为两类：

（1）先由叶尖或边缘开始发病，然后扩向两侧叶缘，再向中央扩展逐渐形成褐色的大斑块；随着病情的进一步加重，逐渐从下位叶片向上位叶片发生，病部颜色由褐色变为黄褐色；病害发展到一定程度时，病叶干枯破裂而脱落，果实萎蔫皱缩。

（2）在叶片表面产生许多近圆形或不规则形的褐色小斑，发病后期小斑相互融合成不规则的大斑。其症状特点常因五味子的品种不同而有所差异。该病广泛分布于五味子产区，可造成早期落叶、落果、新梢枯死、树势衰弱、果实品质下降。

（二）病原

根据初步研究发现，引起五味子叶枯病的病因复杂，可能与病菌 *Septoria* sp.侵染、结果过多、田间积水、温度巨变、施肥不当及除草剂的施用等多种因素有关。调查中发现该病无明显的发病中心，但距离园区实施喷灌处越近的区域发病越重。另外，温度的变化也是引发叶枯病的因素，在连续高温后冷空气突然侵入或天气连阴骤晴都容易造成叶枯。

（三）发病规律

该病多从 5 月下旬开始发生，6 月下旬至 7 月下旬为该病的发病高峰期，高温高湿是病害发生的主导因素，过多的植株在夏秋多雨的地区或年份发病较重；同一园区内地势低洼积水处及喷灌处发病重；另外，在果园偏施氮肥，架面郁闭时发病亦较重；不同品种间感病程度也有差异，有的品种极易感病且发病严重，有的品种抗病性强，发病较轻。

（四）防治措施

（1）加强栽培管理　注意枝蔓的合理分布，避免架面郁闭，增强通风透光。适当增加磷、钾肥的比例，以提高植株的抗病力。

（2）药剂防治　在 5 月下旬喷洒 1∶1∶100 倍波尔多液预防。发病时可用 50%代森锰锌可湿性粉剂 500～600 倍液喷雾防治，或 10%多抗霉素可湿性粉剂 1000～1500 倍液，或 50%异菌脲可湿性粉剂 1000～1500 倍液喷雾，每 7～10 天喷 1 次，连续喷 2～3 次。

五、五味子霜冻

（一）症状

东北五味子产区每年都发生不同程度的霜冻危害。轻者枝梢受冻，重者可造成全株死亡。受害叶片初期出现不规则的小斑点，随着时间的延长斑点相连，发展成斑驳不均的大斑块，叶片褪色，叶缘干枯。发病后期幼嫩的新梢严重失水萎蔫，组织干枯坏死，叶片干枯脱落，树势衰弱。

（二）病原

首先是气温的影响，春季五味子萌芽后，有时夜间气温急剧下降，水气便凝结成霜而使五味子的幼嫩部分受冻；霜冻与地形也有一定的关系，由于冷空气比重较大，故低洼地常比平地降温幅度大，持续时间也更长，有的五味子园因选在霜道上，或是选在冷空气容易凝聚的沟底谷地，则很容易受到晚霜的危害。

（三）发病规律

3～5 月为该病的发病高峰期。在辽东山区每年 5 月都有一场晚霜，此间五味子受冻极其严重。不同的五味子品种，其耐寒能力有所不同，成熟期越早的品种耐寒能力越弱，减产幅度也越大；树形、树势与冻害也有一定关系，弱树受冻比健壮树严重；枝条越成熟，木质化程度越高，含水量越少，细胞液浓度越高，积累淀粉也越多，耐寒能力越强。另外，管理措施不同，五味子的受害程度也不同，土壤湿度较大，实施喷灌的五味子园受害较轻，而未浇水的园区受害严重。

（四）防治措施

（1）科学建园　选择向阳缓坡地或平地建园，要避开霜道和沟谷，以避免和减轻晚霜危害。

（2）地面覆盖与喷施药肥　利用玉米等秸秆覆盖五味子根部，阻止土壤升温，推迟五味子展叶和开花时期，避免晚霜危害；生长季节合理施肥，促进枝条生长树体生长健壮，后期适量施用磷钾肥。

（3）烟熏保温　在五味子萌芽后，要注意收听当地的气象预报，在有可能出现晚霜的夜晚当气温下降到 1℃时，点燃堆积的潮湿的树枝、树叶、木屑、蒿草，上面覆盖一层土以延长燃烧时间。放烟堆要在果园四周和作业道上，要根据风向在上风口多设放烟堆，以便烟气迅速布满果园。

（4）喷灌保温　根据天气预报可采用地面大量灌水、植株冠层喷灌保温。

六、五味子日灼病

（一）症状

症状主要出现在果实上。一般日灼部位常显现疱疹状、枯斑下陷、革质化、病斑硬化或果肉组织出现枯斑。受害果粒表面初期表现为变白或黄色或粉红色，随后变为黑黄色至褐色。日灼严重时果肉组织出现凹陷的坏死斑，局部果肉出现坏死组织，受害处易遭受其他果腐病菌的侵染而引起果实腐烂。

（二）病原

日灼病的直接原因为热伤害和紫外线辐射伤害。热伤害是指果实表面高温引起的日灼，与光照无关；而紫外线辐射伤害是由紫外线引起的日灼，一般会导致细胞溃解。日灼病的发生与温度、光照、相对湿度、风速、品种、果实发育期及树势等许多因素有关。其中温度和光照是主要影响因子。

（1）温度：气温是影响五味子果实日灼的重要因素。在阳光充足的高温夏日，五味子果实表面温度可达到 40℃～50℃，远远高出当日最高气温。一些学者认为，引起日灼的临界气温为 30℃～32℃，而且随着环境温度的升高，日灼的危害程度随之增加。

（2）光照：光照强度和紫外线都是影响日灼的重要因素。在自然条件下，接受到光照的果实将一部分光能转化为热能，从而提高了果实的表面温度，加上高温对果实的增温作用，共同致使果面达到日灼临界温度，从而诱导果实日灼的发生。

（三）发病规律

7～8 月间高温强光的夏日为该病的发病高峰期。果实日灼发生的高峰期与一年中气温最高的时段相吻合。气温较高的晴天就极易导致日灼的发生，而气温较低的晴天，日灼的发生率低。相对湿度越低，果实日灼的发生率越高；微风可以降低果实表面温度从而降低日灼的发生率；不同的品种对日灼的敏感性有所不同；随着果实的成熟，对日灼的敏感性也随之下降；树势强，日灼发生率低，反之则发病重。

（四）防治措施

（1）加强栽培管理，增强树势，合理调节叶果比；施肥时应注意防止过量施用氮肥。

多施用有机肥，提高土壤保水保肥能力，促进植株根系向纵深发展，提高植株抗旱性。

（2）在修剪时应注意适当多留枝叶，以尽量避免果实直接暴露在直射阳光下。同时，根据合理的枝果比、叶果比及时疏花疏果。

（3）在高温天气来临前，通过冷凉喷灌能使果实表面温度下降，可以有效避免日灼发生；可采用果实套袋的方式降低日照强度及果实表面温度，从而降低果实在袋内的日灼率。

（傅俊范　丁万隆）

第五节　王不留行
Wangbuliuxing
VACCARIAE SEMEN

王不留行为石竹科植物麦蓝菜 *Vaccaria segetalis* (Neck.) Garcke 的干燥成熟种子，又称王不留、不留子、王牧牛等，具有活血通经、消肿止痛、下乳之功效。主产于河北、山东、辽宁、山西等地。王不留行病害主要是黑斑病。

王不留行黑斑病

（一）症状

病菌主要为害叶片，茎及蒴果也可受害。叶上病斑两面生，近圆形或椭圆形，直径一般2～10mm，淡褐色，稍具同心轮纹。温度大时，叶片正反两面病部均生黑色霉状物，为病原菌的子实体。茎和蒴果上病斑长圆形至近梭形，严重时深入皮下组织，直接影响种子产量。

（二）病原

病原为链格孢 *Alternaria dianthi* Stevens et Hall.，属于半知菌亚门、丝孢纲、丝孢目、链格孢属。分生孢子梗单生或2～10根束生，橄榄褐色至淡橄榄褐色，色泽均匀，基部细胞稍大，不分枝，正直或有1～2个膝状节，1～4个隔膜处有缢缩，大小16～42μm×4～6μm。分生孢子3～5上串生，倒棒形、近梭形或近圆形，橄榄褐色至淡橄榄褐色，喙较短，色泽稍淡，具2～10个横隔膜，0～2个纵隔，隔膜处有缢缩，大小16～60μm×6～10μm，具有0～3个横隔膜，大小6～24μm×3～6μm。

（三）发病规律

病菌以菌丝体及分生孢子在病株残体上越冬，成为翌年的侵染源。北京地区5月下旬即有零星发病，至开花结果期为发病高峰。高温、多雨及肥水过大病害发生严重。

（四）防治措施

（1）入冬前清洁田园，烧掉病叶枯枝。

（2）发病初期喷洒50%代森锰锌600倍液，或75%百菌清500倍液，每7～10天1次，连续喷2～3次。

（丁万隆）

第六节　车前草、车前子
Cheqiancao、Cheqianzi
PLANTAGINIS HERBA、PLANTAGINIS SEMEN

车前草 *Plantago asiatica* L.又名车轱辘菜、猪耳朵草等，为车前科多年生草本植物。以种子和全草入药，具有利水通淋、清热明目、清肺祛痰、凉血解毒之功效。车前草生产上常见的病害主要有穗枯病、白粉病、菌核病、褐斑病等，其中穗枯病的危害最为严重。

一、车前草穗枯病

（一）症状

病菌主要为害穗部，也为害穗轴、叶片和叶柄。穗部发病自顶端向基部变黑，变黑部位稍缢缩并呈水渍状腐烂，剖开病穗可见髓部呈墨绿色水渍状，病穗易招致苍蝇叮咬。部分穗子从中间成段枯死并发生折断，病部先呈灰绿色，后呈银灰色，水渍状不明显，其上密生黑色小点。穗轴发病多出现大型灰绿色至银灰色梭形病斑，病斑稍凹陷，其上密生黑色小点，可导致整穗枯死。叶片发病最初出现在植株基部老叶上，随后向上部叶片蔓延。叶片病斑圆形，直径 1～2cm，中央灰绿色，边缘暗绿色，病健交界不甚清楚。发病严重时，病斑常愈合成片而使病叶呈冻害或药害状，最后整叶呈灰褐色焦枯。穗轴、叶柄发病产生椭圆形或梭形大斑，病斑呈暗绿色或灰白色，并发生干缩。所有发病组织表面均易产生大量黑色小点。

（二）病原

病原为半知菌亚门壳梭孢属 *Fusicoccum* sp.的一种真菌侵染而致。病斑上产生的黑色小点为子座，子座位于表皮下或突破表皮，球形或扁平，大小 157.6～285.7μm×108.4～230.5μm，每个子座中有 1 至数个分生孢子器。分生孢子器各自开口或几个分生孢子器有一共同开口。分生孢子梗短小，不分枝。分生孢子无色，单胞，多数梭形，少数弯月形，大小 7.6～20.3μm×2.5～4.6μm。

（三）发病规律

病菌以菌丝体和分生孢子在病株和病残体上越夏、越冬，成为翌年发病的初次侵染源。田间菌源的多少是影响穗枯病发生轻重的主要因素。穗枯病菌喜中温、高湿，发病适宜温度为 20℃～28℃，相对湿度要求在 90%以上。雨日多，湿度大，天气闷热，有利于穗枯病的发生与流行。氮肥施用多发病重；增施有机肥和磷、钾肥则发病轻。田间积水，湿度大，有利于发病。

（四）防治措施

（1）实行轮作　实行稻—稻—车前草轮作，可减少菌源。

（2）种子及土壤消毒　用50%多菌灵可湿性粉剂500倍液浸种30分钟，杀灭种子上的病菌。作畦时，每亩施40kg生石灰进行土壤消毒。

（3）病株处理　发病初期发现病株立即挖掉并烧毁，并用石灰给病穴消毒。收获后，植株不宜堆放在田边，应及时集中烧毁。

（4）合理施肥　重施基肥，巧施穗肥，增施有机肥和磷、钾肥。每亩用2000～2500kg牛栏粪作底肥，移栽前，每亩施30kg高含量复合肥和0.5kg硼砂作基肥，实行配方施肥。

（5）加强田间管理　适时早播早栽，可减轻或延缓发病。实行畦栽。秋、冬干旱应灌溉，春、夏多雨须排水，做到雨停地干，防止积水烂根。田间农事操作要避免造成伤口。

（6）药剂防治　发病初期每亩用20%丙硫咪唑可湿性粉剂25g加喷施宝10mL兑水30kg喷雾，每隔7天1次，连续喷3～4次。

二、车前草菌核病

（一）症状

此病主要发生在穗部，也能侵害叶片。穗部受害后，初产生水渍状病斑，扩大后呈不规则形红褐色大斑，蔓延整个穗部，全穗变黑褐色枯死。病穗剖开，内有白色菌丝，纠结形成菌核，初为白色圆形，后变为黑色鼠粪状。受害叶片，在叶片和叶柄上，初期产生圆形水渍状斑点，扩大呈不规则形红褐色大斑，天气潮湿时，在病斑边缘产生白色菌丝体，叶片发病轻。

（二）病原

病原菌为核盘菌 *Sclerotimia scleotiorum* (Lib.) de Bary，为子囊菌亚门、核盘菌属真菌。菌丝体由菌核或子囊孢子萌发而产生，有隔膜，无色。菌丝体可以相互纠集在一起而形成菌核。菌核不规则状，黑色。菌核由皮层、拟薄壁细胞和疏丝组织组成，具有抵抗不良环境的能力，可以越冬越夏。在正常情况下，菌核萌发产生一至数个子囊盘，肉质，浅褐色至褐色，大小不等，子囊盘下有柄，细长弯曲，长度可达6～7cm。子囊盘柄顶部伸出土表后，其先端膨大，展开为子囊盘。子囊盘上着生一层子囊，子囊之间有侧丝将子囊隔开，侧丝无色，丝状，顶部较粗。子囊无色，倒棍棒状，内生8个子囊孢子，子囊孢子无色，单胞，椭圆形，在子囊内斜向排成一列，子囊孢子萌发产生菌丝。病菌一般不产生分生孢子，无性孢子在病害侵染中无明显作用。

（三）发病规律

病菌主要以菌核随病残体遗留在土壤中，或混杂在种子中越冬。翌年在温湿度适宜的条件下土中的菌核萌发产生菌丝直接侵染幼苗，或产生子囊盘及子囊孢子。子囊孢子借风雨、气流传播到寄主表面，经自然孔口或伤口侵入寄主完成初侵染。病菌首先在生活力弱的叶片及花瓣上侵染，获得营养后才能通过菌丝侵染健壮的部位。初侵染后产生的大量菌丝是再次侵染的主要来源，在田间主要以菌丝通过病健株或病健组织的接触进行再侵染，也可由病害流行期间新形成的菌核，产生子囊盘释放子囊孢子或直接发育菌丝体，进行扩大侵染。菌核的传播主要靠带有菌核的种子、粪肥，流水亦可传播菌核。

（四）防治措施

菌核病的防治应采取以农业防治为主，药剂防治为辅的综合措施。

（1）合理轮作　与非寄主作物实行3年以上轮作。

（2）种子处理　从无病株上采种，播种前种子要过筛，精选种子，清除混杂在种子间的菌核。也可用55℃温水浸种15分钟，杀死菌核。

（3）加强栽培管理　发病严重的地块，应实行秋季深翻，使病株残体腐烂死亡；采用高畦或半高畦铺盖地膜栽培以防止子囊盘出土；发现子囊盘，可进行中耕铲除子囊盘，带出田外深埋或烧毁；少施氮肥、适当增施磷、钾肥。

（4）生物防治　利用菌核重寄生真菌活菌制剂，如木霉菌、盾壳霉菌等做土壤处理或叶面喷雾处理。

三、车前草白粉病

（一）症状

主要为害叶片和穗部。病原菌菌丝体生于叶两面，形成白色至污白色近圆形斑，大小变化大，有时互相融合，致病斑连成一片或布满叶面。发病严重时，病斑连成片，整个叶面布满白粉（图9-9）。10月在白色至污白色粉斑上长出黑色小粒点，即病原菌的闭囊壳。

（二）病原

病原为污色高氏白粉菌 *Golovinomyces sordidus* Gelyuta，属子囊菌门、白粉菌目、高氏白粉菌属真菌。子囊果扁球形，暗褐色，聚生或近聚生，直径93～130μm，具16～32根附属丝。附属丝多不分枝，个别呈不规则分枝1次或2次，弯曲或扭曲，常相互缠绕，长63～156μm，为子囊果直径的0.5～1.3倍，具隔膜0～3个，褐色或深褐色，1/2以上色渐浅。子囊9～14个，卵不规则形，多具柄或短柄，少数无柄，大小50.8～63.5μm×30.5～40.6μm。子囊中含2个子囊孢子，个别4个。子囊孢子微黄色，卵形、矩圆卵形，大小18.8～25.4μm×12.7～16.3μm。分生孢子呈近柱形或桶形，无纤维体，大小25～36μm×13～17μm，3～5个串生。分生孢子梗稍弯曲，无分枝，大小149～215μm×11～16μm，脚胞呈柱状，大小45～64μm×10～15μm。

（三）发病规律

病原菌主要寄生于叶表皮细胞，以吸器吸取营养。北方低温干燥地区，病原菌以闭囊壳随病残体遗留在田间越冬，南方病原菌可以菌丝体和闭囊壳在车前草的病苗上越冬。翌年春季闭囊壳中释放出的子囊孢子或菌丝体产生的分生孢子借风雨、气流传播，引起初侵染。条件适宜时，病部可产生大量分生孢子进行再侵染，使病害扩展蔓延。晚秋在病部形成闭囊壳越冬。南昌地区的车前草叶片于4月中旬开始发病，5月中旬达到发病高峰。穗部于5月上旬开始发病，6月上旬达到发病高峰。温度20℃～25℃，晴天或多云，并有短时小雨，有利于病害发生发展。温度高于28℃，雨日多、雨量大，会抑制病害扩展蔓延。氮肥施用过量，发病重。

（四）防治措施

（1）农业防治　去除过密和枯黄株叶，清扫病残落叶，集中烧毁或深埋；加强栽培管理，栽植不要过密，控制土壤湿度，增加通风透光；避免过多施用氮肥，增施磷钾肥；浇水时应保持叶片干燥，防止水滴飞溅传播造成再侵染。

（2）化学防治　可选用15%三唑酮乳油1500倍液，或70%甲基硫菌灵可湿性粉剂800倍液、50%多·硫悬浮剂300倍液、75%百菌清可湿性粉剂600倍液等药剂，每7～10天喷1次，连喷3～4次。

四、车前草褐斑病

（一）症状

叶片病斑圆形，直径3～6mm，褐色，中心部分褐色至灰白色，边缘明显。发病后期病斑上生有小黑点，即病原菌分生孢子器（图9-10）。严重发病时，病斑脱落穿孔，造成病叶枯死。

（二）病原

病原为车前壳二孢 *Ascochyta plantaginis* Sacc. et Speg.，为半知菌亚门、壳二孢属真菌。分生孢子器叶面生，聚生，突破表皮，扁球形，器壁暗褐色，膜质，直径92～133μm，孔口稍大。分生孢子近椭圆形或近圆柱形，无色透明，1个隔膜，隔膜处无缢缩，两端钝圆，正直或微弯，大小7～11μm×2.5～3μm。

（三）发病规律

病原菌以分生孢子器在地表病残体上越冬，翌春分生孢子器吸水后膨胀释放分生孢子，形成初侵染。病叶上产生的大量分生孢子随气流、雨滴飞溅传播，形成再侵染。高温、高湿、多雨、多露有利于发病及流行。华北地区常在8月开始发生。

（四）防治措施

入冬前收集清除病残体，减少越冬菌源量。发病初期可喷施50%多菌灵500倍液，或50%万霉灵600倍液，或70%甲基托布津600～800倍液。

（李勇　丁万隆）

第七节　牛蒡子

Niubangzi

ARCTII FRUCTUS

牛蒡 *Arctium lappa* L.别名鼠粘草、夜叉头、大力子等，为菊科二年生草本植物。种子入药称牛蒡子。具驱散风热、宣肺透疹、解毒利咽之功效。牛蒡病害主要有白粉病、灰斑病、轮纹病及根腐病等。

一、牛蒡灰斑病

（一）症状

病菌主要为害叶片。叶片上，病斑近圆形，直径 1～5mm，或不规则形，多个病斑连在一起形成更大斑，致使叶片枯死。病斑褐色至暗褐色，后期，中心部分转为灰白色，潮湿时两面生淡黑色霉状物，即病原菌的子实体。

（二）病原

病原为牛蒡尾孢 *Cercospora arcti-ambrosiae* Halst.，为半知菌亚门、丝孢纲、丝孢目、尾孢属真菌。子实体叶两面生，无子座或很小，分生孢子梗 2～6 根束生，淡褐色至褐色，顶端色淡，不分枝，正直或屈曲，0～2 个膝状节，顶端近平截形，孢痕显著，2～10 个隔膜，大小 24～128μm×3～5μm。分生孢子鞭形，无色透明，正直至弯曲，基部近截形，顶端略尖，3～20 个隔膜，大小 25～160μm×3～41μm。

（三）发病规律

病菌主要以菌丝体在病株残体上越冬。第二年春天，随着气温上升，温湿度合适时，产生分生孢子，孢子借气流传播到达寄主感病部位，萌发、侵入寄主，引起初次侵染。当年的病斑上又可形成大量的分生孢子，借风雨传播引起多次再侵染。在东北 7～8 月发生，为害严重时病斑连成片，使叶片提前枯死。

（四）防治措施

（1）农业防治　合理轮作，与水稻或其他禾本科作物实行隔年轮作；秋季搞好清园，烧掉病株残体。

（2）合理密植，及时除草　种植密度不宜过大；雨季来临前喷施农药，可选择 75%百菌清 500 倍液等药剂。

二、牛蒡根腐病

（一）症状

幼苗子叶完全展开前，多在茎基部呈水渍状腐烂、立枯，后根尖端或侧根变黑，水渍状，逐渐侵入根茎，其周围的根表面呈黑色水渍状，发展成边缘不明显的暗黑色不规则病斑，大小 4～10cm 或更大。严重时侵入根内部，须根全部腐烂。

（二）病原

病原为畸雌腐霉 *Pythium irregulare* Buism.，为鞭毛菌亚门、卵菌纲、霜霉目、腐霉属真菌。藏卵器球形，平均直径 18.4mm，通常光滑，顶部不规则，有时具极度弯曲的突起 1～6 个，为该病菌的主要形态特征。雄器棍棒形，柄长，1～2 个侧生于藏卵器。卵孢子球形，直径 15.7mm。孢子囊球形，直径 15.5mm，萌发时先从孢子囊上产生一个排泡管，排泡管逐渐伸长，顶端膨大成近球形的泡囊。孢子囊中的原生质通过排泡管进入泡囊内，在其中分化形成游动孢子。

（三）发病规律

本病系土壤传染性病害。低温多雨时发病重，土壤含水量为 10%～13%时适宜发病，且土壤含水量越高发病越重。氮肥施用过多，加重发病。

（四）防治措施

（1）农业防治　避免连作，与禾本科作物轮作；收获后清除病株茎、叶，适量施用石灰以提高土壤 pH 值。

（2）化学防治　播种前做好土壤消毒或熏蒸。种子用 25%甲霜灵按种子重量 0.3%～0.5%拌种。

三、牛蒡白粉病

（一）症状

病菌以为害叶片为主，茎秆等其他部位也都不同程度受害。在叶片上，叶两面生白色粉状小斑（粉状物即为病菌菌丝体、分生孢子梗和分生孢子），后逐渐扩大连在一起，布满叶片，叶片开始绿色，以后逐渐变黄，最后枯死。后期粉状斑上长出黑色小点，即病原菌的闭囊壳（图 9-11、图 9-12）。在东北，闭囊壳 9 月成熟。

（二）病原

病菌为单丝壳 *Sphaerotheca fuliginea* (Schlecht.) Poll.，为子囊菌亚门、核菌纲、单丝壳属真菌。附属丝菌丝状，闭囊壳球形，内含 1 个子囊，子囊短椭圆形。子囊内含有 8 个子囊孢子，子囊孢子椭圆形，无色。菌丝体外生，产生吸器深入寄主细胞内吸取养分，表面粉状物即为病菌的营养体和繁殖体。分生孢子梗侧生于菌丝上，基部不膨大，分生孢子串生，椭圆形，无色，单胞。

（三）发病规律

病原菌以闭囊壳在病株残体上越冬。翌春，雨后闭囊壳吸水释放出子囊孢子，子囊孢子借助风雨传播，条件适宜时萌发侵入寄主，引起初侵染。初侵染产生的病斑很快产生分生孢子，借风雨传播不断引起再侵染。在干旱季节，若早、晚有大雾或露水也能导致病害严重发生。病叶枯死或进入深秋后即产生闭囊壳越冬。重茬田，种植过密，通风不良，氮肥偏多，地上部生长过旺，牛蒡叶片等组织过嫩的田块发病较重。

（四）防治措施

（1）在秋季或早春彻底清除田间的病残体及田块周围的瓜类等病残体，集中烧毁，减少初侵染菌源。

（2）发病前喷施波尔多液（1∶1∶200），发病初期及时喷施 25%三唑酮可湿性粉剂 800 倍液，或 70%甲基硫菌灵可湿性粉剂 1000～1500 倍液、75%百菌清可湿性粉剂 500～600 倍液或 29%比萘・嘧菌酯悬浮剂 1500 倍液等药剂防治。

四、牛蒡轮纹病

（一）症状

病菌主要为害叶片。叶片上，病斑近圆形，直径 2～12mm，暗褐色，以后中心变为灰白色，边缘不整齐，稍有轮纹，后期病斑上生有黑色小点，即病菌的分生孢子器。

（二）病原

病原为牛蒡壳二孢 *Ascochyta lappae* Kab. et Bub.，为半知菌亚门、腔孢纲、球壳孢目、壳二孢属真菌。分生孢子器叶面生，初埋生，后突破表皮外露，球形、扁球形，黑色。分生孢子双胞无色，卵圆形、长椭圆形。

（三）发病规律

病菌主要以分生孢子器在病株残体上越冬。翌年春天条件适合时，分生孢子借气流传播引起初次侵染，以后还可以发生多次再侵染。在东北地区通常春季发病，8～9 月为害严重。

（四）防治措施

与水稻或其他禾本科作物实行隔年轮作；秋季搞好清园，烧掉病株残体。种植密度不宜过大并及时中耕除草；雨季来临前可选择 75%百菌清 500 倍液等喷雾防治。

五、牛蒡矮化类病毒病

（一）症状

受害病株明显矮化，叶片上产生黄绿相间的斑驳，有时皱缩不展，不易抽薹、开花和结实。在炎热的夏季症状减轻，不明显。

（二）病原

病原为牛蒡矮化类病毒 *Burdock stunt viroid*（BSVD），已从病组织中提取到两种与病害有关的低分子量 RNA，分别命名为 BSV RNA-1 和 BSV RNA-2。其中，BSV RNA-1 的分子量为 1.8×10^5～1.85×10^5；BSV RNA-2 的分子量为 1.68×10^6。两种 RNA 在变性条件下具有环状分子结构，不同时在同一病株中出现。

（三）发病规律

该病毒可在多种寄生植物或病残体中越冬，并长期存活，田间靠汁液摩擦传染或辣根长管蚜传毒。该病的发生与田间环境条件关系密切，高温干旱有利于发病，此外，栽培管理粗放，偏施氮肥、植株生长势弱、土壤贫瘠、排水不畅等都有利于病害发生。

（四）防治措施

（1）防蚜治病　用 10%吡虫啉可湿性粉剂 500 倍液或 50%辛氰乳油 4000 倍液，消灭传毒蚜虫，可减轻该病为害。

（2）搞好田间卫生　及时拔除病株，带出田外销毁。

（3）发病初期喷药　可喷施1.5%的植病灵1000倍液或高锰酸钾1000倍液。

（王蓉　丁万隆）

第八节　丝瓜络
Sigualuo
LUFFAE FRUCTUS RETINERVUS

丝瓜 *Luffa cylindrica* Roem.为葫芦科一年生草本植物，我国南北方均有栽培。丝瓜以果实、丝瓜络和藤入药，果实有清热化痰、凉血解毒之功效。丝瓜病害主要有霜霉病、绵腐病、褐斑病、白粉病和病毒病等。

一、丝瓜绵腐病

（一）症状

为害幼苗及果实。苗期发病先在茎基部呈水渍状病斑，后呈黄褐色干缩，可见茎基部干枯收缩如线状。果实被害多从脐部开始，也有从伤口侵入，初为水渍状斑点，后迅速扩大为黄色或褐色水渍状大斑；后期整个果实腐烂，病果外长出一层茂密的白色棉絮状菌丝体（图9-13）。药用丝瓜果实生长期较长，该病发生很严重，产量损失很大。

（二）病原

病原为瓜果腐霉 *Pythium aphanidermatum* Fitz.，属鞭毛菌亚门、腐霉菌属真菌。菌丝无色，纤细，无隔膜，宽2.5～6.9μm，富含原生质粒状体。孢子囊不规则圆筒形或作手指状分枝，着生于菌丝先端或中间，以一隔膜与主枝分隔。孢子囊丛长24～625μm或更长，宽5～15μm。游动孢子肾形。

（三）发病规律

病菌以卵孢子在土壤中越冬，条件适宜时萌发产生游动孢子或直接以芽管侵入寄主组织；或以菌丝体在病残组织或腐殖质中营腐生生活，并产生孢子囊，形成游动孢子侵害幼苗，引起猝倒。土中病残体上的病菌产生孢子囊及游动孢子，借雨水淋溅到贴近地面的果实上，不断进行再侵染。风雨和流水是病菌田间传播的主要途径。幼苗期易发生猝倒，结瓜期天气多雨，易造成果腐。

（四）防治措施

（1）选择地势较高、地下水位低、排水良好的地块作苗床。

（2）要施用充分腐熟的有机肥；棚架要搭高些，不使果实接触土壤。

（3）发病初期选喷25%瑞毒霉1000倍液、58%瑞毒霉锰锌500倍液或25%甲霜灵600倍液等药剂，每10天左右喷1次，连续2～3次。

二、丝瓜霜霉病

（一）症状

病菌主要为害叶片。先在叶片正面出现不规则褪绿斑，后扩大为多角形黄褐色病斑，湿度大时病斑背面长出紫黑色霉层，为病原菌孢子囊梗和孢子囊。后期病斑连片，整叶枯死。

（二）病原

病原为古巴假霜霉菌 *Pseudoperonospora cubensis* Rostov.，属鞭毛菌亚门、假霜霉属真菌。孢子囊梗从气孔长出，无色，单生或 2～5 根丛生，大小 220～480μm×4～9.5μm，先端 3～5 次锐角分枝。孢子囊着生于分枝末端，卵形或椭圆形，顶端有乳突，淡褐色，大小 20～33μm×13～18μm。孢子囊在低温时直接萌发出芽管；在水中则间接萌发，产生游动孢子。卵孢子少见。

（三）发病规律

南方产区病菌可在病叶上越冬或越夏；北方产区病菌孢子囊主要借季风从南方或邻近地区吹来，进行初侵染和再侵染。结瓜期阴雨连绵或湿度大则发病严重。

（四）防治措施

（1）选用抗病品种；加强田间管理，增施有机肥，提高植株抗病力。

（2）发病初期喷药防治，可选用 50%甲霜铜 600 倍液，或 58%瑞毒霉锰锌 600 倍液等喷雾，每 10 天 1 次，视病情喷 3～4 次。

三、丝瓜褐斑病

（一）症状

病菌主要为害叶片。病斑褐色至灰褐色，圆形、多角形或不规则形，边缘有时呈褐绿色至黄色晕圈，霉层少见（图 9-14）。早晨日出或晚上日落时，病斑上可见银灰色光泽。

（二）病原

病原为瓜类尾孢 *Cercospora citrullina* Cooke，属半知菌亚门、尾孢属真菌。子实体主要叶面生，褐色；分生孢子梗 5～20 根束生，淡褐色，不分枝，隔膜 1～5 个，大小 28～96μm×3.5～5μm；分生孢子鞭形，无色透明，基部截形，大小 42～144μm×2～4μm。

（三）发病规律

病菌以菌丝体或分生孢子丛在土中病残体上越冬；翌年以分生孢子进行初侵染和再侵染，并借气流传播蔓延。温暖高湿、偏施氮肥或连作地块发病严重。

（四）防治措施

（1）秋后清洁田园，集中烧掉病残体；整地时以有机肥作底肥，结瓜期实行配方施肥；雨季及时开沟排水，防止田间积水。

（2）发病初期选 40%甲霜铜可湿性粉剂 600～800 倍液或 1∶1∶250 波尔多液等药剂交替使用，每 10 天左右 1 次，视病情喷 2～3 次。

四、丝瓜白粉病

（一）症状

病菌主要为害叶片。在叶片上形成白色粉状斑，严重时整个叶面如覆上一层白粉，最终变黄、干枯，叶柄有时也可受害。6～7 月天气干旱，常急剧发生。

（二）病原

病原菌为单丝壳 *Sphaerotheca fuliginea* Poll.，属子囊菌亚门、核菌纲、白粉菌目、单丝壳属真菌。闭囊壳直径 70～120μm。附属丝菌丝状，5～10 根，褐色，有隔膜。子囊短椭圆形或近球形，大小 48～96μm×51～75μm。子囊孢子 8 个，椭圆形，无色透明，大小 14～27μm×11～19μm。

（三）发病规律

病菌以闭囊壳在病残体上越冬，成为翌年的初侵染源。条件适宜时产生子囊孢子，完成初侵染。病斑上产生的分生孢子借风雨传播，不断引起再侵染。

（四）防治措施

（1）彻底清除病残体，减少越冬菌源。

（2）发病前喷洒 1∶1∶200 波尔多液保护；发病期喷洒 15%粉锈宁 300～400 倍液防治，间隔 7～10 天 1 次，连喷 2～3 次。

五、丝瓜病毒病

（一）症状

幼嫩叶片感病呈浅绿与深绿相间斑驳或褪绿色小环斑；老叶染病呈黄色环斑或黄绿相间花叶，叶脉抽缩致叶片歪扭；果实发病后扭曲，呈螺旋状畸形，上生褐绿色斑。发病严重时叶片变硬、发脆，叶缘缺刻加深，后期产生枯死斑。

（二）病原

该病害为多种病毒侵染所致，以黄瓜花叶病毒（CMV）为主，此外还有甜瓜花叶病毒（MMV）、烟草环斑病毒（TRSV）等。

（三）发病规律

CMV 可以在刺儿菜、苣荬菜、荠菜、反枝苋等多年生宿根杂草上越冬，翌春由棉蚜、菜蚜、桃蚜等蚜虫把病毒从杂草传到栽培的丝瓜上。丝瓜种子不带毒，土壤不传病。田间不当的农事操作也可传播病毒。温度高、光照充足有利病害发生，因此夏季是此病的盛发期。缺肥及生长衰弱的植株容易感病；干旱少雨，蚜虫发生重，丝瓜花叶病也常严重发生。

（四）防治措施

（1）加强栽培管理　施足基肥，适当增施磷、钾肥，并注意田间灌水以促进生长，提高植株抗病力。及时清除田间、田边杂草，以防病毒从杂草传播到丝瓜上。早期及时拔除病株；田间作业如去顶、打杈时，应将病株与健株分开操作。

（2）治蚜防病　及时消灭蚜虫，将有翅蚜消灭在发源地。丝瓜地喷药治蚜要做到早、勤，这样防病效果才好。

（3）发病初期及时喷施20%病毒A 500倍液或1.5%植病灵1000倍液增强植株抗病性，缓解症状。

（王蓉　丁万隆）

第九节　决明子

Juemingzi

CASSIAE SEMEN

决明 *Cassia tora* L.为豆科一年生半灌木状草本植物，以种子入药时称决明子，有清肝明目、降压润肠等功效。决明主要病害为灰斑病。

决明灰斑病

（一）症状

病菌主要为害叶片，也可为害茎叶荚果。先在叶面出现浓紫色小斑点，后扩大呈圆形，有明显的红褐色边界。病斑 4～5mm。有时病斑为淡红褐色，不规则圆形。在茎表面生有深褐色不规则形条斑，后扩大至大部分茎部，豆荚逐渐枯死。在荚果上先长出紫红色小斑点，然后不断扩大，每个荚常生数十个病斑，豆荚呈红褐色（图9-15）。

（二）病原

病原为一种尾孢菌 *Cercospora* sp.，为半知菌亚门、丝孢纲、丛梗孢目、尾孢属真菌。分生孢子梗丛生或单生，暗褐色，线状，不分枝，大小55～225μm×6～9μm，具1～7具隔膜。分生孢子淡褐色，倒棍棒状，大小78～235μm×10～19μm，具2～20个隔膜。

（三）发病规律

病原菌以菌丝块（分生孢子梗基部）在被害部位越冬，并成为翌年初侵染源。生长季分生孢子借风雨传播，扩大为害。多雨年份发病严重。

（四）防治措施

（1）秋季清除病残组织，减少越冬菌源；合理密植，通风透光，增加植株抗病力。

（2）实行秋耕，将表土翻入下层土中，减少病原菌的侵染。

（3）发病期喷洒50%多菌灵600～800倍液，或50%代森猛锌800倍液，或75%百菌清600倍液，或77%可杀得500倍液喷雾2～3次。

（丁万隆）

第十节　吴茱萸

Wuzhuyu

EUODIAE FRUCTUS

吴茱萸 *Evodia officinalis* Dode 即吴萸，为芸香科灌木或小乔木，以未成熟的干燥果实入药，具有祛风寒燥湿、除痰化滞、下气止痛等功效。吴茱萸主产于浙江省缙云等县。生产上常见的病害有烟煤病、锈病等。

一、吴茱萸烟煤病

（一）症状

植株叶片、嫩梢和树干上形成不规则的黑褐色煤状斑，逐渐扩大，叶片、枝干上在后期覆盖厚厚的煤层。这种“煤层”容易剥落，除去煤层后，叶面仍呈绿色。严重发病时，植株生长衰退，影响光合作用，开花结果减少。烟煤病通常同蚜虫、长绒棉蚧等害虫活动伴随发生。被害植株树势衰弱，开花结果减少。

（二）病原

病原为田中煤炱菌 *Capnodium tanakae* Shiai et Hare，为子囊菌亚门、腔囊菌纲、煤炱目、煤炱属真菌。病原菌菌丝体暗褐色，匍匐于叶表面。分生孢子梗暗褐色，颇不规则。隔膜较多，隔膜处有缢缩。分生孢子顶生或侧生，往往数个串生。形状变化多端，暗褐色，具纵横隔膜，大小 15～32μm×9～24μm。病菌常腐生于由蚜虫分泌的蜜上。无性阶段为散播烟霉 *Fumago vagans* Pers.，为半知菌亚门、丝孢目、烟霉属，菌丝体由短形厚壁菌丝细胞构成，匍匐于植物表面。

（三）发病规律

病原菌以菌丝在被害部越冬。翌年 4 月上旬产生分生孢子随气流传播，扩大为害。5 月上旬至 6 月中旬为害严重，栽培管理不善、枝叶荫蔽潮湿，蚜虫、介壳虫发生较多的情况下有利于该病发生。

（四）防治措施

（1）清除杂草，消灭害虫越冬场所；整枝修剪，做到通风透光，减轻发病；蚜虫、介壳虫等媒介昆虫发生期喷药 2 次。

（2）病害发生初期喷洒 1∶0.5∶150～200 波尔多液，每隔 10～14 天 1 次，连续喷 2～3 次。

二、吴茱萸锈病

（一）症状

发病初期，叶片出现黄绿色，近圆形，边缘不明显的小病斑；后期叶背形成橙黄色微突起土疮斑，为夏孢子堆；疱斑破裂后散出橙黄色夏孢子。叶片上，病斑逐渐增多，致使叶片枯死。

（二）病原

病原为吴茱萸鞘锈菌 *Coleosporium evodiae* Diet.，为担子菌亚门、冬孢菌纲、锈菌目、鞘锈菌属真菌。冬孢子仅侧面结合成一层。冬孢子萌发时，本身分隔成 4 个细胞而转变成为担子。担子内生，冬孢子圆柱形，下部狭小。

（三）发病规律

为害马尾松的针叶。转主寄生。松针上为性孢子器及锈孢子器；吴茱萸叶片背面为夏孢子堆及冬孢子堆。5 月中旬发生，6～7 月发生严重。

（四）防治措施

（1）种植吴茱萸应远离马尾松林，切断转主寄生的寄生。

（2）发病期喷洒 0.2～0.3 度石硫合剂或 20%粉锈宁乳油 600 倍液，每隔 7～10 天 1 次，连续喷 2～3 次。

（丁万隆）

第十一节 佛手
Foshou
CITRI SARCODACTYLIS FRUCTUS

佛手 *Citrus medica* L.var. *sarcoductylis swingle* 为芸香科柑橘属小乔木或灌木。以果实入药，具有理气健脾、化痰止咳等功效。产于福建、广东、广西、云南等地。佛手主要病害有溃疡病、炭疽病、疮痂病和煤污病等。

一、佛手炭疽病

（一）症状

地上部器官均可被害，常引起落叶、枯梢、僵果或枯蒂落果等现象。贮藏期发病，引起果实腐烂，造成损失也较大。叶片症状可分叶斑型和叶枯型两种类型。叶枯型多发坐在早春季节，初期为水渍状、暗绿色病斑，后变褐色。病叶易脱落。叶斑型多发生在老叶边缘，近圆形或半圆形，灰白色稍下陷病斑，上长黑色轮纹状小粒点，即分生孢子盘。病枝上的叶卷缩、干枯，经久不落。花、果受病时，引起落花或僵果挂枝头，被害部位后期出现黑色或朱红色粒点。

（二）病原

病原为胶孢炭疽菌 *Colletotrichum gloeosporioides* (Penz.) Sacc.，属半知菌亚门、腔孢纲、

黑盘孢目、炭疽菌属真菌。分生孢子盘开始埋生于寄主表皮下，后突破表皮外露。刚毛直或稍弯曲，具 1～2 个分隔。分生孢子梗圆柱形，无色，单胞，大小 9.8～29.4μm×2.8～4.9μm。分生孢子椭圆形至短圆筒形，无色，单胞，具 1～2 个油球，大小 8.4～16.8μm×3.5～4.2μm。

（三）发病规律

病菌主要以菌丝体或分生孢子在病部越冬，也能在枝、叶、果内进行潜伏侵染。温湿度适宜，分生孢子从伤口、气孔或直接侵入表皮。在整个生长季节可不断进行重复侵染。若遇冬季冻害，早春低温阴雨，夏秋高温多雨均有利于病害的发生。栽培管理粗放、土壤瘠薄、病虫严重、树势衰老会诱发与加重病害发生。

（四）防治措施

（1）防治关键在于增强树势，要加强栽培管理，注意深根改土，增施有机肥和采用配方施肥，搞好排水防风工作，提高植株抗病力。

（2）重视田间卫生。剪除病枝叶和病果连同地面落叶落果，集中烧毁。冬季清园后喷施波美 0.8～1 度石灰硫磺合剂；减少越冬病原并兼防其他病虫害。

（3）适时喷药保护。根据情况掌握春、夏、秋各次嫩梢期和落花后的幼果期施药，以保护各次梢叶与幼果。可选用 50%甲基托布津 800 倍液或波美 0.3 度石灰硫磺合剂喷雾。

二、佛手疮痂病

（一）症状

病菌为害叶片、嫩梢、果实，引起早期落叶、落果、枯梢，并使果质变劣。受害嫩叶初期出现退绿小点，后增大为圆锥形突起，病斑灰白色至灰褐色。一般叶背突起，叶面凹陷，叶片扭曲变形，果实被害，密生疮痂，果小，皮厚畸形。嫩枝病斑与叶上病斑相似，但突起不明显。

（二）病原

病原为柑橘痂圆孢 *Sphaceloma fawcettii* Jenk.，为半知菌亚门、腔孢纲、黑盘孢目、痂圆孢属真菌。分生孢子盘椭圆形。分生孢子梗圆筒形，单胞。分生孢子椭圆形，单胞，两端各有一个油球，大小 6～8.5μm×2.6～3.5μm。

（三）发病规律

病原菌以菌丝体在病组织中越冬。春季气温在 15℃以上和多雨潮湿的环境，病斑即产生分生孢子，由风雨、昆虫传播，直接穿透接触部位的表皮，侵入为害，潜育期 7 天左右。新病斑再产生分生孢子，重复侵染。气温升至 25℃以上时病害停止流行。若抽夏、秋梢时连绵阴雨，病害还会流行，但一般受害比春梢期轻。

（四）防治措施

（1）结合修枝整形，剪掉病枝，集中烧毁，减少病菌来源。

（2）喷药保护。一般在新梢萌动或谢花期喷药保护，可选用 1∶1∶100 波尔多液喷雾。防治效果较好的药剂还有 50%退菌特 600 倍液、70%甲基托布津 1000～1500 倍液等。

三、佛手溃疡病

（一）症状

叶片受害初期出现针头大小的黄色、油渍状的圆形病斑。随后，叶片两面隆起破裂，呈海绵状，灰白色，表面粗糙，木栓化，后呈火山口状开裂，中心凹陷，并现细微轮纹或螺纹，周围有一暗褐色，油腻状外围和黄色晕环。枝梢受害以夏梢严重。枝梢与果实病斑相似，但火山口状开裂更为显著，木栓化程度更为坚实，一般具油腻状外圈，但无黄色晕环。病原细菌侵染力强，以苗木、幼树受害特别严重，造成落叶、落果、枯梢，削弱树势，严重时全株枯死。

（二）病原

该病由细菌侵染所致。病原为柑橘黄单胞杆菌 *Xanthomonas citri* (Hasse) Dowson，细菌短杆状，两端圆，大小 1.5～2.9μm×0.5～1.4μm，极生单鞭毛，有荚膜，无芽胞。革兰氏染色阴性反应，好气性。在马铃薯琼脂培养基上，菌落初呈鲜黄色，后转蜡黄色，圆形，表面光滑，周围有窄狭白色带。生长适温为 20℃～30℃，最低 5℃，最高 36℃，致死温度 50℃～52℃ 10 分钟。最适 pH 值 6.6。高温高湿对其生活力影响较大。

（三）发病规律

病原细菌潜伏在病叶、病梢或病果内越冬。翌年春雨期间，病部溢出菌脓，借风雨、昆虫和枝叶接触作短距离传播，长距离传播主要通过带病苗木、接穗和果实，也可通过带菌土壤。病菌传播至嫩梢、幼叶和幼果上，从气孔、皮孔或伤口侵入。潜育期一般为 3～10 天，还有潜伏侵染现象。在高温多雨季节，重复侵染连续不断发生，发病比较严重。幼苗较成株易感病，潜叶蛾、凤蝶幼虫等传病媒介昆虫越多，发病常较严重。摘除夏梢，控制秋梢及增施钾肥均可减轻发病。

（四）防治措施

（1）严格实行检疫，禁止从病区调入繁殖材料。一经查出带病苗木、接穗、砧木与果实等，应一律烧毁。

（2）建立无病苗圃，培育无病苗木。

（3）加强培育管理。冬季做好清园工作，染病枝、叶、果烧毁。合理施肥，培育春、秋梢，控制夏梢，促使抽梢整齐。梢期及时做好传媒昆虫的防治。

（4）适时喷药，保护幼叶、嫩梢和幼果。可选用 50%代森铵水剂 500 倍液，农用链霉素可湿性粉剂 4000 倍液喷雾 2～3 次，间隔期为 7～10 天。

（丁万隆）

第十二节 青葙子
Qingxiangzi
CELOSIAE SEMEN

青葙 *Celosia argentea* L.又名草蒿、昆仑草、野鸡冠等，为苋科一年生草本植物。以种子入药称青葙子，茎、叶、根也能入药，有燥湿清热、杀虫、止血之功效。主要病害为青葙褐斑病。

青葙褐斑病

（一）症状

叶片上病斑近圆形、椭圆形，直径 4～10mm，有时为叶脉所限，呈多角形。病斑中心部分淡褐色，边缘红褐色、紫褐色，具有轮纹，后期病斑上产生黑色小点，为病菌分生孢子器。

（二）病原

病原为青葙壳二孢 *Ascochyta celosiae* (Thüm.) Petr.，为半知菌亚门、腔孢纲、球壳孢目、壳二孢属真菌。分生孢子器叶面生，散生或聚生，突破表皮，球形，器壁褐色，膜质，顶部具乳头状突起，孔口周围的色泽较深，直径 84～112μm。分生孢子圆柱形，无色透明，正直，少数微弯，两端较圆或一端钝圆，初为单胞，以后部分孢子产生 1 个隔膜，隔膜处多有缢缩，大小 6～9μm×2.5～3.5μm。

（三）发病规律

病菌以分生孢子器在病株残体上或土表越冬，翌春条件适宜时放出分生孢子，随气流传播引起侵染。病斑上的分生孢子借风雨传播不断引起再侵染。在东北 8 月发生。

（四）防治措施

（1）秋末清园，收集并烧毁病残体。

（2）发病期喷药防治。用 50%多菌灵可湿性粉剂 500 倍液、70%甲基拖布津可湿性粉剂 800 倍液；1∶1∶160 波尔多液。

（丁万隆）

第十三节 罗汉果
Luohanguo
SIRAITIAE FRUCTUS

罗汉果 *Siraitia grosvenorii* (*Swingle*) Jeffrey ex A. M. Lu et Z. Y. zhang 属葫芦科多年生宿

根藤本植物，原产广西。以果实入药，具清热解暑、润肺止咳之功效，主治咳嗽、喉痛、暑热等症。罗汉果的病害较多，常见的有疱叶丛枝病和根结线虫病等。

一、罗汉果疱叶丛枝病

（一）症状

嫩叶首先发病，脉间褪绿，叶脉皱缩，使叶面隆起呈疱状。叶片变厚，粗硬，出现褪绿色斑，最后黄化。病株休眠腋芽发育成枝，表现出丛枝症状，叶序混乱。在广西发生较普遍，病株矮小，变黄，过度分枝，产量明显下降（图 9-16、图 9-17）。

（二）病原

病原为植原体（Phytoplasma）菌体多为圆形，有的为椭圆形、长圆形，大小 200～600μm。寄主范围很广。

（三）发病规律

带病的种薯、种苗及其他带病寄主是主要初侵染源。病菌可通过繁殖材料传播、蔓延。在田间主要传播介体是叶蝉和棉蚜。带毒介体经取食将植原体从病株传到健株，使病害在短期内迅速传开，发病率高。

（四）防治措施

（1）建立无病繁种苗圃，选择无病隔离区育苗，用种子培育实生苗；严禁从病区引进繁殖材料和果苗，保护新区和无病区。

（2）加强肥水管理，提高植株抗病力。收果后及时清除病块茎和藤蔓及带病野生杂草，集中烧毁，以减少初侵染源。

（3）及时喷药，减少病害的媒介昆虫，以期通过治虫达到防病的效果。

二、罗汉果根结线虫病

（一）症状

地下部根系、种薯均可受害。根病部膨大，呈球形、棒状，形成大小不等的根结。受害严重时，大小根结成带，病害根呈念珠状。种薯受害产生瘤状突起，故当地群众称之为“起泡病”。剥开根结及种薯上的瘤状突起，肉眼可见极小的乳白色颗粒，为膨大的雌成虫体。种薯受害后，发育慢，块茎小，寿命短。种薯与根被害后，又常遭其他微生物的侵染，引起种薯和根系腐烂，影响植株水分、养分的吸收和供应。植株地上部表现生长缓慢，褪绿，藤蔓细弱，叶片自下而上逐渐枯黄脱落；植株推迟开花或不易正常开花、早衰，甚至全株枯死。广西最严重，发病果园一般减产 25%左右，严重时达 70%，甚至全部失收。

（二）病原

病原有 3 种：①爪哇根结线虫 *Meloidogyne javanica*；②南方根结线虫 *M. incognita*；③花生根结线虫 *M. arenaira*，均属垫刃目，异皮线虫科。常见的为南方根结线虫，但不同病区引起为害的主要虫种有一定差异。如在广西南部，主要以爪哇根结线虫引起为害，其次是南方根结线虫。

雌、雄成虫异型。雄虫线形，雌虫梨形。雌虫会阴花纹略呈卵形，线纹平滑至波浪形、弓形，不整齐。卵囊棕黄色，不规则形，大小不等，一个卵囊内含卵 160～350 粒。幼虫有 4 个龄期，1 龄幼虫在卵内发育。出壳后的 2 龄幼虫线形，可以在土壤中活动，侵入寄主的幼根和种薯，为根结线虫的侵染期，故 2 龄幼虫又称为侵染性幼虫。3 龄幼虫开始雌雄分化，雌性幼虫豆荚形，蜕皮后成为 4 龄幼虫，尔后再次蜕皮即为成虫。

罗汉果根结线虫在广西无明显的越冬现象。1 年有 6 个世代，世代重叠。完成一个世代需 30～90 天，视温度高低而定。通常冬季完成一个世代所需时间较长，3～10 月气温较高，完成一个世代所需时间较短。而在广西南部 7～9 月高温季节，完成一代只需 30～35 天。寄主范围很广，可寄生 114 科，数千种植物。

（三）发病规律

病原线虫在带病薯、病根残体及土壤中越冬，成为翌年病害的主要初侵染源。病害主要经带病种薯、病土、肥料、流水及农事操作等途径进行传播。2 龄幼虫从根尖侵入，侵染最适温度为 25℃～30℃，土壤湿度 70%左右，土壤 pH 值 6～7。一年中可以不断发生再侵染。温暖、多雨季节有利于病害的扩展和蔓延。在砂壤土上发病重，黏壤土发病轻。前作为豆类、瓜类、番茄、木鳖子等作物的田块及连作地发病较重。罗汉果品种间的抗病性有一定差异，常见的品种如长滩果、青皮果等均较感病。

（四）防治措施

（1）农业防治　选用抗病性强的品种，如拉江果；建立无病苗圃；选择前茬作物为禾本科、菊科植物轮作两年以上；保持果园排水沟的畅通；增施有机肥、磷钾肥；挖除病残株，集中烧毁，并对病株穴撒施生石灰 300g～500g 进行消毒处理。

（2）物理防治　针对少量仍使用种薯进行繁殖的果园，可用 45℃温水中浸泡种薯 25 分钟，可杀死其中的病原线虫，注意避免浸泡到芽；每年 6～8 月植株生长期间，耙开表层土，将 2/3 薯块在阳光下露出 5～7 天；冬闲季节用水漫灌染病土壤，水面保持 5～8cm 高度 40～100 天。

（3）生物防治　罗汉果定植后，用淡紫青霉 20g/株制剂量施入植株根部附近 15cm～20cm 深的土层中，并及时浇水。

（4）化学防治　选用阿维菌素和噻唑膦。组培苗营养土用 10%噻唑磷颗粒剂与土壤按重量比为 1∶1500 搅拌消毒，覆盖 15～20 天，揭膜晾晒 2～3 天再装袋移苗。种薯消毒用 16%虫线清乳油兑水稀释 600 倍液浸泡 20～30 分钟。

（蒋妮　王蓉）

第十四节　瓜蒌

Gualou

TRICHOSANTHIS FRUCTUS

栝楼 *Trichosanthes kirilowii* Maxim.为葫芦科多年生攀缘草本植物。全国各地均有分布，以山东、安徽、河南生产最多。果实入药称瓜蒌，有宽胸散结、清热化痰、润肺消肠之功效。果皮入药，称瓜蒌皮，具润肺燥、降火化痰、止消渴、利大便的功效。种子入药，称瓜蒌仁，具润肺除热痰之功效。根入药，称天花粉，具泻火生津润脾降燥化痰功效。瓜蒌主要病害有蔓枯病、白粉病和根结线虫病等。

一、栝楼蔓枯病

（一）症状

蔓上病斑长椭圆形，灰褐色，边缘褐色，有时溢出胶质物，叶片上病斑近圆形，灰褐色，有少量轮纹，上生许多小黑点。

（二）病原

病原为西瓜壳二孢 *Ascochyta citrullina* Simth，属半知菌亚门、球壳孢目、壳二孢属真菌。分生孢子器黑色，圆形至扁有少量轮纹，有孔口，生于寄主组织内，部分外露，分生孢子梗很短。分生孢子未成熟时单胞，成熟后双胞，无色。

（三）发病规律

病菌以分生孢子器在病株残体内越冬。翌春，分生孢子随气流传播引起侵染。病斑上的分生孢子借风雨传播引起再侵染，直至秋天。

（四）防治措施

（1）发病前喷施无毒高脂膜 200 倍液；发病前期喷施 50%多菌灵 500～1000 倍液。
（2）冬前收集病株残体，以减少侵染源。

二、栝楼白粉病

（一）症状

栝楼白粉病菌主要为害叶片。从幼苗期即可开始，以中后期为重，各地均有分布。发病初期在叶面产生白色、近圆形的白粉状霉斑，并向四周蔓延，连接成边缘不整齐的大片白粉斑，其上布满白色至灰白色粉状物即病菌的菌丝体、分生孢子梗和分生孢子。最后导致叶片枯干，至秋季霉层上产生散生小黑点。

（二）病原

病原为 *Oidium* sp.，属半知菌亚门、丝孢目、粉孢属。菌丝体生于寄主表皮细胞上，并产生吸器伸入细胞内吸取营养，分生孢子梗直立，不分枝。分生孢子由下向上逐个形成，串珠状、单胞，无色，短圆形。其有性态不详。

（三）发病规律

病菌以菌丝体、闭囊壳在病残体中越冬，翌年引起初侵染。病菌分生孢子主要通过气流传播，雨滴溅散也可以传播。空气相对湿度大、温度较高有利于病害发生和流行。窝风地、低洼或排水不良的地块发病重。

（四）防治措施

可用50%可湿性硫磺粉300倍液、0.1波美度石硫合剂，50%多菌灵可湿性粉剂500～800倍液或25%粉锈宁可湿性粉剂喷雾。

三、栝楼根结线虫病

（一）症状

线虫为害根部，在侧根及须根上产生大小不等、表面光滑的瘤状物，即根结或虫瘿。瘤状物上面再生侧根。为害严重时根上布满根结，主根上根结较大，直径在2cm以上。病株地上部生长衰弱。

（二）病原

病原为南方根结线虫 *Meloidogyne incognita*，属垫刃目，异皮科，根结线虫属。整个发育阶段有卵、幼虫和成虫三个时期。雌虫头尖腹圆，鸭梨形。会阴部花纹特征：弓形纹较高，略呈卵形不整齐，背面沟纹较紧密，呈波浪状或锯齿状，形如旋涡，横条沟纹在侧线处不中断，阴门裂前方的横条沟极为明显。雌虫虫体大小0.51～0.69mm×0.3～0.43mm，雄虫虫体大小1.2～2mm。

（三）发病规律

病原线虫以卵和幼虫在土壤和粪肥中的病根虫瘿内越冬，翌春2龄幼虫破卵而出开始侵染。先用吻针穿刺寄主细胞壁，插入细胞内，并由食道腺分泌毒素破坏表皮细胞，然后向内移动，在根部伸长区定居；头部侵入中柱或未形成中柱的分生组织，虫体的大部分仍在皮层的薄壁细胞组织中，破坏中柱细胞正常生长，引起薄壁细胞过度发育，细胞核多次迅速分裂，形成多核或核融合巨型细胞，体积变大，细胞增殖加快，最后形成瘤状虫瘿。幼虫取食巨型细胞内的汁液进行生长发育，经5次蜕皮后即变为成虫。线虫在土壤内分布很广。在田间的传播途径主要是，农事操作中带虫土壤及遗留田间的病根残体随人、畜、农具的携带所致，也可通过流水将土壤中的线虫及病根残体传播。在调运荚果时如果其中混有病根、病果等，往往引起此病的传播。

（四）防治措施

（1）农业防治　选择前茬作物为禾本科、菊科植物轮作两年以上；增施有机肥、磷钾肥；挖除病残株，集中烧毁，并对病株穴撒施生石灰300～500g进行消毒处理。

（2）生物防治　栽种时用淡紫青霉按20g/株制剂量施入植株根部附近15～20cm深的土层中，并及时浇水。

（3）化学防治　可选用阿维菌素1000倍液浇根部。

（李勇　丁万隆）

第十五节　枸杞子、地骨皮
Gouqizi、Digupi

LYCII FRUCTUS、LYCII CORTEX

宁夏枸杞 *Lycium barbarum* L.为茄科落叶灌木或小乔木。以果实入药，称枸杞子。具有滋补肝肾，益精明目等功效。根皮入药称地骨皮。主产于我国宁夏、青海、甘肃、新疆、内蒙、河北等地。枸杞生产上病害主要有炭疽病、灰斑病、根腐病等。

一、枸杞炭疽病

（一）症状

枸杞炭疽病又称黑果病，主要为害果实，也可侵染嫩枝、叶和花。青果发病初期，果面出现针头大的褐色小圆点，后扩大呈不规则形病斑；后病斑凹陷、变软，果实整个或部分变黑。干燥时果实干缩，病斑表面长出近轮纹状排列的小黑点，为病菌的分生孢子盘（图 9-18）。

（二）病原

病原为胶孢炭疽菌 *Colletotrichum gloeosporioides* (Penz.) Sacc.，为半知菌亚门、腔孢纲、黑盘孢目、炭疽菌属真菌。分生孢子盘大小 195～325μm。分生孢子梗棍棒状。分生孢子长椭圆形，无色，内有 1～3 个油球，大小 7.8～17.2μm×4.1～4.9μm。在琼脂培养基上后期能生刚毛。

（三）发病规律

病菌寄主范围广，除严重为害枸杞外，还可为害苹果、梨、桃、黄瓜、甜椒等多种作物及山茱萸、山药、芦荟等药材。残留树上和落地的僵果是病害的侵染来源。翌年天气转暖，分生孢子堆被雨水或露滴分散，顺枝条流淌或被风雨飞溅到果实、花蕾上侵入为害，并有多次再侵染。7～9 月为发病盛期。

（四）防治措施

（1）结合冬季剪枝整形，除去病枝病果，并彻底清扫地面枯枝落叶集中烧掉。

（2）根据本地气候特点，结合修枝使结果期避开多雨的感病季节。如河北、山东雨水集中在 7～8 月，可实行冬春轻剪枝，夏季重剪枝，以确保春、秋果，放弃夏果。

（3）雨季前喷 1 次 1∶1∶100 波尔多液，半个月后再喷 1 次；7～8 月发病盛期选用 25%施宝克 800 倍液、50%代森锰锌 600 倍液或 50%甲基托布津 500 倍液等喷雾 3～5 次。药剂要交替使用，每 7～10 天喷药 1 次，喷药后遇雨需补喷。

二、枸杞白粉病

（一）症状

病菌主要为害叶片和嫩枝，也可为害花和幼果。发病叶片两面生白色粉状霉层，为病原菌的分生孢子梗和分生孢子。受害嫩叶常皱缩卷曲，后期病叶枯黄坏死，并长出小黑点，为病原菌的闭囊壳，叶片提早脱落（图 9-19）。

（二）病原

病原为穆氏节丝壳 *Arthrocladiella mougeotii* (Lév.) Vassilk.，为子囊菌亚门、白粉菌目、节丝壳属真菌。菌丝体叶两面生。分生孢子圆柱形至长椭圆形，20～36μm×10～18μm。闭囊壳球形至扁球形，直径 125～187μm。附属丝多，顶部二叉或三叉分枝。子囊多个，长椭圆形，有柄，大小 52.5～72.5μm×17.5～25μm。子囊孢子 2 个，椭圆形，大小 15～20μm×10～17.5μm。

（三）发病规律

病菌以闭囊壳在病组织及病枝梢的冬芽中越冬，翌年开花及幼果期，子囊孢子借风雨传播侵染发病；生长季病叶上产生大量分生孢子不断引起再侵染。干燥比多雨时发病严重，昼夜温差大有利于病害流行。7 月下旬至 9 月上旬发病严重。

（四）防治措施

（1）冬季清扫地表病叶枯枝烧掉，以减少第二年春初侵染源。

（2）3 月上旬枝条萌发前喷 1 次 1∶1∶100 波尔多液；7 月上旬选 25%粉锈宁 800 倍液或 62.25%仙生 600 倍液等喷雾，视病情共喷 2～3 次，间隔 10～15 天。

三、枸杞灰斑病

（一）症状

病菌主要为害叶片。叶上病斑圆形或近圆形，直径 2～4mm，中央灰白色至淡褐色，边缘色稍深，病部稍下陷。后期病斑变褐干枯，叶背面生淡黑色霉状物，为病原菌的分生孢子梗和分生孢子（图 9-20）。果实发病时，病部也出现淡黑色霉状物。

（二）病原

病原为枸杞尾孢 *Cercospora lycii* Ell. et Halst，为半知菌亚门、丝孢纲、丝孢目、尾孢属真菌。子座小，褐色。分生孢子梗 3～20 根束生，褐色，顶端色淡而较狭，不分枝，直或1～4 个膝状节，顶端近截形，孢痕显著，多隔膜，大小 38～160μm×4～6μm。分生孢子鞭形，无色透明，直至弯曲，基部截形，顶端略尖至较尖，隔膜多不明显，大小 45～144μm×2～4μm。

（三）发病规律

病菌以菌丝体和分生孢子在枯枝残叶和病果上越冬，或随病残体在土壤中越冬。翌年分生孢子借风雨传播引起初侵染，生长季田间可发生多次再侵染。夏季高温高湿、多雾露天气有利于病害发生蔓延；树势衰弱易诱发病害。在各枸杞种植地区普遍发生，常年发病率在 30%左右。

（四）防治措施

（1）冬季结合剪枝，彻底清洁田园，扫除枯枝落叶和病果烧掉或深埋。

（2）加强栽培管理，增施有机肥和磷、钾肥，增强植株抗病力。

（3）发病前喷 1 次 1∶1∶150 波尔多液保护；发病期喷洒 77%可杀得 600 倍液或 50%多菌灵 500 倍液，每 10～15 天 1 次，连续 3～4 次。

（丁万隆 王蓉）

第十六节 砂仁

Sharen

AMOMI FRUCTUS

砂仁 *Amomum villosum* Lour.别名阳春砂仁，属姜科豆蔻属多年生草本植物。主产于广东、云南、广西、海南等地。以种子和果实入药，具理气暖胃、祛风消食、安胎之功效。常见的病害有砂仁炭疽病和叶斑病等。

一、砂仁炭疽病

（一）症状

病害发生于幼叶和老叶上，病斑多从叶尖、叶缘开始，初为水渍状、暗绿色，后期中央变为灰白色至灰褐色，呈轮纹状不规则，稍凹陷，边缘深褐色。潮湿条件下病斑上出现许多小黑点，即分生孢子盘。天气干燥时病斑中部破裂或脱落形成穿孔。病斑可扩大相互融合导致全叶干枯死亡。叶鞘病斑圆形或不规则形中央为白色，边缘紫色。严重时病叶率达 35%～100%。在广西灵山县曾因严重发生而造成几千亩砂仁毁种。

（二）病原

为害幼苗病原为姜炭疽菌 *Colletotrichum zingiberis* (Sunder.)Butler et Bisby，为害成株病原为胶孢炭疽菌 *Colletotrichum gloeosporioides*，均属半知菌亚门、黑盘菌目、炭疽菌属真菌。前者分生孢子盘黑色，圆形至椭圆形。分生孢子单胞，无色，香蕉形，两端较钝，具油滴，大小 21.6～26.3μm×3.8～4.9μm。后者分生孢子盘圆形，黑褐色，刚毛混生。分生孢子梗棍棒状，无色。分生孢子单胞，无色，圆筒状，两端钝圆，大小 9.5～18.5μm×3～6μm。聚集成团呈橘红色。

（三）发病规律

在种基和病组织残体上越冬的菌丝体和分生孢子是翌年病害的主要初侵染源。在温湿度适宜时，分生孢子借风雨、昆虫等传播至健叶上，直接侵入或从气孔侵入。种基上的病菌首先侵入幼苗下部叶片，在适宜条件下不断引起再侵染，可造成病害流行。高温、多雨、田间郁闭、管理不良、植株生长势弱病密较重。多年重复种植的田块比新区发病重。

（四）防治措施

（1）实行合理轮作；加强栽培管理，增施基肥、磷钾肥，注意防旱排涝及通风透光；收获后清洁田园，消除病抹残体，集中烧毁。

（2）发病初期用 50%多菌灵或 40%甲基托布津 500 倍液喷雾，连续喷 2～3 次，间隔期为 7～10 天。

二、砂仁叶斑病

（一）症状

病菌主要为害叶片，其次是叶鞘，老叶常先发病。病斑初为褪绿小点，扩大后呈圆形至不规则形，黄褐色，水渍状，边缘暗褐色但不明显。后期病斑中央灰白色。潮湿条件下病斑出现灰色霉层，多见于病斑叶背面。病斑可相互融合形成不规则大块枯斑。病重时病害从老叶向上部叶片蔓延，导致全株叶片枯死，随后茎秆干枯死亡（图 9-21）。

（二）病原

病原为节梨孢 *Gonatopyricularia amomi* Z. D. Jiang et P. K. chi，属半知菌亚门、丝孢目、节梨孢属真菌。在培养基上菌落展平，灰色至暗褐色。分生孢子梗较菌丝粗大，单生，不分枝，光滑，暗褐色，顶端色稍浅，直或弯曲，有隔膜，在顶部和中部有几个膨大的节，节上着生 3～8 个圆锥形或圆柱形的齿，每个齿上各着生一个分生孢子。分生孢子倒梨形，成熟时具长喙，壁光滑，具 2 个隔膜，两瑞细胞无色，中间细胞淡褐色，基部多无脐，大小 11.7～31.3μm×7.1～11.4μm。

（三）发病规律

终年均可发病，但发病高峰多在每年的 3 月和 9～10 月。冬季若遇干旱天气，病情发展缓慢。在发病高峰期常引起大量叶片干枯。管理不良、缺肥、植株长势弱、荫蔽条件不足的田块发病重。

（四）防治措施

（1）秋季结合田间管理，清除老苗及病叶集中烧毁，减少侵染源。

（2）加强栽培管理，增施有机肥和磷钾肥，增强植株抗病力。种植地要保证合适的荫蔽度，以防止阳光灼伤叶片。

（3）适期施药，在 2 月上旬至 3 月上旬及 9 月上旬各喷药一次保护植株叶片，所用药剂有 50%多菌灵 800 倍液或 30%百科乳剂 800 倍液。

（丁万隆　周亚奎）

第十七节　急性子

Jixingzi

IMPATIENS SEMEN

凤仙花 *Impatiens balsamina* L.别名指甲花，为凤仙花科一年生草本植物。种子入药称急性子，具软坚消积、活血通经之功效。全国各地均有栽培。凤仙花病害主要有白粉病、褐斑病及黑斑病等。

一、凤仙花白粉病

（一）症状

主要为害叶片，也可侵染嫩茎。发病初期在叶面产生白色圆形小斑点，以后逐渐扩大蔓延，整个叶片被白色粉状物覆盖，该白色粉状物为病菌无性世代分生孢子。后期病叶背面密生暗褐色小黑点，即为病菌有性世代闭囊壳。严重发病时，叶片枯黄（图 10-2、图 10-3）。

（二）病原

病原为单丝壳 *Sphaerotheca fuliginea* Poll.，属子囊菌亚门、白粉菌目、单丝壳属真菌。闭囊壳球形，褐色，聚生或散生，直径 65～118μm，附属丝 3～7 根，丝状，内含子囊 1 个。子囊孢子 8 个，椭圆形，大小 15～20μm×10～15μm。分生孢子圆柱状，单胞，无色，大小 16.2～43.2μm×5.4～13.5μm。

（三）发病规律

病菌以闭囊壳在病株残体上越冬，翌年 5～6 月温湿度适宜时释放出子囊孢子，经风雨传播引起初侵染。发病后病叶产生大量分生孢子，经气流传播引起多次再侵染。高温、高湿有利于病害流行。在东北 7～8 月发生，常为害较重，引起早期落叶，严重影响产量。

（四）防治措施

（1）秋季收获后，及时清除病残体植株和落叶，以减少越冬菌源。

（2）加强栽培管理，合理密植以利通风透光。天旱时及时浇水，雨后及时排水。

（3）发病初期及时喷药防治。可选用 75%百菌清 600 倍液、70%甲基托布津 800 倍液、15%粉锈宁 600 倍液等药剂。

二、凤仙花褐斑病

（一）症状

病菌主要为害叶片。叶片上病斑圆形或近圆形，直径 1～5mm。病斑初为褐色，以后中部灰褐色，具不明显的轮纹，潮湿时病斑两面密生橄榄褐色霉状物，为病菌分生孢子梗和分生孢子。严重发病时病斑相互汇合，致使叶片枯死。

（二）病原

病原为福士尾孢 *Cerospora fukushiana* Yamam.，属半知菌亚门、丝孢纲、尾孢属真菌。子座不发达，分生孢子梗丛生，淡褐色，很少分隔或分枝，直或波纹状或有膝状屈曲 1～3 处，大小 10～100μm×4～6μm。分生孢子针或倒棍棒形，无色，直或稍弯，隔膜多而不明显，基端平切，顶端尖，大小 30～140μm×3～4.5μm。

（三）发病规律

病菌以菌丝体在病叶残体上越冬，翌年产生分生孢子进行初侵染。新病斑上产生大量分生孢子经气流传播，引致多次再侵染。高湿、多雨有利于病害发生和蔓延。8～9 月发病，

10月逐渐减少。老叶易发病。

（四）防治措施

（1）冬前清除病残体，集中深埋或烧毁。早期发现病叶及时摘除。

（2）发病后进行药剂防治。可选用50%多菌灵800倍液、50%代森锌800～1000倍液、75%百菌清600～800倍液或50%万霉灵600倍液。

三、凤仙花黑斑病

（一）症状

病菌主要为害叶片。病斑圆形至椭圆形，直径 3～6mm，褐色，微具轮状，上生淡黑色霉状物，为病原菌的分生孢子梗和分生孢子。中下部老叶易发病，病斑常汇合成片，严重时可造成叶片早枯、脱落（图10-4）。

（二）病原

病原为细链格孢 *Alternaria tenuis* Nees.，属半知菌亚门、链格孢属真菌。分生孢子梗直立，褐色，有屈曲，顶端常扩大而具孢痕，大小5～125μm×3～6μm。分生孢子链生，有喙，深褐色，有横隔1～9个，纵隔0～6个，大小7～70.5μm，喙大小1～58.5μm×1.5～7.5μm。

（三）发病规律

病菌以菌丝体在病株残体上越冬。翌年春季条件适宜时，产生分生孢子引致初侵染。新病斑上产生大量分生孢子，经气流传播引起多次再侵染。高湿、多雨、重露有利于发病和流行。东北一般7～8月为发病盛期，直到9月上中旬。

（四）防治措施

（1）秋末收获后清洁田园，集中烧掉病残体并及时翻耕。

（2）加强栽培管理，合理施肥灌水，提高植株抗病力。及时摘除下部老叶、病叶。

（3）6月下旬喷1次1∶1∶150波尔多液；7月中旬选用50%代森锰锌600倍液和50%扑海因500倍液喷雾2次，间隔10天。

（李勇　丁万隆）

第十八节　栀子
Zhizi
GARDENIAE FRUCTUS

栀子 *Gardenia jasminoides* Ellis 别名黄栀子、山枝子，属茜草科常绿灌木。分布于我国中南部。以果实入药，具清热凉血、泻火解毒等功效，用于消炎解热。栀子常见病害有叶斑病、溃疡病等。

一、栀子叶斑病

（一）症状

有形态相近的两种病原菌引起的两个类型：

（1）栀子生叶点霉叶斑病：主要发生于叶片上，下部叶片先发病。病斑近圆形，黄褐色，直径 0.5～3mm，稍隆起；后期病部出现许多小黑点，坏死组织脱落后形成穿孔，有时几个病斑融合形成不规则大斑，侵染主脉、叶脉时引起叶片死亡。

（2）栀子叶点霉叶斑病：主要侵害叶片。病斑圆形、近圆形或不规则形，灰褐至黄褐色，边缘色泽略深，直径 3～8mm。本病常与栀子小叶点霉叶斑病混生。

（二）病原

病原为栀枝生叶点霉 *Phyllosticta gardniicola* 和栀枝叶点霉 *Phyllosticta gardenica*，均属半知菌亚门、球壳孢目、叶点霉属真菌。前者分生孢子器叶面生，球形，扁球形，深褐色，直径 65～104μm。分生孢子单胞，无色，卵圆形至椭圆形，5～10μm×3.5～5.5μm。后者分生孢子器直径 120～140μm，分生孢子椭圆形至长椭圆形，无色，单胞，一端或两端稍尖，大小 7～8μm×2～3μm。

（三）发病规律

病菌在病落叶或病叶上越冬。过度密植、通风不良、植株生长势弱、浇水不当易诱发此病。

（四）防治措施

（1）植株发病后及时摘除病叶并集中销毁。种植密度适当，以利通风。浇水时不要沾湿叶片。

（2）发病初期喷洒 50%多菌灵 1000 倍液或 40%福美双 500 倍液保护植株。

二、栀子溃疡病

（一）症状

为害地上部。侵染叶片引起叶片萎蔫、黄化、脱落，侵害花芽引起花芽脱落；茎和枝干受害产生椭圆形溃疡斑，导致树皮粗糙，皱缩，木质部外露，引起地表茎干局部肿大，其直径可达正常大小的 2 倍以上。后期在病部出现小黑点，为病菌的子实体。

（二）病原

病原为栀子拟茎点霉 *Phomopsis gardeniae*，属半知菌亚门、球壳孢目。产生在分生孢子器内的分生孢子单胞，无色，有两种形态：一种呈近圆形，另一种为线状。

（三）发病规律

病菌主要经叶痕、机械伤口侵入。潮湿、荫蔽、过度密植、管理不良、植株长势差易诱发此病。

（四）防治措施

（1）精心管理，避免造成各种损伤。不过度密植，加强肥、水管理。

（2）发病后摘除病叶并及时刮除茎干上的溃疡斑。病斑刮除后创口用波美 0.3 度的石硫合剂涂抹消毒。

（王天佑　丁万隆）

第十九节　啤酒花 Pijiuhua

啤酒花 *Humulus lupulus* L.又名忽布，为大麻科多年生蔓生植物。以球果入药，具有抗菌、消炎、清热解毒、健脾镇静、抗痨安神、利尿补虚等功效。在新疆、甘肃、宁夏、山东、河北、辽宁等地都有种植。主要病害有霜霉病、根癌病、灰霉病、白粉病、黄萎病、根腐病及病毒病等，其中霜霉病是一种流行性很强的毁灭性病害。

一、啤酒花霜霉病

（一）症状

幼蔓、茎部、叶片、球花等部位均受害，但以球花为主。新梢出土后，病梢弯曲，俗称“钩头”，卷曲能力差，不爬架，叶片卷曲，节间缩短，主头颜色较淡，但不产生霉层。一些埋在土中的未割净的病枝条，由于土壤湿度大，病叶上可以产生霉层。布网期，蔓梢表现为“穗状小梗”。现蕾后发病严重时易引起落蕾，发病早可形成大量僵花。球花受害多自基部显症，花瓣顶端微发黄，逐渐向下部扩展，直至全部枯死。颜色为淡黄色至灰黄色，最后呈淡褐色至褐色，在花瓣中下部产生霉层。从一个球花病看，基部花瓣首先变黄，再向上扩展，最后整个球花变成淡褐色并枯死。叶部病斑部不规则形，多角形，淡黄褐色。潮湿条件下，背面有黑灰色霉层，病斑相互汇合后形成大斑，引起叶片扭曲变形。

（二）病原

病原为葎草假霜霉菌 *Pseudoperonospora humuli* (Miyabe et Takahashi) Wilson.，为鞭毛菌亚门、卵菌纲、霜霉目、假霜霉菌属真菌。该菌孢囊梗无色、较直，非二叉式分枝，分枝 2～4 次，小梗顶端尖细，梗全长 530μm。孢子囊无色至淡灰色，洋梨形、乳突明显，大小 19.3～33.2μm×11.8～22.5μm。卵孢子圆形至近圆形、无色至淡灰色、壁厚，大小 20.3～51.2μm×36.2μm。孢子囊内有 4～6 个游动孢子，能迅速转动，挤撞并产生一定压力，使顶端乳突破裂后，释放出游动孢子。游动孢子形态变化大，初期多为蝌蚪形、不定形、直径 13.2～14.6μm，内含物颜色较深，可见颗粒状物，后期变圆形。游动孢子在 17℃～21℃时，2 小时后出现圆形静孢子。静孢子在 2 小时后萌发产生芽管。

（三）发病规律

病菌以菌丝体在病株根芽内越冬。翌年菌丝体随植株生长进入蔓茎、叶片和球花。孢子囊只能在水滴中萌发。在甘肃干旱的气候条件下，7 月上旬球花上出现症状，8 月为发病高峰，一年只有一个发病高峰。而新疆在枝条延长期和开花期有两个发病高峰。孢子囊可进行再侵染，潜育期 5～6 天。降雨次数多、雨量大、湿度大则发病重；栽种密度高、架内郁闭、透光差、湿度大、结露时间长有利于病菌的侵染和蔓延；布网形式与发病密切相关，架内通风透光好、温度较高、湿度较低则发病轻。品种间抗病性有差异，青岛大花高度感病，而卡斯卡特等早熟品种发病较轻。

（四）防治措施

（1）栽培方式　架型以斜网架较平架有利于通风透光，可以试用推广；布网形式应采用立体布网；根据品种特性，合理定植密度。

（2）药剂防治　球花发病初期喷施 72%克露可湿性粉剂 700 倍液、78%波·锰锌可湿性粉剂 500 倍液及 69%安克锰锌水分散颗粒剂 600 倍液。

二、啤酒花根癌病

（一）症状

在主根、侧根的近地面处产生大小不等的瘿瘤。小的如豆粒，大的直径达 16cm；重达 800g，瘿瘤初为乳白色、浅黄色，光滑、柔软，后逐渐增大变硬，变为褐色至深褐色，木质化，表面粗糙，有裂纹，凹凸不平。病株长势较弱，根部芽数减少，母根死亡。

（二）病原

病原为根癌土壤杆菌 *Agrobacterium tuntefaciens* (Smith et Towns) Conn，为原核生物界、薄壁菌门、短杆属细菌。该菌在肉汁胨培养基平板上菌落乳白色，半透明，边缘整齐、隆起、有光泽。菌体杆状、革兰氏染色阴性，具周鞭 1～5 根，菌体大小 0.4～0.8μm×1.6～2.0μm。明胶不液化，牛乳凝固但不胨化，石蕊牛乳还原。病菌发育温度最高 37℃，最低 0℃，最适 25℃～30℃。甘肃省河西地区啤酒花根癌土壤杆菌的寄主范围广泛，能侵染 300 多种草本和木本植物。

（三）发病规律

病菌在病组织和土壤中越冬。细菌在土壤中能存活 1 年以上。自伤口侵入。借灌溉水和割芽时工具传播。割芽、抹芽时造成的大量伤口及地下害虫、线虫等造成的伤口是病菌入侵的重要途径。地势低洼、土壤湿度大、土壤瘠薄地块发生较重。种植年限久发病重。轻病田病株零星分布，重病田常常病株连续发生多达 15 株。在 22℃下潜育期 8～15 天，该病在 5～10 月均可发生，6 月为发病高峰。

（四）防治措施

（1）加强植物检疫　严禁从疫区调运种苗。

（2）栽培管理　割芽时深入瘿瘤基部健康组织 1cm 深层割除，以减少复发率。将病组织及其碎屑认真清除，集中烧毁，喷洒 1%石灰乳或撒生石灰粉土壤消毒，及时防治地下害虫，减少虫伤。

（3）切口消毒　可用 50%扑海因可湿性粉剂 1000～1500 倍液，也可用波尔多液、石硫合剂保护伤口。

三、啤酒花灰霉病

（一）症状

球花受害初期，顶端花瓣紧包，顶心花瓣不变褐枯死，状似桃形。其后逐渐由内向下扩展，使球花大部分变褐。顶心花瓣的小柄亦变褐，隘缩、枯死，进而导致球花花柄感染，整个球花枯死。病花瓣内侧生有大量灰褐色至黑色霉层，即病菌的分生孢子梗和分生孢子。有些霉层的菌丝很粗，肉眼可见，少数球花先从外部花瓣变黄干枯，再向花心蔓延，直至花心枯死，有些花瓣先自花瓣顶端发病，向下扩展呈 V 形，使健康部分有些凹凸不平。

（二）病原

病原为灰葡萄孢 *Botrytis cinerea* Pers.，为半知菌亚门、丝孢目、葡萄孢属真菌。在 PDA 培养基上，菌落灰色至黑灰色，菌丝较繁茂，很少产生分生孢子，24 小时后可产生黑色扁平的菌核。分生孢子梗淡褐色至褐色，粗壮，大小 416.8～632.4μm×10.8～16.2μm。其长度较资料记载的长 1 倍以上，有 1～2 次分枝，顶端膨大，其上大量产生分生孢子，分生孢子圆形、椭圆形、单胞、无色，大小 6.5～17.5μm×6.5～9.7μm。分生孢子萌发不需要饱和湿度。

（三）发病规律

在北方病菌以菌丝体在病残体上越冬。目前，温棚和大棚蔬菜上发生的灰霉病是啤酒花灰霉病的主要初侵染来源。温棚病菌在 4～5 月传向大棚，经大棚侵染繁殖，6 月传向大田，7 月下旬为啤酒花灰霉病发病高峰，潜育期 4 天。灌水次数多、灌水量大，田间积水网内湿度高，病害发生重。7 月降雨多发生重。栽植密度过大，发病重。

（四）防治措施

（1）栽培方式　架型以斜网架较平架有利于通风透光，可以试用推广；布网形式应采用立体布网；根据品种特性，合理定植密度。

（2）药剂防治　发病初期喷施 50%腐霉剂可湿性粉剂 1200 倍液、65%甲霜灵可湿性粉剂 1000 倍液等药剂。

四、啤酒花白粉病

（一）症状

叶面生有白色粉斑，后扩大呈近圆形稀疏的不规则形病斑，叶背呈黄褐色，病株长势较弱，后期白粉层中产生黑色小颗粒，即病菌闭囊壳。

（二）病原

病原为斑点单囊壳 *Sphaerotheca macularis* (Wallr. Fr.) Lind.，为子囊菌亚门、核菌纲、白粉菌目、单囊壳属真菌。该菌分生孢子腰鼓形，串生 20～30μm×12～16μm。闭囊壳球形、褐色、直径 66～88μm，附属丝 5～11 根，生于闭囊壳下部，长度为闭囊壳直径 1～5 倍。子囊 1 个，广椭圆形、近圆形、无柄，大小 68～80μm×46～64μm。子囊孢子 8 个。

（三）发病规律

病菌以闭囊壳随病残体在土壤中越冬。翌年，条件适宜时，释放子囊孢子进行初侵染。叶片上产生的分生孢子借气流传播，进行再侵染。

（四）防治措施

（1）收获后认真清除病残组织，减少初侵染来源。

（2）发病初期喷施 20%三唑酮乳油 2000 倍液、12.5%特普唑可湿性粉剂 1500 倍液及 10%世高水分散颗粒剂 1800 倍液。

五、啤酒花黄萎病

（一）症状

叶片受害，叶缘及侧脉间变黄，逐渐变褐，呈虎斑条纹。后干枯、脱落，易破碎。病株藤蔓的木质部从基部向上常均匀地变褐，有时茎基部增厚呈“肿茎”。

（二）病原

病原为黑白轮枝菌 *Verticillium albo-atrum* Reinke et Berth.，为半知菌亚门、丝孢纲、丝孢目、轮枝菌属真菌。黑白轮枝菌的分生孢子梗直立，分枝轮生、对生或互生，分枝末端及主梗端部产生多数瓶形产孢梗。分生孢子连续产生，常聚集成易分散的孢子球，无色或淡色，分生孢子单胞、无色、卵形、长卵形，大小 3～7μm×1.5～3μm。有时菌丝壁加厚变褐。

（三）发病规律

病菌以菌丝体在病组织中越冬，翌年条件适宜时，菌丝可直接侵入根部，或以分生孢子侵入。病菌在土壤中的传播主要靠分生孢子。病菌在植株体内的扩展，是靠菌丝经维管束从根进入茎和叶片。

（四）防治措施

（1）清除田间杂草；挖除病株烧毁，对病穴进行土壤处理。

（2）药剂灌根，可用 50%多菌灵可湿性粉剂、50%苯菌灵可湿性粉剂及 10%治萎灵水剂 1000 倍液灌根。

（王蓉　李勇）

第二十节　补骨脂

Buguzhi

PSORALEAE FRUCTUS

补骨脂 *Psoralea corylifolia* L.为豆科一年生草本植物，别名破故纸、黑故子，各地多有栽培。果实入药，有补阳固精、缩尿止泻之功效。补骨脂病害主要是轮纹病。

补骨脂轮纹病

（一）症状

病菌主要为害叶片。叶上病斑圆形，褐色，直径 6～12mm，边缘深褐色；病斑易破裂，后期中央灰白色，生出黑色小点，为病原菌的分生孢子器。

（二）病原

病原为补骨脂壳二孢 *Ascochyta psoraleae* P. K. Chi.，属半知菌亚门、壳二孢属真菌。分生孢子器叶面生，散生或聚生，初期为寄主表皮所覆盖，后期外露，扁球形，壁褐色，直径 100～132μm；分生孢子圆柱形，无色，两端圆，有一隔膜，在隔膜处缢缩，大小 7～11μm×3～4μm。

（三）发病规律

病菌以分生孢子器在病株残体上越冬。翌春分生孢子器吸水后释放出分生孢子进行初侵染。生长季分生孢子随气流、雨水传播导致再侵染。东北地区 7～8 月发生，高温高湿及多雨年份发病较重。

（四）防治措施

（1）冬前清除田间病残落叶，集中深埋或烧掉。

（2）6 月中下旬喷施 1∶1∶160 波尔多液 1 次，发病较重时选用 70%甲基托布津 600 倍液、50%代森锰锌 500 倍液喷雾 1～2 次。

（丁万隆）

第二十一节　番木瓜

Fanmugua

番木瓜 *Carica papaya* L.即木瓜，属番木瓜科亚热带草本状小乔木。以果实入药，有消化蛋白质、治疗消肿及驱除肠寄生虫等作用。在福建、广东、广西和台湾等地有栽植。

一、番木瓜炭疽病

炭疽病为木瓜最重要的一种病害，广东、广西、福建和台湾等地普遍严重发生，发病率高达 20%～50%。此病终年均可发生，在树上或贮藏期间，幼果及成熟果发病较多，除为害木瓜外，尚能为害芒果、夹竹桃等。

（一）症状

病害主要为害果实。被害果面，初期出现污黄白色或暗褐色的小斑点，呈水渍状。病斑逐渐扩大、下陷，继而斑面出现同心轮纹。轮纹上产生无数突起的小点，即病菌的分生孢子盘。不久后小黑点破裂露出朱红色的斑点。由于菌丝交错发展结果，菌丝与果肉组织往往结成一个圆锥形部分，用手挖之，容易脱出。为害叶片时，多于叶尖、叶缘、中部或叶脉上出现褐色，不规则的病斑，在斑上长出小黑点，叶柄也被害，病部不下凹。

（二）病原

病原为番木瓜炭疽菌 *Colletotrichum papayae* P. Henn，属半知菌亚门、腔孢纲、黑盘孢目、炭疽菌属。分生孢子盘初生于表皮下，表皮破裂后而外露。分生孢子盘直径 57.5～100μm，刚毛分散于分生孢子盘中，褐色至黑色，1～2 个隔膜，不分枝。分生孢子无色，长椭圆形，内含 1～2 个油球，大小 13～20μm×4～5.7μm。

（三）发生规律

病菌可在树上的僵果、叶、叶柄和地面植株残体上越冬，成为翌年初次侵染来源。分生孢子由风雨及昆虫传播，多借水湿润萌芽，经气孔、伤口或直接侵入叶片、叶柄及果实。在被害的叶片、叶柄及果实上产生病斑，8～9 月在南方遇高温的天气，斑上可产生大量分生孢子。昆虫引起的伤口是病菌入侵的重要途径，分生孢子传播出去后进行再侵染，诱发病害严重发生。

（四）防治措施

冬季彻底清除病叶、病果及发病的叶柄，集中烧毁。生长季随时清除病叶、病果，及时加以处理并喷施波尔多液。

二、番木瓜环斑病

（一）症状

感病植株的顶部叶片、嫩茎及叶柄上产生水浸状斑点，随后全叶出现花叶症状，嫩茎及叶柄的水渍状斑点扩大并连合成水渍状条纹。果实上产生水渍状圆斑或同心轮纹圈斑，可互相连合成不规则形。天气转冷时，花叶症状不显著。病株叶片大多脱落，只剩顶部黄色幼叶，幼叶变脆、透明、畸形、皱缩，基本上无收成（图 9-22、图 9-23）。

（二）病原

病原为番木瓜环斑病毒 *Papaya ring-spot mosaic virus*，病毒粒体线状，极易由汁液磨擦及由桃蚜和棉蚜接种传染，属非持久性病毒。种子不传病。除侵染番木瓜外，人工接种还侵染黄瓜、南瓜、丝瓜和苦瓜等。

（三）发生规律

番木瓜是多年生热带果树，感病植株为主要初次侵染来源，通过介体昆虫棉蚜越冬、繁殖和传播蔓延。在温暖干燥年份，有利传毒昆虫的繁殖与活动，病害发生较为严重。一般矮生种、红叶柄品种与海南红肉种较为抗病。靠近老果园或近住宅区房屋的新植果园，因具有一定的毒源条件，发病也较严重。施肥水平和生育期不同，发病程度差异大。一般施肥足，生长旺，苗期发病均较少。台风雨后或霜冻后往往易发生花叶病，与龙眼、香蕉等果树混栽的发病较少。

（四）防治措施

（1）彻底挖除病株，在病区全部砍伐病株及未表现症状的感病株，隔 1～2 年后再重新栽植；淘汰感病高秆种，选栽耐病矮生种；加强栽培管理，促进植株生长健壮增加抗性减轻受害程度

（2）及时防治蚜虫等媒介昆虫，在发病高峰期也是蚜虫发生和迁飞期喷药治蚜，可有效防止病害扩展蔓延。

（丁万隆　陈炳蔚）

第二十二节　槟榔

Binglang

ARECAESEMEN

槟榔 *Areca catechu* L. 为棕榈科常绿乔木，别名槟榔子。主产于海南、广西、广东、台湾。以种子和果皮入药，种子能助消化和驱肠道寄生虫，果皮可通大小便，治腹涨、水肿。槟榔常见病害有炭疽病、黄化病、根茎腐烂病、果腐病、叶斑病及细菌性条斑病等。

一、槟榔根茎腐烂病

（一）症状

1985 年在海南省琼山县发现此病，其他地区的分布不详，发病后可导致全株死亡。侵染根系和茎基部引起变褐腐烂。剖开茎基部可见内部组织呈水渍状，变褐色腐烂。病斑从茎基向上扩展，叶片失水垂萎，最后全株死亡。

（二）病原

病原为棕榈疫霉 *Phytophthora palmivora* (Butl.)Butl.，属鞭毛菌亚门、霜霉目、疫霉属真菌。菌丝无色，无隔膜。孢子囊柠檬形或梨形，大小 34μm×29μm，大多有一个乳突，平均厚度≥5μm。孢子囊可直接萌发长出芽管或释放出多个游动孢子。厚垣孢子常大量产生，直径 29～40μm。雄器下位，卵孢子球形，直径 22～24μm。

（三）发病规律

病原菌以厚垣孢子、菌丝体在土壤中或病组织中越冬。潮湿条件下菌丝体或游动孢子从槟榔根系或根茎部的伤口侵入，引起根、茎腐烂。因此，槟榔园地势低洼、积水、过度密植、管理不良，均易诱发此病。

（四）防治措施

（1）注意槟榔园的排水和通风、透光，降低土壤及园内湿度，抑制病菌滋生繁衍，可有效地防止此病的发生。

（2）及时清除病株，集中烧毁，并用1%波尔多液或生石灰消毒带菌土壤。在病区喷洒1%波尔多液或40%乙磷铝可溶性粉剂300倍液保护健株。

二、槟榔果腐病

（一）症状

发病初期果实病部水渍状，果皮由绿色变为暗绿色，病斑逐步扩大至整个果实，病果腐烂并脱落。落果表面长有白色绒毛状菌丝体。后期病菌亦可侵染花穗轴，偶尔侵染树冠，引起果穗和叶片凋萎、干枯。病害流行后期受侵染的果实腐烂后不脱落，形成干果。

（二）病原

病原为槟榔疫霉 *Phytophthora arecae*，属鞭毛菌亚门、霜霉目。菌丝无隔，直径8～9μm。孢子囊梨形至椭圆形，乳突明显，厚度＞5μm。厚垣孢子有绒毛，球形，数量不定，直径35～40μm。异宗配合。藏卵器壁光滑，卵孢子球形，直径23～28μm。

（三）发病规律

树上干病果、病果穗及落地病果中的病菌是病害的初侵染源。病菌随风雨传播至果实上，游动孢子萌发后从气孔侵入，经4天左右产生典型症状并产孢。病株上产生的病菌借大雨和风在槟榔植株间进一步传播，迅速扩展蔓延，因此雨季病害易于流行。风雨交加、高湿或晴雨交替、气温偏低（20℃～23℃）对病害发展有利。槟榔过度密植易发病。2～4月龄的槟榔果实较感病，6月龄以上的果实抗病力增强。

（四）防治措施

（1）清除落果和槟榔树上病果、果穗及其他病残体，集中烧毁，减少初侵染源。

（2）种植密度适当，增加槟榔园的通风透光，降低园中空气湿度，且可减少槟榔植株间的交叉感染。

（3）在雨季来临之前喷波尔多液1∶1∶100或40%乙磷铝300倍液1次，间隔40～45天后喷第二次。依雨季长短持续喷药2～3次。

三、槟榔炭疽病

（一）症状

发病后叶片初期出现暗绿色、水渍状小斑点，随后发展为圆形、椭圆形或不规则形的褐色或灰褐色病斑，病斑长 0.3～20cm，后期病部形成云纹状波纹，上面密布小黑点（分生孢子盘）。重病叶变褐枯死，破碎。为害叶鞘后，绿色叶鞘受害形成长椭圆形至不规则形褐色病斑，继而扩大为 10cm 宽、30～40cm 长的大病斑，引起所属叶片变黄枯死，病斑继续向茎干内和顶部嫩叶扩展，可导致植株树冠枯萎，最后死亡。花穗发病时，首先在雄花的花轴上表现黄化，很快扩展至整个花轴，引起花穗变褐，雌花脱落。果实发病时出现圆形或椭圆形、褐色凹陷病斑，引起果实腐烂。刚定植的小苗发病后，叶片变淡黄色，严重的导致整株死亡，重病区发病达 70%以上，死亡率达 30%。

（二）病原

槟榔炭疽病的病原菌为胶孢炭疽菌 *Colletotrichum gloeosporioides* Pen = *C. arecae* Syd.，有性态为 *Glomerella cingulata* (Stonem.) Spauld. & Schrenk，属半知菌类、腔孢纲、黑盘孢目、刺盘孢属。病菌分生孢子盘散生，初埋生在寄生表皮下，后外露，暗褐色，卵圆形，分生孢子盘上具有长而硬的深褐色刚毛，1～2 分隔。分生孢子梗无色，圆柱形，不分隔，呈栅状排列。分生孢子顶生在梗上，长椭圆形，单胞无色，大小 7.5～13μm×4～6μm，孢子内部可见 1～3 个油滴。子囊壳近球形，单生，具有孔口。子囊孢子单行排列，无色，纺锤形。

（三）发病规律

槟榔炭疽菌的分生孢子从寄主的伤口或自然孔口侵入，田间病株及其残体为此病的主要侵染来源，当田间环境适宜时，病菌会产生大量分生孢子，借助风、雨、昆虫传播，槟榔主要种植于海南等热带地区，该病全年均可发生，无休眠期。病菌孢子发芽和侵染要求有水膜或 100%相对湿度，因此该病害多发生于气温 20℃～30℃的高温多雨季节。植株遭受风雨刮伤、日灼、寒害冻伤，有虫害伤口的槟榔树发病严重。缺肥、植株生长衰弱及密植、荫蔽度过大、通风透光差的槟榔园有利于病害的发生和发展。

（四）防治措施

预防槟榔炭疽病的发生，要加强槟榔园管理，合理施肥，促使植株生长健壮，增强抗病能力。苗圃要保持通风透光，降低湿度。合理做好田园卫生，清除槟榔园内的病死叶片和落地的花枝、果实等，将病组织带出园区做无害处理。发病初期用 1%波尔多液喷雾保护，每隔 15 天喷施 1 次，连续喷 2～3 次，或用 70%甲基托布津可湿性粉剂 1000～1500 倍液。

四、槟榔叶斑病

（一）症状

病菌主要为害叶片。病菌多从叶尖侵入，后向基部扩展。发病初期病斑呈褐色小圆点，后扩展为中央灰白色，边缘暗褐色，直径 1cm 的圆形、椭圆形至不规则斑点，后期病部组织破碎。病斑上密生小黑点，为病菌的分生孢子器。

（二）病原

病原为槟榔叶点霉 *Phyllostita arecae*，属半知菌亚门、球壳孢目。分生孢子器球形，黑色，叶正面生，散生，初期埋生于寄主组织内，后期突破表皮孔口外露。分生孢子梗短，产孢细胞瓶梗型，无色。分生孢子单胞，无色，椭圆至卵圆形，大小 11.5～15.0μm×6.5～9.1μm。

（三）发病规律

此病一年四季均可发生，但通常在多雨、潮湿条件下发生严重。天气干燥病害发生较轻。槟榔园管理粗放、树势衰弱对病害发生有利。重病区小苗发病率可达 80%～95%，严重时叶片焦枯，导致死苗。

（四）防治措施

（1）加强田间管理，搞好田间卫生，及时清除病苗、病叶；勤除杂草，降低田间湿度。

（2）在发病初期喷洒药剂保护叶片。可选用 1%波尔多液或 70%甲基托布津可湿性粉剂 1000 倍液喷雾。

五、槟榔细菌性条斑病

（一）症状

病菌主要为害叶片，也能侵染叶鞘。在裂片上常见的症状是 1～4mm 宽、5～10mm 长、暗绿色至浅褐色的水渍状条斑，条斑穿透叶片两面，沿叶脉扩展，扩展部位半透明，数个短条斑可汇成长条斑。在有利于病害发展的条件下，同一张裂片可出现许多细长的暗绿色水渍状条斑，条斑长度通常有十厘米至数十厘米。病斑后期深褐色，稍凹陷，黄晕明显，在潮湿条件下病斑背面出现浅黄色菌脓。在叶鞘上的症状通常是暗绿色近圆形的水渍状斑，病斑可深达叶鞘内层。切取病组织在显微镜下观察，均可见切口处有大量细菌从薄壁组织涌出。

（二）病原

槟榔细菌性条斑病的病原为野油菜黄单胞杆菌槟榔致病种 *Xanthomonas campestris* pv. *areae* (Rao & Mohan) Dye，属原核生物界、薄壁菌门、黄单胞植菌属。病原菌在 YDC 培养基上形成直径 2～2.5mm 的圆形菌落，表面光滑，隆起，有光泽，淡黄色，略透明。菌体短杆状，极生单根鞭毛。有荚膜，但不产生芽孢，革兰氏染色阴性。

（三）发病规律

病菌从槟榔叶片的伤口和自然孔口侵入引起发病，昆虫和农事操作也能传播疾病。带病种苗调运引起远距离传播。田间病株及其病残体是病菌的主要侵染来源，病原细菌潜伏于病组织内。第二年春天，雨后细菌从病组织溢出，借雨水、流水和露水传播危害。此病全年均可发生，发病最适宜温度为月平均 18℃～26℃，在雨量大、持续时间长、高湿度情况下病害发展迅速，台风是该病害流行的主导因素，病害流行期通常为每年的 8 月至翌年 2 月，若雨季或台风提前，则病害流行期也相应提前。正常情况下，幼苗和结果槟榔树发病较轻，2～6 龄槟榔树发病较重。

（四）防治措施

（1）选无病种苗栽种。

（2）使用腐熟有机肥，不用带菌肥料。

（3）实施植物检疫，防止病苗外运。

六、槟榔黄化病

由翠菊黄化组植原体引起的、为害槟榔叶片的一种植原体病害，是槟榔树最严重的病害，我国于 1981 年在海南屯昌首次发现，随后即蔓延至全省槟榔种植园。截至 2015 年，海南种植槟榔形成规模的市县中只有文昌市尚未发现有黄化病发生，其余市县中，琼海市、万宁市、保亭黎族苗族自治县、陵水黎族自治县的槟榔黄化病发生较严重，一半以上的槟榔园发病率超过 5%，且存在发病率在 20%～50%的槟榔园；定安县、屯昌县和三亚市的黄化病发生相对较轻。目前，进入结果期的槟榔发生黄化病后不超过 5 年就会绝收或死亡，正有加剧蔓延的趋势。

（二）病原

槟榔黄化病的病原为翠菊黄化组植原体 *Candidatus* Phytoplasma asteris，植原体是一类无细胞壁的原核微生物，不宜离体培养，通过媒介昆虫传播。由于植原体病害种类相对较少、研究较晚，分类上暂利用 16S rDNA 及 RFLP 图谱等手段进行分类。

（三）发病规律

槟榔黄化病短距离传播通过媒介昆虫，植原体存在于媒介昆虫（叶蝉和蜡蝉）的唾液腺组织内，随昆虫取食植株而传播；远距离传播主要靠带病种苗的调运。槟榔黄化病的病原物植原体不宜离体培养，而且一旦确认感染黄化病后植株终生带菌，直至死亡。带病种苗移栽后 1～2 年内不表现症状，当植原体积累到一定程度后黄化病症状才显现；媒介昆虫取食发病植株后终生带菌，转移取食后即传播黄化病至其他植株。在症状上，秋冬季节由于降水少、温度低，表现更明显。

（四）防治措施

加强田间管理，严禁从病区调运种苗，进行检疫措施，防止黄化病传入。及时清理病死株并焚烧。发病较轻时可采取树干打孔注射四环素进行防治；在槟榔抽新叶期间，喷施速灭杀丁、敌杀死等药液进行刺吸式口器害虫防治，消灭黄化病传播媒介。栽培管理上，增施磷肥和含镁肥可以减轻症状，提高产量。

（周亚奎　甘炳春）

第二十三节　酸枣仁

Suanzaoren

ZIZIPHISPINOSAE SEMEN

酸枣 *Ziziphus jujuba* Mill. var. *spinosa* 别名山枣、刺枣，为鼠李科木本植物。以种仁入药称酸枣仁，有镇定安神之功效，主治神经衰弱、失眠等症。分布于我国河北、陕西、山东、山西、河南、辽宁、内蒙古等地。主要受锈病和枣疯病的危害。

一、酸枣锈病

（一）症状

发病初期叶片背面有淡绿色小点，后渐凸起呈灰褐色，后至黄褐色，即为病原菌的夏孢子堆。夏孢子堆多发生在叶脉两旁、叶片端部或基部，形状不规则，直径 0.5mm。夏孢子堆初埋于表皮下，以后表皮破裂，散发黄色粉状物，即夏孢子。以后在叶片正面与夏孢子堆相应的地方，有深绿色斑点，边缘不规则，使叶面呈现花叶状，并渐失去光泽，最后干枯，早期脱落。冬孢子堆一般在落叶以后发生，比夏孢子堆小，直径 0.2～0.5mm，黑褐色，稍凸起，但不突破表皮。

（二）病原

病原为枣层锈菌 *Phakopsora ziziphi-vulgaris* (P. Henn) Diet，属担子菌亚门、锈菌目。仅发现夏孢子堆和冬孢子堆两个阶段。夏孢子近球形或椭圆形，淡黄色至黄褐色，单胞，表面密生短刺，大小 14～26μm×12～20μm。冬孢子长椭圆形或多角形，单胞，栗褐色，平滑，顶端壁厚，下端稍薄，淡色，大小 8～20μm×6～20μm。

（三）发病规律

一般认为夏孢子可以越冬，但也有人认为冬孢子在落叶上越冬。每年约 7 月中下旬开始发病，8～9 月空中夏孢子的数量一直很大，不断进行再次侵染，达到发病高峰，并开始落叶。若 8～9 月多雨、高温，病害严重，干旱年份发病轻，甚至无病。

（四）防治措施

（1）加强栽培管理　冬季清除落叶，集中烧毁或深翻掩埋落叶，以减少或消灭越冬的初侵染病菌来源；适量修剪过密的枝条，以利通风透光，增强树势；雨季要及时排除积水，防止枣园潮湿过度，引起发病。

（2）化学防治　枣锈病发病之前，可喷 1∶2∶200 倍量式的波尔多液进行预防；枣锈病发生时，可选用 22.5%的啶氧菌酯悬浮剂或 80%代森锰锌可湿性粉剂等治疗药剂与保护剂联合运用，视病情每隔 7～10 天喷雾 1 次。

二、枣疯病

（一）症状

枣疯病的典型症状主要表现为花变叶、芽的不正常萌发、丛枝、根部病变和果的畸形等。病枝节间变短、纤细，小叶黄化或叶片凹凸不平，呈不规则的块状，黄绿不均，叶色较淡，入秋后干枯，不易脱落。病株花器退化表现为花柄、花萼、花瓣、雄蕊伸长为小枝，顶端长 1～3 片小叶，使结果枝变成细小密集的丛生枝。病株上一般很少结果，即使结果，果实一般着色浅，组织松散、糖分低，果实品质差。病株根部症状表现为根瘤，根上的不定芽可大量萌发长出一丛丛短疯枝，出土后枝叶细小、黄绿，日晒后全部焦枯呈“刷状”。后期病根皮层变褐腐烂，最后整株枯死（图 9-24、图 9-25）。

（二）病原

病原为植原体 Phytoplasma。枣疯病植原体的大小因存在部位不同而有所差异，在感染枣疯病的新梢韧皮薄壁细胞的超薄切片中，植原体的直径一般为 150～620nm，在病叶叶脉筛管中直径为 80～970nm，厚度为 10nm，界膜清楚。

（三）发病规律

枣疯病传播存在 3 种典型方式：根蘖传播、昆虫介体传播、嫁接和修剪传播。现已证明能传播此病的叶蝉主要有 3 种：中国拟菱纹叶蝉 *Hishimonoide chinensis* Anufriev、橙带拟菱纹叶蝉 *Hishimonoide saurifaciales* Kuoh 和凹缘菱纹叶蝉 *Hishimonus selltus* U.，传病率为 28.6%～69%，成虫可在枣园附近的松、柏树上越冬，而且越冬带毒成虫可直接传病。叶蝉在疯枣树上取食后，其唾液腺体中携带大量的植原体，再转移到健康树上取食将枣疯病植原体传入健康枣树，导致健树染病。汁液摩擦接种、授粉、根系间自然接触及土壤都不易传病，因此，病株铲除后立即在原地重植枣树不会发生枣疯病。

（四）防治措施

（1）加强检疫，合理建园　加强对枣树苗和接穗的病原检测，控制病苗外运，严禁使用病树接穗嫁接。新建枣园应远离松、柏树等传病昆虫的寄主植物，以减少传染源，选择抗枣疯病的品种进行种植。

（2）增强田园管理　加强枣园的肥水管理，改善树体的营养状况，适量修剪过密的枝条，增强树势，提高其抗病能力。及时清除病枝、病树，对发病严重的病树要将树体和大根一起刨除并销毁，及时清除根蘖，对发病初期的病树，要尽早锯除疯枝。

（3）防治媒介昆虫　5 月中旬喷 5000 倍 10%氯氰菊酯乳油防治中国拟菱纹叶蝉第 1 代若虫和凹缘菱纹叶蝉；7 月中旬喷 20%速灭杀丁乳油 3000 倍液防治中国拟菱纹叶蝉和凹缘菱纹叶蝉。

（王蓉　丁万隆）

第二十四节　酸浆
Suanjiang

酸浆 *Physalis alkekengi* L.别名菇茑、红姑娘、锦灯笼、挂金灯等，为茄科一年生草本植物。以果实入药，具清热解毒之功效。我国东北地区多有栽培。酸浆病害主要有褐斑病和霉斑病。

一、酸浆褐斑病

（一）症状

病菌主要为害叶片，也可为害叶柄及萼片。病斑圆形或椭圆形，直径 3～8mm，淡褐色或灰褐色，两面生淡黑色霉状物，为病原菌分生孢子梗和分生孢子。发生严重时病斑连片，叶色变黄，造成早期脱落（图 9-26、图 9-27）。

（二）病原

病原为酸浆尾孢 *Cercospora physalidis* Ell.，属半知菌亚门、丝孢纲、尾孢属真菌。子实体叶两面生，褐色；分生孢子梗 4～12 根束生，孢痕大而显著，3～7 个隔膜，大小 32～134μm×4～6μm；分生孢子鞭形，无色透明，顶端略尖，隔膜多，大小 51～126μm×3～6μm。

（三）发病规律

病菌以菌丝体在病残叶上过冬。翌春条件适宜时产生大量分生孢子，并借风雨传播引起初侵染。分生孢子萌发产生芽管从气孔侵入寄主组织。新病斑上产生的分生孢子又不断引起再侵染。气温较高、湿度适中时易发病。华北地区 8 月上旬至 9 月中旬为发病盛期。

（四）防治措施

（1）收获后清除田间残枝落叶集中烧掉。

（2）7 月底以前喷 1 次 1∶1∶150 波尔多液，10～15 天后再喷 1 次 50%代森锰锌 600 倍液或 50%多菌灵 500 倍液。

二、酸浆霉斑病

（一）症状

叶上病斑不明显，大小不等，二面生灰黑色的霉状物，即病原菌的子实体。

（二）病原

病原为酸浆生尾孢 *Cercospora physalidicola* Speg.，属半知菌亚门、丝孢纲、尾孢属真菌。子实体二面生，子座暗色，埋于气孔内；分生孢子梗 2～20 根束生，榄褐色至暗榄褐色，上下色泽均匀，宽度不一致，不分枝，有时具 1～2 个膝状节，顶端近截形，孢痕显著，1～3 个隔膜，大小 16～48μm×4～6μm；分生孢子近鞭形，近倒棒形，无色透明，正直至微弯，基部近截形，顶端略尖至略钝，2～6 个隔膜，大小 35～115μm×3～5μm。

（三）发病规律

病菌以菌丝体在病株残体上越冬。翌春随着气温上升，温湿度合适时产生分生孢子，借气流传播到达寄主感病部位，萌发并侵入寄主，引起初侵染。当年的病斑上又可形成大量的分生孢子，借风雨传播引起多次再侵染。在东北 7～8 月发生，严重时病斑连成片使叶片提前枯死。

（四）防治措施

合理轮作，与水稻或其他禾本科作物实行隔年轮作；秋季搞好清园，烧掉病株残体；种植密度不宜过大；雨季来临前喷施农药，可选择 75%百菌清 500 倍液等药剂。

（丁万隆）

第二十五节　薏苡仁
Yiyiren
COICIS SEMEN

薏苡 *Coix lachryma-jobi* L. var *ma-yuen* (Roman.) Stapf.为禾本科薏苡属植物，别名川谷、薏米、苡米、薏苡仁、药玉米等。以种子入药，有健脾渗湿、除痹止泻、清热排脓之功效。全国各地均有分布。薏苡主要病害有黑穗病及叶枯病。

一、薏苡黑穗病

（一）症状

病菌主要为害穗部，也可为害茎、叶。穗部发病后，子房膨大成近圆形或卵圆形，顶端尖细，部分隐藏在叶鞘内，暗褐色，内部充满黑褐色粉状物，即病原菌的厚垣孢子。茎受害部分弯曲粗肿。叶片受害部隆起，呈紫褐色单一或成串的瘤状体，破裂后同样散出黑褐色粉状物。病株多不结实而成菌瘿（图 9-28）。

（二）病原

薏苡黑穗病病原为薏苡黑粉菌 *Ustilago coicis* Brefeld，为担子菌亚门、冬孢菌纲、黑粉菌目、黑粉菌属真菌。冬孢子又称厚垣孢子，卵圆形至椭圆形，大小 7～12μm×6～10.5μm。壁厚，表面有刺，呈黄褐色，散生。冬孢子萌发产生有隔的初生菌丝，侧生或顶生担子孢子。

（三）发病规律

病原菌以厚垣孢子在种皮或病残体及土壤中越冬。翌年春季，当土温升至 10℃～18℃时，遇到湿度适宜时，厚垣孢子萌发侵入薏苡幼芽，以后随植株生长，菌丝到达穗部，侵入子房及茎、叶，形成系统侵染，全株发病。菌瘿破裂后，散出黑褐色厚垣孢子，随风传播到其他种子上或落在土壤中越冬。种子及土壤可传播病菌。连作有利发病。

（四）防治措施

（1）轮作，种过薏苡地块至少要间隔 3 年才能再种；建立无病留种田，在无病植株上采种。

（2）用 80%粉锈宁、50%托布津等药剂按种子重量的 0.4%～0.5%进行拌种处理。也可变温处理种子，即播种前用冷水将种子预浸 24 小时，使厚垣孢子萌动，然后用种子重量的 4 倍的 60℃温水浸泡 30 分钟，晾干后播种。

（3）发现病株及时拔除并烧毁；避免施用带菌瘿的农家肥，所用的堆肥和厩肥应腐熟后施用。

二、薏苡叶枯病

（一）症状

为害叶片。病斑椭圆形、梭形至长条形，大小 20～30μm×4～6μm，淡褐色，有时具有 1～2 圈轮纹，边缘颜色较深呈褐色，后期病部生黑色霉层，即病菌的分生孢子梗和分生孢子。叶片病斑多时，致使病斑相互汇合导致叶片枯死。通常此病先从下部叶片发病，以后逐渐向上部叶片发展蔓延（图 9-29）。

（二）病原

病原为薏苡德氏霉 *Drechslera coicis* (Nishikado) Subram. et Jain，为半知菌亚门、德氏霉属真菌；异名 *Helminthosporium coicis* Nishikado，半知菌亚门、长蠕孢属真菌。分生孢子长椭圆形、梭形或不规则形，直或向一方弯曲，3～6 个隔膜，脐小，凹陷，墨绿色，大小 39.6～69.3μm×14.9～24.8μm。分生孢子梗多数单生，隔膜 4～8 个，褐色，大小 74.3～188.7μm× 4.9～7.3μm。

（三）发病规律

病原菌以菌丝体或分生孢子随病残组织在土壤中越冬或在病叶及秸秆上越冬。分生孢子借助气流、雨水或黏附在农具上传播。温暖、潮湿、多雨天气有利发病流行。病叶上的病原菌可形成大量分生孢子进行多次再侵染。7～8 月高温高湿季节，有利于产孢发病，为发病盛期。低温、干旱能抑制病情发展。连作、早迟播混作地区发病早而重。

（四）防治措施

（1）选用抗病品种。一般矮秆品种较高秆品种抗病性强，应选用矮秆品种种植。

（2）彻底清除病残体。收获后将病残株集中烧毁，减少越冬菌源量。

（3）轮作或选择新地种植。选择以前未种过薏苡或 2 年以上未种过薏苡的田块种植；也可与非禾本科作物轮作以减少田间菌源基数。

（4）加强栽培管理。选择地势较高、通风良好地块种植，施足基肥，合理使用氮、磷、钾肥。抽穗期及时浇水，促进植株生长发育良好，提高抗病能力。

（5）药剂防治。发病初期喷 50%代森锰锌 500 倍液，或 75%百菌清 600 倍液，7～10 天 1 次，连喷 2～3 次。

（丁万隆　王天佑）

第十章　花类药材病害

第一节　玉簪

Yuzan

HOSTA FLOS

玉簪 *Hosta plantaginea* Aschers.为百合科多年生草本植物，全国各地均有分布。以花入药，治咽喉肿痛、小便不利等症。玉簪病害主要有炭疽病和灰斑病。

一、玉簪炭疽病

（一）症状

病菌主要为害叶片，也可为害叶柄和花梗。叶上病斑近圆形或不规则形，直径 3～12mm，灰褐色或灰白色。后期病斑上生小黑点，为病原菌分生孢子盘，病斑破碎脱落，形成穿孔，发病严重时造成叶枯（图 10-1）。叶柄和花梗上病斑长条形，褐色。

（二）病原

病原为甜菜炭疽菌 *Colletotrichum omnivorum* de Bary，属半知菌亚门、炭疽菌属真菌。

（三）发病规律

病菌以菌丝体或分生孢子盘在病残体上越冬，翌年产生分生孢子借风雨和灌溉水传播。种植过密，叶片相互接触摩擦，易产生伤口而增加感病机会。盆栽时花盆放置过密发病也重。

（四）防治措施

（1）秋末彻底清除病残体，集中烧掉；发病初期及时摘除病叶；雨季及时排水，降低田间湿度。

（2）发病期药剂防治，可选用 70%甲基托布津 800 倍液、50%代森锰锌 600 倍液等喷雾，每 10 天 1 次，视病情喷 2～3 次。

二、玉簪灰斑病

（一）症状

叶片上病斑圆形，近圆形，直径 1～4mm，边缘暗红色，二面生淡灰黑色的霉状物，即病原菌的子实体。

（二）病原

病原为萱草尾孢 *Cerospora hemerocallidis* Tehon。子实体叶二面生，子座充塞气孔内，暗橄褐色，分生孢子梗 5～28 根束生，淡橄褐色，向上逐渐趋淡，顶端几乎无色透明，稍狭，无隔膜或 1～2 个隔膜，不分枝，0～4 个膝状节，顶端圆形，孢痕不明显，大小 25～62μm×3～4μm；分生孢子狭倒棒形，鞭形，无色透明至近无色，正直或微弯，基部近截形，顶端略尖，隔膜 3～8 个，大小 36～122μm×2～4μm。

（三）发病规律

病菌以菌丝体在病叶残体上越冬，翌年产生分生孢子进行初侵染，后产生分生孢子导致多次再侵染。多雨有利于病害发生和蔓延。7～9 月发病，老叶易发病。

（四）防治措施

（1）冬前清除病残体，集中深埋或烧毁；发病前用 0.5%波尔多液进行喷雾预防。早期发现病叶及时摘除。

（2）发病后进行药剂防治。可选用 50%代森锌 800～1000 倍液，或 75%百菌清 600～800 倍液，或 50%万霉灵 600 倍液。

（陈炳蔚 丁万隆）

第二节 西红花
Xihonghua
CROCI STIGMA

番红花 *Crocus sativus* L.别名藏红花，为鸢尾科番红花属多年生草本植物，以柱头入药称西红花，具通经活血、养血化瘀、镇静等功效，为害番红花的主要病害有腐烂病、枯萎病等。

一、番红花枯萎病

（一）症状

番红花枯萎病又称腐烂病，为番红花上重要病害，病菌主要为害球茎。多在贮藏越夏及抽芽前后发病，球茎多由脐部被害，表面呈浅褐色状，小斑点后扩展为大斑点，继而延及整个球茎。表面失水干缩状，内部疏松，呈浅咖啡色。无论在田间或贮藏阶段，在略湿润条件下，罹病球基表面，鳞片均长出白色至粉色短绒毛状霉层。田间带菌球茎出芽时，芽头上出现黄褐色水渍状斑点，气温高湿度大时扩展很快，引起芽头腐烂而死亡。大田栽培根、球茎盘染病时产生黄褐色凹陷斑，边缘不整齐，后腐烂，鳞茎皱缩干腐。

（二）病原

番红花枯萎病的病原菌为尖孢镰孢芬芳变种 *Fusarium oxysporum* var. *redolens* (Wollenw.) Gordon，属于半知菌亚门、丝孢纲、瘤座孢目、镰孢菌属真菌。大型分生孢子镰刀形，无色，两端尖，直或略弯，多为 3 隔，大小 17.4～55.8×3～6μm。小型分生孢子卵圆形至肾形，假头状着生在产孢细胞上，大小 6～12μm×2.5～3.6μm。厚垣孢子球形，直径 7～11μm。

（三）发病规律

病菌以菌丝体、分生孢子和厚垣孢子在带菌球茎或土壤中越夏、越冬。尤其是厚垣孢子可在土中存活 5～6 年，甚至长达 10 年，是主要的侵染源。病菌从球茎或根部伤口侵入，然后在病部产生分生孢子，借雨水、灌溉水和农事操作传播蔓延，进行再侵染。病菌侵染的适宜温度为土温 25℃～28℃易发病，低于 20℃发病轻或不发病。高温高湿利于病菌孢子的萌发和菌丝生长，当土温 25℃～28℃、相对湿度达到 80%以上，病害开始流行。晴天少雨，病害发展慢、危害轻；阴雨天或浇水后，病害发展快、为害重；连作地、土壤黏重、低洼地发病均较重。

（四）防治措施

（1）采用无病种球或种球消毒　选择无病种球。种球消毒可用 50%甲基托布津可湿性粉剂 500 倍液，或 50%扑海因可湿性粉剂 500 倍液浸种 0.5～1 小时，后用清水冲洗 2 遍；即可播种球。

（2）农业防治　选高燥地块种植；实行 2～3 年轮作，最好水旱轮作；合理密植，注意通风透气；科学配方施肥，使用充分腐熟的粪肥，增施磷钾肥，提高植株抗病力；适时灌溉，雨后及时疏沟排水，防止湿气滞留。

（3）药剂防治　发病初期或发病前进行药剂喷灌治疗，常用的药剂有 50%异菌脲可湿性粉剂 1000～1200 倍液、50%甲基托布津可湿性粉剂 500～600 倍液或 50%多·霉威可湿性粉剂 800～1000 倍液，每隔 7～10 天 1 次，交替用药，连续防治 2～3 次。

二、番红花腐败病

（一）症状

带病球茎出土后，主芽呈黄色、棕褐色、暗红色，上面产生水渍状黏性物质，随即整个主芽腐烂，以后球茎周围的侧芽也逐渐被感染，致使提早枯死。染病迟的侧芽虽能抽叶生长，但叶片短细扭曲，叶尖发黄，不开花。地下部须根先发病，由白色变为淡褐色或紫黑色，最后断裂脱落。肉质贮藏根被害后呈褐色或暗色，并出现污白色浆状物而腐烂。干燥天气挖土观察，仅留下皱纤维苞壳。

（二）病原

病原为番红花欧文氏菌 *Erwinia croci*。菌体短杆状，两端圆，大小 0.6～1μm×1.2～3.2μm，具 2～4 根周生鞭毛，无荚膜，不形成芽孢。在肉汁胨琼脂平板上菌落为乳白色，圆形。革兰氏染色反应阴性，能液化明胶。石蕊牛乳红色反应且使之固化。能产生氨和还原硝酸盐。能利用葡萄糖、果糖、麦芽糖、乳糖和甘油产酸。在酸性培养基上生长良好，最适温度为 25℃～28℃，最高 40℃，最低 10℃。

（三）发病规律

种球茎和土壤带菌是重要的初侵染源。病害以出苗至开花及翌年 2～3 月新球茎膨大期发生较重。球茎越大，发病越轻。

（四）防治措施

（1）9 月上中旬，10～15g 的球茎在下种前用 5%石灰水或 1%波尔多液浸 20 分钟，浸后再用清水冲洗数次，晾干后下种。

（2）出苗后用 50%叶枯净 1000 倍液防病效果可达 70%～80%，植株生长良好。

三、番红花细菌性腐烂病

（一）症状

病斑初呈水渍状，浅褐色，不定形，随后即湿腐。脐部先发病时则延及球茎，下半部腐烂，营养根根尖变褐腐烂，而病母球茎依时抽芽、长叶、开花，移植后附着部变褐腐解，叶片失去光泽而不散开，呈束状直立田间，拔时附着部易折断，后整个球茎腐烂。若主芽芽胚发病，则经过新球茎、鳞片维管束向附着部扩散为害，严重者则在开花前花茎变褐腐解，不易开花，主芽不易繁殖新球茎，呈水渍状，使侧芽繁殖许多小球茎，沿主芽至脐部纵切或横切，可见球茎脐部通向各芽点的维管束及主芽胚部到附着部的维管束均呈褐色，重病株全株枯死。

（二）病原

病原为唐菖蒲假单胞杆菌 *Pseudomonas gladiolus*。菌体杆状，两端略钝圆，大小 0.5～0.8μm×1.7～2.0μm，革兰氏染色反应阴性，单端生 1 至数根鞭毛，不形成芽孢，无荚膜，细胞内积累聚 β-羟基丁酸盐颗粒。烟草过敏反应、氧化酶及过氧化氢酶反应阳性，在 CVP 培养基上产生凹陷，TTC 平板上菌落不呈红色，金氏 B 平板上不产生荧光。菌落圆形，边缘整齐，微隆起，初为乳白色，后变成深褐色，能液化明胶，胨化石蕊牛乳，产生氨和 H_2S，不水解淀粉和精氨酸，VP 反应、硝酸还原反应均为阳性，能利用葡萄糖、葡萄糖苷、蔗糖、甘露糖、阿拉伯糖、纤维二糖、果糖、转化糖、核糖、半乳糖、麦芽糖、棉子糖、木糖、菊糖、甘油、山梨醇、甘露醇、卫茅糖、酒石酸钠、苯甲酸钠等。生长所需 pH 为 5.8～8.0，最适温度 28℃～30℃。

（三）发病规律

病菌在病球茎、病残体及土壤中越冬。带菌种球茎是远距离传播和初侵染初侵染的主要来源。病菌经维管束蔓延传染至球茎是扩散的主要途径，高湿利于发病。

（四）防治措施

（1）严格汰除病劣球茎，集中销毁。

（2）收花后，球茎下种前用 500ppm 农用链霉素或 0.3%石灰水进行消毒。

（3）加强栽培管理，提高植株抗逆力。施足底肥，追施磷、钾肥，加强田园卫生，搞好排水，实行水旱轮作。

（刘琨　丁万隆）

第三节　红花
Honghua
CARTHAMI FLOS

红花 *Carthamus tinctorius* L.为菊科多年生草本植物，又称草红花、杜红花。以花入药，有破瘀活血、通经止痛、消肿等功效。我国大部分地区有栽培，新疆、河南、四川面积较大。红花的主要病害有锈病、黑斑病、炭疽病、枯萎病、斑枯病、灰斑病、菌核病、轮纹病、立枯病等。

一、红花锈病

（一）症状

病菌主要为害叶片，也可为害苞叶等其他部位。幼苗被害后，子叶、下胚轴及根部出现密黄色病斑，病组织略肿胀，病斑上密生针头状黄色小颗粒，为病原菌性孢子器和锈孢子器，严重时引起死苗。叶片受侵染后，背面散生锈褐色或暗褐色微隆起的小疱斑，后疱斑表皮破裂，散出大量棕褐色或锈褐色夏孢子。后期夏孢子堆处产生暗褐色至黑褐色疱状物，为病原菌冬孢子堆。发病严重时，叶片正面也可产生病斑，病株提早枯死（图 10-5、图 10-6）。病株花色泽差、种子不饱满，品质与产量降低。

（二）病原

病原为红花柄锈菌 *Puccinia carthami* (Hutz.) Corda.，为担子菌亚门、冬孢菌纲、锈菌目、柄锈菌属真菌，为全孢型、长生活史单主寄生锈菌。性孢子器球形，颈部凸起于表皮外，黄褐色，直径 72.5～112.5μm。性孢子椭圆形，单胞，无色，大小 2.5～5.0μm×2.5～3.5μm。锈孢子器圆形或近圆形，扩展连片为条状或不规则垫状，栗褐色。锈孢子圆形，近圆形或椭圆形，黄褐色，表面有小刺，大小 21.0～25.9μm×22.0～31.7μm，壁厚 1.2～2.4μm。夏孢子堆圆形，粉状，周围表皮翻起，茶褐色，直径 0.5～1mm。夏孢子球形，近球形、卵圆形或广椭圆形，黄褐色，表面有细刺，赤道上有 2 个发芽孔，大小 24～29μm×18～26μm，孢壁厚 1.4～2.4μm。冬孢子堆圆形或长椭圆形，黑褐色，粉状，直径 1～1.5μm。冬孢子广椭圆形，顶端和基部均呈圆形，黑褐色，双胞，隔膜处稍缢缩，表面有小瘤，大小 28～45μm×19～25μm，膜厚 2.5～4.0μm。冬孢子的柄短，无色，可脱落。

（三）发病规律

病菌附着在种子表面的冬孢子或散落于田间病残体上的冬孢子堆越冬。冬孢子早春产生担孢子侵染幼苗引起初侵染。以夏孢子引起再侵染。孢子随风传播。冬孢子于生长后期产生，无休眠期，在干燥条件下可存活两年，条件适宜即可萌发。种子表面带菌是远距离传播的主要途径。高温高湿或多雨季节病害易发生、流行。连作地发病重，具冠毛的品种幼苗期发病率较高。

（四）防治措施

（1）收获后及时清除田间病株及病残体，并集中烧掉；推广抗病或早熟避病良种。

（2）选择地势高燥、排水良好的地块种植；控制灌水，雨后及时开沟排水；适当增施磷、钾肥，促进植株生长健壮；幼苗期结合间苗拔除病苗并带出田外深埋。

（3）播种前用 25%粉锈宁按种子重量 0.3%～0.5%拌种；发病初期和流行期喷洒 25%粉锈宁 800～1000 倍液或 62.25%仙生 500 倍液等 2～3 次，每 10 天喷 1 次。

二、红花黑斑病

（一）症状

病菌主要为害叶片，偶尔为害叶柄、茎及苞叶。叶片上先出现暗黑色斑点，扩大后为圆形或近圆形褐色病斑，直径 3～12mm，同心轮纹不明显，后期病斑中央坏死。湿度大时病斑两面均可产生灰褐色至黑色霉层，为病菌分生孢子梗及分生孢子。幼苗期发病子叶上有明显病斑，向下扩展后在胚轴上形成坏死条斑，子叶凋萎，植株死亡。一般减产 20%～50%，严重时减产达 80%。

（二）病原

病原为红花链格孢 *Alternaria carthami* Chowdhury，为半知菌亚门、丝孢纲、丛梗孢目、链格孢属真菌。分生孢子梗单生或 2～6 根束生，不分枝，褐色，直或稍屈曲，有膜隔 2～10 个，大小 32～90μm×3～5μm。分生孢子单生，或 2～4 个串生，多数倒棍棒形，少数不规则形，浅褐色，横隔膜 4～9 个，纵隔膜 0～4 个，隔膜处缢缩，大小 26～52μm×11～15μm。喙稍长至长，或无明显的喙，有横隔膜 0～2 个，大小 16～58μm×2～5μm。

（三）发病规律

病菌随病残体在土壤中越冬，也可随种子带菌传播。翌年温湿度条件适宜时，产生分生孢子借风雨传播，从气孔侵入引起初侵染。发病后病斑上产生大量分生孢子又进行再侵染。温度在 25℃时病菌最易从气孔侵入，发病严重。种子带菌是病菌传入新栽培区的主要途径。开花期如气候条件适宜病害易流行。

（四）防治措施

（1）精细选种，使用健康种子；收获后及时清除田间病残体，并集中烧掉。

（2）合理施肥，使植株生长健壮；雨后及时开沟排水，降低田间湿度。

（3）播种前将种子装入尼龙网袋，在 50℃温水中浸 30～45 分钟，并不断摇动以确保种子受热均匀；孕蕾期喷 1 次 1∶1∶100 波尔多液，开花前再喷 1 次 50%扑海因 800～1000 倍液或 50%代森锰锌 600 倍液。

三、红花炭疽病

（一）症状

病菌为害叶片、叶柄、嫩梢和茎，以嫩梢和顶端分枝受害严重。感病后嫩茎上出现水渍状斑点，后逐渐扩大为褐色的梭形病斑，中央稍凹陷，上有突起的黑褐色小点，为病菌的分生孢子盘。受害严重时梢部呈黑色，并弯曲下垂，叶片扭缩变形，造成植株烂头、烂梢，天气潮湿时病部出现橘红色黏状物。叶上病斑圆形或不规则形，多在叶片边缘，常使叶片干枯。叶柄上病斑长条形，褐色，严重时叶片萎蔫枯死（图 10-7）。

（二）病原

病原为红花炭疽病菌 *Gloeosporium carthami* Hori et Hemmi.，为半知菌亚门、腔孢纲、黑盘孢目、盘长孢属真菌。病菌分生孢子盘聚生，突破表皮外露；黑褐色，无刚毛。分生孢子梗倒锥形，单胞，无色，大小 8～16μm×3～4μm。分生孢子长卵形、近椭圆形，多数正直，单胞，无色，大小 8～16μm×3～5μm。

（三）发病规律

病菌以分生孢子盘、菌丝体及分生孢子在病残体组织和土壤中越冬、越夏，或以菌丝体在种子内部越冬、越夏，成为下一季节及远距离的初次侵染来源。发病后病斑上产生大量新的分生孢子通过雨水、昆虫等传播进行再次侵染。春季气温回升快、降雨量大的年份发病严重。春播比秋播发病重，有刺型品种比无刺型品种抗病性强。氮肥施用过多或过晚会使植株贪青徒长，为害加重。

（四）防治措施

（1）加强田间管理，播前施足底肥，定苗后追施磷、钾肥，开花前叶面喷磷肥，提高植株抗病力。

（2）建立无病留种田，为生产提供无病良种。

（3）播种前种子变温处理：将种子在常温下浸泡 10 小时，再用 48℃的热水浸 1 分钟，然后用 52℃～54℃的热水浸 10 分钟后捞出。

（4）发病初期喷洒 50%扑海因 600～800 倍液或 50%代森锰锌 600 倍液，每 10 天 1 次，连续 2～3 次。

四、红花枯萎病

（一）症状

红花枯萎病又称根腐病，病菌主要为害根和茎部。病菌于苗期侵入，发病初期须根变褐腐烂，扩展后引起支根、主根和茎基部维管束变褐。潮湿时病部产生粉红色的分生孢子团。发病严重时植株茎叶由下而上萎缩变黄，3～4 天全株即枯萎死亡，枯死叶片不脱落；或于一侧发病，植株呈弯头状，后全株枯死。发病较轻时植株尚能开花，但花序少、质劣，有的花蕾于含苞待放时即枯死。中、后期易发生，造成产量下降。

（二）病原

病原为尖镰孢红花专化型 *Fusarium oxysporum* Schlecht. f. sp. *carthami* Klis. et Houst.），为半知菌亚门、丝孢菌纲、瘤座孢目、镰孢菌属。大型分生孢子梭形至镰刀形，无色透明，两端逐渐尖削，微弯或近乎正直，多具 3 个隔膜，大小 19～46μm×3～5μm，小型分生孢子卵形、椭圆形，无色透明，具一个隔膜或没有隔膜，大小 2～4.5μm×6～24μm。此外，疫霉 *Phytophthora* spp.、黄萎轮枝菌 *Verticillium albo-atrum* Reinke et Berth 也引起根和茎基腐烂。

（三）发病规律

病菌主要以厚垣孢子在土壤中或以菌丝体在病残体中越冬；次春产生分生孢子，从植株主根、茎基部的自然裂缝或地下害虫及线虫等造成的伤口侵入。侵入后病菌扩展到木质部，使导管组织中充满菌丝体和分生孢子，同时分泌毒素使植株枯萎死亡。后期病株根茎部产生分生孢子借风雨传播进行再侵染。种子也可带菌并成为初侵染源，引起远距离传播。灌水和土壤耕作可做短距离传播；连作或田间积水均可加重病害。5 月上旬田间即出现病株，开花前后发病最重。

（四）防治措施

（1）选用健康种子；播种前用 50%多菌灵 300 倍液浸种 20～30 分钟。

（2）选择地势高燥、排水良好的田块种植；连作期追施 1 次复合肥，促使花蕾生长；雨季疏沟排除田间积水，并及时防治地下害虫及线虫。

（3）发病初期拔除并集中烧掉病株，并用生石灰撒施病穴及其周围土壤；发生期用 50%甲基托布津 800 倍液浇灌病株根部。

五、红花斑枯病

（一）症状

病菌主要为害叶片。叶斑散生，圆形，近圆形，直径 2～6mm，褐色，有时中央颜色稍淡而有暗褐色边缘，斑上产生无数细小黑点近乎轮纹状排列。严重时叶片上病斑很多，导致植株叶片自下向上层层枯死。

（二）病原

病原为红花壳针孢 *Septoria carthami* Murashk.，为半知菌亚门、球壳孢目、壳针孢属真菌。分生孢子器主要产生于叶面，球形或扁球形，直径 74～108μm。分生孢子针形，无色，微弯或弯曲，顶端较尖，基部钝圆，有隔膜 2～4 个，大小 16～35μm×1.5～2μm。

（三）发病规律

病菌主要以菌丝体和分生孢子在病残体上越冬，产生分生孢子引起初侵染，以后又引起再侵染。分生孢子靠风雨淋溅做远距离传播。植株生长中后期，遇连续阴雨，加上植株封行郁闭、田间阴湿，有利于发病。

（四）防治措施

（1）实行配方施肥，促进植株健壮生长，提高植株抗病力；合理密植以保持株间通风透光，雨后及时开沟排水。

（2）幼龄植株于发病初期摘除病叶并喷药保护，15～20 天喷 1 次，药剂可选用 50%扑海因 800 倍液、50%代森锰锌 500 倍液等药剂，采花前 20 天禁止喷药。

六、红花灰斑病

（一）症状

叶上病斑圆形、近圆形，直径 1～4mm，灰褐色或中央灰色，有时微具轮纹。两面生淡黑色的霉状物，即病原菌的子实体。

（二）病原

病原为红花尾孢 *Cercospora carthami* Sund. et Ramakr.，为半知菌亚门、丝孢目、尾孢属。子实体叶面生。子座小，褐色，直径 20～25μm。分生孢子梗 2～16 根成束，榄褐色，隔膜多，不分枝，直或有 1～2 个膝状屈曲，顶端近截形，胞痕显著，大小 48～200μm×3～5.5μm。分生孢子鞭形，无色，隔膜多而不明显，直或微弯，基部截形，少数近截形，顶端渐尖，大小 44～192μm×3～4.5μm。

（三）发病规律

病菌以子座组织越冬即分生孢子梗基部附着在病叶上越冬。翌年分生孢子广泛传染。病原菌孢子易脱落。病菌喜高温，发病较斑枯病稍晚。本病常与其他叶部病害同时发生，一般为害轻，一直为害到收获期。

（四）防治措施

（1）收获后及时清除田间病残体，并集中烧掉；播前将种子在 50℃温水中浸 40 分钟；雨后及时开沟排水，降低田间湿度。

（2）孕蕾期喷 1 次 1∶1∶100 波尔多液，开花前再喷 1 次 50%代森锰锌 600 倍液或 50%扑海因 800～1000 倍液。

（刘琨　丁万隆）

第四节　辛夷

Xinyi

MAGNOLIAE FLOS

辛夷 *Magnolia liliflora* Desr.别名望春花、玉兰花、木笔花等，为木兰科落叶乔木。主产于河南、陕西、四川、湖北、安徽、江苏、浙江等地。以花蕾入药，有祛风散寒、通肺宣窍之功效。辛夷病害主要有斑点病和根腐病。

辛夷斑点病

（一）病害症状

病斑产生于叶片上，圆形，直径 3～5mm，褐色，干燥时呈灰褐色，边缘明显，红褐色，其上生黑色小点，即病原菌的分生孢子器。

（二）病原种类

病原为木兰叶点霉 *Phyllosticta magnoliae* Sacc.，属半知菌亚门、孢腔纲、球壳菌目、叶点菌属真菌。分生孢子器叶面生，散生或聚生，初埋生，后突破表皮，扁球形，器壁褐色，膜质，直径 96～134μm，器孢子梭形，无色透明，单胞，内有 2～3 个油球，大小 6～10μm×2～25μm。

（三）发病规律

病菌以分生孢子器在病枯叶上越冬，翌春条件适宜时，分生孢子随气流传播引起侵染。在东北 8～9 月发生。

（四）防治措施

（1）加强栽培管理，提高植株抗病性。适时灌溉，严禁大水漫灌，雨后及时排水。入冬前认真清园，集中烧毁或深埋病残体，降低越冬菌源基数。

（2）发病初期及时施药防治，可选择 75%百菌清可湿性粉剂 500 倍液或 50%苯菌灵可湿性粉剂 1500 倍液，每 667m^2 喷兑好的药液 50L，隔 10 天左右 1 次，连续喷 2～3 次。

（丁万隆）

第五节　鸡冠花

Jiguanhua

CELOSIAE CRISTATAE FLOS

鸡冠花 *Celosia cristata* L.别名鸡冠头花、鸡公花，为苋科一年生草本植物，全国各地均有分布。以花絮入药，具清热利湿、凉血止血之功效。鸡冠花病害有黑斑病、叶斑病等。

一、鸡冠花黑斑病

（一）症状

病菌主要为害叶片。病斑近圆形至椭圆形或不规则形，直径 5～12mm，暗褐色至褐色，后期中央色泽变浅，有轮纹，上生淡黑色霉层，为病原菌的子实体。发生严重时病斑连片，导致叶片脱落（图 10-8）。

（二）病原

病原为青葙链格孢 *Alternaria celosiae* Tassi，属半知菌亚门、链格孢属真菌。分生孢子梗 12～18 根束生，褐色，正直或 1～2 个膝状节，大小 15～45μm×3～5μm。分生孢子单生或 2～3 个串生，具 3～12 个横隔膜，0～6 个纵隔膜，隔膜处有缢缩，大小 30～95μm×10～22μm。

（三）发病规律

病原主要在病株残体上越冬。翌春条件适宜时产生分生孢子侵染叶片，病斑上产生的分生孢子借风雨传播引起再侵染。植株生长弱，7～8 月连续阴雨天时发病严重。

（四）防治措施

（1）秋季清洁田园，扫除病残叶并销毁。

（2）加强肥水管理，合理施用氮肥，增施磷钾肥，雨季注意排涝。

（3）6月中，下旬开始，每10天喷1次杀菌剂防治，连续3次。药剂有75%代森猛锌800倍液，50%扑海因600倍液或75%百菌清500 倍液。

二、鸡冠花叶斑病

（一）症状

叶、叶柄、茎均可受害，多发生在植株下部叶片上。病斑初为褐色小斑，扩展后呈圆形至椭圆形，直径5～20mm，边缘暗褐色至紫褐色，中央为灰褐色至灰白色。湿度大时病斑上出现粉红色霉状物，即病原菌的分生孢子。发病严重时，每片叶上病斑达20个以上。病斑发生在茎上，呈暗褐色的不规则大块病斑，严重时从病斑后折断，茎叶凋萎枯死。

（二）病原

病原为砖红镰刀菌鸡冠花专化型 *Fusarium lateritium* f. sp. *celosiae* Matsro，属半知菌亚门、镰刀菌属真菌。分生孢子镰刀形，大多具有3个隔膜。

（三）发病规律

病菌为土壤习居菌，在植株残体及土壤中越冬，主要依靠土壤水流，耕作及雨水淋溅传播。气温高，雨季来临时，此病发展迅速，危害严重。土壤黏重，板结，透水性差时，植株易受此病。8月为发病盛期。

（四）防治措施

（1）选择疏松透气的砂质壤土种植，雨季注意排水。避免连作，合理轮作。秋末彻底清除病叶及病株残体。

（2）播种前用50%多菌灵500倍液浸种4小时；发病季节可喷75%代森猛锌500倍液，或50%万霉灵600倍液1～2次。

（李勇　丁万隆）

第六节　金银花

Jinyinhua

LONICERAE JAPONICAE FLOS

忍冬 *Lonicera japonica* Thunb.，又名金银花，为忍冬科多年生藤状灌木。以花蕾或将开的花入药，叶、枝也可入药称忍冬藤。具清热解毒的功效。主产于山东、河北、河南。忍冬主要病害主要有白粉病、根腐病、褐斑病等。

一、忍冬白粉病

（一）症状

主要为害叶片、嫩茎和花蕾。叶片初生白色粉状小点，进而扩大成白灰色粉状斑，后布满整个叶片。发病叶片表面或背面出现一层灰白色粉末，后期变成灰褐色，上边长出小黑点。花、果实亦可受害。发病严重时引起落花、落叶，枝条干枯死亡（图 10-9、图 10-10、图 10-11）。

（二）病原

病原菌为忍冬叉丝壳 *Microsphaera lonicerae* (DC.) Wint. et Rabenh，为子囊菌亚门、白粉菌目、叉丝壳属真菌。有性阶段为子囊菌亚门的忍冬叉丝壳菌，子囊果散生，球形，深褐色，直径 65～100μm；5～15 根附属丝，附属丝长 55～140μm，无色，无隔或具 1 隔膜，3～5 次双分叉。子囊 3～7 个，卵形至椭圆形，大小 34～58μm×29～49μm；子囊孢子 2～5 个，椭圆形。分生孢子梗直立，大小 50～94μm×7～10μm；分生孢子 2～3 个串生，少数单生，椭圆形、筒形，大小 28～49μm×12～20μm。

（三）发病规律

病菌以子囊壳在病残体上越冬，翌年子囊壳释放子囊孢子，借气流和雨水传播，在叶片、嫩茎等组织上萌发，通过气孔或伤口等部位入侵，然后在叶片上产生病斑，完成初侵染。条件适宜时，病部又产生大量分生孢子，并借气流和雨水飞散传播，进行再侵染。多雨潮湿季节或者田间湿度大、通风不良、光照不足时较易发生。施氮肥过多、密度过大、管理粗放等，也会加重该病的发生。忍冬白粉病受气候条件、地理环境等因素的影响，不同地区的发病规律存在差异。

（四）防治措施

（1）农业防治　加强肥水管理，减少单一施用氮肥，增施磷钾肥和有机肥；在保证土壤湿度的情况下，尽量减少浇水的次数和用量，避免田间积水。在白粉病零星发生时选用壳聚糖和草酸进行喷雾，以诱导忍冬的抗性提高其抗病力。

（2）化学防治　在发病初期，使用 15%三唑酮可湿性粉剂 1200 倍液或 20%百菌•烯唑醇复配剂 600～800 倍液喷雾防治金银花白粉病。

二、忍冬根腐病

（一）症状

发病初期病株全株叶色变浅、发黄，茎基部表皮浅褐色，维管束基本不变色。随着病情加重，整株叶片黄化明显，有的叶片叶缘枯死，茎基部表皮黑褐色，内部维管束轻微变色。重病株主干及老枝条上叶片大部分变黄脱落，新生枝条变细、节间缩短，叶片小而皱缩，甚至整株枯死，茎基部表皮粗糙，呈黑褐色腐烂，维管束褐色。发病后期在中午前后光照强、蒸发量大时，植株上部叶片出现萎蔫，但夜间又能恢复。病情进一步加重时，萎蔫状况不再恢复。

（二）病原

病原菌尖孢镰刀菌 *Fusarium oxysporum* Schlecht，为半知菌亚门、丝孢纲、镰刀菌属真菌。其菌丝细长，具分枝和分隔；分生孢子梗无色，有分隔；大型分生孢子镰刀型，无色，多 3～5 分隔，基部有一明显突起，大小 27～60μm×3～5μm；小型分生孢子卵圆形，无色，单胞或双胞，单生或串生，大小 5～12μm×25～35μm。

（三）发病规律

病菌在土壤中和病残体上过冬，可在土壤中长期腐生，通过土壤和灌溉水传播，通过根部伤口侵入。在发病初期，支根和须根先发病，并逐渐向主根扩展。该病菌可破坏植株维管束，使维管束变黄变褐，破坏维管束传导功能，引起植株萎蔫，甚至整株枯死。

根部受到地下害虫、线虫为害后，伤口多，有利病菌的侵入。高温多雨易发病，低洼积水的地块易发病；通风不良、湿气滞留地块易发病，土壤黏性大、易板结的易发病。

（四）防治措施

（1）农业防治　重视田间管理，适时修剪，改善田间通风透光条件。多雨季节，尽量避免修剪，并注意排水。刨除发病的植株，用生石灰对病穴进行消毒处理。改良土壤，减少氮肥施用量，增施有机肥，注意不要施用未腐熟的有机肥。引进苗木时加强检疫，避免引进带病苗木。

（2）物理防治　用黑光灯诱杀、毒饵诱杀等方法防治地下害虫，保护忍冬根系，降低病原侵染机率。

（3）化学防治　发病初期，用 50%多菌灵 500 倍液或者 70%甲基硫菌灵 800 倍液喷淋根部或进行灌根处理。

三、忍冬褐斑病

（一）症状

叶片上病斑呈圆形，或受叶脉所限呈多角形，黄褐色。潮湿时，叶背病斑上有灰色霉状物，为病菌分生孢子梗和分生孢子（图 10-12）。

（二）病原

病原为鼠李尾孢 *Cercospora rhamni* Fack.，为半知菌亚门、丝孢纲、尾孢属真菌。子实体叶片背面生，子座只是少数褐色的细胞。分生孢子梗 2～10 数根束生，淡褐色，上下色泽均匀，宽度不一，不分枝，直或屈曲，0～1 个膝状节，孢痕不显著，0～4 个隔膜，顶端圆锥形，大小 13～52μm×3～4.5μm。分生孢子到棒形或圆柱形，0～6 个隔膜，大小 16～90μm×3～5μm。

（三）发病规律

病菌以菌丝体或分生孢子在病叶片上越冬，成为初侵染源。翌年春季条件适宜时产生分生孢子引起初侵染。在忍冬生长季节，病害可不断产生分生孢子引起多次再侵染。植株生长衰弱，抗病性低，发病重；多雨潮湿的条件下发病重。

（四）防治措施

（1）农业防治　控制氮肥使用量，增施磷钾肥、有机肥，提高金银花抗病能力。注意田间排水，降低田间湿度。注意修剪，改善通风透光。

（2）化学防治　用 50%多菌灵 500 倍液或者 70%甲基硫菌灵 700 倍液喷雾防治，每隔 10 天喷雾 1 次，在金银花采摘前 15 天停止用药。

（李勇　丁万隆）

第七节　玫瑰花
Meiguihua
ROSAE RUGOSAE FLOS

玫瑰 *Rosa rugosa* Thunb.别名红玫瑰、刺玫瑰，为蔷薇科灌木，全国均有分布，主产于江苏、山东、浙江、安徽等地。以花蕾入药，具疏肝理气、和血调经之功效。玫瑰病害主要有白粉病、黑斑病等。

一、玫瑰白粉病

（一）症状

病菌主要为害叶片，也可为害花蕾和嫩梢。初发病时，叶片背面出现白色粉状霉层，叶正面逐渐变成淡黄色斑，以后叶片皱缩、扭曲。严重发病时叶片正面也长出白粉。叶柄和嫩梢上病部少膨大、弯曲。花蕾受害后变为畸形，病部产生白色粉状霉层。后期病部霉层中产生小黑点，为病菌闭囊壳。后期病叶枯黄脱落，病重者不易开花（图 10-13、图 10-14）。

（二）病原

病原为一种单丝壳 *Sphaerotheca pannsa* (Wallr.) Lev.，属子囊菌亚门、白粉菌目、单丝壳属真菌。闭囊壳球形，直径 90～110μm，附属丝少而短，内含 1 个子囊。子囊大小 80～100μm×60～75μm。子囊孢子单胞无色，大小 20～27μm×12～15μm。分生孢子串生，单胞，无色，椭圆形，大小 23～29μm×14～16μm。

（三）发病规律

病菌主要以菌丝体在病芽上越冬。春季病芽萌发，病菌随之侵入叶片和新梢。子囊壳能否越冬目前尚不清楚。由于月季和玫瑰有露地和温室栽培，病菌的分生孢子可以终年不断地产生，并具有较强的耐旱力，长期处于 0℃以下也不会丧失活力，所以分生孢子也有可能成为病害的初侵染源。植株生长期，分生孢子可以重复产生，经气流传播，进行多次再侵染。病菌最适生长温度为 21℃，分生孢子在相对湿度 23%～99%时都能萌发侵入，但有水滴时反而会降低其萌发力。露地栽培的玫瑰以 5～6 月及 9～10 月发病较多；温室栽培的玫瑰一年四季均可发生。春季温暖、田间干旱的情况下发病重；一般红花类品种较感病。

（四）防治措施

（1）冬季结合修剪，剪除病枝、病芽。早期发现病叶应及时摘除。合理施肥，适当增施磷、钾肥。适度浇水，避免过湿过旱。

（2）早春植株发芽前，喷洒 1∶1∶40 波尔多液预防。

（3）发病后可喷施 15%粉锈宁 800 倍液、70%甲基托布津 800 倍液或 62.25%仙生 600 倍液等药剂。

二、玫瑰黑斑病

（一）症状

病菌主要为害叶片，也可为害叶柄和嫩梢。叶片发病时，正面出现紫褐色至褐色小点，扩大后多为圆形或不定形的黑褐色病斑，病斑直径 1～12mm。有时病斑周围大面积变黄，而病斑边缘却呈绿色"小岛"，病斑上生黑色小点（图 10-15）。严重发病时，叶片大量脱落。叶柄和嫩梢染病呈条形病斑，病斑紫褐色至黑褐色，引起叶片早落和嫩梢干枯。

（二）病原

病原为蔷薇放线孢 *Actinonema rosae* Fr.，属半知菌亚门、放线孢属真菌。有性阶段为子囊菌亚门、双胞被盘菌属。病菌分生孢子盘着生于叶片表皮下，以后突破表皮。分生孢子梗短，不明显；分生孢子近椭圆形或长卵形，无色，双胞，分隔处稍缢缩，上下两个细胞大小不等，大小 14～21μm×4～5μm。子囊盘生于越冬病叶的上表面，球形至盘形，深褐色，直径。子囊圆筒形。子囊孢子长椭圆形，有 1 个隔膜，双胞大小不等，无色。

（三）发病规律

病菌以菌丝体、分生孢子盘在病株和病残体上越冬。翌年 5～6 月，越冬后的病菌产生分生孢子，经风雨传播，直接侵入。高湿多雨是病菌产孢的必要条件。在叶面有水滴和适温条件下，分生孢子经 6～10 小时即可萌芽侵入，3～6 天后可显症发病。一般病菌先侵染中下部老叶，逐渐向上部叶片蔓延。广州地区一年四季均可发病，3～6 月及 9～11 月为发病盛期。环境条件和植株长势对发病影响较大，在台风、雨后或闷热、通风透光不良的环境中，弱株、老株发病均较重。

（四）防治措施

（1）清除病枝叶，集中烧毁。合理施肥，控制枝条密度。

（2）初发病时，可摘除病叶，并喷施 1∶1∶200 波尔多液。

（3）发病盛期可喷施 75%百菌清 600～800 倍液，或嗪胺灵 1000 倍液，或新万生 500 倍液，或 70%甲基托布津 800 倍液，或 50%多菌灵 500 倍液，间隔 7 天喷 1 次，视病情喷 3～5 次。

三、玫瑰锈病

（一）症状

病菌为害嫩枝、叶片、花和果实。以叶和芽上的症状最明显。发病期间，被害叶片正面出现黄色小点，此为病菌的性孢子器。叶片背面出现黄色小斑，外围有退色晕环，逐渐突破下表皮产生橘红色粉末，此为锈孢子堆，直径 0.5～1.5mm，在叶片背面又产生近多角形、较大的病斑，大小 3～5mm，并生有黄粉状的夏孢子堆。秋末，病斑又产生棕黑色粉状的冬孢子堆（图 10-16）。嫩枝病斑略肿大。

（二）病原

病原为玫瑰多胞锈菌 *Phragmidium rosae-rugosae* Kasai，属担子菌亚门、冬孢菌纲、锈菌目、多胞锈菌属真菌。锈孢子亚球形至广椭圆形，淡黄色，大小 20～28μm×16～22μm。锈孢子间侧丝甚多，棍棒形，大小 50～85μm×14～20μm，无色。夏孢子橙黄色，球形至广椭圆形，大小 20～25μm×15～24μm，有细刺。夏孢子间侧丝多，侧丝棍棒形或圆筒形，大小 45～75μm×12～20μm，稍向内卷，平滑、几乎无色。冬孢子圆筒形，黄褐色，大小 63～128μm×24～39μm，有横隔膜 4～7 个。顶端有乳头状突起，下部有柄，长 60～168μm，基部膨大，无色或上端淡黄色。

另外一种病原为多花玫瑰多胞锈菌 *Phragmidium rosae-multifrorae* Diet.，在病叶正面生的性孢子器不显著，背面橘红色粉末即病菌的锈孢子堆。锈孢子卵形至椭圆形，淡黄色，大小 22～27μm×15～19μm。夏孢子堆散生，夏孢子桔黄色，大小 18～24μm×15～20μm。冬孢子棍棒状，深褐色，具 4～9 个隔膜，密生细瘤，顶端有乳头状突起，下端有柄，大小 65～118μm×20～28μm。柄不脱落，长 75～140μm，上部黄褐色，下部无色，膨大。

（三）发生规律

病菌以菌丝体或冬孢子在病芽、枝条病斑内越冬，于翌年萌发形成担孢子。担孢子发芽侵入寄主叶片，产生性孢子器及锈孢子器，锈孢子再侵染产生夏孢子堆。夏孢子则反复侵染，扩展蔓延。秋末，在病叶上形成冬孢子堆。冬孢子萌发温度为 6℃～25℃，最适温度 18℃；锈孢子萌芽温度为 6℃～27℃，最适温度 10℃～21℃；夏孢子在 9℃～27℃时萌发率最高。夏季，气温超过 27℃时不适于夏孢子萌发，基至死亡。若遇冬季温度过低，冬孢子也会死亡。因此，夏季温度较高或冬季低温寒冷时间长，病害发生不严重。若四季温暖、多雨、多雾的年份，夏孢子再侵染机会多，病害发生严重。

（四）防治措施

（1）搞好清园工作，冬季清扫落叶，春季仔细修剪。剪除病枝、病叶和病芽，收集烧毁，以减少侵染来源。

（2）发病初期喷施一次波美 0.3 度石硫合剂。

（3）适当增施钙、钾、磷、镁肥，提高植株的抗病能力。

四、玫瑰根癌病

（一）症状

根癌病主要为害植株地表根茎部位，有时也可为害枝条和地下细根。患部表面产生疣状凸起小瘤，初为白色，后变为淡褐色，粗糙不平，大小不等。内部组织呈灰白色，柔软或海绵状。随后，病瘤木质化并逐渐增大，表面渐由淡褐色变为暗褐色。病株叶片失绿黄化，变小，植株发育不良和明显矮化。

（二）病原

病原为根癌土壤杆菌 *Agrobacterium tuntefaciens* (Smith et Towns) Conn。细菌短杆状，单生或链生，大小 1.2～5μm×0.6～1μm，具 1～4 根周生鞭毛，有荚膜，无芽孢。革兰氏染色阴性反应，在琼脂培养基下菌落白色，圆形，光亮，透明；在液体培养基上微呈云状浑浊，表面有一层薄膜。细菌不易液化明胶，不易分解淀粉。发育最适温度为 25℃～28℃，生长的酸碱度最适为 pH 值 7.3。

（三）发生规律

细菌在癌瘤组织的皮层内越冬或随病组织脱落于土壤中越冬。病菌借助于苗木或土壤带菌而远距离传播，自寄主根部或根茎部各种伤口侵入，尤其是在苗圃中切接后埋土或压条伤口与带菌潮湿土壤接触，最易传病。雨水和灌溉水是田间传播的主要媒介。此外，线虫及地下害虫在病害传播上也起一定作用。土壤湿度过高，施用厩肥过多，土壤碱性时有利于发病，黏重土壤比沙质土壤发病较重。病原细菌存在一种由环状的 T-DNA 组成的诱癌质粒，当细菌侵入寄主时 T-DNA 也随之进入寄主细胞，引起细胞异常分裂形成癌瘤。当寄主细胞一旦分裂，即使除去病原细菌也不易阻止癌瘤的发展和增大。

（四）防治措施

（1）改进栽培技术　栽培上尽量避免造成一切有利于病菌侵入的伤口。改进嫁接方式，以芽接代替劈接。不用种过蔷薇科植物的园地作苗圃，可以选用种植过禾谷类作物的地块作苗圃。避免施用过多的堆肥和厩肥，适当增施硫酸铵等酸性肥料，以降低土壤 pH 值，从而抑制病菌繁殖。

（2）刮除病瘤　发现病瘤应立即消除，然后用 1%硫酸铜液或 1%抗菌剂 402 液消毒伤口，也可用 400 单位链霉素涂伤口、50%扑海因可湿性粉剂 1000 倍液或波尔多液保护伤口。刮除下的病瘤，应集中烧毁。

（李勇　丁万隆）

第八节　洋金花

Yangjinhua

DATURA FLOS

曼陀罗 *Datura stramonium* L.又名洋金花、闹羊花，为茄科一年生草本植物。曼陀罗花、种子、全草均可入药，有平喘、止痛和镇痉作用。曼陀罗病害有黑斑病、灰斑病等。

一、曼陀罗黑斑病

（一）症状

病菌主要为害叶片。发病初期产生淡黄色小点，以后逐渐扩大，形成近圆形病斑。病斑黄褐色至褐色直径 2～14mm，具不规则的同心轮纹。空气湿度大时，病斑表面产生淡黑色的霉状物，即病原菌的分生孢子梗和分生孢子。病害严重时，病斑连片，引起叶片早期枯死落叶，并可为害蒴果（图 10-20）。

（二）病原

病原为曼陀罗链格孢 *Alternaria crassa* (Sacc.) Rands.，为半知菌亚门、丝孢纲、暗梗孢科、链格孢属真菌。菌丝褐色至淡褐色，具分隔。分生孢子梗单生或 2～5 根束生，直或具有 1～2 个膝状结。分生孢子单生，倒棒形，淡褐色至褐色，喙稍长至极长。孢身至喙逐渐变细，具 4～11 个横隔，2～3 个纵隔膜，隔膜处缢缩，大小 42～93μm×10～17μm。

（三）发病规律

病原菌以菌丝体和分生孢子在病残体上越冬。翌年 6 月温湿度合适时，大量的分生孢子随风、雨传播到寄主叶片，引起初侵染。病斑上又产生大量分生孢子，经传播后引起多次再侵染。在东北 6 月开始发生，7～8 月为盛发期，9 月停止。植株生长衰弱，连续阴雨有利于发病和流行。

（四）防治措施

（1）秋季及早清除田间内枯枝落叶集中烧毁，并进行冬翻地，减少翌年初次侵染菌源。

（2）与禾本科及豆科作物轮作，轮作年限一般为 3～5 年。加强田间管理，及时追施肥料。合理排灌，提高植株抗病性。

（3）发病初期及时用药剂防治。可选用 50%退菌特 800 倍液，或 50%代森锰锌 600 倍液，或 75%百菌清 500 倍液。7～10 天喷 1 次，连喷 2～3 次。

二、曼陀罗灰斑病

（一）症状

病菌主要为害叶片。病斑圆形或近圆形，直径 2～5mm，中央白色或灰白色，边缘淡褐色或褐色。潮湿时，病斑两面生灰黑色霉层，即病原菌的分生孢子梗和分生孢子。

（二）病原

病原为曼陀罗生尾孢 *Cercospora daturicola* Ray.，为半知菌亚门、丝孢纲、暗梗孢科、尾孢属真菌。子实层叶两面生；子座无或仅由一些淡褐色细胞组成。分生孢子梗单生或 2～20 根放射状束生，淡橄榄褐色，不分枝，2～6 个隔膜，大小 24～125μm×3～5μm。分生孢子鞭形，无色，直或微弯，基部截形，顶端略尖至较尖，隔膜多但不明显，大小 36～128μm×3～4μm。

（三）发病规律

病菌以菌丝体在病株残体上越冬。翌春条件适宜时，产生分生孢子，借气流传播引起初侵染。病斑上的分生孢子借风雨传播不断引起再侵染，直至秋季。病菌喜高温，因此，夏末秋初时温度高，天气干旱但多雨露时往往发病严重。

（四）防治措施

（1）秋末清洁田园，烧掉病株残体，减少越冬菌源。

（2）发病初期喷 75%百菌清 500 倍液，或 50%多菌灵 500～600 倍液，或 77%可杀得 500 倍液，间隔 7～10 天，视发病发展喷施 2～3 次。

（丁万隆）

第九节　旋覆花

Xuanfuhua

INULAE FLOS

旋覆花 *Inula japonica* Thunb.为菊科多年生草本植物。以花入药，具清咽下气、软坚行水等功效。白锈病、斑枯病和根腐病是旋覆花的主要病害。

一、旋覆花白锈病

（一）症状

叶背病斑圆形，疱状，白色，直径 2～4mm，孢囊梗表皮下生，后突破表皮，放出白色粉状物，即病原菌的孢子囊（图 10-17）。

（二）病原

病原为婆罗门参白锈菌 *Albugo tragopogonis* (Pers.) Gray，属鞭毛菌亚门、卵菌纲、霜霉目、白锈菌属真菌。菌丝生于细胞间隙，吸器小，圆形，孢囊梗短，棍棒状，栅栏状排列，上生孢子囊。孢子囊链生，圆形或椭圆形，表面光滑，无色，成熟后突破表皮。

（三）发病规律

病菌以孢子囊或卵孢子在病株残体上或土壤中越冬，成为翌年初侵染来源。在东北 6～7 月发生。

（四）防治措施

（1）秋末清除病株残体，集中处理以减少病菌来源。

（2）发病前喷施 1 次 1∶1∶150 波尔多液；发病初期喷洒 40%乙磷铝 300 倍液。

二、旋覆花斑枯病

（一）症状

病菌主要为害叶片。叶上病斑多角形至近圆形，暗褐色至淡紫色，直径 2～5mm；后期上生小黑点，为病原菌的分生孢子器。发病严重时病斑可连片或穿孔，造成叶片枯黄、脱落。

（二）病原

病原为壳针孢属真菌 *Septoria* sp.，属半知菌亚门。

（三）发病规律

病菌以菌丝或分生孢子器在病叶上越冬；翌春条件适宜时产生分生孢子，借风雨传播造成初侵染。病斑上产生的分生孢子又引起多次再侵染。高温高湿有利于病害发生，6～8月发生严重。

（四）防治措施

（1）秋季清洁田园，降低越冬菌源量；加强肥水管理，合理密植，提高植株抗病力。

（2）发病期可选择50%代森锰锌600倍液、50%多菌灵500倍液或50%万霉灵600倍液等喷雾，视病情喷2～3次，间隔15～20天。

（丁万隆）

第十节　菊花

Juhua

CHRYSANTHEMI FLOS

菊花 *Chrysanthemum morifolium* Ramat.为菊科多年生草本植物，全国各地均有栽培，主产于安徽、河北、浙江、河南、四川等地。以花入药，具散风清热，平肝明目，清热解毒之功效。菊花病害种类较多，主要有霜霉病、枯萎病、斑枯病、黑斑病、灰斑病、白粉病、灰霉病、细菌性枯萎病、病毒病、叶枯线虫病等。

一、菊花霜霉病

（一）症状

病菌主要为害叶片，也能为害叶柄、嫩茎、花梗及花蕾。叶片正面出现界限不清的斑块，在叶背的病斑上产生污白色至淡褐色霜霉，病叶有时向上皱缩卷曲，常导致幼苗和成株叶片变黄褐色枯死。

（二）病原

病原菌为一种霜霉 *Peronospora radii* de Bary，属鞭毛菌亚门、卵菌纲、霜霉目、霜霉属真菌。孢囊梗单生或丛生，由气孔伸出，无分隔，主干基部膨大，大小225～412μm×7.8～11.8μm，主梗是全长的1/2～3/4，冠部呈3～7次叉状分枝，顶端呈2～3叉分枝，直角或锐角，顶枝长7.8～11.8μm，端细，基部稍粗，顶枝端钝圆，略膨大，孢囊梗3～5次分叉，第1分叉不对称，大小286～707μm×9～16μm，主干长192～473μm，末端分叉近直角，长7.8～157μm，直或弯，端尖；孢子囊椭圆形，无色，无乳突，大小23～33μm×17～27μm，萌发后产生芽管。该菌主要侵染贡菊、滁菊、亳菊。

（三）发病规律

病菌在留种母株新生的脚芽或病区的野生菊花上越冬。3月上旬发病，春季多雨时病害易流行。为低温高湿病害。5 月上旬停止发展，病菌潜伏在病株上越夏。9 月中下旬湿度大的地块先发病。春秋季节多雨或虽无雨但日夜温差大、雾露重也易引起发病。危害江苏、安徽等省的贡菊。

（四）防治措施

（1）农业防治　与禾本科作物实行轮作；选用抗病品种；及时清除菊花病残体，集中深埋或烧毁，减少侵染来源；加强肥水管理，提高植株抗病力，防止积水及湿气滞留。

（2）化学防治　发病初期喷洒 58%瑞毒锰锌 500 倍液，或 25%瑞毒霉与 65%代森锌按 1∶2 混合后的 500 倍液，或 75%百菌清可湿性粉剂 600 倍液，隔 10 天左右喷 1 次，共施 2～3 次，采收前 3 天停止用药。

二、菊花斑枯病

（一）症状

菊花斑枯病又称黑斑病，病菌主要为害叶片。植株下部叶片先发病，初期出现褐色小点，扩展后成圆形、椭圆形或不规则形病斑，直径 5～10mm，褐色、紫褐色或黑褐色，边缘清晰，叶缘病斑呈半圆形或扇形。后期病斑上密生针头状细小黑点，为病原菌分生孢子器。病斑多时可聚合成大病斑，使叶片变黄、皱缩。发病严重时，病株叶片自下而上变黑枯死，枯叶多悬垂于茎秆上而不脱落（图 10-18）。整个生育期均可发病。各主产区均有发生，造成叶片大量枯死，影响产量和品质。

（二）病原

病原为菊花壳针孢 *Septoria chrysanthemella* Sacc.，为半知菌亚门、腔孢纲、球壳孢目、壳针孢属。分生孢子器球形或近球形，顶部有孔口，直径 70～136μm，褐色至黑色。分生孢子梗短，不明显。分生孢子细长，丝状，无色，有隔膜 4～9 个，大小 36～65μm×1.5～2.5μm。病菌发育最适温度为 24℃～28℃。

（三）发病规律

病菌以分生孢子器或菌丝体在病株残体或植株基部新芽上越冬，翌年温湿度适宜时分生孢子器释放出大量分生孢子，借风雨、昆虫和农事操作传播侵害新叶引起发病。潜育期为 20～30 天，潜育期的长短与菊花品种、温度有关，高温时潜育期短。发病后病斑上不断产生分生孢子进行多次再侵染，在菊花整个生长期均可发生。温度适宜时田间有雨露即可发病；喷浇后叶片湿润过夜或秋雨多，有利于病菌的侵染、繁殖和传播蔓延，直至终花期不断加重为害。偏施氮肥使植株嫩弱，也有利于发病。品种对斑枯病的抗性有差异。

（四）防治措施

（1）采花后割去地上部，并彻底清除地面病残体及落叶集中烧掉；新栽培地要深翻土地，实施 3 年以上轮作。

（2）选用健壮无病的母株新芽繁殖，以培育壮苗；及时摘除下部病叶，带出田外销毁。

（3）实行配方施肥，促进植株健壮生长，提高植株抗病力；合理密植以保持株间通风透光，雨后及时开沟排水。

（4）幼龄植株于发病初期摘除病叶并喷药保护，每 15～20 天喷 1 次；老龄或发病严重植株，每 7～10 天喷 1 次，视病情及天气情况共喷 3～5 次。药剂可选用 50%扑海因 800 倍液、50%代森锰锌 500 倍液或 50%多菌灵 600 倍液等药剂，注意采花前 20 天禁止喷药。

三、菊花枯萎病

（一）症状

被害植株地上部叶片色泽变淡，失去光泽，稍呈波纹状，萎蔫下垂；一株中也有黄化枯萎叶片出现于茎的一侧，而另一侧的叶片仍正常。茎基部微肿变褐，表皮粗糙，间有裂缝，潮湿时缝中生有白色霉状物。根部受害，变黑腐烂，根毛脱落。纵、横剖切根茎，髓部与皮层间维管束变褐色，外皮出现黑色坏死条纹。近茎基部维管束变色较深，愈向上颜色逐渐变淡。病菌分泌的有害物质，破坏寄主细胞组织和堵塞导管，使水分供应受阻，植株很快萎蔫死亡。病株枯死的快慢，随菊花品种、气候条件和土壤性质的不同而有差异。

（二）病原

病原菌是尖镰孢菊花专化型 *Fusarium oxysporum* Schl. f. sp. *chrysanthemi* Snyder et Hansen，属半知菌亚门、丝孢纲、镰孢菌属真菌。气生菌丝，絮状。大分生孢子纺锤形或镰刀形，无色，壁薄，两端尖，多具 3 个隔膜，大小 28.8～43.2μm×3.6～4.3μm，基端细胞稍长，尖端稍弯曲；小分生孢子生于分生孢子梗上，多为单胞，少数为双胞，卵圆形或椭圆形，单胞大小 7.2～15.1μm×2.5～3.6μm，双胞 16.2～25.2μm×1.8～3.6μm；厚壁孢子球形至椭圆形，1～2 个细胞，顶生或间生；单生或双生，个别串生。

（三）发病规律

病原菌主要以厚垣孢子在土壤中生活或越冬。菌丝或孢子主要通过雨水、灌溉水传播，也可随病土移栽时传播。病菌发育适宜温度 24℃～28℃，条件适宜时病程 2 周即会出现病死株。6 月上旬开始发病，7 月上旬至 8 月上中旬，正值雨季，田间湿度大，有利于发病，是枯萎病的危害盛期，特别是一些低洼积水的地块，常导致成片枯死。施氮肥过多，土壤偏酸易发病。

（四）防治措施

（1）农业防治　①种植抗病品种。②与禾本科作物合理轮作。③加强栽培管理，平整土地，及时排水，防止田间积水。④选择无病种苗，不从病田老根上分株繁殖。

（2）化学防治　发现植株被病菌感染时，迅速施药，可用 50%多菌灵可湿性粉剂 500 倍液，或 70%甲基托布津可湿性粉剂 800 倍液根部浇灌，并对大田喷洒预防。对一些重病植株，及时拔除消毁，并对病株附近的土壤消毒。

四、菊花黑斑病

（一）症状

病菌主要为害叶片。受害叶片多从叶尖、叶缘处生近圆形或不规则形的褐色或灰色斑，外围具浅黄色晕圈，无明显轮纹；后期病斑上生黑色霉层，为病原菌的分生孢子梗和分生孢子（图 10-19）。条件适宜时病斑迅速扩展，导致全叶枯死。一般从植株下部叶片开始发病，逐渐向上蔓延，严重时全株叶片变黑枯死，病叶不脱落，吊挂在茎秆上。

（二）病原

病原为链格孢 *Alternaria alternata* (Fr.) Keissler，异名 *A. tenuis* Nees.，为半知菌亚门、丝孢纲、丛梗孢目、链格孢属。分生孢子梗单生或数根簇生，直立或弯曲，褐色，具隔膜，罕见分枝，大小 33～75μm×4～5.5μm。分生孢子链生或单生，倒棒形、卵形、倒梨形或近椭圆形，褐色，表面光滑或具细疣，横隔 3～8 个，纵、斜隔 1～4 个，分隔处缢缩，大小 22.5～40μm×8～13.5μm。喙短柱状或锥状，淡褐色，0～1 个横隔，大小 8～25μm×2.5～4.5μm，大部分可转变为产孢细胞，其上形成次生孢子。

（三）发病规律

病菌以菌丝体在病株残体上越冬，田间病残体为其初侵染来源，温度和降雨与病菌生长繁殖关系密切，降雨量大、降雨次数多有利于病菌的传播和蔓延。生长季病叶上产生的分生孢子借风雨传播不断引起再侵染，蔓延为害。重茬菊花病情指数高于轮作菊花；春插菊花比夏插的发病轻。高温高湿时发病较重，6～10 月均可发生，7～8 月为发病高峰，9 月以后病情发展较慢。

（四）防治措施

（1）实行轮作倒茬，忌重茬；菊花收获后清除田间病残叶烧毁或深埋。

（2）提倡春栽，压缩夏茬插条菊花面积；加强栽培管理，促进植株生长健壮，提高植株抗病能力。

（3）发病初期用 50%多菌灵 500 倍液、75%代森锰锌 600 倍液或 50%扑海因 800 倍液等药剂喷雾 3～4 次，间隔期为 7～10 天。

五、菊花病毒病

由多种病毒引起，在各产区均有生，导致菊花减产和品种退化，每年因病毒病害造成的菊花产量损失高达 30%。

（一）症状

为系统侵染病害，为害全株，叶片症状最为明显。花叶型：常见形状不规则的浅绿色与深绿色相间的花叶，脉明；红叶型：叶片小而厚，叶尖短而钝圆，叶缘内卷，正面暗绿色，叶背沿叶缘变紫红色；矮化型：主要表现为植株矮化，是健康植株高度的 30%～50%，幼叶浅绿，叶及花朵变小，生根能力减弱。

（二）病原

我国报道危害菊花的病毒有 9 种：菊花 B 病毒（*Chrysanthemum virus* B，CVB）、菊花 R 病毒（*Chrysanthemum virus* R，CVR）、番茄不孕病毒（*Tomato aspermy virus*，TAV）、黄瓜花叶病毒（CMV）、烟草花叶病毒（TMV）、马铃薯 Y 病毒（PVY）、马铃薯 X 病毒（PVX）、小西葫芦黄花叶病毒（*Zucchini yellow mosaic virus*，ZYMV）、菊花矮化类病毒（*Chrysanthemum stunt viroid*，CSVd）和菊花枯黄斑点类病毒（*Chrysanthemum chlorotic mottle viroid*，CChMVd），以 CVB 的危害最为严重。CVB 属香石竹潜隐病毒属 *Carlavirus*，病毒粒体线条状，长 690nm×12nm，致死温度 60℃～65℃，体外存活期 1～6 天，稀释限点 100～1000 倍。

（三）发病规律

病毒在留种菊花母株内越冬，靠分根、扦插繁殖传毒，此外，CVB、TAV、PVY 和 CMV 还可由蚜虫传毒。在田间蚜虫发生早、发生量大的地区或年份易发病，菊花单种、土壤贫瘠、管理粗放的地块发病重。

（四）防治措施

（1）农业防治　栽种脱毒菊苗；菊花收获前在田间选择生长健壮、开花多而大的植株留种；因地制宜推广栽培套种，利用其他作物为屏障，减轻传播介体（蚜虫等）的危害；加强肥水管理，增加植物抗病力。

（2）化学防治　蚜虫迁飞期，使用黄板诱杀蚜虫，选用 10%吡虫啉可湿性粉剂或 10%醚菊酯悬浮剂喷雾，灭杀蚜虫，避免虫媒传毒。发病初期可选用抗病毒药剂，如 1.5%植病灵 800 倍液或 20%病毒 A500 倍液喷雾，对病害有一定缓解作用。

六、菊花叶枯线虫病

（一）症状

线虫主要为害叶片，也能侵染花芽和花。叶片受害后叶色变淡，并有淡黄色至黄褐色的斑点。随着病情的发展，叶片上呈现特有的角状褐色斑，或受叶脉限制而形成坏死斑纹。最后叶片卷缩、枯萎，并沿茎秆下垂。发病严重时，叶片发生卷曲、枯萎，花不发育、畸形，植株矮小、萎缩，是菊花重要病害之一。

（二）病原

病原为菊花叶枯线虫 *Aphelenchoides ritzemabosi* (Schwartz) Steiner et Bührer，侧尾腺口纲、滑刃目、滑刃线虫属。雌虫虫体细长，体长 0.8～1.3mm，体表环纹细，较明显。侧区有 4 条侧线。唇区稍扩张，呈半球形，缢缩明显。口针纤细，基部球小，但明显可见，食道体部管状，中食道球长卵圆形，食道腺长，覆盖于肠的背面，覆盖长 5～6 倍长体宽。神经环在中食道球后 1～2 个体宽处。卵巢一个，前伸，常达虫体前 1/3 附近。卵母细胞为多行排列，后子宫囊呈宽囊状，长为肛阴距的 1/2 以上，其中常贮藏有精子。尾圆锥形，末端尖细，有星状的尾尖突。尾长常为肛径的 3 倍左右。雄虫尾端向腹面卷曲，长 0.9～1.2mm。尾部无交合伞，而交合刺成对，针刺状。

（三）发病规律

1 年发生 10 代左右，以成虫在被害植株组织内越冬。雌成虫沿根系及茎从土中爬到叶片上，在叶表或叶内产卵，卵期 2～3 周。卵孵化后经 2 周左右发育为成虫。成虫通过叶面气孔钻入组织内为害，经反复侵染为害后，植物所有器官几乎都有线虫，其中以叶片为最多。当下雨或浇水时，叶面潮湿，促使线虫大量移动，传播蔓延。田间线虫的传播，一般通过雨水、灌溉水和土壤，远距离传播则可以通过带病的插条和病苗。翻耕浅、土质疏松、连年栽培感病植物等情况下发病常较严重。

（四）防治措施

（1）加强检疫工作。禁止病苗及其繁殖材料传入无病区。菊花繁殖应选用无病健康的插条，工作时不使用与病苗、病土接触过的、未经消毒的工具。

（2）插条消毒处理。对有带病嫌疑的插条，可用 50℃温水处理 10 分钟。

（3）病区的土壤在种植前可用 40%甲醛 50 倍液熏蒸消毒，半个月后才可栽种菊花。

（王蓉　丁万隆）

第十一节　款冬花
Kuandonghua
FARFARAE FLOS

款冬 *Tussilago farfara* L.别名冬花，为菊科多年生草本植物。以花蕾入药，具润肺、止咳、化痰等功效。产于河南、甘肃、山西、四川、湖南等地。款冬上危害较大的病害有褐斑病、菌核病和白绢病等。

一、款冬褐斑病

（一）症状

病菌主要为害叶片。叶面病斑圆形或近圆形，或沿叶脉成不规则形。初期病斑较小，接着病斑逐渐扩展。病斑中央浅褐色，稍凹陷，边缘紫红色，不整齐，病斑直径 5～20mm。后期病斑上产生许多褐色小点，为病原菌分生孢子器。病害严重时常导致田间植株大面积叶片枯死（图 10-21）。

（二）病原

病原为款冬壳多孢 *Stagonospora tussilaginis* (Westendorp) Diedicke，为半知菌亚门、腔孢纲、球壳孢目、壳多孢属。分生孢子器初埋生于寄主表皮下，后突破表皮外露，散生于叶面。分生孢子器近球形，直径 212～376μm，器壁淡褐色，膜质，孔口周围的细胞褐色，稍厚。分生孢子近梭形、棒形，色淡，顶端钝圆，基部略尖，3 隔膜，隔膜处稍缢缩，大小 30～52μm×4～6μm。在 PDA 培养基上病菌生长良好，不易产生分生孢子。25℃下培养 2 天，菌落直径 3cm 左右。菌落圆形，气生菌丝白色茂密。菌落反面自中心由黑色渐墨绿色至白色。菌丝粗细不一，新生菌丝较细。菌丝具隔，多锐角分枝。

（三）发病规律

病原菌在病株落叶上越冬，第二年春季出苗后，温湿度条件适宜时分生孢子萌发并造成初侵染，整个生长季可发生多次再侵染。夏季高温高湿或雨后骤晴有利于发病；植株长势差、湿度过大及易积水的田块发病严重。7～8 月为发病盛期，造成花芽和花蕾小，严重影响款冬花的等级与产量

（四）防治措施

（1）收获后要注意清洁田园，病残体要集中深埋或烧毁。

（2）加强田间管理。栽培地尽量采用轮作倒茬，可有效防止病害的发生；雨后及时疏沟排水，降低田间湿度，减轻发病。

（3）出苗后喷洒 1∶1∶100 波尔多液保护；发病初期喷洒 50%多菌灵 500～600 倍液、50%世高 600 倍液、爱苗 600～800 倍液、50%代森锰锌 500 倍液或 50%甲基托布津 800 倍液等药剂，视病情喷 2～3 次，间隔期为 7～10 天。

二、款冬菌核病

（一）症状

发病初期，病株地上部分无明显症状，后出现白色菌丝逐渐向主茎上蔓延，叶面呈现褐色病斑。植株地下部分逐渐发黄腐烂，闻有酸气，末期根部黑褐色，植株枯萎。

（二）病原

病原为核盘菌 *Sclerotinia* sp.，为子囊菌亚门、盘菌纲、柔膜菌目、核盘菌科、核盘菌属真菌。子囊盘从菌核或子座上生长出来，肉质，有柄。

（三）发病规律

以菌核在病害残体上及土壤中越冬，成为翌年的初次侵染来源。翌年，菌核上抽生子囊盘，产生子囊孢子，借风雨传播，扩大为害。6～8 月高温多湿的条件下发生。

（四）防治措施

（1）轮作。适宜与禾本科作物如水稻等轮作。

（2）发现中心病株，及时拔出，并且铲除其植株周围表土，控制蔓延；雨后及时疏沟排水，降低田间湿度，减轻发病。

（3）出苗后喷 1∶1∶130 波尔多液，发病后喷 50%多菌灵 500～600 倍液或 65%代森锌可湿性粉剂 500～600 倍液等药剂。

（丁万隆　陈炳蔚）

第十一章　叶、皮类药材病害

第一节　白鲜皮

Baixianpi

DICTAMNI CORTEX

白鲜 *Dictamnus dasycarpus* Turcz.为芸香科多年生草本植物。主产于辽宁、河北，我国北方多有分布。以干燥根皮入药称白鲜皮，有祛风燥热、清热解毒之功效。病害主要是灰斑病和褐斑病。

一、白鲜灰斑病

（一）症状

白鲜灰斑病主要侵染叶片，严重时也可侵染叶柄。发病初期产生黄褐色小斑点，逐渐扩展为直径 1.2～17.6mm 椭圆形或多角形的灰褐色病斑，有黄色晕圈，病斑上具深褐色针尖大小的粒状物。发病严重时，病斑互相会合成不规则大斑，明显受叶脉限制形成多角形，后期导致黄化、提早落叶。

（二）病原

病原为白鲜拟尾孢 *Paracercospora dictamnicola*，属于子囊菌无性型、拟尾孢属。病原菌在 PDA 培养基上生长缓慢，气生菌丝不发达，颜色较浅，培养基内菌丝颜色较深，多会产生色素，中心稍突起，背面易开裂。叶片上分生孢子梗簇生于直径 50～125μm 的子座上，浅棕色，直立或轻微弯曲，不分枝，大小 25.0～75.0μm×2.5～5.8μm，0～4 隔膜。分生孢子近无色或淡青黄褐色，倒棍棒至圆柱形，少量直立，多数弯曲至明显弯曲，个别成 S 形。基部倒圆锥形平截，大小 82.5～187.0μm×3.8～6.3μm，5～16 隔膜。

（三）发病规律

病菌以分生孢子在田间病残体或土壤中越冬，成为翌年初侵染源，条件适宜时分生孢子随气流或雨水传播引起初侵染和再侵染。一般在东北地区 7 月初开始发病，8 月温湿度适宜时达到盛发期。

（四）防治措施

（1）注意保持田园卫生，及时清除病残体。入冬前清园，收集病残体集中烧毁，减少越冬菌源基数。

（2）加强栽培管理，提高植株抗病性。合理密植，注意通风透气。科学肥水管理，增施磷、钾肥，提高植株抗病能力。适时浇水，雨后及时排水，防止田间湿气滞留。

(3) 发病前或发病初期及时进行药剂防治。可喷施70%甲基硫菌灵可湿性粉剂800倍液，或75%百丽清可湿性粉剂500倍液、50%多菌灵可湿性粉剂1000倍液等，7～10天1次，喷2～3次。

二、白鲜褐斑病

(一) 症状

叶片上病斑圆形、近圆形，直径3～10mm，褐色；后期，病斑上生无数黑褐色点状物，即病原菌的子实体。

(二) 病原

病原为一种尾孢 *Cercospora aurantia* Heald et Wolf.，属半知菌亚门、丝孢纲、丝孢目、尾孢属真菌。子实体主要叶面生，子座球形，暗褐色，直径57～135μm。分生孢子梗束生，密集，单根淡黄色，多根聚集在一起呈黄褐色，上下色泽均匀，宽度一直，不分枝，无膝状节，正直。顶端呈圆形或圆截形，0～1个隔膜，大小16～36μm×3～4μm。分生孢子近鞭形、倒棒形，无色至淡褐色，微弯或弯曲，基部截形，顶端较钝，4～10个隔膜，大小48～154μm×4～5μm。

(三) 发病规律

病菌以菌丝体在病株残体上越冬。翌春条件适宜时，分生孢子随气流传播引起初侵染。病斑上产生的分生孢子借风雨传播不断地引起再侵染。在东北7月发生。

(四) 防治措施

入冬前搞好清园，处理病株残体；发病时喷施70%甲基托布津800倍液，75%百菌清500倍液。

（陈炳蔚　李勇）

第二节　肉桂
Rougui
CINNAMOMI CORTEX

肉桂 *Cinnamomum cassia* presl 又名玉桂，属樟科樟属常绿乔木。主要于广西、广东、福建及云南等地。以茎皮（即桂皮）、幼果入药。性大热，味辛甘，具温骨补阳、温中散寒、止痛等功效。主要病害有粉实病、炭疽病、根腐病、藻斑病、煤烟病、叶枯病、锈病等。

一、肉桂藻斑病

(一) 症状

红锈藻为害叶片。初为针尖大小的圆形斑点，灰白色、灰绿色或黄褐色，以后呈放射状扩展，逐渐形成大小不等的圆形、椭圆形或不规则形稍隆起的毡状物。病斑边缘与中间的颜色常不同。

（二）病原

病原为红锈藻 *Cephaleuros virescens*，属绿藻门、绿藻纲、红锈藻属植物。病斑上隆起的毡状物是病原物的营养体，由密集细致的二叉分枝的丝网组成。营养体上长出大量红褐色、毛发状游动孢囊梗。孢囊梗顶端膨大，上生小梗，每一小梗顶端着生一个椭圆形或球形的游动孢子囊。成熟后遇水破裂，散出游动孢子。游动孢子椭圆形，具两根侧生鞭毛，可在水中游动。

（三）发病规律

病原物以营养体在寄主组织中越冬。孢子囊借雨滴飞溅或气流传播。温暖高湿有利于孢子囊的形成和传播。降雨频繁、雨量充足的季节，病害扩展迅速。树冠过密、通风透光不良、寄主长势衰弱常易受害。

（四）防治措施

（1）加强栽培管理，注意通风透光，避免过度荫蔽，增强树势，减少发病。

（2）用 0.6%～0.7%波尔多液喷洒防治。

二、肉桂粉实病

（一）症状

病果外表初生黄色小点，扩大后呈瘤状突起，表面粗糙，褐色。将瘤状物的外表皮剥去，可见皮下有一层白色粉状物（图 11-1）。翌年春天全果肿大，果内充满褐色粉状物，果实干缩，脱落悬挂于树枝上，重病株上健果很少。

（二）病原

病原为泽田外担子菌 *Exobasidium sawadae* Yamada，属担子菌亚门、外担菌目、外担子菌属真菌。担子从寄主细胞间长出，棍棒状，顶端稍圆，上生 4～10 个担孢子，通常为 8 个。担孢子倒卵形或长椭圆形，无色或稍带黄色，大小 10～19μm×5.5～10μm。

（三）发病规律

病菌主要以残留在树上或落到地上的病果越冬，每年夏季果实形成时即被侵染，随后病害逐渐扩展。一般林缘及空旷地上的植株发病率较高。

（四）防治措施

（1）清除并销毁病果，减少初浸染源。

（2）果实形成期喷洒波美 0.3～0.5 度石硫合剂，或 20%粉锈宁 1500 倍液。

三、肉桂炭疽病

（一）症状

发病初期叶尖、叶缘出现褐色不规则小斑点，后期扩展并汇合成褐色大斑。病斑上产生小黑点（分生孢子盘）。病斑边缘有一红褐色波纹状环带。炭疽病是肉桂主要病害之一，从幼苗至成株均可发生，为害严重时造成病叶脱落。

（二）病原

病原为胶孢炭疽菌 *Colletotrichum gloeosporioides* Penz.，属半知菌亚门、黑盘孢目、炭疽菌属真菌。分生孢子盘生于寄主叶片表皮下，成熟后突破表皮。刚毛褐色或暗褐色，生于分生孢子盘周围，上端尖，透明；但有时无刚毛。分生孢子梗短，无隔膜，无色，不分枝，集生于分生孢子盘内，顶生分生孢子。分生孢子卵圆至长椭圆形，单胞，大小 10.8～12.8μm×5～7.5μm。

（三）发病规律

病害全年发生，一般 2～4 月为发病盛期。病斑上的分生孢子借风雨传播，湿润时萌发侵入寄主。连续阴雨、阳光不足有利于发病。土壤黏重积水、栽培管理不善容易发病。

（四）防治措施

（1）加强栽培管理，增强植株抗病力。清除杂草和病叶，减少田间菌源。

（2）发病期喷洒 70%甲基托布津可湿性粉剂 1000 倍液或 50%多菌灵可湿性粉剂 1000 倍液，每隔 7～10 天喷 1 次，连续喷 3～4 次。

（周亚奎　丁万隆）

第三节　芦荟

Luhui

ALOE

芦荟 *Aloe barbadensis* Miller，为百合科多年生肉质草本。以叶片和干燥液汁入药，具清热导积、通便杀虫、通经等功效。芦荟病害以炭疽病为主，一般发生轻微。

芦荟炭疽病

（一）症状

主要为害叶片，茎部也可受害。初期叶上产生黑褐色小病斑，圆形或近圆形，直径 3～6mm，黑褐色，并很快扩展成大斑，中部下陷，边缘略隆起，上散生小黑点。多发生于老龄及有伤口的叶片上，可导致叶片折弯、干缩，影响生长。

（二）病原

病原为胶胞炭疽菌 *Colletotrichum gloeosporioides* Penz.，属半知菌亚门、黑盘孢目、炭疽菌属真菌。分生孢子盘刚毛褐色或暗褐色，生于分生孢子盘周围，透明，有时无刚毛。分生孢子梗短，无隔膜，不分枝，集生于分生孢子盘内。分生孢子卵圆至长椭圆形，单胞，大小 10.8～12.8μm×5.0～7.5μm。

（三）发病规律

病菌以菌丝体在病残组织内越冬，发育适温为 21℃～28℃，高温高湿、园圃郁蔽有利于发病；盆土过湿，园圃疏于清沟排渍或偏施过施氮肥发病率增加；日常管理操作及运输过程中人为造成的机械伤口极易发病。

（四）防治措施

（1）适当控制氮肥施用，避免淋水过度；过冬温室内温度应保证 12℃以上。

（2）割除病叶并集中深埋；少量病斑可局部切除，随即在伤口处涂药保护。

（3）病害流行季节选喷 58%瑞毒霉锰锌 500 倍液、50%甲基托布津 600～800 倍液或 50%代森锰锌 600 倍液等 3～5 次，间隔 7～10 天。

（丁万隆）

第四节 杜仲

Duzhong

EUCOMMIAE CORTEX

杜仲 *Eucommia ulmoides* Oliver 为杜仲科木本植物，以树皮入药，有补肝益肾、坚筋骨、强志之功效，用于腰膝酸痛、肝肾风虚等症。主产于四川、陕西、湖北、河南、贵州等地。病害主要有叶枯病和褐斑病。

一、杜仲叶枯病

（一）症状

病菌主要为害叶片。初期叶片上出现黑褐色斑点，后不断扩大，病斑边缘褐色，中央呈灰白色，有时因脆裂而穿孔，严重时造成叶片枯死（图 11-2）。

（二）病原

病原为壳针孢属真菌 *Septoria* sp.，属半知菌亚门。

（三）发病规律

病菌以菌丝体和分生孢子器在病残体上越冬。栽培管理粗放、通风透光条件差、树势生长衰弱时病害发生重。

（四）防治措施

（1）冬季彻底清除田间落叶枯枝，并集中烧掉。

（2）发病初期及时摘除病叶，同时喷洒 1∶1∶100 波尔多液保护；发病期可喷洒 50%多菌灵 500 倍液、75%百菌清 600 倍液或 64%杀毒矾 500 倍液等，药剂要交替使用，每 10 天左右 1 次，连续喷 2～3 次。

二、杜仲褐斑病

（一）症状

病菌主要为害叶片。初期叶上出现黄褐色斑点，扩展后成椭圆形大斑，红褐色，有明显的边缘；病部生灰黑色小颗粒状物，为病菌的分生孢子盘。

（二）病原

病原为盘多毛属真菌 *Pestalotia* sp.，属半知菌亚门。

（三）发病规律

病菌以分生孢子盘在病叶内越冬，翌春环境条件适宜时产生分生孢子借风雨传播为害。4 月中旬开始发病，7～8 月为发病盛期。疏于田间管理或土壤瘠薄、种植密度大及阴湿地块易发病。

（四）防治措施

（1）秋后彻底清除田间枯枝落叶集中烧掉；加强田间管理，增强树势。

（2）发病前喷 1 次 1∶1∶100 波尔多液保护；发病初期可选喷 50%扑海因 800 倍液、50%多菌灵 600 倍液或 65%代森锌 600 倍液等药剂，连续喷 2～3 次，间隔 10 天。

（李勇　丁万隆）

第五节　牡丹皮

Mudanpi

MOUTAN CORTEX

牡丹 *Paeonia suffruticosa* Andr.为毛茛科多年生木本植物，以根皮入药称丹皮，有清热凉血、活血行瘀之功效。主产于安徽、山东、湖北、湖南、四川等地。牡丹病害主要有疫病、灰霉病、叶霉病、根结线虫病等。

一、牡丹疫病

（一）症状

茎、叶、芽等部位均可受害，茎部被害产生长形的溃疡斑，初水渍状，后形成长达数厘米的黑斑。病斑中央黑色，向边缘颜色逐渐变浅。近地面幼茎受害，整个枝条变黑枯死。病菌侵害根茎部可以引起茎腐。叶片病斑多发生于下叶，水渍状，不规则形，初暗绿色，后变成黑褐色，叶片枯垂。疫病的症状与灰霉病的症状有些相似，但疫病的病部黑褐色，多少呈皮革状，看不到霉层；而灰霉病的病部灰褐色，长有灰色的霉层。

（二）病原

病原为恶疫霉 *Phrytophthora cactorum* (Leb. et Cohn.) Schrot.，属鞭毛菌亚门、卵菌纲、霜霉目、疫霉属真菌。无性阶段产生孢子囊，无色，单胞，椭圆形，顶端有乳头状突起，大小 51～57μm×34～37μm，孢子囊萌发形成游动孢子，也可以直接萌发产生芽管。此外，在菌丝中都可以产生厚垣孢子，其存活期很长。有性阶段产生卵孢子。卵孢子外壁厚而光滑，球形，淡褐色，直径 27～30μm。

（三）发病规律

病菌以卵孢子、厚垣孢子或菌丝体随病组织遗留在土壤里越冬。在适宜条件下，土壤带菌量逐年累积增多。在芍药生长期，每当下一次大雨后都会出现一个侵染和发病高峰。雨水大的年份发病重，雨后高温也是疫病发生的重要条件。雨后排水不良的低洼田块，疫病常严重发生。

（四）防治措施

（1）选择地势高燥、排水良好的砂质壤土种植，防止茎基部淹水。田间发现病株要及时拔除并集中烧毁。病穴土壤用 50 倍福尔马林液或敌克松 500 倍液处理。

（2）发病初期可喷施 25%瑞毒霉 200 倍液、40%乙磷铝 300 倍液或波尔多液以保护茎、茎基部及叶片，应着重喷药保护植株的茎基部。

二、牡丹叶霉病

（一）症状

病菌主要为害叶片，也可侵染茎及花冠。叶上病斑圆形，直径 6～15mm，逐渐扩大后微具淡褐色轮纹，常在背面生墨绿色绒霉层；后期病斑相互汇合引起叶枯。茎部病斑长条形，稍凹陷。萼片、花瓣上的病斑为紫红色小点（图 11-3）。该病常导致叶片早枯，为害极其严重，产量损失大。

（二）病原

病原为牡丹枝孢霉 *Cladosporium paeoniae* Pass，属半知菌亚门、枝孢霉属真菌。分生孢子梗 3～7 根簇生，黄褐色，线形，有 3～7 个隔膜，大小 27～73μm×4～5μm。分生孢子纺锤形或卵形，一至多个细胞，黄褐色，大小 10～13μm×4～4.5μm。

（三）发病规律

病菌主要以菌丝体和分生孢子在地面病残体及病果壳上越冬，并能在分株后遗留在种植圃旁的肉质根上腐生。分生孢子靠风雨、气流传播，经风雨泥浆反溅或叶片嫩茎自然生长中造成的细微伤口有利于侵入，再侵染过程中病斑扩展较慢。夏季高温少雨不利于病菌子实体的形成、孢子萌发及菌丝生长。植株生长郁闭及田间湿度大则发病严重。

（四）防治措施

（1）秋季清除地面病残落叶烧掉；分株后将残留田间的肉质根彻底清除干净。

（2）控制密度，雨后及时排水；分株繁殖时选健壮株种栽。

（3）发病初期每 10～15 天喷药 1 次，可选用 50%扑海因 1000 倍液、50%多菌灵 500 倍液或 50%代森锰锌 600 倍液等药剂，连续喷 2～3 次。

三、牡丹灰霉病

（一）症状

叶片上常于叶尖、叶缘处产生近圆形或不规则形水渍状大斑，病斑具不规则轮纹，褐色、紫褐色至灰色，天气潮湿时常在叶背长出灰色霉层。叶柄、茎上病斑长条形，水渍状，暗绿色，后变为褐色，凹陷软腐，植株折倒。早春花芽、幼茎受害表现为萎蔫和倒伏，危害性大。病菌侵染通常发生在花期，受害花瓣变褐腐烂，上面覆盖灰色霉层，病部向下延伸到花梗，严重时根冠也可发生腐烂。后期在茎基组织内部产生黑色小菌核。

（二）病原

病原菌为牡丹葡萄孢 *Botrytis paeoniae* Oud.，为半知菌亚门、丛梗孢目、葡萄孢属真菌。分生孢子梗直立，长 0.25～1mm，宽 14～16μm，淡褐色，具隔膜，顶部往往螺旋状分枝。分生孢子疏松地聚集成头状，卵圆形，或近圆形，无色至淡褐色，单胞，大小 9～16μm×6～9μm。菌核小，黑色，直径 1～1.5mm。

（三）发病规律

病菌以菌丝体、菌核和分生孢子在土壤及病残体上越冬。翌年菌核直接产生分生孢子，靠气流、风雨传播为害。病斑上产生的分生孢子可引起多次再侵染，扩大为害。病菌可通过伤口侵入或在衰老的组织上生长，侵染花器造成花瓣变褐腐烂。病花瓣接触花梗、叶片或叶缘有外伤时，病菌能在上面迅速生长，引起植株顶枝枯萎和叶枯。低温潮湿、连阴雨天气有利于发病，开花后植株间长期潮湿则发生严重。当寄主植物生长健壮时植株抗病性较强，不易被侵染，寄主处于生长衰弱的状况下，抗病性较弱，最易感病。低温潮湿、阴雨连绵天气，最有利于灰霉病的发生。

（四）防治措施

灰霉病的防治除要注意田园清洁外、重点是要通过加强栽培管理控制田间温湿度，培育壮苗，提高寄主抗病能力。并适时喷药保护，防止病害蔓延。

（1）清洁田园　秋季彻底清除落叶，剪除地面残茎，以不损伤幼芽的前提下愈深愈好，残茎败叶应集中烧毁。春季一旦发现病叶、枯芽，立即摘除。

（2）加强栽培管理　选择肥沃深厚、排水良好的砂壤土，早春应及时去除防寒覆盖物，栽植密度不宜过大。灌水不超过植株基部，培土不宜堆积于叶基，施有机肥也不宜接触新生的枝和叶。重病地要实行轮作，连作地土壤要充分翻晒处理或土壤消毒后再种植。

（3）药剂防治　嫩芽破土而出时，可喷洒1∶1∶150波尔多液保护、以后可选50%速克灵1000倍液、50%甲基托布津或多菌灵1000倍液、50%万霉灵800倍液等喷雾，连喷2～3次，间隔期为7～10天。

四、牡丹根结线虫病

（一）症状

线虫为害根部。受害的根部肿胀形成直径2～18mm不等的根结，内有雌雄线虫。被害根系短而蓬乱，大量根结破坏了维管组织，养分输送受阻，使植株地上部生长不良。发病严重时叶片变黄，主根畸形，降低产量与品质（图11-4）。

（二）病原

病原为北方根结线虫 *Meloidogyne hapla* Chitwood.，属根结线虫属。植株被线虫寄生后，根系生长发育受阻，主根不易正常生长，根系功能受到破坏，地上部发育不良，叶片变黄。

（三）发病规律

线虫以卵和2龄幼虫在土壤中越冬，翌春当15cm土温达到14℃～15℃时，越冬卵开始孵化，2龄幼虫侵入幼根，并随幼根生长在根内定居。在温暖或气温较高地区，多湿砂质壤土中有利于根结线虫病的发生。华北地区每年发生4～6代。

（四）防治措施

（1）与禾谷类、棉花等作物轮作。

（2）分根繁殖时选无根结者做种栽，剔除带有线虫的种根。

（李勇　丁万隆）

第六节　枇杷叶

Pipaye

ERIOBOTRYAE FOLIUM

枇杷 *Eriobotrya japonica* (Thunb.) Lindl.别名巴叶、无忧扇，为蔷薇科多年生木本植物，主产于广东、浙江。以干燥叶片入药称枇杷叶，有清肺止咳、和胃降气之功能，用于肺热咳嗽、胃热呕逆等症。枇杷病害主要有灰斑病、炭疽病等。

枇杷灰斑病

（一）症状

病菌主要为害叶片，果实也可受害。发病初期叶片上生淡褐色圆形病斑，后渐变为灰白色，表面干枯，常与下部组织分离，多个小病斑常愈合形成不规则大斑。病斑具明显边缘，中央散生小黑点，为病原菌分生孢子盘，严重时叶片早期脱落（图 11-5）。果实染病后产生紫褐色圆形、凹陷病斑，上面也散生黑色小点，严重时果实腐烂。

（二）病原

病原为枇杷叶盘多毛孢 *Pestalotia eriobotrifolia* Guba.，属半知菌亚门、盘多毛孢属真菌。分生孢子盘 181～220μm。分生孢子纺锤形，4 个真隔膜，隔膜间缢缩，大小 17～23μm×7～9μm，中间 3 个细胞暗褐色，顶端有附属丝 3 根，附属丝长 10～20μm。基细胞无色，长 3～4μm。

（三）发病规律

病菌以菌丝体和分生孢子在病叶上越冬，翌春菌丝萌发产生分生孢子，新、旧分生孢子通过雨水传播，进行初侵染。病害的发生与栽培管理及品种有关，枇杷品种间感病性存在差异；施肥不当、土壤瘠薄可诱发病害；地下水位高、排水不良、树冠郁密、通风透光差则发病严重。

（四）防治措施

（1）选栽抗病品种；秋末冬初彻底清除树下残枝落叶集中烧掉。

（2）加强栽培管理，增施有机肥，低洼积水地注意排水；合理修剪，以增强树势，提高树体抗病力。

（3）新叶长出后喷洒 1∶1∶160 波尔多液保护，以后选用 70%甲基硫菌灵 1000 倍液或 50%代森锰锌 600 倍液等药剂，间隔 10～15 天 1 次，共喷 2～3 次。

（丁万隆）

第七节　厚朴
Houpo
MAGNOLIAE OFFICINALIS CORTEX

厚朴 *Magnolia officinalis* Rehd.et Wils.别名川朴，属木兰科木兰属落叶乔木。主产于浙江，江苏、福建、江西、安徽、湖南、贵州等地也有栽培。以干燥树皮、根皮及花蕾入药，性温，味苦辛，具有温中、下气、散满、燥湿、消痰、破积之功效。主要病害有根腐病、叶枯病、立枯病和桑寄生等。

一、厚朴根腐病

（一）症状

根腐病主要为害厚朴幼苗，造成苗木大量死亡。发病初期幼苗根部变褐色，逐渐扩大呈水渍状，后期病部发黑腐烂，病苗死亡。

（二）病原

病原为一种镰刀菌属 *Fusarium* sp.，属半知菌亚门、瘤座孢目、镰孢属真菌。大型分生孢子镰刀形，多胞，无色；小型分生孢子卵圆形，单胞，无色。

（三）发病规律

病菌以分生孢子在土坡或病残组织中越冬，生长季节条件适宜时即可发病。天气时晴时雨、土壤积水、幼苗生长不良有利于发病。

（四）防治措施

（1）生长期及时疏沟排水，降低田间湿度；同时要防止土壤板结，增加植株抵抗力。

（2）发病初期用50%多菌灵800～1000倍液或40%甲基托布津500倍液，每隔15天喷1次，连续喷2～4次。

二、厚朴叶斑病

包括叶枯病和炭疽病，是厚朴各种植区的常见叶部病害，为害严重时使叶片干枯死亡。

（一）症状

（1）叶枯病　初期病斑黑褐色，圆形，直径2～5mm，逐渐扩大并密布全叶，灰白色。潮湿时病斑上生黑色小点，为病原菌的分生孢子器，后期病叶干枯死亡。

（2）炭疽病　叶片病斑长椭圆形，叶缘病斑不规则形，褐色至灰白色，边缘红褐色至暗绿色，病斑上产生小黑点，即病原菌的分生孢子盘，多数呈轮纹状排列。

（二）病原

（1）叶枯病病原菌为 *Septoria* sp.，属半知菌亚门、球壳孢目、壳针孢属。分生孢子器生于叶两面，散生，初期埋生，后突破表皮，球形至扁球形，器壁褐色，膜质，直径60～120μm。分生孢子线形或针形，无色透明，正直或微弯，基部钝圆，顶端略尖，1～3个隔膜，大小15～32μm×2～2.5μm。

（2）炭疽病病原菌为胶孢炭疽菌 *Colletotrichum gloeosporioides*，异名 *C. magnoliae*，属半知菌亚门、黑盘孢目、炭疽菌属。分生孢子盘周围有黑褐色刚毛。分生孢子梗短而不分枝，顶端生分生孢子。分生孢子单胞，无色。

（三）发病规律

病菌以分生孢子器或分生孢子盘附着在寄主病残叶上越冬，成为翌年的初侵染源。生长季节病株产生的分生孢子借风雨传播引起再侵染，扩大为害。栽培管理粗放、林地卫生不佳、树势生长衰弱、通风透光条件差等发病较重。

（四）防治措施

（1）冬季搞好田园卫生，扫除枯枝病叶并集中烧毁。

（2）发病初期摘除病叶，减少侵染源；发病初期喷洒1∶1∶100波尔多液或50%多菌灵800～1000倍液连续喷2～3次，间隔期为7～10天。

三、厚朴桑寄生

（一）症状

主要特点是厚朴枝干上丛生寄生物的植株。初期寄生物为害嫩枝，仅寄生受害处略肿大，以后其吸盘向内延伸，使寄生枝条受刺激膨大形成鸡腿状长瘤。受害植株生长衰弱，落叶早，发芽迟，不开花或迟开花，易落果或不结果，严重时可导致整株死亡。

（二）病原

病原为 *Loranthus parasitica* Merr，属被子植物门、桑寄生科、桑寄生属常绿小灌木，半寄生性。根出条很发达，叶片椭圆形，对生，全缘，有纸质短柄；花两性或单性，筒状花冠，子房下位，花色淡红。浆果椭圆形，具小疣状突起。

（三）发病规律

桑寄生于秋冬形成色艳浆果，招引鸟类啄食传播。种子经鸟类消化道随粪便排出体外，粘于树枝上。在适宜条件下，种子萌发长根，胚根与寄主接触形成吸盘，内部生吸根侵入树皮外层，并向内层扩展，产生垂直的次生吸根，穿过形成层，进入木质部，吸取寄主水分和无机盐，靠自身叶绿素行光合作用，不断生长发育，产生新枝。

（四）防治措施

（1）结合冬季修剪和管理，砍除寄生枝，并在果实成熟前砍除寄生枝及根出条。

（2）使用硫酸铜或氧化苯对桑寄生有一定防效。

（丁万隆　李勇）

第八节　黄柏（关黄柏）
Huangbo（Guanhuangbo）
PHELLODENDRI CHINENSIS CORTEX（PHELLODENDRI AMURENSIS CORTEX）

黄柏为黄皮树 *Phellodendron chinense*，关黄柏为黄檗 *Phellodendron amurense*，均为芸香科黄檗属落叶乔木。前者主产于吉林和辽宁，称为关黄柏；后者主产于四川和贵州，称川黄柏。二者均以去栓皮的干皮入药，具清热燥湿、泻火解毒之功效。主要病害有叶锈病及轮纹病、枯斑病、褐斑病等多种叶斑病。

一、黄柏叶锈病

（一）症状

受害叶片最初在叶面产生黄绿色、近圆形的不明显小点，后期叶背生出黄橙色、微突起的小疱斑。疱斑表皮破裂后散出橙黄色的夏孢子。严重时病斑逐渐增多，导致叶片枯死。

（二）病原

病原为黄檗鞘锈菌 *Coleosprium phellodendri* Kom，属担子菌亚门、锈菌目。夏孢子堆直径约 300μm。夏孢子近球形、卵形成椭圆形，壁无色，厚 2～2.5μm，表面密生小疣，大小 19～30μm×18～20μm，尚未发现冬孢子阶段。

（三）发病规律

5 月中旬开始发病，6～7 月为害严重。时晴时雨天气有利于发病。病叶上夏孢子堆破裂后散出夏孢子，借风雨传播，引起再侵染，扩大为害。

（四）防治措施

（1）加强栽培管理，增施磷、钾肥，增强植株抗病力。清除病残体，减少越夏菌源。

（2）发病初期喷洒 15%粉锈宁可湿性粉剂 1000 倍液，或 97%敌锈钠 400 倍液，每 7～10 天喷 1 次，连续喷 2～3 次。

二、黄柏叶斑病

（一）症状

（1）轮纹病　病斑近圆形，暗褐色，具轮纹，生长后期病斑上生小黑点即病原菌的分生孢子器。

（2）斑枯病　病斑多角形，褐色，上生大量微细小黑点，为病原菌的分生孢子器。

（3）褐斑病　病斑小，圆形，散生，灰褐色，边缘暗褐色，病斑上有疏稀灰黑色霉状物，为病原菌的分生孢子梗和分生孢子。

（二）病原

（1）轮纹病　为黄柏壳二孢 *Ascochyta phellodendri* Kab.et Bub.，为半知菌亚门、球壳孢目、壳二孢属真菌。分生孢子器多散生叶面，淡褐色，球形，直径 80～126μm，孔口小。分生孢子圆柱形，直，双胞，无色，两端较圆，大小 6～9μm×2.5～3.6μm。

（2）斑枯病　为一种壳针孢 *Septoria* sp.，属半知菌亚门、球壳孢目、壳针孢属真菌。分生孢子器黑色，圆形或扁圆形，有孔口，着生于表皮下，部分外露。分生孢子梗短而不分枝。分生孢子细长，筒形，一般较细，无色，多个隔膜。

（3）褐斑病　为黄檗尾孢 *Cercospora phellodendri* P. K. Chi et Pai，属半知菌亚门、丝孢目、尾孢属真菌。分生孢子梗黑褐色，不分枝，丛生于子座上。分生孢子梗曲膝状，顶端生分生孢子。分生孢子多胞。

（三）发病规律

病菌主要以菌丝体在病枝叶上越冬，翌春条件适宜时产生分生孢子引起初侵染。病株上产生的分生孢子借气流传播，不断进行再侵染。在东北地区一般于 7～8 月发生。

（四）防治措施

（1）冬前清除枯枝落叶并集中烧毁，减少翌年初侵染源。

（2）对 1～3 年生树苗可喷洒 70%甲基托布津可湿性粉剂 800 倍液或 1∶1∶160 波尔多液。

（丁万隆　李勇）

参考文献

戴芳澜. 真菌鉴定手册[M]. 北京：科学出版社，1979.
丁建云，丁万隆. 药用植物使用农药指南[M]. 北京：中国农业出版社，2004.
丁万隆. 药用植物病虫害防治彩色图谱[M]. 北京：中国农业出版社，2002.
董佳莉，王蓉，刘琨，等. 北京地区侵染菘蓝的黄瓜花叶病毒分子鉴定[J]. 中国中药杂志，2018，43(11)：2242-245.
傅俊范. 药用植物病理学[M]. 北京：中国农业出版社，2007.
韩金声. 中国药用植物病害[M]. 长春：吉林科学技术出版社，1990.
李庆孝，何传椐. 生物农药使用指南[M]. 北京：中国农业出版社，2006.
李勇，刘时轮，杨成民，等. 北京地区柴胡根腐病的病原菌鉴定[J]. 植物病理学报，2009，39(3)：314-317.
刘维志. 植物病原线虫学[M]. 北京：中国农业出版社，2000.
陆家云. 药用植物病害[M]. 北京：中国农业出版社，1995.
吕佩珂，李明远，吴钜文. 中国蔬菜病虫原色图谱[M]. 北京：中国农业出版社，1992.
吕先真，郑永利，潘兰兰，等. 浙贝母主要病害及其综合防治[J]. 安徽农学通报，2006，(2)：85-86.
戚佩坤，白金铠，朱桂香. 吉林省栽培植物真菌病害志[M]. 北京：科学出版社，1966.
勤农. 三七的种植栽培与病虫害防治[J]. 农村实用技术，2010，(12)：41-42.
苏建亚，张立钦. 药用植物保护学[M]. 北京：中国林业出版社，2011.
王崇仁，吴友三，张纯化，等. 人参黑斑病（Alternaria panax）综合防治研究[J]. 辽宁农业科学，1988，(6)：4-9.
王守正. 河南省经济植物病害志[M]. 郑州：河南科学技术出版社，1994.
严雪瑞，傅俊范. 柱孢属（Cylindrocarpon）真菌和参类锈腐病的研究历史与现状[J]. 沈阳农业大学学报，2002，(1)：71-75.
杨立，缪作清，杨光，等. 丹参枯萎病及其病原菌的研究[J]. 中国中药杂志，2013，38(23)：4040-4043.
易茜茜，张争，丁万隆，等. 荆芥茎枯病病原菌的分离与鉴定[J]. 植物病理学报，2010，40(5)：530-533.
张国珍，丁万隆. 人参根疫病研究初报[J]. 中国中药杂志，1990，17(1)：18-19.
浙江省《药材病虫害防治》编绘组. 药材病虫害防治[M]. 北京：人民卫生出版社，1974.
中国医学科学院药用植物资源开发研究所. 中国药用植物栽培学[M]. 北京：中国农业出版社，1991.
钟锦新，陈芦根，黄丽玲，等. 闽东地区太子参花叶病发生现状与对策[J]. 福建农业，2011，28(9)：23.
周茂繁. 中国药用植物病虫图谱[M]. 武汉：湖北科学技术出版社，1998.
周如军，傅俊范. 药用植物病害原色图鉴[M]. 北京：中国农业出版社，2016.
Wang R, Dong J, Wang Z, et al. Complete nucleotide sequence of a new carlavirus in chrysanthemums in China[J]. Archives of Virology, 2018, 163(7): 1973-1976.

第二单元　药用植物虫害

第十二章　根及根茎类药材虫害

第一节　人参、西洋参

Renshen、Xiyangshen

GINSENG RADIX ET RHIZOMA、PANACIS QUINQUEFOLII RADIX

人参又名亚洲参，为五加科植物人参 *Panax ginseng* C. A. Mey.的干燥根和根茎，具大补元气、复脉固脱、补脾益肺、生津养血、安神益智之功效。西洋参又名花旗参，为五加科植物西洋参 *P. quinquefolium* L.的干燥根，具补气养阴、清热生津之功效。人参主要生长于东亚，包括中国、俄罗斯、日本、韩国和朝鲜等地区；在我国，人参主要分布于辽宁、吉林和黑龙江三省，近年来在河北、陕西、山西、内蒙古等地也有引种栽培。西洋参原产于加拿大和美国，在我国山东、河北、北京怀柔、东北长白山等地均有种植。人参、西洋参的主要害虫为地下害虫，有华北蝼蛄 *Gryllotalpa unispina*、东方蝼蛄 *G. orientalis*、东北大黑鳃金龟 *Holotrichia diomphalia*、华北大黑鳃金龟 *H. oblita*、小地老虎 *Agrotis ipsilon*、黄地老虎 *A. segetun*、大地老虎 *A.tokionis*、斜纹夜蛾 *Spodoptera litura*、细胸金针虫 *Agriotes fuscicollis*、沟金针虫 *Pleonomus canaliculatus* (Faldermann)；其他害虫有草地螟 *Loxotege sticticalis*、康氏粉蚧 *Pseudococcus comstocki*、花鼠 *Zutamias sibiricus*、东北鼢鼠 *Myospalax psilurus*、普通田鼠 *Microtus arvalis*、东方田鼠 *M. fortis* 等。

一、小地老虎

（一）分布与危害

小地老虎 *Agrotis ipsilon* Rottemburg 属鳞翅目 Lepidoptera 夜蛾科 Noctuidae，俗称土蚕、地蚕、黑土蚕、黑地蚕、切根虫等，是地老虎类害虫中分布最广、为害最严重的种类，在我国各地均有分布。小地老虎是多食性害虫，不仅喜食人参和西洋参，也是桔梗、白术、白芍、贝母、麦冬、菊花、黄柏等多种药材幼苗期的重要害虫。其寄主还包括棉花、玉米、大豆、马铃薯及十字花科蔬菜等百余科植物。该虫以幼虫啃食人参（西洋参）幼苗、幼茎和嫩叶，可咬断根茎交界处，轻则引起缺苗断垄，重则毁种重播，导致人参（西洋参）产量损失。

（二）形态特征

成虫：体长 16～23mm，翅展 42～54mm。雌成虫触角丝状，雄成虫触角双栉齿状，分支渐短，仅达触角之半，端半部为丝状。头、胸部背面暗褐色，腹部灰褐色。足褐色，前足胫节与跗节外缘灰褐色，中后足各节末端有灰褐色环纹。前翅褐色，前缘区黑褐色，外缘以内多暗褐色，基线浅褐色双线波浪形不显，内横线双线黑色波浪形，环纹黑色，具有显著的肾状纹、环形纹、棒状纹和 2 个黑色剑状纹，在肾状纹外侧有 1 明显的尖端向外的楔形黑斑，在亚外缘线上侧有 2 个尖端向内的楔形黑斑，3 斑相对，易于识别。后翅灰色无斑纹，近外缘处灰褐色。

卵：半球形，直径约 0.6mm，表面有纵横交错的隆起线纹。卵初产时为乳白色，后渐变为黄色，孵化前为灰褐色。

幼虫：老熟幼虫体长 41～50mm。头部黄褐色至暗褐色，体黄褐色至暗褐色，背线明显。体表粗糙，密布大小不一而彼此分离的黑色颗粒，背面中央有两条淡褐色纵带。腹部各节背面前方有 4 个毛片，后方 2 个较大；臀板黄褐色，有 2 条明显的深褐色纵带（图 12-1）。

蛹：体长 18～24mm，红褐色或暗褐色，腹末端具臀刺 1 对。

（三）发生规律

小地老虎无滞育现象，条件适宜可终年繁殖。在我国各地年发生世代数由北向南递增，由高海拔向低海拔递增。在吉林省 1 年 2 代，越冬成虫于 5 月下旬出现，在接近地面的人参（西洋参）幼苗、茎叶或残株上产卵。第 1 代幼虫在 6 月中旬至 7 月中旬为害参苗最盛，8 月中下旬为第 2 代幼虫发生与为害盛期。小地老虎幼虫 3 龄前不入土，仅在地上为害，昼夜啃食人参（西洋参）嫩叶和幼茎。3 龄后昼伏夜出啃食苗茎，苗茎截断后继续转株为害。一般 1 头幼虫 1 夜能为害 3～5 株参苗，最多达 10 株，造成人参和西洋参严重缺苗断垄。幼虫老熟后在约 5cm 深的土中营土室化蛹。小地老虎喜温、喜湿，在靠近水源地、地势低、地下水位高、土壤湿润、杂草丛生的田地内发生较重。

（四）防治措施

防治应以第 1 代为重点，注重预防，采取农业防治、生物防治和化学防治相结合的综合防治措施。

1. 预测预报　春季 4 月底至 5 月初，采用黑光灯、性诱剂或糖醋液诱集成虫；当诱蛾总数突然增大，雌蛾数占总蛾数的 10%左右时，进入蛾发生盛期，诱捕成虫最多的时期即为发蛾高峰期，之后 20～25 天即为 2～3 龄幼虫盛发期，为防治适期。

2. 农业防治　早春清除地边、沟里杂草，可减少成虫产卵寄主和幼虫食料，并可消灭部分虫卵和低龄幼虫；秋季翻地晒土，把越冬幼虫、蛹翻至地表，使其被冻死或被天敌捕食；秋末进行冬灌，可杀灭虫卵、幼虫和部分越冬蛹。

3. 物理防治　利用成虫的趋光性，在成虫盛发期，用黑光灯或频振式杀虫灯诱杀成虫，将其消灭在产卵之前；利用成虫的趋化性，在成虫盛发期，用糖醋液（糖∶醋∶水=6∶3∶10，再按原液的 0.2%加入高效低毒化学农药）诱杀成虫。

4. 生物防治　田间大量释放赤眼蜂，可有效控制小地老虎；田间施用昆虫病原线虫，尤其是斯氏线虫和异小杆线虫可侵染小地老虎；喷施苏云金芽孢杆菌对小地老虎幼虫具有一定的毒杀作用；在小地老虎迁入代成虫始盛期至盛发后期，利用性诱剂诱杀小地老虎成虫，效果十分显著。

5. 化学防治　在小地老虎幼虫 3 龄以前，最好是在 1～2 龄幼虫盛发期尚未入土为害时，进行药剂防治。高效低毒化学农药加水喷拌细土，在傍晚顺行施于幼苗根部；或者溶解后喷在切碎的新鲜杂草上，傍晚撒在大田诱杀；在小地老虎零星发生时，用药剂灌根，防治效果显著。

（乔海莉　徐常青）

二、东北大黑鳃金龟

（一）分布与危害

东北大黑鳃金龟 *Holotrichia diomphalia* (Bates)属鞘翅目 Coleoptera 鳃金龟科 Melolonthidae。主要分布于我国东北三省、内蒙古及西北部分省（区）。东北大黑鳃金龟食性复杂，不仅喜食人参和西洋参，也取食林木、果树和各种粮食作物、蔬菜及多种杂草等。其幼虫为蛴螬，主要为害人参和西洋参根部，形成缺刻和孔洞状，严重时参苗枯萎死亡，一头幼虫可连续为害数株人参，造成严重的缺苗断条。成虫为害人参叶片形成缺刻，影响光合作用和植株正常生长，同时虫伤造成病菌侵入诱发病害。

（二）形态特征

成虫：体长 16～21mm，宽 8～11mm。黑色或黑褐色，有光泽。触角 10 节，棒状部 3 节组成，雄虫棒状部明显长于 6 节之和。前胸背板宽度接近长度的 2 倍，上有许多刻点，侧缘中部向外突出。鞘翅长度约为前胸背板宽度的 2 倍，最宽处位于两鞘翅的中部；鞘翅各具 4 条明显的纵肋，宽疣突位于由里向外数第二纵肋基部的外方，鞘翅会合处缝肋明显。前足胫节处缘齿 3 个，内缘有 1 距与第二齿相对。中足、后足胫节末端具端距 2 个。爪为双爪式，爪的中部有垂直分裂的爪齿一个。后足胫节中段有一完整具刺的横脊。臀板隆凸高度超过末腹板之长，短阔，顶端横宽，端部中央为一浅沟平分为 2 个短小丘。第 5 腹板后方中部三角形凹较宽，臀板从侧面观察为一略呈弧形的圆球面。

卵：乳白色，卵圆形，平均长度 2.5mm，宽度约 1.5mm。后期因为胚胎发育近似球形，平均长度 2.7mm，宽度 2.2mm。

幼虫：乳白色。老熟幼虫体长约 31mm，头宽约 4.7mm。头部前顶毛每侧 3 根，成一纵行，其中两根彼此紧靠，位于冠缝两侧，另一根接近额缝的中部，臀节腹面只有散乱钩状毛群，由肛门孔向前延伸到臀节腹面前部 1/3 处。

蛹：黄色至红褐色，为离蛹，蛹体长 21～24mm，宽 11～12mm。腹部具 2 对发音器，位于腹部第 5 节和第 5、第 6 节背部中央节间处。尾节狭三角形，向上翘起；端部具 1 对呈钝角状向后岔开的尾角。雄蛹尾节腹面基部中间具瘤突状外生殖器；雌蛹尾节腹面基部中间有 1 生殖孔，其两侧各具 1 方形骨片。

（三）发生规律

东北大黑鳃金龟在东北及华北地区 2 年完成 1 代，以成虫及幼虫在土中越冬，只有少数发育晚的个体有世代重叠的现象；在东北地区有大小年之分，逢奇数年成虫发生量大，偶数年成虫发生量小。温度影响蛴螬在土中的升降，春秋到表土层为害，土壤潮湿活动强，尤其是小雨连绵的天气为害最重。

越冬成虫出土的临界温度为日平均气温在 12℃，10cm 深土温 13℃。适温为日平均气温在 12.4℃～18℃，10cm 深土温 13.8℃～22.5℃。成虫每日 17 时以后出土活动，20～21 时出土活动最盛，凌晨 2 时相继入土潜伏，拂晓前全部钻回土中。成虫先觅偶交尾，雌雄均可交尾 2 次以上。成虫有趋光性，但是雄虫很少扑灯。卵散产于 1.5～17.5cm 深的土中，大多在深 10～15cm 处。平均产卵 100 粒。卵期 15～22 天。

卵孵化盛期在 7 月中下旬。幼虫取食根茎地下部分及播种的种子，从而造成严重缺苗或死苗。幼虫共 3 龄，当年秋末越冬幼虫多为 2～3 龄，当 10cm 深土温降至 12℃以下时，即下迁至深 56～149cm 的土中越冬。

翌春 4 月末开始食量大增，危害严重，造成 5～6 月春播作物及苗圃大量死苗。7 月初，老熟幼虫下迁至 20～38cm 深处营土室化蛹。蛹室长椭圆形，平均长 25.7mm。蛹期平均 22 天（雌）或 25 天（雄）。盛期为 8 月初至 9 月末。羽化后，成虫潜伏原土室中越冬，如果土室破坏，将另筑土室。

（四）防治措施

1. 农业防治　早春清除地边、沟里杂草，消灭成虫；秋季翻地，把越冬成虫、幼虫翻至地表，冻死或被天敌捕食；秋末冬灌，降低幼虫数量。

2. 物理防治　成虫发生盛期用灯光、糖醋液诱杀成虫；施用腐熟有机肥，杀死其中的虫卵和幼虫。

3. 化学防治　播种前两天，用化学药剂加水闷种子 4 小时；随播种撒入药剂或作床时混入。金龟子出土期间，在田埂、地边金龟子聚集活动的地方喷洒化学药剂；或取 20～30cm 长的榆、杨、槐带叶枝条，将基部泡在内吸药液中，10 余小时后取出树枝捆成把堆放在田间诱杀成虫；或将麦麸炒香，用饵料拌药剂诱杀。

（乔海莉）

三、斜纹夜蛾

（一）分布与危害

斜纹夜蛾 *Spodoptera litura* Fabricius 又名蓬纹夜蛾，属鳞翅目 Lepidoptera 夜蛾科 Noctuidae。全国各地均有分布，主要集中在河北、河南、江苏、江西、湖北、湖南、山东、安徽、浙江等地。该虫食性极广，不仅为害人参、西洋参、板蓝根等药用植物，其嗜食植物可达 90 种以上。幼虫主要取食人参和西洋参等寄主植物叶片，将叶片吃成孔洞、缺刻，严重受害时仅留叶脉，损失极大。

（二）形态特征

成虫：体长 14～20mm，翅展 33～42mm。体褐色。前翅黄褐色，有复杂黑褐色斑纹，翅基部前半部有白线数条，内横线和外横线灰白色，呈波浪形，内、外横线之间有灰白色宽带，自内横线前缘斜伸至外横线近后缘 1/3 处，灰白带中有 2 条褐色斜纹，雌蛾比雄蛾显著。后翅白色，翅脉和外缘呈暗褐色。前足胫节有淡黄色丛毛，跗节暗褐色。

卵：半球形，直径约 0.5mm。初产时黄白色，近孵化时紫黑色。卵壳表面有网状花纹。卵粒常 3～4 层重叠成块。卵块椭圆形，上覆黄褐色绒毛。

幼虫：共 6 龄，老熟幼虫体长 38～51mm。头部淡褐至黑褐色，胸腹部颜色多变，暗褐色至浅灰绿色。背线和亚背线黄色，中胸至第 9 腹节沿亚背线上缘每节两侧各有一半圆形或三角形黑斑，以腹部第 1、第 7、第 8 节上黑斑最大。气门线暗褐色，气门下线由污黄色或灰白色斑点组成。胸足近黑色，腹足深褐色。

蛹：体长 18～20mm，赤褐色至暗褐色，腹部第 4～7 节背面和第 5～7 节背、腹面前缘密布圆形刻点，腹端臀棘 1 对，较短，尖端不呈钩状。

（三）发生规律

斜纹夜蛾 1 年发生多代，世代重叠。在河南、江苏、安徽、湖北、江西等省 1 年 5～6 代，在福建、云南等省 1 年 6～9 代。此虫无滞育习性。在广东等南方地区，终年可繁殖，无越冬休眠现象；长江流域和长江流域以北地区越冬问题尚未明确。发生季节各虫态历期为：卵期 2～5 天，幼虫期 16～27 天，蛹期 8～17 天。成虫寿命一般为 7～15 天。长江流域以 7～8 月发生数量最多，黄河流域 8～9 月为害严重。

成虫昼伏夜出，白天躲藏在植株叶丛中、杂草丛或土缝中，黄昏开始飞行觅食，多在开花植物上取食花蜜，对黑光灯和糖、醋、酒液均有较强的趋性。成虫交配和产卵多在黎明。雌蛾产卵在寄主叶片背面。卵块产。单雌产 8～17 卵块，1000～2000 粒。

初孵幼虫在叶背群集取食，将人参和西洋参叶片吃成网状，2 龄或 3 龄后开始分散为害，4 龄后进入暴食期，食叶迅速，为害极大。6 月为人参、西洋参开花期，斜纹夜蛾成虫取食花蜜，雌蛾常常随机将卵产于参背面叶脉交错处，幼虫孵化后取食其叶片，以三年生以上的人参、西洋参受害最重，二年生的参受害极少。幼虫畏阳光直射，因此白天常伏于阴暗处，黄昏后至黎明前取食，幼虫老熟后入土做土室化蛹。

斜纹夜蛾是一种喜温性害虫，且耐高温，各虫态生长发育最适温度为 28℃～30℃，在 33℃～40℃的高温下生长发育也基本正常。但是其耐寒力很弱，冬季低温冰冻易引起死亡，在 0℃左右长时间的低温条件下不易生存。

（四）防治措施

1. 农业防治　结合田间管理，及时摘除卵块和初孵幼虫；

2. 物理防治　利用成虫趋光性和趋化性，在田间设置黑光灯诱杀，或用糖、醋、酒、水溶液（比例为 3∶4∶1∶2）诱杀成虫。

3. 生物防治　斜纹夜蛾天敌种类很多，主要有广赤眼蜂、黑卵蜂、螟蛉绒茧蜂、寄生蝇等，应注意保护和利用。

4. 药剂防治　在初龄幼虫期施药防治。

（乔海莉　程惠珍）

第二节　三七

Sanqi

NOTOGINSENG RADIX ET RHIZOMA

三七为五加科植物三七 *Panax notoginseng* (Burk.) F. H. Chen 的干燥根和根茎。具散瘀

止血、消肿定痛之功效。主要分布在云南文山州各县（文山、砚山、西畴、富宁、邱北、马关、广南、麻栗坡），广西靖西、德保、田阳、田东等地也有种植。三七主要害虫有烟蓟马 *Thrips tabaci*、棕榈蓟马 *T. palmi*、卵形短须螨 *Brevipalpus obovatus*、斜纹夜蛾、小地老虎、大黄拟守瓜 *Paridea* sp.、铜绿异丽金龟 *Anomala corpulenta*、东北大黑鳃金龟、细胸金针虫、沟金针虫、华北蝼蛄、东方蝼蛄、野蛞蝓 *Deroceras agreste*、北方根结线虫 *Meloidogyne hapla*、蚜虫、粉虱、蜡蚧、粉蚧、种蝇、鼠害等。

一、烟蓟马

（一）分布与危害

烟蓟马 *Thrips tabaci* Lindeman 又名葱蓟马、棉花蓟马、葡萄蓟马，属缨翅目 Thysanoptera 蓟马科 Thripidae。是一种世界性为害的害虫，在我国各地均有分布。寄主植物可多达 355 种。除喜食三七外，洋葱、棉花、葡萄、烟草、百合等作物也是烟蓟马嗜好的寄主。该虫以成虫或若虫刺破三七叶面，吸食植物叶片组织，叶片出现麻点与黄化两种症状。麻点症状：为害初期在一片或几片叶面上出现多个淡绿色圆形斑，随着为害加重，叶片呈淡黄色、黄色、枯黄色，形状不规则，受害部位稍向上隆起。后期受害部位扩展相连，导致被害处组织枯死或部分穿孔。黄化状：蓟马吸食叶片组织造成。当蓟马虫口密度小时，对三七危害较小，危害症状不明显；当虫口密度较大时，三七叶片整体发黄。三七叶片被害后，严重影响光合作用，导致三七产量和质量下降。除直接为害外，烟蓟马还可以传播多种植物病毒，如烟草条纹病毒、番茄斑萎病毒等。

（二）形态特征

成虫：体长 1.0～1.4mm，体暗黄至淡棕色；触角 7 节，触角节较淡，其余较暗；足胫节端部和跗节较淡；前翅淡黄色；腹部第 2～8 节背片较暗，前缘线栗棕色；单眼间鬃较短，位于前单眼后外侧；前胸背片后缘鬃 2～5 对；前翅前脉基鬃 7～8 根，端鬃 2～6 根。下脉鬃 13～17 根均匀分布；后胸盾片前中部有几条横纹，中部为网纹，两侧为纵纹，钟形孔缺；腹部背片两侧和背侧片线纹上有众多微毛；腹部第 8 节背片后缘梳完整，仅两侧缘缺。

卵：由肾形到卵圆形，长约 0.3mm，初产乳白色，而后黄白色。

若虫：共 4 龄。1～2 龄若虫体呈黄色，形似成虫，但无翅，活动力不强；2 龄若虫成熟后入土蜕皮 1 次变 3 龄若虫，称前蛹，再蜕皮 1 次变为 4 龄若虫，称伪蛹，伪蛹形似若虫，但具明显翅芽，与 2 龄若虫有别。

（三）发生规律

烟蓟马在我国华南地区 1 年发生 20 代左右，华北地区 3～4 代，江淮之间 6～10 代。以成虫或若虫潜伏在土壤、杂草或者树皮裂缝中越冬。烟蓟马在云南文山地区通常始见于 3 月下旬，从 11 月下旬开始减少，终见于 12 月下旬。害虫发生分别集中在 4 月上旬至 5 月中旬、8 月上旬至 9 月上旬两个高峰期。特别是三年七重于二年七，二年七又重于一年七。

成虫活跃、善飞，喜暗怕光，白天躲在叶背或叶鞘缝隙内，早晚、阴天和夜间转移到叶面上取食。对蓝色、白色有较强的趋性。成虫主要营孤雌生殖，多为雌虫，雄虫极少见。

卵多产于叶背皮下或叶脉内，每雌可产卵数十或百余粒。若虫不活跃，多潜伏于原孵化处及周围叶背取食。初孵若虫有群集为害的习性，稍大后分散为害。烟蓟马发育的适宜温度为25℃左右，相对湿度60%左右，高温、高湿对其发育均不利，雨季到来后，虫口数量自然下降。

（四）防治措施

1. 农业防治　彻底清除田间枯枝落叶和杂草，集中烧毁，以减少化蛹和越冬场所。

2. 物理防治　在田间设置粘虫板、地膜铺盖、防虫网，能取得良好的防治效果。

3. 生物防治　烟蓟马的天敌有捕食螨、瓢虫、小花蝽等。保护和利用天敌，在天敌活动期间不喷施杀虫剂。

4. 化学防治　在烟蓟马初孵期和若虫聚集危害期，喷施低毒高效杀虫剂，隔 4～8 天喷施 1 次，连喷 2～3 次。

（乔海莉　马维思）

二、卵形短须螨

（一）分布与危害

卵形短须螨 *Brevipalpus obovatus* Donnadieu 属蜱螨目 Acarina 细须螨科 Tenuipalpidae。在国内分布于山东、安徽、江苏、浙江、福建、湖北、湖南、江西、广东、广西、四川、贵州等地。寄主植物有三七、砂仁、地黄、川芎、白芷、党参、百部、白扁豆、独活、莨菪、天南星等，以危害草本、藤本和小灌木居多。该虫以成螨和若螨在三七叶片背面吸食汁液，致使三七受害后叶片变黄、脱落。

（二）形态特征

雌螨：体椭圆形，长 0.29～0.30mm，红色。背面中央网纹不清晰，亚侧面呈网络状。网格一般长大于宽，腹面具细小的网格。前足体和后半体两侧有小孔 1 对。前足体背毛 3 对，后半体具背毛 3 对，背侧毛 5 对，肩毛 1 对，全部背毛披针形。生殖板半圆形，具 2 对生殖毛，肛毛 2 对，受精囊圆球形，表面具均匀的小刺。

雄螨：体长约 0.32mm，体型较雌螨细长，后足体和末体之间由一横纹所分隔。

卵：椭圆形，长 0.1mm 左右，表面光滑。

若螨：体长约 0.28mm，前足体背毛叶状，1 对肩毛和 5 对背侧毛均为叶状，背中毛 3 对、微小。

（三）发生规律

卵形短须螨在我国南方地区 1 年 6～7 代，以卵和雌螨在寄主的根际、叶片或杂草丛中越冬。越冬期间若气温转暖，成虫仍能活动取食。春季当气温上升到 10℃以上时，卵可孵化，越冬雌螨开始大量出蛰。在三七园内外，该虫先在杂草上取食，待三七出苗后陆续迁到三七植株上为害。成螨、幼螨和若螨主要栖息于叶背为害，一张复叶多则百余头，大量取食汁液，使叶片逐渐变黄脱落。花序和果实受害造成萎缩干瘪，当年种子无收，块根生长受阻。雌螨多以孤雌生殖繁殖后代，一生可产卵 30～40 粒。卵多产在叶背和叶脉的两侧，若螨孵化后即可取食为害。

卵形短须螨各世代历期长短与气温关系密切。春、秋季气温较低，完成 1 个世代约经 40 天，夏季气温高完成 1 个世代仅需 20 天。气温 20℃～25℃、相对湿度 70%～80%的条件下，有利于生存。1 年中 7～8 月发生最多，为害较为严重。高温干燥有利于卵形短须螨发生，低温多雨有利于其种群的发展。若冬季严寒，可使大量越冬成螨冻死，虫口基数减少，次年发生为害轻。反之，冬季和早春温暖干燥，越冬成螨死亡率低，虫口基数大，在夏季气候条件适宜的情况下，易猖獗发生，严重为害。

三七园的地形和荫棚管理与卵形短须螨的发生有很大关系。向阳的地形接受阳光热量多，发生数量较多，为害较重，背阴的地形则相反。在 7～8 月高温时期，三七园畦面及时遮阴，虫量发生少，为害轻。否则阳光直射，温度高，发生重。

（四）防治方法

1. 农业防治　秋冬季清理药园，去除残枝落叶，铲除杂草，减少越冬虫源；春夏加强田园管理，施足基肥和追肥，灌水防旱，恶化害螨生存环境，降低虫口数量；培育健壮植株，提高植物耐害能力。

2. 药剂防治　秋冬季清理田园之后，喷施波美 0.5 度石硫合剂，杀死越冬成螨。生长季节施药应在害螨发生高峰之前。

（乔海莉　程惠珍）

第三节　大黄
Dahuang
RHEI RADIX ET RHIZOMA

大黄为蓼科植物掌叶大黄 *Rheum palmatum* L.、唐古特大黄 *Rheum tanguticum* Maxim.ex Balf.或药用大黄 *Rheum officinale* Baill.的干燥根和根茎。具泻下攻积、清热泻火、凉血解毒、逐瘀通经、利湿退黄之功效。分布甘肃、青海、陕西、四川、云南及西藏东部等地。主要害虫有酸模角胫叶甲 *Gastrophysa atrocyanea*、萤叶甲 *Galerucida* sp.、拟守瓜 *Paridea* sp.、甜菜跳甲 *Chaetocnema discreta*、筒喙象 *Lixus* sp.、大栗鳃金龟 *Melolontha hippocastani*、云斑鳃金龟 *Polyphylla laticollis*、小云斑鳃金龟 *P. gracilicornis*、斜纹夜蛾、西圆尾蚜 *Dyzaphis* sp.、叶螨、高原鼢鼠等。

一、酸模角胫叶甲

（一）分布与危害

酸模角胫叶甲 *Gastrophysa atrocyanea* Motschulsky 属鞘翅目 Coleoptera 叶甲科 Chrysomelidae。国外主要分布于朝鲜、日本和印度等国；国内分布于四川、甘肃、河北、青海等省。1985 年首次报道在北京地区为害蓼科药用植物。寄主植物有大黄、萹蓄、海滨酸模等。该虫以成虫和幼虫为害大黄的新芽、嫩叶及其健壮叶片，严重时吃光全叶，仅剩叶脉，造成整片植株死亡（图 12-2a）。

（二）形态特征

成虫：体长 5.5mm 左右，体蓝黑色并带有金属光泽，腹部末端赤褐色。头部、前胸背板和前翅分别有刻点。头部刻点微细，鞘翅上的刻点粗而整齐。中足、后足胫节外端呈三角形突起（图 12-2e）。

卵：长约 0.5mm，椭圆形，初期为鲜黄色，近孵化时变为灰黄色（图 12-2b）。

幼虫：老熟幼虫体长 7～8mm。头部黑褐色，胸腹部棕褐色，腹部末端灰黄色，胸、腹各节有大小不等的黑褐色毛瘤，沿气门上线和气门下线的毛瘤最大，腹部第 1 至第 7 腹节沿气门上线的毛瘤有臭腺开口，能分泌白色的胶状物（图 12-2c）。

蛹：体长约 5mm，浅黄色，复眼深褐色，触角、足的胫节基部和跗节淡褐色（图 12-2d）。

（三）发生规律

在北京地区 1 年 1 代，以成虫在寄主植物的根际 13～17mm 深土中越夏、越冬。次年 4 月上中旬，当气温上升至 10℃时，越冬成虫开始出土活动，取食大黄新芽嫩叶，并交配繁殖。卵发生期为 4 月中旬至 5 月下旬，延续时间较长。幼虫期为 4 月下旬至 6 月上旬，蛹发生期为 5 月上旬至 6 月中旬。成虫 5 月中旬开始羽化出土，5 月下旬为羽化盛期。当代成虫不取食，也不交配产卵，5 月下旬至 6 月中旬陆续越夏，并相继越冬。

越冬后的成虫多在晴朗天气中午前后活动，有假死性，早晚气温低、多风天气回至土中潜伏。成虫羽化后 7 天左右取食，补充营养，并开始产卵。卵多产在近地面的叶背面，单层块状排列，每块 10～50 粒不等。每雌平均产卵 1200 余粒，最高可达 1990 粒。

幼虫有假死习性，初龄幼虫食量小，3 龄以后食量大增，老熟幼虫入土 3～5cm 处化蛹。

（四）防治措施

1. 农业防治　利用成虫在土中越冬习性，深秋和早春深翻土壤，增加越冬成虫死亡率。

2. 化学防治　4 月上旬越冬成虫开始出土活动，尚未产卵之前，选用高效低毒杀虫剂向地面喷雾，然后中耕，杀死成虫；幼虫为害期喷施药剂防治。

（乔海莉　陈君）

二、大黄萤叶甲

（一）分布与危害

大黄萤叶甲 *Gallerucida* sp.属鞘翅目 Coleoptera 叶甲科 Chrysomelidae。主要分布在陕西太白县和陇县。寄主植物有大黄、酸模等蓼科植物。该虫以成虫和幼虫为害大黄叶片，形成孔洞，严重发生时，叶片全部吃光。

（二）形态特征

成虫：雌虫体长 6.3～7.5mm，雄虫体长 5.5～6.5mm。椭圆形，具有金属光泽，除鞘翅为橙红色外，其他部位均为暗色。体背略隆起。头部颜面中央有“X”状沟，触角着生于沟中。触角褐色，11 节。前胸背板布满稀疏刻点，有侧缘。鞘翅具侧缘并有明显的肩突，密布刻点，每一鞘翅上均有四排黑色斑点。后足端部粗壮，腿节长，胫节呈圆柱状。腹部有棕色绒毛。

卵：长 1.1～1.6mm，椭圆形，橘黄色。

幼虫：共 3 龄。老熟幼虫头部黑色，胴部棕褐色，胸部各节均具一对胸足。前胸背板大，中后胸节有一横沟，延伸至两侧。后胸节背面有 4 个褐斑，呈“: :”排列。腹部前 8 节有二横沟，延伸至两侧，背面褐有 4 个褐色斑，呈“三”排列。每一个褐斑上均有 1～4 根棕色刚毛。腹部气孔及气味腺开孔各 8 对，分布于腹节两侧。

蛹：体长 6.5～7.0mm，裸蛹，淡色。腹部具有臀叉。

（三）发生规律

大黄萤叶甲在陕西太白地区 1 年 1 代，以成虫越冬。翌年 4 月下旬至 5 月初开始活动，5 月中旬始见成虫交配，5 月下旬成虫开始产卵至 8 月上旬结束。6 月中旬幼虫开始孵化，幼虫发生盛期为 7～8 月。7 月中旬始见蛹至 9 月中旬。7 月下旬为当代成虫羽化期，8 月中旬至 9 月上旬为成虫的羽化盛期。越冬成虫于次年 8 月上旬开始死亡。各虫态有世代重叠现象。

成虫有假死性，遇惊扰时足合起下落。越冬场所多选择在寄主植物丛中、杂草间及附近土缝和石块下面。成虫产卵于寄主植物叶片背面，卵块产。

幼虫共 3 龄。初孵幼虫体色淡而湿润，食量小，随着龄期的增加食量逐渐增大。遇到惊扰会全身蜷缩，当身体被触碰时，会从腹部侧面的气味腺体开口处分泌白色黏稠液体，以保护自己。老熟幼虫在进入前蛹期时，钻入植株附近约 3cm 的松软土层内化蛹。

（四）防治措施

1. 农业防治　利用成虫的越冬习性，于秋冬或早春深翻土壤，破坏其越冬场所，减少次年害虫基数；及时铲除田间杂草，尤其是蓼科杂草，切断成虫和幼虫的食料来源及生活场所；与川芎、黄芪等药材合理倒茬，降低害虫的发生机率。

2. 化学防治　幼虫为害期喷施高效低毒药剂。

（乔海莉）

第四节　山麦冬
Shanmaidong
LIRIOPES RADIX

山麦冬为百合科 Liliaceae 山麦冬属 *Liriope* 植物湖北麦冬 *Liriope spicata*(Thunb.) Lour.var.*prolifera* Y.T.Ma 或短葶山麦冬 *Liriope muscari* (Decne.) Baily 的干燥块根。两种植物均分布除东北、内蒙古、青海、新疆、西藏外其他省区。国外分布于日本、越南。主要害虫有韭菜迟眼蕈蚊 *Bradysia odoriphaga*、葱蝇 *Delia antiqua*、蛴螬等。

一、韭菜迟眼蕈蚊

（一）分布与危害

韭菜迟眼蕈蚊 *Bradysia odoriphaga* Yang & Zhang 属双翅目 Diptera 眼蕈蚊科 Sciaridae，幼虫俗称韭蛆，我国特有的害虫种类，分布于北京、天津、山东、山西、辽宁、江西、宁夏、内蒙古、浙江、台湾等地，主要为害韭菜、大葱、洋葱、小葱、大蒜等百合科蔬菜，偶尔也为害莴苣、青菜、芹菜等。幼虫聚集取食麦冬叶片基部及根茎地下部分，引起腐烂，致使麦冬叶片萎蔫，枯黄而死。

（二）形态特征

成虫：体小，长 2.0～5.5mm，翅展约 5mm，体背黑褐色。复眼在头顶成细“眼桥”，触角丝状，16 节，足细长，褐色，胫节末端有刺 2 根。前翅淡烟色，缘脉及亚前缘脉较粗，翅脉简单，亚前缘脉 1 条，上面具有 2 列毛；径脉主干分为 R_1 和 Rs，分别具有 1 列毛，其间有一横脉；中脉主干消失，两条分支却清晰可见；肘脉两条；后翅退化为平衡棒。成虫具有雌雄二型现象，雄虫略瘦小，腹部较细长，末端有一对抱握器，雌虫腹末粗大，有分两节的尾须。

卵：椭圆形、白色，长约 0.24mm，宽约 0.17mm。

幼虫：体细长，老熟时体长 5～7mm，头漆黑色有光泽，体白色，半透明，无足。

蛹：裸蛹，初期黄白色，后转黄褐色，羽化前灰黑色，头铜黄色，有光泽。

（三）发生规律

不同地理位置和气候环境下，韭菜迟眼蕈蚊发生略有差异。天津 1 年 4 代，山东寿光 6 代，江苏徐州 5 代，幼虫在 3～4cm 表土层以休眠方式越冬，翌春 3 月下旬开始化蛹，一直到 5 月中旬。4～10 月均可发生为害，为害盛期为 5 月和 10 月，特别在 5 月，麦冬苗小，受害十分严重，一般田块被害率达 20%左右，个别田块高达 90%以上，死苗率达 20%以上，造成严重缺苗，对麦冬产量影响甚大。雌成虫因腹部肥硕多爬行，雄虫善飞更为活跃，扩散距离可达百米左右。雄虫羽化后不久便追逐雌虫，在地表及土缝中交尾，上午 9～11 时为交尾盛期。温度和湿度对韭菜迟眼蕈蚊影响较大，适度低温和高湿有利于其生存，而过高温度和湿度或低温低湿条件可降低其存活率。

（四）防治措施

1. 农业防治　合理施肥，使用腐熟的有机肥；化肥施用不要过量，施用过多会造成植株徒长，降低植株抗性；蕈蚊发生时深施碳酸氢铵作底肥，对幼虫有一定的腐蚀和熏蒸作用；冬灌或春灌减少幼虫数量。

2. 物理防治　用紫光节能灯夜间进行灯光诱杀；利用黄板白天进行诱杀；也可配置糖醋液诱杀；麦冬田中覆盖 0.6mm 防虫网，可避免韭菜迟眼蕈蚊的发生。

3. 生物防治　利用异小杆线虫等昆虫病原线虫，苏云金芽孢杆菌以色列亚种等昆虫病原微生物和灭幼脲昆虫生长调节剂等对韭菜迟眼蕈蚊进行防治。

4. 化学防治　选择适宜的化学药剂田间喷雾或灌根防治。

（郭昆　刘赛）

二、葱蝇

（一）分布与危害

葱蝇 *Delia antique* Meigen 属双翅目 Diptera 花蝇科 Anthomyiidae，幼虫俗称“蒜蛆”，广泛分布于亚洲、欧洲和北美地区，在我国分布于青海、新疆、内蒙古、陕西、山西、甘肃、宁夏、辽宁、河北、北京、河南、江苏、山东等地。寄主植物为圆葱、大蒜、大葱和韭菜等百合科葱属植物，幼虫钻入植物鳞茎内取食为害，形成孔洞引起病原菌导致鳞茎腐烂，受害植株叶片枯黄甚至凋萎死亡。

（二）形态特征

成虫：体长 5～7mm。雌虫体灰黄或灰黑色，两复眼间距较宽，约为头宽的 1/3；胸、腹部背面无斑纹；中足胫节外方有 2 根刚毛。前翅长椭圆形，透明，稍弯，弯内有纵凹陷，有基背毛和背中毛，背中毛长度为基背毛长度的 2 倍。雄虫体略小，暗褐色，两复眼非常接近，复眼间最狭窄部分比中单眼的宽度小。胸部背面有 3 条黑色纵纹，腹部背面中央有 1 条黑色纵纹，各腹节间有 1 条黑色横纹。后足胫节内下方有 1 列稀疏等长的刚毛。前翅长椭圆形，透明，稍弯，弯内有纵凹陷，有基背毛和背中毛，基背毛长度不及背中毛长的 1/2。

卵：白色，卵形，长 1～2mm，有部分卵中间透明，置于水中可以漂浮。

幼虫：蛆状，一龄幼虫体长 1～2mm，随着生长发育逐渐增长，白色，幼虫行动灵活，老熟时体长 7～8mm，黄白色或者黄色。幼虫前端有一黑色口钩，腹部末端截面上生 1 对椭圆形红色气门和 7 对突起，第 1 对突起略高于第 2 对，第 7 对很小。

蛹：长 4～5mm，长椭圆形，红褐色或黄褐色，前端背面有 1 对气孔呈一定角度，尾部有 7 对突起，1 对椭圆形红色气门。

（三）发生规律

葱蝇 1 年 2～4 代，多数国家和地区 1 年 3 代，以蛹越冬。次年春季平均温度约 8℃时成虫开始羽化交尾产卵，卵产于叶基部、茎和植株附近土下 1cm 处，堆产，卵期约为 3 天。4 月下旬至 5 月初为第 1 代幼虫为害高峰期，幼虫期 17～18 天，5 月下旬至 6 月初为第 1 代成虫发生盛期，蛹期 14 天。6 月上中旬为第 2 代幼虫盛发期，6 月底，葱蝇以蛹在土中越夏，8 月下旬至 9 月上旬发生第 2 代成虫，10 月上中旬为第 3 代幼虫盛发期。葱蝇常与韭菜迟眼蕈蚊混合发生为害，为害特点与韭菜迟眼蕈蚊颇为相似。葱蝇以幼虫取食麦冬叶片基部和根茎，引起腐烂导致叶片萎蔫发黄枯死。葱蝇蛹抗寒性较高，可在 4℃下保存很长时间，大多数蛹 3～5 天后转移到 4℃条件下可以存活 6 个月，少部分葱蝇蛹可以存活 1 年以上。

（四）防治措施

1. 农业防治　合理轮作换茬，避免麦冬连作或与大蒜、葱、韭菜等百合科作物轮作，与麦类、蚕豆等作物轮作，减少葱蝇发生；合理施肥，施用腐熟的有机肥。

2. 化学防治　选择合适的化学药剂在播种期沟施、幼虫期地下灌根、成虫期地上喷雾等方式防治葱蝇。

（郭昆）

第五节　山豆根
Shandougen
SOPHORAE TONKINENSIS RADIX ET RHIZOMA

山豆根又名广豆根、柔枝槐，为豆科植物越南槐 *Sophora tonkinensis* Gagnep.的干燥根和根茎，具清热解毒、消肿利咽之功效，用于火毒蕴结、乳蛾喉痹、咽喉肿痛、齿龈肿痛、口舌生疮。山豆根主要分布在我国广西的西南至西北部及贵州和云南的东南部，国外主要分布在东南亚越南、老挝等国，通常生长在阳光充足的山顶或山坡。目前在广西、贵州等地有大面积栽培。主要害虫有豆荚螟 *Etiella zinckenella*、豆野螟 *Maruca testulalis*、芳香木蠹蛾 *Cossus cossuschinensis*、豆小卷蛾 *Matsumuraeses phaseoli*、端大蓟马 *Megalurothrips distalis*、黄胸蓟马 *Thrips hawaiiensis*、格林轻管蓟马 *Elaphrothrips greeni*、朱砂叶螨 *Tetranychus cinnabarinus*、黄褐阿萤叶甲 *Arthrotus testaceus*、咖啡豆象 *Araecerus fasciculatus*、短角外斑腿蝗 *Xenocatantops brachycerus*、介壳虫等。

一、豆荚螟

（一）分布与危害

豆荚螟 *Etiella zinckenella* Treitschke 属鳞翅目 Lepidoptera 螟蛾科 Pyralidae，为世界性分布的豆类害虫，我国各地均有分布，以华东、华中、华南等地区受害最重，是南方豆类的主要害虫。豆荚螟为害山豆根花蕾、豆荚，初孵幼虫多在花蕾或嫩荚中取食，造成蕾、荚脱落，3 龄幼虫开始蛀食豆粒，将豆粒吃成残缺，荚内及蛀孔外常常堆积粪粒，后期种子坏死，种荚霉变或脱落，严重发生时，造成山豆根种子缺收，对山豆根的扩大生产影响极大。

（二）形态特征

成虫：体长 10～12mm，翅展 20～24mm，体灰褐色或暗黄褐色。前翅狭长，沿前缘有一条白色纵带，近翅基 1/3 处有一条金黄色宽横带。后翅黄白色，沿外缘褐色。

卵：椭圆形，长约 0.5mm，表面密布不明显的网纹，初产时乳白色，渐变红色，孵化前呈浅菊黄色。

幼虫：共 5 龄，老熟幼虫体长 14～18mm，初孵幼虫为淡黄色。以后为灰绿直至紫红色。4～5 龄幼虫前胸背板近前缘中央有“人”字形黑斑，两侧各有 1 个黑斑，后缘中央有 2 个小黑斑。

蛹：体长 9～10mm，黄褐色，臀刺 6 根，蛹外包有白色丝质的椭圆形茧。

（三）发生规律

豆荚螟在广西1年6～7代。主要以蛹在表土中越冬，翌年5月底至6月羽化为成虫。第1代幼虫出现在6月中旬至下旬，第2代幼虫出现在7月上旬至中旬，第3代幼虫期为7月下旬至8月上旬，第4代幼虫期8月中下旬，第5代幼虫期9月上旬，第6代幼虫期9月下旬至10月上旬，第7代幼虫期为10月中下旬，11月老熟幼虫化蛹越冬。从第2代开始，世代重叠明显，其中以1～4代为广西田间的主要为害代。

成虫昼伏夜出，白天潜伏在隐蔽场所，受惊后才会短距离飞行。成虫吸食花蜜补充营养后，多将卵产在含苞欲放的花蕾上，多散产，少数2粒产在一起。初孵幼虫蛀入花蕾，取食幼嫩子房和花药。1朵被害花中一般有幼虫1～2头。有时被害的花蕾、幼荚会同幼虫一起掉落，但幼虫又能重返植株，蛀食果荚。幼虫3龄以后，大部分蛀入嫩荚，取食种子，蛀入点多为荚与花瓣、叶片、茎梗粘靠处，幼虫在果荚内蛀食后将粪便排出蛀孔外。一般1个被害荚内只有1头幼虫，极少数2头。老熟幼虫脱荚后在植株附近浅土层内作土茧化蛹。豆荚螟喜欢高温高湿的环境，6～8月为广西高温高湿季节，山豆根花果盛期，亦为豆荚螟为害盛期。旱季，田间湿度增加，豆荚螟发生为害加重。

（四）防治措施

1. 农业防治　冬季清洁田园，春季松土于寄主植物根部附近的土壤，消灭越冬虫源；及时清除田间落花、落荚，并摘除被害花、荚，以减少虫源；在幼虫入土化蛹时，中耕结合灌溉可以杀死初化蛹。

2. 化学防治　在产卵盛期及孵化期选用适宜药剂喷雾防治。

（郭昆　蒋妮）

二、端大蓟马

（一）分布与危害

端大蓟马 *Megalurothrips distalis* 属缨翅目 Thysanoptera 蓟马科 Thripidae，主要分布在中国、日本和印度等亚洲国家，我国大部分地区均有分布。该虫主要为害豆科植物，如蚕豆、扁豆、豇豆和大豆等，近年来也为害石榴、柑橘和茄子等果树和蔬菜作物。端大蓟马以若虫、成虫取食植物的幼嫩组织（嫩叶、花器和幼果），造成植物叶片、花瓣颜色变褐和果实出现褐色斑点或坏死。

（二）形态特征

雌成虫：体长1.6～1.8mm，体黑棕或黄棕色。触角8节，全暗棕色；第4节呈倒花瓶状，各节有长的叉状感觉锥。单眼间鬃长，靠近后单眼，位于3个单眼中心连线内缘。下颚须3节。前胸后角有2对长鬃。前翅暗棕色，基部和近端处色淡，上脉基中部有鬃18根，端鬃2根；下脉鬃15～18根。腹部第2～7节背板近前缘有1黑色横纹，第5～8节两侧无微弯梳，第8节后缘仅两侧有梳。

雄成虫：比雌成虫体小而色淡，且触角也细。腹部腹板腺域不明显，但第2～8节除后缘鬃似矛形外，尚有附属矛形鬃，第 2 和第 8 节有 40 余根，第 3～7 节 90 余根。

（三）发生规律

江西、浙江、福建 1 年 6～7 代，以成虫在寄主植物叶背或茎皮的裂缝中越冬。端大蓟马的为害期是 4～9 月，5～6 月的花期是主要为害高峰。世代重叠，在生长期均可见到各虫态的虫体，成虫、若虫白天栖息在花器内和叶背面，行动迅速。卵产在花萼或花梗组织里，卵期 7 天，若虫在花器中为害 1 周左右，钻入表土 0.5～1cm 蜕皮。蜕皮时先变为预蛹，后再蜕皮化蛹，蛹经一周羽化为成虫。秋季随着气温降低，种群数量开始逐渐下降，10 月下旬至 11 月开始越冬。在株高为 60cm、结 5～6 个花穗的越南槐单株虫口数量可达 200 多头，高温多雨年份发生轻。

（四）防治措施

化学防治　选择合适的药剂喷雾防治。

（郭昆）

第六节　山药

Shanyao

DIOSCOREAE RHIZOMA

山药为薯蓣科植物薯蓣 *Dioscotea opposita* Thunb.的干燥根茎。具补脾养胃、生津益肺、补肾涩精之功效。国内主要分布于河南、安徽、江苏、广东等地。国外分布于朝鲜、日本。主要害虫有山药叶蜂 *Senoclidea decorus* 、板薯雅角叶蜂 *Rhadinoceraea* sp.、黑真切胸叶蜂 *Eutomostethes* sp.、小地老虎、大地老虎、黄地老虎、华北大黑鳃金龟、东方蝼蛄、华北蝼蛄、沟金针虫、斜纹夜蛾、甜菜夜蛾 *Spodoptera exigua*、甘薯天蛾 *Agrius convolvuli*、白斑弄蝶 *Daimio tethys*、短额负蝗 *Atractomorpha sinensis*、大青叶蝉 *Cicadella viridis*、广翅蜡蝉 *Pochazia albomaculata*、小绿叶蝉 *Jacobiasca formosana*、棉叶蝉 *Empoasca biguttula*、白粉虱 *Trialeurodes vaporariorum*、烟粉虱 *Bemisia tabaci*、绿盲蝽 *Apolygus lucorum*、茶黄螨 *Polyphagotarsonemus latus*、红蜘蛛 *Tetranychus* sp.、蓟马、斑潜蝇、蚜虫、种蝇等。

一、山药叶蜂

（一）分布与危害

山药叶蜂 *Senoclidea decorus* Konow 属膜翅目 Hymenoptera 叶蜂科 Tenthredinidae。喜食薯蓣属山药、参薯等。该虫以幼虫啃食山药叶肉，把叶片吃成网状（图 12-3），严重时可将整株叶片全部吃光，影响山药产量和质量。

（二）形态特征

成虫：雌虫体长9～10mm，翅展10～11mm；雄虫体长约7.5mm，翅展约8.0mm。体黑色，具有蓝紫色光泽；唇基、上唇、胫节除尖端均黄白色；触角9节；翅烟褐色，前翅室色较浓；翅痣及翅脉黑色，雌虫前翅翅痣下呈黑色。雄虫前翅大部分黑色，仅翅端色淡。三对足黑色，但胫节基部黄白色，爪二分裂，内爪较外爪稍小。

幼虫：体圆筒形，蓝黑色，胸部稍粗，腹部较细，体壁多皱纹；头黑色；胸部有3条横脊；胸足3对，腹足8对。

卵：体长椭圆形，初产时乳白色，后变为米黄色，临孵化时呈灰褐色。

蛹：体蓝黑色，头黑色，腹部稍淡。

（三）发生规律

山药叶蜂1年2代。以蛹在土中越冬。翌年6月中旬始见成虫，下旬为出土羽化盛期。7月中下旬是幼虫为害盛期；第2代成虫羽化盛期在7月下旬至8月上旬，8月下旬为第2代幼虫为害盛期，9月上中旬幼虫陆续入土化蛹越冬。成虫夜伏昼出，交尾产卵多在早9～10时或午14～15时。卵产于山药叶片组织内部，产卵部位呈黄褐色。1～2龄幼虫食叶片下表皮、叶肉，仅留下透明的上表皮。

（四）防治方法

1. 农业防治　深耕细耙，破坏越冬蛹；合理施肥浇水，清除田间杂草；种植抗虫品种；根据幼虫在2龄前群居为害、食量小的特性，摘除有虫叶片。

2. 化学防治　在2龄幼虫发生盛期，叶面喷施化学药剂。

（乔海莉　陈君）

二、黑真切胸叶蜂

（一）分布与危害

黑真切胸叶蜂 *Eutomostethes* sp.属膜翅目 Hymenoptera 叶蜂科 Tenthredinidae。在四川省南川县发生。该虫以幼虫为害山药叶肉。山药通常在霜降之后收获，一旦受黑真切胸叶蜂为害，将提早在8月下旬倒苗枯萎，严重影响山药生产。受害较轻时产量损失为25%，严重发生时产量损失可达73%。

（二）形态特征

成虫：体紫蓝色，带有光泽。雄虫体长6～8mm，翅展12～15mm，雌虫体长10～12mm，翅展20～23mm。触角黑色，丝状9节，第3节较长。复眼灰褐色，唇淡黄色，3对胸足的腿节与近胫节处的2/3处着生淡黄色茸毛。翅膜质淡褐色，翅脉清晰；前翅翅痣为黑褐色。雄虫尾部末端呈椭圆形。雌虫腹部肥大，腹面第8节藏有黄褐色锯齿状产卵器，尾部呈稚形，着生1撮褐色毛。

卵：椭圆形。初产乳白色，半透明状，逐渐变为黄色，近孵化前为灰白色。

幼虫：共6龄。体灰白至灰黑色，头、胸足褐色，体节11节，随虫龄增加，背线由绿色变为黑色，每体节多皱纹，气门点11对，幼虫腹足7对退化为肉质马蹄形，臀足1对。

蛹：离蛹，早期呈紫色，逐渐变为紫蓝色并带有光泽。茧长8～14mm，宽7～9mm。椭圆形泥粒状，内壳光滑呈褐色。

（三）发生规律

黑真切胸叶蜂在四川南川三泉地区1年1代。成虫翌年5月上中旬开始羽化出土，随即交配，产卵于山药植株的茎及较老的叶柄表皮内，7～8月是幼虫为害盛期。成虫多在8～11时羽化。天气晴朗时成虫活跃，雨天或阳光强烈时，多栖息在植物叶背或阴凉处，或潜伏在疏松土中。成虫具有假死性，寿命3～5天。主要取食植物的花粉、花蜜及雨露。成虫出土后1～2天交配，多在9～11时，历时3～7分钟。雌虫交配后随即寻找产卵场所。卵多产在植株中下部及较老的叶柄表皮内，每头雌虫产卵量为42～102粒。雌雄比为1∶1.7。卵粒排列整齐。刚产卵的部位不易发现，植株表皮变褐后明显。卵孵化率达91.4%。卵期为14～16天。幼虫的孵化多在夜间，1～2龄幼虫多集中在同一叶片为害，取食叶肉，剩下表皮与叶脉。3龄开始取食全叶，随着虫龄增加食量增加。4龄以上幼虫具有分散转移为害的习性。夜间取食量大于白天。6龄幼虫蜕皮前2～4小时不取食，排空腹内粪便，蜕皮后虫体缩至11～16mm，体色由蜕皮前灰黑色变为紫蓝色。老熟幼虫蜕皮后，潜入5～10cm土层中做泥茧化蛹。越冬代预蛹在翌年5月，气温达21.4℃开始发育。蛹期7～13天。

（四）防治措施

1. 农业防治　产卵期剪除产卵枝条，或在幼虫低龄时，利用其聚集取食为害的特点，人工摘除虫叶。

2. 化学防治　在幼虫发生高峰时期选用BT或适宜药剂喷雾防治。

（乔海莉）

第七节　川贝母
Chuanbeimu
CYATHULAE RADIX

川贝母为百合科植物川贝母 *Fritillaria cirrhosa* D.Don、暗紫贝母 *F. unibracteata* Hsiao et K.C.Hsia、甘肃贝母 *F. przewalskii* Maxim.、梭砂贝母 *F. delavayi* Franch.、太白贝母 *F. taipaiensis* P.Y.Li 或瓦布贝母 *F. unibracteata* Hsiao et K.C.Hsia var. *wabuensis* (S.Y.Tang et S.C.Yue) Z. D. Liu, S. Wang et S. C. Chen 的干燥鳞茎。具清热润肺、化痰止咳、散结消痈之功效。在我国主要分布于西藏、云南和四川，也见于甘肃、青海、宁夏、陕西和山西。主要害虫为华北蝼蛄、华北大黑鳃金龟、地老虎、金针虫，另外还有锯角豆芫菁 *Epicauta gorhami*、线虫等。

一、华北蝼蛄

（一）分布与危害

华北蝼蛄 *Gryllotalpa unispina* Saussure 又称单刺蝼蛄，属直翅目 Orthoptera 蝼蛄科 Gryllotalpidae。分布于长江以北地区，发生区遍及华北、东北和西北。华北蝼蛄食性广而杂，除为害川贝母等药用植物外，还为害棉花、麦类、豆类、甘薯、花生等多种旱地作物和林果苗木。该虫以成虫、若虫咬食川贝母幼苗、幼根和嫩茎，可咬食成乱麻状或丝状，使幼苗生长不良甚至死亡，造成严重缺苗断垄。另外，蝼蛄在土壤表层窜行为害，造成幼苗吊根，导致幼苗失水而死，损失非常严重。

（二）形态特征

成虫：雌虫体长 45～66mm，头宽约 9mm；雄虫体长 39～45mm，头宽约 5.5mm。体黄褐色，全身密被黄褐色细毛。头部暗褐色，触角鞭状。前胸背板盾形，背中央有 1 个心脏形、凹陷、不明显的暗红色斑。前翅黄褐色，覆盖腹部不到一半；后翅远超腹部，达尾须末端。足黄褐色，前足发达；其腿节下缘不平直，中部向外突，弯成“S”形；后足胫节内侧仅有 1 个背刺。

卵：椭圆形。初产时为黄白色，后为黄褐色，孵化前为深灰色。

若虫：共 13 龄。初孵若虫体长约 3.5mm，末龄若虫体长约 41.2mm。初孵时体乳白色，以后体色逐渐加深，复眼淡红色，头部淡黑色；前胸背板黄白色，腹部浅黄色，二龄以后体黄褐色，五龄后基本与成虫同色，体型与成虫相仿，仅有翅芽。

（三）发生规律

华北蝼蛄在各地约需 3 年完成 1 代。在华北地区，6 月上旬为成虫交配盛期。越冬成虫产卵盛期在 6～7 月；卵孵化盛期在 6 月上旬至 8 月下旬，气温是影响卵期和孵化率的主要因素。若虫到秋季达 8～9 龄时，深入土中越冬。越冬若虫翌年 4 月上中旬开始活动为害，当年蜕皮 3～4 次，至秋季以大龄若虫越冬，第 3 年越冬后，春季又开始活动，8 月上中旬若虫老熟，最后一次蜕皮为成虫；为害一段时间后即以成虫越冬，至第 4 年 5 月开始交配产卵。

华北蝼蛄的活动规律与温度、湿度关系密切。土深 10～20cm 处，土温为 16℃～20℃、土壤含水量为 22%～27%，有利于蝼蛄活动。在雨后或灌溉后，蝼蛄为害加重。因此，蝼蛄在春、秋季节有两个为害高峰。华北蝼蛄喜欢在腐殖质多的壤土和砂壤地、轻盐碱地产卵。

（四）防治措施

1. 农业防治　深翻土地，适时中耕，清除杂草，不施用未腐熟的有机肥，创造不利于害虫发生的环境条件。

2. 物理防治　利用成虫的趋光性，在成虫盛发期，用黑光灯或频振式杀虫灯诱杀成虫，将其消灭在产卵之前。

3. 化学防治　将豆饼、米糠、麦麸等煮至半熟或炒七分熟，或将新鲜菜叶或杂草切碎，与高效低毒化学农药拌成毒饵，于傍晚均匀撒在苗床或分成小堆放置在田间，可诱杀蝼蛄。

（乔海莉）

二、华北大黑鳃金龟

（一）分布与危害

华北大黑鳃金龟 *Holotrichia oblita* (Faldermann) 属鞘翅目 Coleoptera 鳃金龟科 Melolonthidae。分布于我国东北、华北、西北等地区。寄主有川贝母、人参、太子参、丹参、白芍等药用植物。其成虫还取食粮食、蔬菜、花生等作物和杨、柳、榆、桑、苹果、核桃、刺槐等多种果树和林木叶片；幼虫为害多种农作物和林木的根部及幼苗。其幼虫称为蛴螬，以幼虫取食川贝母的幼苗嫩茎及近根的基部，导致地上部分枯死，成苗期地下根被咬食成孔眼、疤痕。同时，幼虫造成的伤口可诱发病害。

（二）形态特征

成虫：体长 21～23mm，宽 11～12mm。体长椭圆形，黑褐色或黑色，具光泽。胸、腹部生有黄色长毛，前胸背板宽为长的 2 倍，前缘钝角，后缘角几乎呈直角。每鞘翅 3 条隆线。前足胫节外侧 3 齿，中足、后足胫节末端 2 距。雄虫末节腹面中央凹陷，雌虫隆起。

卵：乳白色，椭圆形。

幼虫：体长 35～45mm。肛孔三射裂缝状，前方着生一群扁而尖端呈钩状的刚毛，并向前延伸到肛腹片后部 1/3 处。

蛹：蛹黄白色，椭圆形，尾节具突起 1 对。

（三）发生规律

华北大黑鳃金龟在东北、西北、华东等地 2 年完成 1 代，在华中及江浙地区 1 年 1 代。以成虫和幼虫越冬。在河北，越冬幼虫 4 月中旬左右活动为害，直至 9 月入蛰，前后持续 5 个月之久。5 月下旬至 8 月中旬产卵，6 月中旬幼虫陆续孵化，为害至 12 月，以 2～3 龄幼虫越冬。第 2 年 4 月越冬幼虫继续发育为害，6 月初开始化蛹，6 月下旬进入化蛹盛期，7 月开始羽化为成虫后即在土中潜伏，陆续越冬，直至第 3 年春季才开始活动。在东北地区的生活史则推迟约半个月。

幼虫（蛴螬）主要分布于田间 20cm 以上土层，以 11～20cm 土层虫量最大，31cm 以下土层比例很小或无。幼虫（蛴螬）活动与危害和土温关系密切。当 10cm 表土层土温为 10℃时，蛴螬开始活动，土温达 14℃时，蛴螬活动进入始盛期，土温 16℃～20℃时，活动最盛，危害最严重。温度低于 13℃或高于 23℃时，蛴螬向较深土层转移，低于 5℃时，均进入越冬状态，故蛴螬的活动危害呈现出季节性变化。

（四）防治措施

1. 农业防治　清除地边、沟里杂草，消灭蛴螬滋生地；秋季翻地，把越冬成虫、幼虫翻至地表，使其被冻死或被天敌捕食；秋末进行冬灌，消灭越冬幼虫；合理轮作倒茬、避免重茬连作，水旱轮作减轻蛴螬为害；施用腐熟有机肥，杀死其中的虫卵和幼虫。

2. 物理防治　在成虫发生盛期用灯光、糖醋液诱杀成虫；田间设置杨（柳、榆）树枝把，诱集成虫后集中杀死。

3. 生物防治　采用昆虫病原线虫、绿僵菌、苏云金杆菌、钩土蜂等防治蛴螬幼虫。

4. 化学防治　栽植阶段用药剂处理栽植穴；生长阶段每年春季（4 月上旬）结合晾根施药防治越冬幼虫；每年夏季（7 月上旬）施药防治当年孵化的低龄幼虫；穴施毒土或毒粪。

（乔海莉　徐常青）

第八节　川牛膝、牛膝
Chuanniuxi、Niuxi
CYATHULAE RADIX、ACHYRANTHIS BIDENTATAE RADIX

川牛膝为苋科植物川牛膝 *Cyathula officinalis* Kuan 的干燥根。具逐瘀通经、通利关节、利尿通淋之功效。分布在四川、贵州、云南、陕西、河北、湖南等地。牛膝为苋科植物牛膝 *Achyranthes bidentata* Bl. 的干燥根，具逐淤通经，补肝肾，强筋骨，利尿通淋，引血下行之功效。全国均有分布，人工种植主要集中于河南、河北、山东等省。主要害虫有小造桥夜蛾 *Anomis flava*、甜菜夜蛾、银纹夜蛾 *Argyrogramma agnata*、大猿叶虫 *Colaphellus bowringi*、豆芫菁、朱砂叶螨 *Tetranychus cinnabarinus*、蛴螬、线虫等。

小造桥夜蛾

（一）分布与危害

小造桥夜蛾 *Anomis flava* (Fabricius)又名小造桥虫，属鳞翅目 Lepidoptera 夜蛾科 Noctuidae。国内除西藏、新疆尚未发现之外，其他各省均有发现，黄河、长江流域发生最多。寄主有川牛膝、怀牛膝等药用植物。该虫以幼虫取食川牛膝叶片，将叶片吃成孔洞和缺刻，或食尽全叶，仅留光秆，严重影响药材根部有效成分的积累。

（二）形态特征

成虫：体长 10～12mm，翅展 23～25mm。雄虫触角双栉齿状，黄褐色，前翅外缘中部向外突出成一角，中横线内方黄色，外横线深褐色，锯齿形，环纹白色有褐色边，肾状纹短棒状。后翅淡褐色。雌蛾触角丝状，淡黄色，前翅色泽较雄蛾为淡，斑纹相似，后翅黄白色。

卵：扁圆形，直径约 0.6mm，表面有 30～34 条隆起纵线，之间有 11～14 条隆起的横纹相互交织成格。初产时青绿色，孵化前为紫褐色。

幼虫：老熟幼虫体长约 35mm。头部淡黄色，体黄绿、绿或灰绿色。背线、亚背线、气门上线及气门下线灰褐色，中间有不连续的白点，毛片褐色。第 1 对腹足退化，第 2 对腹足较小，第 3、第 4 对腹足和臀足发育正常。

蛹：体长约 17mm，赤褐色，头顶中央有乳头状突起，后胸、腹部第 1～8 节背面有细小刻点，腹部第5～8节腹面有小刻点。腹部末端有刺3对，中央1对粗长，略弯曲，两侧2对较细，尖端钩状。

（三）发生规律

小造桥夜蛾在黄河流域1年3～4代，在长江流域1年5～6代。以蛹在牛膝和其他寄主枯枝和落叶上结茧化蛹越冬。据河南方城观察，第1代成虫盛发期在6月上旬，第2代盛发期在7月中旬，3～4代成虫盛发期分别在7月下旬和8月下旬，第4代成虫盛发期在9月下旬至10月上旬。在河北3代发生区以8～9月第2代幼虫发生期为害牛膝最重。

成虫在夜晚交尾和产卵，趋光性很强。雌蛾多将卵产在牛膝中下部叶片的背面。每雌可产卵200～350粒，最多可产卵800多粒。幼虫多在上午孵化。1～2龄幼虫仅取食叶肉，留下上表皮，形成薄而透明的小斑，3～4龄吃成孔洞和缺刻，5～6龄可食害全叶，仅留少数主脉。老熟幼虫在牛膝叶边缘或茎叶间吐丝作薄茧化蛹。

湖北荆州小造桥夜蛾一般在6～8月多雨季节发生重，特别在6月降雨量在100mm左右，7～8月降雨量100～200mm，易大量发生。山东临清7月中下旬平均气温超过28℃，相对湿度超过85%时，第2代发生重，若不同时具备这种气候条件，则不会大发生。

（四）防治措施

1. 农业防治　秋季收获之前应割除茎叶，消灭越冬代幼虫和蛹。

2. 化学防治　在幼虫低龄期，施用高效低毒化学药剂，防治效果显著。

（乔海莉　程惠珍）

第九节　川乌、附子

Chuanwu、Fuzi

ACONITI RADIX、ACONITI LATERALIS RADIX PRAEPARATA

川乌为毛茛科植物乌头 *Aconitum carmichaelii* Debx.的干燥母根，具有祛风除湿，温经止痛之功效；附子为乌头的子根习称“泥附子”，具回阳救逆、补火助阳、散寒止痛之功效。乌头在我国分布于云南东部、四川、湖北、贵州、湖南、广西北部、广东北部、江西、浙江、江苏、安徽、陕西南部、河南南部、山东东部、辽宁南部。主要害虫有银纹夜蛾 *Argyrogramma agnate*、蚜虫、叶蝉和金龟子等，其中银纹夜蛾发生最为严重。

银纹夜蛾

（一）分布与危害

银纹夜蛾 *Ctenoplusia agnate* 别名弓背虫、菜步曲、造桥虫等，属鳞翅目 Lepidoptera 夜蛾科 Noctuidae。全世界都有分布，我国以黄淮流域和长江流域受害较重。寄主植物有乌头、泽泻、大豆等多种植物。其幼虫食害叶片，有的将叶片卷起或缀合在一起，裹在里面取食，将叶吃成孔洞或缺刻。

（二）形态特征

成虫：体长 15～17mm，翅展 32～36mm，头胸灰褐色，中央有一银白色近三角形斑纹和一马蹄形银边褐斑，二纹靠近但不相连。

卵：半球形，直径 0.4～0.5mm。初产乳白色，后为淡黄至紫色，从顶端向四周放射出隆起纹。

幼虫：老熟幼虫体长 30mm 左右。第 1 对和第 2 对腹足退化消失，行走时体背拱曲，故有造桥虫之称，背面有白色细小的纵线 6 条。

蛹：体长 18～20mm，纺锤形，第 1～5 腹节背面前缘灰褐色，腹部体端延伸为方形臀棘，上生钩状齿 6 根。

（三）发生规律

在汉中地区 1 年 1 代，以蛹越冬，每年 4 月成虫羽化，5 月为幼虫发生高峰，危害最为严重。6 月中下旬老熟幼虫不再取食，并开始吐丝结茧化蛹，多在叶背。成虫夜间活动，有趋光性，卵产于叶背，单产。初孵幼虫在叶背取食叶肉，残留上表皮，大龄幼虫则取食全叶，有假死习性。第 2 代转至其他作物上为害。

（四）防治措施

1. 农业防治　银纹夜蛾寄主较广，避免与该虫的寄主植物连片种植。
2. 物理防治　在成虫高发期利用黑光灯诱杀银纹夜蛾成虫。
3. 生物防治　利用寄生蜂对银纹夜蛾进行生物防治。
4. 化学防治　选择适宜的药剂喷雾防治。

（郭昆）

第十节　川芎
Chuanxiong
CHUANXIONG RHIZOMA

川芎为伞形科植物川芎 *Ligusticum chuanxiong* Hort.的干燥根茎。具活血行气、祛风止痛之功效。在四川、云南、贵州、广西、江西、浙江、湖北、陕西、内蒙古、甘肃、河北等地均有栽培。主要害虫有川芎茎节蛾 *Epinotia leucantha*、斜纹夜蛾、宽齿爪鳃金龟 *Holotrichia lata*、烟草甲 *Lasioderma serricorne*、咖啡豆象 *Araecerus fasciculatus*、种蝇 *Delia platura*、朱砂叶螨、地老虎、金针虫、蟋蟀等。

川芎茎节蛾

（一）分布与危害

川芎茎节蛾 *Epinotia leucantha* Meyrick 又名北沙参钻心虫，属鳞翅目 Lepidoptera 卷蛾

科 Tortricidae。主要分布在四川、山东、河北等地。川芎茎节蛾是多食性害虫，寄主植物有川芎、北沙参、白芷、当归、防风等药用植物。该虫以幼虫危害川芎茎部，从心叶或叶鞘部位蛀入茎秆，咬食节盘，造成“通秆”，使全株枯死。

（二）形态特征

成虫：体长 5～7mm，翅展 14～19mm，体灰褐色，下唇须中节向端部扩展的毛和短小的末节均为白色。前翅白色，基部约 1/3 为黑色，后缘约 2/3 处有 1 三角形黑斑，向内与前缘的黑褐色横斑相接，前缘有数条黑白相间的短斜纹，后翅灰褐色。

卵：圆形，薄片状。初产时白色。

幼虫：老熟幼虫体长约 14mm，体粉红色。头部黄褐色，两侧各有黑色条斑 1 块。前胸背板及臀板黄褐色，腹足趾钩呈单序环状排列。

蛹：体长约 8mm，红褐色。腹部背面第 2～7 节各有两列短刺，第 8、第 9 腹节仅有 1 排小刺，臀节有几个大刺。

（三）发生规律

在四川的川芎产区 1 年 4 代，以蛹越冬。各世代发生期不整齐，有世代重叠现象。翌年 3 月下旬至 4 月上旬越冬代成虫陆续羽化，第 1 代幼虫盛发期为 5 月上中旬，第 2 代幼虫盛发期在 6 月中下旬，第 3 代在 7 月中下旬为幼虫盛发期，第 4 代幼虫盛发期在 8 月中下旬。老熟幼虫于 9 月上中旬开始在川芎叶柄基部内侧结茧化蛹越冬。全年以 6 月中旬到 7 月中旬的第 2、第 3 代发生危害最为严重。

成虫白天活动，飞翔力不强，具较强的趋光性。成虫羽化后 1～2 天开始交配、产卵，每雌蛾产卵 70～140 粒，最多达 360 粒。卵产在寄主植株花、叶背面和叶柄基部。幼虫孵化后 40 分钟内即钻蛀川芎心叶为害，老熟后一般在为害处结茧化蛹。

（四）防治措施

1. 农业防治　秋季川芎收获正值川芎茎节蛾越冬幼虫结茧化蛹阶段，将残株翻入 15～20cm 土层下或集中处理，杀死越冬虫蛹，减少越冬虫源。

2. 物理防治　成虫发生盛期，用杀虫灯悬挂在田间距离地面约 30cm 高处，灯下放置水盆，诱杀成虫。

3. 化学防治　川芎茎节蛾幼虫发生期，喷施适宜药剂防治。

（乔海莉　程惠珍）

第十一节　天南星

Tiannanxing

ARISAEMATIS RHIZOMA

天南星为天南星科植物天南星 *Arisaema erubescens* (Wall.) Schott、异叶天南星 *A. heterophyllum* Bl.或东北天南星 *A. amurense* Maxim.的干燥块茎。具散结消肿之功效。在国

内除新疆、内蒙古外，其他大部分省（区）均有分布。主要害虫有红天蛾 *Pergesa elpenor*、短须螨、朱砂叶螨、蓟马、红蜘蛛、蚜虫、地老虎、蛴螬、金针虫、蝼蛄等。

红天蛾

（一）分布与危害

红天蛾 *Pergesa elpenor* (Linnaeus)属鳞翅目 Lepidoptera 天蛾科 Sphingidae，是天南星的重要食叶害虫。国外分布于日本、朝鲜；国内分布于山西、山东、河北、四川、吉林、浙江、台湾等地区。寄主植物除天南星外，还包括半夏、葡萄等。该虫以幼虫啃食天南星叶片，严重发生时，可把被害植物叶片全部吃光。

（二）形态特征

成虫：体长 25～35mm，翅展 45～65mm。体红色，伴有红绿色闪光，头部两侧及背部有两条纵行的红色条带，腹部背线为红色，两侧黄绿色，外侧红色；第 1 腹节两侧有黑斑。前翅基部黑色，前缘及外横线，亚外缘线、外缘及缘毛都为暗红色，外横线近顶角处较细，愈向后缘愈粗，中室有一小白点，后翅红色，靠近基半部黑色，翅反面较鲜艳；前缘黄色。

卵：扁圆形，直径 1～1.5mm。初产时鲜绿色，孵化前淡褐色。

幼虫：共 5 龄，老熟幼虫体长 50～70mm。依据体色，幼虫分为两种类型：褐型，体棕褐色，各体节密布网状纹，腹部第 2 节两侧具眼状纹 1 对，眼纹中间灰白色，背线黑色，第 3～7 腹节有与节间相连的黑斑，各体节后缘黄褐色。近似斜线，腹部腹面黑褐色，尾角棕褐色，尖端淡黄色；绿型：体黄绿色，第 1、第 2 腹节眼状纹中间黄白色，上下为黑斑。初孵幼虫均为绿型，在 2～3 龄蜕皮后大部分转为褐型，老熟幼虫期绿型仅占少数。

蛹：体长 35～45mm，棕色，具有零星黑点斑，点斑在前翅沿翅脉成纵行排列。

（三）发生规律

在浙江杭州红天蛾 1 年 5 代，有世代重叠现象。以蛹在土表下蛹室内越冬，翌年 4 月下旬开始羽化。第 1、第 2、第 3、第 4 代成虫分别出现在 6 月上旬、7 月上旬、8 月上旬和 9 月上旬；第五代老熟幼虫入土化蛹于 9 月下旬。第 1 代全历期 50 天左右，其中卵期 5～6 天，幼虫期 21～26 天，蛹期 10～14 天，成虫寿命 5～10 天；第 2、第 3 代全历期 35 天，其中卵期 4～5 天，幼虫期 12～14 天，蛹期 7～12 天，成虫寿命 3～6 天。第 4 代全历期 40 天左右，第 5 代历期（包括越冬期）长达 6～7 个月。

成虫白天静伏于植株背阴处，黄昏时开始活动，吸食花蜜，趋光性强。羽化多在下午，当晚即可交尾，次日起产卵，每雌产卵 30～40 粒，一般散产于天南星叶背，少数在叶面；多数一叶只产 1 粒。雌雄比约为 1.1∶0.9。卵多在早晨孵化，孵化后卵壳被幼虫吃掉，少数残留于植株的卵壳呈透明状。初孵幼虫在叶背啃食表皮，形成透明斑。2 龄起蚕食成小孔洞；3 龄从叶缘食成缺刻；4～5 龄食量最大，一夜间可将 10 余株植物的叶片全部吃光，遇食料缺乏时向四周扩散。幼虫老熟后，吐丝卷叶或筑蛹室，停止取食，经 2～5 天预蛹后蜕皮化蛹。

（四）防治措施

1. 农业防治　在幼虫发生期，结合中耕除草，人工捕捉；清洁田园，中耕松土破坏化蛹场所，压低虫口数量。

2. 物理防治　5月以后，在田间设置杀虫灯，诱杀成虫。

3. 化学防治　春季第1代幼虫期及各代幼虫的低龄期，用高效低毒化学药剂喷雾，防治适期为5月中旬、6月中下旬、7月上旬。在严重发生期，隔3～5天做第二次防治。

（乔海莉　刘赛）

第十二节　天麻

Tianma

GASTRODIAE RHIZOMA

天麻为兰科植物天麻 *Gastrodia elata* Blume 的干燥块茎。具息风止痉、平抑肝阳、祛风通络之功效。天麻主产区为四川、云南、贵州等地。在河北、河南、安徽、湖北、辽宁、吉林、陕西、西藏等地也有分布。主要害虫有天麻蚜蝇 *Azpeytia shirakii*、双叉犀金龟 *Allomyrina dichotoma*、铜绿异丽金龟、灰粉突胸鳃金龟 *Hoplosternus incanus*、华北蝼蛄、天麻棘跳虫 *Onychiuyus fimeitayius*、蚜虫等。

天麻蚜蝇

（一）分布与危害

天麻蚜蝇 *Azpeytia shirakii* Hurkmans 属双翅目 Diptera 食蚜蝇科 Syrphidae。主要以幼虫在土壤中蛀食天麻球茎，致使天麻球茎表面出现明显蛀眼，球茎内有不规则扭曲状蛀道，有的已被蛀空，有的诱发病害加速腐烂，完全失去商品价值，天麻种植区被害面积最高达60%以上。

（二）形态特征

成虫：体长13～15mm，翅展16～18mm。头顶黑褐色，被黑色长毛，后头部黑色，被短黄绒毛；前胸、中胸、后胸背板及腹板均被短黄色绒毛；腹部扁平，黑色，发亮，被短黄色绒毛；翅透明，翅痣浅褐色。

卵：长椭圆形，白色，长约1mm。

幼虫：无足，头部细，腹部粗，体色由浅褐色至深褐色，老熟幼虫体长13～15mm。

蛹：围蛹，椭圆形，长11～13mm，黑褐色。蛹壳较厚且柔韧性极好，通常很难刺破其表皮。

（三）发生规律

在湖北宜昌地区天麻蛴蝇 1 年 2 代，以蛹在土壤中受害的天麻球茎内越冬。越冬幼虫在次年 4 月下旬开始羽化，第 1 代卵在 5 月初始见，5 月中下旬为产卵盛期，第 1 代幼虫 5 月中旬初见，5 月下旬至 6 月中旬为发生盛期；6 月下旬幼虫开始化蛹越夏，一直持续到 8 月中旬；8 月中旬至 9 月上旬为第 1 代成虫期，8 月中旬至下旬为成虫高峰期。第 2 代卵于 8 月中旬初见，8 月下旬为产卵盛期；第 2 代幼虫始见于 8 月下旬，8 月下旬至 9 月下旬为发生盛期；10 月中旬幼虫开始化蛹越冬，一直延续至翌年 4 月底开始羽化。

成虫对未腐熟的粪肥、腐败有机物和天麻残体等有明显的趋性。产卵时多选择潮湿、有腐败有机物，特别是腐烂的天麻残体附近 1cm 左右的土层或土缝下、蛹道或近地面背光的叶片上，卵散产。幼虫孵化后，多从天麻球茎的幼嫩生长点或新生麻部蛀入，直至整个天麻被取食或腐烂。幼虫常在低洼潮湿、腐殖质多的地段为害天麻球茎，而干燥的挂坡地、沙土地通常很少发生。老熟幼虫就地（所为害的地方，尤其是靠近底层菌材的地方）化蛹越夏或越冬。在气温回升时，特别是在晴朗的中午，越冬蛹能挖掘蛹道爬出土壤表层晒太阳，地面肉眼可见，气温下降时蛹又退缩回土壤内避寒而留下明显的蛹道。

（四）防治措施

以农业防治为基础，因地因时制宜，合理综合运用植物检疫、农业防治、生物防治、物理机械防治，化学防治为辅。

1. 加强检疫　在引种、选种、调种过程中，要加强检疫，严禁携带天麻蛴蝇疫区的种麻进入新的栽培区，严格控制其扩散蔓延。

2. 农业防治　把好种麻关。在低海拔地区集约生产种麻，既能控制病虫蔓延，又能快速优质高产；若使用疫区的白麻或米麻做种，须精心挑选无病虫害且健壮的白麻、米麻；避免连作，杜绝“三老”（老麻种、老菌材、老窝子）栽培天麻，尽量避免在发生天麻蛴蝇的地方连作，否则要对麻窖和土壤进行严格熏蒸，杀死土壤中的幼虫或蛹；天麻蛴蝇蛹有爬出土壤表面取暖的习性，在 11 月至翌年 4 月的晴朗天气中午时，人工捕捉爬出土壤表面的蛹，集中杀死，可有效降低次年的虫口基数；及时清除残体，集中销毁已被为害的天麻，不要随处乱扔，以防幼虫或蛹继续发育成成虫；及时清除腐烂天麻及其他酸腐有机物，减少引诱成虫到麻窖产卵的几率。

3. 物理防治　春秋两季，在天麻蛴蝇产卵期，用纱网罩（离地面 20～30cm 即可）隔离天麻蛴蝇，使其将卵产在其初孵幼虫爬行钻蛀为害天麻球茎的有效范围外；按 100∶100∶200∶0.5∶5 的质量比将红糖、食醋、淘米水、药剂和锯木屑等配制成诱液诱杀成虫。

4. 化学防治　在采挖或种植天麻时，发现受害天麻及蛴蝇幼虫、蛹时，将其集中喷药消灭；在天麻蛴蝇发生危害严重的麻窖，于春（4 月下旬至 5 月下旬）秋（8 月下旬至 9 月下旬）两季成虫羽化产卵期至卵孵化初期，选用高效低毒化学药剂与细干土拌匀后撒于麻窖之上，并覆 1cm 左右的薄土；或用化学药剂浇灌，防止初孵化的幼虫接触钻蛀为害天麻球茎；选用化学药剂在播种时和土壤一起拌药进行预防和防治。

（乔海莉　刘赛）

第十三节 太子参

Taizishen

PANACIS QUINQUEFOLII RADIX

太子参为石竹科植物孩儿参 *Pseudostellaria heterophylla* (Miq.) Pax ex Pax et Hoffm.的干燥块根。具益气健脾，生津润肺之功效。主要栽培产区有山东、安徽、贵州、福建、江苏；野生资源主要分布在东北、华北、华中和华东地区，如辽宁、内蒙古、山东、河北、安徽、江苏、江西、河南等地。主要害虫有沟金针虫、华北蝼蛄、东方蝼蛄、小地老虎、华北大黑鳃金龟、暗黑齿爪鳃金龟 *Holotrichia parallela*、铜绿异丽金龟，其他害虫有大青叶蝉 *Cicadella viridis* 等。

沟金针虫

（一）分布与危害

沟金针虫 *Pleonomus canaliculatus* (Faldermann)又名节节虫、钢丝虫、铁丝虫、土蚰蜒、芨芨虫，属鞘翅目 Coleoptera 叩甲科 Elateridae。沟金针虫是中亚大陆的特有种类。在我国南至长江流域沿岸，北至山西南部、河北南部、北京、辽宁丹东，西至陇中东部和陇东南部，东至东部沿海广大地区均有分布。寄主范围十分广泛，除了为害太子参、丹参、西洋参、白及、人参、菊花等药用植物外，还为害麦类、玉米、高粱、谷子、棉花等多种植物的根。该虫以幼虫啃食植物根茎，致使幼根茎成小孔，出现死苗、缺苗和块茎腐烂。

（二）形态特征

成虫：雌虫体长 14～17mm，体宽 4～5mm，体较扁；雄虫体长 14～18mm，体宽约 3.5mm，体形细长。雌虫体深褐色，体及鞘翅密生金黄色细毛。头扁平，头顶呈三角形洼凹，密生明显刻点；触角深褐色，略呈锯齿状，11 节，长约前胸的 2 倍。前胸背板发达，前窄后宽，宽大于长，向背面呈半球形隆起，在正中部有极细小的纵沟，后缘角稍向后方突出。雄虫体细长，触角 12 节，丝状，长可达鞘翅末端，足细长。

卵：乳白色，椭圆形，长约 0.7mm，宽约 0.6mm。

幼虫：老熟幼虫体长 20～30mm，体宽约 4mm。金黄色，宽而略扁平。体表被有黄色细毛。头部黄褐色，扁平，上唇退化，其前缘呈锯齿状突起。

蛹：纺锤形。蛹初期体淡绿色，后渐变为深色。

（三）发生规律

沟金针虫一般 3 年完成 1 代。以成虫和幼虫在 15～40cm 深土中越冬，最深可达 100cm。越冬成虫在春季 10cm 深处土温升至 10℃时开始出土活动，10cm 深处土温平均达 10℃～15℃时是活动盛期。

成虫白天多潜伏在地表土缝中、土块下或植物根丛中。黄昏后出土在地面上活动并交配、产卵，黎明前潜回土中。雄虫出土迅速、活跃，具有趋光性，飞翔力较强。雌虫行动迟缓，不宜飞翔，只在地面爬行，有假死性，无趋光性。幼虫期全部在土中，随季节变化而上下迁移为害。

沟金针虫有夏眠习性。从 5 月下旬开始，中下层虫量逐月增多，到 7～8 月进入夏眠盛期，在表层栖息活动的幼虫绝大部分为小型或中型偏小的幼虫。进入夏眠期，中大型幼虫首先停止取食，逐步潜入土壤中下层，最深达 35～39cm。

（四）防治措施

金针虫为典型的“K-对策”地下害虫，对其防治应坚持以“农业防治为基础，综合治理”的防控策略。

1. 农业防治　在播种前或封冻前，深耕细耙，将土中的蛹、休眠幼虫或越冬成虫翻至地表，致使其死亡；施用腐熟有机肥，避免招引金针虫和其他趋粪地下害虫；合理轮作，春季适时灌水，杀死土中的金针虫幼虫。

2. 生物防治　田间施用绿僵菌和苏云金杆菌，使金针虫感染致死。

3. 物理防治　利用金针虫成虫的趋光性，于成虫发生盛期，在田间设置杀虫灯诱杀成虫。

4. 化学防治　播种前，将药剂、水、种子按 1∶50～100∶500～1000 的比例拌种，将拌湿的种子堆闷 2～3 小时，摊开晾干后即可播种；用高效低毒化学农药拌细土，制成毒土，在耕地时撒施在土壤内或播种沟内；用药剂顺垄或逐株灌根。

（乔海莉）

第十四节　丹参

Danshen

PANACIS QUINQUEFOLII RADIX

丹参为唇形科植物丹参 *Salvia miltiorrhiza* Bge.的干燥根和根茎。具活血祛瘀、通经止痛、清心除烦、凉血消痈之功效。主要分布在辽宁、河北、河南、山东、山西、安徽、浙江、江苏、江西、广东、广西、福建、湖北、湖南、四川、贵州、云南、宁夏、甘肃、陕西、西藏等地。主要害虫有旋心异跗萤叶甲 *Apophylia flavovirens*、华北蝼蛄、东方蝼蛄、小地老虎、沟金针虫、细胸金针虫、华北大黑鳃金龟、暗黑齿爪鳃金龟、东北大黑鳃金龟、黑绒鳃金龟 *Maladera orientalis*、云斑鳃金龟 *Polyphylla laticollis*、铜绿异丽金龟、琉璃弧丽金龟 *Popillia atrocoerulea*、银纹夜蛾、粉纹夜蛾 *Trichoplusia ni*、棉铃虫 *Helicoverpa armigera*、大造桥虫 *Ascotis selenaria*、短额负蝗 *Atractomorpha sinensis*、蚜虫、根结线虫等。

旋心异跗萤叶甲

（一）分布与危害

旋心异跗萤叶甲 *Apophylia flavovirens* 属鞘翅目 Coleoptera 叶甲科 Chrysomelidae，是为

害丹参的一种食叶害虫。国内各个地区均有分布，国外分布于朝鲜、越南、泰国和老挝。寄主植物有丹参、紫苏、白苏、冬凌草、野蓟、玉米等。该虫以成虫取食植株叶片的叶肉，严重发生时，叶片仅剩叶脉，整个植株变干枯、焦黄，甚至死亡，影响丹参的正常生长。

（二）形态特征

成虫：雄虫体长 3.9～6.1mm，宽 1.5～2.1mm；雌虫体长 5.9～6.8mm，宽 1.8～2.6mm。触角丝状，11 节，基部 4 节黄褐色，其余黑褐色。体长形，全身被短毛。头后半部、小盾片黑色；上唇黑褐色；头前半部、前胸和足黄褐色，中胸、后胸和腹部黑褐至黑色；鞘翅金绿色，有时带蓝紫色。复眼大。雄虫触角长，几乎达翅端；雌虫触角伸至鞘翅中部。前胸背板倒梯形，前缘、后缘微凹，后角刚毛位于后角之前，表面具细密刻点，中央微凹，两侧各有一个较深凹窝。小盾片舌形，密布小刻点和毛。鞘翅两侧近于平行，翅面刻点密。后胸腹板中部明显隆起，雄虫更甚，似奶牛之乳房。雄虫腹部末节腹板顶端中央呈钟形凹洼；爪双齿式，雌虫爪附齿式。

卵：椭圆形，长约 0.7mm，宽约 0.5mm，表面光滑，初产淡黄色，后呈黄色，部分为褐色。

幼虫：老熟幼虫体长 7～12mm，体黄色，11 节，头褐色，每节体背具黑褐色斑点排列，中间的斑较大，两侧生 2 小斑，斑上有刚毛，尾部半椭圆形或扁平状，背面中部凹下，黄褐色，上生细毛。前胸背板及臀板黄褐色，尾节腹面有突起 2 个。

蛹：裸蛹，长约 7mm 左右，黄色。

（三）发生规律

在山西、陕西 1 年 1 代。以卵在土内越冬。越冬卵 6 月上旬开始孵化，7 月上旬开始化蛹，成虫始见于 7 月下旬，发生盛期为 8 月中旬至 9 月上旬。8 月中旬开始产卵，卵单粒，散产或堆产，每堆 2～40 粒。成虫聚集为害，对丹参幼嫩叶片为害轻；周围有春玉米或谷子地块，为害重；连作地块，为害重。

（四）防治措施

1. 农业防治　丹参收获后，深翻平整土地，适时冬灌，并结合农田基本建设，消灭虫卵；清除地块及周边杂草；利用成虫集聚为害的特性，在成虫高发期，人工捕捉，消灭成虫。

2. 化学防治　在成虫发生盛期，施用高效低毒化学药剂。

（乔海莉）

第十五节　甘草

Gancao

GLYCYRRHIZAE RADIX ET RHIZOMA

甘草为豆科植物甘草 *Glycyrrhiza uralensis* Fisch. 胀果甘草 *G. inflata* 或光果甘草 *G. glabra* L. 的干燥根和根茎。别名甜草、密草、甜根、美草、国老，具补脾益气、清热解毒、祛痰止咳、缓急止痛、调和诸药之功效。甘草人工栽培产区为新疆、内蒙古、甘肃、宁夏等地；野生资源主要分布于新疆、内蒙古、宁夏、甘肃和山西朔州。主要害虫有甘草胭脂蚧 *Porphyrophora sophorae*、甘草广肩小蜂 *Bruchophagus glycyrrhizae*、跗粗角萤叶甲 *Diorhabold tatsalis.*、榆蓝叶甲 *Pyrrhalta aenescens*、酸模角胫叶甲、甘草跳甲 *Altica glycyrrhizae*、短毛草象 *Chloebius psittacinus*、小绿叶蝉 *Jacobiasca formosana*、大青叶蝉 *Tettigoniella viridis*、苜蓿蚜 *Aphis craccivora*、乌苏黑蚜 *A. cracivora craccivora*、甘草黑蚜 *A. atrata*、桃蚜 *Myzus persicae*、黑绒鳃金龟、甘草豆象 *Bruchidius ptiunoides*、甘草枯羽蛾 *Marasmarcha glycyrrihzavora*、斑缘豆粉蝶 *Colias erate*、赤须盲蝽、华北蝼蛄、潜叶蛾、红蜘蛛、地老虎、黏虫等。

一、甘草胭脂蚧

（一）分布与危害

甘草胭脂蚧 *Porphyrophora sophorae* Archangelskaya 异名宁夏胭珠蚧 *Porphyrophora ningxiang* Yang，新疆胭珠蚧 *Porphyrophora xinjiangana* Yang，属半翅目 Hemiptera 绵蚧科 Margarodidae，是甘草根部一种刺吸式害虫。在我国宁夏、新疆、内蒙古、甘肃，野生甘草和人工栽培甘草上常有发生。寄主植物有甘草、花棒、野决明、苦豆子、黄花棘豆等。该虫以若虫形成珠体，聚集在甘草根茎部，取食汁液，造成植株根部糜烂干枯（图 12-4a），危害程度随甘草种植年限增加逐年加重，常造成死株，严重减产，甚至绝产，为甘草生产一大灾害。

（二）形态特征

成虫：雌虫体长 5～8mm，卵圆形或梨形，背突起，体胭脂红色，体壁柔软，密生淡色细毛（图 12-4d）。触角 8 节，节间短缩，环状，第 1 节淡色，末节呈半球形，着生十余根长毛及约 17 个刺毛，并有少数小孔。无喙。足 3 对，前足较中足、后足粗壮，开掘式，转节和腿节愈合，胫节和跗节缩短，呈半愈合，爪长，由基部向尖端渐细而尖。胸气门 2 对，短粗呈圆柱形，顶端有较大孔 1 列。体节多半部分密生细毛和蜡腺孔，常覆一层白色蜡粉或蜡丝。雌虫产卵时体端分泌白蜡丝团组织形成卵囊，内藏大量卵粒（图 12-4b）。

雄虫：体长约 2.5mm，暗紫红色。触角 8 节，第 2 节及第 6、第 7 节较小，其余各节较长，密生刺毛（图 12-4e）。复眼大，两侧各有 1 突起。无喙。胸部膨大呈球形。腹部瘦细，第 8 节常分泌一簇直而长的蜡丝，拖在体后如长尾，超过体长 1～2 倍。交配器短，钩状，生在腹端下方。各足腿节粗壮，前足胫节较中足、后足胫节粗而短，跗节 1 节，爪钩尖细。前翅发达，膜质，翅痣红色，长脉 3 条不明显；后翅退化为平衡棍，红色，呈刀形，外端有一尖钩。

卵：长约 0.6mm，狭长圆形，胭脂红色。

若虫：初龄体长约 0.7mm，紫红色。触角 6 节。头顶有 2 个暗色斑，腹端有 2 根长弯毛（图 12-4c）。体卵圆形或不规则形，直径 4～8cm，紫色、蓝灰色、黑紫色或紫红色，成熟时表面可看到 2 对白色小点（胸气门）和丝状的喙，一般体表常黏附一厚层土粒。

蛹：裸蛹，长约 2.5cm，紫红色。

（三）发生规律

在我国1年1代。以初龄若虫在土中蜡丝卵囊内越冬。8月上中旬成虫羽化，羽化的雌虫为无翅型，雄虫有翅。8月下旬至9月上旬成虫交尾，持续两周左右，每天早上10点前后为交尾高峰期，中午后在地表基本见不到雌虫。交尾后雌虫钻入地表下5～8cm产卵，雌虫分泌卵囊并产卵其中，之后雌虫干缩死亡。未交尾雌虫次日出土再行交尾，最终未获得交尾机会的雌虫也能产卵，卵正常孵化，对后代性比没有明显影响。10月初，卵孵化，若虫聚集在卵囊内，11月初若虫出土寻找甘草，寄生于甘草根部越冬，少量若虫在蜡丝卵囊内越冬。翌年4月上中旬1龄若虫蜕皮形成珠体（2龄若虫），5～7月中旬形成蚧壳，固定甘草为害。7月下旬老熟幼虫停止取食，雄虫变为预蛹，雌虫不形成蛹。8月中下旬下一代成虫羽化。

（四）防治措施

1. 田间监测　11月初，将(-)-β-蒎烯、(+)-β-蒎烯和正己醛按照2∶1∶1的比例混合，用正己烷将其稀释为100μg/μL。将化妆棉打卷装入指形瓶，每瓶滴入诱剂1mL，将指形瓶埋入地下，瓶口与地面齐平，11月上旬调查各瓶中甘草胭珠蚧若虫数量。

2. 农业防治　4月初至8月中旬，在种植甘草之前清除田间及埂边地表30cm以下野生甘草；对当年生甘草，适时早播，加强水、肥及田间管理，促进甘草健壮早发，增强抗虫力；对多年生甘草，于6月深耕重耙，可机械杀伤蚧体；对已经形成甘草胭珠蚧珠体的区域，及时采挖甘草，清除虫源。

3. 物理防治　成虫盛发期，田间设置杀虫灯、糖醋盆诱杀成虫，能取得良好的防治效果。

4. 化学防治　对移栽苗采用内吸性杀虫剂蘸根杀虫；若虫初龄期和成虫羽化盛期，选用高效低毒化学农药分别进行土壤施药和植株喷药防治。若监测到甘草胭珠蚧若虫，于10月初清除地表植株后，选用颗粒杀虫剂撒施后耙地5cm，然后灌水。

（陈宏灏　乔海莉）

二、甘草广肩小蜂

（一）分布与危害

甘草广肩小蜂 *Bruchophagus glycyrrhizae* Nikolskaya 属膜翅目 Hymenoptera 广肩小蜂科 Eurytomidae。分布于中西亚及我国东北、西北甘草种植区。当甘草开花有幼荚形成时，该虫交尾产卵于豆荚表皮内（图 12-5a），幼虫孵化后蛀入甘草种子内取食，被害豆粒颜色由青逐渐变为紫褐色，豆粒表皮留有很小的褐色小点。成虫羽化后，咬一圆孔钻出豆粒（图 12-5d）。被危害的豆粒呈空洞或缺刻，致使40%以上的种子丧失发芽力。

（二）形态特征

成虫：体黑色，长2～3mm，有两对膜质无色的翅，足部黄褐色（图 12-5e），雄虫触角9节，触角节的柄长，第3节有3～4圈长毛，第4～8节各有2圈长毛；雌虫比雄虫体稍大，雌虫腹部比雄虫尖，触角10节，连接紧密。

卵：直径0.3～0.5mm，卵的一端稍尖，另一端伸出一根比卵长2～3倍的丝状卵柄。

幼虫：低龄幼虫白色，有 1 对褐色的上颚。老熟幼虫体长约 2mm，淡黄色（图 12-5b）。

（三）发生规律

1 年 1～2 代；以老熟幼虫在甘草种子豆粒内越冬，翌年 3 月底开始化蛹（图 12-5c），4～5 月下旬成虫开始陆续羽化，5 月为越冬代成虫发生高峰期，6 月下旬至 7 月上旬成虫交尾并产卵，7 月中下旬第 1 代成虫开始羽化并产卵，较早的第 2 代成虫 8 月中下旬羽化，发育不整齐。成虫产卵于荚果表皮内，以幼虫在荚果内蛀食豆粒，对种子胚造成危害，甚至豆粒干瘪、坏死。

（四）防治措施

1. 物理防治　在甘草整个结荚期，将波长为 400～440nm 的光源安装在智能太阳能诱虫灯上，置于甘草稠密且开花繁茂的区域。每 $3hm^2$ 安放 1 台杀虫灯，灯开关调到自动挡，晚上 9 时左右自动亮灯，凌晨 4 时左右自动灭灯，诱杀成虫。

2. 化学防治　甘草广肩小蜂越冬代成虫高峰期为甘草初花期至小花开花率达 25%时选用内吸性药剂喷雾防治，连续防治 2～3 次，间隔 5 天；甘草种子收获后，将种子用透气性袋子包装放置在密闭仓库，以“口”字形摆放整齐；采用药剂熏蒸处理 7 天，药剂在仓库内均匀放置，熏蒸结束后散气 2～3 天。

（陈宏灏）

三、跗粗角萤叶甲

（一）分布与危害

跗粗角萤叶甲 *Diorhabda tarsalis* Weise 又称甘草萤叶甲，属鞘翅目 Coleoptera 叶甲科 Chrysomelidae。国外分布于西伯利亚东南部，国内分布于宁夏、甘肃、内蒙古、新疆等甘草分布区。专食性危害，成虫、幼虫均可取食甘草新鲜叶片的叶表组织和叶肉，被害处呈浅灰色，痕迹不一，叶片被钻孔钻洞，叶片面积缩小，光合作用受到抑制，影响了甘草的正常生长。严重者被咀嚼取食只剩呈网状的叶脉，有的甘草只剩茎秆，呈黑色秃茎（图 12-6a），造成甘草生长量下降而大幅度减产。

（二）形态特征

成虫：体长 5.4～6.0mm，宽 2.5～3.0mm。初羽化雌雄个体相差不大，黄褐色，触角 11 节，着生白色微毛，复眼黑褐色，头顶密布刻点，有中沟和 1 个三角形或方形黑斑；前胸背板刻点较粗且稀；中线有 1 黑色纵斑（图 12-6b）。

幼虫：共 3 龄，初孵幼虫背部黑褐色，腹部色较浅，2 龄幼虫体色不一，有黑灰色、浅黄色，老熟幼虫黄色。老熟幼虫额基两侧各有 1 黑褐色小斑；前胸盾板黄褐色，生有白丛毛；中后胸两侧各有黑色弯纹，背中线黑褐色，体侧毛斑突出，气孔黑色，胸足黄褐色（图 12-6d）。

（三）发生规律

1 年 2～3 代，以末代成虫在枯枝烂叶或浅土层中越冬。4 月下旬至 5 月初，越冬成虫出土交尾产卵，5 月下旬第 1 代幼虫孵化，老熟幼虫做土茧化蛹，6 月中旬为第 1 代成虫发生高峰期，7 月上中旬第 2 代幼虫危害严重。成虫可多次交尾多次产卵。各虫态在 23℃～30℃存活率较高，25℃世代存活率最高，当温度低于 23℃或高于 30℃时，存活率逐渐下降。雌虫产卵量在 25℃～27℃最高，而且温度越高，产卵时期越早，产卵期越短，15℃该虫不产卵。在 18℃～36℃，成虫寿命整体上随温度升高而缩短。在 15℃～36℃，该虫发育速率随温度升高而加快，符合 Logistic 模型；25℃下种群趋势指数最高，33℃内禀增长力最高，一龄幼虫期是影响该虫实验种群数量变动的关键虫期。

（四）防治措施

1. 农业防治　通过中耕晒土、灌水等措施影响跗粗角萤叶甲产卵、化蛹及越冬。

2. 药剂防治　5 月初，越冬代成虫出土期，选用适宜药剂喷雾防治，间隔 5 天连续防治 2 次。

（陈宏灏　乔海莉）

四、榆蓝叶甲

（一）分布与危害

榆蓝叶甲 *Pyrrhalta aenescens* Fairmaire 又名榆绿金花虫、榆叶甲，属鞘翅目 Coleoptera 叶甲科 Chrysomelidae。分布于陕西、安徽、浙江、湖北、湖南、福建、广东、广西、云南、甘肃、新疆、内蒙古、吉林、辽宁、甘肃、河北、山西、山东、河南、江苏等地。该虫在华北地区主要为害榆树，成虫和幼虫均食叶片，常将整株榆树的叶子吃光，仅留叶脉。在新疆地区为害甘草，以成虫、幼虫取食甘草叶片、嫩梢，严重区域叶片和嫩梢均被吃光，造成植株干枯死亡（图 12-7a）。

（二）形态特征

成虫：体长 7～8.5mm，宽 3～4mm。近长方形，黄褐色，鞘翅绿色，有金属光泽，全体密被柔毛及刺突（图 12-7b）。头部小，头顶有 1 个钝三角形黑斑，复眼大，黑色，半球状，前头瘤几乎呈三角形。前胸背板宽度为其长的 1 倍，前端稍窄，在中央凹陷部有 1 条倒葫芦形黑纹，并于两侧凹陷部的外方有 1 条卵形黑纹。小盾片黑色，基部宽阔，后端稍圆。鞘翅宽于前胸背板，后半部稍膨大，两翅上各具显明的隆起线两条。腿节较粗。雄虫腹面末端中央呈半圆形凹入。雌虫腹面末端中央呈马蹄形凹入。

卵：长约 1.1mm，宽约 0.6mm，黄色，梨形，顶端尖细，卵面密布六边形点刻。卵两行排列成块，每块有卵 7～22 粒。

幼虫：末龄幼虫体长约 11mm。体长形，微扁平，深黄色，中、后胸及腹部第 1～8 节背面漆黑色。头部较小，表面疏生白色长毛。前胸背板近中央后方有 1 个近四方形的黑斑，前缘中央有 1 个灰色圆形斑。

蛹：体长约 7.5mm，宽 3～4mm。污黄色，翅带灰色，椭圆形，背面有黑色毛瘤 8 行，上生有黑褐色刺毛。

（三）发生规律

在华北地区 1 年 2 代，以成虫在树皮缝、土石缝等隐蔽处越冬，3 月下旬开始出蛰，4

月上旬为出蛰盛期，4 月上中旬为产卵盛期，卵产于叶背面，成块，排列成双行，5 月中旬为卵孵化盛期，卵期 7～10 天。幼虫共 4 龄，5 月底至 6 月初为幼虫化蛹盛期，老熟幼虫多在树干隐蔽处群集化蛹，蛹期 10～15 天；第 2 代卵孵化盛期为 6 月底至 7 月上旬，化蛹盛期在 7 月中旬，第 2 代成虫产的卵多数不孵化。越冬代成虫出蛰及产卵进程与当年气温有很大关系，温度高出蛰早，出蛰历期短。但出蛰盛期（4 月上旬）、第 1 代卵孵化盛期（5 月中旬）、第 2 代卵孵化盛期（7 月上旬）相对比较集中稳定，也是防治的关键时期。第 2 代成虫取食至 8 月下旬以后陆续进入越冬状态。

（四）防治措施

1. 农业防治　人工栽培大田，入冬前要进行冬灌，恶化其越冬环境；早春，在甘草萌发前进行耙地，可消灭大量的越冬成虫。

2. 药剂防治　成虫对药剂敏感，在各代成虫发生盛期喷施药剂，不仅可以杀成虫，也可以控制其产卵，减轻下一代为害。

（李晓瑾　张际昭）

五、甘草豆象

甘草豆象 *Bruchidius ptilinoides* Fåhraeus 属鞘翅目 Coleoptera 象甲科 Curculionidae，主要为害甘草的叶片、豆荚和种子。分布于我国内蒙古、宁夏、甘肃、新疆等地。成虫为害叶片，影响甘草的经济产量，孵化后的幼虫蛀入豆粒内取食为害，造成豆粒空壳（图 12-8），严重者田间为害数量占受害甘草种子的 87.5%，对甘草种子繁殖田来说是一种毁灭性害虫。

（二）形态特征

成虫：体长 2.5～3.0mm，宽 1.5～1.8mm；卵圆形，头、胸及腹部黑色，触角、鞘翅和足浅褐色，头布刻点，被淡棕色毛。体表密覆淡黄色或白色短毛。复眼黑褐色，向两侧突出，触角宽短，11 节，锯齿状，不到鞘翅基部。前胸背板三角形，有均匀刻点及浓密淡棕色毛，后缘与鞘翅等宽，后端中部向后呈弧形突出，此处细毛白色。鞘翅缝、基部及肩部黑色，其余为黄褐色，翅面有刻点 10 行。各足跗节末黑色，后足后胫节内缘端部有 1 个长齿；雄虫臀板窄长，雌虫臀板宽圆。腹部背板，雌虫膜质，淡色，雄虫骨化呈黑色。

卵：椭圆形，一头略尖，长约 0.2mm，宽约 0.1mm。

幼虫：体长 1.5～2.6mm，黄色，头部褐色，口器黑褐色，胸部较粗壮，有微小胸足 3 对，腹面有微毛，常卷曲成半圆形。初孵幼虫浅白色半透明，后随龄期增大逐渐变为白色，老熟幼虫肥胖，体长约 3mm，宽约 2.7mm，头小呈黑褐色，胸膨大。

蛹：黄色，长 2.8～3.1mm。

（三）发生规律

在甘肃、宁夏 1 年 1 代，以幼虫在贮藏的甘草种子或田间甘草秧上的荚果内越冬。翌年 4 月化蛹，蛹期 8～9 天；4 月下旬成虫开始羽化，5 月上旬达羽化高峰期，5 月中下旬甘草开花，6 月上中旬甘草嫩豆荚形成，成虫开始交尾产卵，卵产于豆荚表皮，卵期 15 天；6 月下旬卵开始孵化，该虫发生不整齐，当年 7 月至翌年 3 月种子内都有幼虫。7 月初为幼虫始见期，开始为害种子，7 月下旬开始有少量豆象成虫羽化，并交尾产卵于生育期较晚的嫩豆荚上，9 月下旬幼虫随种子入仓库或留在田间荚果内，以幼虫在豆粒内越冬。

甘草豆象是甘草专食性害虫。成虫喜阳光，具飞翔能力，白天和晚上都能活动，取食叶片，造成空洞或缺刻。成虫在花和幼荚上产卵期较长。每荚产卵 3～5 粒。幼虫喜欢阴湿的环境，以蛀食嫩粒种子获取营养，初孵幼虫的蛀入孔很小，在豆荚表面留有针尖状的褐色小点，随幼虫的取食为害，豆粒表面褐色扩散至整个豆粒，一粒种子内只生活一头幼虫，并随种子入仓库或留在田间荚果内越冬。第 2 年春天，老熟幼虫在种子内化蛹，化蛹时幼虫老熟时将豆粒咬一圆孔，并将排泄物排出孔外，成虫羽化时咬破羽化孔钻出种皮飞出。成虫寿命长，5～9 月田间均有成虫发生。该虫在潮湿、密度大的条件下为害重，干旱条件下为害较轻。

（四）防治措施

1. 农业防治　秋季彻底割取种植园内及其周围野生的甘草豆荚，清洁田园；该虫以幼虫在种子内越冬，豆荚脱粒后，发现有虫为害，筛出带虫种子减少越冬虫口基数。

2. 化学防治　5 月中下旬，成虫羽化高峰期、6 月下旬至 7 月上旬幼虫孵化期为甘草豆象适宜防治期，选择适宜药剂喷雾防治。

（陈君　乔海莉）

六、小绿叶蝉

（一）分布与危害

小绿叶蝉 *Jacobiasca formosana* (Paoli)属半翅目 Hemiptera 叶蝉科 Cicadellidae。分布于全国各地。以若虫或成虫吸食甘草的叶、芽、幼枝、幼芽，先呈现出银白色的点状斑，随后叶片失绿呈淡黄色（图 12-9），最后脱落。除了为害甘草外，其主要寄主有棉花、茄子、菜豆、十字花科蔬菜、马铃薯、甜菜、水稻、桃、葡萄、榆树等。

（二）形态特征

成虫：体长 3.3～3.7mm，淡黄绿至绿色，复眼灰褐至深褐色，无单眼，触角刚毛状，末端黑色。前胸背板、小盾片浅鲜绿色，常具白色斑点。前翅半透明，略呈革质，淡黄白色，周缘具淡绿色细边。后翅透明膜质，各足胫节端部以下淡青绿色，爪褐色；跗节 3 节；后足跳跃足。腹部背板色较腹板深，末端淡青绿色。头背面略短，向前突，喙微褐，基部绿色。

卵：长椭圆形，略弯曲，长径约 0.6mm，短径约 0.15mm，乳白色。

若虫：体长 2.5～3.5mm，与成虫相似。

（三）发生规律

1 年 4～6 代，以成虫在落叶、杂草或低矮绿色植物中越冬。翌春甘草发芽后出蛰，飞到甘草植株刺吸汁液，取食后交尾产卵，卵多产在新梢或叶片主脉里。卵期 5～20 天；若虫期 10～20 天，非越冬成虫寿命 30 天；完成 1 个世代 40～50 天。因发生期不整齐致世代重叠。6 月虫口数量增加，8～9 月最多且为害重。秋后以末代成虫越冬。成虫、若虫喜白天活动，在叶背刺吸汁液或栖息。成虫善跳，可借风力扩散，15℃～25℃适其生长发育，28℃以上及连阴雨天气虫口密度下降。

（四）防治措施

1. 农业防治　成虫出蛰前清除落叶及杂草，减少越冬虫源。

2. 药剂防治　在越冬代成虫迁入后，各代若虫孵化盛期及时喷施药剂防治。

（李晓瑾　张际昭）

七、苜蓿蚜

（一）分布与危害

苜蓿蚜 *Aphis craccivora* Koch & C.L 属半翅目 Hemiptera 蚜科 Aphididae。分布于甘肃、新疆、宁夏、内蒙古、河北、山东、四川、湖南、湖北、广西、广东。其寄主除了甘草外，还包括苜蓿、红豆草、三叶草、紫云英、紫穗槐、豆类作物等植物。以成蚜、若蚜群集在甘草的嫩茎、幼芽、花器上吸食其汁液（图 12-10a，b），引起新梢弯曲，嫩叶卷缩，枝条不易生长，影响甘草的正常生长，致使甘草产量损失严重，同时其分泌物常引起煤污病。发生严重，植株成片死亡。

（二）形态特征

有翅孤雌蚜：成蚜体长 1.5～1.8mm，黑绿色，有光泽（图 12-10d）。触角 6 节黄白色。第 3 节较长，上有感觉圈 4～7 个。翅痣、翅脉皆橙黄色。各足腿节、胫节、跗节均暗黑色，其余部分黄白色。腹部各节背面均有硬化的暗褐色横纹，腹管黑色，圆筒状，端部稍细，具覆瓦状花纹。尾片黑色，上翘，两侧各有 3 根刚毛。若虫体小，黄褐色，体被薄蜡粉，腹管、尾片均黑色。

无翅孤雌蚜：成蚜体长 1.8～2.0mm，黑色或紫黑色，有光泽，体被蜡粉（图 12-10c）。触角 6 节，第 1～2 节、第 5 节末端及第 6 节黑色，其余部分黄白色。腹部体节分界不明显，背面有一块大型灰色骨化斑。若虫体小，灰紫色或黑褐色。

卵：长椭圆形，初产为淡黄色，后变草绿色，最后呈黑色。

（三）发生规律

1 年 20 余代。主要以无翅孤雌蚜、若蚜在背风向阳处的野苜蓿、野豌豆等的心叶及根茎交界处越冬。次年 3 月在越冬寄主上大量繁殖，至 4 月中下旬产生有翅孤雌蚜，向豆科甘草等植物上迁飞，形成第 1 次迁飞扩散高峰；5 月末 6 月初，又出现第 2 次迁飞高峰；6 月上旬虫口密度逐渐增加，6 月中下旬增殖加快，形成第 3 次迁飞高峰；7 月中下旬雨季、高温季节形成第 4 次迁飞高峰；种群密度明显下降。10 月间又在收割后的扁豆、菜豆、紫穗槐等新发嫩芽上繁殖为害，后逐渐产生有翅蚜迁飞到越冬寄主上繁殖、为害并越冬。

（四）防治措施

1. 生物防治　苜蓿蚜天敌主要有瓢虫、食蚜蝇、草蛉、蚜茧蜂、蜘蛛等，在自然条件下，对蚜虫发生有明显的控制作用，注意保护和利用天敌。

2. 物理防治　有翅蚜迁飞阶段采用黄板诱杀。

3. 化学防治　有翅蚜迁飞前及若蚜期选择适宜药剂防治。根据天敌活动情况采取暂缓用药、挑治等办法，避免杀伤天敌。

（李晓瑾　张际昭）

八、黑绒鳃金龟

（一）分布与危害

黑绒鳃金龟 *Maladera orientalis* Motschulsky 又称东方绢金龟、天鹅绒金龟子、东方金龟子，属鞘翅目 Coleoptera 鳃金龟科 Melolonthidae。国内分布于宁夏、新疆、甘肃、河南、山东、江苏、安徽、浙江、黑龙江、吉林、辽宁、湖南、福建、河北、内蒙古、广东等地；国外分布于朝鲜、俄罗斯远东沿海地区、萨哈林岛和日本。除了为害甘草外，其寄主还包括牡丹、桑、桃、月季、芍药等植物。黑绒金龟子食性杂，主要啃食甘草幼叶，幼苗的子叶生长点被食造成全株枯死。幼虫咬食幼根为害，严重影响植株的生长发育。

（二）形态特征

成虫：体长 7～8mm，宽 4～5mm，略呈短豆形。背面隆起，全体黑褐色，被灰色或黑紫色绒毛，有光泽。触角黑色，鳃叶状，10 节，柄节膨大，上生 3～5 根刚毛。前胸背板及翅脉外侧均具缘毛。两端翅上均有 9 条隆起线。前足胫节有 2 齿；后足胫节细长，其端部内侧有沟状凹陷。

卵：长约 1mm，椭圆形，乳白色，孵化前变为褐色。

幼虫：老熟幼虫体长 16～20mm。头黄褐色。体弯曲，污白色，全体有黄褐色刚毛。胸足 3 对，后足最长。腹部末节腹毛区中央有笔尖形空隙呈双峰状，腹毛区后缘有 12～26 根长而稍扁的刺毛，排出弧形。

蛹：长 6～9mm，黄褐色至黑褐色，腹末有臀棘 1 对。

（三）发生规律

在新疆 1 年 1 代，主要以成虫在土中越冬，翌年 4 月成虫出土，4 月下旬至 6 月中旬进入盛发期，5 月至 7 月交尾产卵，卵期 10 天，幼虫为害至 8 月中旬～9 月下旬老熟后化蛹，蛹期 10～15 天，羽化后不出土即越冬，少数发生迟者以幼虫越冬。早春温度低时，成虫多在白天活动，取食早发芽的杂草、林木、蔬菜等，成虫活动力弱，多在地面上爬行，很少飞行，黄昏时入土潜伏。入夏温度高时，多于傍晚活动，16 时以后开始出土，傍晚群集为害。5 月上中旬进入为害盛期。成虫出土啃食甘草嫩叶、花瓣。成虫经取食后交配产卵，卵多产在 10cm 深土层内，堆产，每堆有卵 2～23 粒，成虫为害时间达 70～80 天，初孵幼虫在土中为害植物的地下部组织，幼虫期 70～100 天。老熟后在 20～30cm 土层筑土室化蛹。

（四）防治措施

1. 农业防治　冬季对土壤进行翻耕，杀死越冬成虫。

2. 化学防治 在6月中旬幼虫孵化时，在根部喷浇药物杀死幼虫。在成虫盛发期，喷施药剂杀死成虫。

（李晓瑾 张际昭）

第十六节 北沙参

Beishashen

GLEHNIAE RADIX

北沙参为伞形科 Umbelliferae 珊瑚菜属 Glehnia 珊瑚菜 *Glehnia littoralis* Fr. Schmidt ex Miq.的干燥根。具养阴清肺、益胃生津之功效。主产山东、河北、江苏、辽宁等地，在浙江、福建、广东、台湾等地也有分布。主要害虫有北沙参钻心虫 *Epinotia leucantha*、胡萝卜微管蚜 *Semiaphis heraclei*、大灰象甲 *Sympiezomias velatus*、金凤蝶 *Papilio machaon*、黑绒鳃金龟等。

北沙参钻心虫

（一）分布与危害

北沙参钻心虫又名川芎茎节蛾，属鳞翅目 Lepidoptera 卷蛾科 Tortricidae。寄主植物有北沙参、白芷、当归、防风、川芎等。该虫以幼虫为害北沙参叶、花、茎、根等部位，将心叶卷成簇，抑制心叶正常生长；也可钻蛀北沙参根茎，造成枯心苗，钻蛀花蕾，使之不易开花结籽。北沙参被蛀率一般为30%～70%，严重时可达90%，使北沙参减产20%以上，甚至绝收。

（二）形态特征

成虫：体小，体长5～7mm，翅展14～19mm。体灰褐色。下唇须中节向端部扩展的毛和短小的末节均为白色。前翅白色，翅基部约有1/3为黑色，后缘约在2/3处有一个三角形黑斑，向上与前缘的黑褐色横斑相接。前缘并有数条黑色和白色间隔的短斜纹。后翅全部灰褐色，静止时保持钟罩状。

卵：极小，圆形，初产时白色，逐渐变为乳白色。

幼虫：老熟幼虫体长约14mm，体粉红色，没有条纹。头部黄褐色，两侧各有黑色条斑一块。单眼区的中间也呈黑色。前胸盾黄褐色，中央很淡，两侧渐深呈褐色，后缘有褐色斑点，胸足褐色。腹部3～6节，各有一对腹足，趾钩呈单序环状排列，臀足趾钩排成环。腹背面（气门以上）1～8节各有三对毛片，排成两列，前列4个，后列2个，每片上一毛。气门小而圆，气门片黑色，第9节背面只有三个毛片，每个毛片上各有二根刚毛，中央的一个毛片大呈梯形，臀板黄褐色。

蛹：体长约8mm，红褐色。

（三）发生规律

1年4～5代，世代重叠。以蛹在土表层结茧越冬。各代成虫发生盛期为：第1代4月中旬；第 2 代 6 月上旬；第 3 代 7 月中旬；第 4 代 8 月中旬；越冬代为 9 月下旬。幼虫发生盛期为：第 1 代 5 月上中旬；第 2 代 6 月下旬至 7 月上旬；第 3 代为 7 月下旬至 8 月上旬；第 4 代 9 月上中旬；越冬代为 10 月上中旬。

成虫羽化后 1～2 天开始将卵产于北沙参花、叶片上。成虫有趋光性，无趋化性，白天成虫活跃，但飞翔力不强。幼虫孵化后即可爬行钻蛀为害。

（四）防治措施

1. 人工防治　10 月底北沙参采收时，将铲下的秧翻入 20cm 深土层内，此时叶柄基部的蛹或幼虫同时被带入土层，防止次年成虫出土羽化，减少越冬虫口数量。

2. 物理防治　在成虫盛发期，尤其是第 3、第 4 代发生盛期，田间设置杀虫灯诱杀成虫，能取得良好的防治效果。

3. 化学防治　第 1、第 4 代钻心虫落卵量大，为害严重，是防治的关键世代。于 4 月下旬和 8 月中旬，选用高效低毒化学农药，喷施在北沙参秧苗的心叶处，具有良好防治效果。

（乔海莉）

第十七节　白及

Baiji

ARISAEMATIS RHIZOMA

白及为兰科植物白及 *Bletilla striata* (Thunb.) Reichb.f.的干燥块茎。具收敛止血、消肿生肌之功效。主要分布于华东、西南、中南及陕西、甘肃等地，以贵州产量最大。主要害虫有细胸金针虫、蛴螬、蝼蛄、小地老虎、菜蚜 *Lipaphis erysimi*、螨、菜蚜、蜗牛、鼠害等。

细胸金针虫

（一）分布与危害

细胸金针虫 *Agriotes fuscicollis* Miwa 又名节节虫、钢丝虫、土蚰蜒、铁丝虫、芨芨虫，属鞘翅目 Coleoptera 叩甲科 Elateridae。细胸金针虫分布范围广，南至淮河流域，北到东北地区的北部和西北地区均有分布。寄主范围十分广泛，除了为害白及、人参、菊花等药用植物外，还为害麦类、玉米、高粱、谷子、棉花等多种植物。该虫以幼虫啃食白及块茎，致使幼根茎成小孔，导致死苗、缺苗和块茎腐烂。

（二）形态特征

成虫：体长 8～9mm，宽 2.5mm。体细长，暗褐色，略具光泽。触角红褐色，第 2 节球形。前胸背板略呈圆形，长大于宽，后缘角伸向后方。鞘翅长约为胸部的 2 倍，上有 9 条纵列的刻点。足红褐色。

卵：乳白色，圆形，大小 0.5～1.0mm。

幼虫：老熟幼虫体长约 23mm，宽约 1.3mm。体细长，圆筒形，淡黄色，有光泽。臀节圆锥形，背面近前缘两侧各有褐色圆斑 1 个，并有 4 条褐色纵纹。

蛹：纺锤形，长 8～9mm。蛹初期体乳白色，后变黄色，羽化前，复眼黑色，口器淡褐色，翅芽灰黑色。

（三）发生规律

一般 2 年完成 1 代，少数 3 年完成 1 代，有世代重叠现象。以成虫和幼虫在 20～40cm 深土中越冬。越冬成虫在春季 10cm 深处土温升至 7.6℃～11.6℃、气温 5.3℃时开始出土活动，10cm 深处土温平均达 15.6℃、气温 13℃左右时是活动盛期。

成虫白天多潜伏在地表土缝中、土块下或白及根丛中。黄昏后出土在地面上活动。具有趋光性和假死性。成虫出土后 1～2 小时内交配。卵散产于表土层，每雌产卵 5～70 粒。幼虫期全部在土中，随季节变化而上下迁移为害。初孵幼虫活泼，有自相残杀的习性，致使老龄幼虫数量大为减弱。幼虫老熟后在土中 20～30cm 深处筑土室化蛹。

（四）防治措施

1. 农业防治　在播种前或封冻前，深耕细耙，将土中的蛹、休眠幼虫或越冬成虫翻至地表，致使其死亡；施用腐熟有机肥，避免招引金针虫和其他趋粪地下害虫；合理轮作，春季适时灌水，杀死土中的金针虫幼虫。

2. 生物防治　田间施用绿僵菌和苏云金杆菌，使金针虫感染致死。

3. 物理防治　利用金针虫成虫的趋光性，于成虫发生盛期，在田间设置杀虫灯诱杀成虫。

4. 化学防治　用高效低毒化学农药拌细土，制成毒土，在耕地时撒施在土壤内或播种沟内；用药剂顺垄或逐株灌根。

（乔海莉）

第十八节　白术
Baizhu
ATRACTYLODIS MACROCEPHALAE RHIZOMA

白术为菊科植物白术 *Atractylodes macrocephala* Koidz.的干燥根茎。具健脾益气、燥湿利水、止汗和安胎之功效。主要栽培产区为浙江、湖北、湖南、安徽、河北等地。主要害虫有白术术籽螟 *Homoesoma* sp.、红花指管蚜 *Uroleucon gobonis*、白术长管蚜 *Macrosiphum* sp.、大青叶蝉、小地老虎等。

白术术籽螟

（一）分布与危害

白术术籽螟 *Homoesoma* sp.属鳞翅目 Lepidoptera 螟蛾科 Pyralidae。分布在浙江等白术产区，目前发现仅为害药用植物白术。该虫以幼虫取食术蒲小花、种子和底部肉质花托。被害后术蒲小花相继萎蔫、干枯脱落，种子被蛀空，影响留种。

（二）形态特征

成虫：体长 13～15mm，体灰褐色。前翅基部 1/3 处有两个黑褐色斑点。前缘有白色带状纹，外缘有 6～7 个小黑点，其内侧有褐色小点组成的斜带，后缘有近似三角形灰褐色大斑。

卵：长椭圆形，长 1～2mm，乳白色，卵壳表面粗糙。有花生壳状纹。

幼虫：体长约 27mm，头及前胸背板均为褐色，胸足淡黄色，体背部紫红色，腹部色淡。气门黑色，气门线蓝紫色。

蛹：体长约 13mm，淡红褐色。

（三）发生规律

1 年 1 代，以老熟幼虫在白术田内土中作茧越冬。当年 8 月上中旬越冬幼虫出茧化蛹，蛹期 15 天。8 月下旬至 9 月，成虫相继羽化，并交配产卵。9 月中旬直至白术种子收获，幼虫均在花序内为害。幼虫老熟后多于 10 月底入土越冬。

成虫有假死性，白天潜伏于寄主周围草丛或畦面铺草中，傍晚或早晨 9 时前交尾产卵。卵散产于术蒲上端 3～4mm 深处的小花间，少数产于花冠外部或花序外苞叶上。

幼虫孵化后，自管状花上端向下取食，逐渐深入术蒲底部蛀食种子，每头幼虫可为害 1/3～1/2 个花序。幼虫老熟后脱出术蒲，吐丝下垂或沿茎下爬，入土作茧越冬。

（四）防治措施

1. 农业防治　于冬季深翻土地，消灭越冬幼虫；水旱轮作，减少虫害；选育抗虫品种阔叶矮秆型白术，抗虫性好。

2. 化学防治　白术开花初期，成虫产卵前喷施高效低毒化学农药，7～10 天喷施 1 次，连续 3～4 次，防治效果显著。

（乔海莉　程惠珍）

第十九节　白芍

Baishao

PAEONIAE RADIX ALBA

白芍为毛茛科植物芍药 *Paeonia lactiflora* Pall.的干燥根。具养血调经、敛阴止汗、柔肝止痛、平抑肝阳之功效。主要分布于浙江、安徽、四川、贵州、云南、西藏等地。主要害虫有华北大黑鳃金龟、暗黑齿爪鳃金龟、铜绿异丽金龟、棕色鳃金龟 *Eotrichia niponensis*、毛黄鳃金龟 *Holotrichia trichophora*、黑绒鳃金龟、阔胫绒金龟 *Maladera ovatula*、黄褐异丽金龟 *Anomala exoleta*、黄闪彩丽金龟 *Mimela testaceoviridis*、无斑弧丽金龟 *Popillia mutans*、苹毛丽金龟 *Proagopertha lucidula*、白星花金龟 *Protaetia brevitarsis*、华北蝼蛄、东方蝼蛄、大地老虎、小地老虎、黄地老虎、沟金针虫、网目拟地甲 *Opatrum subaratum*、蟋蟀等。

华北大黑鳃金龟

（一）分布与危害

华北大黑鳃金龟 *Holotrichia oblita* (Faldermann)属鞘翅目 Coleoptera 鳃金龟科 Melolonthidae。主要以幼虫取食白芍幼苗嫩茎及近根的基部，导致地上部分枯死，成苗期地下根被咬食成孔眼、疤痕。同时，幼虫造成的伤口可诱发病害发生。严重发生时，被害株率高达 90%以上。（分布范围和寄主植物，请参见川贝母相应资料）

（二）形态特征

成虫：体长 21～23mm，宽 11～12mm。体长椭圆形，黑褐色或黑色，具光泽（图 12-11）。胸、腹部生有黄色长毛，前胸背板宽为长的 2 倍，前缘钝角，后缘角几乎呈直角。每鞘翅 3 条隆线。前足胫节外侧 3 齿，中、后足胫节末端 2 距。雄虫末节腹面中央凹陷、雌虫隆起。

卵：乳白色，椭圆形。

幼虫：体长 35～45mm。肛孔三射裂缝状，前方着生一群扁而尖端呈钩状的刚毛，并向前延伸到肛腹片后部 1/3 处。

蛹：蛹黄白色，椭圆形，尾节具突起 1 对。

（三）发生规律

在安徽亳州白芍主产区，华北大黑鳃金龟 1 龄幼虫 7～10 月出现，以 7 月数量最大；2 龄幼虫 8～9 月最多；3 龄幼虫全年各月间差异不大；蛹集中出现在 6～7 月。

幼虫（蛴螬）主要分布于田间 20cm 以上土层，又以 11～20cm 土层虫量最大，31cm 以下土层比例很小或无。由于白芍鲜嫩细根多分布于表土层 10cm 以内，活动于该土层的幼虫对嫩根危害严重，潜伏于 11cm 以下较深土层的幼虫，为能取食到鲜嫩幼根，也往往上移至表土层取食，之后再潜回深土层栖息。

（四）防治措施

1. 农业防治　早春清除地边、沟里杂草，消灭成虫；秋季翻地，把越冬成、幼虫翻至地表，冻死或被天敌捕食；秋末冬灌，降低幼虫数量。

2. 物理防治　成虫发生盛期用灯光、糖醋液诱杀成虫；有机肥施用前将其充分腐熟，杀死其中的虫卵和幼虫。

3. 化学防治　播种前两天，用化学药剂加水闷种子 4 小时；随播种撒入药剂或作床时混入；金龟子出土期间，在田埂、地边金龟子聚集活动的地方喷洒化学药剂；取 20～30cm 长的榆、杨、槐带叶枝条，将基部泡在内吸性药液中，药液浓度 30～50 倍，10 小时后取出树枝捆成把堆放在田间诱杀；将 50kg 麦麸炒香，用饵料拌药剂诱杀害虫。

（乔海莉）

第二十节　白芷
Baizhi
ANGELICAE DAHURICAE RADIX

白芷为伞形科植物白芷 *Angelica dahurica* (Fisch.ex Hoffm.) Benth.et Hook.f.或杭白芷 *A. dahurica* (Fisch.ex Hoffm.) Benth.et Hook.f.var.*formosana* (Boiss.) Shan et Yuan 的干燥根。具解表散寒、祛风止痛、宣通鼻窍、燥湿止带、消肿排脓之功效。主要分布于四川遂宁（川白芷）、浙江杭州和江苏射阳（杭白芷）、河北安国（祁白芷）、河南禹县（禹白芷）、黑龙江桃山县和吉林延边（兴安白芷）、台湾台中市（台湾白芷）。主要害虫有黄翅茴香螟 *Loxosstege palealis*、金凤蝶、桃蚜、棉红蜘蛛 *Tetranychus telarius*、大灰象甲、赤条蝽 *Graphosoma rubrolineatum*、胡萝卜微管蚜、地老虎、食心虫等。

黄翅茴香螟

（一）分布与危害

黄翅茴香螟 *Loxosstege palealis* Schiff. et Den.又名黄翅茴香网野螟、伞锥额野螟，属鳞翅目 Lepidoptera 螟蛾科 Pyralidae。国内广泛分布于辽宁、吉林、黑龙江、山西、陕西、河北、北京、江苏、湖北、广东、云南等地。寄主植物有白芷、小茴香、防风、独活等药用植物及胡萝卜等多种伞形科其他植物。该虫主要以幼虫在白芷花梗、果实上结网为害，取食花蕾、花、果实及嫩叶，常造成药材大量减产，甚至绝收。

（二）形态特征

成虫：体长约 12mm，翅展 30～36mm。体乳白色。触角灰黑色，下唇须黑色。前翅淡黄色，前缘黑色，隐约可见灰色外横线。后翅乳白色，翅顶角有 1 个较大黑斑，自前缘到臀角有一条不明显的黑横线。

卵：圆形。

幼虫：共 5 龄，初孵时灰黑色，3 龄后黄绿色，老熟时呈橘红色。

蛹：长 12～18mm，梭形，红褐色。

（三）发生规律

在黑龙江、吉林等地，黄翅茴香螟 1 年 1 代，以老熟幼虫在寄主根部附近 1～4cm 土层中越冬。越冬幼虫次年 6 月中旬开始化蛹，7 月中下旬为成虫羽化盛期，7 月下旬为产卵及其孵化盛期。8 月上中旬为幼虫取食为害盛期，8 月下旬老熟幼虫入土结茧越冬。

成虫多在上午 7～10 时羽化，羽化后白天栖息在寄主或杂草间活动甚少，傍晚比较活跃，具弱趋光性，吸食白芷等伞形科植物的花蜜。雌虫羽化后不久即可交配，交配后 1～2 天开始产卵。卵产于花梗和顶梢上。卵块产，卵粒鱼鳞状排列。卵历期 4～5 天。幼虫孵化后即在花序上结网为害，网两端开口，呈筒状，幼虫栖于网内，头部伸出网外取食。幼虫3龄后食量明显增大，取食时间多在上午10时和傍晚16～17时，受惊则后退吐丝下垂。成熟幼虫在花梗间结稠密的丝网，藏身网中。老熟幼虫在8月下旬入土，吐丝结一个污黑色、袋状、弯曲的茧。茧顶端留有羽化孔，外层黏附砂粒，幼虫在茧内越冬。越冬幼虫多集中在土质疏松、地势较高而干燥的地方。成虫羽化期间需要低湿环境，田间土壤含水量为6%～25%时能正常羽化，超过40%以上羽化后死亡率增高。

（四）防治措施

1. 农业防治　适时收获脱粒，消灭大部分尚未脱网入土的幼虫；秋季深翻土壤，消灭越冬幼虫；7月上中旬结合栽培管理适当灌溉，以杀死正在羽化尚未出土的成虫。

2. 生物防治　用Bt菌粉（100亿活孢子/g）每亩0.5～1kg，于早晨露水未干时喷粉，当气温在20℃左右时，杀虫率可达90%以上。

3. 化学防治　在幼虫高发期，喷施低毒高效杀虫剂，隔7～10天喷施1次，连喷2～3次。

（乔海莉　程惠珍）

第二十一节　玄参
Xuanshen
SCROPHULARIAE RADI

玄参又称元参、黑参、浙玄参、正马、重台、鹿肠、鬼藏、玄台，为玄参科植物玄参 *Scrophularia ningpoensis* Hemsl.的干燥根。具清热凉血，滋阴降火，解毒散结之功效。主要分布于河北、河南、陕西、山西、湖北、安徽、浙江、江苏、福建、江西、湖南、广东、贵州、四川等地。主要害虫有朱砂叶螨、棉叶螨 *Tetranychus urticae*、黑点球象 *Cionus tamazo*、白斑球象 *C. latefasciatus*、黄曲条跳甲 *Phyllotreta striolata*、小地老虎、大造桥虫、短额负蝗、铜绿异丽金龟、东北大黑鳃金龟、斑须蝽 *Dolycoris baccarum*、蜗牛等。

一、朱砂叶螨

（一）分布与危害

朱砂叶螨 *Tetranychus cinnabarinus* (Boisduval)属蜱螨目 Acarina 叶螨科 Tetranychidae。分布全国各地，遍及世界各国。寄主十分广泛，有32属113种植物，药用植物寄主有玄参、地黄、白芷、金银花、车前、马鞭草、牛膝、洋金花等。成螨和若螨在寄主植株叶片背面吸食汁液。玄参、地黄等叶片受害后开始为白色小斑点，而后变成红紫色的焦斑，最后叶片呈褐色，干枯脱落。

（二）形态特征

成螨：雌螨体长0.42～0.56mm，背面椭圆形，体红色，无季节性变化。体躯两侧有黑斑两对，前方 1 对较大，后面 1 对位于体末两侧。后半体背面表皮叶状结构呈三角形，长大于宽。气门沟末端呈“U”形弯曲。背毛 26 根，各足爪尖突裂开为 3 对针状毛。

雄螨：背面观呈菱形。体长 0.38～0.42mm，体色红色或淡红色。足 1 跗节爪间突呈 1 对粗爪状。阳具弯向背面呈端锤，其背缘成一钝角。

幼螨和若螨：幼螨 3 对足，若螨 4 对足，生殖器官发育不完全。从幼螨到成螨腹毛数递增，因此腹毛序是区别若螨发育的可靠特征。

（三）发生规律

在北方 1 年 12～15 代，长江流域 1 年 18～20 代，华南 1 年 20 代以上。以雌成螨在杂草、枯枝落叶下、树皮裂缝内和冬季生长的寄主上越冬。冬季气温上升时越冬螨仍能取食，无滞育现象。次年 2 月下旬至 3 月上旬，平均气温上升至 5℃～7℃时，越冬雌螨开始活动，先在越冬或早春寄主上繁殖，药用植物寄主出苗或枝条发芽抽出新叶后，则迁移为害，在药用植物寄主上繁殖十几代。秋季，有的寄主衰老，成螨和若螨又分散到晚秋寄主上取食繁殖，当气温下降至 15℃以下时，便进入越冬状态。

朱砂叶螨发育起点温度为 10℃～19℃，平均气温 16℃～23℃时，完成一代需 19～29 天。24℃～28℃时，完成一代需 10～13 天，在平均温度 26℃时，发育历期最短。朱砂叶螨主要以两性生殖，雌雄比为 5∶1。雌螨产卵前期 1.6～3 天，1 头雌虫每天可产卵 3～20 粒，雌螨最长的产卵期为 25 天。

气候条件是影响朱砂叶螨种群消长的决定因素。干旱并具备一定的风力是朱砂叶螨繁殖和扩散的最有利条件。降雨量多少与朱砂叶螨发生和为害程度呈反相关。根据多年资料分析，5～8 月期间，若有 2 个月的降雨量在 100mm 以下，朱砂叶螨可能大发生；若 4 个月的平均雨量在 200mm 以上，发生则轻。

（四）防治措施

朱砂叶螨分布广，寄主多，在防治上应采取以栽培管理为中心，多种措施相配合，辅以农药防治的策略。勤检查、早施药，把叶螨消灭在点片发生之前，以免蔓延成灾。

1. 农业防治　冬季应加强田园管理，清除残株落叶，集中烧毁；栽种前施足基肥，生长期灌溉防旱，以增强抗螨能力。

2. 化学防治　害螨高发期，喷施高效低毒的内吸性化学农药，防治效果显著。

3. 生物防治　朱砂叶螨天敌很多，捕食天敌主要有塔六点蓟马、小花蝽、黑襟毛瓢虫、深点食螨瓢虫、拟长刺钝须螨和中华草蛉等，其中塔六点蓟马对控制朱砂叶螨种群数量的增长有重要作用，注意保护和利用。

（乔海莉　程惠珍）

二、黑点球象和白斑球象

（一）分布与危害

黑点球象 *Cionus tamazo* Kono、白斑球象 *C. latefasciatus* Voss 属鞘翅目 Coleoptera 象甲

科 Curculionidae。分布于浙江磐安县大盘镇、盘峰乡、维新乡、深泽乡等玄参主产地。该虫主要以成虫集聚玄参生长点并取食嫩叶、嫩茎为害，造成嫩头枯死，影响植株生长发育。在浙江产区，两种象甲混合发生，其中黑点球象占90%以上。玄参田间虫害率平均为56%。一般植株每嫩头带虫3～16头，减产3～5成。

（二）形态特征

黑点球象

成虫：椭圆球形，雄虫长4～4.5mm，雌虫比雄虫约长0.5mm。体黑色，全身被黄褐色毛，管状喙细而长，长2.5～3mm。鞘翅上均匀分布小白点，前盾片有一明显黑点，前胸背板和后翅尾部白色。

卵：椭圆形，长约1mm。初产近无色，后变黄色，具光泽。

幼虫：初孵幼虫卵形，头部黑色，身体近透明，草绿色，体长约1mm，老熟幼虫体长5～8mm，体红褐色，半透明，黏滑光亮。

蛹：宽椭圆形，长约 4mm，外包一层透明膜质蛹壳，头部有黑点，后期蛹颜色逐渐变黑。

白斑球象

成虫：椭圆球形，体长约4.0mm，全身被白毛。管状喙黑色，长约1.5mm，向下弯曲。触角膝状，黄褐色，着生于管状喙的近端部，柄节和第1索节明显呈棒状，膨大的端节近长椭圆形，连接紧密，长约0.5mm。前胸背板布满黑色刻点，密被白毛。雄虫小盾片三角形，明显，稍突出，雌虫不明显。鞘翅前1/3及后1/3密被白毛，中间第1列纵沟，后端密被白毛，并延伸到后端。其余有稀疏白毛。胸部腹面也密被白毛且密集刻点，每刻点上生出1根白毛，尾部白毛稍多。

卵：椭圆形，金黄色，长约1mm。

幼虫：老熟幼虫体长4～7mm，体黄绿色，黏滑发亮，肉质，呈半透明状。

蛹：椭圆球形，长约3.8mm，外包一层淡黄色半透明膜质蛹壳。

（三）发生规律

黑点球象与白斑球象1年1～2代，以成虫在玄参残枝或土壤中越冬。翌年4月中下旬，越冬成虫于叶片基部或嫩茎内产卵，5月上中旬开始孵化。以幼虫取食叶片反面或正面表皮及叶肉为害，大多在叶背取食，只剩下上表皮，或吃穿叶片造成“开天窗”。初孵幼虫食量小，老熟幼虫食量大，粪便黑色。5月下旬至7月中旬是幼虫为害高峰期。老熟幼虫大多在叶片正面化蛹，少量在叶背化蛹，化蛹时外包一层球状半透明膜。在室内日平均温度30℃以下，蛹期7～10天。化蛹高峰在7月下旬至8月上旬。蛹一般在夜里或清晨羽化。羽化时，成虫在蛹壳近顶端1/4处咬一圈后顶破爬出。成虫羽化后，如没有及时得到食物，2～3天后死亡。成虫行动迟缓，不善飞翔，在微风下或紧急状态下，可作短距离飞翔，有假死性和群聚性。7月下旬至8月是成虫为害高峰期，前期主要为害玄参嫩头，取食茎叶，造成嫩头枯死；后期为害玄参花器，但对玄参产量影响不大。成虫一般白天交尾。很少当年产卵。极少数成虫当年产卵，一般产于玄参上部茎内或叶柄基部或叶的近基部，对茎叶造成一定的危害，多数被产卵的叶片和嫩茎后期枯死。白斑球象发生期略迟于黑点球象。黑点球象与白斑球象属于专性寄生，只取食玄参新鲜叶片和其他器官，目前没发现为害其他植物。天敌有寄生蜂、寄生菌等。

（四）防治措施

化学防治　5 月中下旬，在田间幼虫盛发期或在 7 月成虫发生初期使用药剂喷雾防治。

（陈君　乔海莉）

第二十二节　半夏
Banxia
Pinelliae Rhizoma

半夏为天南星科植物半夏 *Pinellia ternata* (Thunb.) Breit.的干燥块茎。具燥湿化痰、降逆止呕、消痞散结之功效。分布在长江流域及东北、华北等地区。主要害虫有红天蛾 *Porgesa elpenor*、芋双线天蛾 *Theretra oldenlandiae*、小地老虎、菜粉蝶 *Pieris rapae*、苜蓿蚜、细胸金针虫、白背飞虱 *Sogatella furcifera*、大青叶蝉 *Cicadella viridis*、芫菁、眼蝶、蝽、叶蝉、蚜虫、红蜘蛛、蝼蛄、蓟马等。

芋双线天蛾

（一）分布与危害

芋双线天蛾 *Theretra oldenlandiae* (Fabricius)属鳞翅目 Lepidoptera 天蛾科 Sphingidae。主要分布于河北、河南、山东、江西、安徽、广西、广东、浙江等地。寄主植物有半夏、白薯、芋、黄麻、葡萄和山核桃等。该虫以幼虫取食半夏叶片，严重发生时，半夏受害株率达 80%以上，严重影响半夏的生长。

（二）形态特征

成虫：体长 25～35mm，翅展 65～75mm。体褐绿色，头及胸部两侧有灰白色缘毛，胸部背线灰褐色。两侧有黄白色纵条。腹部有两条银白色的背线，两侧有棕褐色及淡黄褐色纵条。体腹面土黄色。前翅灰褐绿色，翅顶角至后缘基部有一条较宽的浅黄褐色斜带。斜带内，外有数条黑，白色的条纹。中室端有 1 个黑点。后翅黑褐色，有 1 条灰黄色横带。

卵：圆形，直径约 1.5mm，淡黄绿色，孵化前变黄褐色。

幼虫：共 5 龄，成熟幼虫体长约 58mm，初孵幼虫草绿色，3 龄以后大部分变为褐色。胸部两侧各具 9 个排列整齐的小圆斑，下缘具 1 黄色纵带。腹部第 1～7 节腹侧各有深色斜纹，背侧各有1黄色眼状斑。

蛹：体长35～45mm，黄褐色，气门椭圆形，黑色，臀棘末端有分叉状刺1对。

（三）发生规律

在浙江1年4～5代，以蛹在土下越冬。次年5月羽化，8～9月幼虫发生数量最多。第4代幼虫9月下旬以前化蛹，当年可羽化，产生第5代，9月下旬以后化蛹，则以当代蛹越冬。但是，第5代幼虫往往由于气温下降，寄主枯黄而死亡。因此，第5代多为不完全世代。

成虫白天潜伏在阴蔽处，黄昏时开始活动，取食花蜜，趋光性强。成虫羽化后当晚交配。雌雄交配时雄蛾以胸足悬在半夏叶片上，雌蛾倒挂于雄蛾腹末，历时2～3小时。雌蛾交配后2～5天开始产卵。每雌产卵30～60粒。卵散产于半夏叶背面，少数在叶面。一般1片叶只有1粒卵，少数2～5粒。

幼虫孵化后取食卵壳，并在叶背开始取食叶肉，残留表皮。2龄后将叶片吃成孔洞，3龄以后从叶缘蚕食，造成大的缺刻。高龄幼虫食量暴增，1头幼虫每天可食半夏苗15株左右。幼虫老熟后，爬下植株，在附近吐丝少许将叶片和土粒卷成蛹室或入土营室化蛹。

（四）防治措施

1. 农业防治　根据幼虫喜栖息在半夏叶面，且高龄幼虫体型较大，易被发现的特性，在幼虫盛发期，结合田间管理或巡回检查，人工捕杀幼虫。

2. 生物防治　该虫的越冬蛹寄生天敌为蚕饰腹寄蝇，注意保护和利用天敌；用苏云金杆菌可湿性粉剂（100亿活芽孢/g）1000倍液喷雾。

3. 化学防治　于低龄幼虫期，喷施高效低毒化学农药防治效果显著。

（乔海莉　程惠珍）

第二十三节　地黄
Dihuang
Rehmanniae Radix

地黄为玄参科植物地黄 *Rehmannia glutinosa* Libosch.的新鲜或干燥块根。秋季采挖，除去芦头、须根及泥沙，鲜用；或将地黄缓缓烘焙至约八成干。前者习称“鲜地黄”，后者习称“生地黄”。鲜地黄具有清热生津、凉血、止血之功效。生地黄具有清热凉血、养阴生津之功效。地黄主要分布于河北、河南、辽宁、山东、山西、陕西、江苏、甘肃、湖北、内蒙古等地。主要害虫有地黄狼蛱蝶 *Melitaea didymoides*、东北网蛱蝶 *M. mandschurlca*、小地老虎、甜菜夜蛾、牡荆肿爪跳甲 *Philopona vibex*、二斑叶螨 *Tetranychus nrticae*、朱砂叶螨、蝼蛄、金针虫等。

一、地黄狼蛱蝶

（一）分布与危害

地黄狼蛱蝶 *Melitaea didymoides* Eversmann 又名斑网蛱蝶、地黄蛱蝶、地黄拟豹纹蛱蝶，属鳞翅目 Lepidoptera 蛱蝶科 Nymphalidae。分布于北京、河北、河南、内蒙古、新疆、青海、陕西、甘肃、西藏等地。寄主植物有地黄、车前 *Planiago asiatica* L.、柳穿鱼 *Linaria vulgaris* Mill。该虫以幼虫取食地黄叶片，严重时整株叶片被吃光，仅留叶脉和茎基，严重时株害率可高达 80%以上，严重影响地黄生长，是地黄的重要害虫（图 12-12a、图 12-12b）。

（二）形态特征

成虫：体长 14～18mm，翅展 37～50mm，除腹面淡黄色，腹背橘黄色斑外，其余均为黑褐色（图 12-12c）。触角黄黑相间。复眼黑色。下唇须 3 节，橘黄色，末节黑褐色尖锐向上伸，足黄褐色。翅呈橘黄褐色。前后翅外缘有黑色波状带，内侧有 1～2 列小黑斑，翅中域和基部有多数环形和不规则黑色斑，状如豹纹。前翅背面顶角处有淡黄色斑，余为橘黄褐色。后翅背面有淡黄和橘黄褐色宽带相间，外缘无黑色波状带，其余斑纹同正面。雄虫似雌虫，仅色泽稍淡。

卵：呈圆筒形，直径约 1mm，淡黄至黄绿色，表面有纵脊 22～24 条。

幼虫：高龄幼虫体长 25～30mm，乳白至灰白色。头棕黄色，顶部具多根黑色刚毛，基部有白色毛突。额大部、唇基、触角第 1 节白色，单眼区黑色，气门黑色，体有多数毛突和枝刺（图 12-12d、图 12-12e）。枝刺基部棕色，先端白色，具黑毛。腹足趾钩三序中带。

蛹：长 16～20mm。白色或淡黄色，有分散成行的黑黄斑点，胸腹部有多个小突起。

（三）发生规律

在北京 1 年 2 代，在地黄主产区河南温县 1 年 4 代。以 3 龄和 4 龄幼虫在残株卷叶及地表土缝隙中越冬。观察表明，北京地区越冬幼虫 4 月中下旬开始活动，取食倒栽的地黄苗，6 月中旬越冬代成虫开始出现。两代的幼虫高峰期分别为 7 月中旬和 9 月上旬。第 2 代为局部世代。在河南温县，越冬幼虫 2 月开始在育苗地活动为害，4 月间当日平均温度为 12℃时，越冬代成虫出现。第 1～4 代发生期分别为 4～6 月、7～8 月、9～10 月，世代重叠。在北京夏季，各虫态历期分别为卵期 7～10 天，幼虫期 25～35 天，幼虫共 5 龄，每龄龄期平均 5～6 天，蛹期 7～11 天，完成 1 代约需 2 个月。

成虫多在傍晚或清晨交配，交配后约 3 天产卵。成虫喜在地黄植株中层叶片背面产卵块。每雌抱卵量为 500～600 粒。每卵块数十粒至百余粒（平均 103.3 粒）卵。低龄幼虫群集为害，虫龄增大后分散为害。同一卵块孵化的幼虫可扩大为害 5～8 株地黄植株，多者可达 18 株。老熟幼虫在寄主叶背或杂草茎秆上化蛹。在河南地黄产区，春地黄受害前重后轻，晚地黄受害前轻后重。

（四）防治方法

1. 农业防治　彻底清园，销毁或深埋处理残株；忌连作，最好与玉米间套作，可减轻地黄狼蛱蝶为害；如虫口较少，可人工摘除卵块或群集的幼虫，不必喷药防治。

2. 化学防治　适时防治春地黄上害虫，可减轻晚地黄受害程度。选用 BT 等适宜药剂田间喷雾，在幼虫低龄期，可点、片挑治，不必全田喷药。

（陈君　乔海莉）

二、东北网蛱蝶

（一）分布与危害

东北网蛱蝶 *Melitaea mandschurlca* Seitz 属鳞翅目 Lepidoptera 蛱蝶科 Nymphalidae。主要分布于东北各省及河北、山西、陕西等地。寄主有地黄、紫草等药用植物。该虫以幼虫取食地黄叶片，猖獗发生年份能将整株叶片全部吃光，严重影响植株生长。

（二）形态特征

成虫：体长约 20mm，翅展约 50mm 左右。翅橙色，前翅前缘有 1 黑色边，沿外缘有 l 黑带，缘毛白色，翅面缀有黑色斑纹，其中沿翅外缘和中室外的两横列最为明显，反面黄褐色，外半部有稀疏的黑点。后翅除翅缘外，斑点多不明显，反面橙黄色，翅基部、中部和外缘有 3 条黄色宽横带，带上有呈弧形横列的黑点，排列较整齐。

卵：半球形。顶部卵孔周周有 l 圈花纹，从花纹边缘向下，整个卵壳布有 30 余条纵脊。初产时灰绿色。孵化前顶部色泽变深。

幼虫：共 5 龄，成熟幼虫长约 30mm。头部土黄色，颅顶两侧有半圆形大黑斑两个，上有数个白色突起，并有稀疏黑色长毛，单眼区黑色。体灰白色，背线黑色，两侧有细碎黑色斑纹，共同组成 1 条宽带。亚背线、气门上线间也有黑色宽带。胴部每节有枝刺 11 个。枝刺基部和毛片土黄色，端部灰白色，刺黑色，分别着生在各体节的背中线、亚背线、气门上线、气门下线、基线的位置上，以背线和基线上的刺最小。

蛹：体长约 16.5mm，头顶两复眼间有 l 排 4 个黑褐色斑点。复眼乳白色，有半环形黑褐色宽边。触角乳白色，其上有 1 系列黑褐色圆形和三角形斑。胸部和翅芽乳白色，腹部乳白稍带黄绿色，全体布满黑褐色和深黄色斑纹，胸腹部背面和腹面各呈 4 条杂色带。

（三）发生规律

在河北地区 1 年 2 代。以老熟幼虫在地黄枯叶下或附近杂草中越冬，越冬幼虫多靠近地表。次年 4～5 月，地黄出苗展叶后，越冬幼虫开始活动取食。因越冬幼虫发育阶段不同，越冬生境冷暖也有很大差异，造成世代严重重叠。

越冬幼虫于 6 月中旬开始化蛹，6 月下旬至 7 月中旬羽化为成虫繁殖后代。第 1 代成虫发生期在 7～8 月，交配产卵。幼虫孵化后取食为害，并以当代幼虫越冬。

成虫白天在田间飞，取食花蜜，交配产卵。卵多聚集在一起。初孵幼虫群聚取食，将叶片吃成大小缺刻和孔洞。

据室外饲养观察，幼虫各龄期为 5～8 天。幼虫老熟后将腹部末端黏于寄主叶背，体躯倒悬化蛹。

（四）防治措施

1. 农业防治　秋季地黄收获后，及时清除残叶，并进行翻耕，可消灭越冬幼虫；生长季节可结合田间管理，人工摘除卵和捕杀幼虫。

2. 化学防治　于幼虫发生盛期，喷施高效低毒化学农药，防治效果显著。

（乔海莉　程惠珍）

第二十四节　麦冬

Maidong

OPHIOPOGONIS RADIX

麦冬为百合科麦冬 *Ophiopogon japonicus* (L. f.) Ker-Gawl.的干燥块根，有养阴生津、润肺清心的功效。分布于广东、广西、福建、台湾、浙江、江苏、江西、湖南、湖北、四川、云南、贵州、安徽、河南、陕西（南部）和河北（北京以南），在浙江、四川、广西等地均有栽培；在日本、越南和印度等国也有分布。主要害虫有铜绿异丽金龟、苹绿异丽金龟 *Anomala sieversi*、灰胸突鳃金龟 *Hoplosternus incanus*、暗黑齿爪鳃金龟、铅灰齿爪鳃金龟 *Holotrichia plumbea*、华北大黑鳃金龟、东方蝼蛄、韭菜迟眼蕈蚊、葱蝇和根结线虫等。

铜绿异丽金龟

（一）分布与危害

铜绿异丽金龟 *Anomala corpulenta* Motschulsky 属鞘翅目 Coleoptera 金龟科 Scarabaeidae，除西藏和新疆外遍布全国。成虫主要为害柳树、榆树、落叶松、云杉等几十种树叶，幼虫取食多种苗木根部。幼虫为害麦冬时咬食其根部形成虫窝，在早期影响麦冬块根形成，后期咬断须根使块根感病菌腐烂，地上部叶片变黄萎蔫，严重时整株枯死，造成缺苗断垄。

（二）形态特征

成虫：体长 15～22mm，宽 8.3～12mm。长卵圆形，背腹扁圆，体背铜绿具金属光泽，头部、前胸背板和小盾片颜色较深，鞘翅颜色稍浅，唇基前缘、前胸背板两侧呈浅褐色条斑。前胸背板发达，前缘弧形内弯，侧缘弧形外弯，前角锐，后角钝。臀板三角形黄褐色，常具 1～3 个形状多变的铜绿或古铜色斑纹。腹面乳白、乳黄或黄褐色。头、前胸、鞘翅密布刻点。小盾片半圆，鞘翅背面具 2 纵隆线，缝肋显，唇基短阔，呈梯形。触角呈鳃叶状 9 节，黄褐色。前足胫节外缘具 2 齿，内侧具有内缘距。胸下密被绒毛，腹部每节腹板具毛 1 排。前足爪分叉，后足、中足爪不分叉。

卵：白色，卵壳表面光滑，初产时长椭圆形，长 1.65～1.94mm，宽 1.3～1.45mm，后逐渐变为近球形，长约 2.34mm，宽约 2.16mm。

幼虫：老熟幼虫体长约 32mm，头宽约 5mm。体乳白，头黄褐色近圆形，前顶刚毛每侧各为 8 根，成一纵列；后顶刚毛每侧 4 根斜列。额中刚毛每侧 4 根。肛腹片后部复毛区的刺毛列各由13～19根长针状的刺组成，刺毛列的刺尖常相遇。刺毛列前端不达复毛区的前部边缘。

蛹：体长约20mm，宽约10mm。椭圆形，裸蛹，土黄色，雄末节腹面中央具4个乳头状突起，雌则平滑。

（三）发生规律

1年1代，以2～3龄幼虫越冬，次年4月越冬幼虫上升至表土为害，5月下旬至6月中下旬为化蛹期，7月上中旬至8月是成虫发生期，7月上中旬是产卵期，7月中旬至9月是幼虫为害期，10月中旬陆续进入越冬。1龄和2龄幼虫发育快，龄期短。1龄幼虫发生在7月上旬，历期19～31天；2龄幼虫历期17～28天，3龄幼虫历期241～285天，成虫平均寿命28天。

初孵幼虫黄白色，后变为黄褐色，并爬行取食。幼虫为害盛期在8～9月，多在20cm的土层中活动，当温度低于10℃时幼虫向深土层移动越冬，次年温度回升后，越冬幼虫迁回土表为害。5月中旬进入预蛹期，5月下旬开始化蛹，蛹历期14.6天。成虫有趋光性和假死性。成虫羽化后3～5天开始活动，白天在土中潜伏，夜间活动。傍晚成虫先行交配然后取食，可以多次交尾，多发生在21时前。交配为背负式，历时30分钟，成虫出土7天后即可交配，交配5天后开始产卵，每雌可交配产卵1～2次，产卵于6～16cm深的土中，单雌平均产卵约40粒，卵期10天。

（四）防治措施

1. 农业防治　早春清除地边、沟里杂草，消灭成虫；秋季翻地，把越冬成、幼虫翻至地表，冻死或被天敌捕食；秋末冬灌，降低幼虫数量。

2. 物理防治　成虫发生盛期用灯光、糖醋液诱杀成虫；有机肥施用前应充分腐熟，杀死其中的卵和幼虫。

3. 化学防治　金龟子出土期间，在田埂、地边金龟子聚集活动的地方喷洒化学药剂；刮去成虫喜食树皮上的粗皮，在树干上涂高效低毒化学农药；取20～30cm长的榆、杨、槐带叶枝条，将基部泡在内吸药液中，10余小时后取出树枝捆成把堆放诱杀；将50kg麦麸炒香，用饵料拌药剂诱杀害虫。

（郭昆）

第二十五节　何首乌

Heshouwu

POLYGONI MULTIFLORI RADIX

何首乌为蓼科何首乌 Polygonum multiflorum Thunb.的干燥块根。有解毒、消痈、截疟和润肠通便的功效。何首乌产于华东、华中、华南、陕西南部、甘肃南部、四川、云南及贵州等地。日本也有分布。主要害虫有异色柱萤叶甲 *Gallerucida ornatipennis*、二纹柱萤叶甲 *G. bifasciata*、中华萝藦肖叶甲 *Chrysochus chinensis*、食根金花虫 *Donacia provostii*、茶

黄蓟马 *Scirtothrips dorsalis*、红脊长蝽 *Tropidothorax elegans*、钻心虫、蚜虫、红蜘蛛和地老虎等。

一、异色柱萤叶甲

（一）分布与危害

异色柱萤叶甲 *Gallerucida ornatipennis* Motschulsky 属鞘翅目 Coleoptera 叶甲科 Chrysomelidae，又称黄纹拟守瓜，在我国分布于浙江、四川、贵州、云南四省。寄主植物为何首乌、杠板归、荞麦和酸模等蓼科植物。成虫和幼虫均取食何首乌叶片及其幼嫩顶芽，造成叶片缺刻穿洞，影响植株的光合作用，生长点被取食后则会抑制植株的生长，受害严重时导致整株枯死。

（二）形态特征

成虫：体长 6.2～8.4mm，宽 3.7～4.9mm，卵圆形。头部、前胸背板和小盾片黑色，有金属光泽；复眼黑色或金黄色；触角栉齿状，11 节。鞘翅表面具大小两种刻点，翅斑有变异。胸部腹面及足黑色；胫节及跗节上生有灰黄色短绒毛；后足胫节端部具一微小但显著的刺。跗节 5 节，端部具爪一对，爪为附齿式；中足之间有一前倾状突起；可见腹板 5 节；腹面黑色或褐色、土黄色，视雌雄而异。

卵：长约 1.0mm，宽约 0.35mm，椭圆形。初产时淡黄色，后颜色变深为黄色、棕黄色，至孵化前呈不均匀的黑褐色。卵壳表面具近正六边形的凹纹。

幼虫：寡足型，具 3 对胸足，末节具 1 对爪 1 个吸盘。共 3 龄，1～2 龄幼虫体色呈黄色，稍透明，3 龄幼虫黑褐色或灰褐色；头部黑褐色，中胸和后胸两侧各有 1 个棕褐色的肾型斑；中胸和 1～8 腹节两侧各具气门 1 对；中胸到腹部背面各节有隆起的大小不一的黑痣 14 个，末节上所有黑痣合并成 1 个黑痣斑；腹部末端具有一大吸盘；腹背面具 10 根刚毛，排列成一直线，腹面有 6 小毛瘤；全身密被金黄色刚毛。

蛹：裸蛹。长约 6.5mm，宽约 4.2mm，背面有气门 5 对。初蛹乳白色，以后颜色渐渐加深，且触角、足、翅芽呈黑褐色，复眼黑色，向体腹面弯曲，爪红褐色，全身背面被许多红褐色刚毛；腹部背面 8 节，每节横排 8 根刚毛，腹端具 2 根棕褐色的尾刺。

（三）发生规律

在贵州贵阳 1 年 1 代，以成虫在活动区周围土隙裂缝处越冬，成虫在早春 3 月中下旬开始活动，4 月下旬至 5 月中旬成虫较多。越冬成虫可生活至 7 月中旬。成虫于 5 月中旬产卵，6～7 月幼虫较多。6 月中旬当年成虫出现，11 月成虫开始越冬。

成虫羽化后 5～10 天开始交配，可多次交尾，交配时间多发生于上午 10～12 时和下午 14～17 时。交配后 10～20 天开始产卵于土壤表层 1～4cm 及寄主根系附近；卵堆产或散产，产卵期间有补充营养的习性，多集中在 19～22 时产卵。成虫具有假死性。初孵幼虫一般在叶背取食叶肉，最后残留一层表皮。1 龄幼虫常聚集在一起取食，进入 2 龄后逐渐分散取食；3 龄后取食量大增，幼虫具有假死性，2 龄和 3 龄尤为明显，遇惊吓即蜷缩一团从叶面掉落。老龄幼虫选择一个合适的场所分泌黏液做土室，在土室中蜕掉最后一层皮进入拟蛹期，6～7 天后进入蛹期，一般在距离土表 5～6cm 处化蛹。成虫全天均可羽化，晴天上午 9～10 时开始活动取食。

（四）防治措施

1. 农业防治　整地翻耕，将卵或蛹翻至地表，通过日光曝晒将其杀死或被天敌寄生或取食；冬耕破坏成虫的越冬场所，减少越冬虫源。

2. 人工防治　利用成虫和幼虫假死性特点，可人工或利用简单器具直接捕杀。

3. 生物防治　利用蠼螋和螳螂等捕食性天敌和寄生蝇等寄生性天敌进行生物防治。

4. 化学防治　选用高效低毒低残留的化学农药防治。

（郭昆）

二、茶黄蓟马

（一）分布与危害

茶黄蓟马 *Scirtothrips dorsalis* Hood 属缨翅目 Thysanoptera 蓟马科 Thripidae。国内主要分布在海南、广东、广西、浙江、云南、贵州、湖北、四川、山东、台湾等地；国外主要分布于印度、日本、马来西亚、巴基斯坦等国家。寄主植物有何首乌、茶、大叶相思、台湾相思、银杏、葡萄、草莓、花生等十几种植物。成虫、若虫主要聚集在何首乌叶片上锉吸为害。为害后，叶片扭曲，嫩梢卷缩，叶肉组织遭到破坏，影响叶片的光合作用，阻碍植物生长和块茎膨大，发生严重时，导致叶片干缩、枯死、植株矮化，严重影响何首乌的产量和品质。

（二）形态特征

成虫：雌成虫体长约 0.9mm，体橙黄色。触角暗黄色，8 节。复眼略突出，暗红色。单眼鲜红色，排列呈三角形。前翅橙黄色，近基部有一小浅黄色区，前缘鬃 24 根，前脉鬃基部 4+3 根，端鬃 3 根，其中中部 1 根，端部 2 根，后脉鬃 2 根。腹部背片第 2～8 节具暗前脊，但第 3～7 节仅两侧存在，前中部约 1/3 暗褐色。腹部腹片第 4～7 节前缘具深色横线。

卵：卵浅黄色，肾形。

若虫：初孵若虫极微细，体白色，锉吸口器。1～2 龄若虫无翅芽，体色由白转黄。3 龄若虫（预蛹）有翅芽，4 龄若虫（蛹）体色金黄。

（三）发生规律

1 年 6～10 代，世代重叠，具孤雌生殖和有性生殖特性。每年 3 月气温上升后，茶黄蓟马开始羽化。成虫喜在上部叶片产卵，常产于叶片背面叶脉处，产卵处常留下针尖大小的产卵痕，白色产卵痕内多为未孵化的卵，黄褐色产卵痕内卵多已孵化。每头雌成虫产卵量 30～100 粒，卵期 10～15 天。8～9 月气温高、雨水少，是该虫发生的高峰期。11 月，老熟的 2 龄若虫掉入土壤缝隙和枯枝落叶中进入预蛹期，后蜕皮为蛹开始越冬。成虫和若虫畏强光。白天多在叶片背光处、卷曲处及嫩芽、花器中为害，早晨、夜晚或阴天多在叶面上活动取食。成虫有趋光性和趋黄性，行动活跃，喜弹跳和飞翔，受惊后能从栖息场所迅速跳开或短距离飞行。初孵若虫不太活跃，可侵入新梢顶芽内吸取汁液，随龄期增加若虫活跃程度增加。高温和干旱有利于蓟马发生，多雨特别是暴雨对蓟马的发生有明显的抑制作用。

（四）防治措施

1. 农业防治　做好冬季清园工作，及时清除园区的残株枯叶，集中销毁，以降低越冬虫源。不偏施氮肥，结合新梢修剪，可有效控制茶黄蓟马的发生。

2. 物理防治　利用蓟马的趋黄习性，8 月中旬以黄板诱杀成虫，黄板底端比何首乌藤架顶端高 10～15cm 为宜。

3. 生物防治　茶黄蓟马的天敌主要有中华草蛉 *Chrysops sinica*、七星瓢虫 *Coccinella septempunctata*、小花蝽 *Orius minutus* 等。可以在大田间种植天敌喜欢的植物，诱集天敌。

4. 化学防治　在茶黄蓟马始盛期，选择适宜药剂喷施。喷雾时应全方位喷药，特别是叶背和地面。7 天喷 1 次，连喷 2～3 次。

（郭昆）

第二十六节　苦参

Kushen

SOPHORAE FLAVESCENTIS RADIX

苦参 *Sophora flavescens* Alt.又名地槐、白茎地骨、山槐、野槐，为豆科槐属的草本或亚灌木。以根入药。具清热燥湿、杀虫、利尿之功效。产于我国南北各省。印度、日本、朝鲜、俄罗斯西伯利亚地区也有分布。主要害虫有苦参野螟 *Uresiphita prunipennis*、小地老虎、蝼蛄、蚜虫等。

苦参野螟

（一）分布与危害

苦参野螟 *Uresiphita prunipennis* Butler 属鳞翅目 Lepidoptera 草螟科 Crambidae，分布于北京、河北、吉林、甘肃、湖北、湖南等地。寄主植物有苦参、紫穗槐 *Amorpha fruticosa* 等多种植物。低龄幼虫取食叶片下表皮，高龄幼虫取食叶片边缘，或将除叶柄外的叶片全部吃光。

（二）形态特征

成虫：体长 9.5～13mm，前翅长 11～14mm，黄褐色。复眼暗灰绿色，触角丝状，下唇须伸向头部前上方，为头长的 2 倍，其背面黄褐色杂黑毛，腹面白色。前翅黄褐色，杂暗红色鳞毛，尤以前缘、缘毛处红色浓密，中室中、端部各有一暗褐色斑纹，前者小而模糊。后翅黄褐色，前缘色稍淡。腹部背面金黄色，腹面及足黄白色。

卵：圆形，扁平片状，直径 0.9～1mm，鲜黄色至乳黄色，表面密生多边形的脊纹。孵化前白色的卵壳下透出幼虫头壳呈黑色。卵多粒排成鱼鳞状卵块。

幼虫：末龄幼虫体长 25～30mm，头黑色，体黄绿色至灰绿色，气门线黄色，前胸背板左右各 1 个宽的 U 形黑斑。体表密生大型黑色毛片，中胸、后胸及腹部第 1～8 节在气门线上各有 6 个大毛片，前 4 后 2 排列，黑色毛片上疏生白色长毛。气门、胸足黑色；腹足外侧具黑斑。

蛹：长 11～13mm，宽约 3mm，红褐色，腹部第 2～8 节气门外露，大小不等，第 2～3 腹节气门最大；翅伸达第 4 腹节后缘，第 5～6 腹节腹面各有 1 对足痕，腹部末端有 4 对臀棘，其基半部较粗，淡褐色，端部黄白色，弯曲无钩，伸向侧后方。

茧：长约 20mm，宽约 10mm，椭圆形，白色丝质，内层致密，外层松散。

（三）发生规律

在北方 1 年 3 代，以蛹越冬。5 月中旬越冬蛹羽化，各代成虫分别于 5 月中下旬，7 月上中旬和 7 月末至 8 月上旬发生；幼虫为害盛期分别为 6 月上中旬，7 月中下旬和 8 月下旬至 9 上旬。苦参野螟完成一代需 26～31 天，其中卵期 5～6 天，幼虫期 15～17 天，蛹期 5 天，成虫期 3～7 天。成虫夜间活动、交尾和产卵，羽化第 2 天即可交尾，第 3 天可见产卵。成虫产卵于寄主植物中部叶片正面和背面，每头雌虫可产卵 2～3 块，每块含 21～155 粒卵，平均 75 粒。成虫喜欢在通风透光好的苦参叶片上产卵，因此苦参种植区的田边地头或缺株较多的地方虫口密度大。卵块集中分布，有卵枝条上平均有卵块 3 块，最多达 8 块。幼虫共 5 龄，初孵化的幼虫爬至新的叶片上吐丝，黏住上下重叠的几张叶片后开始取食下表皮和叶肉，残留上表皮形成白斑直至全叶变白，4～5 龄幼虫沿叶缘取食，将叶片吃光。幼虫吐丝量大，把植株的大部分枝叶混缀于丝网中取食，植株叶片全被吃光后大量的丝、虫粪和蜕皮挂于枝条和荚果上。幼虫老熟后爬至地面寻找枯枝落叶或入土于植物根部等适宜场所吐丝结茧化蛹越冬。

（四）防治措施

1. 农业防治　控制越冬蛹、减少春季虫口发生基数是防治关键，可以利用冬季清园，将枯枝落叶处理，可杀死部分越冬蛹；根据成虫喜产卵于田块外周植株上的特点，在成虫产卵期至幼虫发生初期，人工摘除卵块和包有幼虫的黏丝叶片并做深埋或烧毁处理。

2. 化学防治　选择合适的化学药剂在幼虫低龄期进行防治。

（郭昆）

第二十七节　板蓝根、大青叶

Banlangen、Daqingye

ISATIDIS RADIX、ISATIDIS FOLIUM

板蓝根为十字花科植物菘蓝 *Isatis indigotica* Fortune 的干燥根，有清热解毒，凉血利咽的功效。其干燥叶称大青叶，具清热解毒、凉血消斑之功效。菘蓝原产于我国，全国各地均有栽培。主要害虫有菜粉蝶、小菜蛾 *Plutella xylostella*、黑点丫纹夜蛾 *Autographa nigrisigna*、萝卜蚜 *Lipaphis erysimi*、豌豆潜叶蝇 *Phytomyza horticola*、桃蚜、拟豹纹蛱蝶 *Phalanta phalantha*、红蜘蛛、野蛞蝓等。

一、菜粉蝶

（一）分布与危害

菜粉蝶 *Pieris rapae* (Linnaeus)属鳞翅目 Lepidoptera 粉蝶科 Pieridae，在中国和世界各地广泛分布。成虫仅吸食花蜜，幼虫（菜青虫）食性杂，主要为害甘蓝、球茎甘蓝、花椰菜、芥菜、大青菜、油菜、菘蓝等十字花科作物。幼虫取食叶片，将叶片食成缺刻和孔洞，虫量大为害重时，全叶被食光，仅剩较粗的叶脉和叶柄，严重影响板蓝根和大青叶的产量（图 12-13a）。

（二）形态特征

成虫：体长 12～20mm，翅展 45～55mm。体黑色。胸部密被白色及灰黑色长毛。翅白色，雌虫前翅前缘和基部大部分灰黑色，顶角有 1 个大三角形黑斑，中室外侧有 2 个黑色圆斑，前后并列，在后一圆斑的外侧有 1 条向翅基延伸的黑带。后翅基部灰黑色，前缘有 l 黑色斑，当翅展开时，与前翅后方的黑斑相连接。雄体略小，翅面的黑色部分也较少，前翅 2 个黑斑中后一个不明显。

卵：竖立呈瓶状，高约 1mm。初产时淡黄色，后变橙黄色。卵壳表面有纵行隆起线 12～15 条，各线间有横线，相互交叉成长方形网状小格。

幼虫：共 5 龄，成熟幼虫体长 28～35mm，体青绿色，背线淡黄色，密布细小黑色毛瘤，上生细毛，沿气门线有横色斑点 1 列，各体节有 4～5 条横皱纹（图 12-13b）。

蛹：体长 18～21mm，纺锤形。两端尖细，中间膨大，体色随化蛹时附着物而异。有绿色、淡褐、灰黄色等。头部前端中央有 1 个短而直的管状突起。背中线突起呈脊状，在胸部成角状突起。腹部两侧也各有 1 黄色脊，在第 2、第 3 腹节两侧突起成角。

（三）发生规律

1 年发生的世代数因地理分布而异。在黑龙江 1 年 3～4 代，河北 1 年 4～5 代，江苏 1 年 7 代。菜粉蝶在各地皆以蛹在秋季寄主植物附近的篱笆、风障、树干上越冬，也可在砖石、土块、杂草或残枝落叶间度过冬天。次年春季，越冬蛹羽化为成虫。因为越冬分散，环境条件差异较大，越冬蛹羽化时间参差不齐，成虫出现期拖延时间很长，是世代重叠的主要原因。在南京越冬蛹一般在次年 4 月上旬开始羽化，全年各世代发生期为：第 1 代 4 月上旬至 6 月下旬，第 2 代 5 月下旬至 6 月下旬，第 3 代 6 月下旬至 7 月上旬，第 4 代 7 月下旬至 8 月上旬，第 5 代 8 月下旬至 9 月上中旬，第 6 代 9 月下旬至 11 月上中旬，第 7 代多发生在 11 月，以老熟幼虫越冬。

成虫白天活动，夜间、阴天和风雨天气则在生长茂密的植物上栖息不动，晴朗无风的白天中午前后活动最盛，取食花蜜，雌、雄追逐飞翔，交配产卵。卵散产于叶正面或背面，以正面较多，每雌产卵 10 余粒至 100 余粒，多的达 500 粒以上。雌虫产卵对十字花科寄主不同种类有选择性。幼虫孵化后为害板蓝根严重。初孵幼虫先食卵壳，然后聚集叶背啃食为害，被害处留下一层薄而透明的表皮。虫体长大后，开始爬到叶面蚕食，造成缺刻和孔洞。一年生的板蓝根叶片被取食最重，幼虫发生量大时，常常将全田的板蓝根叶片食光，仅留下主脉和叶柄。幼虫老熟后化蛹，非越冬代的老熟幼虫常常在寄主老叶背面、植株底部、叶柄等处化蛹，以腹末黏在附着物上。越冬代老熟幼虫化蛹场所分散较远。

（四）防治措施

1. 农业防治　板蓝根田内适量套种甘蓝或花椰菜，引诱菜粉蝶成虫产卵，然后集中杀灭幼虫，使板蓝根避开菜粉蝶幼虫为害；秋季板蓝根收获后及时处理和翻耕，可减少越冬虫源。

2. 生物防治　菜粉蝶卵期寄生天敌有广赤眼蜂，幼虫寄生天敌主要有菜粉蝶绒茧蜂、日本追寄蝇，蛹寄生天敌为蝶蛹金小蜂，其他还有少量的蛹被舞毒蛾黑疣姬蜂和广大腿小蜂寄生。捕食性天敌有花蝽和猎蝽、黄蜂等，应注意保护天敌；在天敌发生期间应注意少用化学农药。可用青虫菌或苏云金杆菌 HD-1 可湿性粉剂（活孢子数 100 亿以上）800～1000 倍液喷雾。

3. 化学防治　春夏之交和秋季是菜粉蝶幼虫发生期，也是大青叶收割季节，可选用高效低毒的化学药剂进行防治。

（郭昆　程惠珍）

二、豌豆潜叶蝇

（一）分布与危害

豌豆潜叶蝇 *Phytomyza horticola* Goureau 又称油菜潜叶蝇，俗称拱叶虫、夹叶虫、叶蛆等，属双翅目 Diptera 潜蝇科 Agromyzidae，全国各地均有分布。它是一种多食性害虫，有 130 多种寄主植物，除板蓝根（图 12-14）外，还为害豌豆、蚕豆、茼蒿、芹菜、白菜、萝卜和甘蓝等蔬菜。

（二）形态特征

成虫：体长 1.8～2.7mm，翅展 5～7mm。体暗灰色，疏生黑色刚毛。头部黄褐色，复眼红褐色。触角短小、黑色。胸腹部灰褐色，胸部发达、隆起。背部生有 4 对粗大的背中鬃。小盾片三角形，其后缘有小盾鬃 4 根，排列成半圆形。翅 1 对，半透明，白色有紫色闪光。平衡棒黄色或橙黄色。足黑色，股节与胫节连接处为黄褐色。雌虫腹部较肥大，末端有黑色产卵器。雄虫腹部较瘦小，末端有 1 对明显的抱握器。

卵：长椭圆形，灰白色，长约 0.3mm。

幼虫：蛆状，圆筒形，老熟时体长 2.9～3.5mm。初孵幼虫乳白色后变黄白色，头小，前端可见黑色能伸缩的口钩。前气门呈叉状，向前方伸出。后气门位于腹部末端背面，为一对极明显的小突起，末端褐色。

蛹：围蛹，壳坚硬，长约 2.5mm，长扁椭圆形，初期为黄色后变为黑褐色，前、后气门均长于突起上。体 13 节，第 13 节背面中央有黑褐色纵沟。

（三）发生规律

在河南 1 年 5 代，以蛹在寄主植物叶片组织中越冬。3 月下旬至 4 月上中旬蛹羽化为成虫，大量成虫在豆科和十字花科植物的叶片上产卵为害，第 2 代成虫于 5 月中下旬转移到板蓝根上为害，在板蓝根叶片上产卵，该代历期40天左右；第3代出现于6月下旬，盛期在7月上中旬，历期23～27天；第4代成虫出现在7月中下旬，盛期为7月下旬至8月上旬，历期20～25天；第5代成虫发生于8月上旬至9月上旬，大量的成虫飞向菜田的豆科及十字花科蔬菜。

成虫白天活动，吸食糖蜜和叶片汁液补充营养并交配产卵。夜间静伏隐蔽，在气温较高的晴天晚上或微雨后仍可爬行或飞翔。灯下可诱到成虫，成虫羽化后经36～48小时即交尾，交尾后1天就可以产卵。将卵产在嫩叶背面边缘的叶肉里，产卵处叶面呈灰白色的小斑痕。卵散产，每处1粒。成虫喜欢在高大茂密植株上产卵，单雌可产卵45～98粒。成虫对甜汁有趋性，寿命7～22天。卵期5～11天。初卵幼虫从叶缘开始向内潜食叶肉，留下上下表皮，形成灰白色弯曲虫道（图12-14）。随着虫体增大，虫道逐渐加宽。幼虫共3龄，幼虫期5～14天。将近化蛹时幼虫在虫道的末端钻破表皮，使蛹的前气门与外界相通，蛹期8～12天，成虫羽化后从该孔出孔。夏季高温时该虫多在阴凉处的杂草或其他寄主上繁殖度夏。

（四）防治措施

1. 农业防治　早春及时清除田间、田边杂草和栽培作物的老叶、脚叶，减少虫源；板蓝根收获后及时处理残株叶片，烧毁或沤肥，消除越冬虫蛹，对减少下一代发生数量和压低越冬基数有重要作用。

2. 生物防治　豌豆潜叶蝇的天敌有1种茧蜂和4种小蜂，应注意保护和利用天敌。

3. 化学防治　在豌豆潜叶蝇发生量大时，可进行化学防治。利用成虫性喜甜食的习性，在成虫羽化盛期，喷施诱杀剂（用3%红糖液或甘薯或胡萝卜煮液为诱饵，加药剂）；在始见幼虫为害时，连续喷药2次，以后可隔7～10天再喷1次。在为害高峰期每隔5天左右，连续喷药2～3次。

（郭昆　程惠珍）

三、桃蚜

（一）分布与危害

桃蚜 *Myzus persicae* (Sulzer)又名烟蚜、桃赤蚜，属半翅目 Hemiptera 蚜科 Aphididae，全国各地均有分布。寄主范围很广，可取食50多科400多种植物。主要为害马铃薯、烟草等茄科作物，甘蓝、油菜等十字花科，李、桃等蔷薇科果树。板蓝根幼苗期至花期均可受桃蚜为害。主要为害嫩叶、新芽、新梢和花（图12-15），幼叶受害后，向反面横卷或不规则卷缩；造成植株水分缺失和营养流失；蚜虫排泄的蜜露常可引发污煤病；桃蚜还可传播多种病毒病。

（二）形态特征

无翅孤雌蚜：体长约2.2mm，宽约0.94mm，淡黄绿色、乳白色有时赭赤色。头部表皮粗糙，有粒状结构，背中区光滑；体侧表皮粗糙，胸部背面有稀疏弓形构造，腹部背面有横皱，有时可见稀疏弓形构造，第 7～8 节有粒状微刺组成的网状构造。气门肾形关闭，气门片淡色。中胸腹岔无柄。头部额瘤显著，内缘圆内倾，中额微隆起。触角 2.1mm，各节有瓦纹；喙可达中足基节。各股节端半部及各跗节有瓦纹；腹管 0.53mm，圆筒形，向端部渐细，有瓦纹，端部有缘突。尾片圆锥形，近端部 2/3 收缩。尾板末端圆，有毛 8～10 根。生殖板有短毛 16 根。

有翅孤雌蚜：体长约 2.2mm，宽约 0.94mm，头、胸黑色，腹部淡绿色。腹部第 1 节有一横行零星狭小横斑，第 2 节有一背中窄横带，第 3～6 节各横带融合为一背中大斑，第 7～8 节各有一背中横带；各节间斑明显，第 2～4 节各有 1 对大缘斑，腹管前斑窄小，腹管后斑大并与第 8 节横带相接。第 8 节背中有 1 小突起。触角长 2mm，第 3 节有小圆次生感觉圈，在外缘全长排成一行。腹管长 0.45mm，为体长的 1/5。尾片为腹管的一半长度，曲毛 6 根，尾板毛 7～16 根。其余同无翅孤雌蚜。

雌蚜：体长 1.5～2mm，赤褐色或灰褐色。头部额瘤向外倾斜。触角 6 节，末端色暗。足跗节黑色，后足的胫节较宽大。腹管端部略有缢缩。

雄蚜：体形较小，腹部黑斑较大。触角第 3～5 节均生有感觉孔，数目很多。

卵：长椭圆形，长约 0.44mm。初产时淡黄色，后变黑色，有光泽。

（三）发生规律

在河南 1 年 13～18 代，其中在板蓝根上发生 8～10 代。以卵在桃、李和杏等多种果树的芽腋、裂缝和小枝杈等处越冬；也能以孤雌蚜在避风种植的板蓝根上越冬。越冬卵春季孵化为干母，相继繁殖干雌和有翅迁移蚜，危害越冬寄主，4 月中下旬后迁飞到板蓝根上危害和繁殖，10 月中下旬以性母蚜迁返越冬寄主，有性雌蚜与有性雄蚜交配后产卵越冬。桃蚜繁殖力强，单头雌性蚜可产卵 10～15 粒；桃蚜有翅孤雌蚜寿命平均 6.5 天，最长 12 天；无翅孤雌蚜寿命平均 4.5 天，最长 12 天，平均产蚜虫 15.6 头，最多 42 头。桃蚜具显著趋嫩性、负趋光性，秋季有明显的假死性。有翅孤雌蚜有明显趋黄性。

桃蚜的发生与气候关系密切，温度 24℃～28℃、湿度适中时利于桃蚜的繁殖。当温度在 29℃以上或 6℃以下，相对湿度在 80%以上或在 40%以下时不利于桃蚜繁殖。夏末初秋，久旱逢雨后桃蚜常可大量发生，暴雨可降低该蚜虫发生量。

（四）防治措施

1. 生物防治　桃蚜的天敌有瓢虫类、食蚜蝇类、蝽类和茧蜂类等多个类群，常见种类有异色瓢虫、七星瓢虫、龟纹瓢虫、双带盘瓢虫、六斑月瓢虫、十三星瓢虫、多异瓢虫、二星瓢虫、十一星瓢虫、黑带食蚜蝇、大灰食蚜蝇、斜边鼓额食蚜蝇、丽草岭、大草蛉、中华草岭、小花蝽、黑食蚜盲蝽、大眼蝉长蝽、菜蚜茧蜂和麦蚜茧蜂等，这些天敌对抑制桃蚜的发生有一定作用。

2. 化学防治　在春季蚜虫发生初期，选用高效低毒化学药剂对板蓝根桃蚜进行防治。

（郭昆　刘赛）

第二十八节　刺五加

Ciwujia

ACANTHOPANACIS SENTICOSI RADIX ET RHIZOMA SEU CAULIS

刺五加为五加科植物刺五加 *Acanthopanax senticosus* (Rupr. Maxim.) Harms 的干燥根和根茎，有益气健脾、补肾安神的功效。刺五加分布于黑龙江、吉林、辽宁、甘肃、河北和山西。朝鲜、日本和俄罗斯也有分布。主要害虫有双齿锤角叶蜂 *Odontocimbex svenhedini*、东方蝼蛄 *Gryllotalpa orientalis*、东北大黑鳃金龟、小地老虎等。

双齿锤角叶蜂

（一）分布与危害

双齿锤角叶蜂 *Odontocimbex svenhedini* Malaise 属膜翅目 Hymenoptera 锤角叶蜂科 Cimbicidae，分布于甘肃兰州和天水，寄主植物为刺五加，主要取食刺五加叶片，食量大，取食速度快，造成部分区域刺五加光秃无叶，仅存叶柄，致使生长量下降，甚至整墩死亡影响其产量。

（二）形态特征

雌成虫：体长 14～18mm。体黑色，前胸背板前缘、翅基片、气门后片、腹部第 4 背板，第 5 背板两侧及背中央前缘，第 6 背板两侧前角均呈浅黄色。上唇、锯鞘黄褐色。上颚端部，口须、各足胫节端部及胫节距浅褐色。触角暗褐色至黑褐色。前翅基部 3/5 透明，端部 2/5 明显烟色，翅痣下方具 1 深色烟色斑。后翅透明，端缘浅烟色。触角与胸等长，触角第 8 节与第 9 节于背侧分节明显。中胸背板沟窄深；中胸小盾片平坦，长是宽的 2.2 倍，且具一浅中沟；后胸小盾片很短，横形隆起，无突峰。足基节简单，无齿；中后足股节端部各具一小齿；产卵器等长于前足胫节，锯鞘大，为锯基长的 2 倍。

雄成虫：体长 18～22mm。体色及构造类似雌成虫，其区别在于：腹背板正背面具间断性黄白色边；颚眼距为复眼长的 1/2；眼间距远窄于眼高；上眶沿单眼后区侧沟具一明显突起；翅呈显著烟褐色；后足基节各具一尖长内脊和 2 排内齿及外齿；中后足股节各具 2 排腹齿和一排大端齿；下生殖板宽大于长，端部宽圆形凹入；阳茎瓣简单。

卵：肾形，嫩绿色，长约 2.5mm，宽约 1.0mm。

幼虫：初孵幼虫体灰色，头亮黑色，体长 7.0～7.2mm，头宽 1.0～1.1mm；4 龄幼虫虫体灰色至浅黄绿色，背中线明显，胸足基节外侧各具一黑色瘤突，跗节及爪黑色，腹足基节外侧基部各具 3 黑色点斑，跗节外侧具一黑色小斑。老熟幼虫体乳黄色，头宽约 4.0mm，体长 36～47mm。

茧：灰褐色，革质，呈长椭圆形，中央略缢缩，长 20～27mm，宽 10～14mm。

蛹：初蛹乳黄色，长 18～22mm，宽约 10mm，复眼褐色，腹部各节侧缘砖红色。后期蛹之头、触角、翅、足跗节、第 2 节胸背板及并胸腹节、腹部各节黑色，翅肩片乳白色。

（三）发生规律

在甘肃天水1年1代，以老熟幼虫在寄主植物或寄主周围植物枝条上结茧越夏或越冬。翌年4月上中旬化蛹，蛹期13～15天。4月中旬至5月上旬成虫羽化，5月下旬成虫期结束。4月下旬成虫开始产卵，5月上旬卵开始孵化，5月下旬为孵化高峰期，卵期9～11天。6月下旬幼虫开始老熟，7月中旬幼虫期结束。幼虫老熟后，于被害枝及周围其他植物细枝上结茧越夏或越冬。

成虫在茧内羽化，羽化后在茧内停留5～8天后在茧壳顶部咬一个8～10mm圆形羽化孔钻出。成虫多在上午10时羽化。成虫雌雄比为1.25∶1。成虫飞行活动能力弱，喜光，中午进行交尾和产卵。卵单个散产。单雌怀卵量平均112粒。2龄幼虫不取食主脉，3龄后幼虫连同叶脉一并取食，仅留叶柄。幼虫随虫龄增长而食量增大，3龄以后食量大增，4龄和5龄幼虫一天能分别取食5～8片和8～10片刺五加叶片。6月上中旬幼虫进入暴食期，常将整片林分树冠叶片食光。老熟幼虫结茧前较活跃，爬行迅速以寻找最适结茧场所，停止取食2天后寻找细枝结茧，做茧时其腹末3～5节附于细枝上，头部左右摇动，先吐丝附于头部及胸背部于细枝上，然后扭转身体头端向上吐丝结茧，约1小时后掉转身体于另一端吐丝结茧，数次调转头部方向吐丝结茧，整个做茧过程大需要1.5小时以上。

（四）防治措施

1. 人工防治　双齿锤角叶蜂的茧结于寄主和周围植物的细枝上，在冬季和春季人工摘除越冬茧。

2. 化学防治　在幼虫发生时期，选用适宜化学药剂进行防治。

（郭昆）

第二十九节　郁金、莪术

Yujin、Ezhu

CURCUMAE RADIX、CURCUMAE RHIZOMA

郁金为姜科植物温郁金 *Curcuma wenyujin*、姜黄 *C. longa*、广西莪术 *C. kwangsiensis* 或蓬莪术 *C. phaeocaulis* 的干燥块根。前两者分别习称“温郁金”和“黄丝郁金”，其余按性状不同习称“桂郁金”或“绿丝郁金”。具有活血止痛，行气解郁，清心凉血，利胆退黄的功效。莪术为姜科植物蓬莪术 *C. phaeocaulis*、广西莪术 *C. kwangsiensis* 或温郁金 *C. wenyujin* 的干燥根茎。后者习称“温莪术”，有行气破血、消积止痛的功效。温郁金产于浙江瑞安，主要害虫有斜纹夜蛾和卷叶虫。姜黄产于我国台湾、福建、广东、广西、云南、西藏等地，广西莪术产于我国广西、云南，主要害虫有桃蛀螟 *Conogethes punctiferalis*、姜弄蝶 *Udaspes folus*、台湾大蓑蛾 *Cryptothelea formosicola*、斜纹夜蛾、二化螟 *Chilo suppressalis*、玉米螟、地老虎、蛴螬、根结线虫、蜗牛。

桃蛀螟

（一）分布与危害

桃蛀螟 *Conogethes punctiferalis* (Guenée)也称桃蛀野螟、豹纹斑螟，俗称蛀心虫，属鳞翅目 Lepidoptera 草螟科 Crambidae，国内主要分布于华北、华东、中南和西南地区的大部分，西北和台湾地区也有分布，国外广泛分布于日本、朝鲜半岛、印度、斯里兰卡、印度尼西亚和澳大利亚，是一种食性极杂的害虫，寄主植物多达 40 余种，包括桃、李、梨、石榴、葡萄等果树，玉米、高粱、向日葵等农作物及松杉、桧柏等树木和郁金等药用植物。主要以幼虫蛀食植物的嫩茎（图 12-16a、b），造成植物叶片枯黄凋萎。

（二）形态特征

成虫：体长约 12mm，翅展 25～29mm。触角丝状，长约为前翅的一半；下唇须发达，向上弯曲，形似镰刀状，上着生黄色鳞毛，其前半部背面外侧具黑色鳞毛（图 12-16e）。复眼发达，黑色，近圆球形。喙发达，基部背面有黑色鳞毛。胸部领片中央有 1 个黑色鳞毛组成黑斑，肩板前端外侧及近中央处各有 1 个黑斑，胸部背面中央有 2 个黑斑。前翅正面黄色，前缘基部有 1 个黑斑，沿基线 3 个黑斑；中室前端有 1 黑横条，中央有近圆形黑斑；内外横线及亚外缘线均由黑斑排列而成；内侧线有 4 个黑斑，外横线及亚外缘线各有 8 个黑斑。后翅中室内有 2 个黑斑，外横线及亚外缘线分别由 7 至 8 个黑斑排列而成，腹部背面黄色，第 5 节背面各有 3 个黑斑。

卵：椭圆形，长约 0.6mm，宽约 0.4mm，初产时为乳白色，后渐变为暗红色。

幼虫：共 5 龄，老熟幼虫体长约 22mm，背面暗红色，腹部略带淡绿色，背线不明显，各节毛片呈灰黑色，腹足趾钩双序缺环，腹部末端有 6 根卷曲的臀棘（图 12-16b、c）。

蛹：长 13～15mm，宽 3～4mm，椭圆形，光滑，头向下垂。蛹初期为淡黄色，逐渐变为红褐色，接近羽化时变为黑褐色（图 12-16d）。

（三）发生规律

桃蛀螟以老熟幼虫或蛹越冬，翌年 4 月成虫羽化交尾产卵，5 月幼虫孵化，6 月幼虫化蛹、羽化，6 月下旬及 7 月田间开始出现世代重叠，7～9 月为全年为害高峰期。4～5 月初广西莪术长出 3～5 片新叶，第 1 代成虫将卵产在卷曲尚未展开的新叶上或嫩叶主脉两侧，散产，1 粒或 2～3 粒。初孵幼虫蛀食叶肉，2～3 龄幼虫蛀入植物的嫩茎取食为害，蛀道较小，直径 3～6mm，为害持续至 6 月底；7 月植株基本停止生长，成虫产卵于茎干，幼虫孵化后蛀入茎干取食，蛀道较宽，直径 8～10mm，蛀道内较潮湿并有丝状体，茎干排粪孔 3～5 个，孔径 2～3mm，自上而下排列，植株近地面处可见明显虫粪，植株茎干上可有 2～3 头幼虫同时为害，老熟幼虫在蛀道底部吐丝结茧，而越冬幼虫或蛹多在枯枝落叶上越冬。

（四）防治措施

1. 化学防治　在幼虫高发期，选用适宜的化学农药进行防治。

2. 生态调控　可将诱集植物红球姜与广西莪术搭配种植，可有效降低桃蛀螟在广西莪术上的危害。

（蒋妮　郭昆）

第三十节　金荞麦
Jinqiaomai
FAGOPYRI DIBOTRYIS RHIZOMA

金荞麦 *Fagopyrum dibotrys* (D. Don) Hara 又名透骨消、苦荞头，属蓼科 Polygonaceae 荞麦属 *Fagopyrum*，以根入药。具清热解毒、排脓祛瘀之功效。用于肺痈吐脓、肺热喘咳，乳蛾肿痛。国内产于陕西、华东、华中、华南及西南。国外分布在印度、尼泊尔、克什米尔地区、越南、泰国。主要害虫有蓼金花虫 *Galerucella grisescens*、叶蜂等。

蓼金花虫

（一）分布与危害

蓼金花虫 *Galerucella grisescens* (Joannis)又名褐背小萤叶甲，属鞘翅目 Coleoptera 叶甲科 Chrysomelidae。国内分布于东北、华北地区及河南、山东、江苏、安徽、浙江、江西、湖南、广东、四川、贵州等地。成虫和幼虫食害蓼科和其他药用植物。主要寄主植物有金荞麦、拳蓼、何首乌、窄叶酸模、大黄等。寄主植物从春季新叶期至晚秋回苗前均受其害，影响植物的生长，受害严重则全株枯死。

（二）形态特征

成虫：体长 3.1～5.5mm，略呈长方形，全身被毛。头、前胸和鞘翅红褐色，触角和小盾片黑褐色，腹部和足黑色，腹节末端 1～2 节红褐色。头较小。触角为体长之半，向末端渐粗。前胸背板中部有 1 大块倒三角形黑褐色隆起无毛区。鞘翅基部宽于前胸背板，肩瘤显突，翅面刻点稠密、粗大。足粗壮，前足基节窝开放。

卵：圆球形，直径约 0.5mm。初产时鲜黄色，近孵化时变灰黄色。

幼虫：成熟幼虫体长 6～6.5mm，头部和胸足黑色有光泽，前胸背板灰黑色。各体节具有大小不等的黑色有光泽的毛片。腹部各节沿气门下线各有 1 个瘤状突起，其上生刚毛 4 根。腹部末节臀板黑色，其上着生 10 余根刚毛。

蛹：体长 3.5～4mm，蓝黑色，有光泽，腹部两侧有瘤状突起，着生 2～3 根刚毛。背面中央有浅灰色纵线。腹部末端有 1 蓝黑色的叉状突。

（三）发生规律

1 年 4 代，以成虫在植物的残株、枯叶和土缝下潜伏越冬。次年 4 月上旬，当气温上升至 7℃～8℃时越冬成虫开始活动取食新嫩叶，产卵繁殖。第 1～4 代的成虫发生高峰期分别为 6 月中旬，7 月上中旬，8 月上中旬，9 月下旬至 10 月上旬。11 月后成虫陆续越冬。各虫态历期，第 1 代卵约 20 天，其余各代 5～7 天，幼虫历期 14～16 天，蛹期 6～8 天，成虫寿命20～35天。成虫白天活动，雌、雄成虫交配后第2天即可产卵。卵块产，每块含卵6～25粒不等，大多产在向阳畦近地面叶背面，平均每雌产卵28块，含卵550粒。由于成虫产卵量大，繁殖快，往往在7月底8月初造成毁灭性灾害。初孵幼虫聚集在卵壳周围。啃食叶肉，留下表皮，形成扁平透明斑点。3龄以后分散为害。高龄幼虫蚕食叶片成缺刻或大孔洞。幼虫老熟后大多在叶背化蛹。

（四）防治措施

1. 农业防治　秋冬季节及时清理田园，去除残株落叶，可杀灭部分越冬成虫；在成虫产卵期，结合田园管理，人工摘除虫卵。

2. 化学防治　越冬代和第1代成虫是防治的关键时机，选用适宜的化学药剂喷雾防治。

（郭昆　程惠珍）

第三十一节　桔梗
Jiegeng
PLATYCODONIS RADIX

桔梗为桔梗科多年生草本植物桔梗 *Platycodon grandiflorus* (Jacq.) A. DC.的干燥根。具宣肺、利咽、祛痰、排脓之功效。国内分布于东北、华北、华东、华中各地及广东、广西（北部）、贵州、云南东南部（蒙自、砚山、文山）、四川（平武、凉山以东）、陕西。国外分布于朝鲜、日本、俄罗斯远东和东西伯利亚地区的南部。常见害虫有网目拟地甲 *Opatrum subaratum*、木橑尺蛾 *Culcula panterinaria*、大造桥虫、小地老虎、黄地老虎、华北大黑鳃金龟、苹毛丽金龟 *Proagopertha lucidula*、沟金针虫、大青叶蝉、南方根结线虫 *Meloidoyne incognite*、蚜虫、红蜘蛛等。

一、网目拟地甲

（一）分布与危害

网目拟地甲 *Opatrum subaratum* Faldermann 属鞘翅目 Coleoptera 拟步甲科 Tenebrionidae，分布于我国东北、华北、西北大部分地区。寄主植物有桔梗、苹果、小麦、花生及其他蔬菜和豆类等作物。成虫和幼虫为害幼苗，取食嫩茎、嫩根，影响出苗，幼虫还能钻入根茎、块根和块茎内食害，造成幼苗枯萎，以致死亡。

（二）形态特征

成虫：体长雌虫7.2～8.6mm，雄虫6.4～8.7mm。体黑色，复眼在头部下方，触角棍棒状，11节。虫体椭圆形，头部较扁。前胸发达，前缘呈弧形弯曲，其上密生点刻。鞘翅近长方形，其前缘向下弯曲将腹部包住，故有翅不易飞翔。鞘翅上有7条隆起的纵线。每条纵线两侧有突起5～8个，形成网格状。腹部背板黄褐色，腹面可见5节。

卵：椭圆形，长1.2～1.5mm，乳白色，表面光滑。

幼虫：共 5 龄，成熟幼虫长 15～18mm，体细长似金针虫。身体深灰黄色，背板上灰褐色较浓。前足较中后足长而粗大，中后足大小相等。腹部末节小，纺锤形，背板前部稍突起成一横脊，前部有褐色钩形纹 1 对，末端中央有褐色的隆起部分。腹末边缘共有刚毛 12 根，中央 4 根，两侧各排列 4 根。

蛹：体长 7～9mm，腹部末端有 2 刺状突起。蛹初期乳白色，略带灰白，羽化前深黄褐色。

（三）发生规律

在东北、华北、华东 1 年 1 代，以成虫在秋播作物田、枯草落叶或土壤中越冬。在华东地区，越冬成虫 2 月下旬开始活动，取食和交配产卵，3～4 月发生最多，严重为害春播桔梗萌发的种子。4 月下旬成虫逐渐减少，田间开始出现幼虫。5 月中旬至 6 月下旬是幼虫发生盛期，为害桔梗幼苗严重。7 月初化蛹。7 月上中旬成虫大量羽化越夏，并在秋末潜伏越冬。

成虫有假死性强，不宜飞翔，只能在地上爬行。气温低时，成虫白天取食产卵，气温高时成虫白天潜伏，早晚活动。成虫越冬后比越冬前活动性强、取食量大。雌虫交配后 1～2 天产卵。卵产于 1～4cm 土中。每雌产卵 9～53 粒，最多达 167 粒。幼虫孵出后不取食卵壳，多在表土 1～2cm 处活动。幼虫食性杂，喜食寄主发芽的种子、幼苗嫩茎、嫩根。桔梗出土之前取食嫩芽，幼苗出土后大量被取食。幼苗长大茎基木质化，幼虫则围绕主根取食表皮层，轻则形成虫伤株，重则使全株凋萎死亡。幼虫老熟后多在土中 5～8cm 深处做土室化蛹。

网目拟地甲的活动为害与气候条件关系密切。春季 3 月温度回升，成虫大量出土活动，12℃～15℃活动最盛，网目拟地甲性喜干燥，一般多发生在黏性较重的土壤中，如黏土、两合土；春季干旱的年份发生为害重。此外，前茬作物为桔梗、大豆、山芋的田块虫量大，为害重，前茬为棉花的田块虫量小，为害轻。

（四）防治措施

1. 农业防治　早春，网目拟地甲成虫和幼虫有嗜食鲜嫩杂草习性，药材田适时晚除草，可诱集成虫和幼虫取食，减轻药用植物幼苗受害。

2. 生物防治　网目拟地甲幼虫和蛹期的主要天敌黄脚黑步甲 *Harpalus sinicns* 可有效抑制其为害，应加以保护利用。

3. 药剂防治　网目拟地甲成虫越冬期前夕，春季 3～4 月成虫活动为害盛期，初夏 5～6 月幼虫为害盛期可选用药剂加适量水溶解稀释，拌入 2～2.5kg 炒香的麦麸或磨碎的饼肥，傍晚撒到田间，防治成虫效果很好，并能兼治金针虫。

（郭昆　程惠珍）

二、木橑尺蛾

（一）分布与危害

木橑尺蛾 *Culcula panterinaria* Bremer & Grey 属鳞翅目 Lepidoptera 尺蛾科 Geometridae。

国内分布于内蒙古、河北、陕西、山西、山东、河南、安徽、四川、广西、云南等地。危害桔梗、山茱萸和酸枣等药用植物。幼虫取食寄主叶片，造成孔洞和缺刻，受害严重，叶被食尽，枝梗光秃，药材产量下降。

（二）形态特征

成虫：体长18～22mm，翅展72mm。雄蛾触角羽状，雌蛾丝状。体灰褐色，足为灰白色，翅底白色，前翅基部有较大的橙黄色圆斑，各线由灰色及白色的斑点组成。前后翅均有一串橙色和深褐色圆斑组成的外横线。前后翅中室各有1大块灰色斑，斑内有星状线纹。

卵：扁圆形，直径约0.9mm。绿色至黄色，孵化前变为黑色。卵块上覆有一层黄棕色绒毛。

幼虫：共6龄，体长70mm，体绿色至浅褐绿色或棕黑色，体表散生灰白色斑点。头部密布乳白、琥珀及褐色泡沫状突起，颅顶两侧呈圆锥状突起，额面有一深棕色的倒“V”字形凹纹。前胸背板前端两侧各有1个白色斑点。腹节1～5节较长，其余各节近等长。

蛹：长约30mm，初化蛹时为翠绿色，后变为黑褐色，头顶两侧有齿状突起。

（三）发生规律

在河北、河南、山西等省1年1代，以蛹在土中越冬。越冬蛹在次年5月下旬开始羽化为成虫，7月中下旬为羽化盛期，8月上旬羽化结束。成虫产卵初期在6月下旬，盛期为7月中下旬，结束期为8月中下旬。卵7月上旬开始孵化，孵化盛期为7月下旬至8月上旬，末期为8月下旬。多数幼虫在9月老熟化蛹越冬。各虫态发生期延续时间较长。幼虫从7月上旬至9月上旬为害桔梗，为害期长达2个月之久。

成虫夜间活动，趋光性较强，雌雄蛾羽化后即交配。卵块产，卵粒排列不规则，上面覆盖一层厚的棕黄色绒毛。每雌可产卵1000～1500粒，最多达3600粒。幼虫孵化后即迅速分散，很快爬行，并吐丝下垂，借风力扩散为害。初孵幼虫在叶尖取食叶肉，留下网状叶脉。2龄以后可将叶片吃成缺刻或孔洞，一叶被食尽，转移至健叶为害。幼虫高龄期，静止时常以胸足和臀足架于寄主两叶枝之间，和寄主构成三角形，不易发觉和分辨。幼虫老熟后多数坠落地面，少数吐丝下垂或顺树干下爬，在地面选择土壤松软、阴暗潮湿的地方入土化蛹。越冬蛹成活率与土壤湿度关系密切。以10%含水量最适宜，低于10%则不利于其生存。冬季雨量少，春季干旱，蛹自然死亡率高。5月降雨较多，利于蛹存活及成虫羽化，当年幼虫发生量大，为害重。

（四）防治措施

1. 农业防治　消灭越冬代虫口对控制次年为害有重要作用。冬春两季结合施肥管理，翻耕土层，可破坏越冬环境，杀死越冬蛹。

2. 化学防治　在幼虫3龄以前施用高效低毒农药喷雾防治。

（郭昆　程惠珍）

第三十二节 柴胡
Chaihu
BUPLEURI RADIX

柴胡为伞形科柴胡（北柴胡）*Bupleurum chinense* DC.或狭叶柴胡（红柴胡）*Bupleurum scorzonerifolium* Willd.的干燥根。具疏散退热、疏肝解郁、升举阳气的功效。柴胡产于我国东北、华北、西北、华东和华中各地。狭叶柴胡分布于我国黑龙江、吉林、辽宁、河北、山东、山西、陕西、江苏、安徽、广西及内蒙古、甘肃等地。国外分布于西伯利亚东部及西部、蒙古、朝鲜至日本。主要害虫有赤条蝽、胡萝卜微管蚜、桃粉大尾蚜 *Hyalopterus arundius*、金凤蝶、拟地甲、蛴螬等。

赤条蝽

（一）分布与危害

赤条蝽 *Graphosoma rubrolineatum* (Westwood)属半翅目 Hemiptera 蝽科 Pentatomidae，在全国均有发生，主要为害胡萝卜、茴香、北柴胡等伞形科植物及萝卜、白菜、洋葱、葱等蔬菜，也可为害栎、榆、黄菠萝等。以成虫、若虫为害，常栖息在寄主植物的叶片和花蕾上，以针状口器吸取汁液，使植株生长衰弱，花蕾败育，造成种子畸形、种子减产（图 12-17a）。

（二）形态特征

成虫：长椭圆形，体长 10～12mm，宽约 7mm，体表粗糙，有密集刻点。全体红褐色，有若干橙红色与黑色相间的纵条纹纵贯全长（图 12-17b）。头部小，两侧及中央基部为红色，复眼红色，其他部位为黑色。触角 5 节，棕黑色，基部 2 节黄褐色，喙黑色，基部隆起。前胸背板较宽大，两侧中间向外突，略似菱形，后缘平直，其上有 6 条黑色纵纹，两侧的 2 条黑纹靠近边缘。小盾片宽大直至腹部末端，呈盾状，前缘平直，其上有 4 条黑纹，黑纹向后方略变细，两侧的 2 条位于小盾片边缘。体侧缘每节具黑橙相间斑纹。体腹面黄褐色或橙红色，其上散生许多大黑斑。足黑色，其上有黄褐色斑纹。

卵：长约 1mm，桶形，初期乳白色，后变浅黄褐色，卵壳上被白色绒毛。

若虫：末龄若虫体长 8～10mm，体红褐色，其上有纵条纹，外形似成虫，无翅仅有翅芽，翅芽达腹部第三节，侧缘黑色，各节有橙红色斑。成虫及若虫的臭腺发达。遇敌时即放出臭气。

（三）发生规律

1 年 1 代，以成虫在田间枯枝落叶、杂草丛中或土下缝隙里越冬。翌年 4 月下旬温度升高时成虫开始活动交尾，5 月上旬至 7 月下旬成虫产卵，5 月中旬至 8 月上旬卵孵化，8～9 月为害严重，7 月上旬开始若虫陆续羽化为成虫，10 月中旬后陆续越冬。卵产于柴胡叶片和嫩果上。若虫从 2 龄开始分散为害。赤条蝽成虫不善飞，爬行迟缓，怕光，光线强时大部分成虫隐蔽在叶片背面。成虫为害和交配时间均在上午 9 时以前或傍晚。

（四）防治措施

1. 农业防治　冬季进行深耕，彻底消灭部分越冬成虫，同时清除田间枯枝落叶及杂草，沤肥或烧掉。

2. 化学防治　8～9 月在成虫和若虫为害盛期，选用适宜的化学农药进行防治，为害高峰期 5～7 天施用 1 次。

（郭昆　刘赛）

第三十三节　射干

Shegan

BELAMCANDAE RHIZOMA

射干 *Belamcanda chinensis* (L.) Redouté 为鸢尾科植物，以根茎入药。具清热解毒、消痰、利咽之功效。分布于吉林、辽宁、河北、山西、山东、河南、安徽、江苏、浙江、福建、台湾、湖北、湖南、江西、广东、广西、陕西、甘肃、四川、贵州、云南、西藏等地。国外分布于朝鲜、日本、印度、越南、俄罗斯等。常见害虫有环斑蚀夜蛾 *Oxytrypia orbiculosa*、大青叶蝉、小地老虎、蚜虫、蛴螬、蝼蛄等。

环斑蚀夜蛾

（一）分布与危害

环斑蚀夜蛾 *Oxytrypia orbiculosa* Esper 又名蚀夜蛾、射干钻心虫等，属鳞翅目 Lepidoptera 夜蛾科 Noctuidae。国内主要分布于吉林、辽宁、内蒙古、新疆、青海、甘肃、河北、山东等地。寄主植物有射干、马蔺、鸢尾等鸢尾科植物。初孵幼虫钻入幼嫩心叶，吃掉叶肉，留下表皮。随虫龄增大，幼虫逐渐向叶鞘及茎基部钻蛀为害。受害叶鞘呈水渍状，在蛀入孔附近有无色透明黏液状分泌物及木屑状虫粪，不久叶鞘枯黄或折断，茎基常被咬断，致使整株枯死。高龄幼虫钻入土下 10cm 左右为害根状茎，吃成通道或孔洞，严重发生时，被害株率可达 96%以上。植株被害后常导致病原菌侵染，引起根茎腐烂，最后只剩空壳。对药材产量和品质影响很大。

（二）形态特征

成虫：体长 15～18mm 翅展 37～44mm。头部黑褐色，下唇须黄白色。脚部领片黑褐色，有白色的亮条纹，中胸、后胸背面褐色带灰色。前翅红棕色或黑棕色。基线黑色，外侧衬有白色，内横线黑色，内衬白色，波纹外斜；肾形纹大，白色，略呈菱形，具黑边，中横线黑色，前半段外斜，后半段波浪形，外横线及亚缘线黑色，锯齿状，前端、后端外侧均衬白色，缘线为 1 列黑点，缘毛端部白色。后翅白色，端部有黑褐色宽带。腹部黑色，各节端部白色。

卵：球形，直径 0.6～0.7mm，初产时黄白色，后渐变淡红色，孵化前变紫色，表面有放射状隆起线。

幼虫：体长 45～48mm，全体紫黑色。腹足趾钩排列成单序缺环，臀板上具 8 根刚毛。

蛹：体长 30～35mm，红褐色，羽化前变黑褐色，有光泽。腹部末端具臀刺 2 对。

（三）发生规律

1 年 1 代，以卵在寄主植物附近土壤表层越冬。4 月上中旬，越冬卵相继孵化，幼虫爬至寄主上为害，5 月上中旬，多数幼虫蛀入寄主植物叶鞘内；6 月上中旬，幼虫为害寄主植物茎基部，7～8 月幼虫钻入土下，为害根状茎，9 月上旬老熟幼虫在土中化蛹；10 月上旬至 11 上旬成虫羽化，交配产卵。

成虫白天活动，晴天上午 10 时至下午 2 时前活动频繁。早晚及气温偏低的阴雨天气停留在寄主植物的枯黄叶片上。成虫寿命 7～20 天，产卵前期 3～4 天。卵散产或 3～5 粒粘在一起，产于茂密的寄主植物周围土表下 1～2cm 处。卵历期 160～175 天，孵化时间整齐，孵化率较高，幼虫历期 150～165 天，初孵幼虫即取食心叶，随着虫龄增大，沿叶柄、叶鞘、茎基向根状茎侵入。幼虫老熟后钻入寄主植物根际附近土下 10cm 处化蛹，并在地面留有一直径 1～1.5cm 的羽化孔。蛹历期 20～25 天。该虫主要为害 3 年以上的射干植株，1～2 年生植株未见受害。

（四）防治措施

化学防治　分别在环斑蚀夜蛾卵孵化期、5 月上中旬幼虫为害叶鞘期和 6 月上旬幼虫入土为害前，施用高效低毒化学药剂防治。

（程惠珍　郭昆）

第三十四节　黄芩
Huangqin
SCUTELLARIAE RADIX

黄芩 *Scutellaria baicalensis* Georgi 属唇形科多年生草本，以干燥根入药。具清热燥湿，泻火解毒，止血，安胎功效。分布黑龙江、辽宁、内蒙古、河北、河南、甘肃、陕西、山西、山东、四川等地。国外分布西伯利亚、蒙古、朝鲜和日本。主要害虫有黄芩前舞蛾 *Scutellaria baicalensis*、苜蓿夜蛾 *Heliothis viriplaca*、黄翅菜叶蜂 *Athaliarosae rosae japanensi*、斑须蝽 *Dolycoris baccarum*、苹斑芫菁 *Mylabris calida*、地老虎、造桥虫等。

一、黄芩前舞蛾

（一）分布与危害

黄芩前舞蛾 *Scutellaria baicalensis* Georgi 属鳞翅目 Lepidoptera 舞蛾科 Choreutidae。分

布于河北、北京等地，主要为害黄芩、并头黄芩和甘肃黄芩等植物，幼虫为害植株的嫩叶和嫩梢，为害率高达50%～70%。

（二）形态特征

成虫：体长约5mm，翅展10～12mm。头部褐色，额前缘白色边，复眼黑褐色，大而光；触角稍长于前翅前缘之半，约30节，暗褐色，节间白色，雄虫鞭节多白色长毛；下唇须褐色，基节密被白色鳞毛，中节腹面具4丛长鳞毛束，端节直；喙的基部有白鳞列。胸部褐色，肩片仅内侧有很窄的白边；胸侧及腹面白色，杂有褐鳞；足白色，胫节和腹节上具黑褐与白色间杂的环纹，胫距白色而顶端黑褐。前翅暗褐色，前缘有3个显著的白斑；白斑间呈黄褐色宽横带，中部向外弓突，横带的内侧有闪蓝光的银纹，横带外侧仅上半有蓝光银纹自白斑伸向翅外缘；亚外缘有不完整的蓝光银纹；在前缘内白斑的下方及向翅基也有不规则的蓝银纹；翅的中部散有一些白鳞和几个白斑；缘毛褐色，中部和端部具白线。后翅灰褐色，亚外缘中部有一短白带；缘毛褐色，中部及端部具白线。

卵：高约0.23mm，直径约0.33mm，乳黄色，鼓形，顶部较平，围绕有18个银色小突起。

幼虫：体长5～8mm，浅黄绿色，头部为下口式，胸和腹节上有骨化的褐色毛片，腹足长，趾钩为单序环，臀足趾钩单序横带。

蛹：体长4～6mm，浅黄色，头部黄褐，下颚须较大；附肢在翅芽端部游离；雌蛹腹部第2～7节的背面各具单行的刺，第10节无明显的臀棘，但有一些钩顶的长刚毛；雄蛹第2～6节的腹背有单行刺及毛。

（三）发生规律

在北京地区1年5代，以蛹越冬。越冬蛹羽化的成虫在4月至5月下旬发生。5月下旬至7月中旬为第2代成虫，6月上旬至8月下旬为第3代，7月下旬至10月上旬为第4代，9月下旬至10月下旬为第5代。

成虫白天在植株庇荫处静伏，傍晚活动取食黄芩及其他植物的花蜜，并在植物上方婚飞交尾。成虫产卵于黄芩的嫩叶尖部背面的主脉和侧脉旁，卵单粒散产，幼虫孵化后取食嫩叶及枝头，被害后叶片仅留上表皮，呈透明网状，幼虫在叶片背面吐丝作简单丝巢，老熟幼虫在叶背将叶子卷成筒状，然后结白色薄丝茧，或者在植物枝条、枯枝落叶及土块裂缝处结茧化蛹，成虫羽化后开始交配交卵，雌虫抱卵量为120～160粒。各虫态历期：卵5～7天，幼虫13～18天，蛹5～7天，成虫寿命7～8天，完成一代约需一个月。

（四）防治措施

1. 农业防治　冬季清园，清除并烧毁园内枯枝落叶，减少越冬虫源。

2. 化学防治　幼虫发生期施用化学药剂防治。

（郭昆　陈君）

二、黄翅菜叶蜂

（一）分布与危害

黄翅菜叶蜂 *Athalia rosae japanensis* (Rhower)属膜翅目 Homoptera 叶蜂科 Tenthredinidae，

主要为害芜菁、萝卜、油菜、甘蓝、芥菜等十字花科蔬菜，除新疆、西藏外，全国各地均有发生。近年来，黄翅菜叶蜂对黄芩果荚的蛀害率常年在40%左右，严重的达80%以上，影响黄芩种子生产。

（二）形态特征

成虫：体长6～8mm，头、中胸背板两侧后部及后胸大部分为黑色，其余部分橙黄色；翅膜质透明，淡黄褐色，前翅前缘有1黑带与翅痣相连（图12-18）。

卵：近圆形，乳白色变乳黄色。

幼虫：共5龄。老熟幼虫体长约15mm，头黑色，体灰蓝色或灰黑色，体上多皱褶，且密布颗粒状突起。

蛹：黄白色。

（三）发生规律

在河北承德1年4～5代，以老熟幼虫于土中越冬，翌年春季化蛹，越冬成虫最早于4月上旬出现，4代幼虫分别于5月上旬至6月中旬、6月上旬至7月中旬、7月上旬至8月中旬和8月中旬至10月中旬出现，有世代重叠现象。

春季成虫羽化后先在野生寄主植物上活动，6月转移到黄芩植株上为害。成虫羽化当天即可交尾，交尾后1～2天产卵，2～4天产卵最多，单雌最多可产120粒卵，卵主要集中于黄芩果荚背面。卵期春秋季11～14天，夏季6～9天，幼虫期10～20天，最长36天。幼虫共5龄，在早晨和傍晚活动取食最盛，5龄幼虫食量最大。幼虫有假死现象，受惊后卷缩成团。幼虫孵化后从果荚背面的夹缝处钻入果荚内蛀食黄芩种子，蛀空后转入其他果荚继续为害；高龄幼虫常在黄芩叶片上栖息，取食时从果荚正面蛀入内部取食种子。1头幼虫可蛀害果荚6～10个。受害果荚逐渐变黑，一般正面留有圆孔。幼虫老熟后在浅层土壤（1～3cm）中作茧化蛹，蛹期7～10天。成虫飞翔力较强，白天活动，不同季节其日活动高峰不同，5～6月和9月活动高峰期多为上午8:30至下午5时；7～8月气温较高时活动高峰期为上午7～9时和下午4～6时，中午高温时静伏于黄芩的下位叶片。

（四）防治措施

1. 农业防治　作物采收后及时耕翻土地，消灭一部分虫源；秋冬深耕、于各代蛹期锄地，可杀灭部分表层中的蛹，减少虫源。

2. 物理防治　利用幼虫假死性，振落捕杀。

（郭昆）

第三十五节　黄芪

Huangqi

ASTRAGALI RADIX

黄芪为豆科蒙古黄芪 *Astragalus membranaceus* var. *mongholicus* 或膜荚黄芪 *Astragalus membranaceus* 的干燥根。具补气升阳、固表止汗、利水消肿、生津养血、行滞通痹、托毒排脓、敛疮生肌的功效。蒙古黄芪分布于东北、华北及西北，全国各地多有栽培。膜荚黄芪分布于黑龙江、内蒙古（呼伦贝尔）、河北、山西。主要害虫有豆荚螟、豆野螟、夹锥额野螟 *Sitochroa verticalis*、西北豆芫菁 *Epicauta sibirica*、绿芫菁 *Lytta caraganae*、大头豆芫菁 *Epicautamegalocephala*、大斑沟芫菁 *Hycleus phaleratus*、丽斑芫菁 *Mylabris speciosa*、蒙古斑芫菁 *M. mongolica*、苹斑芫菁 *M. calida*、眼斑沟芫菁 *H. cichorii*、蒙古拟地甲 *Gonocephalum reticulatum*、黄芪根瘤象 *Sitona ophtalmicus*、棉尖象 *Phytoscaphus gossypii*、大灰象甲 *Sympiezomias velatus*、蒙古灰象甲 *Xylinphorus mongolicus*、短额负蝗、大垫尖翅蝗 *Epacromius coerulipes*、中华剑角蝗 *Acrida cinerea*、豆秆黑潜蝇 *Melanagromyza sojae*、棉铃虫、内蒙黄芪籽蜂 *Bruchophagus mongolicu*、北京黄芪籽蜂 *B.beijingnsis*、圆腹黄芪籽蜂 *B. ciriventrious*、拟京黄芪籽蜂 *B.pseudobeijingensis*、黄芪种子小蜂 *B.huonchei*、蓝灰蝶 *Everesargiades*、苜蓿夜蛾、斑网蛱蝶 *Melitaea didymoides*、豆粉蝶 *Colias hyale*、赫氏筒天牛 *Oberea herzi*、细胸金针虫、华北蝼蛄、烟蓟马、斑须蝽、细毛蝽 *Dolycoris baccarum*、苜蓿盲蝽 *Adelphocoris lineolatus*、绿蝽 *Nezara viridula*、横纹菜蝽 *Eurydema gebleri*、赤条蝽、豆蚜 *Aphis glycines*、苜蓿蚜、无网长管蚜 *Acyhosiphum kondci*、二斑叶螨等。

一、豆荚螟

（一）分布与危害

豆荚螟 *Etiella zinckenella* (Treitschke) 又称豆荚斑螟，俗称豆蛀虫、豆瓣虫等，属鳞翅目 Lepidoptera 螟蛾科 Pyralidae。我国南自广东、北至东北南部都有分布。寄主有 60 多种豆科植物，其中包括黄芪和白扁豆等药用植物。幼虫钻入荚内蛀食种子，将种粒吃成残缺，或大部分被食，荚内充满虫粪，引起霉烂。据山西调查，黄芪留种田受豆荚螟为害普遍严重，一般种子被害率为 45%左右，严重时可达 85%，直接影响黄芪的留种和生产（图 12-19）。

（二）形态特征

成虫：体长 10～12mm，翅展 20～24mm，体灰褐色。下唇须长，向前伸出。前翅狭长，灰褐色，杂有深褐色和黄白色鳞片。前缘自肩角到翅尖有 1 条白色纵带，近翅基 1/3 处有 1 条金黄色宽横带，后翅黄白色，沿外缘褐色。雄蛾触角基部有灰白色毛丛。

卵：椭圆形，长 0.5～0.8mm。卵壳表面密布网状纹，初产时乳白色，渐变红色，近孵化时变为灰褐色。

幼虫：体长 14～18mm。初孵幼虫淡黄色，以后背部变为灰绿直至紫红色，胸部两侧及腹面青绿色。末龄幼虫背线、亚背线、气门线及气门下线均明显，腹足趾钩为双序环形。

蛹：长 9～10mm，初为绿色，后呈黄褐色，触角和翅芽长达第 5 腹节后缘，腹末钝圆，有 6 根钩状臀刺。

（三）发生规律

豆荚螟发生代数随地区和当年气候变化而异。在广东、广西等地 1 年 7～8 代，长江流域各地 1 年 4～5 代，在山东、陕西、辽宁南部 1 年 2～3 代。各地均以老热幼虫或少数蛹在寄主植物附近土表下 5～6cm 深处茧内越冬。4～5 代发生区，越冬幼虫次年 4 月上中旬化蛹，4 月下旬至 5 月中旬成虫陆续羽化出土。1～5 代幼虫为害期分别为：第 1 代 6 月上旬至 7 月上旬，第 2 代 7 月上旬至 7 月下旬，第 3 代 7 月下旬至 8 月下旬，第 4 代 9 月上旬至 10 月中旬，第 5 代 9 月下旬至 10 月下旬。10 月下旬幼虫开始入土结茧越冬。黄芪开花结荚期在 7～8 月，因此受 2～3 代豆荚螟为害较重。

豆荚螟成虫白天潜伏在寄主叶背或杂草间，傍晚活动，有弱趋光性及较强趋绿性，取食花蜜补充营养。成虫羽化后当日交尾，隔日开始产卵。每雌产卵 88 粒左右，最多可达 226 粒。产卵部位因寄主种类而稍有不同。为害黄芪时，产卵在种荚上或花苞雄蕊内，一般每荚 1 粒，少数 2～3 粒。卵历期 5～9 天。幼虫多数在上午 6～8 孵化，其他时间较少。初孵幼虫先在荚面爬行 1～3 小时，后吐丝结一白色网，隐身其中，咬孔蛀入，取食豆粒，荚上留有污白色痕迹。3 龄后幼虫可转荚为害，转荚入孔处均留有丝囊，囊上有时附有虫粪。幼虫老熟后在荚上咬一圆孔脱出，入土下 0.5～4cm 深处结茧化蛹。茧椭圆形，外粘有土粒。

（四）防治措施

1. 农业防治　合理安排种植，避免与大豆、紫云英、苕子等连作或套种；调整播种期，使其开花、幼荚期避开豆荚螟成虫盛发期，以减少花、荚上的卵量；豆荚螟入土化蛹期，结合灌溉杀死初化蛹。

2. 化学防治　成虫盛发期至幼虫孵化盛期之前选择合适的化学药剂防治。

（郭昆　程惠珍）

二、西北豆芫菁

（一）分布与危害

西北豆芫菁 *Epicauta sibirica* Reitter 又名中华豆芫菁，属鞘翅目 Coleoptera 芫菁科 Meloidae。国内分布于东北三省、内蒙古、河北、宁夏、山西、陕西、山东、江苏、台湾等地。成虫取食黄芪叶片、花序和嫩荚（图 12-20a），当虫口密度大时，几天内将植株吃成光杆。

（二）形态特征

成虫：体长 14～25mm，体黑色。头部后方两侧为红色，额中央两复眼间有 1 长形红斑。触角基部内侧有 1 个黑色光亮的瘤状突起（图 12-20b）。雄虫触角栉齿状，雌虫触角丝状。前胸背板中央有 1 条由白短毛组成的纵纹。鞘翅的周缘均镶有白毛。胸、腹部的腹面两侧和各腹节后缘亦被白毛。前足股节和胫节背面密被灰色白短毛，中足、后足灰毛稀疏。

卵：长椭圆形，长约 3mm，乳白色后变黄褐色。

幼虫：各龄幼虫形态不一。1 龄幼虫衣鱼型，口器发达，3 对胸足长而且大，末端具 3 爪，腹末有 1 对长的尾须。2～4 龄为蛴螬型，胸足缩短，无爪和须。5 龄幼虫足呈乳突状，6 龄幼虫又似蛴螬，体乳白色，头部褐色。

蛹：裸蛹。灰黄色。

（三）发生规律

1 年发生 1 代，以 5 龄幼虫在土中越冬。次年春季发育为 6 龄幼虫，老熟后化蛹。成虫

5月至8月陆续发生。以7～8月发生数量最多，取食为害最盛。每平方米虫口密度可达20余头。成虫有群集取食的习性，并有假死性，受惊时坠落地面，或迅速散开。成虫羽化后取食数日即可交配产卵。

卵产于土中。初孵幼虫活泼，在土中搜寻蝗虫卵为食，取食后蜕皮进入2龄幼虫，变为蛴螬型，行动迟缓，再经2次蜕皮后幼虫离开食料深入土中，转变为胸足更加退化的假蛹型幼虫进入越冬状态。西北豆芫菁种群发生以山坡地虫口密度最大。

（四）防治措施

1．农业防治　种植黄芪应远离山坡荒地，避开虫源，以防芫菁成虫迁入为害。成虫发生期，利用成虫群集取食的习性，可进行人工捕杀，但要避免皮肤接触虫体。

2．化学防治　在成虫发生期选用适宜的化学农药进行防治。

（郭昆　程惠珍）

三、蒙古拟地甲

（一）分布与危害

蒙古拟地甲 *Gonocephalum reticulatum* Motschulsky 属鞘翅目 Coleoptera 拟步甲科 Tenebrionidae，国内分布于东北及河北、山东、山西、甘肃、青海等地。河北、山东都有过严重发生的报道。蒙古拟地甲在山东潍坊、枣庄等地严重为害黄芪，幼苗受害率一般为20%～30%，严重地块达40%以上，造成缺苗断垄，个别地块被迫毁种。

（二）形态特征

成虫：体长 6～8mm，暗黑褐色，头部黑褐色，向前突出。触角棍棒状。复眼小，白色。前胸背板外缘近圆形，前缘凹进，前缘角较锐，向前突出，上面有小点刻。鞘翅黑褐色，密布点刻和纵纹，并有黄色细毛。刻点不及网目拟地甲明显，后翅膜质，叠平置于鞘翅之下。

卵：椭圆形，长0.9～1.25mm，乳白色，表面光滑。

幼虫：初孵幼虫乳白色后渐变为灰黄色。老熟幼虫体长 12～15mm，圆筒形。腹部末节背板中央有暗沟1条，边缘有刚毛8根，每侧4根，以此可与网目拟地甲幼虫相区别。

蛹：体长5.5～7.4mm。体乳白色略带灰白色。复眼红褐至褐色。羽化前，足、前胸、腹末呈浅褐色。

（三）发生规律

在华北地区1年1代，以成虫在5～10cm土层、枯枝落叶或杂草丛中越冬。11月上中旬仍可见到成虫在土面爬行。越冬成虫 2 月开始外出活动，当土面温度达 8℃时，成虫即能取食刚萌发的杂草幼芽、嫩根，3～4月气温逐步升高，成虫大量出土活动，取食为害严重。夏季高温季节则到隐蔽处活动，并多在夜晚取食。蒙古拟地甲食性极杂，能为害多种药用植物和其他农作物。成虫能飞翔，趋光性较强。

越冬成虫3月开始交尾产卵，4月下旬至5月上旬为产卵盛期。卵多产于1～2cm表土层中。每雌产卵34～490粒。卵期约20天，并随温度升高而缩短。幼虫孵化后在表土层内取食寄主幼嫩组织，并能蛀入根茎内为害。幼虫期50～60天，6～7月老熟幼虫在土表下10cm土层中做土室化蛹，7月上中旬为化蛹盛期。7月下旬至8月上中旬多数蛹羽化为成虫。成虫羽化后在作物或田间杂草根部越夏，9月取食为害，10月下旬陆续越冬。蒙古拟地甲喜干燥，耐高温。在地势高、土质疏松的地块虫口密度大。地面潮湿、坚实则不利于其生存。春季雨水稀少，温度回升快，虫口发生数量大，为害重。当年降雨量少，次年发生则重，反之则轻。

（四）防治措施

1. 农业防治　春季可采用地膜覆盖，以保持土壤水分，提高土壤温度，促进早发芽，早出苗，增强耐害性；早春，蒙古拟地甲成虫和幼虫有嗜食鲜嫩杂草习性，药材田适时晚除草，可诱集成虫和幼虫取食，减轻药用植物寄主幼苗受害。

2. 化学防治　在成虫越冬期前夕、春季3～4月成虫活动为害盛期、初夏5～6月幼虫为害盛期三个阶段，施用高效低毒化学药剂防治。

（郭昆　程惠珍）

四、短额负蝗

（一）分布与危害

短额负蝗 *Atractomorpha sinensis* Bolívar 又名中华负蝗，属直翅目 Orthoptera 蝗科 Acarididae。国内分布于甘肃、青海、河北、山西、陕西、湖北、安徽、江苏、浙江、福建、四川、贵州、云南、广东、广西等地。药用植物寄主有黄芪、白芷、党参、防风、丹参、云木香、泽泻、柴胡等。成虫和若虫取食植株叶片，造成残缺，为害严重时仅剩叶柄。

（二）形态特征

成虫：雌虫体长28～35mm，体草绿色、绿或黄绿色。自复眼的后下方沿前胸背板侧片的底缘，有略呈红色的纵条纹，上有1列淡黄色的颗粒状突起。头锥形，顶端较长，颜面颇向后倾斜，和头顶组成锐角，颜面隆起较狭，具有明显的纵沟。触角粗短，剑状。前胸背板宽平，3条横沟明显，中胸腹板侧叶间中隔较宽。前翅较长，顶端较尖。后翅基部玫瑰色，略短于前翅。腹末产卵瓣狭长，上产卵瓣的上外缘具细齿。雄虫体长19～23mm，尾须圆锥形，顶端圆形，其他同雌性成虫。

卵：长椭圆形，黄褐色至深黄色。

若虫：共5龄，体较小似成虫，2龄以后出现翅芽，高龄若虫翅芽长达腹部第3节。

（三）发生规律

1年1～3代，以卵在土中越冬。2代发生区越冬卵于5月下旬孵化为若虫取食为害，7月中旬羽化，继续取食，并交尾产卵。8月上旬第2代若虫孵化出土，9月中旬雌虫开始产卵越冬。3代发生区每年4月越冬卵孵化为若虫，5月中下旬第1代成虫出现，6月中下旬产卵，7月上中旬卵孵化为第2代若虫。8月下旬至9月上旬出现第2代成虫。10月下旬以后第3代成虫产卵越冬。

短额负蝗趋向植株茂密、温湿度较高的环境，早晚取食最多。土壤潮湿，双子叶杂草多，利于短额负蝗的发生。沟渠两旁的苍耳、野苋、葎草、小蓟、红蓼等都是负蝗喜食的植物。栖息环境适宜，食料丰富，发生量大。

（四）防治措施

1. 农业防治　秋季结合清理田园，铲除杂草，整修沟渠，使蝗卵暴露，被天敌取食或受冻致死，以减少次年虫口发生基数。

2. 化学防治　若虫发生盛期施药防治效果好。选择适宜的化学药剂加适量的水混入1～1.5kg 麦麸中，拌和均匀做成毒饵，撒入黄芪田中。

（郭昆　程惠珍）

五、豆秆黑潜蝇

（一）分布与危害

豆秆黑潜蝇 *Melanagromyza sojae* (Zehntner) 又名豆秆蝇、豆秆蛇潜蝇等。属双翅目 Diptera 潜蝇科 Agromyzidae。国内分布广泛，吉林、河北以南、四川、陕西以东各省均有发生。寄主为黄芪、大豆等多种豆科植物。幼虫从黄芪嫩梢、叶等处侵入，沿茎秆髓部向下蛀食，造成嫩梢枯萎、折断，植株矮小，生长缓弱。严重时可致全株枯死。

（二）形态特征

成虫：体长 2.1～2.6mm，黑色有光泽。复眼暗红色，触角 3 节；第 3 节钝圆，背具芒 1 根，长约为触角的 3 倍。胸腹部具蓝绿色金属光泽，胸部背中鬃 8 行。翅具淡紫色光泽；亚前缘脉在到达前缘脉之前与第 1 径脉靠拢而弯向前缘；径中横脉位于中室中偏端部；翼瓣白色。平衡棍及足黑色。

卵：椭圆形，长约 0.07mm，乳白色。

幼虫：体长 2.4～2.6mm，初孵时乳白色，后渐变淡黄白色。口钩黑色，端齿尖锐。前气门 1 对，着生于第 1 胸节，指形，具 6～9 个气门裂，排成 2 行，后气门 1 对，着生于第 8 腹节，棕黑色，中央有黑色柱状突起，其周围环状排列 6～9 个气门裂。

蛹：体长 1.6～1.8mm，长椭圆形，初为淡褐色，半透明，后变黄褐色。前气门 1 对，呈黑褐色三角状突起，相距较远；后气门 1 对，相距较近，中央柱状突黑色。

（三）发生规律

豆秆黑潜蝇 1 年发生代数因地区而异。黄淮流域 1 年 4～5 代。以蛹在寄主秸秆或根茬内越冬。越冬蛹多为蜂类寄生，死亡率较高。蛹次年 6 月上旬开始羽化，6 月下旬为成虫发生盛期。7 月上旬为第 1 代幼虫为害盛期，数量较少。但此时大豆等豆科作物尚处苗期，而黄芪为花果期，故受害较重，第 1 代成虫盛发于 7 月中旬。第 2 代幼虫为害盛期在 7 月下旬至 8 月上旬，成虫盛发于 8 月中旬；第 3 代幼虫为害盛期在 8 月下旬，成虫盛发于 9 月中旬；第 2、第 3 代幼虫主要为害大豆，发生量大。第 4、第 5 代重叠发生，由于天敌寄生，发生量减少。10 月底至 11 月初以蛹越冬。

成虫多在白天活动，喜温，畏风雨和阳光直射，夜晚或大风时栖息于寄主植株下部叶背或杂草心叶内。成虫需补充营养，吸食花蜜、蜜露，并常用腹部末端刺破寄主嫩叶表皮，然后吸取汁液，被害叶片正面边缘常出现密集的小白点和伤孔。雌虫一生交配1～3 次，交配后次日即开始产卵。成虫寿命 3～4 天。每雌产卵 7～9 粒，最多 13 粒。卵产于寄主植物中上部嫩茎或叶背主脉两侧表皮下。卵散产。雌虫产卵时先用腹末刺破表皮，然后将卵产于伤口内，并吐黑褐色黏液封住伤口。卵孵化率一般在 95%以上。初孵幼虫先在叶背表皮下潜食，后经叶柄蛀入茎秆，蛀食髓部和木质部。幼虫老熟后先在植株主干上咬穿茎组织，成一圆形羽化孔，后在羽化孔上方化蛹，羽化孔可阻断部分输导组织，使植株萎蔫，枯死或被折断。

（四）防治措施

1. 农业防治　越冬代成虫羽化前，将寄生秸秆集中处理，杀死越冬蛹，并结合播种前深翻，合理轮作换茬等措施，以减少虫源基数。

2. 生物防治　豆秆黑潜蝇天敌有 6 种，其中瘿蜂、金小蜂分别对越冬蛹和幼虫寄生率很高，对潜蝇的发生有一定的控制作用，应加以保护和利用。

3. 化学防治　越冬代豆秆黑潜蝇成虫盛发期，施用化学药剂杀死产卵成虫，并于 6～7 天后再次施药，兼治初孵幼虫。

（郭昆　程惠珍）

六、黄芪种子小蜂

（一）分布与危害

黄芪籽蜂为 5 种广肩蜂科广肩小蜂属 *Bruchophagus* 的混合群体，为 5 个独立的物种，分别为黄芪种子小蜂 *Bruchophagus huangchei*、内蒙黄芪籽蜂 *B. mongholicus*、北京黄芪籽蜂 *B. beijingensis*、圆腹黄芪籽蜂 *B. ciriventrious* 和拟京黄芪籽蜂 *B. pseudobeijingensis*。其中内蒙黄芪小蜂和黄芪种子小蜂分别为内蒙古和北京两地的优势种。雌虫用产卵器刺入种夹内产卵，幼虫为害黄芪幼嫩种子，仅留种皮，严重影响黄芪种子及药材的生产（图 12-21a）。黄芪种子小蜂 *Bruchophagus huangchei* Fan et Yang 属膜翅目 Hymenoptera 广肩小蜂科 Eurytomidae，寄主植物为蒙古黄芪、达乌里黄芪、东北黄芪和直立黄芪，取食黄芪种子。

（二）形态特征

雌虫：体黑色，长 2.4～3mm，翅基片黄色（图 12-21e）。身体除附肢外黑色，腹部背面隆起呈半球形，腹末背板和产卵鞘略上翘，第 1 腹背板与体轴几乎垂直，头胸总长大于腹长，前翅缘脉、痣脉和后缘脉长度比为 6∶7～5∶9，翅上有云斑，胸腹节中部平坦可见纵横交错的粗壮脊网花纹，近侧缘有不规则形大网眼。

雄虫：体长 1.8～2.3mm，身体除附肢外黑色，腹部背面隆起呈半球形，第 1 腹背板与体轴夹角 60°，头胸总长大于腹长，腹柄长宽比为 2∶1。腹部卵圆形，腹末背板产卵器向后平伸，第 1 腹背板和体轴呈 45°，前翅翅脉无云斑，腹部小圆筒形。

（三）发生规律

1 年发生多代，以幼虫在种子内越冬。黄芪种子小蜂成虫产卵于种皮下，幼虫孵化后蛀食种子，将种肉吃光，仅留种皮，幼虫在其中化蛹（图 12-21b、c、d），成虫羽化后咬破种皮和种荚后脱出，并留有直径 1.5mm 的羽化孔。1 粒种子里只有 1 头幼虫。1 头幼虫只为害 1 粒种子，未发现转移其他种子为害。成虫羽化在田间访花吸蜜补充营养并很快交尾。

成虫寿命较长，可达1～2个月。幼虫在种子里有滞育越冬的习性。诱导滞育的条件主要取决于种子湿度大小，幼虫成熟期，如被害种子湿度大，未老熟干硬，可诱导幼虫滞育。如种子较干，则幼虫在其中化蛹，羽化出成虫。各代小蜂均可能有滞育越冬的幼虫。

在北京，黄芪种子小蜂成虫5月中下旬在蒙古黄芪上出现，6月上旬为高峰期，第1代幼虫于6月上中旬出现，6月下旬为幼虫高峰期。6月下旬至7月上旬正值种子成熟季节，大量成虫从田间或已收获的种子里羽化出来。除少量幼虫在蒙古黄芪种子里滞育越冬外，大量成虫转移到其他晚寄主如东北黄芪等植物上产卵为害，可继续发育1～2代后以幼虫在晚寄主植物种子里滞育越冬。在内蒙古，黄芪种子小蜂发生规律除时间比北京推迟约1个月外，其他情况相似。

（四）防治措施

1. 农业防治　注意清除杂草和冬季清洁田园；做好种子清选，清除有虫种子，减少小蜂传播；选用抗虫品种种植。

2. 化学防治　盛花期及青果期分别喷施适宜的化学农药1次，种子采收前喷化学农药1次，以杀灭大量羽化成虫。

（郭昆　陈君）

第三十六节　雷公藤
Leigongteng
TRIPTERYGIUM WILFORDII

雷公藤 *Tripterygium wilfordii* Hook. f.属卫矛科植物，其根、叶和花可入药。具清热解毒、祛风通络、舒筋活血、消肿止痛、杀虫止血等功效。产于台湾、福建、江苏、浙江、安徽、湖北、湖南、广西。生于山地林内阴湿处。国外分布于朝鲜、日本。主要害虫有双斑锦天牛 *Acalolepta sublusca*、丽长角巢蛾 *Xyrosaris lichneuta*、胶刺蛾 *Chalcocelis albiguttatus*、朱砂叶螨 *Tetranychus cinnbarinus*、盅尺蛾 *Calicha* sp.和掌尺蛾 *Amraica* sp.等。

一、双斑锦天牛

（一）分布与危害

双斑锦天牛 *Acalolepta sublusca* (Thomson)属鞘翅目 Coleoptera 天牛科 Cerambycidae，是一种危害园林绿化树种的毁灭性害虫，在我国分布于湖南、湖北、江苏、浙江、河北和陕西等地，主要为害雷公藤、大叶黄杨、冬青卫矛和金边黄杨等灌木树种，幼虫蛀食根茎木质部，可将全部木质部蛀空，导致树体因营养中断而全株枯死，发生严重时造成大片枯死，

（二）形态特征

成虫：体长16～27mm，体宽5.0～8.5mm，属中小型天牛。虫体栗褐色，前胸密被棕褐色绒毛，鞘翅密被光亮淡灰色绒毛，翅基部中央具一圆形或近方形黑褐斑，肩下侧缘有

一黑褐色长斑，翅中部之后处具有一从侧缘至鞘缝的棕褐色宽斜纹，腹面被灰褐色绒毛。雄虫触角超过体长一倍，雌虫触角超过体长之半，柄节粗大，端疤内侧开放，第 3 节大于柄节或第 4 节。前胸前板宽胜于长，侧刺突短小，基部粗大，胸面微皱，中央两侧散布粗刻点。小盾片近半圆形，鞘翅宽于前胸，向后显著狭窄。翅端圆形，翅面刻点细而稀。雄虫腹末节后缘平切，腹末节后缘中央微内凹。足粗壮，后足伸达第 4 腹节。

卵：长约 3mm，长圆筒形，乳白色，快孵化时颜色变为淡褐色。

幼虫：老熟时体长 18～25mm，米黄色，头部前端背面黑褐色，呈三角形。前胸背板有一长方形浅褐色斑块。前胸体节明显比其他各节大。足退化。

蛹：长约 20mm，乳白色，老熟时复眼黑褐色，胸部褐色，触角细长卷曲呈钟条状，体型与成虫相似。

（三）发生规律

在浙江 1 年 1 代，以老熟幼虫在雷公藤根部虫道内越冬。翌年 3 月幼虫开始活动，4 月中下旬进入预蛹期，5 月上旬为化蛹盛期，蛹期为 15～25 天。5 月下旬为羽化盛期，一般刚羽化成虫在蛹室内静伏 10 天左右。5 月下旬至 6 月上中旬成虫交尾产卵，从交配到产卵 10～12 天。产卵期 18～19 天，双斑锦天牛成虫产卵于距地面 1～5cm 左右的雷公藤茎基部、嫩绿鲜活的枝茎皮下，卵散产，成虫产卵后立即死亡。6 月下旬卵开始孵化，幼虫在雷公藤茎基部枝条内为害，直接将虫粪排出枝条。11 月老熟幼虫在土层以下根部越冬。幼虫期持续到翌年 3～4 月。

（四）防治措施

1. 检疫控制　在双斑锦天牛严重发生的疫区，禁止苗木向非疫区调运，避免通过人为途径传播害虫。

2. 生物防治　幼虫高发季节，田间释放管氏肿腿蜂对幼虫进行防治。

3. 人工捕杀　中午利用成虫栖息于植株分枝处的习性组织人力捕杀。

（郭昆　陈君）

二、丽长角巢蛾

（一）分布与危害

丽长角巢蛾 *Xyrosaris lichneuta* Meyrick 属鳞翅目 Lepidoptera 巢蛾科 Yponomeutidae，是危害雷公藤的新害虫，我国主要分布在浙江、江苏、湖北、河北、河南、福建、台湾；在日本和印度也有分布。已知寄主有雷公藤、南蛇藤 *Celastrusor orbiculatus Thunb.*和卫矛属 *Euonymus* 植物。主要以幼虫潜入雷公藤叶片内取食叶肉，仅留下叶的上表皮。

（二）形态特征

成虫：体长 4～5mm，翅展 12～15mm。头部灰白色，头顶有白冠毛丛；单眼小或缺少，无眼罩；触角丝状，褐色，有白纹；下唇须前伸，末端尖，灰白色，有褐色纹。胸部背面灰白色，胸部腹面及腹部灰褐色。翅狭长，缘毛较长。前翅稍阔，长约 6mm，宽约 1mm，大部分同幅（前缘、后缘大致平行），近端部后弯呈镰刀状，接近顶部呈三角形，顶角尖；前翅褐色，前缘色深，前缘基部及中部各有 1 条黑褐色直纹相交于后缘约 1/3 处，组合成“V”形纹，“V”形纹顶点两侧灰白色；静止时两翅结合处 2 个“V”形纹合并成“X”形纹，灰白色部分合并成 2 个对顶的三角形斑，前侧的三角形白斑大并与头顶、胸部背面的灰白色部分相连；后侧的三角形白斑小；翅脉大多存在而彼此分离，R_5 脉止于外缘，有副室，R_1 脉之前往往有 1 个翅痣。后翅披针形，淡灰褐色，Rs 和 M_1 脉彼此分离，中室中有 M 残存，M_3 和 Cu_1 脉合并或共柄。

卵：椭圆形，中央隆起，长约 0.62mm，宽约 0.42mm。初产时白色，半透明，有光泽，孵化前透过卵壳可见淡黄色虫体及褐色头部。

幼虫：初孵幼虫乳白至淡黄色，2 龄幼虫体色逐渐加深，3 龄幼虫体色由淡黄向黄绿色过渡。老熟幼虫体长约 9mm，宽约 1mm，头部黄绿色，全体绿色，胸至腹末端背面有 3 条红褐色纵纹；每体节背面红褐色斑纹中胸节各有 1 对毛瘤、腹节各有 2 对毛瘤。前胸气门前侧片有 3 根刚毛，腹足趾钩为多序单环式。

蛹：长约 5mm，纺锤形。蛹外有薄的白色丝茧，化蛹前结一薄茧。初化蛹时为淡黄色，老熟蛹为黄褐色。羽化前复眼黑色，翅淡黄色。

（三）发生规律

在福建省 1 年 5 代，10 月中下旬以蛹在寄主植物周围土壤中越冬。翌年 3 月下旬温度升高时成虫羽化产卵，4 月上旬为产卵盛期。第 1 代幼虫 4 月中旬出现，4 月下旬为暴食期，寄主叶片经常被吃光，5 月上旬开始结茧化蛹。第 2～4 代幼虫分别在 6～8 月的上旬出现，中旬为危害高峰，下旬结茧化蛹。第 5 代幼虫 9 月下旬出现，10 月中下旬开始结茧化蛹越冬。卵多在新鲜的雷公藤叶片背面叶脉附近，散产，一般单头雌虫在 1 片叶约产 7 粒卵，初产卵粒表面光滑有光泽，后颜色加深。幼虫孵化时用头将卵孔处的卵壳顶破并缓慢爬出直接潜入叶内取食叶肉，仅留上表皮，从表面可见斑点，两三天后可见弯曲的白色虫道，叶背的排泄物亦增多，4～6 天幼虫蜕皮爬出叶片，此期幼虫小且隐蔽为害，极难发现。1～4 龄幼虫平均历期分别为 2.93 天、3.24 天、4.52 天和 5.33 天，整个幼虫阶段平均历期 16.02 天。

黎明和傍晚为幼虫活动和取食的高峰期，中午和夜间幼虫不活动，躲在卷叶内取食或静养。2～4 龄幼虫受惊后，迅速跳跃后退，并吐丝下垂，攀丝而上。3 龄幼虫到化蛹前为暴食期。幼虫多在寄主根部附近的疏松土壤中结茧化蛹。成虫白天隐蔽于寄主丛中，有假死性。夜晚活动频繁，有趋光性。成虫羽化后即可交配，交配多在晚间进行，交配过程约 30 分钟，最长可达 1 昼夜，凌晨 2～4 时为交尾高峰。产卵多在晚上，单雌产卵量约 60 粒。成虫寿命 10 天左右，雌虫寿命比雄虫长。10 月中下旬幼虫开始结茧化蛹越冬。

（四）防治措施

1. 生物防治　在丽长角巢蛾幼虫入土化蛹时喷洒斯氏线虫科 Steinernematidae 和异小杆线虫科 Heterorhabditidae 的昆虫病原线虫进行防治；也可选用球孢白僵菌和金龟子绿僵菌进行防治。

2. 化学防治　选用苏云金杆菌 1∶300 倍液或者 1.2%烟碱·苦参碱防治丽长角巢蛾幼虫。

（郭昆）

第三十七节　催吐萝芙木

催吐萝芙木 *Rauvolfia vomitoria* Afzel. ex Spreng.为夹竹桃科常绿乔木，以干燥根、茎入药。具有清风热、降肝火、消肿毒、降血压、镇静、止痒之功效。其根可提取利血平，用于治疗高血压。催吐萝芙木原产于非洲，我国广东、广西和云南均有引种栽培，是我国重要的南药。主要害虫有黑尾暗翅筒天牛 *Oberes fuscipennism holoxantha*、柑橘全爪螨 *Panonychus citri*、夹竹桃天蛾 *Daphnis nerii*、褐边绿刺蛾 *Parasa consocia*、橘蚜 *Toxoptera citricidus*、橘二叉蚜 *T. aurantii*、棉蚜 *Aphis gossypii*、桃蚜、碧蛾蜡蝉 *Ceisha distincitissima*、东方蝼蛄、吹绵蚧 *Icerya purchasi*、柑橘红龟蜡蚧 *Ceroplastes rubens*、臀纹粉蚧、咖啡绿蚧 *Coccus viridis*、蟋蟀等。其中以黑尾暗翅筒天牛危害最为严重。

黑尾暗翅筒天牛

（一）分布与危害

黑尾暗翅筒天牛 *Oberes fuscipennism holoxantha* Fairm 属鞘翅目 Coleoptera 天牛科 Cerambycidae。国内仅云南报道有分布。主要以成虫啃食嫩枝、树皮及树叶叶脉，并产卵于新梢端部，造成枝条枯死，被害枝条和小苗常自断死亡；幼虫蛀食植物枝条，可钻蛀到小苗根部致使全株死亡（图 12-22a）。根据对云南西双版纳和普洱地区的催吐萝芙木种植基地调查，黑尾暗翅筒天牛为害催吐萝芙木成年植株达 70%以上，幼龄植株达 40%，严重影响催吐萝芙木的生长。黑尾暗翅筒天牛主要为害夹竹桃科萝芙木属多种植物，如催吐萝芙木、云南萝芙木 *Rauvolfia yunnanensis* Tsiang、印度萝芙木 *R. serpentine*(Linn.)Benth.ex Kurz、海南萝芙木 *R. verticillata* (Lour.) Baill. var. *hainanensis* Tsiang 等。

（二）形态特征

成虫：体长 13.5～19.1mm，宽 2.0～3.5mm。体狭长，黄褐色，体表被有绒毛；鞘翅侧缘和端部、第 5 腹节末端及触角黑色；触角和身体等长或略稍短，第 3 节显著长于柄节，稍长于第 4 节；复眼黑色突出；前胸背板长大于宽，小盾片半圆形；鞘翅肩宽，肩以后逐渐狭窄，两边平行，在中部略有隘缩，鞘翅缝角伸长成一小刺，外端角尖；足短，中足基节窝开放，后足腿节伸达第 2 腹节边缘（图 12-22e）。

卵：长 1.5～2.3mm，宽约 0.7mm；长椭圆形，初产乳白色，产后几天颜色稍有加深（图 12-22b）。

幼虫：初孵幼虫体长 3～4mm，乳白色。老熟幼虫体长 17～24mm，前胸宽 2.5～2.9mm，蛋黄色，圆筒形（图 12-22c）。口器框和上额基部红黑色，上颚端部黑色；上唇淡黄色，端半部多刚毛，其间夹杂数支长毛；下唇须第 2 节长约为宽的 3 倍；口片后中部凸，前缘有毛8支。触角2节；单眼1对，痕迹状单眼每侧2个，黑色。前胸背板近前缘区浅黄色，10余支刚毛排成横列；中部棕黄色区被浅色中纵纹隔断，10余支长毛排成“山”字形，中后区舌状刺粒10～11横列，由前向后逐渐变小、变密，分布成“凸”字形；亚侧痕纹稍呈褐色，不清晰。后胸背板和腹部第1～7节具椭圆形步泡突，步泡突具中纵沟、2条侧纵沟和1条横沟；腹部背泡突的3条纵沟均深色。

蛹：长14.2～17.1mm，前胸宽2.8～3.5mm，离蛹，初为淡黄色，后复眼、口器渐变为黑褐色，翅芽、触角初时透明，近羽化时后翅芽端部变为黑褐色，触角变为灰褐色；上颚和爪变为褐色；触角伸到腹部第2节后，弯向腹面再折向前方；前胸背板横宽，侧缘弧形，无侧刺突；前、后横沟较明显；翅芽自胸背两侧弯向体下后方，前翅盖住后翅和后足，达第3腹节中部（图12-22d）。

（三）发生规律

在云南1年1代，以老熟幼虫在2年生以上枝干蛀道中越冬。翌年4月中旬开始化蛹，4月下旬开始羽化，5月上旬为羽化高峰期，5月中旬开始产卵，5月下旬至10月上旬为幼虫为害期，10月中下旬幼虫老熟越冬。

成虫羽化后先在蛹室内停留3～5天后出穴，出穴后经1天可以飞翔，并补充营养，常飞至催吐萝芙木叶背，取食叶脉及附近叶肉，经2～3天补充营养后，飞翔能力增强，即觅偶交尾，交尾后即飞翔寻找适宜的产卵场所，一般选择当年生新梢并距新梢端部10cm左右的地方咬槽产卵。成虫在新梢端部咬食成环状或“一”字形的产卵槽，然后调头将产卵器从产卵槽处伸入新梢内产卵，每次产卵1粒，成虫产卵均在白天，下午14时产卵最多，夜间不产卵。产卵2～3小时后，产卵槽上部的梢叶开始萎蔫。成虫产卵完毕立即死亡。初孵幼虫先向上蛀食产卵槽以上的已经枯萎的梢端，然后调头向下蛀食当年生或多年生枝条，到有侧枝时，可调头向侧枝蛀食。主要蛀食枝条的木质部和髓部，有时蛀食韧皮部及皮层，仅剩表皮。在蛀食过程中，隔一定距离咬1个排粪孔。6月中下旬，被蛀嫩梢全部枯死折断，十分明显，此时是剪除幼虫的最佳时期。10月中下旬，幼虫老熟越冬，越冬前幼虫调转身体，头向上，用许多木屑将蛀道上方堵住，保护自己。幼虫在蛀道内越冬处化蛹，化蛹前用木屑将两端堵住。化蛹前虫体节间收缩，体色加深，约1周后化为离蛹，蛹极活跃，随着气温的变化，可借助身体的摆动在蛀道内上下移动。

（四）防治措施

1. 人工防治　5～6月成虫盛发期、产卵期及初龄幼虫为害期捕捉成虫、修剪虫枝，减少虫源。

2. 生物防治　管氏肿腿蜂可以寄生该天牛幼虫，在晴朗少风、气温在25℃左右，田间释放管氏肿腿蜂。根据田间黑尾暗翅筒天牛虫口密度确定合适的虫蜂比。另外，在云南产区自然天敌有蚂蚁、蠼螋及白僵菌等，保护和利用好这些天敌资源。

3. 化学防治　在树干底部以30°向下角钻5～10cm深孔，将化学药剂注射入孔内，通过树木自身的蒸腾拉力，将药剂输送到植物各部分，达到防治害虫的目的；用化学药剂浸泡棉团，再将棉团塞入排粪孔，之后用泥巴将排粪孔及羽化孔封死。每隔3～5天防治一次，直到检查无新鲜排粪为止，此时枝干内幼虫均已死亡。在黑尾暗翅筒天牛成虫羽化期，晴天采用树冠喷施触杀性化学药剂防治成虫。

（张丽霞　乔海莉）

第三十八节　薤白

Xiebai

ALLII MACROSTEMONIS BULBUS

薤白又称小根蒜，为百合科植物薤白 *Allium macrostemon* Bge. 或藠头 *A.* G. Don 的干燥鳞茎。具通阳散结、行气导滞之功效。除新疆、青海外，小根蒜在全国各地均有分布。国外在俄罗斯、朝鲜和日本也有分布。主要害虫有韭萤叶甲 *Galeruca reichardti*、刺足根螨 *Phizoylyphus echimopu*、大蒜根螨 *R. alli*、葱斑潜蝇 *Liriomyza chinensis*、葱蓟马 *Thrips tabaci*、种蝇、斑喙丽金龟 *Adoretus tenuimaculatus*、东北大黑鳃金龟、东方蝼蛄等。

韭萤叶甲

（一）分布与危害

韭萤叶甲 *Galeruca reichardti* Jacobson 又名韭叶甲、愈纹萤叶甲，属鞘翅目 Lepidoptera 叶甲科 Chrysomelidae，分布于北京、河北、山西、内蒙古、辽宁、甘肃、新疆、四川和浙江等地及朝鲜和西伯利亚等地。寄主植物有薤白、藠头、葱、韭菜、洋葱、水葱、蒜等多种植物，取食植物叶片，严重时将整株全部吃光。

（二）形态特征

成虫：体长 8～14mm。体背褐色，触角、头部、复眼、胸部及足黑色。头顶中沟密集刻点，具细毛，额瘤不发达。前胸背板前缘凹洼较深，基缘突出，侧缘基半部较直，端半部较圆，盘区与头顶刻点相同，具毛。小盾片舌形具稀刻点。鞘翅基部窄，沿端部宽；第 1 条与第 4 条脊明显连成“U”字形，第 2 条脊达端部不远，第 3 条脊明显退化；盘区刻点较前胸背板粗，刻点内无毛；缘折较宽直达端部，腹面及足刻点稀疏被浅黄色细毛。

卵：长约 1.5mm，淡黄色渐变褐至黑褐色，椭圆形，具网状花纹。

幼虫：体长 15～17mm，宽 4～5mm；黑色，头部圆形，较前胸窄；幼虫蜕裂线明显，冠缝长；单眼 1 个；上唇横形，片状，中央微凹；上颚掌状，有端齿 5 个；下颚须 3 节；下唇须 2 节；胸部 3 节各节具足，1 对爪短，有垫；中后胸及腹节表面有发达的小骨片，体瘤明显；腹节 10 节，背面可见 9 节，瘤突发达，第 10 节形成 1 对臀足。

蛹：体长 6～9mm，体宽 4～5mm，为裸蛹。体黄褐色，头黄色，第 8～10 节具毛刺。

（三）发生规律

在北京、河北地区 1 年 1 代，以卵块在枯枝落叶、土缝和土表层越冬。4 年初开始孵化，初孵幼虫静伏半日开始为害嫩芽。幼虫共 4 龄，幼虫期 17～30 天（4 月下旬至 5 月上旬），老熟后入土做土室结茧化蛹。有的结成2～3个丝茧，茧黄色。蛹期13～21天（4月下旬至5月上旬），成虫期150～280天，每年6月下旬温度较高时成虫开始滞育，有些个体在阴凉的墙角、石缝、枯枝落叶及土表越夏。8月中旬后气温下降时成虫取食交配。雌虫初次交配后补充营养，可继续交尾产卵，雄虫可多次交尾。卵产在土表下层、土缝、土块上和枯枝落叶下。雌虫平均产卵2～3块，分别含115粒、60粒和42粒不等。卵块有淡黄色分泌物，初产卵淡黄色，逐渐变为褐色，最后变为黑褐色。卵期150～180天。幼虫和成虫行动比较迟缓，有假死性，且都有群集为害习性。

（四）防治措施

1. 农业防治　控制越冬卵减少春季虫口发生基数是防治关键，可以利用冬季清园，处理枯枝落叶，杀死部分越冬卵；避免葱、蒜、韭菜与薤白连作。

2. 生物防治　在6～8月，可以室内培养白僵菌进行田间施用，防治成虫和幼虫。

3. 化学防治　选择合适的化学药剂进行防治。

（郭昆）

附表　其他根及根茎类药材虫害

1. 土木香（土木香 *Inula helenium*）

害虫名称	分类地位	为害虫态	危害部位	为害特点（状）	发生规律	防治措施
蚜虫	半翅目 蚜总科	成蚜 若蚜	茎 叶	—	—	适当早播；保护和利用食蚜蝇等天敌；发生期应用低残留农药喷雾防治。
短额负蝗 *Atractomorpha sinensis*	直翅目 锥头蝗科	成虫 若虫	叶	—	—	若虫低龄期或在有晨露时喷施药剂防治。

2. 川明参（川明参 *Chuanminshen violaceum*）

害虫名称	分类地位	为害虫态	危害部位	为害特点（状）	发生规律	防治措施
胡萝卜微管蚜 *Semiaphis heraclei*	半翅目 蚜总科	成蚜 若蚜	叶 嫩梢	—	—	在越冬卵完全孵化和幼叶尚未卷曲时喷施适宜药剂；冬季越冬寄主田间清园，处理残株落叶，减少越冬基数。
苹白小卷蛾 *Spilonota ocellana*	鳞翅目 螟蛾科	幼虫	种子	—	5～6月发生	幼虫初孵期喷药剂防治。
金凤蝶 *Papilio machaon*	鳞翅目 凤蝶科	幼虫	叶	—	—	低龄幼虫期喷药剂毒杀或人工捕杀。

3. 云木香（云木香 *Saussurea costus*）

害虫名称	分类地位	为害虫态	危害部位	为害特点（状）	发生规律	防治措施
短额负蝗	直翅目 锥头蝗科	成虫 若虫	叶	—	—	冬季清除杂草，减少越冬虫；发生期，用网捕杀或喷施药剂。
叶螨	蜱螨目 叶螨科	成螨 若螨	茎 叶	—	7～8 月为发生高峰期。	合理轮作，避免寄主间相互传播；收获后及时深翻，清除田边杂草和残株落叶，消灭越冬虫源；发生初期及时喷药防治，喷药时要均匀周到，喷到叶背面。
白粉虱 *Trialeurodes vaporariorum*	半翅目 粉虱科	成虫 若虫	叶	—	—	清除残枝落叶并焚烧，深耕深翻杀灭土层中的虫卵；采用黄板诱杀成虫；在种植地内释放天敌丽蚜小蜂控制白粉虱发生；选择适宜药剂田间喷雾防治。
蚜虫	半翅目 蚜总科	成蚜 若蚜	嫩叶 嫩茎	—	—	有翅蚜发生阶段采用黄板诱蚜；保护蚜虫天敌；发生期选用低毒内吸性药剂喷雾防治。
夜蛾	鳞翅目 夜蛾科	幼虫	叶	—	—	加强田间栽培管理，清洁田园，铲除田间地头杂草，减少虫源；利用夜蛾科害虫成虫的趋光性，安装频振式杀虫灯诱杀成虫；用药剂喷雾防治。

4. 五爪龙（粗叶榕 *Ficus hirta*）

害虫名称	分类地位	为害虫态	危害部位	为害特点（状）	发生规律	防治措施
天牛 *Apriona* sp.	鞘翅目 天牛科	幼虫	根 茎	幼虫蛀害寄主近地面树干、根茎和根部，造成叶片萎黄，树势衰退，大风易吹折树干，甚至造成幼龄树整株枯死。	1 年 1 代，以幼虫在寄主枝条木质部的髓道内越冬。幼虫于 6 月上中旬开始孵化，沿枝条向下蛀食，每隔 5～20cm 向外开 1 个圆形洞口，8 月为幼虫为害盛期。老熟幼虫在蛀道内筑蛹室化蛹。	在成虫盛发期晴天中午人工捕捉成虫；用铁丝钩杀未蛀入木质部的幼虫；在始见成虫到产卵前，用石灰 10kg、硫磺粉 1kg 加水 40kg，进行树干涂白，可防止成虫产卵；蛀孔投药毒杀幼虫，可用脱脂棉蘸药液投入虫道薰杀幼虫。
红蜘蛛 *Tetranychus* sp.	蜱螨目 叶螨科	成螨 若螨	叶	成螨、若螨群集于叶背面或嫩芽吮吸叶内汁液并拉丝结网，被害叶片叶绿素受到破坏变黄，脱落。	在寄主枝叶或田间杂草中越冬。翌年 3 月开始活动，一直到秋季，高温干旱季节仍可见其为害。	冬季用波美 3～5 度石硫合剂，杀灭在枝叶上越冬的成螨、若螨和卵；喷施农药防治。

5. 牛膝（牛膝 *Achyranthes bidentata*）

害虫名称	分类地位	为害虫态	危害部位	为害特点（状）	发生规律	防治措施
甜菜夜蛾 *Spodoptera exigua*	鳞翅目 夜蛾科	幼虫	叶	牛膝出苗后开始为害，初孵幼虫群集叶背，吐丝结网，在其内取食叶肉，留下表皮。3 龄后可将叶片吃成孔洞或缺刻，严重时仅剩叶脉和叶柄，造成幼苗死亡。	从苗期开始为害，直到 10 月。为害盛期 8～9 月。	采用黑光灯诱杀成虫；杨树枝扎把诱杀成虫；清除杂草；高效 Bt 可湿性粉剂 1000 倍喷雾 2 次。
西北豆芫菁 *Epicautasibirica*	鞘翅目 芫菁科	成虫	叶	喜食嫩叶、心叶，造成叶片缺刻，影响植株生长。	1 年 1 代，以成虫为害，白天活动，尤以中午最盛，群集为害。为害盛期在 7 月下旬至 8 月，成虫为害期约 1 个月。临近大豆、菜豆、豇豆、蚕豆和马铃薯种植田的牛膝受害较重。	人工捕捉；成虫发生期田间喷施药剂。
银纹夜蛾 *Ctenoplusia agnata*	鳞翅目 夜蛾科	幼虫	叶	—	—	人工捕杀；用药剂喷雾防治。
棉红蜘蛛 *Tetranychus telarius*	蜱螨目 叶螨科	成螨 若螨	叶	—	—	清园，牛膝采收前，先将地上部收割，处理病残体，以减少越冬基数；与棉田相隔较远距离种植；发生期可用药剂喷雾防治。

6. 巴戟天（巴戟天 *Morinda officinalis*）

害虫名称	分类地位	为害虫态	危害部位	为害特点（状）	发生规律	防治措施
红蜘蛛	蜱螨目 叶螨科	成螨 若螨	叶	以成螨或若螨群集于巴戟天的幼嫩茎叶上吮吸汁液，轻者使植株生长受阻，严重时叶片脱落。	—	喷施药剂防治。
蓟马	缨翅目	成虫 若虫	茎 叶	以成虫、若虫为害巴戟天茎叶，秋果受害严重，主要吮吸嫩茎叶的汁液，影响生长。严重时幼嫩茎叶萎缩干枯，老叶发生不规则的卷曲，植株逐渐干枯，并诱发根部腐烂。	—	选择适宜药剂喷雾防治，连续喷 2～3 次。
菊小长管蚜 *Macrosiphoniella sanborni*	半翅目 蚜总科	成蚜 若蚜	叶 嫩梢	—	—	黄板诱杀成蚜；保护蚜虫天敌；发生期田间喷施药剂防治。

（续表）

害虫名称	分类地位	为害虫态	危害部位	为害特点（状）	发生规律	防治措施
仙人掌白盾蚧 *Diaspis echinocacti*	半翅目 蚧科	成虫 若虫	茎 叶	成虫、若虫聚集而相互重叠，紧贴寄主吸食茎叶汁液，影响植物生长，致使叶片脱落，并可引起煤烟病。	1年2～3代，以雌成虫在寄主上越冬。每年2～3月若虫开始大量出现，多集中在基叶上，虫口密度大时相互紧密重叠成堆。	选择药剂喷雾防治，每隔7～10天喷1次，连续喷2～3次。
二斑叶螨 *Tetranychus urticae*	蜱螨目 叶螨科	成螨 若螨	叶	成螨、若螨群集叶背或嫩芽吸食汁液并拉丝结网，使叶变黄，最后脱落。	在寄主枝叶或田间杂草中越冬。翌年3月开始活动，一直延续到秋季。高温干旱季节仍可见其为害。	冬季用3°～5°石硫合剂，杀灭在枝叶上越冬的成虫、若虫和卵；发生期用药剂喷雾防治，每隔10～15天喷1次，连喷2～3次。

7. 玉竹（玉竹 *Polygonatum ordoratum*）

害虫名称	分类地位	为害虫态	危害部位	为害特点（状）	发生规律	防治措施
蛴螬	鞘翅目 金龟总科	幼虫	根	又名白地蚕，钻洞咬食地下根茎，破坏根部组织，最后倒苗而死。	—	用药液浇注根部周围土壤；人工捕捉成虫。
蛞蝓（鼻涕虫） *Limax maximus*	柄眼目 蛞蝓科	成体 幼体	根 茎	主要为害根茎，咬食嫩茎芽，最后叶片从根茎处倒下枯死。	—	降低田间湿度；土壤基部撒施石灰或人工捕捉。
小地老虎 *Agrotis ipsilon*	鳞翅目 夜蛾科	幼虫	嫩苗 根茎	幼虫咬食嫩苗或根茎，造成出苗不整齐，缺窝断行。	—	幼虫多在受害株附近，可人工捕捉。

8. 龙胆（条叶龙胆 *Gentiana manshuric*，龙胆 *Gentiana scabra*，三花龙胆 *Gentiana triflora*，坚龙胆 *Gentiana rigesceras* ）

害虫名称	分类地位	为害虫态	危害部位	为害特点（状）	发生规律	防治措施
花蕾蛆 *Contarinia* sp.	双翅目 瘿蚊科	幼虫	花蕾	在龙胆花蕾形成期，成虫产卵于花蕾上，初孵幼虫蛀入花蕾内取食花器，老熟幼虫在未开放的花蕾内化蛹。被害花不能结实。	每年5月中下旬开始活动，6～7月繁殖高峰，8～9月为害严重。	于成虫产卵期喷施药剂，每隔7～10天喷1次，连续喷2～3次。

9. 平贝母（平贝母 *Fritillaria ussuriensis*）

害虫名称	分类地位	为害虫态	危害部位	为害特点（状）	发生规律	防治措施
细胸金针虫 *Agriotes fuscicollis*	鞘翅目 叩甲科	幼虫	茎 叶	叶片被咬成缺口，幼虫钻入鳞茎或地上茎内，使输导组织被切断，导致植株萎蔫枯死。鳞茎被咬伤也会导致其他病菌侵染而腐烂。	每年3～4月土壤解冻后开始活动，4～5月展叶至开花期为害最为严重。土壤湿润有利于金针虫活动，干旱年份为害轻。	黄昏时撒毒饵于被害田间，雨后效果较好；做畦时，将药剂拌入土内或粪内，拌匀，做床时均匀撒在底肥层或底肥上面的覆土层上；多次翻耕细耙地块，使金针虫幼虫或蛹暴露，以利机械杀灭和天敌取食；用半熟马铃薯埋于床边等处，每隔2～3天取出检查一次，发现金针虫及时消灭，马铃薯可重复利用3～4次。

（续表）

害虫名称	分类地位	为害虫态	危害部位	为害特点（状）	发生规律	防治措施
东北大黑鳃金龟 *Holotrichia diomphalia*	鞘翅目 金龟总科	幼虫	鳞茎	主要咬食地下鳞茎，使鳞茎出现孔洞和伤口，同时导致鳞茎被病菌侵染而腐烂，致植株萎蔫枯死。	5 月中下旬前后为害较重，幼虫为害期可持续到 7 月初。一般在洼地或较湿润的旱地发生严重。	做畦时，将药剂拌入土内或粪内，拌匀，做床时均匀撒在底肥层或底肥上面的覆土层上；多次翻耕细耙地块，使蛴螬或蛹暴露，以利机械杀灭和天敌取食；用半熟马铃薯埋于床边等处，每隔 2～3 天取出检查一次，发现蛴螬及时消灭。
东方蝼蛄 *Gryllotalpa orientalis* 华北蝼蛄 *Gryllotalpa unispina*	直翅目 蝼蛄科	成虫 若虫	根茎	在土层表面钻成很多隧道，扒断根和苗，并可把鳞茎咬成缺口，导致植株因根部裸露或其他病菌侵染腐烂死亡。	4～5 月开始为害，5～6 月最为严重。在土壤湿润、腐殖质含量高的低洼地发生较重，特别是施用生粪的地块为害严重。	毒饵毒土防治；选生马粪、鹿粪等纤维素含量高的粪肥，每 667$m^2$30～40kg 掺药剂，在作业道上堆成小堆，并用草覆盖，诱杀效果明显；在平贝母田附近安装电灯，晚间开灯诱捕，诱杀效果也十分明显；对虫口率较高地块，栽种后可用药剂畦面喷洒或浇灌。
大地老虎 *Agrotis tokionis*	鳞翅目 夜蛾科	幼虫	根茎	—	—	在平贝母田附近安装电灯，晚间开灯诱捕，诱杀效果也十分明显；对虫口率较高地块，栽种后可用药剂畦面喷洒或浇灌。

10. 白附子（独角莲 *Typhonium giganteum*）

害虫名称	分类地位	为害虫态	危害部位	为害特点（状）	发生规律	防治措施
红天蛾 *Deilephila elpenor*	鳞翅目 天蛾科	幼虫	叶	幼虫咬食叶片，将叶片咬成缺刻或空洞，严重时可将叶片吃光。	多在夏季发生，1 年 2 代，成虫 6～9 月出现，以蛹越冬。	幼虫发生期喷施 BT 等药剂防治。
红蜘蛛	蜱螨目 叶螨科	成螨 若螨	叶	为害白附子的嫩芽、叶片，造成嫩叶伸展不良、焦枯、脱落。	1 年发生多代，以受精雌螨在寄主体各种裂缝中越冬，也可在块茎四周浅土缝内、石块下越冬，少数个体分散，隐藏于寄主芽外茸毛内越冬。早春，平均气温达到 5℃时，开始出蛰活动，7 月发生严重。	冬季清除田间枯叶、杂草，集中销毁；展叶期叶面喷洒一次 0.5°石硫合剂；发生初期，叶面喷施药剂防治。

11. 白首乌（耳叶牛皮消 *Cynanchum auriculatum*）

害虫名称	分类地位	为害虫态	危害部位	为害特点（状）	发生规律	防治措施
叶甲	鞘翅目 肖叶甲科	成虫	幼苗	—	—	轮作，忌与萝藦科、马兜铃科、甘薯等作物连茬；收获后冬前翻地，消灭部分越冬幼虫；发生期喷施药剂于植株和地面防治。
萝藦蚜 *Aphis asclepiadis*	半翅目 蚜总科	成蚜 若蚜	嫩梢	—	—	适当早播；保护和利用食蚜蝇等天敌；发生期用药剂喷雾防治。

12. 细辛（汉城细辛 *Asarum sieboldii seoulense*，华细辛 *Asarum sieboldii*，北细辛 *Asarum heterotropoides*）

害虫名称	分类地位	为害虫态	危害部位	为害特点（状）	发生规律	防治措施
中华虎凤蝶 *Luehdorfia chinensis*	鳞翅目 凤蝶科	幼虫	叶	—	—	发现为害时人工捕杀；产卵期及时摘除叶背卵块；幼虫期喷施药剂防治。
黑凤蝶 *Papilio protenor*	鳞翅目 凤蝶科	幼虫	叶	幼虫咬食叶片，将叶缘咬成不规则锯齿状。	1 年 1 代，以成虫蛹越冬。多在 6 月中下旬发生。	用生物农药 BT 喷雾防治。

13. 百合（卷丹 *Lilium lancifolium*，百合 *Lilium brownii*，细叶百合 *Lilium pumilum*）

害虫名称	分类地位	为害虫态	危害部位	为害特点（状）	发生规律	防治措施
刺足根螨 *Rhizoglyphus echinopus*	蜱螨目 粉螨科	成螨 若螨	鳞茎	成若螨群集取食百合鳞茎，呈筛孔状，使被害百合地上部分枯死，鳞茎及根变黑褐色腐烂；传播病菌，使百合发生病害。	1 年 20 多代。以卵和成螨在百合芯或土壤中越冬。4 月上中旬为越冬后的螨大量发生时期。雌螨产卵于百合鳞茎上。喜居温凉潮湿的环境，完成 1 代需 10～14 天。	轮作换茬 3 年；随坡势种植百合时，要由下往上种，减少虫源传播；选用无病、无损伤的鳞茎作种，减少菌、螨源。
铜绿异丽金龟 *Anomala carpulenta*	鞘翅目 金龟总科	幼虫	鳞茎	幼虫啃食百合的鳞茎盘、鳞茎和不定根。	常见于疏松肥沃、沙性重的地块，7～8 月为害猖獗。	发现受害植株后及时挖土捕捉灭虫；用药浇灌受害植株根部土壤，杀灭土中幼虫。
棉蚜 桃蚜	半翅目 蚜总科	成蚜 若蚜	嫩叶 花蕾	群集在嫩叶、茎、花蕾上吸取汁液，同时传播病毒，使植株萎缩，生长不良，开花结实均受影响。	每年 3 月开始活动，4～5 月为繁殖高峰期，为害严重。7～8 月高温期为害较轻。	有翅蚜发生阶段采用黄板诱蚜；保护蚜虫天敌；发生期选用低毒内吸性药剂喷雾防治。
种蝇 *Delia platura*	双翅目 花蝇科	幼虫	鳞茎	以幼虫为害鳞茎，最后腐烂，严重时地上植株枯死。	1 年 3～4 代，以幼虫在土中越冬。2～3 月开始活动，4 月上中旬出现成虫，产卵于地表，孵化后钻入根和鳞茎内取食，4～5 月为害严重。6 月中旬出现第二代成虫，8 月下旬至 9 月上旬出现第三代成虫，10 月后幼虫在土内越冬。	诱杀成虫：用 1∶1∶2.5 的糖∶醋∶水液，加入少量药剂拌匀，放入田中，在田间白天诱杀成虫。

（续表）

害虫名称	分类地位	为害虫态	危害部位	为害特点（状）	发生规律	防治措施
东北大黑鳃金龟	鞘翅目 金龟总科	幼虫	下盘根 鳞茎盘	—	6～8 月发生。	施肥前，用药剂喷在粪肥上，拌匀后用塑料薄膜封盖，闷杀肥里的幼虫；为害期用药剂浇灌土壤。

14. 尖贝母（湖北贝母 *Fritillaria hupehensis*）

害虫名称	分类地位	为害虫态	危害部位	为害特点（状）	发生规律	防治措施
尾足螨		成螨 若螨	鳞茎	—	—	轮作换茬 3 年；选用无病、无损伤的鳞茎作种，减少菌、螨源。
沟金针虫	鞘翅目 叩甲科	幼虫	鳞茎	—	3～5 月发生。	经常检查贝母畦，发现小苗倒伏，扒土检查捕杀幼虫；及时清除枯枝杂草，集中深埋或烧毁，发现贝母畦植株被害，在畦周围 3～5cm 深开沟撒入毒饵诱杀。

15. 当归（当归 *Angelica sinensis*）

害虫名称	分类地位	为害虫态	危害部位	为害特点（状）	发生规律	防治措施
小地老虎	鳞翅目 夜蛾科	幼虫	茎 叶	初孵幼虫取食寄主幼苗的嫩叶和生长点，1～2 龄幼虫咬食呈小孔、缺刻或小排孔。3 龄后多在表土层取食茎基部，严重时大量幼苗茎部被咬断或茎基残缺，凋萎死亡。	以幼虫和少量蛹在寄主田和杂草地中越冬。越冬幼虫第二年 3 月中旬化蛹，4 月上旬开始羽化为成虫。卵盛发期在 5 月上中旬，卵孵化盛期为 5 月中旬。5 月下旬至 6 月上旬是幼虫为害盛期。	改善排水条件，清除田间杂草，减少小地老虎的过渡寄主，同时还能直接消灭初孵幼虫；在田间设置糖醋酒液诱集成虫，用棕丝及麻袋片诱蛾产卵，用泡桐叶诱集幼虫，都可有效地降低虫害为害程度；用药液施在幼苗上或幼苗根际处，对多种地老虎都有很好的效果。
沟金针虫	鞘翅目 叩甲科	幼虫	根茎 种子 根	喜钻入幼苗的茎基地下部分，常将虫体大部或全都钻入其中取食，大多一茎一虫，较粗大的茎可有幼虫 3～5 头。被害幼苗凋枯而死，也可取食发芽种子为害根部。	以各龄幼虫或成虫在土下越冬，3 月上中旬幼虫上升到表上层，开始取食为害，4 月上中旬是活动为害盛期。	以豆饼、花生饼或芝麻饼作饵料，先将其粉碎成米粒大小，用锅炒香后添加适量水分，待充分吸收后，按 50∶1 的比例拌入药液，制成毒饵，于傍晚撒在害虫活动区诱杀，或与种子混播，药剂浇灌被害部位。

（续表）

害虫名称	分类地位	为害虫态	危害部位	为害特点（状）	发生规律	防治措施
云斑鳃金龟 *Polyphylla laticollis* 小云斑鳃金龟 *Polyphylla gracilicornis* 暗黑齿爪鳃金龟 *Holotrichia parallela*	鞘翅目金龟总科	幼虫 成虫	根 茎 叶	可直接咬断幼苗根部，地上部分叶片枯萎，最后导致植株死亡，当归根膨大后咬食根系，钻蛀茎叶，形成当归伤斑。	—	冬季深翻土地，清除杂草，消灭越冬虫卵；施用腐熟的厩肥、堆肥，施后覆土，减少成虫产卵量；为害前期用药液灌根。
种蝇	双翅目 花蝇科	幼虫	根 茎	以幼虫咬食根茎。当归出苗时从近地面处咬孔钻入根部取食，蛀空根部，导致植株腐烂、死亡。	1年3～4代，4～5月为严重为害期。	施用腐熟有机肥，施后用土覆盖，减少种蝇产卵；幼虫为害时用药液灌根；成虫羽化期用糖醋液诱杀蝇类成虫；成虫发生期喷施药剂防治。
桃粉蚜 *Hyalopterus amygdali*	半翅目 蚜总科	成蚜 若蚜	叶	成蚜、若蚜聚集在当归新梢和嫩叶叶背吸食汁液，使心叶嫩叶卷曲皱缩，植株枯萎矮小。	3月开始孵化，5月间大量繁殖为害。	栽培当归的地块，应选择远离桃、李、杏、梅等越冬寄主植物，以减少虫源；黄板诱蚜，于田间悬挂黄色粘虫板或黄色条板诱杀成蚜；喷施药剂防治。
金凤蝶	鳞翅目 凤蝶科	幼虫	叶	以幼虫咬食叶片，造成缺刻，严重时将叶片吃光，仅剩叶柄和叶脉。	5～6月开始为害，7月下旬至8月为害较重。	幼虫发生初期和3龄期以前，可人工捕捉；幼虫发生期选用药剂喷雾防治，每月喷1次，连续喷2～3次。
拟地甲	鞘翅目 拟步甲科	幼虫	根	害虫取食心叶、咬断嫩茎、钻蛀、咬食、吸食、蛀入和寄生在当归根部，形成孔道、沟道、裂纹或咬断根部，造成植株矮化、叶片枯黄甚至萎蔫死亡，加重麻口病发生和根部腐烂。	从4月中旬至10月初害虫取食。	利用拟地甲成虫有假死性，喜干燥特点人工捕捉杀死成虫；用糖醋发酵物诱杀成虫。
蝼蛄	直翅目 蝼蛄科	成虫 若虫				—
迟眼蕈蚊 *Bradysia* sp.	双翅目 眼蕈蚊科	幼虫				
根蚜	半翅目 蚜总科	成蚜 若蚜				
根螨	蜱螨目 粉螨科	成螨 若螨				
象甲	鞘翅目 象甲科	成虫			—	象甲成虫有假死性，对炒香的油渣、麦麸趋性很强，可在成虫发生期人工捕杀或诱杀成虫。
夜蛾	鳞翅目 夜蛾科	幼虫			—	夜蛾成虫有趋光性，应用杀虫灯诱杀成虫。
斑纹野缨蛞蝓	柄眼目 蛞蝓科	成体 幼体			降水量多的年份发生量大，危害较重。	利用斑纹野缨蛞蝓趋香、甜、腥的习性，进行诱杀。

16. 朱砂莲（朱砂莲 *Cynanchum officinale*）

害虫名称	分类地位	为害虫态	危害部位	为害特点（状）	发生规律	防治措施
马兜铃凤蝶 *Sericinus montela*	鳞翅目 凤蝶科	幼虫	叶 茎	—	—	人工捕杀；发生期喷 BT 药剂防治。
金裳凤蝶 *Troides aeacus*	鳞翅目 凤蝶科	幼虫	叶	—	—	人工捕杀；发生期喷药剂防治。
南京裂爪螨 *Stigmaeopsis nanjingensis*	蜱螨目 叶螨科	成螨 若螨	叶背	—	4～5 月至枯苗前危害。	夏季枯苗后清洁园地，将枯藤落叶清除烧毁，并喷药剂防治；发生期喷药剂防治。
瘤蚜 *Myzus* sp.	半翅目 蚜总科	成蚜 若蚜	叶	—	—	喷药剂防治。

17. 延胡索（延胡索 *Corydalis yanhusuo*）

害虫名称	分类地位	为害虫态	危害部位	为害特点（状）	发生规律	防治措施
地老虎	鳞翅目 夜蛾科	幼虫	根茎	一般年份危害均较轻，一般不必防治。		
蛴螬	鞘翅目 金龟总科	幼虫	根			

18. 伊贝母（新疆贝母 *Fritillaria walujewii*，伊犁贝母 *Fritillaria pallidiflora*）

害虫名称	分类地位	为害虫态	危害部位	为害特点（状）	发生规律	防治措施
铜绿异丽金龟	鞘翅目 金龟总科	幼虫	幼苗 鳞茎	—	4～10 月发生。	施用的牲畜肥要充分腐熟；成虫盛发期，用黑光灯等光源诱杀；栽种贝母时，用药剂喷洒种茎（以喷湿为度），随即覆土，效果良好；为害期，用药剂根际浇灌。
黄地老虎 *Agrotis segetum*	鳞翅目 夜蛾科	幼虫	幼苗	—	—	在翻地、碎土、做畦、松土等作业时，发现害虫及时捕捉消灭；为害期，用药剂配成毒饵，于傍晚撒于田间诱杀；用药剂根际浇灌。
种蝇	双翅目 花蝇科	幼虫	鳞茎	—	4～9 月发生。	用腐熟粪肥，禁用生粪；用药剂喷洒牲畜肥；高温堆肥，杀死厩肥中的虫卵和种蝇；为害期，施用药剂，结合浇水灌注根部。
沟金针虫	鞘翅目 叩甲科	幼虫	鳞茎	将贝母咬成缺口，钻入鳞茎或地上茎内，植株呈现萎蔫状态，最后枯死。同时导致病菌侵染腐烂。	于春季土壤解冻后开始活动，展叶期为害最严重。	将毒饵黄昏时，撒于被害田，特别是在雨后效果较好。

（续表）

害虫名称	分类地位	为害虫态	危害部位	为害特点（状）	发生规律	防治措施
蛴螬	鞘翅目 金龟总科	幼虫	幼苗 鳞茎	主要为害幼苗根部。咬食鳞茎、根和茎基，使鳞茎残缺、萎蔫枯死，产量降低。	在巩留县4月中旬至5月中旬发生，洼地或较湿润的旱地发生严重。	腐熟有机肥，杀灭虫卵；药液喷洒或浇灌畦面。
华北蝼蛄	直翅目 蝼蛄科	成虫 若虫	幼苗 鳞茎	以成虫和若虫咬断幼苗，咬伤鳞茎或根。在畦面形成疏松和透风隧道，扒断贝母胚根、幼苗，使贝母苗成片死亡或缺苗断条。	蝼蛄有趋湿性和趋粪性，在土壤湿润、腐殖质含量高的低洼地发生较重，施用未腐熟粪肥的地块受害严重。	发生严重的田间，用药液进行畦面喷洒，浇灌或出苗后灌根防治。

19. **防风**（防风 *Saposhnikovia divaricata*）

害虫名称	分类地位	为害虫态	危害部位	为害特点（状）	发生规律	防治措施
黄翅茴香螟 *Loxostege palealis*	鳞翅目 螟蛾科	幼虫	花 果实	幼虫为害叶、花、果实，在花蕾上结网，咬食叶、花、果实。	5月下旬至6月上旬成虫开始活动，6月下旬至7月下旬为繁殖高峰，7月下旬至8月下旬高温、少雨防风开花、结果期为害较严重。	在早晨或傍晚用药剂喷雾防治。
金凤蝶	鳞翅目 凤蝶科	幼虫	叶 花 果实	幼虫为害叶、花，叶、花被咬成缺刻或仅剩花梗。	5月下旬至6月上旬成虫开始活动，6月下旬至7月下旬为产卵高峰期，7月下旬至8月下旬高温、雨水较少时为害严重。	幼龄期喷药剂毒杀或人工捕杀。
胡萝卜微管蚜	半翅目 蚜总科	成蚜 若蚜	嫩梢	—	—	在越冬卵完全孵化和幼叶尚未卷曲时药剂防治。冬季在越冬寄主田间清园，处理残株落叶以减少越冬基数。

20. **苍术**（茅苍术 *Atractylodes lancea*，北苍术 *Atractylodes chinensis*）

害虫名称	分类地位	为害虫态	危害部位	为害特点（状）	发生规律	防治措施
长管蚜 *Macrosiphum* sp.	半翅目 蚜总科	成蚜 若蚜	叶	—	—	保护天敌；发生严重时喷药剂防治。
术籽螟 *Homoeosoma* sp.	鳞翅目 螟蛾科	幼虫	种子	—	—	深翻土壤或水旱轮作，消灭越冬虫源；喷药剂防治。
小地老虎	鳞翅目 夜蛾科	幼虫	根茎	—	—	用药液灌溉被害地块或制成毒饵，撒施行间诱杀。
红花指管蚜 *Uroleucon gobonis*	半翅目 蚜总科	成蚜 若蚜	叶	—	—	保护天敌，黄板诱蚜，严重时喷药剂防治。

21. 条叶龙胆（条叶龙胆 *Gentiana manshurica*）

害虫名称	分类地位	为害虫态	危害部位	为害特点（状）	发生规律	防治措施
花蕾蛆 *Contarinia* sp.	双翅目 瘿蚊科	幼虫	花蕾	—	—	成虫产卵期喷药剂防治。

22. 羌活（羌活 *Notopterygium inchum*，宽叶羌活 *Notopterygium franchetii*）

害虫名称	分类地位	为害虫态	危害部位	为害特点（状）	发生规律	防治措施
蚜虫	半翅目 蚜总科	成蚜 若蚜	叶 嫩茎	—	春夏季发生。	有翅蚜发生阶段采用黄板诱蚜；保护蚜虫天敌；发生期选用低毒内吸性药剂喷雾防治。

23. 明党参（明党参 *Changium smyrnioides*）

害虫名称	分类地位	为害虫态	危害部位	为害特点（状）	发生规律	防治措施
胡萝卜微管蚜	半翅目 蚜总科	成蚜 若蚜	叶 嫩茎	为害新叶导致不易展开，老叶皱缩，不易抽薹、开花。	多在4月底至5月中旬发生。	药剂防治在越冬卵完全孵化和幼叶尚未卷曲时；冬季在越冬寄主田间清园，处理残株落叶以减少越冬基数。
棉红蜘蛛	蜱螨目 叶螨科	成螨 若螨	叶	—	—	清园，收挖前将地上部收割，处理病残体，以减少越冬基数；发生期可用药剂喷雾防治。
金凤蝶	鳞翅目 凤蝶科	幼虫	幼苗 嫩枝	—	—	人工捕杀；幼龄期用药剂喷雾防治。

24. 岩白菜（岩白菜 *Bergenia purpurascens*）

害虫名称	分类地位	为害虫态	危害部位	为害特点（状）	发生规律	防治措施
蚜虫	半翅目 蚜总科	成蚜 若蚜	叶	被害植株失水卷缩，扭曲变黄。干旱或植株密度过大蚜虫危害严重。蚜虫还能传播多种病毒病。	1年10～30代，以卵在寄主上越冬，世代重叠。气温为14℃～18℃时最适宜蚜虫繁育，温度高于26℃或低于6℃时，蚜虫数量减少。有迁飞习性，喜欢落在黄色和绿色物体上。	有翅蚜发生阶段采用黄板诱蚜；保护蚜虫天敌；发生期选用低毒内吸性药剂喷雾防治。
蛴螬	鞘翅目 金龟总科	幼虫 成虫	根	咬食岩白菜根部，幼苗根茎常被咬断，造成缺苗断垄现象。成虫傍晚活动，将叶片吃成缺刻、孔洞。	1年1代，以幼虫和成虫在土中越冬。5月上旬开始活动，成虫6月中旬出现，成虫有趋光性，卵产在土壤内，每雌虫产卵100粒左右。幼虫土温13℃～18℃时活动最盛，23℃以上则往深土中移动，幼虫对未腐熟粪肥有趋性。	深翻土地，精细整地。将幼虫翻出地表捕杀，减少虫源；在羽化后、产卵前，设置黑光灯诱杀成虫，减少产卵量；用药剂制成毒土，顺垄条施。

（续表）

害虫名称	分类地位	为害虫态	危害部位	为害特点（状）	发生规律	防治措施
夜蛾	鳞翅目 夜蛾科	幼虫	叶 花蕾 花 果实	为杂食性和暴食性害虫，以幼虫咬食叶片、花蕾、花及果实，4龄后进入暴食期，咬食叶片，仅留主脉。	1年发生多代，无滞育现象。成虫夜间活动，飞翔能力强，有趋光性和趋化性，对糖、醋、酒味敏感。幼虫共6龄，受振扰时吐丝落地，有假死性。	清除杂草，收获后翻耕晒土或灌水，以破坏或恶化其化蛹场所，有助于减少虫源；在成虫盛发期用黑光灯诱杀；利用成虫趋化性配糖醋毒饵诱杀；喷施药剂防治。

25. 泽泻（泽泻 *Alisma orientale*）

害虫名称	分类地位	为害虫态	危害部位	为害特点（状）	发生规律	防治措施
斜纹夜蛾 银纹夜蛾	鳞翅目 夜蛾科	幼虫	叶	初孵幼虫集群在卵块附近啃食叶片下表皮，受惊动吐丝下坠，随风飘移他处。2龄后分散为害，食量增加，口密度大时，可将叶片吃光。后成群迁徙他处继续为害。	在华南地区1年9代，7～9月常大发生，气温高时为害更严重，一般9月是为害盛期，10月下旬天气转凉虫害减弱。成虫白天躲在叶丛中或落叶下的荫蔽处，黄昏后出来活动，交尾产卵，以晴天无风的夜晚8～12时活动最盛。飞翔力强。	清除田间病残体、人工捕杀幼虫、黑光灯可诱杀成虫或喷药剂防治。
禾谷缢管蚜 *Rhopalosiphum padi* 莲缢管蚜 *Rhopalosiphum nymphaeae*	半翅目 蚜总科	成蚜 若蚜	茎 叶	无翅成蚜群集于新叶和嫩茎刺吸为害，导致叶片卷曲枯黄、萎缩，生长停滞，并影响球茎生长和开花结果。	四季都可繁殖，繁殖速率快，繁殖能力强，世代重叠现象突出。喜在日平均气温16～25℃、相对湿度70%左右的晴暖少雨条件下繁育，在适宜条件下，完成一代只需7天左右。	有翅蚜发生阶段采用黄板诱蚜；保护蚜虫天敌；发生期选用低毒内吸性药剂喷雾防治。
福寿螺 *Pomacea canaliculata*	中腹足目 瓶螺科	成螺 幼螺	茎 叶	孵化后啮食泽泻等水生植物，尤喜食植株的嫩茎和叶片，造成植株死亡，严重减产。	—	清洁田园或化学防治。

26. 胡黄连（胡黄连 *Picrorhiza scrophulariiflora*）

害虫名称	分类地位	为害虫态	危害部位	为害特点（状）	发生规律	防治措施
蛴螬	鞘翅目 金龟总科	成虫 幼虫	根 根茎	成虫为害茎叶，幼虫啃食根及根茎。低龄蛴螬在地表10cm以取食苗期植株，3龄后取食根部造成胡黄连的产量和质量下降。施用未腐熟农家肥的田块发生率高，为害严重。	1年1～3代，以幼虫和卵在深层土壤中越冬，第2年土壤温度上升至表土层为害，5月第1代幼虫开始为害。老熟幼虫在土表向下20～30cm深处做土室化蛹，蛹期9天。成虫具有趋光性、假死性，白天潜伏，黄昏活动交配。成虫交配后10～15天产卵，产在松软湿润的土堆内，卵期9～12天。	秋、春翻地，深翻耕耙，降低越冬虫口密；种植前用药剂进行土壤处理，条施，施药后立即覆土；发现植株被咬断，刨开土壤捕杀。灯光诱杀成虫。

（续表）

害虫名称	分类地位	为害虫态	危害部位	为害特点（状）	发生规律	防治措施
小地老虎	鳞翅目 夜蛾科	幼虫	茎基部	幼虫咬断幼苗茎基部，垄面上可见残缺不全的幼苗。低龄幼虫全天隐蔽活动，3龄后则白天潜伏，夜间取食，在被危害的植林旁边仔细观察可见幼虫藏身洞穴。	1年发生多代，第1代为害最为严重。越冬代成虫羽化盛期在5月下旬至6月上中旬，成虫多在下午3时至晚上10时羽化，白天潜伏于杂物及缝隙等处，黄昏后开始飞翔、觅食，3～4天后交配、产卵。卵分散产于低矮叶密的杂草和幼苗上，或枯叶、土缝中，老熟幼虫在深5cm土室中化蛹，蛹期9～19天。	秋、冬季清洁田园时，将枯叶残茬及杂草剪除集中烧毁，减少越冬虫源；糖醋液诱杀；杀虫灯诱杀成虫。
蚜虫	半翅目 蚜总科	成蚜 若蚜	嫩叶	以刺吸式口器吸食植株液汁养分，引起叶片、新芽变形枯萎，同时还可以引发其他病害发生。	以卵越冬，世代重叠。气温为16℃～22℃时最适宜蚜虫繁育，温度高于30℃或低于6℃时蚜虫数量减少，干旱或植株密度过大有利于蚜虫危害。具有迁飞习性。	清除并集中烧毁胡黄连地边的蚜虫越冬寄主，或在春季蚜虫开始繁殖时，对其越冬寄主喷药防治，减少初侵染虫源；发现蚜虫为害时，可用适宜药剂喷雾防治。

27. 重楼（云南重楼 *Paris polyphylla* var. *yunnanensis*，七叶一枝花 *Paris polyphylla*）

害虫名称	分类地位	为害虫态	危害部位	为害特点（状）	发生规律	防治措施
南美斑潜蝇 *Liriomyza huidobrensis*	双翅目 潜蝇科	幼虫	茎 叶	在叶片上产生不规则的弯曲潜道，叶片光合作用降低死亡。在茎部为害造成枝叶枯萎，地上部分死亡。	6月雨季来临开始为害，7～8月是为害的高峰期，在环境湿润的情况下，蔓延迅速。	发生初期用适宜药剂喷雾防治。
小地老虎	鳞翅目 夜蛾科	幼虫	根茎	幼虫常沿贴近地面的地方将幼苗咬断，一头高龄幼虫一夜可为害数株重楼幼苗，造成缺苗断垄。	—	利用小地老虎成虫趋光性强，和对糖醋液特殊嗜好的习性，在田间设置黑光灯和糖醋盆诱杀成虫；选用适宜药剂喷洒或灌根。
蚜虫	半翅目 蚜总科	成虫 若虫	叶	以成蚜、若蚜刺吸嫩叶汁液，使叶片变黄，植株生长受阻。同时传播病毒。高温干燥季节，旱情重，蚜虫发生量大。	—	在重楼地及周围作好冬季的除草和翻地，清洁田间，清除十字花科越冬寄主植物；在晴天，用黄色粘虫板粘捕蚜虫；保护天敌；在点片发生阶段，选择适宜药剂喷雾防治。

（续表）

害虫名称	分类地位	为害虫态	危害部位	为害特点（状）	发生规律	防治措施
蛴螬	鞘翅目 金龟总科	幼虫	根 茎 块茎	幼虫咬食重楼地下根、茎、块茎和间作植物的根系，致使地上部植株营养水分供应不上，植株枯死、缺苗。块茎品质变劣或腐烂。	—	利用金龟子成虫趋光性较强的习性，设置黑光灯诱杀，减少成虫产卵繁殖危害；选用适宜药剂喷洒或灌杀。
蝼蛄	直翅目 蝼蛄科	成虫 若虫	根 茎	以成虫、若虫为害重楼地下茎或根，使地面上部植株生长不良、萎蔫、枯死。蝼蛄在地下挖掘孔道使幼根与土壤分离、透风，致使植株缺水，影响其生长，甚至干缩枯死。	—	在闷热无风傍晚在重楼田块中撒施毒饵诱杀。

28. **独活**（重齿毛当归 *Angelica pubescens*）

害虫名称	分类地位	为害虫态	危害部位	为害特点（状）	发生规律	防治措施
胡萝卜微管蚜	半翅目 蚜总科	成蚜 若蚜	茎 叶	—	5～7 月发生	冬季在越冬寄主田间清园，处理残株落叶以减少越冬基数；在越冬卵完全孵化和幼叶尚未卷曲时选择适宜药剂喷雾防治。

29. **姜**（姜 *Zingiber officinale*）

害虫名称	分类地位	为害虫态	危害部位	为害特点（状）	发生规律	防治措施
亚洲玉米螟 *Ostrinia furnacalis*	鳞翅目 草螟科	幼虫	茎	—	—	4 月下旬前处理枯枝落叶，消灭越冬幼虫；周围种植蕉藕诱杀；配毒土或用药剂灌心叶；田间释放天敌赤眼蜂。
姜弄蝶 *Udaspes folus*	鳞翅目 弄蝶科	幼虫	叶	—	—	冬季清洁田园，烧毁枯枝落叶，消灭越冬幼虫；人工捕杀虫苞；幼虫发生初期用药剂喷雾毒杀，5～7 天喷 1 次，连续 2～3 次。

30. **前胡**（白花前胡 *Peucedanum praeruptorum*、紫花前胡）

害虫名称	分类地位	为害虫态	危害部位	为害特点（状）	发生规律	防治措施
胡萝卜微管蚜 蚜虫	半翅目 蚜总科	成蚜 若蚜	嫩梢 叶	为害植株嫩梢，使嫩叶卷曲皱缩，甚至枯黄。	5～7 月为害严重。	有翅蚜发生阶段采用黄板诱蚜；保护蚜虫天敌；发生期选用低毒内吸性药剂喷雾防治。

31. 秦艽（秦艽 *Gentiana macrophylla*，麻花秦艽 *Gentiana straminea*，粗茎秦艽 *Gentiana crassicaulis*，小秦艽 *Gentiana dahurica*）

害虫名称	分类地位	为害虫态	危害部位	为害特点（状）	发生规律	防治措施
白边地老虎 *Euxoa oberthuri*	鳞翅目 夜蛾科	幼虫	根茎	为害秦艽幼苗的根部，造成缺窝。	以3～6月为害最重。在夜间尤其在天刚亮露水多的时候为害最烈。	在田间设置黑光灯和糖醋盆诱杀成虫；选用适宜药剂喷洒或灌根。
东北大黑鳃金龟 黑绒鳃金龟 *Maladera orientalis* 铜绿异丽金龟	鞘翅目 金龟总科	幼虫	根	为害刚刚播下的种子及幼苗等，造成缺苗断垄。	春、秋两季为害最严重。在一年中活动最适的土温平均为 13℃～18℃，高于 23℃，即逐渐向深土层转移。	利用金龟子成虫趋光性较强的习性，设置黑光灯诱杀，减少成虫产卵繁殖危害；选用适宜药剂喷洒或灌杀。
蚜虫	半翅目 蚜总科	成蚜 若蚜	嫩叶 心叶	—	—	有翅蚜发生阶段采用黄板诱蚜；保护蚜虫天敌；发生期选用低毒内吸性药剂喷雾防治。

32. 珠子参（珠子参 *Panax japonicus* var. *major*，羽叶三七 *Panax japonicus* var. *bipinnatifidus*）

害虫名称	分类地位	为害虫态	危害部位	为害特点（状）	发生规律	防治措施
蚜虫	半翅目 蚜总科	成蚜 若蚜	嫩叶 心叶	集中在珠子参嫩叶和心叶刺吸汁液，导致植株生长不良，同时传播多种病毒病。	1 年发生多代。以卵或孤雌蚜越冬。越冬卵春季孵化为干母、繁殖干雌和有翅迁移蚜，5月上旬迁飞到寄主上繁殖为害，10 月下旬性母蚜迁返越冬寄主，孤雌胎生有性雌蚜与有性雄蚜交配后产卵越冬。	有翅蚜发生阶段用黄板诱蚜；保护蚜虫天敌；发生期用低毒内吸性药剂喷雾防治。
蛴螬	鞘翅目 金龟总科	幼虫	根 根茎	在地下咬食珠子参根茎，使植株萎蔫、枯死，造成缺苗断垄。一般不易发现，当看到地上部植株倒伏和叶片萎蔫时，根茎已被咬断。	1 年 1 代。5～6 月大量发生，全年危害。春季土表层 10cm 土温为 5℃以上时开始活动，活动最适土温为 13℃～18℃，高于 23℃即逐渐向深土层转移，秋季土温下降再移向上层土壤。表土层含水量 10%～20%利于卵和幼虫发育。	结合整地深耕细耙，对土壤中的幼虫进行人工捕杀；施用充分腐熟的农家肥；成虫羽化期，用黑光灯诱杀成虫。

（续表）

害虫名称	分类地位	为害虫态	危害部位	为害特点（状）	发生规律	防治措施
小地老虎	鳞翅目 夜蛾科	幼虫	茎	以幼虫取食珠子参幼茎叶，幼虫将幼苗近地面茎部咬断整株死亡，造成缺苗断垄。	1 年发生多代，以老熟幼虫在土壤中越冬。越冬成虫 2 月底出现，3 月上中旬至 4 月下旬为产卵盛期。卵多产在土面、地面缝隙内、枯草、根毛、杂草及作物嫩叶梢等。1 代幼虫 5 月中下旬至 6 月上旬危害严重。成虫有趋化性，有取食花粉的习惯。低龄幼虫多在土表和寄主叶背或心叶里昼夜取食活动。3 龄后白天潜在土中，夜晚出来为害。	清洁田园，铲除杂草，以减少虫源；利用成虫趋光性，用灯光诱杀成蛾；利用幼虫趋化性，用药剂加饵料约 50kg（糖 0.5kg、醋 0.3kg、白菜叶 20kg、甘蓝叶 20kg、幼嫩草 10kg）制成毒饵，在傍晚每 5～10m^2 放置一小堆（约 20kg）诱杀，效果较好。

33. 党参（党参 *Codonopsis pilosula*，素花党参 *Codonopsis pilosula* var. *modesta*，川党参 *Codonopsis tangshen*）

害虫名称	分类地位	为害虫态	危害部位	为害特点（状）	发生规律	防治措施
菊小长管蚜	半翅目 蚜总科	成蚜 若蚜	嫩梢 叶片	成蚜及若蚜群集叶片背面及嫩梢吸取汁液。被害叶片卷曲、皱缩，天气干旱时为害严重，造成茎叶发黄。	5～6 月天气干旱时易发生。一般冬季温暖，春暖早的年份发生严重，高温、高湿不利发生。	有翅蚜发生阶段采用黄板诱蚜；保护蚜虫天敌；发生期选用低毒内吸性药剂喷雾防治。
华北大黑鳃金龟 *Holotrichia oblita*	鞘翅目 金龟总科	幼虫	叶 根	幼虫在土下咬断幼苗地下根茎基部被，导致地上部分枯死；党参成株期，咬食根部，使党参形成空洞、疤痕。影响党参产量和质量。	幼虫 4 月开始活动，6 月中下旬为害最盛。7～9 月是幼虫为害高峰期。10 月上旬随气温下降老熟幼虫在土壤中越冬。成虫白天隐蔽，傍晚飞出取食植物叶片。5 月中旬开始出土活动，盛发期在 6 月上旬至 7 月下旬。夏季多雨、土壤湿度大、厩肥施用较多的土中发生严重。	施用腐熟有机肥，以防止招引成虫产卵、人工捕杀或喷药剂毒杀。
东方蝼蛄	直翅目 蝼蛄科	成虫 若虫	根 茎 种子	成虫和若虫将茎或主根、芦头咬断，撕成乱丝状，使植株枯死。咬食发芽的种子，沿土表挖掘隧道使党参根系与土壤分离而失水萎蔫。	1 年 1 代。以成虫和若虫在土中越冬，翌年 8 月若虫开始羽化再以成虫、若虫越冬。成虫白天潜伏在土中，夜间出土活动取食、交配、为害参苗。低洼潮湿和较黏重土中发生多。	设置黑光灯诱杀，减少成虫产卵繁殖危害；选用适宜药剂喷洒或灌杀。

（续表）

害虫名称	分类地位	为害虫态	危害部位	为害特点（状）	发生规律	防治措施
蛴螬	鞘翅目 金龟总科	幼虫	根	幼虫为害党参根部，把根咬成缺刻或孔网状；幼虫也为害接近地面的嫩茎，严重时，参苗枯萎死亡。成虫为害参叶，咬成缺刻状，影响党参的光合作用和植株的正常生长。	2年1代，以成虫或幼虫在土中60cm深处越冬。春季10cm处的土温为5℃时，越冬成虫开始上叶，白天潜伏在土中，傍晚出来活动、取食、交配。6月中旬交尾产卵，卵多产在5～11cm深的松软潮湿土中。	施用腐熟有机肥，以防止招引成虫产卵、人工捕杀或喷药剂毒杀。
小地老虎	鳞翅目 夜蛾科	幼虫	幼苗根茎	以幼虫为害参根。初孵幼虫集中在叶背处为害，3龄后分散为害，昼伏于2cm以内表土中，夜间出来为害，咬断接近地表的党参嫩茎及根部。一只幼虫一夜能为害3～5株，最多达10株，造成严重的缺苗断垄现象。	1年2～3代。以蛹在土中越冬，翌年5月下旬成虫出现，在接近地面的幼苗、茎叶、残株或土块上产卵，每雌产卵800粒以上。卵散生，卵期7～13天。幼虫6月中旬至7月中旬为害最严重，幼虫期2个月。幼虫6龄。老熟幼虫在地下7.5cm处化蛹。在地势低浇水处发生严重。	施用腐熟有机肥，以防止招引成虫产卵、人工捕杀或喷药剂毒杀。
红蜘蛛	蜱螨目 叶螨科	成螨 若螨	叶	成螨群居于叶背，吸食汁液并拉丝结网，使叶变黄、脱落。为害幼苗及成株叶片，吸食汁液。	—	冬季清园后喷1°～2°石硫合剂；4月开始喷0.2°～0.3°度石硫合剂。

34. **徐长卿**（徐长卿 *Cynanchum paniculatum*）

害虫名称	分类地位	为害虫态	危害部位	为害特点（状）	发生规律	防治措施
蚜虫	半翅目 蚜总科	成蚜 若蚜	幼嫩茎叶	—	—	有翅蚜发生阶段采用黄板诱蚜；保护蚜虫天敌；发生期选用低毒内吸性药剂喷雾防治。
长蝽	半翅目 长蝽科	成虫 若虫	嫩果	—	—	发生期喷施药剂防治。

35. **高良姜**（高良姜 *Alpinia officinarum*）

害虫名称	分类地位	为害虫态	危害部位	为害特点（状）	发生规律	防治措施
亚洲玉米螟	鳞翅目 螟蛾科	幼虫	茎 叶	幼虫孵出后主要集中在茎中上部蛀食，造成茎空心，被害茎秆枯黄凋萎，易折断，造成植株营养供应不足而枯萎死亡。	多于春季或新芽萌发时发生。	产卵期释放赤眼蜂；药剂防治。

（续表）

害虫名称	分类地位	为害虫态	危害部位	为害特点（状）	发生规律	防治措施
卷叶虫	鳞翅目 螟蛾科	幼虫	叶 芽 根	幼虫喜食植株幼嫩组织，如嫩叶、新芽、根端等部位，造成不规则的伤痕或孔洞。	春暖时即开始活动，喜阴湿有遮阴的环境，于夜晚冷凉或阴雨潮湿白天出没，尤其夏季高温多雨期活动最频繁，生长较迅速。	清理栽培环境，注意周边卫生，清除杂草；喷施药剂。

36. 海南萝芙木（海南萝芙木 *Rauvolfia verticillata*）

害虫名称	分类地位	为害虫态	危害部位	为害特点（状）	发生规律	防治措施
地老虎	鳞翅目 夜蛾科	幼虫	根茎	—	—	灯光或糖醋液诱杀。
蟋蟀	直翅目 蟋蟀科	成虫 若虫	小苗	—	—	药剂拌炒香米糠 5kg，加少量水混均匀后，撒于田间。
红蜘蛛	蜱螨目 叶螨科	成螨 若螨	叶	—	—	清园，采挖前将地上部收割，处理残体，以减少越冬基数；发生期可用药剂喷雾防治。
柑橘小粉蚧 *Pseudococcus citriculus*	半翅目 蚧科	成虫 若虫	叶	—	—	注意清园，将枯枝落叶集中烧毁；虫口密度小时可用瓢虫进行生物防治；在若虫孵化期、高龄若虫或雌成虫期用药剂喷雾防治。
夹竹桃蚜 *Aphis nerii*	半翅目 蚜总科	成蚜 若蚜	嫩枝叶	—	—	可用药剂喷雾，每隔 1 周喷 1 次，连喷 2～3 次。

37. 黄山药（黄山药 *Dioscorea panthaica*）

害虫名称	分类地位	为害虫态	危害部位	为害特点（状）	发生规律	防治措施
铜绿异丽金龟	鞘翅目 金龟总科	成虫 幼虫	根	成虫咬食叶片成缺刻或孔洞，严重的仅残留叶脉基部。幼虫为害地下根茎、营养根的皮层或髓部，严重的把地下根茎或根基部咬断或食空，造成缺苗缺株。	1 年 1 代，以幼虫在土中越冬。翌年 3 月继续取食，5 月开始入土化蛹。6 月上旬成虫出现，6 月中旬盛发，7 月下旬终止为害。有趋光性，成虫昼伏夜出，卵散产土中，每雌产卵 50～60 粒。	在卵孵化盛期，药剂泼浇，杀死初孵幼虫；安置黑光灯诱杀成虫；成虫喜集中在枫树、榆树、槐树、柳树上取食或交尾，可集中捕杀；药剂防治，隔 7～10 天喷施 1 次，连续防治 2～3 次。
棉小造桥虫 *Anomis flava*	鳞翅目 夜蛾科	幼虫	叶	低龄幼虫咬食叶肉，残留表皮，3～4 龄后咬食叶片，现不规则孔洞或缺刻，老熟幼虫暴食叶片，残留主脉或叶柄。	5 月中旬成虫出现，6 月中旬至 7 月上中旬二代幼虫为害，8 月中下旬第三代幼虫为害重。7～8 月间雨多，湿度大利其发生。	5 月上旬安置杀虫灯诱杀大量成虫；幼虫发生期用 Bt 喷雾；天敌有黄茧蜂、赤眼卵蜂、马蜂、草间小黑蛛及菌类，在产卵高峰期投放赤眼蜂蜂也有很好防效。

（续表）

害虫名称	分类地位	为害虫态	危害部位	为害特点（状）	发生规律	防治措施
二斑叶螨	蜱螨目 叶螨科	成螨 若螨 幼螨	叶	成螨、若螨在叶背吸食汁液，并结成丝网。初期叶面出现零星褪绿斑点，严重时密布白色小点，叶面变为灰白色，干枯脱落。	以滞育型雌成螨在枯枝落叶、杂草根部、土缝或枝皮中越冬，翌年3月开始活动，一直延续到秋季，高温干旱季节可见其为害。	清除地边杂草及地内枯枝落叶，耕翻土地，消灭越冬虫源；加强虫情调查，点片发生时进行药剂防治。

38. 黄连（黄连 *Coptis chinensis*，三角叶黄连 *Coptis deltoidea*，云连 *Coptis teeta*）

害虫名称	分类地位	为害虫态	危害部位	为害特点（状）	发生规律	防治措施
东北大黑鳃金龟 铜绿异丽金龟 黑绒鳃金龟	鞘翅目 金龟总科	幼虫	根	在比较肥沃的土壤中较多，咬食叶柄基部，严重时，成片幼苗被咬断。	—	秋、春翻地，深翻耕耙，降低越冬虫口密；种植前用药剂进行土壤处理，条施，施药后立即覆土；发现植株被咬断，刨开土壤捕杀；安置杀虫灯诱杀成虫。
小地老虎	鳞翅目 夜蛾科	幼虫	根茎	常从地面咬断幼苗，并拖入洞内继续咬食，或咬食未出土的幼芽，造成断株缺苗。	1年4代，以老熟幼虫和蛹在土内过冬。第1代幼虫4月下旬至5月上中旬发生。	清洁田园，扦插杂草，以减少虫源；利用成虫趋光性，用灯光诱杀成蛾；利用幼虫趋化性，用药剂加饵料制成毒饵，在傍晚每5～10m^{2}放置一小堆(约20kg)诱杀，效果较好。
黏虫 *Mythimna separata*	鳞翅目 夜蛾科	幼虫	叶	幼虫为害嫩叶片，吃成不规则的缺刻；也为害花薹，严重时整片被吃成光秆，严重影响黄连生长。	1年4～5代，以幼虫和蛹在土内越冬。在5～6月，5～6龄为暴食期，成群迁移为害。老熟幼虫入土做土室化蛹。	掌握幼虫入土蛹化期，挖土灭蛹；幼龄期喷药剂毒杀。
蛞蝓（鼻涕虫）	柄眼目 蛞蝓科	成体 幼体	嫩叶	—	—	用菜叶或青草毒饵于傍晚撒在田间诱杀；在畦四周撒石灰，防止蛞蝓爬入畦内为害。
蝼蛄	直翅目 蝼蛄科	成虫 若虫	叶柄	—	—	施用的有机肥要充分腐熟或进行高温堆肥；用黑光灯诱杀成虫，灯下放置盛虫的容器，内装适量的水，水中滴入少许煤油；用毒饵于傍晚撒在畦的周围诱杀。
潜叶蝇	双翅目 潜蝇科	幼虫	茎 叶	以幼虫潜居在黄连叶片中，幼虫沿叶缘取食叶肉，边食边往下钻，一般1虫1道，1叶1虫或2～3虫，连地周边比中间重。受害叶片呈红棕色只剩上下表皮，严重者干枯死亡。	一般三四年生黄连受害较重。	发生初期喷施药剂防治。

39. 黄草乌（黄草乌 *Aconitum vilmorinianum*）

害虫名称	分类地位	为害虫态	危害部位	为害特点（状）	发生规律	防治措施
夜蛾	鳞翅目 夜蛾科	幼虫	叶 花蕾 花 果实	初孵幼虫群集于卵块附近取食叶肉，2 龄后分散为害，造成叶片穿孔缺刻；4 龄后进入暴食期，转为夜间取食，严重时可将叶啃光。	1 年发生多代，无滞育现象。成虫夜间活动，飞翔能力强，有趋光性和趋化性。幼虫共 6 龄，植食性，受振扰时吐丝落地，有假死性。	采用黑光灯或糖醋液诱杀成虫；摇动植株，震落捕杀幼虫；3～4 龄幼虫期选择适宜药剂喷雾防治，每 10 天喷施 1 次，连续喷 2～3 次。
菜粉蝶	鳞翅目 粉蝶科	幼虫	叶	以幼虫啃食叶片，残留表皮，3 龄后将叶片咬成孔洞和缺刻，仅剩叶脉和叶柄，4～5 龄进入暴食期。受害严重时整株叶片被食光。被害伤口易诱发软腐病。	1 年发生多代。以蛹越冬，有滞育性，世代重叠，春夏之交和夏秋之交发生严重。成虫夜伏昼出，卵散产叶片上，卵期 3～8 天。幼虫多在清晨孵化，初孵幼虫先吃卵壳再食叶肉，老熟幼虫多在叶片上化蛹。	避免与十字花科蔬菜连作，药材收获后及时清洁田园，集中处理残株落叶，减少虫源；保护利用天敌，少用广谱和残效期长的农药，避免杀伤天敌；低龄幼虫期，喷洒苏云金杆菌 800～1000 倍液进行防治。

40. 黄精（滇黄精 *Polygonatum kingianum*，多花黄精 *Polygonatum cyrtonema*，黄精 *Polygonatum sibiricum*）

害虫名称	分类地位	为害虫态	危害部位	为害特点（状）	发生规律	防治措施
华北大黑鳃金龟	鞘翅目 金龟总科	幼虫	根 根茎	幼虫咬食黄精的幼嫩根茎，咬断根茎，伤害幼苗。	—	施用的有机肥要充分腐熟或进行高温堆肥；用黑光灯诱杀成虫，灯下放置盛虫的容器，内装适量的水，水中滴入少许煤油；用毒饵于傍晚撒在畦的周围诱杀。

41. 雪上一枝蒿（雪上一支蒿正名为：展毛短柄乌头 *Aconitum brachypodum*）

害虫名称	分类地位	为害虫态	危害部位	为害特点（状）	发生规律	防治措施
小地老虎	鳞翅目 夜蛾科	幼虫	根 地下茎 嫩茎	食性杂，主要以低龄幼虫咬断根、地下茎或近地面的嫩茎，严重时造成缺苗断垄。	成虫白天潜伏于土缝、杂草丛或其他隐蔽处，晚上取食、交尾，具强烈的趋化性。低龄幼虫昼夜取食，3 龄以上幼虫昼伏夜出。	及时铲除田间杂草，消灭卵及低龄幼虫；高龄幼虫期每天早晨检查，发现新萎蔫的幼苗可扒开表土捕杀幼虫；选择适宜药剂做成毒土或毒饵，于傍晚顺行撒施于幼苗根际，糖醋液或灯光诱杀成虫。
蚜虫	半翅目 蚜总科	成蚜 若蚜	叶	以成蚜、若蚜群集新梢和叶片背面为害，引起叶片扭卷、落叶，新梢不易生长，影响花芽形成，同时易引发病毒病。	越冬卵早春孵化为干母，在冬寄主上孤雌胎生数代干雌。随后产生有翅胎生雌蚜，迁飞为害，并孤雌胎生无翅雌蚜。晚秋有翅性母迁飞到冬寄主上产无翅卵生雌蚜和有翅雄蚜，雌雄交配后，在冬寄主植物上产卵越冬。	清除虫源植物。播种前清洁育苗场地，拔除杂草残株，集中焚烧；黄板诱蚜或银膜避蚜；用适宜药剂喷雾防治。

42. 银柴胡（银柴胡 *Stellaria dichotoma*）

害虫名称	分类地位	为害虫态	危害部位	为害特点（状）	发生规律	防治措施
蛴螬	鞘翅目 金龟总科	幼虫	根	咬断根苗或咬食根部，造成田间缺苗断垄或根部空洞。	—	施用腐熟有机肥；人工捕捉成虫。

43. 续断（川续断 *Dipsacus asper*）

害虫名称	分类地位	为害虫态	危害部位	为害特点（状）	发生规律	防治措施
红蜘蛛	蜱螨目 叶螨科	成螨 若螨	叶背	—	—	铲除杂草和清园，减少虫源；苗期用药剂喷雾。
小地老虎	鳞翅目 夜蛾科	幼虫	根茎部	幼虫将川续断叶片吃成洞孔或缺刻，4龄后常咬断川续断嫩茎，将茎头拖入土穴内取食，在移栽期可造成缺苗断垄。夜晚及阴雨天活动，尤其是黎明前后露水多的时候为害最严重。	1年3～4代。以蛹和幼虫越冬，成虫4月开始出现，昼伏夜出，交尾、产卵和取食；卵散产于近地面杂草的叶背或嫩茎上，每雌虫产卵1000粒左右。卵期7～13天。1～2龄幼虫不入土，昼夜活动，啃食嫩叶，3龄后白天潜伏在表土2～3cm的干湿土层间，夜间活动。幼虫有假死习性、迁移性和相互残杀习性，成虫有较强趋光性和趋化性。	清洁田园；4～10月，田间挂频振式杀虫灯、黑光灯或糖醋液诱杀成虫；于移栽定植前，以小地老虎喜食的鲜菜叶拌药，于傍晚撒入田间地面进行诱杀；人工捕杀幼虫；保护和利用天敌，中华广肩步甲、夜蛾瘦姬蜂螟蛉绒茧蜂等，可减轻小地老虎的发生和危害；喷施药剂防治。
华北蝼蛄	直翅目 蝼蛄科	成虫 若虫	幼苗	—	—	发现小苗倒伏，扒土检查捕杀幼虫；加强田间管理，及时清除枯枝杂草，集中深埋或烧毁，使害虫无藏身之地；发现药畦植株被害，可在畦周围3～5cm深开沟撒入毒饵诱杀。毒饵配置好后于傍晚撒在畦周围诱杀。
斜纹夜蛾	鳞翅目 夜蛾科	幼虫	叶	幼虫食叶，吃成孔洞或缺刻，并排泄粪便污染宿主。	为杂食性害虫，多在7～9月危害。	灯光诱杀成虫，药剂防治幼虫。
桃蚜	半翅目 蚜总科	成蚜 若蚜	茎 叶	主要为害续断的心叶和嫩芽，导致叶片卷缩、生长缓慢，还能传播病毒病。	1年发生十几代，在田边的杂草和蔷薇科常绿植株上越冬，春、夏季节迁移到续断幼苗上繁殖为害。	冬季清洁田园，消灭越冬虫原；发生为害时，可用黄板诱杀，应用黄板涂机油插于田间，高度为60～80cm，春秋季诱杀有翅蚜，可降低中口密度；蚜虫发生盛期选用药液喷雾，注意保护蚜茧蜂、食蚜蝇、瓢虫等天敌昆虫。

（续表）

害虫名称	分类地位	为害虫态	危害部位	为害特点（状）	发生规律	防治措施
铜绿异丽金龟	鞘翅目金龟总科	幼虫	根 根茎	成虫主要为害叶片，造成缺刻、空洞，严重时吃光叶片，只留下叶脉。幼虫主要咬食地下根茎，使植株倒伏或使根茎造成缺损。	1 年 1 代，以幼虫越冬，5～6 月化蛹，成虫出土后即可交配，将卵产在土壤中，1 个月后幼虫出现。成虫寿命约 30 天。6 月下旬至 7 月中旬为为害盛期。成虫具昼伏夜出习性，傍晚至晚上 10 时为害最盛。具趋光性及假死性。	在蛴螬大量发生的地块，冬初多次翻耕，消灭土中蛴螬；有条件的可以用灌水的方法杀灭和控制地下害虫的危害；成虫发生期可用灯光诱杀，可显著降低虫口密度；配置毒土，于播种和移栽时施入土中。

44. 紫草（新疆紫草 *Arnebia euchroma*，内蒙紫草 *Arnebia guttata*）

害虫名称	分类地位	为害虫态	危害部位	为害特点（状）	发生规律	防治措施
小地老虎	鳞翅目夜蛾科	幼虫	茎	幼虫咬断幼苗茎基部造成倒伏。幼虫 3 龄前取食量很小，4 龄后食量剧增，咬断嫩茎。	1 年发生数代，成虫昼伏夜出，夜晚取食、交配、产卵于灰菜上，卵期 7～13 天。	加强田间管理，及时清除枯枝、落叶、杂草，集中深埋或烧毁；发现紫草幼苗被害，可在苗床周围开沟撒入毒饵诱杀。
东方蝼蛄	直翅目 蝼蛄科	若虫 成虫	根	在土下咬断嫩茎或将根部撕成乱麻状，造成缺苗断垄。	1 年 1 代，以成虫或若虫在土中越冬。5 月开始活动，6～7 月为交配期，产卵在湿土下 25～30cm 处，卵期 25 天，若虫 15 天后出来活动，为害紫草。成虫夜晚取食或交配，有趋光性，喜欢在湿润温暖、低洼多湿、腐殖质多的地方繁殖为害。	发现紫草苗被害，可在苗床周围 3～5cm 处开沟撒入毒饵诱杀；用黑光灯夜间诱杀成虫。

45. 紫菀（紫菀 *Aster tataricus*）

害虫名称	分类地位	为害虫态	危害部位	为害特点（状）	发生规律	防治措施
小地老虎	鳞翅目 夜蛾科	幼虫	幼苗根茎	1～2 龄幼虫为害心叶或嫩叶，或咬食幼芽，3 龄后幼虫咬断幼茎，造成缺苗断垄。	1 年 3～4 代。以老熟幼虫和蛹在土内越冬。幼虫 6 龄，第 1 代幼虫发生于 4 月下旬至 5 月中旬，使紫菀苗期受害严重。有假死性，食料不足时可以转移为害。卵散产在杂草或落叶处。	清除紫菀地周围的杂草和枯枝落叶，消灭越冬幼虫和蛹；清晨紫菀地发现被害苗有小孔，立即挖土捕杀；用糖醋液、杨树捆把诱杀成虫。
紫苏野螟 *Pyrausta phoenicealis*	鳞翅目 螟蛾科	幼虫	叶	幼虫咬食叶片和枝梢，常造成枝梢折断。	1 年 3 代，以老熟幼虫在土缝内滞育越冬。北京，7～9 月为害。	清园处理枯枝落叶；收获后翻耕土地，减少越冬虫源；喷施药剂防治。

46. **滇龙胆**（滇龙胆草 *Gentiana rigescens*）

害虫名称	分类地位	为害虫态	危害部位	为害特点（状）	发生规律	防治措施
蛴螬	鞘翅目 金龟总科	幼虫	根 根茎	1～2 龄蛴螬在地表 10cm 以内以滇龙胆幼嫩的根系和根茎为食，3 龄后食量骤增，下潜觅食，为害主根，造成滇龙胆产量和质量下降。3～6 月对滇龙胆地下部分幼嫩的根系破坏严重。	以幼虫和卵在深层土壤中越冬，第 2 年土壤温度上升时至表土层为害，5 月第 1 代幼虫开始为害。幼虫老熟后，在土表向下 20～30cm 深处做土室，预蛹期 13 天，蛹期 9 天。成虫具有趋光性、假死性、飞翔性等特点，白天潜伏，黄昏活动交配。成虫交配后 10～15 天产卵，产在松软湿润的土壤内，卵期 9～12 天。	结合整地，深耕细耙，对土壤中的幼虫进行人工捕杀；施用充分腐熟的农家肥；成虫羽化期，用黑光灯诱杀成虫。
小地老虎	鳞翅目 夜蛾科	幼虫	茎 叶 幼根	以幼虫为害茎、叶和幼根。3 龄前幼虫多在土表或植株下活动，昼夜取食幼叶、幼芽等部位，食量较小。3 龄后分散入土，白天潜伏在土中，夜间活动，常将作物幼苗齐地面处咬断，造成缺苗断垄。	1 年 6～7 代，以蛹和幼虫越冬。以前 3 代为害为主。越冬成虫次年 3 月出现，发生盛期在 4～6 月。成虫昼伏夜出，羽化后 3～5 天开始产卵，卵散产或堆产，成虫趋光、趋化，具有迁飞性。幼虫喜欢在疏松、潮湿、低洼土壤含水量 25%～30%、温度 18℃～25℃土壤中生活。	清洁田园，扦插杂草，以减少虫源；利用成虫趋光性，用灯光诱杀成蛾；利用幼虫趋化性，用药剂加饵料约 50kg（糖 0.5kg、醋 0.3kg、白菜叶 20kg、甘蓝叶 20kg、幼嫩草 10kg）制成毒饵，在傍晚每 5～10m^2 放置一小堆（约 20kg）诱杀，效果较好。
潜叶蝇	双翅目 潜蝇科	幼虫	叶	以幼虫潜入寄主叶片表皮取食绿色组织，造成不规则的灰白色线状隧道。为害严重时，叶片组织几乎全部受害，叶片上布满蛀道，尤以植株基部叶片受害严重，甚至枯萎死亡。	为多发性害虫，1 年发生代数因地区不同而异，以蛹在寄主、杂草等枯叶中越冬。翌年 3 月开始为害，4～5 月是为害盛期。夏季高温不易存活或以蛹越夏。成虫白天吸食叶片汁液补充营养。夜间静伏在隐蔽处，卵多散产于幼嫩绿叶叶背边缘近叶尖处叶肉里，每雌产卵 50～100 粒。成虫寿命 7～20 天。幼虫 3 龄，历期 5～15 天，老熟幼虫在隧道末端化蛹。蛹期 8～21 天。	适时灌溉，清除杂草，消灭越冬、越夏虫源，降低虫口基数；幼虫化蛹时将隧道末端表皮咬破，以使蛹的前气门与外界相通，便于成虫羽化，利用这一习性，在蛹期喷药也有一定的防治效果；成虫盛发期，及时喷药防治。成虫产卵主要在叶片背面，喷药应喷于叶片背面，或在刚出现时喷药防治幼虫，连续喷 2～3 次。

47. 蔓生百部（蔓生百部 *Stemona japonica*）

害虫名称	分类地位	为害虫态	危害部位	为害特点（状）	发生规律	防治措施
棉红蜘蛛	蜱螨目 叶螨科	成螨 若螨	叶背	—	—	清园，采挖前将地上部收割，处理病残体，以减少越冬基数；与棉田相隔较远距离种植；发生期可用药剂喷雾防治。
蛞蝓（鼻涕虫）	柄眼目 蛞蝓科	成体 幼体	花梗 果柄 叶	—	—	发生期人工捕杀或清晨撒石灰粉。

48. 魔芋（魔芋 *Amor phophallus rivieri*）

害虫名称	分类地位	为害虫态	危害部位	为害特点（状）	发生规律	防治措施
红天蛾	鳞翅目 天蛾科	幼虫	叶	幼虫咬食叶片。	主要发生在6～9月。	人工捕杀或幼龄期喷施药剂。

（郭昆 尹祝华）

参考文献

巴义彬，蒋晓丽，张慧，等. 河北省为害黄芪的主要甲虫种类及其防治策略[J]. 河北农业科学，2014，(3)：27-30.

陈川，郭小侠，石勇强，等. 丹参地下害虫种类与垂直分布的初步研究[J]. 安徽农业科学，2008，36(1)：116-142.

陈芳. 附子病虫害的发生发展规律及防治研究[D]. 杨凌：西北农林科技大学硕士学位论文，2007.

陈光华，王刚云，文家富，等. 红脊长蝽在山阳县中药材何首乌上暴发为害[J]. 中国植保导刊，2002，22(11)：44.

陈丽萍，杨兆军，刘美良. 东部山区人参常见地下害虫的危害及综合防治[J]. 农业与技术，2006，26(6)：133.

陈树仁，张毅，程新霞，等. 白芍田蛴螬发生及危害特点研究[J]. 中药材，1997，(9)：433-436.

陈艳芳，赵敏. 玄参主要病虫害的防治[J]. 农技服务，2013，30(4)：346.

陈昱君，王勇，刘云芝，等. 三七蓟马发生规律调查研究[J]. 文山学院学报，2015，28(3)：1-3.

陈震. 百种药用植物栽培答疑[M]. 北京：中国农业出版社，2003.

程惠珍，丁万隆，张曙明，等. 人参、西洋参的害虫——斜纹夜蛾[J]. 中药材，1990，(6)：5-6.

程惠珍，卢美娟，邵蔚蓝，等. 酸模叶甲的初步研究[J]. 中国中药杂志，1985，10(6)：9-10.

程惠珍，孟现华，陈君，等. 肿腿蜂对蛀干害虫控制效能的评估[J]. 中药材，2003，26(1)：1-3.

程惠珍，沈书会. 射干钻心虫的初步研究[J]. 中药通报，1981，(6)：2-3.

程惠珍. 蓼金花虫的初步研究[J]. 应用昆虫学报，1985，(1)：31-33.

程新霞，陈树仁，张毅，等. 白芍田金龟甲综合防治试验研究[J]. 中国中药杂志，1994，19(12)：716-720.

邓素君，王会芹. 北沙参钻心虫的防治[J]. 农村科技开发，2000，(6)：20.

丁汉东，史新涛，李敏，等. 房县黄芩主要病虫草害发生与防治[J]. 湖北植保，2014，(5)：41-42.

丁万隆. 药用植物病虫害防治彩色图谱[M]. 北京：中国农业出版社，2002.
杜春莲，代伟程，李龙，等. 泰山何首乌红脊长蝽发生规律和防治药剂筛选初报[J]. 安徽农学通报，2006，12(3)：89.
樊瑛，杨春清，朱慧贞. 地黄狼蛱蝶的研究[J]. 应用昆虫学报，1994，(6)：365-367.
樊瑛. 黄芪籽蜂的研究[C]. 见：走向 21 世纪的中国昆虫学——中国昆虫学会 2000 年学术年会论文集. 宜昌：2000，5.
冯悦. 辽宁地区栽培射干病虫害及其防治[J]. 特种经济动植物，2008，11(10)：50.
高峰，李修炼，成卫宁. 菜青虫在汉阴县板蓝根上发生规律及防治技术的研究[J]. 陕西农业科学，2005，(2)：30-32.
高峰，强芳英，纪瑛，等. 兰州地区人工栽培苦参病虫害发生初报[J]. 草业科学，2010，27(10)：142-148.
高峰. 秦巴山区板蓝根 GAP 种植害虫防治研究[D]. 杨凌：西北农林科技大学硕士学位论文，2005.
高九思，员冬梅. 中药材板蓝根潜叶蝇发生危害规律及药剂防治技术研究[J]. 安徽农学通报（下半月刊），2006，(2)：87-89.
郭昆，俞旭平，于晶，等. 雷公藤害虫双斑锦天牛的发生及生物防治的探讨[J]. 贵阳中医学院学报，2013，35(2)：10-13.
郭中华，叶永成，贾艳梅，等. 赫氏筒天牛的生物学特性及防治[J]. 应用昆虫学报，2000，37(3)：149-151.
国庆合，张效平. 山药叶蜂的综合防治[J]. 农业科技通讯，1988，(12)：22-23.
韩学俭. 玄参病虫害及其防治[J]. 科学种养，2007，(1)：29.
何永梅，李智群. 藠头的主要病虫草害防治技术要点[J]. 农药市场信息，2012，(23)：41-42.
贺答汉，贾彦霞，段心宁. 宁夏甘草害虫的发生及综合防治技术体系[J]. 农业科学研究，2004，25(2)：21-24.
贺献林，李春杰，王丽叶，等. 北柴胡赤条蝽的发生与防治[J]. 现代农村科技，2013，(1)：27.
胡浩纹，邓望喜，杨石城，等. 湖北梁子湖畔藠（薤）田病虫害发生与危害初报[C]. 见：第三届湖北湖南植保农药学术研讨会论文集. 武汉：2004，3.
胡浩纹，邓望喜，朱福兴，等. 刺足根螨在藠头（薤）上的发生危害及防治研究[C]. 见：第三届湖北湖南植保农药学术研讨会论文集. 武汉：2004，4.
黄建军. 射干常见病虫害的发生与防治[J]. 科学种养，2011，(10)：31.
黄荣华，周军，张顺良，等. 菜粉蝶生物防治研究进展[J]. 江西农业学报，2015，27(10)：46-49.
计鸿贤. 板薯雅角叶蜂的初步研究[J]. 广西科学院学报，1988，4(2)：67-75.
贾文恺，王凤玲，赵劲松，等. 湖北麦冬主要病虫害的发生及防治对策[J]. 湖北植保，2002，(2)：12-13.
江文芳. 白芷主要病虫害及其综合防治[C]. 见：庆祝重庆市植物保护学会成立 10 周年暨植保科技论坛论文集. 铜梁：2007，6.
蒋妮，刘丽辉，缪剑华，等. 广西莪术蛀茎害虫种类鉴定及生物学特性[J]. 江苏农业科学，2014，42(12)：172-175.
蒋妮，刘丽辉，缪剑华，等. 桃蛀螟在广西莪术上的发生危害规律及防治研究[J]. 湖北农业科学，2016，(1)：82-85.
瞿宏杰，赵劲松，何家涛，等. 湖北麦冬主要病虫害发生规律及防治措施[J]. 湖北农业科学，2006，45(3)：337-338.
孔庆岳，彭凤鸣. 黄芪苗期害虫拟地（虫甲）的发生及防治[J]. 中药材，1986，(2)：55.
李建军，李继平，周天旺，等. 甘肃黄芪主要病虫害防治技术规程[J]. 甘肃农业科技，2014，(4)：64-66.
李建军，周天旺，张新瑞，等. 黄芪根瘤象的生物学特性[J]. 西北农业学报，2014，23(8)：205-209.
李业秀，李波. 东北大黑鳃金龟的防治措施[J]. 农村实用科技信息，2010，(4)：22.

李应东，何凯，柴兆样，等. 掌叶大黄规范化种植技术及其主要病虫害防治[J]. 世界科学技术：中医药现代化，2005，7(2)：74-76.
李永刚，武星煜，辛恒，等. 双齿锤角叶蜂生物学特性及药剂防治[J]. 植物保护，2014，40(2)：156-160.
李永刚. 双齿锤角叶蜂预测预报技术研究[J]. 农业科技与信息，2014，(11)：19-20.
李泽善，廖中元. 阆中发现半夏害虫新的为害种类[J]. 植物医生，2003，16(6)：25-26.
李忠，潘仲萍，孙兴旭，等. 施秉县太子参主要病虫害种类调查及防治[J]. 中国植保导刊，2013，33(6)：26-29.
梁秀环，杨满昌，张茹英. 北沙参钻心虫发生规律及防治研究[J]. 中草药，1999，(10)：773-776.
梁秀环，张树琴，韩如英，等. 北沙参钻心虫的防治[J]. 河北农业科技，1989，(7)：13.
林雪丹，薛琴芬，冯玉芬，等. 西洋参主要病虫害发生及防治[J]. 植物医生，2011，24(6)：22-23.
刘娥. 平贝母病虫害的发生及防治措施[J]. 中国农业信息，2015，(5)：58.
刘海光，李世，苏淑欣，等. 黄芩黄翅菜叶蜂的发生规律及防治研究初探[J]. 安徽农业科学，2009，37(25)：12183-12184.
刘海光，张新燕，李世，等. 黄芩上苜蓿夜蛾发生规律观察及药剂防治试验[J]. 中国植保导刊，2010，30(7)：30-31.
刘合刚，熊鑫，詹亚华，等. 射干规范化生产标准操作规程(SOP)[J]. 现代中药研究与实践，2011，(5)：15-19.
刘娜丽，肖正，王锋，等. 菜青虫发生特点与防治技术[J]. 西北园艺（综合），2012，(3)：42-43.
刘生瑞，陈兰珍. 甘草胭珠蚧在甘草上的发生特点与防治技术[J]. 中国植保导刊，2008，28(3)：32-33.
刘秀玲. 山药叶蜂的发生与防治[J]. 乡村科技，2011，(4)：23.
刘永强. 小地老虎跨海迁飞规律与虫源地分析[D]. 北京：中国农业科学院博士学位论文，2015.
刘玉芹，张磊. 天津地区西洋参病虫害综合防治方法[J]. 天津农学院学报，1994，(Z1)：64-66.
龙光泉. 何首乌主要病虫害的发生规律与防治[J]. 植物医生，2011，(6)：24.
娄子恒，金慧，潘晓鹏，等. 几种常见人参、西洋参病虫害及其防治[J]. 人参研究，2002，14(1)：42-44.
卢隆杰，卢苏. 何首乌病虫害防治技术[J]. 植物医生，2008，21(2)：21-22.
鲁继红. 东北大黑鳃金龟信息物质的提取与鉴定[D]. 哈尔滨：东北林业大学硕士学位论文，2008.
罗明华，罗英，黄青龙. 危害川麦冬蛴螬种类及综合防治技术[J]. 绵阳师范学院学报，2008，27(11)：75-77.
么厉，程惠珍，杨智. 中药材规范化种植（养殖）技术指南[M]. 北京：中国农业出版社，2006.
南宁丽，陈宏灏，张蓉. 宁夏甘草害虫发生规律研究[J]. 宁夏农林科技，2013，54(12)：70-71.
南宁丽，张治科，杨彩霞，等. 8 种药剂对甘草胭脂蚧的田间防效评价[J]. 农药，2008，47(10)：775-776.
农训学. 玄参主要病虫害防治方法[J]. 农药市场信息，2017，(19)：63.
任举. 黄芪病虫害的发生特点与防治措施[J]. 农业科技与信息，2012，(13)：61-63.
任立云，黄光影，林姣艳，等. 广西越南槐害虫、天敌种类及发生情况调查[J]. 中国农学通报，2014，30(28)：76-80.
山东省中药材病虫害调查研究组. 北方中药材病虫害防治[M]. 北京：中国林业出版社，1991.
沈立荣，薛小红. 红天蛾的初步研究[J]. 植物保护，1993，19(5)：9-10.
沈立荣，薛小红. 芋双线天蛾的研究[J]. 中药材，1991，(6)：6-8.
盛彦霏，雷振新，陈叶. 张掖地区甘草豆象发生规律研究[J]. 种子世界，2016，(10)：28-29.
石爱丽，邢占民，牛杰，等. 承德地区苦参主要病虫害危害种类调查[J]. 中国农业信息，2015，(18)：114-116.
司开瑜，熊朝成，李慧. 太子参主要病虫害防治技术[J]. 植物医生，2015，28(6)：14-15.
苏淑欣，李世，刘海光，等. 对黄芩黄翅菜叶蜂的防治研究[J]. 河北旅游职业学院学报，2010，15(4)：75-78.

唐鸿庆. 大黄筒喙象研究初报[J]. 应用昆虫学报，1983，(2)：81-83.
唐鸿庆. 大黄萤叶甲生物学特性及其防治初报[J]. 应用昆虫学报，1977，(4)：123-125.
唐养璇. 商洛桔梗种植区地下害虫发生规律研究[J]. 商洛学院学报，2011，25(2)：17-19.
王峰. 小地老虎生物学特性及防治方法[J]. 现代农村科技，2015，(1)：30.
王海飞，王丽叶，贾和田，等. 一种卷叶蛾对柴胡的危害及防治方法[J]. 现代农村科技，2013，(23)：21.
王健立，王俊平，郑长英. 西花蓟马与烟蓟马生物学特性的比较研究[J]. 应用昆虫学报，2011，48(3)：513-517.
王静华，赵玉新，杨莹光，等. 板蓝根病害与虫害及其防治措施[J]. 农业与技术，2007，27(3)：103-104.
王连泉，王运兵. 细胸金针虫生活史和习性的初步研究[J]. 河南科技学院学报，1988，(1)：33-37.
王沁. 贵州省麦冬主要病虫害发生规律及防治措施[J]. 农技服务，2015，32(9)：103-104.
王一杰. 小菜蛾在板蓝根上的为害习性及其生物防治协调控制技术初探[J]. 中国植保导刊，2013，33(12)：44-46.
王志飞. 黄芪根瘤象（*Sitona ophtalmicus* Desbrochers）发生规律及防治技术研究[D]. 兰州：甘肃农业大学硕士学位论文，2013.
韦波，刘先齐，胡周强，等. 危害川麦冬的蛴螬种类研究初报[J]. 中药材，1997，(5)：222-223.
魏进，周玮，李汶锟. 贵州省白及病虫害种类调查与防治分析[J]. 现代农业科技，2015，(21)：150-151.
魏云洁，徐淑娟，程世明. 平贝母病虫害发生规律调查及综合防治措施[J]. 特种经济动植物，2006，9(5)：41-43.
吴云. 玄参的主要病虫害及防治技术[J]. 植物医生，2006，19(6)：30-32.
吴振廷，李桂亭，程新霞. 网目拟地甲为害桔梗调查研究初报[J]. 中药材，1986，(1)：8-10.
吴振廷. 药用植物害虫[M]. 北京：中国农业出版社，1995.
夏燕莉，丁建，李江陵，等. 川芎常见病虫害种类及防治方法[J]. 资源开发与市场，2008，24(5)：390-391.
向琼，李修炼，梁宗锁. 柴胡苗期蚜虫及捕食性天敌种群消长动态[J]. 西南农业学报，2005，(2)：172-174.
肖秀屏，苏玉彤，王秀，等. 桔梗的病虫害防治[J]. 特种经济动植物，2015，(10)：49-50.
邢占民，石爱丽，丁贵江，等. 承德人工栽培黄芪病虫种类及为害程度调查[J]. 现代农村科技，2015，(3)：24-26.
徐杰，洪高炉，吴志刚. 温郁金连作中主要病虫害及防治技术[J]. 现代农业科学，2008，(12)：77-78.
徐群玉，李知，吕世民，等. 北沙参钻心虫的发生与防治[J]. 应用昆虫学报，1979，(5)：218-220.
徐劭. 药用植物害虫——东北网蛱蝶（*Melitaea mandschurica* Seitz）的生物学观察[J]. 河北农业大学学报，1984，7(4)：88-90.
徐志鸿. 如何防治芋双线天蛾[J]. 农药市场信息，2017，(24)：63.
薛洪雁，谭礼盘，薛琴芬. 桔梗主要病虫害发生及防治措施[J]. 植物医生，2015，(6)：15-16.
薛琴芬，张普，许家隆. 白芷的栽培与病虫害防治[J]. 特种经济动植物，2009，12(3)：37-38.
薛淑珍，张范强，纪勇，等. 细胸金针虫的初步研究[J]. 陕西农业科学，1985，(3)：9-11.
闫忠阁，程世明. 黄芩病虫害及综合防治措施[J]. 特种经济动植物，2007，10(6)：51.
杨彩霞，高立原，张治科. 宁夏甘草胭脂蚧发生规律及综合防治技术的研究[J]. 世界科学技术：中医药现代化，2006，8(1)：128-135.
杨春清，丁万隆. 韭萤叶甲为害中药薤白的观察[J]. 应用昆虫学报，1999，(5)：275-277.
杨春清，樊瑛. 药用植物害虫黄芩前舞蛾的初步研究[J]. 植物保护，1992，18(1)：22-23.
杨春清，孙明舒，丁万隆. 黄芪病虫害种类及为害情况调查[J]. 中国中药杂志，2004，29(12)：1130-1132.
杨建忠，王勇，陈昱君，等. 三七蓟马药剂防治试验[J]. 现代农业科技，2007，(24)：65.

杨建忠，王勇，张葵，等. 蓟马危害三七调查初报[J]. 中药材，2008，31(5)：636-638.
杨俊莲，王昌华，刘翔，等. 药用大黄常见病虫害种类及防治技术研究[J]. 资源开发与市场，2009，25(9)：779-780.
杨廉伟，陈将赞，杨坚伟，等. 薤大蒜根螨发生规律及其防治技术研究[C]. 见：植物保护与现代农业——中国植物保护学会 2007 年学术年会论文集. 桂林：2007，8.
杨琳，李娟，曾令祥. 何首乌主要病虫害防治技术[J]. 农技服务，2014，31(8)：98-101.
杨星勇，刘先齐，胡周强，等. 川麦冬蛴螬优势种生物学特性及危害规律研究[J]. 中国中药杂志，1999，24(3)：143-145.
易思荣，黄娅，肖忠，等. 渝产白术主要病虫害发生规律及防治技术[J]. 湖南农业科学，2012，(7)：88-91.
余昌俊，王绍柏. 天麻蚜蝇外部形态及生物学特性的观察[J]. 华中农业大学学报，2010，29(1)：37-40.
余昌俊，王绍柏. 天麻蚜蝇无公害综合防控技术研究[J]. 湖北农业科学，2011，50(21)：4391-4393.
余昌俊，王绍柏. 天麻蚜蝇在湖北宜昌发生危害的调查研究[J]. 应用昆虫学报，2010，47(5)：978-982.
员冬梅，张绍军，高九思. 中药材板蓝根桃蚜发生危害规律及防治技术研究[J]. 现代农业科技，2006，(3X)：70-72.
曾华兰，叶鹏盛，何炼，等. 川芎主要病虫害及其发生危害规律（摘要）（英文）[J]. Agricultural Science & Technology，2010，11(1)：135-137.
曾华兰，叶鹏盛，倪国成，等. 川芎主要病虫害及其发生危害规律研究[J]. 西南农业学报，2009，22(1)：99-101.
曾令祥，杨琳，陈娅娅，等. 贵州中药材白及病虫害种类的调查与综合防治[J]. 贵州农业科学，2012，40(7)：106-108.
张华敏，尹守恒，张明，等. 韭菜迟眼蕈蚊防治技术研究进展[J]. 河南农业科学，2013，42(3)：6-9.
张继龙，黄金水，陈红梅，等. 应用昆虫病原线虫防治雷公藤丽长角巢蛾试验[J]. 福建林业科技，2010，37(3)：32-36.
张继龙. 雷公藤丽长角巢蛾生物防治试验研究[D]. 福州：福建农林大学硕士学位论文，2010.
张葵，张宏瑞，李正跃，等. 三七蓟马消长规律初步研究[J]. 河北农业科学，2010，14(5)：32-34.
张葵，张宏瑞，李正跃，等. 三七叶片烟蓟马的危害和药剂防治试验[J]. 特产研究，2010，32(3)：43-45.
张丽霞，郭绍荣，李学兰，等. 催吐萝芙木的主要虫害及其防治[J]. 中药材，2006，29(12)：1276-1278.
张丽霞，彭建明，陈君，等. 管氏肿腿蜂防治催吐萝芙木黑尾暗翅筒天牛研究初报[J]. 中国中药杂志，2010，35(8)：964-966.
张丽霞. 黑尾暗翅筒天牛生物学特性研究[C]. 见：中国药理学会制药工业专业委员会第十二届学术会议、中国药学会应用药理专业委员会第二届学术会议、2006 年国际生物医药及生物技术论坛（香港）会议论文集. 中国香港：2006，3.
张淑梅，高建兴. 浅析人参的栽培管理与病虫害防治技术[J]. 农业与技术，2014，34(10)：127-128.
张述英，李代永. 黑真切胸叶蜂生物学及防治的研究[J]. 应用昆虫学报，1994，(5)：297-299.
张天鹅，刘湘琼. 恒山黄芪病虫种类及发生规律调查[J]. 农业技术与装备，2011，(6)：38-40.
张晓红. 柴胡常见病虫害及其防治[J]. 特种经济动植物，2009，12(9)：49-50.
张新瑞，李继平，李建军，等. 黄芪麻口病的成因及防治技术研究[J]. 植物保护，2013，39(6)：137-142.
张新燕，周天森，张泓源，等. 黄芩主要虫害及综合防治[J]. 河北旅游职业学院学报，2014，(2)：66-68.
张应，莫让瑜，李隆云，等. 何首乌新害虫——茶黄蓟马发生规律及防治方法[J]. 植物医生，2011，24(2)：28-29.
赵锦芳. 何首乌叶甲、二纹柱萤叶甲生物学、生态学及防治研究[D]. 贵阳：贵州大学硕士学位论文，2006.

赵晓龙. 集安市人参地下害虫的发生与防治[J]. 农业开发与装备，2015，(11)：123.
赵训传，陈亚敏，高长达，等. 华北大黑鳃金龟对麦冬危害及防治[J]. 中药材，1995，(7)：327-329.
赵宇. 何首乌栽培及病虫害防治技术[J]. 科学种养，2015，(6)：18-21.
浙江省《药材病虫害防治》编绘组. 药材病虫害防治[M]. 北京：人民卫生出版社，1974.
只佳增，钱云，陈鸿洁，等. 芋双线天蛾的生物学特性[J]. 热带农业科学，2018，(5)：66-70.
中国农业科学院植物保护研究所. 中国农作物病虫害[M]. 北京：中国农业出版社，2014.
中国医学科学院药用植物资源开发研究所. 中国药用植物栽培学[M]. 北京：中国农业出版社，1991.
朱建华，黄金水，任少鹏，等. 雷公藤丽长角巢蛾生物学特性研究[J]. 中国森林病虫，2010，29(3)：18-20.
朱京斌，陈庆亮，单成钢，等. 桔梗主要病虫害及其防治[J]. 北方园艺，2010，(21)：194-195.

第十三章　全草类药材虫害

第一节　石斛、铁皮石斛
Shihu、Tiepishihu

DENDROBII CAULIS、DENDROBII OFFICINALIS CAULIS

石斛为兰科金钗石斛 *Dendrobium nobile* Lindl.、鼓槌石斛 *D. chrysotoxum* Lindl.或流苏石斛 *D. fimbriatum* Hook.的栽培品及其同属植物近似种，铁皮石斛 *Dendrobium officinale* Kimura et Migo 属兰科，二者均以新鲜或干燥茎入药。具有驱解虚热、益精强阴等功效，是中医常用的滋阴清肺、生津止渴、养胃除烦要药。主要分布于亚洲热带和亚热带、澳大利亚及其他太平洋岛屿，在我国分布于广东、广西、四川、云南、贵州、安徽、江西、浙江、湖北、湖南、台湾等地。常见害虫有双叉犀金龟 *Allomyrina dichotoma*、石斛篓象 *Nassophasis* sp.、石斛菲盾蚧 *Phenacaspis dendrobis*、斜纹夜蛾、矢尖盾蚧 *Unaspis yanonensis*、叶螨、蓟马、蚜虫、蝗虫、蝼蛄、蟋蟀、螽斯、蜗牛、蛞蝓等。

一、双叉犀金龟

（一）分布与危害

双叉犀金龟 *Allomyrina dichotoma* (Linnaeus)又称独角仙、兜虫，属鞘翅目 Coleoptera 犀金龟科 Dynastidae。其幼虫又有鸡母虫之称，以朽木、腐烂植物为食，在浙江、广西等地为害果树、银杏等，啃噬树皮造成危害；近年来，在浙江建德市铁皮石斛种植基地曾大面积暴发，成为铁皮石斛上的重要害虫之一；主要以幼虫在铁皮石斛生长基质中大量繁衍，消耗基质营养，导致基质松软，植株生长易倒伏；咬断根茎，引起植株萎蔫，大面积死亡。在浙江嵊州市曾造成百亩铁皮石斛受害，产量下降 40%～80%。其三龄幼虫生长期长，食量大，暴发性强，短时间内即可使铁皮石斛基地遭受严重破坏，造成巨大的经济损失。

（二）形态特征

成虫：深棕褐色，体粗壮，体长 4.8～6.2cm，体宽 2.3～3.9cm。头部较小；触角 10 节，其中鳃片部由 3 节组成；三对足长、粗壮，前足胫节外缘 3 齿，基齿远离端部 2 齿。雌雄异型，雄虫背面较滑亮，头顶和前胸背板中央各生一末端双分叉的角突；雌虫体型略小，背面较为粗暗，头、胸部上均无角突，但头面中央隆起，横列小突 3 个，前胸背板前部中央有一“丁”字形凹沟。

卵：初产乳白色，椭圆形，表面光滑，后渐变大变圆，颜色变浅黄色，长 0.5～0.8cm，宽 0.3～0.4cm。

幼虫：体乳白色，密被棕褐色细毛，尾部颜色较深；头黄褐至棕黑色，初孵幼虫头壳颜色较浅，随龄期增加，颜色变深；胸足3对，无腹足，腹部有九对气门；通常呈C形弯曲。一龄幼虫宽0.3～0.5cm，体长0.7～1.8cm，半透明，体被淡黄褐色短毛，气门极小，不明显；二龄幼虫宽0.6～1.3cm，体长3.5～5.8cm，体色加深，体侧气门明显，褐色；三龄幼虫宽1.3～2.5cm，体长7.5～13.8cm，体侧气门十分明显，褐色加深。

蛹：红棕色，雄虫可见角突，长4.5～6.1cm，宽2.4～3.2cm。

（三）发生规律

在浙江1年1代，以三龄幼虫在深层土壤中越冬。翌年4月，幼虫上迁至耕犁层，5月下旬至6月初，随温度升高幼虫开始在土深约15cm处化蛹；蛹期19～22天。6月下旬至7月下旬为成虫羽化高峰期。成虫羽化后在蛹室内停留很长一段时间后出土，6月下旬梅雨季过后才爬出活动，取食并寻找配偶交尾，7月上旬土壤表面可见较多新羽化成虫。成虫出土后即可交尾，产卵于基质中，卵期12～14天。幼虫3龄，幼虫期10～11个月，一龄幼虫期13～18天，二龄幼虫期23～31天，三龄幼虫期265～290天。

6月下旬独角仙成虫羽化初期，雄成虫约占80%；7月上旬，雌成虫比例增加，发生量大。成虫具有趋光性、趋化性和假死性，昼伏夜出，晚上和凌晨活跃。灯诱以每晚20～22时数量最多，且被诱雌虫多于雄虫，雌雄比例约为7∶3。雌虫交尾后产卵，卵多散产于10～15cm的腐殖质内，每雌虫平均产卵约40粒。一龄幼虫活动能力较弱，活动范围小，多于5～10cm的土层中活动；二龄幼虫活动能力加强，多数于10cm土层上下活动；三龄幼虫下迁至50cm深处开始越冬，次年3月幼虫上迁至30cm土层，4月下旬向上移动至15～20cm土层，5月多数幼虫在土深11～20cm土层中化蛹。成虫还具有一定的喜湿性，土壤表面干燥时，幼虫多集中于土壤下方潮湿处；高温干旱时，刚羽化的成虫会因缺水死亡，存活率低。

（四）防治措施

1. 农业防治　及时更换基质，预防独角仙成虫产卵。

2. 物理防治　成虫羽化高峰期安装防虫网、频振杀虫灯诱杀成虫；人工捕捉成虫减少成虫数量及产卵量。

（陈君　徐荣）

二、石斛篓象

（一）分布与危害

石斛篓象 *Nassophasis* sp.属鞘翅目 Coleoptera 象甲科 Curculionidae，是近年来石斛的重要害虫之一，目前仅发现分布于云南。主要以幼虫蛀茎为害，可将植株茎秆蛀空。被害植株茎秆中通常有1头幼虫，少有2头或2头以上的幼虫。幼虫为害初期石斛植株顶端叶片发黄，后期则导致叶片脱落。成虫亦为害石斛叶片和茎表。成虫在叶片上取食后被害处仅留下叶脉，呈规则的“网状”；在茎秆上取食后被害处呈“坑状”。

（二）形态特征

成虫：体长7～14mm，宽2.2～4.5mm，雌虫平均体长略大于雄虫；初羽化成虫红褐色，后慢慢变黑色；喙显著，适度弯曲；触角黑色，着生在喙1/3处，柄节略长于鞭节，鞭节6节，第1节略长于第2节，棒节卵形，顶端淡黄色；复眼黑色、光滑，呈长椭圆形；鞘翅前端最宽，至尾部逐渐变窄；鞘翅上的凹刻点组成多条纵向刻纹；背部有6个淡黄色斑点，前排4个，后排2个，较大，有的象甲不明显；足5节，腿节、胫节为红褐色，其余各节为黑色；腹部末端微露于鞘翅之外；腹部可见腹板5节，雌虫腹基部光滑饱满，雄虫腹基部凹陷。

卵：平均长约1.2mm、宽约0.8mm，初期乳白色，后期呈浅黄色；长椭圆形，表面光滑。

幼虫：老熟幼虫体长9～17mm，呈拱形弯曲，体表多皱褶，前端微向腹面弯曲，腹末端扁平，胸足退化，头部红褐色，头盖缝中间明显凹陷；初孵时乳白色，后变为淡黄色至黄色。

蛹：长8～16mm，黄色；背板7节，前胸背板呈十字形肉质突起，头管（喙）弯向胸前，翅夹在中足和后足之间，头与喙结合处（喙基端）有3对刚毛，腹部末端有1对尾须，腹部背面有若干对短小毛突，各足股节与胫节结合处均有1对短小毛突。

（三）发生规律

在云南普洱地区1年发生2～3代，世代重叠；3～4月、9～10月中旬为幼虫盛发期，6月、12月为成虫盛发期。成虫羽化后15天左右即可交尾。雄虫一生可多次交配。室内饲养成虫平均寿命150天，最长寿命210天。温度25℃左右时，卵期7～10天，蛹期15天。从卵发育至成虫约95天。

成虫喜白天活动，午后及黄昏尤为活跃，飞翔力弱，善爬行，喜食嫩叶、嫩茎，常停息在石斛顶部向阳处取食，受惊扰呈假死状或顺着茎秆爬向根系、或较阴暗处躲避。夜间至清晨成虫则在石斛植株根际等隐蔽处潜伏。温度18℃以下时成虫基本不取食亦少活动，当温度达20℃以上时成虫活动性明显增强。阳光特别强烈时成虫在背光处取食。

成虫多在植株顶部交配，喜产卵于嫩茎或有伤口的茎秆中。产卵时成虫在茎秆上用喙钻1个卵粒大小的孔，将卵产于小孔中，随后产卵器末端分泌胶黏性物质封闭小孔。整个产卵过程30分钟左右。1次产卵结束后成虫会再次寻找其他植株产卵，连续产卵2～3粒。卵孵化后幼虫在茎中钻蛀为害，取食茎秆中的肉质部分，留下植物纤维。幼虫在茎秆中蛀食形成隧道，排出的粪便留在隧道中。幼虫老熟后在茎秆中化蛹。蛹外包裹1层茧。羽化时成虫咬破茧和茎秆表皮钻出被害植株。刚羽化的成虫一般停留在附近石斛植株上取食。清晨时取食叶的成虫数量较多，午后、傍晚取食茎的成虫较多，该虫对不同种石斛为害程度有差异。

（四）防治措施

1. 植物检疫　石斛篓象主要通过种苗进入种植基地，种苗栽种前应对种苗的带虫情况进行检查，发现后及时处理，杜绝带虫种苗进入基地。

2. 农业防治　石斛篓象幼虫为钻蛀性害虫，在幼虫盛发期每隔15天检查幼虫为害症状并及时修剪被害植株；石斛篓象成虫产卵量较大，盛发期前人工捕捉成虫可有效减少产卵数量，降低虫口基数；12月～次年1月为石斛篓象成虫产卵高峰期，恰好也是石斛采收的时期。可在石斛篓象成虫产卵高峰期后及时采收，减少田间卵及幼虫基数。

（陈君　徐荣）

三、石斛菲盾蚧

（一）分布与危害

石斛菲盾蚧 *Phenacaspis dendrobii* Kuwana 属半翅目 Hemiptera 盾蚧科 Diaspididae，分布于贵州、广东等地，是石斛的主要害虫。以雌成虫、若虫聚集固着于植株叶片上吸取汁液为害，可诱发煤烟病，使植株叶片枯萎，严重的可导致整个植株死亡。随着石斛引种栽培和种植面积扩大，石斛菲盾蚧传播极快，由零星为害到大面积发生，造成石斛减产，损失严重。

（二）形态特征

雌虫：体纺锤形，长 2～3mm，红棕色。触角呈小突起，上有刚毛 1 根，前气门附近有盘腺，肛孔在臀板基部附近。背腺大，依腹节排列整齐。臀角 2 对，着生在臀板末端的凹口内。中臀角大，左右两片在基部有鞍片相连，第二臀角二分，臀角缘鬃发达，刚毛状。雌虫盾壳长椭圆形，刻点 2 个，位于前端，盾壳边缘及中央白色，两侧淡黄褐色。

雄虫：盾壳长形，两侧近平行，白色。

卵：椭圆形，棕红色。

（三）发生规律

在贵州 1 年 1 代，以雌虫在石斛叶片背面越冬。初春雌虫产卵，5 月中下旬卵大量孵化，初孵化的若虫开始在叶背面取食活动，以后陆续移到叶片边缘固定下来吸食叶片汁液。5 月下旬体表开始分泌蜡质并逐渐形成蜡壳，以此越冬。石斛菲盾蚧平均每头雌蚧产卵 74 粒，最多 143 粒，少则 13 粒。

（四）防治措施

1. 植物检疫　加强种苗检疫，使用无虫种苗；发现有盾蚧着生的石斛植株，可剪下带虫枝叶，清除销毁。

2. 化学防治　夏初若虫孵化盛期，熬制并喷施石硫合剂，能收到很好的防治效果。

（陈君　徐常青）

第二节　肉苁蓉

Roucongrong

CISTANCHES HERBA

肉苁蓉 *Cistanche deserticola* Y. C. Ma 又名大芸，为列当科肉苁蓉属多年生寄生性草本植物，以带鳞的干燥肉质茎入药。具有补肾阳，益精血，润肠通便等功效。主要分布在我国西北沙漠、荒漠地区，如乌兰布和沙漠、腾格里沙漠、巴丹吉林沙漠、河西走廊沙地、塔克拉玛干沙漠和古尔班通古特沙漠。主产于内蒙古、新疆、宁夏、甘肃、青海等地。肉苁蓉寄主植物为藜科梭梭属植物梭梭 *Haloxylon ammodendron*；常见害虫有肉苁蓉蛀蝇 *Eumerus acuticornis*、黄褐丽金龟 *Anomala exoleta*、蚜虫等。

一、肉苁蓉蛀蝇

（一）分布与危害

肉苁蓉蛀蝇 *Eumerus acuticornis* Sack 属双翅目 Diptera 食蚜蝇科 Syrphidae，分布于内蒙古、新疆、宁夏等肉苁蓉野生分布区，主要为害肉苁蓉（*C. descrticola*）及同属植物盐生肉苁蓉（*C. salsa*）、沙苁蓉（*C. shensis*）肉质茎。在新疆甘家湖梭梭自然保护区、内蒙古阿拉善盟、宁夏盐池、海原等野生肉苁蓉、盐生肉苁蓉和沙苁蓉上均有蛀蝇为害。肉苁蓉蛀蝇幼虫蛀食肉苁蓉肉质茎，剖开可见大量幼虫，整个植株变褐色，充满虫粪和少量丝状维管束，严重时可将肉质茎蛀空。被此虫为害的肉苁蓉常不能出土开花结实，药材及种子产量损失巨大（图 13-1a）。

（二）形态特征

成虫：平均体长约 7mm，翅展约 12mm。体黑褐色具铜色光泽，密布白色细绒毛，头部圆，触角黑色，第 3 节有一角突；复眼雄虫相接，雌虫则分离；单眼排成三角形。胸部圆凸，密生直立的毛；后足腿节极粗大、腹面密生大刺列。翅长约 5mm，透明，翅痣淡褐色，径脉与中脉间有一条黄色的伪脉、其中部上方有横脉与径脉相接；R_4 脉极波曲。腹部粗壮，黑褐色，第 2 至第 4 节各有一对新月形粉斑，斑的外侧呈橘红色。

幼虫：体长 10～20mm。体淡黄褐色，疏生细毛；胸部 3 节，前胸气门明显；腹部七节，第 1 至第 7 节各分为三环，刚毛位于中环上，腹突上多细毛，腹端具 3 对锥突，第 2 对最大，与第 1 对远离，第 3 对最小并靠近后气门。

蛹：平均体长约 8mm，黄褐色，桶形（图 13-1b），腹面略平，前端背面有一羽化盖，盖上有一对突起（蛹的前气门），体侧有一列小刺，背面有成对的小突起，腹端具一对长的锥突，后气门靠近且凸出。

（三）发生规律

4 月中下旬至 5 月初，肉苁蓉刚出土时，蛀蝇成虫在其茎尖内产卵，幼虫孵化后为害嫩芽，由上向下逐渐蛀食成隧道，一直钻到底部，将整株肉苁蓉蛀成孔洞。5 月下旬幼虫老熟，在肉苁蓉中化蛹，6 月上旬羽化为成虫。

（四）防治措施

1. 农业防治　肉苁蓉蛀蝇为害肉苁蓉地下肉质茎，场所隐蔽，一旦产卵则难于防治，应抓住成虫羽化盛期进行诱集和捕杀，可减少大量虫源。

2. 化学防治　对肉苁蓉种子生产田，在刚出土的肉苁蓉茎尖部位喷施适宜药剂，预防成虫产卵并防治成虫和初孵幼虫。

（陈君　徐荣）

二、黄褐丽金龟

（一）分布与危害

黄褐丽金龟 *Anomala exoleta* Faldermann 别名黄褐金龟子，属鞘翅目 Coleoptera 丽金龟科 Rutelidae，广泛分布于宁夏、内蒙古、甘肃、山东、河南、山西、辽宁、黑龙江等地。幼虫除为害小麦、玉米、马铃薯、豆类等作物及蔬菜林木、果树外、还为害肉苁蓉、金银花等药用植物，虫口密度大时造成减产。在 20～50cm 深沙土中幼虫啃食肉苁蓉及梭梭幼根，寄生根被幼虫咬断后，肉苁蓉营养来源受阻造成肉苁蓉残损或死亡，影响接种成功率；大个的肉苁蓉肉质茎被啃食，影响肉苁蓉的产量和外观品质（图 13-2a），同时伤口处易引发病害。

（二）形态特征

成虫：体长 15～18mm，卵圆形，黄褐色，有金黄、绿色闪光（图 13-2e）。头部褐色，复眼黑色。唇基、额和头顶密布细点刻。触角黄褐至褐色，有细毛，端部 3 节片状部较长，前胸背板两侧不突出，前缘较平直，中央稍突起，后缘中央显著突出，前胸背板周缘有细边，密布细点刻。两侧有稀疏细毛，后缘中央向后生金黄色毛。小盾板横三角形，前缘凹入，暗褐色，密布刻点。鞘翅在 2/3 处最宽，肩角明显，有刻点构成的纵沟纹多条，沟间有刻点连成的横斜皱纹。足黄褐色，前足胫节端部和外侧中部有尖齿，内侧中部有短距，中足、后足胫节外侧中部有刺毛丛，端部各有 1 对端距和数个小刺，爪长而简单。胸部腹面和胫节内侧的毛密而长，腹部腹面的毛较稀而短，跗节各亚节端部有稀疏长毛，下面各有褐色尖刺 2 个。

卵：椭圆形，乳白色，卵粒长径平均为 2.14mm，短径平均 1.50mm（图 13-2b）。

幼虫：体长 25～35mm。头部前顶刚毛每侧 5～6 根，一排纵列。肛背片上有细缝围成椭圆形的臀板，肛门孔横裂，肛腹片后部覆毛区中央有二纵列刺，由 11～17 根短锥刺组成，两列前部平行相距较近，后部向外分开，尖刺较长，相互交叉；两侧有钩状刺（图 13-2c，d）。

（三）发生规律

在多数地区 1 年 1 代，以幼虫越冬。5 月是幼虫为害盛期，5 月底至 6 月初幼虫老熟，做蛹室化蛹，6～7 月间成虫羽化，夜间活动，趋光性强，7～8 月出现新一代幼虫，以 3 龄幼虫越冬。

在甘肃古浪地区 2 年 1 代，以当年 2 龄和上年 3 龄幼虫在土中越冬。越冬之 3 龄幼虫于 5 月下旬至 6 月上旬进入化蛹盛期。蛹期平均 21.5 天。6 月中旬至 7 月下旬为成虫羽化期。田间产卵盛期为 7 月上中旬，卵期平均 20.2 天。幼虫共 3 龄，幼虫期长达 659.5 天。幼虫在土内全年均可见到，当年幼虫与上年幼虫重叠发生。

土壤温度主要影响幼虫在土层中的栖息深度与升降活动。粉砂壤土或砂壤土适宜于其发生和分布。不同前茬作物的地块，土内幼虫密度亦有差异。成虫昼伏夜出，傍晚活动最盛，趋光性强。成虫不取食，寿命 6～25 天。其发生与有机肥的施用和土壤湿度密切相关。在施用有机肥多的地块此虫发生数量大，平均穴发生率达 41%～71%；土壤湿度大的区域，幼虫发生量大，为害严重。

（四）防治方法

1. 农业防治　利用成虫的假死性，在傍晚时进行人工捕杀；田间施用腐熟有机肥，杀灭虫卵，减少虫源。

2. 物理防治　田间成虫盛发期（6 月中下旬至 7 月上旬），利用成虫昼伏夜出，趋光性强的特点，在种植区域安装黑光灯或频振式杀虫灯诱杀成虫，将成虫消灭在产卵前。

（徐荣　陈君）

第三节　青蒿

Qinghao

ARTEMISIAE ANNUAE HERBA

青蒿为菊科植物黄花蒿 *Artemisia annua* L.的干燥地上部分，又名草蒿、草青蒿、草蒿子、臭蒿、臭青蒿、蒿子、酒饼草、苦蒿、三庚草、香蒿、香青蒿、香丝草、细叶蒿。青蒿茎、叶中含有的 0.65%的青蒿素，还有其他多种药效成分。青蒿素具有快速抑制疟原虫成熟、直接杀死疟原虫的显著抗疟作用，还有抗菌、免疫调节、解热、降血压等作用。中医应用青蒿为干燥地上部分，用于治疗疟疾、肺结核引起的发热、黄疸、暑热发热及阴虚午后发热。我国野生青蒿分布于吉林、辽宁、河北、陕西、山东、江苏、安徽、浙江、江西、福建、河南、湖北、湖南、广东、广西、四川、贵州、云南等地，生于山坡、山地、林缘、草原、半荒漠及砾质坡地。在重庆酉阳、丰都，柳州融安，靖西，梅州市丰顺县，恩施土家族苗族自治州，湖南道县，四川安岳等有种植。常见害虫有白钩小卷蛾 *Epiblema foenella*、斜纹夜蛾、豚草卷蛾 *Epiblema strenuana*、小地老虎、桃蛀螟、菜粉蝶、菊瘿蚊 *Diarthronomyia chrysanthemi*、红蚂蚁 *Tetramorium guineense*、绿盲蝽 *Apolygus lucorum*、蚜虫、叶甲、沫蝉、尺蠖、灰象等。

一、白钩小卷蛾

（一）分布与危害

白钩小卷蛾 *Epiblema foenella* (Linnaeus)属鳞翅目 Lepidoptera 卷蛾科 Tortricidae，为小蛾类昆虫。国内分布于黑龙江、吉林、河北、山东、湖南、江苏、安徽、江西、青海、云南、福建、台湾。国外分布于日本、印度。以幼虫为害寄主的根部和茎下部。被害嫩枝凋萎枯死；蛀断处发生侧枝，导致植株高矮不一，生长受限；主茎被害后导致风折，全株死亡（图 13-3a、图 13-3b）。

（二）形态特征

成虫：平均翅展约 19mm，下唇须略向上举；头、胸、腹部深褐色。前翅黑褐色，后缘距基部 1/3 处有一条白带伸向前缘，到中室前端即折 90°，向臀角方向延伸，同时逐渐变细，止于中室下角外方，有时与臀角上纹（肛上纹）相连；臀角上纹很大，纹内上方有几粒黑褐斑；前缘近顶角附近有 4 对白短线，后翅及其缘毛皆黑褐色。雄性外生殖器尾突长而下垂，抱器瓣颈部凹陷深，抱器端椭圆形，毛垫突出明显，阳茎短粗，圆筒状，内有阳茎针多枚。雌性外生殖器产卵瓣狭长，交配孔椭圆形，囊突 2 枚，一枚呈钝牛角状，另一枚呈锥形。

卵：宽椭圆形，平均长约 0.76mm，宽约 0.49mm，龟背形，但隆起不高，较为扁平，卵表布满花生壳状纹。初产时乳白色，后变为桃红色。

幼虫：共 5 龄，体长形。随虫龄增大，虫体由白色变至浅褐色，初龄幼虫头部黑色，其他各龄头部褐色，前胸背板、肛上板黄褐色，毛片色泽一般比周围体壁色泽浅。腹足趾钩双序全环，臀足趾钩双序缺环，无臀栉。气门圆形，第 8 腹节上气门位置较腹部其他各节气门略高且大（图 13-3c，d）。

蛹：红褐色，平均长约 11mm，宽约 1.5mm。雄蛹较大，大小较一致，羽化后蛹壳色泽较深，生殖孔在第 9 腹节；雌蛹个体大小不一致（部分蛹体略小），雌蛹腹部较大，羽化后蛹壳色泽较淡，生殖孔在第 8 腹节，为一条直缝，直缝两侧略呈阜状隆起。蛹背面腹部第 2 节后缘有一横列小刺，其他各腹节每节前缘及后缘各有一横列小刺（图 13-3e）。

（三）发生规律

1 年 3 代。以幼虫在茎秆残茬及茆部越冬，世代重叠。成虫多在傍晚至夜间羽化，尤以 21:30 前后为多，阴暗白天也有少量羽化，气温低于 16℃不羽化。成虫昼伏夜出，飞翔力不强，有趋光性。成虫喜产卵于青蒿中上部叶片，单产，每处 1 粒，偶有 4 粒甚至 5、6 粒产在一处，或两卵搭接或叠置。幼虫孵化后，多在嫩茎枝杈腋芽柔软处取食，后蛀入茎秆髓部，并顺着枝条向下蛀，可蛀入植株主茎及茆部，蛀道内充满黑色粪便及丝状物。老熟幼虫主要在植株中下部蛀道内化蛹，化蛹前在茎壁作一羽化孔，孔与结丝蛹道相连，蛹道坚实，内壁光滑，羽化时成虫顶开孔口钻出，留下蛹壳卡在孔口，蛹壳头部朝前露在孔外，腹部仍在蛹道内，蛹壳一般不立即脱落。

（四）防治措施

1. 农业防治　青蒿地上部分收割后，留下的残茆是幼虫越冬的集中场所，应收集焚毁，可消灭大量虫源。

2. 物理防治　利用其成虫趋光习性安装频振式杀虫灯诱杀成虫。

3. 生物防治　管氏肿腿蜂可寄生幼虫，幼虫发生期释放管氏肿腿蜂；越冬代幼虫及蛹可被白僵菌侵染，可在田间施用白僵菌剂。

4. 化学防治　成虫羽化高峰后 2～4 天内为产卵高峰，卵始盛孵至盛孵末期喷施药剂防治初孵幼虫。

（陈君　徐荣）

二、菊瘿蚊

（一）分布与危害

菊瘿蚊 *Diarthronomyia chrysanthemi* Ahlberg 属双翅目 Diptera 瘿蚊科 Cecidomyiidae。分布于北京、河北、河南、安徽、山东、重庆等地。寄主植物有青蒿（黄花蒿）、菊花、旱小菊、早菊各品种、悬崖菊、九月菊、万寿菊及菊科其他植物。菊瘿蚊是青蒿毁灭性害虫，以幼虫蛀入顶芽、叶片、叶腋处刺激组织膨大长出虫瘿，形成绿色或紫绿色、上尖下圆的桃形虫瘿，使青蒿封顶、生长缓慢、矮化畸形、叶片萎缩（图 13-4a）。为害重的青蒿上虫瘿累累，植株生长缓慢。

（二）形态特征

成虫：雌虫体长 4～5mm，雄虫体长 3.5～4.2mm。初孵化时酱红色，渐变为黑褐色。复眼黑色，大而突出。触角念珠状，黄色，17～19 节，雄虫具环毛，雌虫则无。翅圆阔，有微毛，仅具 3 条纵脉。足黄色，细长，跗节 5 节，第 1 跗节短于第 2 跗节。雌虫腹部可见 9 节，雄虫可见 10 节，节间膜及侧膜黄色，背板黑色，前 6 节粗壮，后 3～4 节细长。

卵：长卵圆形，长约 0.55mm。初产时橘红色，后渐变为紫红色。

幼虫：末龄幼虫体长 3.5～4mm，纺锤形，橙黄色，胸部隐约可见剑骨片（图 13-4b）。

蛹：裸蛹，长 3～4mm，橙黄色，头顶具两尖突，其外侧各有 1 根短毛，后足芽深达腹部第 4 节（图 13-4b）。

（三）发生规律

在河北、河南、山东、重庆 1 年 5 代，以老熟幼虫越冬。翌年 3 月化蛹，4 月初成虫羽化，在青蒿幼苗上产卵，第 1 代幼虫于 4 月上中旬出现，不久出现虫瘿，5 月上旬虫瘿随幼苗移栽进入田间，5 月中下旬第 1 代成虫羽化。卵散产或聚产在植株的叶腋处和生长点。幼虫孵化后 1 天即可蛀入植株组织中，5 天左右形成虫瘿。随幼虫生长发育，虫瘿逐渐膨大。每个虫瘿中有幼虫 1～13 头。幼虫老熟后，在瘿内化蛹。成虫多从虫瘿顶部羽化钻出，羽化孔圆形，蛹壳露出孔口一半，以后各代都在青蒿田内繁殖危害。第 2 代 5 月中下旬至 6 月中下旬发生；第 3 代 6 月下旬至 8 月上旬发生；第 4 代 8 月上旬至 9 月下旬发生；第 5 代 9 月下旬至 10 月下旬发生。以第 3、4 代为害最为严重。10 月下旬幼虫老熟，从虫瘿里脱出，入土 1～2cm 处作茧越冬。

（四）防治措施

1. 农业防治　苗期和生长季节发现虫瘿及时摘除，集中销毁。

2. 生物防治　菊瘿蚊有多种寄生蜂，应加强天敌的保护和利用，特别是在菊瘿蚊发生后期，当田间天敌昆虫数量大时，可不用施药防治。

3. 物理防治　菊瘿蚊雄虫具趋光性，成虫发生盛期可利用灯光诱杀。

4. 化学防治　菊瘿蚊成虫盛发期，可用触杀性药剂喷雾杀灭成虫；虫瘿出现后，喷雾内吸性杀虫剂，杀死瘿内幼虫。

（徐常青　陈君）

第四节　肾茶

肾茶 *Clerodendranthus spicatus* (Thunb.) C. Y. Wu，又名猫须草，为唇形科多年生草本植物，全草入药，治疗肾结石、尿路感染和糖尿病等，为重要的民族药（傣药）。主产福建、广西、海南、台湾、云南；国外分布于印度、印度尼西亚、马来西亚、缅甸、菲律宾、澳大利亚。在云南西双版纳、普洱等地广泛种植。主要害虫为泡壳背网蝽 *Cochlochila bullita* 和橘臀纹粉蚧 *Planococcus citri*。

泡壳背网蝽

（一）分布与危害

泡壳背网蝽 *Cochlochila bullita* Stal 属半翅目 Hemiptera 网蝽科 Tingidae。该虫的寄主植物较广泛，可为害肾茶 *C. spicatus*、罗勒 *Ocimum basilicum*、圣罗勒 *O. sanctum*、樟脑罗勒 *O. kilimandscharicum* 及唇形科其他植物。广泛分布于东半球热带地区，如印度、马来西亚、泰国、印度尼西亚、菲律宾、斯里兰卡和南非。该虫在肾茶上聚集取食为害，并在叶面留下排泄物，导致被害叶片枯萎、脱落，严重时甚至整株枯死，是肾茶主要害虫之一（图 13-5a）。

（二）形态特征

成虫：雌虫体长 2.26～2.30mm、宽 1.48～1.52mm。头褐色；触角黄褐色、被绒毛，共 4 节，第 4 节略粗；喙伸达中胸腹板后缘。前胸深棕色，有棕色网状透明翅，腹部呈深褐色。头部隆起，前缘相对向外弯曲并且微凹。翅透明，平展具网格。雌虫腹部肥大，末端呈“V”形（图 13-5e）。

卵：长 0.51～0.53mm、宽 0.11～0.13mm，深棕色，椭圆形（图 13-5b）。卵表面光滑，端部具卵盖。卵通常以单产或簇状产在植物组织中，仅留下卵盖暴露在外。

若虫：1 龄若虫体长 0.55～0.59mm，宽 0.22～0.24mm。初孵化时复眼红色，体椭圆形，浅棕色，后期棕色。胸部无侧背板和翅芽，无棘状突起（图 13-5c）。2 龄若虫体长 0.75～0.79mm，宽 0.31～0.33mm。体椭圆形，深褐色，后期黑色。胸部无侧背板和翅芽，体缘及腹部周围具有明显的棘状突起。3 龄若虫体长 1.00～1.06mm，宽 0.39～0.42mm，黑色。胸部具侧背板但无翅芽，头部棘状物开始发育。4 龄若虫体长 1.38～1.45mm，宽 0.52～0.55mm，黑色。胸部具有明显的侧背板，翅芽开始发育；头部棘状物明显。5 龄若虫体长 1.88～0.96mm，宽 0.93～0.99mm，黑色（图 13-5d）。体形和 4 龄若虫相似。胸部具有明显的侧背板；具有明显的翅芽，头部棘状物更明显。

雄虫体长 2.02～2.10mm，宽 1.25～1.31mm。形态特征与雌性相似，雄腹部末端呈“U”形。

（三）发生规律

泡壳背网蝽在云南西双版纳傣族自治州 1 年 15 或 16 代，世代重叠。早春为害严重，尤其是 3～5 月，该虫在肾茶种植区全年可见，未发现越冬现象。

泡壳背网蝽在肾茶叶片和幼枝内产卵，卵单产或成群产入叶脉和嫩枝，仅留下卵盖暴露在外。一般情况下，该网蝽若虫和成虫在肾茶上聚集取食，偏好为害肾茶的嫩叶和芽，导致叶面呈现白色斑点，叶片和新梢出现卷曲、干枯等症状，该虫往往藏于卷曲叶片内继续为害。

在云南西双版纳傣族自治州，该网蝽对肾茶的为害程度季节性差异明显，一般旱季较雨季严重。旱季肾茶植株上虫口数较大，每株50头左右。雨季田间种群数量较低，每株5头左右，对肾茶的为害较轻。

（四）防治措施

1. 植物检疫　种苗调运时进行检疫，从源头预防该虫的入侵为害。

2. 农业防治　栽培过程中，适当增加喷灌次数，能够冲刷掉植物上的大部分泡壳背网蝽，可以有效减少该虫对寄主植物的为害。

3. 生物防治　保护和利用本地天敌资源，如七星瓢虫、蜘蛛、草蛉及绿僵菌等进行自然控制。

4. 化学防治　泡壳背网蝽田间种群数量较大时，可选择适宜药剂喷雾防治。

（严珍　张丽霞）

第五节　绞股蓝

绞股蓝 *Gynostemma pentaphyllum* (Thunb.) Makino，又名“七叶胆”“落地生根”，是葫芦科年生草质藤本植物。主要分布于我国的陕西、浙江、江苏、安徽、江西、福建、台湾、湖北、湖南、广东、广西、四川、贵州、西藏等地。其中，陕西安康、四川达县、广西崇左、江西德兴、婺源等野生资源比较丰富。常见害虫有三星黄萤叶甲 *Paridea angulicollis*、黑条罗萤叶甲 *Paraluperodes suturalis*、蓝跳甲 *Altica cyanea*、铜绿异丽金龟、华北大黑鳃金龟、大青叶蝉、黄褐油葫芦 *Teleogryllus derelictus*、小地老虎、豆灰蝶 *Plebejus argus*、稻棘缘蝽 *Cletus punctiger*、小家蚁 *Monomorium pharaonis*、蚤蝼和蜗牛等。

一、三星黄萤叶甲

（一）分布与危害

三星黄萤叶甲 *Paridea angulicollis*(Mostschulsky)又称三星（斑）黄叶甲、三星叶甲和栝楼沟胸萤叶甲，属鞘翅目 Coleoptera 叶甲科 Chrysomelidae。国外分布于日本（北海道、本州、四国、九州）、朝鲜半岛；国内分布于吉林、河北、江苏、福建、台湾、贵州（贵阳、关岭）。寄主为绞股蓝等葫芦科、薄荷等唇形科，十字花科、豆科等植物。成虫为害绞股蓝叶片、生长点、嫩茎，幼虫咬食细根，使幼苗生长发育不良。虫口密度大时可致幼苗枯死，严重时幼苗全毁；成虫咬食叶片呈孔洞或缺刻，也能咬食嫩蔓。被害严重的地块叶片几乎被食光仅剩藤蔓，有的整株被害致死。一般田块虫株率10%～20%，严重发生田块为60%～70%。对绞股蓝的生长、产量、品质带来极大的威胁。

（二）形态特征

成虫：体长5.0～7.0mm，宽2.5～3.2mm，卵圆形。头小，橘黄色，复眼黑色，触角鞭状，长3～4mm，咀嚼式口器。前胸橘红色，中后胸黑色，3对胸足为黄色。鞘翅半透明，灰黄色，翅展3.5～4.0mm，前、后翅黑色，鞘翅后缘约三分之一处有近肾形黑斑，雄虫两鞘翅合缝处的黑斑为窄梭形，雌虫的黑斑为吊线球形。后翅膜质半透明，飞翔时展开，平时缩褶于鞘翅下，翅展5.5～6.0mm，靠近中部有一菱形翅室。初羽化成虫鞘翅灰白色，无黑斑，3～5天后，后两斑出现，性成熟时前斑明显。

卵：球形，黄色，初产表面粗糙，后变光滑，直径0.5～0.7mm。部分卵两粒连在一起呈哑铃形。

幼虫：初孵幼虫2～3mm，灰白色，头褐色，腹末臀板黑褐色。老熟幼虫体长5～10mm，黄色，体弯曲，头黑褐色，前额中央有一黑色纵线，两侧边黑色，呈倒"山"字形，初孵幼虫不明显。前胸背板褐色，胸足3对，腹部9节，腹足退化成雏突，腹末臀板褐色。背中线、气门上线、气门线、气门下线均由胴部每节肉状凸起断续而成。

蛹：乳白色，长4～6mm。尾须12根，两根较长。将羽化时，复眼、翅、足部都变为灰色至褐色。

（三）发生规律

在陕西安康平利县1年2～4代，世代重叠。10月底至11月上旬以成虫在种植田周围杂草、土缝、石坎等3～4cm土层或墙缝等处越冬，第2年惊蛰前后出蛰。2月底至3月初日均气温达10℃时，迁入田间，20℃左右时，为越冬成虫活动盛期，4月是第1个为害高峰期。3月下旬至4月上旬越冬成虫开始交尾产卵，4月下旬至5月上旬为第1代卵孵化盛期，卵期20～25天。4月底至5月上旬为第1代幼虫发生期，幼虫期10～15天。5月下旬至6月上旬为第1代蛹盛期，蛹期7～10天。6月中下旬为第1代成虫盛发期，在晴天高温强光下成虫多在下部为害底叶，雨后、阴天全天候为害，是1年中为害的亚高峰期。7月上中旬为第1代成虫交尾期，7月下旬是第2代卵盛期。8月下旬至9月上旬第2代幼虫期。9月中下旬第2代蛹期，10月上旬第2代成虫大发生，为1年中第2个为害高峰期。

9月成虫羽化后只取食不再交配产卵，10月寻找合适场所越冬。成虫有假死性，遇惊即飞或掉下装死。成虫多在白天交尾和产卵，取食叶片或嫩蔓补充营养，以保证卵的发育。雌虫抱卵量为800～1000粒。卵多产在潮湿的表土，散产或堆产，也可产在匍匐于地面的藤蔓、叶柄及叶背。幼虫孵化后潜入土中取食细根，老熟后在土中筑一土室化蛹。该虫主要为害期在4～5月和10～11月；一般上午8～12时，下午18～20时活动剧烈；多云或阴天时比少云、晴天时为害重。盛夏7～8月，平均气温高于24℃，不利于其发生；秋季，当日平均气温降至20℃以下时，三星黄萤叶甲活动加强，形成全年中的第二个为害高峰期；若降雨偏多，则后期危害加重，反之危害轻。

从绞股蓝出苗到收获整个生长期都有为害，尤以春秋两季最重。晴天早晚取食，阴天全天取食，晴天多在植株下部取食。叶背多于叶表。成虫活泼、善跳，遇振动或强光当即坠地假死，长达0.5～1分钟。成虫耐饥饿，无食条件下可存活24天；可耐零下15℃低温；抗药性强。

（四）防治措施

1. 农业防治　轮作换茬能显著减少土壤中的虫口基数，可与玉米、蔬菜等非共同寄主作物轮作 3 年以上；冬季翻耕土地时，清除田间及四周秸秆、杂草，减少产卵寄主，消灭越冬成虫；利用成虫假死性，清晨露水未干、虫在叶上不大活动时采用各器具盛黏土浆、石灰等接收被击落的成虫，集中杀死。

2. 化学防治　苗期、快速生长期、开花结果期当叶甲每平方米虫口数达 1 头、10 头、15 头时，应选择适宜药剂喷雾防治。喷雾应仔细周到，对叶茎正反面要喷洒均匀；对未栽种的田块，土壤拌药剂撒施土面，然后翻土作垄；对已栽种的田块，结合中耕松土或除草，用药剂撒施毒土，把成虫消灭在未出土为害之前。

（陈君　徐常青）

二、黑条罗萤叶甲

（一）分布与危害

黑条罗萤叶甲 *Paraluperodes suturalis* (Motschulsky)别名黑条豆二条萤叶甲、二黑条萤叶甲、大豆异萤叶甲、大豆二条叶甲、二条黄叶甲、二条金花虫，俗称地蹦子，属鞘翅目 Coleoptera 叶甲科 Chrysomelidae。分布国内各大豆产区及日本、朝鲜、俄罗斯。寄主有绞股蓝、大豆、水稻、甜菜、大麻、高粱等。成虫、幼虫均可为害，主要以成虫为害植物叶片、生长点、嫩茎，严重时幼苗被毁。该虫对绞股蓝为害逐年加重，造成大面积幼苗被毁，新出苗植株叶片和嫩茎、芽被啃食一光，全田成片枯死。一般田块发生率 10%～20%，严重发生田块为 80%～85%，个别达 95%以上，已成为绞股蓝生产上的重要害虫。

（二）形态特征

成虫：体长 2.7～3.5mm，宽 1.3～1.9mm。体较小，椭圆形至长卵形，黄褐色。触角基部两节色浅，其余节黑褐色，有时褐色。足黄褐色，胫节基部外侧有深褐色斑，并被黄灰色细毛。鞘翅黄褐色，前翅中央各具 1 条稍弯的黑纵条纹，但长短个体间有变化。头额区有粗大刻点。额瘤隆起。触角 5 节较粗短，第 1 节很长，第 2 节短小。前胸背板长宽近相等，两侧边向基部收缩，中部两侧有倒“八”字形凹陷。小盾片三角形，几乎无刻点。鞘翅两侧近于平行，翅面稍隆凸，刻点细。

卵：球形，长约 0.4mm，初为黄白色，后变褐色。

幼虫：末龄幼虫体长 4～5mm，乳白色，头部、臀板黑褐色，胸足 3 对，褐色。

蛹：裸蛹，乳白色，长 3～4mm，腹部末端具向前弯曲的刺钩。

（三）发生规律

在东北、华北、华东、华中一带年发生 3 成 4 代，多以成虫在杂草及土缝中越冬。越冬成虫于翌年 4 月上中旬开始活动，为害绞股蓝幼苗。4 月下旬至 6 月下旬进入为害盛期。成虫活泼、善跳，有假死性，白天藏匿土缝中，早晨及傍晚为害。成虫卵产在绞股蓝四周土表处，每雌虫产卵 200～300 粒，卵期 7～8 天。末龄幼虫在土壤中化蛹，蛹期 6～7 天，

8 月下旬至 9 月上旬羽化为成虫，取食为害，于 9 月中下旬至 10 月上旬入土越冬。

（四）防治措施

1. 农业防治　冬季翻耕土地时，清除田间四周寄主的秸秆、杂草、残株销毁，减少越冬虫源。

2. 化学防治　翌年 2 月初翻耕土壤时，撒施毒土处理地下害虫，消灭越冬成虫。在叶甲发生期选择适宜药剂田间喷雾，喷药应仔细周到。

（陈君　徐常青）

第六节　桑叶、桑白皮、桑枝、桑葚
Sangye、Sangbaipi、Sangzhi、Sangshen
MORI FOLIUM、MORI CORTEX、MORI RAMULUS、MORI FRUCTUS

桑 *Morusalba* L.属桑科多年生落叶乔木。以干燥叶、干燥根皮、干燥嫩枝、干燥果穗入药，药材分别称桑叶、桑白皮、桑枝、桑葚，分别具有疏散风热、清肺润燥、清肝明目；泻肺平喘、利水消肿；祛风湿、利关节；滋阴补血、生津润燥等功效。原产于我国中部，有约四千年的栽培史，栽培范围东北至哈尔滨；西北至内蒙古南部、新疆、青海、甘肃、陕西；南至广东、广西，东至台湾；西至四川、云南；以长江中下游各地栽培最多。朝鲜、日本、蒙古、中亚各国、俄罗斯、欧洲等地及印度、越南亦有栽培。常见害虫有桑天牛 *Apriona germari*、桑绢野螟 *Diaphania pyloalis*、桑白蚧 *Pseudaulacaspis pentagona*、桑尺蠖 *Phthonandria atrineata*、桑褶翅尺蛾 *Zamacra excavata*、桑褐刺蛾 *Setora postornata*、桑剑纹夜蛾 *Acronicta major*、斜纹夜蛾、小地老虎、桑毛虫 *Euproctis similis*、桑皱鞘叶甲 *Abirus fortuneii*、桑蓟马 *Pseudodendrothrips mori*、桑粉虱 *Pealius mori*、蚜虫、蝼蛄等。此外，天蛾科、灯蛾科、金龟甲科的部分害虫也为害桑树。

一、桑天牛

（一）分布与危害

桑天牛 *Apriona germari* Hope 又名粒肩天牛、桑褐天牛，属鞘翅目 Coleoptera 天牛科 Cerambycidae。分布在除黑龙江、内蒙古、吉林、新疆、宁夏、西藏之外的省（市、自治区）。桑天牛是桑树的主要害虫之一，其幼虫、成虫都可对寄主造成危害。成虫常在新枝上咬食皮层，成不规则的伤口或枝条枯死，幼虫蛀食枝干，甚至深入根部，被害桑株往往生长不良或全株枯死，造成桑园缺株。除桑树外，桑天牛还为害桃树、杨树、柳树等各种树木。

（二）形态特征

成虫：体长 34～56mm，体宽 10～16mm。体和鞘翅黑色，被黄褐色短毛，头顶隆起，中央有 1 条纵沟。触角雌虫略长于体，雄虫超出体长 2～3 节，从第 3 节起，每节基部约三分之一灰白色。前胸背板前后横沟之间有不规则的横皱或脊线；中央两侧各具 1 个刺状突起。鞘翅基部密布黑色光亮的瘤状颗粒，占全翅长度的1/4～1/3长，翅端角呈刺状突，雌虫腹末2节下弯，露出翅端。

卵：长椭圆形，长5～7mm，前端较细，略弯曲，黄白色。

幼虫：长圆筒形略扁，长45～60mm，乳白色，头小，隐入前胸内。前胸背板特大，前胸背板骨化区近方形，前部中央突出呈弧形，褐色，凸出，色较深，表面共有4条纵沟，两侧的在侧沟内侧斜伸、较短，中央1对较长而浅。前胸腹板中前腹片分界明显。前区散生细毛，后区具深色凿齿状颗粒约30～40个，小腹片褶密布细颗粒。腹部背步突扁圆形，具2横沟，两侧各具1弧形纵沟。

蛹：纺锤形，长约50mm，黄白色。触角后披。末端卷曲。翅达第3腹节。腹部第1～6节背面两侧各有1对刚毛区，尾段较尖削，轮生刚毛。

（三）发生规律

在广东、台湾、海南1年1代，在江西、浙江、江苏、湖南、湖北、河南（豫南）陕西（关中以南）2年1代，在辽宁、河北2～3年1代。南北各地的成虫发生期也因此存在差异，一般北方地区11月中旬，桑天牛幼虫开始越冬，翌年4月相继活动为害，老熟幼虫于5月下旬开始化蛹，6月中下旬开始羽化，7月中旬进入羽化盛期。成虫羽化不整齐，6～8月为成虫发生期。卵期7～15天，幼虫期24～36个月，蛹期15～30天。

成虫主要在桑树和构树上补充营养以促进卵巢正常发育。成虫白天取食，夜间产卵。卵前期10～15天。喜在2～4年生、直径10～15mm的中部或基部枝条上产卵，先将表皮咬成“U”形口，然后产卵于其中，每处产1粒卵，偶有4～5粒。每雌可产卵100～150粒。卵孵化后于韧皮部和木质部之间向枝条上方蛀食约1cm，然后蛀入木质部向下蛀食，稍大即蛀入髓部。开始每蛀5～6cm长向外开排粪孔，随虫体增长而排粪孔距离加大。幼虫一生蛀隧道长达2m左右，隧道内无粪便与木屑。幼虫老熟后，沿蛀道上移，越过1～3个排泄孔，先咬出羽化孔的雏形，向外达树皮边缘，使树皮呈现臃肿或破裂。此后，幼虫又回到蛀道内选择适当位置（一般距蛀道底70～120mm）作成蛹室，化蛹其中。蛹室长40～50mm，宽20～25mm。羽化后于蛹室内停5～7天后，咬羽化孔钻出。

（四）防治措施

1. 农业防治　桑天牛产卵后会留下较为明显的“U”型刻槽（一般在枝条基部处），用重物敲砸其产卵刻槽可致虫卵和小幼虫死亡，用利器等刮除虫泡也可达到同样效果；桑天牛幼虫有将排泄物从排粪孔排出的习性，幼虫一般在新鲜排粪孔附近，可用凿子将排粪孔孔口凿大，用坚硬的金属钩刺杀幼虫；桑天牛成虫有假死性，可于成虫羽化盛期，在桑树、构树、柘树等补充营养的树上人工振落、捕杀。

2. 物理防治　可利用黑光灯诱杀成虫。

3. 生物防治　利用昆虫病原微生物青虫菌及昆虫病原线虫嗜菌异小杆线虫、芫菁夜蛾线虫等田间喷雾防治幼虫；保护天敌如天牛卵长尾啮小蜂 *Aprostocetus fukutai*、大斑啄木鸟、斑啄木鸟 *Dendrocopos major*，在林区适当保留一些枯立木和大树，使其形成异龄林状态，或在中幼林内设置心腐巢木或空心巢木，招引啄木鸟入林；桑树夏伐时，剪取带有桑天牛卵的枝条悬挂桑园，可繁育桑天牛卵寄生蜂。

4. 化学防治　幼虫尚未蛀入木质部前，可选用内吸性强的杀虫剂喷洒枝干及产卵部位，毒杀卵及幼虫；在孵化盛期连续喷药可提高防治效果；对已蛀入树干的幼虫可以采取注射药物、药物堵孔、毒签熏蒸等方法。

（陈君　乔海莉）

二、桑绢野螟

（一）分布与危害

桑绢野螟 *Diaphania pyloalis*(Walker)又称桑螟，俗名青虫、油虫、卷叶虫等，属鳞翅目 Lepidoptera 螟蛾科 Pyralidae。分布于江苏、浙江、四川、山东、台湾、安徽、江西、湖北、广东、贵州植桑区。以为害桑树为主。夏秋季幼虫吐丝缀叶成卷叶或叠叶，幼虫隐藏其中咀食叶肉，残留叶脉和上表皮，形成透明的灰褐色薄膜，后破裂成孔，称“开天窗”，其排泄物污染叶片，影响桑叶质量，9～10 月因该虫为害致桑叶枯黄，给桑叶产量和质量造成重大损失。

（二）形态特征

成虫：体长约 10mm，翅展约 20mm，体茶褐色，被有白色鳞片，呈绢丝闪光，头小，两侧具白毛，复眼大，黑色，卵圆形，触角灰白色鞭状。胸背中间暗色，前后翅白色带紫色反光，前翅具浅茶褐色横带 5 条，中间 1 条，下方具 1 白色环形斑，斑内有 1 褐点。后翅沿外缘具宽阔的茶褐色带。

卵：长约 0.7mm，扁圆形，浅绿色，表面具蜡质。

幼虫：老熟幼虫体长约 24mm，头浅色，胸腹部浅绿色，背线深绿色，胸部各节有黑色毛片，毛片上生刚毛 1～2 根。

蛹：长约 11.0mm，长纺锤形，黄褐色。胸背中央具隆起纵脊，末端生细长钩刺 8 根。

（三）发生规律

山东 1 年 3～4 代，贵州 1 年 3～5 代，江苏、浙江、四川 1 年 4～5 代，广东顺德 1 年 6～7 代，在江西修水 1 年 6～8 代，以发生 5 代为主，世代重叠严重。以老熟幼虫在树干裂缝、卷叶等处越冬。田间各代早批幼虫的为害高峰期分别为 5 月上旬、5 月底、6 月下旬、7 月中旬、8 月中旬初、9 月中旬，10 月下旬全部越冬。广东湛江 1 年 10～11 代，台湾 10 代，世代重叠，无明显越冬现象。1 年 3 代区春天化蛹，各龄幼虫盛发期分别为 6 月下旬、7 月下旬、8 月下旬，第 3 代为害重，老熟幼虫于 9 月下旬～10 月上旬越冬；4 代区各代幼虫发生盛期为 6 月中旬、7 月中旬、8 月中旬、9 月中旬，其中以 4 代为害最重。幼虫隐蔽，为害严重。低龄幼虫多集中，在枝条顶部叶片、叶脉分叉处和顶芽中为害，取食下表皮和叶肉，不易被发现，3 龄起吐丝卷叶或叠叶居中取食。成虫有趋光性，卵产在梢端叶背，常 2～3 粒沿叶脉产在一起。卵期 28 天，幼虫期 12～19 天，蛹期 5～27 天。

（四）防治措施

1. 农业防治　在晚秋 11 月底前进行全面清园，彻底清除桑园所有的残叶，并集中销毁，铲除桑园内及四周的杂草，剪去枯枝，降低越冬虫口基数；结合春叶期桑园管理，对夏伐桑树全面进行摘心，并带出园外集中处理，消灭部分隐藏在心叶内的幼虫；适当控制桑园氮肥施用量，增施有机肥及磷、钾肥，实行配方施肥，以增强桑树的抗虫能力。

2. 生物防治　桑绢野螟的天敌有 10 多种，最常见且自然寄生率较高的有桑螟绒茧蜂、守子蜂、菲岛赤眼蜂、广赤眼蜂、松毛虫赤眼蜂等，冬季用束草或堆草诱集越冬老熟幼虫，翌年早春将草把放入寄生蜂保护器中，待蜂羽化飞走后处理草把，既减少越冬虫源，又保护利用天敌。

3. 物理防治　成虫羽化期田间安置杀虫灯诱杀成虫。

4. 化学防治　在幼虫 2 龄末期尚未卷叶前喷施 BT 等适宜药剂防治。

（陈君）

三、桑白蚧

（一）分布与危害

桑白蚧 *Pseudaulacaspis pentagona* (Targioni-Tozzetti)又名桑拟轮蚧、桑盾蚧等，属半翅目 Hemiptera 盾蚧科 Diaspididae。国外主要分布于欧洲、南美洲、亚洲等。国内主要分布于河北、浙江、广东、山东、辽宁、内蒙古、新疆、台湾等地。寄主植物为庭园花木和多种经济林木，以桑、桃、李、杏等核果类果树危害较重。主要以雌成虫和若虫群集在主干与侧枝上，以口针刺入植株的皮内吸食汁液，导致植株养分供应不足，严重时，整株枝干密集分布雌成虫白色介壳或是雄虫白色絮状蛹壳，造成植株发育不良，枝梢萎蔫，叶片早落，最终使树体干枯死亡，造成严重的经济损失。

（二）形态特征

雌成虫：橙黄或橙红色，体扁平卵圆形，长约 1mm，腹部分节明显。雌介壳圆形，直径 2～2.5mm，略隆起，有螺旋纹，灰白至灰褐色，壳点黄褐色，在介壳中央偏旁。雄成虫橙黄至橙红色，体长 0.6～0.7mm，翅 1 对。雄介壳细长，白色，背面有 3 条纵脊，壳点橙黄色，位于介壳的前端。

卵：椭圆形，长 0.25～0.3mm。初产时淡粉红色，渐变淡黄褐色，孵化前橙红色。

初孵若虫：淡黄褐色，扁椭圆形，体长约 0.3mm，可见触角、复眼和足，能爬行，腹末端具尾毛两根，体表有棉毛状物遮盖。蜕皮之后眼、触角、足、尾毛均退化或消失，开始分泌蜡质介壳。

（三）发生规律

桑白蚧发生世代随地理位置和气候条件的不同而不同，在北方一般 1 年 1～2 代，在南方则 1 年 3～5 代。在广东 1 年 5 代，主要以受精雌虫在寄主上越冬。春天，越冬雌虫开始吸食树液，虫体迅速膨大，体内卵粒逐渐形成，遂产卵在介壳内，每雌产卵 50～120 粒。

卵期10天左右（夏秋季节卵期4～7天）。若虫孵出后具触角、复眼和胸足，从介壳底下各自爬向合适的处所，以口针插入树皮组织吸食汁液后就固定不再移动，经5～7天开始分泌出白色蜡粉覆盖于体上。雌若虫期2龄，第2次蜕皮后变为雌成虫。雄若虫期也为2龄，蜕第2次皮后变为“前蛹”，再经蜕皮为“蛹”，最后羽化为具翅的雄成虫。但雄成虫寿命仅1天左右，交尾后不久就死亡。

（四）防治措施

1. 农业防治　在桑白蚧越冬休眠期清理果园，用硬毛刷或细钢刷，刷掉密集在枝干上的越冬雌成虫，结合整形修剪，剪除被蚧虫严重为害的枝条，将过度郁闭的衰弱枝条集中销毁，可大大降低虫口基数；同时，还可以将凡士林涂抹在为害较轻的枝条上，阻止桑白蚧若虫向其迁徙。

2. 生物防治　桑白蚧捕食性天敌包括5目6科18个种。天敌黑缘红瓢虫、红点唇瓢虫、日本方头甲、桑盾蚧盗瘿蚊、白蜡虫花翅跳小蜂、榆砺蚧跳小蜂、红圆蚧金黄蚜小蜂、盾蚧长缨蚜小蜂、桑盾蚜扑虱蚜小蜂等对桑白蚧卵、若虫、成虫具有很好的捕食和寄生能力，应加以保护和利用。

3. 化学防治　石硫合剂可有效防治桑白蚧若虫。在早春芽萌动前喷洒5～7波美度石硫合剂，越冬雌成蚧死亡率达75%～90%；在各代若虫孵化初盛期，喷洒0.5波美度石硫合剂，死亡率为95.6%；在若虫分散转移期喷施1波美度石硫合剂，若蚧死亡率可达98%。

（陈君）

四、桑尺蠖

（一）分布与危害

桑尺蠖 *Phthonandria atrilineata* Butler 又称桑痕尺蛾、桑搭、造桥虫、树丁子、剥芽虫、寸寸丁等，属鳞翅目 Lepidoptera 尺蛾科 Geometridae。国外主要分布于朝鲜、日本；国内分布于山东、山西、安徽、江苏、浙江、台湾、湖北、福建、河南、河北、重庆、辽宁、吉林、陕西、湖南、广东、广西、四川、贵州等地，寄主为桑树。桑尺蠖是一种以幼虫为害冬芽及萌发后的嫩芽嫩叶的重要害虫之一。以春季、秋季危害最重。近年来，桑园桑尺蠖发生量逐年增加，危害猖獗，发生严重地方桑叶生产损失率达15%以上，给桑树生产造成严重损失（图13-6a）。

（二）形态特征

成虫：体色灰黑，体形雌蛾略大于雄蛾，体长分别为18～20mm和16～18mm。复眼球形，黑色。触角栉齿状，雌蛾触角较雄蛾短，体和翅都是灰褐色，前翅外缘呈不规则齿状，有灰褐色缘毛，中央有两条黑色曲折的横线。后翅外缘呈齿状，有灰褐色缘毛。前后翅上均散有不规则的深褐色横纹。足暗褐，中足胫节有1对小刺，后足胫节有2对。

卵：扁平椭圆形，中央略凹，大小约0.8mm×0.5mm。初产时淡绿色，孵化前变为暗紫色。未受精卵，产出时呈黄色。

幼虫：体圆筒形，前细后粗，背面散有黑色小点，酷似桑树小枝。成熟幼虫体长约52mm，头部暗褐色。胸部第2、第3节背面各有8个小黑点，排成1横排。腹足2对，着生在第6、第9腹节上。头、胸、翅芽和足上有粗糙不规则皱纹，第1～8腹节有许多刻点，臀棘略呈三角形，上生8根钩刺，中间2根最长，尖端向左右两侧弯曲（图13-6b）。

蛹：圆筒形，长17～22mm，紫褐色，具粗糙不规则的皱纹，臀棘略呈三角形，茧浅褐色，茧层疏薄。

（三）发生规律

在江苏、浙江和安徽等地1年4代，幼虫5个龄期。以第4代幼虫潜入树隙或平伏枝上越冬。次年4月开始活动，剥食桑芽，桑展叶后为害桑叶，再蜕3次皮后化蛹。蛹期9～20天。越冬代成虫于5月中旬产卵，下旬孵化，以后各代分别于7月上旬、8月中旬、9月下旬出现幼虫，11月上旬开始蛰伏越冬。卵产在枝顶端嫩叶背面，且大多群集一处。一般每只雌蛾产卵600粒左右，多者达千余粒。卵期5～9天。幼龄幼虫日夜为害，以夜间及凌晨取食最盛，日中多静止于枝上荫处，有的平伏，有的吐丝下垂，腹足、尾足紧夹枝条，虫体斜立似枯枝状，不易觉察。生长季节幼虫期25～30天，越冬幼虫约220天。成虫夜间活动，有趋光性。羽化后12～18小时即交尾，以夜间24时后最盛。交尾1小时左右，翌日开始产卵。产卵期一般2～4天，也有长达9～15天的。初孵幼虫具有群集性，往往先群体食害下表皮及绿色组织，被害叶面呈现透明斑点。长大后再分散沿叶缘向内啃食成大缺刻或全叶吃光，并排粪污染桑叶。

（四）防治措施

1. 农业防治　结合桑园秋冬管理，清除桑园残叶、落叶并集中处理，降低桑尺蠖的越冬基数；冬天用石灰泥浆填塞老桑树的树缝裂隙，阻止入内越冬的桑尺蠖幼虫外出；结合桑园管理，早春桑芽萌动阶段及时捕捉桑尺蠖越冬幼虫，随见随捉减少虫口密度；越冬前把稻或麦草捆在枝条上形成草束结，以诱集幼虫入内蛰伏，翌年早春在桑尺蠖幼虫未活动前解下束草，带出桑园集中处理。

2. 物理防治　利用桑尺蠖成虫的趋光性，安置杀虫灯诱杀成虫。

3. 生物防治　桑尺蠖的天敌昆虫有桑尺蠖脊茧蜂、桑尺蠖绒茧蜂、桑尺蠖黑卵蜂等。当发现桑枝上有倒挂、变黑、硬化的桑尺蠖幼虫时，要加以保护，让寄生蜂繁殖寄生，以提高寄生率；有条件的地方，可在桑树上设点悬挂将要羽化出蜂的寄主，或在桑尺蠖发生严重的桑园中间，一次性放置即将出蜂的蜂源寄主，让其自然羽化飞出，可有效地控制桑尺蠖的为害。

4. 化学防治　在幼虫发生高峰期选择适宜药剂田间喷雾防治，药剂选择和施药时间需考虑天敌的发生情况，最大限度保护天敌资源。防治重点为越冬代与第3代幼虫。

（陈君　徐常青）

第七节 紫苏叶、紫苏梗、紫苏子
Zisuye、Zisugeng、Zisuzi
PERILLAE FOLIUM、PERILLAE CAULIS、PERILLAE FRUCTUS

紫苏 *Perilla frutescem* (L.) Britt.又名桂荏、白苏、赤苏等，为唇形科一年生草本植物。以干燥的叶、茎、成熟果实入药，分别称紫苏叶、紫苏梗、紫苏子。紫苏性味辛，温，紫苏叶具解表散寒、行气和胃的功效，用于感冒、咳嗽、头痛等症；紫苏梗具理气宽中、止痛、安胎功效；紫苏子具降气化痰、止咳平喘、润肠通便功效。紫苏原产于中国，主要分布于印度、缅甸、日本、朝鲜、韩国、印度尼西亚和俄罗斯等国家。我国华北、华中、华南、西南、台湾均有野生种和栽培种。常见害虫有紫苏野螟 *Pyrausta phoenicealis*、纹歧角螟 *Endotricha icelusalis*、银纹夜蛾、甜菜夜蛾、斜纹夜蛾、大造桥虫、小地老虎、大地老虎、黄地老虎、棉铃虫、梨剑纹夜蛾 *Acronicta rumicis*、短额负蝗、日本绿螽 *Holochlora japonica*、中华稻蝗 *Oxya chinensis*、蒙古疣蝗 *Triophidia annulata*、东方蝼蛄、北京油葫芦 *Teleogryllus emma*、银川油葫芦 *T. infernalis*、斑须蝽、网目拟地甲、沟金针虫、细胸金针虫、铜绿异丽金龟、暗黑齿爪鳃金龟、朱砂叶螨、温室白粉虱 *Trialeurodes vaporariorum* 等。

紫苏野螟

（一）分布与危害

紫苏野螟 *Pyrausta phoenicealis* Hübner 又名紫苏红粉野螟、紫苏卷叶螟，属鳞翅目 Lepidoptera 螟蛾科 Pyralidae。分布于河北、江苏、浙江、福建、台湾等地。主要为害唇形科药用植物紫苏、糙苏、泽蓝、大麻叶泽蓝、丹参、南欧丹参、留蓝香、薄荷等。紫苏野螟以幼虫卷叶剥食紫苏叶片、咬断植株嫩梢、叶柄等，被害株率可达 30%以上，严重影响紫苏生长（图 13-7）。

（二）形态特征

成虫：体长约 6mm，翅展 13～15mm。头部橘黄色，两侧有白色条纹。下唇须向前平伸，背面黄褐色，腹面白色。触角黄褐色。胸腹部背面黄褐色，腹面及足白色。前翅、后翅橙黄色，前翅有 2 条深红色带状纹，后翅顶角深红褐色，后变为淡黄色。

幼虫：共 4 龄，成熟幼虫体长 16～18mm，体黄绿色至紫红色。头部浅褐色，有深褐色点状花纹，沿蜕裂线有“八”字纹，单眼区有黑色和白色斑。前胸背板两侧和后缘黑色，从中胸至腹部第 8 节背面每节有黑色毛瘤 3 对。气门黄色，气门筛黑色。腹足趾钩为双序缺环。

蛹：长 8～10mm，黄棕色，臀棘黑褐色，铲型，端部有 8 根白色刚毛。

（三）发生规律

在河北 1 年 2～3 代，以幼虫在落叶或土缝中结茧越冬。次年 4 月下旬，越冬幼虫开始化蛹。越冬代成虫发生期为5月上旬至6月中旬。雌蛾5月中下旬在紫苏上产卵，第1代幼虫发生期在6月上旬至7月上中旬，成虫于7月上旬开始出现。第2代卵发生期为7月下旬至8月上旬，幼虫期为8月中下旬，此代部分幼虫老熟后结茧越冬，部分幼虫继续发育并于8月中旬至9月上旬化蛹羽化为成虫，因此第2代为局部世代。第3代卵期为8月下旬至9月上旬，此代幼虫9～10月陆续结茧滞育越冬。

成虫白天多在背阴暗处栖息，夜晚活动。雌蛾产卵前期为2～3天。卵散产在叶背支脉近旁。幼虫孵化后吐丝卷叶成筒状，并隐蔽其中取食。幼虫活跃，有吐丝下垂习性。高龄幼虫常出巢活动，并能咬断嫩枝及叶柄，使其垂挂于植株上，干枯脱落，造成更严重损害。

（四）防治措施

1. 农业防治　秋季收获之后，及时清除落叶，翻耕土地，可以消灭越冬幼虫；幼虫发生期，可结合田间清理，摘除有虫卷叶并杀死其中幼虫。

2. 物理防治　成虫期安置杀虫灯诱杀成虫、降低田间落卵量、压低虫口基数。

3. 药剂防治　在幼虫盛发期，施用BT等药剂喷雾防治。

（陈君　程惠珍）

第八节　薄荷
Bohe
MENTHAE HAPLOCALYCIS HERBA

薄荷 *Mentha haplocalyx* Briq.为唇形科多年生宿根性草本植物。以干燥地上部分入药，具疏散风热、清利头目、利咽透疹、疏肝行气之功效。同时是一种有特种经济价值的芳香作物。主要分布于美国、西班牙、意大利、法国、英国、巴尔干半岛等；广泛分布于我国各地，主产区为云南、江苏、浙江、江西等。常见害虫有薄荷黑小卷蛾 *Endothenia ericetana*、黑点丫纹夜蛾 *Autographa nigrisigna*、甜菜夜蛾、银纹夜蛾、斜纹夜蛾、大地老虎、小地老虎、黄地老虎、孔雀蛱蝶 *Aglais io*、花生蚀叶野螟 *Lamprorsema diemenalis*、白卡绵蚜 *Eriosomat* sp.、造桥虫、尺蠖等。

一、薄荷黑小卷蛾

（一）分布与危害

薄荷黑小卷蛾 *Endothenia ericetana* (Westwood)属鳞翅目Lepidoptera卷蛾科Tortricidae，目前只在江苏和新疆伊犁发现。主要为害薄荷，以幼虫钻蛀薄荷根茎部为害，导致植株死亡、薄荷减产，同时由于钻蛀造成大量伤口而引起根部病害加剧，每年开春造成薄荷大面积死亡，该虫在新疆薄荷种植区100%发生，为害严重的地块薄荷百茎虫蛀率达60%～90%，重发地块占整个种植面积的60%以上，一般减产20%左右。导致来年开春薄荷出现大面积死亡，给当地薄荷生产造成了巨大威胁。

（二）形态特征

成虫：小型蛾，体长8～12mm，翅展20～22mm。下唇须较长，向上卷曲，末节细长而尖，下垂。前翅灰褐色，花纹斑不太明显。基斑中节呈块状，红褐色，与基斑中间凸出部连接，与后缘不连接。中带中室处内外缘凸出呈黑褐色，前缘接近顶角，色淡。中带外侧有1块青蓝色斑，其外缘有不太明显的淡白斑点一行。后翅褐色。雌虫比雄虫色深，斑块也较明显。

卵：椭圆形，堆产，外有一层黏液状覆盖物。

幼虫：初龄白色。老熟幼虫体长12～18mm，淡黄、淡绿色，可见褐色背线。头部褐色。额区狭长，后唇基区呈等腰三角形。侧单眼6个。前胸背板黄色，胴部每节有4个小毛片，分布在气门上方，呈等腰梯形排列。

蛹：淡褐色至深褐色。体长10～12mm。下部腹节能活动，每节有成排刺状刻点。腹末有2个肉质状突起，顶端生较长刚毛，有尾刺5根。

（三）发生规律

在新疆伊犁地区1年2代。以老熟幼虫在薄荷根周围土壤或根茎中越冬；第2年3月底开始活动取食，4月中下旬开始化蛹，5月上中旬越冬代成虫出现，5月下旬至6月上旬幼虫开始钻蛀为害，7月中下旬1代成虫出现，成虫羽化高峰期一般在7月下旬；8月上旬2代幼虫开始钻蛀为害，2代幼虫田间发生比较集中。成虫白天隐蔽，夜间活动，卵堆产。一般长势比较好的嫩绿田块发生严重，在田间呈核心型分布。种植年限和幼虫数量正相关。

在江苏1年3代，以老熟幼虫在薄荷根中越冬。次年3月开始活动，5月下旬到6月初为成虫发生高峰期。成虫寿命较长，1代成虫期5～7天，最长10天。2代成虫发生期30天左右。7月中下旬为成虫发生高峰期。8月下旬至9月初第3代成虫开始羽化。成虫白天隐蔽，夜间活动，有趋光性。夜间20～22时扑灯数量最多。

（四）防治措施

1. 农业防治　水旱轮作，冬灌进水可压低虫口基数。避免连作重茬，与其他作物实行3年以上的轮作。

2. 物理防治　在薄荷黑小卷蛾成虫羽化期用黑光灯进行诱杀，效果较好。

（陈君　杨孟可）

二、黑点丫纹夜蛾

（一）分布与危害

黑点丫纹夜蛾 *Autographa nigrisigna* 属鳞翅目 Lepidoptera 夜蛾科 Noctuidae，又名黑点银纹夜蛾、黑纹金斑蛾，是薄荷上一种暴发性食叶害虫。分布于江苏、浙江、江西、广东等地。寄主植物有薄荷、留兰香、莴苣、甘蓝、胡萝卜、棉花、大豆、茄子、花生、金花菜等。该虫以幼虫为害薄荷叶片，在江苏薄荷产区发生普遍，危害严重。

（二）形态特征

成虫：长约 17mm，翅展约 34mm，黑褐色，后胸及第 1、第 3 腹节背面有褐色毛块。前翅中央具显着的银色斑点及“U”形银纹；后翅淡褐色，外缘黑褐色。卵半球形，黄绿色，表面具有纵横网格。

幼虫：末龄幼虫体长约 32mm，头部褐色，两颊具黑斑；胴部黄绿色，背面具 8 条淡色纵纹，气门线淡黄色；胸足 3 对，黑色；腹足 2 对；尾足 1 对，黄绿色。

蛹：长 15～20mm，褐色，臀棘具分叉钩刺，其周围有 4 个小钩。茧簿，由外面可见到蛹形。

卵：除产卵为无色透明，后略带淡绿色。

（三）发生规律

在江苏海门 1 年 5 代。头刀薄荷生长期 3 月下旬至 7 月下旬发生两代。二刀薄荷生长期 8 月上旬至 10 月下旬发生 3 代。第 1 代为 5 月中下旬至 6 月下旬，幼虫盛期在 6 月上旬至 6 月中下旬。第 2 代在 6 月下旬至 7 月中下旬，幼虫在 7 月中旬较多。第 3 代发生在 8 月，虫数稀少。第 4 代在 9 月，幼虫盛期在 9 月中下旬。第五代在 9 月下旬至 10 月中旬，虫数稀少。第 1、第 4 代发生期气候条件较为适宜，田间郁闭度大，有利于成虫活动，产卵卵量大，卵孵化率高，田间幼虫密度最大，为害最重。

在上海 1 年 5～6 代，以蛹越冬。第 2 年 4 月下旬成虫羽化，之后每个月约完成 1 代，有世代重叠。成虫飞翔能力和趋光性都很强。成虫羽化 1 天后即可交尾。交尾后 10 小时开始产卵，产卵前需补充营养。喜在枝叶茂盛、株型较高的薄荷上产卵。卵产在植株中上部叶背边缘处，每叶片只产 1 粒卵，每雌一生可产 325～450 粒卵。初孵幼虫出壳后将卵壳吃掉，1 天后开始取食。1 龄幼虫先停栖在叶背，只食叶表皮，啃成窗状痕，2 龄以后蚕食全叶，3 龄后食量大增，每昼夜可食薄荷叶 3～5 片。初龄幼虫多分布在植株中下部，3 龄以后上下活动剧烈。幼虫遇惊扰时，口吐绿色液体并坠落植株下。幼虫共 5 龄，每龄历期 2～3 天，幼虫期 14～22 天。幼虫老熟后，将叶卷成半圆筒形，吐丝做成白色薄茧，1～2 天后化蛹，老熟幼虫茧外包以薄荷叶片，多分布在植株中下部。第 1 代幼虫在田埂杂草上为害，第 2 代成虫羽化正值第 1 期夏季薄荷生长盛期，成虫大量飞向薄荷田产卵为害，9 月下旬转向甘蓝、芹菜、萝卜、胡萝卜、油菜田为害。

（四）防治措施

1. 生物防治　黑点丫纹夜蛾幼虫、蛹的天敌有夜蛾跳小蜂 *Litomastix* sp.、夜蛾姬小蜂 *Plettrotropis* sp.、昆虫病毒病和白僵菌等，注意保护和利用天敌资源。

2. 化学防治　黑点丫纹夜蛾是一个暴发性害虫，暴食期只 8 天左右，在 3 龄幼虫暴发之前的 1～2 龄时期选择适宜药剂喷雾防治，连续防治两次将幼虫消灭在盛发之前。

（陈君　杨孟可）

三、甜菜夜蛾

（一）分布与危害

甜菜夜蛾 *Spodoptera exigua* (Hübner)又名玉米夜蛾，属鳞翅目 Lepidoptera 夜蛾科

Noctuidae。国内分布于河南、河北、山东、陕西及东北、西北与长江流域各地。主要药用植物寄主有薄荷、红花等。初龄幼虫在叶背群集结网，取食叶肉残留上表皮。3 龄以后将叶吃成不规则的孔洞和缺刻，并留有细丝缠绕的粪屑，有的叶片被食尽，仅留主脉。

（二）形态特征

成虫：体长 10～14mm，翅展 25～30mm。体灰褐色。前翅内横线和外横线均为黑白二色双线，外缘线由 1 列黑色三角形小斑组成，环状纹圆而小，黄褐色，肾状纹大，灰黄褐色。后翅白色，半透明，背面银白色，微带红色闪光，外缘有 1 列半月形灰褐色斑。

卵：半球形，直径 0.2～0.3mm，表面有 40～50 条浅纹。卵粒多层排列成块，上有白色的绒毛覆盖。

幼虫：成熟幼虫体长 22～30mm，体色变化大。有绿色，黄褐和暗褐等色。胴部有不同颜色的背线。气门下线为明显的黄白色纵带，其末端直达腹末，但不弯至臀足。各体节气门的后上方有一明显的小白点。

蛹：长约 10mm。黄褐色，第 3～7 节背面和第 5～7 节腹面有粗刻点。臀刺 2 根呈叉状，基部有短刚毛 2 根。

（三）发生规律

在陕西、河北、山东等地 1 年 4～5 代，以蛹在土中越冬。越冬后的蛹发育起点温度为 10℃，发育有效积温为 220 日·℃。在山东第 1 代幼虫盛期在 5 月上中旬、第 2、第 3 代幼虫盛期分别在 6 月上中旬和 7 月中下旬，第 4 代幼虫盛发期在 9 月上中旬；第 5 代幼虫盛发于 10 月上中旬。各世代历期不同，第 1～3 代为 21～26 天，第 4 代平均 32.5 天，世代间常重叠发生。不同分布地区，各世代为害寄主作物不同。在河南、河北等省，薄荷在 7～8 月受害最重。

成虫白天潜伏，夜晚取食、交尾和产卵，对黑光灯有强趋性。卵多产在寄主植物叶背面或叶柄上，平铺一层或多层形成卵块。每头雌蛾可产卵 100～600 粒。初孵幼虫群集取食，3 龄以后分散食害。幼虫白天潜伏寄主植株基部或表土内。一般下午 6 时以后至早晨 4 时之前取食活动，有假死性，受惊扰即从植株上坠落。

甜菜夜蛾抗寒能力较弱，幼虫在 2℃以下经数日即可大量死亡，蛹在-12℃低温条件下，仅能耐寒数日。因此，冬季长期低温，越冬蛹可能大量死亡。东北及新疆和内蒙古等地甜菜夜蛾不会大量发生为害，冬季低温可能是决定因素。

（四）防治措施

1. 农业防治　晚秋或初冬翻耕土壤，消灭越冬蛹，春季 3～4 月清除田间和畦边杂草，消灭上面的初龄幼虫；在 7～8 月，第 3～4 代成虫发生高峰和产卵盛期，可用黑光灯诱杀成虫，在人力许可的条件下可进行人工采卵和捕杀初孵幼虫。

2. 化学防治　甜菜夜蛾第 3～4 代幼虫发生期，是防治重要时期，在幼虫 2～3 龄阶段及时施药防治。

（陈君　程惠珍）

四、银纹夜蛾

（一）分布与危害

银纹夜蛾 *Ctenoplusia agnata* Staudinger 属鳞翅目 Lepidoptera 夜蛾科 Noctuidae。分布于全国各地，以黄淮和长江流域发生普遍。药用植物寄主有薄荷、板蓝根、泽泻、菊花、地黄、紫苑、紫苏、荆芥等。幼虫取食叶片，造成缺刻和孔洞，严重为害时可将植株叶片食光，仅留叶脉。薄荷、紫苑往往受害较重。

（二）形态特征

成虫：体长 15～17mm，翅展 32～36mm。头胸灰褐色，前翅深褐色有紫蓝色闪光，亚端线明显，中室后方有“U”形银斑，其外后方有 1 银白色小斑，两斑靠近而不相连。后翅暗褐色有金属光泽。雄蛾腹部两侧有长毛簇。

卵：半球形，直径 0.4～0.5mm。初产时乳白色，后变淡黄色，近孵化时为紫色。从顶端向四周有许多放射状纵纹。

幼虫：末龄体长 25～32mm。头部绿色，体淡黄绿色。体前端较细后端粗。背线白色双线，亚背线白色，气门线黑色，气门黄色，边缘黑褐色。胴部第 8 节背面肥大。腹足 3 对。雄性幼虫 4 龄后在第 8 节上有 2 个淡黄圆斑，无斑则为雌虫。

蛹：体长 18～20mm，纺锤形，背面褐色，腹面淡绿色，近羽化时全为黑褐色，腹部末端有 8 根弯曲的臀刺，蛹外有白色疏松的丝茧。

（三）发生规律

银纹夜蛾 1 年发生的代数因地理分布不同而异。在黄淮和长江流域 1 年 5～6 代。在山东 1 年 5 代，以蛹在枯叶下越冬。次年春季越冬蛹羽化为成虫产卵繁殖。第 1 代幼虫发生于 4 月下旬至 6 月下旬，第 2 代幼虫发生于 6 月中旬至 7 月中旬，第 3 代发生于 7 月下旬至 8 月中旬，第 4 代幼虫发生于 8 月中旬至 9 月中旬，第 5 代发生于 9 月上旬至 10 月中旬。第 1 代幼虫主要为害十字花科蔬菜和其他绿肥植物，发生数量很少。第 2 代开始为害药用植物寄主。在第 3 代发生期，正值薄荷生长旺盛时期，大量银纹夜蛾成虫飞向薄荷田产卵，虫口数量大，薄荷往往受害严重。第 4 代以后转向其他作物上为害，第 5 代末龄幼虫多在枯叶下或土缝中化蛹越冬。

成虫多在上午羽化，昼伏夜出，趋光性强，羽化后 1～2 日即可交尾产卵。卵多产在中部叶片背面。每雌可产卵 300～400 粒，卵期 3～5 天。幼虫孵化后先在叶背取食叶肉，残留上表皮，2 龄以后开始残食叶片，3 龄之后食量大增，每昼夜可取食 3～5 片叶，严重发生时薄荷植株叶片被食尽，仅剩残叶或光秆。银纹夜蛾幼虫较活泼，遇惊扰时，具假死性，晴日多潜伏在叶背，夜晚和阴天在叶面取食。幼虫老熟后在叶背结茧化蛹。

银纹夜蛾的发生受虫源和温湿度的影响较大。第 1、第 2 代虫源数量少，为害薄荷、紫苑等药用植物较轻，第 3 代发生期虫口基数大，在此期间多雨适温，卵孵化率和初龄幼虫成活率高，易大发生。但在卵期和初龄幼虫期如遇暴雨冲刷，发生量则受一定抑制。

（四）防治措施

1. 农业防治　银纹夜蛾为害药用植物寄主种类很多，秋季寄主田块是其化蛹越冬场所，秋末冬初清理田园，可消灭越冬蛹；在生长季节，可利用幼虫假死性，振动寄主叶片，使幼虫掉落杀死。

2. 化学防治　幼虫3龄以前抗药力低，施药防治效果好。可选用生物农药BT等。

（陈君　程惠珍）

五、白卡绵蚜

（一）分布与危害

白卡绵蚜 *Eriosomat* sp.又称薄荷根蚜，属半翅目 Hemiptera 绵蚜科 Eriosomatidae，目前仅在江苏大丰、东台发现为害薄荷根部。根蚜附着于须根上刺吸汁液，并分泌白色绵状物包裹须根阻碍根对水分、养分的吸收。被害薄荷明显矮缩、顶部叶深黄，由上而下逐渐淡黄到黄绿，叶脉绿色，最后黄叶干枯脱落，茎秆也同样由上而下褪绿变黄，叶片变窄，减产20%～40%，严重时连成片发生。

（二）形态特征

若蚜：体长约1.5mm，宽约0.5mm。体橘黄色、淡紫或紫黑色，腹部背面每节有6个排列整齐的蜡腺点，胸腹有白色絮状物。

无翅胎生雌蚜：体橘黄色，长约1.5mm，宽约0.9mm，复眼褐色，腹部背面各有6个蜡腺点。

（三）发生规律

在江苏东台5～7月在头刀薄荷植株上发生，虫口密度较低。9月中旬随着虫口数量增加，二刀薄荷植株开始变黄，10月中旬虫口密度达到高峰。

白卡绵蚜主要在地下0～10cm土层内为害薄荷须根，集中分布在0～5cm土层内，占总虫量的64.48%；5～10cm次之，占28.32%；10～15cm虫量占7.2%。有翅蚜比例不高，占总虫量的1.15%。连作年限越长，白卡绵蚜虫量多、为害重。连作1～2年，每166m^2虫量均在200头以下，基本未见为害；连作3年，开始出现零星为害，平均虫量在760头以上；连作4年，为害严重，平均虫量在1550头以上。

（四）防治措施

化学防治　白卡绵蚜隐蔽在薄荷根际为害，可选用内吸性药剂喷淋灌根，防效明显。

（陈君）

第九节　颠茄草

Dianqiecao

BELLADONNAE HERBA

颠茄草为茄科颠茄 *Atropa belladonna* L.的干燥全草。其根、茎、叶全草入药，味微苦、辛，含东莨菪碱，具有解痉、止痛、止分泌之功效。原产于欧洲及亚洲西部，在我国北京、山东、四川、浙江、上海和河南均有栽培。常见害虫有枸杞负泥虫 *Lema decempunctata*、

瘤缘蝽 *Acanthocoris scaber*、二星蝽 *Eysarcoris guttigerus*、黄伊缘蝽 *Rhopalus maculatus*、黑唇苜蓿盲蝽 *Adelphoris nigritylus*、棉铃虫、铜绿异丽金龟、茄二十八星瓢虫 *Henosepilachna vigintioctopunctata*、桃蚜、朱砂叶螨等。

一、枸杞负泥虫

（一）分布与危害

枸杞负泥虫 *Lema decempunctata* Gebler 属鞘翅目 Coleoptera 叶甲科 Chrysomelidae。分布于新疆、青海、西藏、内蒙古、宁夏、甘肃、四川、北京、河北、江苏和福建等地。颠茄草根、枝梢、叶和果实鲜嫩，常遭到多种害虫的为害，枸杞负泥虫为颠茄的主要食叶害虫，为害严重者可将颠茄草叶片吃成网状。

（二）形态特征

成虫：体长 4.5～6.0mm，头胸狭长，头部、触角、前胸背板、小盾片和体节腹面为蓝黑色，腹节两侧和末端红褐色，头部密布细刻点，前胸背板圆筒形，分布刻点较细，两侧中央凹入，背面中央后缘处有 1 凹陷，鞘翅黄褐色至红褐色，通常有 2～10 个黑色斑点，并有粗黑点纵列，足腿节和胫节基部黄色，其余为黑色。

卵：长椭圆形，长径约 1mm，橙黄色，卵壳很薄，略透明。

幼虫：成熟幼虫体长约 7mm，头黑褐色，体灰白色，腹部肥大隆起，各节背面有 2 横列细毛，并密布很细小的黑点，胸足 3 对，腹部各节腹面有吸盘 1 对，用于附着叶面，肛门向上开口（粪便堆积在体背而得名负泥虫）。

蛹：体长约 4.5mm，淡黄色，腹端有刺状物 2 根，蛹外有灰白色棉絮状的茧包裹，茧长 5～6mm。

（三）发生规律

在河南信阳 1 年发生 5 代。10 月上旬以蛹在土下结茧越冬。次年 4 月中旬越冬代成虫羽化出土活动，为害至 5 月上旬开始交尾产卵。第 1 代发生后每月发生 1 代直至 11 月止，该虫越冬蛹在土下约 5cm 深度越冬。翌年 4 月中旬始见越冬成虫，出土后即取食补充营养，喜食刚萌发的颠茄嫩芽。交尾 3 天后成虫开始产卵，卵块多见于叶片背面近叶尖处，卵粒呈“八”字形排列，少见在叶片正面产卵。卵块有卵 2～22 粒，以每块少于 5 粒者最多见。

成虫有假死性，遇惊即坠地不动。不善飞行，多见成虫在颠茄叶片和枝条上爬行。卵经 5～10 天孵化，初孵幼虫先在叶片上爬行，后多在叶片正面取食叶肉，将叶片吃成透明小孔，随着虫龄长大，在叶片上形成孔洞和缺刻，重者将叶片吃成网状。幼虫期 10～12 天，幼虫老熟后入土吐丝结成棉絮状白茧化蛹。蛹期 8～10 天，越冬蛹可长达 210 天。5 月至 10 月均见成虫和幼虫为害颠茄叶部，成虫也可取食花，但成虫和幼虫均不为害果实。有世代重叠现象。

（四）防治措施

1. 农业防治　在枸杞负泥虫发生期，可利用其成虫假死性和飞行能力较差及幼虫群聚性等习性进行人工捕杀，产卵期摘除着卵的颠茄叶片带出田块杀灭；初冬时节结合农事活动，清除枯枝落叶及田边杂草，浅锄颠茄根际土壤，冻杀越冬蛹，可减少虫口基数。

2. 生物防治　枸杞负泥虫的卵有寄生蜂寄生，其成虫可被白僵菌和线虫感染死亡，注意保护和利用天敌资源。

3. 化学防治　发生严重时，可选择适宜药剂田间喷雾防治。

（徐常青　陈君）

二、瘤缘蝽

瘤缘蝽 *Acanthocoris scaber* (Linnaeus)属半翅目 Hemiptera 缘蝽科 Coreidae，分布于我国华东、华南、华中、西南等地，主要为害颠茄、辣椒、马铃薯、番茄、茄子、蚕豆、蕹菜、瓜类等蔬菜。瘤缘蝽以成虫、若虫群集或分散于寄主作物的地上绿色部分，包括茎秆、嫩梢、叶柄、叶片、花梗、果实上刺吸为害，以嫩梢、嫩叶与花梗等部位受害较重。果实受害局部变褐、畸形；叶片卷曲、缩小、失绿；刺吸部位有变色斑点，严重时造成落花落叶，整株出现秃头现象，甚至整株、成片枯死。

（二）形态特征

成虫：体长 11～13.5mm，体宽 4～5.1mm，深褐色，密被短刚毛及粗细不一的颗粒；头较小，触角第 2 节最长，第 4 节最短，各节刚毛较粗硬；复眼黑色，喙黄褐色；前胸背板后侧具大小不一的齿，后半段齿粗大，尖端略向后指，后侧缘齿稀小，前胸背板散生显著的瘤突，侧角向后斜伸，尖而不锐；前翅外缘基半段毛瘤显著，排成纵行，膜质部黑褐，基部内角黑色，中区隐约可见数枚黑点；胸部臭腺孔上下缘呈片状突起；各足胫节基部有 1 黄白色半环圈，后足腿节膨大，内侧端半段具 3 刺，外侧顶端具 1 粗刺；腹背橘黄色，侧缘各节基部黄色，体下稍带棕色，密被棕黄色绒毛，尤以胸部更甚，腹面侧缘具黄白色斑。

卵：长约 1.5mm，宽约 1mm；近椭圆形，有棱边和金属光泽，初产时棕黄色，孵化前变为棕褐色。形状不规则，卵粒排列稀疏且均匀。

若虫：共 5 龄。1 龄体长 2～2.2mm，宽 0.8～1mm，体扁，形若蚁，头背面灰白色；触角黑褐，被较多的白或褐色刚毛及毛瘤；复眼红色；喙第 1 节及第 2 节基部白色，其余各节黑色；胸背灰黑，中线白色，胸侧及足红棕色，足被白或褐色刚毛及毛瘤，各足腿节末端白色，具 1 黑刺；腹部绿或黄绿色，毛瘤及刚毛较多，背面毛瘤横列成行，有细横纹；腹背 4～5 及 5～6 节间各有 1 黄色大瘤突，其上各生臭腺孔 1 对。2 龄体长 2.6～3mm，宽约 1mm，密被白色细毛、毛瘤及刺，触角、喙、足初蜕皮时为红棕色，后变棕黑，复眼暗红色；胸背侧缘延展呈片状，白色，上翘，末端具刺；腹背大瘤突棕黑色。4 龄体长 6～7mm，宽 2～3mm，褐色，密被白色细毛，尤以背面更多；有棕色小圆斑，以腹面更密而清楚；头基半部黑褐，胸背侧缘白边更宽，前胸前缘白色，翅芽伸达第 1 腹节；腹侧缘各节后缘有 1 褐色点斑。5 龄体长 8～9mm，宽 3～4mm，全体密被黄色细绒毛，从头至腹末纵贯 1 白色细线，触角黑褐，前胸背板前缘及侧缘黄白色，翅芽伸达第 3 腹节，足黑褐，腿节膨大，具刺和颗粒，外侧顶端具 1 粗刺，胫节基部两侧有 1 黄斑；腹部黄褐色，胸部背面、腹部背面第 3～4 节及第 4～5 节间黑褐色，侧接缘各节具刺。

（三）发生规律

1年2代，以成虫在土缝、砖缝、石块及枯枝落叶下越冬。第1代发生期为6月中旬至8月下旬，第2代为9月上旬至11月中旬。次年4月中旬成虫开始活动，为害产卵至6月中旬。成虫无趋光性，以晴天中午活动最盛，喜群聚栖息在颠茄枝条上，瘤缘蝽整天可集中于植株中上部幼嫩叶片、叶柄、果柄、枝条上吸食汁液，在一根枝条上可以群聚数十头成虫和若虫。成虫受惊后立即坠落，同时由臭腺孔释放有刺激性气味的腺液。雌雄虫多次交配，时间多在11～20时进行。交配后第2天便可产卵，卵多产在颠茄草上部完全展开的叶片正面靠近叶尖处。卵块产，每块卵有几粒至几十粒不等，一般15～30粒，一头雌虫一生可产卵198～611粒。在室温条件下，卵期为12～17天。卵多在中午以前孵化，初孵若虫先在卵壳附近静息，数十分钟后群集于叶背主脉附近取食，受惊后迅速散开。成虫寿命短者3～4天，长者40～50天，越冬代长达100多天，雌虫寿命长于雄虫。

（四）防治措施

1. 农业防治　结合农事活动，清除枯枝、落叶及田边杂草，恶化瘤缘蝽发生及越冬环境，减轻为害；摘除着卵的颠茄草叶片，带到田外杀灭，减少虫口基数；在瘤缘蝽成虫和若虫发生期，利用其群聚性和假死性，将其振落于装有适量洗衣粉稀释液的盆内，带出颠茄草田杀灭，效果明显。

2. 生物防治　瘤缘蝽的捕食性天敌有中华大刀螳 *Tenodera sinensis* (Saussure)、草间小黑蛛 *Erigonidium graminicola* Sundeval 和三突花蟹蛛 *Misumenopos tricuspidatus* (Fabricius) 等，注意保护和利用。

（陈君）

附表　其他全草类药材虫害

1. 一点红（一点红 *Emilia sonchifolia*）

害虫名称	分类地位	为害虫态	危害部位	为害特点（状）	发生规律	防治措施
菊小长管蚜	半翅目 蚜总科	成蚜 若蚜	叶 生长点	为害生长点的叶片，使生长点萎缩，叶片皱缩，造成植株生长发育不良。	每年3月开始活动，4～5月为繁殖高峰，7～8月高温期为害较轻，天气干旱时为害严重。	保护天敌，喷施内吸性杀虫剂。
斜纹夜蛾	鳞翅目 夜蛾科	幼虫	叶	咬食叶片，造成叶片孔洞缺刻。	1年4～5代，世代重叠。5～9月为高发期。	低龄幼虫期喷施药剂防治。
二斑叶螨	蜱螨目 叶螨科	成螨 若螨	叶	成螨、若螨群集叶背或嫩芽吸食汁液，使叶片变黄脱落。	在寄主枝叶或田间杂草中越冬，3月开始活动，一直延续到秋季，高温干旱季节仍可见其为害。	冬季用石硫合剂，杀灭枝叶上越冬成虫、若虫和卵。生长季节每隔10～15天喷施药剂，连续喷2～3次。

2. 小蔓长春花（小蔓长春花 *Vinca minor*）

害虫名称	分类地位	为害虫态	危害部位	为害特点（状）	发生规律	防治措施
桃蚜	半翅目 蚜总科	成蚜 若蚜	枝梢 嫩叶 花 嫩果	成蚜、若蚜为害枝梢、嫩叶、花和嫩果。	—	保护天敌；黄板诱杀有翅蚜；喷药剂防治。
褐软蚧 *Coccus hesperidum*	半翅目 蜡蚧科	成虫 若虫	茎 叶	为害茎叶，生长期均有发生。	—	注意清园；虫口密度小时可用瓢虫进行生物防治；低龄若虫期喷施药剂。

3. 广金钱草（广金钱草 *Desmodium styracifolium*）

害虫名称	分类地位	为害虫态	危害部位	为害特点（状）	发生规律	防治措施
黏虫	鳞翅目 夜蛾科	幼虫	茎 叶	主要为害叶片，造成不规则缺刻，也为害嫩茎，严重时叶片被吃光。	以幼虫和蛹在土内越冬。幼虫有假死性，3龄后分散为害，晚间、日出前和阴天活动取食叶片，5～6龄为暴食期，成群迁移为害。	幼虫入土化蛹期，挖土灭蛹；利用幼虫假死习性，在清晨人工捕杀；在成虫始盛期，用糖醋毒液诱杀；低龄幼虫期，喷施药剂防治。
黄褐天幕毛虫 *Malacosoma neustria*	鳞翅目 枯叶蛾科	幼虫	茎 叶	幼虫取食叶片和嫩芽，当虫口密度大时，可把全株叶片吃光，影响正常生长发育。	以卵过冬，翌年4月，幼虫开始孵化为害嫩叶，群居生活，稍大后，在干枝交叉处结网群栖。白天潜伏，夜晚外出取食。老熟幼虫开始分散，为害严重。幼虫有坠地假死性，成虫有趋光性。	冬季在被害植株周围翻土杀蛹；成虫期用黑光灯诱杀成蛾；在幼虫孵化期喷施适宜药剂。

4. 广藿香（广藿香 *Pogostemon cablin*）

害虫名称	分类地位	为害虫态	危害部位	为害特点（状）	发生规律	防治措施
暇夷翠雀蚜 *Delphiniobium yezoense*	半翅目 蚜总科	成蚜 若蚜	茎 叶	主要为害叶片和嫩枝梢，吸食汁液，造成叶片卷缩、变黄、枯焦脱落，影响广藿香的正常生长。	3月下旬至4月上旬开始发生，5～6月间大量为害，以后下降，9月上旬又大量发生，至11月底出现迁飞蚜。	保护天敌资源，或用烟筋骨泡水喷施，效果较好。
葡萄短须螨 *Brevipalpus lewisi*	蜱螨目 叶螨科	成螨 若螨	叶	成螨群集于叶背面吸取其汁液，导致叶片皱缩卷曲，发黄，影响植株的生长发育。	5月中下旬至10月为害，7～8月高温干旱时为害严重。常随寄主的残株翻入土中越冬。	春季清园；保护天敌；选用适宜药剂喷施。
小地老虎 黄地老虎	鳞翅目 夜蛾科	幼虫	根茎	地老虎的幼虫主要咬食幼苗根茎，使植株倒伏而死亡。	1年4代，以4～5月对幼苗为害最严重。幼虫经常于晚上从洞内钻出，为害幼苗。	施用腐熟有机肥，及时清除田间枯枝杂草，集中深埋或烧毁；发现幼苗倒伏，扒土捕杀幼虫；田间悬挂杀虫灯诱杀成虫；用麦麸、豆饼炒香后加药剂做成诱饵诱杀；大量发生时，药剂浇灌植株根部。

5. 木芙蓉（木芙蓉 *Hibiscus mutabilis*）

害虫名称	分类地位	为害虫态	危害部位	为害特点（状）	发生规律	防治措施
棉叶蝉 *Amrasca biguttula*	半翅目 叶蝉科	成虫 若虫	叶	成虫、若虫在叶背吸取汁液，被害叶片变黄或皱缩。	分布在长江流域以南地区，1年发生十多代。	清洁田园，铲除杂草，剪除被害枝，清理越冬场所，减少虫源；发现叶蝉被害时，在无晨露时喷施药剂防治。
四纹丽金龟 *Popillia quadriguttata*	鞘翅目 丽金龟科	幼虫 成虫	叶 根	成虫咬食叶片。	1年1代。以幼虫在土中越冬，成虫在6～9月间出现，6～7月发生数量多，为害严重。	利用其假死性进行人工捕杀；安置杀虫灯诱杀成虫，成虫盛发期喷施药剂防治。
棉蓝弧丽金龟 *Popillia mutans*	鞘翅目 丽金龟科	幼虫 成虫	叶 根	—	1年1代。越冬虫态不详，6～7月出现成虫，咬食叶片，7～8月发生数量多，为害严重。	杀虫灯诱杀成虫；盛发期喷施药剂防治。

6. 毛花洋地黄（毛花洋地黄 *Digitalis lanata*）

害虫名称	分类地位	为害虫态	危害部位	为害特点（状）	发生规律	防治措施
蛴螬	鞘翅目 鳃金龟科	幼虫	根	为害幼苗或啃食其根部，造成缺苗断垄。	—	人工捕杀；加强田间管理；开沟撒入毒饵诱杀。
地老虎	鳞翅目 夜蛾科	幼虫	茎	4龄后食量剧增，咬断嫩茎，把幼苗的茎基部咬断，造成倒伏。	1年数代。	用腐熟有机肥，及时清除田间枯枝杂草，集中深埋或烧毁；发现幼苗倒伏，扒土捕杀幼虫；田间悬挂杀虫灯诱杀成虫；用麦麸、豆饼炒香后加药剂做成诱饵诱杀；大量发生时，药剂浇灌植株根部。
蝼蛄	直翅目 蝼蛄科	成虫 若虫	根 茎	在土下咬断嫩茎或将根部撕成乱麻状，造成缺苗断垄。	1年1代，在低湿和较黏的土中发生最多。	人工捕杀；加强田间管理；开沟撒入毒饵诱杀。

7. 毛唇芋兰（毛唇芋兰 *Nervilia fordii*）

害虫名称	分类地位	为害虫态	危害部位	为害特点（状）	发生规律	防治措施
同型巴蜗牛 *Bradybaena similaris*	柄眼目巴蜗牛科		叶	4～5月叶片出土后，舔食叶片，使叶片残缺不全，严重影响产量。	—	地面撒白石灰防治。

8. 艾纳香（假东风草 *Blumea riparia*）

害虫名称	分类地位	为害虫态	危害部位	为害特点（状）	发生规律	防治措施
菜螟 *Hellula undalis*	鳞翅目 小卷叶蛾科	幼虫	心叶	幼虫蛀食心叶，形成虫包，嫩梢受害呈筋条状，严重者受害率可高达90%以上。	以幼虫在寄主上越冬。5～6月和10～11月为发生高峰。	黑光灯诱杀成虫；盛发期喷药剂防治。

（续表）

害虫名称	分类地位	为害虫态	危害部位	为害特点（状）	发生规律	防治措施
尺蠖 *Ascotia* sp.	鳞翅目 尺蛾科	幼虫	叶	嚼食叶片呈孔洞状，缘缺。	5～6 月为害。	灯光诱杀成虫；盛发期喷药剂防治。
银纹夜蛾	鳞翅目 夜蛾科	幼虫	叶	幼虫嚼食叶片或呈孔洞缺刻，排泄物污染寄主，幼龄虫在叶背取食叶肉后留上表皮，大龄幼虫取食全叶和嫩尖。	6～7 月为害，在叶背结茧化蛹越冬。	灯光诱杀成虫；虫口密度大时喷施药剂防治。
跗粗角叶甲 *Diorhabold tatsalis*	鞘翅目 叶甲科	成虫	叶	成虫食叶为害。	5～6 月为害。	喷药剂防治。
长管蚜 *Macrosiphum* sp.	半翅目 蚜总科	成蚜 若蚜	茎 叶	为害嫩梢，吸食汁液，使叶片卷缩发黄，茎芽畸形。	5～8 月为害。	保护天敌，黄板诱有翅蚜；喷药剂防治。

9. 古柯（古柯 *Erythroxylum novogranatense*）

害虫名称	分类地位	为害虫态	危害部位	为害特点（状）	发生规律	防治措施
介壳虫	半翅目 蚧总科	成虫 若虫	嫩枝 叶	成虫及若虫集聚于嫩枝、叶上吸取汁液。	5～7 月为害严重。	幼龄期喷药剂毒杀；注意清园；虫口密度小时可用瓢虫进行生物防治。

10. 白花蛇舌草（白花蛇舌草 *Hedyotis diffusa*）

害虫名称	分类地位	为害虫态	危害部位	为害特点（状）	发生规律	防治措施
斜纹夜蛾	鳞翅目 夜蛾科	幼虫	叶 花蕾 花 果实	幼虫食叶、花蕾、花及果实，严重时可将全田作物吃光。初孵幼虫群集在叶背啃食，只留表皮和叶脉；2 龄时可咬食花蕾和花；3 龄后分散为害，将叶片吃成缺刻，发生多时可吃光叶片，甚至咬食幼嫩茎秆；5～6 龄可蛀食果实。大发生时幼虫吃光一田块后能成群迁移到邻近的田块为害。	1 年 5～6 代，世代重叠，无滞育特性。成虫昼伏夜出，有趋光性、趋化性。飞翔能力强，卵多产于高大、茂密、浓绿的边际作物叶片背面及分杈处。幼虫 6 龄，初孵幼虫群集取食，4 龄后进入暴食期，多在傍晚出来为害。老熟幼虫在 1～3cm 表土椭圆形土室化蛹，有间歇猖獗发生特点。	结合田间操作摘除卵块和人工捕杀幼虫，及时摘除卵块和有初孵幼虫的叶片，如幼虫已经分散，可在产卵叶片的周围喷药，以消灭刚分散的低龄幼虫；成虫盛发期在田间设置黑光灯诱杀；也可用糖、醋、酒诱液诱杀。糖、醋、酒和水的比例为 3∶4∶1∶20；幼龄期，喷施药剂防治，10 天用药一次，连用 2～3 次。
地老虎	鳞翅目 夜蛾科	幼虫	根茎 幼苗	咬食苗期幼芽、截断根茎。	—	人工捕捉或灯光诱杀成虫。

（续表）

害虫名称	分类地位	为害虫态	危害部位	为害特点（状）	发生规律	防治措施
雀纹天蛾 *Theretra japonica*	鳞翅目 天蛾科	幼虫	叶 嫩茎	幼虫蚕食叶片和嫩茎，发生较快且危害较重，对产量和结实的影响很大。	—	做毒饵诱杀，或于清晨人工捕杀。

11. 白屈菜（白屈菜 *Chelidonium majus*）

害虫名称	分类地位	为害虫态	危害部位	为害特点（状）	发生规律	防治措施
棉红蜘蛛	蜱螨目 叶螨科	成螨 若螨	叶	成螨、若螨吸食叶片汁液，在叶背面拉丝结网，严重者叶成黄红色，甚至干枯，严重影响植株生长。	5月中下旬至9～10月为害，6月中旬和9～10月有两个为害高峰。常随寄主残株翻入土中越冬。	清园；与棉田相隔较远种植；发生期喷药剂。

12. 半枝莲（半枝莲 *Scutellaria barbata*）

害虫名称	分类地位	为害虫态	危害部位	为害特点（状）	发生规律	防治措施
棉铃虫 *Helicoverpa armigera*	鳞翅目 夜蛾科	幼虫	叶	—	—	发生时喷施BT防治。

13. 灯盏花（短葶飞蓬 *Erigeron breviscapus*）

害虫名称	分类地位	为害虫态	危害部位	为害特点（状）	发生规律	防治措施
盲蝽	半翅目 盲蝽科	成虫	花 种子	盲蝽在灯盏细辛果序上取食交配，使大量种子未完全成熟即脱落，影响种子产量与质量。通过刺吸花部组织的汁液，增加病毒病传播的几率。	1年发生多代。越冬后次年出现的第2代成虫，危害严重。以卵在植物残体及土壤中越冬，次年春季孵化；非越冬卵多产在植物组织中，卵盖外露。成虫寿命长，活跃善飞，体形微小，体外具蜡质，具有隐蔽性。	选择低毒的触杀或内吸性药剂喷雾防治。
银纹夜蛾	鳞翅目 夜蛾科	幼虫	叶	初孵幼虫取食叶肉，残留表皮，以后咬成孔洞或缺刻，大龄幼虫则取食全叶及嫩茎，排出粪便，污染植株。	1年4～5代，以蛹越冬。成虫夜间活动，有趋光性，卵产于叶背，有假死习性；幼虫老熟后多在叶背吐丝结茧化蛹。	加强栽培管理，冬季清除枯枝落叶，减少来年虫口基数；人工捕杀幼虫和虫茧；利用成虫趋光性，黑光灯诱杀成虫；保护和利用天敌；幼虫发生盛期，选择药剂于低龄期喷施，隔20天喷施1次，防治1次或2次。

（续表）

害虫名称	分类地位	为害虫态	危害部位	为害特点（状）	发生规律	防治措施
蛞蝓	柄眼目 蛞蝓科	成体 幼体	叶	蛞蝓是一种食性复杂和食量较大的害虫，成虫啃食灯盏细辛叶片成孔洞状或缺刻，影响产量和药材外观。春末夏初和秋季是为害盛期，夏季高温天气则活动减弱。	1年1代。以成虫体或幼体在植物根部湿土下越冬。春夏之交产卵，多产于湿度大的隐蔽土缝中，繁殖力强。蛞蝓怕光，夜间活动，耐饥力强，在食物缺乏或不良的环境条件下可长时间存活。阴暗潮湿条件有利的于其生长发育。	蛞蝓集中为害的田块，撒草木灰在植株上以杀虫及虫卵；田间用生石灰撒布"田"字格，限制蛞蝓活动范围，傍晚至夜间循迹撒盐使其脱水或直接捕杀；在畦边或田块边缘，采用布置浸水瓦片等方式设置阴湿环境，并以蔗糖拌新鲜蔬菜为饵诱捕；在清晨蛞蝓未入土前，全株喷洒1%的食盐水或0.1%的硫酸铜溶液灭杀。
蜗牛	柄眼目 坚齿螺科		叶 嫩芽	蜗牛主要啃食灯盏细辛的叶和嫩芽，造成产量降低和药材外观受损。	蜗牛寿命为2～7年，每年可产卵数次，初夏繁殖率高。喜阴暗潮湿、土壤疏松、多腐殖质的生活环境，昼伏夜出，怕阳光直射生存能力强，耐饥饿，耐干旱，但怕水淹。喜食植物的叶、茎、芽、花及多汁的果实。	春末夏初在蜗牛尚未进入繁殖高峰期前，以蔗棚、白菜、米糠等拌成诱饵，置于田间，人工捡拾蜗牛，并集中灭除；在春、秋蜗牛活动盛期，每亩用颗粒药剂拌细沙撒施于厢面及沟边，在灌溉后或小雨过后施药效果更佳。家禽、萤火虫、蟾蜍、鸟等都是蜗牛的天敌。
叶甲	鞘翅目 叶甲科	幼虫	叶	初春气温升高后，幼虫在灯盏细辛幼苗基生叶的心叶中取食嫩叶，严重时心叶被食尽，植株生长受到影响，造成断垄缺苗。	成虫有假死性，有一定的飞行及跳跃能力，取食植物的根、基、叶、花等。幼虫爬行缓慢，活动范围有限，老熟入土化蛹或悬垂叶下化蛹。	发现卵块或大量成虫活动的地块，采用草木灰、石灰粉撒于厢面，也可混用后撒施；田间发现成虫时可利用其假死性，击落灭除。

14. 红景天（大花红景天 *Rhodiola crenulata*）

害虫名称	分类地位	为害虫态	危害部位	为害特点（状）	发生规律	防治措施
蚜虫	半翅目 蚜总科	成蚜 若蚜	幼嫩茎叶	—	—	保护天敌；选用适宜药剂田间喷雾。
蛴螬	鞘翅目 鳃金龟科	幼虫	根	—	—	人工捕杀或用毒饵诱杀。
蝼蛄	直翅目 蝼蛄科	若虫 成虫	根	—	—	

15. 芦荟（库拉索芦荟 *Aloe barbadmsis*，好望角芦荟 *Aloe ferox*）

害虫名称	分类地位	为害虫态	危害部位	为害特点（状）	发生规律	防治措施
红蜘蛛	蜱螨目 叶螨科	成螨 若螨	叶	—	春、夏、秋季发生。	虫口数量低时喷清水冲洗；喷施生物农药。
蚜虫	半翅目 蚜总科	成蚜 若蚜	叶	—	春、夏、秋季发生。	
棉铃虫	鳞翅目 夜蛾科	幼虫	叶 茎	主要咬食花朵，造成叶、茎残缺和落花。	一般在7～9月为害严重。	用黑光灯或杨树枝诱杀成虫；在幼虫初孵期，选用适宜药剂喷雾防治。
介壳虫	半翅目 蚧总科	若虫 成虫	—	—	—	用手工除杀。

16. 鸡骨草（广州相思子 *Abrus cantoniensis*）

害虫名称	分类地位	为害虫态	危害部位	为害特点（状）	发生规律	防治措施
黏虫	鳞翅目 夜蛾科	幼虫	茎 叶	主要为害叶片，造成不规则缺刻，也为害嫩茎，严重时叶片被吃光。	以幼虫和蛹在土内越冬。幼虫有假死性，3龄后分散为害，晚间、日出前和阴天活动取食叶片，5～6龄为暴食期，成群迁移为害。	幼虫入土化蛹期，挖土灭蛹；幼虫低龄期选择适宜药剂喷施；利用幼虫假死习性，在清晨人工捕杀；成虫始盛期，用糖醋毒液诱杀。
黄褐天幕毛虫	鳞翅目 夜蛾科	幼虫	茎 叶	幼虫取食叶片和嫩芽，当虫口密度大时，可把全株叶片吃尽，影响正常发育。	以卵过冬，翌年4月，幼虫开始孵化为害嫩叶，群居生活，稍大后，在干枝交叉处结网群栖。白天潜伏，夜晚外出取食。老熟幼虫开始分散，为害严重。幼虫有坠地假死性，成虫有趋光性。	冬季在被害植株周围翻土杀蛹；在幼虫孵化期，选择适宜药剂喷雾防治；成虫期用黑光灯诱杀。

17. 肿节风（草珊瑚 *Sarcandra glabra*）

害虫名称	分类地位	为害虫态	危害部位	为害特点（状）	发生规律	防治措施
菊小长管蚜	半翅目 蚜总科	成蚜 若蚜	叶	成虫和幼虫为害新芽、新叶，造成皱缩、花叶、变黄、脱落，植株明显发育不良，矮小、顶芽萎蔫。	以成蚜在灌木或遮阴乔木的叶片上越冬。温暖多雨季节，温度高于25℃，相对湿度60%～80%时发生严重。	剪除被害枝梢；修剪药田周围过密的遮阴树枝，增强通风透光性，减少传播途径；用药剂喷雾防治。
象鼻虫	鞘翅目 象鼻虫科	幼虫	叶 嫩芽	以幼虫取食嫩叶片和嫩芽，咬成孔洞和缺刻。	每年的春季温暖潮湿季节发生。	用适宜药剂喷雾防治，注意叶片两面都要着药。
二斑叶螨	蜱螨目 叶螨科	成螨 若螨	叶 嫩枝	以幼螨、成螨在叶片及绿色嫩枝上为害，吸食汁液，受害后叶片、嫩梢呈现黄褐色的斑点，使顶芽和叶片枯萎死亡。	以卵或受精雌成螨在植物枝干裂缝、落叶及根际周围浅土层缝隙处越冬。春季随气温上升，越冬雌成虫活动，先在叶片背面主脉两侧为害，从若干个小群逐渐遍布整个叶片。	修剪药田周围过密的遮阴树枝，增强通风透光性，减少传播途径；用药剂喷雾防治，为了避免产生抗药性，应交替用药或混合施药。

18. 泽兰（毛叶地瓜儿苗 *Lycopus lucidus*）

害虫名称	分类地位	为害虫态	危害部位	为害特点（状）	发生规律	防治措施
尺蠖 *Boarmia* sp.	鳞翅目 尺蛾科	幼虫	叶	以幼虫取食叶片呈缺刻状或仅留叶柄。	6～7 月间幼虫发生高峰期。	用药剂喷雾防治。
紫苏野螟	鳞翅目 螟蛾科	幼虫	叶 茎尖	幼虫咬食叶片和枝梢，常造成枝梢折断。	1 年 3 代，以老熟幼虫在残叶或土缝内滞育越冬。北京 7～9 月为害。	清园，处理残株；收获后翻耕土地，减少越冬虫源。

19. 荆芥（荆芥 *Schizonepeta tenuifolia*）

害虫名称	分类地位	为害虫态	危害部位	为害特点（状）	发生规律	防治措施
斑粉蝶 *Pontia daplidice*	鳞翅目 粉蝶科	幼虫	叶	幼虫取食荆芥叶，咬成洞或缺刻，严重时叶片被吃光，只残留下叶脉和叶柄。	6～7 月为害。	收获后，清除残株老叶，消灭斑粉蝶繁殖场所和部分蛹；2～3 龄幼虫盛发期，施用青虫菌 80～100 倍液，或含孢子量 80 亿～100 亿的苏云金杆菌。
华北蝼蛄	直翅目 蝼蛄科	成虫 若虫	根	成虫和若虫咬断荆芥根。	3～4 月开始为害多种农作物和药材，3～5 月为害期。	施用的堆肥、厩肥要充分腐熟，避免蝼蛄产卵；在耕翻土地时，撒施毒饵进行毒杀。
银纹夜蛾	鳞翅目 夜蛾科	幼虫	叶	幼虫取食荆芥叶，叶呈孔洞状或缺刻状，严重时将叶片吃光。	7～8 月为害。幼虫有假死性，白天潜伏在叶背，晚上、阴天时多在叶背取食，老熟幼虫在叶背结茧化蛹。	利用幼虫的假死性捕捉幼虫；利用成虫的趋光性和趋化性，采用黑光灯和糖醋液诱捕成虫；用烟草茎粉 500 倍液喷雾。

20. 香薷（石香薷 *Mosla chinensis*，江香薷 *Mosla chinensis* ‘*Jiangxiangru*’）

害虫名称	分类地位	为害虫态	危害部位	为害特点（状）	发生规律	防治措施
地老虎	鳞翅目 夜蛾科	幼虫	茎 叶	低龄幼虫在香薷幼苗嫩叶上取食，咬成凹斑，孔洞、缺刻。3 龄后潜入土表，咬断嫩茎，使幼苗萎蔫死亡，造成缺苗。	1 年 6～7 代，翌年 2 月中下旬开始出现，3 月中下旬和 4 月上中旬出现两个繁殖高峰期、4 月下旬至 5 月上旬为为害高峰期，6 月下旬后成虫开始羽化，田间逐渐减少。	高龄幼虫为害期，早晨发现新萎蔫或咬断的幼苗、可扒开表土人工捕杀幼虫；在幼虫低龄期用药剂喷雾防治，每隔 7～10 天喷 1 次，连续 2～3 次；或做成毒土，傍晚顺垄撒施于幼苗根际附近；或药剂拌棉籽饼 5kg 或切碎的鲜草 20kg，做成毒饵撒施。

（续表）

害虫名称	分类地位	为害虫态	危害部位	为害特点（状）	发生规律	防治措施
东方蝼蛄	直翅目 蝼蛄科	成虫 若虫	种子 根 茎	成虫和若虫在土下咬食刚播下的种子，咬断香薷幼苗的细根、嫩茎。被害植株往往发育不良或凋萎死亡。	南方1年1代，以成虫和若虫在田间上下40～60cm深处越冬。每年3月中旬开始活动，4月上旬温度达15℃左右时，大量出土活动，4月中下旬至6月上中旬是为害高峰期，6月下旬至8月下旬，潜入土下越夏产卵繁殖，为害较轻，9～10月高温季节过后，又开始大量取食为害，10月下旬后停止为害，并逐渐进入越冬休眠期。	用药剂拌种，用量按种子量的0.1%～0.2%进行拌种；或药剂拌半熟的谷子3～5kg做成毒饵，傍晚撒施，诱杀害虫。

21. 益母草（益母草 *Leonurus japonicus*）

害虫名称	分类地位	为害虫态	危害部位	为害特点（状）	发生规律	防治措施
蚜虫	半翅目 蚜总科	成蚜 若蚜	叶 嫩梢	主要为害叶片，可使叶片皱缩、空洞、变黄，天气干旱时为害更严重。	是为害益母草最严重的虫害，一般春、秋季发生。	选用药剂田间喷雾防治；保护蚜虫天敌。
小地老虎	鳞翅目 夜蛾科	成虫 幼虫	茎 幼苗	为害益母草幼苗。	1年数代。	人工捕杀；加强田间管理；开沟撒入毒饵诱杀。

22. 菜蓟（菜蓟 *Cynara scolymus*）

害虫名称	分类地位	为害虫态	危害部位	为害特点（状）	发生规律	防治措施
红花指管蚜	半翅目 蚜总科	成蚜 若蚜	茎 叶 花	—	在我国东北1年10～15代，以卵或若虫在野生菊科植物根部越冬，浙江发生20～25代，以无翅胎生雌蚜在幼苗和野生菊科植物上越冬。	适当早播；保护和利用食蚜蝇等天敌；发生期应用低残留农药喷雾防治。
全球赤蛱蝶 *Vanessa cardui*	鳞翅目 蛱蝶科	幼虫	叶	幼虫吐丝结缀叶片成巢，并在其中取食和化蛹。	—	幼龄期喷施BT或适宜药剂。

23. 甜叶菊（甜叶菊 *Stevia reaudianum*）

害虫名称	分类地位	为害虫态	危害部位	为害特点（状）	发生规律	防治措施
茶黄螨 *Polyphago tarsonemus latus*	蛛形纲 蜱螨目	成螨 若螨	叶	—	—	发现虫害发生，喷药剂毒杀。

（续表）

害虫名称	分类地位	为害虫态	危害部位	为害特点（状）	发生规律	防治措施
尺蠖 *Boarmia* sp.	鳞翅目 尺蛾科	幼虫	叶	幼虫在晚上或日出前取食，严重发生时能将叶片吃尽，仅留叶脉，造成枝干光秃。	—	保护尺蠖的天敌绒茧蜂；幼龄期喷药剂毒杀。

24. 麻黄（草麻黄 *Ephedra sinica*，中麻黄 *Ephedra intermedia*，木贼麻黄 *Ephedra equisetina*）

害虫名称	分类地位	为害虫态	危害部位	为害特点（状）	发生规律	防治措施
麻黄蚜 *Ephedraphis gobica*	半翅目 蚜总科	成蚜 若蚜	幼枝	成蚜和若蚜刺吸为害麻黄嫩芽嫩梢，造成植株严重失水和影响不良，被害枝条呈斑状失绿或发黄，生长停滞倒伏，植株逐渐枯萎，严重时整株死亡。	1 年发生十余代。每年4～6 月发生，5～7 月是繁殖高峰。	在早春3月中上旬和秋季 10 月中下旬，清理麻黄地周围的树枝、枯草、落叶，集中烧毁，消灭虫源，降低虫口密度；在 4～8 月蚜虫发生高峰期，当虫口密度达到每 100 株2000～3000 头时，选用低毒天然植物杀虫剂喷雾，每年进行 3～4 次。

25. 锁阳（锁阳 *Cynomorium songaricum*）

害虫名称	分类地位	为害虫态	危害部位	为害特点（状）	发生规律	防治措施
东北大黑鳃金龟	鞘翅目 鳃金龟科	幼虫	肉质茎根	锁阳地下肉质茎常被咬成坑、沟，有的甚至将植株咬断。	以成虫和幼虫在土壤中越冬。越冬成虫于 5 月中下旬开始出现，6 月中旬至 7 月中旬为活动盛期，温度影响蛴螬在土中的升降，春、秋到表土层活动，小雨连绵的天气为害最重。	可用药剂浇灌；或用毒土撒入土中。
麦颈叶甲 *Colasposoma dauricum*	鞘翅目 肖叶甲科	幼虫 成虫	叶	麦甲颈叶甲咬食寄主植物白刺的叶片，从而影响白刺的生长。	以成虫在土缝、枯草下越冬，翌年 4 月下旬随气温上升成虫开始活动，取食白刺新叶；5 月上旬交尾产卵。成虫寿命较长，世代重叠。	在5月上中旬越冬成虫全部出蛰，开始产卵时人工捉卵；7 月下旬第 1 代幼虫 2 龄期，根据为害情况，最佳防治期是越冬代成虫与 1 代幼虫的为害期，也是压低该虫基数的适宜期。喷施适宜药剂。

26. 筋骨草（筋骨草 *Ajuga decumbens*）

害虫名称	分类地位	为害虫态	危害部位	为害特点（状）	发生规律	防治措施
短须螨	蜱螨目 细须螨科	成螨 若螨	叶	每年 4～5 月发生，为害叶片。	—	喷施适宜药剂。

27. 番泻叶（狭叶番泻 *Cassia angustifolia*，尖叶番泻 *Cassia acutifolia*）

害虫名称	分类地位	为害虫态	危害部位	为害特点（状）	发生规律	防治措施
粉蝶	鳞翅目 粉蝶科	幼虫	叶	严重时将嫩枝叶吃光，影响植株生长。	—	幼龄期喷药剂；保护天敌。
东方蝼蛄	直翅目 蝼蛄科	成虫 若虫	根 茎	在土下咬断嫩茎或将根部撕成乱麻状，造成缺苗断垄。	1年1代，在低湿和较黏的土中发生最多。	人工捕杀；加强田间管理；开沟撒入毒饵诱杀。
铜绿异丽金龟	鞘翅目 丽金龟科	幼虫	根	—	4～10月发生。	灯光诱杀成虫。

28. 新疆雪莲（新疆雪莲 *Saussurea involucrata*）

害虫名称	分类地位	为害虫态	危害部位	为害特点（状）	发生规律	防治措施
细胸金针虫	鞘翅目 叩甲科	幼虫	幼苗	咬断刚出土的幼苗，也可钻入已长大的幼苗根里取食为害，被害处不完全咬断，造成被害株干枯死亡。	幼虫或成虫在深土层越冬，翌年4月中旬开始出土为害，6～7 月为害最盛。	春、秋深翻地，可杀死部分幼、成虫；精耕细作，深耕多耙，多施腐熟的有机肥减轻为害；施用含铵化肥对害虫有驱避作用；用黑光灯可诱杀成虫；早晨查苗及松土除草时人工捕杀幼虫；药剂拌种；用药剂拌毒土，撒在地面，再耙地毒杀成虫。
亚洲飞蝗 *Locusta migratoria migratoria*	直翅目 飞蝗科	若虫 成虫	地上部	—	蝗虫有群居和散居两种生活类型，两种类型在一定条件下可以相互转化。群居蝗虫达到一定密度后，即开始迁飞，大量取食作物，形成蝗灾。	于雪莲种植前，深翻土壤25～30cm，通过暴晒、机械损伤、用天敌捕杀等方法破坏虫卵，降低虫口密度，并及时清除草坪四周杂草，破坏蝗虫的生存环境；在虫口密度不大时，组织人工撒网捕杀；创造有利于天敌生存的环境，增加天敌数量，如鸟类、蛙类、益虫、螨类、病原微生物等；在晴天无风时喷施化学药剂。

29. 溪黄草（溪黄草 *Rabdosia serra*）

害虫名称	分类地位	为害虫态	危害部位	为害特点（状）	发生规律	防治措施
斜纹夜蛾	鳞翅目 夜蛾科	幼虫	叶	初孵幼虫在叶背群集取食，严重时将叶片吃成纱网状。	幼虫畏阳光直射，常伏于阴暗处，黄昏后至黎明前取食。幼虫老熟后入土做土室化蛹，成虫日伏夜出，多在开花植物取食花蜜。	综合田间管理，及时摘除卵块和初孵化幼虫；利用成虫趋光性，用黑光灯诱杀。在初龄幼虫期，可用药剂喷雾防治，每7天喷1次，连续喷2～3次。

（续表）

害虫名称	分类地位	为害虫态	危害部位	为害特点（状）	发生规律	防治措施
瘤蚜 *Myzus* sp.	半翅目 蚜总科	成蚜 若蚜	嫩梢 心叶 茎	成蚜和若蚜群集在嫩梢、心叶和茎上，刺吸叶汁，使叶片卷缩发黄，严重时落叶。	以卵在芽腋、小枝丫等处越冬，翌年春孵化。	用药剂喷雾防治。

30. 藿香（藿香 *Agastache rugosa*）

害虫名称	分类地位	为害虫态	危害部位	为害特点（状）	发生规律	防治措施
朱砂叶螨 *Tetranychus cinnabarinus*	蜱螨目 叶螨科	成螨 若螨	叶	—	—	收获时清洁田园，收集落叶病残株集中烧毁；早春清除田块、沟边和路边杂草；发生期用药剂喷雾防治。

（徐常青　尹祝华）

参考文献

陈保安. 薄荷黑纹金斑蛾发生规律及防治研究初报[J]. 应用昆虫学报，1965，(6)：348-350.

陈尔，王华新，陈宝玲，等. 铁皮石斛病虫害调查及防治技术[J]. 湖北植保，2015，(5)：23-26.

陈君，刘同宁，朱兴华，等. 肉苁蓉属及其寄主植物病虫害种类调查及防治研究[J]. 中国中药杂志，2004，29(8)：730-733.

陈君，于晶，刘同宁，等. 肉苁蓉寄主梭梭害虫草地螟的发生与防治[J]. 中药材，2007，30(5)：515-517.

陈源，韩春梅. 薄荷主要病虫害及其防治技术[J]. 四川农业科技，2011，(5)：43.

陈震. 百种药用植物栽培答疑[M]. 北京：中国农业出版社，2003.

单步高，谢同建. 桑尺蠖生物学特性及防治方法[J]. 北方蚕业，1998，(1)：26-27.

樊瑛，杨春清. 紫苏野螟的研究[J]. 应用昆虫学报，1989，(5)：278-279.

冯明义，杨林，周立珍. 神农架绞股蓝黑条罗萤叶甲严重发生原因及综防技术[J]. 中国植保导刊，2004，24(9)：21-22.

甘国菊，杨永康，刘海华，等. 薄荷病虫害的发生与防治[J]. 现代农业科技，2016，(12)：151-156.

高晓余，赵艳，朱吉胜，等. 石斛篓象的生物学特性[J]. 昆虫知识，2010，47(1)：82-85.

胡淼，成英，姜英，等. 紫苏主要害虫的发生与防治[J]. 中国植保导刊，1998，(6)：21-22.

胡四化，胡家华，李让平. 青蒿菊花瘿蚊的特征特性与综合防治[J]. 广东农业科学，2006，(8)：66.

黄志君，谭炳安，马秀翠. 桑瘿蚊活体标本采集与室内饲养方法[J]. 广东农业科学，2001，(1)：36-37.

鞠瑞亭，王凤，李跃忠，等. 温度、土壤含水量及土层深度对桑褐刺蛾越冬成虫羽化的影响[J]. 植物保护学报，2007，34(4)：396-400.

李科明. 安康地区绞股蓝主要害虫发生及防治技术研究[D]. 杨凌：西北农林科技大学硕士学位论文，2007.

李作奎，姜耀民，姜国柱，等. 桑白蚧的发生及防治[J]. 北方果树，1994，(1)：17-18.

梁宏卫. 紫苏对黄曲条跳甲控制作用的初步研究[D]. 南宁：广西大学硕士学位论文，2007.

梁惠凌，韦霄，唐辉，等. 黄花蒿主要病虫害调查及防治措施[J]. 中药材，2007，30(11)：1349-1352.

刘瑞明. 瘤缘蝽生活史的初步观察[J]. 江西植保，1984，(2)：21.
马骁勇，尹健. 瘤缘蝽生物学特性的初步观察[J]. 应用昆虫学报，1990，(3)：147.
么厉，程惠珍，杨智. 中药材规范化种植（养殖）技术指南[M]. 北京：中国农业出版社，2006.
蒙黔英，熊继文. 绞股蓝主要害虫——三星黄萤叶甲的初步研究[J]. 山地农业生物学报，1994，(1)：94-97.
欧俊. 石斛的病虫害防治及采收加工技术[J]. 现代农业，2013，(7)：37.
秦魁兴. 菊瘿蚊的生活习性及其防治[J]. 应用昆虫学报，1998，(3)：161.
山东省中药材病虫害调查研究组. 北方中药材病虫害防治[M]. 北京：中国林业出版社，1991.
邵金兰，王月才. 薄荷田的新害虫——“薄荷根蚜”[J]. 植物保护，1986，12(4)：36.
孙绪艮. 桑尺蠖的发生与防治研究[J]. 山东农业科学，1990，(5)：39-41.
王道泽，洪文英，吴燕君，等. 铁皮石斛害虫独角仙的生物学特性及防治技术研究[J]. 浙江农业学报，2014，26(3)：722-729.
王风良，丁世峰，卞康亚，等. 薄荷白卡绵蚜分布及综防技术研究[J]. 农业技术与装备，2014，(24)：57-58.
王和妹. 绞股蓝主要病虫害的防治[J]. 福建农业，2000，(8)：12.
王佳武，王朴，唐永清. 新疆伊犁薄荷病虫害综合防治[J]. 北方园艺，2011，(11)：122-123.
王佳武，赵伊英，王朴，等. 伊犁地区薄荷黑小卷蛾的发生规律与防治技术研究[J]. 现代农业科技，2016，(10)：115-117.
王朴，唐永清，张晨光，等. 新疆伊犁发现薄荷黑小卷蛾[J]. 植物保护，2006，32(5)：44.
王奇，张岩. 桑尺蠖发生特点与综合防治措施[J]. 蚕桑通报，2014，45(3)：46-47.
王泽林. 桑尺蠖生活规律及防治方法[J]. 四川蚕业，1999，(4)：21-22.
吴振廷. 药用植物害虫[M]. 北京：中国农业出版社，1995.
谢同建，戴安源，杨成平，等. 桑尺蠖生物学特性及防治技术[J]. 四川蚕业，2008，(3)：32-33.
徐俊，余昌喜，杨爱卿，等. 修水县桑绢野螟的暴发原因与防治对策[J]. 中国植保导刊，2002，22(12)：28-29.
徐荣，陈君，王夏，等. 肉苁蓉及其寄主梭梭主要病虫害发生与防治[J]. 中国现代中药，2015，17(4)：369-374.
严珍，岳建军，唐德英，等. 肾茶新害虫泡壳背网蝽的形态特征与为害[J]. 农业科技通讯，2018，(1)：180-182.
杨春清，杨集昆. 为害肉苁蓉的一种食蚜蝇——肉苁蓉蚜蝇[J]. 植物保护，1989，15(3)：27-28.
尹健，李志红，熊建伟，等. 颠茄草主要食叶害虫枸杞负泥虫发生与防治的初步研究[J]. 中国农学通报，2010，26(8)：212-215.
尹健，熊建伟，陈利军，等. 颠茄草害虫瘤缘蝽的初步研究[J]. 安徽农业科学，2007，35(23)：7052-7053.
尹健，熊建伟，陈利军，等. 豫南地区颠茄草害虫及其天敌种类的初步调查[J]. 河南农业科学，2008，37(1)：69-71.
尹益寿，徐俊，詹根祥，等. 桑皱鞘叶甲生物学特性及综合防治[J]. 植物保护学报，2001，28(3)：218-222.
岳瑾，董杰，马萱，等. 北京市人工栽培薄荷病虫害发生规律初探[J]. 辽宁农业科学，2015，31(2)：1-5.
岳瑾，马萱，董杰，等. 北京市人工栽培紫苏病虫害发生规律的初探[J]. 中国农学通报，2015，31(26)：109-112.
曾爱平，陈永年，曾颖. 青蒿蛀虫——白钩小卷蛾初步研究[J]. 应用昆虫学报，2012，49(2)：529-532.
曾宋君，刘东明，段俊. 石斛兰的主要虫害及其防治[J]. 中药材，2003，26(9)：619-621.
詹根祥，尹益寿，魏洪义，等. 秋季桑蓟马田间发生规律的研究[J]. 江西农业大学学报，1994，17(3)：6-9.
张丽峰. 薄荷大害虫——黑纹金斑蛾的初步研究[J]. 昆虫学报，1962，11(4)：428-429.
张琳，许志春. 桑科中4种桑天牛寄主植物的挥发物成分研究[J]. 生态学报，2011，31(24)：7479-7485.
张文龙，曾桂萍. 贵州石斛人工栽培常见病虫害发生规律及防治措施[J]. 时珍国医国药，2014，25(4)：

950-952.
张永明. 青蒿的栽培管理及病虫害防治[J]. 植物医生，2006，19(6)：29-30.
张忠民，罗方田，康松鹤. 绞股蓝三星叶甲的发生规律与综合防治技术[J]. 湖北植保，2006，(2)：12-13.
赵胜荣，俞雪美，高宇. 保护地紫苏三大虫害及其绿色防控技术[J]. 现代农业科技，2010，(13)：206-207.
赵艳，高晓余，张晓娟，等. 石斛篓象的取食行为与防治研究[J]. 广东农业科学，2013，40(5)：68-70.
浙江省《药材病虫害防治》编绘组. 药材病虫害防治[M]. 北京：人民卫生出版社，1974.
中国医学科学院药用植物资源开发研究所. 中国药用植物栽培学[M]. 北京：中国农业出版社，1991.
周传金. 薄荷上花生蚀叶野螟的生活习性及防治标准的初探[J]. 植物保护，1990，16(1)：28-29.

第十四章　果实、种子类药材虫害

第一节　小茴香

Xiaohuixiang

FOENICULI FRUCTUS

小茴香又名茴香子、小茴、茴香、怀香、香丝菜，为伞形科植物茴香 *Foeniculum vulgare* Mill.的干燥成熟果实。味辛，性温。具有开胃进食、散寒止痛、理气和胃之功效。国外分布于欧洲、地中海沿岸。我国各地都有栽培。主产于甘肃、宁夏、内蒙古、山西、陕西和东北等地。主要害虫有黄翅茴香螟 *Loxosstege palealis*、茴香薄翅野螟 *Evergestis extimalis*、金凤蝶、地老虎、小造桥虫、胡萝卜微管蚜、茴香蚜、赤条蝽、金龟子等。

一、黄翅茴香螟

（一）分布与危害

黄翅茴香螟 *Loxosstege palealis* Schiff. et Den.又称黄翅茴香网野螟、伞锥额野螟，属鳞翅目 Lepidoptera 螟蛾科 Pyralidae。国内分布于北京、黑龙江、吉林、辽宁、河北、山西、陕西、江苏、湖北、云南、广东等地。寄主有茴香、防风、独活、白芷等药用植物及胡萝卜等伞形花科植物。幼虫在茴香、白芷等花梗、果实上结网为害，取食花蕾、花、果实及嫩叶。在黑龙江、吉林等地对栽培茴香为害较重，常造成大量减产，甚至绝收。

（二）形态特征

成虫：平均体长 12mm，翅展 30～36mm。体乳白色。触角灰黑色，下唇须黑色。前翅淡黄色，前缘黑色，隐约可见灰色外横线。后翅乳白色，翅顶角有 1 个较大黑斑，自前缘到臀角有 1 条不明显的黑横线。

卵：圆形。

幼虫：共 5 龄。初孵时灰黑色，3 龄后黄绿色，老熟时呈橘红色。

蛹：长 12～18mm，梭形，红褐色。

（三）发生规律

在黑龙江、吉林等地 1 年 1 代，以老熟幼虫在寄主根部附近 1～4cm 土层中越冬。越冬幼虫次年 6 月中旬开始化蛹，7 月中下旬为成虫羽化盛期，7 月下旬为产卵及其孵化盛期。8 月上中旬为幼虫取食为害盛期，8 月下旬老熟幼虫入土结茧越冬。

成虫多在上午 7～10 时羽化，羽化后白天栖息在寄主或杂草间活动甚少，傍晚比较活跃，具弱趋光性，啃食伞形花科植物的花蜜。雌虫羽化后不久即交配，交配后 1～2 天开始产卵。卵产于茴香等伞形花序的花梗和顶梢上。卵块状、鱼鳞状排列，历期4～5天。幼虫孵化后即在花序上结网为害，网两端开口，呈筒状，幼虫栖于网内，头部伸出网外取食，喜食茴香果腰。幼虫3龄后食量明显增大，取食多在上午10时和下午4～5时，受惊则后退吐丝下垂。成熟幼虫在花梗间结稠密的丝网，藏身网中。老熟幼虫在8月下旬入土，吐丝结1个污黑色、袋状、弯曲的茧。茧顶端留有羽化孔，外层黏附砂粒，幼虫在茧内越冬。越冬幼虫多集中在土质疏松、地势较高而干燥的地方。成虫羽化期间需要低湿环境，田间土壤含水量为6%～25%时能正常羽化，超过40%以上羽化死亡率增高。

（四）防治措施

1. 农业防治　适时收获脱粒，消灭大部分尚未脱网入土的幼虫，秋季深翻土壤，可消灭越冬幼虫；7月上中旬结合栽培管理适当灌溉，以杀死正在羽化尚未出土的成虫。适当提早播种，可使茴香易受害的花期、幼果期避开黄翅茴香螟幼虫为害盛期。

2. 化学防治　幼虫发生期田间喷施适宜药剂防治，从茴香现蕾至开花期，每隔7～10天1次，共2～3次。

（陈君）

二、茴香薄翅野螟

（一）分布与危害

茴香薄翅野螟 *Evergestis extimalis* Scopoli 属鳞翅目 Lepidoptera 螟蛾科 Pyralidae。分布于黑龙江、河北、内蒙古、山东、江苏、山西、陕西、四川、宁夏、云南、青海、广东等地。主要为害茴香、甜菜、白菜、油菜、荠菜、萝卜、甘蓝、芥菜等作物。幼虫吐丝卷叶，取食心叶和种芽种荚，受害荚上出现孔洞。

（二）形态特征

成虫：体长11～13mm，翅展26～30mm。黄褐色。头圆形黄褐色。触角微毛状。下唇须向前平伸，第3节末端具褐色鳞。下颚须白色。胸部、腹部背面浅黄色，下侧具白鳞。前翅浅黄色，翅外缘具暗褐色边缘，翅后缘有宽边。后翅浅黄褐色，边缘生褐曲线。

卵：黄色，圆形呈饼状，直径0.7～0.9mm。初产黄绿色，后变为黄色或黑色。

幼虫：老熟幼虫体长18～24mm，头黑色，体黄褐色，背中线具一黄色纵带，两侧各有一灰色纵带，之下为淡黄色。幼虫共5龄。

蛹：长10～12mm，被蛹，黄褐色，尾端黑褐色，腹部腹面有微突。土茧：长11～13mm，土褐色，椭圆状。

（三）发生规律

在黑龙江密山1年发生2代。以老熟幼虫在2～3cm土层中结茧越冬。翌年5月中旬越冬幼虫另结土茧进入预蛹期，5月下旬开始化蛹，6月上旬成虫羽化产卵。日均温18℃～20℃卵期5～8天，20℃～22℃幼虫期14～24天。7月中旬开始化蛹，预蛹期7～14天，蛹期15～19天，7月下旬至8月上旬第1代成虫羽化产卵，8月第2代幼虫盛发，9月上旬幼虫进入末龄，9月中下旬入土越冬。成虫有趋光性，白天喜栖息在草丛或植株中，稍有惊扰即起飞，飞翔能力不强。多在夜间羽化，当天即可交配产卵，产卵期 5～14 天，交配后 3～7 天进入产卵高峰期，每雌产卵 20～300 粒，卵排成鱼鳞状，多产在十字花科幼嫩角果或果柄上，成虫寿命 4～16 天。

（四）防治措施

1. 生物防治　茴香薄翅野螟天敌有白僵菌、中华广肩步甲等，保护田间自然天敌资源。
2. 物理防治　成虫发生期，田间安置杀虫灯诱杀成虫。
3. 化学防治　幼虫数量较多时，在幼龄期选择适宜药剂喷雾防治。

（陈君）

第二节　山茱萸
Shanzhuyu
CORNI FRUCTUS

山茱萸 *Cornus officinalis* (Sieb. et Zucc.)Nakai.，俗名枣皮，为山茱萸科山茱萸属多年生落叶灌木或乔木。以成熟干燥的果肉入药，为收敛性强壮药，有补肝肾止汗的功效。国内分布于山西、陕西、甘肃、山东、江苏、浙江、安徽、四川、江西、河南、湖南等省。国外朝鲜、日本也有分布。常见害虫有山茱萸蛀果蛾 *Carposina coreana*、绿尾大蚕蛾 *Actias seleneningpoana*、大蓑蛾 *Cryptothelea variegata*、山茱萸尺蠖 *Boarmia eosaria*、芳香木蠹蛾 *Cossus cossus chinensis*、造桥虫、叶蝉、刺蛾等。

一、山茱萸蛀果蛾

（一）分布与危害

山茱萸蛀果蛾 *Carposina coreana* Kim 又称山茱萸食心虫、药枣虫、萸肉虫，浙江称“米虫”，河南称“麦蛾虫”，属鳞翅目 Lepidoptera 蛀果蛾科 Carposinidae，国内主要分布于河南、陕西、浙江、山西、安徽等地。此虫只为害山茱萸果实。山茱萸果实初红时，以幼虫蛀食果肉，造成果肉蛀空并堆满虫粪，失去药用价值。山西、河南等山茱萸主产区，一般果实的虫蛀率为 49%～81%。最重时植株果实被害率达 100%，果实损失率在 80%以上，严重影响山茱萸的产量和质量（图 14-1a）。

（二）形态特征

成虫：体长 5～7mm，翅展 14～19mm。头部黄白色，复眼暗紫色，喙细弱，下唇须粗壮；触角雄蛾为羽状，雌蛾为丝状但有极细小纤毛；胸部及前翅灰白色，前翅中部及前缘 4/5 处有一黑褐色三角形大斑，斑内杂有蓝灰色鳞片，翅基部和中部有 9 丛蓝灰色竖鳞；后翅灰黄色，腹部黄褐色。前足和中足褐色，后足黄白色（图 14-1e）。

卵：椭圆形，长 0.4～0.5mm，粉红色，表面有不规则网纹，顶端有“Y”状刺圈。

幼虫：末龄幼虫体长 9～11mm，头黄褐色，前胸背板暗褐色，胴部暗乳黄色或略带黄红色，腹足趾钩单序环式，12～24 个；臀足趾钩为 9～14 个（图 14-1b、图 14-1c、图 14-1d）。

茧：分冬茧和夏茧，冬茧扁圆形，土色，直径 3～5mm，茧外层较硬且粘有细土粒，茧内壁光滑，灰白色，透明丝状物构成，内部幼虫可见；夏茧椭圆形，暗黄棕色，长 5～6mm，宽 2～2.5mm。

蛹：长 5～6mm，宽 2～3mm，初为乳白色，后变淡黄色，羽化前成暗褐色，体表光滑。

（三）发生规律

1 年 1 代，以老熟幼虫在土中结茧越冬。翌年 7 月上旬越冬幼虫破茧而出，爬到表土层，结夏茧化蛹，7 月中旬至 9 月中旬成虫羽化、产卵，其中 7 月下旬至 9 月上旬为发蛾盛期。山茱萸果实由橘黄色转为红果期时，幼虫逐渐孵化并钻入果实为害，蛀入后幼虫先在果核表面钻蛀，形成纵横隧道，并逐渐向外蛀食，虫粪排在果内，10～15 天后果实表面大部成黑斑。9 月下旬至 10 月初是幼虫为害高峰期，10 月中下旬幼虫老熟脱果入土越冬。

成虫喜阴暗潮湿，白天静伏于树干、叶背、草丛和石缝等处，傍晚及早晨活动，趋光性、趋化性均不强。成虫寿命 3～8 天，羽化后很快交尾产卵。单雌平均产卵 70 粒左右，卵多数散产于叶背茸毛处，少数产在果实或果柄上。卵期 10 天左右。初孵幼虫不活跃，从叶背爬至果面，1 天后蛀入果内，蛀入点多在果实腰部。一般 1 果 1 虫，极少数 1 果 2 虫。幼虫在果实内蛀成纵横虫道，果实被蛀空后，幼虫则转果为害，连续为害 2～3 果后脱果入土，结茧越冬。幼虫入土深度与坡向、坡度、土壤理化性质及地面覆盖物的多少有关，一般阳坡、陡坡、土壤板结或覆盖物较多则入土较浅，反之较深。收获时如不及时加工，果内尚未老熟幼虫可继续为害。冬茧多分布于树冠下耕作土层中 10～15cm 处。夏茧分布于土表，由一层薄丝组成，外表黏附有稀松的细土。

山茱萸蛀果蛾的发生轻重与山茱萸品种有关，不同品种受害程度差异明显，如珍珠红、石磙枣受害轻微；八月红、大米枣、马牙枣受害稍重；小米枣、笨米枣则是连年暴发成灾。幼虫的出土化蛹与当年的降雨量有关，如 7～8 月雨量充足而分布均匀，当年化蛹率可高达 83%～92.5%；如 7～8 月干旱少雨，幼虫出土化蛹时间推迟，化蛹率为 31%～56.7%。

（四）防治措施

1. 农业防治　选择栽种石磙枣、珍珠红等质优抗虫品种；在山茱萸果实成熟期由青变红时蛀果蛾在地表层化蛹，结合中耕深耕细耙可损伤一部分蛹和成虫；及时清除落果，减少越冬基数。

2. 物理防治　7 月中旬成虫羽化后，利用食醋加药剂制成毒饵，诱杀成虫；采收的果实内有大量的幼虫，采摘后应及时加工，在加工浸烫脱核时，烫死虫果内幼虫。

3. 化学防治　6 月下旬至 7 月上旬越冬幼虫出土化蛹前，树冠下喷施药剂；8 月中旬在山茱萸成虫发生期，选用适宜药剂树冠喷施。

4. 生物防治　山茱萸蛀果蛾的优势天敌为绒茧蜂 *Apanteles* sp.，应注意保护利用。

（乔海莉　陈君　程惠珍）

二、绿尾大蚕蛾

（一）分布与危害

绿尾大蚕蛾 *Actias selene*ningpoana Felder 俗称水青蛾、燕尾蛾、青刺虫，属鳞翅目

Lepidoptera 天蚕蛾科 Saturniidae。全国各地均有分布。为害药用植物山茱萸、丹皮、杜仲及果树、林木等。其幼虫取食叶片，严重时可将全叶吃光，高龄幼虫还能把叶柄吃掉，大发生年份常造成中、幼树枝枯死或整株死亡，对山茱萸树的正常光合作用及药材的产量和质量影响很大。

（二）形态特征

成虫：体长 30～35mm，翅展约 145mm。触角羽毛状。体表有浓白色绒毛。翅粉绿色，被有白色短绒毛，前翅前缘暗紫色，翅外缘黄褐色。中室末端有一个眼斑，中间呈长条透明状，外侧黄褐色，内侧内方橙褐色，外方黑色。翅脉灰黄色，明显。

卵：球形稍扁，直径约 2mm。初产暗绿色，渐变成灰白至灰褐色，顶端凹陷。卵以胶状物黏连成片，几粒至几十粒不等。

幼虫：一般为 5 龄，少数 6 龄。老熟幼虫体长 62～80mm，头较小呈绿褐色，体黄绿色。中后胸及第 8 腹节背面毛瘤较大，顶端黄色，基部黑色。其余各节毛瘤较小，顶端橘红色，基部棕黑色。第 1～8 腹节气门线上侧赤褐色，下侧黄色。臀板中央及臀足后缘棕红色，化蛹前幼虫体色变为棕褐色。

蛹：长约 45mm，短纺锤形，尾部稍尖，体赤褐色。额区有一浅黄色三角斑。

茧：灰褐色，长卵圆形，全封闭式，茧外常有寄主叶片或杂草灌木叶片包裹。

（三）发生规律

在华北 1 年 2 代；在华中、华东 1 年 2～3 代；在华南 1 年 3～4 代。以老熟幼虫在寄主枝干上或附近杂草丛中结茧化蛹越冬。1 年 2 代地区，次年 4 月中旬至 5 月上旬越冬蛹羽化，第 1 代幼虫 5 月中旬至 7 月为害，6 月底至 7 月结茧化蛹，并羽化为第 1 代成虫；第 2 代幼虫 7 月底至 9 月为害，9 月底老熟幼虫结茧化蛹越冬。1 年 3 代地区，各代成虫盛发期分别为：越冬代 4 月下旬至 5 月上旬，第 1 代 7 月上中旬，第 2 代 8 月下旬至 9 月上旬。各代幼虫为害盛期是：第 1 代 5 月中旬至 6 月上旬，第 2 代 7 月中下旬，第 3 代 9 月下旬至 10 月上旬。

成虫具趋光性，昼伏夜出。多在中午前后和傍晚羽化，夜间交尾、产卵。卵多产于寄主叶面边缘及叶背、叶尖处，多个卵粒集合成块状，平均每雌产卵 150 粒左右。在 3 个世代中，以第 2、第 3 代为害较重，尤其第 3 代为害最重。

初孵幼虫群集取食，3 龄后幼虫分散为害。2 龄幼虫在叶背啃食叶肉，取食量占全幼虫期食量 5.7%；3 龄后幼虫多在树枝上，头朝上，以腹足抱握树枝，用胸足将叶片抓住取食，取食量占全幼虫期食量 94.3%。低龄幼虫昼夜取食量相差不大，但高龄幼虫夜间取食量明显高于白天。幼虫具避光蜕皮习性，蜕皮多在傍晚和夜间，在阴雨天、白天光线微弱处也有幼虫蜕皮现象。幼虫老熟后先结茧，然后在茧中化蛹，茧外常黏附树叶或草叶，结茧时间多在晚上 8 时以后。

（四）防治措施

1. 农业防治　冬季结合修枝等抚育管理，摘除挂于枝条、树干上的茧；及时清除林下杂灌木或杂草上的越冬茧；在低虫口幼林中，可进行人工捕杀。

2. 物理防治　成虫发生期，在林间悬挂杀虫灯诱杀成虫。

3. 生物防治　保护林间天敌资源，成虫产卵期释放赤眼蜂；幼虫期喷施白僵菌等生防菌进行防治。

（陈君　程惠珍）

三、大蓑蛾

（一）分布与危害

大蓑蛾 *Clania variegata* Snellen 又名大窠蓑蛾、大袋蛾，属鳞翅目 Lepidoptera 蓑蛾科 Psychidae。国内分布于山东，河南、江苏、安徽、浙江、福建、湖北、湖南、江西、广东、广西，云南、贵州、四川等地。药用植物寄主有山茱萸、杜仲、忍冬、菊花等。以幼虫取食寄主植株叶片，山茱萸、杜仲常受害最重。据河南观察，10～20 年树龄山茱萸植株被害率 60%～80%，有的山茱萸园达 100%，严重发生时，可将整株叶片全部吃光，造成山茱萸树失叶，树势衰弱，果实肉质少。根据调查统计，发生严重减产 5%～10%，影响当年花蕾发育。造成次年结果率降低。

（二）形态特征

成虫：体中型，雌雄异型。雄成虫体长 15～20mm，翅展 35～44mm，暗褐色。前翅沿翅脉黑褐色，前缘、后缘附近黄褐色至赭褐色，近外缘有 4～5 个半透明斑。后翅褐色无斑纹。雌成虫体长 22～30mm，头部小，赤褐色，体肥大，淡黄色或乳白色，无翅，呈蛆蛹状。胸部背中央有 1 条褐色隆脊，胸部和第 1 腹节侧面有黄色毛，第 7 腹节后缘有黄色短毛带，第 8 腹节以下急骤收缩，外生殖器发达。足、触角、口器、复眼均退化。

卵：椭圆形，长约 0.8mm，淡黄色。

幼虫：共 5 龄。老熟雄幼虫 18～25mm，黄褐色，头部蜕裂线及额缝白色。雌虫体长 32～37mm，头部赤褐色，头顶部有环状斑，亚背线及气门上线附近有大型赤褐色斑，呈深褐和淡黄相间的皱纹。

蛹：雄蛹 17～20mm，体细长，胸背略凸起，腹部稍弯，每节后端具 1 列小刺突。雌蛹体长 28～32mm，赤褐色，似蛆蛹状。

护囊：成熟幼虫护囊长 40～60mm，丝质坚实，囊外附有较大的碎叶片和少量的枝梗，排列零散。

（三）发生规律

在华南 1 年 2 代，在长江中下游以 1 代为主。以老熟幼虫在护囊内越冬。在河南、安徽、江西、浙江，越冬幼虫 3 月下旬至 5 月上旬化蛹。成虫发生期在 4 月下旬至 5 月下旬，5 月上中旬成虫盛发并交配产卵。5 月下旬至 6 月中下旬为幼虫孵化期。10 月中下旬至 11 月老熟幼虫封护囊越冬。

雄蛾一般在傍晚前后羽化，趋光性较强，以晚上 8～10 时最为活跃。雌虫羽化后留在护囊内，晚间头向下伸出护囊外，释放性外激素，引诱雄蛾交配。雌虫交配后即产卵于护囊内蛹壳中。每雌可产卵 3000～4000 粒，最高可产 5000 余粒。初孵幼虫在护囊内滞留 3～

5 天后，于每日 10～14 时由护囊下口处爬出，吐丝下垂，随风扩散，远至 500m，在适宜的寄主叶片上即吐丝缀连叶屑，织成护囊，隐匿于囊内，取食和转移为害负囊行动，多趋向枝梢取食为害。幼虫成长以后，食量大增，以 7～9 月为害最重。

一般在干旱年份易猖獗发生，为害成灾。6～8 月降雨频繁，降雨量在 500mm 以上时发生少，降雨量在 300mm 以下可能会大量发生。此外，在海拔 200～600m 的岗丘地带和向阳坡地山茱萸药园和幼年植株虫口密度大，为害严重。

（四）防治措施

1. 农业防治　大蓑蛾幼虫结囊为害，除雄蛾以外，各虫态隐匿囊中，冬季和早春无叶片遮掩时易发现，可摘除低龄幼树上的有虫护囊，杀死囊中幼虫。

2. 生物防治　用苏芸金杆菌粉剂（每 g 含芽孢 100 亿）800～1500 倍液喷雾，可收到很好的防治效果，同时可避免杀伤天敌；大蓑蛾天敌主要有蓑蛾瘤姬蜂、伞裙追寄蝇等，此外还有线虫、细菌寄生和鸟类啄食。其中蓑蛾瘤姬蜂寄生幼虫可达 20%，对自然制约蓑蛾的发生有重要作用，应注意保护和利用。

3. 化学防治　在幼虫孵化盛期和初龄阶段施药。

（陈君　程惠珍）

四、山茱萸尺蠖

（一）分布与危害

山茱萸尺蠖 *Boarmia eosaria* Walker 属鳞翅目 Lepidoptera 尺蛾科 Geometridae。国内分布于浙江、安徽等地。主要为害药用植物山茱萸。幼虫取食植株上叶片，严重发生可将整株树叶吃光，仅留叶柄，致使 2～3 年内不易结果，造成减产绝收。

（二）形态特征

成虫：体长 18～19mm，翅 44～48mm。前翅淡褐色，外缘排列 7 个黑色新月形纹，外横线黑色，近前缘处弯曲，中线色淡，内横线较明显，暗褐色，折向翅基部。后翅色泽、斑纹与前翅相似。雌蛾触角丝状，雄蛾羽毛状。

卵：椭圆形，长约 0.34mm，初产时淡绿色，有光泽，孵化前紫褐色。卵块呈不规则单层排列。

幼虫：共 6 龄。成熟幼虫体长约 41.6mm，淡灰黑色或暗灰黄色，头顶两侧各具黑色条纹延伸至颊部。腹部背面第 1、第 4、第 8 节后缘具瘤状突起 1 对，每一瘤顶具刚毛 1 根。气门下线与下腹线间形成 1 灰褐色宽带。

蛹：体长 18～20mm，体淡绿色至棕红色，后变深褐色。具光泽。腹部各节密布小刻点，第 4～6 节各节背面后缘呈宽带状，带上具细花纹，腹末臀棘上有 1 叉状突起。

（三）发生规律

在浙江 1 年 2 代，以蛹在土下 3～6cm 处筑土室越冬。越冬蛹次年 4 月下旬开始羽化，5 月上中旬为成虫羽化盛期。第 1 代卵盛期为 5 月下旬至 6 月上旬，幼虫为害盛期在 6 月中下旬至 7 月上旬，成虫羽化盛期在 7 月下旬至 8 月上旬。第 2 代卵孵化盛期在 8 月上中旬，幼虫盛期为 8 月下旬至 9 月上旬。自 8 月底开始有少量幼虫离开寄主入土化蛹，9 月中下旬多数幼虫入土化蛹越冬。

成虫大多数在晚间 9～11 时羽化，白天静伏于树干、叶背或灌木，杂草丛中，晚间活动。成虫趋光性较弱，雌蛾晚间产卵。卵多产于干枯的树皮和木质部之间或树干裂隙内，聚产成块状，呈单层不规则排列。雌蛾一生能产卵 2～3 块，每块有卵 158～389 粒，平均 370 粒。

幼虫白天孵化，初孵幼虫活泼，迅速爬行或吐丝下垂，分散取食。1 龄幼虫取食叶肉和下表皮，叶片被害后出现密集的透明小斑点；2～3 龄以后，可将叶片吃成孔洞，缺刻，甚至食光整叶，仅留叶柄和少数叶脉。在浙江第 1 代幼虫期平均 35 天，第 2 代为 30 天。幼虫老熟后，爬下树干，在树周围土下 4～6cm 外筑土室化蛹，第 1 代幼虫期为 20 天左右，越冬代蛹期长达 8～9 个月之久。

（四）防治措施

1. 农业防治　山茱萸尺蠖每年发生世代少，寄主植物种类不多，消灭越冬代虫口对控制次年为害有重要作用。冬、春结合施肥管理，翻耕土层，破坏越冬环境，杀死越冬蛹。

2. 化学防治　在幼虫 3 龄以前选择适宜药剂施药。

（陈君　程惠珍）

第三节　马兜铃、天仙藤
Madouling、Tianxianteng
ARISTOLOCHIAE FRUCTUS、ARISTOLOCHZAE HERBA

马兜铃 *Aristolochia debilis* Sieb. et Zucc.（或北马兜铃 *Aristolochia contorta* Bge.），别名水马香果、蛇参果、三角草、秋木香罐，为马兜铃科多年生缠绕性草本植物。以干燥成熟果实入药。有清肺降气、止咳平喘、清肠消痔的功效；其茎称天仙藤，有理气、祛湿、活血止痛的功效。分布于中国黄河以南至长江流域以南各地及山东（蒙山）、河南（伏牛山）等；广东、广西常有栽培。日本亦有分布。主要害虫有马兜铃凤蝶 *Sericinus montela*、红珠凤蝶 *Pachliopta aristolochiae* 等。

马兜铃凤蝶

（一）分布与危害

马兜铃凤蝶 *Sericinus montela* Gray 又名白凤蝶、丝带凤蝶，属鳞翅目 Lepidoptera 凤蝶科 Papilionidae。国内分布于河北、山西、陕西、山东、安徽、四川等地。主要为害药用植物马兜铃。幼虫取食马兜铃叶片、嫩茎和幼果，严重时仅剩光秆（图 14-2），影响马兜铃药材的生产。

（二）形态特征

成虫：体长20～23mm，翅展约60mm。体黑色，触角短，复眼附近及胸侧有红色毛，腹部腹面有1红线及黄白斑纹。雌雄异型。雄蝶基色较雌蝶为淡。雌、雄蝶有春夏型之分。夏型大，尾状突起长。雄蝶翅淡黄色，前翅中室中央、横脉上、翅顶角及各翅室有黑色斑纹，后翅从前缘到臀角有弧型黑斑，臀角附近有红色区及蓝色斑点，雌蝶密被淡褐色斜形带纹，后翅亚缘带中有1红色斑纹。春型小，尾状突起较短。雄蝶前后翅亚缘带上均有红色斑点，雌蝶翅斜形带纹明显黑色。

卵：半球形，直径约1mm，顶部稍突起，初产乳白色，后渐成淡棕色至咖啡色。

幼虫：共5龄。成熟幼虫体长约25mm。体黑色。从前胸至腹部第8节每节有类似枝刺状突起物2对，第9腹节1对，其中以前胸中间1对最长，黑色，基部有黄色环，形似触角，后胸中间1对次长，其余各节突起较小，黄色，基部色深，端部色浅。臀板中间黑色，两边及后缘黄色（图14-2a）。

蛹：体长17～20mm，黄褐至黑褐色，腹部及体背颜色较浅，胸部色较深。头部下唇须位置有1对叶状突起。翅基部和胸背部向后隆起。腹部最末5节背面有刺状突起物，前2节各两对，后3节各1对，刺突顶端黑色，腹部侧面有两对较小的刺状突。

（三）发生规律

1年发生3～4代，以蛹在枯叶下、土缝中或土表内越冬。次年4月中旬越冬蛹开始羽化为成虫。越冬代成虫羽化期参差不齐，以后各代发生期很不整齐，世代重叠普遍。

马兜铃凤蝶各世代历期35～45天。因春季气温低，变化大，第1代卵历期较长，一般15～20天，以后各代卵历期逐渐缩短。第2～4代卵历期为7～9天，幼虫期14～15天，蛹期7～8天，成虫寿命2～6天，第3代部分蛹往往不继续发育羽化为成虫而停育进入越冬状态。

成虫白天活动，吸食花蜜为补充营养，早晚和阴雨天气栖息在杂草丛中及马兜铃的藤叶上。成虫多数在早晨露水未干前交配，此时成虫活动能力低，极易捕捉。成虫有多次产卵的习性，每次产卵15粒左右，集中排列成片，每雌可产卵260粒左右。越冬代早期羽化的雌虫，产卵于马兜铃宿根周围的枯草秆上，马兜铃萌发出土后，则产卵在刚出土的墩茎上，往往靠近土面，不易被发现。以后各代的卵均产在马兜铃的叶片，嫩茎和幼果上。

幼虫孵化后，多集中在嫩叶，嫩茎上取食，先啃食表皮，然后咬穿成孔洞。1～3龄幼虫有群集习性，3龄以后才分散为害。此时食量猛增，若不及时防治，可将马兜铃叶片、嫩茎，果皮吃光，仅剩光秆。幼虫有假死性，一遇惊动，臭腺翻出，随即分泌臭味，蜷缩落地。高龄幼虫有群集迁移习性，一处植株叶片被食光后，即迁移附近植株上继续取食为害。幼虫老熟后，先将足固定在寄主植株上，然后吐1条细丝缠绕胴部中段，将身体悬挂后化蛹。越冬世代蛹随枯枝落叶掉在地上，在杂草丛中或掩入表土层下越冬。越冬蛹暴露土表，无枯枝落叶覆盖往往死亡率甚高。冬季翻耕和春灌对越冬蛹羽化不利。

（四）防治措施

1. 农业防治　马兜铃凤蝶以蛹在寄主田枯枝落叶中越冬，秋季10月下旬后，马兜铃地上部分田苗枯死，应及时处理枯藤落叶，可灭除部分越冬蛹；春季4月上旬翻土春灌，能消灭尚未羽化的越冬蛹；在马兜铃生季长节，结合田间管理，可人工捕捉幼虫，摘除植株上的蛹。

2. 生物防治　马兜铃凤蝶的天敌主要有凤蝶赤眼蜂，对马兜铃凤蝶卵寄生达20%以上。蛹常被姬蜂寄生，寄生率一般为20%～40%。这两种寄生蜂对马兜铃凤蝶的为害有重要控制作用。此外，瓢虫、蜘蛛、螳螂也能扑食马兜铃凤蝶的幼虫和蛹。要保护和利用天敌，及时调查卵寄生率，保护被寄生卵和蛹，利于天敌繁殖。充分利用天敌的控制作用，尽量不施或少施农药。

3. 化学防治　在马兜铃凤蝶幼虫发生量大的情况下，可及时施用农药防治，将幼虫消灭在造成为害之前。但在花期和幼果期易造成药害，应禁止使用。

（程惠珍）

第四节　木瓜
Mugua
CHAENOMELIS FRUCTUS

木瓜 *Chaenomeles speciosa* Nakai 又名贴梗海棠、贴梗木瓜、铁脚梨、皱皮木瓜、汤木瓜、宣木瓜，属蔷薇科落叶灌木。以干燥近成熟果实入药，具平肝舒筋、和脾化湿的功效。国外分布于缅甸、日本、朝鲜；国内分布于陕西、甘肃、四川、贵州、云南、广东、浙江、安徽、江西、河南、江苏、山东、河北等地。主要种植于江苏、浙江、安徽、湖南等地。木瓜虫害种类50余种，常见害虫有桃蛀果蛾 *Asiacarposina nipponensis*、梨小食心虫 *Grapholita molesta*、桃小食心虫 *Carposina niponensis*、桃蛀螟、扁刺蛾 *Thosea sinensis*、黄刺蛾和龟形小刺蛾 *Narosa nigrisigna*、咖啡木蠹蛾 *Zeuzera coffeae*、舟形毛虫 *Phalera flavescens*、日本龟蜡蚧 *Ceroplastes japonicus* 苹果瘤蚜 *Ovatus malisuctus*、桃蚜、茶翅蝽 *Halyomorpha picus*、梨蝽 *Urochela luteovaria*、星天牛 *Anoplophora chinensis*、桑天牛、瘤胸天牛 *Aristobia hispida*、苹毛丽金龟、黑绒鳃金龟、铜绿异丽金龟和斑喙丽金龟等。

一、桃蛀果蛾

（一）分布与危害

桃蛀果蛾 *Carposina niponensis* Walsingham 又名桃小食心虫、桃小实蛾、苹果食心虫、桃蛀虫等。属鳞翅目 Lepidoptera 果蛀蛾科 Carposinidae。国内分布于黑龙江、吉林、辽宁、河北、河南、山东、安徽、江苏、浙江、湖南、山西、陕西、四川、福建、青海、宁夏等地。寄主植物有木瓜、酸枣、山楂等药用植物和果树。幼虫侵入果内，纵横穿孔，并渐蛀入果心，食害种子，果核四周充满虫粪，果肉变质，果实畸形。

（二）形态特征

成虫：雌蛾体长7～8mm，翅展16～18mm，雄蛾体长5～6mm，翅展13～15mm。体灰褐色。复眼深褐色至红褐色，触角丝状。雌蛾下唇须长而直，前伸；雄蛾下唇须短而上曲。前翅灰白色，中央近前缘部分有1近似三角形蓝黑色大斑，基部和中部有7簇蓝黑色竖鳞，后翅灰色，缘毛长，浅灰白色。腹部灰黄褐色。

卵：椭圆形，长0.45mm，深红色。卵壳表面密生不规则刻纹；端部环生2～3圈"Y"形刺。

幼虫：成熟幼虫体长13～20mm。低龄幼虫淡黄白色，老熟时桃红色或橙红色。头部、前胸背板及臀板黄褐色，胸足及围气门片浅黄褐色，腹足趾钩为单序全环。

蛹：长8.5～8.6mm，浅黄白色，体壁光滑。复眼橙黄色，围气门片浅黄褐色。

茧：越冬茧扁圆形，长4.5～6.2mm，厚2mm；夏茧纺锤形，长7.8～9.9mm，宽3.2～5.2mm。

（三）发生规律

1年1～2代，以老熟幼虫在土下茧内越冬。次年春季幼虫从越冬茧中爬出，在地面再结夏茧化蛹。6月中旬至7月上旬为成虫羽化盛期，7月下旬至8月上旬为第1代幼虫为害盛期，8月中下旬为第2代幼虫为害盛期。9月初老熟幼虫开始入土越冬。

桃蛀果蛾成虫白天静伏于枝干及叶片等处，夜间活动，无趋光性。成虫寿命平均2.7～3.7天。越冬代单雌平均产卵28粒，第1代为40粒。雌虫产卵于叶背或果实梗洼处，卵期7～8天。初孵幼虫先在果面爬行，以后蛀入果内。1～2天后由蛀孔流出果胶，不久果胶凝固干燥，果胶下可见1黑褐色潜入痕。幼虫蛀果后，一般先在果皮下取食，后渐蛀向果核。幼虫在果内蛀食16天左右，老熟后脱果入土结茧。越冬茧质地紧密，外缀有土粒，夏茧质地疏松，一端留有羽化孔。蛹历期10～11天。

桃蛀果蛾发生期、代数及轻重均与当年气候关系密切。春季降雨早，次数多，幼虫则出土早，出土率高。发生以第2代为主，为害重；春季降雨迟，次数少，则幼虫出土迟，出土率低，发生以第1代为主，为害较轻。

（四）防治措施

1. 农业防治　冬季或早春，结合松土、除草、深翻，杀死越冬幼虫，减少虫源基数。
2. 化学防治　6月中下旬越冬幼虫出土期，在寄主植株下撒施药剂后进行浅锄，杀死越冬后出土幼虫。1～2代幼虫盛孵期，在树冠上喷施BT，杀死初孵幼虫。

（陈君　程惠珍）

二、桃蛀螟

（一）分布与危害

桃蛀螟 *Conogethes punctiferalis* (Guenée)又称桃蠹螟、桃实螟蛾、豹纹蛾、桃斑蛀螟，属鳞翅目 Lepidoptera 草螟科 Crambidae。分布于黑龙江、内蒙古、山西、陕西、宁夏、甘肃、四川、云南、西藏、台湾、海南、广东、广西、云南。寄主植物有高粱、玉米、粟、向日葵、蓖麻、姜、棉花、桃、柿、核桃、板栗、无花果、松树等。主要为害桃、李、杏、梨、柿、板栗、木瓜、柑橘等果实和玉米、高粱、向日葵等粮油作物。桃蛀螟初孵化幼虫多由木瓜幼果的萼洼处或果实与叶面、果实与果实相接触处啃食幼果皮，随即蛀入果内蛀食果肉，蛀孔处形成小块红褐色虫斑，蛀果内形成大量啃食虫道，降低木瓜质量和产量，严重时引起果实腐烂，造成木瓜园绝收。

（二）形态特征

成虫：体长 9～14mm，翅展 20～25mm。全身橙色。前后翅及胸、腹背面有黑色鳞片组成的黑斑，前翅有 20 余个，后翅有 10 余个。体背及翅的正面散生大小不等的黑色斑点，前翅黑斑较大，后翅黑斑小。腹部第 1～5 节背面各有 2 个横列的黑斑，第 6 腹节仅有 1 个黑斑，前足 3 对，腹足 4 对。

卵：椭圆形，长约 0.6mm，宽约 0.4mm，表面粗糙布细微圆点，初产乳白色后渐变橘黄、红褐色。

幼虫：老熟幼虫体长 18～25cm，体色多变，有淡褐、浅灰、浅灰蓝、暗红等色，腹面多为淡绿色。头暗褐，前胸盾片褐色，臀板灰褐，各体节毛片明显，灰褐至黑褐色，背面的毛片较大，第 1～8 腹节气门以上各具 6 个，成 2 横列，前 4 后 2。气门椭圆形，围气门片黑褐色突起。腹足趾钩不规则的 3 序环。

蛹：体长 12～16mm，呈纺锤形，黄绿色到深褐色，腹末有 6 条臀刺，头、胸和腹部 1～8 节背面密布小突起，第 5～7 节背前后缘有刺状突起线。

茧：长椭圆形，灰白色。

（三）发生规律

在辽宁 1 年 1～2 代，主要以老熟幼虫寄生在干僵果内、树干枝杈、土块下和玉米秸秆、等处结茧越冬。翌年春化蛹，4 月中下旬羽化，进入交尾与产卵期。6 月下旬至 7 月上中旬为虫害高峰期。

在山东菏泽 1 年 3～4 代，次年 5 月越冬代成虫羽化，昼伏夜出，对黑光灯和糖醋液趋性较强，喜在枝叶茂密处的果实上或相接果缝处产卵，卵期 7～8 天，幼虫孵出后，在果面上作短距离爬行后，蛀果取食果肉，蛀孔较大，多有黄褐色透明胶液流出，幼虫蛀入果肉后，排出红褐色或黑褐色粒状粪便，并吐丝将其黏结后堆积或悬挂在蛀孔外部，形成保护层，遇雨从虫孔渗出黄褐色汁液。幼虫有转果为害习性。第 1～2 代幼虫为害最重，世代重叠，幼虫至 9 月下旬陆续老熟并结茧越冬。

在湖北十堰郧阳 1 年 5 代（含越冬代），以第 3 代虫口密度最高，发生期为 4 月 20 日，越冬期为 10 月 4 日，全年成虫出现高峰分别是 5 月、6 月、7 月、8 月、9 月中旬，最后一代幼虫 10 月在果内或堆果场越冬。

（四）防治措施

1. 农业防治　冬、春季节结合果园管理，刮除树干翘皮，捡净地上落果、虫果，清除园内外的玉米、高粱秸秆和向日葵等寄主植物遗株、残体，并集中深埋或烧毁，以消灭寄生其中的越冬老熟幼虫或虫蛹，减少越冬虫源；在 6 月下旬到 7 月上中旬，孵化幼虫刚蛀入木瓜幼果内后，将虫蛀幼果摘除，集中切片清除、杀灭幼虫；在木瓜生理落果期结束后（即 4 月中下旬），用果树专用套果袋（15cm×20cm）对木瓜果实进行套袋，防止桃蛀螟幼虫蛀食。

2. 物理防治　桃蛀螟多以老熟幼虫在玉米、高粱的秸秆内和向日葵的花盘、秆内越冬，在木瓜园内空地或周边种植适量的玉米、高粱或向日葵，进行集中诱杀。按每 667m^2 木瓜园种植 20～30 株，到冬季桃蛀螟老熟幼虫迁入其秸秆内结茧越冬后，将所有秸秆全部清理并集中烧毁，减少越冬虫源；在木瓜树上悬挂桃蛀螟性诱芯诱捕器，悬挂的高度为 1.5m，每 667m^2 悬挂 6～10 个，诱杀桃蛀螟成虫；在桃蛀螟成虫羽化期（即木瓜开花后），利用桃蛀螟成虫的趋光性，在木瓜园内安装黑光灯诱杀器，诱杀桃蛀螟羽化成虫；用糖 5 份、醋 20 份、水 80 份，混合后装盆、罐中挂于木瓜园树体上进行诱杀，同时隔段时间进行检查，及时增添糖醋液，清除诱杀的成虫。

3. 化学防治　在成虫羽化高峰期后 4～10 天，当田间卵果率达到 0.3%～0.5%，并有个别幼虫蛀果时，选择适宜药剂进行喷药防治；套袋前对木瓜幼果喷杀虫剂 1 次，可起到防治桃蛀螟的效果。

（陈君）

三、日本龟蜡蚧

（一）分布与危害

日本龟蜡蚧 *Ceroplastes japonicus* Green 又名日本蜡蚧，属半翅目 Hemiptera 蜡蚧科 Coccidae。国内分布于黑龙江、辽宁、内蒙古、甘肃、北京、河北、山西、陕西、山东、河南、安徽、上海、浙江、江西、福建、湖北、湖南、广东、广西、四川、贵州、云南等地。寄主植物有木瓜、苹果、柿、枣、梨、桃、杏、柑橘、杧果、枇杷等 30 余科 100 多种植物。日本龟蜡蚧以若虫和雌成虫聚集木瓜枝干和叶片刺吸汁液，排泄物能诱发煤污病，导致植株衰弱、早期落叶，甚至枯萎死亡，严重影响木瓜的观赏和经济价值。

（二）形态特征

成虫：雌成虫长 4～5mm，呈椭圆形，背面隆起似半球形，中央隆起较高，表面具龟甲状凹纹，边缘蜡层厚且弯卷由 8 块组成，体背有较厚的白蜡壳。活虫蜡壳背面淡红，边缘乳白，死后淡红色消失，初淡黄后变红褐色。活虫体淡褐至紫红色。雄体长 1～1.4mm，淡红至紫红色，眼黑色，触角丝状，翅 1 对，白色透明，具 2 条粗脉，足细小，腹末略细，性刺色淡。

卵：椭圆形，长 0.2～0.3mm，初产淡橙黄后紫红色。

若虫：初孵若虫体长约 0.4mm，椭圆形扁平，淡红褐色，触角和足发达，灰白色，腹末有 1 对长毛。固定 1 天后开始泌蜡丝，7～10 天形成蜡壳，周边有 12～15 个蜡角。后期蜡壳加厚雌雄形态分化，雄与雌成虫相似，雄蜡壳长椭圆形，周围有 13 个蜡角似星芒状。

雄蛹：梭形，长约 1mm，棕色，性刺笔尖状。

（三）发生规律

在河北、江苏、山东、河南、山西 1 年 1 代，以受精雌成虫在 1～2 年生枝上越冬。翌年 3 月中下旬树液流动时恢复取食，虫体迅速膨大，成熟后产卵于腹下。5 月中旬开始产卵，6 月上旬进入产卵盛期，每雌产卵千余粒，多者 3000 余粒。卵期 10～24 天。6 月底至 7 月初小若虫孵出，初孵若虫多爬到嫩枝、叶柄、叶面上固定取食，2 天后开始分泌蜡质，并不断增厚。8 月初雌雄开始性分化，8 月中旬至 9 月为雄虫化蛹期，蛹期 8～20 天，羽化期为 8 月下旬至 10 月上旬，雄成虫寿命 1～5 天，交配后即死亡，雌虫陆续由叶转到枝上固着为害，至秋后越冬。可行孤雌生殖，子代均为雄性。

（四）防治措施

1. 农业防治　冬季刮除老翘皮，彻底剪除虫枝并烧毁，减少越冬基数，降低危害率；在严冬季用喷雾器往树上喷清水，形成一层薄冰后，用木棍敲击震动树枝，虫体可随冰凌而落；尽量避免与柿、桃、樱桃、碧桃、玉兰等日本龟蜡蚧其他寄主植物混栽，若混合种植需全园同步防治。

2. 生物防治　采取园区种草，改善园内生态环境，招引天敌瓢虫、草蛉、寄生蜂和捕食螨等措施。冬季在园内堆草、树干基部捆草把或种植越冬作物，人为创造捕食螨、瓢虫等越冬场所，增加天敌数量。红点唇瓢虫的成虫、幼虫均可捕食日本龟蜡蚧的卵、若虫、蛹和成虫，注意保护和利用。

3. 化学防治　日本龟蜡蚧防治最佳时期是 6 月底至 7 月初，即一龄若虫分散转移期，此期虫体蜡壳尚未形成，防效理想。选择 BT 粉剂喷雾防治，可以保护天敌。花芽萌动前后，即越冬雌成虫活动期喷施药剂，降低虫口基数。

（陈君　徐常青）

第五节　五味子
Wuweizi
SCHISANDRAE CHINENSIS FRUCTUS

五味子为木兰科植物五味子 *Schisandra chinensis* (Turcz.) Baill 或华中五味子 *Schisandra sphenanthera* Rehd. et Wils.的干燥成熟果实，前者习称“北五味子”，后者习称“南五味子”。北五味子在国内分布于黑龙江、吉林、辽宁、内蒙古、河北、山西、宁夏、甘肃、山东等地；国外分布于朝鲜和日本。常见害虫有柳蝙蛾 *Phassus excrescens*、女贞细卷蛾 *Eupoecilia ambiguella*、苹果大卷叶蛾 *Choristoneura longicellana*、美国白蛾 *Hyphantria cunea*、大豆螟蛾 *Sylepta ruralis*、黑绒鳃金龟、白星花金龟、蒙古灰象甲、康氏粉蚧 *Pseudococcus comstocki*、尺蠖、蛴象等。

一、柳蝙蛾

（一）分布与危害

柳蝙蛾 *Phassus excrescens* Butler 属鳞翅目 Lepidoptera 蝙蝠蛾科 Hepialidae。国内分布于辽宁、吉林、黑龙江、湖南、安徽等地。为害五味子、连翘、丁香、银杏等多种药用植物及果树、林木。柳蝙蛾以幼虫蛀食五味子枝条。幼虫可直接蛀入枝干中，居于茎内蛀食。幼虫将粪便和食物碎末排到蛀孔外，在孔口部结成虫粪包，将蛀孔包上（图 14-3a）。五味子地上部死亡植株占受害植株的 60%左右，在辽宁、吉林部分五味子基地，此虫发生率高达 80%～90%，严重影响北五味子生产。

（二）形态特征

成虫：体长 35～44mm，翅展 50～90mm，触角短小，丝状；腹部长筒形。体色变化较大，初羽化时绿褐色至浅褐色，以后变为茶褐色。前翅、后翅均宽大，脉序相似。前翅前缘有 7 枚近环状斑纹，翅中央有 1 个深褐色略带暗绿色的三角形斑纹，近外缘有两条宽的褐色斜带；后翅黑褐色，无明显斑纹。前足、中足发达，爪较长。雄蛾后足胫节外侧密生橙黄色刷状长毛（图 14-3e）。

卵：球形，直径 0.6～0.7mm。初产时乳白色，稍后变成褐色，孵化前黑色，微具光泽。

幼虫：成熟幼虫体长 44～57mm。头部蜕皮时红褐色，后变成深褐色。胸部背板褐色，骨化强，胸足粗壮。腹部污白色，圆筒形，各节背面及气门后下方具黄褐色瘤突（图 14-3b）。

蛹：雌蛹体长 50～60mm，雄蛹体长 29～48mm。体黄褐色，圆筒形（图 14-3c）。头顶深褐色，中央隆起，形成一条纵脊，触角上方中央有 4 个角状突起。两侧有数根刚毛。腹部背面第 3～7 节各生 2 列倒刺，腹面第 3～6 节及第 8 节各生 1 列波纹状倒刺，第 7 节有 2 列波纹状倒刺。

（三）发生规律

在辽宁 1 年 1 代，少数 2 年 1 代，以卵在地面越冬，或以幼虫在树干基部或枝条髓部或于地下根茎内越冬。次年 5 月中旬，越冬卵开始孵化，初孵幼虫以腐殖质为食，6 月上旬向当年新发芽嫩枝转移为害 10～15 天，后陆续迁移到粗枝为害。6 月下旬至 7 月下旬为幼虫为害盛期，8 月上旬至 9 月下旬为幼虫化蛹期，9 月中旬多数成虫羽化，交配产卵，产卵越冬，少量以幼虫越冬。越冬幼虫次年 7 月下旬羽化为成虫，随即产卵，2 年完成 1 代。

成虫多集中在午后羽化，白天静伏于枝干和杂草上，黄昏时较活跃，具负趋光性。成虫羽化后当晚即在距地面 2m 左右的空中飞行交配，雌蛾交配后随之产卵，产卵期 10 天左右，每雌产卵 685～2834 粒，平均 2738 粒。产卵时，雌蛾颤动双翅将卵产于地面、枯草或寄主枝干上，初孵幼虫先取食落叶下腐殖质或五味子等寄主植物细茎或主枝的表皮，3 龄后钻入枝干内向下蛀食为害，蛀入枝干直径多在 8～22mm。幼虫往往边蛀食、边咬下木屑连同虫粪一起排出，粘于虫孔外的丝网上，包盖住蛀孔，呈褐色的瘤包。幼虫期长达 3～4 个月。幼虫老熟后在近蛀孔处吐丝做一白色薄膜，封闭虫道，然后在虫道底部，头向上化蛹。蛹可借助倒刺在虫道内上下蠕动。

（四）防治措施

1. 农业防治　柳蝙蛾成虫活动能力不强，加强检查，可限制其扩散，在苗木出圃前，严格检查，及时剔除带虫苗木，结合修剪等管理措施剪除有虫枝条，集虫烧毁，杀灭为害的幼虫；卵孵化前及时清除园内杂草，集中深埋或烧毁。

2. 生物防治　在五味子园内悬挂直径20cm、长60cm的腐木段，招引啄木鸟啄食幼虫；注意保护园内赤胸步甲、蠼螋、蚕饰腹寄蝇等天敌，控制柳蝙蛾的种群数量。

3. 化学防治　5月中旬至6月上旬，在3龄幼虫转移到寄主上以前，用药剂喷施于寄主植物基部及周围地面。6月中旬以后，幼虫已蛀入枝干，可将蛀孔外的木屑、虫粪去掉，用棉球蘸取药液塞入虫孔，外用泥土或胶带封住。

（傅俊范）

二、女贞细卷蛾

（一）分布与危害

女贞细卷蛾 *Eupoecilia ambiguella* Hübner 又称环针单纹卷蛾，属鳞翅目 Lepidoptera 卷叶蛾科 Tortricidae，为北五味子重要害虫之一。国外分布于欧洲、印度、日本、朝鲜、蒙古及远东等地区；国内分布于安徽、福建、甘肃、贵州、河北、黑龙江、河南、湖北、湖南、江西、陕西、山西、四川、天津、新疆、云南、浙江等地。以幼虫为害北五味子果实、果穗梗、种子。幼虫蛀入果实，在果面上形成1～2mm疤痕，取食果肉，虫粪排在果外，受害果实变褐腐烂，呈黑色干枯浆果留在果穗上；害虫啃食果穗梗，形成长短不规则凹痕；幼虫取食果肉到达种子后，咬破种皮，取食种仁。整个果实仅剩果皮和种壳，发生严重年份，可造成30%以上的虫果率，影响五味子产量及品质（图14-4a、b）。

（二）形态特征

成虫：翅展11～14mm，头部有淡黄色丛毛，触角褐色，唇须前伸，第2节膨大，有长鳞毛。前翅银黄色，中央有黑褐色宽中带一条；后翅灰褐色。前、中足胫节及跗节褐色，有白斑，后足黄色，跗节上有淡褐斑（图14-4e）。

卵：近椭圆形，扁平，中间凸起，长径0.6～0.8mm，初产时淡黄色，半透明，近孵化期头壳黑色。

幼虫：初龄幼虫淡黄色，老熟幼虫浅黄色至桃红色，少见灰黄色；体长9～12mm，头较小，黄褐色至褐色，前胸背板黑色，臀板浅黄褐色，臀栉发达，为5～7个（图14-4c、图14-4d）。

蛹：体长6～8mm，浅黄至黄褐色，第1腹节背面无刺，第2～7节前缘有一列较大的刺，后缘有一列较小的刺，第8腹节背面只有一列较大的刺，末端有钩状刺毛8～10个。

（三）发生规律

在吉林1年2代，完成一代约需50天，且世代重叠。主要以蛹卷叶越冬，越冬代成虫于5月中下旬气温15℃～17℃时出现，5月下旬至6月上旬气温22℃～25℃时为羽化盛期，6月下旬为末期。成虫5月中下旬开始产卵，产卵盛期为5月下旬至6月上旬，6月初为卵孵化盛期。第1代幼虫5月下旬开始蛀果，6月上中旬是为害盛期，7月中旬是为害末期。6月中旬幼虫逐渐老熟化蛹，6月下旬开始羽化，开始见第2代卵，7月上中旬为羽化盛期，一直持续到8月下旬停止羽化。产卵盛期在7月上中旬，8月上中旬为产卵末期。第2代幼虫7月上旬开始蛀果，7月下旬至8月上旬是为害盛期，8月下旬五味子采收期果内尚有未老熟的幼虫。

越冬代成虫于5月中下旬五味子幼果膨大期开始羽化，成虫寿命4～7天，个别12天。成虫多夜间羽化，白天静止在草丛中，夜晚飞出活动交尾、产卵。成虫无群居性，对糖醋液、五味子果汁均无趋化性，但有较强的趋光性。成虫羽化后3～4天产卵，卵期7天左右，每雌虫产卵10余粒，多散产，单粒，产于近果梗处果面上，每果1～2粒，多时在每果穗上产4～5粒，卵孵化率80%以上。幼虫孵化后在果面爬行，于适当位置咬一小孔并当天蛀果，蛀果孔直径约1mm，每果内蛀入幼虫1头，少见2头。第1代幼虫每头为害6～8个幼果，第2代幼虫每头为害4～6个生长果实，有转果为害习性。幼虫取食果肉，由种子一端咬一圆孔取食种仁，后啃食果梗，转至相邻果实上继续为害，果穗上形成若干个黑褐色小僵果。幼虫受惊时，吐丝下垂。幼虫为害22～28天后老熟，在果内无茧化蛹，也有的在果穗梗及果粒间做一白色丝质薄茧化蛹，个别在卷叶中作茧化蛹。成虫羽化时把蛹壳留在果外。蛹期7～10天。第2代幼虫8月下旬卷于叶中呈饺子状吐白丝作茧化蛹，并以头部粘在枝头上或随枯叶落于地表越冬。

（四）防治措施

1. 农业防治　五味子落叶后，彻底清理田间，焚毁落叶或集中深埋，消灭虫蛹，及时摘除虫果深埋，减少虫源。

2. 生物防治　在自然条件下，女贞细卷蛾幼虫与蛹可被一种寄生蜂寄生，寄生率达30%以上，注意对天敌的保护，适当减少喷药次数和药剂浓度。

3. 物理防治　利用其成虫强趋光特性，田间放置杀虫灯诱杀成虫。

4. 化学防治　当卵果率达0.5%～1%时，用可选用适宜化学药剂喷雾防治。

（傅俊范）

三、黑绒鳃金龟

（一）分布与危害

黑绒鳃金龟 *Maladera orientalis* Motschulsky 又名东方绢金龟、天鹅绒金龟子、东方金龟子、老鸹虫，属鞘翅目 Coleoptera 鳃金龟科 Melolonthidae。分布于江苏、浙江、黑龙江、吉林、辽宁、湖南、福建、河北、内蒙古、山东、广东等地。寄主植物有五味子、牡丹、桑、桃、月季、芍药等。成虫食性杂，4月末至5月初五味子发芽展叶后，成虫出土暴食五味子幼芽及幼叶，此时期黑绒金龟子食量较大，能将叶芽吃光仅留木质茎，造成五味子营养不足，直接影响五味子的成活率和产量。

（二）形态特征

成虫：体长7～8mm，宽4～5mm，略呈短豆形。背面隆起，全体黑褐色，被灰色或黑紫色绒毛，有光泽。触角黑色，鳃叶状，10节，柄节膨大，上生3～5根刚毛。前胸背板及翅脉外侧均具缘毛。两端翅上均有9条隆起线。前足胫节有2齿；后足胫节细长，其端部内侧有沟状凹陷（图14-5）。

卵：长约1mm，椭圆形，乳白色，孵化前变褐。

幼虫：老熟时体长 16～20mm。头黄褐色。体弯曲，污白色，全体有黄褐色刚毛。胸足 3 对，后足最长。腹部末节腹毛区中央有笔尖形空隙呈双峰状，腹毛区后缘有 12～26 根长而稍扁的刺毛，排出弧形。

蛹：长 6～9mm，黄褐色至黑褐色，腹末有臀棘 1 对。

（三）发生规律

在我国东北和华北地区密度较大，1 年 1 代，成虫在表土下 20～30cm 处过冬；日落前后 1 小时为成虫出土高峰，21～22 时又潜入土中。地边的蒲公英、洋铁片、苣荬菜及榆、杨、柳树的嫩芽也是其喜食的对象。5 月中旬至 5 月末成虫交尾产卵。每头雌虫产卵量一般在 11～59 粒，最多的能达到 100 粒。卵期 5～10 天，孵化率达 90%以上。幼虫共 3 龄，以五味子幼根和腐殖质为食，1～2 龄幼虫喜在 22℃～25℃的土层活动；3 龄后期幼虫潜伏至 20cm 以下土层化蛹，蛹期 15 天。8 月中下旬羽化成虫，羽化后大部分成虫不出土而直接越冬。第 2 年 4 月末至 5 月初当日平均气温达到 10℃以上时，成虫又大量出土，为害五味子幼叶及幼芽。

4 月下旬成虫越冬苏醒后出土暴食，5 月底至 6 月初成虫为交尾做准备大量进食，这两个时期为黑绒金龟子为害盛期。而一天中 18～20 时为为害盛期。在经营管理粗放的五味子园中发生较重，经营管理较好的园中则发生较轻。普通五味子发生较重，抗病虫五味子品种发生较轻。

（四）防治措施

1. 物理防治　黑绒金龟子成虫具有强烈的趋光性，因此利用高压杀虫灯、黑光灯或普通电灯等诱杀成虫是非常有效的措施。

2. 生物防治　每亩使用 2kg 白僵菌制剂对土壤进行处理可有效压低土壤中虫口基数。在五味子园中种植一定数量的蓖麻，成虫取食麻叶可致死。

3. 化学防治　虫口密度较大时，在下午成虫出现前（15 时左右），将榆、杨、柳树发芽枝用药剂浸湿，插到成虫集中发生的地段，每平方米插 1 枝，诱杀成虫，无风天气效果更好。在成虫出土为害盛期的 14～16 时，喷施化学药剂防治成虫。

（傅俊范）

四、蒙古灰象甲

（一）分布与危害

蒙古灰象甲 *Xylinophorus mongolicus* Faust 又称象鼻虫、灰老道、蒙古土象等，属鞘翅目 Coleoptera 象甲科 Curculionidae。分布于东北、华北、西北、江苏、内蒙古等地。为害五味子、甜菜、瓜类、花生、大豆、玉米、高粱、向日葵、烟草、果苗等。成虫为害子叶和心叶可造成孔洞、缺刻等症状，还可咬断嫩芽和嫩茎；幼虫在土中为害须根（图 14-6）。近年来，随着辽宁东部地区五味子种植面积的扩大，蒙古灰象甲已上升为五味子产区的主要害虫之一。新栽五味子常因蒙古灰象甲为害而导致成活率低，严重时甚至绝收。

（二）形态特征

成虫：体长4.4～6.0mm，宽2.3～3.1mm。卵圆形。体灰色，密被灰黑褐色鳞片，鳞片在前胸形成相间的3条褐色、2条白色纵带。内肩和翅面上具白斑。头部呈光亮的铜色。鞘翅上生10纵列刻点。头喙短扁，中间细。触角红褐色膝状，棒状部长卵形，末端尖。前胸长大于宽，后缘有边，两侧圆鼓，鞘翅明显宽于前胸。

卵：长约0.9mm、宽约0.5mm，长椭圆形。初产时乳白色，24小时后变为暗黑色。

幼虫：体长6～9mm，体乳白色，无足。

蛹：裸蛹。长约5.5mm。乳黄色，复眼灰色。

（三）发生规律

在华北、东北和内蒙古2年发生1代，在黄海地区1～1.5年发生1代，以成虫或幼虫在树下土层中越冬。翌年春季日平均温度达到10℃时，成虫开始出蛰。4月中旬前后越冬成虫出土活动，5月上旬成虫产卵于表土中，5月下旬开始出现新一代幼虫，幼虫在地下表土中取食有机质或作物须根。9月末幼虫做成土室休眠，经越冬后继续取食，6月下旬开始化蛹，7月上旬开始羽化成虫。新羽化的成虫不出土，在原土室内越冬，直到第3年4月出土交尾、产卵。

成虫一般在早春平均气温10℃时活动。最初活动比较迟缓，此时多隐蔽在土块下或苗根周围的土块缝隙中，为害初萌发的幼苗。随着温度升高，成虫多在上午10时以后大量出现在地面上寻觅食物，其食性很杂，有群栖性，土壤湿度过大不利于成虫活动。成虫白天活动，以10时和16时前后活动最盛，受惊扰后假死落地。夜间和阴雨天很少活动，多潜藏在土中的植株根际，或在枝叶间。成虫无飞行能力，均在地面爬行。成虫取食无间歇现象，直到幼苗或幼芽食尽才行转移。一年中以5～6月为害最重。成虫交尾后10天左右产卵，多半在傍晚或午前产卵于土中，散产，产卵期长达40天左右，平均每头雌虫产卵200粒左右。

（四）防治措施

1. 农业防治　在受害重的田块四周挖封锁沟，沟宽、深各40cm，内放置腐败的杂草诱集成虫集中杀死；秋翻、春翻：蒙古灰象甲在表土层内越冬，细致的行间耕翻和翻树盘，可以改变其原来越冬的位置，使其大半暴露于地表，机械伤害、其他动物取食及风吹、日晒、冰冻等不利的自然条件可大大降低虫口密度；灌水：由于蒙古灰象甲成虫只能于地表爬行迁移，土壤湿度过大不利于其活动。因此，可以结合灌水，增加土壤湿度，限制其取食、产卵等活动；结合早春施肥，撒施或浅施碳酸氢铵，利用其放出的氨气，可直接使害虫忌避。

2. 物理防治　利用其成虫假死习性，进行人工捕杀；用白布单铺于树下，振落成虫，然后将其搜集到一起，集中烧毁；树干绑膜法，在树干下端绑塑料膜，长20cm，将塑料膜围树干绕1圈以上即可，然后将塑料膜绷紧、绷平，上下两头绑死，利用塑料表面的光滑，使灰象甲成虫不易在其上爬行，阻止其上树为害，此法防效可达 80%以上。或将塑料上端绑紧，下端不绑，呈倒“喇叭口”状。象甲要上树必须先爬上“喇叭口”，因“喇叭口”表面光滑，风吹来回摆动，蒙古灰象甲会滑落，防效也很好。

3. 化学防治　在成虫出土为害期喷药防治，可选用适宜药剂田间喷雾，在成虫发生期可使用毒饵诱杀。

（傅俊范）

五、康氏粉蚧

（一）分布与危害

康氏粉蚧 *Pseudococcus comstocki* Kuwana 属半翅目 Hemiptera 粉蚧科 Pseudococcidae。分布于黑龙江、吉林、辽宁、内蒙古等地。此外，已经发现桑白蚧、吹绵蚧和沙里院球蚧等也可为害五味子。康氏粉蚧主要以成虫、若虫刺吸式口器吸食树体汁液，常造成五味子嫩枝和根部肿胀，并被有白色蜡粉（图 14-7）。成虫和若虫多聚集在幼芽、嫩叶和嫩枝上为害。五味子年龄越长为害越重。

（二）形态特征

成虫：雌成虫椭圆形，较扁平，体长 3～5mm，粉红色，体被白色蜡粉，体缘具 17 对白色蜡刺，腹部末端 1 对几乎与体长相等。触角多为 8 节。腹裂 1 个，较大，椭圆形。肛环具 6 根肛环刺。臀瓣发达，其顶端生有 1 根臀瓣刺和几根长毛。多孔腺分布在虫体背、腹两面。刺孔群 17 对，体毛数量很多，分布在虫体背腹两面，沿背中线及其附近的体毛稍长。雄成虫体紫褐色，体长约 1mm，翅展约 2mm，翅 1 对，透明。卵椭圆形，浅橙黄色，卵囊白色絮状。若虫椭圆形，扁平，淡黄色。蛹淡紫色，长约 1.2mm。

（三）发生规律

在辽宁 1 年 3 代，以卵囊在树干及枝条的缝隙或石缝土块处越冬，翌春枝条发芽时越冬卵孵化为若虫。各代若虫孵化盛期分别为 5 月中下旬、7 月中下旬和 8 月下旬。若虫发育期雌虫为 35～50 天，雄虫为 25～37 天。雄若虫化蛹于白色长形的茧中，雌成虫分泌大量棉絮状腊质卵囊，卵产在卵囊中，每头雌成虫可产卵 200～400 粒。

（四）防治措施

1. 农业防治　采用硬毛刷刮刷越冬卵，重的剪掉带介壳虫枝条集中深埋或烧毁。早春萌芽前喷施 5%的柴油乳剂或波美 3°～5°的石硫合剂。

2. 化学防治　介壳虫较难防治，5 月中下旬根据发生情况每隔 10～15 天喷 1 次化学药剂。可选适宜药剂+有机硅高渗透剂（氮酮），喷枝叶、土表或者灌根。在若虫分散转移期，分泌蜡粉形成介壳之前喷施药剂防治。

（傅俊范）

第六节　牛蒡子
Niubangzi
ARCTII FRUCTUS

牛蒡子为菊科2年生草本直根类植物牛蒡 *Arctium lappa* L.的干燥成熟果实，又名大力子、疙瘩菜、恶实、象耳朵、东洋萝卜、东洋参、牛鞭菜等。全国各地均有分布。具疏散风热、宣肺透疹、解毒利咽之功效。用于风热感冒、咳嗽痰多、麻疹、风疹、咽喉肿痛、痄腮、丹毒、痈肿疮毒。常见害虫主要有棉铃虫、牛蒡长管蚜 *Uroleucon gobonis*、菜粉蝶、斜纹夜蛾、蛴螬、金针虫、地老虎、根结线虫等。

棉铃虫

（一）分布与危害

棉铃虫 *Helicoverpa armigera* (Hübner)又名棉铃实夜蛾。属鳞翅目 Lepidoptera 夜蛾科 Noctuidae，国内各地均有分布。寄主种类200多种，其中药用植物有牛蒡、颠茄、白扁豆、穿心莲、丹参、薏苡等。主要以幼虫先取食未展开嫩叶，后钻入花蕾、花及果实内蛀食为害。嫩叶受害展开后呈破叶；蕾、花受害，常引起落蕾、落花，果实受害，往往造成落铃或果实被吃空。棉铃虫对多种药用植物种子产量均有较大影响，牛蒡受害后，牛蒡子产量损失平均在30%左右。

（二）形态特征

成虫：体长15～17mm，翅展27～38mm。体色多变，有黄褐色、灰褐色、绿褐色及赤褐色等。前翅各横线不明显，成波状，有褐色的肾状纹和环状纹，外横线与亚外缘线间为一宽的青灰色横带，外缘有7个小黑点，排列于翅脉间，后翅淡灰黄色，翅脉棕色，沿外缘有灰褐色宽带，宽带中央有2个相连的白斑。

卵：半球形，高0.52mm，直径0.45mm，表面有纵横纹，组成长方格。卵初产时乳白色，后渐变黄白色。

幼虫：共6龄，成熟幼虫体长40～45mm，体色有绿、黄绿、红褐、黄褐等多种颜色，背中线明显，成双线，并有亚背线和气门线，前胸气门前两根刚毛基部连线延长通过气门，或与气门相切；腹足趾钩为单序中带。

蛹：体长17～20mm，纺锤形，赤褐色至黑褐色，腹部第5～7节前缘密布环状刻点，腹末具臀刺2根。

（三）发生规律

1年3～6代，在长江流域一般为1年4～5代，以蛹在土下50cm深处土室内越冬。4～5代区，越冬代成虫于次年4月下旬开始羽化，5月上中旬为成虫发生和产卵盛期。以后各代成虫盛发期分别是：第1代6月中下旬，第2代7月中下旬，第3代8月中下旬，第4

代 9 月中旬。第 5 代幼虫老熟后入土越冬。不同地区、不同种类药用植物，受害较重的时期，代次不同。牛蒡花果期为 5～6 月，7 月后种子成熟，故受第 1 代棉铃虫为害重。

成虫羽化多在上半夜，白天栖息在寄主叶背，黄昏开始活动，飞翔力强，对黑光灯及半枯萎的杨、柳、洋槐树枝有较强趋性。成虫羽化 1 天后即取食花蜜、蚜虫分泌物等作为补充营养，并交尾，2～3 天后开始产卵。雌虫产卵趋向现蕾、开花期寄主高大嫩绿植株。每雌产卵 500～1000 粒，最多可达 3000 粒。卵散产；产卵场所因寄主而稍有差异，多在寄主嫩头、嫩叶、花蕾苞叶、花萼及果面上。卵期 2～4 天。初孵幼虫食量很小，取食未展开嫩叶或嫩蕾，2 龄后钻入蕾、花、果内蛀食，虫粪排在洞外。幼虫有转移为害习性，1 头幼虫可为害十多个至几十个蕾、花、果。幼虫历期 10～15 天，老熟后脱果入土化蛹。

（四）防治措施

1. 农业防治　冬季深耕，栽培期勤锄，可杀死土中蛹。药用植物周围种植玉米带，诱集成虫产卵，喷施磷酸钙驱避雌蛾产卵，可减少落卵量。幼虫发生后期人工捕捉高龄幼虫，也是常用的防治方法。

2. 物理防治　成虫盛发期用黑光灯或杨柳枝把诱杀成虫。

3. 生物防治　棉铃虫天敌种类很多，主要有松毛虫赤眼蜂、拟澳洲赤眼蜂、棉铃虫齿唇姬蜂、螟蛉绒茧蜂及多种草蛉、瓢虫、胡蜂、蜘蛛等，应注意保护利用。

4. 化学防治　在卵期至初孵幼虫期施用药剂进行防治。重点将药喷在植株嫩头及蕾、花、果实上。

（陈君　徐常青）

第七节　化橘红

Huajuhong

CITRI GRANDIS EXOCARPIUM

化橘红为芸香科多年生木本植物化州柚 *Citrus grandis* ‘Tomentosa’或柚 *Citrus grandis* (L.) Osbeck 的未成熟或近成熟的干燥外层果皮。为我国传统道地药材，也是“十大广药”之一，有散寒、利气、消痰的功效。分布于广东化州。常见害虫有曲牙土天牛 *Dorysthenes hydropicus*、光盾绿天牛 *Chelidonium argentatum*、橘褐天牛 *Nadezhdiella cantori*、星天牛 *Anoplophora chinensis*、柑橘花蕾蛆 *Contarinia citri*、柑橘潜叶蛾 *Phyllocnisitis citrella*、咖啡木蠹蛾、柑橘凤蝶 *Papilio xuthus*、柑橘全爪螨、柑橘溜皮虫 *Agrilus* sp.、柑橘窄吉丁 *Agrilus auriventris*、柑橘粉蚧 *Pseudococcus citri*、柑橘小粉蚧 *Pseudococcus citriculus*、吹绵蚧 *Icerya purchasi*、白蛾蜡蝉 *Lawana imitata* 等。

一、曲牙土天牛

（一）分布与危害

曲牙土天牛 *Dorysthenes hydropicus* (Pascoe)又名曲牙锯天牛，属鞘翅目 Coleoptera 天

牛科 Cerambycidae。主要分布于我国内蒙古、河北、河南、陕西、甘肃、山东、江苏、浙江、台湾、湖北、湖南、江西、贵州、广西、广东等地。寄主植物有杨、柳、枫杨、刺槐、水杉、檀香、苏木、岗松、松树、灰叶豆、甘蔗、花生、棉、狗牙根、白茅等植物。曲牙土天牛是一种土栖昆虫，主要以幼虫在土中啃食化橘红侧根，逐渐蛀入主根木质部，直到把全部的根蛀空，当食料不足时则转株为害。被为害的化橘红植株叶片发黄脱落，树头松动，遇风则倒，严重时整株枯萎死亡（图 14-8a）。一般在死树根部都有 1～2 头天牛幼虫，最多达 7 头，被害结果树 1～2 年内死亡，定植 1～2 年的幼树受害死亡率达 100%，经济损失极大。

（二）形态特征

成虫：雄虫，体长 25～63mm，鞘翅基部宽 7～22mm，触角长 26～62mm，长于或近于体长；雌虫，体长 33～60mm，鞘翅基部宽 10～24mm，触角长 25～39mm，均短于体长（图 14-8e）。成虫体棕栗色，头部和触角前三节为栗黑色；头部微向下弯；口器向下，宽度占头部的 1/2～2/3，上颚发达呈锯齿形弯刀状，左上右下相互交叉如剪刀形，基部与外侧具紧密刻点；触角 11 节，基瘤宽大，第 4～10 节的外端角突出，呈宽锯状；前胸背板宽大于长，两侧各具 3 枚刺突，以中刺突最长；鞘翅表面有 2～3 条较浅的纵隆线，颜色浅于鞘翅；小盾片为舌状，边缘颜色较深；胸部中间有 1 条浅的细纵沟，两侧各有 1 条纵浅隆线，两边中区微隆起，宽于外侧，胸部（雄虫中胸无）密生浅于体色的细毛；腹部分 5 节；雌虫生殖器末端微露，有棕色细毛，雄虫腹部末端节微凹；3 对足第 3 跗节两叶端部呈锯状，前缘有 2 枚棕色短刺。

卵：长椭圆形，长 3～3.5mm，宽 1～1.5mm。初产为乳白色，孵化前为灰白色（图 14-8b）。

幼虫：初孵幼虫体长 3～3.5mm；老熟幼虫体长 70～96mm，预蛹幼虫体长 54～68mm；初孵时体色为乳白色，有白色细毛，老熟后为蜡黄色；体肥大圆筒形，向后稍狭；头颅近方形，向后稍宽，后缘中央有浅沟；口器为栗黑色，小于背板宽，上颚发达；前胸背板和步泡突两端正对气门处有棕色细毛，前胸背板前半部有两条淡色横带，后半部分有一块略隆起的“凸”字形，上面布有粒状斑点；有 3 对棕栗色胸足，足稍短于下颚须，有细毛；中胸腹面及腹部背、腹两面第 1～7 节均具“曰”字形的步泡突，肛门 3 裂（图 14-8c）。

蛹：裸蛹，长 30～50mm，初化蛹为乳白色，后期淡黄色，羽化前上颚为棕栗色，体淡棕色；3 对胸足钩刺明显，触角细长，雄蛹触角呈“S”形从头部弯到腹背，雌蛹触角向腹部弯成弧形（图 14-8d）。

（三）发生规律

在广东化州 1～2 年发生 1 代，以幼虫在植物根部或根部附近泥土中越冬。翌年 3 月底至 4 月初老熟幼虫在化橘红根部或附近泥土中做蛹室化蛹；成虫羽化期为 4 月底至 6 月中下旬，4 月底至 5 月初开始羽化，5 月下旬为羽化盛期；成虫产卵期为 5～7 月，6 月上中旬为产卵盛期，6 月下旬至 7 月上旬初为卵孵化盛期。该虫的卵、幼虫、蛹均在土中活动，卵孵化后幼虫立即在土中寻找啃食化橘红或其他植物的细嫩根，随着虫龄增加食量逐渐增大并转移至寄主主根，当主根木质部全部被蛀空后则转移到其他寄主植株根部上继续为害。

幼虫周年均有为害，喜肥沃、疏松的土壤，一般情况下只在有植物根部分布的 15～60cm 的土层中为害，幼虫的耐饥能力强，不取食可存活数月。成虫一般在夜间交尾、产卵，产卵多集中在 4～8 时，卵散产于 1～3cm 土中。成虫具有强趋光性，活动时间为晚上 8 时至次日凌晨 5 时，以晚上 11～0 时成虫数量最多，成虫活动与天气、地势、灯光及周围环境等有密切的关系。

（四）防治措施

1. 农业防治　及时铲除田间杂草、松土、翻耕，以利于天敌取食及机械杀死卵、幼虫和蛹。

2. 物理防治　利用曲牙土天牛成虫趋光性强的特点，于 5 月中下旬成虫羽化高峰期，采用大功率照明灯光诱集、人工捕捉灭杀的方法消灭成虫，可以大大压低虫源基数。

3. 生物防治　昆虫病原线虫对曲牙土天牛幼虫具有良好的防治效果；绿僵菌对曲牙土天牛幼虫有很强的致死作用，适宜在土壤中施用，以每克土壤中施入 1.0×10^8 个孢子的绿僵菌剂，药后 7 天后，幼虫的死亡率最高可达 94.3%。

（陈君　乔海莉）

二、光盾绿天牛

（一）分布与危害

光盾绿天牛 *Chelidonium argentatum* (Dalman)又名光绿橘天牛、橘光绿天牛，俗名枝尾虫、吹箫虫，属鞘翅目 Coleoptera 天牛科 Cerambycidae。国内广泛分布于广东、广西、福建、江西、四川、江苏、浙江、安徽、海南、台湾等地；国外印度及东南亚多国均有分布。该虫是化橘红的主要蛀干害虫，寄主植物还有柠檬、雪柑、桶柑、蕉柑、红橘、九里香等多种芸香科植物。以幼虫为害枝条，其蛀食开始向上，等枝条枯萎即循枝梢向下蛀食，每隔一段距离即向外蛀开 1 个通气排粪孔，状如洞箫，故名“吹箫虫”。由于受害枝条被蛀空、易折断，严重影响树势，造成化橘红果产量锐减（图 14-9a）。

（二）形态特征

成虫：体长 24～27mm，墨绿色，有光泽。腹面绿色，被银灰色绒毛。触角和足深蓝色或黑紫色，跗节黑褐色。头较长具细密刻点，额区上有一中沟伸向头顶区。触角柄节上密布刻点，5～10 节端部侧有尖刺。雄虫触角略长于身体，前胸长宽约等，雌虫稍短。小盾片光滑，前胸背板侧突顶端略钝，鞘翅上密布刻点和皱纹。

卵：长扁圆形，黄绿色。

幼虫：老熟幼虫体长可达 55mm，前胸宽可达 7mm。淡黄色，体表生褐短毛。头部黄褐色，上颚黑色。腹部第 1、第 2 节侧面密生红褐色粗短刚毛，中沟与侧沟明显，各沟两侧均具珠形瘤突，明显突出，表面光滑而散布褐色微粒，横沟前与侧沟外各 1 列，横沟后具不规则的 2 列或 3 列。气门宽椭圆形，第 9 腹节和臀节均具较密的粗长棕色刚毛。肛门 3 裂（图 14-9b）。

蛹：裸蛹，黄色。

（三）发生规律

在广东化州1年1代，以幼虫在枝梢中越冬。成虫在4月羽化，5月下旬至6月中旬为羽化高峰，6月中旬至7月上旬为卵孵化盛期，7～11月为幼虫为害高峰期。卵多产于化橘红嫩枝或嫩枝与叶柄分叉处，每处1粒卵。幼虫孵出后从卵壳底面直接蛀入小枝条，先向枝梢端蛀食，当被害枝梢枯死后再转体向下蛀食，由小枝蛀入大枝，枝条中幼虫蛀道每隔一段距离向外蛀开1个通气排粪孔，洞孔的大小和树木随着幼虫的成长而增多，幼虫多栖居在最下的排粪孔下方不远处。幼虫期长达290～300天。老熟幼虫于4月间化蛹，蛹期23～25天。

（四）防治措施

1. 农业防治　加强栽培管理，保证树势健壮，及时剪除虫害枯枝，并集中销毁；对受害严重、长势差的老树及时砍伐补植，以减少虫源；经常检查枝干，一旦发现有幼虫为害排出新虫粪时，立即用铁丝直接捅刺钩杀。

2. 生物防治　幼虫期，选择近期无雨、风力不大、气温在25℃以上的晴好天气释放管氏肿腿蜂，可有效防治天牛幼虫。

3. 化学防治　在受害枝条的最后一个排粪孔，清洁周围的虫粪后，用注射器将适量药液注入虫道；或者用棉花醮药液直接塞入虫孔，然后用湿泥将虫孔压紧压实。

（乔海莉　陈君）

三、橘褐天牛

（一）分布与危害

橘褐天牛 *Nadezhdiella cantori* (Hope)又名牵牛虫、老木虫，属鞘翅目 Coleoptera 天牛科 Cerambycidae。在国内主要分布在河南、陕西、江西、湖南、四川、贵州、江苏、浙江、广东、广西、云南、海南、香港、台湾等地；国外分布于泰国、印度。为害化橘红，还为害柑橘类、柠檬、柚、菠萝、葡萄、黄皮、花椒等多种果树和林木。以幼虫蛀食植物枝干。被害枝干上的孔洞纵横交错，蛀道内光滑或充满粪屑，不仅中断了水分与营养物质运输，并成为其他害虫或腐生菌类入侵、滋生的场所，导致树势减弱、千疮百孔，轻者树体生长不良，重者风吹易折、枝枯树死。本种同时还是一种药用昆虫，可用于小儿惊风、跌打损伤、乳汁不下等症。

（二）形态特征

成虫：体长26～51mm，宽10～14mm。体黑褐色到黑色，有光泽，被灰色或灰黄色短绒毛。头顶两眼之间有一极深的中央纵沟，触角基瘤之前，额中央又有两条弧形深沟，呈括弧状；触角基瘤隆起，其上方并有一小瘤突。雄虫触角超过体长1/3～1/2，雌虫触角较体略短；第1节特别粗大，密布细刻点，并具横皱纹；第3～4节末端膨大，略呈球形；全角各节内端角均无小刺。前胸背板上密生不规则的瘤状褶皱，沿后缘两条横沟之间的中区较大，有时呈现为两条横脊。鞘翅肩部隆起，两侧近于平行，末端较狭，端缘斜切，内端角尖狭。翅面刻点细密。

卵：椭圆形，初产时乳白色，逐渐变黄，孵化前呈灰褐色。

幼虫：老熟幼虫体长约 80mm，前胸宽约 17mm。乳白色，体呈圆筒形。头的宽度约等于前胸背板的 2/3，口器上除上唇为淡黄色外，其余为黑色。3 对胸足未全退化，尚清晰可见。中胸的腹面、后胸及腹部第 1～7 节背腹两面均具步泡突。

蛹：淡黄色，翅芽叶形，长达腹部第 3 节后缘。

（三）发生规律

在广东化州 2 年发生 1 代，以幼虫和成虫在虫道中越冬。翌年 4 月开始活动，5～8 月产卵，卵多产于近主干分枝处的裂缝及树皮凹陷不平处，每处产卵 1 粒，个别 2 粒。幼虫蛀干为害，经过 2 年到第 3 年 5～6 月化蛹，8 月以后成虫羽化，成虫昼伏夜出，飞翔力较强，平时多栖息在树木的枝杈间，雨前天气闷热，出洞活动也多。

初孵幼虫先在卵壳附近皮层下横向蛀食，开始蛀入皮层时，有胶质分泌物流出。低龄幼虫的虫粪一般呈白色粉末，并附着于被害孔口外。当幼虫开始蛀入木质部后，先横向蛀行，而后向上蛀食。中龄幼虫的虫粪呈锯木屑状，且散落于地面；高龄幼虫的虫粪呈颗粒状，老熟幼虫的虫粪中杂有粗条状木屑。

（四）防治措施

1. 农业防治　加强培育和水肥管理，剪除病虫枝，增强树势，砍除受害严重的植株，并及时销毁；在 4 月成虫产卵前期，将塑料布裁成宽 20cm 左右的条带，包扎距地面 1m 以下的枝干，防止成虫产卵。在有新鲜虫粪的树干处，用钢丝钩杀蛀道内幼虫。

2. 生物防治　于幼虫期，选择气温在 25℃以上的晴好天气释放管氏肿腿蜂，可有效防治天牛幼虫。

3. 化学防治　在有新鲜虫粪的排粪孔处，清除虫粪后，用脱脂棉吸取药剂塞入虫孔内（或用注射器注入药液），再用湿泥密封虫孔。

（乔海莉　陈君）

四、星天牛

（一）分布与危害

星天牛 *Anoplophora chinensis* (Förster)又名木麻黄星天牛、白天牛、银星天牛、花牛港仔、橘猴、围头虫（幼虫）、粗屑（幼虫）、花牯牛、水牛姆、盘根虫（幼虫），属鞘翅目 Coleoptera 天牛科 Cerambycidae。在国内分布于北起吉林、辽宁，西到甘肃、陕西，东达福建、台湾，南迄广东；在国外分布于日本、朝鲜、缅甸和北美诸国。星天牛是为害化橘红的主要蛀干害虫，其寄主植物还有木麻黄、杨、柳、榆、刺槐、核桃、桑树、苦楝、柑橘等多种林果植物。星天牛主要以幼虫在树干内蛀食（图 14-10a），严重创伤韧皮部和木质部，阻碍养分和水分的输送，导致树木衰弱和死亡，同时极易导致树木风折。据调查，在广东化州化橘红种植基地危害率可高达 35%，轻者影响生长，重者易遭风折，并导致其他病虫害发生，造成树木死亡。

（二）形态特征

成虫：雌虫体长 36～41mm，宽 11～13mm；雄虫体长 27～36mm，宽 8～12mm。体黑色，有时略带金属光泽，具小白斑点。触角第 1、第 2 节黑色，其他各节基部有淡蓝色毛环，雌虫触角超出体长 2 节，雄虫触角超出体长 5 节。头部和身体腹面被银白色和部分蓝灰色细毛，但不形成斑纹。前胸背板中瘤明显，两侧具尖锐粗大的侧刺突。鞘翅基部密布大小不等的黑色小颗粒，每翅具有约 20 个小型白色毛斑，排列成不整齐的 5 横行，前两行各 4 个；第 3 行 5 个，略斜，位于鞘翅中部；第 4 行 2 个，第 5 行 3 个。斑点变异很大，有时很不整齐，难辨行列，有时靠中缝的则易消失，第 5 行外侧斑点与翅端斑点合并，致每翅减少约剩 15 个。

卵：长椭圆形，长 5～6mm，宽 2.2～2.4mm。初产时白色，以后渐变为浅黄白色。

幼虫：体长圆筒形，略扁，向后端稍狭，腹部第 7、第 8 节又稍宽。老熟幼虫体长可达 70mm，前胸宽可达 12.5mm。头颅扁，褐色，长方形，中部前方较宽，以后稍狭，后端浑圆。额缝不明显，上颚较狭长。单眼 1 对，棕褐色，微突。触角小，3 节。前胸略扁，背板骨化区呈“凸”字形，凸字形纹上方有 1 对形似飞鸟的黄褐色斑纹。气门椭圆形，深褐色。肛门 3 裂，侧裂缝长，夹角近 180°，中裂缝较短（图 14-10b）。

蛹：纺锤形，长 30～38mm，初化时淡黄色，羽化前逐渐变为黄褐色至黑色。翅芽短过腹部第 3 节后缘。

（三）发生规律

在广东 1 年 1 代，以幼虫在树干或主根木质部越冬。4 月下旬始见成虫，成虫羽化后在蛹室停留 4～7 天，待身体变硬后从羽化孔爬出，出洞后多栖息于化橘红枝头或地面杂草间，可啃食细枝皮层或取食叶片补充营养，10～15 天后交配。多在黄昏前后交尾、产卵，破晓时亦较活跃，中午多停息枝干、主干休息、交尾，经 8～15 天产卵。卵多产于离地面 5cm 以内的树干基部，少数可达 30～60cm。田间 5～8 月上旬均可见卵，5 月下旬至 6 月中旬为产卵盛期，卵历期 7～10 天。雌虫产卵前先用上颚将树皮咬成长约 1cm 的“|”“∟”“⊥”“一”或“⊤”形伤口，产卵处表面湿润，有树脂泡沫流出，每雌平均产卵 23～32 粒，最多产 70 余粒，产卵期长达 30 天左右，成虫寿命 30～60 天。幼虫在蛀入木质部以前，在韧皮部蛀食，呈狭沟状，达到地平线以后，再向树干基部周围扩展迂回蛀食，形成不规则虫道，长达 50～60cm，树液溢出，整个幼虫期长达 300 天。

（四）防治措施

1. 农业防治　在星天牛产卵前期，在化橘红树干基部培土，高度为 20cm，底部半径为 30cm，以提高星天牛产卵位置并使卵的分布相对集中，为人工刮除卵、钩杀幼虫提供方便，提高防治效率；在星天牛产卵前期，将涂白剂均匀涂在化橘红树干基部，高度为 30cm，以减少星天牛成虫的产卵数量。

2. 化学防治　在化橘红采果前一个月或采果后，在树干基部注射内吸性药液，消灭幼虫。

（乔海莉　马维思）

五、柑橘窄吉丁

（一）分布与危害

柑橘窄吉丁 *Agrilus auriventris* Saunders 俗称爆皮虫、锈皮虫，属鞘翅目 Coleoptera 吉丁科 Buprestidae，是东亚特有的一个物种。国内主要分布于浙江、江西、广东、湖北、台湾等地，在我国各柑橘产区普遍存在；国外主要分布于日本、越南和老挝。该虫主要以幼虫蛀食枝干，使大枝或整株死亡，是化橘红上为害较重的一种害虫，也是柑橘类植物的主要害虫。发生严重时，使树冠变形，树势衰退，甚至树体枯死，造成化橘红产量降低。老年树及树皮粗糙的化橘红树受害重，并且可以诱发流胶病。

（二）形态特征

成虫：体长 6～9mm，古铜色，有金属光泽。前胸背板与头部等宽，并密布许多细皱纹。鞘翅紫铜色，密布细小刻点，上有金黄色花斑，鞘翅端部有若干明显的小齿。

卵：扁椭圆形，初产时为乳白色，后为土黄色，近孵化前为浅褐色。

幼虫：共 4 龄，老熟幼虫体长 12～20mm，扁平、细长，乳白色或淡黄色，体表多皱褶。头部和中胸、后胸甚小，前胸特别膨大。腹部各节前后缘约等宽，末端有一对黑褐色坚硬的钳状突。

蛹：扁圆锥形，初期为乳白色，后变为淡黄色，羽化前呈蓝黑色。

（三）发生规律

1 年 1 代，也有 2 年 1 代，以老熟幼虫在化橘红树干的木质部浅处越冬，少数低龄幼虫在树干韧皮部越冬。越冬幼虫于 3 月中旬至 4 月上旬化蛹，4 月下旬为羽化盛期，5 月大量成虫咬穿木质部和树皮做“D”字形羽化孔出洞，成虫出洞后 5～6 天交尾。交尾后 1～2 天产卵。6 月上旬为产卵盛期，6 月中下旬孵化为幼虫。闷热无风或雨后初晴，成虫出洞最多。成虫取食嫩叶，有假死性。卵多散产于树干裂缝皮下，密排列成鱼鳞状。初孵幼虫侵入树皮浅处为害时，树皮上呈现分散的芝麻大小的流胶点，这是幼虫侵害的初期症状。幼虫渐长，在树干皮层和木质部间蛀食成不规则的弯曲隧道，并排泄虫粪于其中，皮层因而枯干，造成树皮和木质部分离、爆裂。末龄幼虫在虫道末端蛀入木质部作蛹室越冬，蛀入孔呈新月形。

（四）防治措施

1. 农业防治　在冬春季节（即成虫羽化出洞之前），剪除受害枯枝和清除严重受害树及枯树，并集中在种植区外烧毁，以减少越冬虫源；同时，加强栽培管理，以提高树体抗虫性。成虫产卵期，清除树干上的缝隙及翘皮，铲除树干周围的杂草，人为恶化产卵环境。

2. 人工捕杀　幼虫初期，在枝干泡沫点及流胶处，用平头锤敲击，造成幼虫机械致死或人工削出幼虫捕杀。

3. 化学防治　枝干涂药，成虫羽化出洞前，将药液淋于多层卫生纸上，再用薄膜将纸包紧在树干上，防止成虫出洞；树冠喷药，成虫羽化出洞高峰期，选用胃毒或触杀作用强的药剂树冠喷药。

（乔海莉　马维思）

六、柑橘溜皮虫

（一）分布与危害

柑橘溜皮虫 *Agrilus* sp.又名锈皮虫、缠皮虫，属鞘翅目 Coleoptera 吉丁科 Buprestidae。主要分布在浙江、福建、四川、广东和广西等柑橘产区。寄主植物只限于柑橘类。近年来，该虫在化橘红上为害逐渐加重，在局部产区甚至暴发成灾，已由次要害虫上升为主要害虫。广东化州化橘红基地溜皮虫有虫株率达 100%，被害植株中平均 38.9%枝条有虫为害，虫枝率最高达 80%；该虫多在直径 1cm 以上的枝条上为害，4cm 直径枝条有虫数多达 17 头，单株最多有虫达数百头，呈逐年上升趋势，严重影响化橘红产量（图 14-11a）。

（二）形态特征

成虫：体长约 10mm，宽约 3mm，黑色，略具金属光泽（图 14-11e）。头顶两复眼间的凹陷刻纹呈两个清晰的多环同心椭圆。前胸背板有横行及斜行交错的细脊纹。鞘翅黑色，密布细小刻点，并有由白色细毛形成的不规则花斑，鞘翅末端 1/3 处的白斑更为明显。

卵：扁椭圆形，初产时乳白色，后渐变黄色，孵化前为黑色。

幼虫：老熟幼虫长 23～26mm，扁平，乳白色。前胸背板大，近圆形。中胸、后胸缩小，腹部各节呈梯形，后缘明显较前缘为宽，腹部末端小齿较柑橘窄吉丁更为细微，并具一对钳状突（图 14-11b、图 14-11c）。

蛹：纺锤形，长 9～12mm，初化蛹时乳白色，羽化前黄褐色（图 14-11d）。

（三）发生规律

在广东化州 1 年 1 代，以幼虫在枝条木质部中越冬，3～4 月化蛹，5 月成虫羽化并咬穿木质部和树皮出洞，6 月为产卵盛期。成虫羽化不整齐，产卵期、卵孵化期及幼虫蛀入木质部的时间不一致。幼虫孵化后，蛀入树枝皮层为害，初期被害处可见流胶，以后幼虫自枝条上部向下蛀食，在皮层和木质部，形成不规则的弯曲虫道，枝条树皮剥裂，围绕枝条蛀害造成养分不易及时运输，导致枝条枯死、树势衰弱；虫道末端形成螺旋状，末龄幼虫在最后一个螺旋处蛀入木质部越冬。

（四）防治措施

1. 农业防治　结合冬季和早春修剪，即 5 月成虫羽化之前，剪除有虫枯枝，枯枝剪除应在没有流胶或没有虫孔的健康部位下剪；挖除严重受害树及枯死树，并在种植区外集中烧毁，以减少越冬虫源。

2. 人工捕杀　利用幼虫潜伏在虫道的最后一个螺旋处，并与蛀入孔成 45°角，用锐利尖锥钻死幼虫，效果较佳。

3. 化学防治　成虫羽化出洞前，将黄泥与触杀性农药调成稀糊状，涂刷在枝干被害部位，防治效果可达90%以上；成虫羽化出洞高峰期，选用胃毒或触杀作用强的农药进行树冠喷药。

（乔海莉　陈君）

七、柑橘花蕾蛆

（一）分布与危害

柑橘花蕾蛆 *Contarinia citri* Barnes 又名橘蕾瘿蚊、花蛆，属双翅目 Diptera 瘿蚊科 Cecidomyiidae。在中国柑橘区都有分布，是化橘红花蕾期的主要害虫。以幼虫蛀食化橘红的花器，使花瓣变厚，被害花蕾膨大呈“灯笼状”，造成大量烂蕾、烂花，严重时被害株率达80%以上，致使化橘红产量受到严重影响（图14-12a）。

（二）形态特征

成虫：形似小蚊，雌成虫体长1.5～1.8mm，暗黄褐色或灰黄色，被有细毛。触角念珠状，14节，各节环生刚毛。翅一对，翅脉简单，翅上密生黑褐色细毛。足细长。雄成虫体长1.2～1.4mm，灰黄色。触角鞭节每节呈哑铃状，形似2节（图14-12e）。

卵：长椭圆形，无色透明，外包一层胶质物，末端具丝状附属物（图14-12b）。

幼虫：末龄幼虫乳白至橙黄色，长纺锤形，体长约2.8mm，前胸腹面有一褐色、前端分叉的剑骨片（图14-12c，图14-12d）。

蛹：乳白色，后期复眼和翅芽黑褐色。

（三）发生规律

1年1代，以末龄幼虫在土中越冬。翌年2月化蛹，成虫2～3月羽化出土，雨后出土最盛。化橘红花蕾露白时雌成虫产卵于花蕾顶端内侧，卵散产或排列成堆，每雌可产卵60～70粒。凡花蕾顶部结构不紧密或有裂缝、小孔的都有利于成虫产卵。幼虫食害花器，使花瓣变厚，形成畸形的“灯笼花”，被害花的花丝、花药变褐，花蕾不易开放。幼虫老熟后从花蕾中爬出弹入地面或随花蕾落地，钻入土中越夏越冬，到次年成虫出土。阴雨天气有利于成虫出土和幼虫入土。该虫在凤尾品系的化橘红树冠下的土壤中分布最多，主要集中在树冠下北侧、0～3cm、距离滴水线100cm处的土壤层中，呈聚集分布格局。

（四）防治措施

1. 农业防治　冬季翻耕或春季浅耕树冠周围的土壤，使幼虫暴露在外，冻死幼虫；在成虫出土前，用地膜覆盖化橘红树周围的土壤，不仅能阻止成虫出土，而且能将成虫闷死于地表。

2. 人工防治　在为害早期，摘除虫蕾并及时烧毁，以减少下一年度发生量。

3. 化学防治　在成虫出土前，即花蕾初期，萼片开始开裂，刚能看到白色花瓣时，在树冠周围滴水线100cm范围以内的地面喷洒药剂毒杀出土成虫。

（乔海莉　徐常青）

八、柑橘潜叶蛾

（一）分布与危害

柑橘潜叶蛾 *Phyllocnisitis citrella* Stainton 又名橘潜蛾、鬼画符、绘图虫，属鳞翅目 Lepidoptera 叶潜蛾科 Phyllocnistidae，是为害化橘红新梢的主要害虫。在我国普遍发生在江苏、福建、浙江、海南、广西、广东、湖南、湖北、贵州、四川、重庆等柑橘产区，在国外主要分布在亚洲、北美洲和非洲的许多国家和地区。主要以幼虫潜入化橘红的嫩茎、嫩叶表皮下钻蛀取食，形成弯弯曲曲的银白色虫道，导致受害叶片皱缩、变硬、脱落，严重影响叶片的光合作用（图 14-13），从而影响树势，减少翌年开花结果量。通常春梢受害轻，在夏秋季抽梢期发生最严重，苗木幼树受害也较为严重。叶片被咬食的伤口，常诱致溃疡病菌入侵，而被害叶片也是柑橘螨类、红蜘蛛、卷叶蛾的“避难”和越冬场所。

（二）形态特征

成虫：银白色，体长约 2mm，翅展约 4mm。触角呈丝状，前翅为披针形，翅基部有两条黑褐色纵纹，长约及翅之半，翅近中部具有“Y”形黑褐色斜纹。前缘中部至外缘有橘黄色缘毛，顶角有一黑色圆斑。后翅呈针叶形，缘毛长。

卵：白色透明，椭圆形，底平，弧圆形隆起，表面光滑。

幼虫：黄绿色，扁平，无足，头三角形。第三龄幼虫体长 3～4mm，腹部末端有一对细长的尾状物。

蛹：黄褐色，纺锤形，长约 2.5mm，头顶有倒“Y”形穿茧器，蛹体外有黄褐色薄茧。

（三）发生规律

在广东化州 1 年 12～15 代，每年 11 月至翌年 2 月以蛹或幼虫在卷曲叶片上越冬。2 月中下旬成虫羽化、交尾、产卵，卵产于 0.5～2.5cm 长的嫩叶背面主脉两侧，3 月上旬幼虫出现，蛀入化橘红嫩叶、嫩茎表皮取食叶肉，形成弯弯曲曲的银白色虫道。幼虫发生高峰为 4～6 月，受害叶片皱缩、变硬、叶片脱落，严重影响叶片的光合作用。

（四）防治措施

柑橘潜叶蛾的防治应采取“抹芽控梢、适时放梢、关键时期喷药保梢”等综合防控技术。

1. 农业防治　及时抹芽控梢，摘除过早、过晚及虫卵高峰期之前抽发的新梢，连续数次，以防止抽梢不整齐而加重为害；在虫卵低落期统一放梢，可以大大减少为害；管理水肥，促梢齐发：通过水肥管理，使夏、秋梢抽发整齐健壮。

2. 化学防治　在促使抽梢整齐的基础上，需要对抽发的新梢喷药保护。在秋梢大量萌发和芽长 1cm 时，叶片喷施药剂 1～2 次。

（乔海莉　陈君）

九、咖啡木蠹蛾

（一）分布与危害

咖啡木蠹蛾 *Zeuzera coffeae* Nietner 又称咖啡豹蠹蛾，属鳞翅目 Lepidoptera 木蠹蛾科 Cossidae。分布于我国东部和南部，如广东、江西、福建、浙江、江苏、河南、湖南、四川、台湾等地；国外分布于欧洲、西非、南亚、东南亚等国。寄主植物有化橘红、咖啡、茶、棉花、木槿、枇杷、桃、梨、葡萄、龙眼、荔枝、柑橘、木麻黄、白杨、黄杨等多种果树林木。幼虫钻蛀化橘红的茎干枝条，幼虫最初自枝梢上方腋芽处蛀入，蛀入处的上方随即枯萎，经 5～7 天后又转移为害较粗枝条，即从被害枝梢内钻出转移到新梢基部再重新钻入蛀食（图 14-14a）。经多次转移，可为害 2～3 年生枝条，或更大的枝条，使受害枝条逐渐枯萎死亡，果实脱落。每遇大风，被害枝条常易折断。

（二）形态特征

成虫：雌虫体长 12～26mm，翅展 40～50mm，触角丝状；雄虫体长 11～15mm，翅展 30～36mm，触角基部羽状、端部丝状。体被灰白色鳞毛，胸部背面有青蓝色斑点 6 个。翅灰白色，翅脉间密布青蓝色短斜斑点，翅外缘在翅脉端部具有青蓝色斑点。后翅斑点较淡。

卵：长椭圆形，淡黄色。

幼虫：老熟幼虫体长 17～35mm，红色，前胸背板黄褐色，近后缘有 4 行向后呈梳状的齿列。腹足趾钩为环形双序。臀板黑褐色（图 14-14b）。

蛹：长圆筒形，褐色，有光泽，第 2～7 腹节背面各具两条横向隆起，腹部末端具刺 6 对。

（三）发生规律

在广东 1 年 1 代，以幼虫在蛀道内缀合虫粪木屑封闭两端静伏越冬。次年春天开始活动取食，隔一距离咬一排粪孔将粪便排出，4 月上中旬后，老熟幼虫在蛀道内陆续化蛹，4 月底至 5 月初开始羽化，5 月下旬是成虫的羽化盛期。成虫具有趋光性。卵成块状紧密贴结于枯枝虫道内，也有单粒散产于树皮缝、新抽嫩梢顶端或腋芽处。初孵幼虫密集于卵块上，取食卵壳，2～3 天后扩散，爬向枝干蛀食为害。

（四）防治措施

1. 农业防治　越冬期，剪除有虫、枯死枝条，刮除树干翘皮，收集地面枯枝落叶，于种植区外集中烧毁。

2. 生物防治　选择晴天，于田间释放小茧蜂 *Bracon* sp.，可寄生虫道内的幼虫。

3. 化学防治　在有新鲜虫粪的排粪孔处，清除虫粪后，用脱脂棉吸取药液塞入虫孔内（或用注射器注入药液），再用湿泥团密封注药虫孔。

（乔海莉　陈君）

十、柑橘凤蝶

（一）分布与危害

柑橘凤蝶 *Papilio xuthus* Linnaeus 又名橘黑黄凤蝶、橘凤蝶、黄菠萝凤蝶、黄檗凤蝶、燕尾蝶、凤子蝶、花椒凤蝶、春凤蝶，属鳞翅目 Lepidoptera 凤蝶科 Papilionidae。在我国各地均有分布。主要为害柑橘和山椒。以幼虫取食化橘红嫩芽、嫩叶，造成化橘红叶片出现孔洞、缺刻，严重时常将叶片吃光，只残留叶柄或主脉（图 14-15a）。

（二）形态特征

成虫：有春型和夏型两种。春型体长 21～24mm，翅展 69～75mm；夏型体长 27～30mm，翅展 91～105mm。雌虫略大于雄虫，色彩不如雄艳，两型翅上斑纹相似，体淡黄绿至暗黄，体背中央有黑色纵带，两侧黄白色。前翅黑色近三角形，近外缘有 8 个黄色月牙斑，翅中央从前缘至后缘有 8 个由小渐大的黄斑，中室基半部有 4 条放射状黄色纵纹，端半部有 2 个黄色新月斑。后翅黑色；近外缘有 6 个新月形黄斑，基部有 8 个黄斑：臀角处有 1 橙黄色圆斑，班中心为 1 黑点，有尾突。（图 14-15e）

卵：近球形，直径 1.2～1.5mm，初黄色，后变深黄，孵化前紫灰至黑色（图 14-15b）。

幼虫：老熟幼虫体长 38～48mm，黄绿色至绿色，前胸背面有 1 对橙黄色翻缩腺（臭角），后胸背面两侧各有 1 眼斑，后胸和第 1 腹节间有蓝黑色带状斑，1 龄幼虫黑色，刺毛多；2～4 龄幼虫黑褐色，有白色斜带纹，虫体似鸟粪，多肉质刺突（图 14-15c）。

蛹：近菱形，体长 25～32mm，初为淡绿色，后呈暗褐色。越冬蛹常与黏附物颜色相近（图 14-15d）。

（三）发生规律

在广东 1 年 5 代以上，以蛹在枝干及叶背等隐蔽处越冬。成虫喜访花，卵多散产在嫩芽和叶背，初孵幼虫取食卵壳后以叶片为食。随着虫龄增大，幼虫食量大增。

（四）防治措施

1. 农业防治　成虫在早晨露水未干前多静止在枝叶上少动，可用捕虫网捕捉；或者捕杀卵、幼虫和蛹。

2. 生物防治　柑橘凤蝶的天敌有金小蜂、赤眼蜂，保护和引放天敌，可达到以虫治虫的目的。

3. 化学防治　于幼虫期喷施药剂进行防治，并尽量与其他害虫的防治结合进行。

（乔海莉　陈君）

十一、柑橘粉蚧

（一）分布与危害

柑橘粉蚧 *Pseudococcus citri* 又名橘粉蚧、橘臀纹粉蚧、紫苏粉蚧，属同翅目 Homoptera 粉蚧科 Pseudococcidae。在我国各主要柑橘产区均有分布。以成虫、若虫聚集在叶柄、果实上为害，引起落叶、落果，诱发煤烟病。部分化橘红偶有发生，寄主植物包括柑橘、苹果、葡萄、龙眼、菠萝、石榴、枇杷、叶子、腰果、橄榄、梨、无花果、桑、烟草等。

（二）形态特征

成虫：雌成虫肉黄色或粉红色，椭圆形，长3～4mm，宽2～2.5mm。背面体毛长而粗，腹面体毛纤细。足3对，粗大。体被白色粉状蜡质，体缘有18对粗短的白色蜡刺，腹末1对最长。将产卵时腹部末端形成白色絮状卵囊。雄成虫褐色，长约0.8mm，有翅1对，淡蓝色，半透明，腹末有白色的尾丝1对（图14-16b）。

卵：淡黄色，椭圆形。

若虫：淡黄色，椭圆形，略扁平，腹末有尾毛1对，固定取食后即开始分泌白色蜡粉覆盖体表，并在周缘分泌出针状的蜡刺（图14-16a）。

蛹：长椭圆形，淡褐色，长约1mm。茧长圆筒形，被稀疏白色蜡丝。

（三）发生规律

1年3～4代，世代重叠明显，以雌成虫在树皮缝隙内越冬。初孵若虫和每次蜕皮后的若虫爬行一段时间后，群集固定取食植物汁液。该虫喜栖息在阴湿稠密的植被环境。

（四）防治措施

1. 农业防治　加强栽培管理，剪除过密枝梢和有虫枝条，集中烧毁，使树冠通风透光，降低环境湿度。

2. 生物防治　保护、利用和引放天敌。我国已发现的天敌有圆斑弯叶瓢虫、孟氏隐唇瓢虫、豹纹花翅蚜小蜂、粉蚧长索跳小蜂、粉蚧玉棒跳小蜂等。

3. 化学防治　在初龄幼蚧盛期或天敌隐蔽期喷施药剂。

（乔海莉　陈君）

十二、柑橘小粉蚧

（一）分布与危害

柑橘小粉蚧 *Pseudococcus citriculus* Green 又名柑橘棘粉蚧，属半翅目 Homoptera 粉蚧科 Pseudococcidae。在我国各柑橘产区均有分布。在化橘红上偶有发生，以若虫、成虫群集在叶柄、果实上吸食汁液，引起落叶、落果，诱发煤烟病。还可为害柑橘、梨、苹果、葡萄、石榴、柿等果树。

（二）形态特征

成虫：雌成虫长2～2.5mm，椭圆形，淡红色或黄褐色，体外被白色蜡质分泌物，体缘有17对白色细长蜡刺，其长度由前端向后端逐渐增长，最后1对特别长，等于体长的1/3～2/3。触角8节，其中第2、第3节及顶节较长。足细长。雄成虫体长约1mm，紫褐色，有翅1对，腹末有2对较长的白色蜡丝。

卵：椭圆形，淡黄色，产于母体下棉絮状的卵囊内。

若虫：初孵若虫体扁椭圆形，有发达的触角及足。

（三）发生规律

1 年 4 代，多以雌成虫或部分若虫在枝叶上越冬。4 月中下旬，越冬雌成虫在体下形成卵囊并产卵。雌成虫和若虫不行固定生活，终生均能活动爬行。第 1 代若虫多在叶背、叶柄、果蒂及枝干伤疤处为害，第 2、第 3 代若虫则多在果蒂部为害。

（四）防治措施

1. 农业防治　合理修剪，剪除有虫枝条，集中烧毁；刷除枝条上的越冬若虫，减少虫口基数。

2. 生物防治　调查种植区内天敌种群，如发现天敌数量较少，应引入释放。天敌有粉蚧三色跳小蜂、粉蚧长索跳小蜂、粉蚧蓝绿跳小蜂、圆斑弯叶毛瓢虫、黑方突毛瓢虫和台湾小瓢虫等，要保护和利用天敌。

3. 化学防治　在初龄幼蚧盛期或天敌隐蔽期喷施化学农药。一般药剂防治的指标为 10%叶片（或果实）有虫，局部为害的应采用挑治。应尽量选用选择性强、效果好、低毒的农药。

（乔海莉　陈君）

十三、吹绵蚧

（一）分布与危害

吹绵蚧 *Icerya purchasi* Maskell 又名绵团蚧、白蚰、白蜱，属半翅目 Hemiptera 硕蚧科 Margarodidae。国内分布于东北、华北、西北、华中、华东、华南、西南；国外分布于日本、朝鲜、菲律宾、印度尼西亚、斯里兰卡，欧洲、非洲、北美洲也有分布。除为害化橘红外，还可为害柑橘、苹果、梨、桃、桑、棉、枇杷、栗等 50 余科 250 多种植物。以若虫和雌成虫群集于枝干、叶片和果实上为害，吸取汁液，造成叶片发黄、枝梢枯萎、树势衰退，甚至整株枯死，有的还能诱发煤烟病，危害极大（图 14-17a）。

（二）形态特征

雌成虫：椭圆形，无翅，体长 5～6mm，宽 3.7～4.2mm，橘红色，背面隆起，有较多黑色细毛，体背覆盖一层白色颗粒状蜡粉，腹部附有白色蜡质卵囊。雄成虫：体瘦小，长约 3mm，翅展约 8mm，胸部褐色，腹部橘红色，前翅狭长，灰褐色，后翅退化为匙形（图 14-17c、图 14-17d）。

卵：长椭圆形，初产时橙黄色，后变为橘红色（图 14-17e）。

若虫：1 龄时椭圆形，体红色，眼、触角和足黑色，腹部末端有 3 对长毛。2 龄若虫背面红褐色，上覆盖淡黄色蜡粉，体表多毛，雄虫明显较雌虫体形长，行动活泼。3 龄若虫红褐色，触角已增长到 9 节，体毛更为发达（图 14-17b）。

蛹：橘红色，眼褐色，触角、翅芽和足均为淡褐色，腹末凹陷成叉。

茧：长椭圆形，由白色疏松的蜡丝组成。

（三）发生规律

1 年 3～4 代，以成虫、卵和各龄若虫在主干和枝叶上越冬，世代重叠现象十分明显，从 4～11 月均可见各种虫态。卵产于卵囊内，初孵若虫在卵囊内停留一段时间后爬出，分散到叶片的主脉两侧固定为害。若虫每次蜕皮后都迁移到一个新的地方为害。吹绵蚧适宜于温暖高湿度气候条件，喜隐蔽环境，枝叶过密，利于其生存和繁殖。

（四）防治措施

以生物防治为主，人工防治和药剂防治为辅。

1. 生物防治　保护和引放澳洲瓢虫、大红瓢虫捕食吹绵蚧。引入的瓢虫可以是成虫、幼虫或蛹，集中释放在受害严重的树上，释放后加强保护。

2. 人工防治　及时剪除有虫枝梢，并用刷子刷除枝干上越冬代成虫和若虫。

3. 化学防治　在初孵幼虫分散转移前，喷施适宜药液，或用普通洗衣粉 400～600 倍液，每隔 2 周左右喷 1 次，连续喷 3～4 次。

（乔海莉　陈君）

十四、白蛾蜡蝉

（一）分布与危害

白蛾蜡蝉 *Lawana imitata* Melichar 又名白翅蜡蝉、白鸡、紫络蛾蜡蝉、青翅羽衣，属半翅目 Hemiptera 蛾蜡蝉科 Flatidae。国内主要分布在广东、广西、福建、云南、海南、台湾等地。主要为害化橘红、柑橘、龙眼、杧果等 100 多种植物，以成虫、若虫吸食嫩枝、幼果的汁液，排泄物易引起煤污病，致使树势衰弱，影响果实品质（图 14-18a）。

（二）形态特征

成虫：体长 19～25mm，呈白色或淡绿色，体被白色蜡粉，头顶呈锥形突出；颊区具脊，复眼褐色，触角着生于复眼下方；前胸向头部呈弧形突出，中胸背板发达，背面有 3 条细的脊状隆起；前翅近三角形，顶角近直角，臀角向后呈锐角，外缘平直，后缘近基部略弯曲；径脉和臀脉中段黄色，臀脉基部蜡粉较多，集中成白点；后翅白色或淡绿色，半透明；后足发达，善跳跃（图 14-18b）。

卵：长约 1.5mm，长椭圆形，淡黄白色，表面有细网纹，卵块长方形。

若虫：体长 7～8mm，稍扁平，胸部宽大，翅芽发达，翅芽端部平截；体白色，布满棉絮状的蜡状物，腹部末端呈截断状，分泌蜡质较多。

（三）发生规律

1 年 2 代，以成虫在寄主枝叶间越冬。翌年 2～3 月天气转暖时越冬成虫开始活动，取食、交配和产卵。初孵若虫群集为害，随着虫龄增大，虫体上的白色蜡絮加厚，三五成群分散活动。成虫、若虫善跳跃，受惊动时纷纷弹跳逃逸。若虫体上蜡丝束可伸张，有时犹如孔雀开屏，成虫栖息时，在树枝上往往排列成整齐的“一”字形。夏秋两季阴雨天，降雨量大时，害虫发生较为严重。

（四）防治措施

1. 农业防治　剪除有虫卵枝条，集中烧毁。

2. 人工防治　成虫发生盛期用捕虫网捕杀成虫，若虫发生期刷除枝梢上的若虫。

3. 生物防治　保护、利用和引放天敌。白蛾蜡蝉的天敌有：寄生于卵的狭面姬小蜂、黄斑啮小蜂、白蛾蜡蝉啮小蜂、赤眼蜂、黑卵蜂；寄生若虫的有螯蜂、举腹姬烽、小蜂。湿度大的季节可施用绿僵菌。

（乔海莉　陈君）

十五、柑橘红蜘蛛

（一）分布与危害

柑橘红蜘蛛 *Panonychus citri* (McGregor)又名柑橘全爪螨，属蛛形纲 Arachnida 蜱螨目 Acarina 叶螨科 Tetranychidae。国外主要分布在美国、日本、印度、南非及地中海等地，国内分布在江西、福建、湖南、四川、浙江、重庆、广西等大部分柑橘产区，发生危害都非常严重。此螨还可为害梨、苹果、苦楝、桂花、蔷薇、构树、桃、木瓜、樱桃、月季、玉兰、木菠萝、天竺葵、南天竹、美人蕉、桑、榕树、八角枫、橡胶树、络石、棕叶狗尾草、怀悬钩子、核桃和枣等多种植物。该螨是化橘红上普遍发生的害螨之一，也是一种世界性的柑橘害螨。主要是以成螨、若螨刺吸为害叶片、果实和绿色嫩枝，以叶片受害最重，叶片被害后，先褪绿，后呈许多灰白色小斑点，叶片失去光泽，被害果为灰白色，严重时全叶片灰白色，引起落叶、落果，甚至枯梢，影响树势和化橘红产量（图 14-19a）。

（二）形态特征

成螨：雌成螨平均长 0.39mm，宽约 0.26mm，近椭圆形，紫红色，背面有 13 对瘤状小突起，每一突起上长有 1 根白色长毛，足 4 对（图 14-19e）。雄成螨鲜红色，与雌成螨相比，体略小，腹部末端部分较尖，足较长（图 14-19d）。

卵：扁球形，平均直径 0.13mm，鲜红色，有光泽，后渐褪色。顶部有一垂直的长柄，柄端有 10～12 根向四周辐射的细丝，可附着于叶片上（图 14-19b）。

幼螨：平均体长 0.2mm，色较淡，有足 3 对。

若螨：与成螨极相似，但身体较小，一龄若螨体长 0.2～0.25mm，二龄若螨体长 0.25～0.3mm，均有 4 对足（图 14-19c）。

（三）发生规律

在广东化州 1 年 15 代以上，世代重叠，以卵和成螨在枝条和叶背越冬，适宜发育和繁殖温度为 25℃左右，春、秋两季为红蜘蛛发生高峰期；春季结果树受害重，秋季非结果树受害重；结果树红蜘蛛春季西、北方向发生比较严重，秋季东面发生较严重；非结果树西边发生较严重；成螨和若螨喜在叶片背面活动、取食，天敌的数量随着红蜘蛛的增长而增长。

（四）防治措施

1. 农业防治　做好冬季清园工作；结合冬季修剪，剪去带虫枝条和叶片，是降低来年红蜘蛛为害、减少用药次数的关键；加强肥水管理，增施有机肥，增强树势，提高植株自身的抗虫害能力，在干旱季节做好灌溉工作，保持种植区内阴湿生态环境；根据化橘红发育期，做好统一放梢、保梢工作。

2. 生物防治　保护利用天敌，尽量减少用药，不用高毒农药，以避免杀伤天敌，特别是要注意避开天敌发生期用药。最好通过地面留草如藿香蓟、圆叶决明等，多种植灰叶豆等豆科植物，以创造有利于天敌生长的环境；同时，适当引进有益天敌，如捕食螨等，通过“以螨治螨”，将红蜘蛛始终控制在防治指标内。

3. 化学防治　在发生严重区域，春季喷雾1波美度的石硫合剂，能有效降低红蜘蛛虫口密度。必要时，可选用高效、安全、低毒的生物农药挑株防治。

（乔海莉　陈君）

第八节　白果、银杏叶

Baiguo、Yinxingye

GINKGO SEMEN、GINKGO FOLIUM

白果为银杏科植物银杏 *Ginkgo biloba* L.干燥成熟种子，具敛肺定喘、止带缩尿之功效，用于痰多喘咳、带下白浊、遗尿尿频。银杏叶为其干燥叶，具活血化瘀、通络止痛、敛肺平喘、化浊降脂之功效。银杏叶、白果是防治高血压、心脏病重要的医药原料。银杏在中国、日本、朝鲜、韩国、加拿大、新西兰、澳大利亚、美国、法国、俄罗斯等国家和地区均有大量分布。中国的银杏主要分布在山东、浙江、安徽、福建、江西、河北、河南、湖北、江苏、湖南、四川、贵州、广西、广东、云南等地，台湾也有少量分布。主要害虫有银杏大蚕蛾 *Dictyoploca japonica*、银杏超小卷叶蛾 *Pammene ginkgoicola*、大蓑蛾、斜纹夜蛾、咖啡木蠹蛾、桃蛀螟、星天牛、桑白蚧、杏仁蜂 *Eurytoma samsonowi*、茶黄蓟马、蛴螬、蝼蛄、金针虫、地老虎、金龟子、大袋蛾、尺蠖等。

一、银杏大蚕蛾

（一）分布与危害

银杏大蚕蛾 *Caligula japonica* Moore 又名白果蚕，属鳞翅目 Lepidoptera 天蚕蛾科 Saturniidae。国内分布于吉林、辽宁、四川、广西、云南等地。银杏大蚕蛾为害银杏、核桃、楸、枫杨、榆、柳、梨和苹果等。以幼虫取食叶片为害，幼虫常食光银杏叶片，造成银杏大量减产。

（二）形态特征

成虫：体长25～60mm，翅展90～150mm，体灰褐色至紫褐色。雌蛾触角栉齿状，雄蛾触角羽状。前翅内横线紫褐色，外横线暗褐色，两线近后缘处相连接，中间有较宽的淡色区；中室端部有月牙形透明斑，翅反面可见眼球形纹；顶角向前缘处有黑色斑；臀角有白色月牙形纹。后翅从基部到外横线间有较宽的红色区；亚缘线区橙黄色，缘线灰黄色；中室有 1 块大眼斑，中间黑色，周围有 1 个灰橙色圆圈和银白色弧线 2 条。前翅、后翅的亚缘线由 2 条赤褐色的波浪纹组成。

卵：短圆柱状，长 2.0～2.5mm 灰褐色，一端有圆形黑斑。

幼虫：6 龄或 7 龄，成熟幼虫体长 80～110mm。头黄褐色，体背灰白色，腹面绿色，间有不规则的黄黑斑，腹线白色，胸腹部各节有 3 对毛瘤，上有白色长毛，其间有 1～2 根黑色长毛和 4～6 根黑色短刺状刚毛。

蛹：体长 35～50mm，黄褐色，第 4～6 腹节后缘相间有黑褐色环带 3 条。茧长椭圆形，长 60～80mm，黄褐色，网状。茧外常黏附寄主枝叶。

（三）发生规律

1 年 1～2 代，在辽宁、吉林 1 年 1 代，以卵越冬。次年 5 月上旬，越冬卵开始孵化，直至 6 月上旬孵化结束。幼虫期为 5 月上旬至 7 月中旬。蛹发生期为 7 月中旬至 9 月上旬。成虫期为 8 月下旬至 9 月中旬，成虫羽化后，陆续产卵越冬。

成虫多在傍晚羽化，当夜交配，雌雄交配 16～24 小时，交配后很快产卵。卵多产于背风向阳的老龄树干表皮裂缝或凹陷处，位置多在 3m 以下 1m 以上的树干上。卵多集中成堆或单层排列成块，每雌产卵 250～400 粒。雌蛾产卵对树龄选择性很强，多产卵于林龄较大的寄主干上，这些树的表皮粗糙，木栓层厚而龟裂凹陷、缝隙、节疤多，为卵的越冬提供了有利条件。寄主树龄小，表皮较光滑，不适于成虫产卵选择。

卵孵化不整齐，阳坡较阴坡寄主上的越冬卵孵化期可提早半月余。初孵幼虫群集卵块外，之后开始上树取食新叶，常数十头或十余头群集 1 叶上取食。1～2 龄时从叶缘咬食，造成缺刻，食量甚微；3～4 龄开始分散活动，食量渐增；5～6 龄时分散为害，食量很大，被害显著。幼虫老熟后下树结茧，一般多结在寄主周围的灌木丛和亚乔木的枝叶上。幼虫结茧后 7 天左右化蛹。在化蛹前，幼虫体背毛束全部脱落，蛹期很长，历时 3～5 个月之久。

（四）防治措施

1. 农业防治　结合银杏园管理，在 6～7 月可摘除茧蛹，冬季清除树皮缝隙间的越冬卵，以减少次年的虫源。

2. 生物防治　银杏大蚕蛾卵期天敌主要有赤眼蜂、黑卵蜂和松毛虫赤眼蜂等，幼虫期主要有绒茧蜂和蜘蛛、螳螂、蚂蚁等寄生和捕食。注意天敌的保护和利用。

3. 药剂防治　在幼虫孵化盛期，上树为害之前喷施药剂防治。

（陈君　杨孟可）

二、银杏超小卷叶蛾

（一）分布与危害

银杏超小卷叶蛾 *Pammene ginkgoicola* Liu 属鳞翅目 Lepidoptera 卷叶蛾科 Tortricidae，是银杏的重要钻蛀性害虫，分布于广西、浙江、安徽、江苏、湖北、河南等地。幼虫多蛀入短枝和当年生长枝内为害，能使短枝上叶片和幼果全部枯死脱落、长枝枯断，是引起银杏叶丛大量枯萎的根本原因，为害株率最高达 100%，平均结果枝的枯枝率达 30%以上，严重的达 60%以上，严重影响银杏生长。

（二）形态特征

成虫：体长 3.5～6.5mm，翅展 10～13mm。正面体色暗褐色，有金属光泽，腹部银灰色。头褐色，复触角丝状，有环状银光色的环。下唇须黄褐色，向前伸。前翅狭长黑褐色，静止时于体上呈屋脊状。前翅的前缘有 7 对银白色的钩状纹，翅中部接近内缘有 1 个半肺形的大白色的斑。肛上纹明显。后翅为灰褐色。雄虫后翅前缘有 1 根翅缰，臀脉上有栉状毛。前足、中足褐色，后足灰褐色，胫节上有银白色的环形纹 4 个，跗节为 5 个环状纹。

卵：扁平椭圆形，中略隆起，长 0.5～0.65mm，宽 0.4～0.52mm。乳白色，中央有 1 条很宽的红带并弯成 1 个缺圆。

幼虫：老熟幼虫体长 8～12mm，头壳 1.5～1.6mm。体色黄白色，体上遍布褐色的毛片。头部多为黑褐色，少为杏黄色。前胸硬皮板多为深褐色，淡褐色硬皮板两侧有 2 块深褐色的斑。两侧都各有刚毛 6 根。肛上板黑褐色，两侧各有刚毛 4 根。臀节有刺 5～7 根。腹足趾钩为双序环，臀足趾钩为双序缺环。

蛹：黄褐色，长 5.5～7mm，宽 1.8～2mm。腹节背面前缘和后缘皆有刺列，前缘有的为 2 排刺列，刺较细。后缘为 1 排刺列，刺较粗。腹部末端背面疏生几根大的粗刺。腹末下端并臀刺 8 根，位于末端两侧。

（三）发生规律

1 年 1 代，以蛹在树皮缝隙内越冬。一般翌年 3 月中旬至 4 月中旬羽化，3 月底 4 月初为羽化高峰期；3 月下旬至 4 月下旬为成虫产卵期，4 月上旬为产卵高峰期；4 月上旬至 5 月上旬为幼虫孵化期，4 月中下旬交替前后为孵化高峰期；4 月中旬至 5 月中旬为幼虫为害高峰期；5 月下旬至 6 月下旬幼虫陆续回迁至树干粗树皮部位蛀皮滞育；10 月下旬至 11 月中旬陆续化蛹越冬。

幼虫一般于树干中下部树皮中作蛹室结薄茧化蛹。蛹室长 9～12mm，宽 2mm。一般位于树表皮下 2～3mm 深处。羽化时，蛹蠕动钻向孔口，半露于孔外。成虫白天活动，以 9～15 时最为活跃，常作短距离飞行，善爬行。交尾时间为中午至傍晚，以中午为主。交尾持续约 10 小时。交尾后栖伏于树干上、下部粗皮凹陷处，易捕捉。成虫需吸食糖液、花蜜等补充营养。一般交尾 2 天后产卵，3～4 天内可产卵 95 粒左右。卵单粒散生，卵期约 8 天，孵化率平均为 80%。以老熟幼虫从树的老皮侧面裂缝中蛀孔。做 1 个长 7～13mm，宽 1.5～3mm，深 2～3mm 的蛹室，并吐丝茧。蛹羽化后，黄色的蛹壳仍遗留在树皮上，极易被发现。成虫寿命 13～26 天，雌雄比平均为 1∶1。成虫的趋光性、趋化性都较弱。

（四）防治措施

1. 农业防治　根据成虫羽化后 9 时前栖息树干的习性，于 4 月上旬至下旬每天 9 时前人工捕杀成虫；在初发生和危害较轻的地区，从 4 月开始，当被害枝上的叶及幼果出现枯萎时，人工剪除被害枝烧毁，消灭枝内幼虫；加强管理，增强树体抗性，以减轻该虫的危害程度。

2. 化学防治　成虫羽化盛期用药剂树干喷雾；在为害期应集中消灭初龄幼虫，根据老熟幼虫转移到树皮内滞育的习性，于5月底6月初，用药剂刷于树干基部和土壤，在骨干枝上成4cm宽毒环；5月是幼虫为害期，选用适宜药剂树冠喷雾防治；6月中下旬在幼虫蛀入树皮后，选用药剂配成油雾剂喷洒树干，可有效地消灭害虫。

（陈君　杨孟可）

第九节　瓜蒌、瓜蒌子、瓜蒌皮、天花粉
Gualou、Gualouzi、Gualoupi、Tianhuafen

TRICHOSANTHIS FRUCTUS、TRICHOSANTHIS RADIX、TRICHOSANTHIS PERICARPIUM、TRICHOSANTHIS SEMEN

瓜蒌为葫芦科植物栝楼 *Trichosanthes kirilowii* Maxim.或双边栝楼 *Trichosanthes rosthornii* Harms 的干燥成熟果实，是多年生草质藤本植物。其果皮、籽均可入药，分别称瓜蒌皮、瓜蒌子，其干燥根称天花粉。瓜蒌为主治胸痹的要药，具有清热化痰、宽胸散结、润燥滑肠之功效；天花粉具有清热泻火、生津止渴、消肿排脓之功效。在我国北部地区和长江流域均有生长。分布于黑龙江、河北、陕西、山东、江苏、浙江、福建、江西、四川、台湾等地，日本、越南也有分布。主要害虫有栝楼透翅蛾 *Melittia bombyliformis*、瓜藤天牛 *Apomecynasaltator*、黑足黑守瓜 *Dactylispa nigripennis*、黄守瓜 *Aulaccophora femoralis chinensis*、瓜绢螟 *Diaphania indica*、甜菜夜蛾、马铃薯瓢虫 *Henosepilachna vigintioctomaculata*、菱斑食植瓢虫 *Epilachna glochisifoliata*、豌豆潜叶蝇、棉蚜、野蛞蝓等。

一、栝楼透翅蛾

（一）分布与危害

栝楼透翅蛾 *Melittia bombyliformis* Cramer 又名粗腿透翅蛾，属鳞翅目 Lepidoptera 透翅蛾科 Sesiidae。分布于山东、河北、安徽等栝楼产区。幼虫为害栝楼或双边栝楼的藤状茎。幼虫多从离地面1m左右处钻入茎内，逐步将茎食空，并引起栝楼茎部畸形膨大，形成虫瘿。一株栝楼往往形成多个虫瘿，严重阻碍栝楼营养物质、水分和养料运输，使植株长势减弱，结瓜少，产量下降。

（二）形态特征

成虫：雌虫体长20～22mm，翅展约30mm，雌虫体长18～20mm，翅展约36mm。头部暗褐色，杂有黄色鳞毛，复眼前缘有黄白色鳞毛，触角球杆状，末端有钩和毛束，喙发达。后足生有丛毛，雌虫丛毛背面黄色、红棕色相间，腹面棕色、黑色相间，雄虫丛毛背面黄色，茶褐色相间，腹面黄色、黑色相间。翅透明，散生白色鳞片，前翅顶角，翅室端部横脉处及前翅、后翅脉，翅缘黑色，缘毛暗茶褐色。

卵：半球形，直径约0.9mm，红褐色，表面有白色小突起。

幼虫：成熟幼虫体长约 32mm。头部及前胸背板黄褐色，前胸背板上有倒“八”字形和“Ω”形纹。气门黄褐色，带有褐色环，上方有刚毛 1 根，下方 2 根。背中线、气门线灰白色。腹足趾钩为单序缺环。臀板黄褐色，末端有刚毛 6 根，排成 1 列。

蛹：长 22～23mm，初为红褐色，后渐变深至暗赤黑，有光泽。腹节背面具成排锯齿状突起。腹部末节圆形，四周有 20 个左右的突起。

茧：革质，黑褐色，长 20～22mm，宽约 10mm，上部扁平有盖，下部圆形。茧壳上有 2～4 个小突起，上有小孔与外界相通。

（三）发生规律

1 年 1 代，以老熟幼虫在土下 3～6cm 处作茧越冬。次年 6 月初，越冬幼虫化蛹，7 月上旬为成虫羽化盛期，7 月中旬为产卵盛期，7 月下旬至 9 月中旬幼虫在栝楼茎秆内取食为害，9 月下旬老熟幼虫陆续离开虫瘿入土越冬。

成虫需补充营养，吸食白芷、马兜铃等植物花蜜。取食、交尾、产卵等活动多在上午露水干后进行。成虫寿命 4～5 天．每雌产卵 120 粒左右，集中产在栝楼距地面 3～7cm 的茎上，少数散产在离地面 1m 左右的茎上。卵的孵化率可达 95%，但同一卵块的卵粒孵化时间可相差 6～10 天。幼虫孵化后先在茎表活动，取食表皮，2 龄后钻蛀茎内。幼虫常分泌白色透明的胶质状物粘着排泄的粪便附着在虫体表面。老熟幼虫从茎内爬出。入土越冬前，作茧或钻入前一年的老茧中。蛹羽化前顶出茧壳，移至地面。

（四）防治措施

1. 农业防治　土壤封冻前或早春在栝楼周边翻土毁茧，破坏栝楼透翅蛾虫茧适生环境，降低越冬前或越冬后虫茧存活率，压低当年虫源基数，减少越冬虫口；在受害株茎蔓增粗膨大时或老熟幼虫落地入土休眠前，人工拨开胶瘤捕捉幼虫并杀死，可显著降低栝楼幼虫越冬基数。

2. 药剂防治　9 月上旬在栝楼植株四周撒施药剂，杀死离开虫瘿入土越冬的幼虫；7 月上中旬成虫羽化高峰时，在上午 8 时前成虫活动能力较弱时，在栝楼茎叶上喷施药剂杀死成虫，减少产卵量。在 7 月中下旬，幼虫钻蛀茎秆前，在栝楼茎部喷雾或浇泼药剂；若幼虫已钻入茎内，可在栝楼茎近地面 15cm 左右处或离地面最近的虫瘿上，剖开 3cm 左右的裂缝，将小棉球蘸取药剂塞入裂缝内，杀死 3 龄以上幼虫。

（程惠珍　陈君）

二、瓜藤天牛

（一）分布与危害

瓜藤天牛 *Apomecyna saltator* (Fabricius)又名南瓜天牛、愈斑瓜天牛、凹顶瓜藤天牛，属鞘翅目 Coleoptera 天牛科 Cerambycidae。国内分布于江苏、浙江、台湾、广东、海南、广西、云南；国外分布于越南、日本、印度、斯里兰卡。瓜藤天牛田间自然寄主主要为葫芦科植物，如栝楼、冬瓜、南瓜、丝瓜、葫芦、西瓜等。瓜藤天牛是栝楼害虫优势种之一，常年受害株率 15%～30%，幼虫钻蛀栝楼藤、蔓、支蔓，引起藤蔓死亡，严重时造成整株地上部分死亡。

（二）形态特征

成虫：体长 10～12mm，体圆筒形，红褐至黑褐色，体表密生棕黄色短绒毛。头、胸、足及鞘翅上杂有不规则的白色小斑点，呈豹纹状，触角 11 节，短，仅及体长的一半。前胸背板粗糙。具有许多小突起，中区有 1 块由白色小点组成的不明显的斑纹，鞘翅上有纵行排列的刻点，每个鞘翅的前部有 2 个大白斑，末端有 4 个白点和若干小点排成的一条白色曲线，横列。

卵：长 1.5～2.0mm，长椭圆形。初产乳白至淡黄色，近孵化时为淡褐色。

幼虫：成熟幼虫 13～17mm，扁长筒形。头小，足退化。前胸黄褐色，其余乳白色，前胸发达，宽而厚，背板坚硬。中胸、后胸及第 1～7 腹节的背板、腹板上均有明显的肉质泡状突起。腹节共 10 节（肉眼可见 9 节，第 10 节套在第 9 节内），腹末平截。

蛹：体长 11～13mm，橙黄色，翅芽伸达第 5 腹节基部，后足伸达第 5 腹节中部。

（三）发生规律

该虫在沿江地区 1 年发生 1～2 代，10 月中下旬以老熟幼虫在寄主枯藤中越冬。次年 3 月下旬至 4 月下旬陆续化蛹羽化，成虫 5 月上中旬开始产卵，产卵历期 2～3 个月，前期卵发育的天牛，可化蛹羽化，第 1 代成虫 8 月上旬始见，后期卵发生的幼虫在 9 月下旬老熟可直接越冬，第 1 代成虫 8 月中下旬可产卵，但成虫寿命短，第 2 代幼虫发育至老熟后越冬。瓜藤天牛成虫产卵于寄主藤蔓表皮裂缝处，在栝楼上以离地面 80～120cm 处的主蔓为主，占全株卵量的 82.6%，幼虫孵化后则蛀入藤蔓髓部，多向下蛀食，92.7% 的幼虫在蛀孔下为害，幼虫无转主为害习性。不同生态环境的栝楼园中，瓜藤天牛的种群数量无明显差异。

（四）防治措施

1. 农业防治　冬春季结合栝楼园冬季管理，人工处理枯藤，杀灭越冬幼虫，压低越冬基数；瓜藤天牛成虫飞翔力弱，白天多停栖于寄主叶部，极易捕捉，5～7 月人工捕捉成虫，可有效降低田间卵量；在天牛幼虫为害部位，用尖锐细铁丝斜刺 3～5 下，可杀死其内幼虫。

2. 化学防治　6 月上中旬，在离地面 80～120cm 栝楼主蔓发现蛀孔后，用药剂浸泡的棉絮包裹蛀孔，然后用塑料薄膜包扎。

（陈君　刘赛）

三、黑足黑守瓜

（一）分布与危害

黑足黑守瓜 *Dactylispa nigripennis* Motschulsky 属鞘翅目 Coleoptera 叶甲科 Chrysomelidae。国内分布在黑龙江、河北、陕西、山东、江苏、江西、四川、浙江、福建、台湾等地，主要在山东、河北和安徽；严重为害药用植物栝楼。成虫食害叶片、花及幼果，幼虫为害根部，部分产区为害面积达 100%，是栝楼的重要害虫。

（二）形态特征

成虫：体长 6～7mm，头、前胸和腹部橙黄色或橙红色；上唇、鞘翅、中胸和后胸腹板、侧板及各足均为黑色。触角灰黑色：小盾片栗色或栗黑色，鞘翅具较鲜明光泽。头顶光滑，触角窝之间脊纹隆起。前胸背板基部窄狭，两侧在中部间膨润，前部两旁集中少量大刻点，横沟直形。小盾片三角形，光滑无刻点。鞘翅上具匀密刻点，基部微隆，其后方靠中缝略呈现一浅凹痕。雄虫臀节腹片中叶长方形，表面平坦微凹，雌虫臀节腹片末端呈弧形凹缺。

卵：椭圆形，直径 0.8～1.0mm，黄色，表面布有多角形网纹。

幼虫：成熟幼虫体长 11～13mm，略横扁，黄色。头、前胸和腹部第 8 节色泽较深。前口式，胸足 3 对。气门环状，位于中胸和腹部第 1～8 节的背侧面。共 3 龄。

蛹：裸蛹，长 9～10mm，纺锤形，各腹节背面疏生褐色刚毛。

（三）发生规律

在山东 1 年 1～2 代，以成虫在避风向阳的土、石缝隙中越冬。次年 4 月上中旬成虫开始取食活动。第 1 代卵发生期为 6 月上旬至 6 月下旬，6 月中旬至下旬为产卵盛期。幼虫期为 6 月中旬至 7 月上旬，蛹期为 7 月上旬至 7 月中旬。成虫在 7 月中旬开始羽化出土，7 月下旬至 8 月上旬为羽化盛期。成虫羽化后，取食活动，交配产卵。早期羽化的成虫 8 月上旬开始交配，迟羽化的第 1 代成虫当年不易交配产卵。8 月中下旬开始产卵，9 月中旬第 2 代成虫开始出土，两代成虫均于 11 月越冬。黑足黑守瓜各虫态历期为：卵期 7～13 天，幼虫期 21～24 天，蛹期 5～7 天，成虫寿命最长达 7～8 个月。

春季成虫出现后，一部分为害栝楼幼苗，一部分在泡桐树、榆树等叶背取食，至 5 月中旬全部迁入栝楼田内为害。秋季栝楼收获后，取食残茬上的再生芽，偶尔取食大白菜、丝瓜等，但有栝楼存在时，均不取食其他寄主叶片。成虫有群集为害习性，常常十几头甚至几十头为害一株栝楼，将大量叶片取食为网状，而相邻植株受害较轻。此外，成虫有较强的耐饥性，在无食情况下一般可存活 8～10 天，最长可活 14 天。成虫在上午 10 时至下午 5 时活动最盛，阴天活动迟钝。有假死习性，受惊坠落地面，随之很快飞离，在清晨露水未干前，振落后不易起飞，只缓慢爬行。雌雄多次交配，雌虫交配后开始产卵，产卵量为 96～694 粒，平均 288 粒。雌成虫产卵时，潜入土中，将卵产在地表 1～2cm 深的土中，以多年生的植株下产卵最多，3 年以下的实生苗周围土下产卵很少。

幼虫孵化后先取食卵壳，然后为害根部。随着龄期的长大，逐渐蛀入根内取食为害，并有一定腐食性，取食腐朽的栝楼根也能正常发育。幼虫老熟后在寄主根际周围 45cm 半径、4～19cm 深处做土室化蛹。蛹室呈椭圆形，内壁光滑，大小 3cm×7cm 左右。

（四）防治措施

1. 农业防治　结合田园管理，利用成虫假死习性，晨露未干以前，抖动棚架，使成虫坠落捕杀。

2. 生物防治　黑足黑守瓜的天敌主要有大步甲亚科大劫步甲和步甲亚科的褐步甲潜入土中捕食幼虫。注意保护天敌资源，避免农药对天敌的伤害。

3. 化学防治　选用适宜药液在幼虫期、成虫期喷雾防治。

（陈君　程惠珍）

四、瓜绢螟

（一）分布与危害

瓜绢螟 *Diaphania indica* (Saunders)又名瓜螟、瓜野螟、瓜绢野螟、印度瓜野螟、棉螟蛾，属鳞翅目 Lepidoptera 螟蛾科 Pyralidae。国外分布于日本、朝鲜、印度尼西亚、澳大利亚、印度、委内瑞拉、越南、泰国、萨摩亚群岛、斐济岛、塔希提岛、非洲大陆、法国、毛里求斯。国内分布于河南、湖北、江西、贵州、广西、云南、江苏、浙江、福建、四川、广东和台湾等地。为寡食性害虫，幼虫主要为害栝楼、苦瓜、节瓜、冬瓜、丝瓜、西瓜、黄瓜、佛手瓜等葫芦科植物的叶、花、果，以为害叶子为主，严重时仅存有叶脉。该虫还可蛀入果实和茎蔓为害。

（二）形态特征

成虫：体长约 11mm，翅展约 25mm，头及胸部浓墨褐色。触角黑褐色，长度接近翅长。胸部背面黑褐色，腹部背面第 1～4 节白色，第 5～6 节黑褐色，腹部左右两侧各有一束黄褐色臀鳞毛丛。翅白色半透明，闪金属紫光。前翅沿前缘及翅面及外缘有一条淡墨褐色带，翅面其余部分为白色三角形，缘毛墨褐色；后翅白色半透明有闪光，外缘有一条淡墨褐色带，缘毛墨褐色头胸部呈黑褐色。腹部大部分白色，足白色。

卵：扁平椭圆形，淡黄色，表面有网状纹。

幼虫：成熟幼虫体长约 25mm，头及前胸背板淡褐色，胸腹部淡绿色或草绿色，气门黑色。

蛹：长约 15mm，浓褐色，外被薄茧。

（三）发生规律

1 年 3～4 代，以老熟幼虫或蛹在枯叶、表土上越冬，大多于支架竹竿顶节内、瓜架的草绳中化蛹。成虫白天潜伏于叶丛或杂草等隐蔽处，夜间活动，趋光性弱，大多数在夜间羽化，羽化当天或第 2 天交配，卵产于叶背，散产或数粒至十几粒粘在一起。各代幼虫发生为害盛期一般在第 1 代 7 月中下旬，第 2 代 8 月上中旬，第 3 代 9 月上旬，第 4 代 9 月下旬至 10 月中旬，其中 2 代、3 代为害较重。初孵幼虫分散或群集在叶背取食叶肉，虫龄稍大，则吐丝将叶片缀合，在其内咬食叶肉，造成较大的灰色斑块，严重时可将叶片叶肉吃光，仅留下网状叶脉，幼虫也可钻蛀栝楼花和幼果，造成花果腐烂；还可钻入瓜蔓为害，造成为害点上部枯死。幼虫较活泼，遇惊即吐丝下垂，转移他处。4～5 龄食量大，占幼虫期总食量的 95%，耐药性也明显增强。

（四）防治措施

1. 农业防治　结合栝楼园的冬季管理，人工处理枯藤、杂草、松土，保持栝楼园整洁，杀灭越冬幼虫，压低基数；栝楼生长期内清除落叶、杂草，以不利于成虫潜伏，降低基数。

每年7月中旬至10月中旬幼虫发生期，人工摘除卷叶或幼虫群集取食的叶片，集中处理，以减少田间的虫口数。

2. 药剂防治　在害虫发生期选择高效、低毒的生物制剂田间喷雾防治。

（刘赛　陈君）

五、马铃薯瓢虫

（一）分布与危害

马铃薯瓢虫 *Henosepilachna vigintioctomaculata* (Motschulsky)属鞘翅目 Coleoptera 瓢虫科 Coccinellidae。国内分布于黑龙江、吉林、辽宁、甘肃、河北、陕西、河南、山东、江苏、安徽、浙江、福建、四川、云南等地。主要为害的药用植物有栝楼、洋金花、颠茄等。以成虫和幼虫取食叶片，在叶背啃食下表皮和叶肉，留下上表皮，形成许多不规则的透明斑，以后枯死，严重时大部分叶片被害，只剩残茎。

（二）形态特征

成虫：半圆球形，体长 7～8mm，背面红棕色至橙黄色，密被黄褐色的细毛。前胸背板前缘凹入，两侧角突出，中央有1剑状黑色纵纹，两侧各有2个黑色斑点。两鞘翅上各有14个黑斑，基部第2列的4个黑斑不在一条直线上。两鞘翅合缝处有1～2对黑斑相连。雌虫第5节腹板后缘平截，中央近末端有1个沟状下陷，第6节腹板中央纵裂。

卵：纺锤形，长约1.3mm，初产时鲜黄色，以后渐变黄褐色。卵块中央卵粒排列不密集，个别卵粒倾斜。

幼虫：共4龄，成熟幼虫体长约9mm，纺锤形。初孵时为淡黄色，以后体表呈现黑斑，并有黑色分枝的刺状突起，枝刺基部环纹浅黑色。

蛹：体长约7mm，椭圆形，腹面较扁平，黄色，体表被棕色的细毛，并有黑色的环纹。

（三）发生规律

在东北、华北1年1～2代，以成虫在背风向阳的土、石缝、树洞、杂草和灌木的根际缝隙中群集越冬。次年当日平均气温达16℃以上时开始活动，飞往野生寄主和其他作物上取食，6月转移到栝楼等药用植物上为害，繁殖后代。在华北地区第1代卵盛期在6月上中旬，幼虫发生盛期在6月下旬至7月中旬，7月中下旬化蛹。成虫羽化盛期在7月下旬至8月上旬。第2代卵发生期为8月上旬，8月下旬为幼虫为害盛期。8月底幼虫化蛹并羽化为成虫，9月中旬当代成虫陆续迁移越冬，10月上旬全部进入越冬状态。少数羽化迟的第1代成虫，经取食一段时间后，也能进入越冬状态。

成虫白天取食、交配和产卵，具有假死习性。雌虫多将卵产于叶背。卵块产，每块含卵20～30粒，越冬成虫平均产卵400粒，第1代成虫每雌产卵24粒。

初孵幼虫集中卵壳周围啃食叶片，2龄以后分散为害，3龄食量渐增，4龄后食量最大。幼虫历期第1代为23天，第2代约15天。幼虫老熟后，将腹部末端黏附于茎上或叶背面化蛹，蛹经5～7天羽化为成虫。

马铃薯瓢虫不耐高温，成虫在35℃以上便陆续死亡。因此，夏季高温是限制马铃薯瓢虫向南分布的主要因素。

（四）防治措施

1. 农业防治　春季越冬后成虫开始活动期间，清除田园杂草及野生寄主，恶化其食料条件，杀灭部分成虫；在成虫和幼虫发生为害期，结合田园管理，摘除卵块，捕杀成虫和幼虫。

2. 生物防治　马铃薯瓢虫的主要天敌有二星瓢虫、异色瓢虫、龟纹瓢虫等，均能取食马铃薯瓢虫卵，捕食率高达 50%左右。注意保护和利用。

3. 药剂防治　马铃薯成虫发生期和幼虫孵化高峰期是防治适期，可选用适宜药剂喷雾。

（陈君　程惠珍）

第十节　吴茱萸
Wuzhuyu
EUODIAE FRUCTUS

吴茱萸为芸香科植物吴茱萸 *Euodia rutaecarpa* (Juss.) Benth.、石虎 *Euodia rutaecarpa* (Juss.) Benth. var. *officinalis* (Dode) Huang 或疏毛吴茱萸 *Euodia rutaecarpa* (Juss.) Benth. var. *bodinieri* (Dode) Huang 的干燥近成熟果实。具有散寒止痛、降逆止呕、助阳止泻之功效。主产于贵州、四川、广西、湖南、浙江、陕西等地。常见害虫有柑橘凤蝶 *Papilio xuthus*、小地老虎、黄地老虎、橘褐天牛、桑天牛、桑白蚧、柑橘红龟蜡蚧 *Ceroplastes rubens*、矢尖盾蚧 *Unaspis yanonensis*、吹绵蚧 *Icerya purchasi*、吴茱萸小绿叶蝉 *Empoasca rutaecarpa*、橘蚜 *Toxoptera citricidus*、甘蓝蚜 *Brevicoryne brassicae*、桃蚜、吴茱萸修尾蚜 *Acyrthosiphon evodiae*、吴茱萸窄吉丁 *Agrilus auriventris*、铜绿异丽金龟、柑橘灰象甲 *Sympiezomias citri* 等。

一、柑橘凤蝶

（一）分布与危害

柑橘凤蝶 *Papilio xuthus* Linnaeus 又名花椒凤蝶，属鳞翅目，凤蝶科。分布在全国各地。药用植物寄主植物有吴茱萸、佛手、枳壳、花椒等。幼虫取食枝条幼芽、嫩叶，造成孔洞或缺刻，严重时将幼枝上大量叶片食尽，以苗期和幼树受害最重。

（二）形态特征

成虫：体长 21～24mm，翅展 69～75mm。体背有纵行宽大的黑纹，两侧黄白色。前翅黑色，近外缘有 8 个半月形的黄斑，翅中部外侧纵排 1 列黄色斑纹，近前缘较小，向后缘逐渐增大，翅基部近前端处有 3～4 条放射状黄色条纹。后翅黑色，外缘有黄色波形线纹，亚外缘处有 6 个黄色月形斑，基部有 8 个黄色斑纹。在后翅臀角处有 1 橙黄色的圆斑，其斑内有 1 个小黑点。

卵：球形，直径 1～1.5mm，初产黄绿色，后变至深褐色。

幼虫：初孵幼虫黑褐色。体侧有白色斜带纹，虫体似鸟粪。成熟幼虫体长 40～48mm。体黄绿色，后胸背面两侧有蛇眼纹，左右连接似马蹄形，臭腺角橙黄色。

蛹：体长 29～32mm。较瘦小，鲜绿色，有褐色点。中胸背而突起较长而尖锐，头顶角状突起，中间凹陷较深。

（三）发生规律

柑橘凤蝶在东北 1 年 1～2 代，黄河流域 1 年 2～3 代，长江流域及以南地区 1 年 3～4 代。各世代发生期长短不一致，有世代重叠现象。柑橘凤蝶以蛹缠附在寄主叶背，枝干和其他比较隐蔽的场所越冬。次年 4 月下旬至 5 月上旬羽化为成虫。以 3 代发生区为例，各代幼虫发生期为第 1 代 5 月下旬至 6 月中旬，第 2 代 7 月中旬至 8 月中旬，第 3 代 9 月上旬至 10 月，并以当代老熟幼虫化蛹越冬。

成虫白天活动，在花间飞舞取食花蜜，然后飞到寄主植株上产卵。卵散产，主要产在嫩芽和幼叶尖端或边缘。每雌产卵 5～48 粒。卵期 3～7 天，幼虫孵化后先取食卵壳，昼伏夜出，取食为害。幼虫先取食嫩叶，将嫩叶食尽后再食害老叶，为害轻者，把寄主叶片吃成很多缺刻，重则把叶片全部吃光，仅留残缺的主脉和叶柄。幼虫遇惊动时，伸出臭腺角，放出强烈的芳香气味。幼虫老熟后在叶背和枝条上等阴蔽的场所吐丝固着腹末，头部斜向悬空，再作 1 丝圈，套在腹部第 2～3 节之间，将虫体系于树枝上化蛹。蛹色常随周围环境而异。非越冬状态蛹期 12～14 天，越冬状态蛹历期则延续到次年春天。

（四）防治措施

1. 农业防治　冬季结合田园管理，清除越冬蛹，在幼虫发生期可人工捕捉杀死幼虫。

2. 生物防治　柑橘凤蝶的天敌主要有凤蝶金小蜂、广大腿小蜂等。柑橘凤蝶幼虫有多角体病毒寄生，应注意保护利用。

3. 药剂防治　幼虫发生重大时，可喷施 BT 或青虫菌可湿性菌粉（含活孢子 100 亿/g）等进行防治。

（陈君　程惠珍）

二、橘褐天牛

（一）分布与危害

橘褐天牛 *Nadezhdiella cantori* (Hope)属鞘翅目，天牛科。分布于陕西、河南、江苏、浙江、江西、湖南、福建、台湾、广东、广西、四川、云南等地。药用植物寄主有吴茱萸、枳壳、木瓜、花椒等。幼虫钻蛀寄主树干和主枝，取食木质部，破坏植株水分和养料的运输，致长势衰退，树枝易折断，重者甚至整枝枯死。

（二）形态特征

成虫：体长 26～51mm，体黑褐至黑色，带光泽，被灰色或灰黄色短绒毛。头顶两复眼间有 1 深纵沟；触角基瘤隆起，上方有 1 个小瘤，雄虫触角长于体长，雌虫触角较体略短。前胸宽大于长，背面具较密而不规则的脑状皱褶，侧刺突尖锐；鞘翅基部隆起，两侧近于平行，末端略为斜切。

卵：长约 3mm，椭圆形。乳白色，卵壳上有网状纹。

幼虫：老熟幼虫体长可达 80mm，前胸宽可达 17mm。乳白色，体呈圆筒形。头的宽度约等于前胸背板的 2/3，口器上除上唇为淡黄色外，余为黑色。前胸背板前方有横向排列的 4 个黄褐色长方形斑，中间 2 个较长，两侧 2 个略短。3 对胸足未全退化，尚清晰可见。中胸的腹面、后胸及腹部第 1～7 节背腹两面均具移动器。

蛹：长约 30mm，乳白色。翅芽达腹部第 3 节后缘。

（三）发生规律

橘褐天牛 2～3 年发生 1 代，以成虫、当年生或 2 年生的幼虫在虫道内越冬。越冬成虫翌年 5 月出现，5～7 月均有成虫活动、产卵。7 月上幼虫陆续孵化。一般 7 月孵化的幼虫，在次年 8～10 月化蛹，10 月上旬至 11 月上旬羽化为成虫，并在蛹室内越冬，第 3 年 5 月飞出活动；8 月上旬后孵化的幼虫，则需经历两个冬天，到第 3 年 5～6 月化蛹，8 月以后成虫才出现。

橘褐天牛成虫多在晚上 8～9 时爬出隧道，下雨前天气闷热时出洞最多，在树干间取食嫩枝表皮，交尾和产卵。每雌虫产卵数十粒至百余粒。卵产在主干、侧干分叉处和树皮裂缝中。幼虫孵化后蛀入树皮，表面呈现出流胶物，不久即蛀入木质部，先横向蛀行，以后转而向上蛀食。幼虫老熟后在虫道内化蛹，蛹期 1 个月。幼虫为害的树干上可见蛀孔，孔周围排有细颗粒状虫粪和木屑，树干内有纵横的虫道。

（四）防治措施

1. 农业防治　加强田间管理，促进植株生长旺盛，增强耐害性。在成虫大量羽化期，特别是在闷热的傍晚人工捕捉，能杀死大量成虫；成虫产卵前，用石灰 5kg 加水调成糊状，再加入硫黄粉 0．5kg、食盐 0．25kg 及水 20kg，搅拌成浆，均匀涂于寄主植物树干上，对成虫产卵有忌避作用。

2. 生物防治　在天牛低龄幼虫期在被害植株茎秆处释放天敌昆虫管氏肿腿蜂。

3. 药剂防治　天牛幼虫蛀入木质部后，用棉球蘸取药液，塞入虫孔，或用注射器将药液注入虫道中，虫孔用黄泥封闭，杀死其中幼虫。

（陈君　程惠珍）

三、桑白蚧

（一）分布与危害

桑白蚧 *Pseudaulacaspis pentagona* (Targioni Tozzetti)，又名桑白盾蚧、桃介壳虫、黄点介壳虫，属半翅目 Hemiptera 盾蚧科 Diaspididae。世界上欧洲、亚洲、非洲、大洋洲及美洲大多数国家都有该虫分布。在我国的地域分布很广，从海南、台湾至辽宁，华南、华东、华中、西南多省均有发生。目前已知寄主植物约 120 属。为害桃、李、梅、吴茱萸、杏、桑、茶、柿、枇杷、无花果、杨、柳、丁香、苦楝等多种果树林木。以雌成虫和若虫群集固着在吴茱萸枝干上吸食养分，严重时灰白色的介壳密集重叠，枝条表面凹凸不平，树势衰弱，枯枝增多，并诱发煤污病和膏药病。严重的一些幼树整株枯死，树龄十年以上的林子面临毁灭的威胁。

（二）形态特征

成虫：雌成虫橙黄或橙红色，体扁平卵圆形，长约1mm，腹部分节明显。雌介壳圆形，直径2.0～2.5mm，略隆起，有螺旋纹，灰白至灰褐色，壳点黄褐色，在介壳中央偏旁。雄成虫橙黄至橙红色，体长0.6～0.7mm，翅1对。雄介壳细长，白色，长约1mm，背面有3条纵脊，壳点橙黄色，位于介壳的前端。

卵：椭圆形，长径0.25～0.3mm。初产时淡粉红色，渐变淡黄褐色，孵化前橙红色。

若虫：初孵若虫淡黄褐色，扁椭圆形、体长0.3mm左右，可见触角、复眼和足，能爬行，腹末端具尾毛两根，体表有棉毛状物遮盖。蜕皮之后眼、触角、足、尾毛均退化或消失，开始分泌蜡质介壳。

（三）发生规律

桑白盾蚧在浙江1年3代，以受精雌成虫越冬。各代幼虫发生期分别在5月中旬、7月中旬和9月上旬。雄成虫能飞翔行走，交尾后很快死亡。雌成虫固定一处为害，受精雌虫将卵存于虫体下，每头雌虫可产卵40～200粒，卵期，第1代10～20天，第2、第3代4～7天。初孵若虫能爬动，一次蜕皮后失去触角及足，口器刺入树皮，不再移动，分泌蜡质，逐渐形成介壳。雌若虫经3次蜕皮后变无翅成虫，雄若虫经二次蜕皮后，再经一周预蛹期，即羽化为有翅成虫。

桑白蚧在广东每年发生5代，主要以受精雌虫在寄主上越冬。春天，越冬雌虫开始吸食树液，虫体迅速膨大，体内卵粒逐渐形成，遂产卵在介壳内，每雌产卵50～120余粒。卵期10天左右（夏秋季节卵期4～7天）。若虫孵出后具触角、复眼和胸足，从介壳底下各自爬向合适的处所，以口针插入树皮组织吸食汁液后就固定不再移动，经5～7天开始分泌出白色蜡粉覆盖于体上。雌若虫期2龄，第2次蜕皮后变为雌成虫。雄若虫期也为2龄，蜕第2次皮后变为“前蛹”，再经蜕皮为“蛹”，最后羽化为具翅的雄成虫。但雄成虫寿命仅1天左右，交尾后不久就死亡。

（四）防治措施

1. 农业防治　用硬毛刷或细钢丝刷除寄主枝干上的虫体。结合整形修剪，剪除被害严重的枝条。实施种苗检疫，防止蚧虫随苗木进一步扩散，并对带虫苗木就地除虫处理。

2. 生物防治　桑白蚧的天敌种类较多，桑白蚧褐黄蚜小蜂 *Prospaltella beriosei* 是寄生性天敌中的优势种，红点唇瓢虫 *Chilocorus kuwanae* Silvestri 和日本方头甲 *Cybocophalus nipponicus* 是捕食性天敌中的优势种，它们是在自然界中控制桑白蚧的有效天敌，应注意保护利用。

3. 化学防治　根据调查测报，抓准在初孵若虫分散爬行期实行药剂防治。使用含油量0.2%的黏土柴油乳剂混化学药剂喷雾防治。

（陈君　刘赛）

第十一节　佛手
Foshou
CITRI SARCODACTYLIS FRUCTUS

佛手为芸香科植物佛手 *Citrus medica* L. var. *sarcodactylis* Swingle 的干燥果实。具疏肝理气、和胃止痛、燥湿化痰之功效。用于肝胃气滞、胸胁胀痛、胃脘痞满、食少呕吐、咳嗽痰多。主要分布于广东、广西、浙江、福建、四川等地。主要害虫有柑橘全爪螨、柑橘潜叶蛾、柑橘粉虱 *Dialeurodes citri*、柑橘潜叶甲 *Podagricomela nigricollis*、吹绵蚧、柑橘凤蝶、玉带凤蝶 *Papilio polytes*、橘蚜、星天牛、橘锈螨 *Phyllocoptruta oleivora* 等。

一、柑橘全爪螨

（一）分布与危害

柑橘全爪螨 *Panonychus citri* (MeGregor)属蜱螨目 Acarina 叶螨科 Tetranychidae。国内分布在陕西，江苏、浙江、湖北、湖南、福建、四川、云南、广东，广西，台湾等地。橘全爪螨除了为害柑橘等果树和木本植物外，还为害药用植物寄主佛手、枳壳等。成螨和若螨刺吸叶片汁液，受害叶片失去光泽，呈现失绿斑点，严重时全叶灰白脱落，影响植株开花结果。

（二）形态特征

成螨：雌螨体圆形，0.3～0.4mm，背面隆起，体为红色。背毛白色，共 26 根，着生在粗大的毛瘤上。生殖盖前半部有纵行和横行纹，后半部有横向形成的三角形纹。气门沟末端小球状。爪退化，各有粘毛 1 对，爪间突爪状。腹面有刺毛 3 对。雄螨体较小，菱形，体色红色或棕色。阳茎无端锤，钩部细长，钩部与背部背线长度约相等。

卵：球形略扁，直径约 0.13mm，红色有光泽，卵上有一垂直的柄，柄端有 10～12 条细丝，向四周散射伸出，附着于叶面上。

幼螨和若螨：幼螨体长约 0.2mm，体色较淡，足 3 对。若螨的形状和体色近似成螨，个体较小，足 4 对。前期若螨体长 0.20～0.25mm，后期若螨体长 0.25～0.3mm。

（三）发生规律

柑橘全爪螨 1 年 15 代左右，因地理分布纬度高低而异。以卵和成螨在枝条裂缝和叶背越冬。次年当平均气温升至 8℃左右时，越冬卵孵化，成螨亦开始活动。4～5 月寄主春梢时期，成螨和若螨迁至新梢上取食，可为害成灾。6 月虫口密度下降。7～8 月高温季节数量发生很少，秋季虫口又复上升，为害秋梢严重。在气温 25℃，相对湿度 85%以下，完成 1 世代约需 16 天，其中卵期 6.5 天左右，在气温 30℃，相对湿度 85%以下，完成 1 世代需 13～14 天，卵期 5 天左右。柑橘全爪螨无滞育现象，在冬季气温 12℃左右，仍能生长发育，但完成 1 世代的历期很长，需 63～71 天。

柑橘全爪螨主要两性生殖，雌螨出现后即行交配，产卵前期 1.5 天左右，每雌一生可产卵 31～64 粒。卵多产于叶片、嫩枝和果实上，叶正反面均有，但以叶背主脉两侧居多。

柑橘全爪螨在适温干燥条件下利于生存繁殖，不耐高温环境。当年春季平均温度 12℃左右时，叶上螨量开始增长，气温上升到 16℃左右时，螨量成倍增加，气温超过 20℃螨量达到了高峰。但是平均气温超过 25℃时螨量则迅速下降，所以柑橘全爪螨春季发生往往比较重。研究结果表明，春季螨量高峰出现的迟早与当年 3～4 月气温直接相关。如果春季气候回升快，干旱少雨。橘全爪螨易猖獗发生。雨量的多少，影响橘全爪螨种群消长。雨量多、湿度大不利于种群的发展，而且暴雨有直接冲刷作用。

橘全爪螨发生与寄主生长阶段关系密切。在寄主上的分布有趋向嫩梢的习性，常随着枝条的生长而向新梢转移。在嫩叶上取食的雌螨，产卵量比在老叶上取食的大得多。

（四）防治措施

1. 生物防治　柑橘全爪螨天敌种类很多，国内已发现的 11 种食螨瓢虫，几乎都能取食橘全爪螨。另外捕食螨、捕食性蓟马、草蛉、隐翅虫、花蝽等都有显著的抑制作用，应加以保护和利用。尤其是捕食瓢虫和捕食螨能消灭大量柑橘全爪螨。可以采用助迁的方法，从其他寄主植物上收集捕食性瓢虫，消灭柑橘全爪螨。另外，繁殖钝绥螨防治橘全爪螨有显著效果。纽氏钝绥螨、拉哥钝绥螨嗜食柑橘全爪螨，释放时捕食螨与柑橘全爪螨的比例 1：25 左右，可有效控制害螨在半年以上。

2. 药剂防治　冬季用石硫合剂波美 1～2 度、松脂合剂 8～10 倍液喷雾，春季利用石硫合剂波美 0.3～0.5 度和松脂合剂 18～20 倍液喷雾。

（陈君　程惠珍）

第十二节　苦豆子

苦豆子 *Sophora alopecuroides* L.为豆科植物，是重要的药用植物资源和饲用植物资源，从苦豆子中提取的“苦参总碱”具有清热解毒、抗菌消炎等作用，苦参碱中槐果碱在临床上有抗癌效果。主要分布于中国北方的荒漠、半荒漠地区，主产于内蒙古、山西、陕西、宁夏、甘肃、青海、新疆、河南、西藏。原苏联、阿富汗、伊朗、土耳其、巴基斯坦和印度北部也有分布。常见害虫有仿爱夜蛾 *Apopestes spectrum*、灰斑古毒蛾 *Orgyia ericae*、橙黄粉蝶 *Colias fieldi*、小豆日天蛾 *Macroglossum stellatarum*、苦豆子枯羽蛾 *Marasmarcha glycyrrihzavora*、豆荚螟 *Etiella* sp.、新疆胭蚧蚧 *Porphyrophora xinjiangana*、黑绒鳃金龟、丽斑芫菁、红斑郭公虫 *Trichodes sinae*、苦豆子萤叶甲 *Diorhabold tarsalis*、种子小蜂 *Bruchophagus gtycelizae* 等。

一、仿爱夜蛾

（一）分布与危害

仿爱夜蛾 *Apopestes spectrum* (Esper)属鳞翅目 Lepidoptera 夜蛾科 Noctuidae。国内分布

于陕西、宁夏、新疆、四川等地；国外分布于阿富汗、伊朗等。在西北严重为害苦豆子，受害植株叶尽枝枯，形似火烧。有时在拧条、牛心朴等沙生植物上作茧化蛹或偶而取食，但一般不造成为害。

（二）形态特征

成虫：翅展40～67mm。头部黄褐，胸部淡灰褐，腹部淡褐黄色。前翅灰褐，密布黑褐斑点，各线黑褐色，基线达中脉。内线呈波浪形稍外斜；中线呈微放浪形。环纹为1白点，肾纹黄白色。外线呈波浪形，在中槽处外弯。亚缘线微白，波浪形，内侧稍暗褐，外缘一列黑点，亚中缘处有1黑斑，位于亚端线内侧。后翅灰黄褐色，外缘淡褐色，缘毛灰黄色。

卵：圆形，初产时乳白色，孵化时变为灰色，有褐色小斑点。

幼虫：初孵化时体黑色，以后逐渐变为灰绿色。头部密布大小不一的黑色斑点，有刚毛。胴部两侧有黑线数条，亚背线为1条虚线，气门上线为实线。胸部各节中央几乎为1环斑所间断，气门线靠近气门上线，为短线连接各节中央的数个不规则斑点组成。气门下线，基线和侧腹线在各节中央〈胸足和腹足基部〉被两个环斑所间断。

蛹：长27.3～30.4mm，宽7.3～8.5mm，棕红色，腹部4～5节，末端橘黄色。

茧：白色，长34～39mm，宽18～21mm。

（三）发生规律

1年1代，以成虫越冬。翌年3月底开始活动，5月中旬至6月上旬交配产卵，卵期12天，5月下旬幼虫孵化，6月下旬结茧化蛹，7月中旬成虫羽化，7下旬达羽化盛期，10月初再以成虫越冬。

成虫羽化时间为6～22时，羽化成虫在翌年5月中旬交配产卵。产卵量为每头153～216粒，平均188粒。卵散产于叶片上，卵期最短6天，最长13天，平均11天，卵孵化率为81.3%。

成虫主要在背风背光地方越冬，如土窑洞、破房、烂草堆底部及土缝中群集。成虫在羽化当年的7月中旬到9月上旬有较强的趋光性，第2年出蛰后趋光性明显减弱。成虫雌雄性比为1：2.57，成虫寿命达10月之久。幼虫孵化后5～7分钟即可爬行取食嫩叶。1龄幼虫有假死习性，2～3龄幼虫食量增大，从植株顶部向下取食，叶片全被食尽，只剩侧枝和叶柄。6月底到7月中旬，老熟幼虫停止取食爬上植物上部，作茧化蛹。蛹期最短17～22天，平均19天，羽化率为85%。

（四）防治措施

1. 物理防治　安置黑灯光或频振杀虫灯诱杀越冬羽化成虫。
2. 生物防治　幼虫盛发期喷施BT药剂。

（陈君　徐荣）

二、新疆胭珠蚧

（一）分布与危害

新疆胭珠蚧 *Porphyrophora xinjiangana* Yang 异名甘草胭脂蚧、宁夏胭珠蚧，属半翅目

Hemiptera 绵蚧科 Margarodidae。分布于新疆玛纳斯、沙湾及阿尔泰地区。寄生苦豆子根部。苦豆子被害后先是变黄，然后干枯，一般多发生在沙性土壤中。在北疆玛纳斯河流域农田、路边及辽阔的万亩荒原上苦豆子成片分布，该虫发生严重时，苦豆子植株受害率达 100%，死亡率 50%以上。

（二）形态特征

成虫：雌虫体长 5～8mm，卵圆形或梨形，背突起，体胭脂红色，体壁柔软，密生淡色细毛。触角 8 节，环状。无喙。足 3 对。胸气门 2 对。体节多半部分密生细毛和蜡腺孔，常覆 1 层白色蜡粉或蜡丝。雌虫产卵时体端分泌白蜡丝团组织形成卵囊，内藏大量卵粒。雄虫：体长约 2.5mm，暗紫红色。触角 8 节，密生刺毛。复眼大，两侧各有 1 突起，无喙。胸部膨大呈球形。腹部第 8 节常分泌 1 簇直而长的蜡丝，超过体长 1～2 倍。交配器短，钩状，生在腹端下方。各足腿节粗壮，跗节 1 节，爪钩尖细。前翅发达，膜质，翅痣红色，长脉 3 条不明显；后翅退化为平衡棍，红色，呈刀形，外端有一尖钩。

卵：长约 0.6mm，狭长圆形，胭脂红色。

若虫：初龄体长约 0.7mm，紫红色。触角 6 节。头顶有 2 个暗色斑，腹端有 2 根长弯毛。蛛体卵圆形或不规则形，直径为 4～8cm，紫色、蓝灰色、黑紫色或紫红色，成熟时表面可看到 2 对白色小点（胸气门）和丝状的喙，一般体表常黏附 1 厚层土粒。

蛹：裸蛹，长约 2.5mm，紫红色。

（三）发生规律

1 年 1 代，以一龄若虫在地下越冬。早春 4 月间，若虫从卵袋中爬出，在土内寻找寄主。此时正值苦豆子出土之际，若虫找到寄主后，将口针刺入寄主根部固定取食。寄生密度以根茎部分最多，最深可达 25cm。6 月蜕皮 1 次，进入第 2 龄。7 月成为珠体，直径为 1.5～2.0mm。随着不断取食，珠体逐渐长大，8 月直径可达 5mm，布满苦豆子根部。珠体外有一层白色蜡膜，体内分泌腺体，将周围土粒粘在一起，形成一个完整的"土室"，珠体在土内，紧贴寄主根部。8 月上旬雄虫化蛹，8 月中旬羽化，羽化高峰期在 8 月 15 日左右。雄虫羽化期较长，8 月下旬羽化结束。在雄虫羽化期，雌成虫同时出现，雌虫突破珠体爬出，寄主根部周围残留大量珠体外壳。雌雄成虫在外壳附近交配，8 月下旬开始在土内产卵。产卵前，雌虫分泌大量白色蜡丝，将虫体包裹起来，形成一个白色棉团状"卵囊"，并在其中产卵。产卵后虫体干瘪留在卵囊内。产卵约 1500 粒，多者可达 2000 多粒。卵分布于苦豆子根部周围，深度可达 10cm，以 5cm 处最多。卵 9 月上中旬孵化，初孵若虫集中在卵囊内越冬。

（四）防治措施

1. 物理防治　成虫盛发期，田间设置杀虫灯、糖醋盆诱杀成虫，能取得良好的防治效果。

2. 化学防治　若虫初龄期（4 月中旬）和成虫羽化盛期（8 月上中旬），选用高效低毒化学药剂分别进行土壤施药和植株喷药防治。

（陈君　刘赛）

第十三节　郁李仁
Yuliren
PRUNI SEMEN

郁李仁为蔷薇科植物欧李 *Prunus humilis* Bge.、郁李 *Prunus japonica* Thunb.或长柄扁桃 *Prunus pedunculata* Maxim.的干燥成熟种子。具有润肠通便、下气利水之功效。其中欧李为我国独有的沙生药用植物。主要分布在我国黑龙江、吉林、辽宁、内蒙古、河北、山东、山西等地。欧李常见害虫有桃瘤蚜 *Tuberocephalus momonis*、棉黑蚜 *Aphis craccivora craccivora*、甘蓝蚜、桃蚜、萝卜蚜、梨小食心虫、桃小食心虫、春尺蠖 *Apocheima cinerarius*、杨梦尼夜蛾 *Orthosia incerta*、多毛小蠹 *Scolytus seulensis*、白星花金龟、红蝽、叶蝉等。

一、桃瘤蚜

（一）分布与危害

桃瘤蚜 *Tuberocephalus momonis* Matsumura 又名桃瘤头蚜，属半翅目 Hemiptera 蚜科 Aphididae。中国分布较广，南北方均有发生。其寄主植物主要有欧李、桃、樱桃、梅、梨等果树和艾蒿等菊科植物。可传播多种植物病毒，是目前欧李的重要虫害之一。以成蚜、若蚜群集在叶背吸食汁液，以嫩叶受害为重，受害叶片的边缘向背后纵向卷曲，卷曲处组织肥厚，似虫瘿，凸凹不平，初呈淡绿色，后变红色；严重时大部分叶片卷成细绳状，最后干枯脱落，严重影响欧李生产。

（二）形态特征

成虫：无翅孤雌蚜，体长 2.0～2.1mm，长椭圆形，较肥大，体色多变，有深绿、黄绿、黄褐色，头部黑色。额瘤显著，向内倾斜；触角丝状 6 节，基部两节短粗；复眼赤褐色；中胸两侧有瘤状突起，腹背有黑色斑纹，腹管圆柱形，有覆瓦状纹，尾片短小，末端尖。有翅孤雌蚜体长约 1.8mm，翅展约 5mm，淡黄褐色，额瘤显著，向内倾斜；触角丝状 6 节，节上有多个感觉孔；翅透明脉黄色；腹管圆筒形，中部稍膨大，有黑色覆瓦状纹，尾片圆锥形，中部缢缩。

若蚜：与无翅孤雌蚜相似，体较无翅孤雌蚜小，有翅芽，淡黄或浅绿色，头部和腹管深绿色。

卵：椭圆形，黑色。

（三）发生规律

1 年 7～10 代，世代重叠。以卵在欧李、桃、樱桃等果树的枝条腋芽处越冬。翌年春当芽萌动后，卵开始孵化。4 月蚜虫开始为害，成蚜、若蚜群集在叶背面取食为害，导致嫩叶卷曲，形成管状，大量成蚜和若蚜藏在虫瘿里为害，5～7 月是桃瘤蚜的繁殖、为害盛期。夏秋产生有翅孤雌蚜，迁飞到艾蒿等菊科植物及禾本科植物上为害。晚秋 10 月又迁回到欧李、桃、樱桃等果树上，产生有性蚜，交尾产卵越冬。

（四）防治措施

1. 农业防治　早春修剪带虫枝条，夏季桃瘤蚜迁移后，清除周围的菊科寄主植物，并将虫枝、虫卵枝和杂草集中烧毁，减少虫、卵源。

2. 生物防治　桃瘤蚜的自然天敌很多，如龟纹瓢虫、七星瓢虫、大草蛉、中华草蛉、小花蝽等。在天敌的繁殖季节，不宜使用触杀性广谱型杀虫剂，保护天敌资源。

3. 化学防治　早春越冬卵孵化盛末期至卷叶前，进行喷药防治。桃瘤蚜一旦卷叶，药液就很难喷到虫体上。在卷叶后，天敌较多时要选用内吸性强的农药进行防治，避免卷叶对药效的影响。

（陈君　徐常青）

第十四节　罗汉果
Luohanguo
SIRAITIAE FRUCTUS

罗汉果 *Siraitia grosvenorii* (Swingle) C. Jeffrey ex A. M. Lu et Z. Y. Zhang 为葫芦科多年生藤本植物。以果实入药，具有清热润肺、利咽开音、滑肠通便之功效。分布于广西北部。广西龙胜、永福、融安、临桂是罗汉果的四大产地，占全球产量的 90%。罗汉果害虫 74 种，常见害虫有愈斑瓜天牛 *Apomecyna saltator niveosparsa*、南亚寡鬃实蝇（南瓜实蝇）*Bactrocea tau*、罗汉果实蝇 *Zeugodacus caudatus*、棉蚜、家白蚁 *Coptotermes formosanus*、黄守瓜、黑足黑守瓜、二斑叶螨、华南大蟋蟀 *Gryllus bimaculatus*、小地老虎、蛴螬、介壳虫、蜗牛、蛞蝓等。

一、愈斑瓜天牛

（一）分布与危害

愈斑瓜天牛 *Apomecyna saltator niveosparsa* Fairmaire 又名瓜天牛、瓜藤天牛，属鞘翅目 Coleoptera 天牛科 Cerambycidae。国内分布于江苏、浙江、台湾、广东、海南、广西、云南。国外分布于越南、日本、印度。主要为害葫芦科药材罗汉果、栝楼等。在天牛为害严重的罗汉果园受害株率高达 48.8%，虫口密度将近 8 头/株，严重影响罗汉果生产（图 14-20a）。

（二）形态特征

成虫：雌成虫体长 10～12mm，背宽 2～4mm，雄体略小，圆筒形，初羽化时红褐色，1～2 天后为茶褐色或黑褐色，体上密生分布不均匀棕黄色短绒毛（图 14-20e）。触角长 6～8mm，11 节，第 1 节粗大，第 2 节短而细，近球形，第 3～4 节长约 3mm，第 5～11 节较短，每节茎着生白色绒毛圈。头、胸、足及鞘翅上混杂有不规则白色小点。前胸背板中区有白色小点组成花纹斑，中间宽、两端窄。鞘翅刻点粗，黑褐色，纵行排列，两鞘翅上、下方各有一组愈合成3列斜行的大白斑。腹部黑色，各腹节有小白斑2枚，纵行排列。中足胫节端部外侧有凹沟，跗节4节，末节细长，爪1对。

卵：长1.5～2mm，长椭圆形，初产时乳白色至淡黄色。

幼虫：老熟幼虫体长 15～18mm，圆筒形，头小，黄褐色，口器黑色，其他乳白色，有光泽。前胸背板前缘有一褐色斑纹，腹部共有10节，肉眼可见9节，第10节套在第9节内，后胸和腹部第1～7节背和腹面上均有明显肉质颗粒状突起，体被有稀疏短细毛，第9节细毛比较长，腹末平截（图14-20b，图14-20c）。

蛹：蛹长10～15mm，刚化蛹时乳白色，后变橙黄色，胸背长约占体长1/3，触角出现并平伸在体侧，蛹体被有绒毛，翅芽达第5腹节，后腿足达第6腹节。初化蛹时乳白色，后期老熟为深黄色。触角、口器均由褐色变黑色。

（三）发生规律

在沿江地区1年1～2代，10月中下旬以老熟幼虫在寄主枯藤中越冬。次年3月下旬至4月下旬陆续化蛹羽化，成虫5月上中旬开始产卵，产卵期2～3个月。前期卵孵化的幼虫，可化蛹羽化，第1代成虫8月上旬始见，后期卵孵化的幼虫9月下旬老熟后直接越冬。第1代成虫8月中下旬产卵，但成虫寿命短，第2代幼虫发育至老熟后越冬。

在广西1年3代，世代重叠。以老熟幼虫及少量蛹在藤蔓里越冬。4月中旬越冬幼虫开始化蛹，5月为化蛹盛期，4月下旬至6月下旬为成虫羽化期；6月上旬至9月上旬为第1代幼虫发生期；8月上旬至9月下旬为第2代幼虫发生期；10月为第3代幼虫发生期。8～10月为幼虫集中发生期。第1代幼虫为害不严重，第2、第3代幼虫集中在9月和10月发生，发生量大、为害重。

成虫多将卵散产在叶柄组织表面，部分产在藤茎组织表面，每次产1粒。幼虫孵化后主要在附近叶柄组织内取食为害，发育至2龄后进入藤茎部组织，可向上、下钻入髓部为害。幼虫有相互残杀的习性，同一藤蔓中的幼虫只在各自以木屑筑起的室道内“迂回”为害，很少在同一蛀道内同时出现两条幼虫。被害部位因受到刺激加上虫粪、木屑等堆积其中，故往往呈畸形、膨大的虫瘿状。

该天牛幼虫主要为害直径为0.5～1.5cm的藤蔓，此类藤蔓多集中在距地面50cm以上的主蔓和一级侧蔓；愈斑瓜天牛在栽培品种“红毛果”发生为害较重，该品种藤蔓粗壮肥嫩，叶大厚实，植株含糖量高，适宜成虫产卵，幼虫取食，故在品种混杂的果园内“红毛果”最先受害且受害最严重；平地种植的罗汉果受天牛为害率及虫口密度均显著高于山地。随着海拔的升高发生量降低。发生严重度：平地＞坡地＞山地；干旱，降雨量少，愈斑瓜天牛大发生几率高。

（四）防治措施

1. 农业防治　冬春季结合瓜园冬季管理，人工处理枯藤，杀灭越冬幼虫，压低越冬基数。天牛成虫飞翔力弱，于5～7月人工捕捉成虫，并抹杀卵粒，可有效降低田间卵量；在天牛幼虫为害部位，用尖锐细铁丝斜刺3～5下，可杀死其内幼虫。

2. 生物防治　管氏肿腿蜂对此天牛的寄生率较高，在幼虫发生期释放天敌管氏肿腿蜂，防治效果好（图 14-20d）。

3. 化学防治　6 月上中旬，在主蔓离地面 80～120cm 处发现蛀孔后，用药剂浸泡的棉絮包裹蛀孔，然后用塑料薄膜包扎，杀死幼虫。

（蒋妮）

二、南亚寡鬃实蝇

（一）分布与危害

南亚寡鬃实蝇 *Bactrocea tau* (Walker)又名南瓜实蝇，属双翅目 Diptera 实蝇科 Tephritidae。南亚寡鬃实蝇是一种世界性的检疫害虫，广泛分布于东南亚、南太平洋地区，主要分布在韩国、琉球群岛、越南、缅甸、老挝、柬埔寨、泰国、马来西亚、菲律宾、印度尼西亚（爪哇、苏拉威西、苏拉答腊）、不丹、印度和斯里兰卡等国家；在我国其主要分布在海南、台湾、广东、广西、福建、浙江、江西、湖南、湖北、四川、云南、贵州、河南、山西、甘肃等地，其中华南地区发生量大，寄主种类多，为害严重。南亚寡鬃实蝇是罗汉果栽培过程中的一种重要害虫，被害率达 20%～40%，造成大量落果，直接影响罗汉果的产量和质量（图 14-21a）。

（二）形态特征

成虫：雌虫体长 12～13mm，雄虫长 9～10mm。体黄褐色，头部颜面、额、口器、触角浅黄色，颜面近口器两侧各具 1 个黑斑，刚羽化成虫复眼有金属光泽，后变成红褐色。肩胛、中胸背侧片、中侧片的大部分和小盾片鲜黄色；前盾片中央具 1 红褐色纵纹，两侧纵纹黄褐色；盾片两侧和中央各具 3 条黄纵纹。翅痣、径脉 R_{2+3} 间、R_{4+5} 脉端部及臀脉处生暗黑色纵纹；中后足基节、转节、后足胫节深褐色，余为黄色。腹部背板 1 节前半部黑色，后半部黄褐色，第 2 节两侧缘各生 1 黑斑，中部近前缘有 1 黑横带，第 3 节背板前缘黑色，中部具 1 黑纵纹直达 5 节背板尾端形成“T”状黑纹，在背板前缘两侧各具 2 黑短横纹（图 14-21b）。

卵：长 0.8～1.2mm，乳白色，长椭圆形。

幼虫：初龄幼虫乳白色。老熟幼虫发黄，体长 10～11mm，前端尖，后端圆。

蛹：黄褐色，圆筒形，长 5～7mm。

（三）发生规律

1 年 3～5 代，世代重叠，各虫态同时并存。此虫无严格越冬过程，在冬季，当天气晴朗、气温回升至 10℃以上时，便可见到成虫活动，6 月中旬至 11 月为成虫盛发期阶段，12 月成虫进入越冬阶段。6～7 月为雌虫产卵盛期。产卵时间大多在下午 4～5 时。产卵时，雌虫飞到寄主果实附近，边取食边寻找合适部位，一般喜欢在新的伤口或裂缝等处产卵，在完好果实上产卵时，使用产卵管刺入果皮，随后把卵一粒粒产入果内。幼虫在果内孵化后取食、为害、生长发育。幼虫老熟后会脱离受害果，弹跳落地，钻入泥土中或土、石块、枯枝叶缝中化蛹，当无法找到合适环境时也可直接裸露化蛹，有些个体来不及脱离受害果或无法脱离则可在受害果内化蛹。10～11 月罗汉果收获后，此虫便潜伏在园边山林植物或枯枝落叶中，翌春转而为害罗汉果棚下或果园旁的种植的早春瓜类作物，罗汉果开始挂果后，即受其害。

（四）防治措施

1. 农业防治　严禁在园边或棚下种植瓜果类作物，杜绝中间寄主；冬季应全面耕翻园内土壤，以消灭越冬蛹或老熟幼虫；虫果出现期及时摘拾虫果；落果盛期，每 3～5 天拾落果 1 次，采用水浸、深埋、焚烧等方法处理。

2. 物理防治　在成虫羽化产卵盛期（6～7 月），用性引诱剂 1 枚＋水解蛋白 1mL＋药剂，用棉球湿润放入诱捕器中，每亩果园放 5 个诱捕器，每星期更换 1 次药液，可大量诱杀成虫，减少田间虫口密度。

3. 化学防治　在成虫发生期喷施药液防治，由于该虫发生期长，最好隔 5 天防 1 次，连防 2～3 次。

（蒋妮）

第十五节　胡椒
Hujiao
PIPERIS FRUCTUS

胡椒 *Piper nigrum* L.为胡椒科的多年生、常绿、攀缘藤本植物，以干燥近成熟或成熟果实入药。具温中散寒、下气、消痰之功效。用于胃寒呕吐、腹痛泄泻、食欲不振、癫痫痰多。古代产于波斯、阿拉伯、非洲、印度及东南亚一带，唐时传入中国。我国华南及西南地区有引种。国内产于海南、广东、广西及云南等地。国外产于马来西亚、印度尼西亚、印度南部、泰国、越南等地。常见虫害有丽绿刺蛾 *Latoia lepida*、腺刺粉蚧 *Ferrisiavirgata*、臀纹粉蚧 *Planococcus citri*、黑翅跳甲 *Longitarsus nigripennis*、介壳虫、蚜虫、粉虱、盲蝽、网蝽、金龟子、蚂蚁等。

丽绿刺蛾

（一）分布与危害

丽绿刺蛾 *Latoia lepida* (Cramer)属鳞翅目 Lepidoptera 刺蛾科 Limacodidae。分布于我国境内北起黑龙江，南至台湾、海南及广东、广西、云南，东起国境线，西至陕西、甘肃和四川。寄主包括胡椒、茶、油茶、油桐、苹果、梨、柿、杧果、桑、核桃、咖啡、刺槐等。以幼虫取食胡椒叶片呈孔洞、不规则缺刻，严重时可将叶片吃光，仅剩叶柄和叶脉，造成树势衰弱，影响胡椒果实的质量和产量。

（二）形态特征

成虫：雌虫体长 11～14mm，翅展 23～25mm，触角线状；雄虫体长 9～11mm，翅展 19～22mm，触角基部数节为单栉齿状。前翅翠绿色，前缘基部尖刀状斑纹和翅基近平行四边形斑块均为深褐色，带内翅脉及弧形内缘为紫红色，后缘毛长，外缘和基部之间翠绿色；后翅内半部米黄色，外半部黄褐色。前胸腹面有 2 块长圆形绿色斑，胸部、腹部及足黄褐色，但前中基部有一簇绿色毛。

卵：扁平，椭圆形，暗黄色，鱼鳞状排列。

幼虫：老熟幼虫体长 19～28mm，翠绿色。体背中央有 3 条暗绿色和天蓝色连续的线带，体侧有蓝灰白等色组成的波状条纹。前胸背板黑色，中胸及腹部第 8 节有蓝斑 1 对，后胸及腹部第 1、第 7 节有蓝斑 4 个；腹部第 2～6 节有蓝斑 4 个，背侧自中胸至第 9 腹节各着生枝刺 1 对，每个枝刺上着生 20 余根黑色刺毛，第 1 腹节侧面的 1 对枝刺上夹生有几根橙色刺毛；腹节末端有黑色刺毛组成的绒毛状毛丛 4 个。

蛹：深褐色，体长 10～15mm。

茧：扁平，椭圆形，灰褐色，茧壳上覆有黑色刺毛和黄褐色丝状物。

（三）发生规律

在海南 1 年 2～3 代，以老熟幼虫在主蔓及柱体上结茧越冬。次年 4 月中下旬越冬幼虫化蛹，5 月下旬成虫羽化、产卵。第 1 代幼虫于 6 月上中旬孵化，6 月底以后开始结茧，7 月中旬至 9 月上旬变蛹并陆续羽化、产卵。第 2 代幼虫于 7 月中旬至 9 月中旬孵出，8 月中旬至 9 月下旬结茧过冬。成虫于每天傍晚开始羽化，以 19～21 时羽化最多。成虫有较强的趋光性，白天多静伏在叶背，夜间活动，雌成虫交尾后次日即可产卵，卵多产于嫩叶背面，呈鱼鳞状排列，每块有卵 7～44 粒不等，多为 18～30 粒，每只雌成虫一生可产卵 9～16 块，平均产卵量 206 粒。卵期 5～7 天，幼虫初孵时不取食；2～4 龄有群集为害的习性，整齐排列于叶背，啃食叶肉留下表皮及叶脉，使叶片呈透明薄膜状；4 龄后逐渐分散取食，吃穿表皮，形成大小不一的孔洞；5 龄后幼虫食量骤增，自叶缘开始向内蚕食，形成不规则缺刻，严重时整个叶片仅留叶柄，整株胡椒叶片几乎被吃光，影响叶片光合作用及养分积累。

（四）防治措施

1. 物理防治　利用成虫的趋光性，于成虫羽化期间，在胡椒园区周围设置黑光灯，可诱杀大量成虫，减少产卵量，降低下一代幼虫为害程度；在树干、石柱等处铲除越冬茧，杀灭越冬幼虫，可取得明显的防治效果；低龄幼虫喜群集于叶背为害，受害叶片呈枯黄膜状或出现不规则缺刻，及时摘除虫叶，可防止扩散蔓延为害。

2. 生物防治　胡椒园内丽绿刺蛾的天敌种类多，主要有猎蝽和寄生蜂等，寄生率高。其幼虫极易感染颗粒病毒，这些天敌及生物因子对幼虫的发生数量有很好的抑制作用，特别是对第 2 代幼虫种群有明显的控制作用，应加以保护和利用。

3. 药剂防治　丽绿刺蛾第 1 代幼虫孵化期较为集中，在卵孵化高峰后、幼虫分散前，选用高效低毒药剂进行喷雾防治。第 1 代幼虫孵化高峰在 6 月上中旬，第 2 代幼虫孵化高峰在 7 月中旬以后，可选用用 BT 制剂喷雾防治。

（陈君）

第十六节　柏子仁
Baiziren
PLATYCLADI SEMEN

柏子仁为柏科植物侧柏 *Platycladus orientalis* (L.) Franco 的干燥成熟种仁。分布于内蒙古南部、吉林、辽宁、河北、山西、山东、江苏、浙江、福建、安徽、江西、河南、陕西、甘肃、四川、云南、贵州、湖北、湖南、广东北部及广西北部等地。常见害虫有侧柏大蚜 *Cinara tujafilina*、双条杉天牛 *Semanotus bifasciatus*、侧柏毒蛾 *Parocneria furya*、侧柏金银蛾 *Argyresthia sabinae*、侧柏松毛虫 *Dendrolimus suffuscus*、柏肤小蠹 *Hylesinus aubei*、东方蝼蛄、华北蝼蛄、柏牡蛎蚧 *Lepidosaphes cupressi* 等。

一、侧柏大蚜

（一）分布与危害

侧柏大蚜 *Cinara tujafilina*（Del Guercio）属半翅目 Hemiptera 大蚜科 Lachnidae。分布较广。为害侧柏、垂柏、千柏、龙柏、铅笔柏、撒金柏和金钟柏等，是柏树上的重要害虫。侧柏大蚜主要为害小枝和柏叶，常数十头至几百头群聚在小枝或叶腋处刺吸汁液。被害部位最初发黄失绿，以后渐渐变成灰褐、褐、棕褐色枯萎，小枝表皮亦开始剥裂，此时稍经风吹，柏叶即纷纷凋落，严重地影响了侧柏的健康生长和光合作用，使树势逐渐衰弱。极易招致蛀干害虫入侵，加速侧柏死亡。嫩枝上虫体密布成层，大量排泄蜜露，招致病菌感染，引发煤污病，严重受害的侧柏，远视如“火燎”一般，轻者影响树木生长，重者幼树干枯死亡。

（二）形态特征

成蚜：有翅孤雌蚜体长约 3mm，腹部咖啡色，胸、足和腹管墨绿色。无翅孤雌蚜体长约 3mm，咖啡色略带薄粉。额瘤不显，触角细短。

卵：椭圆形，初产黄绿色，孵前黑色。

若蚜：若蚜与无翅孤雌蚜似同，暗绿色。

（三）发生规律

在河北地区 1 年 10 代左右，以卵在柏枝叶上越冬，也有地区以卵和无翅雌成蚜越冬。翌年 3 月底至 4 月上旬越冬卵孵化，营孤雌繁殖。5 月中旬出现有翅蚜，迁飞扩散，喜群栖在 2 年生枝条上为害；在北京地区 5～6 月、9～10 月为两次为害高峰，以夏末秋初为害最严重。10 月出现性蚜，11 月为产卵盛期，每处产卵 4～5 粒，卵多产于小枝鳞片上，以卵越冬。特别是侧柏幼苗、幼树和绿篱受害后，在冬季和早春经大风吹袭后，失水极容易干枯死亡。侧柏大蚜一般先为害幼树，以后逐渐向成龄树蔓延。而且多自树冠的下部向树冠的上部为害，有转枝转株为害习性。

侧柏大蚜的发生，纯林较混交林严重，幼树较成龄树严重，树势弱侧柏大蚜发生严重；

阳坡较阴坡严重，山坡中上部较下部严重，山脊较山坡受害严重，陡坡较缓坡严重，土层瘠薄者较土层深厚肥沃者受害严重，海拔高者较海拔低者严重。

（四）防治措施

1. 生物防治　保护和利用天敌，如七星瓢虫、异色瓢虫、日光蜂、蚜小蜂、大灰食蚜蝇、草蛉和食蚜虻等。春季发生不严重时，尽量不打药剂，可喷清水冲刷虫体，以保护天敌种群数量。

2. 化学防治　发生严重时，喷施内吸性药剂防治。

（陈君　刘赛）

二、双条杉天牛

（一）分布与危害

双条杉天牛 *Semanotus bifascaitus* Motschulsky 属鞘翅目 Coleoptera 天牛科 Cerambycidae。在我国华北、西北、东北、华中、华南、华东等地均有发生。分布于北京、辽宁、内蒙古、甘肃、陕西、山西、河北、山东、安徽、江苏、上海、浙江、福建、广东、广西、湖北、重庆、贵州、四川等地。寄主植物为罗汉松、桧柏、扁柏、侧柏、龙柏、千头柏、杉、柳杉、松等观赏树木。主要以幼虫蛀入侧柏等柏科植物的枝、干的皮层和边材部位窜食为害，把木质部表面蛀成弯曲不规则坑道，切断水分、养分的输送，引起针叶黄化，长势衰退，重则引起风折、雪折，严重时很快造成整株树木死亡。

（二）形态特征

成虫，体长约 10mm，圆筒形略扁，黑褐色至棕色。前翅中央及末端具 2 条黑色横宽带，两黑带间为棕黄色，翅前端驼色。

卵：长约 1.6mm，长椭圆形，白色。

幼虫：末龄幼虫体长约 15mm，乳白色，圆筒形略扁，胸部略宽，头黄褐色，无足。

蛹：长约 15mm，浅黄色。

（三）发生规律

在北京 1 年生 1 代，以成虫在枝干内蛹室中越冬，翌年 3 月底成虫羽化。成虫喜欢在树势衰弱或新移栽树木树皮缝及新伐除的原木上交尾产卵，每处 2～5 粒，每雌产卵数十粒，卵期 10～15 天，4 月中旬初孵幼虫蛀入树皮内为害，受害处排出少量碎木屑。幼虫在树皮下窜食为害，树皮易脱落。5 月中下旬进入为害盛期，当幼虫为害环绕树干或树枝 1 圈时，受害部以上的茎枝枯死。6 月中旬幼虫钻入木质部 2～3cm 深处，10 月上旬化蛹在隧道内后羽化，以成虫越冬，新移栽的树或树势衰弱的树是该虫发生为害的重要条件，健壮树木很少受害。一般叶橘红、柏叶尚未脱落的树干内都有该虫在枝内，多在第 2 年转移。

（四）防治措施

1. 农业防治　深挖松土，挖壕压青，追施土杂肥，促进苗木速生，增强树势；冬季进行疏伐，伐除虫害木、衰弱木、被压木等，使林分疏密适宜、通风透光良好，树木生长旺盛，增强对虫害的抵抗力；夏季及时砍除枯死木和风折木，除去根际萌蘖，清除林内枝丫，保持林内卫生；越冬成虫还未外出活动前，在前一年发生虫害的林地，用涂白剂刷 2m 以下的树干预防成虫产卵；越冬成虫外出活动交尾时期，在林内捕捉成虫；在初孵幼虫为害处，用小刀刮破树皮，搜杀幼虫。也可用木锤敲击流脂处，击死初孵幼虫。

2. 生物防治　双条杉天牛幼虫和蛹的天敌有啄木鸟、拟郭公虫、棕色小蚂蚁、柄腹茧蜂、肿腿蜂、红头茧蜂、白腹茧蜂等，应加以保护和利用。

3. 化学防治　成虫期，在虫口密度高、郁闭度大的林区，可用烟剂熏杀。

（陈君　徐常青）

三、侧柏毒蛾

（一）分布与危害

侧柏毒蛾 *Parocneria furva* Leech 属鳞翅目 Lepidoptera 毒蛾科 Lymantriidae。分布于辽宁、山东、河北、山西、陕西、江苏、浙江、四川、湖南等地。以幼虫取食侧柏的嫩芽、嫩枝造成为害。林木受害后，叶片尖端被食，基部光秃，轻则树枝梢部枯黄，严重的整株树叶被吃光，大部分嫩枝皮层被食，整株枝叶枯黄变干趋于死亡，林木 2～3 年内不长新枝，生长势衰退，引发天牛、小蠹虫等害虫侵入，致使部分侧柏死亡。

（二）形态特征

成虫：翅展 17～33mm，体长 14～20mm，灰褐色。雌蛾触角灰白色，短栉状，前翅浅灰褐色，鳞片极薄，近中室处有一暗色斑点，后翅浅灰色，带花纹。雄蛾触角灰黑色，羽毛状，前翅花纹完全消失，近中室处的暗色斑点较显著。腹部浅灰色，密布鳞毛。

卵：扁球形，直径约 0.8mm，初产时青绿色，有光泽，后渐变为黄褐色，孵化前变为黑褐色。

幼虫：老熟幼虫体长 22～24mm，近灰色，胸腹背面有青灰色纵带纹，其两侧镶有不规则的灰黑色斑点，相连成带。体节上有毛瘤，其上着生长短不等的刚毛，尤以胸气门前毛瘤上的刚毛最显著，伸向头前侧方。

蛹：初为青绿色，后变黄褐色，体被白色细毛，腹部各节有灰褐色斑点，腹末具极深褐色钩状臀棘。

（三）发生规律

1 年 2～3 代，以卵在侧柏鳞叶上越冬。越冬卵 2 月下旬开始孵化，3 月中下旬为孵化盛期，4 月下旬大量幼虫进入成熟龄期，食叶量大增，5 月是为害盛期，5 月中旬幼虫开始化蛹，6 月上中旬为越冬代成虫羽化盛期。6 月上旬孵化出第 1 代幼虫，6 月下旬为孵化盛期，7 月上中旬发生为害，7 月底至 8 月初是为害盛期，8 月下旬至 9 月上旬第 1 代成虫集中羽化，8 月底以前产出的卵尚能继续发育，9 月初以后产出的卵为越冬卵；第 2 代成虫于 9 月下旬至 10 月中旬出现，产卵越冬。

侧柏毒蛾危害季节性很强，主要发生在春、夏两季，第 1 代比越冬代为害重。幼虫 5～7 龄：越冬代幼虫 5 龄，第 1 代幼虫 5～7 龄，第 2 代幼虫 5～6 龄。初孵幼虫取食叶尖和边缘成缺刻状，3 龄后取食全叶，4 龄后食叶量大增，占总食叶量的 90%以上。幼虫多在夜间取食，白天隐藏在树皮裂缝、枝叶丛中。2 龄幼虫能吐丝下垂，随风迁移为害；3 龄后受惊时可直接由叶落下。老熟幼虫在树皮缝、叶丛中等处吐丝结茧，经 1～3 天预蛹期后化蛹。成虫多于夜间至上午 10 时羽化，白天多静伏在树冠枝叶上很少活动，傍晚后飞翔寻偶交尾。雌雄交尾 1 次，产卵期 2～5 天，每雌产卵 40～193 粒。卵成堆产于小枝或叶上，每块卵 3～32 粒，以树冠向阳面及林缘木产卵最多。成虫趋光性强。

（四）防治措施

1. 农业防治　改造侧柏纯林，营造混交林，提高树木抗虫害能力。加强林木抚育管理，对郁闭度较大的林分适时进行修枝、间伐，使林分通风透光，促进林木生长，增强树势；改善林内卫生环境，清除林下枯枝落叶和杂草，并集中烧毁；对受害林木少且集中的林分，可人工摘除卵块；在 4 月下旬、7 月上中旬大量幼虫进入成熟龄期，敲树振落幼虫集中消灭；5 月下旬和 8～9 月的蛹期，在树叶、树皮缝处人工摘蛹，然后集中烧毁。

2. 物理防治　利用成虫趋光性，在 6 月上中旬、8 月下旬至 9 月上旬、9 月下旬至 10 月中旬成虫羽化期，林间设置黑光灯诱杀成虫。

3. 生物防治　侧柏毒蛾天敌种类多，已知的寄生性天敌：卵期有跳小蜂，幼虫期有家蚕追寄蝇、狭颊寄蝇，蛹期有黄粗腿小蜂、黄绒茧蜂；另外，幼虫期、蛹期还有鸟类、蜘蛛、蚂蚁、螳螂等捕食性天敌。应保护利用天敌。

4. 化学防治　幼虫期用青虫菌粉或苏云金杆菌粉剂喷雾防治，或选择适宜药剂进行喷雾防治。

（陈君）

四、侧柏种子银蛾

（一）分布与危害

侧柏种子银蛾 *Argyresthia sabinae* Moriuti 属鳞翅目 Lepidoptera 银蛾科 Argyresthiidae。主要分布在甘肃兰州、定西、陇西、山东沂蒙山和泰山地区，是侧柏种子的主要害虫。以幼虫在侧柏球果内蛀食种子，被害球果从外表看与正常无异，成熟开裂后里面种子已被蛀成空壳，造成侧柏无种可采，严重影响柏子仁产量。

（二）形态特征

成虫：体长 4.5～5.5mm，翅展 15～18mm，头部棕色，复眼黑色，单眼中间有一白色点，有光泽。翅面乌白色，有两条棕褐色横带，在双翅合拢时组成两个“八”字。触角丝状。体灰褐色。前翅狭长，翅上有鳞片，每一鳞片中部与基部具有银色光泽，边缘半圈为棕褐色。后翅披针形。前翅、后翅缘毛很长。腹部银灰色，足黑褐色。腿节上有茸毛。

卵：椭圆形，橙黄色，上有刻点。

幼虫：老熟幼虫体长 6～7mm，体乳白色，头棕褐色，前额上有二块褐色斑。胴部淡红、淡绿或二色均具。每节的一端生有褐色茸毛。胸足 3 对，体上密生细茸毛。腹足 4 对。腹足趾钩单序环状，趾钩 17～18 根，呈棕黄色。

蛹：初化蛹为淡绿色，后渐变为黄褐色，腹部末节有 10 个小突刺。

（三）发生规律

在河北和甘肃 1 年 1 代。以老龄幼虫在树干翘皮下或地被物中做白茧越冬，世代较为整齐。翌年 3 月下旬至 4 月中旬开始羽化，4 月中旬为羽化盛期。成虫白天隐藏在树冠内或枝干上，静伏不动，黄昏以后活动，有弱趋光性，具有短距离飞翔能力。每雌产卵 58～67 粒，雄成虫寿命 5～8 天，雌成虫 17～25 天。4 月下旬进入产卵盛期，卵散产于树冠外围新鳞叶或幼嫩枝条上，初为淡黄色，后渐变深，呈橙色。卵期 11～15 天，初孵幼虫体白色，很活跃，寻找小球果，从小球果上两果鳞结合处蛀入中果鳞，而后钻入新发育的种子内为害，果鳞继续发育愈合其钻入孔，只在种皮与果鳞之间发现有星状褐变，田间最早 5 月 12 日发现球果被害。幼虫期较长，可持续到 10 月下旬，老熟幼虫脱果后在树干翘皮缝内越冬，虫体变淡绿或红褐色。有转种为害、无转果为害习性，进入果鳞后的幼虫除老熟脱果外一般不钻出球果。

（四）防治措施

1. 生物防治　侧柏种子银蛾有寄生蜂类天敌，寄生率在 1.4%左右，每头银蛾幼虫可被 3～7 头小蜂寄生，注意保护和利用天敌资源。

2. 化学防治　侧柏种子银蛾幼虫发生期长，为害极其隐蔽，1 个世代当中只有成虫期暴露在外，因此在成虫羽化盛期，选择在下午 4 时以后成虫活跃时进行烟剂防治。

（陈君）

第十七节　栀子

Zhizi

GARDENIAE FRUCTUS

栀子是茜草科植物栀子 *Gardenia jasminoides* Ellis 的干燥成熟果实。其果实既是常用中药材，具有清热利湿、泻火解毒、凉血散瘀等功效，又是植物色素的重要原料。国内分布于江西、江苏、安徽、浙江、福建、台湾、湖北、湖南、广东、广西、海南、四川、贵州、云南等地；国外分布于日本、朝鲜、越南、老挝、柬埔寨、印度、尼泊尔、巴基斯坦、太平洋岛屿和美洲北部。主要害虫有栀子灰蝶 *Artipe eryx*、咖啡透翅天蛾 *Cephonodes hylas*、栀子卷叶螟 *Dichocxocis punctiferalis*、桃蛀螟、日本龟蜡蚧 *Ceroplastes japonicus*、桃蚜、东方蝼蛄、铜绿异丽金龟、暗黑齿爪鳃金龟等。

一、栀子灰蝶

（一）分布与危害

栀子灰蝶 *Artipe eryx* (Linnaeus)又名绿底小灰蝶、绿灰蝶，属鳞翅目 Lepidoptera 灰蝶科 Lycaenidae。国内分布于华南地区、浙江（泰顺、淳安、丽水）、香港等地；国外分布于印度、缅甸、马来西亚、印度尼西亚、日本等国。栀子灰蝶以幼虫为害栀子的花蕾和果实，其幼虫蛀入花果内将组织吃空，虫口密度大时严重破坏栀子的花果，造成大量的落花落果，影响栀子产量。

（二）形态特征

成虫：该虫雕雄异型。雌成虫体长 1.3～1.5cm，额区黄绿色，上唇须黑褐色，复眼暗红色，体躯腹面覆鹅黄色短绒毛，背面灰黑色，腹部各节后缘有黑色条带。翅展 3.7～3.8cm，两对翅正面灰褐色，反面草绿色；后翅燕尾突为白色带状，内部略带黑色，边缘有较长白色鳞毛，正面绿色间有黑色鳞毛，近带状突处有两个迁圆形黑斑，黑斑内侧有白色鳞片形成 4 个明显月牙形白斑，其中 3 个向内弯由，1 个向外弯曲；触角黑色间有明显白环，端部为红棕色；3 对足背面具灰白色毛，腹面腿节处为黄色线毛。雄虫体长略短于雌成虫，翅展 3.4～3.5cm, 前后翅正面灰福色，反面为草绿色，燕尾突黑色，端都有白色鳞毛，燕尾长度短于雌成虫，反面有两个直径约 1mm 的圆形黑斑，其上有白色鳞毛形成的 5 个弧线，无明显月牙形白斑，臀角处有一近圆形正反面均为黑色的班块，其余特征同雌成虫，

卵：卵扁半球形，直径约 0.12cm，高约 0.07cm，灰白色至白色，顶部中央有针头大小的精孔，幼虫孵化时精孔处变黑，初孵幼虫从精孔处破约 0.05cm 的圆形孔径钻出。卵壳表面遍布六角形饰纹。

幼虫：初孵幼虫黄褐色，体背灰白色长刚毛。老熟幼虫体长 1.7～2cm，体背灰白色至黑色短刚毛，背中央有 1 条黑褐色背中线，每节近后缘在背中线形我较宽黑褐班块，尤其腹部第 3、第 4 节更为明显，侧背线也为黑褐色，每节近后缘在肯侧线形成颜色更深，更大的黑褐斑块；前胸背板及中胸背面黄褐色，前胸背板中央有一由 5 个黑褐斑相连而形成的近似“十”字形斑纹，腹部第 1、第 2 节肯面黑褐色，腹部第 3、第 4 节背面多为黄白色，腹部第 5、第 6 节多为浅褐色。

蛹：体长 0.8～1cm；刚化的蛹为翠绿色，逐渐变为褐色，接近羽化时为暗褐色，腹部背中央有 1 紫褐色背中线。

（三）发生规律

在江西樟树地区 1 年 5 代，以老熟幼虫在被害栀子果实内及枯草丛中越冬。翌年 3 月中旬幼虫开始活动，化蛹。3 月底成虫出现。全年以第 2 代、第 4 代、第 5 代幼虫为害重，发生盛期分别为 6 月中下旬、9 月下旬至 10 月上旬、10 月下旬，11 月底陆续越冬。

在浙江丽水 1 年 6 代，从 10 月下旬起陆续以幼虫在被害栀子果内越冬；也有成熟幼虫脱出被害栀子果，在土中、石缝内、枯枝残叶下、附近的树洞内、树皮下等隐蔽场所越冬。次年 3 月间化蛹，4 月成虫羽化、产卵。

成虫羽化在白天 8～16 时。羽化前可在合欢、金橘、枳椇等多种植物花朵上吸蜜补充营养。越冬代成虫在重瓣栀子花蕾上产卵。雌蝶产卵于栀子果的棱脊旁边或其他有凹陷的部位、花蕾的萼片或近萼片的花被上。卵散产，通常一枚果实或花蕾只产 1 粒卵，个别产 2 粒。在栀子花蕾上可完成第 1～2 代，当花蕾期过后雌蝶迁飞到附近野生栀子果上产卵，完成第 3～6 代。成虫觅得产卵场所后，表现出很强的恋寄主性，近前触及其身体驱动也不轻易离开。成虫寿命 1～5 天。雌雄性比为 2∶1，雌性个体显著多于雄性个体。卵历期 3～6 天。幼虫孵出后蛀入栀子花蕾或栀子果，咬破花被或果皮进入内部取食花蕊和果实的肉质胎座和种子，并从孔口排出粪便。食尽一枚后会退出被害花蕾或果实，爬行转移到另一枚

取食。1头幼虫取食2～4枚花果后成熟。成熟幼虫多在被害花果内化蛹，也有离开被害花果，在土中、石缝内、枯枝残叶下、树皮下、树洞等隐蔽场所化蛹。第1～5代前蛹历期1～7天，第6代以前蛹越冬，历期长达120天。幼虫历期10～25天，第2～4代历期较短。初化蛹乳白色，随后体色逐渐加深，羽化前全体呈灰黑色。蛹历期：第2～4代5～10天，第5代10～18天，越冬代34～46天。

（四）防治方法

1. 农业防治　栀子灰蝶老熟幼虫多在表土中、枯枝残叶下等地越冬，可以结合冬季清园工作，及时清除枯枝落叶和病叶，铲除园中杂草，集中烧毁或深埋处理，杀死土表和浅层土中的幼虫，降低翌年虫口基数。

2. 生物防治　栀子灰蝶的天敌有螟虫长距茧蜂、赤眼蜂，应保护利用天敌昆虫。

3. 化学防治　冬春两季做好病虫防治工作，可用0.3°～0.5°Be石硫合剂喷雾或涂抹树干，杀死越冬害虫。在每代卵盛孵高峰期对准花果部位喷药剂防治。

（陈君　徐常青）

二、咖啡透翅天蛾

（一）分布与危害

咖啡透翅天蛾 *Cephonodes hylas* Linnaeus 属鳞翅目 Lepidoptera 天蛾科 Sphingidae。分布于山西、安徽、江西、湖南、湖北、四川、福建、广西、云南、台湾等地。寄主为药用植物黄栀子及茜草科植物、咖啡、花椒等，主要为害黄栀子。近年来，随着黄栀子种植面积扩大，咖啡透翅天蛾发生为害逐年加重。以幼虫取食寄主叶片，受害严重者叶片、嫩枝全被吃光，造成光秆或枯死，严重影响栀子产量。

（二）形态特征

成虫：体长22～31mm，翅展45～57mm，纺锤形。触角墨绿色，基部细瘦，向端部加粗，末端弯成细钩状。胸部背面黄绿色，腹面白色。腹部背面前端草绿色，中部紫红色，后部杏黄色；各体节间具黑环纹；第5、第6腹节两侧生白斑，尾部具黑色毛丛。翅基草绿色，翅透明，翅脉黑棕色，顶角黑色；后翅内缘至后角具绿色鳞毛。

卵：长1.0～1.3mm，球形，鲜绿色至黄绿色。

幼虫：末龄幼虫体长52～65mm，浅绿色。头部椭圆形。前胸背板具颗粒状突起，各节具沟纹8条。亚气门线白色，气门上偏后有1明显黑斑，其上生黑纹；气门上线、气门下线黑色，围住气门；气门线浅绿色。第8腹节具1尾角。

蛹：长25～38mm，红棕色，后胸背中线各生1条尖端相对的突起线，腹部各节前缘具细刻点，臀棘三角形，黑色。

（三）发生规律

1年2～5代，以蛹在土中越冬。在江西1年5代，每年5月上旬至5月中旬越冬蛹羽化为成虫后交配、产卵。第1代发生在5月中旬至6月下旬，第2代为6月中旬至7月下旬，第3代为7月上旬至8月下旬，第4代8月上旬至9月下旬，第5代9月中下旬。幼虫5龄，老熟幼虫在10月下旬后化蛹。

咖啡透翅天蛾是白天活动的蛾类之一，喜欢快速振动着透明的翅膀在花间穿行，吸花蜜时靠翅膀悬停空中，尾部鳞毛展开，如同鸟的尾羽，加上颇似鸟类的形体，常常被误认为蜂鸟。成虫喜欢吸食花蜜，幼虫主要以啃食药用植物的叶片为生，有时会把花蕾、嫩枝都吃光。雌雄性比为1∶1.22。该虫多把卵产在寄主嫩叶两面或嫩茎上，每雌产卵200粒左右。幼虫多在夜间孵化，昼夜取食，老熟后体变成暗红色，从植株上爬下，入土化蛹羽化或越冬。雌成虫未经交尾也可产卵，但卵无光泽，不孵化。

（四）防治措施

1. 农业防治　及时中耕除草，清除枯枝落叶，减少周围蜜源植物的种植。秋冬或早春及时翻耕，把蛹翻出或深埋土中，使蛹被天敌食害或不易羽化出土。幼虫为害期进行人工捕杀。

2. 生物防治　幼虫发生期喷施苏云金杆菌，不仅防效优异，还可保护天敌。

（陈君　程惠珍）

三、栀子卷叶螟

（一）分布与危害

栀子卷叶螟 *Archernius tropicalis* Walker 又称栀子三纹野螟，属鳞翅目 Lepidoptera 螟蛾科 Pyralidae，是栀子的主要叶部害虫。国内目前仅在广西、广东、湖南、台湾等地发现。国外分布于印度、斯里兰卡。该虫主要为害当年生嫩叶，也为害老叶、花蕾和果实，使花蕾不能正常开花并引起果实外表破损，甚至空果。幼虫咬食嫩叶，造成缺刻。虫口密度高时，可把嫩叶食光，形成秃梢。大发生时连老叶也被食光，仅留枝丫，严重影响栀子的正常生长和结果。

（二）形态特征

成虫：体长约9mm，翅展约22mm。体暗褐色，头黄白色，复眼褐色，触角长约4.5mm，灰色，前翅暗褐色，内横线浅褐，弯曲。中室内有一新月形白斑，缘毛末端白色。后翅外横线边缘白色，在第2～5脉间弯曲，中室有新月形白斑，缘毛白色。中足胫节有2端距，后足胫节2中距，2端距。虫体腹面、翅、足灰白色。雄蛾触角间有一束长毛。

卵：椭圆形，长约0.9mm，乳白色，散产。

幼虫：初孵幼虫白色，3龄后绿色，老熟幼虫体长约20mm，头褐色，单眼黑色，前胸背板褐色；骨化强，中后胸各8个毛片双行排列，中胸毛片黑色，腹部各节6个毛片双行排列，第8腹节8个毛片双行排列，趾钩异序全环（内侧2～3序，外侧单序）。

蛹：黄褐色，长7～8mm，宽约3mm，外被一层白色丝织薄茧。

（三）发生规律

1年6代，世代重叠。以老熟幼虫、蛹在落叶、地被物及虫苞中越冬，翌年4月下旬开始羽化、交配产卵，5月上旬为羽化盛期。第5、第6代成虫发生盛期分别在6月、7月、8月、9月、10月上旬及翌年的5月上旬。幼虫出现盛期分别在5月、6月、7月、

8月、9月、10月中旬。8～9月幼虫数量最多，为害最重。各虫态历期分别为：卵期4～7天，幼虫期11～17天（越冬代200～230天），蛹期8～15天（越冬代170～200天），成虫期3～5天。越冬代于10月中旬末以老熟幼虫开始越冬，部分老熟幼虫于11月上旬化蛹。

成虫多在22时至次日6时羽化。白天隐藏在栀子树枝或其他阴蔽的作物、灌木丛中，夜晚活动，趋光性弱。羽化后的当天夜晚即交尾产卵，卵散产于当年生初展的嫩叶正面、反面，也产于老叶、花蕾和果实的表面。幼虫孵化后，啃食叶片表皮，3龄后吐丝缀嫩叶2～4张呈“荷包”状，藏身筒状虫苞中取食。幼虫特别敏捷，稍受惊扰，迅速向后或向前蠕动；若惊动大，即从虫苞内弹跳逃跑或吐丝下垂，钻到地被物中。老熟幼虫在落叶、地被物中缀叶成虫苞、或在幼虫虫苞中吐丝结白色稀疏薄茧化蛹，茧呈“荷包”状或筒状。

（四）防治措施

1. 农业防治　在越冬期，结合垦复挖除越冬幼虫和蛹，减少越冬虫口基数。

2. 生物防治　幼虫期天敌有鸟类、螳螂、草蛉、猎蝽、蜘蛛及寄生蜂，要充分保护和利用天敌；栀子三纹野螟大发生时，选用BT叶面喷雾防治。

（陈君　程惠珍）

四、日本龟蜡蚧

（一）分布与危害

日本龟蜡蚧 *Ceroplastes japonicus* Green 又名日本蜡蚧，属半翅目 Hemiptera 蜡蚧科 Coccidae。国内分布于河北、河南、山东，山西、陕西、江苏、安徽、江西、浙江、福建、四川、广东、台湾等地。寄主植物分属30余科。药用植物寄主主要有黄栀子、化橘红等。日本龟蜡蚧以若虫和成虫聚集于栀子枝干和叶片上吸食汁液，排泄物能诱发烟煤病，植株严重受害枯萎而死，减产高达70%。

（二）形态特征

成虫：雌成虫体长2.5～3.3mm，椭圆形，紫红色，背部隆起，后部半圆形。触角丝状，6节，第3节最长，几乎等于其余各节之和。足细小。蜡壳椭圆形，白色或灰黄白色，表面有龟状凹纹，周围由8小块并成，每小块之间常有白色小点。雄成虫体长0.91～1.28mm，全体棕褐色，头及前胸背板色深。触角丝状。翅1对，白色透明，具两条明显的脉纹，基部分离。

卵：椭圆形，长约0.3mm，初产时为浅橙黄色，后渐变深，近孵化时为紫红色。

若虫：初孵若虫体扁平，椭圆形，长约0.5mm，触角丝状，复眼黑色；足3对，细小；腹部末端有臀裂，两侧各有1根刺毛。在寄主上固定1～2天后背面出现两列白色蜡点，3～4天虫体周围出现蜡刺，尾端的蜡刺短而缺裂，若虫后期，蜡壳加厚，雌性蜡壳近似成虫，雄虫蜡壳为长椭圆形，似星芒状。

（三）发生规律

日本龟蜡蚧1年1代。以受精雌虫在栀子枝干上越冬。5月上旬开始产卵，6月为卵孵化盛期，8～11 月直至入冬时节，仍可见在嫩枝条上固定下来的若虫为害。日本龟蜡蚧多数在 7 月末雌雄开始分化，9 月上旬为雄虫羽化盛期，羽化后的雄虫，当天可交尾，交尾后死亡。雌虫在11月中旬进入越冬期。

雌虫生殖能力很强。在栀子上，平均每雌产卵976粒，最多可产2384粒。雌虫产卵后干瘪而死。初孵化的若虫从母体下爬出，靠爬行和风力扩散，以后多数固定在叶片背面叶脉处为害，在生长过程中大量排出蜜露，布满枝叶。雌若虫在7～8月由叶转移到枝干上为害，以1～2年生枝生为多。

温湿度的变化对日本龟蜡蚧卵的孵化和若虫成活有很大影响。卵孵化期，气温正常，雨水多，空气湿度大，孵化率和若虫成活率高，当年为害重。反之，缺雨、干燥、气温高，大量卵和初卵若虫干死在母壳下，当年发生则轻。雌成虫越冬期间，温度低、雨雪多，枝干冰冻，自然死亡率高，次年发生则轻。

（四）防治措施

1. 农业防治　冬季修剪时，将有虫枝条及时处理，结合修枝垦复，人工去除植株上的越冬虫体，是经济有效的防治方法。

2. 生物防治　日本龟蜡蚧捕食性天敌10多种，寄生性天敌约9种，主要有红点唇瓢虫、长盾金小蜂、短腹小蜂、软蚧蚧小蜂等，对虫口发生有重要抑制作用，应注意保护利用。

3. 化学防治　冬季修枝垦复之后，喷洒60%机油乳剂或松脂合剂10倍液，防治效果在90%以上；5月中下旬或7月，若虫盛发期用60%机油乳剂、松脂合剂或茶枯松脂合剂15倍液，防治效果好，既经济又对人无毒害作用。

（陈君）

第十八节　枸杞子、地骨皮

Gouqizi、Digupi

LYCII FRUCTUS、LYCII CORTEX

枸杞子为茄科植物宁夏枸杞 *Lycium barbarum* L.的干燥成熟果实。甘，平。归肝、肾经。具有滋补肝肾、益精明目的功效。用于虚劳精亏、腰膝酸痛、眩晕耳鸣、阳萎遗精、内热消渴、血虚萎黄、目昏不明等症。地骨皮为茄科植物枸杞 *Lycium chinense* Mill.或宁夏枸杞的干燥根皮。味甘，寒。归肺、肝、肾经。具凉血除蒸、清肺降火之功效。用于阴虚潮热、骨蒸盗汗、肺热咳嗽、咯血、衄血、内热消渴等症。主要分布于宁夏、青海、甘肃、内蒙古、新疆、河北等地。据报道，枸杞有虫害60余种，病害5种，主要害虫有枸杞木虱 *Bactericera gobica*、枸杞瘿螨 *Aceria pallida*、枸杞锈螨 *Aculops lycii*、棉蚜、枸杞红瘿蚊 *Jaapiella* sp.、

枸杞实蝇 *Neoceratitis asiatica*、枸杞蓟马 *Psilothrips bimaculatus*、枸杞负泥虫 *Lema decempunctata*、枸杞毛跳甲 *Epitrix abeillei*、枸杞蛀果蛾 *Phthorimaea* sp.枸杞卷梢蛾 *Phtfiorimaea* sp.、印度谷螟 *Plodia interpunctella* 等。

一、枸杞木虱

（一）分布与危害

枸杞木虱 *Bactericera gobica* (Loginova)属半翅目 Hemiptera 木虱科 Psyllidae，别名黄疸。广泛分布于宁夏、青海、甘肃、新疆、陕西、河北、内蒙古等枸杞产区。主要为害幼嫩枝叶，导致新叶畸形及枸杞营养不良，严重影响产量和质量，是严重为害枸杞的四大害虫之一。枸杞木虱虫体小，易被人忽视，爆发时易造成严重的经济损失。其单雌产卵量98～324 粒，平均 218 粒，因此控制成虫数量是防治枸杞木虱的关键。枸杞木虱主要以若虫和成虫为害枸杞嫩枝叶和果实，成虫产卵量大，1 龄若虫活动，2 龄后若虫固定为害，且多在叶背，初期不易察觉，极易爆发成灾，严重时导致新叶畸形，成熟叶提早落叶，若虫分泌物易招致煤污病发生（图 14-22a）。田间调查发现，一些被害严重的枸杞植株，被害叶片干枯而不脱落，翌年春季抽发新芽时不易抽生新枝，严重影响枸杞的正常生长及产量。

（二）形态特征

成虫：体长约 2.6mm，翅展约 7.2mm。体色变化较大，越冬时，雌性成虫灰褐色，雄性成虫体色较深，其他季节体色有翠绿色、橘黄色、褐黄色等；触角 10 节，基部两节和端部两节较粗，黑褐色，其余为黄褐色，端部有两根长刺；复眼大，黑褐色；前足两对相似，后足稍长，善跳跃；胸腹背面褐色，腹面黄褐色，腹背近后胸处有一明显白色横带；翅缘及翅脉褐色，由翅基中央伸出的翅脉在距翅基 1/3 处分出胫脉、中脉及肘脉后各分两叉，翅外缘及后缘间（M+C）有 3 个褐斑，各向内伸出一短小脉刺（图 14-22e）。

卵：微小，长约 0.3mm，椭圆形，橘黄色，有柄，卵与柄的比例约 1∶3，卵散产，多分布在叶背面（图 14-22b）。

若虫：体长 0.5～2mm。早期为橙黄色，后期多为黄绿色；椭圆形，扁平，呈盔盖状贴于叶片表面，各龄期形态稍有不同，背部具黑褐色斑纹，3 龄开始出现明显翅芽；复眼多为淡红色；触角粗短，顶端为黑褐色（图 14-22d）。

（三）发生规律

枸杞木虱以成虫在寄主树皮缝、周围土缝，枯枝落叶及枝杈处越冬。在宁夏地区每年3 月底至 4 月上旬开始活动，4 月中下旬枸杞萌芽开花时，成虫在叶片大量产卵，卵期约一个月。若虫自 5 月上旬开始活动，初期为害常不明显，于 7 月上旬开始出现第 2 代，大量的成虫聚集产卵，8～9 月为木虱大量爆发时期。

（四）防治措施

枸杞木虱种群数量随季节而变化，越冬代各龄期一致，生长季节世代重叠严重，因成虫产卵量大，防治的关键是控制越冬成虫。

1. 农业防治　冬季成虫越冬后清理树下的枯枝落叶及杂草，清洁田园，可有效降低越冬成虫数量；增施有机肥和磷钾肥，控制氮肥施用量，增强树势，减少徒长枝，可有效减少木虱发生量。

2. 物理防治　早春在树体上喷施仿生胶或在树干涂抹粘虫胶，可粘住上下树的枸杞木虱成虫，有效阻止成虫上树产卵。

3. 生物防治　若虫寄生性天敌主要为枸杞木虱啮小蜂 *Tamarixa lyciumi* Yang；捕食性天敌主要为食虫齿爪盲蝽 *Deraeocoris punctulatus* (Fallén)，其成虫可捕食枸杞木虱 2 龄若虫，生长季节保护利用天敌生物，有助于降低木虱为害。

4. 化学防治　在 4 月上中旬越冬代成虫盛发期喷施 4.5%高效氯氰菊酯 2000～2500 倍液。5 月中下旬枸杞木虱成虫产卵结束，卵孵化为若虫时可再次防治，高效氯氰菊酯与 5%吡虫啉 1000～2000 倍液配合使用效果较好。采收前 15 天停止用药。

（刘赛　徐常青）

二、枸杞瘿螨

（一）分布与危害

枸杞瘿螨 *Aceria pallida* Keifer 又名白枸杞瘤瘿螨，属蛛形纲 Arachnida 蜱螨目 Acarina 瘿螨科 Eriophyidae。主要分布于宁夏、青海、内蒙古、甘肃、新疆等西北枸杞栽培区。此虫为宁夏枸杞的成灾性害虫。枸杞瘿螨为害枸杞的叶片、花蕾、幼果、嫩茎、花瓣及花柄，花蕾被害后不易开花结果，叶面不平整，严重时整株长势衰弱，脱果落叶，造成减产，严重影响枸杞的产量和质量（图 14-23a、图 14-23b）。

（二）形态特征

成螨：体长约 0.3mm，橙黄色，长圆锥形，全身略向下弯曲作弓形，前端较粗，有足 2 对，这是与其他科螨类不同之处，故又名四足螨。头胸宽短，向前突出，有下颚须 1 对，由 3 节组成。足 5 节，末端有 1 羽状爪。腹部有环纹约 53 个，形成狭长环节，背面的环节与腹面的环节是一致的，连接成身体的一环，这是此属特点（其他属背环 1 个，在腹面分为数个小环）；腹部背面前端有背刚毛 1 对，侧面有侧刚毛 1 对，腹面有腹刚毛 3 对，尾端有吸附器及刚毛 1 对，此对刚毛较其他刚毛长，其内方还有附毛 1 对（图 14-23c、图 14-23e）。

卵：直径约 3.9μm，球形，浅白色透明（图 14-23d）。

幼螨：形如成螨，只是体长较成螨短，中部宽，后部短小，前端有 4 足，口器如花托，浅白色至浅黄色，半透明。

若螨：体长介于幼螨和成螨之间，形状已接近成螨。

（三）发生规律

以老熟雌成螨在枸杞木虱成虫胸腹之间的空腔内、后足基节窝及口针节间膜处越冬，枸杞木虱是目前发现的枸杞瘿螨唯一越冬场所。枸杞瘿螨 1 年可繁殖 10 余代，早春枸杞萌芽时，由枸杞木虱携带至植株。4 月上旬枸杞萌芽期，越冬螨从木虱体腔内卸载，钻入枸杞芽苞内刺吸为害，刺激叶肉细胞畸形生长形成虫瘿。枸杞瘿螨除扩散期外，终生在虫瘿内为害，世代重叠严重。5 月中旬，虫瘿老熟变色，成螨通过主动爬行短距离扩散，也可借助风、昆虫等远距离扩散，远距离扩散以风传播为主。5 月下旬枸杞寸枝（春季新生果枝）出现大量虫瘿。6 月上旬至 7 月上旬，气温较高，瘿螨繁殖速度加快。7 月中旬至 8 月上旬，果实采摘结束，枸杞生长减缓，老叶脱落，瘿螨为害减轻。8 月中下旬，秋梢萌发，瘿螨进入第 2 次扩散高峰期，嫩梢受害严重。10 月上旬虫瘿内瘿螨发育成熟，成螨离开虫瘿，潜伏于越冬代木虱若虫的胸腹下，待木虱成虫羽化时钻入胸腹之间的空腔内和口针基部越冬（图 14-24）。

（四）防治措施

枸杞瘿螨体型微小，活动隐蔽，枸杞生长季终生在虫瘿内繁殖为害，繁殖系数大，世代重叠严重，防治难度极大。由于枸杞瘿螨仅通过枸杞木虱携带越冬，所以早春瘿螨卸载前通过防治枸杞木虱控制瘿螨建群基数，对全年枸杞瘿螨的防控具有重要意义。

1. 农业防治　秋季清园时清理修剪下来的残、枯、病、虫枝条连同园地周围的枯草落叶，集中于园外烧毁消灭虫源。每年春季在枸杞发芽前统一清园，减少木虱成虫，可大量减少越冬虫口基数；生长季节及时抹芽，减少徒长枝，可有效抑制瘿螨种群的发展；发现有大量虫瘿的枝条应及时摘除，集中销毁，以免瘿螨扩散为害其他植株。

2. 物理防治　秋季和春季于枸杞树干基部涂粘虫胶环黏附越冬枸杞木虱，通过减少越冬携播寄主可显著降低瘿螨虫口基数；于早春和晚秋喷施仿生胶防治枸杞木虱，可以有效阻止枸杞瘿螨迁移越冬，降低越冬虫口基数。

3. 生物防治　枸杞瘿螨姬小蜂为枸杞瘿螨的优势天敌，田间应注意该天敌的保护与利用。

4. 化学防治　确定防治时期及选择合适农药是防治的关键。春季枸杞萌芽时，枸杞瘿螨从枸杞木虱体内卸载前，喷施触杀性药剂防治枸杞木虱，可实现同时防治枸杞木虱和枸杞瘿螨的双重目的；在生长季节，枸杞瘿螨扩散迁移期间可使用 40%哒螨·乙螨唑悬浮剂 66.67～80mg/kg 进行喷雾。

（徐常青　刘赛）

三、枸杞锈螨

（一）分布与危害

枸杞锈螨 *Aculops lycii* Kuang 别名枸杞刺皮瘿螨，属蛛形纲 Arachnida 蜱螨目 Acarina 瘿螨科 Eriophyidae。主要分布于宁夏（银川、中宁）、甘肃等枸杞产区，主要为害枸杞叶片。该螨只在叶面游离生活，使叶面密布螨体呈锈粉状，影响叶片光合。被害叶片变厚质脆，呈锈褐色，严重时于 7 月中旬早落（图 14-25a）。

（二）形态特征

成螨：体长约 0.17mm，体色有褐色、橙色、黄色的变化。头胸宽短，腹部渐次狭细呈胡萝卜形（图 14-25b）；口向下垂直，胸盾前缘正中有 1 前伸突瓣，盖于口器上方，瓣下每侧有 1 根长毛；足 2 对，膝节长毛 1 根，跗节长毛 2 根，胫节纤细，下方短毛 1 根，爪钩每侧有 4 分支，第 2 支 3 钩，第 3 支 2 钩，第 4 支 1 钩，各钩端部呈锄头状；爪上方有 1 根弯形附毛，其端部宽粗，呈蹄形；胸部腹面长毛 1 对；腹部由环纹组成，背面环纹较粗，约 33 环，环上有粒突，腹面环纹密细，其数目约 2 倍背面环纹；胸背后缘长毛 1 对，腹侧长毛 4 对，腹端长短毛各 1 对。雄螨腹面近前方有 1 脐状突起（外生殖器）。

卵：圆形，无色透明。

幼螨：初孵幼螨体型粗短，无色透明，成长后与成螨形似，但前端不明显膨大，体型较匀称，半透明或近于无色。

（三）发生规律

在宁夏枸杞产区 1 年 17 代，以成螨在枝条皮缝、芽眼、叶痕等隐蔽处越冬，个别锈螨还可于枸杞瘿螨在枝条上形成的虫瘿内越冬，常数虫至更多的虫体挤在一起。4 月中下旬枸杞发芽后即爬到新芽上为害并产卵繁殖。6～7 月是为害盛期秋叶上螨体虽多，但叶色仍呈绿色，为害至 10 月底越冬。有相当数量的活螨随落叶掉到地面，这些活螨经冬季能否成活构成次年虫源，尚待研究。该螨一个世代有 5 个虫期：卵、幼螨、第 1 若螨、第 2 若螨、成螨。干旱年份易猖獗流行。

（四）防治措施

药剂防治　秋季落叶前（10 月中下旬）和春季绽芽后（4 月中下旬）为两个最佳防治适期，选用 45%硫黄悬浮剂 300 倍液或 40%哒螨·乙螨唑悬浮剂 5000～6000 倍液等药剂喷雾防治。

（刘赛　李建领）

四、枸杞蚜虫

（一）分布与危害

为害枸杞的蚜虫有棉蚜、桃蚜，以棉蚜 *Aphis gossypii* Glover 为主，该蚜虫属半翅目 Hemiptera 蚜科 Aphididae。分布于全国枸杞种植区，是枸杞生产中重要成灾性害虫，对枸杞子的产量和品质影响极大。主要以成蚜、若蚜群集于枸杞嫩梢、叶背及叶基部、嫩果等部位，刺吸汁液，严重时布满枝梢，影响枸杞开花结果及生长发育（图 14-26a、图 14-26b）。

（二）形态特征

成虫：有翅孤雌蚜体长约 1.9mm，黄绿色（图 14-26e）。头部黑色，眼瘤不明显。触角 6 节，黄色，第 2 节深褐色，第 6 节端部长于基部，全长较头、胸之和长。前胸狭长与头等宽，中后胸较宽，黑色。足浅黄褐色，腿节和胫节末端及跗节色深。腹部黄褐色，腹管黑色圆筒形，腹末尾片两侧各具 2 根刚毛。无翅孤雌蚜较有翅蚜肥大，色浅黄，尾片亦浅黄色，两侧各具 2～3 根刚毛（图 14-26c）。

卵：长约 0.25mm，椭圆形，墨绿色，集中产于枝隙处，一般冬季可见（图 14-26d）。

（三）发生规律

在宁夏中宁 1 年 15 代左右，繁殖力强，以卵在枸杞枝条缝隙内越冬，4 月枸杞发芽后卵孵化，至 5 月出现第 1 次为害高峰，严重时每一枝条均布满蚜虫，使叶片变形萎缩，树势衰弱。夏季高温抑制种群密度，仅有少量蚜虫留于枸杞树枝下部，至秋季气温下降，枸杞发新梢时蚜虫数量再度上升。至 10 月中下旬，越冬雌性蚜虫开始产出雄性若蚜。雌雄蚜交尾雌蚜产卵越冬。

（四）防治措施

1. 农业防治　早春和晚秋清理修剪下来的残、枯、病、虫枝条连同园地周围的枯草落叶，集中于园外烧毁消灭虫源。每年秋季统一清园，可大量减少越冬虫口基数。也可人工修剪或抹除带蚜虫枝条。

2. 物理防治　在蚜虫爆发初期，可使用黄色粘虫板捕杀有翅蚜虫，同时监测蚜虫的发生规律和发生量。

3. 生物防治　枸杞田间有很多蚜虫天敌，如小花蝽、草蛉、瓢虫、蚜茧蜂、食蚜蝇等均为蚜虫的优势天敌，可以很好地控制蚜虫种群数量，应保护好天敌资源，发挥天敌的自然控制作用。

4. 化学防治　发生初期喷施 5%吡虫啉乳油 1000～2000 倍液，或 4.5%高效氯氰菊酯乳油 2000～2500 倍液。

（刘赛　徐常青）

五、枸杞红瘿蚊

（一）分布与危害

枸杞红瘿蚊 *Jaapiella* sp.属双翅目 Diptera 瘿蚊科 Cecidomyiidae，俗称花苞虫。因其难于防治，又称之为“枸杞癌症”，此虫 1972 年始见于野生枸杞植株上，1985 年宁夏芦花台园林场 100hm^2 枸杞园曾因枸杞红瘿蚊严重为害造成 30%～50%减产。之后，青海、内蒙古均有成灾报道。20 世纪 80 年代末该虫在宁夏枸杞产区一度大发生，为害面积达 667hm^2，占宁夏地区枸杞种植面积的 1/3。主要以成虫产卵于枸杞幼嫩花蕾，卵孵化后幼虫取食子房，致花蕾畸形膨大呈灯笼形虫瘿，虫瘿内幼虫有数十头至百余头，不易正常开花结实，最后干枯早落（图 14-27a）。红瘿蚊世代发育分土壤中和花蕾内两个阶段，暴露期极短，防治难度极大，当发现为害时已无法补救，生产损失大。

（二）形态特征

成虫：体长 2～3.5mm，展翅约 6mm。黑红色，体表有黑色微毛；触角 16 节，黑色，念珠状，节上生有较多长毛；复眼黑色，在头顶部相接；各足跗节 5 节，第 1 跗节最短，第 2 跗节最长，其余 3 节依次渐短，跗节端部具爪 1 对，每爪生有一大一小两齿；胸腹背面黑色微毛，腹面淡黄色，雌虫尾部有一小球状凸起；前翅翅面上密布微毛，外缘和后缘密生黑色长毛（图 14-27b）。

卵：长圆形，近无色透明，常 10 多粒一起，产于幼蕾顶端（图 14-27c）。

幼虫：体长 1.3～2.7mm，越冬幼虫体长约 1.5mm。初孵化时白色，后为淡橘红色小蛆，扁圆形，腹节两侧各有一微突，上生有一短刚毛。体表面有微小突起花纹。胸骨叉黑褐色，与腹节愈合不易分离（图 14-27d）。

茧：长约2mm，长圆形，灰白色。

蛹：长约1.7mm，黑红色。头顶有2尖突，后有1淡色长刚毛。腹部各节背面均有一排黑色毛（图14-27e）。

（三）发生规律

在宁夏枸杞产区1年5～6代，以老熟幼虫在土中结茧越冬，次年在枸杞展叶现蕾时，越冬代成虫羽化出土，产卵于花蕾中为害，幼虫老熟后入土并在土中结茧、化蛹，成虫羽化后出土交配、产卵，继续为害花蕾。

成虫不取食，寿命较短，雌虫产卵后1～2天死亡。一般在4月下旬温度大于7℃时，每天7～11时和17～21时交尾、产卵。卵期3～5天，幼虫期约13天。初孵幼虫无色、透明，2～3天后逐渐变成橘红色。幼虫在幼蕾内蛀食花器，吸食汁液，分泌物刺激花蕾畸形肿大，不易结果。预蛹期约8天，蛹期2～3天，完成1世代需25～30天。除越冬代外，成虫羽化高峰期分别为第1代6月上旬、第2代7月上旬、第3代7月下旬、第4代8月中旬、第5代9月中旬。幼虫为害高峰期为5月和8月，田间世代重叠。枸杞红瘿蚊易随种苗和人为携带传播，连片种植易爆发成灾。

（四）防治措施

1. 农业防治　秋季清园处理时清除落叶，深翻后灌冬水，翌年春季化冻尽早锄草后早灌缓苗水，尽量避免破坏土壤表层结构，利用地表土壤结壳阻止成虫出土；5月中下旬发现少量虫果时，可组织人力进行摘除，剪除带有虫果的枝条，集中烧毁或深埋。

2. 生物防治　田间调查发现，枸杞红瘿蚊有一种寄生蜂（齿腿长尾小蜂属），有效抑制虫果内的红瘿蚊幼虫，应重视天敌的保护和利用。

3. 化学防治　枸杞萌芽期红瘿蚊成虫羽化出土时，地面喷施触杀型药剂防治蛹和成虫，树冠喷3%顺式氯氰菊酯1500～1600倍液或4.5%高效氯氰菊酯2000～2500倍液；枸杞树萌芽后如发现花蕾已被红瘿蚊产卵，树冠补喷内吸性杀虫剂5%吡虫啉1000～2000倍液防治初孵幼虫。

（刘赛　徐常青　朱秀）

六、枸杞实蝇

（一）分布与危害

枸杞实蝇*Neoceratitis asiatica* (Becker)属双翅目Diptera实蝇科Tephritidae。分布于宁夏、青海、内蒙古及新疆等地。宁夏除在中宁、中卫枸杞生产中心严重发生外，也在西吉、海原、永宁等地发生。该虫专食枸杞果实，因以命名为枸杞实蝇，群众称其幼虫为白蛆，称被害的杞果为蛆果。成虫产卵于幼果皮内。幼虫孵化后在果内以果肉浆汁为食。被害果在早期看不出显著症状，到后期果皮表面呈现极易识别的白色弯曲斑纹，果肉被吃空并布满虫粪，失去商品或药用价值（图14-28a）。

（二）形态特征

成虫：体长 4.5～5mm，翅展 8～10mm。头橙黄色，颜面白色；触角橙黄色，触角芒褐色，上有微毛；复眼翠绿色，眼缘白色，两眼间有“∩”形纹，单眼 3 个，单眼区黑褐色；足橙黄色，爪黑色；腹部呈倒葫芦形，背面有 3 条白色横纹，胸背漆黑色，有强光，中部有 3 条纵白纹与两侧的 2 短横白纹相接成“北”字形纹，上有白毛，但白纹有时并不明显，小盾片背面有蜡白色斑纹，周围及后部、下部均黑色；翅透明，有深褐色斑纹 4 条，1 条沿前缘，其余 3 条由此分出斜伸达翅缘，亚前缘脉的尖端转向前缘成直角，在此直角内方有 1 小圆圈（图 14-28d）；雌虫腹端有产卵管突出，扁圆如鸭嘴，雄虫腹端尖（图 14-28e）。

卵：白色，长椭圆形。

幼虫：体长 5～6mm，圆锥形乳白色，有的幼虫后半部略带红色（图 14-28b）。

蛹：长 3.5～4mm，宽 1.8～2mm，圆柱形，一端略尖，淡黄色至赤褐色（图 14-28c）。

（三）发生规律

在宁夏枸杞产区 1 年 2～3 代，以蛹在土内 5～10cm 处越冬，翌年枸杞现蕾后成虫开始羽化。成虫发生情况：第 1 代 5 月中旬至 6 月中旬；第 2 代 7 月上旬至 8 月上旬；第 3 代 8 月中旬至 9 月中旬。9 月中旬以后以蛹蛰伏在 3～9cm 深的土中越冬，翌年 5 月中旬开始羽化出土，繁殖为害。成虫羽化时间一般在早上 6～9 时，其飞翔力颇弱。一般仅能活动于原树上。早晚温度较低时，成虫行动迟缓，中午温度升高后变得活跃。成虫羽化后 2～5 天内交尾，受精雌虫 2～5 天开始产卵。卵产在落花后 5～7 天的幼果内的果皮内。被产卵管刺伤的幼果皮伤口流出胶质物，并形成一个褐色乳状突起。一般情况下 1 果产 1 粒卵，偶有 1 果产 2～3 粒卵，通常在果内最终只能成活 1 头幼虫。幼虫在果内老熟后，在接近果柄处钻一个圆形孔，钻出虫果，爬行结合跳跃，寻找松软的土面或缝隙，钻入土内化蛹。成虫无趋光性。幼虫脱果多在黄昏时段，少数在夜间。

（四）防治措施

1. 农业防治　虫果变色较正常果实早，可以人工采摘虫果，集中深埋销毁。

2. 物理防治　选用对枸杞实蝇有引诱作用的诱集产品，结合粘性胶挂在枸杞树上，诱杀实蝇成虫。

（程惠珍　刘赛）

七、枸杞蓟马

（一）分布与危害

枸杞蓟马 *Psilothrips* sp.属缨翅目 Thysanoptera 蓟马科 Thripidae。枸杞被蓟马为害后，叶面密布斑刻，叶片呈纵向卷缩，形成早期落叶，严重影响树势。果实被害后，常失去光泽，表面粗糙有斑痕，果实萎缩，甚至造成落果，严重影响枸杞产量及果实的外观，威胁枸杞生产（图 14-29a）。

（二）形态特征

成虫：体长约 1.5mm。黄褐色。头前尖突，触角 8 节，黄色，第 2 节膨大而色深，第 6 节最长，第 7～8 节微小，第 3～7 节有角状和叉状感觉器，各节有微毛和稀疏长毛。复眼黄绿色，眼点深绿色，单眼区圆形，单眼暗色。前胸横方形，近后侧角区有大小各 1 个灰绿色的圆点，大点在后，小点在前。中胸的中区两侧和后胸的前侧角处，亦各有 1 个灰绿色圆点。足跗节端部有可伸缩的端泡。腹部黄褐色，背中央淡绿色，腹端尖，雌虫第 6 腹节腹面有下弯而色深的产卵管，到达第 10 节的下方。翅黄白色，中间有 2 条纵脉，上有稀疏短刺毛，前缘有较长的刺毛，均匀排列，后缘毛深色颇长，两相交错排列，翅近内方有一隐约可见的深色横纹（图 14-29b）。

卵：肾形，长约 0.2mm，宽约 0.1mm，对光透视产卵叶片呈针状大小半透明点。

若虫：体长约 1mm。深黄色，背线淡色，复眼红色；前胸背面两侧各有一群褐色小点，中胸两侧、后胸前侧角和中间两侧各有 1 个小褐点；第 2 腹节前缘左右各有 1 褐斑，第 3 节两侧，第 5、第 6 节和第 8 节两侧各 1 个红斑，第 7 节两侧各 2 个红斑。

（三）发生规律

以成虫在枯叶下、树皮缝等隐蔽处越冬，次年春季展叶后即活动为害，6～7 月为害最为严重。蓟马雌成虫主要行孤雌生殖，偶有两性生殖。卵散产于叶肉组织内，每雌产卵 22～35 粒，若虫在叶背取食，末龄若虫落入表土化蛹。成虫极活跃，可借自然力迁移扩散。成虫怕强光，多在背光场所如缝隙处集中为害。阴天、早晨、傍晚和夜间活跃。

（四）防治措施

由于枸杞蓟马具有发育历期短、寄主范围广和隐蔽为害的习性，且极易对杀虫剂产生抗性，因此单一的防治措施难以取得理想的控制效果，应采用以预防为主、综合防治的原则，协调利用农业、生物、物理、化学等措施对该虫进行综合治理。

1. 生物防治　田间枸杞蓟马有多种天敌，如草蛉、小花蝽等，应注意天敌的保护与利用。

2. 化学防治　可选择 25%吡虫啉可湿性粉剂 2000 倍液或 5%啶虫脒可湿性粉剂 2500 倍液混合喷雾。为提高防效，农药要交替轮换使用。在喷雾防治时，应全面细致。

（刘赛　徐常青）

八、枸杞负泥虫

（一）分布与危害

枸杞负泥虫 *Lema decempunctata* Gebler 属鞘翅目 Coleoptera 叶甲科 Chrysomelidae，别名十点负泥虫、背粪虫、稀屎蜜。幼虫肛门开口向上，粪便排出后堆积在虫体背上，故称负泥虫，是我国西北干旱和半干旱地区为害枸杞的重要食叶性害虫。该虫主要为害枸杞叶片，食性单一，具有暴食性。成虫、幼虫均嚼食叶片，幼虫为害比成虫严重，以 3 龄以上幼虫为害最重。幼虫取食叶片造成不规则缺刻或孔洞，严重时叶片全部被吃光，仅剩主脉。早春越冬代成虫大量聚集在嫩芽上为害，致使枸杞不易正常抽枝发叶（图 14-30a）。其幼虫移动性差，多以虫源寄主为中心呈辐射状向四周扩散蔓延。该虫具有群集为害的特点，为害株率局部达80%以上。

（二）形态特征

成虫：体长5～6mm。前胸背板及小盾片蓝黑色，具明显金属光泽（图14-30e）。触角11节，黑色棒状，第2节球形，第3节之后渐粗，长略大于宽。复眼硕大突出于两侧。足黄褐或红褐色，基节、腿节端部及胫节基部黑色，胫端、跗节及爪黑褐色。头部刻点粗密，头顶平坦，中部有纵沟，中央有凹窝，头及前胸背板黑色。前胸背板近长圆筒形两侧中央溢入，背面中央近后缘处有凹陷。小盾片舌形，末端较直。鞘翅黄褐或红褐色，近基部稍宽，鞘端圆形，刻点粗大纵列，每鞘有5个近圆形黑斑，外缘内侧3斑，均较小，位肩胛、1/3和2/3处，近鞘缝2斑较大，鞘翅，鞘面斑点数量及大小变异甚大，斑纹可部分消失或全部消失。腹面蓝黑色，有光泽。中胸、后胸刻点密，腹部则疏。

卵：橙黄色，长圆形，长约1mm，孵化前呈黄褐色（图14-30b）。

幼虫：体长 1～7mm，灰黄或灰绿色，虫粪背负于体背，使身体处于一种黏湿状态。头黑色，有强烈反光，前胸背板黑色，中间分离，胸足3对，腹部各节的腹面有吸盘1对，使身体紧贴叶面（图14-30c）。

蛹：体长约5mm，淡黄色，腹端有刺毛2根（图14-30d）。

（三）发生规律

以成虫或蛹在枸杞根际附近的土壤中越冬，成虫约占越冬虫量的70%，翌年4月中下旬枸杞抽芽开花时，负泥虫开始活动。成虫寿命长及产卵期长是造成其世代重叠的主要原因。卵产于嫩叶，每卵块6～22粒，金黄色呈“人”字形排列，产卵量甚大，室内饲养平均每雌产卵44.3块356粒。卵孵化率很高，通常在98%以上，且同一卵块孵化很整齐。1龄幼虫常群集在叶片背面取食叶肉而留表皮，2龄后分散为害。幼虫老熟后入土3～5cm吐白丝和土粒结成棉絮状茧化蛹。各虫态历期因世代而异，第1代12～15天，第2代7～8天，其余各代5～6天，幼虫期7～10天，蛹历期8～12天，成虫寿命长短不一，平均91天。幼虫自5月上旬开始活动，此时为害常不明显，于7月上旬开始出现第2代，大量的成虫聚集产卵，8～9月为负泥虫大量爆发时期。

（四）防治措施

1. 农业防治　可在冬季成虫或老熟幼虫越冬后清理树下的枯枝落叶及杂草，早春清洁田园，可有效降低越冬虫口基数。田间发现有负泥虫发生迹象，可以人工挑除负泥虫幼虫、成虫、卵，及时修剪被害枝，将虫害控制在发生初期，一旦成虫爆发，大量产卵，损失更加严重。

2. 生物防治　根据负泥虫体背上覆盖有潮湿虫粪的特性，可施用昆虫病原线虫进行防治，防效明显。

3. 化学防治　结合其他害虫防治，树冠喷雾氯氰菊酯或阿维菌素等可有效防治成虫和幼虫。

（刘赛　徐常青）

九、枸杞毛跳甲

（一）分布与危害

枸杞毛跳甲 *Epitrix abeillei* (Baduer)属鞘翅目 Coleoptera 叶甲科 Chrysomelidae，分布于宁夏、甘肃、新疆、陕西、河北、山西等枸杞产区，主要为害枸杞嫩枝叶。以成虫在枸杞萌芽时啃食新芽，使生长点被破坏，新芽不易抽出，展叶后在叶面啃食叶肉成点坑（图 14-31a），严重时坑点相连成枯斑，叶片早落，并取食花器及幼果，使果实不易成长或残缺不整。

（二）形态特征

成虫：体长约 1.6mm，宽约 0.9mm。卵圆形，黑色，触角、腿端、胫节及跗节黄褐色（图 14-31b）。触角基部上方有 2 个刻点，上生 2 毛。触角 11 节，长略及体半，第 2 节较粗，第 4 节略细，以后各节依次加粗，各节密生微毛，以节端 2 毛较长。复眼黑色。头顶两侧各有粗刻点 4 个，上生数根白毛，前面以“V”形细沟与额隔开，额中隆突，前部疏生白毛。后足腿节粗壮，下缘有 1 条容纳胫节的纵沟，胫节具 1 小端距。前胸背板周缘具细棱，列生白毛，侧缘略呈弧形，有细齿，背面刻点粗密，后缘向后弯，前方两侧各有 1 小凹陷。小盾板半圆形，无刻点。鞘翅肩角弧形，内侧有 1 小肩瘤，翅面刻点纵列成行，行间生 1 行整齐的白毛。幼虫、卵、蛹不明。

（三）发生规律

代数不详。以成虫在土中或枝条上的枯叶中越冬。4 月上旬枸杞发芽时开始活动，4 月中旬是为害盛期，取食新芽，并取食花器及幼果。枸杞生长期均有成虫为害，以 6～8 月为最多，多集于梢部嫩叶上。成虫活跃，稍有惊扰即弹跳落地或飞逸。

（四）防治措施

早春与蚜虫兼治。

（刘赛　徐常青）

十、枸杞蛀果蛾

（一）分布与危害

枸杞蛀果蛾 *Phthorimaea* sp.别名钻心虫，属鳞翅目 Lepidoptera 麦蛾科 Gelechiidae。分布于宁夏、青海、内蒙古等枸杞主产区，主要为害枸杞果实及嫩梢。主要以幼虫蛀食幼果，被害果易脱落。幼虫也钻蛀嫩梢，使新梢枯萎（图 14-32a）；或粘缀嫩梢幼叶，取食生长点，或蛀食幼蕾和花器（图 14-32b）。

（二）形态特征

成虫：体长约 5mm（至翅端），淡赤褐色（图 14-32e）。头顶鳞片淡灰褐色，由外向内或向后覆盖头顶。颜面鳞片较大，黄白色，左右向内紧密平覆。触角丝状，长度超过前翅中部，基节上面灰褐色，下部淡色，鞭部各节黑白相间，分节明显。喙基宽，端尖，前面覆有白鳞。下唇须颇长，弯向上方，超过头顶，第 2 节粗，鳞片蓬松向前，上面和内侧黄白色，下面和外侧灰褐色，第 3 节细尖，外侧和端部黑色，上侧白色。复眼绿褐色。各足腿节黄白色，胫节外侧杂覆黑色鳞片，各跗节外侧大部黑色，中足胫节有端距 1 对，后胫节粗，黄白色，有中距及端距各 1 对，内距较长。体腹面黄白色，夹有褐色鳞片。前翅狭长，淡褐色，布有浓淡不一、大小不同的黑斑，前缘 4 个，深淡相间排列，中室 2 个小黑斑，外缘及翅端亦有 1 黑斑，一般较显著，缘毛黄白色，前缘端部较短，外缘颇长，后翅灰色，缘毛颇长，黄白色。

幼虫：长约 7mm，粉红色。头及胸足黑褐色，前盾片黑褐色，由淡色中线分为 2 个三角形；中胸背面中线色淡，两侧红色，后胸淡色，前后缘有红纹；腹部背面有 5 条红色纵纹，从第 1 腹节前缘直延伸到腹部第 9 节；臀片三角形，无色或淡黄色（图 14-32c，图 14-32d）。

蛹：长约 5mm，赤褐色。触角及翅芽端达腹部第 6 节的后缘；体侧密布微刺，背面光滑，腹端肛门两侧各有 5 根小刺钩，背面有 1 黑色小突起，两侧共有小刺钩 6 根，横列一排。

（三）发生规律

在宁夏枸杞 1 年 3～4 代。越冬代成虫于 4 月上旬出现，4 月中下旬幼虫蛀害枸杞的 7 寸枝或粘缀嫩梢为害，5 月中下旬第 1 代成虫出现，6 月为幼虫蛀果为害盛期；7 月上旬出现第 2 代成虫，7 月下旬至 8 月上中旬为幼虫蛀果盛期，是全年为害枸杞果最严重的时期，此代幼虫主要为害秋果及花蕾，10 月中下旬以幼虫在树皮缝处结茧越冬。成虫飞翔敏捷，呈折曲线飞舞于株间，息落后即转藏于叶背，能在园间飞迁扩散。幼虫活泼，能前后爬动或吐丝下坠，老熟时在被害果蒂或幼茎上咬一小孔爬出，寻找树皮缝等处结茧化蛹，常数个重叠一起，有一部分幼虫会随采摘的鲜果带到晒场，故晒场的用具及墙缝等处，也可能是其化蛹的次要场所。

（四）防治措施

1. 农业防治　冬季消灭树皮缝中的越冬虫体。

2. 化学防治　4 月上中旬当第 1 代幼虫为害时，喷洒 4.5%高效氯氰菊酯 1000～2000 倍液，彻底控制第 1 代幼虫，保护果期免受灾害。

（徐常青　刘赛）

十一、枸杞卷梢蛾

（一）分布与危害

枸杞卷梢蛾 *Phtfiorimaea* sp.属鳞翅目 Lepidoptera 麦蛾科 Gelechiidae。分布于宁夏、青海、内蒙古等枸杞主产区，主要以幼虫为害新叶及嫩梢。以幼虫粘缀新梢叶片潜伏其中为害，啃食新叶和生长点（图 14-33a），并蛀食花器和幼蕾。

（二）形态特征

成虫：体长约 6mm（至翅端），为紫褐色。触角丝状，长及腹端，黑白相间，分节明显。头顶鳞片的中部黑褐色，由外向内覆盖。复眼黑色。唇须颇长，向前弯向上方，超过头顶，第 1 节短小，淡色。第 2 节粗壮，其上方和内侧淡褐色，下方有 2 纵列灰褐色大鳞片，深淡相间，向前方张开成 1 条纵沟，第 3 节瘦尖，下段的上侧和内侧白色，余为黑色。足黄白色，外侧及跗节密布黑色鳞片，前足细小，无距，中足次之，有端距 1 对，后足粗长，胫节后方有密而长的鳞毛，并有中距和端距各 1 对，外距短，内距长，上有黑色鳞片。腹部背面灰褐色，腹侧布有黑色鳞片，腹面黄白色。前翅狭长，紫褐色，有光泽，翅面散布大小不同的黑褐色晕斑，翅端颜色较深，深色鳞片较多，缘毛长，深灰色，后翅更为狭尖，缘毛颇长，灰色。

幼虫：体长约 9mm，灰黄色；头黑褐色；前胸和中胸紫褐色，前盾板黑色，有淡色中线，后胸的后缘环绕 1 条紫褐色带，背线、亚背线、气门上线、气门下线紫褐色；臀板灰褐色，由中间淡色分为两半（图 14-33b）。

蛹：长约 4mm，赤褐色；翅芽及触角长达腹部第五节，体侧密生微粒，背面有微小点刻，腹端肛门两侧各有 5 根小刺钩。

茧：长圆形，白色丝质，结于被害处附近。

（三）发生规律

在宁夏枸杞产区 1 年 3～4 代，以老熟幼虫在枝条上的枯叶中越冬。次年 5 月间出现成虫，6 月上旬第 1 代幼虫卷梢为害，6 月中下旬出现第 2 代成虫，7 月下旬出现第 3 代成虫，以后还可繁殖第 4 代。幼虫缀卷嫩梢，啃食新叶和生长点，并蛀食花器和幼蕾，性情活泼，一经触动即翻转弹跳吐丝下坠。

（四）防治措施

防治枸杞蛀果蛾时兼治。

（刘赛）

第十九节　砂仁
Sharen
AMOMI FRUCTUS

砂仁为姜科豆蔻属多年生草本阳春砂 *Amomum villosum* Lour.、绿壳砂 *Amomum villosum*Lourvar.*xanthioides* T. L. Wu et Senjen 或海南砂 *Amomum longiligulare* T. L. Wu 的干燥成熟果实。以果实和种子入药，具理气、暖胃、祛风、消食安胎之功效，为我国四大南药之一。砂仁原产于广东、云南、广西、海南、福建等地，目前云南省为最大产区，种植面积和产量占全国 80%以上。常见害虫有皱腹潜甲 *Anisodera rugulosa*、斑潜蝇、象甲、蓟马、介壳虫等。

皱腹潜甲

（一）分布与危害

皱腹潜甲 *Anisodera rugulosa* Chen et Yu 属鞘翅目 Coleoptera 铁甲科 Chrysomelidae。国内仅报道云南有分布，2006 年在西双版纳州勐腊县首次发现为害，此虫在景洪市等砂仁产区都有分布。主要以幼虫为害阳春砂仁果实。果实被害后，种子变黑褐至黑色，果皮也变为黑褐至黑色（图 14-34a、图 14-34b）。8～9 月在采收的果实中仍有皱腹潜甲幼虫蛀食。发生率达 30%以上。

（二）形态特征

成虫：背面褐黄至褐红色，微具光泽；腹面、触角及足黑褐至黑色，第 2～4 腹节的后缘及腹部末节褐黄；腹面除末节外均有光泽。头顶在复眼间隆起不明显，具刻点，中央有一细纵沟；额唇基在中央无纵隆起；上唇凸出，前壁平削并带光泽（图 14-34e）。触角几达体长之半，基部第 1～6 节背面及第 1～4 节或第 5 节腹面有光泽及细刻点，余节幽暗；第 1 节最粗壮且膨大，略大于第 2 节，与第 7～11 节全为筒形，第 3 节很长，为第 2 节的一倍半并与末节长度接近。第 3～6 节在端部略膨，其中第 4、第 5 节与第 7～10 节长度和第 1 节接近，第 6 节较短。前胸背板接近方形，宽略胜于长，前后缘接近平直，有时后缘中部微弓，侧缘在前端及中部明显突出，突出处呈波状并有稀疏短毛；中区拱凸，中央有一条明显的浅纵沟，基部明显低洼，两侧的前和后方各有一个明亮的小隆块，侧区各有一个自前伸向后部的纵凹洼。小盾片舌形。鞘翅两侧接近平行；刻点浅，排列不规则，近翅端的刻点极其细密；小盾片行有 6～7 个刻点；翅上的 5 条脊线比较完整。前胸腹板刻点极密并相互连接，后胸腹板皱纹一般较粗；腹节腹面刻点较细，以末节最多。足各节有细刻点，前胫节端部内沿突出成齿。

雌虫在腹部末节后面有一块以棕黄色毛围成的半圆形区，在中央，有一条浅纵凹，凹表面无刻点，有光泽。雄虫在腹部末节有较长的毛，但不围成半圆形，中央无纵凹。体长 13～17.4mm；体宽 6～7mm。

（三）发生规律

2006 年 8 月在西双版纳州勐腊县象明乡首次发现其幼虫蛀食砂仁果实。发生规律不详。

（四）防治措施

1.农业措施　田间发现被害虫果及时剪除销毁。
2.化学防治　成虫活动期喷施适宜药剂防治。

（彭建明）

第二十节　槟榔

槟榔 *Areca catechu* L.为棕榈科槟榔属常绿乔木，是我国“四大南药”之一。槟榔以种子和果皮（大腹皮）入药，具有杀虫、消积、行气、利水的功效。我国以海南和台湾栽培较多，广东、广西、云南、福建等地有少量种植。主要害虫有红脉穗螟 *Tirathaba rufivena*、椰心叶甲 *Brontispa longissima*、二疣犀甲 *Oryctes rhinoceros*、椰圆蚧 *Aspidiotusdestructor*、黑刺粉虱 *Aleurocanthus spiniferus* 等。

红脉穗螟

（一）分布与危害

红脉穗螟 *Tirathaba rufivena* Walker 属鳞翅目 Lepidoptera 螟蛾科 Pyralidae。我国分布于海南，国外分布于马来西亚、印度尼西亚、菲律宾和斯里兰卡，是为害槟榔最严重的害虫。其幼虫蛀食花穗和果实，是影响槟榔产量的重要因素。此外，红脉穗螟还为害椰子和油棕等棕榈科热带作物。红脉穗螟在海南省槟榔种植区普遍发生，株害率为 10%～67%，花穗被害率 10%～40%，果害率为 7%～20%。由于槟榔的花果期长达 8～10 个月，损失相当严重，全年因虫害减产为 15%～25%（图 14-35a）。

（二）形态特征

成虫：雌虫体长约 12mm，翅展 23～26mm。前翅灰绿色，中脉、肘脉、臀脉和后缘具玫瑰红色鳞片，中室区有白色纵带 1 条，除外缘有 1 列小黑点、中室端部和中部各有 1 大黑点外，翅面尚散生一些模糊的小黑点。后翅橘黄色，M_2 脉缺，腹部背面橘黄色。腹面灰白色。雄虫体长约 11mm，翅展 21～25mm（图 14-35b）。

卵：椭圆形略扁，长 0.5～0.7mm，宽 0.4～0.5mm，表面有网状纹，初产时乳白色，后变为淡黄至橘红色。

幼虫：体长 18～23mm，灰褐色至灰黑色，头及前胸背板黑褐色，臀板黑褐间黄褐色。中后胸背板各有 3 对黑褐色大毛片，腹部各节亚背线、背线、气门上下线处均各有 1 对黑褐色大毛片，其上着生 1～2 根长刚毛。腹足趾钩为双序环（臀足为三序横带）。

蛹：长 9～14mm，棕黄色，背面密布黑色颗粒，沿背中线有一条明显的褐色纵脊；前后翅分别抵腹部第 4 节和第 3 节后缘；腹末有臀棘 4 枚。雄蛹生殖孔两侧各有一乳状突起，雌蛹则无。

（三）发生规律

在海南 1 年 8～9 代，在田间世代重叠，各虫态随时可见，没有明显的越冬或越夏现象。在日平均温度 22℃～27℃的自然变温和相对湿度 76%～95.3%的条件下，红脉穗螟完成一个世代需 30～43 天，其中卵期 2～3 天，幼虫 20～22 天，蛹 10～11 天。幼虫有 5 龄，个别有 6 龄。

红脉穗螟羽化大部分集中于晚上 20 时至次日 5 时，高峰时段为 20 时至 22 时，雌雄成虫羽化高峰期相遇。雌雄蛹羽化率分别为 86.56%和 83.81%，雌雄成虫性比为 1.02∶1。交配发生于成虫 1～5 日龄，近半数成虫交配发生于 2 日龄期。雌雄成虫均有多次交配的现象。成虫羽化后第 3 天进入产卵期，产卵期长 8～14 天，平均 12.38 天。产卵均在夜间，单雌产卵 140～594 粒，平均单雌产卵量为 429 粒。产卵部位因物候期不同而异。在槟榔佛焰苞未打开前，卵产于佛焰苞基部缝隙或伤口处，初孵幼虫由此钻入花穗；开花结果期，成虫产卵于花梗、苞片、花瓣内侧等缝隙、皱褶处；果期，产卵于果蒂部；收果后还可产卵于心叶（箭叶）处。卵几粒或几十粒聚产。幼虫孵化后便可取食花果造成为害。卵在 29℃左右、相对湿度 90%条件下孵化率为 86.2%～98.3%。昼夜均可孵化，尤以 9～11 时最盛。幼虫行动敏捷，畏光。一个花苞内可多至几十头、百头幼虫集中为害。被害花苞常在未打开前就发黑腐烂。一个被害果内有 1 头或多头幼虫。幼虫食尽种子和部分内果皮，被害果很易脱落。幼果和中等果受害尤重。果实长大后幼虫常啃食果皮，造成流胶或形成木栓化硬皮影响商品质量。秋季收果后至春季开花前，幼虫还可为害心叶，使心叶抽不出或枯死，严重影响植株的生长，以致造成植株秃顶或死亡。老熟幼虫在被害部位吐丝结缀虫粪作茧，1～2 天后化蛹。

在海南，由于冬季气候温暖，红脉穗螟没有休眠越冬期，全年可正常生长发育和繁衍后代，槟榔的花果是害虫赖以生存和繁衍的重要物质条件，槟榔全年当中近 10 个月有果或花果并存，只有在果实采摘完毕到翌年花期前的约 2 个月是害虫食物较为匮乏时期，此期正处冬季，虽然害虫能生长，但相对缓慢，虫口数量最低，有少量害虫生存于前年残留果实上或提前开放的非正常花穗中，成为来年虫害发生的越冬虫源。

（四）防治措施

1. 农业措施　在槟榔果实采收结束后，结合田园管理，将采果时散落于园区地上带虫的果实收集处理，以降低越冬虫源基数；翌年槟榔正常花开放之前，将提前开放的无效花穗摘除，以减少害虫的食物来源，未被害的花穗可加工花茶或药用；始花期虫害发生于少量花穗，及时检查发现被害花穗，严重者摘除处理，较轻的可用竹竿等工具人工辅助打开花苞，幼虫因畏光而落地，可人工捕杀。

2. 生物防治　海南槟榔产区有多种红脉穗螟的天敌，其中寄生性天敌细点扁股小蜂 *Elasmus punctulatus* Verma & Hayat.为红脉穗螟幼虫的重要天敌之一，在田间自然寄生率达 20%～30%，对控制该害虫种群数量的增长和抑制其对槟榔的危害发挥着重要的作用。该寄生蜂寄生于红脉穗螟预蛹，人工大量繁殖和释放可明显提高红脉穗螟的寄生率。

3. 药剂防治　多种胃毒性和触杀性农药对红脉穗螟幼虫都有很好杀虫效果，但由于红脉穗螟幼虫钻蛀为害，隐藏性极大，所以药剂防治的关键是使药液有效地接触到虫体或被取食的花穗和果实，否则效果不理想。选用扩展性好的药剂或 20 亿 PIB 棉铃虫核型多角体病毒 360g/hm^2，对被害花穗或果实进行喷雾防治。

（甘炳春）

第二十一节　酸枣仁

Suanzaoren

ZIZIPHISPINOSAESEMEN

酸枣 *Ziziphus jujuba* Mill. var. *spinosa* (Bunge) Hu ex H. F. Chou 又名山枣、棘刺花、葛针，为鼠李科枣属落叶灌木，以干燥成熟种仁入药。具养心补肝、宁心安神、敛汗、生津之功效。主要分布于我国北部各地。酸枣耐旱、耐瘠薄，多生于向阳或干燥的山坡和丘陵坡地。常见害虫有枣尺蠖 *Sucra jujuba*、桃小食心虫、枣镰翅小卷蛾 *Ancylis sativa*、黄刺蛾、

枣芽象甲 *Pachyrhinus yasumatsui*、梨笠圆盾蚧 *Diaspidiotus perniciosus*、康氏粉蚧、瘿蚊 *Contarinia* sp.、麻皮蝽 *Erthesina fullo*、朱砂叶螨等。

一、枣尺蠖

（一）分布与危害

枣尺蠖 *Sucra jujuba* Chu 属鳞翅目 Lepidoptera 尺蛾科 Geometridae。分布于天津、四川、广西、云南、浙江等地，我国枣区普遍发生，以四川、广西、云南、浙江等地受害较重。以幼虫为害酸枣、大枣、苹果、梨的嫩芽、嫩叶及花蕾，严重发生的年份，可将枣芽、枣叶及花蕾吃光，不但造成当年绝产，而且影响翌年产量。

（二）形态特征

成虫：雌蛾体长 12～17mm，灰褐色，无翅；腹部背面密被刺毛和毛鳞；触角丝状，喙（口器）退化，各足胫节有 5 个白环；产卵器细长、管状，可缩入体内。雄蛾体长 10～15mm；前翅灰褐色，中室端有黑纹，外横线中部折成角状；后翅灰色，中部有 1 条黑色波状横线，内侧有 1 黑点。中后足有 1 对端距。

卵：扁圆形，直径 0.8～1mm，初产时灰绿色，孵化前变为黑灰色，卵中央呈现凹陷时即将孵化。

幼虫：共 5 龄。老熟幼虫体长约 46mm，最大长 51mm。头部灰黄色，密生黑色斑点，体背及侧面均为灰、黄、黑三色间杂的纵条纹。灰色纵条较宽，背色深，腹面色浅。气孔呈一黑色圆点，周围黄色。胸足 3 对，黄色，密布黑色小点，腹足及臀足各 1 对，为灰黄色，也密布黑色小点。1 龄幼虫黑色，有 5 条白色横环纹；2 龄幼虫绿色，有 7 条白色纵向条纹；3 龄幼虫灰绿色，有 13 条白色纵条纹；4 龄幼虫纵条纹变为黄色与灰白色相间；5 龄幼虫（老龄幼虫）灰褐色或青灰色，有 25 条灰白色纵条纹。胸足 3 对，腹足 1 对，臀足 1 对。

蛹：纺锤形，雄蛹长约 16mm，雌蛹长约 17mm。初为红色，后变枣红色。

（三）发生规律

1 年 1 代，少数以蛹滞育 2 年完成 1 代，以蛹在树冠下 3～20cm 深的土中越冬。翌年 2 月中旬至 4 月上旬为成虫羽化期，羽化盛期在 2 月下旬至 3 月中旬。雌蛾羽化后于傍晚大量出土爬行上树；雄蛾趋光性强，多在下午羽化，出土后爬到树干、主枝阴面静伏，晚间飞翔寻找雌蛾交尾。雌蛾交尾后 3 日内大量产卵，每头雌蛾产卵量 1000～1200 粒，卵多产在枝丫粗皮裂缝内，卵期 10～25 天。枣芽萌发时幼虫开始孵化，3 月下旬至 4 月上旬为孵化盛期。幼虫共 5 龄，历期 30 天左右。3～6 月为幼虫为害期，以 4 月为害最重。幼虫喜分散活动，爬行迅速并能吐丝下垂借风力转移蔓延，幼虫具假死性，遇惊扰即吐丝下垂。幼虫的食量随虫龄增长而急剧增大，4 月中下旬至 6 月中旬老熟幼虫入土化蛹。

成虫羽化受天气影响很大，气温高的晴天出土羽化多，气温低的阴天或降雨天则出土少。蛹在土中 5～10cm 处越冬。翌年 3 月下旬，连续 5 日均温 7℃以上，5cm 土温高于 9℃时成虫开始羽化，早春多雨利其发生，土壤干燥出土延迟且分散，有的拖后 40～50 天。

（四）防治措施

1. 农业防治　成虫羽化前在树干基部绑 15～20cm 宽的塑料薄膜带，环绕树干一周，下缘用土压实，接口处钉牢、上缘涂上粘虫药带，既可阻止雌蛾上树产卵，又可防止树下幼虫孵化后爬行上树；利用 2 龄幼虫的假死性，可振落幼虫及时消灭。

2. 物理防治　在环绕树干的塑料薄膜带下方绑一圈草环，引诱雌蛾产卵其中。自成虫羽化之日起每半月换 1 次草环，换下后烧掉，如此更换草环 3～4 次即可。

3. 生物防治　枣尺蠖幼虫天敌有肿跗姬蜂、家蚕追寄蝇和彩艳宽额寄蝇，老熟幼虫的寄生率可达 30%～50%。应注意保护利用天敌。

（徐常青　陈君）

二、桃小食心虫

（一）分布与危害

桃小食心虫 *Carposina niponensis* Walsingham 又名桃蛀果蛾，属鳞翅目 Lepidoptera 蛀果蛾科 Carposinidae。国外分布于日本、朝鲜和俄罗斯；国内分布于黑龙江、内蒙古、吉林、辽宁、北京、天津、河北、山东、山西、江苏、上海、安徽、浙江、福建、河南、陕西、甘肃、宁夏、青海、湖南、湖北、四川、台湾各地。为害桃、苹果、梨、花红、山楂和酸枣等。

（二）形态特征

成虫：雌虫体长 7～8mm，翅展 16～18mm；雄虫体长 5～6mm，翅展 13～15mm，全体白灰至灰褐色，复眼红褐色。雌虫唇须较长向前直伸；雄虫唇须较短并向上翘。前翅中部近前缘处有近似三角形蓝灰色大斑，近基部和中部有 7～8 簇黄褐或蓝褐斜立的鳞片。后翅灰色，缘毛长，浅灰色。翅缰：雄 1 根，雌 2 根。

卵：椭圆形或桶形，初产卵橙红色，渐变深红色，近孵卵顶部显现幼虫黑色头壳，呈黑点状。卵顶部环生 2～3 圈“Y”状刺毛，卵壳表面具不规则多角形网状刻纹。

幼虫：幼虫体长 13～16mm，桃红色，腹部色淡，无臀栉，头黄褐色，前胸盾黄褐至深褐色，臀板黄褐或粉红。腹足趾钩单序环 10～24 个，臀足趾钩 9～14 个，无臀栉。

蛹：蛹长 6.5～8.6mm，刚化蛹黄白色，近羽化时灰黑色，翅、足和触角端部游离，蛹壁光滑无刺。茧分冬、夏两型。冬茧扁圆形，直径约 6mm，长 2～3mm，茧丝紧密，包被老龄休眠幼虫；夏茧长纺锤形，长 7.8～13mm，茧丝松散，包被蛹体，一端有羽化孔。两种茧外表粘着土砂粒。

（三）发生规律

1 年 1 代。以老熟幼虫结茧在堆果场和土壤中越冬。越冬幼虫在茧内休眠半年多，到第 2 年 6 月中旬开始咬破茧壳陆续出土。幼虫出土后就在地面爬行，寻找树干，石块、土块、草根等缝隙处结夏茧化蛹。蛹经过 15 天左右羽化为成虫。一般 6 月中下旬陆续羽化，7 月中旬为羽化盛期至 8 月中旬结束。成虫多在夜间飞翔、不远飞，常停落在背阴处的果树枝叶及果园杂草上、羽化后 2～3 天产卵。卵多产于果实的萼洼、梗洼和果皮的粗糙部位，在叶子背面、果台、芽、果柄等处也有卵产下。卵经 7～10 天孵化为幼虫，幼虫在果面爬行，寻找适当部位后，咬破果皮蛀入果内。幼虫在果内经过20天左右，咬一扁回形的孔脱出果外，落地入土越冬。一般在树干周围0.6m范围内越冬的较多，但山地因地形复杂、杂草较多，过冬茧的分布不如平地集中。桃小食心虫历年发生量变动较大，越冬幼虫出土、化蛹、成虫羽化及产卵，都需要较高的湿度。如幼虫出土时土壤需要湿润，天干地旱时幼虫几乎全不易出土，因此每当雨后出土虫量增多。成虫产卵对湿度要求高，高湿条件产卵多，低湿产卵少，干旱之年发生轻。

桃小成虫无趋光性和趋化性，但雌蛾能产生性激素，可诱引雄蛾。成虫有夜出昼伏现象和世代重叠现象。桃小的发生与温湿度关系密切。越冬幼虫出土始期，当旬平均气温达到16.9℃、地温达到19.7℃时，如果有适当的降水，即可连续出土。温度在21℃～27℃，相对湿度在75%以上，对成虫的繁殖有利；高温、干燥对成虫的繁殖不利，长期下雨或暴风雨抑制成虫的活动和产卵。

（四）防治措施

1. 农业防治　在越冬幼虫连续出土后，在树干1m内压3.3～6.6cm新土，并拍实可压死夏茧中的幼虫和蛹；也可用直径2.5mm的筛子筛除距树干1m，深14cm范围内土壤中的冬茧；幼虫出土和脱果前，清除树盘内的杂草及其他覆盖物，整平地面，堆放石块诱集幼虫，然后随时捕捉；在第1代幼虫脱果前，及时摘除虫果，并带出果园集中处理；在越冬幼虫出土前，用宽幅地膜覆盖在树盘地面上，防止越冬代成虫飞出产卵，如与地面药剂防治相结合，效果更好。

2. 生物防治　桃小食心虫的寄生蜂有多种，尤以桃小早腹茧蜂和中国齿腿姬蜂的寄生率较高。桃小甲腹茧蜂产卵在桃小卵内，以幼虫寄生在桃小幼虫体内，当桃小越冬幼虫出土作茧后被食尽。因此可在越代成虫发生盛期，释放桃小寄生蜂。在幼虫初孵期，喷施细菌性农药（BT乳剂），使桃小罹病死亡。也可使用桃小性诱剂在越冬代成虫发生期进行诱杀。

3. 化学防治　幼虫初孵期，选择对卵和初孵幼虫有强烈的触杀作用药剂喷施，一星期后再喷一次，可取得良好的防治效果。

（徐常青　陈君）

第二十二节　薏苡仁

Yiyiren

COICIS SEMEN

薏苡仁又称薏珠子、回回米、药玉米等，为禾本科薏苡属一年生草本植物薏苡 *Coix lacryma-jobi* L.var.*ma-yuen* (Roman.) Stapf干燥成熟种仁。具有抑菌、抗病毒、抗癌之功效。分布于辽宁、河北、山西、山东、河南、陕西、江苏、安徽、浙江、江西、湖北、湖南、福建、台湾、广东、广西、海南、四川、贵州、云南等地；国外分布在亚洲东南部与太平洋岛屿、非洲、美洲的热湿地带。主产我国湖北蕲春、湖南、河北、江苏、浙江、福建等地。薏苡主要害虫有亚洲玉米螟 *Ostrinia furnacalis*、黏虫 *Mythimna separata*、白点

黏夜蛾 *Leucania loreyi*、稻管蓟马 *Haplothrips aculeatus*。

一、亚洲玉米螟

（一）分布与危害

亚洲玉米螟 *Ostrinia furnacalis* (Guenée)又称钻心虫、大丽花螟蛾，属鳞翅目 Lepidoptera 螟蛾科 Pyralidae。国外分布于亚洲温带和热带、澳大利亚和大洋洲克罗尼西亚；我国除青藏高原未见报道外，均有分布。在我国药用植物栽植区主要为害薏苡、川芎、北洋参、白芷、黄芪、生姜、菊花、艾篙等。以幼虫为害，初龄幼虫蛀食嫩叶形成排孔花叶，3 龄后幼虫蛀入茎秆，为害花苞、雄穗及雌穗，常造成枯心，受害薏苡营养及水分输导受阻，长势衰弱、茎秆易折，雌穗发育不良，造成枯孕穗、白穗，影响结实（图 14-36a）。

（二）识别特征

成虫：黄褐色，体长 10～14mm，前翅内横线呈波状纹，外横线锯齿状暗褐色，前缘有两个深褐色斑。后翅略浅，也有两条波状纹。

卵：椭圆形，黄白色。一般 20～60 粒粘在一起排列成不规则的鱼鳞状卵块。

幼虫：共 5 龄。老熟幼虫体长 20～30mm。体背淡褐色，中央有 1 条明显的背线，腹部第 1～8 节背面各有两列横排的毛瘤，前 4 个较大（图 14-36b）。

蛹：纺锤形，红褐色，长 15～18mm，腹部末端有 5～8 根刺钩。

（三）发生规律

亚洲玉米螟发生世代，随纬度变化而异。在东北及西北地区 1 年 1～2 代，在黄淮及华北平原 1 年 2～4 代，在江汉平原 1 年 4～5 代，在广东、广西及台湾 1 年 5～7 代，在西南地区 1 年 2～4 代。以老熟幼虫在寄主被害部位及根茬内越冬。各地越冬代成虫出现的时间，广西为 4 月上至 5 月上旬；湖南 5 月中下至 6 月下旬；山东 5 月上至 6 月中旬；北京 5 月下至 6 月中旬；辽宁 6 月中至 7 月中旬；黑龙江、吉林 6 月中下至 7 月中旬。在北方越冬幼虫 5 月中下旬进入化蛹盛期，5 月下至 6 月上旬越冬代成虫盛发，成虫在夜间飞翔。成虫昼伏夜出，有趋光性。成虫将卵产在薏苡叶背中脉附近，每块卵 20～60 粒，每雌可产卵 400～500 粒，卵期 3～5 天；幼虫 5 龄，历期 17～24 天。初孵幼虫有吐丝下垂习性，并随风或爬行扩散，钻入心叶内啃食叶肉，只留表皮。3 龄后蛀入为害，雄穗、雌穗、叶鞘、叶舌均可受害。幼虫一生蜕皮 4～5 次。老熟幼虫一般在被害部位化蛹，蛹期 6～10 天。蛹裸露纺锤形。在茎秆内、土壤中吐丝化蛹。

（四）防治方法

1. 农业防治　加强植株心叶部位的虫情检查，及时拔除枯心苗。在玉米螟成虫羽化前的冬春季节，采用铡、轧、沤、烧、泥封等方法处理薏苡秸和穗轴，或集中沤肥处理，以消灭越冬虫源。

2. 生物防治　在适宜条件下赤眼蜂的卵寄生率可达 80%以上，在玉米螟成虫产卵期，田间连续释放人工繁殖的赤眼蜂。

3. 物理防治　在 5 月和 8 月成虫产卵前用黑光灯、高压汞灯诱杀成虫。灯下设捕虫水盆，每天黄昏开灯，黎明前关灯。

（陈君　程惠珍）

二、白点黏夜蛾

（一）分布与危害

白点黏夜蛾 *Leucania loreyi* (Duponchel)又名劳氏黏虫，属鳞翅目 Lepidoptera 夜蛾科 Noctuidae。分布于华中、华东、华南地区。幼虫喜食禾本科植物，可为害薏苡、多种牧草、玉米、水稻、甘蔗等。以幼虫取食心叶，将叶片吃成小孔洞或缺刻，严重时只剩叶脉，并取食幼茎和嫩梢，影响薏苡的生长。

（二）形态特征

成虫：翅展约 31mm。头、胸、前翅褐色，颈板有 2 黑线，前翅浅褐色，翅脉间褐色，亚中褶基部 1 黑纹，中室下角 1 白点，顶角 1 内斜线，外线为 1 列黑点；后翅白色；腹部白色微褐。雄蛾抱器延伸为 1 长棘。

卵：馒头形，直径约 0.6mm，淡黄白色，表面具不规则的网状纹。

幼虫：虫龄 6 龄。体长 17～27mm，黄褐色，体具黑白褐等色的纵线 5 条。头部黄褐至棕褐色，气门筛淡黄褐色，周围黑色。

蛹：红褐色，尾端有 1 对向外弯曲叉开的毛刺，其两侧各有 1 细小弯曲的小刺，小刺基部不明显膨大。

（三）发生规律

在武汉 1 年 4 代，第 1 代幼虫在 5 月下旬，第 2 代幼虫在 6 月下旬，第 3 代幼虫在 8 月上旬，第 4 代幼虫在 9 月中旬。8 月调查，卵期 3～4 天，幼虫期 23～25 天，蛹期 4～6 天。成虫喜花蜜、糖类及酸甜气味，对酸甜物质的趋性强。羽化后 3 天即可产卵于叶片或叶鞘内面，卵粒数几十到几百粒。幼虫白天潜藏在心叶或叶鞘与茎秆的夹缝中，晚上出来活动为害。幼虫共 6 龄，1～2 龄幼虫取食心叶，将叶片吃成小孔洞，3 龄后将叶片吃成缺刻，并排出黑色粪便在叶片上，5～6 龄幼虫食量增大，严重时只剩叶脉，并取食幼茎和嫩梢。老熟幼虫在植株根部入土化蛹。

（四）防治措施

1. 物理防治　利用成虫对酸甜物质的趋性，在成虫发生时，用糖醋酒液（糖∶醋∶酒∶水=3∶4∶1∶2）或其他发酵有酸甜味的食物配成诱杀剂，盛于容器内，傍晚开盖，5～7 天换诱剂 1 次进行诱杀，效果较好。

2. 生物防治　白点黏夜蛾幼虫的寄生蜂有棉铃虫齿唇蜂、螟黄足绒茧蜂和黏虫绒茧蜂等，注意保护利用天敌小蜂。

3. 药剂防治　幼虫严重发生时，可以选用药剂喷雾防治。

（陈君）

附表　其他果实、种子类药材虫害

1. 八角茴香（八角茴香 *Illicium verum*）

害虫名称	分类地位	为害虫态	危害部位	为害特点（状）	发生规律	防治措施
八角尺蠖 *Dilophodes elegans*	鳞翅目尺蛾科	幼虫	叶	—	1年4～5代，在广西南部幼虫从3～11月为害八角叶。9～10月为害最重。	幼龄期用药剂防治，同时配合人工捕杀。
正八角叶甲 *Oides leucomelaena*	鞘翅目叶甲科	成虫	叶 芽	—	1年1代，以卵在叶腋间越冬，次年3月孵化，4月入土蜕皮化蛹，5月羽化成虫，7月间产卵于叶腋上，为害叶和芽。	用药剂喷杀成虫；在幼虫期喷白僵菌粉使之感染致死；利用其假死性和喜光性，用竹筒布袋等收集捕杀。

2. 大枫子（泰国大风子 *Hydnocarpus anthelminthica*）

害虫名称	分类地位	为害虫态	危害部位	为害特点（状）	发生规律	防治措施
镰蛱蝶 *Cirrochroa* sp.	鳞翅目蛱蝶科	幼虫	幼嫩枝叶	—	在海南1年发生数代，终年不断，无明显越冬、越夏现象。	2～4月发生较重时期，可用药剂喷雾防治；幼虫大批爬到地面寻找化蛹场所时，可在地面挖防虫沟，沟内撒药剂毒杀幼虫。

3. 大麻（大麻 *Cannabis sativa*）

害虫名称	分类地位	为害虫态	危害部位	为害特点（状）	发生规律	防治措施
大麻跳甲 *Psylliodes attenuata*	鞘翅目叶甲科	成虫	叶 种子 花序	—	—	清园，处理残体；秋冬季翻地，消灭部分越冬虫；发生期用药剂喷雾。
贮麻天牛 *Paraglenea fortunei*	鞘翅目天牛科	幼虫	茎秆	—	—	成虫5月产卵活动期用药剂喷雾防治；幼虫期释放天牛肿腿蜂进行生物防治。

4. 车前子（车前 *Plantago asiatica*，平车前 *Plantago depressa*）

害虫名称	分类地位	为害虫态	危害部位	为害特点（状）	发生规律	防治措施
斜纹夜蛾	鳞翅目夜蛾科	幼虫	叶 嫩芽	幼虫孵化后群栖，幼龄时取食叶背面，形成窗斑，主要以幼虫啃食叶肉，致使叶片仅残留表皮和叶脉，严重时将叶片全部吃光，并咬断嫩芽。	1年5～6代，以老熟幼虫在土中作室或在枯叶下化蛹。翌年3月成虫羽化。幼虫共6龄。2龄后分散取食，3龄后对光的反应很强，多在荫蔽处或叶片下隐藏，能吐丝随风传播。	清除田间杂草，人工捕捉幼虫；利用成虫的趋光性，可用黑光灯诱杀；斜纹夜蛾幼虫可用0.16亿孢子/ml苏云金杆菌或青虫菌喷杀，对幼龄幼虫使用药剂防治。
小地老虎	鳞翅目夜蛾科	幼虫	嫩茎 叶	以幼虫为害嫩茎、叶片，常将幼苗的根茎相连处咬断，致使幼苗枯亡。	1年4～5代，以老熟幼虫及蛹在土中越冬。4月底至5月上中旬为幼虫猖獗期。2月底至3月中下。	清晨巡视苗圃，发现断苗时刨土捕杀幼虫；清除苗地中的杂草，减少其食料来源；用糖醋酒液诱杀。

（续表）

害虫名称	分类地位	为害虫态	危害部位	为害特点（状）	发生规律	防治措施
小地老虎	鳞翅目 夜蛾科	幼虫	嫩茎 叶	为害严重时，造成缺苗断垄，甚至毁种重播。	旬为越冬代成虫出现期；第2、第3、第4、第5代成虫分别出现于6月中下旬、6月底至7月初、7月底至8月初及9月上中旬。	成虫；药剂防治4龄以上幼虫。
车前圆尾蚜 *Dysaphis plantaginea*	半翅目 蚜总科	成蚜 若蚜	叶 花穗	—	—	保护和利用食蚜蝇等天敌；发生期应用低残留农药喷雾防治。

5. 月见草（月见草 *Oenothera biennis*）

害虫名称	分类地位	为害虫态	危害部位	为害特点（状）	发生规律	防治措施
铜绿异丽金龟	鞘翅目 丽金龟科	幼虫 成虫	幼苗 花	幼虫为害幼苗。花期成虫为害花瓣。	—	播种或移栽前，药剂防治；毒饵诱杀，用苏子和谷秕子拌药剂做成毒饵与种子一同播下；利用趋光性进行诱杀。

6. 乌梅（梅 *Prunus mume*）

害虫名称	分类地位	为害虫态	危害部位	为害特点（状）	发生规律	防治措施
桃红颈天牛 *Aromia bungii*	鞘翅目 天牛科	幼虫	木质部	—	2～3年1代。成虫6～7月出现，在干枝上静伏、爬行或交尾，卵产于枝干被咬伤的裂口中，7月中下旬孵化。初孵幼虫在皮下蛀食，长大后蛀入木质部。	人工捕杀成虫及刮除卵粒、钩杀幼虫；将蘸有药液的棉球塞入蛀孔，用湿泥封口，毒杀幼虫；低龄幼虫期释放天敌管氏肿腿蜂。
桃粉蚜	半翅目 蚜总科	成蚜 若蚜	新稍 嫩叶	—	以卵在桃、李、梅等树皮上越冬，尤以枝梢芽缝上最多。翌年3月始孵，5月间大量繁殖，群集为害，6～7月为害最烈。有翅蚜出现后，迁往禾本科芦苇等植物上寄生，10月后，又迁回梅等树上进行有性繁殖，产卵越冬。	梅园放养七星瓢虫、大草蛉、大型食蚜蝇等天敌，能较好地控制桃粉蚜发生；喷洒药剂，每隔7天喷1次，连续喷2～3次。
桑白蚧 *Pseudaulacaspis pentagona*	半翅目 盾蚧科	雌成虫 若虫	枝干 果实 叶	—	1年发生代数因地而异，从南到北逐渐减少，广东5代，浙江3代，北方各省2代。以受精雌虫在枝条上越冬，翌年4～5月出现第1代若虫，为害枝条。	检疫苗木、接穗，防止扩大蔓延；结合整枝，剪除被害严重的枝条，集中烧毁；保护金黄蚜小蜂、介壳蚜小蜂等天敌；盛孵期喷药剂，每隔7天喷1次，连续喷2～3次。

7. 巴豆（巴豆 *Croton tiglium*）

害虫名称	分类地位	为害虫态	危害部位	为害特点（状）	发生规律	防治措施
山茱萸尺蠖 *Boarmia eosaria*	鳞翅目 尺蛾科	幼虫 成虫	叶	咬食叶片。	—	使用药剂防治。

8. 白扁豆（扁豆 *Dolichos lablab*）

害虫名称	分类地位	为害虫态	危害部位	为害特点（状）	发生规律	防治措施
菊小长管蚜	半翅目 蚜总科	若蚜 成蚜	嫩茎 嫩叶	成蚜和若蚜群集在嫩茎嫩叶上吸取汁液为害，使植株生长不良。	每年3月开始活动，4～5月繁殖高峰期，7～8月高温期为害较轻。	用药剂防治，或用烟草0.5kg配成烟草石灰水喷射。
豆荚螟 *Etiella zinchenella*	鳞翅目 螟蛾科	幼虫	果实	以幼虫在豆荚内蛀食豆粒；被害荚内充满虫粪而致腐烂。	1年2～3代，一般第2代为害最重。成虫昼伏夜出，趋光性弱。2～3龄幼虫有转豆荚。	使用药剂防治。

9. 印度马钱（马钱 *Strychnos nux-vomica*）

害虫名称	分类地位	为害虫态	危害部位	为害特点（状）	发生规律	防治措施
黑长喙天蛾 *Macroglossum pyrrhosticta*	鳞翅目 天蛾科	幼虫	嫩叶 花芽	—	在海南岛年发生代数尚不清，以老熟幼虫在树下枯枝落叶下化蛹，2～3月发育1代需40天左右，8～9月需20天左右。	清园，清除头年田间的枯枝落叶就地烧毁，以杀死其中虫蛹；掌握幼龄期用药剂喷粉防治。
蓖麻夜蛾 *Achaea janata*	鳞翅目 夜蛾科	幼虫	叶	—	老熟幼虫缀叶作茧并在其中化蛹。	

10. 丝瓜（丝瓜 *Luffa cylindrica*）

害虫名称	分类地位	为害虫态	危害部位	为害特点（状）	发生规律	防治措施
黄足黄守瓜 *Aulacophora indica*	鞘翅目 叶甲科	成虫 幼虫	叶 根	—	成虫4月开始发生，5～6月为害严重。	冬季清园，处理残株和杂草，减少越冬虫口；瓜苗移栽前后，喷药剂；瓜苗附近土面撒石灰粉，防止成虫产卵。
棉蚜	半翅目 蚜总科	成蚜 若蚜	嫩茎	—	5月开始发生，群集在叶背，为害嫩茎。	加强田间管理，及时中耕除草；喷药剂。

11. 肉豆蔻（肉豆蔻 *Myristica fragrans*）

害虫名称	分类地位	为害虫态	危害部位	为害特点（状）	发生规律	防治措施
菜粉蝶	鳞翅目 粉蝶科	幼虫	叶	—	7月发生居多。	使用药剂防治。

12. 决明（决明 *Cassia obtusifolia*，小决明 *Cassia tora*）

害虫名称	分类地位	为害虫态	危害部位	为害特点（状）	发生规律	防治措施
蚜虫	半翅目 蚜总科	成蚜 若蚜	叶 嫩梢	—	苗期较重。	可用药剂喷雾，每7～10天喷一次，连续数次。

13. 芡实（芡 *Euryale ferox*）

害虫名称	分类地位	为害虫态	危害部位	为害特点（状）	发生规律	防治措施
莲缢管蚜	半翅目 蚜总科	成蚜 若蚜	叶	—	1年20多代，以卵在核果类果树上越冬，次年3～4月孵化，无翅胎生雌蚜在冬寄主上为害，5～6月有翅蚜迁入芡实田为害，6月至7月上中旬，无翅胎生雌蚜发生量大，为害重，盛夏为害较轻，8月中旬后蚜量回升，为害加重，秋凉以后产生有翅蚜迁回冬寄主，并产生性蚜，有雌、雄蚜分化，交尾产卵。	保护天敌； 喷施药剂防治。
菱紫叶蝉 *Macrosteles purpurata*	半翅目 叶蝉科	成虫 若虫	叶茎部	—	在江苏1年5代，以卵在河、塘边莎草科杂草的茎中越冬，次年4～5月孵化，5月上中旬开始迁往刚出水面的芡实叶片上取食为害，7～8月发生量大，为害重，10月中下旬，成虫即迁往河边杂草上产卵。	喷施药剂防治。

14. 连翘（连翘 *Forsythia suspensa*）

害虫名称	分类地位	为害虫态	危害部位	为害特点（状）	发生规律	防治措施
二化螟 *Chilo suppressalis*	鳞翅目 螟蛾科	幼虫	枝	幼虫钻入茎秆木质部髓心为害，严重时被害枝不易开花结果，甚至整枝枯死。	—	使用药剂防治，剪除受害枝。
蜗牛	柄眼目 蜗牛科	—	花 幼果	—	—	可在清晨撒石灰粉防治，或人工捕杀。

15. 诃子（诃子 *Terminalia chebula*，绒毛诃子 *Terminalia chebula* var. *tomentella*）

害虫名称	分类地位	为害虫态	危害部位	为害特点（状）	发生规律	防治措施
诃子瘤蛾 *Sarbena lignifera*	鳞翅目 瘤蛾科	幼虫	叶	—	在海南岛1生4代，以第2代成虫越夏。各代发生期分别为2～3月，3～4月，10～11月，12月至翌年2月。	清园，处理枯枝落叶；于1月中旬和10月中旬各喷一次药剂。

16. 补骨脂（补骨脂 *Psoralea corylifolia*）

害虫名称	分类地位	为害虫态	危害部位	为害特点（状）	发生规律	防治措施
地老虎	鳞翅目 夜蛾科	成虫 幼虫	茎	4 龄后食量剧增，咬断嫩茎，把幼苗的茎基部咬断，造成倒伏。	1 年数代。	人工捕杀；加强田间管理；开沟撒入毒饵诱杀。
蛴螬	鞘翅目 金龟总科	幼虫	根 幼苗	为害幼苗或啃食其根部，造成缺苗断垄。	—	人工捕杀；加强田间管理；开沟撒入毒饵诱杀。

17. 使君子（使君子 *Quisqualis indica*）

害虫名称	分类地位	为害虫态	危害部位	为害特点（状）	发生规律	防治措施
诃子瘤蚜	半翅目 蚜总科	成蚜 若蚜	叶	—	—	清园，处理枯枝落叶；于 1 月中旬和 10 月中旬各喷一次药剂。

18. 乳蓟子（水飞蓟 *Silybum mariamum*）

害虫名称	分类地位	为害虫态	危害部位	为害特点（状）	发生规律	防治措施
红花指管蚜	半翅目 蚜总科	成蚜 若蚜	茎 叶 花头	—	在我国东北 1 年 10～15 代，浙江 20～25 代。以无翅胎生雌蚜在幼苗和野生菊科植物上越冬。	保护和利用食蚜蝇等天敌；发生期应用低残留农药喷雾防治。

19. 草果（草果 *Amomum tsaoko*）

害虫名称	分类地位	为害虫态	危害部位	为害特点（状）	发生规律	防治措施
刺蛾	鳞翅目 刺蛾科	幼虫	叶	—	—	清除虫茧，减少虫源；幼虫盛发期，喷施药剂防治。
潜叶蝇	双翅目 潜蝇科	幼虫	叶	—	—	清除杂草，消灭越冬、越夏虫源，降低虫口基数；成虫主要在叶背面产卵，应在盛发期喷药于叶背面，幼虫防治应在刚出现为害时用药，连续喷 2～3 次；利用蛹前气门与外界相通的习性，在蛹期喷药。
斑蛾	鳞翅目 斑蛾科	幼虫	叶	—	—	清除受害形成的叶片苞，烧死苞内幼虫、茧、蛹，捕捉成虫；3～4 月幼虫多在花苞上活动，花苞未开放前，用药液均匀喷雾于花苞处。

20. 南天仙子（南天仙子 *Hygrophila salicifolia*）

害虫名称	分类地位	为害虫态	危害部位	为害特点（状）	发生规律	防治措施
蚜虫	半翅目 蚜总科	成蚜 若蚜	茎叶	—	—	适当早播；保护和利用食蚜蝇等天敌；发生期应用低残留农药喷雾防治。
橘臀纹粉蚧 *Planococcus citri*	半翅目 粉蚧科	成虫 若虫	茎 叶	以成虫、若虫吸食汁液、果实、花序汁液，使其发黄，同时引起煤烟病，严重者可使植株枯萎。	—	清园，将枯枝落叶集中烧毁；虫口密度小时可用瓢虫进行生物防治；在若虫孵化期、高龄若虫或雌成虫期用药剂喷雾防治。

21. 枳壳（酸橙 *Citrus aurantium*）

害虫名称	分类地位	为害虫态	危害部位	为害特点（状）	发生规律	防治措施
橘褐天牛 *Nadezhdiella cantori*	鞘翅目 天牛科	幼虫	茎	初孵幼虫在树皮下蛀食，逐步蛀入木质部。受害树木因水分和养分疏导受阻，树势渐衰，甚至因蛀道太多，木质部被蛀空，树木风折死亡。	2～3年1代，以幼虫在树下木质部蛀道内越冬。成虫4月中旬至8月下旬发生，5月和7～8月间为发生盛期。	羽化期捕杀；用铁丝钩杀蛀干内幼虫，然后使用药剂注入虫孔，用泥封口，毒杀幼虫；释放天敌肿腿蜂以虫灭虫，用白僵菌液从虫口注入灭虫；6～8月检查树干，发现虫卵及幼虫，用小刀刮杀，树干涂石硫合剂或者刷白剂，冬季树干刷白，从基部刷到1.8m高度。
星天牛 *Anoplophora chinensis*	鞘翅目 天牛科	幼虫	茎	初孵幼虫在树干基部蛀食，逐步蛀入木质部。	1年1代，以幼虫在树干基部木质部蛀洞内越冬，5～6月成虫羽化，7～8月尚有少量成虫出现。	6～9月天牛产卵期，用利刀刮去树干上虫卵和初孵幼虫；用棉球蘸药液塞入虫洞内，或用注射器将药液注入虫洞内，后用泥封住洞口，毒杀幼虫，或在5～8月闷热的中午和傍晚捕杀成虫。
柑橘潜叶蛾 *Phyllocnistis citrella*	鳞翅目 潜叶蛾科	幼虫	嫩叶	—	1年9～10代，以蛹在被害卷叶内越冬，5月开始为害春梢叶片，7～8月为害最烈。	冬季清理枯枝落叶，消灭越冬蛹；夏秋季梢叶出现时，使用药剂防治。
柑橘锈壁虱 *Phyllocoptruta oleivora*	蜱螨目 瘿螨科	成螨 若螨 幼螨	叶 幼果	—	5月上旬为害春梢叶背，5月中旬转移到幼果上为害。	5月下旬起，用0.3°石硫合剂喷雾防治。
吉丁虫	鞘翅目 吉丁虫科	幼虫	枝条	幼虫先在皮层为害，出现流胶点，以后蛀入木质部为害。	1年1代，以幼虫在树干或枝条木质部、皮下越冬，4月中旬至8月下旬为活动期。	5月初成虫羽化出洞前用棉花蘸药剂原液封洞，或以黄泥加农药涂刷树干被害部位。发现树干流胶时，用利刀刮除幼虫，涂上农药。
吹绵蚧 *Icerya purchasi*	半翅目 硕蚧科	成虫 若虫	果实	为害果实，并诱发烟煤病。	—	剪除有虫枝条； 保护天敌；喷施药剂防治。
红蜡蚧 *Ceroplastes rubens*	半翅目 蜡蚧科	成虫 若虫	果实	为害果实，并诱发烟煤病。	—	

（续表）

害虫名称	分类地位	为害虫态	危害部位	为害特点（状）	发生规律	防治措施
黑点蚧 *Parlatoria ziziphi*	半翅目 盾蚧科	成虫 若虫	果实	为害果实，并诱发烟煤病。	—	剪除有虫枝条； 保护天敌；喷施药剂防治。

22. 砂仁（阳春砂 *Amomum villosum*，绿壳砂 *Amomum villosum* var. *xanthioides*，海南砂 *Amomum longiligulare*）

害虫名称	分类地位	为害虫态	危害部位	为害特点（状）	发生规律	防治措施
黄潜蝇	双翅目 黄潜叶蝇科	幼虫	茎 花 果	以幼虫蛀食阳春砂生长点，使生长点停止生长或腐烂，造成枯心，为害砂仁花及果实，花残缺不全，果实被咬碎、吃光，严重影响砂仁产量。	在管理粗放，长势衰弱的阳春砂地段，全年为害。	加强水肥管理，促进植株生长，减少为害；及时割除被害幼笋，集中烧毁；使用药剂防治。
象甲	鞘翅目 象甲科	成虫 幼虫	茎 叶 花 果实	成虫和幼虫均可取食植物根、茎、叶、花、果、种子、幼芽和嫩梢等。幼虫蛀食茎秆内部组织，造成枯心苗，心叶枯死，后部的几片新叶逐渐萎蔫。成虫取食嫩叶、花和果实。	1年1代，少数2年1代。以成虫越冬。成虫有多次交尾的习性，雌虫白天产卵。卵多堆产于植株上，幼虫孵化初期在植株上取食，后钻出茎秆，在土中化蛹。成虫多在早晚活动为害，中午静止不动，行动缓慢、迟钝，假死性强。	成虫出土时，用药剂喷施地面，施药前应注意观察传粉昆虫，如蜜蜂等的活动情况，避免对有益昆虫产生毒害；成虫羽化前，可利用其假死性将其击落后集中灭杀。
蓟马	缨翅目 蓟马科	成虫 若虫	叶鞘 花	多生活在植物的花、嫩梢、叶片及果实中，锉吸式口器取食植物汁液，造成叶与花朵损伤。被害嫩叶、嫩梢变硬变薄，卷曲枯萎，生长变缓或停滞。花部受损后结实率降低。	1年发生多代。成虫活跃，能飞善跳，忌强光，多在背光场所集中为害，阴天、早晨、傍晚和夜间才在寄主表面活动。卵散产于植物组织内。高龄若虫停止取食后在表土或枯枝落叶层化蛹。蓟马喜温暖、干旱的天气，高温高湿不易存活。	成虫为害初期，在田间设置与阳春砂高度持平的蓝色粘板，诱杀成虫；清晨、傍晚或阴天喷施化学药剂，喷药时，应用到均匀。
介壳虫	半翅目 蚧总科	成虫 若虫	根 茎 叶	群集于植株根、茎、叶上，吸取植物汁液，被害植株不但生长不良，还会出现叶片泛黄、提早落叶等现象，严重的植株枯萎死亡。介壳虫的分泌物还能诱发煤污病。	1年2代，以受精雌成虫越冬，越冬雌成虫于4月下旬至5月下旬产卵，5月上旬为产卵盛期。5月初卵开始孵化。孵化若虫在植株上固定为害，5～7天开始分泌蜡粉覆于体表，蜕皮后，继续分泌蜡质形成介壳，6月中下旬成虫再次产卵。8月上旬为第2代若虫孵化盛期，9月初第2代雌成虫交尾后以受精雌成虫越冬。雄虫羽化期集中，寿命仅1天左右。	加强植物检疫，防止人为传播；5月初、8月上旬是防治的关键时期，每隔7～10天喷1次，连喷2～3次；澳洲瓢虫、大红瓢虫、金黄蚜小蜂、软蚧蚜小蜂、红点唇瓢虫等都是介壳虫的天敌，应合理保护和利用。

（续表）

害虫名称	分类地位	为害虫态	危害部位	为害特点（状）	发生规律	防治措施
蚜虫	半翅目 蚜总科	成蚜 若蚜	叶 嫩梢	以刺吸式口器从植株中吸收大量汁液，使植株生长衰弱、停滞或延迟，严重时畸形生长、扭曲变形，诱发煤污病。还可传播多种植物病毒。	因地区不同，发生代数不同，以无翅胎生成虫及1～2龄若蚜越冬，若虫是主要越冬虫态。平均气温达9℃时，即在越冬部位开始为害。以孤雌繁殖方式产生胎生无翅雌蚜。	保护和利用蚜虫天敌，如寄生蜂、瓢虫、草蛉等；用药剂喷雾防治。
斑潜蝇	双翅目 黄潜蝇科	幼虫	心叶	以幼虫蛀食为害阳春砂心叶，造成枯心，直至幼苗死亡。管理粗放、长势衰弱的地块发生严重。	1年2～4代，以老熟幼虫在植物的根茎中越冬，春季为发生盛期。	及时割除"枯心"苗，集中烧毁；成虫产卵盛期，用适宜药剂喷雾，每7天喷1次，连喷2～3次。

23. 胖大海（胖大海 *Sterculia lychnophora*）

害虫名称	分类地位	为害虫态	危害部位	为害特点（状）	发生规律	防治措施
绿鳞象甲 *Hypomeces squamosus*	鞘翅目 象甲科	成虫	叶 嫩茎	成虫为害叶和嫩茎，使叶片形成不规则的缺刻，嫩茎折断。	—	利用成虫的假死习性，用棍子轻打叶片，使昆虫落地集中杀死。使用药剂防治。
白蚁	等翅目 白蚁科	幼蚁 成蚁	茎秆	为害定植后的高空压苗切口，使高空压苗死亡。	—	使用药剂防治。

24. 急性子（凤仙花 *Impatiens balsamina*）

害虫名称	分类地位	为害虫态	危害部位	为害特点（状）	发生规律	防治措施
红天蛾	鳞翅目 天蛾科	幼虫	叶	—	北京，7～8月发生。	在幼龄期用药剂喷雾；忌连作及与同科作物间作。

25. 莲子（莲 *Nelumbo nucifera*）

害虫名称	分类地位	为害虫态	危害部位	为害特点（状）	发生规律	防治措施
莲缢管蚜	半翅目 蚜总科	成蚜 若蚜	叶 花蕾	以若蚜、成蚜群集于叶芽、花蕾及叶背处，吸取汁液为害。	1年20多代，5月上旬到11月均可发生。	保护天敌；选用适宜药剂田间喷雾。
斜纹夜蛾	鳞翅目 夜蛾科	幼虫	叶 花蕾	—	—	使用药剂防治。
黄刺蛾 *Monema flavescens*	鳞翅目 刺蛾科	幼虫	叶	以幼虫啃食荷叶。	—	摘除虫叶，使用药剂防治。
长腿水叶甲 *Donacia provostii*	鞘翅目 负泥甲科	成虫 幼虫	茎 叶 地下茎	幼虫孵出后，沿寄主植物茎叶向下爬行，并钻入水中为害藕茎节；成虫啃食荷叶。	1年1代，以幼虫在水下土中越冬，次年为害藕节、根茎，5～6月化蛹，6～7月为羽化盛期。成虫7月交尾产卵，卵产在莲藕叶及眼子菜等杂草叶背面。卵期6～9天。	发现为害时排去田水，药剂拌细土施入田面，放入浅水后耕入土中，可以杀灭；水旱田轮作，杀死土中越冬幼虫；清除莲田杂草，尤其是眼子菜，减少成虫产卵机会和食料；结合冬耕和春耕，使用药剂防治。

（续表）

害虫名称	分类地位	为害虫态	危害部位	为害特点（状）	发生规律	防治措施
莲潜叶摇蚊 *Stenochironomus nelumbus*	双翅目 摇蚊科	幼虫	叶	幼虫孵化后沿根茎爬至荷叶，从叶背啄孔钻入，在叶内潜叶为害，每一幼虫形成单独虫道。	1年2～3代。成虫产卵于水中。	幼虫期，用药剂喷雾有效。

26. 夏枯草（夏枯草 *Prunella vulgaris*）

害虫名称	分类地位	为害虫态	危害部位	为害特点（状）	发生规律	防治措施
菜粉蝶	鳞翅目 粉蝶科	幼虫	叶片	—	—	保护茧蜂等天敌，喷施生物杀虫剂或药剂。

27. 益智（益智 *Alpinia oxyphylla*）

害虫名称	分类地位	为害虫态	危害部位	为害特点（状）	发生规律	防治措施
地老虎	鳞翅目 夜蛾科	幼虫 成虫	叶 嫩茎	—	—	傍晚投毒饵诱杀或人工捕杀。
大蟋蟀 *Brchytrupes portentosus*	直翅目 蟋蟀科	若虫 成虫	茎	—	—	

28. 蛇床（蛇床 *Cnidium monnieri*）

害虫名称	分类地位	为害虫态	危害部位	为害特点（状）	发生规律	防治措施
红蜘蛛	蜱螨目 叶螨科	成螨 若螨	叶	—	5～6月发生	采挖前将地上部收割，处理病残体，以减少越冬基数；释放捕食螨；发生期可用药剂喷雾防治。
金凤蝶	鳞翅目 凤蝶科	幼虫	叶 花蕾	—	6～7月发生	人工捕杀；幼龄期用药剂喷杀。

29. 啤酒花（啤酒花 *Humulus lupulus*）

害虫名称	分类地位	为害虫态	危害部位	为害特点（状）	发生规律	防治措施
亚洲玉米螟	鳞翅目 螟蛾科	幼虫	茎	—	于6月上旬发生，直至秋季。	成虫产卵期释放赤眼蜂；5月底至6月初，及时连同叶柄一起摘除有似开水烫过一样的枯叶并集中烧毁或沤肥。主蔓剖开捕杀幼虫；在幼虫尚未钻入蔓内时，喷施药剂防治。
朱砂叶螨	蜱螨目 叶螨科	成螨 若螨	叶 球果	—	7～8月高温干旱，发生猖獗。	结合冬春翻地，清除杂草和枯蔓，破坏越冬场所；不间作豆类作物；及时疏枝打叶，使棚内通风透光，促使酒花生长健壮；发生初期喷药剂。

（续表）

害虫名称	分类地位	为害虫态	危害部位	为害特点（状）	发生规律	防治措施
灰巴蜗牛 *Bradybaena ravida*	柄眼目 巴蜗牛科	—	叶 嫩茎	—	—	人工捕杀；清除地内杂草或堆草诱杀；及时中耕除草，消灭大批卵；喷洒1%石灰水或每亩用茶子饼粉 5～6kg 撒施。
茶褐蓑蛾 *Mahasena colona*	鳞翅目 蓑蛾科	幼虫	茎 叶	幼虫为害稍叶片，取食叶表和叶肉。	1 年 2 代，第 1 代幼虫5～6 月，第 2 代幼虫 8 月为害叶片。幼虫晴天中午多藏在叶背，傍晚、清晨或阴天则栖息叶面取食。	及时摘除早期挂起的袋囊，消灭幼虫；7～8 月可用药剂喷雾，每 7 天喷 1 次，连续喷 3 次，喷药在傍晚或清晨进行，做到喷药周到，提高防治效果。

30. 望江南（望江南 *Cassia occidentalis*）

害虫名称	分类地位	为害虫态	危害部位	为害特点（状）	发生规律	防治措施
短须螨	蜱螨目 细须螨科	成螨 若螨	叶背	—	5～7 月发生。	冬季清园，将枯枝落叶深埋或烧毁；发生期喷药剂。

31. 葫芦巴（胡芦巴 *Trigonella foenum-graecum*）

害虫名称	分类地位	为害虫态	危害部位	为害特点（状）	发生规律	防治措施
蚜虫	半翅目 蚜总科	成蚜 若蚜	叶 花蕾	蚜虫吸食汁液造成受害叶片反卷，植株生长缓慢，花蕾期为害，使花蕾脱落，影响产量。	蚜虫为害在北部干旱地区较轻，一般没有大的影响，而在湿润地区易发生，影响也较大。	可用药剂喷雾；及时清除田间杂草。
地老虎	鳞翅目 夜蛾科	幼虫	幼苗	—	—	人工诱杀，可用药剂喷雾。

32. 蓖麻（蓖麻 *Ricinus communis*）

害虫名称	分类地位	为害虫态	危害部位	为害特点（状）	发生规律	防治措施
蓖麻夜蛾	鳞翅目 夜蛾科	幼虫	叶 嫩梢	—	1 年发生数代，老熟幼虫缀叶作巢化蛹。	可用药剂喷雾；及时清除田间杂草。
棉铃虫	鳞翅目 夜蛾科	幼虫	花 果	—	—	人工诱杀，可用药剂喷雾。

33. 槐米（槐 *Sophora japonica*）

害虫名称	分类地位	为害虫态	危害部位	为害特点（状）	发生规律	防治措施
槐尺蠖 *Semiothisa cinerearia*	鳞翅目 尺蛾科	幼虫	叶	—	1 年 3 代。	幼龄期喷药剂防治；注意清园，处理枯枝落叶。

34. 蔓荆子（蔓荆 *Vitex trifolia*，单叶蔓荆 *Vitex rotundifolia*）

害虫名称	分类地位	为害虫态	危害部位	为害特点（状）	发生规律	防治措施
棉蚜	半翅目 蚜总科	成蚜 若蚜	嫩枝梢 嫩叶	—	夏季高温干燥，为害甚烈。秋季又从夏寄主上迁回冬寄主上产卵越冬。	保护天敌，黄板诱杀；药剂防治。
吹绵蚧	半翅目 硕蚧科	若虫 成虫	幼枝 嫩叶 幼果	以若虫和雌虫群集在幼枝和嫩叶、幼果上为害，叶片变黄、茎秆干裂、果实干缩，严重时全株枯死。	1年2～3代，以若虫和雌成虫在枝条上越冬。翌年3月开始活动产卵，4～5月若虫开始为害，5～6月为害严重；7～8月出现第二代卵，8～10月为害猖獗。以若虫爬行传播，分散在幼枝、嫩叶、幼果上为害，2龄后逐渐下移枝干聚居，以树冠下部荫蔽处发生较多。	冬季清园，烧毁枯枝落叶；加强整枝修剪，改善田间通风透光条件，可减轻为害；发生初期喷药剂防治；田间释放大红瓢虫、黑缘瓢虫等天敌。

35. 覆盆子（华东覆盆子 *Rubus chingii*）

害虫名称	分类地位	为害虫态	危害部位	为害特点（状）	发生规律	防治措施
叶甲	鞘翅目 叶甲科	成虫	叶	成虫啃食叶片，造成缺刻或孔洞，严重时，只留叶脉。	1年1代，成虫5月出现。	适当早播；保护和利用天敌；发生期应用药剂喷雾防治。
二化螟	鳞翅目 螟蛾科	幼虫	叶 茎秆 根	幼虫为害茎秆，在茎秆取食，幼虫取食叶片，还可蛀食根部。	1年1代，5～6月为害虫发生高峰期。	加强田间管理，注意清除杂草和整枝，使田间通风、透光，减轻为害；冬季喷洒药剂，杀死越冬虫口；在发生期间喷洒药剂防治；引进和保护天敌昆虫。
蚜虫	半翅目 蚜总科	成蚜 若蚜	叶	被害叶片从边缘向背面纵卷，严重时，全叶卷曲成筒状，影响叶片的正常光合作用。	1年2代，3～6月发生严重。	保护天敌，黄板诱杀有翅蚜。 发生期选内吸性药剂喷雾防治。

（郭昆　陈君）

参考文献

毕宪章. 山茱萸绿尾大蚕蛾生物学特性与防治[J]. 安徽林业科技，2002，(1)：19.
蔡岳文，严振，丘金裕. 化橘红病虫害的发生与防治[J]. 中国现代中药，2004，6(4)：27-29.
陈端，李润唐，谢春生，等. 化橘红主要病虫害及防治[J]. 中国园艺文摘，2010，26(10)：170-171.
陈观浩，梁盛铭，陈少兰. 无公害化橘红病虫害综合防治技术[J]. 生物灾害科学，2006，29(4)：183-184.

陈建超. 山茱萸蛀果蛾生物学特性及综合防治技术研究[J]. 中国林副特产，2015，(1)：70-72.
陈君，程惠珍，丁万隆，等. 北京地区枸杞害虫、天敌种类及发生规律调查[J]. 中国中药杂志，2002，27(11)：819-823.
陈君，程惠珍，张建文，等. 宁夏枸杞害虫及天敌种类的发生规律调查[J]. 中药材，2003，26(6)：391-394.
陈荣敏，陈君，于晶，等. 化橘红害虫及天敌种类调查[J]. 中药材，2008，31(11)：1615-1618.
陈体先. 日本龟蜡蚧在木瓜海棠上的发生规律及防治方法[J]. 河北果树，2016，(3)：49-50.
陈喜源. 枸杞负泥虫研究初报[J]. 园林科技，1994，(1)：31-34.
陈震. 百种药用植物栽培答疑[M]. 北京：中国农业出版社，2003.
程惠珍，沈书会. 瓜蒌透翅蛾的初步研究[J]. 应用昆虫学报，1982，(2)：26-28.
程惠珍，沈书会. 马兜铃凤蝶的研究[J]. 中药材，1988，(2)：3-6.
迟德富，孙凡，甄志先，等. 柳蝙蛾生物学特性及发生规律[J]. 应用生态学报，2000，11(5)：757-762.
邓曹仁，樊桂亮，李慧瑶. 缙云县米仁主要病虫害发生情况及防治措施[J]. 中国农技推广，2015，31(11)：50-52.
邓曹仁. 薏苡主要病虫害的防治措施[J]. 农村百事通，2016，(9)：32-33.
丁冬荪，衷龙云，陈华，等. 银杏大蚕蛾生物学及无公害防治[J]. 南方林业科学，2006，(4)：21-22.
丁梁斌，胡长效. 牛蒡长管蚜防治药剂筛选试验[J]. 安徽农业科学，2010，38(1)：226-227.
丁晓东，王风明，王拴马，等. 栝楼透翅蛾的生物学特性及发生规律[J]. 河北林果研究，2004，19(4)：367-370.
丁晓文. 无花果主要害虫及其防治[J]. 中国果树，1998，(2)：44.
董建伟，刘淑玲，葛松霞，等. 山茱萸蛀果蛾的发生及综合防治技术研究[J]. 河南林业科技，2014，34(3)：13-15.
段立清. 枸杞木虱及其天敌的生物学和行为机制的研究[D]. 哈尔滨：东北林业大学博士学位论文，2003.
樊瑛，甘炳春，陈思亮，等. 槟榔红脉穗螟的生物学特性及其防治[J]. 应用昆虫学报，1991，(3)：146-148.
方小端，欧阳革成，卢慧林，等. 不同防治措施对柑橘全爪螨及橘园天敌类群的影响[J]. 应用昆虫学报，2013，50(2)：413-420.
冯斌. 侧柏毒蛾的无公害防治[J]. 中国林业，2007，(11)：62.
付立新，贺立勤，吕润航. 白眉刺蛾生活史、习性和防治的初步研究[J]. 河北农业技术师范学院学报，1993，(2)：77-80.
甘炳春，林一鸣，邢贞杰，等. 红脉穗螟成虫行为习性的观察研究[J]. 中国农学通报，2009，25(13)：202-205.
甘炳春，周亚奎，黄良明，等. 槟榔红脉穗螟综合防治技术研究[J]. 江西农业学报，2013，25(11)：86-88.
高永强. 酸枣昆虫群落多样性分析及主要害虫防治技术研究[D]. 杨凌：西北农林科技大学硕士学位论文，2010.
高玉明. 侧柏主要病虫害防治技术[J]. 绿色科技，2014，(8)：47-48.
高兆宁. 宁夏农业昆虫图志[M]. 北京：中国农业出版社，1966.
顾玲. 侧柏双条杉天牛发生规律调查及防控技术[J]. 河北林业科技，2013，(3)：32-34.
郭良泽，徐常青，陈君，等. 红蜘蛛在化橘红植株上发生动态及空间分布调查[J]. 中药材，2010，33(12)：1839-1841.
郭蕊. 柴达木枸杞蚜虫生物学特性及种群生态学研究[D]. 西宁：青海大学硕士学位论文，2012.
郭晓伟. 谈五味子病虫害的防治方法[J]. 农民致富之友，2013，(5)：79.
韩学俭. 佛手病虫害及其防治[J]. 植物医生，2009，22(1)：24-25.
黄光荣，梁玉勇，袁德奎. 贵州铜仁地区小花吴茱萸主要病虫害的发生与防治[J]. 安徽农业科学，2006，

34(13)：3110-3111.
黄家德. 罗汉果害虫及其防治[J]. 广西植保，1998，(1)：17-19.
黄家德. 罗汉果主要病虫害及其防治措施[J]. 广西科学院学报，2006，22(3)：188-192.
黄蔚兰，孙玉平，聂永安，等. 瓜蒌瓜绢螟发生规律与防治对策初探[J]. 现代农业科技，2007，(18)：62-64.
蒋妮，缪剑华，谢保令. 管氏硬皮肿腿蜂防治广西罗汉果愈斑瓜天牛研究[J]. 植物保护，2006，32(3)：29-32.
李法圣. 中国木虱志[M]. 北京：科学出版社，2011.
李桂亭，徐劲峰，吴彩玲，等. 瓜藤天牛发生危害规律及控害技术[J]. 安徽农业科学，2002，30(2)：238-239.
李海斌，武三安. 外来入侵新害虫——无花果蜡蚧[J]. 应用昆虫学报，2013，50(5)：1295-1300.
李洪涛，赵博，刘小明. 柳蝙蛾生物学特性及防治技术[J]. 吉林林业科技，2004，33(4)：27.
李慧丽. 论人工北五味子病虫害防治[J]. 防护林科技，2013，(9)：98-99.
李建领，徐常青，乔鲁芹，等. 宁夏枸杞红瘿蚊的发生特点与防治策略[J]. 中国现代中药，2015，17(8)：840-843.
李明光，高建玲，高森，等. 我国银杏虫害研究进展[J]. 现代农业科技，2011，(15)：167-170.
李钦存，田群芳. 栝楼粗腿透翅蛾的发生规律及防治[J]. 特种经济动植物，2010，(7)：54-55.
李铁军，鲁敬增. 木瓜主要病虫害及综合防治技术[J]. 河北林业科技，2009，(3)：104-105.
李有忠，张芳保，王培新，等. 银杏大蚕蛾的灾变规律与控灾技术研究[J]. 中国森林病虫，2009，28(2)：20-22.
梁玉勇. 小花吴茱萸的主要病虫害及其防治技术[J]. 四川农业科技，2005，(10)：37-38.
林广梅，娄福贵，王运涛，等. 辽五味子主要病虫害发生与防治[J]. 辽宁农业科学，2007，(3)：100-101.
刘健锋，邓贤，杨茂发，等. 贵州吴茱萸害虫种类与危害及其天敌的调查[J]. 贵州农业科学，2012，40(9)：133-135.
刘苗苗，郭庆梅，周凤琴. 瓜蒌栽培技术和病虫害综合防治研究概况[J]. 山东中医药大学学报，2014，38(2)：183-185.
刘赛. 仿生胶对枸杞主要害虫的防控效果及其安全性评价[D]. 南京：南京农业大学硕士学位论文，2011.
刘赛. 枸杞木虱成虫携带枸杞瘿螨越冬研究[D]. 北京：北京协和医学院博士学位论文，2016.
刘显臣，陈丽，徐霞，等. 长白山钙果蛀果害虫发生规律及药剂防治[J]. 吉林农业科学，2014，39(1)：58-60.
刘显臣. 欧李桃瘤蚜种群消长动态及药剂防治效果[J]. 贵州农业科学，2010，38(2)：94-95.
刘新平，买买提江，曹峰，等. 小茴香主要病害的防治[J]. 农村科技，2004，(4)：32.
刘永军，王兆玺，胡忠朗，等. 仿爱夜蛾的生物学及防治[J]. 应用昆虫学报，1991，(2)：92-93.
鲁敬增. 木瓜桃蛀螟综合防治技术[J]. 河北林业科技，2009，(1)：58-59.
罗永松，曾文文，刘道波，等. 黄栀子卷叶蛾生活史及防治研究初报[J]. 江西植保，1999，(3)：29-30.
马礼华，陈阳琴，夏莉. 柑橘全爪螨的发生与防治[J]. 农技服务，2016，33(7)：65.
么厉，程惠珍，杨智. 中药材规范化种植（养殖）技术指南[M]. 北京：中国农业出版社，2006.
欧克芳，董立坤，夏文胜，等. 薏苡白点粘夜蛾的发生与防治[J]. 农技服务，2009，26(1)：83-116.
彭建明，王艳芳，张丽霞，等. 西双版纳新发现一种阳春砂仁害虫[J]. 中药材，2015，38(11)：2255-2256.
蒲瑞翎，谢保令，刘长秀，等. 瓜实蝇性信息素诱杀罗汉果南亚寡鬃实蝇试验[J]. 广西农业科学，1998，(2)：26-27.
戚惆如，孔庆岳，陆树德. 栝楼黑足黑守瓜研究初报[J]. 中药材，1990，(6)：3-5.
齐瑞呈. 黄翅茴香螟研究简报[J]. 应用昆虫学报，1980，(6)：258-259.
乔海莉，陈君，徐常青，等. 化橘红花蕾蛆的空间分布及绿僵菌对其幼虫的致病力[J]. 中药材，2011，34(6)：

852-855.
乔志文，范锦胜，张李香. 黑绒金龟子研究进展[J]. 农学学报，2014，(12)：48-51.
屈邦选. 新疆胭珠蚧的初步观察[J]. 应用昆虫学报，1983，(4)：172-173.
任伊森，蔡明段. 柑橘病虫草害防治彩色图谱[M]. 北京：中国农业出版社，2003.
任智斌，梁艳，施寿. 侧柏种子银蛾的生物学特性观察与防治对策[J]. 甘肃科技纵横，2006，35(1)：45.
容汉诠，王华荣. 沙生植物主要病虫害及其天敌昆虫名录[J]. 宁夏农学院学报，1991(1)：37-47.
山东省中药材病虫害调查研究组. 北方中药材病虫害防治[M]. 北京：中国林业出版社，1991.
社新华. 栀子卷叶螟的研究[J]. 中药材，1985，(3)：5-10.
沈立荣，庞阿土，郑子宽. 吴茱萸新害虫——桑白盾蚧初步调查[J]. 中药材，1992，(1)：3-4.
石新. 牛蒡害虫的预知与备防[J]. 农药市场信息，2007，(4)：32-33.
宋春平，刘素云. 侧柏种子银蛾生态学特性研究[J]. 河北林业科技，2008，(6)：27.
孙宝灵，马延年，贾国华，等. 木瓜主要病虫害防治技术[J]. 现代农村科技，2010，(11)：22-23.
孙礼秋，冯桂永，董存玉. 松实小卷蛾对侧柏球果为害及其防治[J]. 林业科技开发，1993，(1)：32-33.
孙世伟，苟亚峰，桑利伟，等. 胡椒丽绿刺蛾的发生及防治[J]. 热带农业科学，2009，29(4)：11-12.
孙耀武，黄春红，刘玲. 灰斑古毒蛾生物学特性及防治试验研究[J]. 现代农业科技，2008，(4)：73-75.
孙振国，王军，赵学坤，等. 牛蒡常见病虫害无公害防治技术[J]. 农业工程技术（温室园艺），2009，(6)：54-55.
覃蓉敏，陈君，徐常青，等. 化橘红害虫曲牙土天牛生物学特性初步研究[J]. 中国中药杂志，2008，33(24)：2887-2891.
谭建萍. 柴达木地区枸杞施肥及主要病虫害防治技术研究[D]. 西宁：青海大学硕士学位论文，2013.
唐基友. 罗汉果栽培病虫害防治研究（英文）[J]. 农业科学与技术，2013，14(3)：393-396.
唐养璇. 商洛山茱萸种植园害虫区系研究[J]. 商洛学院学报，2007，21(2)：60-62.
陶长银，石义初，阎光凡，等. 吴茱萸害虫及其天敌种类调查[J]. 中药材，1992，(3)：8-9.
田明武，李玉清，张会艳. 危害辽五味子主要害虫——康氏粉蚧流行规律调查研究[J]. 辽宁农业科学，2009，(4)：51-52.
田树良，田明武. 辽五味子康氏粉蚧防治技术[J]. 现代农业科技，2010，(12)：171.
王博. 侧柏常见病虫害及防治[J]. 中国农业信息，2015，(7)：46.
王健生，孙举勇. 柳蝙蛾生物学与生态学特性的初步观察[J]. 山东林业科技，1995，(4)：35-37.
王世伟，刘桂华，易飞，等. 云南主要药用植物病虫种类考察[J]. 云南农业科技，1988，(1)：3-11.
王天喜，和泉勇，刘敏，等. 铜绿丽金龟成虫对吴茱萸花序的为害及防治措施[J]. 中国植保导刊，2006，26(2)：30-31.
王先结，孙玉芳，汪阳耕，等. 瓜蒌主要害虫的防治技术[J]. 中国植保导刊，2000，20(2)：23.
王玉兰，李爱民，艾军，等. 女贞细卷蛾发生与防治的初步研究[J]. 特产研究，2000，22(1)：32-33.
王志友，黄爱斌，王帅，等. 五味子蒙古灰象甲的发生及防治[J]. 现代农业科技，2008，(24)：140，146.
吴福桢. 宁夏农业昆虫图志（第二集）[M]. 银川：宁夏人民出版社，1982.
吴福祯，黄荣祥，孟庆祥，等. 枸杞实蝇的研究[J]. 植物保护学报，1963，2(4)：389-398.
吴国新，姚方，刘少华. 伏牛山区山茱萸主要病虫害及防治研究[J]. 中国园艺文摘，2013，29(2)：185-186.
吴荣华，庄克章，唐汝友，等. 薏苡常见病虫害及其防治[J]. 作物杂志，2009，(3)：82-84.
吴时英，孙国英，王依明，等. 无花果桑天牛的发生和防治[J]. 上海农业科技，1997，(1)：29.
吴振廷. 药用植物害虫[M]. 北京：中国农业出版社，1995.

肖永良，王沫，王文乔，等. 日本龟蜡蚧在栀子上的发生规律及防治研究[J]. 中国中药杂志，2007，32(22)：2436-2438.
肖永良，王沫，王文乔，等. 栀子卷叶螟的发生规律及防治研究[J]. 中药材，2006，29(12)：1268-1270.
徐常青，刘赛，徐荣，等. 我国枸杞主产区生产现状调研及建议[J]. 中国中药杂志，2014，39(11)：1979-1984.
徐林波，段立清. 枸杞瘿螨的生物学特性及其有效积温的研究[J]. 内蒙古农业大学学报（自然科学版），2005，26(2)：55-57.
徐林波，刘爱萍，王慧. 枸杞负泥虫的生物学特性及其防治措施[J]. 中国植保导刊，2007，27(9)：25-27.
徐南昌，郎国良，刘立峰. 柑橘全爪螨发生规律及防治措施[J]. 中国植保导刊，2003，23(9)：22-23.
徐劭. 药用植物害虫—马兜铃凤蝶（*Pachliopta aristolochiae* Fabr.）的初步研究[J]. 河北农业大学学报，1983，(3)：9-11.
徐莹，张辽川. 新沂市侧柏毒蛾的发生规律及防治技术[J]. 现代农业科技，2013，(8)：116-119.
许彪，李英. 五味子的一种危险性害虫——康氏粉蚧[J]. 辽宁农业科学，2007，(6)：53.
许思学. 黄栀子咖啡透翅天蛾发生规律及防治技术初探[J]. 植保技术与推广，2003，23(12)：22-23.
许习英. 宣木瓜梨小食心虫发生与环境的关系及防治[J]. 安徽林业科技，2008，(6)：50.
许玉国，孙久胜. 五味子园中黑绒金龟子的发生规律及防治[J]. 特种经济动植物，2012，(6)：52-53.
薛永贵. 侧柏毒蛾生物学特性及防治[J]. 安徽农学通报，2008，14(15)：210.
严振，蔡岳文. 化橘红虫害防治[J]. 中药材，2003，26(7)：476-477.
杨宝山，张希科，曹兰娟，等. 银杏大蚕蛾生物学特性及防治技术[J]. 农药，2008，47(2)：153-154.
杨春生，朱淑芳，黄红云，等. 银杏超小卷叶蛾生物学特性、防治技术研究与示范[J]. 广西林业科学，2006，35(1)：14-17.
杨光. 佛手“两病一虫”防治方法[J]. 农药市场信息，2017，(18)：56.
杨再学，李大庆，文西明. 吴茱萸主要病虫害发生特点及无害化治理技术[J]. 贵州农业科学，2004，32(3)：73-74.
姚春光，曹国军，金贵华. 梨小食心虫对木瓜危害的调查与防治[J]. 湖北林业科技，2006，(4)：44-49.
姚春光，王霞，肖红，等. 木瓜害虫桃蛀螟防治技术[J]. 湖北林业科技，2010，(3)：69.
叶江林，徐跃平，李新星，等. 栀子灰蝶的生物学特性观察[J]. 浙江林业科技，2010，30(3)：42-45.
叶玉珠，吴耀根，袁媛，等. 栀子三纹野螟生物学特性研究[J]. 中国森林病虫，2002，(4)：12-14.
尹健，熊建伟，孙万慧，等. 信阳栝楼 2 种主要害虫的初步研究[J]. 河南农业科学，2007，36(1)：51-53.
于百功，李献栋. 马兜铃凤蝶的发生规律及防治[J]. 中药材，1982，(3)：14-17.
于洁，贾文军，杨红娟，等. 灰斑古毒蛾生物学特性及防治措施[J]. 陕西林业科技，2007，(4)：124-125.
于晓飞，杨茂发，孟泽洪. 为害吴茱萸的叶蝉——新种（半翅目，叶蝉科，小叶蝉亚科）[J]. 山地农业生物学报，2012，31(2)：95-98.
余桂萍，高帮年. 银杏超小卷叶蛾生物学特性与防治[J]. 应用昆虫学报，2004，41(5)：475-477.
余欣，张礼维，陈曦，等. 黔西南州薏苡粘虫的危害习性及其气象影响因素[J]. 安徽农业科学，2016，44(23)：96-136.
张鸿. 基于马兜铃凤蝶樟树种群生物学特性的初步研究[J]. 现代园艺，2015，(13)：4-5.
张剑. 侧柏双条杉天牛防治技术[J]. 河北农业，2007，(7)：30.
张江涛，刘沛乐，刘晓峰，等. 山茱萸芳香木蠹蛾的发生和防治[J]. 世界科学技术：中医药现代化，2003，5(4)：66-68.
张倩，杨鹤，孙瑞红，等. 威海无花果产区粘虫暴发及防治[J]. 落叶果树，2012，44(6)：38-39.

张艳，付林巨，闫芳，等. 枸杞锈螨、实蝇、红瘿蚊生活史研究初探[J]. 内蒙古林业科技，2011，37(4)：54-56.

张震，赵任飞，郑倩，等. 五味子“三病三虫”的防治[J]. 新农业，2010，(11)：50.

张宗山，杜玉宁，沈瑞清. 枸杞木虱（*Paratrioza sinica* Yang et Li）有效积温和发育起点温度的室内测定[J]. 植物保护，2007，33(2)：67-69.

赵敬晔，段明华，惠彦文，等. 山茱萸蛀果蛾调查研究与防治（1977—1979 年）[J]. 陕西林业科技，1980，(1)：59-65.

浙江省《药材病虫害防治》编绘组. 药材病虫害防治[M]. 北京：人民卫生出版社，1974.

中国医学科学院药用植物资源开发研究所. 中国药用植物栽培学[M]. 北京：中国农业出版社，1991.

周亚奎，甘炳春，杨新全，等. 海南省槟榔红脉穗螟危害情况调查[J]. 中国森林病虫，2012，31(1)：20-21.

朱健，张秉贵，徐进才. 侧柏大蚜的发生及防治初报[J]. 陕西林业科技，1973，(9)：34-38.

朱妍梅，杜艳丰，梁海清. 新疆欧李主要病虫害发生情况调查初报[J]. 中国果树，2013，(1)：65-67.

Liu S, Li J, Guo K, *et al*. Seasonal phoresy as an overwintering strategy of a phytophagous mite[J]. Scientific Reports, 2016, 6: 25483.

第十五章　花类药材虫害

第一节　红花

Honghua

CARTHAMI FLOS

红花又名黄蓝、红蓝、红蓝花、草红花、刺红花及红花草，为菊科植物红花 *Carthamus tinctorius* L.的干燥花。全国有 25 个省（市、自治区）有分布，我国红花主产新疆、四川、云南、河南等地。红花是油药兼用作物，具有活血化瘀、祛痛通经等功效，现代医学已广泛用于预防和治疗心脑血管疾病。主要害虫有红花实蝇 *Acanchiophilus helianthi*、红花指管蚜、豌豆潜叶蝇、黄地老虎、警纹地老虎 *Agrotis exclamationis*、八字地老虎 *Xestia c-nigrum* 等。

一、红花实蝇

（一）分布与危害

红花实蝇 *Acanchiophilus helianthi* (Rossi)俗名花蕾蛆、钻心虫，属双翅目 Diptera 实蝇科 Tephritidae。分布于内蒙古、山西、河北、河南、江苏、北京等地。寄主植物有红花、白术、水飞蓟、矢车菊等菊科药用植物，对栽培红花为害最大，严重时花序被害率可达 90%。幼虫在寄主花序内取食幼嫩苞片、管状小花或幼嫩种子，一个花序内常有多头幼虫为害，虫粪留在花序内，使花序内部腐烂变黑，花序枯萎不易正常开花结实，或开花后早期凋谢，降低花和种子产量和质量。

（二）形态特征

成虫：雌虫体长约 7mm，雄虫约 4.5mm，体灰白色，密生白色短毛。复眼绿色，有虹色反光。胸部有 5 条灰色细线。腹部第 6 节稍长，产卵管黑色，鸭嘴形。翅前缘密生黑色刺毛，亚前缘室黄色，翅近前缘外端有灰色“山”字形花斑，足黄褐色。

卵：较小，细长形，两端尖，乳白色。

幼虫：末龄幼虫体长约 6mm，黄白色。腹端钝圆，后气门黄褐色，气门孔呈马蹄形排列。

蛹：长约 4mm，黑褐色，有光泽，围蛹。

（三）发生规律

1 年 4～5 代，以蛹在晚期寄主植物白术、小蓟等残株花盘内越冬。越冬蛹死亡率较高，一般在 90%以上。幸存越冬蛹于次年 4 月下旬至 5 月下旬羽化，第 1 代卵产于野生寄主小蓟及早播红花花序或生长点上，但数量很少，第 1 代成虫 5 月下旬至 6 月上旬出现；第 2

代卵主要产在红花上，幼虫为害期在 6 月中旬至 7 月中旬，其中 6 月下旬为害最甚；第 3 代幼虫为害期在 7 月中旬至 8 月中旬，此时红花种子已近成熟，主要为害矢车菊及白术等药用植物花序，7 月下旬为害较重；第 4、第 5 代幼虫为害期分别在 8 月下旬至 10 月上旬，主要在不同播期的白术、矢车菊及一些菊科杂草上辗转为害。10 月下旬第 4、第 5 代幼虫开始化蛹，所化蛹大部分羽化为成虫死亡，少数蛹留在寄主内越冬。

成虫白天活动较少，中午气温高时栖息隐蔽处，傍晚及夜间飞翔活跃。卵产于幼嫩花序上，个别产在红花嫩头及花茎处，造成茎叶受害。雌虫产卵每次数粒达 10 余粒。幼虫孵化后即钻入花序内为害，老熟后在其中化蛹，并羽化出成虫。气温在 24℃左右时，卵历期 3 天，幼虫历期 6～7 天，蛹历期 9 天，成虫寿命 4～5 天。

（四）防治措施

1. 农业防治　合理安排作物种植种类，避免红花、白术、水飞蓟、矢车菊等药用植物套种或轮作；冬季深翻，并注意清除寄主残株和田间杂草，杀死越冬蛹，减少虫源；红花宜适时早播，促使植株生长健壮，发育整齐，使花蕾期避开第 1 代实蝇成虫高峰期，可减轻为害；红花各品种间抗虫性不同，有刺红花品种较无刺品种抗虫性强，在实蝇为害严重地区可选用有刺红花品种。

2. 化学防治　4 月下旬用药剂拌土混匀撒施，消灭越冬代成虫；红花现蕾后随时进行田间检查，发现花蕾顶部呈现白色或发现成虫后，用药剂喷雾，每隔 7 天 1 次，共 2～3 次，注意在红花现蕾后，留足安全间隔期，以防农药残留污染。

（陈君　程惠珍）

二、红花指管蚜

（一）分布与危害

红花指管蚜 *Uroleucon gobonis* (Matslamura)又名牛蒡长管蚜 *Macrosiphum gobonis* Matsumura，属半翅目 Hemiptera 蚜科 Aphididae。国内分布于黑龙江、吉林、河北、宁夏、山东、河南、浙江、台湾等地。药用植物寄主有红花、牛蒡、白术、苍术及蓟属植物。多聚集在红花顶叶嫩茎部位吸食汁液，造成枝叶呈现黄褐色微小斑点，茎叶短小，分枝和孕蕾数减少，减产可达 50%以上（图 15-1）。

（二）形态特征

无翅孤雌蚜：体长约 3.6mm，体黑色，触角第 3 节有小圆形隆起，次生感觉圈 35～48 个。腹管长圆筒形，基部粗大，向端部渐细，基部有横纹，中部有瓦纹，端部有网纹。尾片圆锥形，有曲毛 13～19 根，并带有微刺。

有翅孤雌蚜：体长约 3.1mm，头、胸部黑色，腹部色淡，有黑色斑纹。触角约长于身体，第 3 节有小圆形隆起，次生感觉圈 70～88 个，分散于第 3 节全长，腹管楔形。

（三）发生规律

在我国东北 1 年 10 多代，以卵在牛蒡和蓟类等植株叶背、枝茎和接近土面的根基处越冬。次年春季卵孵化为干母后，开始孤雌生殖后代为害牛蒡，5月间有翅蚜向红花迁飞，一部分继续留在牛蒡上为害。在吉林，6月中旬大量发生为害，7月上中旬田间蚜虫出现第2个小高峰，以后数量随之减少。8 月下旬至 9 月上中旬，有翅蚜又从红花向牛蒡等越冬寄主迁飞，发生性蚜交配产卵越冬。

红花指管蚜有强烈的趋嫩绿习性。在红花营养生长期，绝大多数蚜虫群聚在红花植株的顶叶和嫩茎上。但是随着生长点生长停滞老化，陆续转移分散到植株中下部的叶背面取食。据观察，红花指管蚜在红花田内有两次产生有翅蚜迁飞分散过程，第 1 次在 6 月中下旬，红花孕蕾前后，第 2 次在 6 月下旬至 7 月上中旬，红花孕蕾后期至开花初期。

（四）防治措施

1. 农业防治　适期提早播种比迟播红花受蚜虫为害轻。在北方春播地区，3 月中下旬解冻后即可播种，南方秋播地区，应适时播种，保证苗全苗壮；春季合理施肥，提高红花耐害能力；红花和马铃薯间作能推迟蚜虫迁入红花田的时期，实行红花和马铃薯间作，是防治红花指管蚜的易行有效措施。

2. 生物防治　红花指管蚜常见的天敌种类有龟纹瓢虫、异色瓢虫、七星瓢虫、十三星瓢虫、大草蛉、小草蛉、食蚜蝇等。龟纹瓢虫 1 头成虫一昼夜取食蚜虫 35～49 头。1 头食蚜蝇幼虫取食蚜虫 25～30 头。在适宜的条件下，天敌能明显抑制红花指管蚜的种群数量和为害，应注意保护和利用。

3. 化学防治　红花苗期至孕蕾期受蚜虫为害最为严重，可选用适宜药剂喷雾防治。

（陈君　程惠珍）

三、豌豆潜叶蝇

（一）分布与危害

豌豆潜叶蝇 *Phytomyza horticola* Goureau 又名油菜潜叶蝇。国内除西藏、新疆、青海无报道外，其他各地均有发生。豌豆潜叶蝇药用植物寄主有红花、菊花、沙苑子、补骨脂、党参和苍耳等。幼虫钻入红花等寄主叶片组织中潜食叶肉，仅留上下表皮，形成迂回曲折的白色虫道，被害严重时，叶片虫道密布，枯萎早落，产量下降。

（二）形态特征

成虫：体长 2～3mm，翅展 5～7mm，全体暗灰色，疏生黑色刚毛。触角黑色，3 节，第 3 节近圆形，触角芒细长，无长毛。中胸灰黑色，有 4 对粗大的背鬃，小盾片三角形，后缘有小盾鬃 4 根。前翅半透明，稍有紫色闪光。雌虫腹部肥大，产卵器凸于体外，黑色，雄虫较瘦小。

卵：长椭圆形，长约 0．3mm，灰白色，略透明，表面有皱纹。

幼虫：共 3 龄，长形。

蛹：初蛹为淡黄色，后变灰褐色。

（三）发生规律

豌豆潜叶蝇 1 年发生的世代数因分布地区不同而异。华北 1 年 5 代，淮河、长江流域

1年8～13代，广东1年可发生18代。在北方地区，以蛹在油菜、豌豆和苦荬菜叶片组织中越冬。长江以南和南岭以北地区以蛹越冬为主，也有少数以幼虫或成虫越冬。华南地区可周年发育繁殖，无休眠或滞育现象。

在江苏、浙江等省，越冬代成虫3月盛发，第1代成虫发生在4月上旬，第2代成虫发生在4月下旬，以后世代重叠。各虫态历期：卵期在春季为9天左右，夏季为4～5天，幼虫期5～15天，蛹期8～21天，成虫寿命7～20天。豌豆潜叶蝇早春主要为害豌豆、油菜等，以后迁移到红花等药用植物上为害。红花在开花前受害最重。

成虫活跃，白天活动，吸食糖蜜和叶片汁液作为补充营养，产卵繁殖。雌虫产卵在嫩叶上，产卵时以产卵器刺破叶边缘下表皮，然后产1粒卵于刺伤处，产卵处叶面呈灰白色的小斑点。每雌可产卵50～100粒。幼虫孵化后，从叶缘向内取食，穿过叶膜组织，到达栅栏组织。取食叶肉，残留上下表皮，造成白色弯曲隧道。随幼虫长大，隧道盘旋伸展，逐渐加宽。幼虫老熟后在隧道末端化蛹，化蛹时，将隧道末端表皮咬破，使蛹的前气门与外界相通，以便成虫羽化。由于这种习性，在蛹期喷药也有一定的效果。

温度对豌豆潜叶蝇的发生和为害有显著影响。各虫态适宜比较低的温度，成虫发生的适宜温度为16℃～18℃，幼虫适温区在20℃左右。高温对其不利，超过35℃不易生存。因此，夏季气温升高，是幼虫、蛹自然死亡增多的重要原因。

（四）防治措施

1. 农业防治　结合田间管理，清除杂草和摘除红花等药用植物基部有虫道老叶，可杀死部分虫蛹；在成虫盛发期，可用3%的红糖液或甘薯、胡萝卜煮出液，加高效低毒化学药剂制成糖毒液，在田间点喷数次，诱杀成虫。

2. 生物防治　豌豆潜叶蝇主要天敌种类有潜蝇茧蜂、蚜小蜂和黑卵蜂等，对其种群数量有一定的控制作用。应注意保护和利用。

3. 化学防治　红花叶片初见有幼虫潜痕时，如果虫量大，对被害叶片喷施内吸性药剂防治。

（陈君）

第二节　辛夷

Xinyi

MAGNOLIAE FLOS

辛夷为木兰科植物望春花 *Magnolia biondii* Pamp.、玉兰 *Magnolia denudata* Desr.或武当玉兰 *Magnolia sprengeri* Pamp.的干燥花蕾。具散风寒、通鼻窍之功效。分布于湖北、安徽、浙江、福建一带，野生较少，在山东、四川、江西、湖北、云南、陕西南部、河南等地广泛栽培。产于河南及湖北者质量最佳，销全国并出口。安徽产品集中安庆，称安春花。望春玉兰主产河南南召县，产量占全国辛夷总产量的一半以上。常见害虫有辛夷卷叶象甲 *Cycnotrachelus* sp.等。

一、辛夷卷叶象甲

（一）分布与危害

辛夷卷叶象甲 *Cycnotrachelus* sp.属鞘翅目 Coleoptera 象甲科 Curculionidae。该虫在我国仅分布于河南省南召、鲁山县的“河南辛夷”产区，为害木兰属中的望春玉兰、腋花玉兰、河南玉兰、伏牛玉兰及其变种、栽培变种，以成虫为害植株长萌壮枝新形成的健叶。叶片被害率达 5%～10%，严重影响其产量和质量。

（二）形态特征

成虫：雄成虫体长约 19mm，雌成虫体长约 13mm，体深棕色，具光泽。头延伸成倒椭圆状“喙”。咀嚼式口器，生于头管顶端。触角 8 节，复眼 1 对，黑色。前翅角质，坚硬，达于腹末，鞘翅背缝合线明显，翅面上密布小刻点，前翅基部呈直角三角形，中、后部刻点连成纵条纹。小盾片半圆形，黑褐色，具光泽，疏被毛。腹部腹板 5 节，黑褐色或黑棕色。雌虫跗节 3 节，密被棕黄色毛。

卵：直径 1～1.5mm，椭圆状卵形，胶质状，半透明，米黄色。

幼虫：象甲形，乳白色，肥胖弯曲，口器棕褐色。

蛹：裸蛹。

（三）发生规律

1 年 1 代。以蛹在土中蛹室内越冬。5 月下旬成虫出现，5 月下旬至 7 月下旬为成虫出土羽化盛期。成虫羽化出土与天气的关系极为密切，天气晴朗时，10～50 分钟爬出，在阳光处取暖，10～20 分钟展翅飞翔；如遇阴雨天气，则留在蛹室内，长达 7 天。成虫出土后，飞于树上新成形的健叶处，交尾、产卵。以 14～15 时为交尾产卵和为害盛期。产卵前，雌成虫先用嘴咬伤主脉，并用足割裂基部叶片呈倒“V”形，叶片萎蔫后，产 1 粒卵于叶端，将叶片对折，卷成叶卷后，再寻找新叶进行为害。被卷叶片 1～3 天萎蔫落地，卵在叶卷内孵化，幼虫在叶卷内取食、生长，后钻出叶卷，入土为害杂草等幼根。6 月中旬至 9 月上中旬老熟幼虫入土作室化蛹越冬。雌成虫飞翔能力强，喜无风、晴朗天气，在树冠上部或树外围处活动；阴雨天气活动能力减弱；成虫有趋光性。

辛夷卷叶象多发生在海拔 600m 以下的浅山地区纯林中，很少为害孤立木；成林中以纯林受害较重，混交林中为害较轻；纯林中以渠边、阴坡土壤湿润处为害严重，阳坡土壤干燥处的林分很少发生；同株树上长萌壮枝新成形的健叶受害重，短枝、弱枝上叶受害轻。

（四）防治技术

1. 农业防治　清除林地杂草、灌木，成虫产卵叶脱落期及时清扫带卵落叶并集中灭杀；在林地地面铺设薄膜或除草布，阻隔成虫出土或幼虫入土。

2. 化学防治　带卵叶落地后幼虫孵化期喷施药剂，杀死初孵幼虫。

（陈君）

第三节　玫瑰花
Meiguihua
ROSAE RUGOSAE FLOS

玫瑰花为蔷薇科多年生灌木玫瑰 *Rosa rugosa* Thunb.的干燥花。具行气解郁、和血、止痛之功效。玫瑰原产我国华北及日本和朝鲜。分布于亚洲东部地区、保加利亚、印度、俄罗斯、美国、朝鲜等地。我国分布于北京、江西、四川、云南、青海、陕西、湖北、新疆、湖南、河北、山东、广东、辽宁、江苏、甘肃、内蒙古、河南、山西、安徽和宁夏。常见害虫有玫瑰多带天牛 *Polyzonus fasciatus*、玫瑰三节叶蜂 *Arge pagana*、玫瑰茎蜂 *Neosyrista similis*、玫瑰长管蚜 *Macrosiphum rosivorum*、二斑叶螨、朱砂叶螨、黑绒鳃金龟、铜绿异丽金龟、斜纹夜蛾、红棕灰夜蛾 *Polia illoba*、烟实夜蛾 *Helicoverpa assulta*、玫瑰巾夜蛾 *Parallelia arctotaenia*、黄刺蛾、二点叶蝉 *Cicadulina bipunctata*、玫瑰跳甲 *Altica* sp.、花蓟马 *Frankliniella intonsa*、白轮蚧 *Aulacaspis rosarum*、日本龟蜡蚧、吹绵蚧、蓑蛾等。

一、玫瑰多带天牛

（一）分布与危害

玫瑰多带天牛 *Poyzonus fasciatus* (Fabricius)又称黄带蓝天牛，属鞘翅目 Coleoptera 天牛科 Cerambycidae。主要分布于山东、山西、河北、湖北、吉林、内蒙古、甘肃、宁夏、陕西、江西、浙江、江苏、安徽、福建、广东等地，是玫瑰的重要蛀茎害虫。除为害玫瑰外，还为害黄刺玫、杨、柳、刺槐、竹、桉树、侧柏、酸枣、菊科及伞形科植物。该虫以幼虫钻蛀玫瑰枝条及其根部，致使植株衰弱，连续几年受害，造成植株死亡。据在山东省平阴县玫瑰花生产基地调查，有虫株率达 10.2%～82%，死亡率达 5%～67.8%，严重影响玫瑰生长。

（二）形态特征

成虫：雌虫体长 14.4～19.3mm，雄虫体长 11.6～18.5mm；蓝黑色的鞘翅中央有两条明显的黄色横带，在每条横带上有 4 条平行的银白色纵线。

卵：扁椭圆形，长 2.9～3mm。

幼虫：老熟幼虫体长 17.2～32.6mm，黄色，前胸背板突出，乳白色，方形，前缘密生红褐色短毛。

蛹：长 13.2～20.4mm，淡黄至深黄色。

（三）发生规律

在山东 2 年发生 1 代，少数 3 年 1 代，以完成胚胎发育的幼虫在卵壳内或以老熟幼虫在蛹室内越冬。3月中旬，当玫瑰开始萌芽时开始活动，先蛀食韧皮部，后蛀入木质部，并螺旋式地向枝条顶端蛀食。4月中旬，被害枝条萎蔫，并开始出现黄白色粉末状虫粪。随虫龄增加，食量加大，不断加深拓宽虫道，上下来回蛀食，虫粪由枝条下端的排粪孔排出。6月上旬，被害枝条基本蛀空后，开始转入根部为害。幼虫蛀食根部极为迅速，7 月上旬根部被蛀长度可达 33～65cm，所蛀虫道光滑，虫粪全部由根茎处的排粪孔排于地面。7 月中旬老熟幼虫回蛀到根茎部，并把虫粪排入蛀道内，7 月下旬开始封闭蛀道上端，做 4～18cm 长的蛹室越冬。至 8 月下旬幼虫全部越冬。

幼虫翌年 6 月上旬开始化蛹。6 月下旬达到化蛹高峰，约 7%的幼虫需待隔年化蛹。蛹期 13～18 天，平均 14～15 天。成虫 6 月下旬开始羽化，7 月上旬达羽化高峰。羽化成虫需在蛹室内停留 10～15 天，最长可达 29 天方出蛹室。7 月下旬为成虫出现高峰。成虫爬出蛹室后即可交尾，雌雄均能多次交尾，成虫必须取食花蜜补充营养，否则虽交尾，亦不易产卵。成虫喜欢在晴朗无风的白天活动，阴雨天和夜晚多静伏不动，成虫 10～12 时和 15～18 时最为活跃，受惊时能放出浓郁的芳香气味，成虫对蜜源植物的趋性比较强烈，具有群集习性，略有趋光性，飞翔力较强，达 30m。雌雄性比 1∶1。雌成虫寿命 40～51 天，雄成虫 35～47 天。成虫活动期在 7 月下旬至 8 月下旬。成虫交尾 3～7 天后，选一二年生的玫瑰枝条基部 1～6cm 的向阳面开始产卵，每雌可产卵 13～28 粒。在野外 7 月中旬始见初产卵，8 月中旬为产卵盛期。卵单粒散产，粘贴在枝条表皮光滑处，一般每个枝条上只产 1 粒。卵经 8～10 天完成胚胎发育，但不孵化，而是以此虫态在卵壳内越冬。

（四）防治措施

1. 农业防治　清除玫瑰园周边的蜜源植物，进行根际培土、除草和更新修剪，减少成虫补充营养的机会，降低产卵量。

2. 生物防治　该虫的主要天敌有广喙蝽、蚂蚁和蠼螋。广喙蝽主要刺吸成虫，蚂蚁和蠼螋主要咬食初产卵。管氏肿腿蜂对玫瑰多带天牛有较好的控制作用，其田间扩散有效距离为 25m，可在天牛幼虫期田间释放管氏肿腿蜂。

（程惠珍　陈君）

二、玫瑰三节叶蜂

（一）分布与危害

玫瑰三节叶蜂 *Arge pagana* Pnazer 又称月季叶蜂，属膜翅目 Hymenoptera 三节叶蜂科 Argidae。国内分布于北京、上海、浙江、广东、山东等地；国外分布于朝鲜、蒙古、日本及欧洲（除北部边缘）。近年来，该虫在山东平阴县玫瑰花产区的玫瑰、月季、蔷薇上为害渐趋严重。其幼虫食害叶片，严重时将叶片全部食光（图 15-2a）。成虫在嫩梢上产卵，造成嫩枝折断枯死，严重影响玫瑰花的产量。

（二）形态特征

成虫：雌蜂体长 7.5～10.6mm，翅展 16.7～19.9mm；雄蜂体长 7.3～9.1mm，翅展 14.3～19.8mm。头、胸及足黑色，有光泽；腹部黄色，腹部背面一部分黑色。触角黑色，鞭状，由 3 节组成，雄蜂第 3 节长于胸部；雌蜂第 3 节向端部加粗。翅黑色半透明，翅痣圆形，黑色（图 15-2b）。

卵：长椭圆形，长径 1.1～1.8mm。初产褐黄色，孵化前半透明，浅黄褐色。

幼虫：老熟幼虫体长 1.6～23mm。初孵幼虫淡黄褐色，头壳褐色。2 龄后体为绿色，头壳黑色。3 龄后体色由绿变黄色，至老熟时体为黄色。幼虫胴部各节有 3 条横向黑色带。胸足 3 对，腹足 6 对。

茧蛹：茧椭圆形，浅黄色，薄丝质，分内外两层，长约 9.6mm，宽约 5.1mm。离蛹，浅黄色，长 6.9～8.8mm。复眼黑色，近羽化时除腹部外，均为黑色。

（三）发生规律

在山东省平阴县 1 年 4 代，以老熟幼虫在寄主根部周围土壤中做茧越冬。翌年 3 月中旬气温达到 7.8℃时，越冬幼虫开始化蛹，4 月中旬越冬代成虫羽化，直至 5 月中旬结束。第 1 代成虫于 5 月下旬至 7 月上旬出现；第 2 代成虫于 7 月上旬至 8 月下旬出现；第 3 代成虫于 8 月中旬至 10 月上旬出现；9 月中旬以后第 4 代老熟幼虫陆续下树入土做茧越冬。10 月气温下降时，有部分未老熟幼虫亦下树入土做茧越冬，但这部分幼虫在越冬中大部分死亡，生存者也难化蛹。世代重叠。雌蜂寿命 3 天，雄蜂寿命 4.1 天，幼虫发育期 24 天，蛹前期 1～3 代均为 4～5 天，越冬代长达 5 个月。蛹期 11.5 天。卵期 13.6 天。

越冬代成虫羽化后，成虫咬破茧壳爬出地面，在树基处隐蔽静伏，5～6 小时后成虫开始爬到枝条上振翅，雄蜂在欲交配雌蜂体边多次起落后进行交尾。交尾时间长达 4～6 小时，交尾结束即产卵。产卵前，雌蜂不断在玫瑰、月季、蔷薇的幼嫩枝条间飞翔、爬行，当寻找到适宜的产卵部位时，静伏片刻后将产卵管刺入嫩枝皮内产卵。产卵时间持续 4～7 小时。产卵槽长 14～33mm，每槽着卵 20～52 粒。卵在槽内呈“八”字形排列。由于越冬代成蜂羽化时间较长，且雄蜂较少（雌雄比为 5∶1），有的雌蜂未交配即产卵，但这种卵不易孵化。成虫每天 10 时至 15 时最为活跃，1 次飞翔距离可达 8m。傍晚、早晨及夜间成虫均静伏于枝条基部，有时只做短距离爬行。初孵幼虫群集寄主叶片边缘取食，3 龄后分散取食。幼虫取食后用胸足固着于叶片上，腹部举起呈“S”形。第 1～3 代老熟幼虫在寄主根基落叶中作茧化蛹。越冬代老熟幼虫则全部在被害植物基部 2～4cm 深土壤中做茧越冬。

（四）防治措施

1. 农业防治　在成虫发生期，结合修剪将产卵枝条剪掉，集中烧毁清除虫源；在 3 龄前利用幼虫群集为害的特点摘除被害叶片，消灭幼虫。

2. 生物防治　玫瑰田间有中华大刀螂 *Tenodera sinensis* Saussure 大量捕食玫瑰三节叶蜂幼虫。1 头 3 龄中华大刀螂 1 次可捕食 3 龄叶蜂幼虫 5～7 头。一种大黑蚂蚁大量搬取由于枝条生长造成的卵槽开裂暴露的卵粒，搬取后的空卵槽率达 21%～43%。对这些天敌资源应进行保护，避免药剂对天敌造成伤害。

3. 化学防治　在成虫、幼虫发生期喷施适宜药剂进行防治。

（陈君）

三、玫瑰茎蜂

（一）分布与危害

玫瑰茎蜂 *Neosyrista similis* Moscary 为膜翅目 Hymenoptera 茎蜂科 Cephidae。分布于北京、河北、新疆、江苏、浙江、上海、福建、四川等地。寄主植物为玫瑰、月季、蔷薇、十姊妹等。主要为害月季、玫瑰的茎干，造成枝条枯萎，影响其生长和开花。此虫主要为害当年从地下萌生的新枝，幼虫钻蛀茎髓取食，致使嫩梢萎蔫，叶片脱落，干枯死亡，玫瑰新枝减少，自然更新缓慢，开花少。在新疆乌鲁木齐市区有虫株率平均为 16.5%，萌生的新枝有虫枝率为 45%。严重的常从蛀孔处倒折，损失较大。

（二）形态特征

成虫：体长 16～20mm，翅展 20～25mm，体黑色，翅茶色，半透明，常有紫色闪光。触角丝状，基节淡黄色，其余黑色，单眼 3 个，淡黄绿色，复眼前下方各有一长圆形黄斑，上唇两侧黄色，后胸背板后缘中央有 1 三角形淡黄斑；第 1～2 腹节背板两侧黄色。第 6 腹节基部 1/2 赤褐色，第 1 腹节的背板外露一部分。腹末尾刺长约 1mm，两旁各具 1 短刺。产卵器呈不规则锯齿状。

卵：扁梨形，稍弯曲，长约 1.2mm，宽约 0.7mm，乳白色。

幼虫：老熟幼虫体长 15～20mm，宽约 2mm，乳白色，头部浅黄色，胸部稍隆起，足退化，各体节侧面突出，形成扁平的侧缘，尾端具褐色尾刺 1 根。

蛹：裸蛹，纺锤形，棕红色，长 15～18mm，初蛹体乳白色，复眼棕红色，近羽化时体呈黑色。

（三）发生规律

在北京 1 年发生 1 代，以幼虫在受害枝条内越冬。翌年 4 月，幼虫开始为害，4 月底幼虫老熟后在枝条内化蛹。5 月上中旬柳絮盛飞时，成虫开始羽化、交尾，喜把卵产在当年生枝条嫩梢处，一般每个嫩梢上产 1 粒卵，该虫尤其喜欢把卵产在从地面新萌生的较粗壮的嫩梢上。5 月中下旬，玫瑰、月季盛花期，初孵化幼虫从嫩梢钻进枝条的髓部，把髓部蛀空，造成受害枝条萎蔫、干枯，以后尖端变黑下弯。秋季钻至枝条地下部分或钻进上年生较粗的枝条里作薄茧越冬。

在乌鲁木齐和石河子地区以幼虫在玫瑰茎基部越冬。翌年 5 月上旬开始化蛹，5 月中旬末羽化、交尾、产卵，5 月下旬出现幼虫，10 月幼虫开始越冬。成虫寿命 3～7 天。雌虫喜在当年萌生枝条上距梢头 5～10cm 的叶柄基部下方产卵，平均每枝条产卵 2～4 粒。卵期 5～6 天。幼虫共 6 龄。老熟幼虫在茎基部蛀一个长 6.5～17.8cm 的洞穴入内越冬、化蛹。蛹期平均 12 天。成虫羽化后在洞穴顶端凹陷处咬一个长圆形、直径 2.5～3.0mm 的羽化孔，羽化孔距地表 5～10cm。

（四）防治措施

1. 农业防治　结合玫瑰夏、冬两次修剪整枝，将有虫枝条剪除，集中销毁；5～6 月发现萎蔫枝条立即剪除，消灭枝内幼虫。

2. 生物防治　该虫的天敌有金小蜂等幼虫及蛹的寄生蜂，寄生率高达 50%左右，注意保护利用。

3. 化学防治　越冬代成虫羽化初期及卵孵化盛期及时喷施适宜药剂防治。

（陈君）

第四节　金银花

Jinyinhua

LONICERAE JAPONICAE FLOS

忍冬 *Lonicera japonica* Thunb.又名金银花、二花、双花、老翁须、通灵草、鸳鸯花等，是忍冬科多年生半常绿缠绕性灌木。有清热解毒、消炎祛肿等功效。除黑龙江、内蒙古、宁夏、青海、新疆、海南和西藏外，全国各地均有分布。以山东、河南为主产地。常见害虫有咖啡脊虎天牛 *Xylotrechus grayii*、木瓜星天牛 *Anoplophora chinensis*、黑翅筒天牛 *Nupserha infantula*、中华锯花天牛 *Apatophysis sinica*、金银花尺蠖 *Heterolocha jinyinhuaphaga*、豹纹木蠹蛾 *Zeuzera leuconotum*、榆木蠹蛾 *Holcocerus vicarius*、柳干木蠹蛾 *H. vicarius*、芳香木蠹蛾、锈胸黑边天蛾 *Hemaris staudingeri*、忍冬细蛾 *Phyllonorycter lonicerae*、点玄灰蝶 *Tongeia filicaudis*、棉铃虫、小地老虎、胡萝卜微管蚜、中华忍冬圆尾蚜 *Amphicercidus sinilonicericola*、金银花叶蜂 *Arge similis*、铜绿异丽金龟、黄褐异丽金龟 *Anomala exoleta*、黄足黑守瓜 *Aulacophora lewisii*、桃粉蚜 *Hyalopterus amygdali*、小地老虎、白粉虱等 50 余种害虫。

一、胡萝卜微管蚜

（一）分布与危害

胡萝卜微管蚜 *Semiaphis heracleid* (Takahashi)又名芹菜蚜，属半翅目 Hemiptera 蚜科 Aphididae。国内分布于广东、广西、重庆、湖南、四川、北京、河北、安徽、山东、吉林、辽宁、福建、云南、新疆等地。国外分布于朝鲜、俄罗斯、日本、印度尼西亚、印度及美国（夏威夷）等。胡萝卜微管蚜寄主广泛，主要为害金银花等忍冬属和白芷、当归、防风、茴香等伞形科药用植物。该虫是为害山东金银花的优势种害虫，其若蚜、成蚜刺吸为害金银花嫩梢、嫩叶、花蕾，导致叶片卷缩发黄、花蕾畸形，为害率平均 38.31%，最高达 91.37%。同时，该虫分泌的蜜露导致煤烟病，影响金银花植株的光合作用及其产量和品质（图 15-3）。

（二）形态特征

无翅孤雌蚜：体长约 2.1mm，黄绿色或土黄色，被薄粉。触角上有瓦皱，各节有短尖毛。腹管短而弯曲，无瓦纹。尾片圆锥形，中部不收缩，有微刺状瓦纹，上有细长曲毛 6～7 根。

有翅孤雌蚜：体长约 1.6mm，黄绿色，有薄粉，触角第三节很长，翅脉正常，腹管无缘突，尾片有毛 6～8 根，其他特征与无翅蚜相似。

卵：圆形，初产时为绿色，数日后变为亮黑色。

（三）发生规律

1 年 10～20 代，以卵在金银花等药用植物和其他植物上越冬。在山东平邑 4 月中下旬开始发生，5 月是发生盛期，此时正值金银花头茬花的采收期，对金银花的产量和质量影响很大。在四季花和大毛花 2 个不同品种上的发生时间及为害程度不同，在四季花上 5 月 2 日蚜虫数量增长迅速，5 月 9 日达到发生高峰期，每枝条虫口数量最多可达 280 头；大毛花上 5 月 7 日虫量快速上升，5 月 16 日达到最高峰，每枝条虫口数量最多达 150 头。蚜虫在四季花品种上的发生高峰期较在大毛花品种上早 7 天，发生量较后者多近 1 倍。5 月下旬开始下降，6 月初逐渐迁飞到第 2 寄主即夏季寄主伞形科植物，10 月迁回第 1 寄主金银花等越冬寄主上产卵越冬。

胡萝卜微管蚜为乔迁型的蚜虫，寄主植物多，其第 1 寄主即越冬寄主为金银花、黄花、忍冬、金银木等，4～5 月严重为害金银花等；第 2 寄主即夏季寄主为芹菜等多种伞花科植物，5～7 月严重为害北沙参、当归、防风、白芷等伞形花科药用植物；10 月产生有翅性母和雄蚜，从伞形科植物迁飞到越冬寄主金银花上雌雄交配产卵越冬；北沙参是胡萝卜微管蚜的中间寄主，同时又是其越冬寄主。越冬卵附着在枯叶的正反面、叶柄、叶腋及心叶等处过冬。在河北省，越冬卵最早在 3 月初开始孵化，并一直延续到 3 月下旬。干母完成一个世代为 21～24 天。4 月下旬胡萝卜微管蚜完成一个世代为 7～10 天，次年首先在金银花上发生，5 月是金银花蚜虫为害盛期。5 月中下旬，由于温湿度和食料利于蚜虫的生长发育，完成 1 世代仅 5 天左右。

（四）防治措施

1. 预测预报　不同金银花品种间胡萝卜微管蚜的发生期和发生量存在差异，该虫在四季花品种上发生时间早，发生量较大，可作为胡萝卜微管蚜预测预报的田间调查品种。

2. 生物防治　田间胡萝卜微管蚜有瓢虫、草蛉、食蚜蝇、蚜茧蜂等天敌昆虫，应注意保护和利用。

3. 化学防治　在金银花等越冬寄主上，在越冬卵完全孵化，幼叶尚未蜷缩时进行药剂防治；在北沙参、当归等伞形科药用植物上，要在蚜虫发生高峰期之前，植株受害尚未卷叶时施药；在药用植物花期，要选用高效、低毒、低残留的药剂，以免造成药害，减少农药在中药材中的残留。

（郭昆　史朝晖　程惠珍）

二、咖啡脊虎天牛

（一）分布与危害

咖啡脊虎天牛 *Xylotrechus grayii* (White)又名咖啡虎天牛，属鞘翅目 Coleoptera 天牛科 Cerambycidae。国内分布于广西、福建、台湾、四川、河南、江苏、山东、甘肃等地。为害咖啡和多种林木。在山东发现普遍严重为害金银花，尤以 10 年以上的植株受害较重，被害株率达 90%～100%，5 年以下植株受害较轻。以幼虫钻入植株茎秆木质部取食，被害植株生长衰弱，枝条枯萎，叶片发黄，新枝短小，产量低。连续多年受害，植株枝条大量干枯，甚至成片金银花死亡（图 15-4a）。

（二）形态特征

成虫：体长 9.5～15mm，体黑色，头顶粗糙，有颗粒状纹。触角约为身体的一半，末端 6 节有白毛，前胸背板隆起似球形，背面有黄白色毛斑点 10 个，腹面每边有黄白色毛斑点 1 个。鞘翅栗棕色，上有较稀白毛形成的曲折白线数条，鞘翅基部略宽，向末端渐狭窄，表面分布细刻点，后缘平直。中后胸腹板均有稀散白斑，腹部每节两边各有 1 个白斑。中足、后足腿节及胫节前端大部呈棕红色，其余为黑色（图 15-4e）。

卵：椭圆形，长约 0.8mm，初产时为乳白色，后变为浅褐色（图 15-4b）。

幼虫：体长 13～15mm，初龄幼虫浅黄色，老熟后色稍加深（图 15-4c）。

蛹：为裸蛹，长约 14mm，浅黄褐色（图 15-4d）。

（三）发生规律

1 年 1 代，以成虫和幼虫在寄主枝干内越冬，其中以成虫为主要越冬虫态。越冬成虫次年 4 月中旬咬穿金银花枝干表皮，出孔活动，雌虫产卵盛期为 4 月下旬至 5 月上旬，幼虫发生期为 5 月上旬至 8 月，8 月下旬至 9 月上旬老熟幼虫化蛹，9 月上中旬成虫陆续羽化，留在虫道内越冬。越冬幼虫一般于次年 4 月下旬至 5 月中旬化蛹，5 月中下旬成虫羽化，6 月上中旬成虫外出活动、产卵，幼虫 6 月底至 7 月初孵化并钻蛀为害，老熟后留虫道内以幼虫越冬。

成虫羽化后在寄主枝干内隧道中停 15～18 天，或经越冬后由出孔爬出。成虫一般在白天活动，在寄主枝条上爬行，或作短距离飞行，趋糖醋液，但无趋光性。雌雄虫可连续多次交尾，交配次日雌虫开始产卵。每雌产卵 38～95 粒，平均 66 粒。卵散产或数粒成排。产卵时，成虫选择直径在 1cm 以上有老皮的金银花枝条，先用上颚咬破枝条老皮，后用针状产卵管将卵产于伤痕处老皮下。卵历期 6～8 天。幼虫孵化后先在木质部表面蛀食，体长至 3mm 左右时开始向内部钻入，形成迂回曲折的虫道，虫粪、木屑存在虫道内，枝干表面无排粪孔。老熟幼虫化蛹前，先在金银花枝条上咬成一圆形羽化孔，但不咬穿韧皮部，以最后的蛀道作蛹室化蛹。在 5 月蛹期为 20～28 天，在 8～9 月蛹期为 13～21 天。

（四）防治措施

1. 农业防治　及时更新多年受害、长势衰弱的金银花植株，清除枯萎有虫枝条，人工捕捉幼虫，减少虫源。

2. 生物防治　咖啡脊虎天牛的天敌赤腹姬蜂。对其幼虫的自然寄生率为 27%；管氏肿腿蜂自然条件下发生率很低，人工大量繁殖后田间释放，对幼虫或蛹的寄生率可达 70%～80%，连续释放可有效压低天牛数量。

3. 化学防治　5 月上旬和 6 月下旬，初孵幼虫尚未蛀入枝干木质部前，用适宜药剂喷雾于金银花主枝上，连续 2～3 次，杀死初孵幼虫。选择适宜农药种类和施药时期，最大限度地保护天敌免受伤害。

（陈建民　程惠珍）

三、金银花尺蠖

（一）分布与危害

金银花尺蠖 *Heterolocha jinyinhuaphaga* Chu 属鳞翅目 Lepidoptera 尺蛾科 Geometridae。国内分布于山东、浙江等地。主要为害金银花。低龄幼虫在叶背啃食叶肉，使叶面出现许多透明小斑。3 龄后蚕食叶片，使叶片出现不规则缺刻，5 龄幼虫进入暴食阶段。为害严重时可把整株金银花叶片和花蕾全部吃光，只剩枝条，若连续危害 3～4 年，可使植株干枯而死。造成当年和次年金银花严重减产（图 15-5）。

（二）形态特征

成虫：雄蛾体长 10～11mm。触角双栉齿状，雌蛾体长 9～10mm，触角丝状。体色有季节二型，春型（越冬代成虫）为灰褐色；夏型（第 2 代成虫）为杏黄色，但在第 2 代成虫中，有少数个体表现为春型。前翅前缘略拱，外缘较直，内线为紫棕色，略呈波浪形，内线以内的翅基部色较深，外线为一紫棕色宽带。前翅中室中部有一紫棕色圈，前缘顶角旁有一紫棕色斑，下连外线。后翅中线明显，紫棕色。前后翅反面斑纹全显，且较显紫褐色。

卵：椭圆形，底面略平，长约 0.7mm，宽约 0.5mm，初产时米黄色，渐变为红色，孵化前 1～2 天变为灰黑。

幼虫：共 5 龄。成熟幼虫体长 15～21.5mm，体黑褐色或灰褐色。头部黑色，冠缝、额上半部白色，单眼区上方内侧有“T”形白色纹，唇基白色透明。前胸黄色，有 12 个小黑斑，排成 2 横列。体线均为黄白色。腹部第 8 节后缘有 12 个黑点。臀板上有 1 个近圆形黑斑（图 15-5a）。

蛹：被蛹，纺锤形，长 10～13mm，初化蛹时为灰绿色，渐变为棕褐色，最后变为黑褐色，尾端具臀棘 8 根（图 15-5b）。

（三）发生规律

1 年 3 代，以蛹在植株下 1～2cm 表土内越冬。第 2 年 3 月下旬至 4 月上旬，日平均气温达 10℃以上时开始羽化。4 月中下旬为羽化盛期。第 1 代幼虫发生期为 4 月上旬至 6 月中旬，成虫为 6 月上旬至 7 月中旬。第 2 代幼虫发生期为 6 月中旬至 8 月中旬，成虫为 8 月上旬至 9 月上旬。第 3 代（越冬代）幼虫发生期为 9 月中旬至 11 月上旬，9 月中下旬老熟幼虫开始化蛹越冬。

成虫飞翔能力不强，一般飞行距离在 10m 以内，飞行高度在 2m 以下。白天一般不飞动，主要栖息在金银花植株中下部的枝叶上或植株基部的地面上，夜间栖息在植株上部的枝叶上，18 时以后开始飞行活动。成虫多在白天羽化，一般在羽化当晚和次日凌晨即能交尾。雌蛾一生交尾 1 次，个别交尾 2 次。雄虫一生能交尾多次。雌蛾不需补充营养，交尾 8 小时后即能产卵，未交尾的雌蛾也能产卵，但卵不易孵化。卵多数产于金银花的叶背和枝条上，成虫有弱趋光性，对糖醋液无趋性。成虫寿命，越冬代 6～14 天，第 1 代 2～5 天，第 2 代 5～12 天。卵期，第 1 代 13～18 天，第 2 代 8～9 天，第 3 代（越冬代）9～11 天。

幼虫共5龄。孵化后即分散觅食，初龄幼虫在叶背啃食叶肉，3龄幼虫开始蚕食，5龄后进入暴食期。幼虫白天取食，并且多数在早晨或傍晚，夜间很少取食。幼虫有转移为害的习性，5龄幼虫受惊时有假死性。幼虫老熟后即爬到地面，在地面下1～2cm的表土内及植株基部的枯叶内化蛹。少数在地面或石缝中化蛹。蛹无滞育现象。幼虫期，第1代25～30天，第2代25～31天，第3代（越冬代）41～55天。蛹期8～13天。金银花尺蠖为寡食性害虫，只取食与金银花同科的植物叶片。幼虫1年为害3次，第1代所造成的损失最大，直接关系到头茬花的产量，第2代较轻，第3代虫口密度最大，受害面积最广，对当年的产量影响虽小，但对第2年的发生影响很大。

（四）防治措施

1. 农业防治　冬季对金银花植株修剪，清除植株基部的枯叶，并浅耙花墩四周，使越冬蛹暴露于地面，人工消灭，减轻第2年为害；在各代蛹期人工捉蛹，也可减轻为害。

2. 物理防治　利用成虫的趋光性，每2～3.3hm^{2}安装频振式杀虫灯，减少成虫数量。

3. 生物防治　金银花尺蠖的天敌主要有：寄生卵的黑卵蜂，寄生幼虫、蛹的弧脊姬蜂和啮小蜂。弧脊姬蜂的寄生率较高为10%～20%。捕食性天敌有蚂蚁、鸟类等。注意保护和利用。在虫情不十分严重的情况下，用青虫菌或苏云金杆菌田间喷洒，可取得较好的防治效果。

4. 化学防治　在各代幼虫发生期及时喷药防治，可有效地控制金银花尺蠖的大发生。应注意在采花前10天停止用药，以减少农药残留，保证药材质量。

（陈君　徐常青）

四、豹纹木蠹蛾

（一）分布与危害

豹纹木蠹蛾 *Zeuzera leuconotum* Butler 属鳞翅目 Lepidoptera 木蠹蛾科 Cossidae。在我国主要分布在山东、云南、广东、广西、湖南、海南、台湾、福建、四川、江西等地。主要以幼虫钻蛀金银花、杜仲、核桃、桉树、荔枝、龙眼、柑橘、枇杷、番石榴、咖啡、相思树、木麻苹果 *Malus pumila*、石榴 *Punica granatum*、李 *Prunus salicina* 等树木，使枝条枯死，严重削弱树势。豹纹木蠹蛾是金银花的重要蛀茎性害虫。山东临沂地区金银花主产县均有发生，被害率达25%～60%，局部地区为害率高达80%，被害后金银花花墩生长势衰弱，抽出的新梢很短，不易现蕾，产量严重下降，连续几年被害后，花墩枯死。

（二）形态特征

成虫：雌蛾体长25～46mm，翅展55～68mm；雄蛾体长20～35mm，翅展35～40mm。头白色，虫体被灰白色鳞片，头部和前胸背板鳞片疏松，胸部背面有3对平行的蓝黑色斑点，腹部每节有蓝黑色宽横带，各具有8个大小不等呈环状排列具光泽的蓝黑色斑点（图15-6d）。翅上散生大小不等比较规则的蓝黑色斑点。前翅前缘、内缘、翅脉先端共有略呈圆形的黑斑27～29个，中室有较大的黑斑7～8个，其他各室均有近圆形黑斑3～13个，后翅翅脉边缘各有一蓝色斑，且颜色较深，其他部分斑点颜色较浅，中部有不规则的淡色黑斑。胫节、跗节黑蓝色。有光泽。雌蛾触角丝状，腹部末端钝圆，有长 3～4mm 黄色产卵管伸出。雄蛾触角基半部羽毛状，端半部丝状。

卵：椭圆形，长约 1mm，初产时橙黄色，后变淡红色，少数橘红色，近孵化时棕褐色。

幼虫：体长 30～50mm，初孵时褐色，后变赤褐色，预蛹期幼虫体黄白色（图 15-6b）。体节有黑色毛瘤，瘤上有白色细毛 1～2 根，大颚、头及前胸背板黑色，老熟时头淡赤褐色。前胸背板中央有一条纵走的黄色细线。后缘有一黑褐色突起，布满小齿突，前两排整齐，中间数齿较小。腹面色较淡。臀板及第 2 节基部黑色。

蛹：长 25～42mm，长筒形，化蛹初期淡褐色，后呈黄褐色，近羽化时每一腹节侧面出现 2 个圆形黑斑。背面有 1 灰黑色横条斑。头部顶端有 1 大齿突。末节背面有 1 排齿突，其余各腹节均有 2 圈横行排列的齿突，尾端有齿突 10 个（图 15-6c）。

（三）发生规律

在山东临沂地区 1 年 1 代，以高龄幼虫越冬，90%以上的幼虫在被害的金银花下部茎秆内越冬，少数在根部越冬。

4 月上旬幼虫取食为害。5 月上旬陆续化蛹，5 月下旬至 6 月上旬为化蛹盛期，6 月上旬开始羽化，6 月下旬为成虫羽化盛期，7 月上旬为幼虫孵化始期，7 月中下旬为幼虫孵化盛期。成虫期 3～5 天，卵历期 20～23 天，幼虫期 314～330 天，蛹历期 19～31 天。成虫大多在下午 4～8 时羽化，羽化时蛹壳遗留在羽化孔中，半截露于羽化孔外。成虫白天隐蔽在金银花叶片背面或枝条的中下部。夜间活动，有较强的趋光性。成虫羽化后的当天晚上即可交尾，交尾时间在夜间 1～2 时，交尾后 1～2 小时开始产卵，卵堆均产于金银花枝条上中部枝杈处，少则数粒，多则几十粒，成虫产卵量 250～300 粒。

低龄幼虫有群聚为害的习性，在野外调查，一墩金银花上曾达到 50 余头小幼虫。幼虫长到 10～15mm 即分散为害。此时幼虫迁移能力强，由枝条的上部逐渐向下部蛀食。幼虫有转枝为害的习性，转入新枝条为害的幼虫蛀入枝条后，在木质部和韧皮部之间绕枝条蛀一环，由于输导组织被破坏，枝条上端很快干枯，使金银花枝条遇风易折断。

（四）防治措施

1. 农业防治　加强田间管理，适时施肥、浇水，促使金银花植株生长健壮，提高抗虫力；收二茬花后，利用低龄幼虫群集为害的习性，结合 7 月下旬至 8 月上旬夏季修剪，剪掉有虫枝；冬季修剪要掌握旺枝轻剪、弱枝重剪、虫枝与徒长枝全剪的原则，做到花墩内堂清、透光好；清理花墩，及时烧毁残叶虫枝，冬季检查清除被害树木，并进行剥皮等处理，以消灭越冬幼虫；

2. 生物防治　保护利用天敌。据调查天敌有姬蜂、小蜂、小茧蜂等，对控制豹纹木蠹蛾有良好的作用。在 3 月中旬选择细雨天或阴天施用白僵菌，可使其为害率下降 48.4%。

3. 物理防治　在成虫发生期，采用黑光灯诱杀成虫。

4. 化学防治　7 月中下旬为豹纹木蠹蛾幼虫孵化盛期，是药剂防治的适期。选择适宜药剂喷洒枝干，重点喷洒主干的中下部、老皮的裂缝处，或先在花墩周围挖一个深 10～15cm 的穴，每墩浇灌药液，然后覆土压实；成虫羽化初期，产卵前利用白涂剂涂刷树干，可防产卵或产卵后使其干燥，不易孵化；幼虫孵化初期，可在树干上喷洒药液，当幼虫蛀入木质部后，可根据排出的新鲜虫粪找出蛀道，再用废布、废棉花等蘸取药液塞入蛀道内，并以黄泥封口。

（陈君　程惠珍）

五、榆木蠹蛾

（一）分布与危害

榆木蠹蛾 *Holcocerus vicarius* Walker 又名柳木蠹蛾、黑波木蠹蛾、金银花木蠹蛾等，属鳞翅目 Lepidoptera 木蠹蛾科 Cossidae。国内分布广泛，在东北、华北、华东、华中、华南、西南及台湾均有发生。寄主为数十种阔叶木本或藤本植物，其中药用植物寄主有金银花、丁香、山荆子、银杏等。幼虫钻蛀寄主植株枝干韧皮部和外层木质部为害，形成广阔而不规则的密集虫道，茎秆被蛀空，严重破坏植株的生理机能，阻碍植株内水分和养分的输导，致使植株长势衰弱，甚至整株枯死。为害金银花时，常造成枝条叶片变黄、脱落，新抽枝条短、叶小，植株长势衰弱，开花减少，严重的花枝大量干枯，全株枯死。榆木蠹蛾在各金银花产区均有不同程度发生，其中老产区发生较重。据报道，山东临沂地区 10 年以上的金银花植株被害率为 37%～52%，最高达 90%左右（图 15-7a）。

（二）形态特征

成虫：雌蛾体长 28～33mm，翅展 55～60mm；雄蛾体长 26～28mm，翅展 48～58mm。全体灰褐色。头小，复眼大，圆形，黑褐色；触角丝状，稍扁，灰褐色，约为前翅长度的一半。胸部背面毛丛显著，前胸后缘毛丛黑色，中胸盾片前、后缘毛丛均为白色，而小盾片毛丛为黑色。前翅灰褐色，密布黑褐色弯曲条纹，外横线以内，中室至前缘一带呈黑褐色。后翅浅灰色，无明显条纹；反面具褐色条纹，中部有一褐色圆斑。

卵：椭圆形，长约 1.2mm，卵表面有纵行隆脊，中间具横行刻纹。初产时乳白色，后渐变为浅灰色，孵化前是暗褐色。

幼虫：成熟幼虫体长 40～60mm。头部黑紫色，有不规则的细纹。前胸背板上有紫褐色斑纹 1 对，胸足黄褐色。胴部各节背板及体侧紫红色，有光泽，排列有黄褐色、稀疏整齐的短毛，气门围片深褐色（图 15-7b）。腹部腹面扁平，色稍淡，节间膜为黄褐色，腹足趾钩三序环状，臀足趾钩双序横带。

蛹：体长 27～38mm，暗棕褐色，稍向腹面弯曲。第 2～6 腹节背面各具 2 行刺列，前行较粗，后行较细；第 7～9 腹节背面只具前行刺列。腹末肛孔外围有齿突 3 对。

（三）发生规律

2 年发生1代，以不同龄期的幼虫在被害植株的主干、枝条内越冬。经 2 次越冬的幼虫于第 3 年 4 月中下旬开始活动，继续钻蛀为害，5 月下旬陆续在虫道内或寄主附近土中化蛹，6 月下旬至 7 月中旬多数成虫羽化，并很快产卵。7 月中下旬为幼虫孵化盛期。当年幼虫于 10 月中旬开始在虫道内越冬，次年 4 月中旬恢复活动。

成虫昼夜均可羽化，以傍晚 19～21 时为多。成虫发生始期和末期雄蛾居多，盛期雌蛾居多。成虫白天静伏于根际或枝干下，夜间活动，趋光性强，成虫羽化后当晚即可交配。

交配后，雌蛾沿树干爬行，寻找适宜场所产卵。卵多产于较粗枝干伤疤或树皮裂缝处。卵块产，排列紧密，每块 10～40 粒，少则 3～5 粒。每雌产卵 134～940 粒，平均 475 粒；雌虫寿命 4～5 天，雄虫寿命 3～4 天。卵历期 13～18 天，平均 15 天。幼虫 15～20 龄。初孵幼虫多群集取食卵壳及树皮；2～3 龄后在树干及粗枝上爬行，常三五头至数十头一起成群自树皮裂缝处侵入，蛀食蛀孔四周韧皮部形成片状或槽状虫道；5 龄后沿树干爬行到树根或主干基部，钻入木质部向下蛀食为害。幼虫老熟后多在寄主周围土中 3～11cm 处或原虫道内作茧化蛹。茧灰褐色，长 35～55mm，呈长圆筒形，一端较小。蛹期 26～40 天。羽化前蛹出茧，在土壤或虫道内向上蠕动，待蛹体前半部伸出土表或洞口后羽化，蛹壳一半留洞内或土内，一半外露。

（四）防治措施

1. 农业防治　榆木蠹蛾趋向为害长势衰弱的植株，幼虫多从旧虫孔、树皮裂缝或伤口等处侵入，故加强药用植物管理、防止机械损伤，使植株生长旺盛，可减少幼虫侵入。可结合修剪，去除虫枝、弱枝及徒长枝能起到减少虫害、提高产量的作用。

2. 物理防治　成虫盛发期用黑光灯诱杀，可显著减少田间卵量。

3. 生物防治　榆木蠹蛾的天敌有蠹蛾黑卵蜂、螳螂、螽蟖、白僵菌等。蠹蛾黑卵蜂为木蠹蛾专性卵寄生蜂，自然条件下，卵块寄生率 22.9%～91.7%，白僵菌自然寄生率可达 86.7%，应保护和利用这些自然资源。

4. 化学防治　在卵孵盛期，用药剂喷洒于枝中下部；幼虫蛀入木质部深处后，可用棉球蘸药液，塞入虫孔内，或将上述药液注入虫道内，外用泥土封口，毒杀幼虫；用药液在金银花植株基部灌浇。

（陈君　程惠珍）

第五节　菊花
Juhua
CHRYSANTHEMI FLOS

菊花 *Chrysanthemum morifolium* Ramat.为菊科多年生草本植物，以干燥头状花序入药，具有散风热、平肝明目之功效。药用菊花主要分布在浙江、安徽、河南、河北、山东、四川、江苏、湖北。药用菊花因产地和加工方法不同，分亳菊、滁菊、贡菊、杭菊、怀菊、济菊、川菊、祁菊八大主流产品。杭菊主产浙江、江苏、湖北；亳菊主产安徽亳州；滁菊主产安徽滁州；贡菊主产安徽歙县（徽菊）、浙江德清（德菊）；怀菊主产河南；祁菊主产河北；川菊主产四川；济菊主产山东。常见害虫有菊小长管蚜 *Macrosiphoniella sanborni*、桃蚜、棉蚜、菊天牛 *Phytoecia rufiventris*、菊瘿蚊 *Diarthronomyia chrysanthemi*、菊潜叶蝇 *Phytomyza syngenesiae*、大丽菊螟蛾 *Ostrinia nubilalis*、小地老虎、银纹夜蛾、斜纹夜蛾、棉大造桥虫 *Ascotis selenaria diarnia*、茶小卷叶蛾 *Adoxophyes orana*、白粉虱、绿盲蝽、短额负蝗、叶蝉、管蓟马、叶螨等。

一、菊小长管蚜

（一）分布与危害

菊小长管蚜 *Macrosiphoniella sanborni* 又名菊姬长管蚜 *Macrosiphum saborni*，属半翅目 Hemiptera 蚜科 Aphididae，是一种菊科植物专性害虫。分布于我国河北、山东、浙江、辽宁、河南、四川、贵州、广东和台湾等地。寄主植物有白术、菊花、艾、野菊等。常在菊花叶、茎上刺吸为害。春天菊花抽芽发叶时，群集为害新芽、新叶，致新叶难以展开，影响茎的伸长和发育；秋季开花时聚集在花梗、花蕾上为害，导致开花不正常（图 15-8a）。还可招致煤污病，传播 B 病毒（CVB）、菊脉斑病毒（CVMV）等病毒病。

（二）形态特征

无翅孤雌蚜：长约 1.5mm，纺锤形，赭褐色至黑褐色，具光泽。触角比体长，除 3 节色浅外，余黑色。腹管圆筒形，基部宽有瓦状纹，端部渐细具网状纹，腹管、尾片全为黑色（图 15-8b）。

有翅孤雌蚜：长约 1.7mm，体长卵形，触角第 3 节次生感觉圈为小圆形突起，15～20 个，触角长是体长的 1.1 倍，具 2 对翅。胸、腹部的斑纹比无翅型明显，腹管圆筒形，尾片圆锥形。尾片上生 9～11 根毛。

若蚜：若蚜胎生时色淡棕，随蜕皮次数增加，体色加深直至深红棕色。

（三）发生规律

1 年 10～11 代，南方温暖地区全年为害菊属植物，一般不产生有翅蚜，多以无翅蚜在菊科寄主植物上越冬。翌年 4 月菊、白术等药用植物发芽后，有翅蚜迁飞到植株上，产生无翅孤雌蚜，进行繁殖和为害，4～6 月为害重。6 月以后气温升高，降雨多，蚜量下降；8 月后蚜量略有回升；秋季气温下降，开始产生有翅雌蚜，又迁飞到其他菊科植物上越冬。

（四）防治措施

1. 生物防治　菊小长管蚜天敌有蚜茧蜂、食蚜蝇、瓢虫、草蛉、捕食螨等，田间尽量减少化学农药使用，保护利用天敌昆虫，发挥天敌控制作用。昆虫病原真菌球孢白僵菌 *Beauveria bassiana* 和玫烟色拟青霉 *Paecilomyces fumosoroseus* 对该蚜虫均有较高的毒力，在田间高湿度条件下可喷施孢子液防治。
2. 物理防治　有翅蚜发生期采用黄板诱杀有翅成蚜。
3. 化学防治　发生初期选用内吸性杀虫剂喷雾防治，可收到很好防效。

（陈君）

二、菊天牛

（一）分布与危害

菊天牛 *Phytoecia rufiventris* Gautier 又名菊小筒天牛、菊虎、菊髓天牛、菊吸天牛、蛀心虫等，属鞘翅目 Coleoptera 天牛科 Cerambycidae。国内主要分布在华北、华东、华南、西北等地区。主要为害菊花、紫菀、千叶蓍、白术、茵陈蒿等菊科药用植物。以幼虫蛀害菊花主茎，破坏输导组织。轻则植株生长迟缓，不易正常开花，重则主茎上部枯萎。其成虫喜啃食菊茎尖 10cm 左右处表皮，并用产卵器呈圈状将茎梢刺伤，致使上部茎梢失水下垂或折断枯死，不易正常生长、开花，甚至整株枯死（图 15-9a,b）。菊花受害率一般在 20%左右，严重时可达 50%以上，产量损失很大。

（二）形态特征

成虫：体长 6～11mm。圆筒形，头、胸和鞘翅黑色，被灰色绒毛，且具密集刻点（图 15-9e）。触角线状，12 节，与体等长，被稀疏灰色和棕色绒毛，下沿具稀疏缨毛。前胸背板刻点粗糙较密，中区有 1 个较大的略呈卵圆形的三角形红褐色斑纹。红斑内中央前方有一纵形或长卵形区，无点刻，且拱凸。鞘翅刻点较密，绒毛灰白色分布均匀，无斑点。腹部、各腿节（中足、后足腿节末端除外）前足胫节除外沿端部及中足、后足胫节基部外沿均呈橘红色。

卵：长 1.6～2.2mm，长椭圆形，两端尖细，淡黄色，表面光滑。

幼虫：成熟幼虫体长 12～18mm，长圆柱形。头黄褐色。前胸背板后部隆起，前区淡黄褐色，背中线乳白色，侧沟深褐色，斜向后缘，近后缘处有鱼鳞状小突起组成的斑。腹部淡黄色，腹部步泡突突出，中沟明显分成左右两叶，第 4～7 节背部隆起，腹末钝圆。臀节具较密的黄褐色刚毛，肛门 3 裂（图 15-9c，图 15-9d）。

蛹：长 7～10mm，离蛹。淡黄色至黄褐色，中胸、后胸中部有纵沟，第 2～7 腹节背面具黄褐色刺列。腹末平截，具多根黄褐色刺毛。

（三）发生规律

1 年 1 代，以幼虫、蛹或成虫在菊科植物根部越冬。其中幼虫占越冬总虫量的近一半，成虫和蛹约各占 1/4。成虫翌年 4 月开始为害，主要取食茎部表皮。5 月下旬成虫交尾产卵，幼虫孵化后，钻入茎内为害，逐渐向下方蛀食，8～9 月老熟幼虫在茎内化蛹。9 月中旬至 10 月中旬成虫羽化，并以成虫越冬。越冬幼虫第 2 年春季化蛹。幼虫历期约 90 天。卵历期 12 天左右。

成虫有假死性。成虫白天活动，以上午 9～10 时至下午 3～4 时最盛。成虫产卵时，先将茎梢咬一伤口，将卵产于其中，卵单产，偶见 1 茎 2 卵，并在顶芽下 10～20mm 幼嫩部位用口器啃食皮层，咬成左右两个相近的半圆形伤口，上部茎梢逐渐萎蔫，并易从伤口处折断；幼虫孵化后即在茎内由上而下蛀食，虫粪多留在茎内蛀道中，蛀食至茎基部时从侧面蛀 1 排粪孔，因此为害后期在寄主根茎部可见虫粪啮屑。蛀食至茎基的幼虫，如尚未发育成熟，则可转移他茎自下而上为害。

（四）防治措施

1. 农业防治　合理安排耕作制度，尽量不与菊科植物连作、轮作或间套作；春季分根繁殖菊花时，去除有虫根，选用健壮根种植；在 5～7 月成虫盛发期，趁早晨露水未干时捕杀成虫，并结合打顶，发现萎蔫茎梢即从折断点下 3～7cm 处摘除有卵顶梢，集中烧毁；清除越冬期有虫老根，减少虫源。

2. 生物防治　天牛幼虫有赤腹茧蜂、姬蜂、肿腿蜂等多种寄生蜂，田间总寄生率可达 40%以上，对菊天牛的虫口数量有一定抑制作用，应注意保护利用。

3. 化学防治　成虫盛发期选用适宜药剂喷施，可有效杀死成虫。

（陈君　程惠珍）

三、菊瘿蚊

（一）分布与危害

菊瘿蚊 *Diarthronomyia chrysanthemi* Ahlberg 属双翅目，瘿蚊科。分布在北京、河北、河南、安徽、重庆等地。寄主植物有菊花、黄花蒿、早小菊、早菊各品种、悬崖菊、九月菊、万寿菊等菊科植物。幼虫在菊株叶腋、顶端生长点及嫩叶上为害，形成绿色或紫绿色、上尖下圆的桃形虫瘿，发生重或植株长势弱时，常引起枝条短小；花蕾期受害，使花蕾数量减少，花朵瘦小，为害重的菊株上虫瘿累累，植株生长缓慢，矮化畸形，影响坐蕾和开花（图 15-10a）。直接造成菊花减产。据报道，河北省安国祁菊受害田块达 100%，平均被害株率达 70%以上，单株开花数减少 70～80 朵，被害菊花减产 34%～56%。

（二）形态特征

成虫：雌虫体长 4～5mm，雄虫体长 3.5～4.2mm。初孵化时体酱红色，渐变为黑褐色（图 15-10e）。复眼黑色，大而突出。触角念珠状，黄色，17～19 节，雄虫节间毛及轮生毛均较长，雌虫则无。前翅淡灰色，半透明，具微毛，端圆，有 3 条明显的纵脉，无横脉，后翅退化为平衡棍。雄性成虫体长 3mm 左右。胸发达，胸背黑色。腹部灰至灰褐色。足黄色，细长，跗节 5 节，第 1 跗节短于第 2 跗节。雌虫尾部较尖，有明显的管状能伸缩的产卵器。腹部雌虫可见 9 节，雄虫可见 10 节，节间膜及侧膜黄色，背板黑色，前 6 节粗壮，后 3～4 节细长。

卵：长卵圆形，长约 0.55mm。初产时橘红色，后渐变为紫红色。

幼虫：末龄幼虫体长 3.5～4mm，橙黄色，纺锤形，头退化不显著。口针可收缩，端部具一弯曲钩，胸部有时可见不太明显的剑骨片（图 15-10b，图 15-10c）。

蛹：裸蛹，长 3～4mm，橙黄色，头顶具两尖突，其外侧各有 1 根短毛，后足芽深达腹部第 4 节（图 15-10d）。

（三）发生规律

菊瘿蚊在河北、河南 1 年 5 代，以老熟幼虫在 1～2cm 土中越冬。越冬幼虫次年 3 月化蛹，4 月初成虫羽化，在菊花幼苗上产卵，第 1 代幼虫于 4 月上中旬出现，田间不久出现虫瘿，5 月上旬虫瘿随幼苗进入田间，5 月中下旬第 1 代成虫羽化。卵散产或聚产在菊株的叶腋处和生长点。幼虫孵化后经 1 天即可蛀入菊株组织中，经 5 天左右形成虫瘿。随幼虫生长发育，虫瘿逐渐膨大。每个虫瘿中有幼虫 1～13 头。幼虫老熟后，在瘿内化蛹。成虫多从虫瘿顶部羽化，羽化孔圆形，蛹壳露出孔口一半。以后各代都在菊花田内繁殖为害。第 2 代 5 月中下旬～6 月中下旬发生；第 3 代 6 月下旬～8 月上旬；第 4 代 8 月上旬～9 月下旬；第 5 代 9 月下旬～10 月下旬。10 月下旬后幼虫老熟，从虫瘿里脱出，入土下 1～2cm 处作茧越冬。

菊花瘿蚊成虫飞翔能力弱，雄蚊有趋光性。成虫不取食，寿命短，雄蚊一般 0.5～1 天，雌蚊 1～3 天。雌蚊羽化后栖息于叶背处约 10 分钟，分泌数滴黏液，吸引雄蚊前来交尾。雌蚊只交尾 1 次，交尾后次日上午 9～12 时产卵，每雌怀卵 110～130 粒。产卵有趋绿性。

卵多产在植株顶端生长点附近、叶腋、嫩叶、幼蕾等幼嫩组织表皮下，少数产在组织表面。在组织表面上的卵往往因失水干瘪而不易正常孵化。卵散产，每处 1 至数粒，幼虫孵化后即在组织内吸食为害，并致使寄主组织畸形生长成瘿。虫瘿长圆形，初为绿色，后渐转变为紫红色。成虫瘿长约 12mm，宽 6～8mm。瘿内幼虫数量因世代不同有所差异，第 1 代最多，一般 2～6 头，最多可达 15 头；第 2～4 代一般 2～3 头，多则 6 头；第 5 代一般每瘿 1 头。幼虫历期 2～12 天。除越冬代外，老熟幼虫均在虫瘿内化蛹，成虫羽化前，蛹自虫瘿顶部钻出，部分躯体伸出后羽化，蛹壳留在虫瘿顶部。菊花瘿蚊对不同药用菊花的产卵有选择性。祁菊为高感品种；怀小白菊、小毫菊为感虫品种；温茶菊、杭菊、大毫菊、贡黄菊为抗虫品种；贡白菊及 3 种野菊花等为高抗品种。

（四）防治措施

1. 农业防治　菊花瘿蚊产卵时对不同品种菊花有选择性，祁菊受害严重，而杭菊则基本不落卵、不受害，因此菊花瘿蚊发生为害严重的地区可选用抗虫品种栽植；菊花瘿蚊第 1 代发生后期，人工摘剪虫瘿，重害苗圃田拔除受害株，集中烧毁，不让虫瘿随幼苗进入大田，可大大压低后代菊花瘿蚊虫口基数，减少为害。

2. 生物防治　菊花瘿蚊虫瘿发现有 5 种寄生蜂，5 月虫瘿寄生率可达 90%以上，使后期菊花瘿蚊的发生大为减轻，因此应加强天敌的保护和利用，特别是在菊花瘿蚊发生后期，当田间天敌昆虫数量大时，可不用施药防治。

3. 物理防治　菊瘿蚊雄蚊具有趋光性，在成虫发生盛期可利用灯光诱杀。

4. 化学防治　菊花瘿蚊成虫盛发期，可用适宜药剂喷雾，杀死产卵成虫；菊花现蕾前，药液喷雾，杀死虫瘿内幼虫。

（陈君　乔海莉）

附表　其他花类药材虫害

1. 丁香（丁香 *Eugenia caryophyllata*）

害虫名称	分类地位	为害虫态	危害部位	为害特点（状）	发生规律	防治措施
介壳虫	半翅目 蚧科	成虫 若虫	茎 叶	成虫和若虫吸食茎、叶的汁液。	5～7 月为害严重。	幼龄期喷药剂毒杀；注意清园；虫口密度小时可用瓢虫进行生物防治。

2. 金莲花（金莲花 *Trollius chinensis*）

害虫名称	分类地位	为害虫态	危害部位	为害特点（状）	发生规律	防治措施
华北大黑鳃金龟	鞘翅目 金龟子科	幼虫 成虫	根茎	蛴螬在土壤中取食萌发的种子、幼芽等，造成缺苗，还可咬断幼苗的根，咬伤幼茎基部，受害叶片发黄，被咬断的植株死亡，造成缺苗断条。	2 年 1 代，以成虫或幼虫越冬。越冬成虫春季开始活动，6 月上旬至 7 月上旬为产卵盛期，为害期 6～8 月，孵化的幼虫在土壤中为害。	播种或栽植前对地块要进行翻耕耙压，通过机械损伤和鸟类啄食压低虫口基数；利用金龟甲的趋光性，放置黑光灯诱杀；使用药剂或毒饵诱杀成虫。

（续表）

害虫名称	分类地位	为害虫态	危害部位	为害特点（状）	发生规律	防治措施
华北蝼蛄	直翅目 蝼蛄科	成虫 若虫	种子 根 幼芽	成虫、若虫在土中咬食刚发芽的种子根和幼芽使植株枯死，并将表土层拱成孔道，使幼苗根部悬空而干枯死亡，或咬断幼苗植株使其干枯而死。	3年1代，以成虫、若虫在土层内越冬。翌年4月越冬虫出土为害。4～8月为为害盛期。一年有春秋两季为害高峰期。	挖窝取卵；土壤处理，机械碾压和鸟类啄食；毒饵诱杀；利用蝼蛄趋光性强的习性，设置黑光灯诱杀。
斜纹夜蛾	鳞翅目 夜蛾科	幼虫	叶 花蕾	幼虫取食金莲花的叶片、花蕾等部位。1～2龄幼虫仅取食叶肉，3～4龄幼虫可将叶片吃光仅留叶脉。	1年4～5代，以蛹在寄主植物根际越冬，翌年4月下旬成虫羽化、产卵，5月中旬对金莲花为害，6～7月为害严重。	利用黑光灯诱杀成虫。
斑须蝽 *Dolycoris baccarum*	半翅目 蝽科	成虫 若虫	叶 花蕾	成虫、若虫刺吸叶和花蕾，严重时使叶片发黄和皱缩，为害金莲花种子不易饱满成熟。	1年3代，世代重叠。第1代4月末到7月中发生，第2代6月下旬至9月中旬，第3代7月中旬至翌年6月中旬。	用生物农药或植物源农药喷雾防治，每隔10天喷1次，连喷2～3次。

3. 曼陀罗（曼陀罗 *Datura stramonium*）

害虫名称	分类地位	为害虫态	危害部位	为害特点（状）	发生规律	防治措施
烟青虫 *Heliothis assulta*	鳞翅目 夜蛾科	幼虫	花 花蕾	幼虫钻入花蕾内部，啃食雄蕊和雌蕊，受害花蕾和花很快腐烂，影响花的产量。	9～10月为害。	在幼虫初孵期或低龄期用药剂防治。
桃蚜	半翅目 蚜总科	成蚜 若蚜	叶 花	—	—	使用药剂防治。

4. 款冬花（款冬 *Tussilago farfara*）

害虫名称	分类地位	为害虫态	危害部位	为害特点（状）	发生规律	防治措施
菊小长管蚜	半翅目 蚜总科	成蚜 若蚜	嫩梢 叶	成蚜或若蚜密集于款冬嫩梢、叶背吸取汁液，使叶片皱缩，造成为害。天气干旱时为害严重，茎叶发黄。	5～6月，天气干旱时易发生。	清除田间周围菊科植物等越冬寄主，消灭越冬卵；冬季清园，将残株深埋或烧掉；发生期用药剂防治。

（陈君　尹祝华）

参考文献

柴艺秀，牛世芳，娄慎修. 玫瑰三节叶蜂的生物学及其防治[J]. 应用昆虫学报，1995，(5)：281-283.
陈震. 百种药用植物栽培答疑[M]. 北京：中国农业出版社，2003.

程惠珍，卢美娟，林谦壮，等. 金银花木蠹蛾的研究[J]. 中国中药杂志，1989，(10)：11-15.
樊瑛，杨春清. 菊天牛的研究[J]. 中国中药杂志，1985，10(5)：8-9.
付宏岐，王录军，薛萍，等. 红花主要病虫害发生特点及防治措施[J]. 陕西农业科学，2014，60(7)：123-125.
郭素芬. 汉中地区金银花主要害虫发生及防治技术研究[D]. 杨凌：西北农林科技大学硕士学位论文，2006.
胡长效，朱静，彭兰华，等. 红花田红花指管蚜及其天敌生态位研究[J]. 河南农业科学，2007，36(5)：66-70.
蒋细旺，包满珠，薛东，等. 我国菊花虫害种类、直观特征及危害[J]. 湖北农业科学，2002，(6)：74-76.
李朝阳，吴坤君. 菊小长管蚜的实验种群生命表[J]. 应用昆虫学报，1997，(6)：333-335.
李慧，王利芳，李乐. 玫瑰茎蜂初步观察和研究[J]. 新疆农业科学，1989，(5)：24-25.
娄慎修，李忠喜. 玫瑰多带天牛生物学特性初步观察[J]. 植物保护，1987，(4)：14-15.
马建霞，高黎，孙雪花，等. 三门峡市玫瑰病虫害发生种类记述[J]. 陕西农业科学，2013，59(1)：110-112.
马建霞，孙雪花，高九思. 玫瑰二斑叶螨发生规律及防治技术研究[J]. 陕西农业科学，2013，59(3)：44-46.
么厉，程惠珍，杨智. 中药材规范化种植（养殖）技术指南[M]. 北京：中国农业出版社，2006.
秦魁兴. 菊瘿蚊的生活习性及其防治[J]. 应用昆虫学报，1998，(3)：161.
山东省中药材病虫害调查研究组. 北方中药材病虫害防治[M]. 北京：中国林业出版社，1991.
施寿. 玫瑰跳甲的生物学特性观察与防治对策[J]. 林业科技通讯，1996，(6)：26-27.
王广军，张国彦，王江蓉. 金银花尺蠖的发生规律与防治技术[J]. 河南农业，2015，(3)：30.
王堇秀. 胡萝卜微管蚜生长发育特性研究[D]. 沈阳：沈阳师范大学硕士学位论文，2016.
王久军，赵洪义，赵新建，等. 药菊花瘿蚊生物学特性研究[J]. 中国植保导刊，1996，(4)：28-29.
吴朝峰，马雪梅. 河南金银花病虫害防治现状及对策[J]. 湖北农业科学，2012，51(13)：2732-2735.
吴寿兴. 红花蚜（*Macrosiphum gobonis* Matsumura）的发生及防治研究[J]. 吉林农业大学学报，1982，(2)：11-16.
吴振廷. 药用植物害虫[M]. 北京：中国农业出版社，1995.
向玉勇，刘克忠，殷培峰，等. 安徽金银花尺蠖的生物学特性[J]. 滁州学院学报，2010，12(5)：35-37.
向玉勇，朱园美，赵怡然，等. 安徽省金银花害虫种类调查及防治技术 1[J]. 湖南农业大学学报（自然科学版），2012，38(3)：291-295.
徐国超，赵东方，张东安，等. 河南辛夷卷叶象甲的初步研究[J]. 河南林业科技，1998，18(1)：8-10.
杨克琼，彭素琼. 菊天牛生物学特性的观察[J]. 应用昆虫学报，1991，(2)：93-94.
浙江省药材病虫害防治编绘组. 药材病虫害防治[M]. 北京：人民卫生出版社，1974.
中国医学科学院药用植物资源开发研究所. 中国药用植物栽培学[M]. 北京：中国农业出版社，1991.

第十六章　皮、心材、树脂类药材虫害

第一节　肉桂

Rougui

CINNAMOMI CORTEX

肉桂 *Cinnamomum cassia* Presl 别名玉桂，为樟科常绿乔木，以干燥树皮入药，主要用于阳痿、宫冷、心腹冷痛、虚寒吐泻、经闭、痛经、温经通脉。肉桂主要分布于福建、台湾、海南、广东、广西、云南等地热带及亚热带地区。近年来广西、广东、云南等地发展很快。常见害虫有肉桂泡盾盲蝽 *Pseudodoniella chinensis*、肉桂突细蛾 *Gibbovalva quadrifasciata*、肉桂双瓣卷蛾 *Polylopha cassiicola*、肉桂木蛾 *Thymiatris loureiriicola*、柑橘长卷蛾 *Homona coffearia*、大蓑蛾、相思拟木囊蛾 *Arbela bailbarana*、白囊蓑蛾 *Chalioides kondonis*、星黄毒蛾 *Euproctis flavinata*、樟青凤蝶 *Graphium sarpedon*、斑凤蝶 *Chilasa* sp.、黑脉厚须螟 *Propachys nigrivena*、樟叶瘤丛螟 *Orthaga achatina*、肉桂种子小蜂 *Bruchophagus* sp.、肉桂瘿蚊 *Asphondylia* sp.、木姜子果实蝇 *Bactrocera hyalina*、黑胫米缘蝽 *Mictis fuscipes*、长足象甲 *Alcidodes* sp.、褐天牛 *Nadezhdiella cantori*、南方根结线虫、爪哇根结线虫 *Meloidogyne javanica* 等。

一、肉桂泡盾盲蝽

（一）分布与危害

肉桂泡盾盲蝽 *Pseudodoniella chinesis* Zheng，属半翅目 Hemiptera 盲蝽科 Miridae。主要分布在广西、广东等地区肉桂主产区。该虫是肉桂枝枯病病菌的传媒昆虫，肉桂枝枯病又称“桂瘟”，是毁灭性病害，可使 4～5 年的肉桂林成片枯死，形似火烧，损失巨大。以若虫和成虫为害肉桂枝梢和树干，吸食寄主液汁，受害部位形成水渍状斑块，并有黑褐色液汁排出。被害大枝斑块常连在一起形成无规则状凹凸不平的肿瘤。肉桂受害后由于组织坏死，输导受阻，导致植株死亡。

（二）形态特征

成虫：体长 6～7mm，宽 4～5mm，棕褐色，前胸背板布满蜂窝状凹陷，前胸背板和腹部交界处有一半球形瘤状突囊，亦布满瘤突，吸食肉桂汁液后囊内呈充满状。

卵：茄子型，有 2 条约 1.5mm 长柄竖起于肉桂表皮层外，初产卵乳白色，老熟后淡黄色。

若虫：状如成虫，形态依龄期而异。

（三）发生规律

1 年 4～5 代。成虫每年 11 月中下旬产卵后以卵越冬，次年 4 月中下旬卵孵化。若虫第1代在6月中旬出现，第2代在7月下旬至8月上旬出现，第3代在9月中下旬出现，第4代10月中下旬出现；成虫于11月上中旬产卵越冬。越冬代虫龄较整齐，第1代次之，其他各个世代有世代重叠。高温季节世代发育历期为39～45天，其中卵期11～12天，若虫期15～18天，成虫期12～17天。

成虫以刺吸式口器吸取树液补充营养。有群集为害和迁移习性。早上多在树冠活动，中下午在阴凉处停留。成虫10天左右性成熟求偶交尾，有多次交尾习性，每次交尾1～2小时，交尾后的雌虫2～3天产卵。雌雄性比一般为1∶1.2。雌虫每只产卵为18～35粒。成虫吸食量最大，一株五年生的肉桂树有虫4～5头，经两昼夜为害后其嫩梢及嫩枝全部枯萎。卵多散产于当年生13～15cm嫩梢枝条或树枝分叉处的皮层内或在被害后形成瘤状的裂缝中。卵期最长达148天，最短5天，除越冬代外，其他各代平均为9.2天。若虫5个龄期，初孵若虫体红色，爬至嫩枝梢分枝处，以刺吸式口器吸食枝条汁液，3龄以后体渐变棕黑色，常二三头聚于有瘤状枝条分叉处。被害枝梢2小时后皮层变黑，24小时后皮层组织坏死。

（四）防治措施

1. 农业防治　清除野生寄主：肉桂泡盾盲蝽在零星分布的小面积肉桂林及大面积一二年生肉桂林很少发生。但三年生肉桂林边缘一般开始有零星的泡盾盲蝽分布为害。造林前3年，及时清除肉桂林周边杂灌木中的几种野生寄主，隔离肉桂林和泡盾盲蝽，从营林措施上防治泡盾盲蝽；土壤深厚、肥沃，肉桂生长茂盛，林下温度低、湿度大，这种环境很适宜泡盾盲蝽生存繁衍。如果每株树虫口密度在2头以下，天敌与害虫之比为3∶1，暂时不需用药防治，可通过修枝措施来控制泡盾盲蝽。

2. 生物防治　泡盾盲蝽天敌有23种，其中蚂蚁5种、螳螂2种、胡蜂2种、猎蝽4种。这些天敌对抑制泡盾盲蝽发生有重要作用。郁闭的肉桂林每年秋季应全面修枝，增加林内透光度，增加林下植被和天敌种类数量。

3. 化学防治　若每株树虫口达6头以上，且天敌种类数量少时，应喷施药剂防治。

（陈君）

二、肉桂突细蛾

（一）分布与危害

肉桂突细蛾 *Gibbovalva quadrifasciata* (Stainton)属鳞翅目 Lepidoptera 细蛾科 Gracillariidae。国外分布于日本、澳大利亚、印度尼西亚、缅甸、印度和斯里兰卡等国家。我国目前仅在福建华安和台湾发现。主要为害樟科的樟树 *Cinnamomum camphora* Sieb.、肉桂、越南清化桂、天竺桂 *C. japonicum* Sieb.、红润楠 *Persea thunbergii* Kost.、鳄梨 *Persea americana* Mill.、假柿木姜子、披针叶楠 *Phoebe lanceolata* 等植物。肉桂突细蛾仅为害当年生新叶，以初孵幼虫潜入叶面表皮，啃食叶肉，形成黄褐色虫道，随着虫龄增加，被害虫道逐渐扩大成虫斑，虫斑面积可占叶面的1/2以上，严重影响肉桂的生长和结实。

（二）形态特征

成虫：体长4～6mm，翅展6～8mm。头和颊白色，唇须白色，有不明显的淡灰斑点，下颚须退化。触角丝状，基部为白色，其余为褐色，节间具淡色环。前翅狭长，白色，具4 条黄褐至褐色斜斑，其间有分散的黑色鳞片。翅端部有紫色小点，翅中上部至端部边缘多灰色缘毛，翅后缘由一些暗色鳞毛交叉环绕着。后翅灰色，全翅边缘密生灰白色缘毛。胸足白色，具黑点和灰色斑，胫节端部具刺毛。

卵：椭圆形，约 0.2mm，乳白色，近孵化时颜色变黄。

幼虫：初孵幼虫体扁，乳白色，上颚黄色发达，体色随虫龄的增加而变深。老熟幼虫体长 5～6.5mm，宽 0.7～1.1mm，胸足 3 对，腹足 3 对，位于第 3～5 腹节，臀足 1 对。

蛹：离蛹，前额上有一黑色角状突起，蛹外被淡黄色薄茧，长 4～6mm，初为棕红色。后转为褐色。

（三）发生规律

在福建华安 1 年 8 代，世代重叠。以蛹于 12 月中下旬在地表落叶、杂草和树皮缝中结茧越冬。翌年 2 月底至 3 月初羽化后上树交配产卵。卵散产于当年生初展的嫩叶表面，幼虫孵化后立即潜入叶表皮下取食叶肉。3 月上中旬为成虫羽化盛期。成虫羽化时将蛹壳留在茧的孔口，成虫全天可羽化，以夜间 20～24 时数量最多。刚羽化时触角不断颤动，对光照反应敏感。成虫羽化 3 小时后可飞翔，但更喜跳跃。无补充营养习性，1 天后开始交配产卵，2～4 天后死亡。卵散产于当年嫩叶叶面的表皮下，每叶产 2～4 粒，多则达 6 粒。幼虫孵化后立即潜入叶片组织啃食叶肉，仅留表皮和叶脉，随着虫龄的增大，被害叶虫斑由线状扩大成块状，每叶常具 2～4 个虫斑，后期虫斑可相互连成一个大块斑。老熟幼虫咬破叶面表皮虫斑爬出，吐丝下垂至地表枯叶等处结茧化蛹。茧初为白色，后渐变黄，多将茧结于肉桂落叶或杂草叶秆分叉部，在湿地松树基干裂树皮缝内亦发现有茧。通常卵期 3～5 天，幼虫期 18～38 天，蛹期 3～12 天，越冬蛹 33～45 天，成虫期 2～4 天。

（四）防治措施

1. 农业防治　肉桂突细蛾的为害与寄主植物抽梢早晚有关，抽梢迟的肉桂植株虫害发生重于抽梢早的植株。因此，加强抚育和水肥管理，早春促进新梢早生快发可减轻其为害。

2. 物理防治　利用其成虫对光的敏感性，在林间安置杀虫灯诱杀成虫。

3. 生物防治　肉桂突细蛾幼虫天敌有姬小蜂科 2 种、扁股小蜂科 1 种，自然寄生率达 8.4%；蛹期天敌有姬小蜂科 2 种，自然寄生率达 9.7%。要保护和利用天敌资源，创造有利于天敌繁衍栖息的环境，恢复和增加天敌种群数量。

4. 化学防治　在幼虫发生高峰期，可采用适宜药剂喷雾防治。

（陈君）

三、肉桂双瓣卷蛾

（一）分布与危害

肉桂双瓣卷蛾 *Polylopha cassiicola* Liu et Kawabe 属鳞翅目 Lepidoptera 卷叶蛾科 Tortricidae。分布于广西岑溪、藤县、容县和桂平，广东云浮、西江县、罗定、信宜、郁南及福建华安等肉桂产区。主要寄主植物有肉桂、樟树、黄樟。幼虫为害肉桂嫩梢，是肉桂上普遍发生的害虫。其幼虫蛀食肉桂嫩梢，导致新梢枯死、侧梢丛生，植株被害率高达 90%以上，枯梢率最高达 85.1%；严重影响肉桂的生长。

（二）形态特征

成虫：雄蛾体长 3.6～4.7mm，翅展 9.1～10.4mm；雌蛾体长 4.3～8.7mm，翅展 10.7～12.2mm。头部鳞片光滑，下唇须长，向前伸，第 2 节长，末节短，隐藏于第 2 节鳞片中。前翅有竖鳞，翅脉彼此分离，翅顶角尖出，后翅只有第 1 肘脉和第 3 中脉共柄。雄虫第 7 腹节有 1 对味刷。雄性外生殖器的抱器呈双瓣状。

卵：圆形，直径 0.1～0.13mm，初产时乳白色，近孵化时黑褐色。

幼虫：老熟幼虫体长 7.3～10.1mm，头壳宽 0.53～0.7mm。头部黑褐色，前胸背板黑褐色呈半圆形但中央等分间断。第 9 节背面有一半椭圆形黑褐色斑块。腹足趾钩呈全环单序，臂足半环单序。

蛹：长 3.8～8.7mm，黄褐色，近羽化前变黑色。背面腹节第 2、第 9 节有 1 横列黑褐色短突刺，第 3～8 节各节有两横列黑褐色短突，前列粗而短成圆锥状，后列小而密。腹部末端有钩状臂棘 4 根。

（三）发生规律

1 年 7 代，世代重叠，无冬夏休眠滞育现象。以蛹在地表落叶和杂草丛中越冬。成虫白天栖息在地表杂草、灌木根上，傍晚从地表飞上叶背面。成虫羽化 2～5 天后交尾，交尾高峰期在 20～23 时。雌雄一生仅交配 1 次。雌雄比 1∶0.86。雌虫寿命 7.5～27 天，平均 15.9 天；雄虫寿命 4.5～24 天，平均 8.5 天。无明显趋光性，雌蛾产卵量 22～101 粒，卵散产于叶背面，每片叶产 3～18 粒。成虫产卵有明显趋嫩梢习性，新抽梢肉桂树着卵量高达 90%以上。3 月下旬为产卵始期。初孵幼虫沿叶柄至嫩梢、嫩叶向上移动，取食叶芽鳞毛表皮幼嫩组织。第 1～7 代（越冬代）幼虫发生盛期分别为：4 月上旬至 4 月中旬、6 月上旬至 6 月中旬、7 月上旬至 7 月中旬、8 月上旬至 8 月中旬、8 月下旬至 9 月上旬、10 月上旬至 10 月中旬和 11 月上旬至 11 月中旬。越冬代幼虫 10 月下旬出现，至 11 月上旬老熟幼虫吐丝下垂到地表枯枝杂草，陆续化蛹进入越冬。成虫寿命 12～16 天，卵期 5～7 天，幼虫期 13～22 天，蛹期 6～9 天。

气温导致各代虫态历期有明显差异。第 1 代幼虫在 2 月下旬至 3 月下旬为害樟树、黄樟嫩梢和少量肉桂晚冬梢。第 2 代幼虫在 4 月上旬至 5 月上旬，正值肉桂春梢萌发高峰期，嫩梢被害严重。幼虫共 4 龄，1 龄幼虫一般为害嫩芽及嫩叶柄；2 龄幼虫蛀入嫩梢为害，当蛀道深达 2cm 左右后叶芽萎蔫，嫩梢出现少量粪便；3 龄蛀梢 3.6～4.4cm，幼虫大量取食，排粪孔粪便增多；4 龄幼虫食量最大，蛀入 4.1～6.2cm 梢，导致梢部枯萎、叶柄脱落，此时老熟幼虫掉头在嫩梢上方咬 1 孔吐丝下垂落地，寻找合适的枯叶杂草化蛹。无转梢为害习性。

（四）防治方法

1. 农业防治　加强抚育和水肥管理，促进早春新梢早生快发，与幼虫发生高峰期形成时间差，降低幼虫之危害；秋季 11 月进行清园，冬季清杂松土压蛹，减少越冬蛹基数，剪除被害冬梢；2 月剪除林分附近樟树、黄樟被害梢，集中处理或烧掉，降低虫口基数。

2. 生物防治　保护林间天敌，创造有利于天敌繁衍栖息的环境，恢复和增加天敌种群数量。肉桂双瓣卷蛾幼虫期主要天敌有肿腿蜂、卷蛾啮小蜂 *Neottichoporoides* sp.、卷蛾绒茧蜂 *Apanteles papilionis* 等，以肿腿蜂为优势种天敌，自然寄生率最高可达 35.3%。此外，还有胡蜂、食虫虻和鸟类等捕食幼虫及静伏的成虫，黑蚂蚁捕食蛹；林间施用白僵菌 *Beauveria bassiana* 对双瓣卷蛾幼虫和蛹有较强的致病力，喷粉防效分别达 89.9%和 88.3%；在第 1 代幼虫下树结茧前将菌粉均匀喷洒在枯枝落叶上，让肉桂双瓣卷蛾幼虫或蛹接触到白僵菌分生孢子，可有效降低次代虫口基数，连年喷菌效果更好，是一项经济、安全、可行的实用技术措施。

3. 化学防治　4 月上中旬春梢始盛期与第 2 代卵孵化高峰期，是防治该虫的关键时期，可采用适宜药剂喷雾防治。

（陈君）

四、肉桂木蛾

（一）分布与危害

肉桂木蛾 *Thymiatris loureiriicola* Liu 属鳞翅目 Lepidoptera 织蛾科 Oecophoridae。在我国海南、福建等肉桂产区普遍发生，寄主为多种肉桂和樟树等药用植物和林本。据福建调查，肉桂被害株率 40%～96%，每株有虫 1～6 头，平均 3.2 头。幼虫在二三年生小枝条分叉处吐丝结网，在网下钻孔蛀入茎内木质部，伸达髓心，形成坑道。虫粪排在洞外，并以丝和木屑缠成堆，堵住洞口。洞口周围 2～3cm 树皮常被剥食成环状，木质部外露，上下两端树皮呈瘤状。蛀孔以上枝条叶片稀少，失去光泽或整个枝条枯死。幼树受害可造成整株枯死或因主干被害枯死而侧枝丛生。少数高龄幼虫定居大树主干中，将木质部蛀成 10cm 左右深的坑道，藏身其中，将洞口附近叶片拖至洞边，身体一半伸出洞外取食，未食完残叶缠在洞口。

（二）形态特征

成虫：雌蛾体长 20～22.5mm，翅展 43～50mm；雄蛾体长 14～17mm，翅展 36～42mm，体银灰色。头部灰黄色，触角丝状，基部灰黄色，鞭节褐色；复眼褐色；喙退化，下唇须发达，端部尖细，向上弯曲。胸部背面土黄色，基部有 1 黑褐色细带，中胸背板密被银灰色鳞片；前足土黄色，中足黑褐色，后足灰褐色；前翅近长方形，银灰色，近前缘 1/3 处有 1 灰黑色纵带，顶角及外缘具 6～8 个黄褐色斑点，斑块内侧具 1 黑色弧状斑，中室中部、端部各有 1 黑斑点与前缘黑带相连，后翅近三角形。灰黑褐色，近外缘黄褐色，外缘有 1 黑带，缘毛灰黄色。腹部背面第 2 节土黄色，其他各节灰黑色，腹面各节均为灰黑色；侧面银灰色。

卵：长椭圆形，长 1～1.2mm，顶端平，底部稍圆，表面满布网格状花纹。初产时黄绿色，后渐变浅紫红色。

幼虫：成熟幼虫体长 28～35mm，体黑褐色，体背大部分骨化。头部黑色，上唇褐色，唇基具 5～6 条横向皱纹，头壳上密布鱼鳞状突起。前胸背板及臀板黑褐色；各胸节具 8 根、腹节具 6 根刚毛。腹足趾钩为三序全环（图 16-1a）。

蛹：长 9～25mm，棕黄色。头部前端具 1 对棱锥状小突起。头及中胸背板密布黑褐色小齿状突。腹部第 5～7 节有横向排列的黑褐色小刺列，第 5、第 6 节腹面各具 1 对乳状突，腹末钝圆，密布皱纹（图 16-1b）。

（三）发生规律

海南省 1 年 2 代，无明显越冬或越夏现象。第 2 代幼虫在次年化蛹羽化，成虫 2 月下旬至 4 月上旬发生，第 1 代卵发生期为 3 月中旬至 4 月下旬，幼虫发生期在 4 月中下旬至 9 月上旬。9～10 月第 1 代成虫羽化，第 2 代卵期为 10 月上旬至 11 月下旬，幼虫期 11 月上旬至次年 2 月。

成虫多于晚上在虫道内羽化，爬出时常在洞口留下一些银白色鳞片，蛹壳留在洞内。羽化后半小时翅展开，即可飞翔。成虫白天静伏在叶背或枝条上，晚上活动，飞翔力强，有趋光性。一般羽化后次日交尾，随后产卵。每雌蛾产卵 130～237 粒，平均 194 粒。卵产于树枝分叉处，叶柄基部或树皮裂缝处，每处少则 2～3 粒，多则 7～8 粒。幼虫孵化后取食嫩芽或嫩树皮，并很快蛀入枝条内取食。幼虫有转移为害习性，一生为害枝条 3～4 根。随虫龄增大，为害枝条逐渐增粗，直径 1～3cm 枝条可被蛀食。幼虫咬枝时，先横向自木质部蛀入髓心，然后垂直向下蛀食，形成拐杖形虫道。幼虫老熟后在近洞口处吐丝结膜，堵住通道，经 10～40 天预蛹期化蛹。蛹在虫道内可借腹部齿列上下活动。

肉桂木蛾发生与环境关系密切，相对湿度为 88%～95%有利于成虫羽化，湿度太低会使蛹干瘪而死。另外，肉桂生长旺盛，郁闭度达 0.7 的肉桂林，株被害率低，约为 40%；肉桂生长差，郁闭度在 0.3 以下的内桂林，株被害率可高达 87%以上。

（四）防治措施

1. 农业防治　加强田间管理，促进肉桂生长，可有效降低肉桂木蛾为害；结合剪枝或采收桂枝，剪除被害枝条，杀死其中幼虫，也可达到防治目的。

2. 化学防治　在幼虫孵化盛期选择适宜药剂喷洒于肉桂枝叶，10 天 1 次，共 2～3 次；幼虫钻蛀后可先除去洞口虫粪，然后用棉球蘸取药液塞进洞内，或用注射器注入虫道，然后用泥土封口，可杀死洞内幼虫。

（陈君　程惠珍）

第二节　杜仲、杜仲叶

Duzhong、Duzhongye

EUCOMMIAE CORTEX、EUCOMMIAE FOLIUM

杜仲 *Eucommia ulmoides* Oliver 属杜仲科多年生落叶乔木，以干燥树皮或干燥叶入药。具有补肝肾，强筋骨，安胎等功效。在我国的分布北自吉林，南至福建、广东、广西，东达浙江、江苏，西抵新疆。贵州、四川、湖南、陕西、河南、湖北等地为我国杜仲的中心产区。主要害虫有杜仲梦尼夜蛾 *Orthosia songi*、咖啡木蠹蛾、豹纹木蠹蛾、袋蛾、舞毒蛾 *Lymantria dispar*、刺槐尺蛾 *Meichihuo cihuai*、柳干木蠹蛾、杜仲笠圆盾蚧 *Quadraspidiotus ulmoides*、黑蚱蝉 *Cryptotympana atrata*、蟪蛄 *Platypleura kaempferi*、黑尾大叶蝉 *Bothrogonia ferruginea*、八点广翅蜡蝉 *Ricania speculum*、褐缘蛾蜡蝉 *Salurnis marginellus*、金龟子、地老虎、蝼蛄等。

一、杜仲梦尼夜蛾

（一）分布与危害

杜仲梦尼夜蛾 *Orthosia songi* Chen et Zhang 属鳞翅目 Lepidoptera 夜蛾科 Noctuidae，是为害杜仲的主要害虫。分布于四川、湖南、贵州、陕西等地。1979 年以来，杜仲梦尼夜蛾陆续在贵州遵义发生危害，近年来陕西和其他省也有发生。该害虫发生量大，食性单一，食叶量大，蔓延扩散快，为害期长，是目前为害杜仲的主要食叶害虫。四五年生杜仲受害后叶部只剩叶脉，一片枯黄，甚至造成枯死，严重影响杜仲成林成材。

（二）形态特征

成虫：翅展 37～40mm。头、胸及前翅褐灰色，前翅亚中褶基部和中部各有一黑纵纹，各横线不明显，外线黑色，锯齿形，后端外侧灰白，亚端线内侧有一列黑齿纹；后翅褐白，端区暗褐色；腹部褐白色。雄性外生殖器的钩形突粗短，抱钩长，弯向腹侧，内囊有 2 细针形角状器，端部有一小齿。

卵：圆形略扁，直径约 1mm，表面具纵脊。初产时青色，后变浅青灰色，近孵化时黑色。

幼虫：4 龄前幼虫青绿色。老熟幼虫黑褐色。体长约 35mm。头部两侧各具 3 块黑褐色斑。体侧沿气门线上部具黑褐花纹。胴部宽 4mm。

蛹：红褐色。长约 16mm，宽约 5mm。腹末具臀棘 4 根，中间的 2 根较两边的 2 根细。

（三）发生规律

湖南 1 年 3 代，以蛹在土壤中越冬，翌年 3 月下旬开始羽化，4 月上中旬为羽化盛期；第 1 代幼虫在 4 月中旬出现，5 月下旬开始化蛹，6 月上旬为化蛹盛期；6 月下旬可见第 2 代幼虫，7 月中下旬为害最盛，7 月下旬开始进入蛹期；第 3 代幼虫出现在 8 月中旬，为害盛期在 8 月下旬至 9 月上旬，直到 10 月上旬大多数老熟幼虫开始入土化蛹越冬。如气候条件好，食料丰富，部分幼虫可活动到 11 月上旬。

四川 1 年 4 代，以蛹在土表层越冬。翌年 4 月中旬成虫羽化并产卵。5 月上旬出现幼虫。5 月下旬至 6 月为第 1 代成虫期。6 月上旬出现第 2 代卵，6 月中旬出现幼虫，6 月下旬出现蛹，7 月为第 2 代成虫期。7 月中旬出现第 3 代卵，7 月下旬出现幼虫，8 月上旬出现蛹，8 月中旬至 9 月上旬为第 3 代成虫期。8 月下旬出现第 4 代卵，9 月上旬出现幼虫，9 月中旬开始以蛹在土表层越冬。

世代重叠严重。成虫平均历期 7.5 天，白天羽化，每日 13～15 时羽化最盛；成虫昼伏夜出，飞行能力强，有较强的趋光性和趋绿性。雌雄性比 1∶1.28～1.45。成虫白天不活跃，羽化以后，即爬行到阴暗处躲藏，成虫羽化当晚即可交尾，交尾多在 17～21 时；2～3 天后雌虫开始产卵，林间卵堆产，单层排列呈块状，有胶状物将卵粒黏结成块，少数散产。平均每块卵 120 粒。卵平均历期 5 天。卵产于杜仲叶正面和背面、树干表皮和枝干上，并喜产于向阳面。

初孵幼虫群集就地啃食叶肉，1～2 天后分散取食，亦可吐丝下垂转移。3 龄以前的幼虫和第 1 代部分 5 龄幼虫不下树，吐丝缀合 2～3 片叶，隐藏其中，夜间出来取食。幼虫有傍晚上树取食，清晨下树隐藏的习性，在大发生时可常见到幼虫成群上下树的现象。幼虫平均历期 21.5 天。老熟幼虫在土表层结薄丝囊化蛹，化蛹多选择在富含枯枝落叶，比较疏松的土层中，入土深度 2～5cm，越冬蛹入土较深，蛹平均历期 31 天。

（四）防治方法

1. 生物防治　杜仲梦尼夜蛾蛹期寄生蜂有姬蜂 5 种、茧蜂 1 种、小蜂 1 种、寄生蝇 2 种。还有被白僵菌和细菌致死的蛹。蛹期天敌致死率达 33.57%～45.18%。注意保护杜仲林天敌资源及生态环境，降低害虫发生基数；在低龄幼虫集中取食为害期喷施 BT 等生物药剂进行防治。

2. 物理防治　利用杜仲梦尼夜蛾幼虫成群上下树的习性，在树干中部缠绕光滑塑料薄膜阻止其下树或上树。

（陈君）

二、咖啡木蠹蛾

（一）分布与危害

咖啡木蠹蛾 *Zeuzera coffeae* Nietner 又名咖啡黑点木蠹蛾、咖啡豹蠹蛾、檀香木蠹蛾等。属鳞翅目 Lepidoptera 木蠹蛾科 Cossidae。国内分布于广东、江西、福建、台湾、浙江、江苏、湖南、四川、河南等地。已知寄主 30 多种，其中药用植物有杜仲、檀香、山茱萸、银杏等。幼虫蛀入寄主枝条嫩梢，在木质部与韧皮部之间绕枝条蛀一周，破坏输导组织，致使蛀孔以上主干、嫩梢萎蔫、枯死、风折。幼树顶梢受害后，树干矮小、弯曲，侧枝丛生。该虫曾在湖南慈利县万亩杜仲林中猖獗为害，被害株率达 100%，杜仲的主枝和侧枝被大量风折，树冠残缺，萌芽条丛生，并连年被害，严重影响立木高、径生长，降低了杜仲皮的产量和质量，经济损失极大。

（二）形态特征

成虫：长 12～16mm，翅展 13～18mm，雄虫体长 11～20mm，翅展 10～14mm。体灰白色。复眼黑色，口器退化。触角黑色，具白色短绒毛。雌虫触角丝状，雄虫触角基半部羽状，端半部丝状。胸部具白色长绒毛，中胸背部两侧有 3 对由青蓝色鳞片组成的圆斑；翅灰白色，翅面密布大小不等的青蓝色短斜斑纹，外缘有 8 个近圆形青蓝色斑点；胸足被黄褐色和灰白色绒毛，胫节及跗节密被青蓝色鳞片。腹部被白色细毛，第 3～7 腹节背面及侧面有 5 个青蓝色斑组成的横列；第 8 节背面几乎为青蓝色鳞片所覆盖。

卵：长约 0.9mm，椭圆形。杏黄色或淡黄白色，孵化前为紫黑色。卵壳表面无饰纹。

幼虫：初孵幼虫体长 1. 5～2mm，紫黑色，后渐变为暗紫红色。成熟幼虫体长约 30mm。

头部橘红色，头顶、上颚及单眼区黑色。胴部淡赤黄色，前胸背板黑色，坚硬，后缘有锯齿状小刺 1 排；中、后胸及腹部各节有成排横列的黑褐色小颗粒状隆起。腹足趾钩双序环状，臀足为单序横带。

蛹：雌蛹长 16～21mm，雄蛹 14～19mm，圆筒形，褐色。头顶具 1 尖形突起，色泽较深。腹部第 3～9 节背侧面，有小刺列伸达腹面；腹末有臀刺 6 对。

（三）发生规律

咖啡木蠹蛾年发生 1 代，以幼虫在被害枝条虫道内越冬。次年 3 月中旬，越冬幼虫开始继续取食；4 月中下旬至 6 月中下旬化蛹，化蛹盛期在 5 月中旬，蛹期 20～30 天；5 月中旬至 7 月上旬成虫陆续羽化，其中 5 月下旬至 6 月上旬为成虫发生盛期；卵期约 10～15 天。5 月下旬至 6 月上旬可见初孵幼虫；10 月下旬至 11 月上旬幼虫越冬。

咖啡木蠹蛾成虫全天均可羽化，白天静伏不动，黄昏后开始活动。雄蛾飞翔力强，有弱趋光性。成虫寿命 1～6 天，平均 4.3 天，羽化当天即可交配。雌虫交配后 1～6 小时开始产卵。卵成块产于当年新梢下部、分枝杈部或树皮裂缝中，卵期 9～15 天。每雌产卵 224～1132 粒，平均 600 粒左右。幼虫孵化后，吐丝结网，群集网下取食卵壳，2～3 天后，爬出吐丝随风扩散，距离可达 25．8m 远。扩散后幼虫多自叶腋或叶脉交叉处钻入，向上蛀食。5～7 天后由蛀孔钻出，向下转移，再由腋芽蛀入嫩枝。6～7 月间幼虫多继续向下转移，蛀入 2 年生枝条，10 月下旬至 11 月初停止取食，在蛀道内吐丝缀合虫粪、木屑前后封闭，静伏越冬。幼虫次年恢复取食时，约 48.2%的个体再次转枝为害。老熟幼虫化蛹前，咬透虫道壁的木质部，在皮层上筑一近圆形羽化孔盖，并在孔盖下约 8mm 处咬一直径为 2mm 的羽化孔，然后在孔上方吐丝缀合木屑将虫道堵塞，筑成长 20～30mm 的蛹室，幼虫头朝下，在其中化蛹，蛹期 13～27 天。羽化前，蛹向羽化孔口蠕动，顶破蛹室及羽化孔盖，半露于羽化孔外，羽化后蛹壳留在羽化孔口。

（四）防治措施

1. 农业防治　用良种壮苗造林，加强对幼林的抚育管理，提高树势，减轻该虫的危害；幼虫蛀入后，虫孔以上部位会很快枯萎，易发现，及时剪除枯梢杀死幼虫，可大大减少为害；在 3～5 月收集风折枝，并及时集中烧毁，可有效降低虫口密度。

2. 生物防治　咖啡木蠹蛾越冬期幼虫天敌有小茧蜂，自然寄生率约 13%；串珠镰刀菌，自然寄生率约为 23%，白僵菌可感染幼虫和蛹感病，最高致死率可达 13.5%。还有透翅蛾茧蜂、姬蜂、啄木鸟、蚂蚁、病毒等；春季剪除风折落地的有虫枝条内，常有一定数量的小茧蜂，将虫枝分捆立于林内，让小茧蜂自然扩散，待 5 月上旬木蠹蛾化蛹后，收集虫枝烧毁，消灭虫蛹；利用 3 龄前幼虫暴露，转枝为害习性，在 5 月下旬至 7 月上旬，喷施白僵菌或 BT 乳剂防治。

3. 化学防治　咖啡木蠹蛾为害多在植株幼枝，蛀入后枝条输导组织即被破坏，内吸药剂无法向上传导，虫道施药及根施效果较差，因此幼虫盛孵期是施药适期，可选择适宜药剂喷雾防治。

（陈君　程惠珍）

三、杜仲笠圆盾蚧

（一）分布与危害

杜仲笠圆盾蚧 *Quadraspidiotus ulmoides* 属半翅目 Hemiptera 盾蚧科 Diaspididae，是杜仲树的主要害虫之一。该虫为害杜仲剥皮后再生新皮。在被害的枝干上可见大量密集的灰白色小点，即该虫的介壳。介壳覆盖着虫体，虫体紧贴树皮，并以口器附着树皮，喙管刺入寄主皮层组织，吸取树汁为害。造成受害植株水分含量显著下降，树皮和树叶萎蔫，生长势衰退，降低对其他不良条件的抵抗能力，容易招致烂皮病菌侵染。介壳虫密集部位，皮层组织受破坏，变为黑褐色，严重时，导致植株枯死。

（二）形态特征

雌成虫：体卵圆形，前胸腹部稍宽大，臀板部略小，体长约 1mm，宽约 0.8mm；腹面较平，背面隆起；体色初期橘红色，后期红褐色；头胸部愈合，头部在虫体腹面嵌入胸部；口器发达，位于前足之间，喙管是体长的 2 倍以上。足、触角均退化。雌虫背覆灰白色蜡质介壳。雌成虫介壳包括若虫介壳，介壳较厚较硬，壳面有轮纹，分为三轮，直径约 1.8mm。

雄成虫：体色淡红色。体长约 0.7mm，宽约 0.3mm。触角丝状，口器退化；前翅膜质透明，翅脉一条，二分叉，翅展约 1.3mm；后翅退化为平衡棒。腹末有锥状交尾器，长约 0.2mm。

卵：长椭圆形，淡红黄色，长约 0.12mm，宽约 0.07mm。

若虫：椭圆形，橙红色，体节不显；口器发达，喙管比体长，尾须 1 对。进入 2 龄期，出现两性分化，产生白色蜡质分泌物。雄若虫蜕皮 2 次变为雄成虫；雌若虫蜕皮 3 次变为雌成虫。

（三）发生规律

在陕西 1 年 3 代，以 2 龄若虫在树干上越冬。次年春天树体萌动后继续为害，并分泌白色蜡质，介壳增厚扩大。5 月中旬出现成虫，交尾产卵。雄成虫的寿命短，交尾后很快死亡。雌成虫产卵于介壳下。雌成虫孕卵期腹部膨大，产卵后瘪缩，死于介壳下，壳内充满卵粒。每雌产卵 70 粒。卵期 12 天。5 月下旬出现第 1 代若虫。第 1 代若虫发生在 5 月下旬到 7 月上旬；第 2 代若虫发生在 7 月中旬到 8 月下旬；第 3 代（越冬代）若虫发生在 9 月上旬以后，10 月下旬开始越冬。

杜仲笠圆盾蚧对杜仲的危害，阴坡多于阳坡，郁闭林多于疏林，纯林多于混交林。该虫主要寄生于杜仲主干剥皮后的再生嫩皮和树皮尚未老化的幼树枝干上。受害严重的枝干，若虫的虫口密度高达 960 头/cm^2，新老介壳重叠，枝干呈现一片灰白色。树皮老化后的植株，害虫只寄生在树皮裂缝处，受害轻微。近距离的传播靠初孵若虫爬行；远距离的传播则靠人为进行的苗木运输，且是传播扩散的主要途径。

（四）防治措施

1. 植物检疫　调运苗木，必须履行检疫，不宜将带有蚧虫的苗木出入境。有虫苗木经灭虫处理后，才能造林，防止人为扩散蔓延。

2. 农业防治　在蚧虫发生数量少、面积小的情况下，可进行人工抹除。冬季用石灰液进行树干涂白；结合修剪抚育，剪除虫枝烧毁，这些措施经济有效，还能保护天敌。

3. 生物防治　杜仲笠圆盾蚧的天敌主要有瓢虫类，如盔唇瓢虫 *Chilocorus*、红点唇瓢虫、双斑唇瓢虫、细缘唇瓢虫。有两种跳小蜂、一种蚜小蜂及一种体形极微小的红蜘蛛等天敌可压低其种群数量，应保护利用天敌资源。

4. 化学防治　初孵若虫无介壳，选择内吸性药剂在第 1 龄若虫发生期喷雾防治。

（陈君）

第三节　牡丹皮

Mudanpi

MOUTAN CORTEX

牡丹皮又名丹皮、粉丹皮、刮丹皮等，为毛茛科多年生落叶灌木牡丹 *Paeonia suffruticosa* Andr.的干燥根皮。具清热凉血、活血化瘀等功效。分布在我国大部分地区。观赏牡丹栽培面积较大，主要集中在山东菏泽、河南洛阳、北京、甘肃临夏、四川彭州、安徽铜陵等。药用牡丹以安徽、四川产量大，安徽铜陵凤凰山为牡丹皮之乡，习称凤丹。主要害虫有中华锯花天牛、吹绵蚧、日本龟蜡蚧、角蜡蚧 *Ceroplastes ceriferus*、桑白蚧、扁刺蛾、华北大黑鳃金龟、铜绿异丽金龟、暗黑齿爪鳃金龟、地老虎、金针虫等。

中华锯花天牛

（一）分布与危害

中华锯花天牛 *Apatophysis sinica* Semenow 属鞘翅目 Coleoptera 天牛科 Cerambycidae。国内主要分布于华北、华东地区。以幼虫蛀食牡丹根部，被害株率一般为 35%～70%，使植株生长发育不良，重者达 90%，造成整株干枯死亡，严重影响“丹皮”的产量和品质。

（二）形态特征

成虫：雌虫体长 11～26mm，雄虫体长 11～20mm。黄褐至栗色，头及胸部棕褐色，鞘翅端部淡黄褐色，体被稀疏黄色短绒毛。头近圆形，上颚向前伸出，额唇基凹下，额中夹有 1 纵沟，复眼大，头部具细密刻点，触角基瘤尖而明显。触角 11 节，柄节粗大。雄虫触角较体长，雌虫较体短。前胸背板具细密刻点，中央稍凹陷，有 2 个圆形瘤突，两侧缘各有 1 个小而钝的齿突。鞘翅宽于前胸，翅面具细密刻点，端部刻点不明显。足较长，后足腿节有细小齿突，腹部肥大，末端外露。

卵：长椭圆形，长约 1.5mm，浅黄色或稍带绿色。

幼虫：老熟幼虫体长 20～22mm。头近方形。触角 3 节，褐色，第 1 节特大，端部有刚毛 3 根。上颚三角形，黑色。前胸发达，略长于中胸、后胸之和。前胸前缘有 1 浅褐色横带。背板硬化，多细皱纹，中间有 1 浅纵沟，其两侧各有 1 条不明显的弯曲浅沟，三线呈“水”字形。

蛹：裸蛹。初蛹乳白色，后变为黄色。

（三）发生规律

在山东菏泽 3 年完成 1 代，以不同龄期幼虫在牡丹根茎交界处越冬。完成 1 个世代平均 1086 天，幼虫生长期最长，平均 1029 天。老熟幼虫 3 月下旬开始从根部隧道内爬出，入土筑土室待化蛹，3 月末至 4 月初为入土盛期。4 月中旬多数进入预蛹期，预蛹期 10～15 天。4 月下旬至 5 月上旬为化蛹盛期，蛹期 15～20 天。5 月中旬为成虫羽化盛期。成虫羽化后在蛹室内静伏 10 天左右，5 月下旬为出土盛期，出土后交配产卵，卵孵化始于 5 月下旬末，6 月下旬为孵化盛期。卵历期 10 天。该虫世代重叠明显，在同一时间内可见到不同龄期的幼虫。低龄幼虫多在牡丹根部腐烂处为害；钻入木质部的中龄、大龄幼虫多在根部及茎部交界处的木质部取食为害。

中华锯花天牛属于土栖性昆虫，大部分发育时间在地下。只有成虫才爬出地面交配产卵。成虫羽化后，在蛹室静伏一段时间，待体躯硬化后，再破蛹室爬出地面。成虫出土后当夜即可交配，交配后当晚或次晚开始产卵。卵散产于寄主植株附近土表 3cm 深处。产卵期 4～8 天。每雌产卵 62～246 粒。成虫寿命一般 6～8 天，雄虫寿命较短。成虫夜间活动。白天多静伏于植株隐蔽处或土块下。幼虫孵化时多从卵粒的一端咬破卵壳爬出，并开始咬食幼嫩根茎表皮，然后多从近地面断杈伤口腐烂处蛀入，逐渐向根下部蛀食。钻蛀的隧道长 30～70mm，宽 3～13mm。幼虫老熟后多从近地面隧道孔爬出，在为害株周围 10cm 左右土下 3～5cm 处做土室化蛹。蛹室长扁圆形，长约 32mm，宽约 23mm。

中华锯花天牛发生为害轻重与牡丹生长年限有关，生长期越长，虫口数量越多，牡丹受害越重，栽后二年的牡丹被害墩率 10%～35%，百墩有虫 15～41 头；栽后七年的牡丹被害墩率 64%，百墩有虫 84 头；栽后十年以上的有虫墩率在 90%以上。其发生程度与牡丹品种和土质也有一定关系。

（四）防治措施

1. 农业防治　在天牛化蛹期间进行中耕松土，破坏蛹室杀死蛹，以减少成虫数量。

2. 化学防治　在卵孵化盛期，选用适宜的药剂灌根。

3. 生物防治　有 1 种小型黄色蚂蚁取食中华锯花天牛预蛹和蛹，对中华锯花天牛有一定抑制作用，注意保护和利用。

（陈君　程惠珍）

第四节　沉香

Chenxiang

AQUILARIAE LIGNUM RESINATUM

沉香又名土沉香、牙香树、女儿香、莞香等，为瑞香科多年生常绿乔木白木香 *Aquilaria sinensis* (Lour.) Gilg 含有树脂的木材，是名贵的天然香料和中药。具有行气止痛、温中止呕、纳气平喘之功效。白木香主要分布在海南、广东、广西、云南、福建和台湾等热带、亚热带地区。常见害虫有黄野螟 *Heortia vitessoides*、咖啡木蠹蛾等。

黄野螟

（一）分布与危害

黄野螟 *Heortia vitessoides* Moore 属鳞翅目 Lepidoptera 草螟科 Crambidae，是近几年在我国白木香种植区危害最严重的一种食叶性害虫，目前发现仅为害白木香。该虫在我国广泛分布于海南、广东、广西和云南、香港等南方各地；国外主要分布在印度、尼泊尔、斯里兰卡，其范围从东南亚和东印度群岛到昆士兰州、新赫布里底群岛和斐济等国家。发生严重时，被害株率高达 90%以上。该虫以幼虫群集咬食白木香叶片，具有暴发性、暴食性的特点。单株虫口数量从几百头到上千头。由于虫口密度大，生长速度快，数天内便可把被害树叶片全部吃光，甚至树干及枝条皮层也被啃食，造成白木香林光秃无叶，严重时整株死亡，影响结香和沉香的产量（图 16-2a）。

（二）形态特征

成虫：雌蛾体长 10～14mm，翅展 35～40mm；雄蛾体略小，体长约 11mm，翅展 30～32mm。头部淡黄色，触角线状、黑色，复眼黑色。胸部黄色，被有黑色横条纹（图 16-2e）。腹部 6 节，基部各节背面有黑色横条纹。翅膜质，前翅浅硫黄色，近基部有 2 个黑斑，内横线黑色，不连续，在径脉与臀脉处断开，外横线倾斜宽大不伸到翅内缘，中线宽大，在翅前缘及后角扩展，翅外域有蓝黑宽条纹。后翅外边缘有蓝黑色宽带，外缘线黑色，具绒毛，其余部分白色半透明。雄蛾腹部细长，黄色，末端尖，丛生黄色长毛。雌蛾腹部较粗壮，橘黄色，末端钝，环绕生殖孔有黑色短丛毛。

卵：扁圆形，直径约 0.8mm，表面光滑。初产的卵为乳白色，之后逐渐变为黄色、红色，接近孵化前为黑色。呈块状，卵粒紧粘呈鱼鳞状排列（图 16-2b）。

幼虫：初孵幼虫体长 1.2～1.5mm，头部黑色，体淡黄色（图 16-2c）。老熟幼虫体长 25～28mm，头部红褐色，前胸背板黄褐色，体黄绿色，两侧有明显黑斑。气门椭圆形、褐色，胸、腹部气门上方各有 1 个长方形黑斑，与腹部第 1～8 节亚背线上每节的两个近圆形的黑斑排列成“品”字形。中胸、后胸在亚背线上有 1 对括弧形黑斑，第 9 腹节背部 1 黑斑多呈凹形。腹足 4 对，臀足 1 对，趾沟三序外侧缺环。

蛹：被蛹，长 13～14mm。圆筒形至椭圆形，光滑。初期为淡黄色，后渐变为红褐色，接近羽化时变为黑色。复眼及上颚尖端黑色，触角向后。前翅包被达腹部第 5 节末，接近羽化时清晰可见灰白相间条纹。腹末端着生 2 对细短的钩状臀刺（图 16-2d）。

茧：椭圆形，系老熟幼虫所吐丝质与土壤缀成，黑褐色（与做蛹室的泥土和材料颜色相关），薄而松。顶端常有 1 小孔，仅用一大块土粒与丝质黏附，为成虫羽化时的出口。

（三）发生规律

黄野螟在广东化州地区 1 年发生 8 代，以蛹越冬。翌年 4 月中旬至 5 月上旬成虫陆续羽化，4 月中旬成虫开始产卵，4 月下旬第 1 代幼虫孵化，各虫态在不同世代的发育历期不同，12 月中旬老熟幼虫入土化蛹越冬。完成 1 个世代需要 28～32 天。

卵集中产在白木香幼嫩叶片背面，孵化率达 95%以上，卵期 3～4 天。幼虫共 5 龄，具有爆发性、暴食性的特点。低龄幼虫群集取食，食量较小，3 龄以后幼虫开始分散为害，食量大增。老熟幼虫在树干基部周围的土壤中或枯枝落叶层间结蛹室化蛹，化蛹深度在距地表 2cm 左右，蛹期 8～15 天。成虫羽化多集中于夜间，具有较强的趋光性。

（四）防治措施

1. 农业防治　根据黄野螟在浅土层或枯枝落叶及杂草上化蛹习性，于冬季（即成虫羽化出土前，12 月至翌年 4 月），在白木香树冠下浅翻土，使越冬蛹暴露于地面，人工消灭；或清除枯枝落叶和杂草烧毁，消灭越冬蛹；加强栽培管理，提高树体抗虫性；黄野螟各代卵期、幼虫期，用枝剪摘除有虫枝叶；亦可利用其幼虫受惊吓坠地的习性，在幼虫期人为拨动被害枝条，待幼虫坠地后杀死。

2. 物理防治　根据黄野螟成虫具有很强的趋光性，于各代成虫羽化盛期，在白木香林间或林缘空旷位置，悬挂频振灯或黑光灯诱杀成虫，可以减少成虫数量，降低产卵量，达到降低虫口密度的目的。灯间距 50～100m，如果树木较低，将杀虫灯挂在林间距离地面 1.5～2m 处；如果树木较高，可将杀虫灯挂在林缘空旷位置，以免林内灯光被遮蔽，定时清理接虫袋。

3. 生物防治　林间调查发现，海南蝽、蜘蛛、蚂蚁、蜻蜓等天敌可以捕食黄野螟幼虫和成虫，因此要尽量减少用药，保护天敌资源。

4. 化学防治　在每个世代 3 龄幼虫期，避开中午高温时段，选择阴天或晴天早晚，在林间喷施药剂防治。

（乔海莉　陈君）

第五节　阿魏

Awei

FERULAE RESINA

阿魏为伞形科多年生一次结实类早春短命植物新疆阿魏 *Ferula sinkiangensis* K. M. Shen 或阜康阿魏 *Ferula fukanensis* K. M. Shen 的树脂。具消积、化癥、散痞、杀虫之功效。用于肉食积滞、瘀血癥瘕、腹中痞块、虫积腹痛。阿魏是我国少数民族传统民族药材和中药材，为历版《中华人民共和国药典》收载，具有极高的药用价值，也被列为濒危植物。分布于亚洲荒漠中的伊犁河谷地一带，中国仅见于新疆西部、北部，集中分布在伊宁县喀什乡北部阿布拉勒山下的黏质土壤和石质干旱山坡上、石河子市南部低山区、托里县山前平原荒漠区等区域。新疆阿魏的常见害虫有白毛新皱胸天牛 *Neoplocaederus scapularis*、天幕毛虫 *Malacosoma kirghisica*、圆胸地胆芫菁 *Meloe corvinus*、大斑沟芫菁、蟀象、蝗虫等。

一、白毛新皱胸天牛

（一）分布与危害

白毛新皱胸天牛 *Neoplocaederus scapularis* Li et Zhu 属鞘翅目 Coleoptera 天牛科

Cerambycidae，目前仅分布于新疆。成虫羽化后主要取食新疆阿魏花药、花柄及幼嫩种子。花药、花柄常残缺或被咬断，种子边缘缺刻，严重者为害至种子胚部甚至整个种子，虫口密度 8～10 头/株。幼虫主要为害开花后的新疆阿魏花茎及根部。幼虫在花茎内由上而下蛀咬虫道，直至阿魏根部，虫道中充满坚实的蛀孔碎屑（图 16-3a）。

（二）形态特征

成虫：雌虫体长 33～36mm，宽 12～14mm；雄虫体长 30～33mm，宽 10～12mm；具金属黑色；触角第 1～4 节黑色，内侧具稀疏白色长缨毛，第 5～11 节略带棕红色；前胸背板前端及基部边缘密被白色短绒毛；体腹面及足被白色或淡黄色卧毛；小盾片三角形，被白色绒毛；鞘翅外侧面边缘具稀疏白色绒毛（图 16-3e）。头部短，头顶凸起，中央在复眼间有一纵脊，额宽阔，近方形，触角基瘤彼此接近，复眼突出，小眼面粗，复眼下叶稍长于颊；触角略短于体，柄节较粗，弓曲，每节下沿有一细齿，第 4 节较短，第 3 节和第 11 节长于柄节；前胸背板皱褶，背板侧刺突发达，呈尖刺状；鞘翅明显宽于前胸，具光泽，两侧近于平行，翅面前中部刻点粗密，后渐细疏，肩角直立突起，翅端近似平切，鞘翅缝角呈尖齿状凸起；中足基节窝对后侧片开放，前足胫节无斜沟，跗节两侧具毛垫，第 1、第 2 跗节背面中央具纵沟，第 3 跗节中部裂开，爪单齿式；腹部 5 节，第 1 腹节长度约为第 2 腹节的 2 倍，末节腹板后缘浑圆。

卵：椭圆形，乳白色，长 3～4mm（图 16-3b）。

幼虫：粗肥多皱，淡黄白色，体长 50～60mm，体阔略呈方形。身体腹面及两侧被浅黄色绒毛，中线对称各有 8 个棕色气孔（图 16-3c）。

（三）发生规律

在新疆 1 年 1 代，以幼虫在阿魏根下部越冬，5 月中旬至 6 月成虫羽化，羽化后飞至开花阿魏植株，取食阿魏花及幼嫩种子补充营养，之后交尾产卵。雌虫于产卵前在开花阿魏茎秆上蛀咬刻痕，然后通过刻痕在阿魏髓心软组织或空茎壁上产卵，卵 10 天左右孵化，6 月中旬至 7 月初成虫死亡。通常每个茎秆内只有 1 头幼虫为害，幼虫在茎秆内由上而下蛀食虫道，直至阿魏根部，幼虫虫道中密布坚实的蛀孔碎屑，翌年春老熟幼虫做蛹室化蛹。

（四）防治措施

1. 农业防治　5～6 月中旬成虫盛发期，于晴天在阿魏花上捕杀成虫；根据该天牛的产卵特性，可将收完种子后的阿魏茎秆尽快砍除并集中焚烧，削除藏在茎秆中的天牛虫卵和初孵幼虫；发现幼虫用铁丝钩杀。

2. 化学防治　发现幼虫蛀食可用药堵塞虫孔。

（李晓瑾　张际昭）

二、天幕毛虫

（一）分布与危害

天幕毛虫 *Malacosoma kirghisica* Staudinger 属鳞翅目 Lepidoptera 枯叶蛾科 Lasiocampidae。国内广泛分布于东北、华北、华东、华南、西北及西南等地区。国外分布于日本、朝鲜、美国等国家。天幕毛虫以幼虫为害，主要为害阿魏的嫩芽及叶片，影响阿魏的营养生长（图 16-4a）。

（二）形态特征

成虫：雌虫体长约 21mm，翅展约 45mm。虫体枯褐色，前翅中央具一深枯褐色的宽阔横带；后翅枯褐色，近体端半部色淡；腹部肥粗。雄虫体长约 19mm，翅展约 32mm，体色淡黄，前翅中部具 2 条深枯褐色的横纹；后翅近外缘部亦具有 1 条深枯褐色横纹，并与前翅近外缘的 1 条横纹相连接，腹部瘦细。

卵：椭圆形，表面灰白色，长径约 1.0mm，中央稍凹入。卵粒排列整齐，常数百粒集合成 1 个卵块，呈“顶针”状环绕于细枝上，故有“顶针虫”之称。

幼虫：老熟幼虫体长 50～55mm。头部暗蓝色，散布黑点，在颅顶两侧各生一大型黑斑。前胸背板及臀板皆为暗蓝色，其上各具 2 个黑斑。背中线黄色或黄白色；亚背线较宽，呈橙黄色；两线中间夹 1 条黑色纵线；气门上线暗蓝色；在气门线和气门上线之间有 1 条细窄的橙黄色纵线。胴部各节背面两侧各具一黑瘤，第 8 节上的黑瘤在背中央，大而显著，每个黑瘤上均生有黑色长毛。气门线以下，密生黄白色的细长毛（图 16-4b）。

蛹：被蛹，长 17～20mm。体黑褐色，上被淡褐色的短毛。

茧：长椭圆形，白色致密，茧衣黄色疏松。其上附有黄色粉状物。

（三）发生规律

1 年 1 代。以完成胚胎发育的幼虫在卵内越冬。卵内越冬的幼虫于翌年 5 月中旬陆续孵化；幼虫 5 龄，约 45 天老熟；老熟幼虫于 6 月下旬至 7 月中旬化蛹，蛹期 15 天左右；成虫于 7 月下旬至 8 月中旬羽化，羽化后即可交配、产卵；卵经 15 天左右胚胎发育完成，变成幼虫；幼虫在卵内滞育，直至翌年 4 月中下旬陆续孵化。在合适的条件下，6 月中下旬，成虫羽化、交尾产卵。

（四）防治措施

1. 农业防治　根据其产卵特性，利用早春，特别是 4 月上中旬，在一二年生的小枝条上寻找采集卵块集中灭杀；天幕毛虫 1～3 龄幼虫有吐丝结幕习性，此期可人工捕杀聚集的幼虫。
2. 物理防治　在成虫羽化高峰期进行灯光诱杀，效果良好。
3. 化学防治　在天幕毛虫孵化高峰刚过的 1 龄期内，喷施药剂防治。

（李晓瑾　张际昭）

第六节　厚朴、厚朴花

Houpo、Houpohua

MAGNOLIAE OFFICINALIS CORTEX、MAGNOLIAE OFFICINALIS FLOS

厚朴又名紫油厚朴、川朴，为木兰科植物厚朴 *Magnolia officinalis* Rehd. et Wils.或凹叶厚朴 *Magnolia officinalis* Rehd. et Wils. var. *biloba* Rehd. et Wils. 的干燥干皮、根皮及枝皮。

具燥湿消痰、下气除满等功效；其干燥花蕾入药称厚朴花，具芳香化湿、理气宽中等功效。分布在浙江、安徽、福建、甘肃、贵州、云南、江西等地，主产于湖北和四川海拔 800～1700m 的山区。常见害虫有厚朴藤壶蚧 *Asterococcus muratae*、横沟象 *Dyscerus* sp.、厚朴枝角叶蜂 *Cladiucha magnoliae*、厚朴新丽斑蚜 *Neooalaphis magnolicolens*、大背天蛾 *Meganoton anails*、叉斜线网蛾 *Striglina bifida*、棕带突细蛾 *Gibbovalva kobusi*、黄刺蛾、褐边绿刺蛾、桑褐刺蛾 *Setora postornata*、扁刺蛾、黎氏青凤蝶 *Graphium leechi*、一点斜线网蛾 *Striglina scitaria*、中华宽尾凤蝶 *Agehana elwesi*、小绿叶蝉、星天牛、褐天牛、黑翅土白蚁 *Odontotermes formosanus*、金龟子等。

一、厚朴藤壶蚧

（一）分布与危害

藤壶蚧 *Asterococcus muratae* Kuwana 又名日本壶蚧、壶链蚧，属半翅目 Hemiptera 壶蚧科 Cerococcidae。国内主要分布在湖南、上海、江苏、浙江、江西、贵州、湖北等地。寄主植物有木兰、广玉兰、樟树、法国冬青、柑橘、茶、梨、枇杷等。在湖北省恩施市双河厚朴基地首次发现该虫为害厚朴。该虫以针状口器插入皮内吸食汁液，严重时整株盖满介壳，层层叠叠、密密麻麻连在一起，严重林分有虫株率可达 100%。还可引发煤污病，使枝干变黑。其虫体小，发生初期不易发现，且产卵量大，加上虫体上有一蜡质介壳，一旦发生，防治极为困难，短期内可造成成片厚朴死亡，严重影响厚朴产量。

（二）形态特征

雌成虫：蜡壳半球形，棕褐色，长 4～6mm，高 3～4mm；有螺旋状横纹 8～9 圈及放射状白色纵线 4～6 条，蜡壳坚硬，尾部有一个中空的壶咀状突起，整个蜡壳犹如藤条编成的水壶。剥开蜡壳可见呈梨形土黄色的雌成虫，体长 2～5mm。触角锥状，7～8 节，淡黄色；复眼黑色，圆形；口器大，口针接近前足，喙 2 节；腹面平坦或微凹，腹部 11～12 节，尾须可见；足退化；尾瓣大而硬化，端毛与尾瓣等长，肛环大，有孔和 6 根肛环毛，肛板发达而硬化。

卵：长椭圆形，长径 0.65～0.68mm，短径 0.26～0.27mm。初孵时为浅黄色，以后逐变为污黑色.

初孵若虫：长径 0.76～0.80mm，短径 0.25～0.32mm。

雄蛹：梭子形，杏黄色，长约 3mm。

（三）发生规律

在湖北恩施 1 年 1 代，以受精雌成虫在枝干上越冬，各虫态历期为：卵期 5 月上旬至 6 月上旬，孵化期 5 月下旬至 6 月上旬，1 龄若虫 5 月下旬至 7 月下旬，2 龄若虫 7 月下旬至 9 月上旬，雄蚧蛹 8 月中旬至 9 月下旬，9 月中旬至 10 月上旬雄成虫羽化，雌蚧于同期变为成虫，受精后继续为害直到越冬，雌成虫 9 月中旬至次年 5 中旬。

越冬雌成虫于 4 月上中旬开始孕卵，5 月上旬开始产卵，卵产于介壳之下。雌虫产卵量 150～560 粒，平均 412 粒。1 龄若虫在树枝上活动取食，2 龄固定为害，虫害发生初期较少量的虫体不易发觉，随着虫口密度的增加，为害面积不断扩大。成虫寄生在树枝端，后逐渐向下部主干蔓延，受害厚朴树端渐渐枯死，布满介壳虫体。

不同林分厚朴有虫株率不同，纯林比混交林发生严重。“厚—作”模式比“厚—药”模式发生严重。“厚—林”模式平均有虫株率最低。不同年龄林分间的发生量无明显差异。冬季极端低温对次年的发生量有一定的影响。林分密度大，林内通风透光不良，树干上苔藓植物丰富，藤壶蚧不容易寄生。

（四）防治措施

1. 农业防治　改变种植模式，调整林分结构采用药（厚朴）林（其他针叶或阔叶树）混交，药（厚朴）药（杜仲、黄连，贝母）混交，可大大减轻藤壶蚧的发生量；藤壶蚧的介壳较大，大发生时集中连片布于寄主树干，可采取人工刮除介壳的方法，此法防治成本低，易于操作，效果好。

2. 生物防治　藤壶蚧的天敌资源丰富，主要有寄生性的小蜂和捕食类的瓢虫，分别为短腹花翅跳小蜂、双带阿德跳小蜂、暗色卡丽跳小蜂、纽绵蚧跳小蜂。其中短腹花翅跳小蜂为藤壶蚧的优势寄生蜂。捕食性天敌有黑缘红瓢虫、湖北红点唇瓢虫、六斑月瓢虫和龟纹瓢虫等，应保护利用天敌。

3. 化学防治　厚朴藤壶蚧大量发生年可以采取化学防治方法进行控制。最佳防治期在2龄，选择内吸性药剂在树干基部涂药，涂药高度在树干基部 50cm 以下，可有效抑制该害虫的发生，且不污染环境，不伤害天敌，但需注意用药时间及安全间隔期，避免对药材造成农药残留。

（陈君）

二、厚朴横沟象

（一）分布与危害

厚朴横沟象 *Dyscerus* sp.属鞘翅目 Coleoptera 象甲科 Curculionidae，是目前对厚朴造成危害最大的害虫，在浙江、福建、湖北等厚朴产区普遍发生。该虫对幼小的树苗、成年的植株都能造成严重的危害。成虫主要啃食嫩茎皮，也取食树叶、花梗、果皮；幼虫为害根系，剥食根皮，咬断细根，造成大量植株死亡，尚存活的植株，因根系受损，生长衰弱，或因枝梢被害，叶片稀少，失绿，使厚朴人工林大量植株死亡，经济损失严重。

（二）形态特征

成虫：体长 13.5～17.0mm。栗褐色，全身散布疏密不均的锈色鳞片，鞘翅后端最密集，前胸背面和鞘翅前端最稀。头顶布满刻点，头喙约与前胸等长，略弯，背面有刻点沟，并形成 5 条隆线。触角柄节与索节略等长；前胸长略大于宽，布满不规则的颗粒，前胸中央有一条短纵沟。小盾片端部圆。鞘翅宽于前胸 1/3。各足腿节端部膨大，有一小齿；胫节端齿发达。

卵：椭圆形，长径约 3.2mm，短径约 2.1mm，橙黄色。

幼虫：初孵幼虫体长约 3mm，头橙黄色，上颚端部黑色褐色，体乳黄色，被长柔毛。

老熟幼虫体长约 16mm，宽约 6mm；头暗红色，上颚褐色，强大；体乳白色；前胸背板淡黄褐色，骨化较强。体壁多皱褶，肥硕。

蛹：长约 15mm，宽约 7mm；体白色；头喙、胸部有较多的橙黄色刚毛；腿节端部具 2 枚刚毛；羽化前体色逐渐呈黄褐色。

（三）发生规律

1 年 2 代，以成虫和幼虫越冬，越冬代一部分于 10 月下旬化蛹，11 月上旬至下旬在土室内羽化，以成虫蛰伏土中或在树杈上越冬；另一部分次年 4 月上旬化蛹，5 月羽化。第 1 代 7 月中下旬化蛹，8 月羽化。初羽化时乳白色，散布赭色点；多于夜间爬出土面，爬向被害植株嫩梢取食嫩皮、芽苞、叶片、花梗和果实，以补充营养；成虫出土后 3～4 天开始交尾，1 年可多次交尾产卵，交尾后 5～6 天开始产卵。成虫寿命长达 1 年以上，一般白天潜伏在枯枝落叶、草丛隐蔽处、浅土内，或静伏在树杈间、叶柄基部，偶有取食；夜晚出动大量取食，咬断叶柄使叶片脱落；啃食树皮时，可造成一个直径 7mm 左右的缺皮伤口。

成虫具有假死性，遇惊即坠落地面。善爬行。大多数成虫从 10 月下旬开始入土蛰伏越冬，翌年春天出蛰取食芽苞和树皮，新梢长出后取食新梢和叶片。卵产于根际土面和土内，卵期 8～18 天。幼虫孵化后即爬向树根取食根皮，大幼虫可咬断 1cm 以下的细根；越冬代幼虫 11 月以后在被害树根边缘土内筑室越冬，3 月以后恢复取食。第 1 代和以成虫越冬的第 2 代幼虫在土内筑一内壁光滑的土室，在土室内变为预蛹，预蛹期 5 天左右，蛹期 20～30 天。

（四）防治措施

1. 农业防治　从营林措施着手，重视适地适树，选好造林地，提高厚朴受害自我补偿能力；与杉木、茶叶等混交造林，保护生物多样性，提高抗虫害能力。

2. 化学防治　在 4 月中旬至 5 月初成虫大量出土后，选用适宜药剂晴天喷洒厚朴树干，树干 1m 高范围喷湿为止；5 月成虫大量出土活动后，选择雾天凌晨从山脚喷烟，烟雾剂用量视林地面积而定，一般为每公顷 500mL。

（陈君）

第七节　秦皮

Qinpi

FRAXINI CORTEX

秦皮为木犀科落叶乔木苦枥白蜡树 *Fraxinus rhynchophylla* Hance、白蜡树 *Fraxinus chinensis* Roxb.、尖叶白蜡树 *Fraxinus szaboana* Lingelsh.或宿柱白蜡树 *Fraxinus stylosa* Lingelsh.的干燥枝皮或干皮。具有清热燥湿、收涩止痢、止带、明目功效。白蜡主要分布于华北和南方，除药用外，还可以繁育白蜡虫 *Ericerus pela*，生产重要工业原料白蜡，具有重要的经济价值。苦枥白蜡分布于华北和东北地区。常见害虫有 26 余种，如白蜡窄吉丁

虫 *Agrilus planipennis*、白蜡绵粉蚧 *Phenacoccus fraxinus*、糖槭蚧 *Parthenolecanium corni*、草履蚧 *Drosicha corpulenta*、云斑天牛 *Batocera horsfieldi*、小线角木蠹蛾 *Holcocerus insularis*、东方木蠹蛾 *H. orientalis orientalis*、柳干木蠹蛾、咖啡木蠹蛾、美国白蛾、黄刺蛾、黄缘绿刺蛾 *Latoia consocia*、扁刺蛾、褐边绿刺蛾、双齿绿刺蛾 *Parasa hilarata*、霜天蛾 *Psilogramma menephron*、桑褶翅尺蛾、白星花金龟、毛黄鳃金龟、波纹斜纹象 *Lepyrus japonicus*、斑衣蜡蝉 *Lycorma delicatula*、蚱蝉 *Cryptotympana atrata*、昼鸣蝉 *Oncotympana maculaticollis*、大青叶蝉、茶翅蝽、黄斑蝽 *Erthesina fullo*、莲缢管蚜 *Rhopalosiphum nymphaeae* 等。

一、白蜡窄吉丁

（一）分布与危害

白蜡窄吉丁 *Agrilus planipennis* Fairmaire 又名花曲柳窄吉丁、岑小吉丁、花曲柳瘦小吉丁，属鞘翅目 Coleoptera 吉丁虫科 Buprestidae，是木犀科白蜡属树种的主要蛀干害虫。国外分布于东北亚地区、蒙古、朝鲜、韩国、日本、蒙古、俄罗斯远东地区。国内分布于北京、黑龙江、吉林、辽宁、河北、内蒙古、台湾、天津及山东等地。据文献记载，白蜡窄吉丁 20 世纪 60 年代曾在我国黑龙江省哈尔滨市及辽宁省沈阳市猖獗发生，1989 年天津发现白蜡窄吉丁为害市树绒毛白蜡，其后危害范围逐年扩大，苗圃内树苗成片死亡，行道树亦大量枯死，为害严重地区，有虫株率最高达 90%以上，虫口密度最高达 230 头/株。主要以幼虫蛀入树干，在韧皮部与木质部间取食，形成“S”形虫道，由于虫道横向弯曲切断了输导组织，当虫口密度高时，虫道布满树干，造成整株树木死亡，目前该虫已列入我国危险性林业害虫名单。

（二）形态特征

成虫：体狭长，楔形。雌虫体长 12.5～14mm，体宽 3.5～4mm；雄虫体长 11～12mm，体宽 2.5～3mm。体表背面为铜绿色，具有金属光泽，腹面为浅黄绿色图。头扁平，复眼肾形，古铜色。触角栉齿状，共 11 节，基节较长，其余各节长度均匀。前胸长方形，略宽于头部，约与鞘翅前缘等宽，前中胸密接不宜活动。鞘翅前缘隆起成横脊，表面密布刻点。尾端圆钝，边缘有小齿突。足上具绒毛，跗节 5 节。

卵：薄饼状，不规则椭圆形。长约 1～2mm。初产时乳白色至淡绿色，后变土黄色，孵化前为棕褐色。

幼虫：体扁平，半透明，淡茶褐色至乳白色，头小，缩于前胸内，仅露黑褐色口器。前胸背板和腹板骨化程度较弱，均呈淡褐色。前胸背板的中纵线深褐色，呈倒“Y”形，前胸腹板深褐色的中纵线则呈一直线。腹部 10 节，无足，每节呈等腰梯形，以第 7 腹节最宽，中胸及第 1～8 腹节各有一对气孔，末节有一对褐色钳形尾叉。

蛹：裸蛹，菱形，长 11～16mm，宽 3～5mm。触角向后伸至翅基部，腹端数节略向腹面弯曲。初化蛹时为乳白色，化蛹后 10 天左右首先由复眼开始变黑色，羽化前变为蓝绿色，具金属光泽，体形大小与成虫相似。

（三）发生规律

在我国北方部分地区如黑龙江哈尔滨 2 年完成 1 代，其他地区如辽宁、天津等地皆为 1 年 1 代。以不同龄期的幼虫在韧皮部与木质部之间或边材坑道内越冬。在哈尔滨幼虫经历两次越冬后于第 3 年 4 月上中旬开始活动，4 月下旬化蛹，蛹期持续到 6 月中旬。成虫于 5 月中旬开始羽化出孔，6 月下旬为羽化盛期。卵出现于 6 月中旬至 7 月中旬，幼虫于 6 月下旬开始孵化为害。在辽宁以不同虫龄的幼虫在韧皮部和浅木质部越冬，以 4 龄幼虫为主要越冬幼虫，4 月中旬幼虫开始活动取食为害，4 月下旬开始化蛹直至 6 月中旬，5 月下旬成虫开始出现，5 月末为羽化始盛期，6 月初为盛期，羽化高峰持续 7 天，成虫羽化历期 32 天，野外成虫 7～9 月仍有零星出现，雄性成虫寿命 10 天左右，雌性 15 天左右。6 月 6～10 日为产卵高峰，卵 10～14 天孵化，幼虫在树木韧皮部和浅木质部为害取食至 10 月末，11 月初越冬。

成虫羽化后，在树干上咬 1 个“D”字形（3.4～4.5mm）的羽化孔。成虫羽化后具有补充营养习性，喜啃食花曲柳、水曲柳、洋白蜡的嫩叶补充营养，5～7 天后即可产卵，成虫有明显的喜光和喜温习性，以晴朗无风天 9～13 时最为活跃。每日 9～15 时常绕树冠向阳面飞翔，高度 1～3m，夜间静伏于树冠叶表面和树皮裂缝处。成虫具假死性，遇惊扰坠地，晴天活动频繁，阴天很少活动。该虫飞翔力不强，每次仅 10m 左右。通常选择在阳光充足的向阳面产卵，卵单产于树干或树枝的树皮表面或裂缝处，少见双粒。喜在已为害的树干上产卵，产卵时间多在 9～15 时，亦可飞到另一棵树上产卵，平均每雌产卵约 40 粒。幼虫孵化后穿过树皮进入形成层，取食韧皮部和木质部外层。大多数幼虫在木质部外部构筑蛹室。

成虫的飞翔能力不强，只能在近距离传播，在无隔离的白蜡林中，无携带自然扩散速率为 1.1km/年。白蜡窄吉丁的传播主要为人为传播。树皮光滑的树木为害轻。

（四）防治措施

1. 严格检疫　白蜡窄吉丁传播途径主要靠苗木及被害木材调运携带，因此做好检疫是杜绝扩散蔓延的最好方法。

2. 农业防治　被害严重的林分应全部砍伐更新，被害轻微的林分，清除被害木，消灭虫源；营造混交林，克服树种单一化，形成总体林分内害虫种群稳定在一定水平的局面。

3. 生物防治　白蜡窄吉丁卵期、幼虫期、蛹期共有天敌 16 种，其中寄生蜂 6 种、啄木鸟 2 种、蚂蚁 4 种、蜘蛛 1 种、寄生螨 1 种、病原微生物 2 种。幼虫期的优势专性外寄生性天敌为白蜡吉丁柄腹茧蜂 *Spathius agrili* Yang 和白蜡吉丁啮小蜂 *Teteastichus plsnipennisi* Yang，平均自然寄生率达 30%～50%，最高达 80%以上，可有效控制白蜡窄吉丁幼虫。此外，一种肿腿蜂可有效寄生白蜡窄吉丁的蛹，因此，保护、繁殖利用这些天敌资源可有效控制白蜡窄吉丁的危害。

4. 化学防治　白蜡窄吉丁幼虫在树皮内为害，在外部不但看不到被为害，而且也难于从外部用药剂杀伤其幼虫，所以采用化学主要防治成虫，从树根基部钻孔内注射及在树干及大主枝上喷施内吸性药剂，可防治羽化后补充营养的成虫。

（陈君）

二、白蜡绵粉蚧

（一）分布与危害

白蜡绵粉蚧 *Phenacoccus fraxinus* Tang 属半翅目 Hemiptera 粉蚧科 Pseudococcidae，是白蜡树上的一种重要刺吸性害虫。国内分布于河南郑州、山西太原、青海西宁等地。其寄主植物有大叶白蜡 *Fraxinus americana* Linn.、绒毛白蜡 *Fraxinus velutina* Torr.、柿树、重阳木、核桃、法桐和木瓜等。该虫主要寄生在白蜡一年生枝条和枝干上，以 1 龄和 2 龄若虫刺吸植物汁液。其繁殖力强，严重发生时，虫体布满枝条，使树势生长衰弱，且易诱发煤烟病，引起枝条大量枯死，甚至整株死亡。此虫在西宁市区为害率最高达 95.89%，在郑州市有虫株率高达 100%，每个芽鳞上平均有越冬若虫 5.9 头。被害树树势衰弱，轻者发芽较正常树推迟 15～20 天，重则枝梢枯死，枝干上的卵囊如棉絮状，严重影响树体生长。

（二）形态特征

雌成虫：体长 4～6mm，宽 2～5mm；紫褐色，椭圆形，腹面平，背面隆起，有横纹，体被白色蜡粉。雄成虫：体长约 2mm，翅展 4～5mm；体黑褐色；前翅一对透明，翅脉二分叉不达翅缘；后翅退化呈小棒状；腹末圆锥状，具 2 对白色蜡丝。

卵：长 0.2～0.3mm，宽 0.1～0.2mm，橘黄色，有光泽，卵圆形。

卵袋：灰白色，丝质。有长短二型：长 4～7mm，宽 2～3mm，长椭圆形，表面无棱纹；长 7～55mm，宽 2～8mm，表面有 3 条波浪形纵棱，不达卵袋两端，其上还有多条不明显的横皱纹。

若虫：淡黄色，椭圆形，背面隆起，各节两侧边缘各有一对分节的刺状突起。

雄蛹：长 1.0～1.8mm，宽 0.5～0.8mm，淡黄色，长椭圆形。

雄蛹茧：长 3～4mm，宽 0.8～1.8mm，长椭圆形，灰白色丝质，表面有绒毛。

（三）发生规律

1 年 1 代，以若虫在树皮缝隙、翘皮下、芽鳞间、旧的蛹茧和卵袋内等隐蔽处越冬。翌年 3 月底至 4 月初苗木萌动时陆续出囊活动，大部分集中在芽鳞处刺吸为害。4 月初雌雄分化，4 月中下旬为雄成虫羽化盛期，交尾后雄虫死亡，雌虫继续在嫩枝上吸食为害，体上蜡质层逐渐增厚，5 月上中旬雌成虫开始在枝条上做白色棉絮状卵囊产卵，边产卵边做囊，做囊结束，产卵即结束，每头雌虫可产卵上千粒，此时枝干花白，严重影响观赏效果。卵期 20 天左右，6 月上旬若虫孵化，6 月中旬至 7 月中旬为孵化盛期，7 月下旬孵化基本结束。若虫爬到叶片背面叶脉两侧为害，以主脉两侧为多，引起叶片变黄脱落，或由于虫体排泄液导致黑霉病。9 月上旬 1 龄若虫蜕皮，10 月上旬至下旬部分若虫到枝干上做囊准备越冬，部分随叶落地。

（四）防治措施

1. 农业防治　栽前彻底清除带虫植株，栽植后如发现有虫应及时控制，减少虫源和防止蔓延；秋季及时将树下的枯枝落叶集中烧毁，防止在叶上的白蜡绵粉蚧随风飘荡向外传播。

2. 生物防治　白蜡绵粉蚧天敌有绵粉蚧刷盾缘跳小蜂、长盾金小蜂、蜡蚧阔柄跳小蜂、绵粉蚧长索跳小蜂 *Anagyrus schoenherri* (Westwood)、栎刷盾长缘跳小蜂、圆斑弯叶瓢虫等。其中绵粉蚧长索跳小蜂寄生率最高达 86.55%，注意保护利用天敌资源。

3. 化学防治　初春树芽萌发前，用 0.5°石硫合剂在树体上喷雾。3 月下旬到 4 月上旬白蜡绵粉蚧虫体裸露固定在侧枝的叶芽、花芽、叶痕处，无叶片遮拦，是最佳防治时期，此时喷施药剂防治可取得较好效果。

（陈君）

第八节　黄柏、关黄柏

Huangbo、Guanhuangbo

PHELLODENDRI CHINENSIS CORTEX、PHELLODENDRI AMURENSIS CORTEX

黄柏、关黄柏为云香科落叶乔木黄皮树 *Phellodendron chinense* Schneid.和黄檗 *Phellodendron amurense* Rupr.的干燥树皮，有健脾止泻、清热燥、泻解毒和抑菌的功效。黄檗主产辽宁、吉林、河北，以辽宁省产量大，商品称关黄柏。黄皮树主产四川、贵州、湖北、陕西，以四川、贵州产量大、质量优，商品称川黄柏。主要害虫有黄柏丽木虱 *Calophya nigra*、瘦筒天牛 *Oberea atropunctata*、眉斑楔天牛 *Glenea cantor*、柑橘凤蝶 *Papilio xuthus*、小地老虎、乌柏癞蛎盾蚧 *Lepidosaphes tubulorum*、牡蛎蚧、蚜虫、蛞蝓等。

一、黄柏丽木虱

（一）分布与危害

黄柏丽木虱 *Calophya nigra* Kuwayama 属半翅目 Hemiptera 丽木虱科 Calophyidae。国外分布于日本，国内分布在东北三省，辽宁分布于沈阳、清原、西丰、宽甸、桓仁等地。是黄柏的主要害虫之一。以成虫、若虫刺吸为害，低龄若虫常群集于叶背、叶腋基部，若虫所分泌的大量絮状蜡质，能堵塞叶片的气孔，影响叶片的光合作用、呼吸作用，造成叶片枯黄；同时也引起煤污病，严重时叶片皱缩、枯黄早落，使枝条、叶片枯死。

（二）形态特征

成虫：雌虫体长 2.80～2.84mm，翅展 6.2～6.3mm；雄虫体长 2.44～2.48mm，翅展 5.5～5.6mm。初羽化时体淡黄绿色，翅透明，翅脉淡黄白色。复眼暗红色，呈椭圆形，单眼黄褐色。触角 10 节，长 0.6～0.7mm，端部黑褐色，顶端 2 根刚毛黄色。胸部明显拱起；前翅长 2.5～2.54mm，宽 1.04～1.08mm，后翅长 1.48～1.50mm，宽 0.5～0.6mm。后足胫节具

2 个黑褐色端距。越冬成虫体黑褐色。雌虫腹部末端尖，雄虫腹末钝圆，交配器弯向背面。

卵：长椭圆形，有短柄，长 0.26～0.28mm，宽 0.15～0.16mm。初产淡绿色，一端圆钝，一端略尖，孵化前灰白色。

若虫：共 5 龄。1～2 龄，头、胸黄色，体黄色，扁圆形；复眼红色；体周缘具蜡腺，分泌出白色蜡丝。3 龄开始有翅芽，分泌物呈水泡状。4～5 龄，头和后胸正中央有一条明显白线，并分泌出黏液和透明液。5 龄若虫，全身浸在黏液或透明液里，体长 1.8～2.1mm，体宽 1.3～1.36mm；体扁平，长椭圆形；体色由乳黄色变翠绿色；复眼红色；背中线黄白色，缘毛银白色。

（三）发生规律

在吉林、辽宁 1 年 3 代，以成虫在树皮裂缝、杂草或土块下越冬。翌年 5 月上旬开始活动补充营养，5 月中旬开始交配产卵，5 月下旬若虫孵化。若虫共 5 龄，若虫期 20～24 天。第 1 代成虫 6 月上旬出现；第 2 代成虫 7 月上旬出现，羽化后的成虫相继交尾、产卵；越冬代成虫 8 月上旬陆续羽化，并不再交尾产卵，以成虫在树干基部皮缝中越冬。

黄柏丽木虱属单食性，仅为害黄柏树，大树冠下部枝条发生较多，新梢较重。上午 8 时到下午 5 时为交尾、产卵高峰。成虫羽化时间多集中在 6～10 时，羽化率为 90%以上。初羽化成虫淡黄绿色，翅白色透明。成虫羽化后，经 2～3 天补充营养即行交尾。交尾多在 14～16 时开始，最短 50 分钟，最长 2 小时，成虫可多次交尾。雌虫交尾 2 天后开始产卵，卵产于当年生新枝顶端小叶背面，叶尖、叶腋基部居多。卵散产、裸露，单层排列。每雌虫可产卵 120～200 粒，平均 160 粒。卵期 9～13 天，卵多在上午孵化，孵化率 97%以上。5 龄若虫浸在黏液或透明液里刺吸为害，并分泌出白色蜡丝和黏液。老龄若虫分散取食。成虫有趋光性和假死性，善跳跃，寿命 22～28 天。

（四）防治措施

1. 农业防治　早春结合修剪，剪除当年生的产卵小枝，可有效降低虫口基数。
2. 物理防治　利用黄柏丽木虱成虫趋黄色特性，在成虫羽化高峰期悬挂黄色粘虫胶板诱杀成虫。
3. 生物防治　黄柏丽木虱的捕食性天敌有大草蛉、二星瓢虫、食蚜蝇等，要充分保护与利用。
4. 化学防治　可在早春用适宜药剂防治初孵若虫。

（陈君）

二、瘦筒天牛

（一）分布与危害

瘦筒天牛 *Oberea atropunctata* Pic 属鞘翅目 Coleoptera 天牛科 Cerambycidae。国外分布于尼泊尔和朝鲜，国内分布于山东、湖南、湖北、浙江、广东、广西、云南、四川、贵州等地。以幼虫和成虫为害黄柏枝干，幼虫钻蛀黄柏枝干造成枯枝和风折；成虫不仅取食嫩叶、嫩梢或叶脉皮层形成危害，而且产卵时环咬嫩梢致使嫩梢枯萎死亡。

（二）形态特征

成虫：体长 16～19mm，宽约 2.5mm。体红棕至棕黄色，密被金黄及棕色绒毛。触角略超过体长。前胸圆筒形，背面拱凸，具中隆线，散布稀疏刻点。小盾片梯形。鞘翅外端角齿状突出；翅面基半部刻点粗深，具 6 列刻点。足粗短，爪具附叶，半开式。

卵：长 2.1～2.9mm，宽 0.7～0.8mm。长椭圆形，初产时为淡黄色至黄绿色，后逐渐变红，近孵化时呈暗红色。

幼虫：成熟幼虫乳白至蛋黄色，圆柱形，头近方形，体长 16～20mm，前胸宽 2.5～3mm。口器框与上颚黑褐色；唇基光滑，上唇端部多刚毛；口后片前缘长毛 8 支；触角 2 节；单眼 1 对。前胸背板前缘和中纵线黄白色，近前缘有 1 横列长毛；中区棕黄色，散布呈"山"形排列的长毛；后胸背板和腹部第 1～7 节具椭圆形步泡突，步泡突具中纵沟、2 条侧纵沟和 1 条横沟。第 8 腹节后端环生粗毛，第 9 腹节轮生粗毛 4 圈。肛门 3 裂。

蛹：离蛹，长 15～18mm，前胸宽 1.8～2.4mm。体细长，圆柱形。初蛹化时淡黄色，之后复眼变黑色。

（三）发生规律

在贵州黔南地区 1 年 1 代，以幼虫在被害枝条的蛀道内越冬，翌年 3 月下旬开始化蛹。成虫于 4 月上旬开始陆续羽化，羽化高峰期在 4 月中下旬，产卵盛期在 4 月下旬至 5 月上旬。卵 4 月下旬开始孵化，幼虫在枝条内蛀食到 10 月底至 11 月初越冬。

成虫在蛀道的蛹室中羽化，羽化后 3～5 天沿着蛀道出孔，也有在蛀道中停留 15 天出孔。成虫通过取食嫩叶、嫩梢或叶脉皮层补充营养。成虫飞翔能力不强，1 次飞 5～10m，平时栖息在叶片背面，清晨和雨天活动缓慢，易于人工捕捉。成虫寿命 15～25 天。交尾以 10～15 时最频繁。每次交尾历时 10 分钟左右，雌雄成虫均可多次交配。雌虫交尾后卵产于嫩枝梢端。产卵前先爬至离新梢端部约 10cm 处用上颚咬破皮层成一横刻，然后调转身体在横刻处产卵，每处产卵 1 粒，少数 2 粒。产卵完毕后，在产卵处下方约虫体长度处咬 1～3 道相距 1cm 左右的环形或半环形刻纹，多数 2 道。7～14 天后卵孵化为幼虫。幼虫孵化后就近蛀食枝条髓部。枝条从产卵处被风吹断或被其蛀断，幼虫就向下或向侧枝蛀食，蛀食的过程中，隔一定的距离向外开 1 个排泄孔。幼虫在受惊后会在夜间咬下大量木屑堵在蛀入口。越冬前幼虫调转身体，头向上，用木屑将蛀道上方堵住，保护自己。幼虫化蛹前用木屑将两端堵住，形成简单蛹室。蛹期 10～15 天。

（四）防治措施

1. 植物检疫　杜绝带虫苗木的调运和栽植，防止该虫传播扩散；

2. 农业防治　在 4 月中下旬成虫盛发期，组织人力捕杀成虫，以清晨及阴雨天为好，此时成虫活动能力较弱，容易捕杀；黄柏嫩梢被产卵后，上部枝条枯萎，容易识别，因此可在成虫产卵期间，用针刺杀卵和幼虫；及时剪除被害虫枝和产卵的枝条，集中处理。

3. 化学防治　对已蛀入主干的幼虫，用浸有药剂的棉球堵塞蛀入孔将其杀死，同时还可杀死蛀道内的蛹和刚羽化的成虫；在成虫盛发期向黄柏树冠喷施药剂。

（陈君）

第九节　喜树

Xishu

喜树 *Camptotheca acuminata* Decne.又名旱莲、水栗、水桐树、水冬瓜、天梓树、旱莲子、千丈树、野芭蕉、水漠子，为珙桐科落叶乔木。以根、果及树皮、树枝、叶入药。秋冬采果，晒干；根、树皮、树枝四季可采，洗净晒干；叶春至秋季均可采，鲜用或晒干。性味苦、涩，凉。具抗癌、清热、杀虫功效。用于胃癌、结肠癌、直肠癌、膀胱癌、慢性粒细胞性白血病、急性淋巴细胞性白血病；外用治牛皮癣。我国特有，分布于贵州、云南、四川、湖南、湖北、河南、广西、广东、江西、江苏、浙江、福建等地，海拔 1000m 以下的林边和溪边。主要害虫有喜树优斑螟 *Euzophera* sp.、喜树黄毒蛾 *Euproctis* sp.、褐边绿刺蛾、绿尾大蚕蛾 *Actias selene ningpoana*、广翅蜡蝉、大青叶蝉、小绿叶蝉、角胸叶蝉 *Tituria* sp.、四点象天牛 *Mesosa myops*、黑跗眼天牛 *Bacchisa atritarsis* 等。

一、喜树优斑螟

（一）分布与危害

喜树优斑螟 *Euzophera* sp.属鳞翅目 Lepidoptera 螟蛾科 Pyralidae，是喜树的一种新害虫。分布于江西安福，福建三明、沙县、明溪、永安、将乐、尤溪、南平、建瓯、建阳、闽清、漳平等县市。1995 年在江西安福县首见为害喜树。喜树受害严重，有虫株率可达 90%～100%，平均每株有虫数百至数千条，多者上万条。林木被害后，轻者树势迅速衰弱，枝条大量干枯，重者整株枯死，经济损失很大。该虫曾在福建闽西北局部地区暴发成灾，整株树叶被吃光，黑色粪粒及残余物等挂满枝条，有的枝条枯死，严重影响喜树生长。

（二）形态特征

成虫：体长 6～9mm，宽 1.3～2.5mm，翅展 14～18mm，雌蛾略大于雄蛾。触角丝状，长至翅的 1/2，鞭节由 30 多小节组成。复眼大而突。全身覆灰白色鳞片，头、触角和下唇须深褐色，胸部黄褐色，头顶与胸背连接处有细白色毛，腹部覆浅灰色毛片，腹部各节端部颜色较深。前翅灰褐色，翅基 1/3 处有约 1mm 宽的白色横带纹，翅端部颜色较深，外缘有长短不一的灰白色稀疏毛片。后翅灰白色。足较长，腿节、胫节和跗节近乎等长，各节端部浅白色。

卵：卵圆形或椭圆形，直径 0.3～0.7mm，初产白色或浅卵黄色，近孵化时暗褐色。

幼虫：初龄体长 3～5mm，宽 0.2～0.5mm，淡黄色，身上无斑纹；4～5 龄幼虫长 17～20mm，宽 1～2mm，头胸黄褐色，腹部黄绿色，各节从气门上线到背有黑色的环纹。腹足趾钩多单序全二环（尾足半环）。

蛹：纺锤形，黄褐色或红褐色，近羽化时暗褐色，有灰色薄茧。长 6.5～8.5mm（去茧）。腹部各节四周有坑状刻点，尾部靠前面有黄褐色钩状臀棘 4 根。

（三）发生规律

在江西安福 1 年 4 代，以蛹在喜树的树皮缝及枯卷叶内越冬。翌年 4 月上旬在喜树发芽时开始羽化，4 月中旬为羽化盛期。以 5～9 时、17～19 时羽化最多。成虫有趋光性，成虫寿命 6～8 天。羽化后 2～3 天即可交配产卵，每雌产 10～53 粒，卵多产在叶背的主脉两侧，单粒散产或 3～5 粒排 1 行。卵 4～7 天孵化，初孵幼虫 80%在叶背取食；3 龄后转到叶面，吐丝缀叶或将叶缘向上卷起，在内啃食叶肉，几天后被害叶即枯黄干缩或脱落。幼虫在树冠下层多于上层。幼虫活动敏捷，老熟后钻入树皮缝或在枯卷叶内化蛹。各代化蛹历期不同，1～3 代为 5～8 天，越夏蛹 52～56 天，越冬蛹可达 203 天。如果幼虫密度很大，老熟幼虫吐丝在树干周围形成丝幕，幼虫集结形成 2～3m 长的丝链。

此虫发生与树龄有很大关系：10 年生以下的幼树，由于树皮光滑，树皮缝浅，不利于幼虫化蛹，则发生较少或不发生；年限长的树发生较重。害虫发生与寄主林分状况有关：多树种混交的林分发生轻，纯林发生较重；在郁闭度大的林中，林内阴暗，温度相对低，湿度大，不利于其繁殖，发生轻；在郁闭度小的林中发生较重。

（四）防治措施

1. 营林措施　营造多树种混交林，可采取单株或小块混交，混交树种可选重阳木、枫杨、杨树等。

2. 生物防治　喜树优斑螟天敌种类较多，常见有捕食幼虫的蚂蚁、寄生蛹和幼虫的绒茧蜂 *Apanteles* sp.、捕食幼虫的蜘蛛、捕食蛹的蠼螋 *Labidure* sp.、捕食卵和蛹的捕食螨 *Tyrophagus* sp.和捕食幼虫和成虫的小山雀等鸟类，对喜树优斑螟的发生有明显的控制作用，应注意保护和利用。

（陈君）

二、喜树黄毒蛾

（一）分布与危害

喜树黄毒蛾 *Euproctis* sp.属鳞翅目 Lepidoptera 毒蛾科 Lymantriidae，分布于福建沙县三明、南平、建瓯、建阳；以幼虫取食喜树叶片，是喜树的一种重要害虫。

（二）形态特征

成虫：雌蛾体长 9.0～13.7mm，翅展 29～37.6mm；雄蛾体长 8～12.1mm，翅展 19.8～30.8mm。头顶被白色毛，复眼圆形，黑色，触角黄褐色。胸部背面褐色，前翅浅黄褐色，上有褐色斑 5 个，后翅白色，并有白色缘毛。腹部背面密被白色毛，各腹节后缘黑色，腹部腹面白色，腹末具黄色毛簇。雌蛾腹部圆筒形，雄蛾腹部末端稍尖。

卵：扁圆形，长径 0.62～0.7mm，短径 0.4～0.46mm。卵顶部稍凹，表面光滑，卵孔四周有瓣状花纹。初产卵淡黄色，渐变为棕黄色至橙色，接近孵化时有黑色斑点。卵排列成块状，上覆盖有绒毛。

幼虫：老熟幼虫体长 16～21mm，头宽 1.18～1.78mm。头黑色，上唇呈角形缺刻，较深，上额发达具齿。前胸盾褐色，Ⅳ毛瘤红色；中胸、后胸Ⅰ毛瘤黄褐色，Ⅱ、Ⅲ毛瘤黑色，Ⅳ毛瘤红色。腹部黑色，第 2～8 腹节背浅黄色，翻缩腺黄白色，顶端天蓝色略凹入，第 1～8 腹节Ⅰ、Ⅱ毛瘤黑色，Ⅲ毛瘤红色，在第 1 腹节Ⅰ毛瘤周缘有黄色圈，第 9 腹节有

6 个红色毛瘤，气门黑色，近圆形，趾钩单序，半环式。

茧：长径 16.2～24mm，短径 9.2～13.7mm，灰色，呈椭圆形，上附有黑色毒毛。

蛹：长 8.3～12.6mm，宽 3.2～3.9mm。棕色至棕褐色，纺锤形，体上具毛束，臀棘圆锥形，末端有 32～38 枚钩刺。

（三）发生规律

在福建沙县 1 年 6 代，以 3～4 龄幼虫越冬。翌年 3 月上旬喜树萌芽时幼虫破茧而出，开始活动取食，3 月中旬开始化蛹，4 月上旬为化蛹盛期，4 月下旬为成虫盛发期。各代幼虫的为害盛期分别为：第 1 代 5 月下旬至 6 月上旬，第 2 代 7 月上中旬，第 3 代 8 月上中旬，第 4 代 9 月上中旬，第 5 代 10 月上中旬，越冬代 4 月上中旬。

成虫多在 11～19 时羽化，羽化率 98.3%以上，一日内羽化高峰在 17～19 时，占日羽化率的 52%。成虫羽化后当晚即可交尾，以羽化后第 3 天晚上交尾为多，成虫一生仅交尾 1 次。交尾均在凌晨 4～6 时，交尾持续时间长达 7～11 小时。交尾当晚 20～23 时开始产卵，产卵历期 2～6 天。卵成块产于叶背面，一般每叶产一块卵，越冬代雌虫产卵量 210～409 粒，产卵 7～12 块，平均每块有卵 43 粒。成虫夜间活动频繁，具趋光性。

幼虫为 5～7 龄，以 5～12 时幼虫孵化最多。初孵幼虫群巢于卵块周围，先取食卵壳，经 11～19 小时后开始食叶，幼虫有群集性，受惊后常吐丝下垂，随风传播扩散。5～6 龄幼虫食量占幼虫总食量的 70%以上。越冬代幼虫于 11 月下旬开始下树，在落叶背面和地被物上结薄丝茧越冬，翌年 3 月上旬越冬幼虫破茧而出，继续取食活动，3 月中旬开始结茧化蛹。老熟幼虫多在枝杈处或叶背结茧化蛹。

（四）防治措施

1. 人工捕杀　雌虫卵成块产于叶背，上覆盖有黄色绒毛，初孵幼虫有群集性，大发生时可进行人工采卵或捕杀初孵幼虫。

2. 物理防治　喜树黄毒蛾成虫具较强趋光性，可在成虫盛发期利用黑光灯诱杀，以减少虫口基数。

3. 生物防治　11 月上中旬或 5 月中旬应用白僵菌液喷雾防治越冬代幼虫和第 1 代幼虫，效果较好。

4. 化学防治　1～2 龄幼虫有群集性，可在 5 月上旬第 1 代幼虫孵化盛期，用适宜药剂喷雾防治。

（陈君）

第十节　檀香

Tanxiang

SANTALI ALBI LIGNUM

檀香 *Santalum album* L.又名白檀，为檀香科常绿小乔木。以木质心材（或其树脂）入药，具行气温中、开胃止痛之功效。原产印度、印度尼西亚等，主产于印度东部、泰国、斐济等湿热地区。我国台湾、广东也有引种栽培。主要害虫有报喜斑粉蝶 *Delias pasithoe*、咖啡木蠹蛾、糠片盾蚧 *Parlatoria pergandii*、红脚绿丽金龟 *Anomala curipes*、卵圆齿鳃金龟 *Holotrichia ovata*、华脊鳃金龟 *H.* sinensis、小地老虎等。

一、报喜斑粉蝶

（一）分布与危害

报喜斑粉蝶 *Delias pasithoe* (Linnaeus)曾用名“檀香粉蝶 *Delias aglaia* (Linnaeus)”，又名红肩斑粉蝶、红肩粉蝶、褐基斑粉蝶、艳粉蝶、基红粉蝶或藤粉蝶等，属鳞翅目 Lepidoptera 粉蝶科 Pieridae。国外分布于中南半岛、菲律宾、印度尼西亚等地。国内分布于云南、福建、海南、广东、广西、香港、台湾等地。已知寄主植物有 11 种，其中桑寄生科 8 种，檀香科 2 种，大戟科 1 种。除为害桑寄生科的多种桑寄生和檀香科的檀香外，还能为害檀香科的寄生藤。报喜斑粉蝶初孵幼虫嚼食小量檀香叶片表皮，2 龄以后在叶片叶缘为害，形成缺刻，严重时，常造成全株光秃无叶，影响檀香植株生长（图 16-5a）。

（二）形态特征

成虫：体长 20～27mm，翅展 62～80mm，雌虫头、胸部黑色，被灰色毛，复眼茶褐色。触角黑褐色（图 16-5e）。腹部背面灰黑色，腹面灰白色。前翅正面黑色，翅室有界限不清的白色长卵形斑。后翅正面翅基红色，中域白色，被黑色翅脉分割，臀区黄色。翅黑褐色，前后翅均有 1 个白色小横脉斑。近外缘有 7～8 个灰白色戟型斑排列成弧形。后翅近外缘有 5 个黄色戟型斑。臀区几乎全为黄色；反面翅基有红色带，斑纹鲜黄色。雄似雌，惟翅黑色，中部斑纹为淡蓝灰色。

卵：长圆筒形，顶部较尖，直立；长约 1.4mm，宽约 0.7mm；具纵脊，淡黄至深黄色（图 16-5b）。

幼虫：末龄幼虫体长 30～35mm。头和臀板黑褐色，足黑色，前背板和各体节棕红色。中胸及以后各节具黄横带半环于背体侧，其中有数根黄色长毛排成 1 横列，趾钩为三序中带，一侧有小趾钩数枚（图 16-5a）。

蛹：长 22～28mm，纺锤形，橘红色夹有黄横带，气门和腹端黑色。体具多数疣突和脊突。前胸、中胸背部隆起成屋脊状。臀棘有钩刺百个（图 16-5d）。

（三）发生规律

在所有的檀香种植区都未发现越冬现象。在广州 1 年 4 代；第 1 代幼虫 11 月中至翌年 1 月中下旬；第 2 代在 2 月初至 4 月上旬；第 3 代在 3 月下旬至 5 月上下旬，第 4 代在 5 月中下旬至 6 月中旬。在海南 1 年 3 代；第 1 代发生期为头年 12 月下旬（或 11 月）至当年 3 月中旬；第 2 代为 2 月上旬至 4 月上旬；第 3 代为 3 月下旬至 4 月（或 5 月上旬）。第 2 代虫口密度高，为害重，世代重叠。

成虫一般在晴天上午 8～10 时羽化。羽化后 6～8 小时交尾。产卵一般在上午 8～11 时和下午 2～5 时。卵产于近叶片顶端的叶面或叶背，以叶面为多。卵粒排列较紧密，竖立，每块卵的粒数不等，平均50粒左右。卵期7～13天。孵化时间以清晨为盛，孵化时幼虫从近卵顶处咬孔爬出。初孵幼虫先吃掉卵壳，然后嚼食小量叶片表皮，2龄以后在叶片叶缘为害，形成缺刻，4～5龄为暴食期。幼虫常常喜欢聚集在一起，吃尽一枝叶片再转移他枝为害。幼虫历期，在春天和初夏为21～28天，冬季50～65天。老熟幼虫，春秋代多在檀香枝叶上化蛹，夏天爬到寄主植物或周围灌木、杂草丛中较阴凉处化蛹。化蛹前1～2天不食不动，身体缩短，体色偏红，并吐丝将尾足粘在叶片或小枝上，然后再吐一丝带围在第1腹节处，最后缚在小枝或叶片上固定化蛹。蛹期，10～14天。

报喜斑粉蝶喜冷凉，忌高温炎热。冬春季节，檀香受害最严重，夏秋两季月平均温度在32℃以上不见其为害。

（四）防治措施

1. 农业防治　人工捕杀，报喜斑粉蝶卵、幼虫、蛹都很集中，可集中摘除处理。

2. 生物防治　报喜斑粉蝶卵期天敌有马来亚跳小蜂 *Ooencyrtus malayensis* Ferriere，6月下旬卵寄生率极高，几乎达100%；幼虫期天敌有绒茧蜂 *Apanteles* sp.寄生，海南蝽可吸食幼虫体液；蛹期天敌有广大腿小蜂 *Brachymeria obseurata* Walker、松毛虫匙鬃瘤姬蜂 *Theronea zebra diluta* Gupta 及一种追寄蝇寄生。6月蛹被广大腿小蜂寄生率30%～40%，有时高达 88.8%。此外，还有白僵菌、病毒及细菌寄生幼虫和蛹；螳螂可捕食幼虫，对该虫发生有一定的抑制作用；将所摘回的卵、幼虫、蛹放入寄生蜂保护器，待寄生蜂或蝇羽化出来时，放回檀香地，以增加寄生蜂或蝇的田间寄生率；2～4代寄生蜂的田间寄生率很高，而第1代寄生率较低，第1代幼虫发生期可用BT喷雾防治。

（乔海莉　陈君）

二、咖啡木蠹蛾

（一）分布与危害

咖啡木蠹蛾 *Zeuzera coffeae* Nietner 别名咖啡豹蠹蛾、咖啡豹纹木蠹蛾、咖啡黑点蠹蛾、茶枝木蠹蛾、棉茎木蠹蛾等。属鳞翅目 Lepidoptera 木蠹蛾科 Cossidae。国外分布于欧洲、西非、南亚、东南亚及中国东部和南部。国内主要分布在华南、西南、华东、华中、台湾等地。寄主植物主要有檀香、白木香、咖啡、可可、茶树、油梨、金鸡纳、番石榴、石榴、梨、苹果、桃、枣、荔枝、龙眼、柑橘、棉、杨、木槿、大红花、台湾相思、乌桕等。咖啡豹蠹蛾以幼虫在檀香的枝条或树干木质部取食为害，受害植株叶片发黄，长势缓慢衰弱，严重时枝条干枯，甚至整株枯死。世界上檀香生产国，栽培檀香均受到咖啡木蠹蛾的为害，茎干受害后风吹易折，形成长短不一的材质（图16-6a）。

（二）形态特征

成虫：雌蛾体长12～26mm，翅展40～50mm，触角丝状；雄蛾体长11～15mm，翅展30～36mm，触角基部羽状、端部丝状。体被灰白色鳞毛。胸部背面有青蓝色斑点6个。翅灰白色，翅脉间密布大小不等的青蓝色短斜斑点，翅外缘在翅脉端部具有青蓝色斑点。后翅斑点较淡。腹部灰白色，背面中央、两侧共有5列青蓝色斑点；第8节背面青蓝色。

卵：椭圆形，长为 0.85～0.9mm，宽为 0.75～0.8mm，初产时橙黄色或淡黄色，后变为淡红色，少数橘红色，孵化前紫黑色。卵壳薄而表面无纹饰。

幼虫：老熟时体长 28～50mm，头淡赤褐色，前胸背板中央有一条纵向的黄色细线，后缘有 1 黑褐色突起，布满小齿突，前两排整齐，中间数齿较小，腹面色较淡（图 16-6b）。臀板及第 2 节基部黑色；预蛹期幼虫体黄白色，头淡赤褐色，前胸背板黑色，较硬，后缘有锯齿状小刺 1 排，中胸至腹部各节有横排的黑褐色小颗粒状隆起。

蛹：长圆筒形，雌蛹长为 16～42mm，雄蛹长为 14～34mm，蛹的头端有 1 个尖的大齿突，形似鸟喙。体色较深，呈褐色，化蛹初期淡褐色，后呈黄褐色；近羽化时每一腹节侧面出现 2 个圆形黑斑，背面有 1 个灰黑色横条斑，末节背面有 1 排齿突，其余各腹节均有 2 圈横行排列的齿突，腹部末端有 6 对臀棘。

（三）发生规律

该虫在云南、广东、福建 1 年 2 代，贵州等省 1 年 1 代。以不同龄期的幼虫在受害寄主枝条或茎干内越冬。其中老熟幼虫占 55%左右。大部分幼虫越冬后不再取食，至翌年 3 月开始取食为害。3 月底至 4 月初化蛹，4 月上中旬可见初孵幼虫在檀香的幼嫩枝条上为害。第 2 代 8 月下旬至 9 月上旬化蛹，9 月上中旬羽化。羽化以清晨为多，羽化后的当晚或翌日交尾，羽化后的成虫昼伏夜出，产卵于当年生新梢中下部的腋芽处、分枝处和树皮裂缝等处，卵多单产（或卵块），卵多而分散。幼虫孵化后吐丝结网覆盖卵块，群集于丝幕下取食卵壳，2～3 天后扩散，从檀香嫩枝顶端几个腋芽处蛀入，致使嫩枝萎蔫干枯。幼虫共 6 龄，初孵幼虫首先从上部的腋芽处蛀入，在木质部内取食 3～5 天后，被害处以上的树叶枯死。随后幼虫钻出向下转移，或转于枝条中下部再蛀入为害，上行蛀食髓心，每隔一定的距离向外蛀一排粪孔，将粪粒排出。幼虫一旦蛀入枝干，在蛀入孔的木质部做环状取食，形成“蛀环”，风吹枝干极易折断。幼虫蛀食木质部常将粪便从蛀孔排出，散落地面。根据散落的粪便即可找到枝干被危害的部位。幼虫期长达 240～250 天，蛀害孔道一般长 300～800mm，绝大多数是 1 虫蛀害 1 枝，少有转枝为害现象。11 月底逐渐停食，12 月进入越冬阶段。成熟幼虫常在虫道内化蛹，将要羽化时靠蛹尾摆动移向蛀孔，一半露出孔外，羽化时冲破蛹壳而出。

咖啡豹蠹蛾喜晴朗、高温、干燥天气，生长发育适宜温度为 18℃～32℃。

（四）防治措施

1. 农业防治　咖啡豹蠹蛾每雌产卵 300～800 粒，多者可达 1100 粒，卵自然孵化率达 90%～100%。因此，控制越冬代成虫基数是防治关键。通过秋冬季田间修枝整形及结合田间管理，及时剪除虫枝烧毁或捕杀虫害枝内幼虫；根据地面散落的虫粪，寻找受害枝条和虫道孔口，用细铁丝从蛀孔或排粪孔插入向上反复穿刺，可将幼虫刺死；在 4～5 月和 8～9 月间，若发现檀香植株上部有萎蔫的嫩梢应立即剪除，集中烧毁。

2. 物理防治　成虫产卵前期，采用耐晒塑料薄膜包裹主干，阻止成虫产卵，防止为害；在成虫盛发期，在林地间安装杀虫灯诱杀成虫。

3. 化学防治　用注射器从孔口注入药剂，然后用黄泥封住孔口，杀死里面的幼虫。

（陈君）

附表　其他皮、心材、树脂、菌类药材虫害

1. 儿茶（儿茶 *Acacia catechu*）

害虫名称	分类地位	为害虫态	危害部位	为害特点（状）	发生规律	防治措施
蟋蟀	直翅目 蟋蟀科	若虫 成虫	—	咬断幼苗。	5～6 月开始出现，7 月为盛期。	毒饵诱杀幼虫，饵料以炒过的麦麸、棉籽饼及南瓜或残叶最好，配合药剂；蟋蟀雨季多爬出洞口处栖息，可用锄头挖开洞口捕杀，或在洞穴中灌水将其消灭。
粉蚧 *Dysmicoccus* sp.	半翅目 粉蚧科	若虫 成虫	枝	多聚集在枝杈上吸取汁液。	以春、秋两季为害重。	初期点片发生时，人工刷抹有虫茎蔓；若虫分散转移期，分泌蜡粉形成介壳之前喷施药剂，用含油量 0.3%～0.5%柴油乳剂或黏土与柴油乳剂混用，对已开始分泌蜡粉介壳的若虫也有很好的杀伤作用。
地老虎	鳞翅目 夜蛾科	幼虫	根茎	咬断幼苗的根茎。	每年在 5 月中下旬为害最凶。	黑光灯或糖醋液诱杀成虫；毒饵诱杀幼虫，用新鲜多汁的杂草 50kg，喷上药剂，于傍晚撒在幼苗周围土面上；清晨在苗木附近捕捉成虫或浇水捕捉幼虫。

2. 竹荪（长裙竹荪 *Dictyophora indusiata*）

害虫名称	分类地位	为害虫态	危害部位	为害特点（状）	发生规律	防治措施
白蚁、线虫、长粉螨、菇疣跳虫、蛞蝓、蜗牛、蝼蛄、铜绿丽金龟	—	—	—	—	—	选择避风向阳、荫蔽度在 70%～80%、排水良好、含沙量约 50%、偏酸性土壤的场地栽培；清除场内杂草和污物，严格挑选纯菌种，选择新鲜无霉变的栽培料等，杜绝病虫来源；螨类及跳虫等喷施杀虫剂，杂菌选用适宜杀菌剂局部喷雾；在菌蕾生长后期及子实体生长阶段，切勿施用农药。

3. 安西香（白花树 *Styrax tonkinensis*）

害虫名称	分类地位	为害虫态	危害部位	为害特点（状）	发生规律	防治措施
拟木蠹蛾	鳞翅目 拟木蠹蛾科	幼虫	茎干	幼虫潜伏在自然整枝的枝痕处，往树干里蛀洞，在洞穴四周上下的树皮上活动，取食树皮表面的粗糙部分。	—	及时清理枯枝，修剪有虫枝条集中烧毁。

4. 红豆杉（红豆杉 *Taxus wallichiana*）

害虫名称	分类地位	为害虫态	危害部位	为害特点（状）	发生规律	防治措施
蛴螬	鞘翅目 金龟总科	幼虫	根	—	—	成虫发生期，使用黑光灯诱杀成虫，降低虫口密度，减少为害；蛴螬为害严重的地区，将毒土混入基肥中施用；田间发现虫害后，用药液浇注根部周围土壤。
蚜虫	半翅目 蚜总科	成蚜 若蚜	嫩叶 嫩茎	—	—	早春清除田间地边杂草和蚜虫的转株寄主植物，集中烧毁；发生期可用药剂喷雾防治，间隔5～7天，连续喷药2次。
叶螨	蜱螨目 叶螨科	成螨 若螨	叶	—	—	清除田间、路边的杂草及枯枝落叶，集中烧毁；发病初期可用药剂喷雾防治，7～10天防治1次，连喷2～3次，效果较好。

5. 苏木（苏木 *Caesalpinia sappan*）

害虫名称	分类地位	为害虫态	危害部位	为害特点（状）	发生规律	防治措施
吹绵蚧	半翅目 硕蚧科	若虫 雌成虫	枝 芽 叶	以若虫和雌成虫群集枝、芽叶上吸食汁液，削弱树势，重者枯死。	—	保护、释放大、小红瓢虫等天敌；剪除虫枝或刷除虫体；初孵若虫分散转移期用药剂喷雾防治。

6. 阿拉伯胶（阿拉伯相思树 *Acacia senegal*、赛伊耳相思树）

害虫名称	分类地位	为害虫态	危害部位	为害特点（状）	发生规律	防治措施
牡蛎盾蚧 *Lepidosaphes* sp.	半翅目 盾蚧科	若虫 成虫	树干 枝 叶	成虫和若虫常在树干、枝杈及叶背吸取汁液。	—	使用药剂防治；注意清园，将枯枝落叶集中烧毁；虫口密度小时可用瓢虫进行生物防治。
白囊蓑蛾 *Chalioides kondonis*	鳞翅目 蓑蛾科	幼虫	叶	幼虫用小叶及枝、刺吐丝结成袋囊，幼虫和蛹均在袋囊中生活。幼虫咬食叶片。	—	使用药剂防治。

（陈君　尹祝华）

参考文献

包强，陈晓琴，徐华林，等. 红树林新害虫报喜斑粉蝶化蛹场所研究[J]. 中国森林病虫，2014，33(2)：21-23.
柴义生，王体誉，冯殿英. 中华锯花天牛发生规律和防治方法的研究[J]. 植物保护学报，1987，(2)：125-129.

陈汉林，黄水生. 叉斜线网蛾的研究[J]. 应用昆虫学报，1993，(6)：339-341.
陈汉林. 浙江省丽水地区厚朴害虫名录[J]. 生物安全学报，1996，(1)：10-14.
陈震. 百种药用植物栽培答疑[M]. 北京：中国农业出版社，2003.
程荷花. 喜树四点象、黑跗眼天牛的综合防治[J]. 安徽林业科技，2010，(Z1)：120.
刁志娥. 白蜡树害虫发生危害及防治研究[D]. 泰安：山东农业大学硕士学位论文，2005.
丁玉洲，张家俊，邢家贵，等. 安徽省木本药用植物害虫发生与危害记述[J]. 安徽农业大学学报，2003，30(2)：197-201.
冯殿英，柴义生，王体誉. 中华锯花天牛的初步观察[J]. 应用昆虫学报，1985，(5)：217-218.
冯荣扬，郭良珍，梁恩义，等. 咖啡豹蠹蛾生物学特性及其防治[J]. 植物保护，2000，26(4)：12-14.
高泽正，伍有声，董祖林，等. 檀香主要害虫的生活习性与防治[J]. 中药材，2004，27(8)：549-551.
龚其锦，林邦超，朱少木，等. 喜树黄毒蛾生物学特性及其防治初步研究[J]. 森林与环境学报，1993(4)：407-413.
郭，吴泽文，莫少坚，等. 肉桂的五种枝梢害虫[J]. 植物检疫，1996，(4)：213-215.
何彬，彭树光，何根跃，等. 绿尾大蚕蛾生物学与防治[J]. 应用昆虫学报，1991，(6)：353-354.
黄劼. 喜树幽斑螟生物学特性的研究[J]. 森林与环境学报，2000，20(2)：129-132.
黄荫规. 肉桂泡盾盲蝽生物学特性及防治[J]. 广西植保，1997，(4)：5-9.
金若忠，栾庆书，云丽丽，等. 花曲柳窄吉丁生物学调查[J]. 辽宁林业科技，2005，(5)：22-24.
李剑豪，李东平，黄祖惠，等. 杜仲梦尼夜蛾生物学特性初步研究[J]. 中国森林病虫，1997，(4)：19-21.
李苏萍，陈秀龙，韩国柱，等. 山东广翅蜡蝉生物学特性及防治措施[J]. 中国森林病虫，2006，25(3)：36-38.
李涛，赵国祥，赵东兴，等. 云南河口土沉香炭疽病、黄野螟调查研究[J]. 广东农业科学，2015，42(18)：63-67.
李晓瑾，朱军，梁明，等. 危害新疆阿魏的害虫——白毛新皱胸天牛[J]. 新疆农业科技，2009，(3)：41.
李宗顺，李秋生，赵修协，等. 喜树暗斑螟生物学特性及防治[J]. 中国森林病虫，2003，22(4)：5-6.
李宗顺，李秋生，赵修协，等. 喜树优斑螟生物学特性及防治方法的初步研究[J]. 生物灾害科学，2002，25(1)：13-15.
卢宗荣，艾训儒，彭琼，等. 紫油厚朴藤壶蚧发生与防治[J]. 湖北林业科技，2012，(6)：85-86.
卢宗荣，王柏泉，冯广，等. 厚朴枝角叶蜂生物学特性观察[J]. 中国森林病虫，2014，33(5)：10-12.
么厉，程惠珍，杨智. 中药材规范化种植（养殖）技术指南[M]. 北京：中国农业出版社，2006.
梅盛金，林建荣，彭学库，等. 厚朴横沟象防治技术[J]. 安徽农学通报（下半月刊），2010，16(22)：152-153.
聂彩花. 山西省古县牡丹病虫害种类调查及防治[D]. 太谷：山西农业大学硕士学位论文，2014.
彭石冰，江祖森，李锦权，等. 肉桂双瓣卷蛾生物学特性及防治研究[J]. 林业科学研究，1992，(1)：82-88.
钱晓澍，于春梅. 白蜡绵粉蚧生物学特性[J]. 中国森林病虫，2001，(S1)：18-19.
钱晓澍. 西宁地区白蜡绵粉蚧发生现状调查[J]. 中国森林病虫，2010，29(3)：24-26.
乔海莉，陆鹏飞，陈君，等. 黄野螟生物学特性及发生规律研究[J]. 应用昆虫学报，2013，50(5)：1244-1252.
山东省中药材病虫害调查研究组. 北方中药材病虫害防治[M]. 北京：中国林业出版社，1991.
施德祥，李友忠，马新成，等. 杜仲笠圆盾蚧生物学特性观察[J]. 西北林学院学报，1996，(2)：74-76.
苏跃平. 白木香黄野螟生物学特性[J]. 中药材，1994，(12)：7-9.
王柏泉，艾训儒，卢宗荣，等. 厚朴害虫藤壶蚧生物学与发生规律研究[J]. 湖北民族学院学报（自然科学版），2010，28(3)：294-297.
王维翊，王维中. 黄柏丽木虱的初步研究[J]. 中国森林病虫，1997，(4)：28-29.
王伟，徐敬杰，于梅娥，等. 洛阳牡丹害虫种类调查初报[J]. 植物检疫，1998，(4)：204-206.

王小艺. 白蜡窄吉丁的生物学及其生物防治研究[D]. 北京：中国林业科学研究院博士学位论文，2005.
韦荣刚，涂志勤. 黑胫米缘蝽的初步研究[J]. 广西林业科学，1994，(4)：194-196.
吴振廷. 药用植物害虫[M]. 农业出版社，1995.
吴志远. 肉桂木蛾的研究初报[J]. 北京：应用昆虫学报，1984，(2)：66-68.
吴志运. 肉桂蠹蛾的研究初报[J]. 森林与环境学报，1980，(1)：36-48.
吴智仁. 檀香重要害虫咖啡木蠹蛾防治方法[J]. 福建农业，2012，(5)：23.
冼旭勋，赵仲苓. 广西肉桂害虫及天敌名录初报[J]. 广西林业科学，1995，(1)：6-10.
冼旭勋. 肉桂泡盾盲蝽的生物学及防治[J]. 应用昆虫学报，1997，(4)：222-225.
冼旭勋. 肉桂双瓣卷蛾生物学及防治[J]. 应用昆虫学报，1995，(4)：220-223.
肖康琳. 小绿叶蝉转株危害喜树的发生规律与防治[J]. 四川林业科技，1990，(2)：56-58.
徐家生，白海艳，戴小华. 棕带突细蛾两种新寄主及其生物学研究[J]. 中国森林病虫，2014，33(1)：5-7.
徐声广，陈汉林，黄水生，等. 丽水地区厚朴害虫发生及防治[J]. 浙江林业科技，1996，(6)：60-63.
鄢淑琴，康芝仙，胡奇，等. 黄柏丽木虱生物学特性的初步研究[J]. 吉林农业大学学报，1993，(1)：6-7.
杨茂发，骆军科，金道超. 黄柏瘦筒天牛生物学特性及其防治[J]. 中国森林病虫，2005，24(2)：11-13.
袁永奎，卢宗荣，王柏泉. 厚朴害虫藤壶蚧化学防治试验[J]. 湖北林业科技，2011，(1)：30-32.
曾令祥. 黄柏主要病虫害及防治技术[J]. 贵州农业科学，2003，31(6)：55-57.
张斌，黄金水，陈如英，等. 肉桂突细蛾生物学特性及防治技术[J]. 中国森林病虫，2000，19(3)：2-5.
张长青，王红英，白生雄，等. 西宁市白蜡绵粉蚧生物学特性及危害[J]. 西北林学院学报，2002，17(3)：75-77.
张宗福. 二斑黑绒天牛的观察与防治[J]. 湖北林业科技，1990，(4)：16-17.
赵锦年，刘若平，应杰. 肉桂木蛾钻蛀与取食习性的初步研究[J]. 林业科技通讯，1985，(8)：23-25.
赵同海，高瑞桐，Liu Houping，等. 花曲柳窄吉丁的寄主植物范围、危害和防治对策[J]. 昆虫学报，2005，48(4)：594-599.
浙江省药材病虫害防治编绘组. 药材病虫害防治[M]. 北京：人民卫生出版社，1974.
郑宝荣，李跃生，沈汉水. 肉桂病虫害种类调查初报[J]. 福建林业科技，2003，30(3)：70-72.
中国医学科学院药用植物资源开发研究所. 中国药用植物栽培学[M]. 北京：中国农业出版社，1991.
周云龙，刘湘银，慈利县江垭林场. 杜仲林咖啡豹蠹蛾发生及防治建议[J]. 西北林学院学报，1996，(2)：71-73.
周云龙，张声堂，刘湘银，等. 杜仲梦尼夜蛾生物学特性及防治研究[J]. 西北林学院学报，1996，(2)：64-68.

第十七章　真菌类药材虫害

第一节　灵芝

Lingzhi

GANODERMA

灵芝为多孔菌科真菌赤芝 *Ganoderma lucidum* (Leyss. ex Fr.) Karst.或紫芝 *Ganoderma sinense* Zhao，Xu et Zhang 的干燥子实体。具有补气安神、止咳平喘的功效，用于眩晕不眠、心悸气短、虚劳咳喘。国内主要分布于贵州、黑龙江、吉林、山东、湖南、安徽霍山、江西、福建、广东、广西、河北等地。欧洲、美洲、非洲、亚洲东部也有分布。主要害虫有膜喙扁蝽 *Mezira membranacea*、灰褐谷蛾 *Tinea metonella*、小地老虎、星狄夜蛾 *Diomeacremata*、害长头螨 *Dolichocybe perniciosa*、紫跳虫 *Ceratophysella communis*、黑翅土白蚁 *Odontotermes formosanus*、黄翅大白蚁 *Macrotermes barneyi*、家白蚁 *Coptotermes formosanus*、胸角蕈甲 *Cis mikagensis*、蠼螋、造桥虫、鼠妇等。

一、膜喙扁蝽

（一）分布与危害

膜喙扁蝽 *Mezira membranacea* (Fabricius)属半翅目 Hemiptera 扁蝽科 Aradidae，国内分布于浙江龙泉、福建邵武、广西南宁、海南、台湾；国外分布于日本。寄主主要有灵芝、紫芝等食药用菌。该虫主要为害灵芝段木上的灵芝菌丝和原基，吸取菌丝和原基内的汁液。灵芝段木受害后，出芝量减少，灵芝个体变小，畸形芝比例增加，为害严重时，则不易出芝，灵芝产量和品质损失严重。

（二）形态特征

成虫：体长 9～12mm，前胸背板宽 3～4mm，腹部宽 3.4～4.5mm。身体后端略宽，体扁平，呈棕褐色至黑色。触角 4 节，喙短，褐色，伸至喙沟后缘。复眼突出，半球形。前胸背板近于梯形，侧缘部稍溢，在前半部有不规则隆起 4 个，后缘部中央明显弯曲。前翅基部两边平行，雄虫前翅伸过第 7 腹节背板中央，雌虫伸至该节基部，膜片翅脉凸突明显。雌虫第 7 腹节侧叶角状，第 9 腹节后端较平钝，其中央微突出；雄虫端节呈三角形，长约 5mm，宽约 1.7mm，中央纵脊显著。

卵：米粒状，长 1.8～2mm，宽 0.5～0.6mm；初产时为乳白色，半透明，有光泽。后期为橘红色，并出现红色眼点。卵壳表面具 5～6 边形网状脊纹。

若虫：成熟若虫体长 8～10mm，体宽 3.4～3.6mm，长椭圆形，淡褐色。头部向前方突出，触角 4 节，各节均具稀疏的棕色纤毛，复眼大，呈红色，喙伸至前胸腹板中部，小盾片向上隆起，翅芽栗褐色，伸至第 1 腹节背面。腹节背面具 72 个、腹面具 66 个形状、大小不同的栗色瘤突，分别排成 4 纵列；第 4 腹节背面中央有一较大的棕褐色隆状突起，第 5 腹节背面中央有一棕红色的小圆斑。胸腹部均密布着瘤状呈淡褐色的小点。足具稀疏的棕色细毛。

（三）发生规律

在浙江 1 年 2 代，若虫 5 龄，以成虫在土中的段木周围及灵芝棚内紧贴土面的木片、竹片下越冬。翌年 4 月下旬越冬代成虫开始活动，吸食补充营养、交配，交配高峰在 5 月中下旬。5 月下旬至 6 月上旬为产卵盛期，6 月中旬为孵化高峰；7 月中下旬至 8 月初多数若虫开始羽化为第 1 代成虫。第 1 代成虫于 7 月底至 8 月上中旬产卵，8 月中下旬至 9 月初孵化，9 月底至 10 月上中旬大部分若虫羽化成第 2 代成虫。10 月底至 11 月初逐渐进入越冬期。

成虫每年 6～10 月为发生为害期，白天及夜间均能羽化。初羽化时，虫体呈粉白色略带红色，基本不活动；羽化后虫体开始硬化，体色逐渐变深，最后呈褐色或黑色。该虫具有群集、假死、喜阴等习性。成虫喜群居，尤以越冬代成虫为甚，最多可群集 300 多头。成虫飞翔能力较弱，具负趋光性，喜阴怕光。成虫有多次交尾现象，交尾后 1 天内即可产卵，但多数在第 2 天开始产卵。卵散产，产卵部位一般在段木表面，以木头缝隙处为多，极少数产于土中。产卵期为 6～12 天。单雌产卵量在无补充营养的情况下为 30～80 粒，若供给补充营养，可达 309 粒。卵孵化率均达 100%。

成虫受惊时，尾部会喷射出臭液体。成虫寿命较长，越冬代成虫最长可存活 300 天以上。雌雄性比为 1∶0.8。初孵若虫为橘红色，喜欢群集并附着在成虫或高龄若虫体上，最多时 1 头成虫可附着约 300 头 1 龄若虫。附着的若虫随成虫的转移而转移，3 龄以后脱离成虫。成虫、若虫均在土下的段木周围生活。遇水 0.5 小时后，有 95%以上的害虫会爬出土面。

（四）防治措施

1. 农业防治　膜喙扁蝽主要栖居土下，活动场所相对稳定，连续种植灵芝的田块，其虫量要高于新种田块的 2～3 倍。在选择灵芝种植地时，应实行轮作，同时要尽可能远离老棚，既可减少大量虫源，又能预防病害；越冬前，在灵芝棚四周及田块周围放些木片或竹片，诱集越冬成虫，于翌年越冬成虫活动之前，集中将其消灭。

2. 化学防治　适当提前排放新段木，在第 1 批灵芝（7 月中旬以前）、第 2 批灵芝（10 月初以前）收获完成、大量成虫羽化前，喷施化学药剂，避免农药对灵芝的污染。无水源的田块可采用泼浇法，药液用量为每立方米段木 75kg。泼浇时，做到药水足、泼得匀，使药液渗入土中，接触虫体，发挥药效；利用膜喙扁蝽成虫、若虫均有遇水后向上爬出土面的习性，在水源充足的田块，可先灌水，淹没土面 4～5 小时，待土下活动的害虫爬上土面后，用喷雾法均匀喷药杀灭害虫。

（陈君）

二、灰褐谷蛾

（一）分布与危害

灰褐谷蛾 *Tinea metonella* Pierce & Metcalfe 属鳞翅目 Lepidoptera 谷蛾科 Tineidae，是灵

芝、香菇、竹荪等食用菌的主要害虫之一。分布在安徽六安、河南等地。寄主有灵芝、香菇、竹荪等食用菌。该虫幼虫期钻蛀为害灵芝子实体，灵芝被害率达 10%～20%，被害子实体一般有虫 2～3 头，最多达 8 头以上。灵芝被害后，子实体往往被蛀成许多孔道，甚至被蛀成空壳和粉屑，严重影响其产量和质量。该虫不仅为害生产中正在生长的子实体，还为害贮存的灵芝成品。

（二）形态特征

成虫：灰黄褐色，体长 4～5mm，翅展 11～19mm。触角丝状，灰褐色、周生毛，头顶有蓬松的丛毛，复眼黑色。前翅梭形，前后翅等宽，前翅翅面灰黄褐色，满布散生的黑褐色和黄褐色鳞片，在翅端部及近翅基部的前缘和后缘处，黑褐色鳞片密而浓。后翅淡黄色，缘毛长约等于翅宽的一半。足灰黄色，前足短小，无距；中足长，胫节具 2 端距，灰褐色，内长外短；后足特长，灰褐色，内长外短。足的胫节和跗节均有灰、褐相间的环纹。

卵：扁椭圆形，长径 0.4～0.6mm，宽径约 0.3mm。初产乳白色，半透明，有光泽，后变淡黄色，近孵化时一端可见 1 小灰黑点。

幼虫：老熟幼虫体长 12～16mm。中胸、后胸多皱纹。头部淡黄褐色，口器灰褐色，前胸盾片淡黄色，其余白色。腹部第 3～6 节腹足趾钩为单序环形。单眼每侧 1 个，从单眼向后有 1 条深色狭窄条纹伸至头的后缘。

蛹：离蛹，长 7～12mm，宽 2.2～3.6mm。棕褐色，触角丝状，雄蛹前胸背面有灰白色“M”形纹；雌蛹则无“M”形纹。翅芽伸达第 4 腹节，足伸达第 5 腹节，第 3～7 腹节背面前后缘及第 8 腹节前缘均具有锯齿状突起，各节前缘的锯齿较后缘的大；尾节背面有 1 对扁齿状突起，其腹面有 1 对钩刺；从背面观，每腹节两侧中央各有 1 突起。

茧：黄褐色，丝质，长 15～18mm，宽 4～5mm，外附着粪便颗粒。

（三）发生规律

在安徽六安、江西景德镇 1 年 2 代，以幼虫在灵芝的子实体内越冬，亦可在仓库粉类及地脚粮内越冬。越冬幼虫于翌年 4 月下旬至 5 月上旬开始化蛹，5 月中下旬开始见成虫，成虫盛发期在 6～8 月。室内条件下，卵期 4～7 天，幼虫期 22～32 天，蛹期 7～10 天。成虫寿命 5～10 天。完成 1 世代 34～50 天。

成虫有趋暗性，白天潜伏不动，栖息在粮仓墙根，堆垛边角黑暗处或食用菌的子实体下；夜晚飞出活动，交配产卵，早晚活动最盛。成虫行走非常迅速，受惊扰则飞走。成虫羽化在 8～12 时为多，羽化后即潜伏黑暗处，当晚即可交配，雌雄性比 1.2∶1。一般成虫交配后 1 天即可产卵，卵多散产，产于菌盖或菌褶凹陷处。幼虫钻蛀为害，多数从子实体背面首褶或小孔蛀入，少数从菌盖凹陷处蛀入，也有极少数从菌柄蛀入，逐渐深入子实体内。子实体被蛀食成空壳和粉屑，幼虫边蛀边吐丝，将粉屑和粪便黏结成巢，幼虫栖息在丝巢内。老熟幼虫有群集为害、结茧化蛹、结茧越冬习性。幼虫化蛹前，在子实体内结灰白色丝质囊状茧，并将粪便和被害粉屑黏结成颗粒附在茧外，幼虫老熟后即在丝茧内化蛹。成虫羽化时，常将蛹壳带出羽化孔，半露在外，这是鉴别灰褐谷蛾为害的标志。

灰褐谷蛾繁殖发育适温为 20℃～30℃，温度过高过低对成虫产卵都有影响，不产卵或少产卵，高温影响卵的孵化和幼虫成活及成虫的寿命。相对湿度不仅影响食用菌的生长，而且也影响灰褐谷蛾的繁殖和发育。谷蛾繁殖发育的适宜湿度为 80%～90%，天气干燥能直接影响卵的孵化和初孵幼虫的蛀入。

（四）防治措施

农业防治　冬春季彻底清除菇场中的废菌包、垃圾，集中处理或烧毁以消灭越冬幼虫，减少虫源基数；灵芝生长期间，进出应随手关好门帘，注意隔离，防止成虫飞入产卵；同时对附近粮仓应做好清洁卫生工作，及时清理地脚粮和死角的积粉，以防成虫飞出为害灵芝；对刚采收已生虫的灵芝，可利用烘干机或烘箱，在 50℃～60℃下烘干 2～4 小时，既可灭虫又能防霉，效果好。

（陈君）

三、害长头螨

（一）分布与危害

害长头螨 *Dolichocybe perniciosa* Zou et Gao 属蛛形纲 Arachnida 长头螨科 Dolichocybidae。1990 年在上海地区发现为害灵芝、黑木耳、银耳、香菇等药用菌。此螨对药用菌的制种和栽培可带来毁灭性的灾害。

（二）形态特征

螨身体分为颚体与躯体两部分，有足 4 对。

未孕雌螨：体长约 0.17mm，宽约 0.1mm，体细小扁平，珠白色。大量个体聚集时呈白色粉末状。前足体背毛 3 对，后半体背毛 7 对。足 I 跗节端部有 2 爪；足Ⅲ、Ⅳ转节均为三角形。

怀卵雌螨：体球形或圆筒形，长数毫米。后半体膨腹形，其余特征同未孕螨。

雄螨：体长约 0.14mm，宽约 0.08mm，体微小，珠白色，形状同未孕雌螨，但略小一些。背毛排列同雌螨。

（三）发生规律

害长头螨无幼螨和若螨期，一生只有卵和成螨两个时期，卵在母体内直接发育为成螨，从母体中钻出，为卵胎生。雌成螨从母体内出来后迅速找菌丝或子实体取食，固定取食后，后半体逐渐膨大，成为怀孕雌螨。虫体的形状随食物和空间而变化，在活动空间大、个体不拥挤的饲料上生长多为球形，反之为筒形，膨腹体最长达 7mm，一般长 2～4mm，有时被误认为线虫，气温 27℃繁殖一代约为 8 天。害长头螨食性杂，不仅为害灵芝、黑木耳、银耳、香菇等的菌丝、子实体，而且还通过取食传播木霉、黑孢霉、镰刀菌等，常给制种和栽培带来很大损失。

（四）防治措施

预防为主，由于该螨繁殖快，食性杂，又与许多种杂菌有着密切的关系，一旦传入大发生便会造成毁灭性灾害，所以菌种厂要搞好环境卫生，减少杂菌污染源，这是防治的关键。要及时处理杂菌瓶和培养时间过长已出子实体的菌种瓶，以免引诱害长头螨生长繁殖；

菌种瓶的棉塞一定要塞紧，棉塞外包层牛皮纸，以免螨爬入瓶内；特别要注意引种时菌种是否带螨，以免蔓延为害；菌种室要定期检查和熏蒸消毒。

（陈君）

第二节　茯苓
Fuling
PORIA

茯苓 *Poria cocos* (Schw.) Wolf，又名茯灵、茯蕶、茯菟、松腴、绛晨伏胎、云苓、茯兔、松薯、松木薯、松苓，为多孔菌科真菌，生于松树根上，以干燥菌核入药。具有补心安神、除湿利水、健脾固精、益智安神等功效。中国、日本等东南亚国家均有野生茯苓分布，国内分布于河北、河南、山东、安徽、浙江、福建、广东、广西、湖南、湖北、四川、贵州、云南、山西等地。主要害虫有茯苓喙扁蝽 *Mezira* (*zemira*) *poriaicola*、黑翅土白蚁 *Odontotermes formosanus* 等。

一、茯苓喙扁蝽

（一）分布与危害

茯苓喙扁蝽 *Mezira* (*Zemira*) *poriaicola* Liu 又称茯苓虱，属半翅目 Hemiptera 扁蝽科 Aradidae，是近年来在茯苓产区危害十分严重的害虫。茯苓喙扁蝽主要分布在我国湖北省英山县、罗田县，安徽省岳西县及广西全州等地，目前发现的寄主仅为茯苓。该虫主要以成虫和若虫为害茯苓段木上的茯苓菌丝层及菌核，刺吸其内汁液，受害部位出现变色斑块。受害后的茯苓段木，出苓量减少，茯苓个体变小，畸形苓比例增加；严重时，有虫窖数达65.54%，单窖虫数最高达 293 头，每窖平均虫数达 59 头。其发生数量对茯苓产量影响大，当单窖平均虫数为 0～50 头时，单窖茯苓平均鲜重为 2.46kg，当单窖平均虫数为 51～100头时，单窖茯苓平均鲜重为 1.48kg，产量降低近 40%；单窖平均虫数达 100 头以上时，单窖茯苓鲜重仅为 1.01kg，产量降低近 58.9%。为害严重时则不易出苓，出现空窖。

（二）形态特征

成虫：身体扁平，长椭圆形，体长 9.5～10.5mm，前胸背板宽 3.3～3.4mm，腹部阔处宽约 4mm。身体除触角末节端半部、胸足跗节为黄褐色外，其余均为暗棕色。体被粗颗粒和稀疏短毛。头部长度与宽度约相等。触角基节粗齿状，眼后有刺状齿，伸达复眼的外缘。前胸背板长度约为宽度的一半，后缘中央明显凹入。前翅膜片棕色，翅脉棕黑色。雄成虫生殖节心形，背面中央纵脊伸达端节的 1/3 处。雌成虫个体稍大，腹部末端呈三叉丘突状。

若虫：成熟若虫体长 8～10mm，长椭圆形，头部向前伸达触角第 1 节末端。喙伸达前胸腹板中央。身体、足、触角均为黄褐色。胸、腹部均被浅褐色的小颗粒。触角 4 节，复眼大，红色。腹部背面有大小不同的浅褐色网状斑纹 60 个。排列成 6 纵列，每纵列斑纹数依次为 12、11、7、7、11、12，中间两列斑纹较大；腹部背面两侧各有一纵列近长方形淡褐色斑纹，每一纵列 6 个；第 4 腹节背板中央有一较大的棕褐色脐状突起。腹部腹面有大小不同浅褐色网状斑纹 42 个，排列为 6 纵行，每纵列斑纹数依次为 11、10、5、5、10、11，中间两列斑纹较大；腹部腹面两侧也各有一纵列近长方形淡褐色斑纹，每一纵列 6 个。

卵：长形，较小，似米粒状，前端略大于后端，初产时乳白色，半透明，有光泽。

（三）发生规律

在湖北 1 年 1～2 代，且第 2 代为局部世代。以第 1 代成虫和少量第 2 代若虫群集在茯苓窖段木下面及堆放在茯苓场地的潮湿段木下面越冬。越冬成虫于 4 月下旬开始活动、交配，5 月中旬至 6 月中旬成虫大量交配产卵，6 月上旬进入孵化盛期。7 月中旬第 1 代成虫开始羽化，9～10 月为第 1 代成虫羽化盛期。只有部分早羽化的成虫可产卵繁殖第 2 代，第 1 代其他成虫当年均不再繁殖下一代。第 2 代若虫于当年不易发育到成虫。

茯苓喙扁蝽第 1 代成虫从 7 月中旬羽化后，一直到第 2 年 8 月中旬才全部死亡。成虫需补充营养后才能正常交配和产卵。成虫有多次交配习性。每次交配时间可持续 2～3 天。交配后 1 天即可产卵，但多数在第 2 天开始产卵。卵散产或聚产，一般产于茯苓菌核表皮内或表皮缝隙处。单雌产卵量为 40～60 粒。卵历期 14～16 天，卵孵化率高达 100%。2 龄若虫喜栖息在成虫及高龄若虫体背上。

成虫、若虫具有假死性，喜阴湿畏光。发生为害轻重，与降水、虫源、播期、覆土管理等有关。一般干旱年份，茯苓喙扁蝽发生较轻；越冬虫源数量大的地区及重茬地，茯苓受害较重；早接种的茯苓，茯苓喙扁蝽侵入早。越冬成虫、若虫的死亡率与环境的湿度关系很大，若越冬环境潮湿，一般很少死亡；但若越冬环境干燥，越冬成虫、若虫死亡率可高达 32%。

（四）防治措施

1. 农业防治　避免重茬接种茯苓；茯苓接种后，窖上面覆盖 3cm 沙土层，加强田间管理，避免出现裂缝，可有效防治茯苓喙扁蝽为害；茯苓收获后，及时清除段木上的成虫及若虫，是减少来年虫源，防治茯苓喙扁蝽的一项重要措施。

2. 物理防治　采用纱网片阻隔法，将窗纱制成长 90cm、宽 55cm 的纱网片，盖于茯苓窖口，防虫效果达 100%。一个纱网片可使用多年，对害虫预防效果持久。

（陈君）

二、黑翅土白蚁

（一）分布与危害

黑翅土白蚁 *Odontotermes formosanus* (Shiraki)又名黑翅大白蚁，为等翅目 Isoptera 白蚁科 Termitidae。国内分布于河南、江苏、海南、西藏、安徽、浙江、湖北、湖南、四川、贵州、台湾、福建、广东、广西、云南、山西、山东、陕西、河北等地。国外分布于缅甸、越南、泰国、印度、孟加拉国、日本、朝鲜、美国夏威夷。土栖生活，食性杂，寄主范围广，可为害杉树、樟树、泡桐、栎类、马尾松、侧柏等 100 多种植物和农作物。白蚁为害茯苓主要通过蛀食料木造成菌丝营养不足，建筑泥道阻碍菌丝呼吸作用，及直接咬食茯苓菌核等方式，造成茯苓产量锐减，品质降低。

（二）形态特征

兵蚁：体长约 6mm，乳白色；触角 15～17 节。上颚镰刀形，左上颚中点前方有一明显的齿，齿尖斜向前；右上颚内缘的对应部位有一不明显的微齿。前胸背板背面观元宝状，侧缘尖括号状，在角的前方各有一斜向后方的裂沟，前缘及后缘中央有凹刻。

有翅成虫：体长 27～29.5mm，翅展 45～50mm。头胸腹背面黑褐色，腹面棕黄色。触角 19 节。前胸背板中央有一淡色的十字纹，纹的两侧前方各有一椭圆形的淡色点，纹的后方中央有带分支的淡色点。翅长大，前翅鳞大于后翅鳞。整个翅面有微毛，翅中部有棒状突起，前后缘有尖头状乳突。

工蚁：体长 4.61～4.9mm。头黄色，胸腹部灰白色。触角 17 节。囟门呈小圆形的凹陷。

蚁后和蚁王：体长 70～80mm，体宽 13～15mm。头胸部和有翅成虫相似，但色较深，体壁较硬。蚁王体略有收缩。

卵：乳白色，椭圆形。长径 0.6～0.8mm，短径约 0.4mm。一边较平直。

（三）发生规律

黑翅土白蚁活动有很强的季节性。在福建、江西、湖南等地，11 月下旬开始转入地下活动，12 月除少数工蚁或兵蚁仍在地下活动外，其余全部集中到主巢。次年 3 月初，气候转暖，开始出土为害。这时，刚出巢的白蚁活动力弱，泥被、泥线大多出现在蚁巢附近。连续晴天，才会远距离取食。5～6 月形成第 1 个为害高峰期。7～8 月气候炎热，以早、晚和雨后活动频繁。入秋的 9 月后，逐渐形成第 2 个为害高峰期。10～11 月为贮粮高峰期。

黑翅土白蚁喜欢生活在潮湿黑暗的环境中。白蚁眼睛已退化，惧怕阳光，不敢暴露在地表面上活动，它们筑巢在土中、木头里或松茯苓菌种包内，修筑隧道活动隐蔽，不易被察觉，一旦发现，损失严重，已无法挽回；易传播和扩散蔓延。白蚁长大成熟后，会发生群体分飞，扩散蔓延的速度快，不易防治。在每年适宜的季节，成熟巢群中的有翅成虫会飞离原群。有翅成虫后落地，两对翅由横肩缝脱落，一雌一雄互相配对，然后筑巢建立新群体，有一对一建巢，也有数对一起建巢。黑翅土白蚁的品级相对较为简单。有翅成虫经婚飞配对后，建巢成为蚁王蚁后负责繁殖后代；卵孵化为幼蚁，幼蚁在不同激素作用下分别向工蚁和兵蚁 2 个方向分化。巢龄达到一定年限后，又出现有翅成虫的分化。

（四）防治措施

1. 农业防治　在选择茯苓种植场地时，应选择向南、向东南地势高燥的环境，尽量避开蚁源，清除场地上残留的腐烂树根、朽木等杂物，如在种植前，场地确有蚁害存在，可寻找并挖掘白蚁的巢穴；种茯苓的松树桩及松木要求比较干燥，避免遭白蚁为害；种茯苓前，在茯苓区周围挖几个深 1 尺左右的诱集坑。坑中放置松树枝、松树块等，上盖松针后用石板盖好，每隔 1 个月检查 1 次，如发现大量白蚁，可取出用火烧或者药物杀死，另换新鲜物，继续诱杀。

2. 物理防治　挖沟在沟内填充不含杂质的清水沙，然后用煤灰层对沟顶封闭。这种物理隔离方法使白蚁无法形成蚁道进入棚地，经济、环保、简单、适用；每年 5～6 月间繁殖蚁出巢时，进行灯火诱杀减少新蚁群。

（陈君）

参考文献

安秀荣，薛会丽，房宽锋. 灵芝主要害虫及防治方法[J]. 农业科技通讯，2001，(12)：28-29.
陈立国，杨长举，王克勤，等. 茯苓喙扁蝽的田间防治试验[J]. 华中农业大学学报，2002，21(3)：221-223.
陈立国，杨长举，王克勤，等. 茯苓喙扁蝽的形态特征及发生世代[J]. 华中农业大学学报，2003，22(4)：338-341.
陈立国，杨长举，王克勤，等. 茯苓喙扁蝽为害及生活习性的初步研究[J]. 华中农业大学学报，2001，20(3)：239-240.
陈震. 百种药用植物栽培答疑[M]. 北京：中国农业出版社，2003.
黄大斌，郑木华，江智才. 灵芝害虫——白蚁的防治[J]. 福建农业科技，1991，(4)：46.
蒋玉武，蒋时察，王润方. 灵芝造桥虫的习性及防效试验初报[J]. 中国食用菌，1994，(4)：16-17.
金梅松，黄次伟，冯炳灿，等. 灵芝膜喙扁蝽的发生规律及防治[J]. 食用菌学报，1998，5(2)：31-36.
金梅松，黄次伟，冯炳灿，等. 灵芝膜喙扁蝽的生物学特性观察[J]. 植物保护，1998，24(5)：7-9.
李显文，张玉荣，陈结未，等. 栽培松茯苓期间的白蚁防治技术初报[J]. 湖南林业科技，2007，34(5)：48-49.
龙达坤. 星狄夜蛾危害灵芝记述[J]. 南方农业学报，1987，(2)：38.
么厉，程惠珍，杨智. 中药材规范化种植（养殖）技术指南[M]. 北京：中国农业出版社，2006.
山东省中药材病虫害调查研究组. 北方中药材病虫害防治[M]. 北京：中国林业出版社，1991.
宋景平，兰亦珑，尉雪刚，等. 药用灵芝栽培中几种主要虫害及其防治[J]. 景德镇高专学报，2000，(4)：17-19.
谭伟，郭勇. 野蛞蝓对灵芝的危害及防治措施研究[J]. 食用菌，2002，24(2)：37-38.
陶佳喜，王宝林，邓江华，等. 灵芝造桥虫的生物特性及防治试验[J]. 湖北农业科学，2003，(5)：56-58.
万鲁长，曹德强，解思泌，等. 灵芝常见病虫害及其防治研究[J]. 食用菌，1994，(S1)：37-38.
吴振廷. 药用植物害虫[M]. 北京：中国农业出版社，1995.
夏诚，张民. 白蚁防治（二）——白蚁的生物学及生态学[J]. 中华卫生杀虫药械，2011，17(2)：149-152.
徐志德，李德运，周贵清，等. 黑翅土白蚁的生物学特性及综合防治技术[J]. 应用昆虫学报，2007，44(5)：763-769.
杨久根，周建敏. 灵芝膜喙扁蝽的发生及其防治研究补报[J]. 食药用菌，1997，(2)：28-29.
张传海，汪廷魁，沈刚，等. 灰褐谷蛾生物学特性及其防治研究[J]. 应用昆虫学报，1997，(2)：82-84.
浙江省药材病虫害防治编绘组. 药材病虫害防治[M]. 北京：人民卫生出版社，1974.
中国医学科学院药用植物资源开发研究所. 中国药用植物栽培学[M]. 北京：中国农业出版社，1991.
邹萍，谭琦，王菊明. 一种食用菌新害螨——害长头螨[J]. 食用菌，1992，(6)：34.

第十八章　药材仓库虫害

药材在储运过程中，经常遭受多种有害生物为害。药材仓库中的有害生物包括昆虫、螨类、老鼠、麻雀、霉菌等，其中以昆虫为害最为严重。据全国中药材协作组于1982～1985年对我国14个省（市）调查的400多种中药材中发现有210种仓虫，其中害虫有160余种，且主要以鞘翅目甲虫和鳞翅目蛾类为主。随着我国中医药产业的发展及药材贮存设施的改善，药材贮藏期害虫的种类和发生情况也相应发生变化，需要开展相关的研究和调查工作。

中药材仓库害虫种类多，为害方式多样。一些害虫如药材甲、烟草甲、谷蠹、赤拟谷盗、谷斑皮蠹、家茸天牛、印度谷斑螟等，通过蛀入药材蚀成孔洞隧道，引起损耗，称为初期性害虫；锯谷盗、扁谷盗类等在初期性害虫为害过的药材中为害破碎药材的害虫，称为次期性害虫；还有一些如赤拟谷盗、一点谷螟等既为害完整药材又为害破碎药材的害虫称中间类型。这些害虫大量繁殖造成药材霉烂变质，造成了严重经济损失，同时严重影响药材品质及临床用药安全，药材贮藏期害虫的科学安全防控工作必要且重要。

第一节　中药材仓库害虫种类

1990年中国药材公司编著出版的《中药材仓虫图册》，共整理统计昆虫13目59科200余种。这是我国首次对贮藏期药材害虫的系统调查整理工作。现介绍药材仓库常见的30种害虫。

1. 书虱 *Trogium pulsatorium* (Linnaeus)

分类地位：啮虫目Psocodea粉啮虫科Liposcelidae。

为害或寄居药材：玉竹、孩儿参、白及、南沙参、独活、泽泻、板蓝根、麦冬、明党参、石菖蒲、川芎、山药、天冬、北沙参、羌活、白芍、党参、前胡、关白附、桔梗、猫爪草、甘遂、天花粉、姜黄、桂枝、桑寄生、桑枝、陈皮、肉桂、杜仲、款冬花、金银花、夏枯草、红花、蒲黄、佛手花、枇杷叶、香橼、天葵子、山楂、火麻仁、白芥子、牵牛子、五味子、山茱萸、南瓜子、木瓜、大枣、桃仁、柏子仁、薏苡仁、川楝子、胖大海、龙眼肉、车前子、郁李仁、猪牙皂、女贞子、黑芝麻、青葙子、肉苁蓉、蒲公英、鱼腥草、佩兰、神曲、半夏曲、马勃、鸡内金、蟋蟀、鱼鳔、地龙、乌梢蛇、龟板。

识别特征：成虫体长约1mm，长卵形，略扁平，柔软，半透明。体黄褐色至褐色，全体疏生微毛，尤其肩角上的毛是种的分类特征，无翅。头部大红色，眼很小，触角鞭状，16节。腹部肥大，末端具不明显的黑斑1个。后足腿节扁平膨大，胫节端具端距2个，跗节3节。

发生规律与生活习性：1年发生数代。喜高湿，夏季常栖息在药材表面。

分布：辽宁、天津、新疆、内蒙古、山西、湖南、浙江、四川、贵州、广东等地。

2. 赤足郭公虫 *Necrobia rufipes* (De Geer)

分类地位：鞘翅目 Coleoptera 郭公虫科 Cleridae。

为害或寄居药材：独活、椿皮、桃仁、䗪虫、牡狗阴茎、牛胆、全蝎、水蛭、虎骨、鹿尾、干蟾皮、蜣螂、蕲蛇、壁虎、猕猴骨、蛤蚧、九香虫、熊骨、龟板、乌梢蛇、蜈蚣、刺猬皮、豹骨、五谷虫、地龙、哈什蟆、羊胆、白芷。

识别特征：成虫体长 3.5～5mm。长卵圆形，金属蓝色，有光泽。体被黑色近直立的毛，触角和足赤褐色。触角 11 节，基部 3～5 节赤褐色，触角棒 3 节，第 9、第 10 节触角漏斗状。前胸宽大于长，两侧弧形，以中部最宽。鞘翅基部宽于前胸，两侧近平行，在中部之后最宽；刻点行明显。足第 4 跗节小，隐于第 3 跗节的双叶体中；爪基部有附齿。

发生规律和生活习性：在华北 1 年发生不超过 2 代，在华中 1 年 2～4 代，在华南 1 年 4～6 代。成虫飞翔能力很强。有假死性。有相互残杀习性。卵夜间产，成堆，30～55 粒。

分布：黑龙江、辽宁、新疆、天津、山西、陕西、湖南、浙江、四川、贵州、云南、广东。

3. 小圆皮蠹 *Anthrenus verbasci* (Linnaeus)

分类地位：鞘翅目 Coleoptera 皮蠹科 Dermestidae。

为害或寄居药材：九节菖蒲、天花粉、山药、人参、姜黄、三棱、丹皮、合欢花、松花粉、桂丁、石苇、白扁豆、千金子、巴豆、浮小麦、榧子、肉豆蔻、砂仁、梧桐子、皂荚、桃仁、蒲公英、五倍子、马勃、茯苓皮、豹骨、鳖甲、玳瑁、穿山甲、鹿茸、水蛭、五灵脂。

识别特征：成虫体长 1.7～3.8mm，宽 1.1～2.3mm。卵圆形。前胸背板侧缘及后缘中央有白色鳞片斑，鞘翅上有 3 条由黄色及白色鳞片构成的波状横带。鳞片呈长三角形，端部钝。复眼内缘不凹入。触角 11 节，触角棒 3 节，触角窝深而界限分明，触角窝的长度约为前胸背板侧缘的 1/2。

发生规律和生活习性：温带地区 1 年 1 代，以幼虫越冬。成虫室外交尾，卵产于仓库药材上或其附近，每雌虫一生产卵 13～100 粒。幼虫 6～8 龄，最多 16 龄。

分布：黑龙江、辽宁、内蒙古、天津、山西、陕西、湖南、浙江、四川、贵州、云南、广东等地。

4. 黑毛皮蠹 *Attagenus unicolor japonicas* Reitter

分类地位：鞘翅目 Coleoptera 皮蠹科 Dermestidae。

为害或寄居药材：沉香、九节菖蒲、板蓝根、知母、干姜、元胡、防风、白芍、香附、大良姜、桔梗、天南星、苍术、白头翁、柴胡、泽泻、巴戟天、远志、狼毒、关白附、党参、赤芍、百部、玄参、首乌、苦参、白及、半夏、羌活、木香、孩儿参、大黄、草乌、白芷、桂枝、桑寄生、秦皮、白鲜皮、橘红、椿皮、陈皮、地骨皮、五加皮、肉桂、桑白皮、冬瓜皮、瓜蒂、柿蒂、蒲黄、合欢花、金银花、闹阳花、菊花、蔓荆子、淡豆豉、瓜蒌、榧子、柏子仁、五味子、郁李仁、木瓜、枳壳、大枣、桑葚、荜澄茄、白果、牵牛子、八角茴香、瓜蒌、橘核、紫苏子、麦芽、青葙子、苦杏仁、冬瓜子、莲子、诃子、天仙子、胖大海、浮萍、青蒿、细辛、鱼腥草、蒲公英、马齿苋、半枝莲、望月砂、蚕砂、神曲、建神曲、茯苓、蛤蚧、海马、䗪虫、全蝎、鹿骨、乌梢蛇、蝉蜕、鱼鳔、牡狗阴茎、鳖甲、地龙、蜈蚣、蕲蛇、鸡内金、海螵蛸、桑螵蛸、虻虫。

识别特征：成虫体长3～5mm。椭圆形，表皮暗褐色至黑色，多为黑色。触角11节，触角棒3节，雄虫触角末节长约为第9、第10节之和的3倍，雌虫触角末节略长于第9、第10节之和。背面大部被暗褐色毛，仅鞘翅基部、前胸背板两侧及后缘着生黄褐色毛。

发生规律和生活习性：1年1代，多以幼虫群聚于仓房内越冬，耐饥力及耐寒力极强。

分布：黑龙江、辽宁、内蒙古、天津、山西、陕西、湖南、浙江、四川、西藏、贵州、云南、广东。

5. 拟白腹皮蠹 *Dermestes frischii* Kugelann

分类地位：鞘翅目 Coleoptera 皮蠹科 Dermestidae。

为害或寄居药材：白芍、桔梗、合欢花、灵芝、䗪虫、蕲蛇、地龙、蜈蚣、牡狗阴茎、鸡内金、白花蛇、鳖甲、獭干、驴阴茎、红娘子、象皮、驴皮、刺猬皮、紫河车、龟板、鹿茸、五谷虫、全蝎。

识别特征：成虫体长6～10mm。表皮黑色或暗褐色。前胸背板中区着生黑色、黄褐色及白色毛，两侧及前缘着生大量白色或淡黄色毛，形成淡色宽毛带；两侧淡色毛带的基部各有一卵圆形黑斑，使淡色带的基部呈叉状。鞘翅以黑色毛为主，杂白色及黄褐色毛；后端角无尖刺。腹部各腹板的两前侧角各有一黑斑，第5腹板端部中央还有1个横形大黑斑。雄虫仅第4腹节腹板中央稍后有一圆形凹窝，由此发出一直立毛束。

发生规律和生活习性：在温带地区1年3代，以幼虫越冬。雌虫产卵2～4粒。初孵幼虫喜食未孵化卵。幼虫6龄。喜黑暗，抗饥饿、抗寒性均强，有假死性和群集性。老熟幼虫蛀入动物药内造蛹室化蛹。

分布：黑龙江、辽宁、内蒙古、天津、山西、陕西、湖南、四川、云南。

6. 白腹皮蠹 *Dermestes maculatus* De Geer

分类地位：鞘翅目 Coleoptera 皮蠹科 Dermestidae。

为害或寄居药材：天南星、山药、黄连、人参、桔梗、当归、射干、续断、椿皮、扁豆花、橘红、菊花、莲子芯、砂仁、蛇床子、枸杞子、天葵子、芡实、金樱子、锁阳、夜明砂、五灵脂、蜂房、儿茶、地龙、䗪虫、水蛭、虎骨、猕猴骨、象皮、穿山甲、乌梢蛇、鸡内金、蜈蚣、驴皮、龟板、白花蛇、牡狗阴茎、海螵蛸、鹿茸、虻虫、斑蝥、海蝥、海龙、牛肾、鳖头、蜣螂、壁虎、猕猴肉、九香虫。

识别特征：成虫体长5.5～9.5mm。表皮赤褐色至黑色，背面密被黄褐色、白色及黑色毛，前胸背板两侧及前缘着生大量白色毛。腹面大部分着生白色毛，第1～4腹板每前侧角有1黑色毛斑，第5腹板大部被黑色毛，每侧有1条白色毛带。鞘翅边缘在端角之前的一段有多数微齿，端角向后延伸成一细刺。雄虫仅腹部第4腹板中央有一凹窝，由此发出一直立毛束。

发生规律和生活习性：1年3～6代，受环境条件影响，每代的历期短则月余，长则达数年。各虫期均能越冬，越冬场所在墙壁、地板及砖石缝隙之内或尘积物之中。

分布：黑龙江、辽宁、新疆、内蒙古、天津、山西、陕西、湖南、浙江、四川、西藏、贵州、云南、广东。

7. 大谷盗 *Tenebroides mauritanicus* (Linnaeus)

分类地位：鞘翅目 Coleoptera 谷盗科 Trogossitidae。

为害或寄居药材：当归、孩儿参、羌活、北沙参、人参、荞麦、干姜、天花粉、南沙参、胡黄连、乌药、独活、黄芩、明党参、泽泻、大黄、甘遂、射干、九节菖蒲、生地、川乌、续断、苍术、白芍、白术、半夏、山药、葛根、玉竹、首乌、浙贝母、白芷、防风、玄参、法罗海、麦冬、山海螺、黄精、黄芪、天麻、板蓝根、熟地黄、草乌、三七、桂枝、鸡血藤、薜荔、橘红、陈皮、桑白皮、黑大豆皮、款冬花、夏枯草、葛花、菊花、红花、金银花、莲须、蒲黄、桂丁、佛手花、郁李仁、大枣、枸杞子、苦杏仁、槟榔、芡实、麦芽、金樱子、黑芝麻、谷芽、桃仁、胖大海、川楝子、薏苡仁、火麻仁、莱菔子、小茴香、葶苈子、瓜蒌、砂仁、酸枣仁、枳实、橘核、无花果、青皮、柏子仁、木瓜、千金子、枳壳、白果、白苏子、赤小豆、白扁豆、莲子、牛蒡子、五味子、橘络、莲子芯、龙眼肉、桑螵蛸、水蛭、象皮、地龙、刺猬皮。

识别特征：成虫体长 6.5～11.0mm。长椭圆形，略扁平，暗红褐色至黑色，有光泽。头部近三角形，触角末 3 节向一侧扩展呈锯齿状。前胸背板宽略大于长，前缘深凹，两前角明显，尖锐突出；前胸与鞘翅间有细长的颈状连索相连。鞘翅长为宽的 2 倍，两侧缘几乎平行，末端圆，刻点行浅而明显，行间有两行小刻点。

发生规律和生活习性：在温带 1 年 1～3 代，热带发生 3 代，大多数以成虫越冬。老熟幼虫性凶猛，常自相残杀，耐饥、抗寒性均强。

分布：黑龙江、辽宁、新疆、天津、山西、陕西、湖南、浙江、四川、贵州、广东等地。

8. 酱曲露尾甲 *Carpophilus hemipterus* (Linnaeus)

分类地位：鞘翅目 Coleoptera 露尾甲科 Nitidulidae。

为害或寄居药材：党参、板蓝根、南沙参、知母、天冬、干姜、黄芪、丹参、生地、当归、薤白、黄精、葛根、麦冬、柴胡、熟地黄、桔梗、独活、玉竹、泽泻、柚皮、旋复花、苦杏仁、瓜蒌、橘络、佛手、大枣、山楂、山茱萸、芡实、枸杞子、槟榔、龙眼肉、薏苡仁、木瓜、蒲公英、猕猴骨、地龙、牡狗阴茎、乌梢蛇、僵蚕、䗪虫、穿山甲。

识别特征：成虫体长 2～4mm。倒卵形至两侧近平行，背面略隆起。表皮暗栗褐色，有光泽，鞘翅肩部及端部各有 1 个黄色斑。触角第 2 节略长于第 3 节。前胸背板宽大于长，末端处最宽，两侧均匀弧形，腹末 2 节背板外露。雌虫臀板末端截形，有 5 个可见腹板；雄虫臀板末端非截形，有 6 个可见腹板。

发生规律和生活习性：1 年可发生数代。老熟幼虫，蛹或成虫在仓内各种缝隙和药材中越冬。成虫寿命或超过一年。

分布：黑龙江、辽宁、新疆、天津、山西、陕西、湖南、四川、贵州、云南等地。

9. 脊胸露尾甲 *Carpophilus dimidiatus* (Fabricius)

分类地位：鞘翅目 Coleoptera 露尾甲科 Nitidulidae。

为害或寄居药材：党参、黄芪、当归、桔梗、人参、白芍、羌活、白芷、关白附、生地、何首乌、天南星、熟地黄、苦参、百合、半夏、泽泻、款冬花、木棉花、桃仁、山茱萸、楮实子、薏苡仁、龙眼肉、麦芽、罗汉果、莲子、郁李仁、柏子仁、酸枣仁、木瓜、金樱子、胖大海、苦杏仁、猪牙皂、大麦、花椒、皂荚、肉豆蔻、枸杞子、淡豆豉、粪箕笃、猪苓。

识别特征：成虫体长2～3.5mm。倒卵形至两侧近平行。表皮淡栗褐色至黑色，鞘翅有一黄褐色宽纹，自肩部斜至内缘端部，触角第2节短于第3节。前胸背板横宽，近基部1/3处最宽，侧缘弧形。两鞘翅合宽大于其长。前背折缘的刻点粗而密，刻点间光滑。腹末两节背板外露。雄虫腹部腹板可见6节，雌虫5节。

发生规律和生活习性：在亚热带1年5～6代。以蛹或成虫越冬。成虫善飞，有群栖性、假死性及趋光性、喜潮湿。

分布：黑龙江、天津、山西、浙江、四川、西藏、贵州、广东等地。

10. 锈赤扁谷盗 *Cryptolestes ferrugineus* (Stephens)

分类地位：鞘翅目 Coleoptera 扁谷盗科 Laemophloeidae。

为害或寄居药材：桔梗、生地、白及、玉竹、天花粉、北沙参、川牛膝、党参、黄芪、法罗海、玄参、地榆、天冬、山药、孩儿参、苦参、知母、山豆根、山慈姑、大戟、蚤休、参须、葛根、独活、防风、人参、甘遂、关白附、当归、麦冬、熟地黄、白芷、百合花、柚皮、菊花、辛夷、赤小豆、莱菔子、桃仁、浮小麦、砂仁、香橼、郁李仁、莲子芯、酸枣仁、桑葚、黑大豆、苦杏仁、柏子仁、山茱萸、薏苡仁、枳壳、麦芽、胖大海、五味子、芡实、瓜蒌、川楝子、独脚柑、细辛、蒲公英、半夏曲、红曲、蝉花、猪苓、地龙、僵蚕、䗪虫、乌梢蛇。

识别特征：成虫体长1.7～2.3mm。红褐色，有光泽。头部后方无横沟；额中部的刚毛辐射指向；雄虫触角长约等于体长之半，雌虫触角略短；雄虫上颚近基部有1个外缘齿。前胸背板两侧向基部方向显著狭缩，前角稍突出，雄虫前胸背板后角尖而明显，雌虫的后角钝，几乎呈直角。鞘翅长为两翅合宽的1.6～1.9倍；第2行间各有4纵列刚毛。

发生规律和生活习性：1年3～6代，耐低温干燥，最适宜生长繁殖的温度为35℃，其寿命为260天。

分布：黑龙江、辽宁、新疆、天津、山西、陕西、湖南、浙江、四川、贵州、云南、广东等地。

11. 土耳其扁谷盗 *Cryptolestes turcicus* (Grouvelle)

分类地位：鞘翅目 Coleoptera 扁谷盗科 Laemophloeidae。

为害或寄居药材：甘草、桔梗、玄参、北沙参、党参、当归、大黄、商陆、白药子、关白附、百部、猫爪草、威灵仙、玉竹、白术、黄精、熟地黄、续断、生地、知母、藕节、独活、防风、射干、天冬、莪术、附子、干姜、黄芪、怀牛膝、白头翁、金果榄、川芎、丹参、人参、薤白、土圞儿、天南星、薜荔、海桐皮、大腹皮、蒲黄、金银花、款冬花、苦杏仁、桃仁、大枣、柏子仁、郁李仁，浮小麦、山楂、胖大海、酸枣仁、火麻仁、川楝子、莲子、枳壳、瓜蒌、麦芽、桑葚、薏苡仁、龙眼肉、槐角、芡实、佛手、草豆蔻、肉豆蔻、马兜铃、葶苈子、荔枝核、雪莲花、锁阳、一枝蒿、红曲、建神曲、半夏曲、神曲、茯苓、冬虫夏草、五谷虫、九香虫、䗪虫、刺猬皮、鹿茸。

识别特征：成虫体长1.2～2.2mm。淡红褐色至黄褐色。雄虫触角为体长的7/10～4/5，触角节较长；雌虫触角为体长的1/2～3/5，触角节较短。前胸背板宽近方形，前角不圆，微突出。鞘翅长约为宽的2倍，第2行间至少大部分区域有3纵列刚毛，近基部处刚毛长而交叠。雌虫交配囊由2条平行而稍弓曲的骨片和端部的1块短骨片组成。雄性外生殖器附骨片由1个较大的“U”形骨片和1个较小的弓曲不均匀的骨片组成；内阳端部有2个尖形附器。

发生规律和生活习性：成虫行动迅速，卵单产或集产，每天雌虫产1至数粒，一般产于贮藏物裂缝内。能耐低温，最适生长繁殖温度为28℃。

分布：黑龙江、辽宁、新疆、天津、山西、陕西、湖南、浙江、四川、贵州、广东等地。

12. 米扁虫 *Ahasverus advena* (Waltl)

分类地位：鞘翅目Coleoptera锯谷盗科Silvanidae。

为害或寄居药材：北沙参、桔梗、当归、党参、甘草、黄芪、郁金、半夏、天麻、柴胡、苍术、赤芍、防己、首乌、紫菀、续断、白头翁、乌药、藁本、川牛膝、怀牛膝、明党参、黄芩、玉竹、关白附、天冬、薤白、熟地黄、独活、生地、泽泻，麦冬、防风、玄参、石菖蒲、狗脊、孩儿参、川芎、羌活、千年健、白术、大黄、板蓝根、土贝母、秦艽、人参、前胡、姜黄、天南星、穿山龙、知母、香附、葱白、芦根、龙胆草、山药、南沙参、猫爪草、木香、拳参、干姜、白芍、白及、白芷、黄精、高良姜、葛根、百部、三棱、升麻、蚤休、元胡、山海螺、木通、薜荔、柚皮、寻骨风、肉桂、瓜蒌皮、陈皮、红花、金银花、菊花、辛夷、蒲黄、夏枯草、款冬花、旋复花、木棉花、枇杷叶、大枣、柏子仁、枳实、山茱萸、胖大海、木瓜、酸枣仁、枸杞子、苦杏仁、莲子芯、枳壳、山楂、香椿子、龙眼肉、猪牙皂、乌梅、胡芦巴、车前子、火麻仁、瓜蒌、白扁豆、桑葚、浮小麦、莱菔子、芡实、五味子、赤小豆、薏苡仁、郁李仁、小茴香、桃仁、麦牙、橘核、槟榔、草豆蔻、佛手、冬瓜子、金樱子、罗汉果、莲子、皂荚、大麦、八角茴香、蔓荆子、苍耳子、大枫子、紫苏子、鱼腥草、锁阳、肉苁蓉、蒲公英、金钱草、石斛、半夏曲、神曲、茯苓、白木耳、地龙、羌活鱼、䗪虫、海螵蛸、桑螵蛸、牡狗阴茎、蛤蟆油、穿山甲、乌梢蛇、象皮、刺猬皮、水蛭、海马、蛤蚧、蜈蚣、鹿茸。

识别特征：成虫体长1.5～3mm。长卵圆形，黄褐色或黑褐色，背面着生黄褐色毛。头略呈三角形，前窄后宽，缩入前胸至眼部；触角棒3节；第1棒节显著窄于第2棒节，末节呈梨形。前胸背板横宽，前缘比后缘宽；前角为大而钝圆的瘤状突，侧缘在前角之后附多数微齿。鞘翅两侧近平行，长为两翅合宽的1.5倍以上，端部圆；刻点行整齐，刻点浅圆，第1行间有刚毛1列，其余行列有刚毛3列。

发生规律和生活习性：成虫、幼虫均喜食霉菌。故其常出现于开始发霉的食物中。成虫寿命一年以上，行动活泼，善飞。温度在28℃～30℃每代需时18～26天。卵散产，每雌虫每天产卵约9粒。卵期4～5天。幼虫期7～14天，蛹期约7天。

分布：黑龙江、辽宁、新疆、天津、山西、陕西、湖南、浙江、四川、贵州、云南、广东等地。

13. 锯谷盗 *Oryzaephilus surinamensis* (Linnaeus)

分类地位：鞘翅目 Coleoptera 锯谷盗科 Silvanidae。

为害或寄居药材：关白附、木香、明党参、天南星、西洋参、黄精、银柴胡、三棱、熟地黄、白茅根、白术、大黄、薤白、丹参、山药、紫菀、元胡、生地、川牛膝、川芎、柴胡、玄参、川乌、白芍、黄芪、川贝母、麦冬、苦参、九节菖蒲、参须、板蓝根、半夏、甘草、天门冬、百部、百合、知母、升麻、藕节、前胡、姜黄、龙胆草、泽泻、白头翁、干姜、羌活、人参、北沙参、远志、南沙参、天麻、猫爪草、白芷、桔梗、当归、怀牛膝、天花粉、防风、玉竹、浙贝母、白及、桑枝、海桐皮、桑白皮、化橘红、肉桂、陈皮、辛夷、枇杷叶、金银花、柿蒂、蒲黄、月季花、槐花、旋复花、莲须、红花、番泻叶、款冬花、荜澄茄、女贞子、柏子仁、连翘、佛手、金樱子、草豆蔻、胡芦巴、荔枝核、八角茴香、亚麻子、花椒、复盆子、皂荚、猪牙皂、肉豆蔻、淡豆豉、枳实、五味子、紫苏子、酸枣仁、川楝子、槐米、桑葚、枳壳、槟榔、使君子、八月扎、麦芽、山楂、浮小麦、莲子、莲子芯、荜茇、赤小豆、山茱萸、蛇床子、榧子、芡实、苦杏仁、胖大海、黑芝麻、巴豆、莱菔子、白扁豆、乌梅、郁李仁、牛蒡子、补骨脂、木瓜、车前子、红豆蔻、砂仁、天葵子、谷芽、大麦、橘络、香橼、桃仁、火麻仁、龙眼肉、大枣、枸杞子、薏苡仁、白果、大麦、肉苁蓉、荆芥、金丝桃、紫花地丁、蒲公英、麻黄、一枝蒿、细辛、锁阳、半夏曲、神曲、红曲、猪苓、白木耳、茯苓、乌梢蛇、红娘子、猕猴肉、海马、鹿茸、䗪虫、九香虫、刺猬皮、熊胆、牡狗阴茎、猕猴骨、地龙、僵蚕。

识别特征：成虫体长 2.5～3.5mm，宽 0.5～0.7mm。体扁平细长，暗赤褐色至黑褐色，无光泽，腹面及足颜色较淡。头近梯形；复眼小，圆而突出，由 30～40 个小眼面组成；前胸背板长略大于宽，上面有 3 条纵脊，其中两侧的脊明显弯向外方，不与中央脊平行。触角末 3 节膨大，其中第 9、第 10 节横宽，呈半圆形，末节呈梨形。鞘翅长，两侧略平行，每鞘翅有纵脊 4 条及 10 行刻点。

发生规律和生活习性：1 年 3～5 代，主要以成虫在各种缝隙中或仓外树皮下及杂物垃圾堆里越冬。次年春天气温上升后，再爬回仓库储藏物或药堆内交尾产卵。卵散产或集产，每虫一生可产卵 35～100 粒，最多产 285 粒。

分布：黑龙江、辽宁、新疆、天津、山西、陕西、湖南、浙江、四川、贵州、云南、广东等地。

14. 小圆甲 *Murmidius ovalis* (Beck)

分类地位：鞘翅目 Coleoptera 拟坚甲科 Cerylonidae。

为害或寄居药材：党参、九节菖蒲、白茅根、川牛膝、薤白、乌药、大黄、白芍、白芷、玉竹、明党参、续断、苦参、关白附、甘遂、板蓝根、香附、天门冬、百合、羌活、黄精、天花粉、防风、秦艽、何首乌、川芎、薜荔、桑白皮、瓜蒌皮、陈皮、松花粉、月季花、蒲黄、金银花、夏枯草、款冬花、柿蒂、薏苡仁、白胡椒、金樱子、芡实、砂仁、苦杏仁、黑大豆、桑葚、白果、莲子、木瓜、郁李仁、佛手、山楂、莲子芯、柏子仁、火麻仁、莱菔子、使君子、桃仁、大枣、槐角、鱼腥草、麻黄、细辛、金钱草、瞿麦、五倍子、茯苓、䗪虫、九香虫、桑螵蛸、熊骨。

识别特征：成虫体长1.2～1.4mm，宽0.7～0.9mm。卵圆形，背方隆起，暗红褐色，有光泽。头的前缘（唇基区）着生小锯齿；触角10节，末节膨大成卵圆形的触角棒。前胸背板宽大于长的2倍，前角处凹陷形成触角窝用以收纳触角棒，两侧各有一条较深的纵沟，侧缘饰缘边。鞘翅长约为前胸长的4倍，刻点排列成行。

发生规律和生活习性：以成虫越冬。成虫和幼虫多生活于霉粮内，也发现于干果内。在野外生活于落叶层内及鸟巢中。成虫受惊后有假死习性，头缩入前胸内，触角棒藏到前胸前侧角处的触角窝内。幼虫老熟后做丝茧，化蛹于其中。

分布：黑龙江、辽宁、天津、山西、陕西、湖南、浙江、四川、贵州、广东等地。

15. 黄粉虫 *Tenebrio molitor* Linnaeus

分类地位：鞘翅目 Coleoptera 拟步甲科 Tenebrionidae。

为害或寄居药材：佩兰、猪苓、鸡内金、川乌、党参、半夏、玉竹、罂粟壳、金樱子、巴戟天、威灵仙、山柰。

识别特征：成虫体长14～18mm。长椭圆形，黑褐色，有光泽。触角第3节短于第1、2节，末节长宽相等。前胸背板宽略大于长，上面的刻点密而均匀。鞘翅刻点密，刻点行间没有大而扁的颗粒，末端较圆滑。

发生规律和生活习性：1年1代，少数2年1代。以幼虫在仓内阴暗的各种缝隙及尘积物中越冬。成虫、幼虫喜群居喜潮湿。

分布：黑龙江、辽宁、新疆、山西、陕西、湖南、贵州、云南、广东等地。

16. 赤拟谷盗 *Tribolium castaneum* (Herbst)

分类地位：鞘翅目 Coleoptera 拟步甲科 Tenebrionidae。

为害或寄居药材：白菖、党参、当归、玉竹、丹参、白芷、薤白、远志、山药、板蓝根、郁金、柴胡、泽泻、胡黄连、玄参、草乌、羌活、干姜、防风、麦冬、前胡、天花粉、桔梗、北沙参、大黄、关白附、藁本、黄芪、明党参、熟地黄、苍术、藕节、川乌、人参、川芎、甘草、莪术、川贝母、天门冬、天南星、雪里开、苦参、白及、川牛膝、白药子、三七、葛根、怀牛膝、山柰、百合、独活、甘遂、生地、石菖蒲、土茯苓、桑枝、鸡血藤、黄柏、木通、瓜蒌皮、陈皮、柚皮、落花生衣、石榴皮、红花、蒲黄、玫瑰花、旋复花、款冬花、菊花、木棉花、松花粉、槟榔、草豆蔻、桃仁、川楝子、芡实、柏子仁、薏苡仁、酸枣仁、莲子、楮实子、瓜蒌、小茴香、枸杞子、枳实、冬瓜子、莱菔子、白果、淡豆豉、佛手、麦芽、火麻仁、黑芝麻、栀子、大枣、苦杏仁、木瓜、枳壳、五味子、莲子芯、龙眼肉、牵牛子、郁李仁、白扁豆、胖大海、罗汉果、韭子、葶苈子、大麦、皂荚、金樱子、千金子、肉豆蔻、砂仁、赤小豆、橘核、浮小麦、桑葚、榧子、甜杏仁、天葵子、娑罗子、八月扎、山楂、亚麻子、白芥子、荔枝核、山茱萸、菰米、南天竹子、细辛、苍耳子、甘松、菟丝子、锁阳、蒲公英、五倍子、雷丸、神曲、红曲、人中黄、半夏曲、灵芝、茯苓、蝉花、竹黄、茯苓皮、蛇蜕、蕲蛇、豹骨、䗪虫、地龙、僵蚕、蛤蚧、红娘子、壁虎、穿山甲、乌哨蛇、象皮、鹿角、九香虫、水蛭、蜈蚣、猕猴肉、牡狗阴茎、刺猬皮、鸡内金、熊骨、鼠妇虫、驴皮、海螵蛸。

识别特征：成虫体长2.3～4mm，宽1～1.6mm。长椭圆形，背面扁平，褐色至赤褐色，有光泽。复眼大，腹面观，两复眼间距等于或稍大于复眼横径背面观，头的前侧缘在复眼上方不呈隆脊状。触角11节，末3节形成触角棒。前胸背板横宽，宽为长的1.3倍，前缘无缘边。鞘翅第4～8行间呈脊状隆起。雄虫前足腿节腹面基部1/4处有一卵圆形凹窝，其内着生多数直立的金黄色毛，雌虫无上述构造。

发生规律和生活习性：1年4～5代。以成虫在包装、苇席、杂物内和仓内各种缝隙中越冬。成虫很少飞。雄虫寿命平均547天，雌虫226天。喜潜伏黑暗处或药材垛下层及碎屑中，成虫有假死性和群居性。

分布：黑龙江、辽宁、新疆、天津、山西、陕西、湖南、浙江、四川、贵州、云南、广东等地。

17. 谷蠹 *Rhyzopertha dominica* (Fabricius)

分类地位：鞘翅目Coleoptera长蠹科Bostrichidae。

为害或寄居药材：郁金、草乌、关白附、首乌、山药、藕节、西洋参、麦冬、猫爪草、白术、白芍、泽泻、独活、南沙参、续断、川芎、山豆根、半夏、怀牛膝、白蔹、天花粉、拳参、石菖蒲、虎杖、北沙参、高良姜、知母、黄芪、麻黄根、板蓝根、香附、葛根、大戟、柴胡、防风、黄芩、木通、肉桂、瓜蒌皮、菊花、款冬花、玳玳花、草豆蔻、罗汉果、山茱萸、莲子、砂仁、紫苏子、花椒、大麦、玉蜀黍、天葵子、谷芽、芡实、郁李仁、枳壳、浮小麦、火麻仁、麦芽、薏苡仁、川楝子、锁阳、甘松、神曲、鸡内金、龟板、䗪虫。

识别特征：成虫体长2～3mm。长圆筒状，赤褐至暗褐色，略有光泽。触角10节，触角棒短，3节，棒节近三角形。前胸背板遮盖头部，前半部有成排的鱼鳞状短齿作同心圆排列，后半部具扁平小颗瘤。小盾片方形。鞘翅颇长、两侧平行且包围腹侧；刻点成行，着生半直立的黄色弯曲的短毛。

发生规律和生活习性：1年2代，以成虫钻入仓房建筑设备内或药材里越冬，也有的在仓外树皮缝隙中越冬。卵产于药材表面，每头雌虫产卵200～500粒。孵化幼虫钻入药材内蛀食，直至羽化为成虫始出。成虫抗干性、抗热性均强，善飞。寿命长可达1年。

分布：辽宁、天津、山西、陕西、湖南、浙江、四川、贵州、云南、广东等地。

18. 药材甲 *Stegobium paniceum* (Linnaeus)

分类地位：鞘翅目Coleoptera窃蠹科Anobiidae。

为害或寄居药材：柴胡、防风、大黄、三棱、山药、黄芪、板蓝根、党参、羌活、干姜、玄参、天冬、薤白、白芷、独活、川乌、草乌、麦冬、甘遂、玉竹、桔梗、明党参、甘草、猫爪草、白芍、天南星、射干、人参、白及、西洋参、半夏、续断、北沙参、白蔹、仙茅、天花粉、大黄、雪里开、千年健、珠子参、藕节、商陆、黄精、川贝母、桑枝、通草、薜荔、络石藤、杜仲、陈皮、柚皮、菊花、槐花、芫花、厚朴花、莲须、莲房、辛夷、金银花、蒲黄、松花粉、艾叶、枳壳、枳实、佛手、大枣、郁李仁、小茴香、胡荽子、乌梅、地肤子、碧桃干、芸台子、天葵子、橘络、皂荚、麦芽、木瓜、龙眼肉、荜茇、亚麻子、补骨脂、白芥子、女贞子、瓜蒌、蒲公英、锁阳、肉苁蓉、甘松、金佛草、石斛、芜荑、建神曲、半夏曲、霞天曲、五倍子、采云曲、五灵脂、冬虫夏草、猪苓、驴皮、水蛭、䗪虫、五谷虫、鹿茸、桑螵蛸、哈什蟆、海龙、斑蝥、虎骨、牡狗阴茎。

识别特征：成虫体长 1.7～3.4mm。长椭圆形，黄褐色至深栗色，密生倒伏状毛和稀的直立状毛。头下口式，被前胸背板遮盖；触角 11 节，末 3 节扁平膨大形成触角棒，3 个棒节长之和等于其余 8 节的总长。前胸背板隆起，正面观近三角形，与鞘翅等宽，最宽处位于前胸背板基部。鞘翅肩胛突出，有明显的刻点行。

发生规律和生活习性：1 年 2～4 代。成虫喜黑暗。卵集产于被害物表面或皱褶及裂缝处，每雌产卵 40～60 粒。成虫、幼虫均蛀食坚硬的食物，幼虫在取食过程中将食物蛀成隧道，并在其中化蛹、羽化。在 26℃～27℃，相对湿度 20%～90%时，完成一代约 70 天。以幼虫在贮藏物组织内越冬。

分布：黑龙江、辽宁、新疆、天津、山西、陕西、湖南、浙江、四川、贵州、云南、广东等地。

19. 烟草甲 *Lasioderma serricorne* (Fabricius)

分类地位：鞘翅目 Coleoptera 窃蠹科 Anobiidae。

为害或寄居药材：楮实子、赤小豆、黑胡椒、淡豆豉、肉豆蔻、罗汉果、蒲公英、肉苁蓉、锁阳、葎草、金佛草、建神曲、神曲、沉香曲、五灵脂、蜂房、昆布、白木耳、茯苓、冬虫夏草、九香虫、䗪虫、桑螵蛸、五谷虫、蜈蚣、水蛭，驴皮、牡狗阴茎、僵蚕、象皮、龟板、鹿茸、蝉蜕、哈什蟆、玉竹、熟地黄、白术、苍术、泽泻、当归，天冬、莪术、独活、丹参、羌活、关白附、北沙参、南沙参、明党参、薤白、川贝母、续断、川芎、三七、生地、山药、川乌、草乌、麦冬、干姜、天麻、黄精、白芍、前胡、白芷、藕节、天花粉、甘草、姜黄、木香、葛根、香附、玄参、乌药、桔梗、白茅根、升麻、天南星、大黄、半夏、白及、郁金、山柰、三棱、甘遂、九节菖蒲、山海螺、党参、川牛膝、防风、藁本、板蓝根、射干、白蔹、黄芪、仙茅、西洋参、骨碎补、珠子参、青木香、穿山龙、商陆、孩儿参、人参、山慈姑、桑寄生、降香、勾藤、天仙藤、络石藤、柚皮、罂粟壳、陈皮、扁豆花、夏枯草、蒲黄、款冬花、红花、野菊花、白梅花、玳玳花、莲须、绿梅花、松花粉、菊花，玫瑰花、玉荷花、洋金花、木棉花、胖大海、枸杞子、大枣、白果、芡实、桑葚、栝楼、山茱萸、苦杏仁、莱菔子、五味子、柏子仁、槐角、皂荚、薏苡仁、荜澄茄、荔枝核、槟榔、连翘、枳壳、栀子、火麻仁、佛手、荜茇、吴茱萸、八角茴香、橘络、砂仁、黑大豆、乌梅、青蒿子、葶苈子、猪牙皂、无花果、山茱萸、女贞子、榧子、白苏子、胖大海。

识别特征：成虫体长 2～3mm。卵圆形，红褐色，密被倒伏状淡色茸毛。头隐于前胸背板之下；触角 11 节，淡黄色，短，第 4～10 节锯齿状。前胸背板半圆形，后缘与鞘翅等宽。鞘翅上散布小刻点，刻点不成行。前足胫节在端部之前强烈扩展；后足跗节短，第 1 跗节为第 2 跗节的 2～3 倍。

发生规律和生活习性：1 年 3～6 代。喜弱光，常于黄昏至夜间飞翔。有假死性。卵单产于中药材的碎屑或缝隙中，每雌产卵最多达 100 粒以上。初孵化幼虫喜黑暗，行动活泼，蛀入中药材及其他储藏物内部为害。老熟幼虫常在被害物中作白色坚韧的薄茧化蛹。温度在 30℃，相对湿度 70%时，完成一代需约 29 天，以幼虫越冬。

分布：黑龙江、辽宁、新疆、天津、山西、陕西、湖南、浙江、四川、贵州、云南、广东等地。

20. 大理窃蠹 *Ptilineurus marmoratus* (Reitter)

分类地位：鞘翅目 Coleoptera 窃蠹科 Anobiidae。

为害或寄居药材：射干、板蓝根、升麻、大黄、木香、甘草、党参、独活、当归、羌活、天南星、川贝母、巴戟天、柴胡、白头翁、葛根、前胡、生地、商陆、泽泻、山药、薜荔、桑寄生、鸟不宿、木通、络石藤、陈皮、桑白皮、红花、蒲黄、扶桑花、枳实、芡实、槟榔、香橼、青皮、黑胡椒、瓜蒌、龙眼肉、王不留、萃苈子、麦芽、金钱草、神曲、芜荑、蚕砂、牡狗阴茎、水蛭。

识别特征：成虫体长 2.2～5mm。椭圆形，两侧近平行。背面密被暗褐色毛和灰黄色至灰白色毛，腹面密被灰白色毛。头小，由背方不可见；触角基部两节及末节的前半部褐色，其余节较暗，雄虫触角第 3～11 节延伸呈栉齿状，雌虫触角锯齿状。前胸背板短，略呈三角形，两侧稍圆，向前方显著缢缩，后缘两侧深凹，背面显著隆起，中区着生暗褐色毛，周缘多为灰黄色至灰白色毛。小盾片宽大于长，被灰黄色毛。鞘翅稍宽于前胸，略呈圆筒状，近小盾片处有前伸的瘤状突，每鞘翅有 5 条纵隆脊，翅上大部被暗褐色毛，灰黄色或灰白色毛主要集中于翅基部、中部和端部，形成不规则的淡色毛斑。

发生规律和生活习性：在重庆地区 1 年 2 代，1～3 月和 10～11 月是为害盛期。以幼虫、结茧的前蛹和蛹越冬。由于越冬虫态不同，全年可见蛹、前蛹及不同龄期的幼虫。雄虫喜飞翔，并追逐雌虫交尾，雌虫交尾后不再飞翔。雌雄性比为 8.7∶5。有一雌与多雄交尾现象，每雌产卵 20～50 粒，最多达 103 粒。

分布：辽宁、天津、山西、陕西、湖南、浙江、四川、贵州、广东。

21. 日本蛛甲 *Ptinus japonicus* Reitter

分类地位：鞘翅目 Coleoptera 蛛甲科 Ptinidae。

为害或寄居药材：黄芪、人参、甘草、桔梗、生地、明党参、白蔹、芦根、南沙参、当归、大戟、玉竹、山药、桑枝、金银花、莲房、蒲黄、菊花、槐花、青蒿子、补骨脂、吴茱萸、草豆蔻、木爪、益智仁、白扁豆、苍耳子、大蓟、神曲、猕猴骨、䗪虫、龟板。

识别特征：成虫体长 3.5～5mm。雌雄异形，雄虫较细长，两鞘翅外缘近平行，肩胛明显；雌虫较短粗，两鞘翅外缘弧形外突，不平行。表皮黄褐色至褐色，被黄褐色毛，前胸背板小，中部有 1 对黄褐色毛垫，每一毛垫前部有一高而宽的隆起。每鞘翅近基部及近端部各有一白色大毛斑。雄虫外生殖器的两阳基侧突不等长。

发生规律和生活习性：1 年 2～3 代，以成虫或幼虫在药材碎屑中或包装物缝隙中越冬。喜欢在潮湿、黑暗的地方生活。

分布：黑龙江、辽宁、新疆、内蒙古、天津、山西、陕西、湖南、浙江、四川、贵州、云南、广东等地。

22. 家茸天牛 *Trichoferus campestris* (Faldermann)

分类地位：鞘翅目 Coleoptera 天牛科 Cerambycidae。

为害或寄居药材：黄芪、白芍、常山、葛根、人参、山药、鸡血藤、黄柏、秦皮、桑白皮、厚朴、甘草（图 18-1）、菊花、桑葚、覆盆子。

识别特征：成虫体长 9～22mm，宽 2.8～7mm。扁平，棕褐色至黑褐色，密被褐灰色茸毛；小盾片和肩部密生淡黄色毛。头较短，触角基瘤微突；雄虫触角长达鞘翅末端，雌虫稍短，第 3 节和柄节约等长。前胸背板宽大于长，前端略宽于后端，两侧圆弧形，无侧刺突。鞘翅两侧近平行，后端稍窄，缘角弧形，缝角垂直；翅面布中等刻点，端部刻点较细。

发生规律和生活习性：1 年 1 代（陕西、湖北），以幼虫越冬。翌年 3 月开始蛀食为害，5 月下旬至 6 月上旬为成虫羽化盛期。成虫具趋光性。

分布：辽宁、天津、山西、湖南、浙江、四川。

23. 咖啡豆象 *Araecerus fasciculatus* (De Geer)

分类地位：鞘翅目 Coleoptera 长角象虫科 Anthribidae。

为害或寄居药材：党参、黄芪、羌活、甘遂、独活、山药、白芍、三七、银柴胡、泽泻、川贝母、当归、白芷、白茅根、白及、川芎、藕节、孩儿参、首乌、天花粉、天南星、南沙参、雪里开、射干、半夏、川牛膝、生地、关白附、前胡、续断、仙茅、苍术、浙贝母、大黄、木香、土圞儿、郁金、远志、桔梗、芦根、三棱、熟地黄、千年健、明党参、北沙参、白前、藁本、天门冬、紫菀、怀牛膝、知母、骨碎补、玄参、珠子参、人参、高良姜、白术、秦艽、百部、蚤休、薤白、干姜、附子、狼毒、桂枝、薜荔、通草、降香、桑白皮、化橘红、陈皮、柚皮、瓜蒌皮、扁豆花、菊花、款冬花、松花粉、柿蒂、艾叶、酸枣仁、白芥子、莲子、芡实、大枣、胖大海、郁李仁、川楝子、佛手、无花果、桃仁、草豆蔻、天葵子、麦芽、金樱子、黑大豆、枸杞子、肉豆蔻、车前子、槟榔、巴豆、枳实、小茴香、白果、青皮、薏苡仁、瓜蒌、乌梅、枳壳、龙眼肉、木瓜、连翘、苦杏仁、五味子、吴茱萸、榧子、栀子、八月扎、荜茇、莲子芯、赤小豆、荔枝核、肉苁蓉、锁阳、神曲、五灵脂、茯苓、猪苓、竹黄、羚羊肉、猕猴骨、鹿角。

识别特征：成虫体长 2.5～4.5mm。卵圆形，背方隆起，暗褐色或灰黑色。触角 11 节，红褐色，向后伸越前胸基部；第 3～8 节细长，末 3 节膨大呈片状，黑色，松散排列。鞘翅行间交替嵌着特征性的褐色及黄色方形毛斑；不完全遮盖腹末，腹末外露部分呈三角形。

发生规律和生活习性：成虫善飞能跳。1 年 3～4 代，以幼虫越冬，当温度为 27℃、相对湿度为 50%时，成虫寿命 27～28 天，在相对湿度为 90%时，成虫寿命 86～134 天。

分布：黑龙江、辽宁、新疆、天津、山西、陕西、湖南、浙江、四川、贵州、广东。

24. 玉米象 *Sitophilus zeamais* Motschulsky

分类地位：鞘翅目 Coleoptera 象虫科 Curculionidae。

为害或寄居药材：党参、天花粉、山药、一支蒿、防风、南沙参、川贝母、玄参、明党参、泽泻、香附、北沙参、防己、郁金、何首乌、金果榄、板蓝根、藕节、桔梗、独活、熟地黄、天麻、麦冬、黄药子、半夏、前胡、玉竹、知母、白芷、天南星、土茯苓、木香、关白附、石菖蒲、川乌、怀牛膝、川芎、白芍、大黄、当归、天门冬、姜黄、白术、三棱、藁本、虎杖、丹参、地榆、浙贝母、白及、黄芪、参须、薜荔、陈皮、夏枯草、红花、莲房、荷叶、大枣、芡实、薏苡仁、柏子仁、麦芽、女贞子、栀子、亚麻子、槟榔、酸枣仁、黑大豆、莲子、牛蒡子、荔枝核、浮小麦、大麦、胖大海、草豆蔻、枸杞子、白豆蔻、谷芽、白果、砂仁、白扁豆、瓜蒌、橘核、白胡椒、木瓜、山楂、桃仁、玉蜀黍、五味子、枳壳、赤小豆、糯米、白苏子、八月扎、锁阳、铁丝七、肉苁蓉、蒲公英、神曲、建神曲、红曲、茯苓皮、茯苓、灵芝、水蛭、地龙、爬虫、乌梢蛇、苦豆。

识别特征：成虫体长2.3～3.5mm。圆筒状，红褐色至暗褐色，背面不发亮或略有光泽。触角8节，第2～7节约等长。前胸背板密布圆形刻点。每鞘翅近基部和近端部各有1个红褐色斑，后翅发达。

发生规律和生活习性：一般1年5代。成虫有假死性和向上攀缘的习性，活泼，善飞。以成虫和幼虫越冬。翌年春暖后又开始为害和繁殖。既能在仓内繁殖，也能在田间产卵为害。

分布：黑龙江、辽宁、新疆、内蒙古、天津、湖南、浙江、山西、陕西、四川、贵州、广东等地。

25. 一点谷蛾 ***Paralipsa gularis*** **(Zeller)**

分类地位：鳞翅目Lepidoptera 螟蛾科Pyralidae。

为害或寄居药材：党参、熟地黄、天麻、生地、大黄、天门冬、知母、怀牛膝、玄参、郁金、泽泻、天南星、川芎、苍术、独活、桔梗、款冬花、蒲黄、金银花、紫苏叶、苦杏仁、大枣、白果、黑大豆、桃仁、枸杞子、天葵子、桑葚、火麻仁、砂仁、柏子仁、乌梅、木瓜、麦芽、五味子、龙眼肉、酸枣仁、佛手、肉苁蓉、蒲公英、九香虫、猕猴骨、鸡内金、紫河车。

识别特征：成虫体长8～12mm，翅展20～30mm。雄虫小，雌虫大，体灰褐色，死虫呈灰黄褐色，复眼黑色，前后翅均较长，前翅灰黑色。雌虫在亚缘线，内横线处各有一淡色波状纹（有的不甚明显），在中横线外方近前缘处有一明显的黑斑点；雄虫在翅中央纵列一淡色叉状纹，叉状纹的尖端近前缘处有一小黑点。后翅为灰白色。

发生规律和生活习性：1年1代，少数为2代。以幼虫在墙壁、包装缝隙内结茧越冬。次年4月化蛹，5月下旬出现幼虫，2代地区4月和8月间出现成虫。幼虫喜吐丝缀合药材包围身体取食，老熟时脱出管状巢爬行到屋顶、墙壁、包装物等缝隙处做茧越冬。

分布：黑龙江、辽宁、内蒙古、天津、山西、陕西、湖南、浙江、四川、贵州、云南等地。

26. 粉斑螟 ***Ephestia cautella*** **(Walker)**

分类地位：鳞翅目Lepidoptera 螟蛾科Pyralidae。

为害或寄居药材：南沙参、党参、百合、藕节、三棱、板蓝根、天麻、桔梗、大黄、羌活、山海螺、防风、怀牛膝、黄芪、白术、玄参、土大黄、川牛膝、木香、生地、姜黄、人参、当归、川贝母、百部、藁本、天冬、明党参、川芎、玉竹、薜荔、肉桂、陈皮、陈皮、红花、金银花、野菊花、款冬花、枇杷叶、枸杞子、瓜蒌子、郁李仁、亚麻子、使君子、女贞子、胖大海、枳壳、吴茱萸、无花果、樱桃核、浮小麦、火麻仁、柏子仁、乌梅、佛手、白果、龙眼肉、蕤仁、酸枣仁、覆盆子、莲子、芡实、桃仁、山茱萸、瓜蒌、谷芽、莱菔子、补骨脂、槐米、败酱草、金钱草、车前草、建神曲、猪苓、蝉花、海藻、䗪虫、蛤蚧、全蝎。

识别特征：成虫体长6～7mm，翅展14～16mm。雌虫较大，复眼深黑色至黑色，表面有灰白网纹，下唇须发达弯向上方并超越头顶。头部、胸部灰黑色，腹部灰白色，前翅长三角形，灰褐色至鼠灰色，在近中横线处有一条较直的灰色横带，带外还镶有一较窄的黑色纹；亚缘线处的黑、白色波纹比较简单，但有时此波纹不明显。后翅三角形，灰白色。

发生规律和生活习性：1年4代以上，以幼虫在药材内、包装、板壁缝隙及仓内阴暗背风角落吐丝结网聚集越冬，次年春化蛹并羽化。每雌平均产卵100～120粒，初孵幼虫以成虫尸体或粉屑为食，吐丝缀碎屑及药材成巢管居其中为害。老熟幼虫多在墙壁、梁柱、包装缝隙或药材内作白色强韧薄茧化蛹。成虫寿命14～18天，不耐寒，0℃时一周各虫态均死亡。

分布：黑龙江、新疆、天津、山西、陕西、湖南、浙江、四川、贵州、云南等地。

27. 印度谷螟 ***Plodia interpunctella*** **(Hübner)**（图18-2）

分类地位：鳞翅目Lepidoptera 螟蛾科Pyralidae。

为害或寄居药材：党参、当归、白芷、白扁豆、羌活、天门冬、防风、大黄、玉竹、白芍、南沙参、黄芩、黄精、生地、天麻、明党参、葛根、山药、怀牛膝、玄参、干姜、柴胡、独活、半夏、天南星、木香、薤白、郁金、百部、人参、泽泻、香附、莪术、白茅根、麦冬、北沙参、地榆、熟地黄、桔梗、甘草、川贝母、山海螺、猫爪草、前胡、土大黄、黄药子、白蔹、黄芪、川牛膝、续断、升麻、知母、白术、藁本、射干、参须、川乌、桑寄生、白鲜皮、厚朴、合欢皮、瓜蒌皮、陈皮、款冬花、红花、密蒙花、凌霄花、合欢花、菊花、玉簪花、金银花、莲须、玫瑰花、桃仁、苦杏仁、酸枣仁、薏苡仁、紫苏子、五味子、栀子、大枣、山茱萸、郁李仁、木瓜、相思子、火麻仁、川楝子、马兜铃、浮小麦、莲子芯、枳壳、柏子仁、白芥子、天葵子、胡桃仁、佛手、黑芝麻、龙眼肉、八月扎、枸杞子、山楂、瓜蒌、桑葚、槐角、皂荚、橘核、胖大海、无花果、车前子、赤小豆、乌梅、芡实、砂仁、麦芽、地膜子、莲子、白扁豆、蕤仁、莱菔子、花椒、谷芽、补骨脂、槐米、香橼、楮实子、藿香、薄荷、麻黄、蒲公英、金钱草、半边莲、肉苁蓉、败酱草、半夏曲、茯苓皮、茯苓、竹黄、乌梢蛇、僵蚕、鸡内金、壁虎、䗪虫、地龙、鹿筋。

识别特征：成虫体长6～9mm，翅展13～18mm，密被灰褐色及赤褐色鳞片，触角鞭状多节，复眼黑色。前翅狭长，基部淡褐色至黑褐色，近翅基部约2/5灰褐色，其余部分为赤褐色，并散生有紫黑色小斑点。后翅三角形，灰白色。

发生规律和生活习性：1年4～6代，以幼虫吐丝结网群居在板壁、墙缝或仓内阴暗避风墙角内越冬。翌年春天化蛹羽化、交配产卵。初孵幼虫蛀食药材柔软部分，再剥食外皮，也喜欢蛀入一些水分较大的药材内部为害，还有吐丝结网的习性，吐丝量特别大，将细小药材缠绕成团块，匿伏其中为害，老熟幼虫多数则离开被害药材，到梁柱、墙壁及包装缝隙或背风处吐丝结茧化蛹。

分布：黑龙江、辽宁、新疆、天津、山西、陕西、湖南、浙江、四川、西藏、贵州、云南、广东等地。

28. 米黑虫 ***Aglossa dimidiatus*** **(Haworth)**

分类地位：鳞翅目Lepidoptera 螟蛾科Pyralidae。

为害或寄居药材：郁金、桔梗、三棱、黄芪、山药、明党参、天南星、玄参、天麻、莪术、知母、甘草、续断、川乌、草乌、藕节、北沙参、党参、人参、麦冬、当归、白芷、皂角刺、钻地风、柚皮、陈皮、金银花、红花、菊花、荷叶、紫苏子、木瓜、枳壳、枳实、桑葚、沙苑子、榧子、路路通、芡实、栀子、牵牛子、谷芽、浮小麦、佛手、白扁豆、菟丝子、枸杞子、八月扎、乌梅、女贞子、白芥子、葶苈子、瓜蒌子、青皮、车前子、黄大豆、山茱萸、薏苡仁、补骨脂、赤小豆、槐米、火麻仁、小茴香、橘核、黑芝麻、葫芦、葫芦巴、冬葵子、连翘、荜澄茄、细辛、佩兰、锁阳、肉苁蓉、罗布麻、五倍子、夜明砂、蜂房、鸡内金、羚羊角、䗪虫、海龙。

识别特征：成虫体长 10～14mm。体黄褐色，散布紫黑色鳞片，无喙，下唇须发达呈镰刀状弯向前上方，头顶有一小丛灰黄色的细毛。前翅三角形，淡灰黄色或淡黄褐色，翅面布满紫褐色鳞片，内横线、中横线、亚缘线处各有一条灰黄色与紫褐色交错不规则波浪形横带纹，在内横线内方的紫褐色斑向外突出呈箭头状，近外缘线有一列紫黑色三角形斑点 7 个。后翅淡黄褐色，近前缘色泽较深，有一个明显的淡红色斑；中室外缘常有一条不明显的淡黄白色至灰白色横波纹，前、后翅缘毛均较短。

发生规律和生活习性：1 年 1～2 代。以幼虫在板壁或旧包装等缝隙中越冬，翌年春化蛹，5～7 月羽化。成虫具负驱光性，白天静止在仓库阴暗处，晚间飞翔寻觅配偶交配产卵；卵散产在药垛表面背光处，幼虫孵化做成管状巢潜伏其中为害；有成群相聚作茧习性，茧相互连接成网。

分布：黑龙江、辽宁、山西、陕西、湖南、浙江、贵州、广东等地。

29. 粉缟螟 *Pyralis farinalis* (Linnaeus)

分类地位：鳞翅目 Lepidoptera 螟蛾科 Pyralidae。

为害或寄居药材：独活、山药、薤白、板蓝根、前胡、玄参、大黄、郁金、首乌、木香、生地、黄芪、人参、当归、防风、党参、桔梗、半夏、白芷、甘草、泽泻、川贝母、桂枝、红花、凌霄花、蓉草花、桑葚、胖大海、女贞子、薏苡仁、砂仁、苦杏仁、葫芦巴、棕榈子、龙眼肉、瓜蒌、麦芽、酸枣仁、地肤子、赤小豆、紫苏子、莱菔子、败茜草、锁阳、佩兰、鹿筋、虻虫、鹿茸、䗪虫。

识别特征：雄虫体长 7.5～11.5mm，雌虫体长 13～15mm。头及胸部浓褐色，腹部第 2 节紫黑色，其余腹节茶褐色，足黄褐色。头部具发达的喙，下唇须发达且伸向前方，下颚须也发达。前翅、后翅均较宽大，呈三角形，外缘有黑紫色斑。前翅翅面在内横线及外横线处各有一条白色波状横带纹；在内横线以内和外横线以外为赤褐色或紫褐色，两横线之间为淡黄色；在内横线处的白色波状横纹中段向外突出呈弧形。后翅淡黑色，亦有两条白色波状横带纹。

发生规律和生活习性：1 年 1～2 代，夏季每代需 5～6 周。以幼虫在仓库天花板、木柱缝隙中或在地板、砖石下越冬。常吐丝缀集粮粒碎屑、药材营巢潜伏为害。

分布：黑龙江、辽宁、新疆、天津、山西、陕西、湖南、浙江、四川、贵州、广东等地。

（陈君　尹祝华　史朝晖）

第二节 中药材仓库害虫的综合防治

中药材仓库害虫的防控遵循“以防为主，防治并举”的方针，采用适于自身条件的、经济有效的综合防治措施，根据中药材生产企业生产的药材种类及仓库储存条件，制定相关药材的养护管理制度和技术规程，避免有害生物的为害，保证药材的质量安全。药材仓库害虫的综合防治包括检疫、清洁卫生、管理等预防性措施及物理、生物和化学防治手段等。

（一）预防性措施

1. 检疫

检疫是一项非常重要的防治措施。不论进口、出口还是省间、地区间调运，都要根据《中华人民共和国进出境动植物检疫法》和相应的制度及合同严格执行。一旦检出检疫性害虫，都要先封存，待查清后，在原地或到指定地点用化学药剂做熏蒸杀虫处理，严重的必须就地销毁。

2. 清洁卫生

清洁卫生包括场地环境的清洁卫生、药材仓库的清洁卫生、输送设备、包装运输器具的清洁卫生及药材自身的清洁卫生。

（1）场地环境：中药材仓库库区周围环境不留污水、杂草、垃圾，场地、露天货场、药材加工厂周围环境要清洁，使害虫没有生息繁衍的场所，切断害虫的来源。

（2）药材仓库：仓库地面、墙壁、顶棚、梁柱、仓内设备设施、门窗通风孔等应光洁干爽，不留空洞缝隙、不留杂物异物，消除仓内害虫源。

（3）输送设备、包装运输器具：药材入库前应对仓库、包装物、存放物进行“空仓消毒”，并做好加工厂、加工设备、运输设备的清洁消毒工作。输送机、提升机、码包机、运输车辆、包装袋、包装箱、包装纸、包装绳、铺垫物、清扫用具等都要保持良好的清洁和卫生，避免害虫的交叉发生。

（4）入库药材：对易生虫的药材重点检查是否有害虫为害，生药材或饮片中有无蛀孔、蛀屑、虫粪、活虫或害虫吐丝、虫茧，存放物表面有无虫茧等害虫发生迹象，及时将虫蛀或带虫卵的药材挑出隔离并进行处理。对无虫源的药材及饮片及时干燥，选择防潮防虫蛀的包装材料包装药材；花类、种子果实类药材收获前加强田间防虫工作，晾晒、干燥期间注意防虫，避免甲虫和蛾类昆虫产卵，包装前烘干降低水分，选择防潮防虫蛀的包装材料包装；包装后药材或饮片发现有虫为害迹象，及时进行熏杀灭虫处理。

3. 管理

（1）库房选址和布局：新建库要选择地势高、干燥、通风良好的位置；设计布局、生活区设置、道路安排、绿化带建造要科学合理，不利于害虫传播。

（2）库房建设和改造：药材仓库应处于通风、干燥、避光、低温、低氧条件下，最好有空调与除湿设备；设计建造要注意通风设施、输送码放设施、熏蒸杀虫设施、电力照明设施、除湿监测设施的配套和现代化。库房要防雨、防漏、防潮、隔热、保温，还要具备较好的气密性。

（3）药材管理：不同类型的药材要分类存放，制定虫情检查制度，定期和不定期检查虫情，发现问题及时处理。重视害虫发生与为害的监控，定期做好在库检查工作。每年3～4月，温度上升至15℃时，要对药材进行全面的春防检查。每年5～10月，尤其在高温高湿季节，是害虫活动、繁殖最旺盛和为害中药材最严重的时期，南方6月梅子成熟期和9月桂花盛开期，要密切注意害虫发生情况。发现虫情应及时采取有效措施，及时进行“实仓消毒”。

（4）人才管理：科学严格管理是害虫防治的重要环节。重视药材仓库管理人员技能和素质提高，使管理制度化、科学化。

（二）防治手段

1. 物理防治

（1）密封阻隔。通过物理阻隔封闭，隔绝药材与害虫的接触机会，同时减少贮藏环境中的氧气含量，使害虫不易正常发育。可根据不同中药材的性质、形状、数量及环境条件等确定密封的形式。传统的密封方法是用缸、坛、罐、瓶、桶、箱等容器，用泥头、熔蜡等封固，也有用小库房密封的。现代密封方法有多种，少量的药材可装入无毒塑料袋中，大堆垛中药材用塑料罩帐密封，或用贮存量大的密封库进行大批量整库密封。还可利用干沙隔绝外界湿气、防止药材生虫霉变，如党参、怀牛膝、山药、泽泻、白芷、板蓝根等适用此法。将药材分层平放于容器内，每层用干沙撒盖均匀，置阴凉通风处保存。

（2）气调养护。气调养护就是将中药材置于密封环境（密封库或特制的塑料帐罩）中，抽出其中的空气，充入氮气或二氧化碳，使害虫缺氧不易生长发育、繁殖甚至窒息死亡。此法能保持药材的色泽和质量，是养护中药材较科学的方法。通常是控制氧气浓度在2%以下，温度25℃～28℃，密封时间15～30天，能有效地杀灭害虫。此外，向密闭库内充CO_2（浓度20%以上），也能有效地防虫。近年来，我国还应用了真空包装技术、除氧剂密封贮藏技术、气调与机械吸潮相结合等贮藏技术，使中药材贮藏更加完善和科学，同时达到很好的防虫作用。

（3）高温防虫。①曝晒：夏季将中药材摊于干燥场地，在烈日下曝晒。连续晒6～8小时，当温度达45℃～50℃时即能杀死害虫。晒后去除虫尸及杂质，散尽余热后包装。但富含挥发油类、糖类、脂肪油和色素类饮片、易变色药材、易爆裂药材、富含挥发性物质药材、易走油的药材，不宜采用此法。②烘焙：利用烘箱、烘房或烘干机等设备，将药材置于其中，使温度升至50℃～60℃，经过1～2小时的烘烤，可将害虫杀死。③热蒸：将易被仓虫为害的熟制中药材，如红参、郁金、首乌、锁阳等，放入蒸锅或蒸笼内，水开后经15～20分钟即杀死仓虫，然后晾干，包装。

（4）低温防虫。①自然冷冻：在北方严寒季节，将药材以薄层露天摊晾，在0℃～15℃以下，经12小时后，害虫均可冻死。如果库房通风设备良好，在冬季亦可择干燥天气，将库房所有门窗打开，使空气对流，也能达到冷冻杀虫的目的。②低温冷藏：低温冷藏是利用机械制冷设备（冷窖、冷库等，温度在5℃左右）抑制仓虫的发生和繁殖或将害虫杀死，从而达到防蛀之目的。特别是对易生虫且难养护的中药，如枸杞子、大枣、菊花等。

（5）降低湿度。将气闸装在库房门上，配合自动门以防止库内冷空气排出库外、库外潮热空气侵入库内，通过防潮达到防虫、抑霉的目的。或者利用空气除湿机，吸收空气中的水分，降低库房的相对湿度，以达到防蛀、防霉的效果。

（6）辐射与电磁波防治。①电离辐射：用 ^{60}Co γ 射线防除仓虫，具有能量高、穿透力强、处理时间短、无残毒等优点。但要根据不同药材和害虫选择射线的剂量。该法需专门设施，成本高，应用尚不普及。②远红外线辐射：使用 2 千瓦远红外干燥箱，将饮片用纸包裹（以免串味）置远红外干燥箱内烘烤，温度在 50℃～60℃，加热器开启 20～60 分钟，断电后置箱内封闭 1～3 小时取出，凉透。对于耐热饮片，可将温度定在 60℃～70℃，可缩短烘烤时间。对于含有挥发油、脂肪油类饮片可将温度降至 45℃～50℃，延长烘烤时间。此法简便、易行、杀虫效果佳。③微波杀虫：微波指 300MHz～3000GHz 的超高频电磁波，微波防治害虫是基于微波的热效应原理，害虫经微波加热处理，虫体内的水分子发生振动摩擦而产生热量，微波被水吸收转变成热能而虫体又来不及散热，从而使害虫迅速死亡。近年来微波杀虫技术应用广泛，利用微波杀虫机或杀虫成套设备，不仅能干燥药材，又能杀虫灭菌。

（7）灯光诱杀。利用害虫的趋光性，于 5～10 月的夜间设置普通黑光灯、频振式杀虫灯或其他类型的诱虫灯诱杀鳞翅目、鞘翅目等害虫。

2. 生物防治

（1）天敌控制。寄生和捕食药材仓库害虫的天敌种类较多，世界仓库益虫名录 186 种，常见的有 20 余种，主要有膜翅目寄生，蜂类如麦蛾茧蜂 *Habrobracon hebetor*（寄生多种鳞翅目害虫）、仓蛾姬蜂 *Porizon canescens*（寄生鳞翅目害虫）、米象金小蜂 *Lariophagus distinguensis*（寄生多种鞘翅目害虫），双翅目窗虻类、同翅目食虫蝽类、鞘翅目多种捕食性甲虫、蛛形纲拟蝎目拟蝎类及捕食螨等（见下表），这些天敌在药材仓库中对害虫发挥了重要的自然控制作用，应注意保护和利用。

药材仓库害虫主要天敌种类（27 种）

仓库害虫天敌	隶属纲、目、科、属	防控对象-寄主
仓蛾姬蜂 *Venturia canescens* (Gravenhorst)	昆虫纲 Insecta 膜翅目 Hymenoptera 姬蜂科 Ichneumonidae	寄生鳞翅目害虫
蠊卵旗腹姬蜂 *Evania appendigaster* (Linnaeus)	昆虫纲 Insecta 膜翅目 Hymenoptera 旗腹姬蜂科 Evaniidae	寄生于蜚蠊的卵块
麦蛾茧蜂 *Bracon hebetor* Say	昆虫纲 Insecta 膜翅目 Hymenoptera 小茧蜂科 Braconidae	寄生于印度谷螟、一点谷蛾、米蛾、粉斑螟蛾、麦蛾等的幼虫
象虫金小蜂 *Aplastomorpha calandrae*(Howard)	昆虫纲 Insecta 膜翅目 Hymenoptera 金小蜂科 Pteromalidae	寄生于玉米象、米象、烟草甲及药材甲等的幼虫
米象金小蜂 *Lariophagus distinguensis* Foerster	昆虫纲 Insecta 膜翅目 Hymenoptera 金小蜂科 Pteromalidae	寄生于谷蠹、玉米象等多种鞘翅目害虫

（续表）

仓库害虫天敌	隶属纲、目、科、属	防控对象-寄主
仓蛾金小蜂 *Pteromalus puparum*(Linnaeus)	昆虫纲 Insecta 膜翅目 Hymenoptera 金小蜂科 Pteromalidae	寄生多种鞘翅目害虫
谷蠹蛹小蜂 *Choetospila* sp.	昆虫纲 Insecta 膜翅目 Hymenoptera 蛹小蜂科 Spalangiidae	寄生谷蠹幼虫
黄冈花蝽 *Xylocoris* sp.	昆虫纲 Insecta 半翅目 Hemiptera 花蝽科 Anthocoridae	捕食赤拟谷盗、长角扁谷盗、锯谷盗、谷蠹等害虫
细角花蝽 *Lyctocoris campestris* (Fabricius)	昆虫纲 Insecta 半翅目 Hemiptera 花蝽科 Anthocoridae	在仓库中捕食多种害虫的卵、幼虫及蛹
叉脊花蝽 *Amphiareus* sp.	昆虫纲 Insecta 半翅目 Hemiptera 花蝽科 Anthocoridae	捕食粉蠹、竹蠹等多种甲虫的幼虫、蛹及卵
尼罗锥须步甲 *Bembidion niloticum* Dejean	昆虫纲 Insecta 鞘翅目 Coleoptera 步甲科 Carabidae	捕食仓库害虫
闪光步甲 *Bembidion pogomides* Bates	昆虫纲 Insecta 鞘翅目 Coleoptera 步甲科 Carabidae	捕食仓库害虫
豆斑步甲 *Chlaenius virgulifer* Chaudoir	昆虫纲 Insecta 鞘翅目 Coleoptera 步甲科 Carabidae	捕食仓库害虫
四斑小步甲 *Dischissus japonicus* Andrewes	昆虫纲 Insecta 鞘翅目 Coleoptera 步甲科 Carabidae	捕食仓库害虫
小体步甲 *Harpalus corporosus* Motschulsky	昆虫纲 Insecta 鞘翅目 Coleoptera 步甲科 Carabidae	捕食多种仓库害虫
锡兰全平步甲 *Hololeius ceylonicus* Neitner	昆虫纲 Insecta 鞘翅目 Coleoptera 步甲科 Carabidae	捕食仓库害虫
长毛附步甲 *Lachnocrepis prolixa* Bates	昆虫纲 Insecta 鞘翅目 Coleoptera 步甲科 Carabidae	捕食仓库害虫
大劫步甲 *Lesticus magnus* Motschulsky	昆虫纲 Insecta 鞘翅目 Coleoptera 步甲科 Carabidae	捕食多种仓库害虫

（续表）

仓库害虫天敌	隶属纲、目、科、属	防控对象-寄主
耶气步甲 *Pheropsophous jessoensis* Morawitz	昆虫纲 Insecta 鞘翅目 Coleoptera 步甲科 Carabidae	捕食多种仓库害虫
窗虻 *Scenopinus fenestralis* Linnaeus	昆虫纲 Insecta 双翅目 Diptera 窗虻科 Scenopinidae	捕食多种仓库害虫
赤足窗虻 *Scenopinus fenestralis* (Linnaeus)	昆虫纲 Insecta 双翅目 Diptera 窗虻科 Scenopinidae	捕食仓库中甲虫、蛾类的幼虫和蛹
圆腹宽缝拟蝎 *Chelifer panzer* Koch	蛛形纲 Arachnida 拟蝎目 Chelonethida 书蝎科 Cheliferidae	仓库害虫书虱及螨类的主要天敌
蟹形拟蝎 *Chelifer cancroides* Linnaeus	蛛形纲 Arachnida 拟蝎目 Chelonethida 书蝎科 Cheliferidae	仓库害虫书虱及螨类的主要天敌
圆腹拟蝎 *Chelifer* sp.	蛛形纲 Arachnida 拟蝎目 Chelonethida 书蝎科 Cheliferidae	仓库害虫书虱及螨类的主要天敌
直腹拟蝎 *Chelifer nodosus* Schrank	蛛形纲 Arachnida 拟蝎目 Chelonethida 书蝎科 Cheliferidae	仓库害虫书虱及螨类的主要天敌
麦蒲螨 *Pyemotes tritici* (La Greze-Fossat & Montagne)	蜱螨亚纲 Arachnida 前气门目 Prostigmata 蒲满科 Pyemotidae	寄生赤拟谷盗、大眼锯谷盗、烟草甲、粉斑螟、印度螟、沙蒿大粒象和沙蒿尖翅吉丁等害虫
普通肉食螨 *Cheyletus erudites* (Schrank)	蜱螨亚纲 Arachnida 前气门目 Prostigmata 食肉螨科 Cheyletidae	捕食粉螨及多种害虫

（2）气味物质对抗与驱避。传统方法利用两种药材或有特殊气味的物品与被保护的药材放在一起贮藏，起到防虫作用。

A. 中药同贮：此法适于量少或贵重中药材养护。如陈皮与高良姜同贮，可免于生虫；泽泻与牡丹皮同贮，泽泻不生虫，牡丹皮也不变色；丹皮与山药、天花粉、白术共贮，也有防蛀作用；细辛与人参、党参、三七、知母同放也可防虫。明矾与玫瑰花、月季花同贮，既可防虫，又可保持花色长久不变；薏苡仁、金银花和肉苁蓉与海带或昆布（20～50kg 药材可用 1kg 昆布或海带）同放，亦可防止生虫。

B. 辛香药：选用的辛香药有白蔻、大茴香、肉桂、高良姜、丁香、白胡椒。方法是先将每种欲贮存的贵细药材烘干，取新鲜的辛香药 2～3 味（每 500g 贵细中药材用每味辛香药 20g 左右），把辛香药打碎分包，而后与贵细药材同贮于厚而完好的塑料袋内，封口，置于阴凉干燥处即可，一般贮存2年以上不会变质。

C. 白酒或酒精：瓜蒌、枸杞、桂圆肉、当归、黄精、熟地、莲子、药枣等可用白酒或酒精来防虫，方法是将盛有白酒或95%酒精（1kg 药材用 10mL 酒精）的瓶子去掉盖子，以纱布封口，放于容器底部，再装入药材封严，置平稳处保存。

来源于植物源的物质对仓库害虫有较好的熏蒸活性，八角茴香油、高良姜油、臭椿油、留兰香油、艾蒿油和黄樟油6种植物精油对赤拟谷盗成虫具有熏蒸活性，其中八角茴香油和高良姜油的效果较好；水菖蒲根茎提取物β-细辛醚对4种储粮害虫均具有明显的熏蒸效果，对玉米象、谷蠹、赤拟谷盗、四纹豆象也具有很好的熏蒸作用；在10℃下辣根素植物源熏蒸剂对长角扁谷盗、谷蠹、赤拟谷盗成虫均具有较强的熏蒸活性，辣根素的熏蒸生物活性要高于磷化铝。

（3）信息素。目前已鉴定10多科40多种仓库害虫的信息素。其中鞘翅目皮蠹科、窃蠹科和鳞翅目蛾类的信息素均为性信息素，其他鞘翅目昆虫的信息素大多为聚集信息素。在药材仓库中用印度谷螟、烟草甲、谷蠹、斑皮蠹属信息素诱虫，效果良好。放置仓库害虫性外激素诱芯诱杀成虫是有效手段，同时也是有效的监测手段。

3. 化学防治

（1）毒饵诱杀虫。选择害虫喜好的麦麸、米糠、豆饼、花生饼做饵料，将饵料炒香，再加入0.1%的除虫菊酯或0.5%～1%的敌百虫水溶液，使饵料吸附后晾干即成。将毒饵用纸摊开，放在药材堆空隙之间，过几天清除虫体一次。此法持续时间长，杀虫效果较好。

（2）除虫菊杀虫法。直接将除虫菊杀虫药液喷洒于药材上或其包装物上，使害虫中毒快。此法以密封使用效果为好。

（3）化学熏蒸法。磷化铝是一种高效杀虫熏蒸剂，有粉剂和片剂两种剂型，中药材仓库常用片剂。使用方法：每年5月中旬，在密封好的库房或在塑料薄膜罩帐内熏蒸，施药剂量为6～9g/m^3，一般投药后，密闭3～5天，即可达到杀虫效果。密闭时间与气温变化有关，气温在12℃～15℃时，应密闭5天；16℃～20℃时，应密闭4天；20℃以上时应密闭3天。库内通风3天后检不出磷化氢残毒时，再进行正常作业。由于磷化铝毒性大，使用时要注意安全防护。有条件的也可使用磷化铝仓内投药器或磷化氢发生器熏蒸。此法成本低、设施要求简单、控制效果好。缺点是有药剂残留问题。我国已明确规定，禁止二氧化硫和氯化苦用作中药材熏蒸剂，磷化铝目前还在使用，尤其是南方湿热地区的药材仓库中，由于经常会发生人员中毒事件，将来也将逐渐被禁用。

（陈君 尹祝华 史朝晖）

参考文献

陈震. 百种药用植物栽培答疑[M]. 北京：中国农业出版社，2003.

邓望喜，刘桂林. 湖北省中药材贮藏期昆虫名录[J]. 生物安全学报，1995，(2)：24-31.

邓望喜，张宏宇，华红霞. 中国储藏物害虫生物防治的研究进展[J]. 粮食储藏，2001，30(2)：3-7.

关群. 危害仓储人参的蛾类及其防治[J]. 特产研究，1986，(1)：21-23.

关群. 危害仓储人参的甲虫及其防治[J]. 特产研究，1985，(3)：11-15.
关群. 中药材仓储害虫种类及其为害情况调查[J]. 中药材，1982，(2)：34-39.
刘巨元，张生方，刘永平. 内蒙古仓库昆虫[M]. 北京：中国农业出版社，1997.
么厉，程惠珍，杨智. 中药材规范化种植（养殖）技术指南[M]. 北京：中国农业出版社，2006.
山东省中药材病虫害调查研究组. 北方中药材病虫害防治[M]. 北京：中国林业出版社，1991.
吴华，曾水云，林开春. 辣根素对仓储害虫的生物活性测定[J]. 湖北植保，2007，(2)：27-28.
吴振廷. 药用植物害虫[M]. 北京：中国农业出版社，1995.
杨石城，张宏宇. 武汉市食品储藏期昆虫名录[J]. 华中农业大学学报，1997，(6)：552-561.
张宏宇. 论储粮害虫的生态调控[J]. 粮食储藏，2006，35(4)：3-7.
张生芳，刘永平，武增强. 中国储藏物甲虫[M]. 北京：中国农业科学技术出版社，1998.
浙江省药材病虫害防治编绘组. 药材病虫害防治[M]. 北京：人民卫生出版社，1974.
中国药材公司. 中药材仓虫图册[M]. 天津：天津科学技术出版社，1990.
中国医学科学院药用植物资源开发研究所. 中国药用植物栽培学[M]. 北京：中国农业出版社，1991.

索　引

药用植物

病原物

害虫

H

J

K

图7-1　西洋参猝倒病（丁万隆 摄）

图7-2　人参立枯病（丁万隆 摄）

图7-3　人参黑斑病（丁万隆 摄）

图7-4　西洋参黑斑病-茎斑（丁万隆 摄）

图7-5　人参黑斑病-吊干籽（丁万隆 摄）

图7-6　人参锈腐病病根1（丁万隆 摄）

图7-7　人参锈腐病病根2（丁万隆 摄）

图7-8　人参疫病（丁万隆 摄）

图7-9　人参灰霉病-病叶1（丁万隆 摄）

图7-10　人参灰霉病病叶2（丁万隆 摄）

图7-11　人参灰霉病病叶3（丁万隆 摄）

图7-12　人参灰霉病-出土嫩茎（丁万隆 摄）

图7-13　人参灰霉病-叶柄及花梗（丁万隆 摄）

图7-14　人参菌核病茎基部被害状（丁万隆 摄）

图7-15　西洋参炭疽病（丁万隆 摄）

图7-16　人参红皮病病根（丁万隆 摄）

图7-17　人参日烧病（丁万隆 摄）

图7-18　三七黑斑病-田间症状（丁万隆 摄）

图7-19　三七圆斑病（丁万隆 摄）

图7-20　大黄轮纹病（丁万隆 摄）

图7-21　大黄轮纹病-病斑放大（丁万隆 摄）

图7-22　大黄轮纹病-病叶（丁万隆 摄）

图7-23　山药炭疽病1（丁万隆 摄）

图7-24　山药炭疽病2（丁万隆 摄）

图7-25　山药褐斑病（丁万隆 摄）

图7-26　天南星病毒病1（丁万隆 摄）

图7-27　天南星病毒病2（王蓉 摄）

图7-28　天南星病毒病3（丁万隆 摄）

图7-29　乌头叶斑病（丁万隆 摄）

图7-30　牛膝褐斑病（丁万隆 摄）

图7-31　平贝母锈病1（丁万隆 摄）

图7-32　平贝母锈病2（丁万隆 摄）

图7-33 丹参根腐病（丁万隆 摄）

图7-34 丹参根腐病-示地上部枯死（丁万隆 摄）

图7-35 丹参叶枯病（丁万隆 摄）

图7-36 丹参白绢病（丁万隆 摄）

图7-37 丹参根结线虫病（丁万隆 摄）

图7-38 丹参菟丝子（丁万隆 摄）

图7-39 玄参斑点病（丁万隆 摄）

图7-40 玄参轮纹病（丁万隆 摄）

图7-41　半夏黑斑病（丁万隆　摄）

图7-42　半夏病毒病2（丁万隆　摄）

图7-43　半夏病毒病1（丁万隆　摄）

图7-44　龙胆草斑枯病1（丁万隆　摄）

图7-45　龙胆草斑枯病2（丁万隆　摄）

图7-46　龙胆草斑枯病-田间被害状（丁万隆　摄）

图7-47　玉竹褐斑病（丁万隆　摄）

图7-48　玉竹紫轮病（丁万隆　摄）

图7-49 甘草锈病（丁万隆 摄）

图7-50 甘草锈病-田间植株（丁万隆 摄）

图7-51 甘草褐斑病（丁万隆 摄）

图7-52 北沙参锈病1（丁万隆 摄）

图7-53 北沙参锈病2（丁万隆 摄）

图7-54 北沙参花叶病（丁万隆 摄）

图7-55　白术根腐病（丁万隆 摄）

图7-56　白术根腐病-田间被害状（丁万隆 摄）

图7-57　白术病毒病（丁万隆 摄）

图7-58　白芷斑枯病（丁万隆 摄）

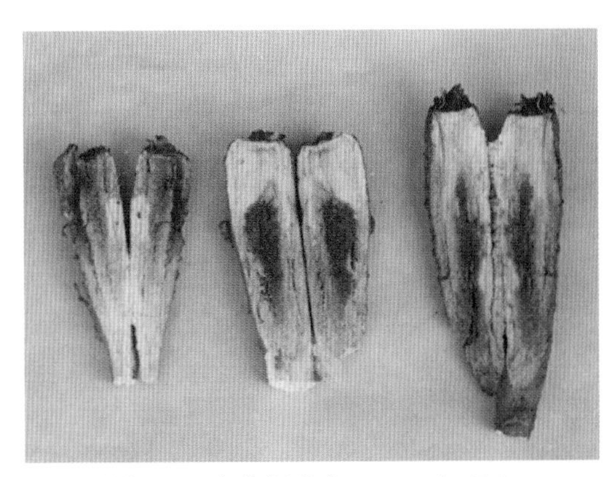

图7-59　白芷根腐病（丁万隆 摄）

图7-60　白芷灰斑病（丁万隆 摄）

图7-61 地黄枯萎病（丁万隆 摄）

图7-62 地黄枯萎病2（丁万隆 摄）

图7-63 地黄轮纹病（丁万隆 摄）

图7-65 地榆黑斑病-叶片被害状（丁万隆 摄）

图7-64 地黄病毒病（丁万隆 摄）

图7-66 地榆白粉病-花梗被害状（丁万隆 摄）

图7-67　防风白粉病（丁万隆 摄）

图7-68　防风白粉病 田间为害状（丁万隆 摄）

图7-69　防风斑枯病（丁万隆 摄）

图7-70　芍药灰霉病（丁万隆 摄）

图7-71　芍药白粉病1（丁万隆 摄）

图7-72　芍药白粉病2（丁万隆 摄）

图7-73　芍药白粉病3（丁万隆 摄）

图7-74　芍药轮斑病1（丁万隆 摄）

图7-75　芍药轮斑病2（丁万隆 摄）

图7-76　延胡索白绢病1（丁万隆 摄）

图7-77　延胡索白绢病2（丁万隆 摄）

图7-78　麦冬黑斑病（丁万隆 摄）

图7-79　苍术灰斑病1（丁万隆 摄）

图7-80　苍术灰斑病2（丁万隆 摄）

图7-81　何首乌轮纹病（丁万隆 摄）

图7-82　苦参白粉病1（丁万隆 摄）

图7-83　苦参白粉病2（丁万隆 摄）

图7-84　板蓝根霜霉病（丁万隆 摄）

图7-85　板蓝根霜霉病-花梗被害状（丁万隆 摄）

图7-86　板蓝根根腐病（丁万隆 摄）

图7-87　板蓝根黑斑病（丁万隆 摄）

图7-88　桔梗斑枯病（丁万隆 摄）

图7-89　柴胡斑枯病1（丁万隆 摄）

图7-90　柴胡斑枯病2（丁万隆 摄）

图7-91　商陆黑斑病（（丁万隆 摄）

图7-92　射干锈病（丁万隆 摄）

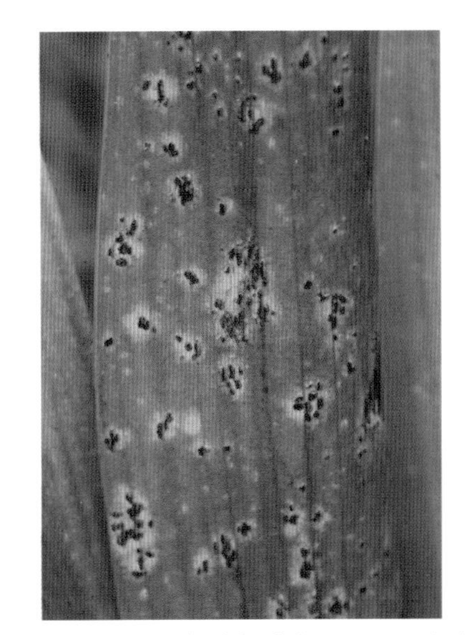

图7-93　射干锈病-病部放大（丁万隆 摄）

图7-94　黄芪白粉病（丁万隆 摄）

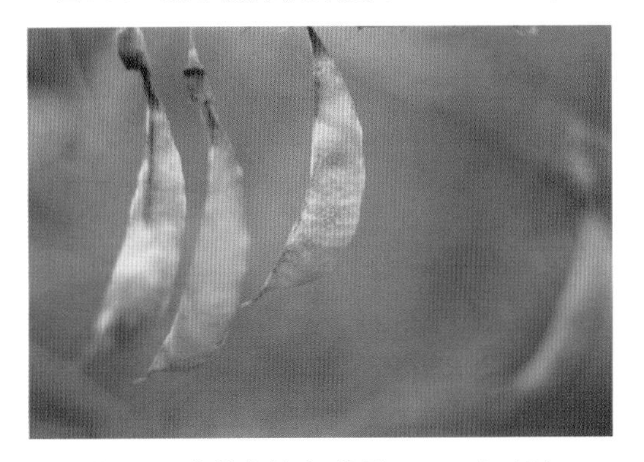

图7-95　黄芪白粉病-荚果（丁万隆 摄）

图7-96　黄芪菟丝子（丁万隆 摄）

图7-97　黄芩白粉病（丁万隆 摄）

图7-98　黄芩白绢病的叶枯症状（丁万隆 摄）

图7-99 紫菀黑斑病（丁万隆 摄）

图7-100 紫菀斑枯病（丁万隆 摄）

图8-1 细辛叶枯病（丁万隆 摄）

图8-4 荆芥茎枯病（李勇 摄）

图8-2 细辛叶枯病-田间被害状（丁万隆 摄）

图8-3 细辛锈病（丁万隆 摄）

图8-5　荆芥茎枯病-田间被害状1（丁万隆 摄）

图8-6　荆芥茎枯病-田间被害状2（丁万隆 摄）

图8-7　益母草白粉病-幼苗被害状（丁万隆 摄）

图8-8　博落回斑点病（丁万隆 摄）

图8-9　紫苏锈病病叶1（丁万隆 摄）

图8-10　紫苏锈病病叶2（丁万隆 摄）

图8-11　蒲公英斑枯病（丁万隆 摄）

图8-12　薄荷斑枯病（丁万隆 摄）

图8-13　薄荷病毒病（丁万隆 摄）

图8-14　藿香斑枯病（丁万隆 摄）

图9-1　小茴香病毒病（丁万隆 摄）

图9-2　小茴香菟丝子（丁万隆 摄）

图9-3　山茱萸炭疽病病叶1（丁万隆 摄）

图9-4　山茱萸炭疽病病叶2（丁万隆 摄）

图9-5　木瓜锈病1（丁万隆 摄）

图9-6　木瓜锈病2（丁万隆 摄）

图9-7　木瓜褐腐病（丁万隆 摄）

图9-8　五味子叶枯病（丁万隆 摄）

图9-9　车前白粉病（丁万隆 摄）

图9-10　车前褐斑病（丁万隆 摄）

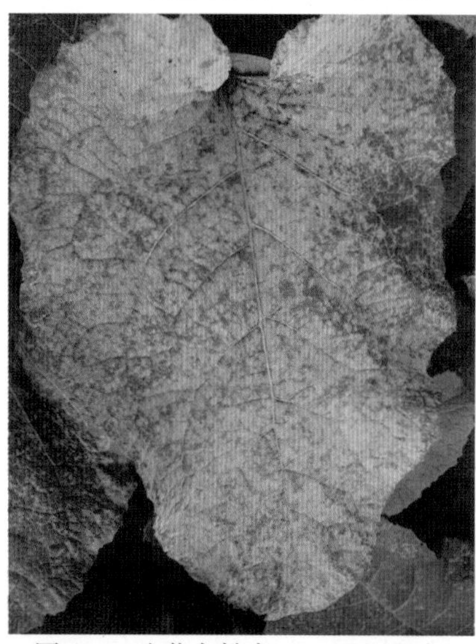

图9-11　牛蒡白粉病（丁万隆 摄）

图9-12　牛蒡白粉病为害状（丁万隆 摄）

图9-13　丝瓜绵 腐病（丁万隆 摄）

图9-14　丝瓜褐斑病（丁万隆 摄）

图9-15　决明灰斑病（丁万隆 摄）

图9-16　罗汉果疱叶丛枝病1（董佳莉 摄）

图9-17　罗汉果疱叶丛枝病2（董佳莉 摄）

图9-18　枸杞炭疽病（丁万隆 摄）

图9-19　枸杞白粉病（丁万隆 摄）

图9-20　枸杞灰斑病（丁万隆 摄）

图9-21　砂仁叶斑病（丁万隆 摄）

图9-22　番木瓜环斑病1（丁万隆 摄）

图9-23　番木瓜环斑病2（丁万隆 摄）

图9-24　枣疯病-病枝条（丁万隆 摄）

图9-25　枣疯病-植株（丁万隆 摄）

图9-26　酸浆褐斑病1（丁万隆 摄）

图9-27　酸浆褐斑病2（丁万隆 摄）

图9-28　薏苡黑穗病（丁万隆 摄）

图9-29　薏苡叶枯病（丁万隆 摄）

图10- 1　玉簪炭疽病（丁万隆 摄）

图10-2　凤仙花白粉病（丁万隆 摄）

图10-3　凤仙花白粉病示子叶背小黑点（丁万隆 摄）

图10-4　凤仙花黑斑病（丁万隆 摄）

图10-5　红花锈病1（丁万隆 摄）

图10-7　红花炭疽病（丁万隆 摄）

图10-8　鸡冠花黑斑病（丁万隆 摄）

图10-6　红花锈病2（丁万隆 摄）

图10-9　忍冬白粉病1（丁万隆 摄）

图10-10　忍冬白粉病2（丁万隆 摄）

图10-11　忍冬白粉病3（丁万隆 摄）

图10-12　忍冬褐斑病（丁万隆 摄）

图10-13　玫瑰白粉病1（丁万隆 摄）

图10-14　玫瑰白粉病2（丁万隆 摄）

图10-15　玫瑰黑斑病（丁万隆 摄）

图10-16　玫瑰锈病（丁万隆 摄）

图10-17　旋覆花斑枯病（丁万隆 摄）

图10-18　菊花斑枯病（丁万隆 摄）

图10-19　菊花黑斑病（丁万隆 摄）

图10-20　曼陀罗黑斑病（丁万隆 摄）

图10-21　款冬褐斑病（丁万隆 摄）

图11-1　肉桂粉实病（丁万隆 摄）

图11-2　杜仲叶枯病（丁万隆 摄）

图11-3　牡丹叶霉病（丁万隆 摄）

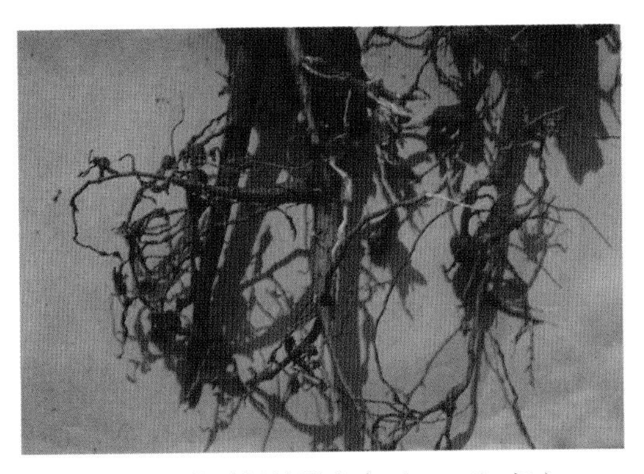

图11-4　牡丹根结线虫病（丁万隆 摄）

图11-5　枇杷灰斑病（丁万隆 摄）

图12-1　小地老虎幼虫（丁万隆 摄）

图12-3　山药叶蜂幼虫取食山药叶（陈君 摄）

图12-2　酸模角胫叶甲（陈君 摄）

（a：大黄叶被害状；b：卵；c：幼虫；d：蛹；e：成虫交尾）

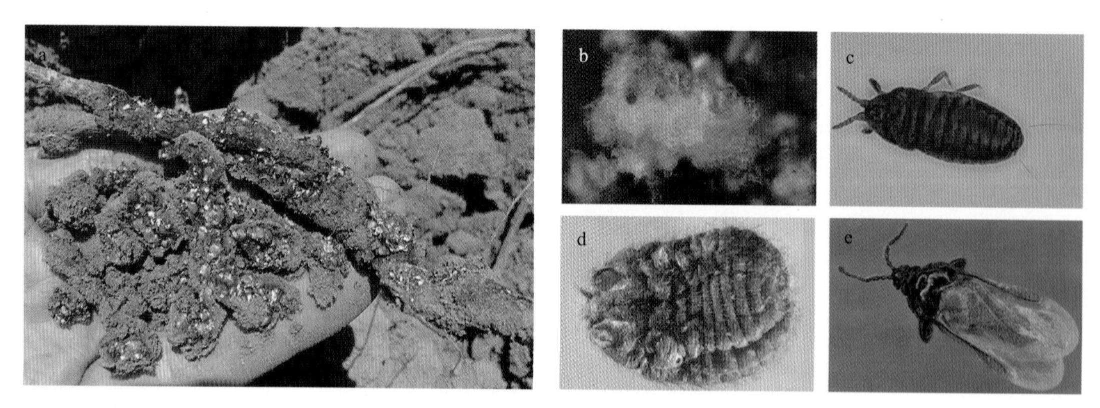

图12-4　甘草胭脂蚧（陈宏灏 摄）

（a：甘草根被害状；b：卵囊；c：若虫；d：雌虫；e：雄虫）

图12-5　甘草广肩小蜂（陈宏灏 摄）

（a：成虫田间产卵于甘草果荚；b：幼虫；c：蛹；d：成虫羽化；e：成虫）

图12-6　跗粗角萤叶甲（a、b、d、e：陈君 摄；c：陈宏灏 摄）

（a：甘草被害状；b：雌成虫；c：卵；d、e：幼虫）

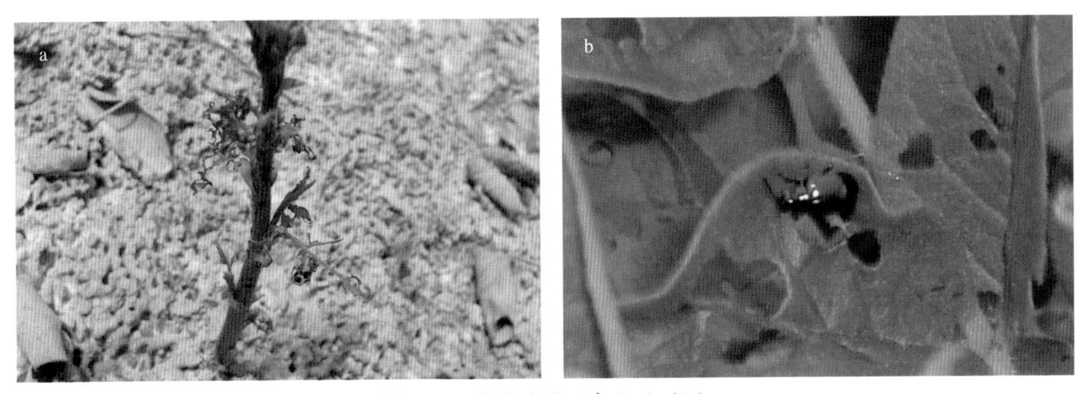

图12-7　榆蓝叶甲（李晓瑾 摄）

（a：甘草被害状；b：成虫）

图12-8　甘草豆象为害甘草种子（陈君 摄）

图12-9　小绿叶蝉为害甘草叶片（陈君 摄）

图12-10　苜蓿蚜（刘赛 摄）

（a：甘草被害状；b：苜蓿蚜聚集为害；c：无翅蚜；d：有翅蚜；e：瓢虫捕食蚜虫）

图12-11　华北大黑鳃金龟成虫（丁万隆 摄）

图12-14　豌豆斑潜蝇为害板蓝根叶片（刘赛 摄）

图12-12　地黄狼蛱蝶（a、b、d、e：陈君 摄；c：樊瑛 摄）

（a：地黄被害状；b：幼虫啃食地黄叶片；c：成虫；d；e：幼虫）

图12-13　菜粉蝶（陈君 摄）

（a：板蓝根被害状；b：幼虫）

图12-15　桃蚜（a：丁万隆 摄；b：刘赛 摄）

（a：板蓝根果穗被害状；b：为害板蓝根叶片）

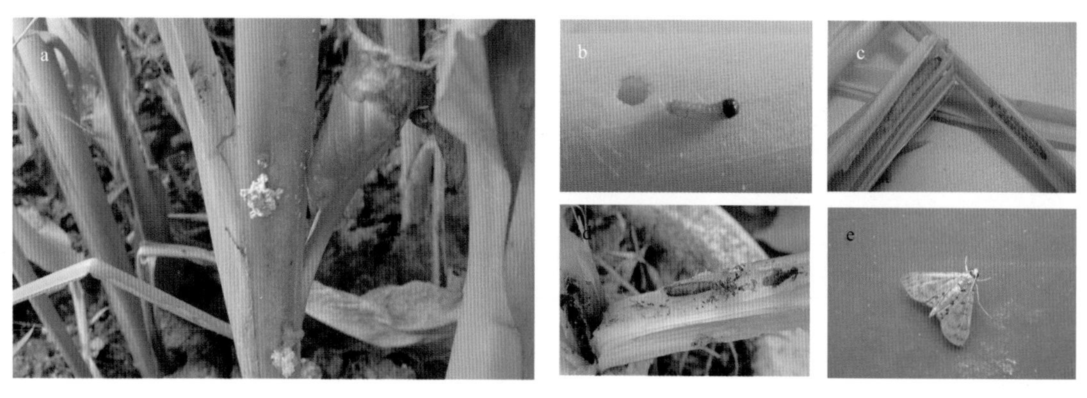

图12-16　桃柱螟（蒋妮 摄）

（a：郁金被害状；b：低龄幼虫；c：幼虫；d：蛹；e：成虫）

图12-17　赤条蝽（刘赛 摄）

（a：若虫为害柴胡茎叶；b：成虫交尾）

图12-18　黄翅菜叶蜂成虫在黄芩果荚产卵（陈君 摄）

图12-19　豆荚螟为害黄芪果荚（陈君 摄）

图12-20　西北豆芫菁（陈君 摄）

（a：黄芪被害状；b：成虫）

图12-21　黄芪种子小蜂（a：陈君 摄；b～e：刘赛 摄）

（a：黄芪种子被害状；b：幼虫；c：蛹；d：成虫羽化；e：成虫）

图12-22　黑尾暗翅筒天牛（张丽霞 摄）

（a：催吐罗芙木被害状；b：卵；c：幼虫；d：蛹；e：成虫）

图13-1 肉苁蓉蛀蝇（陈君 摄）

（a：肉苁蓉被害状；b：幼虫）

图13-2 黄褐丽金龟（陈君 摄）

（a：肉苁蓉被害状；b：卵；c：幼虫；d：老熟幼虫及蛹；e：成虫）

图13-3 白钩小卷蛾（陈君 摄）

（a：青蒿被害状；b：被害青蒿茎基部；c：幼虫蛀入茎秆髓部；d：幼虫；e：蛹）

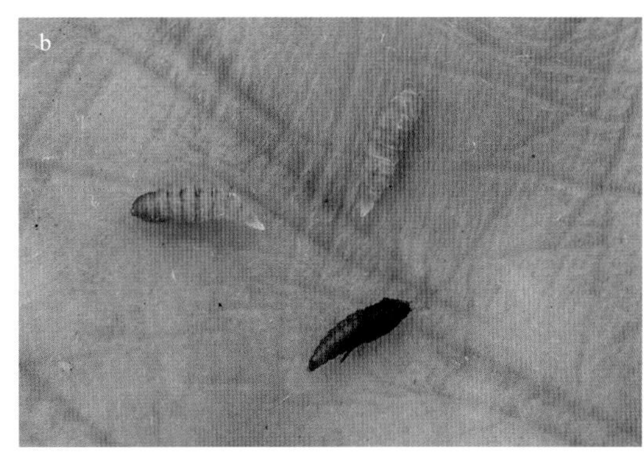

图13-4　菊瘿蚊（陈君 摄）

（a：青蒿被害状；b：幼虫及蛹）

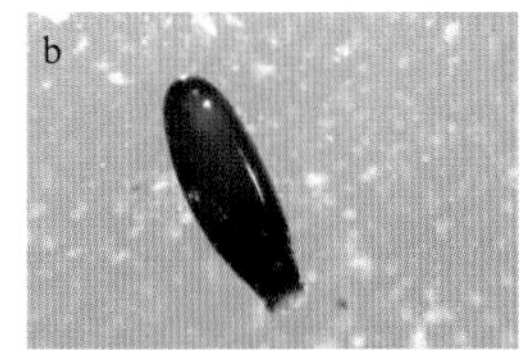

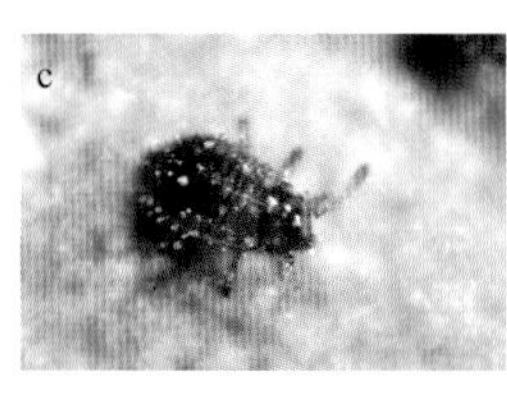

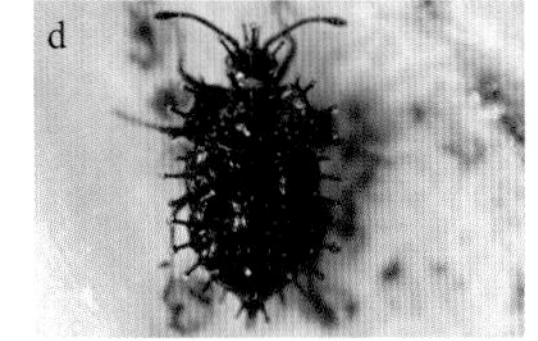

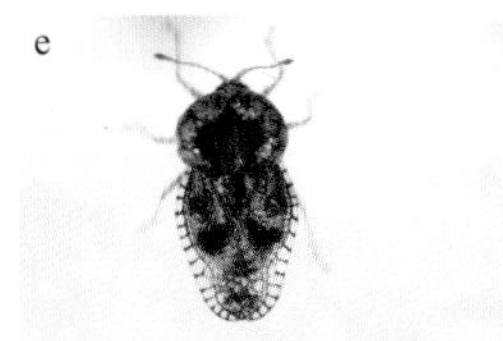

图13-5　泡壳背网蝽（严珍 摄）

（a：肾茶被害状；b：卵；c：1龄若虫；d：5龄若虫；e：成虫）

图13-6　桑尺蠖（陈君 摄）

（a：桑叶被害状；b：幼虫）

图13-7　紫苏野螟为害紫苏叶片（陈君 摄）

图14-5　黑绒鳃金龟成虫（徐常青 摄）

图14-1　山茱萸蛀果蛾（乔海莉 摄）

（a：山茱萸被害状；b：幼虫；c：果实内的幼虫；d：老熟幼虫；e：成虫）

图14-2　马兜铃凤蝶（陈君 摄）

（a：幼虫取食马兜铃叶片；b：成虫）

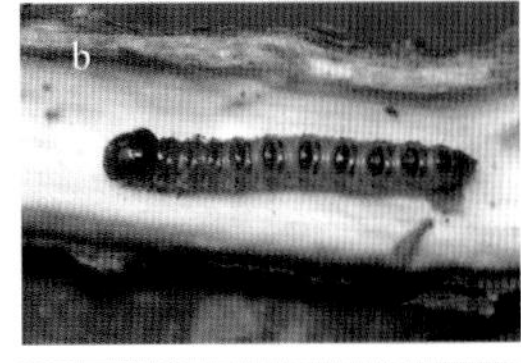

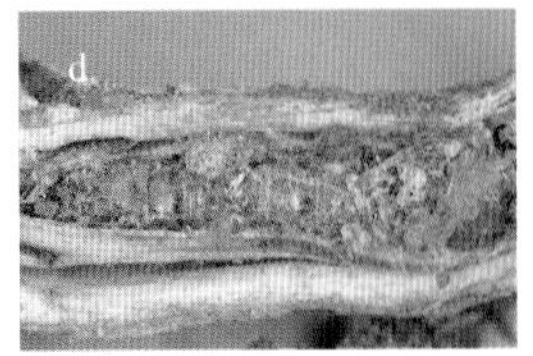

图14-3　柳蝙蛾（a～d：刘赛 摄；e：傅俊范 摄）

（a：五味子茎被害状；b：幼虫；c：蛹；d：茧；e：成虫）

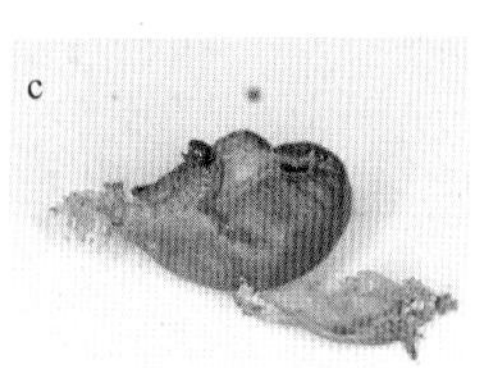

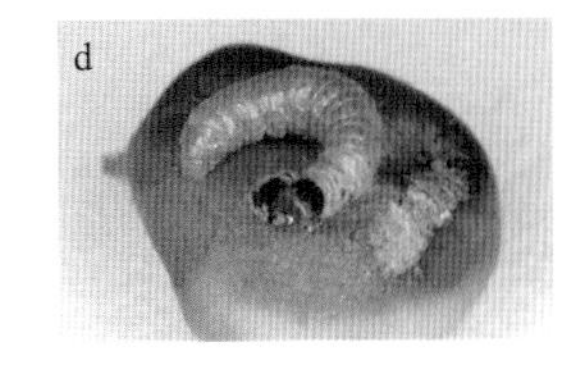

图14-4　女贞细卷蛾（a：傅俊范 摄；b～e：刘赛 摄）

（a；b：五味子果实被害状；c：幼虫；d：幼虫；e：成虫）

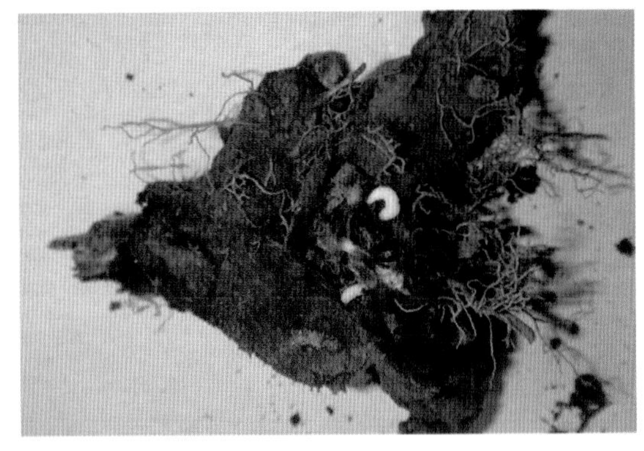

图14-6　蒙古灰象甲幼虫为害五味子根

（傅俊范 摄）

图14-13　柑橘潜叶蛾为害化橘红叶片

（陈君 摄）

图14-7　康氏粉蚧（傅俊范 摄）
（a：五味子叶片被害状；b：五味子茎被害状）

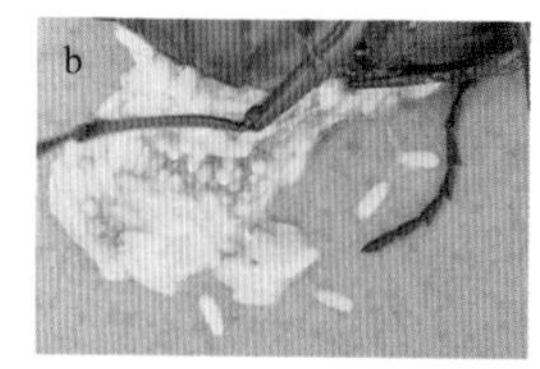

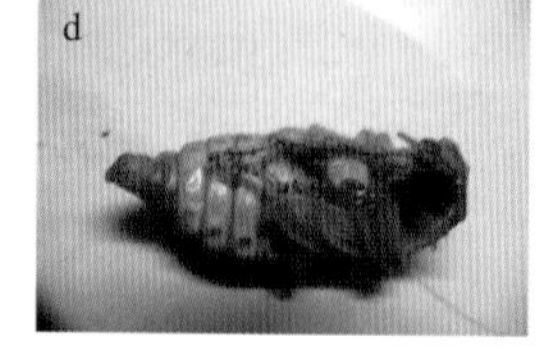

图14-8　曲牙土天牛（覃蓉敏 摄）
（a：化橘红被害状；b：卵；c幼虫；d：蛹；e：成虫）

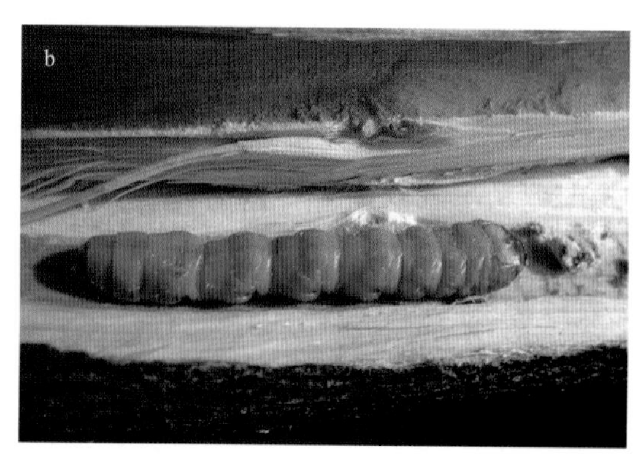

图14-9　光盾绿天牛（陈君 摄）
（a：化橘红被害状；b：幼虫）

图14-10　星天牛（陈君 摄）
（a：化橘红被害状、卵及初孵幼虫；b：幼虫）

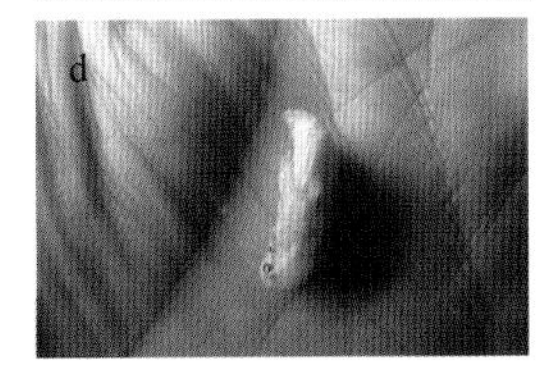

图14-11　柑橘溜皮虫（陈君 摄）
（a：化橘红被害状；b；c：幼虫；d：蛹；e：成虫）

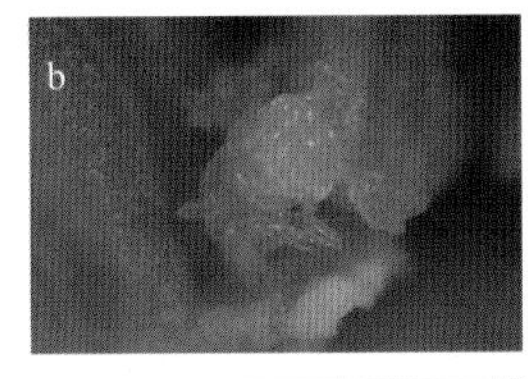
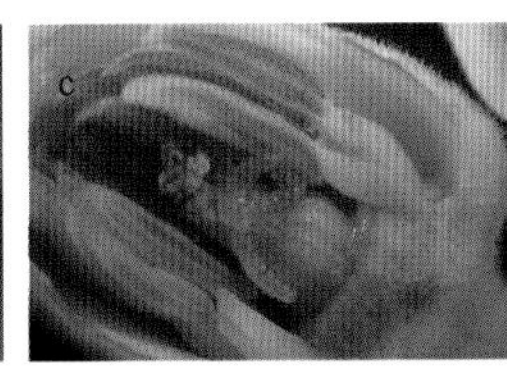
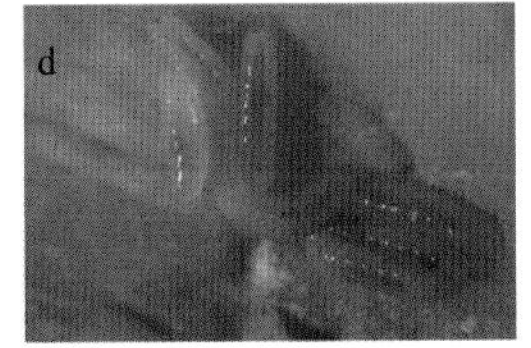

图14-12　柑橘花蕾蛆（徐常青 摄）
（a：化橘红花蕾被害状；b：卵；c：幼虫为害花蕾；d：幼虫；e：成虫产卵）

图14-14　咖啡木蠹蛾（陈君 摄）
（a：化橘红被害状；b：幼虫）

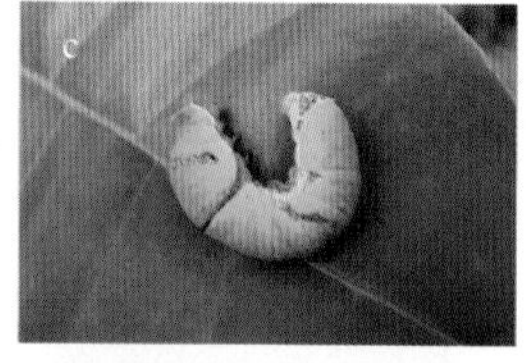

图14-15　柑橘凤蝶（a～d：覃荣敏 摄；e：樊瑛 摄）
（a：化橘红被害状；b：卵；c：幼虫；d：蛹；e：成虫）

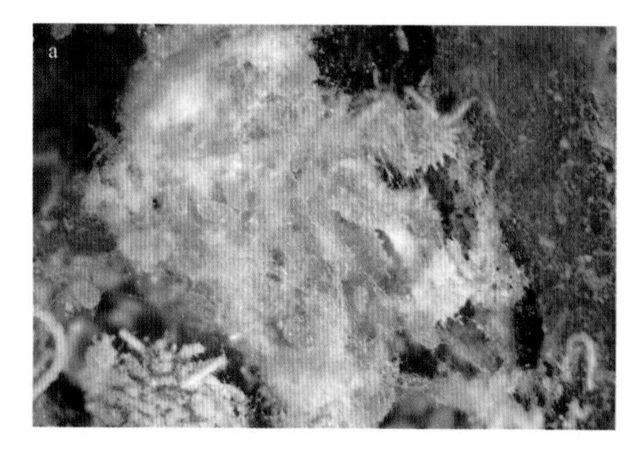

图14-16　柑橘粉蚧（陈君 摄）
（a：若虫；b：成虫）

图14-17　吹绵蚧（陈君 摄）

（a：化橘红被害状；b：若虫；c，d：成虫；e：卵）

图14-18　白蛾蜡蝉（陈君 摄）

（a：化橘红被害状；b：成虫）

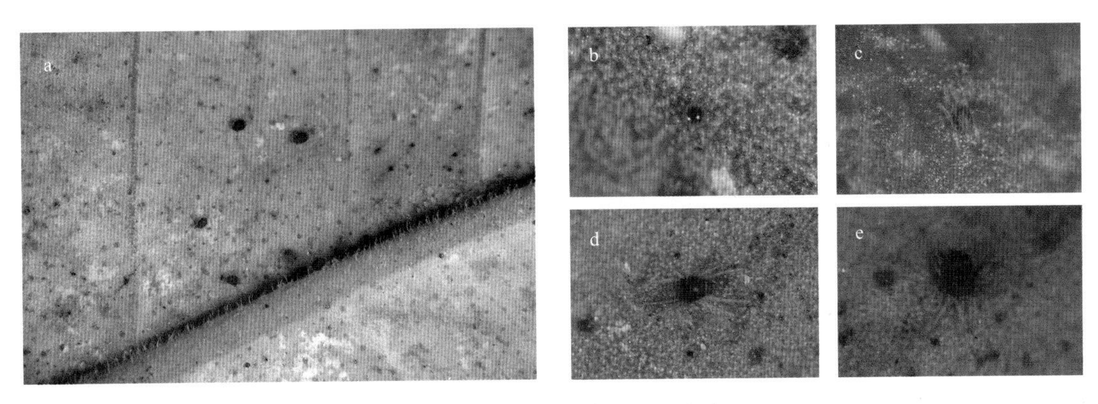

图 14-19　柑橘红蜘蛛（陈君 摄）

（a：化橘红被害状；b：卵；c：若螨；d：雄性成螨；e：雌性成螨）

图14-20　愈斑瓜天牛（蒋妮 摄）

（a：罗汉果被害状；b，c：幼虫；d：幼虫被管氏肿腿蜂寄生；e：成虫）

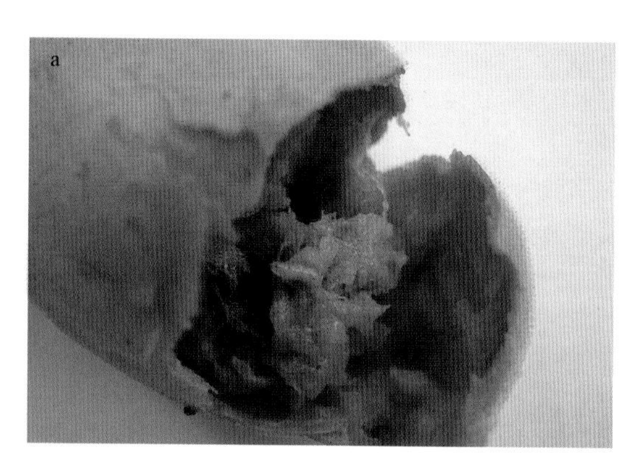

图14-21　南亚寡鬃实蝇（蒋妮 摄）

（a：罗汉果果实被害状；b：成虫）

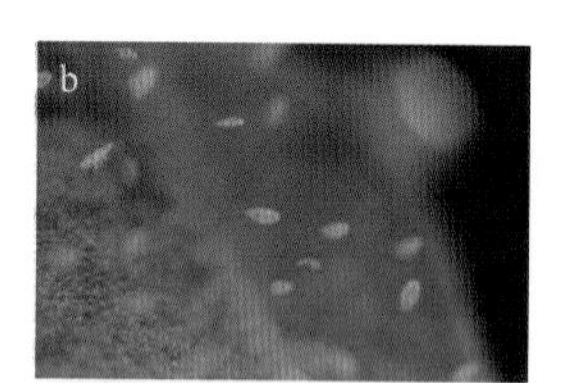

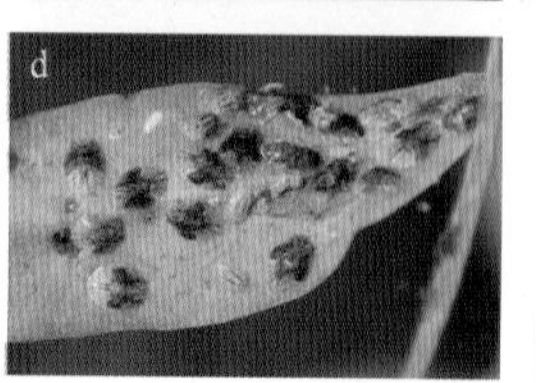

图14-22　枸杞木虱（徐常青 摄）

（a：成虫大量为害；b：卵；c：成虫产卵；d：若虫；e：成虫）

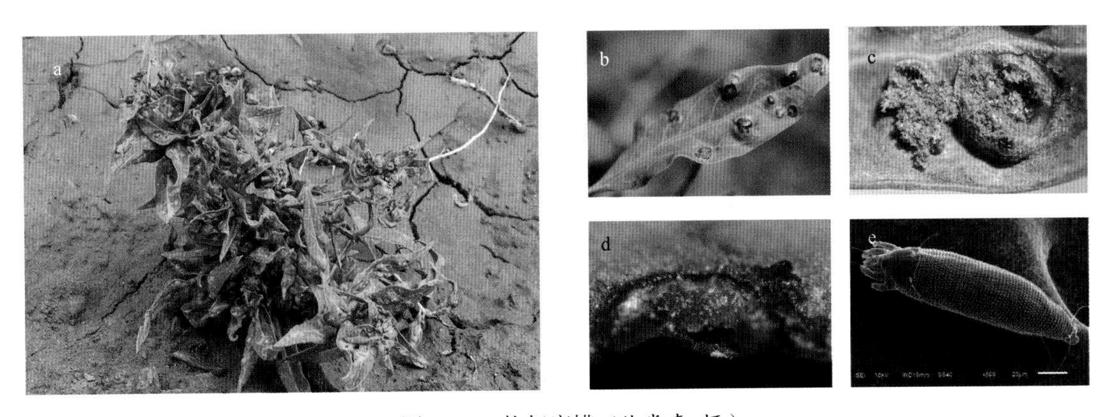

图14-23　枸杞瘿螨（徐常青 摄）

（a：宁夏枸杞被害状；b：叶片上的虫瘿；c：虫瘿内的大量瘿螨；d：成螨和卵；e：成螨）

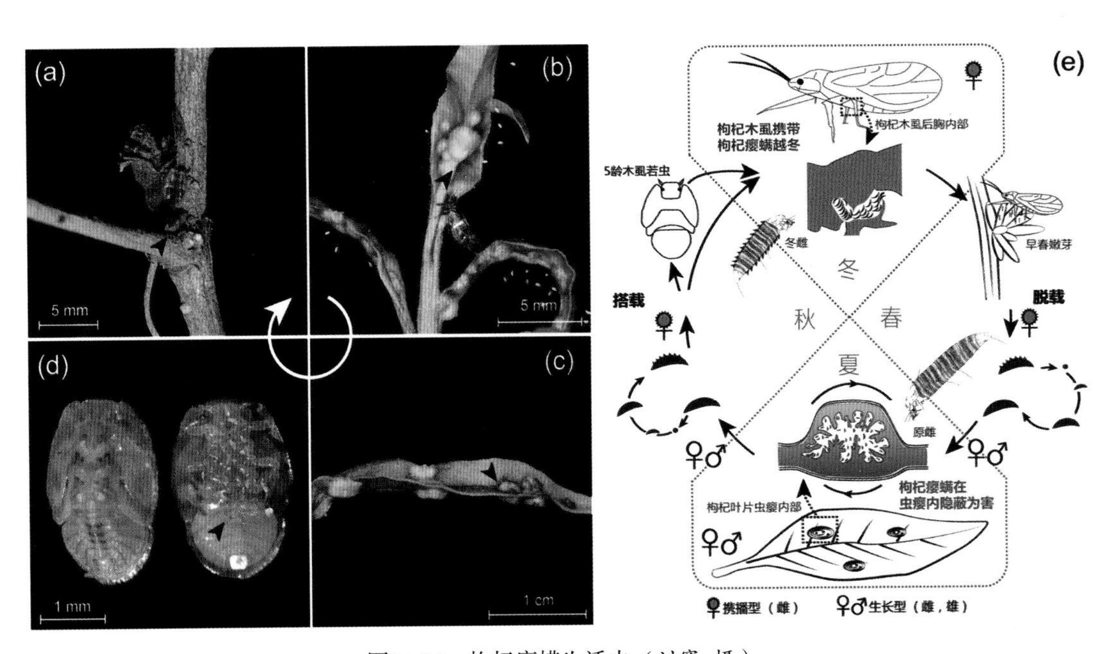

图14-24　枸杞瘿螨生活史（刘赛 摄）

（a：枸杞瘿螨搭载于木虱并随其越冬；b：早春枸杞瘿螨随枸杞木虱到达枸杞嫩芽并脱载形成虫瘿；c：生长季节枸杞瘿螨与枸杞木虱共存；d：秋季枸杞瘿螨隐藏于枸杞木虱若虫，待羽化后搭载；e：携播型枸杞瘿螨生活史）

图14-25 枸杞绣螨（刘赛 摄）

（a：宁夏枸杞被害状；b：成螨）

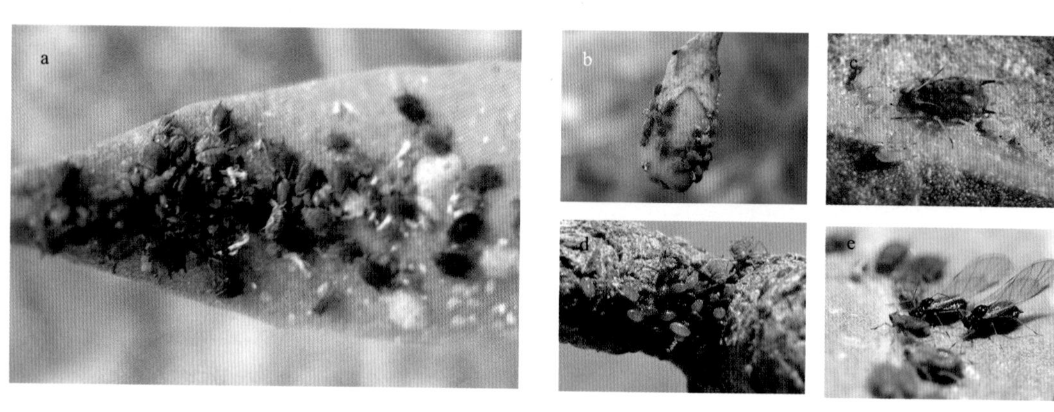

图14-26 棉蚜（徐常青 摄）

（a：宁夏枸杞叶片被害状；b：幼果被害状；c：无翅成蚜胎生若蚜；d：卵；e：有翅成蚜）

图14-27 枸杞红瘿蚊（徐常青 摄）

（a：宁夏枸杞花蕾被害状；b：成虫产卵；c：卵；d：老熟幼虫；e：蛹）

图14-28　枸杞实蝇（刘赛 摄）
（a：宁夏枸杞果实被害状；b：幼虫；c：茧；d：成虫；e：成虫交尾）

图14-29　枸杞蓟马（徐常青 摄）
（a：宁夏枸杞果实被害状；b：成虫）

图14-30　枸杞负泥虫（徐常青 摄）
（a：宁夏枸杞被害状；b：卵及1龄幼虫；c：幼虫；d：蛹；e：成虫）

图14-31　枸杞毛跳甲（徐常青 摄）
（a：宁夏枸杞被害状；b：成虫）

图14-32　枸杞蛀果蛾（刘赛 摄）
（a：宁夏枸杞被害状；b：果实被害状；c：嫩茎被害状；d：幼虫；e：成虫）

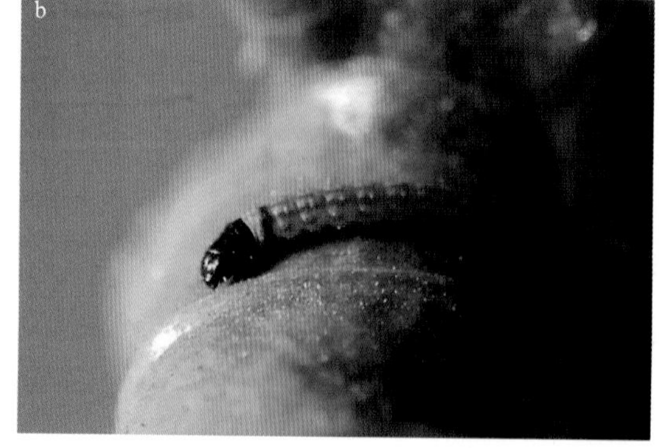

图14-33　枸杞卷梢蛾（徐常青 摄）
（a：宁夏枸杞被害状；b：幼虫）

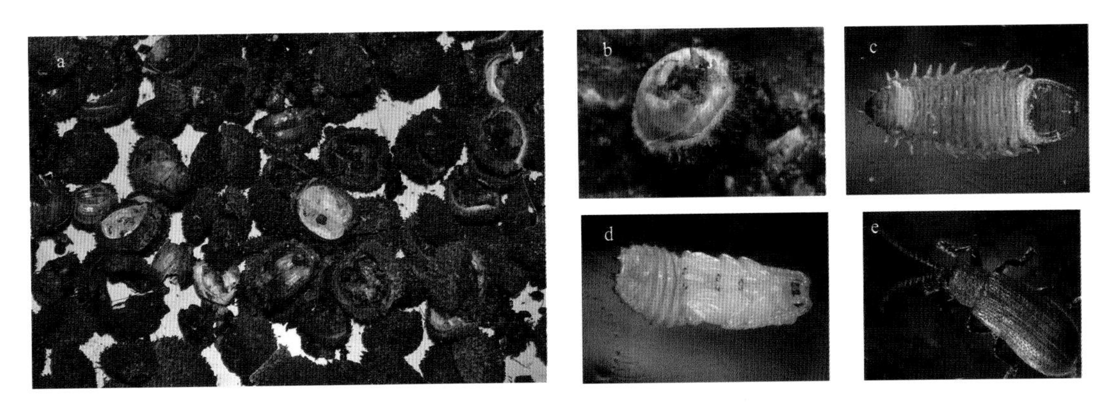

图14-34　皱腹潜甲（彭建明 摄）

（a：砂仁果实被害状；b：幼虫取食砂仁果实；c：幼虫；d蛹；e：成虫）

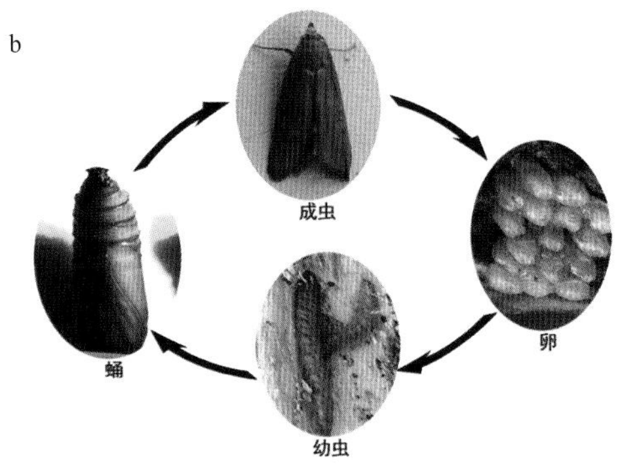

图14-35　红脉穗螟（甘炳春 摄）

（a：槟榔被害状；b：生活史）

图14-36　亚洲玉米螟（陈君 摄）

（a：薏苡被害状；b：幼虫）

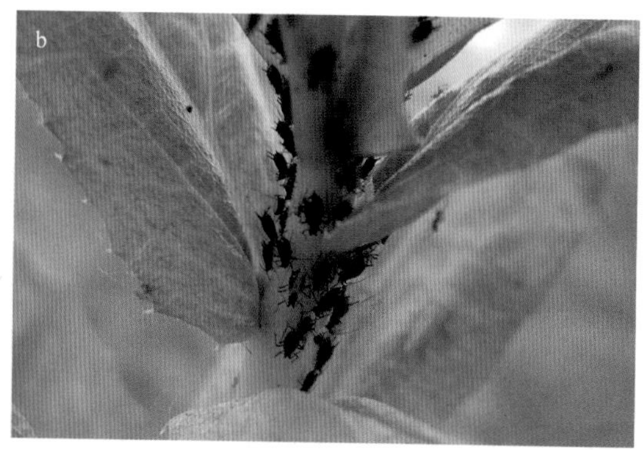

图15-1 红花指管蚜（陈君 摄）
（a：红花被害状；b：聚集为害的红花指管蚜）

图15-2 玫瑰三节叶蜂（刘赛 摄）
（a：幼虫；b：成虫产卵）

图15-3 胡萝卜微管蚜（a：徐常青 摄；b：郭昆 摄）
（a：金银花被害状；b：若蚜）

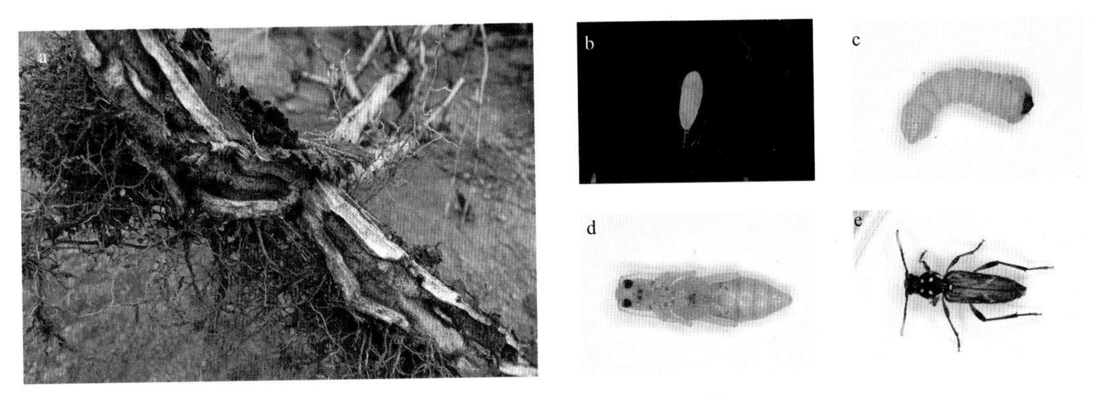

图15-4　咖啡脊虎天牛（陈建民 摄）
（a：金银花被害状；b：卵；c：幼虫；d：蛹；e：成虫）

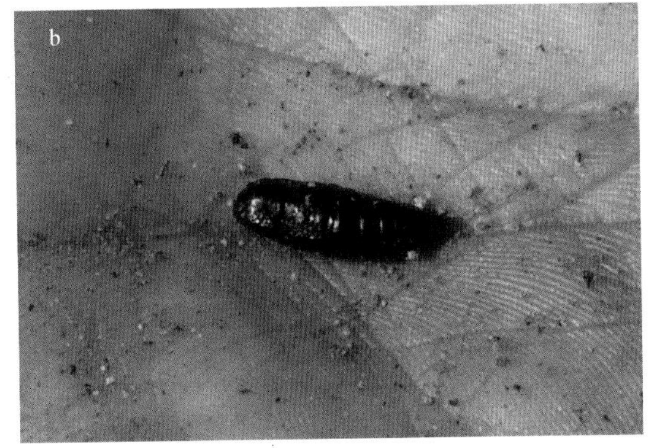

图15-5　金银花尺蠖（陈建民 摄）
（a：幼虫；b：蛹）

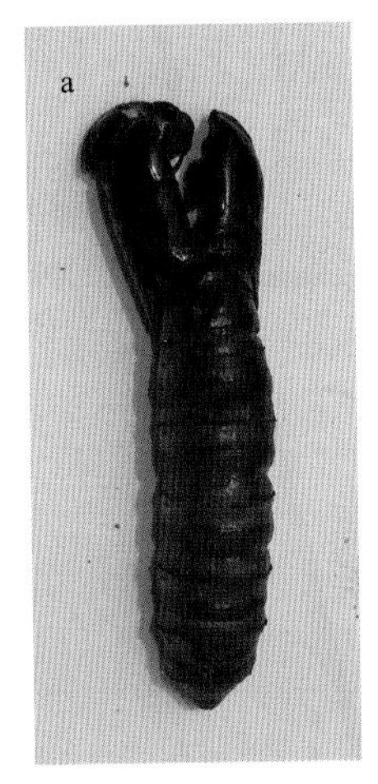

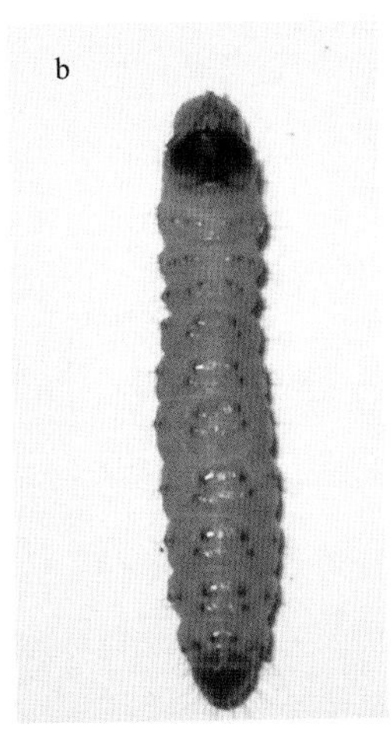

图15-6　豹纹木蠹蛾（刘赛 摄）
（a：幼虫；b：蛹；c：蛹壳；d：卵及成虫）

图15-7　榆木蠹蛾（陈建民 摄）
（a：金银花被害状；b：幼虫）

图15-8　菊小长管蚜（陈君 摄）
（a：菊花被害状；b：若蚜及无翅成蚜）

图15-9　菊天牛（陈君 摄）
（a，b：菊花被害状；c，d：幼虫；e：成虫）

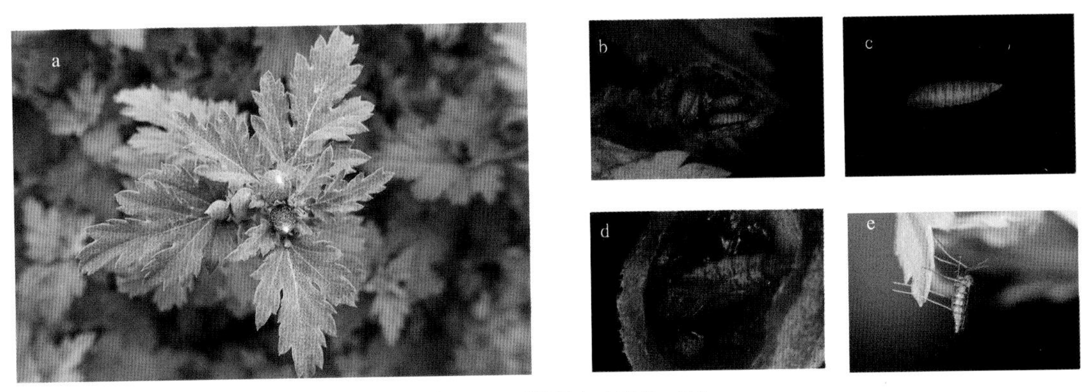

图15-10　菊瘿蚊（刘赛 摄）

（a：菊花被害状；b：虫瘿内的幼虫；c：幼虫；d：蛹；e：成虫）

图16-1　肉桂木蛾（樊瑛 摄）

（a：幼虫；b：蛹）

图16-2　黄野螟（乔海莉 摄）

（a：白木香被害状；b：卵；c：幼虫；d：蛹；e：成虫）

图16-3　白毛新皱胸天牛（李晓瑾 摄）
（a：阿魏被害状；b：卵；c：幼虫；d：蛹；e：成虫）

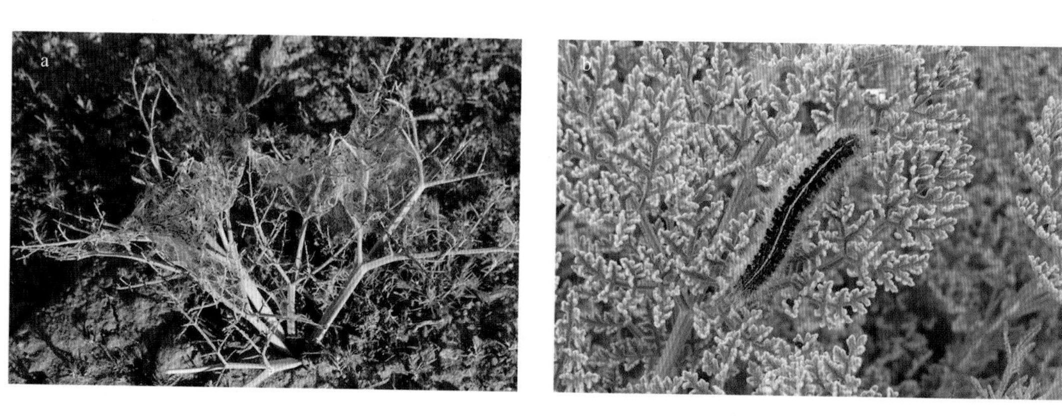

图16-4　天幕毛虫（李晓瑾 摄）
（a：阿魏被害状；b：幼虫）

图16-5　报喜斑粉蝶（乔海莉 摄）
（a：幼虫取食檀香叶片；b：卵；c：幼虫孵化；d：蛹；e：成虫）

图16-6　咖啡木蠹蛾（乔海莉 摄）
（a：檀香被害状；b：幼虫）

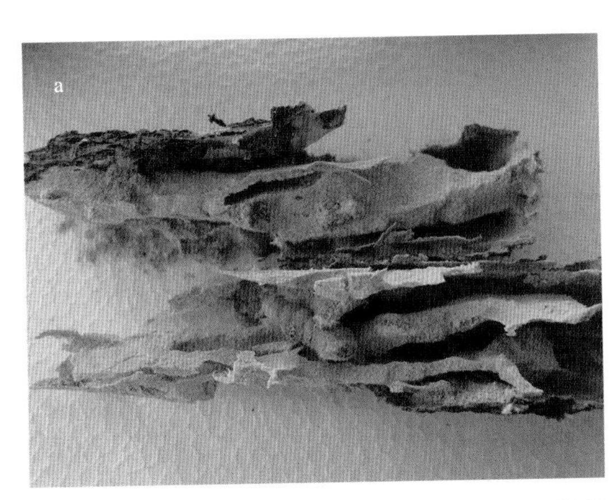

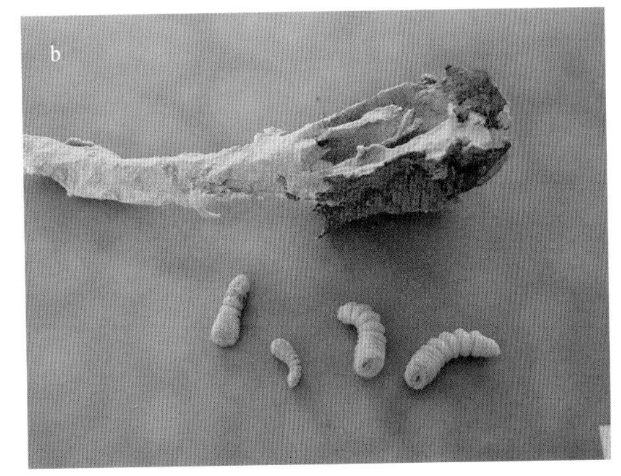

图18-1　家茸天牛（陈君 摄）
（a：甘草被害状；b：幼虫）

图18-2　印度谷螟（刘赛 摄）
（a：宁夏枸杞果实被害状；b：印度谷螟各虫态）